半导体科学与技术丛书

胶体半导体量子点

张　宇　于伟泳　著

科　学　出　版　社

北　京

内 容 简 介

本书是作者长期从事胶体量子点研究成果的总结，同时汲取了近几年相关领域主要的最新研究报道。主要内容包括：胶体量子点的激子结构和多激子效应，量子点中激子与声子的相互作用。胶体量子点的主要特性，如光学特性、电学特性、温度特性等；详细描述胶体量子点的合成和表征方法，以及典型胶体量子点（如Ⅱ-Ⅵ族、Ⅲ-Ⅴ族、掺杂量子点等）的合成工艺和主要性能；还以较大篇幅展示胶体量子点在光电子器件和生命科学中的应用，如量子点 LED、量子点太阳电池、量子点激光器、量子点掺杂光纤和光纤放大器、量子点在生命科学和医学中的应用等。

本书汇集了近五年胶体量子点的最新研究成果和应用进展，可供相关专业科技人员、博士和硕士研究生，以及大学教师参考。

图书在版编目（CIP）数据

胶体半导体量子点/张宇，于伟泳著. —北京：科学出版社，2015
（半导体科学与技术丛书）
ISBN 978-7-03-043602-3

Ⅰ.①胶… Ⅱ.①张…②于… Ⅲ.①胶体-半导体-量子论
Ⅳ.①O471.1

中国版本图书馆 CIP 数据核字（2015）第 044940 号

责任编辑：鲁永芳 赵彦超／责任校对：彭 涛
责任印制：苏铁锁／封面设计：陈 敬

科学出版社出版
北京东黄城根北街 16 号
邮政编码：100717
http://www.sciencep.com
北京凌奇印刷有限责任公司印刷
科学出版社发行 各地新华书店经销
*
2015 年 5 月第 一 版 开本：720×1000 B5
2021 年 1 月第五次印刷 印张：50 1/2
字数：993 000

POD定价： 299.00元
（如有印装质量问题，我社负责调换）

《半导体科学与技术丛书》出版说明

半导体科学与技术在20世纪科学技术的突破性发展中起着关键的作用，它带动了新材料、新器件、新技术和新的交叉学科的发展创新，并在许多技术领域引起了革命性变革和进步，从而产生了现代的计算机产业、通信产业和IT技术。而目前发展迅速的半导体微/纳电子器件、光电子器件和量子信息又将推动本世纪的技术发展和产业革命。半导体科学技术已成为与国家经济发展、社会进步以及国防安全密切相关的重要的科学技术。

新中国成立以后，在国际上对中国禁运封锁的条件下，我国的科技工作者在老一辈科学家的带领下，自力更生，艰苦奋斗，从无到有，在我国半导体的发展历史上取得了许多“第一个”的成果，为我国半导体科学技术事业的发展，为国防建设和国民经济的发展做出过有重要历史影响的贡献。目前，在改革开放的大好形势下，我国新一代的半导体科技工作者继承老一辈科学家的优良传统，正在为发展我国的半导体事业、加快提高我国科技自主创新能力、推动我们国家在微电子和光电子产业中自主知识产权的发展而顽强拼搏。出版这套《半导体科学与技术丛书》的目的是总结我们自己的工作成果，发展我国的半导体事业，使我国成为世界上半导体科学技术的强国。

出版《半导体科学与技术丛书》是想请从事探索性和应用性研究的半导体工作者总结和介绍国际和中国科学家在半导体前沿领域，包括半导体物理、材料、器件、电路等方面的进展和所开展的工作，总结自己的研究经验，吸引更多的年轻人投入和献身到半导体研究的事业中来，为他们提供一套有用的参考书或教材，使他们尽快地进入这一领域中进行创新性的学习和研究，为发展我国的半导体事业做出自己的贡献。

《半导体科学与技术丛书》将致力于反映半导体学科各个领域的基本内容和最新进展，力求覆盖较广阔的前沿领域，展望该专题的发展前景。丛书中的每一册将尽可能讲清一个专题，而不求面面俱到。在写作风格上，希望作者们能做到以大学高年级学生的水平为出发点，深入浅出，图文并茂，文献丰富，突出物理内容，避免冗长公式推导。我们欢迎广大从事半导体科学技术研究的工作者加入到丛书的编写中来。

愿这套丛书的出版既能为国内半导体领域的学者提供一个机会，将他们的累累硕果奉献给广大读者，又能对半导体科学和技术的教学和研究起到促进和推动作用。

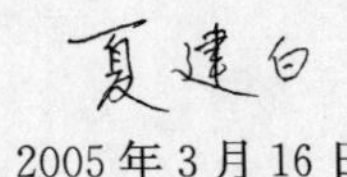

2005年3月16日

序

胶体半导体量子点是一类新型的纳米材料，由于极小的尺寸而展现出许多不同于宏观体材料的独特的物理和化学性质，如量子限域效应和表面效应等，对材料领域的基础研究产生深刻的影响，同时也在材料工程、能源技术、光电子技术、生物医学等诸多应用领域有着广泛的前景。因此，胶体半导体量子点的研究已经引起广泛的关注，成为目前非常活跃的科学研究领域，其研究内容主要涉及物理、材料和化学等学科，已成为一门新兴的交叉学科。

胶体半导体量子点的研究呈现出突飞猛进的发展态势，有关胶体半导体量子点的新材料、新性能和新器件日新月异，相关方面的研究论文显现几何级数式的增长。然而，与胶体半导体量子点的蓬勃发展相比，除了一些著作中包含了部分胶体半导体量子点的内容，国内尚无专门阐述胶体半导体量子点的专著，国外的系统著述也不多见。鉴于国内外有关胶体半导体量子点研究和应用的急剧发展，出版此类专著是十分必要和及时的，也是《半导体科学与技术丛书》的重要组成部分。

该书以溶液相化学制备的胶体半导体量子点纳米材料为中心，主要包括了三个方面的内容：

(1) 详细介绍胶体半导体量子点的理论基础和基本物理性质，如胶体半导体量子点的电子结构和激子理论，胶体半导体量子点的结晶学理论，胶体半导体量子点的典型物理性质，包括尺寸、组分、温度依赖的发光性质，多激子产生效应和俄歇复合，胶体量子点之间载流子的转移和能量传递性质等，以及相关的分析表征原理和仪器方法。

(2) 全面讲解了各种主要胶体半导体量子点材料的制备方法和尺寸、形貌、结构及组分控制，对相关胶体半导体量子点材料的基本特性给予具体描述和分析；

(3) 阐述了胶体半导体量子点光电器件的制备方法和主要应用，如量子点LED，量子点激光器，量子点太阳电池，量子点掺杂光纤，量子点光电探测器和传感器，量子点生物标记和医学探针等。

本书的两位作者多年从事胶体量子点的合成、机理、器件和应用的研究。这部著作总结了近期胶体半导体量子点的研究工作，也包含了他们自己在胶体量子点研究方面的学术成果。这部著作涵盖范围广泛，非常适合相关领域的研究人员和学生阅读，有助于推动国内相关学术研究的进一步发展。

黄维

2015 年 4 月 15 日

前　言

在最近二十年里，半导体量子点的研究和应用迅猛发展。已有研究表明，半导体量子点表现出诸多异于传统体材料的特性，包括量子尺寸受限效应、多激子效应、表面效应等。利用这些奇异的性质，人们制备出各种半导体量子点材料和器件，在太阳电池、发光显示、激光器、光电探测、生命科学等诸多领域，显示出广泛的应用前景，新成果日新月异。

半导体量子点的理论研究也呈现出蓬勃发展的态势。由于量子点尺寸处于宏观周期性体相材料和微观原子、分子之间的中间状态，其电子结构经历了从体材料的连续能带到类原子、分子的准分裂能级的转变。量子点电子结构的研究可以从两方面入手：一种是从固体能带理论出发向量子点结构的演变；另一种是从分子体系向量子点结构的过渡。由于前一种方法基于当今比较完善的固体能带理论，所以使用的较为普遍，主要包括：有效质量近似理论、紧束缚近似理论、经验赝势方法、密度泛函理论、$\boldsymbol{k}\cdot\boldsymbol{p}$ 模型等理论方法。

胶体半导体量子点制备简单、成本低，倍受人们的关注。与几何级数式增长的科研论文比较，胶体半导体量子点的著作相对较少，特别是国内相关著作几乎是空白。随着更多研究者不断加入这个研究领域，人们迫切地需要系统的胶体量子点的中文著作。根据这样一个实际的需要，基于作者的研究心得并结合相关研究报道，我们尝试撰写这样一部有关胶体半导体量子点的书。

本书专注于化合物胶体半导体量子点，主要包括三个部分。第一部分由第 1 章、第 2 章、第 7 章组成，主要介绍半导体量子点的电子结构和激子理论；胶体量子点或纳米晶的结晶学理论和胶体半导体量子点的表征方法，如透射电子显微镜技术、X 射线衍射技术、荧光吸收和发光光谱技术等；胶体半导体量子点的典型物理性质，包括尺寸、组分、温度依赖的发光性质，多激子产生效应和俄歇复合，以及胶体量子点之间载流子的转移和能量传递性质等。第二部分由第 3～6 章组成，主要介绍典型的胶体半导体量子点的制备方法、形态控制和光学特性，包括Ⅱ-Ⅵ族、Ⅳ-Ⅵ族、Ⅲ-Ⅴ族和多元化合物胶体量子点等。第三部分由第 8～10 章组成，主要介绍胶体量子点光电器件及其在生命科学等领域的应用，包括胶体半导体量子点太阳电池、光电探测器、发光器件、激光器等。在叙述这些内容的同时，每章后面均给出大量的参考文献，并在书后附有主要物理、化学名词的中英文索引。

本书由张宇、于伟泳合作完成。刘文闫编辑了书后的索引并进行文字校正，李梦梅负责本书的绘图和部分文字校正，王鹏、王彤予、张晓宇、闫龙、吴华、孙春、吉长印等在书稿打印、资料收集和作图方面做了许多工作，在此表示诚挚的感谢。本书的完成得益于国家自然科学基金、国家863计划、集成光电子学国家重点联合实验室、吉林省科技厅以及家人、同事和朋友等多方面的大力支持，我们对此衷心感谢。

胶体半导体量子点的研究内容广泛，涉及物理、化学、材料、电子、生物等众多学科，学术难度大。由于作者水平有限，书中难免有差错和疏漏之处，敬请广大读者批评指正。

张　宇　于伟泳

2014年12月18日于长春

目　录

绪　论

在近十年里，半导体材料科学迅猛发展，其主要发展方向：一方面是不断探索扩展新的半导体材料，即所谓材料工程；另一方面是通过对已知半导体材料的物理参数和几何参数的设计和生长，来改变其能带结构和带隙图形，以优化其电学性质和光学性质，称之为能带工程。通过改变半导体量子点的尺寸实现能级调控，从而达到应用的目的，是半导体量子点能带工程。

0.1　胶体半导体量子点

量子点(quantum dot，QD)，也称为半导体纳米晶(semiconductor nanocrystal，NC)，是少量原子组成的、三个维度尺寸通常是1～100nm的零维纳米结构。在量子点中，原子数目通常在几个到几千个之间，载流子在三个维度上受到势垒约束而不能自由运动。这种约束可以归结于静电势(由外部的电极、掺杂、应变、杂质等产生)、两种不同半导体材料的界面和半导体的表面，或者以上三者的结合。一个量子点具有少量的电子、空穴或电子空穴对。根据量子力学理论，在三个维度方向上，量子点中的载流子能量必然是量子化的，态密度分布是一系列的分立函数，类似于原子光谱性质，因而量子点也称之为“人工原子”。控制量子点的几何形状和尺寸可改变其电子态结构，实现量子点器件的电学和光学性质的“剪裁”，是目前“能带工程”设计的一个重要组成部分，也是国际研究的前沿热点。

在全部的量子点材料中，胶体量子点(colloidal quantum dot，CQD)是最大的一类[1]。胶体量子点采用化学合成方法，使金属的有机或无机物溶液溶胶固化形成量子点，分散于溶剂中。胶体量子点的优点是：量子点尺寸可以精确控制，平均尺寸分布大约在5%～10%范围内；量子点组分易于控制；可以获得高密度的量子点阵列；制备价格低廉。

近年来，量子点的研究引起国内外研究者的极大兴趣，成为目前最活跃的科学研究领域之一。研究内容涉及固体物理、化学、分子物理、材料科学等学科，成为一门新兴的交叉学科。根据量子点的几何结构，可以分成箱形、球形、四面体形、柱形和外场(电场和磁场)诱导量子点等；根据电子与空穴量子受限作用，可以分成Ⅰ型(壳材料的禁带宽度大于核材料的禁带宽度)和Ⅱ型(核材料的导带与价带能量均高于或低于壳材料的导带与价带能量)；按材料特性分为元素半导体量子点、化合物半导体量子点、异质结量子点；从能级分布角度考察，区分为宽带隙和窄带隙两种材料，而量子尺寸效应的大小和能级带隙的宽窄密切相关。

典型的胶体半导体量子点的禁带宽度可调谐范围如图 0.1 所示[2]。在体材料到纳米尺寸范围内，图示给出这些半导体材料禁带宽度(或光辐射波长)的可调谐范围。其中，“•”表示体材料的数据，“▲”表示 10nm 尺寸量子点的数据，“▼”表示 3nm 尺寸量子点的数据。在 II-VI、III-V 和 IV-VI 族半导体材料中，它们几乎都与红外辐射相关，其中 HgSe、HgTe、InAs 和 PbX(X=S,Se,Te)量子点的发光波长可以落在 1.30～1.55μm 的通信窗口。

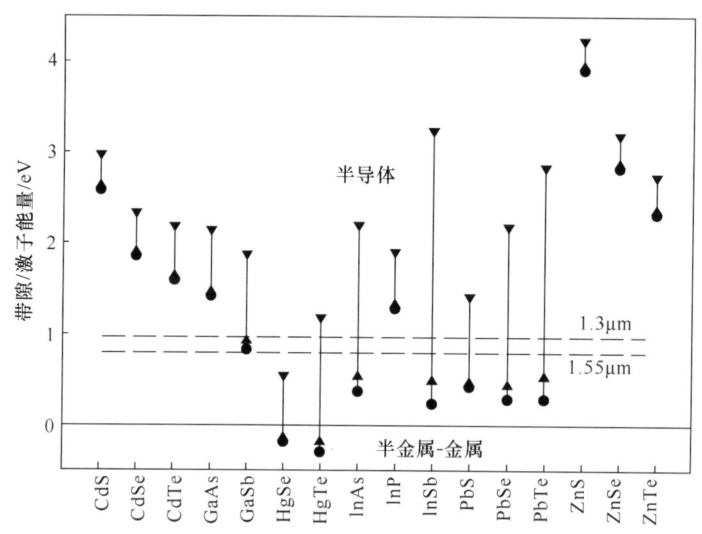

图 0.1 典型胶体半导体量子点禁带宽度的可调谐范围[2]

0.2 胶体半导体量子点的性质

在量子点中，载流子运动是尺寸受限的，量子效应非常显著，导致其半导体能带结构演变为类似于原子特性的分立能级结构，表现出一系列新的材料性质。量子点独特的物理性质包括：量子尺寸效应(quantum size effect)、量子隧穿效应(quantum tunnelling effect)、库仑阻塞效应(Coulomb blockade effects)、表面效应(surface effect)、介电限域效应(dielectric confinement effect)等。

0.2.1 量子尺寸效应

通过控制量子点的形状、结构和尺寸，可以调节带隙宽度、激子束缚能的大小以及激子的能量蓝移等。随着量子点尺寸的逐渐减小，量子点吸收光谱出现蓝移现象；尺寸越小，光谱蓝移现象越显著，这就是量子尺寸效应。

当量子点受到一定能量的光激发后，可以发出荧光。由于量子尺寸效应，通过改变量子点的尺寸可以调节荧光发射波长，同时具有连续的激发光谱，使不同尺寸的量子点能被单一波长的光激发而发出不同颜色的荧光。图0.2是在近紫外辐射激发下，16个尺寸(1～10nm)CdSe量子点的发光图片，不同尺寸CdSe量子点的光致荧光(photoluminescence，PL)光谱，随着量子点尺寸的增加显示出波长红移趋势[3]。

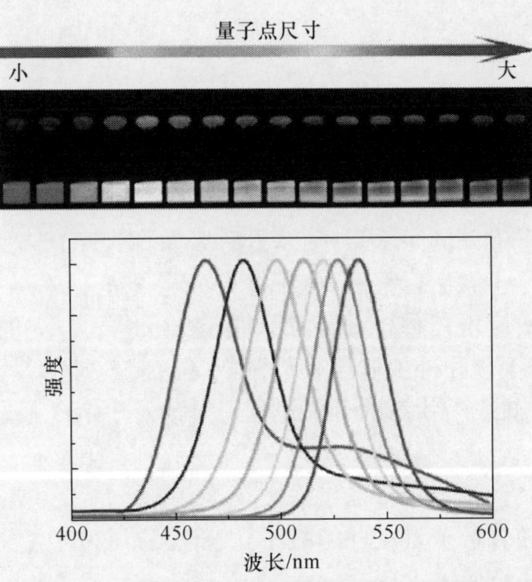

图0.2 不同尺寸CdSe量子点的PL发光光谱[3]
(阅读彩图请扫封底二维码)

0.2.2 量子隧穿效应

微观粒子具有波粒二象性，具有贯穿势垒的隧道效应。近年来，人们发现一些宏观物理量，如颗粒的磁化强度、量子相干器件中的磁通量等显示出隧道效应，它们可以穿越宏观系统的势垒而产生变化，也称为宏观量子隧道效应(macroscopic quantum tunneling，MQT)。

传统的功能材料和元件，物理尺寸远大于电子自由程，只能观测群体电子输运行为，得到统计平均的结果，用以描述物理量的宏观性质。当微电子器件进一步细微化时，必须考虑量子隧道效应。100nm被认为是微电子技术发展的极限，原因是电子在纳米尺度空间表现出明显的波动性，量子效应发挥主要作用。电子在纳米尺度空间中运动，物理线度与电子自由程相当，电子能级是分立的。利用电子的量子效应制造的量子器件，要求在几纳米到几十纳米的微小区域形成纳米导电域，电子被“锁”在纳米导电区域，电子的波动性产生量子限域效应(quantum confinement effect)。纳米导电区域之间形成薄薄的势垒，当电压很低时，电子被限制在纳米尺度范围运动；升高电压可以使电子越过势垒形成费米电子海，使体系变为导电。电子从一个量子阱(quantum well)穿越势垒进入另一个量子阱，产生量子隧道效应。这种绝缘到导电的临界效应是纳米有序阵列体系的基本特点之一。

量子尺寸效应和宏观量子隧道效应是未来微电子、光电子器件的基础，确立了微电子器件进一步微型化的极限。

0.2.3 库仑阻塞效应

在量子点的研究中，不但电子的波动性产生影响，而且以 e 为单位电荷的分离性也具有重要作用。如果单个量子点电容 C 足够小(例如小于 10^{-18}F)，以至于量子点再增加一个电子的静电能 $e^2/2C$ 会超过其热运动能量 k_BT。这个静电能将阻止随后的第二个电子进入同一个量子点，这种现象称为库仑阻塞效应。显然，只有等待某个电子离开量子点后，另一个电子才有可能再进入。

利用库仑阻塞效应可以使电子逐个隧穿进出量子点，实现单电子隧穿过程。因此，可以利用电容耦合和外加栅压来控制双隧道结连接的量子点体系的单个电子的进出，这时决定通或断状态的开关过程只是涉及单个电子。

0.2.4 表面效应

表面效应是指随着量子点尺寸的减小，大部分原子位于量子点的表面，量子点的比表面积随粒径减小而增大。

由于大的比表面积的量子点表面原子数增多，导致表面原子的配位不足，不饱和键和悬键增多，使表面原子具有高的活性和不稳定，容易与其它原子结合。这种表面效应将产生大的量子点表面能和高的活性。表面原子的活性不但引起量子点表面原子输运和结构的变化，同时也引起表面电子自旋构象和电子能谱的变化。另外，表面缺陷产生陷阱电子或空穴，它们反过来会影响量子点的发光性质，引起非线性光学效应。

0.2.5 介电限域效应

介电限域指纳米微粒分散在异质介质中，由于界面引起的体系介电增强的现象。一般来说，过渡金属氧化物和半导体微粒都可能产生介电限域效应。

由于量子点尺寸小于载流子的自由程，由此会影响光生载流子的复合概率。当量子点表面修饰某种介电常数较小的材料时，其光学性质与裸量子点相比，将发生较大的变化。在表面修饰介电常数较小的介质后，量子点中电荷载体的电场线更易于穿过包覆介质，屏蔽效应减弱，载流子之间的库仑作用增强，导致激子的结合能和振子强度增加，称为介电限域效应。介电限域效应反映到吸收光谱，表现出光谱的红移现象。

0.3 胶体半导体量子点的制备

0.3.1 量子点的主要制备方法

量子点的制备方法众多，主要包括外延技术生长法(epitaxial method)、溶胶-凝胶法(sol-gel method)和化学腐蚀法(chemical etching method)等。

1. 外延生长法

外延生长法制备半导体量子点，主要是利用当前先进的分子束外延(molecular beam epitaxy，MBE)、金属有机化合物化学气相沉淀(metal-organic chemical vapor deposition，MOCVD)等技术，通过自组装生长机理，在特定的生长条件下，在晶格失配的半导体衬底上通过异质外延(heteroepitaxy)实现半导体量子点的生长。在异质外延生长中，当外延材料生长达到一定厚度后，为了释放外延材料晶格失配产生的应力作用，外延材料形成半导体量子点，其大小跟材料的晶格失配度、外延过程中的条件控制有较大的关系。

外延技术是目前获得高质量半导体量子点比较普遍的方法，缺点是半导体量子点的生长要在高真空或超高真空下进行，使得制备成本非常高。

2. 胶体法

胶体法是金属的有机或无机物经过溶液、溶胶而固化形成量子点的制备工艺。在离心力作用下可以涂覆在衬底表面，经过退火处理而成为胶体量子点薄膜。胶体颗粒的尺寸和形状与反应前驱体浓度、反应温度和反应时间等因素有关。

这种制备量子点方法的优点是：方法简单，不需要复杂的仪器设备；成本较低，可以大剂量制备，产率高；发光效率高(尤其是在可见光和紫外光波段)等。这种量子点表面包覆有机配体，抵消量子点之间的范德瓦耳斯吸引力，以维持溶液中的稳定性。但是，这层有机配体极大的阻碍了载流子在量子点之间的传输，电导率较低。

3. 化学腐蚀法

腐蚀法是利用化学液体对不同半导体材料的腐蚀速率差异和晶体材料的各向异性，借助于腐蚀光刻技术在晶体衬底留下的图形，达到纳米量级量子点的制备。

该方法是通过腐蚀晶体衬底直接获得量子点材料，量子点表现出纯度高、性能优越。但是，由于腐蚀的各向异性，量子点的尺寸均匀性较差。

0.3.2 胶体半导体量子点的主要制备方法

胶体量子点采用胶体法进行制备。化合物胶体量子点制备的技术路线主要有两种：一是在水相中制备，即分别制备非金属元素和金属元素的水相前驱液，在无氧环境下混合反应生成量子点；二是在有机体系中制备，即在具有配位性质的有机溶剂环境中，利用金属有机化合物与非金属元素混合反应，生长成纳米颗粒。单质胶体量子点也采用类似的技术路线。

1. 水相合成法

早期，研究人员主要在水溶液中利用简单的化学反应直接合成胶体纳米晶。1981年，瑞士科学家 Kalyanasundaram 等[4]在水溶液中合成出硫化镉（cadmium sulfide，CdS）胶体量子点。水相合成量子点的晶化程度较低，光致荧光量子产额（photoluminescence quantum yield，PLQY）较低，粒径分布范围宽（>15%）[5~9]。

2. 有机相合成法

1993年，美国麻省理工学院的 Bawendi 等人采用"高温热解法"、在有机相中制备出 II-VI 族量子点[10]。这种方法采用中性有机金属前驱体和高沸点的配位烃基溶剂，以此代替"湿法"制备中采用的离子前驱体或其他的极性溶剂。

在高温下，有机金属前驱体形成硒化镉（cadmium selenide，CdSe）小团簇（晶核）。在略低的温度下，这些 CdSe 团簇在配位溶剂中被分别隔离开，并进一步长成尺寸更大的粒子（3～4nm）。由于晶粒成核与生长过程的分离，可以获得尺寸分布较窄的 CdSe 量子点。但是，采用这种方法制备的 CdSe 量子点，荧光量子产额较低[9]。此后，各国研究者，如 Peng[11,12]、Yu[13,14]和 Alivisatos[15]等，对 Bawendi 提出的高温热解法进行了大量的研究，并从低成本、"绿色"和规模化制备等方面进行改进。同时，针对量子点在高温有机溶剂中成核与生长过程进行研究，对胶体量子点的形成机理提出了各自的观点。

0.4 胶体半导体量子点的主要应用

在科学研究、工程技术和日常生活中，胶体半导体量子点展现出良好的应用前景。如量子点光电子器件、量子点生物探测和医学成像、量子点照明与能源工程等领域，胶体半导体量子点都具有不可替代的作用。

0.4.1 量子点光电器件

目前，量子点光电器件研究可分为两个方面；一是对传统光电器件的研究，如量子点激光器、量子点发光二极管、量子点红外探测器和量子点传感器等，其中，量子点激光器和发光二极管研究的最多；另一方面是量子点在量子计算、量子通信等全新领域中的应用，包括单电子器件、量子点原胞自动机、单光子探测器和光存储器等。

1. 量子点激光器

量子点激光器(quantum dot laser)是量子点应用于光电子领域的成功范例之一，是半导体激光器发展的一个新阶段。理论计算发现，以量子点为有源介质的量子点激光器，比量子阱、量子线和块体材料的激光器有更低的阈值电流密度、更高的量子效率、更宽的增益、更高的微分增益和更好的温度稳定性。

1982 年，日本东京大学 Arakawa 等人提出量子点激光器的概念[16]，并且预言这种激光器的温度依赖特性不像其他结构激光器那样强烈。1994 年，俄罗斯和德国的合作研究组采用单层应变自组织量子点为有源区，研制出第一台低温下连续工作的量子点激光器[17]。此后，量子点激光器的研究取得了很大进展，在室温下的低阈值电流和高输出功率等方面不断获得突破[18~20]；同时，通过选择不同的半导体材料，控制生长条件和改变量子点异质结构的形貌和组分分布，人们获得可见光到近红外辐射的量子点激光器[21~23]。

量子点激光器存在的主要问题是：有源区中量子点的尺寸和分布的均匀性需要进一步提高。量子点尺寸的不均匀性会抵消其 δ 函数的电子态密度，表现出体材料的性质，导致量子点激光器的实际特性与理论预测之间，仍然有一定差距。

2. 量子点发光二极管

发光二极管(light-emitting diode，LED)是一种注入式电致发光的新型固体冷光源，具有阈值电压低、结构紧凑、体积小、重量轻、能耗低、寿命长、响应快等优点，称为第四代高亮度光源。利用高效发光的量子点制成的 LED，称为量子点 LED (quantum dot light emitting device，QD-LED)。

1994 年，美国加州大学 Colvin 等人[24]，使用 CdSe 量子点作为发光层，聚对苯乙稀 poly(p-paraphenylene vinylene，PPV)作为空穴迁移层，首次制备出量子点 LED。直至 2009 年，韩国前沿实验室的 Cho 研究组[25]，采用 CdSe/CdS/ZnS 核壳量子点作为发光层，制备出红光量子点 LED，亮度达到 12380cd/m^2。最近报道表明，QD Vision 公司制备的红光量子点 LED 外量子效率已经达到 7.5%[26]。在 2011 年，本文作者在美国宾州州立大学期间，采用 ZnCuInS/ZnS 量子点和 poly-TPD(poly [N，N'-bis(4-butylphenyl)-N，N'-bis(phenyl) benzidine])补偿发光结构，首次制备出无重金属的白光量子点 LED[27]，亮度达到 450cd/m^2；同时制备出红、绿、黄色光 ZnCuInS/ZnS 量子点 LED[28]。

量子点 LED 优点主要有:①量子点 LED 发光层由半导体量子点胶体溶液旋涂制成,具有制备简单、成本低,以及可制成柔性器件等优点;②利用量子点尺寸调谐,可以获得不同波长的发射谱,量子点 LED 覆盖了从蓝光到红光的整个可见光波段。

然而,胶体量子点表面钝化层限制了胶体量子点的载流子迁移能力。胶体量子点的表面通常包覆一层有机配位体,这种配位体一般是长链有机酸或者氨。这层有机配位体可以防止量子点在溶液中团聚,并有效的活化表面,提高光致发光效率,光致发光量子产额可以达到 80%以上。但是,表面长链有机配位体电导率很低,量子点薄膜的载流子迁移能力受限,电致发光(electroluminescence,EL)效率仅为 5%~10%[26]。

3. 量子计算与通信

对量子点施加很小的电压,利用库仑阻塞效应,可以精确的控制电子流的数量,同时控制电子自旋的状态,实现数据的存贮或者计算。1998 年,Loss 描述了利用耦合量子点中单电子的自旋态构造量子比特,实现信息传递的方法[29]。通过技术的不断发展,在不久的将来可以利用量子点实现量子计算和组建量子计算机。

在保密量子通信中,是单个光子传递信息。要实现高质量的信号传输,最重要的是获得高质量的单光子源。目前实现单光子源的方法是通过光衰减获得单光子,但衰减技术无法获得真正意义上的单光子。使用低密度半导体量子点,可以实现这一要求。因为由单一量子点作为光子源,一般只会发射单个光子,这样就能够达到保密量子通信的要求。

4. 量子点红外探测器

由于红外探测器在夜视、跟踪、医学诊断、环境监测和空间科学等方面的广泛应用,日益受到人们重视。近年来,量子点红外探测器(quantum dot infrared photodetector,QDIP)逐渐发展起来。与量子阱器件相比,量子点红外探测器有很多优点:量子点探测器可以探测垂直入射的光,无需像量子阱探测器那样要制作复杂的光栅;量子点分立态间隔大约是 50~70meV,由于声子瓶颈效应,电子在量子点分立态上的弛豫时间比在量子阱能态的要长,利于制造工作温度高的器件,这时探测器不需冷却,会大大减少阵列和成像系统的成本;三维载流子受限降低了热发射,所以这类器件的暗电流较小。因此,量子点红外探测器具有良好的发展前景。

0.4.2 量子点太阳电池

太阳电池是一种可持续、符合环保要求的再生性能源,完全满足新能源发展战略的要求。根据所用材料的不同,太阳电池主要有四种类型:硅太阳电池,多元化合物薄膜太阳电池,有机聚合物(polymer)太阳电池,量子点太阳电池(quantum dot solar cell,QDSC)。硅太阳电池是当前比较成熟的技术,效率高(可以达到28%),但价格较高,工艺复杂;多元化合物薄膜太阳电池,理论上的效率可以达到30%(CdTe)和25%(GaAs),实验结果达到16%～22%,缺点是材料制备要求苛刻、工艺复杂,有些材料是稀有元素,缺乏柔性等;有机聚合物太阳电池是近几年太阳电池的研究方向之一,尽管它的转换效率只有5%～9%,但它具有分子结构自行设计合成、易加工、成本低、柔性好等特点,也受到人们的关注;量子点太阳电池利用高比表面积量子点薄膜,获得高的转换效率,而且量子点具有量子尺寸受限效应,会导致多激子产生,理论预计转换效率可以达到60.3%以上,远高于非纳米材料太阳电池的理论预计转换效率(约为43.9%)[30]。

2002年,加利福尼亚大学Alivisatos等人,首次利用CdSe量子点和P3HT(poly(3-hexylthiophene))组成太阳电池,转换效率达到1.7%[31]。这种器件的主要缺点是:CdSe量子点和P3HT只是吸收太阳光谱中可见光(<800nm)波段,没有充分利用太阳辐射中的近红外波段(800～2500nm)。改进的方法是采用Pb族量子点替代CdSe量子点。Pb族量子点玻尔半径大、禁带宽度小,具有强量子受限效应,会导致多激子产生[30];同时,良好的尺寸调谐能力(2～10nm)使其禁带宽度有较大的调整范围(0.4～1.5eV)。通过调整Pb族量子点尺寸,使其吸收光谱范围达到700～2500nm。2006年,美国宾夕法尼亚州立大学Xu的研究组,制备出PbSe量子点和有机物载流子收集层组成的太阳电池[32]。

近几年,利用胶体量子点作为光电转换材料制备量子点太阳电池,呈现出蓬勃发展的趋势。不同结构、不同量子点材料的量子点太阳电池不断见诸于报道。

0.4.3 量子点在生物医学中的应用

适用于生物医学应用的量子点主要是胶体量子点。不同材料的胶体量子点代替各种荧光染料分子与生物分子偶联,用于细胞器定位、信号传导原位杂交、胞内组分的运动和迁移等研究。另外,由于量子点的修饰基团与一些药物键合后会引起荧光性质的变化,也可用于药物的分析测定。图0.3示出胶体量子点作为荧光标记物,在生物医学中的一些重要应用[33]。

1. 细胞和分子生物学研究

量子点可以作为荧光探针标记各种蛋白质、脱氧核糖核酸(deoxyribonucleic acid,DNA)等生物分子,为生物分子的结构、功能、相互作用机制以及生物分子的识别和鉴定提供信息。例如,使用不同颜色量子点标记有关的生物分子,通过对量子点的荧光测定,可以实时观测活体细胞内部特定受体及生物分子之间的相互作用,研究活体细胞内的信号传递。

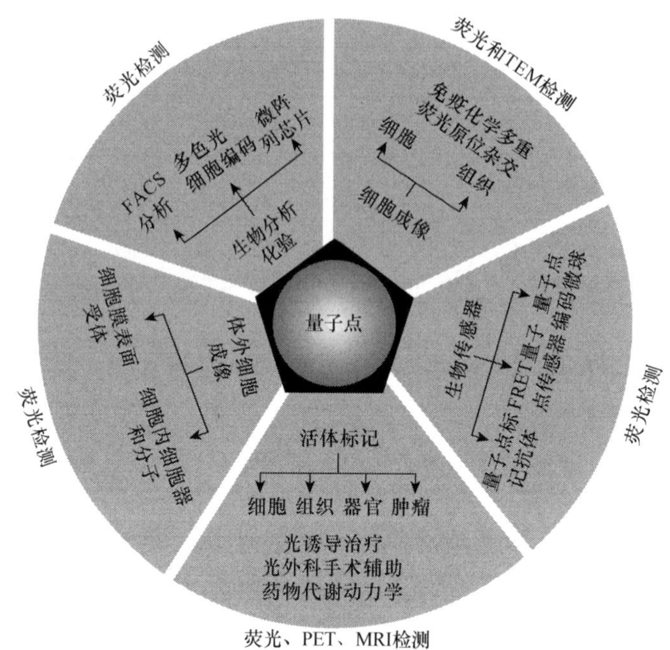

图 0.3 量子点作为荧光标记物在生物医学领域中的典型应用[33]

2. 肿瘤等疾病的检测和诊断

制备能与特殊分子结构和基团结合的量子点或将量子点与特异性的抗体键合，通过注射等方式进入活体内，利用其专一性的结合和荧光特性，建立灵敏、多元成像的疾病诊断方法。例如，肿瘤标志物是一种典型的生物分子，它的存在和相对数量标志着肿瘤的发生和肿瘤细胞的分化程度，检测和量化肿瘤标志物可以实现肿瘤早期诊断、分类和早期治疗。

3. 微生物和药物研究

胶体量子点具有可调的发射波长以满足不同供体的需求，其激发光谱较宽，便于选择不直接激发受体的激发光，使胶体量子点广泛应用于生物传感领域。胶体量子点生物传感主要用于金属和非金属离子、pH、糖类以及各种酶的活性检测。同时，胶体量子点在药物筛选、靶向药物开发及药物体内研究等方面也取得了可喜的进展。

对于那些尚不知明确靶点的药物，可以在若干可能的靶分子上结合不同颜色的量子点，通过检测药物作用前后的量子点荧光，能够省时、高效、高灵敏度地寻找到药物作用的真正靶点。胶体量子点也可用于药物的含量测定。如 Liang 等人使用CdS量子点对螺内酯的含量进行测定,他们发现[34]:在所选的最佳条件下,螺内酯浓度在215～700g/L时,浓度与量子点的猝灭(quench)程度有很好的线性关系,通过建立线性方程,求得猝灭常数,由此测定出片剂中螺内酯的含量。

4. 量子点的生物安全

综合而言,量子点合成方法的多样性导致量子点的毒性研究十分复杂,不同种类量子点表现出的物理化学性质也各不相同。例如Cd族量子点含有重金属Cd,它的泄漏会对生物体产生十分明显的毒性。量子点在体内吸收、分布、代谢、排泄和毒性取决于多个因素,其中包括量子点固有的物理化学性质和外部环境条件。量子点的尺寸、电荷、浓度、壳层材料、功能化基团和氧化、光化以及机械稳定性等因素都是量子点毒性的决定性因素。作为一种新兴的纳米材料,生物兼容性的量子点尚没有完全成熟,它远没有像传统的有机荧光材料那样被普遍使用于生物医学领域。胶体量子点作为一种极具应用潜力的新型生物传感纳米材料,要想真正实现生物医学领域的深入应用,除了在合成技术上不断优化,以期获得性能更加优异的量子点(如光学性质、生物适应性等),还应该进一步完善其生物安全性评价的研究。

参考文献

[1] Peng X. Nano Res, 2009,2:425.
[2] Rogach A L,Eychmüller A,Hickey S G,et al. Small,2007,3:536.
[3] Bera D,Qian L,Holloway P H. Semiconducting Quantum Dots for Bioimaging. New York: Informa Heathcare 2009,191.
[4] Kalyanasundaram K,Borgarello E,Duonghong D,et al. Angew. Chem. Int. Ed. Engl. ,1981, 20:987.
[5] Wang Y,Tang Z,Correa-Duarte M A,et al. J. Phys. Chem B,2004,108:15461.
[6] Zhuang J,Zhang X,Wang G,et al. J. Mater. Chem,2003,13:1853.
[7] Kho R,Torres-Martinez C L,Mehra R K,et al. Int. Sci,2000,227:561.
[8] Winter J O,Liu T Y,Korgel B A. Adv. Mater,2001,13:1673.
[9] Bawendi M G,Carroll P G,Brus L E,et al. J. Chem. Phys. ,1992,96:946.
[10] Murray C B,Norris D J,Bawendi M G. J. Am. Chem. Soc,1993,115:8706.
[11] Peng Z A,Peng X. J Am. Chem. Soc,2001,123:183.
[12] Qu L,Peng Z A,Peng X. Nano. Lett. ,2001,1:333.
[13] Yu W W,Peng X. Angew. Chem. Int. Ed. ,2002,41:2368.
[14] Yu W W,Wang Y A,Peng X. Chem. Mater. ,2003,15:4300.
[15] Yin Y,Alivisatos A P. Nature. 2005,437:664.
[16] Arakawa Y,Sakaki H,Nishioka M,et al. Jpn. J. Appl. Phys. ,1983,22:L804.
[17] Kstaedter N,Ledentsov N N,Mann M,et al. Eletron. Lett. ,1994,30:141.

[18] Zhukov A E ,Kovsh A R,Mikhrin S S,et al. Eleetron. Lett. ,1999,35:1845.
[19] Choi M T,Lee W,Kim J M,et al. Appl. Phys. Lett. ,2005,87:221107.
[20] Butkus M,Wileox K G,Rautiainen J,et al. Opt. Lett. ,2009,34:167.
[21] Huffaker D L,Park G,Zou Z,et al. Appl. Phys. Lett. ,1998,73:2564.
[22] Allen C N,Ortner G ,Dion C,et al. Appl. Phys. Lett. ,2006,88:11310.
[23] Renner J,Wbrsehech L,Forchel A,et al. Appl. PhyS. Lett. ,2006,89:231104.
[24] Colvin V L ,Schlamp M C,Alivisatos A P. Nature,1994,370:354.
[25] Cho K S,Lee E K,et al. Nature Photonics,2009,3:341.
[26] Wood V. Bulović V. Nano Reviews,2010,1:5202.
[27] Zhang Y,Xie C,Su H,et al. Nano Lett. ,2011,11:329.
[28] Tan Z,Zhang Y,Xie C,et al. Adv. Mater. 2011,23:3553.
[29] Loss D. DiVincenzo D P. Phys. Rev. A,1998,57:120.
[30] Schaller R D. Klimov V I. Phys. Rev. Lett,2004,92:18601.
[31] Huynh W U,Dittmer J J,Alivisatos A P. Science,2002,295:2425.
[32] Cui D,Xu J,Zhu T,et al. Appl. Phys. Lett. ,2006,88:183111.
[33] Michalet X,Pinaud F F,Bentolila L A,et al. Science,2005,307:538.
[34] Liang J G,Huang S H,Zeng D Y,et al. Talanta,2006,69:126.

第 1 章　量子点的电子结构与激子理论

量子点是零维纳米材料，其三个维度尺寸都小于 100nm，内部电子在各个方向上运动都受到限制，具有明显的量子受限效应。量子受限效应导致量子点的电子结构与体材料相比变化很大，呈现出类似于分子能级的分立结构。

在半导体材料(包括体材料和量子点)中，激子发挥着重要的作用。激子结构类似于一个类氢原子，但其玻尔半径(Bohr radius)要远大于氢原子的玻尔半径。对于胶体量子点，量子点的尺寸往往小于其的玻尔半径，激子能量结构会因此发生很大变化，从而极大地影响胶体量子点的物理性质。此外，由于量子点对激子的量子受限作用，导致激子与声子的相互作用、能量结构、运动特性等都会产生异于体材料的新现象。

1.1　晶体的微观结构

处于凝固状态下的物体，称为固体(solid)。按其结构，固体分为晶体(crystal)、准晶体(quasicrystal)和非晶体(amorphous)。这里主要讨论的是晶体。

1.1.1　空间点阵与晶格

理想的晶体是由原子或原子集团有规律的排列而成。晶体中原子种类越多，其结构越复杂。但是不论晶体的结构如何复杂，晶体中原子的排列是有序的。从认识晶体几何规律的角度看，可以将晶体中的原子或原子集团用其所在位置处的几何点代替，称为结点。这些相同的结点在空间作规则的周期性分布，称为空间点阵(space lattice)，也称为布拉维点阵(Bravais lattice)。

当晶体是由数种原子构成时，其基本单元(简称为基元，basis)也是由这数种原子组成。一个基元与一个结点对应，结点可以代表基元的重心，也可以取在基元的其他点上，但应保持结点在各基元中的位置都相同。基元在空间按一定方式作周期性排列，形成晶体。图 1.1 给出了二维晶体结构、基元和对应的点阵。

沿三个不同方向通过点阵中的结点作平行的直线族，将结点连接而构成一个三维网格，称为晶格(lattice)，也称为布拉维格子(Bravais lattice)。这时结点也称为格点(lattice point)，如图 1.2 所示。由于点阵中结点周期性排列，点阵的结点可以看成分布在一系列平行线或平行面上，称这些线面为一族晶列或晶面。它包含了点阵中所有的结点。点阵中应有无数族晶列，每族晶列定义了一个方向，称为晶向(crystal orientation)。

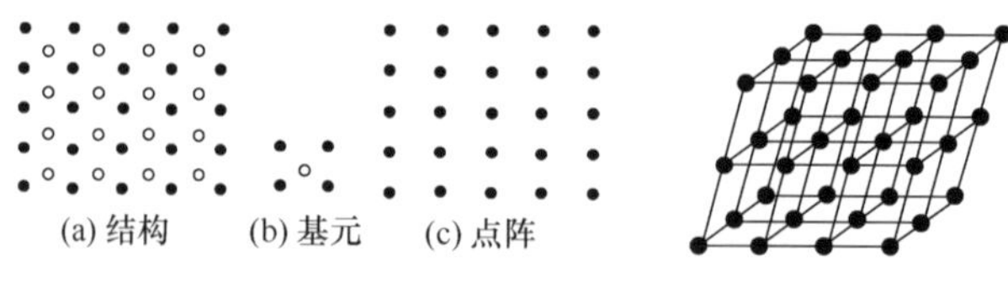

图 1.1　一种二维晶体结构及其点阵　　　图 1.2　晶格

从不同角度出发，晶体重复单元有两种选取方法：在固体物理学中，一般选取周期最小的重复单元，即原胞（primitive cell），一个原胞内只能容纳一个格点，即只能包括一个基元；在晶体学中，一般根据对称性选取最小的重复单元，即晶胞（也称为单胞，unit cell）。晶胞的体积可以是原胞体积的整数倍，包含若干个格点或基元。

为了精确描述一个给定的点阵，沿晶胞的三条棱边的矢量用 $\boldsymbol{a}$、$\boldsymbol{b}$、$\boldsymbol{c}$ 表示，称为晶胞基矢，其长度 a、b、c 一般称为晶格常数（lattice constant）。任意一个结点的平移矢量可以表示为

$$\boldsymbol{R}_l = m'\boldsymbol{a} + n'\boldsymbol{b} + p'\boldsymbol{c} \tag{1.1-1}$$

将上式中的三个系数 m'、n'、p' 简约为一组互质的整数 m、n、p

$$m' : n' : p' = m : n : p \tag{1.1-2}$$

这样一组互质整数表示为$[mnp]$，称为所选晶列的晶列指数。

同理，可以对晶面进行标记。对于晶面族中某个不过原点的晶面，它在三个晶胞基矢方向的截距分别是 $r\boldsymbol{a}$、$s\boldsymbol{b}$、$t\boldsymbol{c}$，则将三个系数的倒数 $1/r$、$1/s$、$1/t$ 简约为互质整数 h、k、l，表示为(hkl)，称为这一晶面族的米勒指数（Miller index）。

与之对应，也可以采用原胞来描述晶体的形成。取某一格点作为原点，由原点引出三条非共面矢量，其长度是相应方向的格点间距，分别以 $\boldsymbol{a}_1$、$\boldsymbol{a}_2$、$\boldsymbol{a}_3$ 表示，称为原胞基矢。于是任意格点的位置可以采用如下位矢表示：

$$\boldsymbol{R}_l = n_1\boldsymbol{a}_1 + n_2\boldsymbol{a}_2 + n_3\boldsymbol{a}_3 \tag{1.1-3}$$

式中，n_1、n_2、n_3是包括零在内的任意整数。同样可以对晶面进行标记。对于晶面族中某个不过原点的晶面，它在三个晶胞基矢方向的截距分别是 $r_\mu\boldsymbol{a}_1$、$s_\mu\boldsymbol{a}_2$、$t_\mu\boldsymbol{a}_3$，则将三个系数的倒数 $1/r_\mu$、$1/s_\mu$、$1/t_\mu$ 简约为互质整数 h_1、h_2、h_3，表示为$(h_1h_2h_3)$，称为这一晶面族的晶面指数。

值得注意的是，同一族晶面的晶面指数和米勒指数可能是不同的。此外，由于晶胞不是初基的，由 $\boldsymbol{a}$、$\boldsymbol{b}$、$\boldsymbol{c}$ 构成的平移矢量，只是点阵平移矢量的子集，通过它的平移得到的格点集合也只是全部点阵格点的子集。它会遗漏部分格点，致使在某些晶面族中遗漏部分晶面。于是，以米勒指数来标识这族晶面，其互质的(hkl)并不一定代表该族晶面中最靠近原点的那个晶面。

一般而言，晶体结构的对称性制约了基矢之间的关系，导致只能存在有限数目的布拉维格子。实际上，一共有 14 种布拉维格子。根据晶胞的形状，或基矢之间

的关系，可以将这 14 种布拉维格子划分为 7 类，称为 7 大晶系。图 1.3 给出 14 种布拉维格子的晶胞形态，每一种格子所属的晶系列于表 1.1 中。

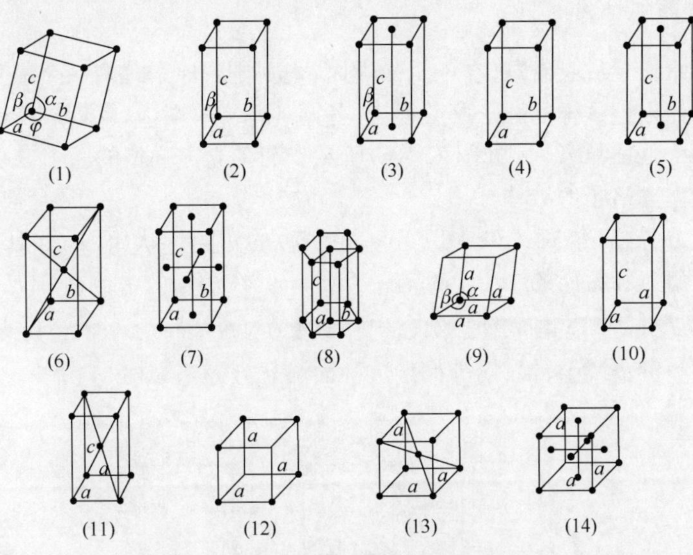

图 1.3　14 种布拉维格子的晶胞形态

表 1.1　7 大晶系与 14 种布拉维格子的特征

晶系	布拉维格子	晶胞基矢之间的关系
三斜	简式三斜	$\alpha \neq \beta \neq \gamma \neq 90^\circ$ $c < a < b$
单斜	简式单斜	$\alpha = \gamma = 90^\circ, \beta \neq 90^\circ$
	底心单斜	$c < a$
正交	简式正交	$\alpha = \beta = \gamma = 90^\circ$ $c < a < b$
	底心正交	
	体心正交	
	面心正交	
六角	六角	$\alpha = \beta = 90^\circ, \gamma = 120^\circ$ $a = b$
三角	三角	$\alpha = \beta = \gamma \neq 90^\circ$ $a = b = c$
四角	简式四角	$\alpha = \beta = \gamma = 90^\circ$ $a = b \neq c$
	体心四角	
立方	简单立方	$\alpha = \beta = \gamma = 90^\circ$ $a = b = c$
	体心立方	
	面心立方	

注：表中 a, b, c 分别为基矢 $\boldsymbol{a}$、$\boldsymbol{b}$、$\boldsymbol{c}$ 的长度；α, β, γ 分别为 $\boldsymbol{b}$ 与 $\boldsymbol{c}$、$\boldsymbol{c}$ 与 $\boldsymbol{a}$、$\boldsymbol{a}$ 与 $\boldsymbol{b}$ 间的夹角

1.1.2 几个常见的晶体结构

1. 立方晶体结构

如果把原子看成是硬球，在一个平面内，规则排列原子球的一个最简单的形式是正方形。如果把这样的原子层叠起来，各层的球完全对应，就形成所谓简单立方晶格(simple cubic lattice)，如图 1.4(a)所示。简单立方晶格的原子球心显然形成一个三维的立方格子的结构。

面心立方晶格(face-centered cubic lattice)的实际形状如图 1.4(b)所示。单元中每个顶角上和每面的中心上都有一个原子。在面心立方点阵中，最近原子间距离 $d=\sqrt{2}a/2$，a 是晶格常数。例如铝，$a=4.041$Å，$d=2.86$Å。许多常见的金属，如镍、铝和贵金属金、银、铜等都是这种面心立方晶格结构。

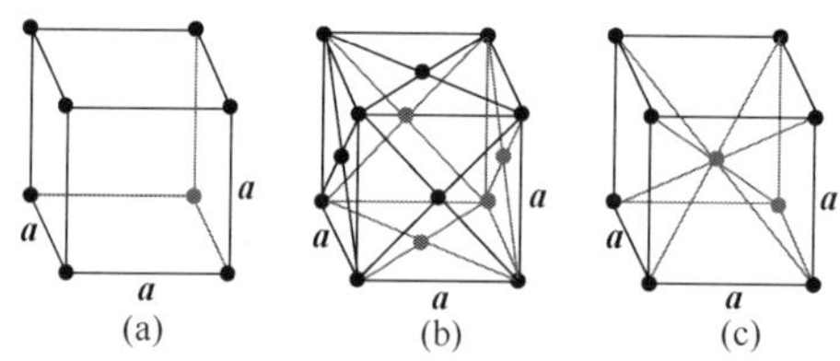

图 1.4 三种立方晶格结构

体心立方晶格(body-centered cubic lattice)的实际形状如图 1.4(c)所示。在单元的每个顶角上有一个原子，单元的中心也有一个原子。在体心立方点阵中，最近的原子间距为 $d=\sqrt{3}a/2$。一般碱金属 Li、Na、K、Cs 和难熔金属 Mo、Nb、Ta 等，都是这种体心立方晶格结构。

2. 金刚石结构

金刚石晶体由碳原子组成，其晶格结构如图 1.5(a)所示。碳原子除了占据立方体的四角和面心位置，在四条空间对角线上还有 4 个碳原子，其中两个处于对角线的 1/4 处，两个处于对角线的 3/4 处。显然，处于顶角和面心位置的原子与体内原子是两类位置不等价的原子。除了金刚石外，一些重要的元素半导体晶体，如 Si、Ge 等，也具有这种晶格结构。

3. NaCl 结构

将 Na^+ 离子和 Cl^- 离子交替排放在一个简单立方晶格上，构成 NaCl 结构，如图 1.5(b)所示。在这种结构中，Na^+ 离子和 Cl^- 离子分别是面心立方格子，但两类离子是不等价的。除了 NaCl 之外，LiF、KCl 等也具有这种晶格结构。

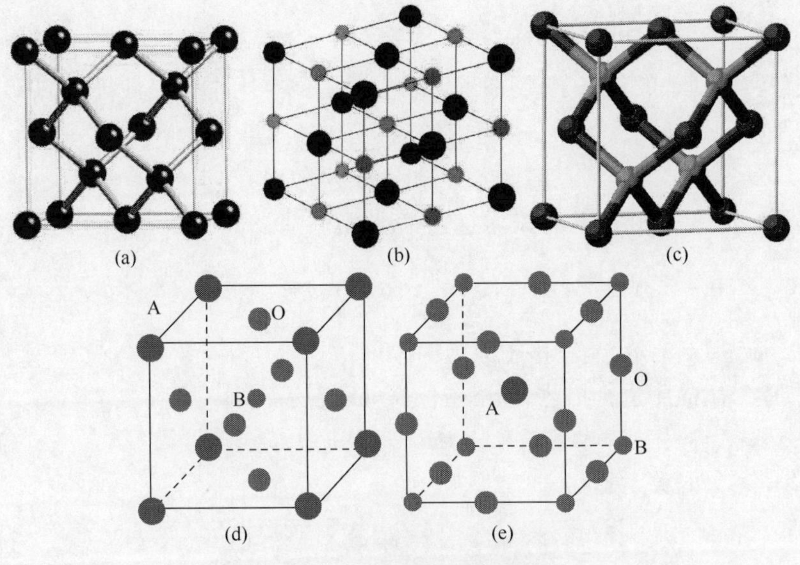

图 1.5　几种典型晶体结构图示

(a) 金刚石结构；(b) NaCl 结构；(c) 闪锌矿结构；(d) 钙钛矿结构 1；(e) 钙钛矿结构 2

4. 闪锌矿结构

在金刚石结构中，如果在面心立方位置放置 Zn^{2+} 离子，在空间对角线位置放 S^{2-} 离子，就形成了闪锌矿(zinc blende)结构，如图 1.5(c)所示。显然，在一个晶胞中含有 4 对异号离子。一些常见的化合物半导体材料，如 GaAs、ZnS、CuCl、ZnSe 等，都具有这种晶格结构。

5. 钙钛矿(ABO_3)结构

钙钛矿型复合氧化物因具有天然钙钛矿(perovskite，$CaTiO_3$)结构而命名，其化学组成可以表示为 ABO_3，典型结构如图 1.5(d，e)所示。如果 A 原子位于立方体的顶角，B 原子位于体心位置，则氧原子位于面心位置，于是 B 原子处于氧原子形成的八面体中心，具有 6 个氧配位；在图 1.5(e)中，B 原子位于立方体的顶角，晶胞中心由 A 原子占据，氧原子则位于立方体各个棱边中点处，A 原子具有 12 个氧配位。

钙钛矿结构氧化物是一个性能丰富而又成员数目庞大的家族，例如典型的铁电晶体 $BaTiO_3$、$LiNbO_3$、$PbZrO_3$ 等。此外，高温超导体的稀土铜氧化物和近年发现的具有特大磁电阻的稀土锰氧化物，均具有钙钛矿结构或变形的钙钛矿结构。

1.1.3 晶面族面间距的计算

类似实空间中的正格子，倒格子可以看成由倒空间中周期性排列的倒格点组成。于是得到与晶面族$(h_1h_2h_3)$对应的倒格子位矢是

$$\boldsymbol{K}_{h_1h_2h_3}=h_1\boldsymbol{b}_1+h_2\boldsymbol{b}_2+h_3\boldsymbol{b}_3 \tag{1.1-4}$$

式中，$\boldsymbol{b}_1$、$\boldsymbol{b}_2$、$\boldsymbol{b}_3$ 是倒格子的基矢，与正空间原胞的基矢 $\boldsymbol{a}_1$、$\boldsymbol{a}_2$、$\boldsymbol{a}_3$ 有如下关系：

$$\boldsymbol{b}_1=\frac{2\pi}{\Omega}(\boldsymbol{a}_2\times\boldsymbol{a}_3),\quad \boldsymbol{b}_2=\frac{2\pi}{\Omega}(\boldsymbol{a}_3\times\boldsymbol{a}_1),\quad \boldsymbol{b}_3=\frac{2\pi}{\Omega}(\boldsymbol{a}_1\times\boldsymbol{a}_2) \tag{1.1-5}$$

式中，$\Omega=\boldsymbol{a}_1\cdot(\boldsymbol{a}_2\times\boldsymbol{a}_3)$是正格子原胞的体积。

同理，采用晶胞进行描述，倒格子位矢可以表示为

$$\boldsymbol{K}_{hlk}=h\boldsymbol{a}'+l\boldsymbol{b}'+k\boldsymbol{c}' \tag{1.1-6}$$

正、倒格子基矢的关系是

$$\boldsymbol{a}'=\frac{2\pi}{\Omega'}(\boldsymbol{b}\times\boldsymbol{c}),\quad \boldsymbol{b}'=\frac{2\pi}{\Omega'}(\boldsymbol{c}\times\boldsymbol{a}),\quad \boldsymbol{c}'=\frac{2\pi}{\Omega'}(\boldsymbol{a}\times\boldsymbol{b}) \tag{1.1-7}$$

式中，$\Omega'=\boldsymbol{a}\cdot(\boldsymbol{b}\times\boldsymbol{c})$是正格子晶胞的体积。

对于晶面指数是$(h_1h_2h_3)$的晶面族，易于导出面间距是

$$d_{h_1h_2h_3}=\frac{2\pi}{|\boldsymbol{K}_{h_1h_2h_3}|} \tag{1.1-8}$$

值得注意的是，在结晶学中经常使用米勒指数(hkl)表示晶面族，而晶面族面间距又是一个在很多问题中都很有用的参数，所以找出由(hkl)表示面间距 d_{hkl} 的公式是必要的。下面我们针对几种常见结构的晶体，给出由(hkl)表示面间距 d_{hkl} 的计算公式。

1. 面心正交布拉维格子

设晶胞三个边长分别是 a、b、c，则晶胞的基矢表示为

$$\boldsymbol{a}=a\boldsymbol{i},\quad \boldsymbol{b}=b\boldsymbol{j},\quad \boldsymbol{c}=c\boldsymbol{k} \tag{1.1-9}$$

对应原胞的基矢是

$$\boldsymbol{a}_1=\frac{1}{2}(b\boldsymbol{j}+c\boldsymbol{k}),\quad \boldsymbol{a}_2=\frac{1}{2}(c\boldsymbol{k}+a\boldsymbol{i}),\quad \boldsymbol{a}_3=\frac{1}{2}(a\boldsymbol{i}+b\boldsymbol{j}) \tag{1.1-10}$$

原胞体积是 $\Omega=abc/4$，晶胞体积是 $\Omega'=abc$，倒格子的基矢是

$$\boldsymbol{b}_1=-\frac{2\pi}{a}\boldsymbol{i}+\frac{2\pi}{b}\boldsymbol{j}+\frac{2\pi}{c}\boldsymbol{k},\quad \boldsymbol{b}_2=\frac{2\pi}{a}\boldsymbol{i}-\frac{2\pi}{b}\boldsymbol{j}+\frac{2\pi}{c}\boldsymbol{k},\quad \boldsymbol{b}_3=\frac{2\pi}{a}\boldsymbol{i}+\frac{2\pi}{b}\boldsymbol{j}-\frac{2\pi}{c}\boldsymbol{k} \tag{1.1-11}$$

与晶面指数$(h_1h_2h_3)$标志的晶面族相垂直的最短倒格矢为

$$\boldsymbol{K}_{h_1h_2h_3}=\frac{2\pi}{a}(-h_1+h_2+h_3)\boldsymbol{i}+\frac{2\pi}{b}(h_1-h_2+h_3)\boldsymbol{j}+\frac{2\pi}{c}(h_1+h_2-h_3)\boldsymbol{k} \tag{1.1-12}$$

以米勒指数(hkl)标志晶面族实际上是借用了简单正交布拉维格子的结果，因而相应的晶胞倒格子基矢为

$$\boldsymbol{a}'=\frac{2\pi}{a}\boldsymbol{i},\quad \boldsymbol{b}'=\frac{2\pi}{b}\boldsymbol{j},\quad \boldsymbol{c}'=\frac{2\pi}{c}\boldsymbol{k} \tag{1.1-13}$$

对应的倒格矢是

$$\boldsymbol{K}_{hkl}=\frac{2\pi}{a}h\boldsymbol{i}+\frac{2\pi}{b}k\boldsymbol{j}+\frac{2\pi}{c}l\boldsymbol{k} \tag{1.1-14}$$

利用如下条件：

$$\boldsymbol{K}_{h_1h_2h_3}=\boldsymbol{K}_{hkl} \tag{1.1-15}$$

得到晶面指数与米勒指数的关系是

$$h=-h_1+h_2+h_3,k=h_1-h_2+h_3,l=h_1+h_2-h_3 \tag{1.1-16a}$$

$$h_1=(k+l)/2,h_2=(l+h)/2,h_3=(h+k)/2 \tag{1.1-16b}$$

注意到，h_1、h_2、h_3必须是互质整数，以保证$\boldsymbol{K}_{h_1h_2h_3}$是垂直于$(h_1h_2h_3)$的晶面族的最短倒格矢。但是，式(1.1-16)给出的h_1、h_2、h_3未必一定满足这个要求。原因在于$\boldsymbol{K}_{hkl}$是简单正交格子对应的倒格矢，它不一定是面心正交格子的倒格矢。考虑这个因素后，得到如下关系：

$$d_{hkl}=\begin{cases}\dfrac{2\pi}{|\boldsymbol{K}_{hkl}|} & hkl\text{ 均为奇数}\\[2ex] \dfrac{2\pi}{2|\boldsymbol{K}_{hkl}|} & hkl\text{ 有奇有偶}\end{cases} \tag{1.1-17}$$

将式(1.1-12)代入，得到

$$d_{hkl}=\begin{cases}\left[\left(\dfrac{h}{a}\right)^2+\left(\dfrac{k}{b}\right)^2+\left(\dfrac{l}{c}\right)^2\right]^{-\frac{1}{2}} & hkl\text{ 均为奇数}\\[2ex] \dfrac{1}{2}\left[\left(\dfrac{h}{a}\right)^2+\left(\dfrac{k}{b}\right)^2+\left(\dfrac{l}{c}\right)^2\right]^{-\frac{1}{2}} & hkl\text{ 有奇有偶}\end{cases} \tag{1.1-18}$$

2. 体心正交布拉维格子

这时对应原胞的基矢是

$$\boldsymbol{a}_1=\frac{1}{2}(-a\boldsymbol{i}+b\boldsymbol{j}+c\boldsymbol{k}),\quad \boldsymbol{a}_2=\frac{1}{2}(a\boldsymbol{i}-b\boldsymbol{j}+c\boldsymbol{k}),\quad \boldsymbol{a}_3=\frac{1}{2}(a\boldsymbol{i}+b\boldsymbol{j}-c\boldsymbol{k}) \tag{1.1-19}$$

原胞体积是$\Omega=abc/2$，晶胞体积是$\Omega'=abc$，倒格子的基矢是

$$\boldsymbol{b}_1=\frac{2\pi}{b}\boldsymbol{j}+\frac{2\pi}{c}\boldsymbol{k},\quad \boldsymbol{b}_2=\frac{2\pi}{a}\boldsymbol{i}+\frac{2\pi}{c}\boldsymbol{k},\quad \boldsymbol{b}_3=\frac{2\pi}{a}\boldsymbol{i}+\frac{2\pi}{b}\boldsymbol{j} \tag{1.1-20}$$

与晶面指数$(h_1h_2h_3)$标志的晶面族相垂直的最短倒格矢为

$$\boldsymbol{K}_{h_1h_2h_3}=\frac{2\pi}{a}(h_2+h_3)\boldsymbol{i}+\frac{2\pi}{b}(h_1+h_3)\boldsymbol{j}+\frac{2\pi}{c}(h_1+h_2)\boldsymbol{k} \tag{1.1-21}$$

利用式(1.1-15)的条件，得到晶面指数与米勒指数的关系是

$$h=h_2+h_3,k=h_1+h_3,l=h_1+h_2 \tag{1.1-22a}$$

$$h_1=(-h+k+l)/2,\ h_2=(l-k+h)/2,h_3=(h+k-l)/2 \tag{1.1-22b}$$

同理，h_1、h_2、h_3必须是互质整数，得到如下关系：

$$d_{hkl}=\begin{cases}\dfrac{2\pi}{|\boldsymbol{K}_{hkl}|} & h+k+l=\text{偶数}\\[2ex] \dfrac{2\pi}{2|\boldsymbol{K}_{hkl}|} & h+k+l=\text{奇数}\end{cases} \tag{1.1-23}$$

将式(1.1-21)代入，得到

$$d_{hkl}=\begin{cases}\left[\left(\dfrac{h}{a}\right)^2+\left(\dfrac{k}{b}\right)^2+\left(\dfrac{l}{c}\right)^2\right]^{-\frac{1}{2}} & h+k+l=\text{偶数}\\[2ex] \dfrac{1}{2}\left[\left(\dfrac{h}{a}\right)^2+\left(\dfrac{k}{b}\right)^2+\left(\dfrac{l}{c}\right)^2\right]^{-\frac{1}{2}} & h+k+l=\text{奇数}\end{cases} \tag{1.1-24}$$

3. 底心正交布拉维格子

这时对应原胞的基矢和倒格子的基矢是

$$\boldsymbol{a}_1=\frac{1}{2}(a\boldsymbol{i}-b\boldsymbol{j}),\quad \boldsymbol{a}_2=\frac{1}{2}(a\boldsymbol{i}+b\boldsymbol{j}),\quad \boldsymbol{a}_3=c\boldsymbol{k} \tag{1.1-25}$$

$$\boldsymbol{b}_1=\frac{2\pi}{a}\boldsymbol{i}-\frac{2\pi}{b}\boldsymbol{j},\quad \boldsymbol{b}_2=\frac{2\pi}{a}\boldsymbol{i}+\frac{2\pi}{b}\boldsymbol{j},\quad \boldsymbol{b}_3=\frac{2\pi}{c}\boldsymbol{k} \tag{1.1-26}$$

与晶面指数$(h_1h_2h_3)$标志的晶面族相垂直的最短倒格矢为

$$\boldsymbol{K}_{h_1h_2h_3}=\frac{2\pi}{a}(h_1+h_2)\boldsymbol{i}+\frac{2\pi}{b}(-h_1+h_2)\boldsymbol{j}+\frac{2\pi}{c}h_3\boldsymbol{k} \tag{1.1-27}$$

利用式(1.1-15)的条件，得到晶面指数与米勒指数的关系是

$$h=h_1+h_2,\quad k=-h_1+h_2,\quad l=h_3 \tag{1.1-28a}$$

$$h_1=(h-k)/2,\quad h_2=(k+h)/2,\quad h_3=l/2 \tag{1.1-28b}$$

同理，h_1、h_2、h_3必须是互质整数，得到如下关系：

$$d_{hkl}=\begin{cases}\dfrac{2\pi}{|\boldsymbol{K}_{hkl}|} & h+k=\text{偶数}\\[2ex] \dfrac{2\pi}{2|\boldsymbol{K}_{hkl}|} & h+k=\text{奇数}\end{cases} \tag{1.1-29}$$

将式(1.1-27)代入，得到

$$d_{hkl}=\begin{cases}\left[\left(\frac{h}{a}\right)^2+\left(\frac{k}{b}\right)^2+\left(\frac{l}{c}\right)^2\right]^{-\frac{1}{2}} & h+k=\text{偶数}\\ \frac{1}{2}\left[\left(\frac{h}{a}\right)^2+\left(\frac{k}{b}\right)^2+\left(\frac{l}{c}\right)^2\right]^{-\frac{1}{2}} & h+k=\text{奇数}\end{cases} \tag{1.1-30}$$

4. 体心四方、面心立方、体心立方布拉维格子

与上述分析类似，对于体心四方和体心立方布拉维格子可以得到如下结果：

$$d_{hkl}=\begin{cases}\left[\left(\frac{h}{a}\right)^2+\left(\frac{k}{b}\right)^2+\left(\frac{l}{c}\right)^2\right]^{-\frac{1}{2}} & h+k+l=\text{偶数}\\ \frac{1}{2}\left[\left(\frac{h}{a}\right)^2+\left(\frac{k}{b}\right)^2+\left(\frac{l}{c}\right)^2\right]^{-\frac{1}{2}} & h+k+l=\text{奇数}\end{cases} \tag{1.1-31}$$

对于面心立方布拉维格子可以得到如下结果：

$$d_{hkl}=\begin{cases}\left[\left(\frac{h}{a}\right)^2+\left(\frac{k}{b}\right)^2+\left(\frac{l}{c}\right)^2\right]^{-\frac{1}{2}} & hkl\ \text{均为奇数}\\ \frac{1}{2}\left[\left(\frac{h}{a}\right)^2+\left(\frac{k}{b}\right)^2+\left(\frac{l}{c}\right)^2\right]^{-\frac{1}{2}} & hkl\ \text{有奇有偶}\end{cases} \tag{1.1-32}$$

1.2　半导体量子点电子结构近似理论

由于量子点结构处于宏观周期性体相材料和微观原子、分子之间的中介状态，其电子结构经历了从体材料的连续能带到类原子、分子的准分裂能级。因此，量子点电子结构的研究可以从两方面入手：一种是从固体能带理论出发向量子点结构的演变；另一种是从分子体系向量子点结构的过渡。目前，由于前一种方法基于当今发展得比较完善的固体能带理论，所以使用的较为普遍，主要包括：有效质量近似(effective mass approximation，EMA)理论[1~4]，紧束缚近似(tight binding approach，TBA)理论[5~8]，经验赝势方法(empirical pseudopotential method，EPM)[9,10]，密度泛函理论(density functional theory，DFT)[11,12]，$\boldsymbol{k}\cdot\boldsymbol{p}$ 模型($\boldsymbol{k}\cdot\boldsymbol{p}$ method)[13~15]等理论方法，其中有效质量近似理论应用得比较普遍。我们重点介绍 EMA 理论，并对其他理论方法加以简单说明。

1.2.1　有效质量近似理论

根据晶体的空间点阵理论，共有化电子实际上是在点阵所产生的周期性势场中运动。由于共有化电子与自由电子的运动相似，因此这些电子的运动规律可以

模拟自由电子运动规律，采用近似方法处理。由量子理论可知，一个动量为 $\boldsymbol{p}=\hbar\boldsymbol{k}$ ($\hbar=h/2\pi$，h 是普朗克常数)、能量是 E、沿波矢 $\boldsymbol{k}$ 方向运动的电子，波函数是

$$\psi(\boldsymbol{r},t)=\psi(\boldsymbol{r})\mathrm{e}^{-\mathrm{i}\frac{E}{\hbar}t} \tag{1.2-1}$$

式中，$\psi(\boldsymbol{r})$满足如下定态薛定谔(Schrödinger)方程：

$$\left[-\frac{\hbar^2}{2m_0}\nabla^2+V(\boldsymbol{r})\right]\psi(\boldsymbol{r})=E\psi(\boldsymbol{r}) \tag{1.2-2}$$

对于晶体而言，势能函数 $V(\boldsymbol{r})$是一个与时间无关的空间周期性函数。

根据布洛赫定理(Bloch′s theorem)，周期场中单电子波函数是一个调幅平面波，定态薛定谔方程(1.2-2)的解对应于布洛赫波(Bloch wave)的波函数，可以表示为

$$\psi(\boldsymbol{r},t)=u_k(\boldsymbol{r})\mathrm{e}^{\mathrm{i}\boldsymbol{k}\cdot\boldsymbol{r}} \tag{1.2-3}$$

式中，调幅因子 $u_k(\boldsymbol{r}+\boldsymbol{R}_l)=u_k(\boldsymbol{r})$，是点阵的周期函数。其能量 E 可以看作波数 k 的函数，即有

$$E=\frac{p^2}{2m_0}=\frac{\hbar^2k^2}{2m_0} \tag{1.2-4}$$

m_0是电子质量。与之相似，晶体中共有化电子的能量亦可看做波数 k 的函数，$E=E(\boldsymbol{k})$。图 1.6(a)给出一维晶体中电子的能量分布，由于 k 的取值范围受到限制，在 $k=n\pi/a$ 处不允许出现能量状态，形成能量间隙。由于共有化电子的 k 有一定的取值范围，由原来确定的量子数 n、l、m_l 所标志的能态，现在转化为占有一定的能量范围的许多能态，通常把这样的能量范围(实际上与某一组确定的 n、l、m_l 相对应)称为能带(energy band)，如图 1.6(b)所示。图中表示相邻能带之间可以有一定的能量间隔存在，称为禁带(forbidden band)。应当指出，在某些晶体中，能带并不总是被禁带所分开，它们可能部分重叠，甚至由于相邻能带间强烈作用，可能重新分裂成新的能带。

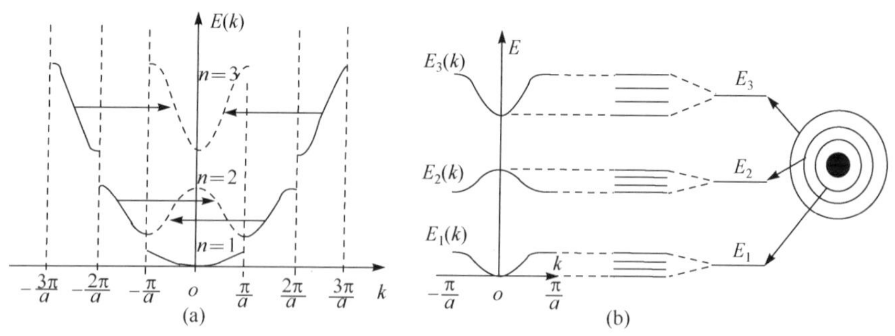

图 1.6　晶体中电子能带的形成

如果一个能带中所有状态都被电子填满，此能带称为满带(filled band)。与满

带的情况相反，如果能带中的所有能级并未被电子填满，仍有一部分能级空着，这样的能带就称为导带(conduction band)。由于导带中有许多空的能级，当有外电场作用时，电子可以改变其运动状态，参与导电。

由于某种原因，如热激发，满带可能失去若干电子，相应的要出现若干空状态，称之为空穴(hole)。虽然满带中电子的状态可以发生改变，参与导电，但电子状态的改变要受到随时改变的空状态的制约。因此我们把满带中出现空状态所获得的导电性，不直接归于电子，而归于空穴。一般而言，参与导电的粒子称为载流子(carrier)。

在一般情况下，原子内层能级填满电子，而外层电子能级可能填满、也可能未填满。原子结合成晶体时，电子能级转化成晶体能带，其状态数与这些原子单独存在时该能级的总状态数相等。所以原子的内层能级形成能带后总被电子占满，即形成满带；原子最外层电子(价电子)所在能级形成的能带，可能被电子占满，也可能未被占满，形成满带或导带，习惯上称为价带(valence band)。至于原子激发能级(一般没有电子)形成能带时，必然空着没有电子，称为空带。但实际上热激发总是存在的，空带中多少有一些电子，它们可以参与导电，通常将空带归入导带之列。相对比较，人们更关注价带附近的一两个能带。

在实际晶体中，电子不是自由电子，其状态可以视为波矢 $\boldsymbol{k}_0$ 附近 $\Delta\boldsymbol{k}$ 范围内布洛赫波函数的叠加，形成一个波包(wave packet)。相应的波函数可以表示为

$$\psi_k(\boldsymbol{r},t)=\frac{1}{\Delta\boldsymbol{k}}\int_{k_0-\frac{\Delta k}{2}}^{k_0+\frac{\Delta k}{2}}u_k(\boldsymbol{r})\exp\left[\mathrm{i}\left(\boldsymbol{k}\cdot\boldsymbol{r}-\frac{E(\boldsymbol{k})}{\hbar}t\right)\right]\mathrm{d}\boldsymbol{k} \tag{1.2-5}$$

考虑到波包 $\boldsymbol{k}$ 的分布是在 $\boldsymbol{k}_0$ 附近较小范围，$u_k(\boldsymbol{r})\approx u_{k_0}(\boldsymbol{r})$。同时有如下展开：

$$E(\boldsymbol{k})=E(\boldsymbol{k}_0)+[\nabla_k E(\boldsymbol{k})]_{k_0}\cdot\delta\boldsymbol{k}+\cdots \tag{1.2-6}$$

则式(1.2-5)可以写为

$$\psi_k(\boldsymbol{r},t)\approx\frac{u_{k_0}(\boldsymbol{r})}{\Delta\boldsymbol{k}}\exp\left[\mathrm{i}\left(\boldsymbol{k}_0\cdot\boldsymbol{r}-\frac{E(\boldsymbol{k}_0)}{\hbar}t\right)\right]\int_{-\frac{\Delta k}{2}}^{\frac{\Delta k}{2}}\exp\left[\mathrm{i}\delta\boldsymbol{k}\cdot\left(\boldsymbol{r}-\frac{\nabla_k E(\boldsymbol{k})\big|_{k_0}}{\hbar}t\right)\right]\mathrm{d}(\delta\boldsymbol{k}) \tag{1.2-7}$$

上式表明，波包局限在晶体的一定区域内，而且位置是时间的函数。我们将波包中心的位置认定为电子的位置，有

$$\boldsymbol{r}=\frac{\nabla_k E(\boldsymbol{k})}{\hbar}t \tag{1.2-8}$$

显然，波包运动的速度是

$$\boldsymbol{v}=\frac{\nabla_k E(\boldsymbol{k})}{\hbar} \tag{1.2-9}$$

这表明波包的运动速度就是波矢为 $\boldsymbol{k}$、能量为 $E(\boldsymbol{k})$ 的布洛赫电子的群速度。相应的加速度是

$$\frac{\mathrm{d}\boldsymbol{v}}{\mathrm{d}t}=\frac{1}{\hbar}\left(\frac{\mathrm{d}\boldsymbol{k}}{\mathrm{d}t}\cdot\nabla_{\boldsymbol{k}}\right)\nabla_{\boldsymbol{k}}E(\boldsymbol{k})=\left(\boldsymbol{F}\cdot\frac{1}{\hbar^2}\nabla_{\boldsymbol{k}}\right)\nabla_{\boldsymbol{k}}E(\boldsymbol{k}) \tag{1.2-10}$$

这里，$\boldsymbol{F}=\hbar\dfrac{\mathrm{d}\boldsymbol{k}}{\mathrm{d}t}$。上式与牛顿运动方程比较，定义电子的有效质量 m 是

$$\frac{1}{m}=\frac{1}{\hbar^2}\nabla_{\boldsymbol{k}}\nabla_{\boldsymbol{k}}E(\boldsymbol{k}) \tag{1.2-11}$$

如果采用主轴坐标系，上式的分量表示式是

$$\frac{1}{m_\alpha}=\frac{1}{\hbar^2}\frac{\partial^2E(\boldsymbol{k})}{\partial^2k_\alpha},\quad \alpha=x,y,z \tag{1.2-12}$$

引入电子(或空穴)有效质量的概念，可以包含固体材料内部势场的作用，在解决载流子在外场作用下的运动规律时，可以略去材料内部势场的作用。电子和空穴的有效质量可以通过实验确定。

1.2.2 经验赝势近似理论

在半导体材料中，价电子波函数与内层电子波函数的正交性表现出一种排斥势的作用，它在很大程度上抵消了离子实内部势的吸引作用。由此提出赝势的概念：在求解固体的单电子波动方程时，用假想的势能代替离子实内部的真实势能，若不改变电子的能量本征值及其在离子实之间区域的波函数，则这个假想的势能叫做赝势。这就是 J C Phillips 和 L Kleinman 于 1959 年提出的赝势近似理论[16]。

在半导体材料中，采用赝势近似方法得到电子和空穴单粒子波函数满足的 Hartree-like 耦合方程[17]

$$\left[-\frac{\hbar^2}{2m_0}\nabla_{\mathrm{e}}^2+V_{\mathrm{ps}}(\boldsymbol{r}_{\mathrm{e}})-\frac{e^2}{4\pi\varepsilon_0\varepsilon}\int\frac{|\psi_{\mathrm{h}}(\boldsymbol{r}_{\mathrm{h}})|^2}{|\boldsymbol{r}_{\mathrm{e}}-\boldsymbol{r}_{\mathrm{h}}|}\mathrm{d}\tau_{\mathrm{h}}\right]\psi_{\mathrm{e}}(\boldsymbol{r}_{\mathrm{e}})=E_{\mathrm{e}}\psi_{\mathrm{e}}(\boldsymbol{r}_{\mathrm{e}}) \tag{1.2-13a}$$

$$\left[-\frac{\hbar^2}{2m_0}\nabla_{\mathrm{h}}^2+V_{\mathrm{ps}}(\boldsymbol{r}_{\mathrm{h}})-\frac{e^2}{4\pi\varepsilon_0\varepsilon}\int\frac{|\psi_{\mathrm{e}}(\boldsymbol{r}_{\mathrm{e}})|^2}{|\boldsymbol{r}_{\mathrm{e}}-\boldsymbol{r}_{\mathrm{h}}|}\mathrm{d}\tau_{\mathrm{e}}\right]\psi_{\mathrm{h}}(\boldsymbol{r}_{\mathrm{h}})=E_{\mathrm{h}}\psi_{\mathrm{h}}(\boldsymbol{r}_{\mathrm{h}}) \tag{1.2-13b}$$

这里，m_0是真空中电子质量，$V_{\mathrm{ps}}(\boldsymbol{r})$是量子点区域的赝势，它可以表示为原子屏蔽势的组合，即

$$V_{\mathrm{ps}}(\boldsymbol{r})=\sum_{\alpha}\upsilon_\alpha(\boldsymbol{r}-\boldsymbol{R}_\alpha) \tag{1.2-14}$$

式中，υ_α 是位于晶格 $\boldsymbol{R}_\alpha$ 处的第 α 个原子贡献的赝势。

为了求解式(1.2-13)，可以取如下单粒子薛定谔方程近似：

$$\left[-\frac{\hbar^2}{2m_0}\nabla^2+V_{\mathrm{ps}}(\boldsymbol{r}_{\mathrm{e}})\right]\psi_i^0(\boldsymbol{r})=E_i^0\psi_i^0(\boldsymbol{r}) \tag{1.2-15}$$

相应的空穴与电子的库仑作用能量是

$$E_{eh}=\frac{e^2}{4\pi\varepsilon_0\varepsilon}\int\frac{|\psi_e^0(\boldsymbol{r}_e)|^2\ |\psi_h^0(\boldsymbol{r}_h)|^2}{|\boldsymbol{r}_e-\boldsymbol{r}_h|}d\tau_e d\tau_h \tag{1.2-16}$$

如果选择一个适当的赝势，可以比较容易的确定出基本真实的能量结构。由于赝势是一个比真实势平缓的函数，在很多情况下，对于导带电子或价带空穴来讲，近自由电子近似是一个良好的近似。此外，赝势的选择并不是唯一的，可以根据具体情况选择。

Wang 等人采用经验赝势近似理论计算了 CdSe 量子点的禁带宽度随量子点直径变化曲线，如图 1.7 所示[18]。图中比较了无限深势阱下 EMA 的计算结果，EPM 的近似结果更接近于实验数据。

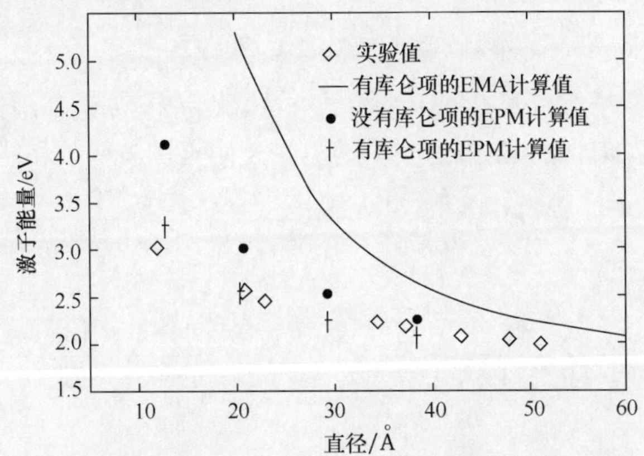

图 1.7　EPM 近似计算 CdSe 量子点禁带宽度随尺寸的变化曲线[18]

1.2.3　$\boldsymbol{k}\cdot\boldsymbol{p}$ 近似理论

半导体的物理性质主要决定于导带和价带边的能带结构，$\boldsymbol{k}\cdot\boldsymbol{p}$ 近似理论是确定 $k=0$ 点附近能带结构最简便的方法。

在周期性势场 $V(\boldsymbol{r})$ 中，对于一个确定的 k，可以对应于无穷多个分立的能量 $E_n(k)$ 和相应的本征波函数 $\psi_n(k,\boldsymbol{r})$，其中，$n=1,2,3\cdots$，是能带序号。这时，单粒子(电子或空穴)波函数是布洛赫波函数，由式(1.2-3)表示。将一个确定 $\boldsymbol{k}$ 的布洛赫波代入能量本征值方程，有

$$\left[-\frac{\hbar^2}{2m_0}\nabla^2+V(\boldsymbol{r})\right]e^{i\boldsymbol{k}\cdot\boldsymbol{r}}u_n(\boldsymbol{k},\boldsymbol{r})=E_n(\boldsymbol{k})e^{i\boldsymbol{k}\cdot\boldsymbol{r}}u_n(\boldsymbol{k},\boldsymbol{r}) \tag{1.2-17}$$

用 $e^{-i\boldsymbol{k}\cdot\boldsymbol{r}}$ 乘以上式两端，得到

$$\hat{H}u_n(\boldsymbol{k},\boldsymbol{r})=E_n(\boldsymbol{k})u_n(\boldsymbol{k},\boldsymbol{r}) \tag{1.2-18}$$

其中，

$$\hat{H}=e^{-i\boldsymbol{k}\cdot\boldsymbol{r}}\hat{H}_0e^{i\boldsymbol{k}\cdot\boldsymbol{r}}=\hat{H}_0+\frac{\hbar}{m_0}\boldsymbol{k}\cdot\boldsymbol{p}+\frac{\hbar^2k^2}{2m_0} \tag{1.2-19}$$

式中，$\boldsymbol{p}=-\mathrm{i}\hbar\nabla$是动量算符，且

$$\hat{H}_0=-\frac{\hbar^2}{2m_0}\nabla^2+V(\boldsymbol{r}) \tag{1.2-20}$$

对于带边情况，$k=0$。上式方程表示为

$$\hat{H}_0 u_n(0,\boldsymbol{r})=E_n(0)u_n(0,\boldsymbol{r}) \tag{1.2-21}$$

与式(1.2-18)比较，这里少了两项。在带边附近时，k 是小值，可以认为这两项是微扰项，即

$$\text{一级微扰，与 } k \text{ 成正比：} \hat{H}^{(1)}=\frac{\hbar}{m_0}\boldsymbol{k}\cdot\boldsymbol{p} \tag{1.2-22}$$

$$\text{二级微扰，与 } k^2 \text{ 成正比：} \hat{H}^{(2)}=\frac{\hbar^2 k^2}{2m_0} \tag{1.2-23}$$

利用上述微扰理论求解量子点能带结构的方法，称为 $\boldsymbol{k}\cdot\boldsymbol{p}$ 近似理论。

采用 $\boldsymbol{k}\cdot\boldsymbol{p}$ 近似理论，在主轴坐标系下，带边附近的波函数和能级可以表示为

$$u_n(\boldsymbol{k},\boldsymbol{r})=u_n(0,\boldsymbol{r})+\frac{\hbar}{m_0}\sum_{n'\neq n}\frac{\langle u_n(0,\boldsymbol{r})\,|\,\boldsymbol{k}\cdot\boldsymbol{p}\,|\,u_{n'}(0,\boldsymbol{r})\rangle}{E_n(0)-E_{n'}(0)}u_{n'}(0,\boldsymbol{r}) \tag{1.2-24}$$

$$E_n(\boldsymbol{k})=E_n(0,\boldsymbol{r})+\frac{\hbar^2k^2}{2m_0}+\frac{\hbar^2}{m_0^2}\sum_{n'\neq n}\sum_{\alpha}\frac{|\langle u_n(0,\boldsymbol{r})\,|\,p_\alpha\,|\,u_{n'}(0,\boldsymbol{r})\rangle|^2}{E_n(0)-E_{n'}(0)}k_\alpha^2 \tag{1.2-25}$$

式中，$\alpha=x,y,z$。若将 $E_n(\boldsymbol{k})$在 $k=0$ 处展开，考虑到 $E_n(0)$是能量极值点，有

$$\begin{aligned}E_n(\boldsymbol{k})&=E_n(0)+\frac{1}{2}\left(\frac{\partial^2E_n(\boldsymbol{k})}{\partial k_x^2}\right)_{k=0}k_x^2+\frac{1}{2}\left(\frac{\partial^2E_n(\boldsymbol{k})}{\partial k_y^2}\right)_{k=0}k_y^2+\frac{1}{2}\left(\frac{\partial^2E_n(\boldsymbol{k})}{\partial k_z^2}\right)_{k=0}k_z^2\\&=E_n(0)+\frac{\hbar^2}{2}\sum_\alpha\frac{k_\alpha^2}{m_\alpha}\end{aligned} \tag{1.2-26}$$

式中，

$$m_\alpha=\left[\frac{1}{\hbar^2}\left(\frac{\partial^2E_n(\boldsymbol{k})}{\partial k_\alpha^2}\right)_{k=0}\right]^{-1} \tag{1.2-27}$$

是带边有效质量。显然，能带间隙越大的，对有效质量的影响越小。所以，在众多的电子态中，一般只需考虑相邻的导带和价带之间的耦合，这时有

$$\frac{1}{m_\alpha}=\frac{1}{m_0}+\frac{2\,|\langle u_{\mathrm{C}}(0,\boldsymbol{r})\,|\,p_\alpha\,|\,u_{\mathrm{V}}(0,\boldsymbol{r})\rangle|^2}{m_0^2E_{\mathrm{g}}} \tag{1.2-28}$$

Tudury 等人采用 $\boldsymbol{k}\cdot\boldsymbol{p}$ 近似理论，计算了 Pb 族量子点禁带宽度随量子点半径 R 变化曲线，如图 1.8 所示[19]。其中，○线对应于 PbSe 量子点，□线对应于 PbS 量子点，△线对应于 PbTe 量子点。

1.2.4 紧束缚近似理论

紧束缚近似方法，又称原子轨道线性组合法(linear combination of atomic

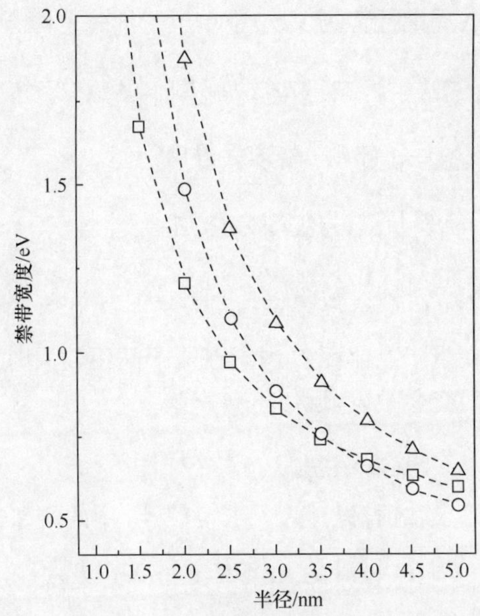

图 1.8 Pb 族量子点禁带宽度随量子点半径 R 变化曲线[19]

orbitals, LCAO)，是把晶体中电子运动波函数表示为晶体中各原子波函数线性叠加的近似方法，它的实质就是把原子间相互作用影响看成是对原子波函数微扰的简并微扰方法。

可以证明，周期势场中单电子波函数 $\psi_n(\boldsymbol{k},\boldsymbol{r})$ 可以用一组万尼尔(Wannier)函数的组合表示。作为近似，假设半导体中每个原子的势场对电子有较强束缚，电子的行为十分接近孤立原子中的电子。于是可以近似采用孤立原子的定域波函数 $\varphi_n(\boldsymbol{r}-\boldsymbol{R}_l)$ 作为万尼尔函数，即

$$\psi_n(\boldsymbol{k},\boldsymbol{r}) = \frac{1}{\sqrt{N}}\sum_l \varphi_n(\boldsymbol{r}-\boldsymbol{R}_l)\mathrm{e}^{\mathrm{i}\boldsymbol{k}\cdot\boldsymbol{R}_l} \tag{1.2-29}$$

其中，N 表示量子点中原胞总数。而且定域波函数 $\varphi_n(\boldsymbol{r}-\boldsymbol{R}_l)$ 满足孤立原子势场下的薛定谔方程

$$\left[-\frac{\hbar^2}{2m_0}\nabla^2+U(\boldsymbol{r}-\boldsymbol{R}_l)\right]\varphi_n(\boldsymbol{r}-\boldsymbol{R}_l)=E_n\varphi_n(\boldsymbol{r}-\boldsymbol{R}_l) \tag{1.2-30}$$

式中，$U(\boldsymbol{r}-\boldsymbol{R}_l)$ 是位于格矢 $\boldsymbol{R}_l$ 处孤立原子的势场，角标 n 相当于孤立原子波函数的 s、p、d、f 等不同轨道。比较下面的等式：

$$\psi_n(\boldsymbol{k},\boldsymbol{r}) = \frac{1}{\sqrt{N}}\mathrm{e}^{\mathrm{i}\boldsymbol{k}\cdot\boldsymbol{r}}\sum_l \varphi_n(\boldsymbol{r}-\boldsymbol{R}_l)\mathrm{e}^{-\mathrm{i}\boldsymbol{k}\cdot(\boldsymbol{r}-\boldsymbol{R}_l)} = \frac{1}{\sqrt{N}}\mathrm{e}^{\mathrm{i}\boldsymbol{k}\cdot\boldsymbol{r}}u_n(\boldsymbol{k},\boldsymbol{r}) \tag{1.2-31}$$

其中，$u_n(\boldsymbol{k},\boldsymbol{r}+\boldsymbol{R}_l)=u_n(\boldsymbol{k},\boldsymbol{r})$ 是点阵的周期函数。这样就由原子轨道波函数线性组合得到半导体中共有化轨道波函数。

将式(1.2-29)代入周期性势场 $V(\boldsymbol{r})$ 中单电子的薛定谔方程，有

$$\left[-\frac{\hbar^2}{2m_0}\nabla^2+V(\boldsymbol{r})-E_n(\boldsymbol{k})\right]\psi_n(\boldsymbol{k},\boldsymbol{r})=0 \tag{1.2-32}$$

式中，周期势 $V(\boldsymbol{r}) = \sum_l U(\boldsymbol{r}-\boldsymbol{R}_l)$ 整理后得出

$$[E_n(\boldsymbol{k}) - E_n]\sum_l \mathrm{e}^{\mathrm{i}\boldsymbol{k}\cdot\boldsymbol{R}_l}\int_\Omega \varphi_n(\boldsymbol{r})\varphi_n(\boldsymbol{r}-\boldsymbol{R}_l)\mathrm{d}\tau$$

$$= \sum_l \mathrm{e}^{\mathrm{i}\boldsymbol{k}\cdot\boldsymbol{R}_l}\int_\Omega \varphi_n(\boldsymbol{r})[V(\boldsymbol{r}) - U(\boldsymbol{r}-\boldsymbol{R}_l)]\varphi_n(\boldsymbol{r}-\boldsymbol{R}_l)\mathrm{d}\tau \tag{1.2-33}$$

上式中的积分是局限在量子点体积 Ω 内。在原子间距较大时，可以认为不同格点孤立原子的波函数之间交叠很少，近似正交，有

$$\int_\Omega \varphi_n(\boldsymbol{r})\varphi_n(\boldsymbol{r}-\boldsymbol{R}_l)\mathrm{d}\tau \approx \delta_{l,0} \tag{1.2-34}$$

而且对式(1.2-33)右端求和项，只计入 $l=0$ 和 $l\neq0$ 中的最邻近项，有

$$l = 0\ 项：C_n = \int_\Omega \varphi_n(\boldsymbol{r})[V(\boldsymbol{r}) - U(\boldsymbol{r})]\varphi_n(\boldsymbol{r})\mathrm{d}\tau \tag{1.2-35}$$

$$l \neq 0,\boldsymbol{R}_l\ 最邻近项：J_n = \int_\Omega \varphi_n(\boldsymbol{r})[V(\boldsymbol{r}) - U(\boldsymbol{r}-\boldsymbol{R}_l)]\varphi_n(\boldsymbol{r}-\boldsymbol{R}_l)\mathrm{d}\tau \tag{1.2-36}$$

代入式(1.2-33)得到

$$E_n(\boldsymbol{k}) = E_n + C_n - J_n\sum_l \mathrm{e}^{\mathrm{i}\boldsymbol{k}\cdot\boldsymbol{R}_l} \tag{1.2-37}$$

Lippens 等人采用紧束缚近似理论，计算了 CdS 量子点的禁带宽度随量子点尺寸变化曲线，并与实验数据进行了比较，如图 1.9(a)所示[20]。Conde 等人采用紧束缚近似理论，计算了 CdTe 量子点的禁带宽度随量子点尺寸变化曲线，并与实验数据进行比较，如图 1.9(b) 所示[21]。图中实线是紧束缚近似计算曲线，虚线是无限深势阱有效质量近似计算曲线，离散点是实验数据。

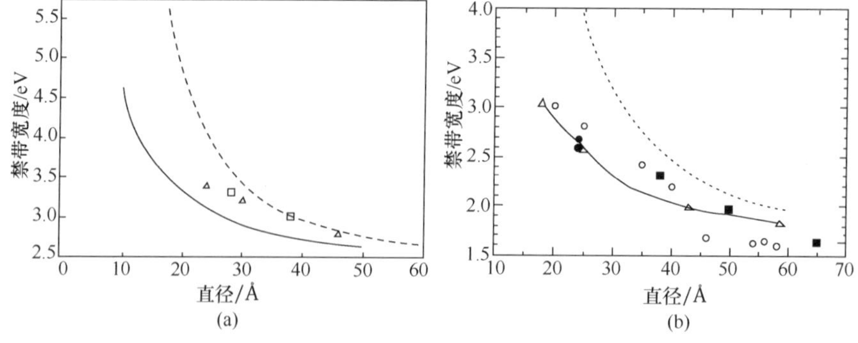

图 1.9　(a)CdS 和(b)CdTe 量子点禁带宽度随直径变化曲线[20,21]

1.2.5　密度泛函理论

对于一个量子点结构而言，是一个多电子体系，若想确定其电子能级，需要求解多电子体系的薛定谔方程。因为原子核的质量远大于电子质量，其速度比高速运动的电子小得多，因此可以近似地认为原子核是静止的，并提供一个固定的核势场。这时，电子绝热于核运动，而原子核只能缓慢的跟上电子分布的变化。这样就可以将原子核和电子的运动分开来考虑：考虑电子运动时，原子核是处在它们的瞬时位置上；而考虑核的运动时，由于迅速运动的电子能立即进行调整，建立起与变化后核势场相应的运动状态，所以不需要考虑电子在空间的具体分布，这就是著名的 Born-Oppenheimer 近似[22]，也称为绝热近似。通过绝热近似我们可以将电子和原子核的运动分离处理，得到在固定核势场下的多电子体系薛定愕方程。

在 Born-Oppenheimer 近似下，电子可看作在原子核产生的静电势 V 中运动。电子的定态波函数 $\psi(\boldsymbol{r}_1,\boldsymbol{r}_2,\cdots,\boldsymbol{r}_N)$满足

$$\hat{H}\psi=(\hat{T}+\hat{V}+\hat{U})\psi=E\psi \tag{1.2-38}$$

式中，N 为电子数目，T 是电子的动能，U 是电子和电子间的库仑相互作用能。有如下表示：

$$\hat{T}=-\sum_{i=1}^{N}\left[\frac{\hbar^2}{2m_0}\nabla_i^2\right] \tag{1.2-39}$$

$$\hat{V}=\sum_{ij}^{N}V(\boldsymbol{r}_i-\boldsymbol{R}_j)=-\sum_{ij}^{N}\left[\frac{Z_j e^2}{4\pi\varepsilon_0\varepsilon\,|\boldsymbol{r}_i-\boldsymbol{R}_j|}\right] \tag{1.2-40}$$

$$\hat{U}=\sum_{i\neq j}^{N}U(\boldsymbol{r}_i-\boldsymbol{r}_j)=\frac{1}{2}\sum_{i\neq j}^{N}\left[\frac{e^2}{4\pi\varepsilon_0\varepsilon\,|\boldsymbol{r}_i-\boldsymbol{r}_j|}\right] \tag{1.2-41}$$

算符 $\hat{T}$ 和 $\hat{U}$ 称为普适算符，它们在所有系统中都相同，$\hat{V}$ 算符依赖于系统，是非普适的。

1964 年，Hohenberg 和 Kohn 开创了密度泛函理论[23]。密度泛函理论跳出了前面所有理论中以电子波函数作为变量的框架，另辟蹊径地以电子密度作为基本变量，大大降低了自由度。其中电子密度函数可表示为

$$\rho(\boldsymbol{r})=\int_{\Omega}\psi^*(\boldsymbol{r}_1,\boldsymbol{r}_2,\cdots,\boldsymbol{r}_N)\psi(\boldsymbol{r}_1,\boldsymbol{r}_2,\cdots,\boldsymbol{r}_N)\mathrm{d}\tau_1\mathrm{d}\tau_2\cdots\mathrm{d}\tau_N \tag{1.2-42}$$

且满足

$$N=\int_{\Omega}\rho(\boldsymbol{r})\mathrm{d}\tau \tag{1.2-43}$$

利用式(1.2-38)，得到系统的能量是

$$E[\rho(\boldsymbol{r})]=T[\rho(\boldsymbol{r})]+V[\rho(\boldsymbol{r})]+U[\rho(\boldsymbol{r})] \tag{1.2-44}$$

其中，$T[\rho(\boldsymbol{r})]$是体系的动能，$U[\rho(\boldsymbol{r})]$是电子间的相互作用能，$V[\rho(\boldsymbol{r})]$是电子在核势场 $V(\boldsymbol{r})$中的能量。

1965 年 Kohn 和 Sham 提出，采用单电子波函数构造体系的电荷密度[24]，即

$$\rho(\boldsymbol{r}) = \sum_{i=1}^{N} |\varphi_i(\boldsymbol{r})|^2 \tag{1.2-45}$$

式中，$\varphi_i(\boldsymbol{r})$是单电子近似波函数。同时将式(1.2-44)表示的相互作用的电子的动能 $T[\rho(\boldsymbol{r})]$，用无相互作用的电子动能 $T_0[\rho(\boldsymbol{r})]$替代，两者的差值归入一个附加项 $E_{xc}[\rho(\boldsymbol{r})]$，称之为交换关联函数。它代表了所有未包含在无相互作用粒子模型的相互作用，包含了相互作用的全部复杂性。这时，式(1.2-44)可以表示为

$$E[\rho(\boldsymbol{r})]=T_0[\rho(\boldsymbol{r})]+V[\rho(\boldsymbol{r})]+U[\rho(\boldsymbol{r})]+E_{xc}[\rho(\boldsymbol{r})] \tag{1.2-46}$$

这里

$$T_0[\rho(\boldsymbol{r})]=-\frac{\hbar^2}{2m_0}\sum_{i=1}^{N}\langle\varphi_i|\nabla^2|\varphi_i\rangle \tag{1.2-47}$$

$$V[\rho(\boldsymbol{r})]=\int_\Omega V(\boldsymbol{r})\rho(\boldsymbol{r})\mathrm{d}\tau \tag{1.2-48}$$

$$U[\rho(\boldsymbol{r})]=\frac{1}{2}\int_\Omega\frac{\rho(\boldsymbol{r})\rho(\boldsymbol{r}')}{\boldsymbol{r}-\boldsymbol{r}'}\mathrm{d}\tau\mathrm{d}\tau' \tag{1.2-49}$$

交换关联能量 $E_{xc}[\rho(\boldsymbol{r})]$表示所有其他多体项对总能量的贡献。遗憾的是 $E_{xc}[\rho(\boldsymbol{r})]$与 $\rho(\boldsymbol{r})$间的函数关系并不知道，但是 $E_{xc}[\rho(\boldsymbol{r})]$的物理意义是简单而明确的：当一个电子在一个多电子系统运动时，由于静电相互作用（电子之间的库仑排斥）使得电子与系统之间产生交互关联作用。在引入 $E_{xc}[\rho(\boldsymbol{r})]$后，多体问题就可以归结为单电子在周期性势场中的运动。于是，求解复杂多电子体系的薛定愕方程的问题可以转变成求解在周期性外场下 N 个无相互作用的单电子方程

$$\left[-\frac{\hbar^2}{2m_0}\nabla^2+V_{\mathrm{eff}}(\rho(\boldsymbol{r}))\right]\varphi_i(\boldsymbol{r})=E_i\varphi_i(\boldsymbol{r}) \tag{1.2-50}$$

有效周期性势函数是

$$V_{\mathrm{eff}}[\rho(\boldsymbol{r})]=V[\rho(\boldsymbol{r})]+V_h[\rho(\boldsymbol{r})]+V_{xc}[\rho(\boldsymbol{r})] \tag{1.2-51}$$

$$V_h[\rho(\boldsymbol{r})]=\frac{\delta U[\rho(\boldsymbol{r})]}{\delta\rho(\boldsymbol{r})} \tag{1.2-52}$$

$$V_{xc}[\rho(\boldsymbol{r})]=\frac{\delta E_{xc}[\rho(\boldsymbol{r})]}{\delta\rho(\boldsymbol{r})} \tag{1.2-53}$$

而量子点的总能量是

$$E=\sum_{i=1}^{N}E_i-\frac{1}{2}\int_\Omega\frac{\rho(\boldsymbol{r})\rho(\boldsymbol{r}')}{\boldsymbol{r}-\boldsymbol{r}'}\mathrm{d}\tau\mathrm{d}\tau'-\int_\Omega V[\rho(\boldsymbol{r})]\rho(\boldsymbol{r})\mathrm{d}\tau+E_{xc}[\rho(\boldsymbol{r})] \tag{1.2-54}$$

1.3　量子点电子结构

1.3.1　激子哈密顿量的基本构成

量子点中的电子-空穴对可以视为激子,类似于一个类氢原子结构,看成两个粒子约束在一个势阱里的系统。在忽略晶格热振动的声子(phonon)的作用时,激子能量主要包括:电子和空穴的动能,电子和空穴之间的库仑作用能量。在有效质量近似下,激子的哈密顿量(Hamiltonian)可以表示为[25~27]

$$H=-\frac{\hbar^2}{2m_e}\nabla_e^2-\frac{\hbar^2}{2m_h}\nabla_h^2+V_e^{conf}(\boldsymbol{r}_e)+V_h^{conf}(\boldsymbol{r}_h)-\frac{e^2}{4\pi\varepsilon_0\varepsilon r_{eh}} \tag{1.3-1}$$

式中,第一项、第二项分别是电子和空穴的动能,其中 m_e、m_h 分别是电子和空穴的有效质量;$V_e^{conf}(\boldsymbol{r}_e)$、$V_h^{conf}(\boldsymbol{r}_h)$分别是电子和空穴的受限势能;$H_{e\text{-}h}=-\frac{e^2}{4\pi\varepsilon_0\varepsilon r_{eh}}$是电子和空穴的库仑作用势能,$\varepsilon_0$ 是真空中的介电常数(dielectric constant),ε 是量子点材料的相对静电介电常数,$r_{eh}=|\boldsymbol{r}_e-\boldsymbol{r}_h|$是电子和空穴的距离。

受限激子的定态薛定谔方程为

$$H\psi(\boldsymbol{r}_e,\boldsymbol{r}_h)=E\psi(\boldsymbol{r}_e,\boldsymbol{r}_h) \tag{1.3-2}$$

一般而言,利用上式可以计算激子能量 E。考虑到方程解析求解的难度,人们寻求近似方法,以便得到激子能量的解析表示式。

激子能量与量子点的结构、尺寸有关。如果将量子点视为半径为 R 的球形结构,根据半径 R 与量子点的玻尔半径 a_B 比较,有三种极限情况[19]。

(1) 激子处于强受限情况,量子点尺寸远远小于电子和空穴的玻尔半径,$R\ll a_e,a_h$;$a_e=\frac{\varepsilon\hbar^2}{m_e e^2}$,$a_h=\frac{\varepsilon\hbar^2}{m_h e^2}$。这时组成激子的电子和空穴之间的空间关联很小,量子尺寸受限能量远大于库仑作用能量。由于电子与空穴之间的约束相对较小,电子和空穴可以视为两个独立的粒子,被约束在势阱中。激子能量是电子和空穴各自能量之和。

(2) 激子处于中等受限,量子点尺寸小于电子的玻尔半径,但大于空穴的玻尔半径,$a_e>R>a_h$。这时电子的尺寸受限发挥重要作用,而电子和空穴之间的库仑相互作用对空穴的运动产生影响,空穴基本上是在受限的电子产生的库仑场中运动。

(3) 激子处于弱受限情况,量子点尺寸远远大于激子的玻尔半径,$R\gg a_B$。在弱受限范围内,不但要考虑量子尺寸受限能量,而且也要考虑库仑作用能量。由于电子与空穴之间存在着不可忽略的约束,电子和空穴形成激子而被约束在势阱中。

1.3.2 单粒子无限深势阱模型

考虑量子点尺寸小于激子玻尔半径的情况，这时量子尺寸受限作用要大于库仑作用，电子和空穴的动能起主要作用，而电子和空穴之间的库仑作用相当于激子能量的微扰项。

若将量子点视为半径为 R 的球对称结构，单个粒子(电子或空穴)的哈密顿量可以表示为

$$H_i=-\frac{\hbar^2}{2m_i}\nabla_i^2+V_i^{\mathrm{conf}}(r) \tag{1.3-3}$$

式中，电子和空穴的受限势能为

$$V_i^{\mathrm{conf}}(r)=\begin{cases}0 & r\leqslant R\\ \infty & r>R\end{cases}\quad i=\mathrm{e,h} \tag{1.3-4}$$

粒子的波函数满足如下方程：

$$-\frac{\hbar^2}{2m_i}\nabla_i^2\psi_i(\boldsymbol{r})=E_i\psi_i(\boldsymbol{r})\quad r\leqslant R \tag{1.3-5}$$

在球形坐标系中，式(1.3-5)可以表示为

$$-\frac{\hbar^2}{2m_i}\left[\frac{\partial^2}{\partial r^2}+\frac{2}{r}\frac{\partial}{\partial r}-\frac{1}{r^2}\frac{L^2}{\hbar^2}\right]\psi_i(r,\theta,\varphi)=E_i\psi_i(r,\theta,\varphi)\quad r\leqslant R \tag{1.3-6}$$

其中，$\boldsymbol{L}=-\mathrm{i}\hbar(\boldsymbol{r}\times\nabla)$是粒子的角动量算符，有如下表示：

$$L^2=-\hbar^2\left(\frac{\partial^2}{\partial\theta^2}+\cot\theta\frac{\partial}{\partial\theta}-\frac{1}{\sin^2\theta}\frac{\partial^2}{\partial^2\varphi}\right) \tag{1.3-7}$$

若取

$$\psi_{nlm}(r,\theta,\varphi)=R_{nl}(r)Y_{lm}(\theta,\varphi) \tag{1.3-8}$$

式中，$R_{nl}(r)$是径向函数；$Y_{lm}(\theta,\varphi)$是球谐函数。它们分别满足如下方程：

$$L^2Y_{lm}(\theta,\varphi)=\hbar^2l(l+1)Y_{lm}(\theta,\varphi) \tag{1.3-9}$$

$$-\frac{\hbar^2}{2m_i}\left[\frac{\partial^2}{\partial r^2}+\frac{2}{r}\frac{\partial}{\partial r}-\frac{l(l+1)}{r^2}\right]R_{nl}(r)=E_{nl}R_{nl}(r) \tag{1.3-10}$$

显然，这里的本征函数是类似于氢原子的电子波函数，可以采用三个量子数 n、l、m 表示。其中，$n=1,2,3,\cdots$，是主量子数；$l=0\equiv S,1\equiv P,2\equiv D,\cdots,n-1$，是角量子数；$m=-l,-l+1,\cdots,0,\cdots,l-1,l$ 是磁量子数。

定义变量 $k_{nl}^2=2m_iE_{nl}/\hbar^2$，我们得到如下方程：

$$\left[\frac{\mathrm{d}^2}{\mathrm{d}r^2}+\frac{2}{r}\frac{\mathrm{d}}{\mathrm{d}r}+\left(k_{nl}^2-\frac{l(l+1)}{r^2}\right)\right]R_{nl}(r)=0 \tag{1.3-11}$$

定义变量 $\rho(r)=k_{nl}r$，我们得到如下方程：

$$\left[k_{nl}^2\frac{\mathrm{d}^2}{\mathrm{d}\rho^2}+\frac{2k_{nl}^2}{\rho}\frac{\mathrm{d}}{\mathrm{d}\rho}+\left(k_{nl}^2-\frac{l(l+1)k_{nl}^2}{\rho^2}\right)\right]R_{nl}(\rho)=0 \tag{1.3-12}$$

用 ρ 替代 k_{nl}，可以得到如下关系式：

$$\left[\rho^2\frac{\mathrm{d}^2}{\mathrm{d}\rho^2}+2\rho\frac{\mathrm{d}}{\mathrm{d}\rho}+(\rho^2-l(l+1))\right]R_{nl}(\rho)=0 \tag{1.3-13}$$

这个径向方程的解可以表示为第一类球贝塞尔函数 J_l(Bessel functions)和第二类球贝塞尔函数 N_l的线性组合

$$R_{nl}(r)=A_lJ_l(k_{nl}r)+B_lN_l(k_{nl}r) \tag{1.3-14}$$

式中，A_l、B_l是依赖于 l 的归一化常数。注意到，函数 J_l、N_l随 r 的变化曲线如图 1.10所示。因此，上式可以表示为

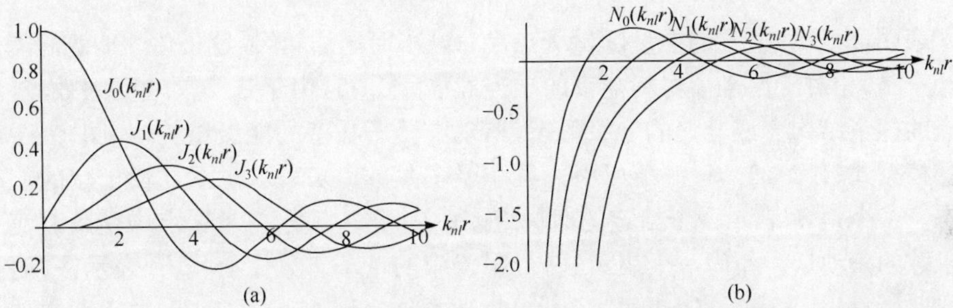

图 1.10　第一类球贝塞尔函数 J_l和第二类球贝塞尔函数 N_l随 $\rho(r)=k_{nl}r$ 的变化曲线

$$R_{nl}(r)=A_lJ_l(k_{nl}r)=A_l\,(-1)^l\,(k_{nl}r)^l\left(\frac{d}{k_{nl}rd(k_{nr}r)}\right)^l\frac{\sin(k_{nl}r)}{k_{nl}r} \tag{1.3-15}$$

将式(1.3-15)代入式(1.3-8)，可以得到粒子的波函数是

$$\psi_{nlm}(r,\theta,\varphi)=A_lJ_l(k_{nl}r)Y_{lm}(\theta,\varphi) \tag{1.3-16}$$

利用连续性条件，在量子点表面处波函数为零，即径向函数满足如下要求：

$$J_l(k_{nl}R)=0 \tag{1.3-17}$$

定义 $\alpha_{nl}=k_{nl}R$，对于 J_l的第 n 个零值，利用 $k_{nl}^2=2m_iE_{nl}/\hbar^2$ 得出

$$E_{nl}=\frac{\hbar^2\alpha_{nl}^2}{2m_iR^2} \tag{1.3-18}$$

对于基态，粒子的波函数表示为

$$\psi_{0i}(r)=\begin{cases}A_{0i}J_0(k_ir) & r\leqslant R\\ 0 & r>R\end{cases}\qquad i=\mathrm{e},\mathrm{h} \tag{1.3-19}$$

相应基态能量是

$$E_i^0=\frac{\hbar^2\pi^2}{2m_iR^2} \tag{1.3-20}$$

若以导带底 E_{e}^0(对于电子)或价带顶 E_{h}^0 为能量参照，由此得到电子和空穴的能量是

$$E_i = E_i^0 + \frac{\hbar^2 \alpha_{nl}^2}{2m_i R^2} \qquad i=\mathrm{e,h} \tag{1.3-21}$$

式中，第二项称为量子尺寸受限能量，α_{nl}是 l 阶球贝塞尔函数的第 n 个根。对于基态能量，以空穴的能量为基准，得到量子点的禁带宽度是

$$E_{\mathrm{g}} = E_{\mathrm{g}}^0 + \frac{\hbar^2 \pi^2}{2m_{\mathrm{r}} R^2} \tag{1.3-22}$$

其中，$E_{\mathrm{g}}^0 = E_{\mathrm{e}}^0 + E_{\mathrm{h}}^0$ 是体材料的禁带宽度；m_{r} 是折合质量，有

$$\frac{1}{m_{\mathrm{r}}} = \frac{1}{m_{\mathrm{e}}} + \frac{1}{m_{\mathrm{h}}} \tag{1.3-23}$$

上式表明，电子和空穴的能量随量子点尺寸减小而增加，导致量子化的能级间隔增大。于是，相对于原来体材料能带的准连续能级分布，由于量子尺寸受限效应，量子点的能量结构变成分立的能级形态，出现准分子状态的能级结构，如图 1.11 所示。根据式(1.3-21)，这时可以引入两个量子数 n、l 来表示一系列量子化的能级状态。一个是 n，表示一个给定的对称组态；一个是 l，表示在量子点中受限载流子波函数的角动量。作为一个表示法，量子点中的量子态采用符号 nl 表示法，而且习惯上$l=0$，用 S 表示，$l=1$ 用 P 表示，以此类推。例如，在图 1.11 中逐渐增加的三个最低的能态是 1S、1P 和 1D。式(1.3-22)表明，量子点的光学禁带宽度相对体材料的禁带宽度增大，其吸收光谱相对体材料产生蓝移。因此，利用量子受限效应，通过调整量子点尺寸，可以实现吸收和发光光谱的调谐，这是量子点的主要光学性质之一。

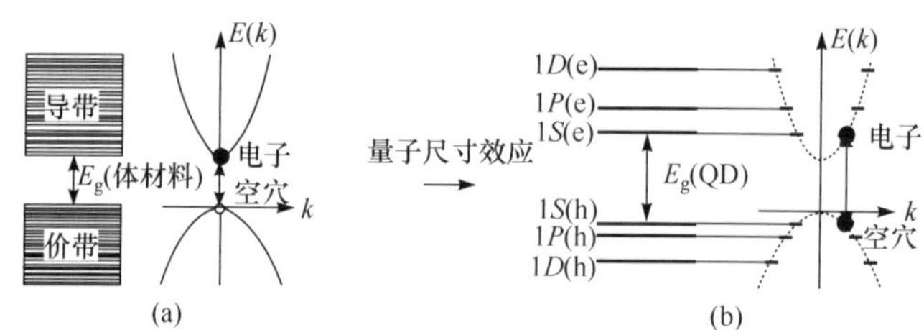

图 1.11　(a)体半导体材料能级结构；(b)量子点材料能级结构

如果需要考虑电子与空穴之间的库仑作用，激子基态能量表示为

$$E_{\mathrm{g}} = E_{\mathrm{g}}^0 + E^{\mathrm{conf}} + E_{\mathrm{eh}} \tag{1.3-24}$$

式中，E^{conf}是量子尺寸受限能量；E_{eh}是库仑作用能量，有

$$E_{\mathrm{eh}} = \left\langle \psi(\boldsymbol{r}_{\mathrm{e}}, \boldsymbol{r}_{\mathrm{h}}) \left[-\frac{e^2}{4\pi\varepsilon_0 \varepsilon r_{\mathrm{eh}}} \right] \psi^*(\boldsymbol{r}_{\mathrm{e}}, \boldsymbol{r}_{\mathrm{h}}) \right\rangle \tag{1.3-25}$$

激子波函数可以表示为

$$\psi(\boldsymbol{r}_{\mathrm{e}}, \boldsymbol{r}_{\mathrm{h}}) = \psi_{\mathrm{e}}(\boldsymbol{r}_{\mathrm{e}}) \psi_{\mathrm{h}}(\boldsymbol{r}_{\mathrm{h}}) \tag{1.3-26}$$

式中，波函数 $\psi_{\mathrm{e}}(\boldsymbol{r}_{\mathrm{e}})$、$\psi_{\mathrm{h}}(\boldsymbol{r}_{\mathrm{h}})$由式(1.3-19)表示。

Kayanuma 等人计算了电子和空穴的库仑作用能量[1]，得到如下表示式：

$$E_{eh}=-\frac{1.786e^2}{4\pi\varepsilon_0\varepsilon R} \tag{1.3-27}$$

这时激子的基态能量表示为

$$E_g=E_g^0+\frac{\hbar^2\pi^2}{2m_rR^2}-\frac{1.786e^2}{4\pi\varepsilon_0\varepsilon^{dot}R} \tag{1.3-28}$$

式中，ε^{dot}是量子点的有效介电常数。

上式表明，激子的库仑相互作用能不仅与波函数的分布有关，而且与量子点的介电常数有关。理论研究表明，量子点的有效介电常数 ε^{dot} 与量子点的尺寸有关[2]，有

$$\frac{1}{\varepsilon^{dot}(R)}=\frac{1}{\varepsilon_\infty^{dot}(R)}-\beta(R)\left[\frac{1}{\varepsilon_\infty^{dot}(R)}-\frac{1}{\varepsilon_\infty^{dot}(R)+\Delta\varepsilon}\right] \tag{1.3-29}$$

式中，

$$\varepsilon_\infty^{dot}(R)=1+\frac{\varepsilon_\infty^{bulk}-1}{1+(0.375/R)^{1.2}},\quad \Delta\varepsilon=\varepsilon_0^{bluk}-\varepsilon_\infty^{bluk}$$

ε_0^{bluk}、$\varepsilon_\infty^{bluk}$是体材料静电介电常数和光频介电常数，量子点半径 R 以 nm 为单位。比例常数 $\beta(R)$依赖于量子点尺寸，没有解析表示，可以通过实验数据拟合得出。

此外，库仑相互作用能量与包围量子点外部介质的介电常数有关。当量子点尺寸足够大时，激子基本在量子点内部运动，很少渗透到外部，因此外部介质对库仑相互作用能的影响不大；相反，当量子点尺寸足够小时，激子渗透到量子点外部运动的几率增大，库仑相互作用能对外部介电常数变得十分敏感，量子点外部介质的介电常数对库仑相互作用能量的影响会变得十分重要。

1.3.3　单粒子有限深势阱模型

对于处于基质溶剂中的胶体量子点球形结构，可以认为电子和空穴的受限势是有限的，可以表示为

$$V_i^{conf}(r)=\begin{cases}0 & r_i\leqslant R\\ V_{0i} & r_i>R\end{cases}\quad i=\mathrm{e,h} \tag{1.3-30}$$

R 是球形半导体量子点的半径。胶体半导体量子点处于溶剂中，受限势与材料的禁带宽度满足如下关系：

$$V_{0e}+V_{0h}=E_g^m-E_g^S \tag{1.3-31}$$

这里 E_g^m、E_g^S 分别是半导体量子点体材料和溶剂材料的禁带宽度，如图 1.12 所示。

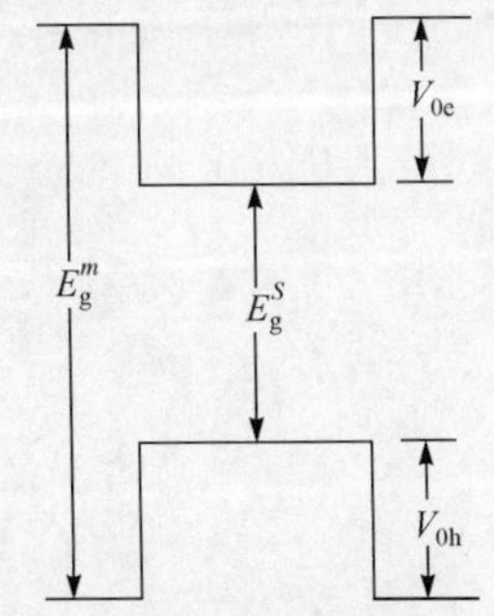

图 1.12　胶体半导体量子点和溶剂材料的能级关系

对于电子和空穴的基态($l=0$)，式(1.3-11)的径

向薛定谔方程是

$$\frac{\mathrm{d}^2R_{\mathrm{in}}(r)}{\mathrm{d}r^2}+\frac{2}{r}\frac{\mathrm{d}R_{\mathrm{in}}(r)}{\mathrm{d}r}+k_{\mathrm{in}}^2R_{\mathrm{in}}(r)=0,\quad r<R \tag{1.3-32a}$$

$$\frac{\mathrm{d}^2R_{\mathrm{out}}(r)}{\mathrm{d}r^2}+\frac{2}{r}\frac{\mathrm{d}R_{\mathrm{out}}(r)}{\mathrm{d}r}-k_{\mathrm{out}}^2R_{\mathrm{out}}(r)=0,\quad r>R \tag{1.3-32b}$$

式中，

$$k_{\mathrm{in}}=\sqrt{\frac{2mE}{\hbar^2}},\quad k_{\mathrm{out}}=\sqrt{\frac{2m_0(V_0-E_i)}{\hbar^2}} \tag{1.3-33}$$

这里，载流子在量子点内部的有效质量为 m，而在外部的有效质量为 m_0。

对于基态情况，方程(1.3-32)的解分别是第一类零阶贝塞尔函数和第二类零阶汉克尔函数。量子点内、外的波函数为

$$R_{\mathrm{in}}(r)=\frac{A}{r}\sin(k_{\mathrm{in}}r),\quad r<R \tag{1.3-34a}$$

$$R_{\mathrm{out}}(r)=\frac{B}{r}\mathrm{e}^{-k_{\mathrm{out}}r},\quad r>R \tag{1.3-34b}$$

显然，波函数必须满足薛定谔方程的边界条件，有

$$\begin{cases}R_{\mathrm{in}}(R)=R_{\mathrm{out}}(R)\\ \dfrac{1}{m}\dfrac{\partial R_{\mathrm{in}}}{\partial r}\Big|_{r=R}=\dfrac{1}{m_0}\dfrac{\partial R_{\mathrm{out}}}{\partial r}\Big|_{r=R}\end{cases} \tag{1.3-35}$$

将波函数表示式(1.3-34)代入边界条件，有

$$\begin{cases}A\dfrac{\sin(k_{\mathrm{in}}R)}{R}=B\dfrac{\mathrm{e}^{-k_{\mathrm{out}}R}}{R}\\ \dfrac{A}{m}\dfrac{\cos(k_{\mathrm{in}}R)k_{\mathrm{in}}R-\sin(k_{\mathrm{in}}R)}{R^2}=\dfrac{B}{m_0}\dfrac{\mathrm{e}^{-k_{\mathrm{out}}R}(-k_{\mathrm{out}}R)-\mathrm{e}^{-k_{\mathrm{out}}R}}{R^2}\end{cases}$$

两式联立，整理得出

$$\tan(k_{\mathrm{in}}R)=\frac{k_{\mathrm{in}}R}{1-\dfrac{m}{m_0}(k_{\mathrm{out}}R+1)} \tag{1.3-36}$$

设 $\beta=\dfrac{m}{m_0}$，$X_0^2=\dfrac{2m_0V_0R^2}{\hbar^2}$，$k_{\mathrm{in}}R=X_0\xi$。上式可表示为

$$\tan(X_0\xi)=\frac{X_0\xi}{1-\beta-\beta X_0\sqrt{1-\xi^2/\beta}} \tag{1.3-37}$$

其中，$\xi^2=\left(\dfrac{KR}{X_0}\right)^2=\beta\dfrac{E_i}{V_0}$。因此，电子和空穴能量(分别以导带底、价带顶为参考的能级)是

$$E_i=\frac{\xi^2 V_0}{\beta}=\frac{\hbar^2 X_0^2 \xi^2}{2mR^2} \tag{1.3-38}$$

考虑一级微扰，库仑作用能量可以表示为如下形式[28,29]：

$$\begin{aligned} E_{\mathrm{e-h}} &= \left\langle 1S_{\mathrm{e}}, 1S_{\mathrm{h}} \left| \frac{e^2}{4\pi\varepsilon_0 \varepsilon(r_{\mathrm{eh}}) \mid \boldsymbol{r}_{\mathrm{e}} - \boldsymbol{r}_{\mathrm{h}} \mid} \right| 1S_{\mathrm{e}}, 1S_{\mathrm{h}} \right\rangle \\ &= -\frac{2e^2}{4\pi\varepsilon_0 \varepsilon(r_{\mathrm{eh}})} \int_0^R \psi_{\mathrm{in}}^2(r_{\mathrm{h}}) 4\pi r_{\mathrm{h}}^2 \,\mathrm{d}r_{\mathrm{h}} \left(\int_0^{r_{\mathrm{h}}} \psi_{\mathrm{in}}^2(r_{\mathrm{e}}) 4\pi r_{\mathrm{e}}^2 \mathrm{d}r_{\mathrm{e}} \right) \end{aligned} \tag{1.3-39}$$

式中，$\varepsilon(r_{\mathrm{eh}})$是随电子空穴的间距 $r_{\mathrm{eh}}=|\boldsymbol{r}_{\mathrm{e}}-\boldsymbol{r}_{\mathrm{h}}|$变化的介电常数，由式(1.3-29)表示。可以导出如下关系[29~31]：

$$\frac{1}{\varepsilon(r_{\mathrm{eh}})}=\frac{1}{\varepsilon_\infty}-\left[\frac{1}{\varepsilon_\infty}-\frac{1}{\varepsilon_0}\right]\times\left[1-\frac{\exp(-r_{\mathrm{eh}}/\rho_e)+\exp(-r_{\mathrm{eh}}/\rho_{\mathrm{h}})}{2}\right] \tag{1.3-40}$$

ε_0、ε_∞是体材料静电介电常数和光频介电常数，$\rho_{\mathrm{e,h}}$是电子和空穴的电荷密度，有

$$\rho_{\mathrm{e,h}}=\sqrt{\frac{\hbar}{2m_{\mathrm{e,h}}\omega_{\mathrm{LO}}}} \tag{1.3-41}$$

ω_{LO}为长波光学声子频率；电子空穴平均距离 r_{eh}可以近似由下式表示：[30~32]

$$r_{\mathrm{eh}}\approx 0.6993R \tag{1.3-42}$$

根据归一化条件，波函数满足如下要求：

$$\int_0^R |\psi_{\mathrm{in}}|^2 \mathrm{d}\tau + \int_R^{+\infty} |\psi_{\mathrm{out}}|^2 \mathrm{d}\tau = 1$$

利用式(1.3-34)、式(1.3-36)，有

$$4\pi A^2\left(\int_0^R \sin^2(k_{\mathrm{in}}r)\mathrm{d}r + \int_R^{+\infty} \left(\frac{\sin(k_{\mathrm{in}}R)}{\mathrm{e}^{-k_{\mathrm{out}}R}}\cdot \mathrm{e}^{-k_{\mathrm{out}}r}\right)^2 \mathrm{d}r\right)=1$$

整理得出

$$A=\frac{1}{4\pi\sqrt{\int_0^R \sin^2(k_{\mathrm{in}}r)\mathrm{d}r + \int_R^{+\infty} \left(\frac{\sin(k_{\mathrm{in}}R)}{\mathrm{e}^{-k_{\mathrm{out}}R}}\cdot \mathrm{e}^{-k_{\mathrm{out}}r}\right)^2 \mathrm{d}r}} \tag{1.3-43}$$

利用电子、空穴的波函数表示式(1.3-34)，代入式(1.3-39)，整理得出

$$\begin{aligned} E_{\mathrm{e-h}} = &-\frac{2\pi e^2 (A_{\mathrm{e}}A_{\mathrm{h}})^2}{\varepsilon_0\varepsilon(r_{12})}\left[\frac{1}{k_{\mathrm{in}}^{\mathrm{h}}}\left(k_{\mathrm{in}}^{\mathrm{h}}R-\frac{1}{2}\sin(2k_{\mathrm{in}}^{\mathrm{h}}R)\right)\right. \\ &\left. -\frac{1}{k_{\mathrm{in}}^{\mathrm{e}}}\int_0^R \frac{\sin^2(k_{\mathrm{in}}^{\mathrm{h}}r_h)}{r_{\mathrm{h}}}\cdot\sin(2k_{\mathrm{in}}^{\mathrm{e}}r_{\mathrm{h}})\cdot\mathrm{d}r_{\mathrm{h}}\right] \end{aligned} \tag{1.3-44}$$

Pellegrini 等人采用 EMA-FDW 模型，对一些胶体量子点的禁带宽度进行了计算[29]，并与其他计算方法进行了比较，如图 1.13 所示。对于 CdS、CdSe、CdTe 等宽禁带材料，EMA 计算方法可以得到良好的准确性，计算值和实验值有良好的一致性，并且与其他计算方法的计算值也有良好的一致性。但是，对于 PbS、PbSe 等窄禁带材料，EMA 计算方法的计算值和实验值有较大的偏差，并且与 EPM、

$\boldsymbol{k}\cdot\boldsymbol{p}$、TBA方法计算值也有差异。

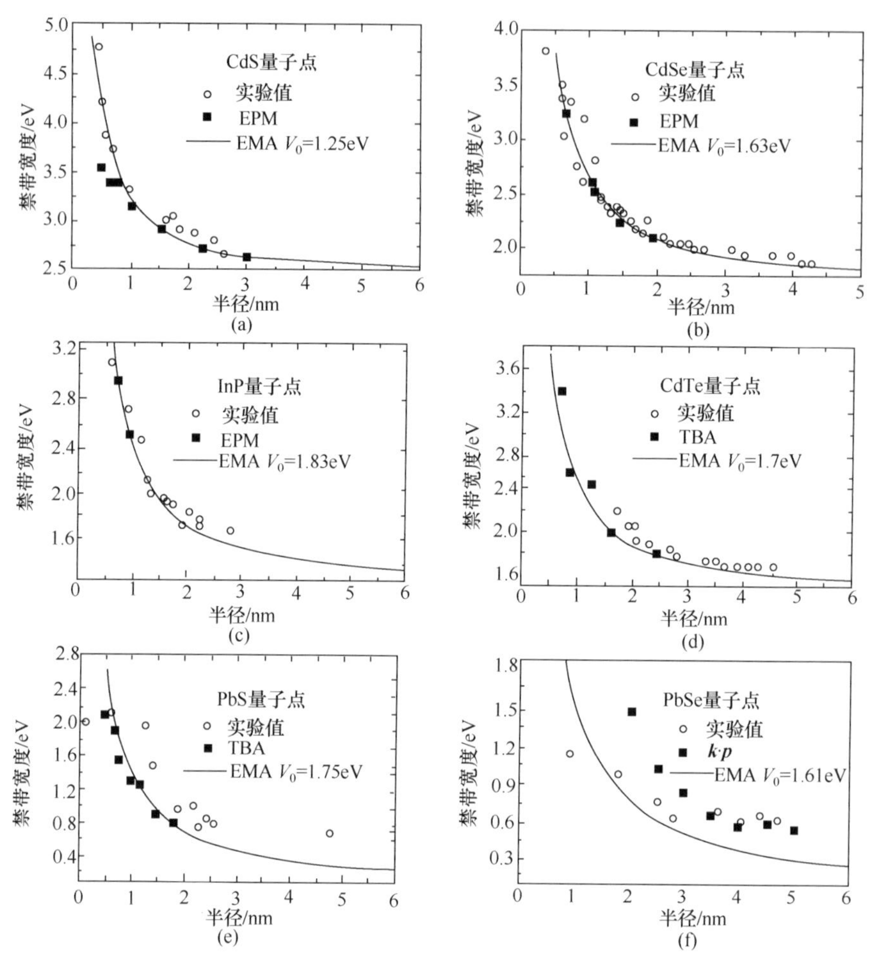

图 1.13　EMA 方法计算几种胶体量子点禁带宽度随半径 R 变化曲线[29]

1.4　胶体量子点的介电受限和 Stark 效应

1.4.1　介电受限效应

由于有限尺寸的胶体量子点表面处于两种介质的交界面，所以除了尺寸受限以外，还存在着介电受限效应。由于胶体量子点介电常数与其周围介质的介电常数不同，在界面上会出现极化电荷，这种效应称为介电效应。1979 年 Keldysh 首次研究了薄膜结构的介电受限效应[33]；随后，Brus 和 Wang 对量子点的介电受限效应，即表面极化效应(surface polarization effect)也进行了研究[34,35]。我们以量子点的球形结构为基础，通过分析表面极化效应，计算量子点介电受限效应对激子基态能量的影响。

胶体量子点视为半径为 R、相对介电常数是 ε_1 的介质球，周围溶剂介质的相对介电常数是 ε_2，如图 1.14 所示。在球内位置 $\boldsymbol{s}$ 处(也可以处于球外)放置电荷 q，在球面产生极化电荷。显然，空间位置 $\boldsymbol{r}$ 处电势 $V(\boldsymbol{r},\boldsymbol{s})$ 满足如下方程：

$$\nabla^2 V=\begin{cases}\dfrac{\rho}{\varepsilon_0\varepsilon_1} & r<R\\[2ex] \dfrac{\rho}{\varepsilon_0\varepsilon_2} & r>R\end{cases}\tag{1.4-1}$$

式中，电荷密度 $\rho(\boldsymbol{r})=\delta(\boldsymbol{r}-\boldsymbol{s})$。对于体材料情况，有

$$V^{\text{bluk}}=\frac{q}{4\pi\varepsilon_0\varepsilon_i\,|\boldsymbol{r}-\boldsymbol{s}|}\qquad \text{对 } s<R: i=1;\text{对 } s>R: i=2\tag{1.4-2}$$

对量子点而言，有

$$V^{\text{dot}}=V^{\text{bluk}}+V^{\text{pol}}\tag{1.4-3}$$

式中，V^{pol} 为极化电荷在位置 $\boldsymbol{r}$ 处的极化势。

这里，V^{dot} 是矢量 $\boldsymbol{r}$、$\boldsymbol{s}$ 的大小 r、s 和它们之间夹角 θ 的函数。取如下展开：

$$V^{\text{dot}}(\boldsymbol{r})=\sum_{n=0}^{\infty}V_n(r)P_n(\cos\theta)$$

$P_n(\cos\theta)$ 是 n 阶 Legendre 多项式。其中第 n 阶分量满足如下方程：

$$\frac{\partial^2}{\partial r^2}[rV_n(r)]-\frac{n(n+1)}{r^2}V_n(r)=0\tag{1.4-4}$$

方程的尝试解是

$$V_n(r)=\begin{cases}A_n r^{n+1} & r<R\\ B_n r^{-n} & r>R\end{cases}\tag{1.4-5}$$

利用如下展开式：

$$\frac{1}{|\boldsymbol{r}-\boldsymbol{s}|}=\sum_{n=0}^{\infty}\left[\frac{1}{r}\left(\frac{r}{s}\right)^{n+1}\theta(s-r)+\frac{1}{s}\left(\frac{s}{r}\right)^{n+1}\theta(r-s)\right]P_n(\cos\theta)$$

以及如下边界连续条件：

$$\varepsilon_1\left.\frac{\partial V_n}{\partial r}\right|_{r=R-0}=\varepsilon_2\left.\frac{\partial V_n}{\partial r}\right|_{r=R+0}$$

$$V_n\big|_{r=R-0}=V_n\big|_{r=R+0}$$

于是导出

$$V(\boldsymbol{r},\boldsymbol{s})=\begin{cases}\dfrac{q}{4\pi\varepsilon_0\varepsilon_1}\left[\dfrac{1}{|\boldsymbol{r}-\boldsymbol{s}|}+\dfrac{\varepsilon-1}{R}\displaystyle\sum_{n=0}^{\infty}\left(\frac{s}{R}\right)^{n}\left(\frac{r}{R}\right)^{\alpha_n}\frac{n+1}{1-n(\varepsilon+1)}P_n(\cos\theta)\right] & s<R\\[3ex] \dfrac{q}{4\pi\varepsilon_0\varepsilon_2}\left[\dfrac{1}{|\boldsymbol{r}-\boldsymbol{s}|}-\dfrac{\varepsilon-1}{R}\displaystyle\sum_{n=0}^{\infty}\left(\frac{s}{R}\right)^{-(n+1)}\left(\frac{r}{R}\right)^{\alpha_n}\frac{n}{1+n(\varepsilon+1)}P_n(\cos\theta)\right] & s>R\end{cases}\tag{1.4-6}$$

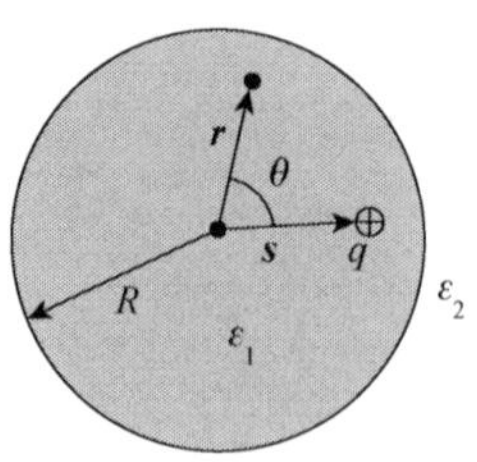

图 1.14　球形胶体量子点的电极化

式中，有关量是

$$\alpha_n=\begin{cases} n & r<R \\ -(n+1) & r>R \end{cases} \tag{1.4-7}$$

$$\varepsilon=\frac{\varepsilon_1}{\varepsilon_2} \tag{1.4-8}$$

利用式(1.4-2)和式(1.4-3)，得到极化势是

$$V^{\mathrm{pol}}(\boldsymbol{r},\boldsymbol{s})=\begin{cases} \dfrac{q}{4\pi\varepsilon_0\varepsilon_1}\dfrac{\varepsilon-1}{R}\displaystyle\sum_{n=0}^{\infty}\left(\frac{s}{R}\right)^{n}\left(\frac{r}{R}\right)^{\alpha_n}\frac{n+1}{1-n(\varepsilon+1)}P_n(\cos\theta) & s<R \\ -\dfrac{q}{4\pi\varepsilon_0\varepsilon_2}\dfrac{\varepsilon-1}{R}\displaystyle\sum_{n=0}^{\infty}\left(\frac{s}{R}\right)^{-(n+1)}\left(\frac{r}{R}\right)^{\alpha_n}\frac{n}{1+n(\varepsilon+1)}P_n(\cos\theta) & s>R \end{cases} \tag{1.4-9}$$

对于量子点中的激子，电子和空穴在极化势作用下的能量是[36]

$$V_i^{\mathrm{pol}}\left(\frac{r_i}{R}\right)=E_{\mathrm{Ry}}\frac{a_{\mathrm{B}}(\varepsilon-1)}{R}\sum_{n=0}^{\infty}\frac{1}{1+n(\varepsilon+1)}\cdot\begin{cases}(n+1)\left(\dfrac{r_i}{R}\right)^{2n} & \dfrac{r_i}{R}<1 \\ -\varepsilon n\left(\dfrac{r_i}{R}\right)^{-2(n+1)} & \dfrac{r_i}{R}>1\end{cases}\quad i=\mathrm{e},\mathrm{h} \tag{1.4-10}$$

式中，E_{Ry}是量子点材料的激子里德伯(Rydberg)能量，a_{B} 是量子点材料的激子的玻尔半径。上式求和类似于无穷等比级数求和，对量子点内的电子、空穴有

$$V_i^{\mathrm{pol}}\left(\frac{r_i}{R}\right)=E_{\mathrm{Ry}}\frac{a_{\mathrm{B}}(\varepsilon-1)}{R(\varepsilon+1)}\left[\frac{1}{1-\left(\dfrac{r_i}{R}\right)^2}-\left(\frac{R}{r_i}\right)^2\frac{\varepsilon}{\varepsilon+1}\ln\left[1-\left(\frac{r_i}{R}\right)^2\right]+\frac{\varepsilon^2}{\varepsilon+1}\sum_{n=0}^{\infty}\frac{\left(\dfrac{r_i}{R}\right)^{2n}}{(n+1)[1+n(\varepsilon+1)]}\right]\quad i=\mathrm{e},\mathrm{h} \tag{1.4-11}$$

对量子点外的电子、空穴有

$$V_i^{\mathrm{pol}}\left(\frac{r_i}{R}\right)=E_{\mathrm{Ry}}\frac{a_{\mathrm{B}}\varepsilon(\varepsilon-1)}{R(\varepsilon+1)}\left[\frac{1}{1-\left(\dfrac{r_i}{R}\right)^2}-\frac{\varepsilon}{\varepsilon+1}\ln\left[1-\left(\frac{R}{r_i}\right)^2\right]\right.$$

$$+\left(\frac{R}{r_i}\right)^2 \frac{\varepsilon}{\varepsilon+1}\sum_{n=0}^{\infty}\frac{\left(\frac{r_i}{R}\right)^{-2n}}{(n+1)[1+n(\varepsilon+1)]}\Bigg]$$

$$i=\mathrm{e},\mathrm{h} \tag{1.4-12}$$

表面极化电荷对电子和空穴作用，产生表面极化能量 $E_{\mathrm{e}}^{\mathrm{pol}}$、$E_{\mathrm{h}}^{\mathrm{pol}}$ 为

$$E_i^{\mathrm{pol}}=\int|\psi_i(\boldsymbol{r})|^2 V_i^{\mathrm{pol}}(\boldsymbol{r})\mathrm{d}\tau \quad i=\mathrm{e},\mathrm{h} \tag{1.4-13}$$

Kayanuma 等人采用式(1.4-7)和式(1.4-9)表示的波函数近似，近似计算出电子和空穴的极化能[37]。利用基态波函数，激子极化基态能量有如下表示式：

$$E^{\mathrm{pol}}=E_{\mathrm{e}}^{\mathrm{pol}}+E_{\mathrm{h}}^{\mathrm{pol}}=-0.248\varepsilon E_{\mathrm{Ry}} \tag{1.4-14}$$

上式表明，由于介电受限产生的极化电场，使激子产生极化能，该能量与胶体量子点材料和周围溶剂材料的介电常数有关。

作用于激子的电场，一般来源于介电受限效应产生的极化电场，但有时也来自于胶体量子点表面缺陷产生的附加电场。在量子点的表面上(或附近)捕获电荷载流子，会产生一个较强的局域电场。表面极化势 $V^{\mathrm{pol}}(\boldsymbol{r})$ 与局域电场 ξ 的关系是[38]

$$V^{\mathrm{pol}}(\boldsymbol{r})=\mu\xi+\frac{1}{2}\alpha\xi^2+\cdots \tag{1.4-15}$$

式中，μ 是激子电偶极矩；α 是极化率。根据 Muller 等人的工作[39]，CdSe 纳米棒(nanorod)的第一激子吸收峰移位依赖于外电场的方向，正的产生红移，负的产生蓝移。因为量子点是零维的，其移位不依赖于电场的方向，正、负电场都使其红移，而且电场越强，第一激子吸收峰的红移越明显[40]。

1.4.2　量子点尺寸依赖的介电函数

对于胶体量子点而言，由于介电受限效应，导致激子能量发生变化，增加了极化能。在这里，量子点的介电常数 ε 是一个重要的参数。根据 Kramers-Kronig 关系[41]，介电常数与吸收系数相关，而吸收系数与材料的禁带宽度有关，因此介电常数是禁带宽度的函数。由于量子尺寸受限效应，胶体量子点的禁带宽度是尺寸依赖的，所以量子点的介电常数也是尺寸的函数。

有关研究表明，体材料介电常数可以表示如下[42,43]：

$$\varepsilon(q)=1-\frac{e^2}{\varepsilon_0 q^2}\sum_{k,l,l'}|\langle\psi_l^*(\boldsymbol{k},\boldsymbol{r})|\mathrm{e}^{-\mathrm{i}\boldsymbol{q}\cdot\boldsymbol{r}}|\psi_{l'}(\boldsymbol{k}+\boldsymbol{q},\boldsymbol{r})\rangle|^2\frac{N_{l'}(\boldsymbol{k}+\boldsymbol{q})-N_l(\boldsymbol{k})}{E_{l'}(\boldsymbol{k}+\boldsymbol{q})-E_l(\boldsymbol{k})} \tag{1.4-16}$$

式中，

$$\langle\psi_l^*(\boldsymbol{k},\boldsymbol{r})|\mathrm{e}^{-\mathrm{i}\boldsymbol{q}\cdot\boldsymbol{r}}|\psi_{l'}(\boldsymbol{k}+\boldsymbol{q},\boldsymbol{r})\rangle=\int_\Omega\psi_l^*(\boldsymbol{k},\boldsymbol{r})\mathrm{e}^{-\mathrm{i}\boldsymbol{q}\cdot\boldsymbol{r}}\psi_{l'}(\boldsymbol{k}+\boldsymbol{q},\boldsymbol{r})\mathrm{d}\tau \tag{1.4-17}$$

其中，$\boldsymbol{k}$、$\boldsymbol{q}$ 是约化波矢和光波波矢；$N_l(\boldsymbol{k})$ 是 l 能带、波矢为 $\boldsymbol{k}$ 的状态占有数；$\psi_l(\boldsymbol{k}$,

$\boldsymbol{r}$)是布洛赫波函数。

Penn 对式(1.4-16)进行了计算,在 $q=0$ 的情况下,体材料介电常数近似可以表示为[44]

$$\varepsilon_{\text{bulk}}=1+\left(\frac{\hbar\omega_{\text{p}}}{E_{\text{g}}}\right)^2 \tag{1.4-18}$$

式中,$\omega_{\text{p}}=N^2e^2/m_0\varepsilon_0$ 称为电子气的等离子震荡频率,N 是电子密度,E_{g}是体材料的平均禁带宽度。等效比较,对于半径为 R 的量子点而言,其相对介电常数近似可以表示为

$$\varepsilon_{\text{dot}}(R)=1+\left(\frac{\hbar\omega_{\text{p}}}{E_{\text{g}}(R)}\right)^2 \tag{1.4-19}$$

$$E_{\text{g}}(R)=E_{\text{g}}+\Delta E(R) \tag{1.4-20}$$

式中,$E_{\text{g}}(R)$是尺寸依赖的量子点禁带宽度,$\Delta E(R)$是量子受限附加的能量。比较式(1.4-18)、式(1.4-19),可以得出

$$\varepsilon_{\text{dot}}(R)=1+\frac{\varepsilon_{\text{bulk}}-1}{\left(1+\dfrac{\Delta E}{E_{\text{g}}}\right)^2} \tag{1.4-21}$$

Tsu 给出 $\Delta E(R)$表示式[45]

$$\Delta E(R)=\frac{\pi E_{\text{F}}}{k_{\text{F}}R} \tag{1.4-22}$$

式中,E_{F} 是价电子的费米(Fermi)能级,$\boldsymbol{k}_{\text{F}}$是费米波矢。以 CdSe 量子点为例:$E_{\text{F}}=9.94\text{eV}$[46],$\varepsilon_{\text{bulk}}=9.7$[28],$E_{\text{g}}=6.58\text{eV}$[47],由此计算出 CdSe 量子点相对介电常数随量子点半径 R 的变化关系是

$$\varepsilon_{\text{CdSe}}(R)=1+\frac{\varepsilon_{\text{bulk}}-1}{1+(9.298/R)^2} \tag{1.4-23}$$

1.4.3 胶体量子点 Stark 效应

如图 1.15 所示,在半径为 R 的球形量子点内存在一个受限激子,沿 z 轴反方向施加外电场$\boldsymbol{E}_0$。若量子点内、外的介电常数是 ε_1、ε_2,则量子点内部的实际作用电场 $\boldsymbol{E}_1$ 是[48]

$$\boldsymbol{E}_1=\frac{3\varepsilon_2}{\varepsilon_1+2\varepsilon_2}\boldsymbol{E}_0 \tag{1.4-24}$$

假设量子点的尺寸远大于半导体体材料的晶格常数,我们采用有效质量近似方法分析量子点中激子的量子受限斯塔克效应(quantum-confined Stark effect, QCSE)。胶体量子点中激子的哈密顿量是

$$\hat{H}=\hat{H}_{\text{e}}+\hat{H}_{\text{h}}+\hat{V}_{\text{e-h}}+\hat{W}_{\text{e}}+\hat{W}_{\text{h}} \tag{1.4-25}$$

在这里,选择体材料导带底为能量参考零点。电子和空穴的动能是

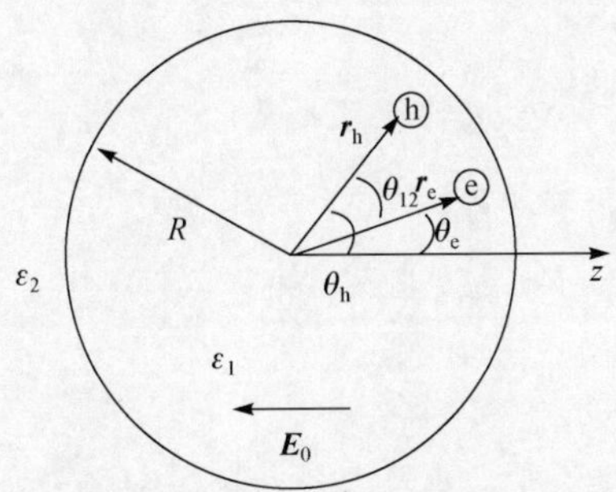

图 1.15　放置在外电场 $\boldsymbol{E}_0$ 中半径为 R 的球形量子点

$$\hat{H}_i = -\frac{\hbar^2}{2m_i}\nabla_i^2 \qquad i=\mathrm{e,h} \tag{1.4-26a}$$

式中，$m_i(i=\mathrm{e,h})$分别是电子和空穴的有效质量。电子与空穴的库仑作用势能是

$$\hat{V}_{\mathrm{e-h}} = -\frac{e^2}{4\pi\varepsilon_0\varepsilon_1|\boldsymbol{r}_\mathrm{e}-\boldsymbol{r}_\mathrm{h}|} \tag{1.4-26b}$$

相应的电子与空穴的 Stark 能量是

$$\hat{W}_i = \pm eE_1 r_i\cos\theta_i \qquad i=\mathrm{e,h} \tag{1.4-26c}$$

式中，对电子，取“－”号；对空穴，取“＋”号。这里没有考虑到电子与电子(或空穴与空穴)的相互作用对受限激子能量的贡献，因为这个作用很小[49]。此外，在激子吸收和复合过程中，电子(或空穴)的自旋不发生变化，所以没有考虑自旋因素。

在无外电场时，激子角动量是

$$\hat{L}^2 = (\hat{L}_\mathrm{e}+\hat{L}_\mathrm{h})^2 \tag{1.4-27}$$

式中，$\hat{L}_i=\boldsymbol{r}_i\times(-\mathrm{i}\hbar\nabla_i)$是电子(空穴)的角动量算符。角动量的 z 分量是

$$\hat{L}_z = \hat{L}_{\mathrm{e}z}+\hat{L}_{\mathrm{h}z} \tag{1.4-28}$$

因此，在无外场存在时，受限激子的总角动量和 z 分量的量子数 L、M 都是好的量子数。在外电场存在时，量子点系统相对 z 轴具有轴对称性，这时激子的总角动量不是严格的守恒量，L 不再是好的量子数。但是在弱电场情况下，仍然可以近似采用量子数 L 表示不同的状态。这时，总角动量 z 分量仍然是守恒量，相应量子数 M 是好的量子数，而且在光学跃迁中仍然需要满足 $\Delta M=0$ 限制。

在外电场的作用下，根据式(1.4-25)，激子波函数 $\psi(\boldsymbol{r}_\mathrm{e},\boldsymbol{r}_\mathrm{h})$满足如下薛定谔方程：

$$\left[-\frac{\hbar^2}{2m_\mathrm{e}}\nabla_\mathrm{e}^2-\frac{\hbar^2}{2m_\mathrm{h}}\nabla_\mathrm{h}^2-\frac{e^2}{4\pi\varepsilon_0\varepsilon_1|\boldsymbol{r}_\mathrm{e}-\boldsymbol{r}_\mathrm{h}|}-eE_1r_\mathrm{e}\cos\theta_\mathrm{e}+eE_1r_\mathrm{h}\cos\theta_\mathrm{h}\right]\psi(\boldsymbol{r}_\mathrm{e},\boldsymbol{r}_\mathrm{h})=E\psi(\boldsymbol{r}_\mathrm{e},\boldsymbol{r}_\mathrm{h}) \tag{1.4-29}$$

在这里，E 是受限激子的能量。

为了求解式(1.4-29)，我们近似认为激子波函数 $\psi(\boldsymbol{r}_\mathrm{e},\boldsymbol{r}_\mathrm{h})$是无外电场、忽略库仑相互作用时的单电子(或空穴)波函数的组合。单电子(或空穴)波函数满足如下

方程：

$$-\frac{\hbar}{2m_i}\nabla_i^2\phi(\boldsymbol{r}_i)=E_i\phi(\boldsymbol{r}_i)\qquad i=\mathrm{e,h}\tag{1.4-30}$$

取无限深势阱近似，满足如下条件：

$$\phi(\boldsymbol{r}_i)=0\quad r_i\geqslant R,\quad i=\mathrm{e,h}\tag{1.4-31}$$

由此解出

$$\phi(\boldsymbol{r}_i)=\left[\frac{2}{R^3}\right]^{\frac{1}{2}}\frac{J_l(\frac{\alpha_{nl}r_i}{R})}{J_{l+1}(\alpha_{nl})}Y_{lm}(\theta_i,\varphi_i)\qquad i=\mathrm{e,h}\tag{1.4-32}$$

$$E_i=\frac{\hbar^2\alpha_{nl}^2}{2m_iR^2}\qquad i=\mathrm{e,h}\tag{1.4-33}$$

式中，$n=1,2,\cdots;l=0,1,2,\cdots,n-1;m=0,\pm1,\cdots,\pm l$。$J_l$ 是第 l 阶球贝塞尔函数，α_{nl}是它的第 n 个根，Y_{lm}是球谐函数，E_i 是单电子或空穴的能级。

由于式(1.4-29)中存在库仑作用项和 Stark 作用项，总角动量算符与 $\hat{V}_{\mathrm{e-h}}$有关。我们取如下组合，代表在无电场作用下、忽略库仑相互作用时的受限激子的本征函数：

$$\psi_{n_1l_1n_2l_2LM}(\boldsymbol{r}_\mathrm{e},\boldsymbol{r}_\mathrm{h})=\sum_{m_1,m_2}\langle l_1m_1l_2m_2\,|\,LM\rangle\phi_{N_1}(\boldsymbol{r}_\mathrm{e})\phi_{N_2}(\boldsymbol{r}_\mathrm{h})\tag{1.4-34}$$

在这里，$\langle l_1m_1l_2m_2\,|\,LM\rangle$是满足 Condon-Shortley 规则的 Clebsch-Gordan 耦合系数[50]，下角标 1(2)是代表电子(空穴)的量子数，L、M 分别是总角动量及其 z 分量的量子数，为了计算在外电场作用下、包含库仑相互作用时受限激子的斯塔克效应，激子波函数可以扩展表示为具有不同量子数的、满足式(1.4-34)本征函数的组合，即

$$\Psi(\boldsymbol{r}_\mathrm{e},\boldsymbol{r}_\mathrm{h})=\sum_{n_1l_1,n_2l_2,L,M}V(n_1,l_1,n_2,l_2,L,M)\psi_{n_1l_1n_2l_2LM}(\boldsymbol{r}_\mathrm{e},\boldsymbol{r}_\mathrm{h})\tag{1.4-35}$$

在这里，$V(n_1,l_1,n_2,l_2,L,M)$是以式(1.4-34)为基础、满足式(1.4-29)对角化的展开系数。

动能矩阵已经是对角化的，而且只依赖于单粒子态。利用式(1.4-34)，电子与空穴库仑相互作用的矩阵元为

$$\begin{aligned}I&=\iint\left[\psi^*_{n_1l_1n_2l_2LM}(\boldsymbol{r}_1,\boldsymbol{r}_2)\frac{-e^2}{4\pi\varepsilon_0\varepsilon_1\,|\,\boldsymbol{r}_1-\boldsymbol{r}_2\,|}\psi_{n_1'l_1'n_2'l_2'L'M'}(\boldsymbol{r}_1,\boldsymbol{r}_2)\right]\mathrm{d}\tau_1\mathrm{d}\tau_2\\&=\frac{-e^2}{4\pi\varepsilon_0\varepsilon_1}\int_0^R\int_0^R r_1^2r_2^2\mathrm{d}r_1\mathrm{d}r_2\iint\frac{\phi^*_{N_1}(r_1)\phi^*_{N_2}(r_2)\phi_{N_3}(r_1)\phi_{N_4}(r_2)}{|\,\boldsymbol{r}_1-\boldsymbol{r}_2\,|}\mathrm{d}\Omega_1\mathrm{d}\Omega_2\end{aligned}\tag{1.4-36}$$

在这里，$N_i(i=1,2,3,4)$是单粒子态的量子数。利用如下表示式：

$$\frac{1}{|\,\boldsymbol{r}_1-\boldsymbol{r}_2\,|}=\sum_k\frac{1}{r_>}\left[\frac{r_<}{r_>}\right]^kP_k(\cos\theta_{12})\tag{1.4-37}$$

其中，$P_k(\cos\theta_{12})$是勒让德函数(Legendre function)，表示式是

$$P_l(\cos\theta_{12})=\frac{4\pi}{2l+1}\sum_{m=-k}^{k}Y_{km}^*(\theta_1,\varphi_1)Y_{km}(\theta_2,\varphi_2) \tag{1.4-38}$$

在这里，$r_<(r_>)$是 r_1 和 r_2 中较小的(或较大的)值，θ_{12}是位置矢量 $\boldsymbol{r}_1$、$\boldsymbol{r}_2$ 之间的夹角。

利用式(1.4-37)、式(1.4-38)，得出

$$I=\sum_k R_k(n_1l_1n_2l_2,n'_1l'_1n'_2l'_2)\times\langle l_1l_2LM|C_k(e)C_k(h)|l'_1l'_2L'M'\rangle \tag{1.4-39}$$

式中，C_k 是第 k 阶实的球形张量[50]，即

$$\begin{aligned}&\langle l_1l_2LM|C_k(e)C_k(h)|l'_1l'_2L'M'\rangle\\&=(-1)^{l_2+l'_1+L}\langle l_1|C_k|l'_1\rangle\langle l_2|C_k|l'_2\rangle\begin{Bmatrix}l_1&l_2&L\\l'_2&l'_1&k\end{Bmatrix}\delta_{LL'}\delta_{MM'}\\&=(-1)^{k+L}\left[\prod_{i=1}^{2}(2l_i+1)(2l'_i+1)\right]^{\frac{1}{2}}\begin{Bmatrix}l_1&k&l'_1\\0&0&0\end{Bmatrix}\begin{Bmatrix}l_2&k&l'_2\\0&0&0\end{Bmatrix}\begin{Bmatrix}l_1&l_2&L\\l'_2&l'_1&k\end{Bmatrix}\delta_{LL'}\delta_{MM'}\end{aligned} \tag{1.4-40}$$

其中，$\begin{Bmatrix}l_i&k&l'_i\\0&0&0\end{Bmatrix}(i=1,2)$和$\begin{Bmatrix}l_1&l_2&L\\l'_2&l'_1&k\end{Bmatrix}$分别是 3 维和 6 维符号[51]。根据这些 3 阶和 6 阶符号性质，有如下限制：

$$l_i+l'_i+k=\text{偶数},(i=1,2)$$

$$|l_1-l'_1|\leqslant k\leqslant l_1+l'_1\quad\text{和}\quad|l_2-l'_2|\leqslant k\leqslant l_2+l'_2$$

而径向部分的积分是

$$\begin{aligned}R_k(n_1l_1n_2l_2n'_1l'_1n'_2l'_2)=&\frac{e^2}{\pi\varepsilon_0\varepsilon_1R}\int_0^1\int_0^1\frac{1}{x_>}\left(\frac{x_<}{x_>}\right)^k\frac{J_{l_1}(\alpha_{n_1l_1}x_1)}{J_{l_1+1}(\alpha_{n_1l_1})}\frac{J_{l_2}(\alpha_{n_2l_{21}}x_2)}{J_{l_2+1}(\alpha_{n_2l_{21}})}\\&\frac{J_{l'_1}(\alpha_{n'_1l'_1}x_1)}{J_{l'_1+1}(\alpha_{n'_1l'_1})}\frac{J_{l'_{21}}(\alpha_{n'_1l'_1}x_2)}{J_{l'_2+1}(\alpha_{n'_2l'_2})}x_1^2x_2^2\mathrm{d}x_1\mathrm{d}x_2\end{aligned} \tag{1.4-41}$$

在这里，$x_<(x_>)$是 $x_1(=r_1/R)$和 $x_2(=r_2/R)$中较小的(或较大的)值。上式的积分可以利用对称性加以简化。

式(1.4-36)的积分具有如下性质：①它与总角动量 L 无关；②它具有电子、空穴互换的对称性；③它具有电子能级、空穴能级互换的对称性，即角标(n_1,l_1)与(n'_1,l'_1)互换、(n_2,l_2)与(n'_2,l'_2)互换、或者角标对$(n_1l_1,n'_1l'_1)$与$(n_2l_2,n'_2l'_2)$互换时，库仑相互作用矩阵元 I 保持不变。此外，径向积分式(1.4-41)只需计算满足如下条件要求的量子数的矩阵元：$N_1<N'_1$和 $N_2<N'_2$，而且 N_i、$N'_i(i=1,2)$是单粒子态的量子数。$N_1<N'_1$对应于条件：$n_1<n'_1$和 $l_1<l'_1$。

利用耦合表示基$|n_1l_1n_2l_2LM\rangle$，由式(1.4-26c)决定的Stark效应的矩阵元是

$$\begin{aligned}&\langle n_1l_1n_2l_2LM|eE_1(r_2\cos\theta_2-r_1\cos\theta_1|n_1'l_1'n_2'l_2'L'M'\rangle\\&=eE_1R_1(n_2l_2n_2'l')\langle n_1l_1n_2l_2LM|\cos\theta_2|n_1'l_1'n_2'l_2'L'M'\rangle\delta_{n_1,n_1'}\delta_{l_1,l_1'}\\&\quad-eE_1R_1(n_1l_1n_1'l_1')\langle n_1l_1n_2l_2LM|\cos\theta_1|n_1'l_1'n_2'l_2'L'M'\rangle\delta_{n_2,n_2'}\delta_{l_2,l_2'}\end{aligned}\quad(1.4\text{-}42)$$

式中，$\cos\theta_i(i=1,2)$的矩阵元可以根据下式计算[50]：

$$\begin{aligned}&\int Y_{lm}^*(\theta,\varphi)\cos\theta Y_{l'm'}(\theta,\varphi)\mathrm{d}\Omega\\&=\left\{\frac{(l+m)(l-m)}{(2l-1)(2l+1)}\right\}^{\frac{1}{2}}\delta_{l,l'+1}\delta_{m,m'}+\left\{\frac{(l'+m)(l'-m)}{(2l'-1)(2l'+1)}\right\}^{\frac{1}{2}}\delta_{l,l'-1}\delta_{m,m'}\end{aligned}\quad(1.4\text{-}43)$$

而径向积分R_1定义如下：

$$R_l(n_il_in'_il'_i)=2R\int_0^1\frac{J_{l_i}(\alpha_{n_il_i}x_i)}{J_{l_i+1}(\alpha_{n_il_i})}\frac{J_{l_i'}(\alpha_{n_i'l_i'}x_i)}{J_{l_i'+1}(\alpha_{n_i'l_i'})}x^3\mathrm{d}x\quad(i=1,2)\quad(1.4\text{-}44)$$

利用上述理论，Men G W 等人计算了CdS量子点激子能级的Stark移动[52]。图1.16(a)是嵌入在玻璃中、半径为9nm的CdS量子点几个最低的激子能级随外电场变化的曲线，激子能级按照无外场作用时的总角动量量子数标示。在外电场作用下，本征状态是具有不同角动量的单粒子态的组合。图中，1S是总角动量量子数$L=0$的最低激子态；2S是$L=0$的次最低激子态；1P是总角动量量子数$L=1$的最低激子态；2P是$L=1$的次最低激子态；以此类推。图1.16(b)是两个不同尺寸量子点在外电场作用下，基态激子Stark能量变化情况。图1.16(c)是不同尺寸量子点在特定外电场作用下，基态激子Stark能量变化情况。显然，对于CdS量子点而言，外电场越强、量子点尺寸越小，基态激子的Stark能量红移越明显。

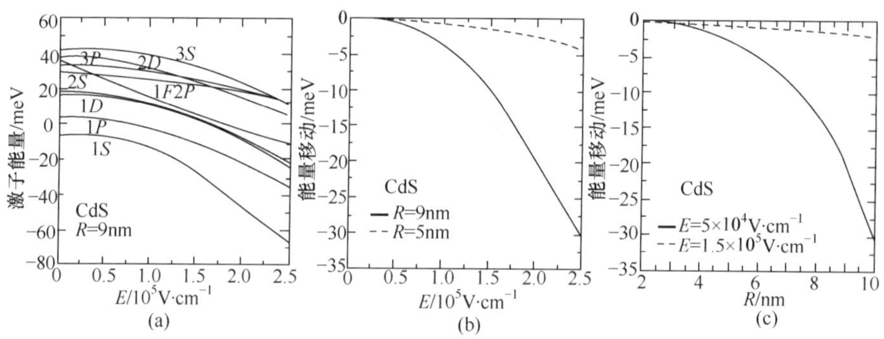

图1.16 CdS量子点

(a)几个最低激子能级电场依赖的曲线；(b)基态激子Stark能量的电场依赖的曲线；

(c)基态激子Stark能量尺寸依赖的变化曲线[52]

1.5　量子点中激子与声子相互作用

1.5.1　声子

1. 声子概念

对于半导体材料，晶格热振动的能量子称为声子。声子并不是一个真正的粒子，声子可以产生和消灭，不能脱离材料存在，只是晶格振动激发的量子，称为晶体振荡的元激发或准粒子。声子本身并不具有物理动量，但是携带有准动量，并具有能量。晶格振动的哈密顿算符可以通过定义阶梯算符 a_q 和 a_q^+ 得到

$$H_{\mathrm{ph}}=\hbar\omega_q\left(a_q^+a_q+\frac{1}{2}\right) \tag{1.5-1}$$

式中，ω_q 是晶格第 q 个简正模式的角频率，且有

$$[a_q,a_{q'}^+]=\delta_{qq'}$$
$$[a_q,a_{q'}]=[a_q^+,a_{q'}^+]=0$$

所以，晶格振动在特定频率 ω_q 的振动能量写成

$$E_{\mathrm{ph}}=\hbar\omega_q\left(n+\frac{1}{2}\right) \tag{1.5-2}$$

其中，$\hbar\omega_q/2$ 是晶格零点能，E_{ph}可以认为是由 n 个能量为$\hbar\omega_q$ 的“激发量子”相加而成，$\hbar\omega_q$ 是声子能量。在分析半导体物理性质时，通常取 $E_{\mathrm{ph}}=n\hbar\omega_q$。

声子的化学势为零，服从玻色-爱因斯坦统计(Bose-Einstein statistics)。在热平衡情况下，在角频率为 ω_q 的能量状态声子出现的概率是

$$n(\omega_q)=\left[\exp\left(\frac{\hbar\omega_q}{k_{\mathrm{B}}T}\right)-1\right]^{-1} \tag{1.5-3}$$

其中，k_{B} 是玻尔兹曼常数；T 是热力学温度。

根据振动频率的高低，声子区分成两大类：声学声子和光学声子，分别对应于晶格格波的声学波和光学波。对正负离子构成的晶格，声学声子表示的是原胞质心的振动，光学声子代表着正负离子的相对振动。如果每个原胞可以视为一个电偶极子，则光学声子发源于电偶极子的振动，声学声子来自于电偶极子质心的振动。根据格波波矢方向与振动方向的相对关系，区分为纵波(方向相同)和横波(方向垂直)。所以，对于声学声子，纵波用 LA 表示，横波用 TA 表示；对于光学声子，纵波用 LO 表示，横波用 TO 表示。

光学波可以使正负离子产生相反位移，使半导体出现宏观电极化，故称其是极化波。但是，LO 与 TO 的作用是不同的。LO 极化场的方向沿着波矢的方向，具有与“静电场”类似的电极化性质。由于离子位移方向与电场力的方向相反(即电极化强度 $\boldsymbol{P}$ 与电场 $\boldsymbol{E}$ 的方向相反)，极化场的作用是使离子回到平衡位置，增加离

子的恢复力，提高 LO 声子的频率。而 TO 极化场的方向垂直于波矢的方向，不会使离子的恢复力增加，TO 声子的频率会保持不变。所以 LO 声子频率要高于 TO 声子的频率，是真正的极化声子。

2. 激子与声子的作用

对于半导体而言，激子与声子的作用直接影响着半导体诸多的物理性质。因为 LO 声子伴随有极化场，这个极化场会影响电子和空穴的运动。激子在晶格中运动时，在其周围会激发出许多声子，这些声子(LO 声子)趋于拖曳激子，改变电子和空穴的有效质量，进而改变激子的能量结构，使激子的吸收和辐射波长发生改变。

激子与声子的相互作用主要包括三种形式[53]：

(1) 弗罗里希(Fröhlich)耦合；

(2) 形变电势(deformation potential)耦合；

(3) 压电(piezoelectric)耦合，包括有屏蔽和无屏蔽两类情况。

在一般情况下，激子与光学声子(LO)的相互作用主要是弗罗里希耦合，而激子与声学声子的作用主要是形变电势耦合和压电耦合。

激子与声子作用能量 $E_{\mathrm{e-ph}}$ 可以表示为以下的关系式[54]：

$$\begin{aligned} E_{\mathrm{e-ph}} &= \sum_{\boldsymbol{q}} \frac{|M_{k,q}|^2}{E(\boldsymbol{k}) - E(\boldsymbol{k} \pm \boldsymbol{q}) \pm \hbar\omega_q} \\ &= \sum_{\boldsymbol{q}} \frac{|\langle \psi(\boldsymbol{k} \pm \boldsymbol{q})\chi(n_q \mp 1) | H_{\mathrm{e-ph}} | \psi(\boldsymbol{k})\chi(n_q)\rangle|^2}{E(\boldsymbol{k}) - E(\boldsymbol{k} \pm \boldsymbol{q}) \pm \hbar\omega_q} \end{aligned} \tag{1.5-4}$$

式中，$H_{\mathrm{e-ph}}$ 是电子与声子相互作用哈密顿项；$\boldsymbol{k}$、$\boldsymbol{q}$ 是激子和声子的波矢；ω_q 是声子的角频率；$E(\boldsymbol{k})$ 是激子的能量；$\psi(\boldsymbol{k})$ 是激子的波函数；$\chi(n_q)$ 是占据数为 $\boldsymbol{n_q}$ 的声子波函数。$M_{k,q}$ 是激子-声子相互作用的矩阵元，而 $|M_{k,q}|^2$ 与声子数成比例。$E(\boldsymbol{k})-E(\boldsymbol{k}\pm\boldsymbol{q})\pm\hbar\omega_q$ 这一项相当于释放(或吸收)一个声子。在导带底，如果是释放声子，$E_{\mathrm{e-ph}}$ 是负值，而如果是吸收一个声子，$E_{\mathrm{e-ph}}$ 可能是负的也有可能是正的。所以，$E_{\mathrm{e-ph}}$ 是负值的可能性是非常高的[55]。

激子与声子作用能量 $E_{\mathrm{e-ph}}$ 也可以表示为[56,57]

$$E_{\mathrm{e-ph}} = -S(R)\langle\hbar\omega_q\rangle n(\omega_q) = -S(R)\langle\hbar\omega_q\rangle\left(\mathrm{e}^{\frac{\langle\hbar\omega_q\rangle}{k_{\mathrm{B}}T}} - 1\right)^{-1} \tag{1.5-5}$$

式中，$\langle\omega_q\rangle$ 是声子平均能量；k_{B} 是玻尔兹曼常数；$S(R)$ 是激子与声子相互作用的耦合因子，称为 Huang-Rhys 因子。对于半导体量子点，Huang-Rhys 因子是量子点尺寸(R)的函数。

1.5.2 激子与光学声子的作用

在半导体量子点中，我们分析激子与光学声子(主要是 LO 声子)之间的相互作用。设量子点是半径为 R、相对介电常数是 ε_1 的介质球，周围介质的介电常数是

ε_2。由于考虑LO声子和表面光学声子(SO声子)和激子的相互作用,所以这时发生的作用主要是弗罗里希耦合。

1. LO与SO声子模式

根据Mori和Licari等人的理论[58,59],量子点内电场强度$\boldsymbol{E}$、电位移矢量$\boldsymbol{D}$、电极化强度$\boldsymbol{P}$和电势V之间满足如下关系:

$$\boldsymbol{D}=\varepsilon_0\varepsilon_1\boldsymbol{E}=\varepsilon_0\boldsymbol{E}+\boldsymbol{P}$$

$$\boldsymbol{E}=-\nabla V$$

$$\nabla\cdot\boldsymbol{D}=0$$

上面三式联立,由此得到

$$\varepsilon_1\Delta V=0 \tag{1.5-6}$$

上式表明,存在两种可能:$\varepsilon_1=0$,对应于LO模式;$\Delta V=0$,对应于SO模式。我们分别讨论这两种情况。

第一种情况,$\varepsilon_1=0$。根据LST(Lyddane-Sachs-Teller)关系[60]

$$\varepsilon_1(\omega)=\varepsilon_1^{\infty}\ \frac{\omega_q^2-\omega_{\mathrm{LO}}^2}{\omega_q^2-\omega_{\mathrm{TO}}^2} \tag{1.5-7}$$

式中,ε_1^{∞}是高频介电常数,ω_{LO}、ω_{TO}分别是LO声子和TO声子的本征角频率,满足如下关系:

$$\frac{\varepsilon_1^0}{\varepsilon_1^{\infty}}=\frac{\omega_{\mathrm{LO}}^2}{\omega_{\mathrm{TO}}^2} \tag{1.5-8}$$

ε_1^0是静电介电常数。所以,$\varepsilon_1=0$时,对应$\omega_q=\omega_{\mathrm{LO}}$,是LO模式。

对于球对称量子点,在球坐标中量子点内任意点电势(方程(1.5-6)的解)可以表示为

$$V(\boldsymbol{r})=\sum_{lm}\sum_q B_q V_{lm}(q)J_l(qr)Y_l^m(\theta,\varphi) \tag{1.5-9}$$

视为各种本征模式LO声子贡献的组合。$J_l(x)$是第l阶贝塞尔函数,$Y_l^m(\theta,\varphi)$是球谐函数。进行如下变换,有

$$V_{lm}(q)=\int_{\mathrm{sphere}} B_q V(r)J_l(qr)Y_l^{m*}(\theta,\varphi)\mathrm{d}\tau \tag{1.5-10}$$

利用界面处的连续性条件:$V(r)\big|_{r=R+0}=V(r)\big|_{r=R-0}$。对每一个模式$l$、$m$有

$$J_l(qR)=0 \tag{1.5-11}$$

依赖于l的声子波矢q满足如下关系:

$$q=\frac{\alpha_{nl}}{R} \tag{1.5-12}$$

式中,α_{nl}是第l阶贝塞尔函数$J_l(x)$为零的第n个根。为方便起见,我们使用l、m、q作为本征模式的量子数,而放弃实际量子数n、l、m。为满足式(1.5-11),常数

B_q 为

$$B_q^{-2}=\frac{R^3}{2}J_{l+1}^2(qR) \tag{1.5-13}$$

对 $l=0$ 的模式，有

$$B_q^2=\frac{2q^2}{R} \tag{1.5-14}$$

这里，q 满足：$q=\frac{n\pi}{R}(n=1,2,3,\cdots)$。

第二种情况，$\Delta V=0$，这时对应于 SO 模式。这时的解是

$$V(r)=\begin{cases}A_{lm}r^lY_l^m(\theta,\varphi) & r<R\\ B_{lm}r^{-(l+1)}Y_l^m(\theta,\varphi) & r>R\end{cases} \tag{1.5-15}$$

利用边界条件，有

$$\varepsilon_1=-\frac{l+1}{l}\varepsilon_2 \tag{1.5-16}$$

2. 激子与光学声子作用的哈密顿量

设电子与空穴之间的相对位移是 $\boldsymbol{u}=\boldsymbol{u}_{\rm h}-\boldsymbol{u}_{\rm e}$，他们之间受到短程的恢复力 $m_r\omega_0^2\boldsymbol{u}$ 和局域极化电场力 $e\boldsymbol{E}_{\rm loc}$ 的作用，满足如下振动方程：

$$m_{\rm r}\frac{{\rm d}^2\boldsymbol{u}}{{\rm d}t^2}=-m_{\rm r}\omega_0^2\boldsymbol{u}+e\boldsymbol{E}_{\rm loc} \tag{1.5-17}$$

式中，$m_{\rm r}$是激子的折合质量；ω_0是激子固有的简谐振动角频率。相应的电极化强度是

$$\boldsymbol{P}=ne\boldsymbol{u}+n\alpha\boldsymbol{E}_{\rm loc} \tag{1.5-18}$$

这里，n 是激子的浓度，α 是激子的电极化率。

采用洛伦兹有效场近似[61]，有

$$\boldsymbol{E}_{\rm loc}=\boldsymbol{E}+\frac{1}{3\varepsilon_0}\boldsymbol{P}=-\frac{2}{3\varepsilon_0}\boldsymbol{P} \tag{1.5-19}$$

其中，$\boldsymbol{E}$ 是宏观电场，$\boldsymbol{E}=-\boldsymbol{P}/\varepsilon_0$；$\varepsilon_0$ 是真空中介电常数。利用式(1.5-18)得出

$$\boldsymbol{P}=\frac{ne}{1+2\beta}\boldsymbol{u}\quad \text{其中，}\beta=\frac{n\alpha}{3\varepsilon_0} \tag{1.5-20}$$

因此

$$\nabla V=\frac{ne}{\varepsilon_0(1+2\beta)}\boldsymbol{u} \tag{1.5-21}$$

对于给定的 LO 模式(l,m,q)，利用式(1.5-10)，可以有

$$\boldsymbol{u}_{lmq}=u_0\ \nabla J_l(qr)Y_l^m(\theta,\varphi)+\text{c. c} \tag{1.5-22}$$

式中，c. c 表示复数共轭函数。考虑到声子的哈密顿表示式(1.5-1)，对于给定的

LO 模式(l,m,q)，可以有[62]

$$\boldsymbol{u}_{lmq}(\boldsymbol{r})=\left[\frac{\hbar B_q^2}{2nm_{\mathrm{r}}\omega_{\mathrm{LO}}q^2}\right]^{\frac{1}{2}}\left[a_{lm}(q)\nabla J_l(qr)Y_l^m(\theta,\varphi)+\mathrm{H.c}\right] \tag{1.5-23}$$

这里 H. c 是哈密顿的共轭项。利用式(1.5-21)得出电势的表示式

$$V_{lmq}(\boldsymbol{r})=\frac{ne}{\varepsilon_0(1+2\beta)}\left[\frac{\hbar B_q^2}{2nm_{\mathrm{r}}\omega_{\mathrm{LO}}q^2}\right]^{\frac{1}{2}}\left[a_{lm}(q)J_l(qr)Y_l^m(\theta,\varphi)+\mathrm{H.c}\right] \tag{1.5-24}$$

注意到

$$\frac{1}{(1+2\beta)}\left[\frac{ne^2}{m_{\mathrm{r}}\varepsilon_0\omega_{\mathrm{LO}}^2}\right]^{\frac{1}{2}}=\left[\frac{1}{4\pi\varepsilon_0}\left(\frac{1}{\varepsilon_1^{\infty}}-\frac{1}{\varepsilon_1^{0}}\right)\right]^{\frac{1}{2}}$$

所以有

$$V_{lmq}(\boldsymbol{r})=\left[\frac{2\pi\hbar\omega_{\mathrm{LO}}B_q^2}{q^2}\right]^{\frac{1}{2}}\left[\frac{1}{4\pi\varepsilon_0}\left(\frac{1}{\varepsilon_1^{\infty}}-\frac{1}{\varepsilon_1^{0}}\right)\right]^{\frac{1}{2}}\left[a_{lm}(q)J_l(qr)Y_l^m(\theta,\varphi)+\mathrm{H.c}\right] \tag{1.5-25}$$

考虑到全部 LO 模式，有

$$V(\boldsymbol{r})=\sum_{lm}\sum_{q}f_{lm}^{\mathrm{LO}}(q)\left[a_{lm}(q)J_l(qr)Y_l^m(\theta,\varphi)+\mathrm{H.c}\right] \tag{1.5-26}$$

其中，

$$f_{lm}^{\mathrm{LO}}(q)=\left[\frac{2\pi\hbar\omega_{\mathrm{LO}}B_q^2}{q^2}\right]^{\frac{1}{2}}\left[\frac{1}{4\pi\varepsilon_0}\left(\frac{1}{\varepsilon_1^{\infty}}-\frac{1}{\varepsilon_1^{0}}\right)\right]^{\frac{1}{2}} \tag{1.5-27}$$

激子与 LO 声子作用的哈密顿量是

$$H_{\mathrm{e-ph}}^{\mathrm{LO}}=\int_{\mathrm{sphere}}V(\boldsymbol{r})\rho(\boldsymbol{r})\mathrm{d}\tau \tag{1.5-28}$$

式中，$\rho(\boldsymbol{r})=\rho_{\mathrm{e}}(\boldsymbol{r})+\rho_{\mathrm{h}}(\boldsymbol{r})$是电子和空穴的电荷密度。

对于 SO 声子，利用(1.5-17)～式(1.5-19)三式，对于频率为 ω_l 的 SO 模式，有

$$\boldsymbol{E}=(1-\beta)\frac{m_{\mathrm{r}}}{e}(\omega_{\mathrm{TO}}^2-\omega_l^2)\boldsymbol{u} \tag{1.5-29}$$

在这里

$$\omega_{\mathrm{TO}}^2=\omega_0^2-\frac{\omega_{\mathrm{p}}^2}{3(1-\beta)},\text{其中 }\omega_{\mathrm{p}}^2=\frac{ne^2}{\varepsilon_0m_{\mathrm{r}}} \tag{1.5-30}$$

于是得出

$$\nabla V=(1-\beta)\frac{m_{\mathrm{r}}}{e}(\omega_l^2-\omega_{\mathrm{TO}}^2)\boldsymbol{u} \tag{1.5-31}$$

对于给定的 l、m 模式，考虑球对称特点，我们取如下表示：

$$\boldsymbol{u}_{lmq}=u_0\ \nabla r^l Y_l^m(\theta,\varphi)+\text{c. c} \tag{1.5-32}$$

由此计算能量,并同 SO 声子的哈密顿量比较,我们可以导出

$$\boldsymbol{u}_{lm}(\boldsymbol{r})=\left[\frac{\hbar}{2nm_{\text{r}}\omega_l lR}\right]^{\frac{1}{2}}\left[a_{lm}^{\text{SO}}\nabla\left[\frac{r}{R}\right]^l Y_l^m(\theta,\varphi)+\text{H. c}\right] \tag{1.5-33}$$

利用式(1.5-31),得出电势的表示式

$$V_{lm}(\boldsymbol{r})=(1-\beta)\frac{m_{\text{r}}}{e}(\omega_l^2-\omega_{\text{TO}}^2)\left[\frac{\hbar}{2nm_{\text{r}}\omega_l lR}\right]^{\frac{1}{2}}\left[a_{lm}^{\text{SO}}\left[\frac{r}{R}\right]^l Y_l^m(\theta,\varphi)+\text{H. c}\right] \tag{1.5-34}$$

利用式(1.5-16),上式写为

$$V_{lm}(\boldsymbol{r})=\frac{\sqrt{l\varepsilon_1^{\infty}}\,\omega_{\text{LO}}}{l\varepsilon_1^{\infty}+(l+1)\varepsilon_2}\left[\frac{2\pi\hbar}{\omega_l R}\right]^{\frac{1}{2}}\left[\frac{1}{4\pi\varepsilon_0}\left(\frac{1}{\varepsilon_1^{\infty}}-\frac{1}{\varepsilon_1^{0}}\right)\right]^{\frac{1}{2}}\left[a_{lm}^{\text{SO}}\left[\frac{r}{R}\right]^l Y_l^m(\theta,\varphi)+\text{H. c}\right] \tag{1.5-35}$$

考虑 SO 声子的全部模式,有

$$V(\boldsymbol{r})=\sum_{lm}f_{lm}^{\text{SO}}\left[a_{lm}^{\text{SO}}\left[\frac{r}{R}\right]^l Y_l^m(\theta,\varphi)+\text{H. c}\right] \tag{1.5-36}$$

式中,

$$f_{lm}^{\text{SO}}=\frac{\sqrt{l\varepsilon_1^{\infty}}\,\omega_{\text{LO}}}{l\varepsilon_1^{\infty}+(l+1)\varepsilon_2}\left[\frac{2\pi\hbar}{\omega_l R}\right]^{\frac{1}{2}}\left[\frac{1}{4\pi\varepsilon_0}\left(\frac{1}{\varepsilon_1^{\infty}}-\frac{1}{\varepsilon_1^{0}}\right)\right]^{\frac{1}{2}} \tag{1.5-37}$$

则激子与 SO 声子作用的哈密顿是

$$H_{\text{e-ph}}^{\text{SO}}=\int_{\text{sphere}}V(\boldsymbol{r})\rho(\boldsymbol{r})\,\mathrm{d}\tau \tag{1.5-38}$$

这里假设,在量子点的外部 $\rho(\boldsymbol{r})=0$。

3. 激子与光学声子作用的 Huang-Rhys 因子

Merlin 等人取电子和空穴的电荷密度分布形式是[63]

$$\rho_{\text{h}}(\boldsymbol{r})=e\delta(\boldsymbol{r}),\ \rho_{\text{e}}(\boldsymbol{r})=-\frac{e}{\pi a_{\text{B}}^3}\mathrm{e}^{-\frac{2r}{a_{\text{B}}}} \tag{1.5-39}$$

式中,a_{B}是激子玻尔半径。Duke 等人将光学声子极化场采用平面波近似[53],将电势表示为

$$V(\boldsymbol{r})=\sum_q-\frac{4\pi\mathrm{i}}{q}\left[\frac{\hbar\omega_{\text{LO}}}{8\pi V}\right]^{\frac{1}{2}}\left[\frac{1}{4\pi\varepsilon_0}\left(\frac{1}{\varepsilon_1^{\infty}}-\frac{1}{\varepsilon_1^{0}}\right)\right]^{\frac{1}{2}}\left[a(q)\mathrm{e}^{\mathrm{i}\boldsymbol{q}\cdot\boldsymbol{r}}-\text{H. c}\right] \tag{1.5-40}$$

V 为平行六面体的体积。他们给出如下结果:

$$M(q)=-\mathrm{i}\frac{4\pi}{q}\left[\frac{\hbar\omega_{\text{LO}}}{8\pi V}\right]^{\frac{1}{2}}\left[\frac{1}{4\pi\varepsilon_0}\left(\frac{1}{\varepsilon_1^{\infty}}-\frac{1}{\varepsilon_1^{0}}\right)\right]^{\frac{1}{2}}\int\mathrm{e}^{\mathrm{i}\boldsymbol{q}\cdot\boldsymbol{r}}\rho(\boldsymbol{r})\,\mathrm{d}\tau \tag{1.5-41}$$

比较式(1.5-4)、式(1.5-5)，可以给出 Huang-Rhys 因子是

$$S = \sum_q \frac{1}{(\hbar\omega_{\mathrm{LO}})^2} \mid M(q) \mid^2 \tag{1.5-42}$$

将上述结果应用到球形量子点的结构，对 LO 模式有

$$M_{lm}(q) = f_{lm}(q) \int J_l(qr) Y_l^m(\theta,\varphi)\rho(\boldsymbol{r})\mathrm{d}\tau \tag{1.5-43}$$

注意到，Merlin 等人取的电荷分布只适合于 $l=0$ 的 LO 模式，并不适合于 SO 模式。所以，激子与 LO 声子作用的 Huang-Rhys 因子为

$$S^{\mathrm{LO}} = \sum_q \frac{1}{(\hbar\omega_{\mathrm{LO}})^2} \mid M_{00}(q) \mid^2 \tag{1.5-44}$$

假设电子是受限的，空穴处于球的中心。对 $l=0$ 模式，我们取如下电荷分布形式：

$$\rho_{\mathrm{h}}(\boldsymbol{r}) = e\delta(\boldsymbol{r})$$

$$\rho_{\mathrm{e}}(\boldsymbol{r}) = -\frac{e}{\pi R^3} J_0^2\left(\frac{\pi r}{R}\right) \quad r<R$$

$$\rho(\boldsymbol{r}) = \rho_{\mathrm{h}}(\boldsymbol{r}) + \rho_{\mathrm{e}}(\boldsymbol{r}) = 0 \quad r>R$$

于是导出

$$M_{00}(q) = f_{00}(q) \frac{e}{\sqrt{4\pi}} \times \left| 1 - \frac{2\pi^2}{R^3} \int_0^R J_0(qr) J_0^2(q_1 r) r^2 \mathrm{d}r \right| \tag{1.5-45}$$

式中，$q=\frac{n\pi}{R}$；$q_1=\frac{\pi}{R}$；R 是量子点的半径。如果取 $x=qr$，则

$$M_{00}(q) = f_{00}(q) \frac{e}{\sqrt{4\pi}} \times \left| 1 - \frac{2\pi^2}{(n\pi)^3} \int_0^{n\pi} J_0(x) J_0^2\left(\frac{x}{n}\right) x^2 \mathrm{d}x \right| \tag{1.5-46}$$

上式表明，激子与 LO 声子相互作用依赖于量子点的尺寸。这是由于在量子点中，声子是量子尺寸受限的。

1.5.3 激子与声学声子的作用

对于激子与声学声子的作用，主要体现在形变电势耦合和压电耦合。比照前面的讨论，激子与声学声子作用的 Huang-Rhys 因子也可以在形式上写成如下表示[66]：

$$S^{\mathrm{LA}} = \sum_q \mid f(q) \mid^2 \mid M(q) \mid^2 \tag{1.5-47}$$

这里 q 是声学声子的波矢大小，对应声学声子的能量是

$$\hbar\omega_{\mathrm{LA}} = \frac{\hbar q}{v_s} \tag{1.5-48}$$

波矢的截止量值是 $q_m=\sqrt[3]{6\pi n}$，n 是单位体积的分子数目。$M(q)$决定于激子电荷密度分布，在平面波近似下，有

$$M(q)=\int \mathrm{e}^{\mathrm{i}\boldsymbol{q}\cdot\boldsymbol{r}}\rho(\boldsymbol{r})\mathrm{d}\tau \tag{1.5-49}$$

$f(q)$决定于激子与声学声子的作用，表示为

$$f(q)=\frac{g(q)}{V} \tag{1.5-50}$$

V 是量子点的体积。

在形变电势耦合和压电耦合情况下，Duke 等人给出了 $f(q)$的表达式[53]，有

$$g(q)=\begin{cases}\dfrac{A_D}{q} & \text{形变电势耦合}\\ A_P\left[q^3\left(1+\dfrac{q^2}{\kappa^2}\right)^2\right]^{-1} & \text{有屏蔽的压电电势耦合}\end{cases} \tag{1.5-51}$$

式中，A_D、A_P是两个与量子点材料有关的常数；κ 是屏蔽波的波矢，对于半导体材料，它依赖于温度。

对于尺寸限制的量子点，声子波矢的取值是量子化的，依赖于量子点的尺寸。由式(1.5-12)看到，q 与量子点尺寸有关，比照式(1.5-51)，激子与声学声子作用的 Huang-Rhys 因子 S^{LA}也是尺寸依赖的[64~66]。同时，由于 κ 与半导体材料的温度有关，所以 S^{LA}也是温度依赖的。

1.6 跃迁过程与激子复合机制

1.6.1 跃迁过程与选择定则

对于一般半导体量子点而言，其尺寸往往远大于半导体材料的晶格常数。因此，除了前述有效质量近似和球形受限势阱模型的处理之外，必然受到晶格周期性的影响。在这种情况下，半导体量子点中的单个粒子(电子或空穴)的波函数 $\psi_n^i(\boldsymbol{r})(i=e,h)$可以视为布洛赫波函数的线性组合

$$\psi_n^i(\boldsymbol{r})=\sum_{\boldsymbol{k}}C_n(\boldsymbol{k})\mathrm{e}^{\mathrm{i}\boldsymbol{k}\cdot\boldsymbol{r}}\cdot u_n(\boldsymbol{k},\boldsymbol{r}) \tag{1.6-1}$$

式中，$C_n(\boldsymbol{k})$是展开系数，满足量子点球形边界的约束条件。进一步假设 $u_n(\boldsymbol{k},\boldsymbol{r})$是弱依赖于 k 的，称为缓变化包络近似。于是有

$$\psi_n^i(\boldsymbol{r})=u_{n0}(\boldsymbol{r})\sum_{\boldsymbol{k}}C_n(\boldsymbol{k})\mathrm{e}^{\mathrm{i}\boldsymbol{k}\cdot\boldsymbol{r}}=u_{n0}(\boldsymbol{r})\psi_0^i(\boldsymbol{r}) \tag{1.6-2}$$

在这里，$\psi_0^i(\boldsymbol{r})$是单粒子缓变化包络函数。量子点的物理性质主要决定于这个缓变化包络函数 $\psi_0^i(\boldsymbol{r})$。与式(1.6-2)表示的总波函数比较，在晶格尺度范围内，周期函数 $u_{n0}(\boldsymbol{r})$是快速变化的。根据缓变化包络近似，在量子受限的情况下，单个粒子(电子或空穴)的波函数决定于缓变化包络函数 $\psi_0^i(\boldsymbol{r})$，这时 $\psi_0^i(\boldsymbol{r})$可以使用式(1.3-8)表示的球形受限势阱模型波函数替代。于是有

$$\psi_n^i(\boldsymbol{r})=u_{n_i0}(\boldsymbol{r})A_{l_i}J_{l_i}(k_{n_il_i}r_i)Y_{l_im_i}(\theta_i,\varphi_i) \tag{1.6-3}$$

而量子点中激子态波函数是

$$\begin{aligned}\psi_{n_en_h}^{ex}(\boldsymbol{r}_e,\boldsymbol{r}_h)&=\psi_{n_e}^e(\boldsymbol{r}_e)\psi_{n_h}^h(\boldsymbol{r}_h)=[u_{n_e0}^e\psi_{n_e}^e(\boldsymbol{r}_e)][u_{n_h0}^h\psi_{n_h}^h(\boldsymbol{r}_h)]\\&=A_{l_e}A_{l_h}[u_{n_e0}^eJ_{l_e}(k_{n_el_e}r_e)Y_{l_em_e}]\cdot[u_{n_h0}^hJ_{l_h}(k_{n_hl_h}r_h)Y_{l_hm_h}]\end{aligned} \tag{1.6-4}$$

当电子由价带跃迁到导带并形成一个电子-空穴对(激子)时,这个光学跃迁的概率 P 可以由如下偶极矩阵元表示:

$$P=|\langle\psi_{n_en_h}^{ex}|\boldsymbol{e}\cdot\hat{p}|0\rangle|^2 \tag{1.6-5}$$

式中,$\boldsymbol{e}$ 是入射光的极化矢量;$\hat{p}$ 是动量算符。在这里,我们忽略了电子与空穴之间的库仑相互作用(相对于强的受限作用),于是这个概率可以表示为

$$P=|\langle\psi_{n_e}^e|\boldsymbol{e}\cdot\hat{p}|\psi_{n_h}^h\rangle|^2 \tag{1.6-6}$$

利用式(1.6-2),光学跃迁的概率 P 可以表示为

$$P=|\langle u_{n_e0}^e\psi_{n_e}^e|\boldsymbol{e}\cdot\hat{p}|u_{n_h0}^h\psi_{n_h}^h\rangle|^2 \tag{1.6-7}$$

注意到,$\psi_0^i(\boldsymbol{r})$是单粒子缓变化包络函数,随 $\boldsymbol{r}$ 变化较为缓慢。因此,可以认为算符 $\hat{p}$ 仅仅对快速变化部分函数 $u_{n_i0}(\boldsymbol{r})$发生作用,于是有

$$P=|\langle u_{n_e0}^e|\boldsymbol{e}\cdot\hat{p}|u_{n_h0}^h\rangle|^2|\langle\psi_{n_e}^e|\psi_{n_h}^h\rangle|^2 \tag{1.6-8}$$

利用式(1.6-3),可以导出

$$\begin{aligned}|\langle\psi_{n_e}^e|\psi_{n_h}^h\rangle|^2&=|\langle A_{l_e}J_{l_e}(k_{n_el_e}r_e)Y_{l_em_e}|A_{l_h}J_{l_h}(k_{n_hl_h}r_h)Y_{l_hm_h}\rangle|^2\\&=|\langle A_{l_e}J_{l_e}(k_{n_el_e}r_e)|A_{l_h}J_{l_h}(k_{n_hl_h}r_h)\rangle|^2|\langle Y_{l_em_e}|Y_{l_hm_h}\rangle|^2\end{aligned} \tag{1.6-9}$$

首先处理球谐函数部分,可以导出

$$|\langle Y_{l_em_e}|Y_{l_hm_h}\rangle|^2=\int_0^{2\pi}\mathrm{d}\varphi\int_0^{\pi}Y_{l_em_e}^*Y_{l_hm_h}\sin\theta\mathrm{d}\theta=\delta_{l_el_h}\delta_{m_em_h} \tag{1.6-10}$$

于是得到光学跃迁的选择定则是

$$\Delta l=0,\Delta m=0 \tag{1.6-11}$$

因此,只有满足 $l_e=l_h$的状态之间才能发生光学跃迁,由此得到径向贝塞尔函数部分的关系是

$$\begin{aligned}\left|\langle A_lJ_l\left(\frac{r_e}{R}\alpha_{n_el}\right)|A_lJ_l\left(\frac{r_h}{R}\alpha_{n_hl}\right)\rangle\right|^2&=A_l^*A_l\int_0^RJ_l\left(\frac{r_e}{R}\alpha_{n_el}\right)J_l\left(\frac{r_h}{R}\alpha_{n_hl}\right)r^2\mathrm{d}r\\&=\frac{1}{3}R^3|A_l|^2[J_{l+1}(\alpha_{nl})]^2\delta_{n_en_h}\end{aligned} \tag{1.6-12}$$

因此,上式提出光学跃迁发生必须满足的另一个选择定则是

$$\Delta n=0 \tag{1.6-13}$$

综合上述讨论,得到光学跃迁的概率 P 是

$$P=|\langle u_{n0}^e|\boldsymbol{e}\cdot\hat{p}|u_{n0}^h\rangle|^2\frac{1}{3}R^3|A_l|^2[J_{l+1}(\alpha_{nl})]^2\delta_{n_en_h}\delta_{l_el_h}\delta_{m_em_h} \tag{1.6-14}$$

相应的选择定则是

$$\Delta n=0,\quad \Delta l=0,\quad \Delta m=0 \tag{1.6-15}$$

1.6.2 自旋与轨道耦合——精细结构

对于理想的半导体量子点，我们采用有效质量近似方法和球形势阱模型，给出了这些理想量子点中的电子结构和跃迁选择定则。在这个理想模型下，量子点具有离散的电子结构，替代了宏观体半导体材料的连续能带结构。这些能量状态主要使用两个量子数(n,l)表征。基于有效质量近似模型，我们认为具有各项同性的、单一的抛物线的价带和导带，如图 1.11 所示。

实际胶体半导体量子点不是完美的球形，而且Ⅱ-Ⅵ和Ⅲ-Ⅴ族体半导体材料的能带结构通常是更加复杂，以至于不能采用有效质量近似模型得到的单一抛物线能带来进行准确表征。下面，仍然假设胶体量子点具有完美的球形，但是将考虑更接近实际的、复杂的能带结构。对于 CdSe 宏观体材料(具有纤锌矿结构)，由 Cd 5s 原子轨道$(l=0)$组成导带，在 $k=0$ 处只是二重简并的[67]。根据有效质量近似模型，这种情况可以使用一个单个抛物线能带结构得到良好描述。但是，对于价带而言，情况发生了变化。这时价带是由 Se 4p 原子轨道组成，在 $k=0$ 处是六重简并的。对于各向异性的 CdSe 结构，体 CdSe 晶格可以近似看成是类似于金刚石能带结构。根据类似于金刚石能带结构近似，仍然可以假设能带是抛物线形态的；但是由于强烈的自旋-轨道耦合和价带的简并，在 $k=0$ 处，价带分裂成两个次能带。由于强烈的自旋-轨道耦合，引入角动量量子数 J，表示为自旋量子数 s 和原子轨道角动量量子数 l 之和：$J=s+l$。对于体 CdSe 半导体材料的价带，原子轨道角动量量子数 $l=1(4p)$，而自旋量子数是 $s=\pm 1/2$，所以得到 $J=1/2$、$3/2$，分别对应于 $p_{1/2}$、$p_{3/2}$次带，其中下角标表示角动量量子数 J。对于离开 $k=0$ 处，$p_{3/2}$能带进一步分裂成 $J_m=\pm 3/2$ 和 $J_m=\pm 1/2$ 次带，其中 J_m是 J 的投影分量。具有 $J=3/2$ 和$J_m=\pm 3/2$ 的次带归结于重空穴(heavy-hole，hh)；具有 $J=3/2$ 和 $J_m=\pm 1/2$的次带归结于轻空穴(light-hole，lh)；而具有 $J=1/2$ 的次带归结于自旋劈裂空穴(split-off-hole，SO)，如图 1.17(a)所示。这个类似金刚石近似不能解释晶体场分裂现象，这个劈裂往往发生在具有纤锌矿或六角形晶格结构的半导体材料中，它将导致重空穴次带和轻空穴次带产生分离 Δ，如图 1.17(a)所示。

对于胶体量子点，宏观体半导体材料的连续导带被分立的导带能态替代，相应的状态可用理想模型(即完美的球形和单抛物线能带模型)良好的描述。相比之下，宏观体材料的结构是复杂的连续价带结构，采用多个次带结构描述，由此引起自旋-轨道的耦合。胶体量子点分立的价带能态，源于量子受限诱发的次带之间的混合。对于具有金刚石、闪锌矿或纤锌矿晶格结构的体半导体材料，导带边能态是由 S 型$(l=0)$原子轨道组成，由于电子自旋的原因，具有二重简并。与之对应，

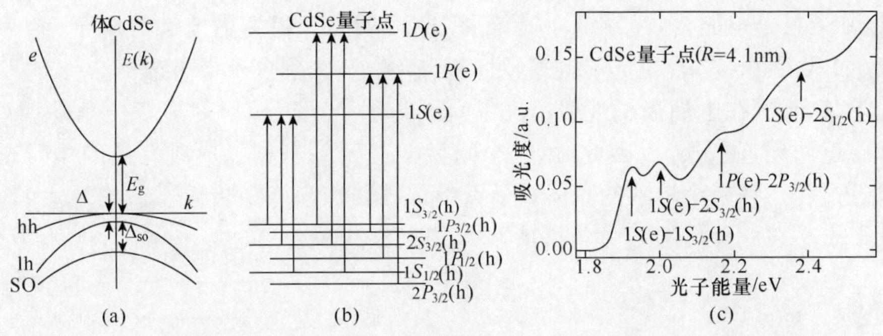

图 1.17　(a)纤锌矿体 CdSe 材料的导带和价带结构，其价带劈裂成重空穴(hh)、轻空穴(lh)和自旋劈裂空穴(SO)三个次带；(b)CdSe 胶体量子点产生的分离的能态结构，箭头指示出允许的光学跃迁过程；(c)CdSe 胶体量子点的吸收光谱[67]

价带边能态是由 P 型($l=1$)原子轨道组成，具有六重简并。由于自旋-轨道耦合，在带边附近的价带能态会分裂成两个主要的次带，分别使用布洛赫函数角动量 $J=3/2$ 和 $J=1/2$ 表示。如果将哈密顿量分成两部分：晶格和量子受限势能，但是忽略电子-空穴相互作用，总角动量 $\boldsymbol{F}$ 是布洛赫角动量 $\boldsymbol{J}$(由晶格场周期势产生)和空穴包络波函数的角动量 $\boldsymbol{L}_h$(由受限势产生)的矢量和：$\boldsymbol{F}=\boldsymbol{J}+\boldsymbol{L}_h$。因此，相应的量子数 F 是两个量子数 J、l_h的组合。于是，空穴总角动量的波函数可以表示为轨道角动量 $\boldsymbol{L}_h$ 波函数的线性组合，导致价带中不同子带的混合。这时价带中的能量状态可以表示为 nL_F，L 是涉及波函数组合的两个角动量中较小的，F 是总的角动量，n 是特定对称性状态的量子数。按照这样的计算，对于 CdSe 量子点而言，价带中三个最低的空穴能量状态是 $1S_{3/2}$、$1P_{3/2}$、$2S_{3/2}$，如图 1.17(b)所示。这个次带混合近似模型可以较好的解释胶体量子点光吸收特性，如图 1.17(c)所示，但是仍然不能正确的描述光发射的现象。

为了理解胶体量子点的发射特性，我们考虑激子的精细结构。当考虑非球形模型时，反对称性的缺失来源于各向异性的晶格和电子-空穴之间的相互作用，于是会产生激子的精细结构。在这里，我们局限于讨论带边激子($1S(\mathrm{e})-1S_{3/2}(\mathrm{h})$)的精细结构。由于电子与空穴之间存在相互作用，我们不能各自独立的处理电子和空穴，为此需要引入激子的总角动量 N。对于位于导带边的电子和价带边的空穴，它们各自的总角动量分别是 $F_e=1/2$ 和 $F_h=3/2$，所以激子的总角动量是 $N=1$ 或 $N=2$。由于电子-空穴之间的相互作用，将激子带边劈裂成一个高能量的亮激子($N=1$，视觉敏感)，以及一个低能量的暗激子($N=2$，视觉不敏感)，如图 1.18 所示。注意，这里所说视觉敏感与不敏感是相对于上述偶极矩阵元表征的光学跃迁而言。

如果我们进一步考虑到非球形形状和各向异性晶格对称性(仍以 CdSe 纤锌矿晶格为例)，这些能级将劈裂成 5 个亚能级，由较高 U 和较低 L 两组精细结构组成。这些状态可以采用量子数 N_m进行标记，N_m表示 N 向唯一晶轴方向的投影。

对于CdSe 量子点而言，$N_m=0,1,2$，如图 1.18 所示。最低的能态对应于 $N_m=2$，剩余(如 $N_m=0^L$态)是视觉不敏感(对应于暗激子)。来自于带边态 $N_m=2$ 的发射是光学禁止的(在电偶极子近似情况下)，因为这个跃迁辐射对应于由角动量为 2 的状态返回到基态$|g\rangle$。因此，由这个暗激子态到基态难以形成有效的辐射光子的跃迁过程。在一个单独的胶体量子点中，最低的 $N_m=2$ 暗激子态与 $N_m=1^L$的亮激子态是彼此分离的，之间的间隔是“共振”Stokes 位移 Δ_S^r。

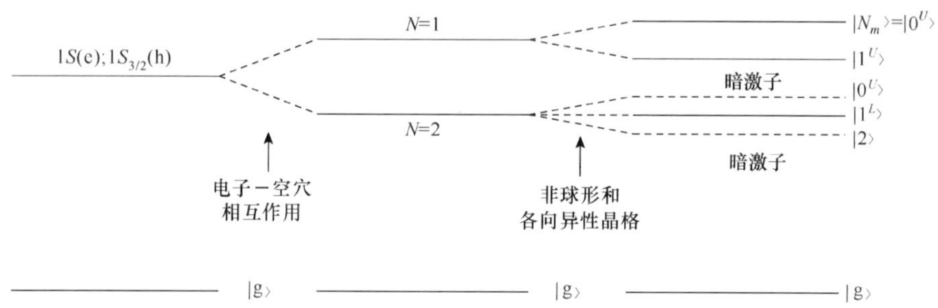

图 1.18 激子的精细结构

其中暗激子态用虚线，而亮激子态是实线

对于 CdSe 胶体量子点，其带边辐射受控于 $N_m=1^L$ 和 $N_m=2$ 态，而带边吸收($1S(e)-1S_{3/2}(h)$)决定于 $N_m=1^U$ 和 $N_m=0^U$ 态。根据不同种类精细结构的简单模型，我们可以利用两个跃迁来分析 CdSe 胶体量子点的光学跃迁性质。这两个跃迁发生在同一个 1S 电子态和两个不同的 $1S_{3/2}$空穴态(考虑了精细结构)，由此形成如图 1.19(a)所示的三能态模型。在这个模型中，通过精细结构态 1^U和 0^U的重叠，使之形成低能量空穴态 L，对应于产生带边辐射。此外，通过精细结构态 1^L 和 2 的重叠，使之形成高能量空穴态 U，产生带边吸收跃迁。注意到，带边辐射跃迁对应于 PL 发光，而带边吸收跃迁对应于 1S 吸收。在图 1.19(b)中，给出了 CdSe 胶体量子点非均匀展宽的发射和吸收光谱，显示出一个整体的、尺寸依赖的 Stokes 位移 Δ_S^g，归结于低能量空穴态 L 和高能量空穴态 U 的分离。

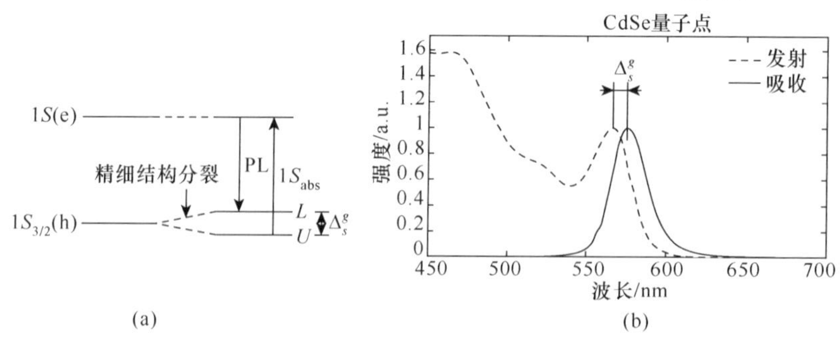

图 1.19 CdSe 胶体量子点

(a)精细结构的带边跃迁三能态模型；(b)发射和吸收光谱[67]

1.6.3　吸收与复合

1. 四能级模型中的吸收和复合过程

我们采用图 1.20 所示的四能级模型，$1S(\mathrm{e})$到低能量 $1S_{3/2}(\mathrm{h})L$ 态的跃迁产生带边辐射。这个低能量 $1S_{3/2}(\mathrm{h})L$ 态来自于暗激子态 2 和亮激子态 1^L 的重叠，因此可以忽略复合寿命 τ_r 对温度依赖的性质。带边吸收（$1S$ 吸收）产生于高能量空穴态 $1S_{3/2}(\mathrm{h})\ U$ 态到 $1S(\mathrm{e})$的跃迁，如图 1.20(a)所示。根据泡利原理，在这个四能级模型中的能态是二重自旋退化的，价带的基态可以容纳 4 个电子（每个价带态可以容纳 2 个电子），而导带态是空的。因此，基态量子点吸收一个能量等于带隙的入射光子，来自于低能量价带态 L 的激发电子会跃迁到 $1S(\mathrm{e})$态，如图 1.20(b)所示。吸收的速率可以用相应波长的吸收截面 σ_{abs} 和光子入射通量的乘积表示。

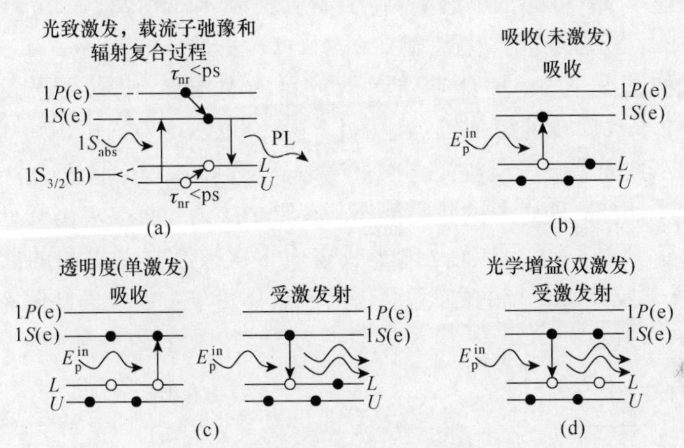

图 1.20　胶体量子点四能级模型

(a)光致激发、载流子弛豫和辐射复合过程；(b)能量为 $E_{\mathrm{p}}^{\mathrm{in}}$ 入射光子被吸收的过程；(c)光子透过胶体量子点的过程；(d)带边态粒子数反转产生的光学增益

我们再来考虑一个已经被激发单个胶体量子点的情况。为了将四能级模型导带中的弛豫过程包含进来，我们也需要考虑非带边的吸收。与带边吸收（$1S_{\mathrm{abs}}$）情况中的空穴一样，非带边吸收（即 $1P(\mathrm{e})-1P_{3/2}(h)$ 跃迁）情况中的电子也会在亚 ps 时间内弛豫到它们的带边态。复合寿命 τ_r 大于非辐射寿命 τ_{nr}，导致带边跃迁的布居形成。由于每个能态都是自旋二重简并的，在单个胶体量子点激发的情况下，带边态（L 态和 $1S(\mathrm{e})$态）均匀地居住有一个电子（$N_{\mathrm{cb}}=N_{\mathrm{vb}}=1$），是不能形成粒子数反转分布的。在这种情况下，当附加一个能量为 $E_{\mathrm{p}}^{\mathrm{in}}$ 的入射光子时，要么会产生吸收，如图 1.20(c)左侧图像所示的情况；要么会受激发射一个相同性质的光子，如图 1.20(c)右侧图像所示的情况。在透明情况下，入射光子和透射光子的数目

是相同的，因为对于相同的简并态而言，吸收的概率与受激发射的概率是相同的。

一个单独胶体量子点受到二倍的激发，将会产生两个激子（双激子），由于 $\tau_r > \tau_{nr}$ 而产生快速弛豫到带边态。由于二重自旋简并的存在，带边态被双激子完全占据，在带边态之间将会发生粒子数反转。如果发射态的粒子数反转存在，对于能量是 $E_p^{in} = E_g(QD)$ 的入射光子，也可以产生来自于带边态的受激发射，因为这时价带、导带边态完全被空穴和电子占据。这时的情况如图 1.20(d)所示。

2. 俄歇复合

如果电子-空穴对是通过非辐射俄歇复合（nAR）产生复合，能量没有转换成为一个光子，而是产生第三个载流子（电子或空穴），而且被激发到更高的能量状态。由于在俄歇复合中牵扯到三个载流子，这个复合是基于多激子的基础之上。如果 nAR 的速率 r_A（称为俄歇速率）高于辐射复合（radiative recombination）速率 r_r，这将导致一个短暂的光学增益，满足 $\tau_g \approx \tau_A$（τ_g 是光学增益寿命；τ_A 是俄歇复合时间）。在这种情况下，nAR 会导致激子数目的净损耗，没有光子发射。因此，nAR 会阻碍粒子数反转的形成，以及由此产生的光学增益。nAR 一般具有两种不同的类型：一方面是电子或空穴再次被激发到更高的能态，但是这个能态仍然处于胶体量子点的内部，即电子的较高能态仍然是在导带，而空穴仍然处于价带，如图 1.21(a)，(b)所示。另一方面是电子或空穴再次被激发到更高的能态，但是这个能态不是位于胶体量子点的内部，而是处于胶体量子点的表面缺陷态，这时主要对应于俄歇电离过程。

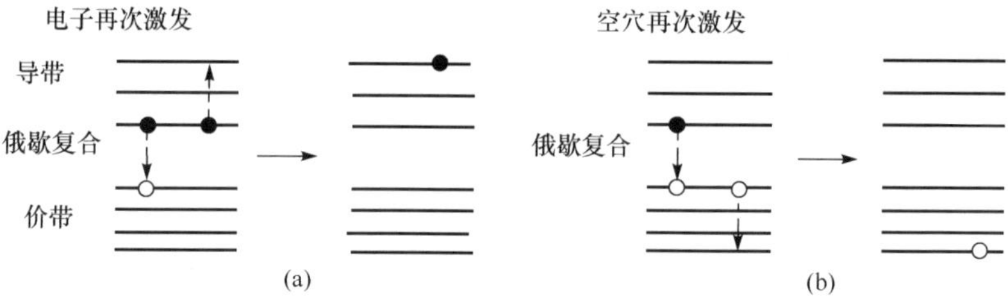

图 1.21　俄歇复合使导带电子再次激发(a)或空穴再次激发(b)

对于体半导体材料，俄歇复合来源于能量和平动动量转换的需要，由于激子离开原位，可以在整个体材料内运动，并导致激子与激子之间产生弱的相互作用。由于第三个载流子一定获得了电子-空穴对复合的能量和动量，所以对于体半导体材料来讲，存在一个俄歇复合的阈值[68,69]。因此，在体半导体材料中触发俄歇复合的阈值能量比例于材料的带隙[68]。在带边态的情况下，触发俄歇复合的阈值正比于能带的带隙 $E_{gap} = E_g(\text{bulk})$。因此，对于窄带隙半导体材料，俄歇复合被增强。俄歇复合的速率 r_A 可以表示为

$$r_A \propto \exp\left(\frac{\gamma E_{gap}}{k_B T}\right) \tag{1.6-16}$$

式中，$k_B T$ 是热运动能量；γ 是依赖于电子结构的常数。为了克服这个阈值，产生较大的热运动能量 $k_B T$ 是必须的。由于俄歇复合涉及到三个粒子，俄歇复合的速率 r_A 是体材料中载流子密度三次方的比例函数。对于给定温度和具有高的载流子浓度，可以得到如下关系：

$$\frac{dn}{dt} = -C_A^{bulk} n^3 \tag{1.6-17}$$

式中，n 是载流子浓度；C_A^{bulk} 是俄歇常数，可以通过实验获得[70]。此外，另一个描述俄歇复合的参数是俄歇时间常数 τ_A，在俄歇复合期间，随着载流子密度的变化而变化，可以表示为

$$\tau_A^{bulk} = \frac{1}{C_A^{bulk} n^2} \tag{1.6-18}$$

由于体半导体材料俄歇复合阈值的限制，带间复合受控于辐射复合，而不是受控于非辐射俄歇复合。但是，在胶体量子点中发生的情况与此相反。

在胶体量子点中存在着强烈的空间受限效应，波函数的强迫重叠会减小介电屏蔽，导致载流子之间的库仑作用显著增强。电子-空穴的重叠可以表征为如下重叠积分：$\theta_{eh} = |\langle \psi_h | \psi_e \rangle|^2$。对于类型Ⅰ量子点，这个重叠积分近似为 1，并直接关联到激子-激子之间相互作用的变化[71]。强烈的空间受限效应的一个重要结果是显著增强非辐射俄歇复合。此外，三维受限导致了分离的电子结构，这时需要考虑的是角动量的守恒要求，而不是动量守恒。于是在跃迁过程中不需要满足动量守恒，从而破除了体半导体材料俄歇复合的阈值条件，即胶体量子点中没有俄歇复合的阈值瓶颈，由此会增强胶体量子点中的俄歇复合效应。

1.6.4 自发辐射强度

1. 载流子的寿命

设 t 时刻处于高能态的载流子密度是 N_C，在 dt 时间内自发辐射跃迁到价带的粒子数密度是 dN_C，根据自发辐射概率 P^{SR} 的定义，有如下表示式：

$$dN_C = -P^{SR} N_C dt$$

方程两边积分，得出

$$N_C(t) = N_C(0) e^{-P^{SR} t} \tag{1.6-19}$$

式中，$N_C(0)$ 是 $t=0$ 时刻处于高能态的载流子密度。若定义粒子在该能态的平均停留时间为 τ_{SR}，则

$$\tau_{SR} = \frac{1}{N_C(0)} \int_{N_C(0)}^{0} t(-dN_C) = \frac{1}{N_C(0)} \int_0^{\infty} t \cdot P^{SR} N_C(t) dt = \frac{1}{P^{SR}} \tag{1.6-20}$$

可见，就自发辐射而言，粒子在高能态平均停留时间等于自发辐射概率的倒数。平均停留时间长，表示状态稳定，不易发生自发辐射跃迁。我们将粒子的平均停留时间 τ_{SR}称为该能量状态的自发辐射寿命。于是，式(1.6-19)可以表示为

$$N_C(t)=N_C(0)e^{-\frac{t}{\tau_{SR}}} \tag{1.6-21}$$

同样道理，对于载流子的无辐射过程等，也可以引入相应的载流子寿命，便于描述该载流子参与不同弛豫过程的概率权重。

2. 自发辐射的荧光强度

在 t 时刻，对于处于某一能量状态的粒子数密度是 $N(t)$，它满足如下粒子数速率方程[72]：

$$\frac{dN}{dt}=g(t)-P^{SR}N-P^{NR}N$$

式中，$g(t)$是激励项，P^{SR}、P^{NR}分别是自发辐射和无辐射跃迁概率，其中无辐射跃迁概率 P^{NR}的来源包括：热逃逸 P^{AC}和热活化 P^{ES}效应。考虑式(1.6-20)定义的载流子寿命，上式可以写为

$$\frac{dN}{dt}=g(t)-\frac{1}{\tau_{SR}}N-\frac{1}{\tau_{AC}}N-\frac{1}{\tau_{ES}}N \tag{1.6-22}$$

在这里，τ_{SR}、τ_{AC}、τ_{ES}分别是载流子自发辐射、热逃逸产生的无辐射、热活化产生的无辐射寿命。

热逃逸和热活化产生的无辐射跃迁与声子的作用有关，其中热逃逸跃迁概率可以表示为[73]

$$P^{AC}=\frac{1}{\tau_{AC}}=-\frac{1}{\tau_0}\left(e^{\frac{E_{LO}}{k_BT}}-1\right)^{-m} \tag{1.6-23}$$

式中，$1/\tau_0$ 是一个适当的比例参数，使之恰当反映载流子与 LO 声子作用的概率；m 是这个过程中参与作用的声子数目。热逃逸跃迁概率可以表示为[74]

$$P^{ES}=\frac{1}{\tau_{ES}}=\frac{1}{\tau_a}e^{-\frac{E_a}{k_BT}} \tag{1.6-24}$$

式中，E_a是量子点材料的活化能；$1/\tau_a$ 是一个适当的比例参数，使之恰当反映载流子发生这个过程的概率。

在单位时间内，PL 辐射的载流子数目与自发辐射的跃迁概率成比例，有

$$N_{PL}(t)=N(t)P^{SR}=\frac{N(t)}{\tau_{SR}}=\frac{N_0}{\tau_{SR}}e^{-\frac{t}{\tau}} \tag{1.6-25}$$

在这里，N_0是 $t=0$ 初始时刻载流子粒子数密度。τ 是 PL 发光的弛豫时间，由下式决定：

$$\frac{1}{\tau}=\frac{1}{\tau_{SR}}+\frac{1}{\tau_{AC}}+\frac{1}{\tau_{ES}} \tag{1.6-26}$$

因此，在这个 PL 辐射期间，辐射的载流子数目是

$$N_{PL}(T)=\int_0^{\infty}N(t)\mathrm{d}t=\frac{N_0}{1+\tau_{SR}/\tau_{AC}+\tau_{SR}/\tau_{ES}} \tag{1.6-27}$$

注意到，PL 辐射强度与粒子数 N_{PL} 的关系：$I_{PL}=\hbar\omega\cdot N_{PL}$。所以，PL 辐射强度可以表示为

$$I_{PL}=\frac{I_0}{1+A\exp\left(-\frac{E_a}{k_B T}\right)+B\left[\exp\left(\frac{E_{LO}}{k_B T}\right)-1\right]^{-m}} \tag{1.6-28}$$

式中，I_0 是 $T=0$ 时的 PL 辐射强度；A、B 分别表示载流子热活化和热逃逸概率与自发辐射概率的比例。上式表明，PL 辐射强度与温度密切相关。

3. 自发辐射的荧光分布半宽度

量子点 PL 辐射强度的线宽一般采用半峰值强度对应辐射波长（或辐射频率，或辐射光子能量）的范围（full width at half maximum，FWHM）Γ 表示。对于胶体量子点而言，PL 辐射强度的线宽决定于量子点的尺寸分布和载流子与声子的作用。

图 1.22 是 3.8nm PbSe 胶体量子点的尺寸分布和 PL 光谱情况的示意图。我们可以发现，由于量子点尺寸不是单一的，存在一定的尺寸分布范围，因此量子点的 PL 光谱和吸收光谱的强度存在按辐射波长分布的规律。由于量子点的禁带宽度是尺寸依赖的，所以产生这个现象。显然，胶体量子点的尺寸分布越宽，其 PL 光谱的线宽越大。但是，当量子点的尺寸分布一定时，由此产生 PL 光谱的线宽 Γ_{inh} 就是确定的。

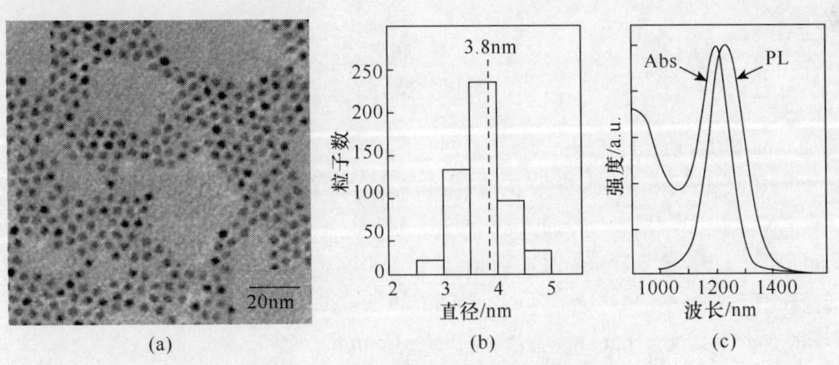

图 1.22　3.8nm PbSe 胶体量子点

(a)TEM 图；(b)量子点尺寸分布图；(c)PL 和吸收光谱图

在量子点中，存在激子与声子的相互作用，产生激子与声子相互作用能量。这个附加能量会导致量子点 PL 光谱的展宽增加，其中包括声学声子（LA）的和光学声子（LO）的贡献。

首先考虑声学声子的贡献，量子点 PL 光谱的附加线宽与下述表示量成比例[75]：

$$\Gamma^{LA} \propto \langle \psi_j | H_q^{LA} | \psi_i \rangle N_{LA} \tag{1.6-29}$$

声学声子密度表示为 $N_{LA}=\left[\exp\left(\frac{\hbar\omega_{LA}}{k_B T}\right)-1\right]^{-1}$。在室温情况下，与 $k_B T$ 比较，声学声子能量较低，上式可以近似表示为

$$\Gamma^{LA} \approx \sigma T \tag{1.6-30}$$

式中，σ 是激子与声学声子作用的耦合系数。

其次考虑光学声子的贡献，可以发现量子点 PL 光谱的附加线宽与下述表示量成比例[75]：

$$\Gamma^{LO} \propto \langle \psi_j | H_q^{LO} | \psi_i \rangle N_{LO} \tag{1.6-31}$$

声学声子密度表示为 $N_{LO}=\left[\exp\left(\frac{\hbar\omega_{LO}}{k_B T}\right)-1\right]^{-1}$。上式可以近似表示为

$$\Gamma^{LO} = \Gamma_{LO}\left[\exp\left(\frac{\hbar\omega_{LO}}{k_B T}\right)-1\right]^{-1} \tag{1.6-32}$$

式中，Γ_{LO}是激子与光学声子作用的耦合强度。

综合上述讨论，胶体量子点 PL 光谱的线宽可以表示为

$$\Gamma(T) = \Gamma_{inh} + \sigma T + \Gamma_{LO}\left[\exp\left(\frac{E_{LO}}{k_B T}\right)-1\right]^{-1} \tag{1.6-33}$$

上式表明，胶体量子点 PL 光谱的线宽是量子点尺寸分布和环境温度 T 的函数。由于声学声子能量比光学声子能量小得多，所以在低温情况下，声学声子发挥着较大的作用。

参 考 文 献

[1] Kayanuma Y, Momiji H. Phys. Rev. B, 1990, 41: 10261.

[2] Ferreyra J M, Proetto C R. Phys. Rev. B, 1999, 60: 10672.

[3] Kang I, Wise F W. J. Opt. Soc. Am. B, 1997, 14: 1632.

[4] Nanda K K. Kruis F E, Fissan H. Nano Lett., 2001, 1: 605.

[5] Lippens P E, Lannoo M. Phys. Rev. B. 1989, 39: 10935.

[6] Pèrez-Conde J, Bhattacharjee A K. Solid State Commun., 1999, 110: 259.

[7] Nair S V, Ramaniah L M, Rustagi K C. Phys. Rev. B, 1992, 45: 5969.

[8] Einvoll G T. Phys. Rev. B, 1992, 45: 3410.

[9] Ramakrishnan M V, Friesner R A. Phys. Rev. Lett., 1991, 67: 629.

[10] Kleunan L, Bylander D M. Phys. Rev. Lett., 1982, 48: 1425.

[11] Buda F, Kohanoff J, Parrinello M. Phys. Rev. Lett., 1992, 69: 1272.

[12] Delley B, Steigmeier E F. Appl. Phys. Lett., 1995, 67: 2370.

[13] Fu H, Wang L W, Zunger A. Phys. Rev. B, 1998, 57: 9971.
[14] Shoekley W. Phys. Rev., 1950, 78: 173.
[15] Sercel P C, Vahala K J. Phys. Rev. B, 1990, 42: 3690.
[16] Kleinman L, Phillips J C. Phys. Rev. 1959, 116: 880 .
[17] Franceschetti A, Zunger A. Phys. Rev. Lett., 1997, 78: 915.
[18] Wang L, Zunger A. Phys. Rev. B, 1996, 53: 9579.
[19] Tudury G E, Marquezini M V, Ferreira L G, et al. Phys. Rev. B, 2000, 62: 7357.
[20] Lippens P E, Lannoo M. Phys. Rev. B, 1989, 39: 10935.
[21] Conde J P, Bhattacharjee A K, Chamarro M, et al. Phys. Rev. B, 2001, 64: 113303.
[22] Baer M. Beyond Born-Oppenheimer: Electronic non-Adiabatic Coupling Terms and Conical Intersections. Wiley and Sons, Inc., Hoboken, N. J 2006, Chapter 2.
[23] Hohenberg P, Kohn W. Phys. Rev., 1964, 136: B864.
[24] Kohn W, Sham L J. Phys. Rev., 1965, 140: A1133.
[25] Moreels I, Fritzinger B, Martins J C, et al. J. Am. Chem. Soc., 2008, 130: 15081.
[26] Xie R G, Battaglia D, Peng X G. J. Am. Chem. Soc., 2007, 129: 15432.
[27] Xie R G., Peng X G. Angew. Chem. Int. Ed., 2008, 47: 7677.
[28] Nanda K K, Kruis F E, Fissan H. Nano Lett., 2001, 1: 605.
[29] Pellegrini G, Mattei G, Mazzoldi P. J. Appl. Phys., 2005, 97: 073706.
[30] Baskoutas S, Terzis A F. Mater. Sci. Eng. B, 2008, 147: 280.
[31] Nanda K K, Kruis F E, Fissan H. J. Appl. phys., 2004, 95: 5035.
[32] Nasu H, Tanaka A, Kamada K, et al. J. Non-Cryst. Solids, 2005, 351: 893.
[33] Keldysh L V, Pis'ma Zh Eksp. Teor. Fiz. JETP Lett., 1979, 29: 658.
[34] Brus L E. J. Chem. Phys, 1983, 79: 5566.
[35] Wang L, Zunger A. J. Phys. Chem., 1994, 98: 2158.
[36] Bányai L, Gilliot P, Hu Y Z, et al. Phys. Rev. B., 1992, 45: 14136.
[37] Kayanuma Y. Phys. Rev. B., 1988, 38: 9797.
[38] Empedocles S A, Bawendi M G. Science, 1997, 278: 2114.
[39] Muller J, Lupton J M, Lagoudakis P G, et al. Nano Lett., 2005, 5: 2044.
[40] Lei Q, Bera D, Tseng T, et al. Phys. Rev. Lett., 2009, 4: 073112.
[41] de L Kronig R. J. Opt. Soc. Am., 1926, 12: 547.
[42] Nozieres P, Pines D. Phys. Rev., 1958, 109: 762.
[43] Ehrenreich H, Cohen M H. Phys. Rev., 1959, 115: 786 .
[44] Penn D R. Phys. Rev., 1962, 128: 2093.
[45] Tsu R, Babić D, Ioriatti Jr. J L. Appl. Phys., 1997, 82: 1327.
[46] Wlilima P. Handbook on Semieonduetors. New York: North-Holl and Pubsihnig Company, 1982, 263.
[47] Phillips J C. 半导体中的键和能带. 北京: 科学出版社, 1985, 45.
[48] Magid L M. Electromagnetic Fields, Energy and Waves. New York: John Wiley & Sons, 1972, 350.
[49] Hu Y Z, Lindberg M, Koch S W. Phys. Rev. B, 1990, 42: 1713 .

[50] Varshalovich D A, Moskalev A N, Khersonskii V K. Quantum Theory of Angular Momentum. New Jersey: World Scientific, 1988.
[51] Silver B L. Irreducible Tensor Method . New York: Academic Press, 1976.
[52] Men G W, Lin J Y, Jiang H X, et al. Phys. Rev. B. , 1995, 52: 5913.
[53] Duke C B, Mahan G D. Phys. Rev, 1965, 139: A1965.
[54] Keffer C, Hayes T M, Bienenstock A. Phys. Rev. B. , 1970, 2: 1966.
[55] Balevaf M, Georgiev T, Lashkarev G. J. Phys. : Condens. Matter, 1990, 1: 2935.
[56] Uskov A V, Jauho A P, Tromborg B, et al. Phys. Rev. Lett. , 2000, 85: 1516.
[57] O'Donnell K P, Chen X. Appl. Phys. Lett. , 1991, 58: 2924.
[58] Licari J J, Evrard R. Phys. Rev. B. , 1977, 15: 2254.
[59] Mori N, Ando T. Phys. Rev. B. , 1989, 40: 6175.
[60] Lyddane R H, Sachs R G, Teller E. Phys. Rev, 1941, 59: 673.
[61] Born M, Wolt F. Principles of Optics. 6th ed. Pergammen Press, 1980. 中译文: 杨葭荪, 等. 光学原理. 北京: 科学出版社, 1985: 118.
[62] Klein M C, Hache F, Ricard D, et al. Phys. Rev. B, 1990, 42: 11123.
[63] Merlin R, Gntherot G, Humphreys R, et al. Phys. Rev. B, 1978, 17: 4951.
[64] Takagahara T. Phys. Rev. Lett. , 1993, 71: 3577.
[65] Stoneham A M, Gavartin J L. Materials Science and Engineering C, 2007, 27: 972.
[66] Stoneham A M. J. Phys. C, Solid State Phys, 1979, 12: 891 .
[67] Klimov V. Nanocrystal quantum dots. 2nd ed. CRC Press, Taylor & Francis Group, 2010.
[68] Pietryga J, Zhuravlev K, Whitehead M, et al. Phys. Rev. Lett. , 2008, 101: 1.
[69] Kharchenko V, Rosen M. J. Lumin. , 1996, 70: 158.
[70] Klimov V. Semiconductor and Metal Nanocrystals: Synthesis and Electronic and Optical Properties. 1st ed. Marcel Dekker Inc, 2003.
[71] Klimov V I, Ivanov S, Nanda J, et al. Nature, 2007, 447: 441.
[72] Valerini D, Cretí A, Lomascolo M, et al. Phys. Rev. B, 2005, 71: 235409.
[73] De Giorgi M, Lingk C, von Plessen G, et al. Appl. Phys. Lett. , 2001, 79: 3968.
[74] Bacher G, Schweizer H, J. Kovac, et al. Phys. Rev. B, 1991, 43: 9312.
[75] Inoshita T, Sakaki H. Phys. Rev. B, 1992, 46: 7260.

第 2 章　胶体量子点的合成与表征

在众多的量子点材料中，胶体量子点显示出引人注目的特性。胶体量子点是采用胶体化学法合成的半导体纳米晶，主要合成方法得益于 Bawendi[1]、Peng[2,3]、Rogach[4]等人建立的技术路线。目前，在合成理论、技术和应用等方面，均取得了长足的进展。

胶体化学法可以合成粒径足够小的半导体量子点，表现出强烈的量子尺寸受限和介电受限效应，其特点主要有。

(1) 易于制备粒度相当小的量子点(1～10nm)，量子点的形状和大小可以得到良好的控制，在这种粒度大小范围内，电子能级的间隔可以超过几百毫电子伏特。所以可在电子伏特的能量范围内调节粒子尺寸，调控它的光谱性质。

(2) 胶体量子点易于形成紧密排列的量子点阵列，从而得到量子点超晶格，以及特定形状分布的量子点阵列。

(3) 胶体量子点可以进行多种表面化学修饰，使量子点适用于不同的环境和更复杂的结构之中，并提高它的发光性能。

(4) 使用胶体化学制备的量子点，方法简单，费用低廉，适于大量制备。

本章首先介绍胶体量子点合成的基本理论，说明胶体量子点的合成和表面修饰的方法；然后介绍几种胶体量子点特性表征的手段。

2.1　胶体量子点合成的理论基础

胶体量子点合成的理论基础是结晶动力学。经典成核理论表明[5]，胶体半导体量子点经历了成核和生长两个阶段。在成核阶段，前驱体在高温下分解，在溶液中形成过饱和的单体，引发迅速的成核过程。溶液中的单体浓度迅速降低，当低于成核的极限浓度，溶液中剩余的单体不会再形成新的晶核，而是在已经形成的晶核上进行生长，使量子点进入晶粒生长的过程。

根据经典的 Lamer 理论，在量子点的生长过程中，前驱体的浓度随着反应时间变化的关系如图 2.1 所示[6]。在高温下将前驱体快速注入溶剂后，溶液中的单体浓度瞬时剧增，从而诱发成核过程，并使得溶液中单体的浓度迅速降低。当单体的浓度低于“成核阈值”时，不再有新的晶核生成，晶粒开始生长。随着晶粒生长过程的进行，单体的浓度降低。当单体浓度降到某一临界值时，奥斯特瓦尔德熟化(Oswald ripening)现象发生，即尺寸小的晶粒由于具有较高的表面能，它们比尺寸大的晶粒更容易溶解在高温溶剂中，而溶解后释放出来的单体又重新生长在尺寸大的晶粒的表面[7]。因此晶粒的平均尺寸会随着时间变大，而溶液中的晶粒浓度会逐渐减少，直至达到平衡。

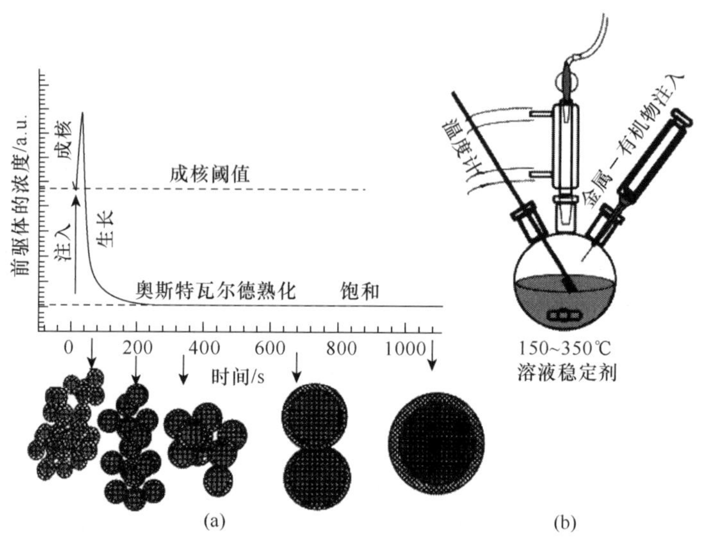

图 2.1 胶体粒子成核与生长的 Lamer 模型和制备胶体量子点的合成装置图示

2.1.1 成核过程

一般而言，胶体量子点合成的第一个阶段是成核过程。成核过程是液相（原子自由地分布在溶液里）转化为结晶相（原子被束缚成为结晶体）的过程。在恒定的温度和压力下，在溶液中形成晶核，动力来自于两相自由能的差值。简单的讲，成核的动力产生于两个方面：化学势的增长和表面能的增大。对于一个由 n 个原子组成的球形结晶体而言，总的自由能可以表示为[7]

$$\Delta G=n(\mu_C-\mu_S)+4\pi R^2\sigma \tag{2.1-1}$$

式中，μ_C、μ_S 分别是结晶相和液相的化学势；R 是晶核的半径；σ 是表面张力。上式中引入表面项的贡献，体现了体材料和纳米材料的差异。体材料决定于体积效应，其表面能可以忽略；而对胶体量子点而言，不可忽略位于表面上的那部分原子，因此表面项的贡献不能忽略。

如果将晶核视为液滴模式，可以粗略认为表面张力是一个常数。但是，更精确的考虑必须顾及量子点的小尺寸效应和小晶面化的效应。表面张力来自于表面原子和晶粒内部其他原子的相互作用，这让我们更为关注尺寸效应。对于一个更小的微晶而言，由于缺少远程原子的作用，表面张力实际上是很微弱的。Benson 等人做过计算，排成一串的 13 个原子的总表面能要比排成一个平面的总表面能，减少 13%[8]。在量子点情况里，小晶面化对总表面能的影响与单独小晶面上原子的排列相关。在不同的小晶面处，原子的密度是不同的，并且与束缚的方式有关。一般而言，原子处于紧密排列且处于不饱和约束的数目时，这样的小晶面更稳定，具有较低的表面张力。

对于各向同性的球形胶体量子点，其表面张力是常数，量子点的原子数目 n 可以用半径 R 和原子密度 ρ 表示，于是得出

$$\Delta G=\frac{4\pi\rho}{3}R^3(\mu_C-\mu_S)+4\pi R^2\sigma \tag{2.1-2}$$

在这种情况下，溶液中一个原子的化学势要小于结晶体中一个原子的化学势。在全部原子没有束缚时，自由能最小，形成不稳定的结晶。相反的情况是，溶液中原子的化学势大于被束缚原子的化学势，上式第一项变成负值，自由能可以有一个最大值，这时结晶的半径是 R_C，称为临界半径。如图 2.2 所示，显示出一个成核粒子形成的过程。对于这样小的晶核而言，表面能项决定了自由能。但是，随着化学势的增加，结晶会进一步生长，结晶的半径超过临界半径。原则上这个生长可以继续进行，但成核粒子的尺度限制了晶核生长的速度[9]。

2.1.2　生长过程

在量子点生长过程中，单体的实际进程可以分成两个阶段：首先，这些单体会自发移向量子点的表面；其次，单体与这些量子点进行化学反应。第一个阶段通常通过扩散完成，利用扩散常数 D 控制进度；此外，通过控制这些自由单体与量子点表面反应速度，控制第二个阶段的进度。根据力学的观点，半径为 R 的量子点结晶生长速率 dR/dt 仅仅依赖于并入结晶的单体速率。并入结晶的单体速率等于结晶中单体数目 n 对时间的一阶导数，它描述了单位时间内、通过上述两个阶段（扩散和反应）进入结晶中的单体数目。半径为 R 的量子点结晶生长速率 dR/dt 可以表示为

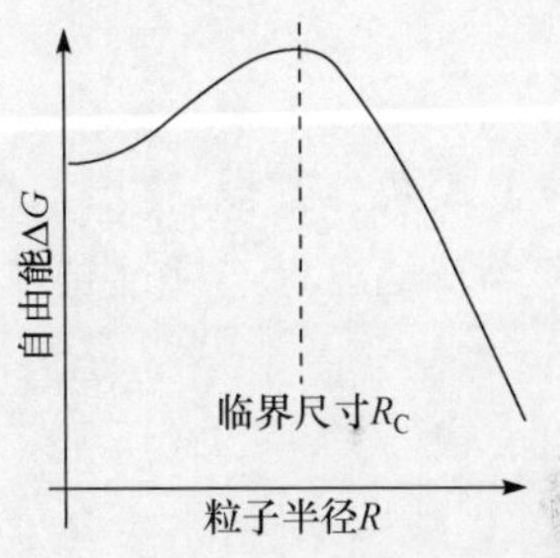

图 2.2　球形量子点的自由能随粒子半径 R 的变化规律

$$\frac{dR}{dt}=\frac{1}{4\pi R^2\rho}\cdot\frac{dn}{dt} \tag{2.1-3}$$

式中，ρ 是量子点结晶中单体的密度。显然，生长速率 dR/dt 与一个单体的体积成反比。上式表明，量子点结晶中单体数目的变化率 dn/dt 决定了生长速率 dR/dt。

在特定的合成中，在结晶过程中注入过量的自由单体，由于单体浓度过高，扩散过程几乎可以忽略，每时每刻都会有自由单体并入生长的结晶中。这时，并入的速率 dn/dt 仅仅依赖于单体与结晶的反应速率，而反应速率比例于结晶的表面积，

所以生长速率 dR/dt 与结晶的半径无关。这个生长规律称为受控生长反应，它只是适合于单体浓度很高的情况。在这种情况下，粒径分布宽度 ΔR 与时间无关，而相对宽度 $\Delta R/\bar{R}$ 随时间减小[10]。

在一定时间后，单体的数目开始减少，单体到达结晶表面的速率也会减小，结晶生长的速率随之减小。移向生长结晶的单体通量 J，决定于单体浓度 C 的梯度。在这个模型下，在量子点结晶附近半径为 x（大于 R）的球面上，单体的浓度被认为是一个常数。在结晶表面上的单体流量 J 等于单体并入结晶的速率，即

$$J=\frac{\mathrm{d}n}{\mathrm{d}t} \tag{2.1-4}$$

根据 Fick 扩散定律，通过结晶附近半径为 x（大于 R）球面的单体流量是

$$J=4\pi x^2 D\frac{\mathrm{d}C}{\mathrm{d}x} \tag{2.1-5}$$

式中，D 是扩散常数。在稳定的情况下，有

$$\frac{\mathrm{d}J}{\mathrm{d}x}(x>R)=4\pi D\left(2x\frac{\mathrm{d}C}{\mathrm{d}x}+x^2\frac{\mathrm{d}^2C}{\mathrm{d}x^2}\right)=0$$

$$\Rightarrow\frac{\mathrm{d}^2C}{\mathrm{d}x^2}=-\frac{2}{x}\frac{\mathrm{d}C}{\mathrm{d}x} \tag{2.1-6}$$

求解上式微分方程，得出浓度并代入式(2.1-5)中，可以得到流量 J。上式微分方程应当满足边界连续性条件，若结晶表面处的单体浓度是 C_i，溶液中单体的浓度（即远离任意一个结晶处溶液中单体的浓度）为 C_b，则结晶附近浓度分布可以表示为

$$C(x)=C_b-\frac{R(C_b-C_i)}{x} \tag{2.1-7}$$

因此，浓度的梯度表示为

$$\frac{\mathrm{d}C}{\mathrm{d}x}=\frac{R(C_b-C_i)}{x^2} \tag{2.1-8}$$

代入式(2.1-5)，得到朝向一个半径为 R 的量子点结晶的流量是

$$J=4\pi DR(C_b-C_i) \tag{2.1-9}$$

利用式(2.1-3)、式(2.1-4)，得到结晶生长的速率是

$$\frac{\mathrm{d}R}{\mathrm{d}t}=\frac{D}{R\rho}(C_b-C_i) \tag{2.1-10}$$

上式建立在这样假设的基础上，在尺寸无限的范围内，量子点结晶都具有稳定性。显然，这个假设难以被满足，Gibbs-Thompson 效应可以用来描述实际生长过程[9]。Gibbs-Thompson 效应指出，越小的结晶（或者是晶粒，或者是液滴），具有越大的蒸汽压，所以小的结晶比大的结晶更容易使单体“蒸发”到溶液里。越小的

结晶具有越高的表面曲率。由于表面曲率的增加，表面的原子更多的暴露出来，同时经受着更弱的指向晶核的束缚强度。实验表明，这个效应导致小的量子点结晶具有较低的溶解温度[11]。

根据 Gibbs-Thompson 方程[12,13]，可以计算半径为 R 的量子点结晶的蒸汽压。根据气体状态方程，蒸汽压和结晶表面附近的单体浓度相关，结晶表面处单体浓度 C_i 满足如下表示式：

$$C_i = C_\infty \exp\left(\frac{2\sigma}{R\rho k_B T}\right) \approx C_\infty\left(1+\frac{2\sigma}{R\rho k_B T}\right) \tag{2.1-11}$$

在这里，C_∞ 是平表面时的蒸汽压；σ 为表面张力。这个表示式同样适用于 C_b，只是这时结晶表面附近单体浓度与溶液中的浓度平衡，结晶的半径正好是生长过程的临界尺寸 R_C。有

$$C_b = C_\infty \exp\left(\frac{2\sigma}{R_C\rho k_B T}\right) \approx C_\infty\left(1+\frac{2\sigma}{R_C\rho k_B T}\right) \tag{2.1-12}$$

将上述二式代入式(2.1-10)，解出结晶的生长速率是

$$\frac{dR}{dt} = \frac{2\sigma D C_\infty}{\rho^2 k_B T}\frac{1}{R}\left(\frac{1}{R_C}-\frac{1}{R}\right) \tag{2.1-13}$$

上式表明，当量子点结晶表面附近的单体浓度与溶液中的浓度平衡时，量子点结晶半径达到生长过程的临界尺寸，结晶生长速率为零。当结晶半径小于临界尺寸时，结晶生长速率是负值，单体的解离与新单体的附着比较，单体的解离占据主导地位，这样的结晶将会消融。显然，量子点结晶的尺寸是否达到临界尺寸是结晶生长进程的阈值，只有跨过这个障碍，结晶生长过程才能继续进行。

量子点结晶生长速率与结晶半径的关系如图 2.3 所示。值得注意的是，当结晶半径是临界半径的二倍时，结晶生长速率达到极大值。如果溶液中所有结晶的

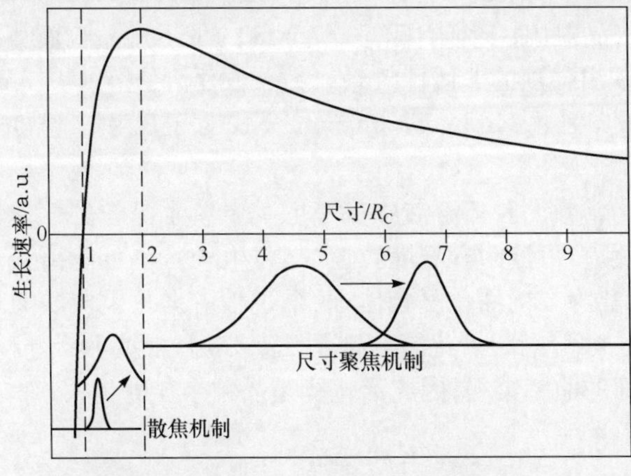

图 2.3　胶体量子点结晶生长速率 dR/dt 与半径 R 的关系规律

半径都大于这个数值，越小的结晶生长速率越大。因此，随着合成时间的延续，结晶尺寸分布会变窄，均匀性提高。在多数情况下，临界半径 R_C 决定于溶液中单体浓度，也依赖于反应温度和表面张力。在合成过程中，单体浓度减少，临界半径会移向更大的数值。当单体的浓度较高时，临界半径较小，量子点结晶的生长处于反应控制的生长阶段，所有的晶粒都会生长，而且半径小的晶粒生长速度要大于尺寸大的晶粒，从而出现晶粒尺寸分布的"聚焦"现象，并最终获得单分散的量子点结晶。当单体的浓度较低时，临界半径较大，量子点结晶的生长进入扩散控制的生长阶段，尺寸小于临界半径的晶粒粒径将会减小，而尺寸大于临界半径的晶粒会继续长大，从而使晶粒的尺寸分布发生"散焦"现象。尺寸分布变宽，也称之为"奥斯特瓦尔德"熟化现象。所以，使前驱体溶液在高温下发生快速混合，在短时间内提高溶液中单体的浓度是获得晶粒尺寸均一的量子点结晶的有效方法。在反应的过程中，也可以通过不断地调整单体的浓度，以减小临界尺寸来获得尺寸较为集中的量子点纳米晶粒。

2.1.3 Rogach 模型

Rogach 等人对胶体量子点尺寸分布的"散焦"和"聚焦"现象作出了进一步的研究[14]，他们提出了一个新的动力学理论模型，即胶体溶液中纳米晶粒组装体的生长模型，可以更好的解释这个现象。纳米晶粒组装体是指溶液中的全部纳米晶粒在不同的反应阶段形成的聚集体。该模型涉及纳米晶粒表面单体的生长和分解动力学，可以反映成核和溶解过程中溶液中晶粒浓度的变化，以及单体浓度随时间的变化。利用这一模型，采用 Monte Carlo 模拟对奥斯特瓦尔德熟化过程中纳米晶粒组装体的变化进行模拟，探讨量子点结晶粒径尺寸分布发生"聚焦"和"散焦"的原因。

Rogach 等人进一步指出[15]，关于晶粒生长的 Gibbs-Thompson 方程更适用于半径超过 20nm 的晶粒，对于半径只有 1～5nm 的量子点晶粒而言，晶粒的溶解性与尺寸的倒数呈现出强烈的非线性关系。另一方面，尺寸约为 1nm 的晶粒的表面张力几乎是不变的，因此 Gibbs-Thompson 公式对于尺寸小于 5nm 的晶粒并不适用。

在单体浓度为常数的胶体溶液中。考虑其中单个晶粒的性质，单体可以与晶粒表面发生化学反应，可能附着到晶粒上（晶粒生长），也可能离开晶粒表面（晶粒消融）。对于化学势为 μ 的活化复合体，两个过程占据了反应的通道，如图 2.4 所示。晶粒发生生长和消融的活化能分别是 $\Delta\mu_g$、$\Delta\mu_d$，根据 Kelvin 方程[16]，体相的化学势依赖于表面的曲率半径，因此活化能是晶粒半径的函数，有

$$\Delta\mu_g(R)=\Delta\mu_g^{\infty}+\alpha\frac{2\sigma V_m}{R} \quad (2.1\text{-}14)$$

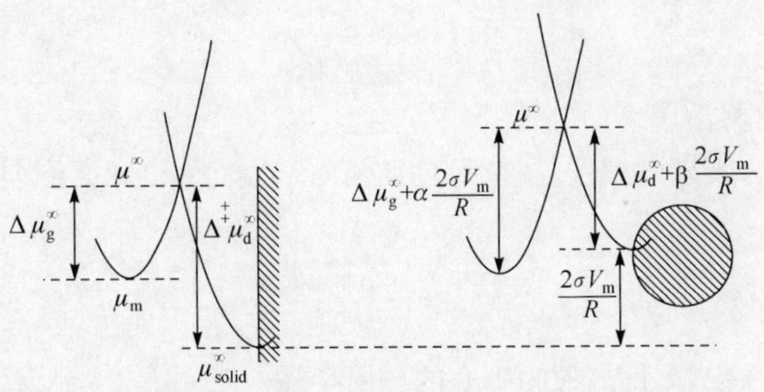

图 2.4　生长和消融过程中晶粒尺寸依赖的活化能

$$\Delta\mu_{\rm d}(R)=\Delta\mu_{\rm d}^{\infty}+\beta\frac{2\sigma V_{\rm m}}{R} \tag{2.1-15}$$

式中，α、β 是迁移系数，满足 $\alpha+\beta=1$；$V_{\rm m}$ 是体相的摩尔体积；$\Delta\mu^{\infty}$ 是平的作用面时的活化能。

在活化复合体理论模型下，根据 Kelvin 方程[16]，速率常数 k 可以用一个高度是 $\Delta\mu$ 的活化势垒表示，即

$$k=B\exp\left(-\frac{\Delta\mu}{R_{\rm G}T}\right) \tag{2.1-16}$$

式中，B 是与 k 有相同量纲的常数；$R_{\rm G}$ 是气体普适常数。

在胶体溶液中的晶粒，往往采用多层生长机制。在表面反应阶段，移向晶粒表面的单体流量 $J_{\rm g}^{(1)}$ 可以表示为

$$J_{\rm g}^{(1)}=4\pi R^2 k_{\rm g}[M]_R=4\pi R^2 k_{\rm g}^{\infty}\ [M]_R\exp\left(-\alpha\frac{2\sigma V_{\rm m}}{RR_{\rm G}T}\right) \tag{2.1-17}$$

式中，$[M]_R$ 是晶粒表面附近的单体浓度；而且

$$k_{\rm g}^{\infty}=B_{\rm g}\exp\left(-\frac{\Delta\mu_{\rm g}^{\infty}}{R_{\rm G}T}\right) \tag{2.1-18}$$

是平面表面生长时的生长速率常数。同理，若简单的认为晶粒发生离解时的速率与溶液中单体浓度无关，离开晶粒表面的单体流量 $J_{\rm d}^{(1)}$ 可以表示为

$$J_{\rm d}^{(1)}=-4\pi R^2 k_{\rm d}=4\pi R^2 k_{\rm d}^{\infty}\exp\left(-\beta\frac{2\sigma V_{\rm m}}{RR_{\rm G}T}\right) \tag{2.1-19}$$

式中，

$$k_{\rm d}^{\infty}=B_{\rm d}\exp\left(-\frac{\Delta\mu_{\rm d}^{\infty}}{R_{\rm G}T}\right) \tag{2.1-20}$$

是平面表面时的溶解离解速率常数。

引入平衡常数 $K_{\rm eq}$ 反映体相材料的溶解性，其定义是

$$K_{eq}=\frac{k_d^\infty}{k_g^\infty}=C_0^\infty \tag{2.1-21}$$

式中，C_0^∞ 是体材料溶解度。

根据 Fick 扩散定律，通过晶粒附近半径为 x（大于 R）球面流向晶粒表面的单体扩散流量是

$$J^{(2)}=4\pi x^2 D\left(\frac{\mathrm{d}[M]}{\mathrm{d}x}\right)_{x\geqslant R} \tag{2.1-22}$$

式中，D 是扩散系数，x 是晶粒为中心的球面半径。对于 $R+\delta$ 到 R、厚度为 δ 的扩散层而言，流向球形晶粒的稳定流量是[10,17]

$$J^{(2)}=\frac{4\pi DR(R+\delta)}{\delta}([M]_{\text{bulk}}-[M]_R) \tag{2.1-23}$$

式中，$[M]_{\text{bulk}}$是体相的单体浓度。在实际情况下，扩散层的厚度 δ 远大于晶粒的半径 R，上式可以近似表示为

$$J^{(2)}=4\pi DR([M]_{\text{bulk}}-[M]_R) \tag{2.1-24}$$

在稳态条件下，单位时间附加到晶粒表面的单体数量与从晶粒表面移出的单体数量之差，等于从溶液体积中扩散到晶粒表面的单体数量，于是有

$$J^{(2)}=J_g^{(1)}-J_d^{(1)} \tag{2.1-25}$$

将式(2.1-17)、式(2.1-19)和式(2.1-24)三式代入上式，得到晶粒内表面附近单体浓度是

$$[M]_R=\frac{D\left([M]_{\text{bulk}}-Rk_d^\infty\exp\left[\beta\frac{2\sigma V_m}{RR_G T}\right]\right)}{Rk_g^\infty\exp\left[-\alpha\frac{2\sigma V_m}{RR_G T}\right]+D} \tag{2.1-26}$$

在这种纯扩散控制的情况下，由上式计算的浓度趋同于式(2.1-12)计算出的均衡浓度值。

联立式(2.1-3)、式(2.1-4)，得到单体流量与晶粒生长速率的关系是

$$J=\frac{4\pi R^2}{V_m}\frac{\mathrm{d}R}{\mathrm{d}t} \tag{2.1-27}$$

将式(2.1-26)、式(2.1-27)代入式(2.1-24)，得到晶粒生长速率的表示式

$$\frac{\mathrm{d}R}{\mathrm{d}t}=V_m DC_0^\infty\frac{\frac{[M]_{\text{bulk}}}{C_0^\infty}-\exp\left[\frac{2\sigma V_m}{RR_G T}\right]}{R+\frac{D}{k_g^\infty}\exp\left[\alpha\frac{2\sigma V_m}{RR_G T}\right]} \tag{2.1-28}$$

或者表示为

$$\frac{\mathrm{d}R^*}{\mathrm{d}\tau}=\frac{S-\exp\left[\frac{1}{R^*}\right]}{R^*+K\exp\left[\frac{\alpha}{R^*}\right]} \tag{2.1-29}$$

式中，引入无量纲半径 R^* 和无量纲时间 τ，表示式是

$$R^*=\frac{R_\mathrm{G}T}{2\sigma V_\mathrm{m}}R \tag{2.1-30}$$

$$\tau=\frac{R_\mathrm{G}^2T^2DC_0^\infty}{4\sigma^2V_\mathrm{m}}t \tag{2.1-31}$$

以及无量纲参数 S、K 的表示式是

$$K=\frac{R_\mathrm{G}T}{2\sigma V_\mathrm{m}}\frac{D}{k_\mathrm{g}^\infty} \tag{2.1-32}$$

$$S=\frac{[M]_\mathrm{bulk}}{C_0^\infty} \tag{2.1-33}$$

S 是描述过程控制类型的参数，体现了在平面界面下扩散速率与化学反应速率的比例；K 是描述溶液中单体饱和度的参数。

在纯扩散控制类型的情况下，当满足 $D\ll k_\mathrm{g}^\infty$（即 $K\to0$）和 $R^*\gg1$ 时，式(2.1-28)化成与式(2.1-13)类似的结果

$$\frac{\mathrm{d}R}{\mathrm{d}t}=\frac{2\sigma DV_\mathrm{m}^2C_0^\infty}{RR_\mathrm{G}T}\left(\frac{1}{R_\mathrm{C}}-\frac{1}{R}\right) \tag{2.1-34}$$

显然，在达到临界半径时，扩散的速率等于生长的速率，晶粒尺寸与时间无关。

利用上述理论，Rogach 等人进行了 Monte Carlo 模拟计算，发现单个晶粒的生长速率强烈的依赖于晶粒的半径和晶粒表面附近溶液的单体浓度。根据式(2.1-28)，图 2.5 绘出了不同 K、S 数值时，晶粒生长速率随晶粒尺寸变化曲线。可见，当晶粒尺寸小于临界半径时，生长速率是负值，即晶粒发生消融。晶粒临界半径是

$$R_\mathrm{C}=\frac{2\sigma V_\mathrm{m}}{R_\mathrm{G}T\ln S} \tag{2.1-35}$$

这也是临界成核的半径。

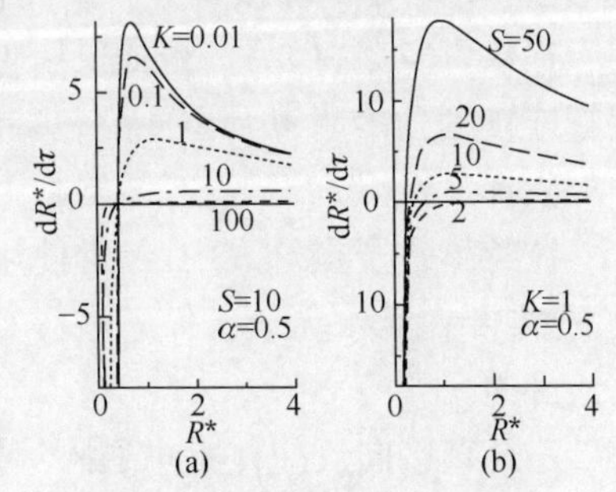

图 2.5　胶体量子点生长速率随半径的变化曲线

(a)不同动力学参数 K；(b)不同过饱和度 S

在一个晶粒生长期间，化学反应会损耗一定数量的单体。在有限的溶液体积情况下，单体的整体浓度和过饱和度 S 会连续降低，导致临界半径向大晶粒尺寸移动，晶粒生长速率下降。这一点如图 2.5(b)所示。

2.2 胶体量子点的合成

首先概略介绍胶体量子点的合成系统，进而说明胶体量子点的有机热注入合成法和水热法。在此基础上说明胶体量子点表面修饰的方法。

2.2.1 胶体量子点合成系统

胶体量子点合成反应通常使用希莱克(Schlenk)系统，装置如图 2.6 所示。图 2.6(a)中主体是反应瓶(三口瓶)，是胶体量子点化学反应生成的装置。该系统附属配置通风橱、磁力搅拌器、控温仪、加热套、热电偶和离心机等设备。

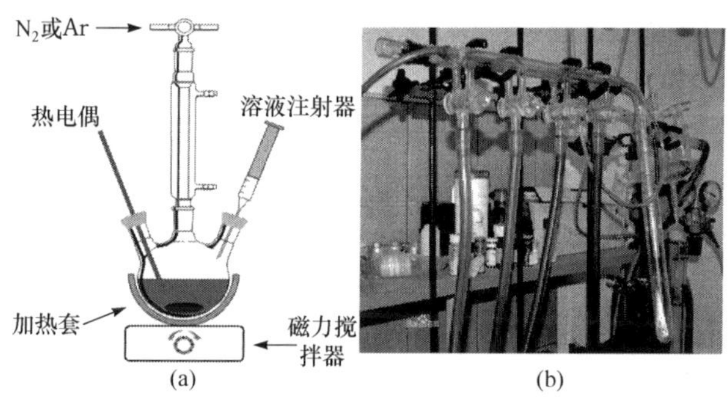

图 2.6　反应瓶装置(a)和希莱克系统(b)

希莱克系统是为了便于抽真空、充惰性气体而设计的带活塞支管的装置，如图 2.6 所示。这个系统可以用来提供惰性环境以及真空条件。由于主要采用玻璃仪器，对玻璃器材质量要求比较严格。例如，装置所用活塞是使用聚四氟乙烯高真空式活塞，接头用 O 环接口等。该装置的主干是希莱克线玻璃管，一般有两根：一根用于提供真空条件，另一根提供惰性气体。在其下边连接反应烧瓶。希莱克线玻璃管连接到预冷阱以及主冷阱玻璃装置。预冷阱以及主冷阱放置在液氮瓶内，用于冷凝挥发性溶剂。

在胶体量子点合成中，经常使用一些对水汽或氧气敏感的化合物。在这种情况下，需要在无水无氧条件下进行实验。根据具体要求，实验一般通过以下途径来达到目的。

一是直接向反应体系中通入气体保护：对于一般的化学体系，对空气和水汽不是很敏感，这是最常见和最方便的保护方式。保护气体可以是普通 N_2，或是稍贵的高纯 N_2 或 Ar_2。让保护气体通过装有合适干燥剂的干燥塔后，使用效果会更好。

二是使用手套箱操作：对于需要称量、研磨、转移、过滤等较复杂操作的体系，可以在充满保护气体的手套箱中操作。严格无水无氧的手套箱是用金属制成的，如图 2.7 所示。操作室的气密性极好，一般带有物品变换室、氯丁橡胶手套和观察玻璃窗。

2.2.2　胶体量子点的合成方法

1. 油相合成方法

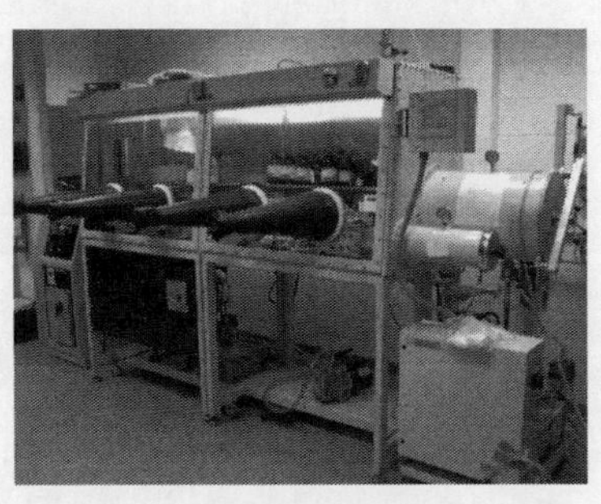

图 2.7　手套箱

在有机溶液中，合成单分散性的胶体量子点有两种方法：热注入方法(hot-injection)和热裂解方法(thermolysis/thermal decomposition)。热注入方法最初是 Bawendi 等人提出的[1]，这种技术成功的合成出高质量 Cd 族胶体量子点。这种方法将过量的前驱体快速注入到热的表面活性剂(surfactant)溶液里，由此产生良好的过饱和度，借助于过剩的自由能，引起成核。在成核过程中，溶液中单体浓度急剧下降，成核速率减缓下来。这种方法广泛应用于金属硫化物[1,18]、过渡金属[19]和贵金属[20]的胶体量子点合成。热裂解的方法适合于批量制作，其方法是在低温时，将前驱体、反应物和溶剂混合在一起，加热到某一个温度时，开始成核反应。因为热裂解的方法十分简单，因此有利于大剂量的合成操作。虽然这种合成过程简单，但是合成出来的胶体量子点颗粒的尺寸仍然具有良好的均匀性，几乎可以媲美热注入法合成的结果[21,22]。

以爆炸式成核的方式是富有挑战性的，这个过程的特点是存在着一个时间点，在这个时刻晶粒的数量停止增加，晶粒的浓度达到最大值。在这一时刻之后，反应系统进入生长阶段，晶粒的数量可能保持不变，或者减少。按照 Lamer 理论，这时成核阶段结束，单体浓度开始下降。

对于热裂解模式，形成尺寸均匀纳米粒子的机理仍然是不清晰的。令人高兴的是，借助于热注入技术，研究人员已经获得了晶粒浓度随时间变化的情况[23~26]。这些研究成果主要来自于Ⅱ-Ⅵ半导体量子点，可以清晰地看到量子受限效应带来的第一激子吸收峰的变化。利用第一激子吸收峰可以估计粒子的浓度和尺寸分布。Yu 等人成功测量了 Cd 族量子点在第一激子吸收峰处的摩尔消光系数(molar extinction coefficient)[27]，它是尺寸依赖的，由吸光度可以计算出粒子的浓度。

有机相合成方法已经被广泛应用于合成胶体半导体量子点，其优点包括：高的结晶性、量子点尺寸的均匀性、在有机溶液中有良好的分散性等。图 2.8 给出了有机金属化合物在表面活性剂中发生热解反应过程的示意图。

有机相热注入合成方法是基于有机表面活性剂协助的快速成核特性，粒子尺寸分布可以达到 10%。通过某些尺寸处理方法，粒子尺寸分布可以达到 5%。这

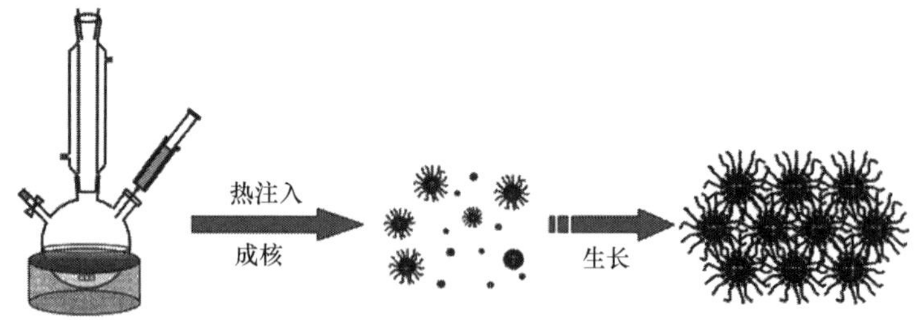

图 2.8　单分散胶体量子点的热注入合成方法

些处理方法往往采用注入非良溶剂。大的粒子具有较强的范德瓦耳斯(van der Waals)力,因此会首先沉淀。

我们以 Bawendi 等人提出的 CdSe 胶体量子点合成过程为例[1],说明有机相热注入合成方法。合成遵循如下反应方程:

$$n\text{Cd-TOPO}+n\text{Se-TOP}\Leftrightarrow(\text{CdSe})_n\text{TOPO}_m+(n-m)\text{TOPO}+n\text{TOP} \tag{2.2-1}$$

首先,将室温的前驱体分子溶液注入到热的三辛基氧膦(trioctylphosphine oxide, TOPO)(300℃)内。前驱体溶液由 $CdMe_2$、Se-TOP(trioctylphosphine)溶液组成。注入后瞬间形成了 CdSe 晶核,记为$(CdSe)_C$。然后温度快速下降到 170℃,阻止了新晶核的形成。随着温度升高到一定值(低于 300℃),已经生成的晶核会缓慢生长,但不会有新的成核,CdSe 量子点的尺寸会进一步增大。TOPO(溶剂,同时也是表面活性剂)与表面的 Cd 原子相互作用,导致生长速率缓慢下来。在相当高的温度下的缓慢生长,使量子点退火并接近形成纤锌矿晶格,这与它的体材料晶格一样[28]。值得注意的是,烷基磷氧化物分子与更短的烃基形成共价键作为调和剂,导致生长更快。生长结束后,利用非良溶剂将纳米晶从生长溶液中分离出来,然后再次溶解到适当的有机溶液中,形成稳定的胶体悬浮液。TOPO 分子残留下来,并附着到表面 Cd 原子上,悬浮液变得更加稳定。图 2.9 是 Bawendi 等人合成 CdSe 胶体量子点的高分辨率电镜图(HRTEM)和尺寸依赖的第一激子吸收峰的图示。

2. 水相合成方法

水是所有生物体的天然培养基。同有机相合成方法比较,水相合成胶体量子点具有反应环境友好性高、安全性好、操作简单、更容易实现扩大化生产等优点,符合现代社会构建绿色化学的可持续性发展的理念。缺点是:水相合成的量子点荧光量子产额(量子效率)通常较低,这是制约水相合成量子点应用的关键因素。经过科学家坚持不懈的努力,胶体量子点的水相合成方法得到了较大的改进,出现了许多在水相中合成的新方法。

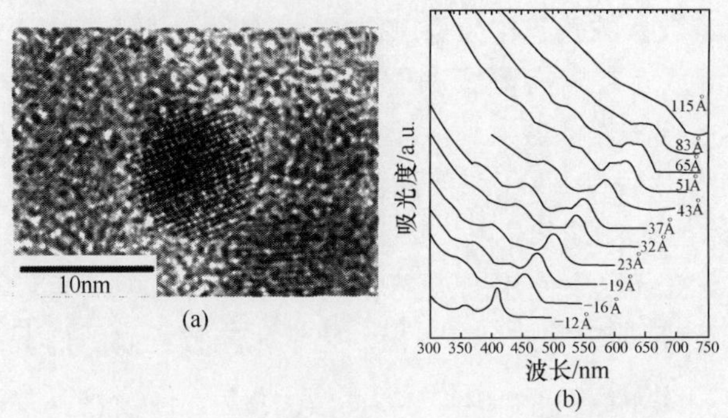

图 2.9 (a)直径 8nm CdSe 量子点的 HRTEM;(b)不同尺寸 CdSe 量子点的吸收光谱[1]

我们回顾早期量子点水相合成方法作出贡献的研究者。在 1967 年,Berry 等人就利用共沉淀法(coprecipitation method)在水相中制备出了具有光学性能的 CdS 和 AgI 半导体颗粒[29]。在 1982 年,Henglein 利用微孔过滤器获得了平均直径是 37nm 的 CdS 纳米晶,得到了与体材料有差异的光谱[30]。在 1984 年,Brus 等人将 $CdSO_4$ 和 $(NH_4)_2S$ 稀溶液混合,再加入苯乙烯马来酸后获得了平均粒径是 4.3nm的 CdS 量子点[31,32]。在 1994 年,Bmeyer 等人提出采用巯基作为稳定剂,合成出 CdS 量子点[33]。这是首次提出采用巯基类化合物作为稳定剂合成胶体半导体量子点。他们使用 $Cd(ClO_4)_2 \cdot 6H_2O$ 和硫代甘油(1-thioglycerol)作为前驱体,在水溶液中通入硫化氢(hydrogen sulfide,H_2S)气体,然后在室温下搅拌两小时,经过透析除去一些副产物后,再次通入 H_2S 气体,加热到 100℃回流,搅拌 30 分钟。通过控制 H_2S 气体加入的量、加热温度和加热时间,得到了不同粒径(1.3nm,1.4nm,1.6nm,l.9nm,2.3nm 和 3.9nm)的 CdS 胶体半导体量子点。在 1996 年之后,Rogach、Yu 等人利用巯基乙酸(mercaptoacetic acid,$C_2H_4O_2S$)作为稳定剂合成 CdTe 半导体量子点[34~36]。在这些合成中,利用 Cd^{2+} 离子与稳定剂巯基类化合物混合水溶液为前驱体,在其中分别通入 H_2Te 气体或者加入 Na_2Te 水溶液。他们发现 pH 值对 CdTe 量子点的荧光强度影响非常大,使用巯基乙酸调节 pH 值,当 pH 值是 4.5 左右时,荧光强度达到最大值。在 1999 年,Rogach 等人又用此合成方法制备出 CdSe 量子点[37]和 HgTe 量子点[38]。在 2004~2006 年,PbS 量子点水相合成技术取得了成功,相继出现不同形状 PbS 量子点的报道[39~43]。

下面,我们以 Rogach 等人的 CdTe 量子点水相合成方法为例[44,45],说明胶体量子点水相合成的技术路线。

基于硫醇(thiol)配体的 CdTe 胶体量子点典型样本的水相合成方法如下:将 $Cd(ClO_4)_2 \cdot 6H_2O$(或者是其他可溶的 Cd 盐)溶解在水里面,浓度不高于 0.2M。

通过搅拌加入一定数量的硫醇作为稳定剂，紧接着逐滴滴入 0.1M NaOH 溶液，以调节 pH 值。溶液放置在配有隔膜和阀门的烧瓶内，然后通入 30 分钟的 N_2 气。H_2Te 和 N_2 气体一起缓慢的通入到溶液里。过量的 H_2Te 通入到 NaOH 溶液中，生成 NaHTe 溶液，然后将 NaHTe 溶液注入到反应瓶中。

当 Te 前驱体加入反应烧瓶中时，CdTe 量子点成核(反应方程式(2.2-2)或式(2.2-3))。在空气环境中使用冷凝器将反应温度冷却到 100℃，量子点的成核和生长会继续进行(反应方程式(2.2-4))。化学反应方程表示如下：

$$Cd^{2+} + H_2Te \xrightarrow{HS-R} Cd\text{-}(SR)_x Te_y + 2H^+ \tag{2.2-2}$$

$$Cd^{2+} + NaHTe \xrightarrow{HS-R} Cd\text{-}(SR)_x Te_y + H^+ + Na^+ \tag{2.2-3}$$

$$Cd\text{-}(SR)_x Te_y \xrightarrow{100℃} CdTe\text{-}(SR)_x \tag{2.2-4}$$

上述实验过程如图 2.10 所示[44]。其中的重要部分是引入 H_2Te 气体的连接管应当尽可能得短。由于 H_2Te 气体与橡胶、普通的聚合物套管会发生强烈的反应，因此建议在连接处使用玻璃连接器件。使用相对小的、良好的去除空气的烧瓶产生 H_2Te，有助于降低这种气体不必要的损耗。上面描述的合成方法，利用反应式(2.2-2)和反应式(2.2-4)，在实验室的条件下可以生成几升容量 H_2Te 样品，足够合成几克、甚至十几克的 CdTe 量子点。

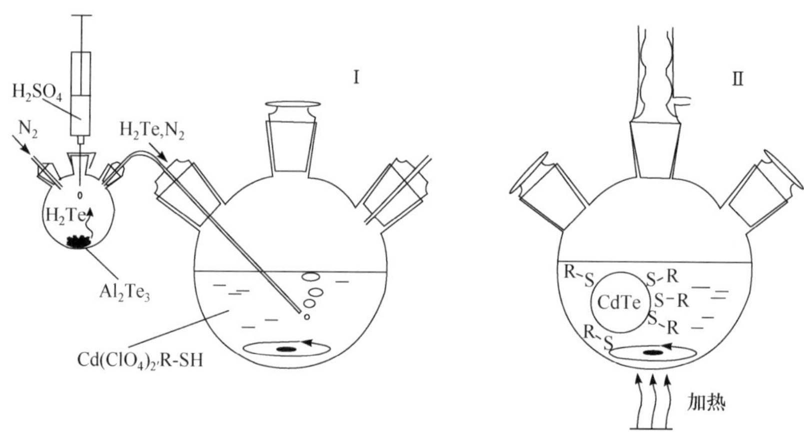

图 2.10　基于硫醇配体的 CdTe 量子点典型水相合成过程示意图[44]

用于合成 CdTe 量子点的 H_2Te 气体也可以用来合成其他的 Te 化物材料，如 HgTe 或 ZnTe。有如下两种制备方法：一是按照反应方程式(2.2-5)，化学分解 Al_2Te_3 粉末或块体；二是按照反应方程式(2.2-6)，在酸性介质中 Te 电极发生电化学反应。

$$Al_2Te_3 + 3H_2SO_4 \longrightarrow 3H_2Te\uparrow + Al_2(SO_4)_3 \quad (2.2\text{-}5)$$

$$Te + 2H^+ + 2e \longrightarrow H_2Te\uparrow \quad (2.2\text{-}6)$$

以硫醇为配体的典型水相 CdTe 量子点的 TEM 和 HRTEM 如图 2.11 所示[46]，量子点的尺寸是 5.5nm。图示表明，这种方法合成出来的 CdTe 量子点具有较好的单分散性。

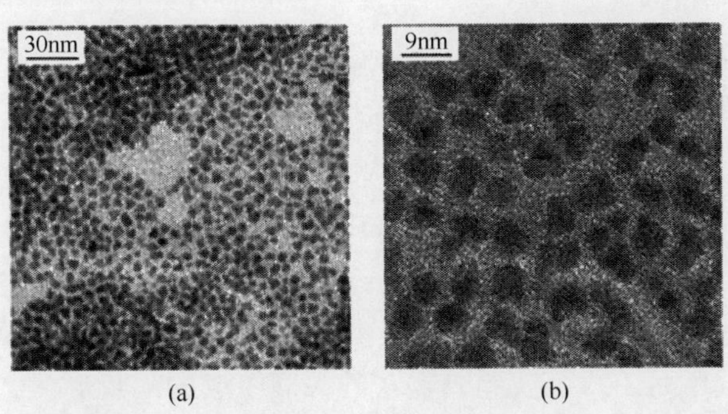

图2.11　尺寸是 5.5nm 的 CdTe 量子点的(a)TEM 和(b)HRTEM 图像[46]

以硫醇为配体的水相 CdTe 量子点第一激子吸收峰(对应于禁带宽度)随尺寸变化的曲线如图 2.12(a)所示。图中，实圆圈表示 XRD(X-ray diffraction)谱测量的量子点尺寸，空圆圈表示 TEM 测量的量子点尺寸，实线是采用有限深势阱有效质量近似模型计算得出的曲线[47]，理论计算与实验数据表现出良好的一致性。

以硫醇为配体的水相 CdTe 量子点尺寸依赖的吸收和光致发光(photoluminescence，PL)光谱如图 2.12(b)所示。TGA(thioglycolic acid)配体的 CdTe 量子

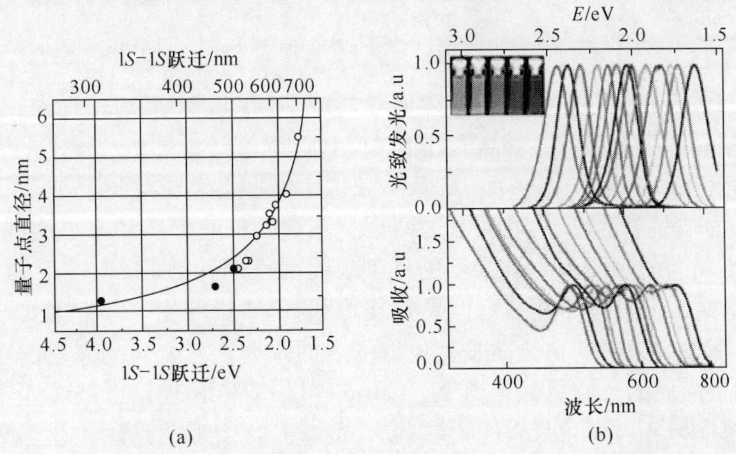

图 2.12　水相 CdTe 量子点 1S-1S 跃迁与尺寸依赖的变化关系(a)；PL 光谱和吸收光谱(b)[46]

点 PL 光谱的可调范围是 500～700nm，而 MPA(mercaptopropionic acid)配体的 CdTe 量子点 PL 光谱的可调范围是 530～800nm。在 300K 温度下吸收测量估计出 CdTe 体材料的带隙是 1.43eV(或 867nm)。以硫醇为配体的水相 CdTe 量子点展现出良好的尺寸调谐带隙能力，在量子点太阳电池和 LED 等领域，具有很好的应用前景。

2.2.3 胶体量子点的形态控制

目前我们的讨论集中于球形的胶体量子点。然而，更加精细的分析显现出各种不同的晶面形态。由于这些晶面是小尺寸的，只要在其上面放置少数几个原子就能够改变它的类型。因此，研究工作者已经合成并报道了一些具有有趣形状的纳米晶，例如八面体的 PbSe 纳米晶[48]、立方体的银(Ag)纳米晶[49]、笔形的钴(Co)纳米晶[50]等，如图 2.13 所示。一般来说，生长成球形纳米晶是一个例外。例如，宏观的石英通常是由六个彼此成 120°的大面组成的延长形状。晶体的尖端显示出一系列的小晶面，全部倾向于晶体的长轴。一般而言，晶体的形状依赖于各个面生长的相对速率。在这里，一个面的生长速率是指面的中心到晶体中心的距离变化速率。晶体的某一面生长得越快，这个面消失的可能性越大。

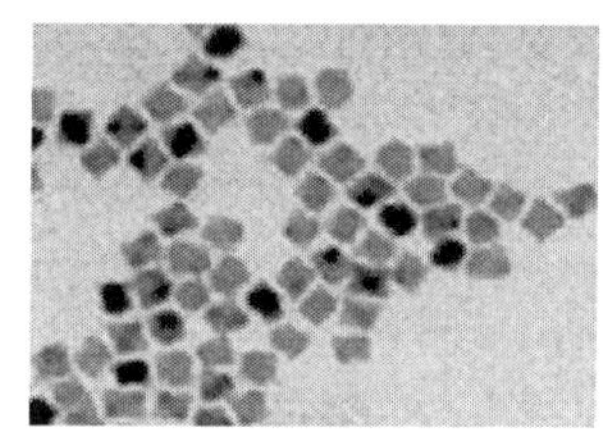

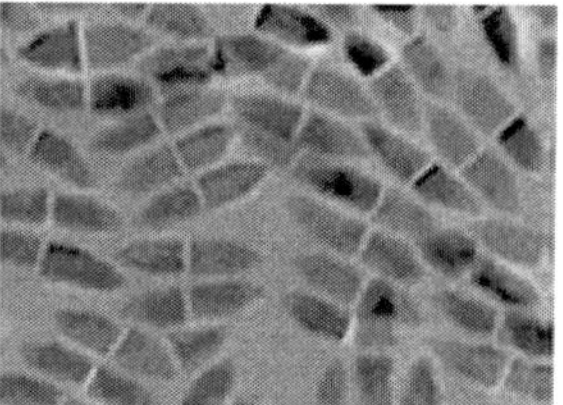

图 2.13　不同形状胶体纳米晶 TEM 图：八面体 PbSe，立方体 Ag 和笔形 Co

先前的讨论并没有考虑严格的表面性质或初期结晶小晶面的性质，我们需要重新考虑结晶的生长过程。在生长过程中，引入临界尺寸只是基于平的表面的蒸汽压(C_∞)数值和表面张力(σ)。方程(2.1-13)中的这些量对各个结晶小晶面来讲，都被认为是一个常数。事实上，这两个量强烈的依赖于结晶小晶面的性质，尤其是不同小晶面的表面张力 σ 强烈的受到表面活性剂种类的影响[51～54]。如果表面活性剂对某个面的束缚比邻近面更强烈，新的单体更可能与邻近面结合。换言之，被表面活性剂束缚的小晶面具有更低的表面张力。与配体弱束缚的小晶面相比较，这些小晶面的区域更易于扩展。Curie Gibbs Wulff 理论已经建立了不同小晶面生长速率与各自表面张力的关系[10,55]。然而，这个理论是建立在热平衡基础之上。一个胶体纳米晶合成系统往往工作在单体过饱和状态，不同小晶面的生长速率易于发生变化。这一点可以通过外延生长敏感的依赖于过饱和度这一特性得到印证[56]。

在纤锌矿结构里，生长轴的选择相对比较容易。根据它的高度对称性，异常的c轴不同于其他轴。在CdE(E=S,Se,Te)纳米晶中，它充当了不对称生长的方向轴[57]。就钴纳米晶而言，在ε阶段，沿着这个方向的生长被抑制[58]。但是，这种不对称生长是难以控制的，因而显现出六角结构[59]。CaF_2纳米棒沿着(111)轴，生长成立方萤石结构[60]。PbSe可以生长成高度均衡的立方岩盐结构，而且借助于表面活性剂的帮助，可以沿着特定的方向生长，形成纳米线(nanowire,NW)[61]。图2.14示出了PbSe球形量子点结构、CdS纳米棒(nanorod,NR)结构、CdSe纳米线结构的TEM照片[62]。

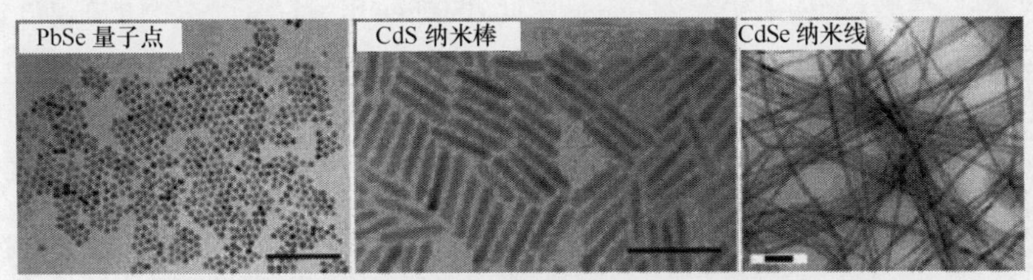

图2.14 PbSe球形量子点、CdS纳米棒、CdSe纳米线的TEM，标尺是50nm[62]

研究工作者已经合成出更复杂的、带有分叉的纳米晶，如图2.15所示。一个有趣的例子是四足型结构，由一个中心核和四个纳米棒组成。这种形状纳米晶已经在下列材料中实现：ZnO[63]、ZnSe[64,65]、ZnS[66]、CdSe[67~69]、CdTe[70~72]和Fe_2O_3[73]。一般而言，四足型纳米晶的生长机制与一般纳米棒类似。生长的单体被放置在臂膀的高能量小晶面上，即它的尖端处，而单体被阻止放置到臂膀侧面。在四足型纳米晶生长过程中，主要的差异来自于晶核形成和生长的初始阶段。

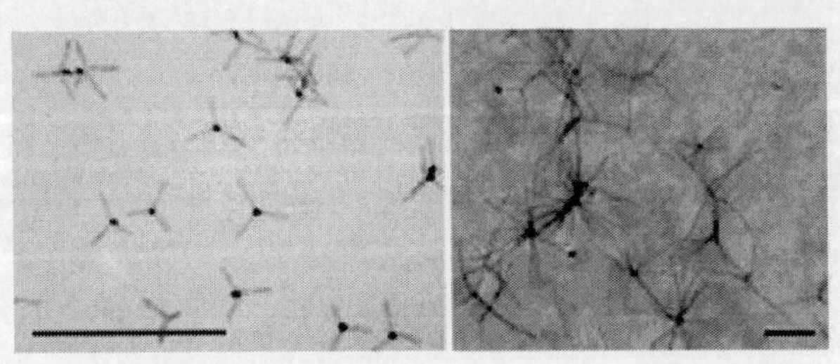

图2.15 带有分叉的CdTe纳米晶的TEM图，标尺是200nm[71]

为了明确这些四足动物型纳米晶的生长动力学机制，我们来分析这些奇特纳米晶的内在结构。实际上，四足形成的合理解释归因于两种竞争的模式：一个模式是孪生模式，这个模式早在20世纪90年代用于合成四足型ZnO和ZnSe纳米晶[63,66]；另一个是多态性模式，这种模式依赖于材料的多态性，并被用于合成四足型 CdTe 纳米晶[70]。在这个模式里，四足型的晶核是闪锌矿结构，而各个臂膀生长成纤锌矿结构。

1. 多态性模式

由于 CdTe 特有的二元化合物结构，它可以生长成六边形的纤锌矿结构，也可以生长成立方形的闪锌矿结构。不同晶体结构具有不同的能量结构，因此在较低的反应温度时会优先生长成闪锌矿结构，而在较高的反应温度时会优先生长成纤锌矿结构[74,75]。当前驱体注入后，温度下降，因此能够形成闪锌矿结构的核。在温度恢复后，生长又转换为纤锌矿相。因此，两种晶相会存在于共有的晶面。闪锌矿结构的{1 1 1}与纤锌矿结构的±(0 0 0 1)共享同一个原子，所以纤锌矿臂将从核的{1 1 1}面长出。除了温度效应之外，通过磷酸(phosphoric acid)配体亲和性，晶相的变化支撑着纤锌矿结构棒的侧面，即四足的起始面[76]。初期，庞大的表面活性剂束缚这些晶面，并支撑着他们排列。

在闪锌矿结构的 8 个{1 1 1}面中，只有 4 个允许长出的足，其原因来自于(1 1 1)面与($\overline{1}\overline{1}\overline{1}$)面之间的原子差异。同理，在纤锌矿结构的某一个晶面上，Cd 原子显露出三个悬摆约束，而在其他的面上只是显露出一个悬摆约束。后者很容易被表面活性剂钝化，因而这些晶面的生长被抑制[76]。因此，仅仅是在{1 1 1}族 8 个面中的 4 个面上，生长出一个纤锌矿结构的足。

2. 孪生模式

另外的一个模式认为四足结构是由几个晶畴构成，这些晶畴是纤锌矿结构特有的。根据孪生模式，晶核由 8 个纤锌矿晶畴组成。这些晶畴具有四面体形态，而且可以分成两种不同的类型。类型 A 的基本面是纤锌矿结构的(0 0 0 1)面，类型 B 是(0 0 0 $\overline{1}$)面。四面体的其他 3 个面，或者是{1 1 $\overline{2}$ $\overline{2}$}族(类型 A)，或者是{1 1 $\overline{2}$ 2}族(类型 B)。两个不同类型的四面体通过一个孪生晶面联结在一起，这个结构显示出相反的对称性。通过这些晶畴形成的八面体交替显露出(0 0 0 1)面和(0 0 0 $\overline{1}$)面。这些面的原子呈现出六边形排列，统一的朝向立方结构的±(1 1 1)面，如图 2.16 所示[77]。

3. 两个模式的比较

在两个模式里，单独晶面上的原子有组织的排列成六边形，并且显示出一个或三个悬浮连接。因此，两个模式描述了同一个晶核，这个核显示出四个快速生长的晶面和四个缓慢生长的晶面。两个八面体是化学统一的，结果是两个模型都能够描述四足结构的形成。

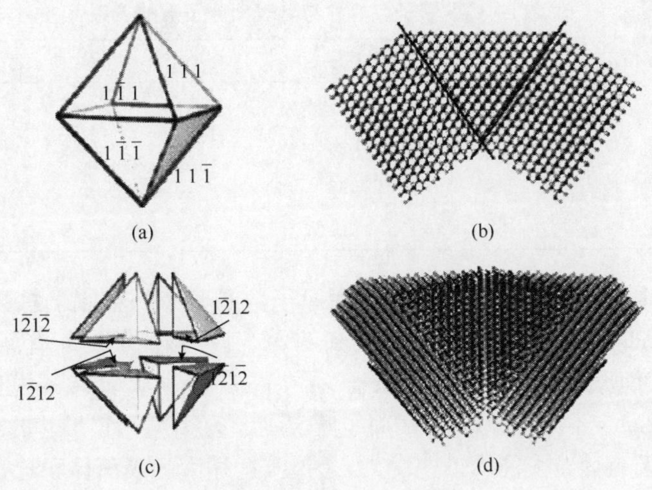

图 2.16　多态性与孪生模式的比较[77]

(a) 闪锌矿核；(b) 闪锌矿-纤锌矿二足结构；(c) 分离的八面孪晶；(d) 两个孪晶面形成的纤锌矿二足结构

孪生模型首先用来描述 ZnO、ZnS 四足结构[63,78]。核的结构(按孪生模式构成)没必要填满八面体的体积。如果没有在结晶结构里引入应力，当它们八个汇集的时候，并不是都能演化出三个孪生面。因此，沿着孪生位面的材料缺失了，从而偏离了理想的四足形状，两臂之间的夹角不再是四面角[64]。Iwanaga 等成功的测量了 ZnO 四足结构的偏离量，支持了孪生模式[79]。

迄今为止，仍然不能确定哪一个模式能够更好的描述四足结构的形成。在 CdE 四足结构中，支持这些模式的明确的实验证据很少。在一些研究论文中，多态模式被广泛的接受，用以说明 CdE 四足结构的生成过程[67,70,80]。另一方面，一些实验似乎有利于孪生模式。一些研究表明，增加单体的浓度有可能调整四足结构分支的数量[71,72]。图 2.15 的案例给出了过度增加反应物的情况，而多态模式不能解释这个结果。在类似的合成中，相当多的分支纳米晶是按照孪生模式成形的。

2.3　胶体半导体量子点的功能化修饰

以球形胶体量子点为例，其表面积与直径的平方成正比，体积与直径的立方成正比，所以其比表面积(表面积/体积)与直径成反比。当球形量子点的直径变小时，其比表面积显著增大，表面原子数相对增多，表 2.1 给出了 CdS 量子点尺寸与其表面原子数的关系。当这些表面原子具有较高的活性和不稳定性，量子点会表现出异样的特性，这就是所谓的表面效应。

表 2.1 CdS 量子点尺寸与其表面原子数的关系

粒子尺寸/nm	总原子数	表面原子百分数/%
10	21040	20
4	1346	44
2	168	73
1	21	97

当 CdS 量子点尺寸为 10nm 时，表面原子数是整个晶粒原子总数的 20%；当其尺寸为 1nm 时，表面原子百分数激增到 97%，几乎该晶粒的所有原子全部分布在表面上。表面原子周围缺少相邻原子，存在许多悬空键，具有不饱和性，易与其他原子结合而稳定下来，表现出较高的化学活性。随着量子点尺寸的减小，其表面积、表面能以及表面结合能均迅速增大。另外，这样大的表面体积比，使量子点表面可能存在大量晶格缺陷，从而使无辐射的电子-空穴复合比例增加，荧光效率降低。由于量子点的表面效应，合理的表面修饰对其应用和性能优化有重大影响。

量子点的功能化修饰已经成为了量子点研究领域的热点之一，主要包括表面功能化修饰和量子点的核/壳结构。前者主要是改变表面配体分子，满足具体使用需求，如对有机相制备的量子点进行亲水性处理，满足生物体系应用的需要。后者主要是减少量子点的表面缺陷（钝化）并防止氧化，使其具有良好的稳定性，并且增强荧光效率。

2.3.1 表面功能化修饰

迄今为止，人们已经提出了多种量子点表面功能化的方法。例如，利用量子点表面的配体与聚合物的憎水部分相互作用，在量子点表面包覆一层聚合物薄层。这种方法不涉及配体交换反应，因而不会影响量子点的光学特性。其他一些获得功能化量子点的方法包括，通过化学键合的方法直接把生物大分子接枝到量子点表面，或者通过量子点表面不饱和键的聚合反应实现表面修饰。大多方法都涉及配体的交换，所以通常会改变量子点的光学性质。

1. 双亲分子表面修饰量子点

用金属有机合成法制备的量子点表面包覆有 TOP/TOPO 层，可以减少量子点的表面缺陷，防止氧化。但 TOP/TOPO 层也使量子点完全不溶于水，具有憎水性。若要将其应用于生物体系，应进行表面亲水处理。一种方法是让量子点表面的憎水配体（例如 TOPO 的辛基链）与双亲聚合物的憎水部分反应，从而在量子点表面生成均一的聚合物层。可以通过选用合适的双亲分子来获得水溶聚合物包裹的量子点。

双亲分子(通常含有烷基链)的憎水部分与量子点表面配体的憎水链相互作用形成疏水链,而亲水部分(通常是羧酸和聚乙烯醇(poly(vinyl alcohol),PVA)链)提供了水溶性和化学功能性[81,82]。但是,包覆后量子点的尺寸会增大5～10nm。利用疏水基团反应形成疏水键的方法,最大优点在于不需要进行配体交换反应。目前,采用双亲磷脂[83,84]、杯芳烃[85～88]和环糊精[89]修饰的胶体量子点具有水溶性。

Dubertret等人首次报道了利用疏水链实现聚合物修饰量子点[90]。将量子点胶封到含40%N-甲氧基聚乙烯乙二醇基磷脂酰乙醇胺和60%的二棕榈酸磷脂酰胆碱的胶束疏水中心,如图2.17所示[90]。含有如上两个化合物的复杂共混物具有特殊的相行为,主要取决于混合物中脂质聚合物的比例。在含有40%脂质聚合物条件下,可以制备含有憎水中心和亲水聚合链的聚合物接枝胶束[91]。把含有两个烷基的表面活性剂与聚乙二醇混合,可以得到稳定的胶束。胶束提供了能与量子点结合的憎水界面,同时聚乙二醇有利于保持很好的胶体稳定性。相比之下,修饰后的量子点稳定性和水溶性都获得了很大的提高。

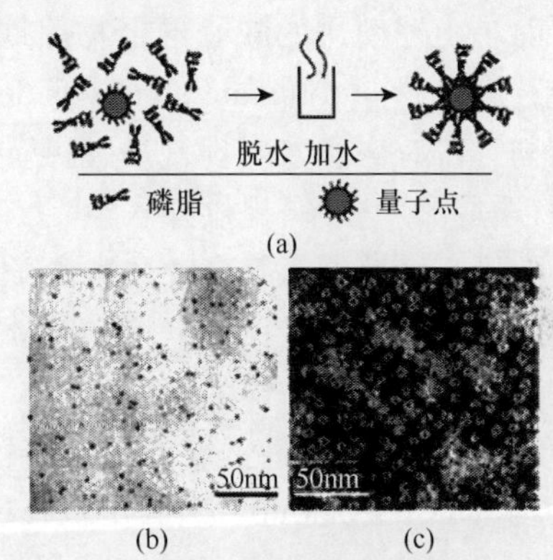

图2.17　(a)磷脂嵌段共聚物修饰TOPO包裹的量子点和(b,c)修饰前后TEM[90]

Jańczewski等人合成了带有不同官能团的聚合物,将憎水的辛基链与量子点作用,修饰到量子点表面,同时羧酸根(COO^-)官能团保证量子点具有水溶性,使修饰后的量子点应用拓展到生物学领域[92]。图2.18是聚合物的化学结构和TEM图。

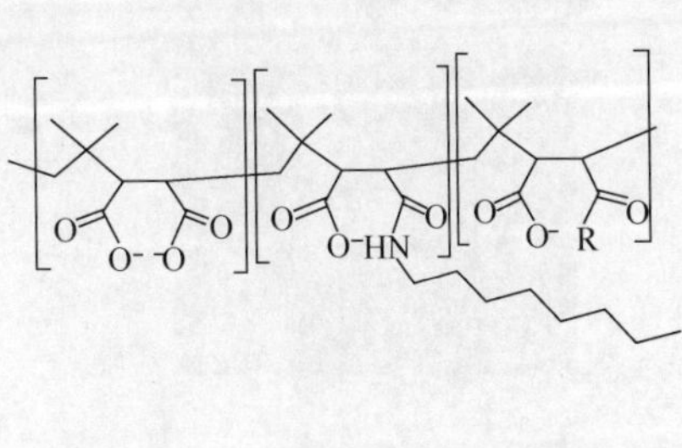

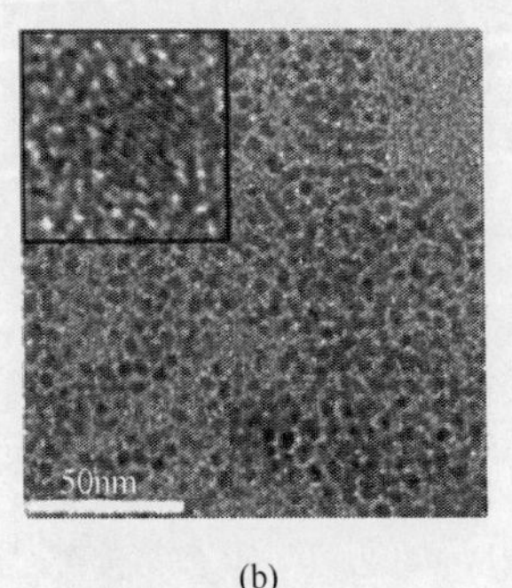

图2.18　(a)聚合物的化学结构;(b)聚合物包覆量子点TEM图[92]

Luccardini 等将烷基化(辛基或异丙基)处理的低分子量聚丙烯酸涂敷到被TOPO保护的量子点上,使原来不具水溶性的量子点应用在含水的体系中[93,94]。为了进一步修饰,也可以交叉使用赖氨酸(lysine)或聚乙烯乙二醇-赖氨酸作为稳定剂[95,96],修饰后的量子点表面的羧基使量子点具有水溶性。相类似的研究还有Gao 等人[97],用更高分子量的双亲三嵌段聚合物来胶封量子点,三嵌段是由聚丁基丙烯酸酯(poly(butyl acrylate))(憎水)、聚乙基丙烯酸酯(poly(ethyl acrylate))(憎水)和聚合甲基丙烯酸(poly(methacrylic acid))(亲水)组成,也可以实现水溶性。

除了上述使用的嵌段聚合物路线外,Pellegrino 等人使用 1-十八烯马来酸酐的交替聚合物(poly(maleic anhydride-alt-1-tetradecene))包覆量子点[98]。聚合物的结构远没有嵌段共聚物复杂,但是包覆量子点后引入的酸酐可以与多胺化合物交联,形成大量羧基,提供亲水性[99]。虽然不是任何情况都需要交联反应,但是交联反应确实能够增强聚合物包覆量子点的稳定性。酸酐官能团胺解后产生羧基,从而可以使量子点转移到水相。大量的羧基也满足了进一步衍生化的要求,从而拓展此类材料在生物学中的应用。

此外,为了改善量子点的生物特性,可以把表面含有羧酸的量子点在 1,3-二胺-2-丙醇(1,3-diamine-2-propanol,DAP)中交联聚合,实现量子点的羟基化,图 2.19是 Kairdolf 等人的处理结果,电镜结果证明成功实现了羟基化[100]。相对没有聚合物修饰的量子点,用聚苯乙烯(polystyrene)交联形成的双亲嵌段共聚物修饰的量子点对热和酸度没有用其他方式合成的量子点敏感,从而能够应用于更为复杂的生物环境体系分析[101]。

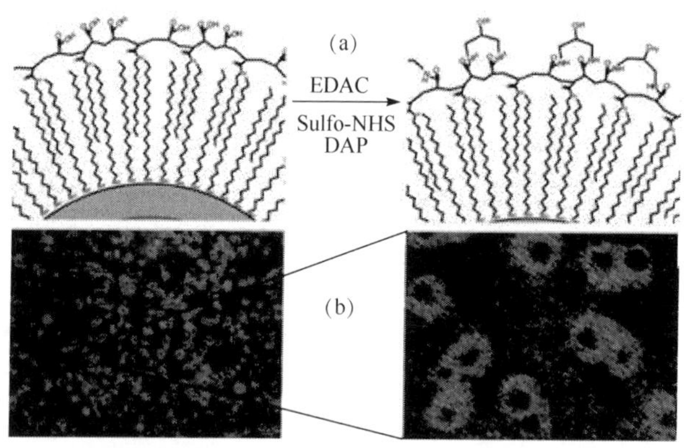

图 2.19　聚合物包覆 CdSe/CdS/ZnS 量子点的表面化学处理和结构

(a)羧基化和交叉链接量子点过程示意图;(b)处理前后量子点的 TEM 图像[100]

2. 多基配体修饰的量子点

采用小分子有机磷、胺或巯基修饰量子点效果良好。但是,在复杂的情况下,由于量子点表面的配体与游离的配体在介质中存在平衡关系,配体从量子点表面解离会导致量子点丧失功能并团聚,所以这种方法易于对胶体量子点的稳定性产生影响,限制了量子点的应用范围。解决的方法是采用具有大量结合位点的配体对量子点进行修饰,改善量子点在复杂环境中的稳定性。Bawendi 采用多基配体,协同绑定到量子点表面,使分子从量子点表面解析的速率大大降低[102,103]。他们采用磷化氢低聚合体修饰量子点表面,图 2.20 是磷化氢聚合体合成原理和涂覆到量子点表面过程的示意图。一些生物大分子[104]或生物工程大分子[105],合成的线型或树枝状的聚合物,具有很高的官能团密度,可以用作多基配体涂层。

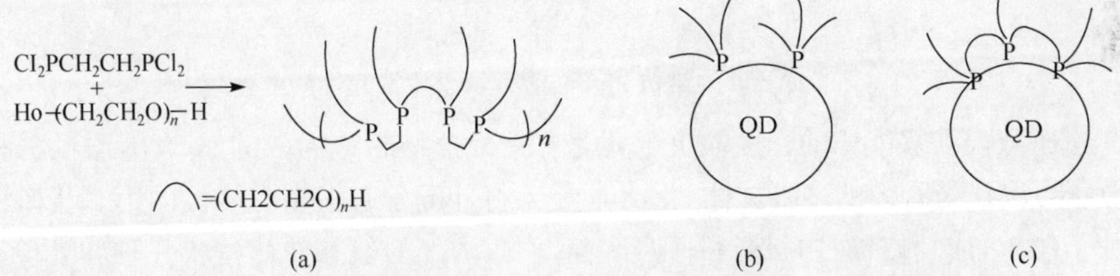

图 2.20　(a) 聚乙二醇高分子合成;(b) 小分子磷化物稳定的量子点;(c) 磷化物稳定的量子点

虽然单步或多步配体交换可以达到钝化的目的,但是将量子点与聚合物共混也可以达到相同的效果。例如将硫醇、硫化物[106]、胺[107]、羧酸官能团[108,109]连接在聚合物主链或支链上,使其具有合适的功能。二硫代羧酸可以与镉或铅形成强螯合键[110,111],可以在比较温和的条件下取代量子点表面 TOPO 配体,避免因为条件控制不当而降低量子点的光学性能。在聚合物侧链上引入上述官能团可以成功地在量子点表面形成聚噻吩(polythiophene)聚合物涂层,而聚噻吩是光电领域中非常重要的聚合物。

含有氨基的聚合物也是一种有效的多基配体。含有聚铵盐的聚合物,例如聚甲基丙烯酸二甲氨乙酯(PDMAEM)可以取代 CdSe/ZnS 和 CdSe 表面的 TOPO[112],图 2.21 是 PDMAEM 的结构和修饰前后量子点发光性质的比较[112]。聚合物钝化后的量子点不仅能稳定存在于甲苯等疏水性溶剂中,而且还可以溶于乙醇等极性、质子化溶剂,从而保证了量子点不仅可以应用在非水体系,还可以应用在水相,避免了因为相转移带来的麻烦。虽然钝化后的量子点半径从 3nm 增大到 6nm,但是没有发生聚集现象。而且,修饰后的量子点保留了其原有 70%左右的光学特性。在通常情况下,尺寸为 4nm 的 CdSe 量子点表面可以结合 12 个聚合物链,而尺寸为 3.4nm 的 CdSe 表面可以结合 5 个聚合物链。而且聚合物的厚度直接与聚合物的链长成正比[113]。掌握聚合物涂层尺寸大小关系,有助于在制备中更好地控制聚合物包覆量子点的厚度及官能团的量。如果不是所有的氨基都参与了钝化,那么剩余的氨基可以起到进一步功能化的作用,例如可以增加量子点的水溶性。

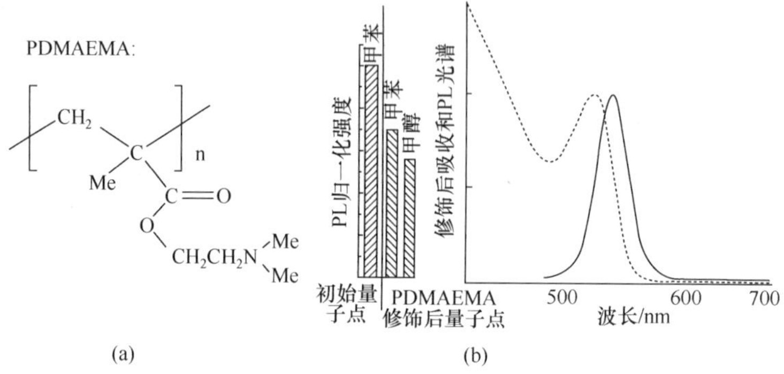

图 2.21　PDMAEM 的结构和修饰前后量子点发光性质的比较[112]

量子点表面官能团的密度取决于高度支化聚合物的结构。例如,含有胺的树枝状分子可以作为有效的多基配体。Zhang 等人将外端含有大量疏水性的第二代树枝状分子(G2),成功修饰在 CdSe 量子点表面[114]。内部的氨基使树枝状分子可以与量子点表面作用,而大量突出的脂肪链使钝化后的量子点在溶剂中不会聚集。

具有双亲性的树枝状聚合物,例如,高度支化的聚乙烯亚胺(polyethyleneimine,PEI),可以使被修饰的量子点从非极性溶剂相转移到缓冲水溶液中。图 2.22是 Nann 采用聚乙烯亚胺修饰后量子点的示意图[115]。经 PEI 包覆后量子点在氯仿和水中均表现较好的抗氧化能力,避免了因溶剂不同而导致量子点光褪现象。

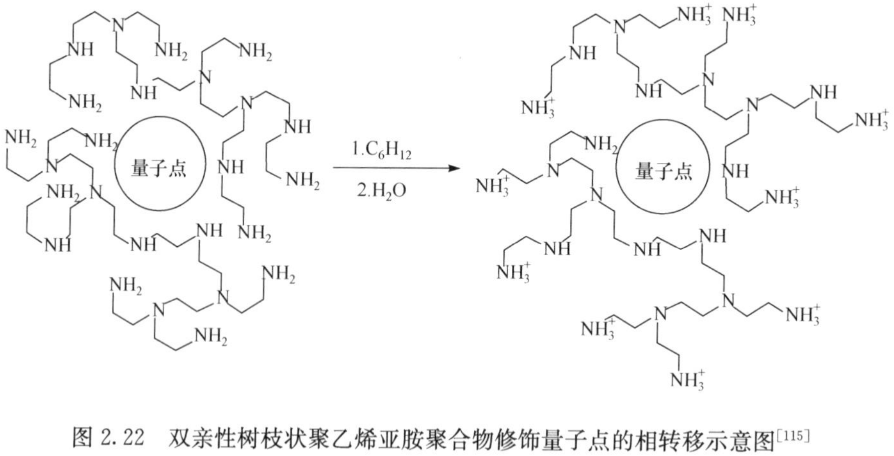

图 2.22　双亲性树枝状聚乙烯亚胺聚合物修饰量子点的相转移示意图[115]

Uyeda 等采用含有多基配体和末端连接聚合物链，获得了二基巯基配体修饰的 PEG(polyethylene glycol)末端功能化的量子点[116]。这样的基团能牢固地绑定在 CdSe/ZnS 量子点表面，同时 PEG 能产生亲水的聚合物涂层。经过特殊的处理，在很宽的 pH 范围内都具有较好的水溶性。Mei 等人，把含有各种链长的聚乙烯醇偶联到巯基酸上[117]，再利用 1,2-二巯基烷的开链反应在量子点表面生成两个巯基基团，从而增加了 CdSe/ZnS 量子点在水溶液中的分散度，同时增强了量子点对于环境变化的抗敏感度，使其更容易应用于生物测试和活细胞成像。

3. 末端功能化的聚合物连接到量子点表面

在通常情况下，采用两种方法将聚合物链连接到量子点表面：一种是“接枝到”方法，另一种是“接枝从”的方法。在“接枝到”的方法中，功能化聚合物链末端直接与量子点表面反应；而“接枝从”技术是通过引发剂在量子点表面进行聚合实现功能化[118~120]。引发剂功能化的配体必须能够满足聚合条件，此外，生成的聚合物链的长度和分散性的控制也至关重要。虽然，单分散的、预合成的聚合物可以用于“接枝到”方法中，但是连接到量子点表面的分子数量还是有限的。

(1) 聚合物“接枝到”方法修饰量子点表面

“接枝到”的方法焦点是：如何将功能化线性聚合物或高度支化聚合物上的官能团引入到量子点表面。研究者已经采用了各种各样的末端功能化聚合物，例如嘧啶(pyrimidine)[121]，巯基[122]或磷酸[123]等，如图 2.23 所示。通过在量子点表面接枝水溶性的聚合物，例如链末端含有吡啶(pyridine)基团的 PEG 修饰的量子点，在极性溶剂中具有较好的溶解性。

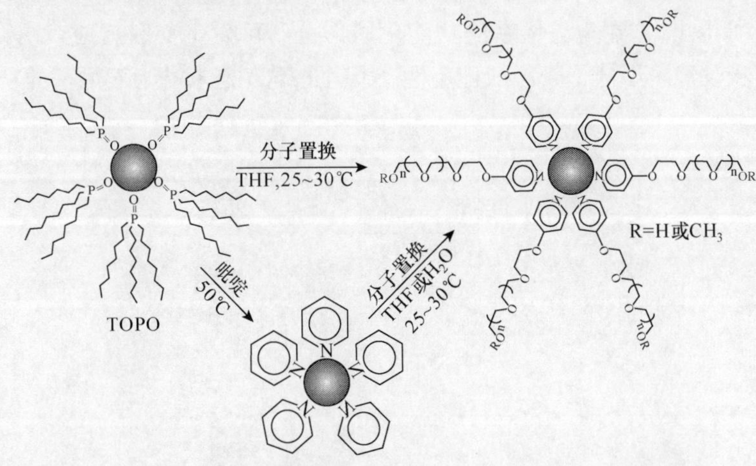

图 2.23　聚乙二醇修饰的吡啶稳定的 CdSe 量子点[121]

高度支化的聚合物能在量子点外围引入大量的功能化基团，因此可以提高系统的稳定性。例如，Wang 等采用含有巯基的有机扇形分子(dendron)功能化量子点，可以控制包覆的层厚在 1～2nm 以内，实现对量子点紧密包裹[124]，图 2.24 给出了这个处理过程的示意图。如此包裹的量子点比巯基配体包裹的量子点稳定性更好，也不容易被氧化，避免了量子点的光褪色。

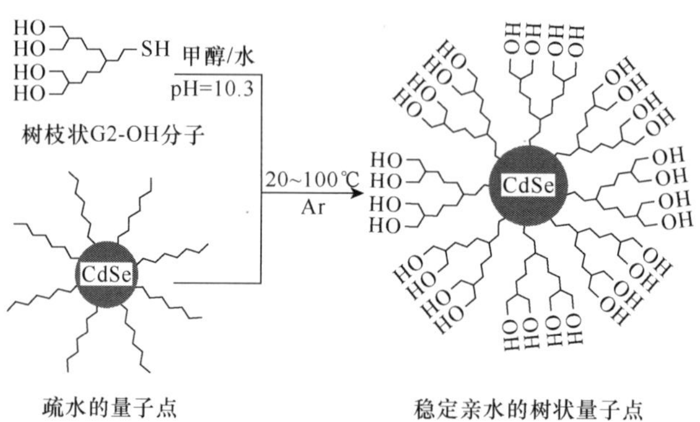

图 2.24　将 CdSe 量子点由疏水性转化为亲水性的原理示意图[124]

已有研究表明，树枝状分子修饰的量子点与 DNA 适体(aptamer)共轭可以用于癌细胞靶向和成像[125]。此外，表面连接的扇状分子在纯化和生物分离过程中也表现出很好的稳定性。量子点的稳定程度随着所使用的树枝状分子的代数增大而增强。与树枝状化合物相比，扇形的结构和单一结合位点保证配体的包覆和定域取向，同时可以保证末端存在大量的功能性基团。

Cwo 等提出，末端为乙烯基的功能化扇形分子可发生交联反应，配体的交联可以进一步改善扇形分子壳层的稳定性[126]。图 2.25 是末端为乙烯基的功能化扇

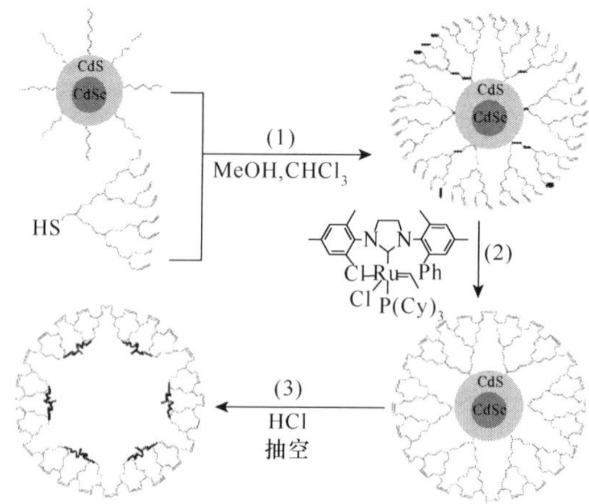

图 2.25　(1) 枝状量子点形成；(2) 盒状量子点的形成；(3) 移除量子点内核[126,127]

形分子闭环形成盒装量子点框图。与单一扇形分子包覆的量子点比较，这样球形交联的“盒状纳米晶”具有更好的热学、化学和光化学稳定性。但是，这种材料在水中不溶，同时需要使用催化剂才能反应。将末端为 OH 的扇形分子与第二代末端胺基树状分子接枝可以解决这个问题[127]。扇形分子交联的同时，可以保证盒状量子点的形成和表面的功能特性。通过这样的方法制备的量子点，稳定性优于单一巯基配体修饰的量子点，同时可以保证修饰后量子点的水溶性。

(2) 聚合物“接枝从”的方法实现功能化量子点

许多聚合反应并不适合量子点的功能化，例如，阴离子聚合条件太苛刻，采用传统自由基引发聚合反应产生的自由基可能会破坏量子点，为了能够在量子点表面直接发生聚合，可以采用另一种聚合反应路线，即可控自由基聚合反应方案和基于开环反应的聚合反应。

Patten 等将量子点/二氧化硅核壳纳米粒子表面的甲基丙烯酸甲酯进行原子转移自由基聚合(ATRP)，成功获得了聚合物功能化的量子点[128]。聚合反应的引发剂是连接在量子点表面的二氧化硅壳层，而不是直接到量子点上[129]。事实上，最令人期待的方法是在量子点表面发生聚合反应。无论是量子点作为接受体还是给予体，该方法对于量子点电荷转移的研究应用非常重要。Emrick 等人，通过控制氮氧自由基聚合条件，使 CdSe 量子点表面含有氮氧的配体引发聚苯乙烯-甲基丙烯酸发生共聚反应[130]。图 2.26 给出了氮氧配体引发量子点表面聚苯乙烯-甲基丙烯酸共聚反应和 PL 发光的情况。氮氧功能化的膦配体可以利用嘧啶分子的中间体，通过配体交换连接到量子点表面。相比双亲分子修饰和多基配体修饰的量子点，此法获得的聚合物-量子点材料具有更好的光学性质。

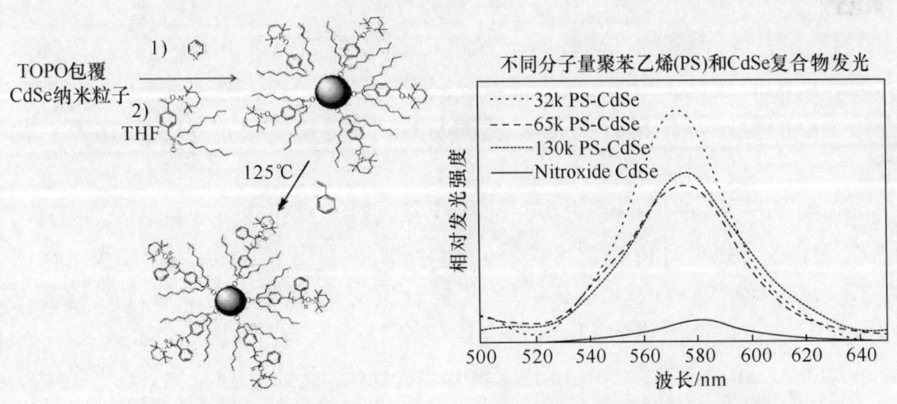

图 2.26　氮氧配体引发量子点表面苯乙烯聚合反应和复合量子点发光[130]

除了简单的乙烯基单体,环烯也可以直接在 CdSe 量子点表面发生聚合反应。Skaff 等人采用钌作催化剂的开环易位聚合(ring-opening metathesis polymerization,ROMP)的方法,使环烯发生聚合反应[131],原理如图 2.27 所示。ROMP 的方法非常普遍,环辛烯(cyclooctene)、二环戊二烯(dicyclopentadiene,DCPD)和 7-氧杂降冰片烯衍生物(7-oxa norbornene derivatives)都可以通过此法在量子点表面聚合,由此获得各种功能化的材料。除了钌催化聚合反应外,也可以采用配位-插入开环聚合反应。这种方法能够在-OH功能化的 CdS 量子点表面发生 ε-已内酯的聚合[132]。

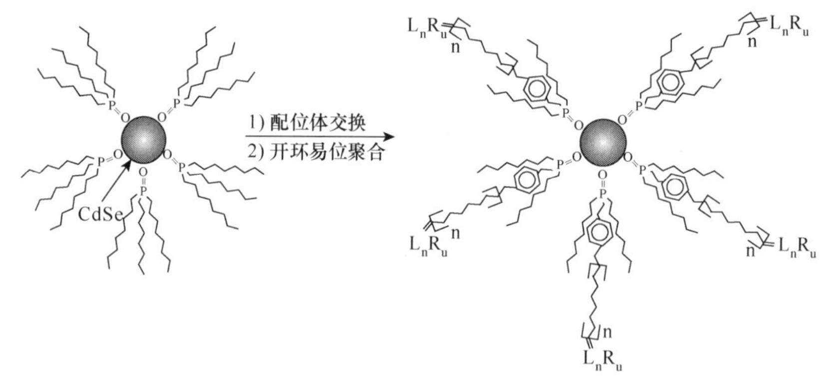

图 2.27　ROMP 方法在 CdSe 量子点表面形成功能聚合物包覆层的原理示意图[131]

如果想要保护量子点的光学性质或获得洁净的、没有残留金属离子的材料以便于生物应用,过渡金属催化的方法并不合适。可逆加成-断裂链转移(RAFT)聚合可以解决上述问题,因为这种方法不需要使用过渡金属作为催化剂[133]。在使用 RAFT 方法时,含膦的三硫代碳酸盐可以直接连接到量子点的表面,单体苯乙烯和丙烯酸酯的线性聚合、无规共聚以及嵌段共聚都可以发生。更为重要的是,经聚合修饰后的量子点依然保持原有发光特性,同时又能很好地分散在聚合物介质中。

在高温条件下,使用稳定的功能性配体合成量子点可以减少配体交换的步骤,从而大大提高了合成材料的量子产额。Emrick 等利用溴苯功能化的氧化膦作为配体来合成 CdSe 量子点[134],图 2.28 是耦合反应合成聚苯乙烯修饰的量子点的原理示意图。通过钯催化的 Heck 耦合反应,在量子点表面将二乙烯基苯(divinyl benzene,DVB)和二溴氯苯(dibromo chlorobenzene)直接进行共聚,实现聚对苯乙烯对量子点表面的直接修饰。

4. 胶封树枝状量子点

高度支化的高分子可以控制量子点的合成,利用树枝状材料的可定域结构和

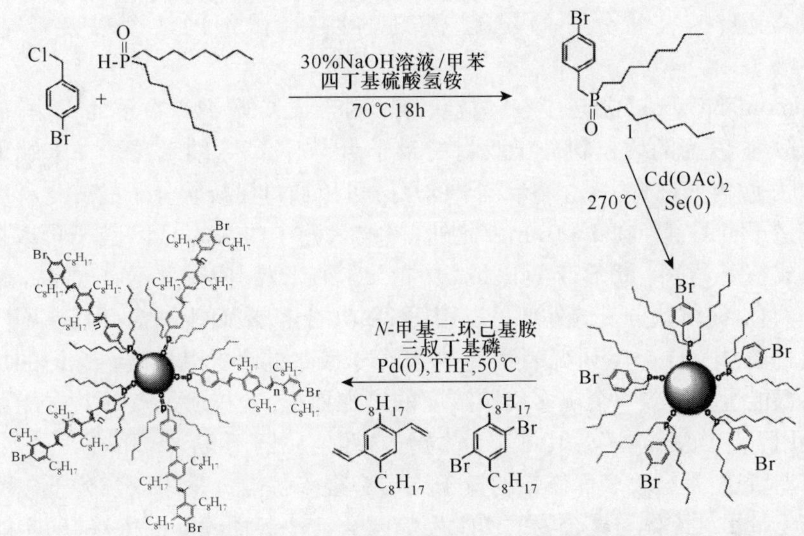

图 2.28　耦合反应合成聚苯乙烯修饰量子点的原理示意图[134]

单分散性的优点，可以辅助合成相对单分散的量子点[135]。根据树枝状分子的类型和大小，既可以在树枝状分子上合成量子点（即在树枝状分子的周边合成量子点），也可以在树枝状分子间（即在树枝状分子内部通过包埋合成量子点）。Sooklal 等的工作表明，树枝状分子可作为纳米反应器，即首先螯合 Cd^{2+}、Pb^{2+} 离子，然后利用这些离子与 S^{2-} 反应，生成 CdS 或 PbS，最终形成 CdS 或 PbS 团簇[136,137]。图 2.29 给出了合成的过程原理和光学性质的变化曲线。

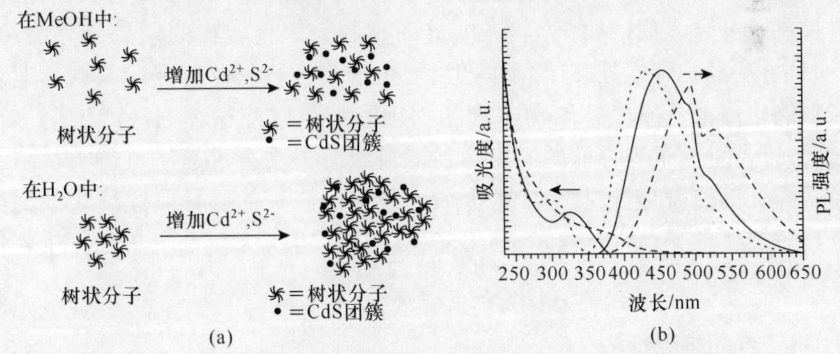

图 2.29　(a)纳米复合物制备过程；(b)CdS/COOH-D(64 carboxyl end group)纳米复合物（点线）和在甲醇（实线）和水（虚线）中制备 CdS/NH_2-D 64 amine end groups，纳米复合物的吸收和 PL 发光光谱[136]

但是，通常情况下，所得材料含有较大的聚集结构，这主要是由于量子点周围还有大量的树枝状分子。树枝状分子-CdS复合物的光学性质主要依赖于树枝状分子的类型、树枝状分子的功能、溶剂的性质、试剂的浓度以及反应溶液的 pH[138]。

Lemon 和 Crooks 报道了在树枝状分子内合成 CdS 纳米粒子的方法，成功获得了分散的、发光的树枝状分子胶封的量子点[139]。CdS 纳米粒子在末端为羟基的聚酰胺-胺内部进行生长，纳米粒子的尺寸可以通过树枝状分子的支化程度来控制。该量子点的直径在 1～3nm。此外，树枝状分子内部的 CdS 粒子可以被 ZnS 包裹形成核壳材料，量子产额比最初的 CdS 纳米晶/树枝状分子要高，提高了 20%。而且，树枝状分子的外部可以用 PEG 功能化，从而能够提高其在不同溶剂中的溶解性[140]。Lee 等研究表明，树枝状分子胶封的量子点与染料标记的抗体之间的共振能量转移效率会随多巴胺浓度的增加而提高，将量子点的共振能量转移体系应用于生物测试，表明其可作为生物传感器应用于诊断[141]。

综上所述，聚合物表面修饰的量子点具有很多优点。采用双亲分子包覆量子点是基于量子点配体与聚合物的憎水反应结合在一起而建立的方法，确实能够避免因为配体交换而导致的相关问题，从而提高量子点的水溶性。此外，由于量子点存在多个靶点，所以通常多基聚合物配体使量子点/聚合物的组装更具稳定性，避免单独量子点的光褪色，从而拓展量子点的应用范围。与简单的有机配体修饰相比，这种方法的另一个优点是能够在组装过程中获得大量的官能团。目前用多基配体交换量子点表面的配体还存在很大的缺陷，其中主要需要解决的问题是如何提高量子点的亮度。使用“接枝从”方法将高分子修饰在量子点表面的应用还很少，仅局限于一些特定聚合物。但是这种方法提供了“接枝到”方法所不具备的特殊功能，即生成聚合物链的长短和数量均与量子点表面的引发剂量有关。因此，如何通过控制量子点表面的引发剂浓度，进而控制表面聚合物的量是研究的关键。而且，这种方法的独特之处在于允许更为复杂的聚合物，例如，嵌段共聚物对量子点进行功能化修饰。嵌段共聚物丰富的物理特性足以使这种方法产生更多在光学、物理学以及生物学等方面的应用。在树枝状分子中合成量子点还有很多的细节需要研究。例如，在树枝状分子中合成的单量子点可能被开发成块状的纳米材料。胶封树枝状量子点研究较多，且工艺相对简单，但是如何将其应用到生物传感是未来的发展方向。

2.3.2 量子点的核壳结构

由于单一组分的量子点具有非常高的表面活性，粒子之间很容易团聚。同时，量子点的表面缺陷较多，晶格排布并不完美，或者说只是团簇的有序堆积，所以对量子点性能的影响非常大。而核壳结构量子点先选取一种半导体纳米材料作为核结构，在其表面包覆其他种类的量子点壳层材料，这样可以提高量子点的稳定性，改善量子点的分散性。同时不同材料的组合也赋予量子点一些新的性能，如改善量子点的发光效率、提高稳定性以抵抗量子点的氧化、在较大的光谱窗口内调谐发光的波长等。因此，在近十年里，核壳量子点的研究报道较多，涵盖多种半导体材料。

1. 核壳胶体量子点的分类

由于半导体的禁带宽度和相对电子能级不同，核壳量子点的壳层具有不同的功能。图 2.30 给出了 III-V 族和 II-VI 族半导体体材料的电子能级分布。根据核、壳材料电子能级的相对关系，一般将核壳量子点区分成三种类型：类型 I、反转类型 I、类型 II，如图 2.30 所示[142]。

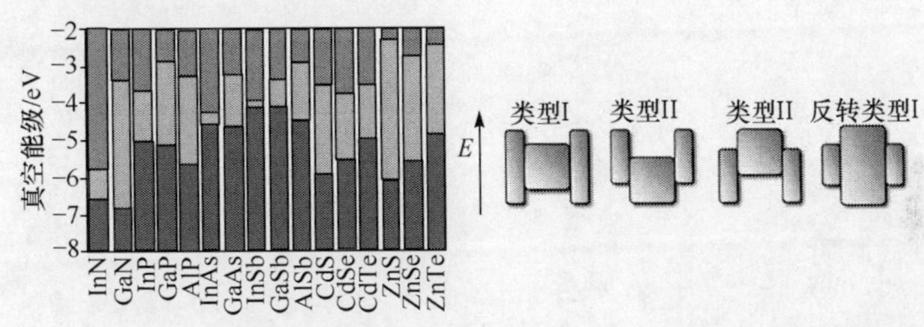

图 2.30　III-V 和 II-VI 族半导体量子点的电子能级与三种类型的核壳结构示意图[142]

在类型 I 中，壳层材料的带隙大于核材料的带隙，电子和空穴都局限在核中，这时有效地钝化了内核，使其与周围环境隔离，提高了光稳定性；同时，生长壳层也会减少表面悬空键和陷阱态，提高荧光量子产额。例如，CdSe/ZnS 量子点的 ZnS 壳层显著提高了量子产额和抗光漂白性能，只有极少数激子(电子-空穴对)从内核渗漏至壳层，引起了 5～10nm 的光谱红移。对于类型 II，壳层的生长引起显著的光谱红移，可以通过调节壳的厚度来控制荧光的光谱区间，如 CdTe/CdSe 或 CdSe/ZnTe 量子点的发射波长可以调节到近红外波段。由于激子波函数的低渗漏，其荧光衰变时间比类型 I 显著延长。载流子受限于壳层中，这时可以再生长一层宽带隙(如 ZnS)壳层，以便提高量子产额和光稳定性，得到兼具类型 II 和类型 I 的核/壳/壳结构(如 CdTe/CdSe/ZnS)量子点。在反转类型 I 中，外壳生长了一层带隙比内核更小的材料，如 CdS/CdSe 或 ZnSe/CdSe 量子点。随着厚度的增加，光谱红移显著，通常也需要再覆盖一层宽带隙的外壳来提高抗光漂白能力和提高光量子产额。

2. 核壳胶体量子点合成原则

(1) 壳层材料的选择

为了获得预期的光学性质，一般采用外延型生长方式，禁带宽度不是唯一的材料选择依据。相对给定的核来讲，壳材料应当具有与之相同的晶体结构，显现出小的晶格失配。否则，壳层的生长将在核、壳交界面上产生应变，在壳层内形成缺陷态(defect state)。这些缺陷是光生载流子的陷阱，导致荧光量子产额下降[143]。表 2.2列出了一些典型半导体材料的特性参数[144,145]。

表 2.2 若干半导体材料的特性参数

材料	结构 /300K	类型	E_{gap} /eV	晶格常数/Å	密度 /(kg · m^{-3})
ZnS	Zinc blende	II-VI	3.16	5.14	4090
ZnSe	Zinc blende	II-VI	2.69	5.668	5266
ZnTe	Zinc blende	II-VI	2.39	6.104	5636
CdS	Wurtzite	II-VI	2.49	4.136/6.714	4820
CdSe	Wurtzite	II-VI	1.74	4.3/7.01	5810
CdTe	Zinc blende	II-VI	1.43	6.482	5870
GaN	Wurtzite	III-V	3.44	3.188/5.185	6095
GaP	Zinc blende	III-V	2.27	5.45	4138
GaAs	Zinc blende	III-V	1.42	5.653	5318
GaSb	Zinc blende	III-V	0.75	6.096	5614
InN	Wurtzite	III-V	0.8	3.545/5.703	6810
InP	Zinc blende	III-V	1.35	5.869	4787
InPAs	Zinc blende	III-V	0.35	6.058	5667
InSb	Zinc blende	III-V	0.23	6.479	5774
PbS	Rocksalt	IV-VI	0.41	5.936	7597
PbSe	Rocksalt	IV-VI	0.28	6.117	8260
PbTe	Rocksalt	IV-VI	0.31	6.462	8219

核壳生长的前驱体应当满足一定的附加要求:高的反应性和选择性。从实际角度看，特别是大批量的合成过程，前驱体的性质会产生很大影响。尤其是在大批量合成时，对于易燃的或高毒性的化合物，要采取特殊的预防措施。以 ZnS 为例，它是许多 II-VI 和 III-V 族半导体量子点的壳层材料，易燃的二乙基锌(diethylzinc)和有毒性的六甲基二硅硫烷(hexamethyldisilathiane)是最初主要的前驱体材料。但是，这些化合物并不适合在实验室中用来大剂量生长 ZnS 壳层。近年来，人们发现了许多可供选择的其他前驱体，包括:硫单质、锌的羧酸盐、锌的二硫代氨基甲酸盐类等。

(2) 壳层厚度的控制

在核壳胶体量子点合成中，壳层厚度的控制是技术的关键点，应当特别重视。

合成核壳量子点一般有两个步骤：第一步是合成核量子点，并进行提纯；第二步是壳层生长反应。在第二步中，一般将 1～5 层壳层材料沉积在核上，如图 2.31 所示。为了阻止壳层材料的自成核现象，又不引发核量子点的熟化，壳层生长的温度 T_2 一般低于核量子点合成的温度 T_1。壳前驱体可以借助注射泵缓慢加入，也可以采用“一锅法”（“one-pot reaction”，没有中间的提纯步骤）。“一锅法”主要优点是未反应的前驱体和次要产物能够在壳生长之前被淘汰掉。为了调控壳层厚度，必须计算每层壳层所需前驱体数量，因此有必要确定量子点的浓度。量子点浓度可以通过如下方法确定：仔细的烘干量子点样品，然后称重；利用原子吸收光谱测试法进行元素分析，确定它的成分组成。借助于透射电镜（TEM）测量量子点的尺寸，由此确定样品中量子点的摩尔质量。同时，由于量子点的尺寸与第一激子吸收峰相关，于是可以计算出尺寸依赖的摩尔消光系数 ε。Yu 等人测量了 CdSe、CdS、CdTe 等一些量子点的消光系数，给出了消光系数与量子点尺寸的关系[146,147]。表 2.3列出了几种材料尺寸依赖的消光系数的数值计算公式和数据[146,148]，D 和 λ 单位是 nm；ε 单位是 $\mathrm{L \cdot mol^{-1} \cdot cm^{-1}}$。

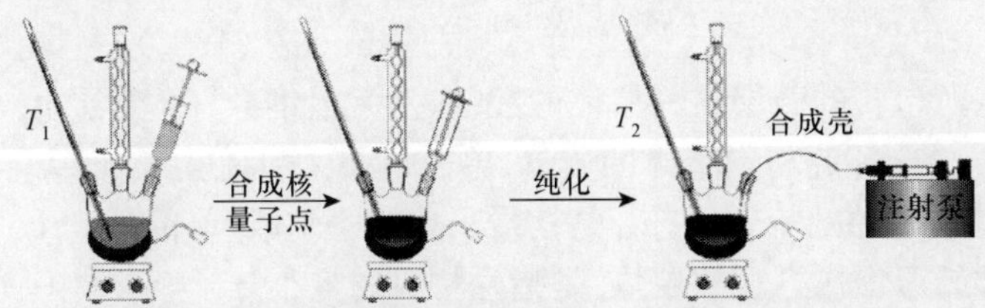

图 2.31　核壳胶体量子点的两步合成工艺示意图

表 2.3　几种量子点第一激子吸收峰位置与尺寸的关系，以及这些材料的摩尔消光系数

材料	Correlation diameter D/excitonic peak λ
CdSe	$D=(1.6122\times10^{-9})\lambda^4-(2.6575\times10^{-6})\lambda^3+(1.6242\times10^{-3})\lambda^2-(0.4277)\lambda+(41.57)$
CdTe	$D=(9.8127\times10^{-7})\lambda^3-(1.7147\times10^{-3})\lambda^2+(1.0064)\lambda-(194.84)$
CdS	$D=(-6.6521\times10^{-8})\lambda^3+(1.9557\times10^{-4})\lambda^2-(9.2352\times10^{-2})\lambda+(13.29)$
InP	$D=(-3.7707\times10^{-12})\lambda^5+(1.0262\times10^{-8})\lambda^4-(1.0781\times10^{-5})\lambda^3+(5.4550\times10^{-3})\lambda^2-(1.3122)\lambda+119.9$
材料	**Correlation ε/excitonic peak λ**
CdSe	$\varepsilon=5857(D)^{2.65}$
CdTe	$\varepsilon=10043(D)^{2.12}$
CdS	$\varepsilon=21536(D)^{2.3}$
InP	$\varepsilon=3046.1(D)^3-76532(D)^2+(5.5137\times10^5)(D)-(8.9839\times10^5)$

基于 Beer-Lambert 定律，利用吸收光谱，上述量子点的浓度可以由下式决定：

$$A=\varepsilon \cdot c \cdot l \tag{2.3-1}$$

式中，A 是吸光度；ε 是摩尔消光系数（$L \cdot mol^{-1} \cdot cm^{-1}$）；$c$ 是量子点的浓度（$mol \cdot L^{-1}$）；l 是装有样品试管的光路长度，单位是 cm。一般根据粒子尺寸和摩尔消光系数两个实验公式，可以计算出量子点浓度。虽然这两个实验公式存在一定误差，但是可以大大简化量子点摩尔浓度的计算步骤，实验证明不影响制备结果。

利用量子点的尺寸和摩尔质量数据，在核量子点 AB 表面上生长壳层 CD，壳层是 x 单层的厚度，根据壳层体材料的参数，壳层生长所需材料的前驱体数量由下式决定：

$$V_{CD}(ML_x)=\frac{4}{3}\pi[(R_{AB}+x \cdot d)^3-R_{AB}^3] \tag{2.3-2}$$

$$n_{CD}(ML_x)=\frac{\rho_{CD}}{m_{CD}}V_{CD}(ML_x) \cdot 10^{-27} \tag{2.3-3}$$

$$n_{CD}=n_{AB} \cdot n_{CD}(ML_x) \tag{2.3-4}$$

式中，$V_{CD}(ML_x)$是由 x 个单层组成壳的体积，单位是 nm^3；R_{AB}是核量子点的半径，单位是 nm；d 是一个壳单层的厚度，单位是 nm；$n_{CD}(ML_x)$是具有 x 个壳单层的每个量子点所包含的壳层材料单体的数目，是无量纲数；ρ_{CD}壳层材料的体密度，单位是 $kg \cdot m^{-3}$；m_{CD}壳材料单体的质量，单位是 kg；n_{CD}是生长 x 单层所需壳材料前驱体的摩尔数，单位是 mmol；n_{AB}是核量子点的摩尔数，单位是 mmol。

按照通常的习惯，这里的“单体”是指壳材料的最小分子，它是由一个阳离子和一个阴离子组成。上述公式不适合非球体形状量子点的情况，也没有考虑在量子点情况下体半导体材料参数的变化。然而，Peng 等人研究结果证明了上述公式的准确性[149]。Peng 等人采用了“连续的离子层吸附反应”方法（successive ion layer adsorption and reaction，SILAR），每个单层通过交替注入阳离子前驱体和阴离子前驱体制备。这种方法首先被应用于合成 CdSe/CdS 核壳量子点，如图 2.32 所示。在尺寸 3.5nm、单分散的 CdSe 核量子点的表面上，包覆 CdS 壳，厚度达到 5 个单层。

SILAR 合成方法

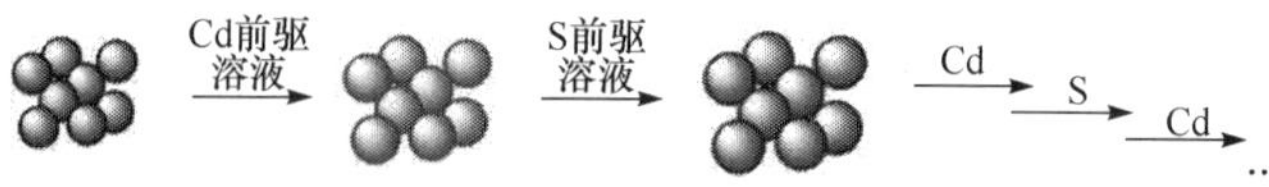

图 2.32　SILAR 方法合成 CdSe/CdS 核壳胶体量子点路线示意图

此外，也可以采用一步合成法制备核壳量子点。采用这种方法，Bae 等获得了带有成分梯度结构的核壳 CdSe/ZnS 量子点[150]。他们将硫前驱体注入到热的金属前驱混合体中。由于在反应中所用前驱体存在差异，因此，首先形成 CdSe 核，然后逐级的生长 $Cd_{1-x}Zn_xS$ 壳，获得单分散的核壳量子点。

3. 核壳纳米晶的形态控制

在各向异性纳米晶上生长壳，例如，纳米棒或带有枝杈的结构，不同表面位置存在应力差异。由于核、壳材料晶格失配，在核壳交界面产生的应力会使这个问题更为严重，并阻碍壳的生长。Manna 等人在 CdSe 纳米棒上梯次生长 CdS/ZnS 壳，试图消除交界面上的应变[151]，壳层的厚度在 1～6 单层内可调。在这种情况下，CdSe/CdS 体系值得特别得关注，因为使用这种材料，可以在一个各向同性的球形核纳米晶上，完美的生长出一个一维的各向异性的类似棒状体[152]。

在合成初始阶段，缓慢增加有机金属 Cd 前驱体和 S 前驱体，完成 CdS 壳生长。实现各向异性生长的关键点是使用相对较低的反应温度（130℃）和过量的 S 前驱体（Cd：S=1：3 或 1：5）。利用六边形 CdSe 核纳米晶的不同晶面以及与 CdS 不同的晶格失配，可以很好的生长不对称壳。此时，核壳纳米晶具有线偏振辐射、高量子产额（达到 70%）、大 Stokes 位移和摩尔消光系数（在波长 340nm 处达到 $10^7 mol^{-1} \cdot cm^{-1}$）。随后，Carbone 等人进一步优化了类似材料的合成方法，采用“种子生长”法，在各向异性纳米晶合成过程中，达到了前所未有的长度控制水平，长径比高达 30：1[153]。他们采用了新合成步骤：在高温下（350～280℃），CdSe 种子纳米晶和溶解在 TOP 中的元素 S 快速注入到一个混合溶液里，这个混合溶液包括溶解在 TOPO 中的 CdO、己基膦酸（hexylphosphonic acid）、十八烷基磷酸（octadecylphosphonic acid）。纳米棒的直径是 3.5～5nm，长度是 10～150nm，如图 2.33 所示。

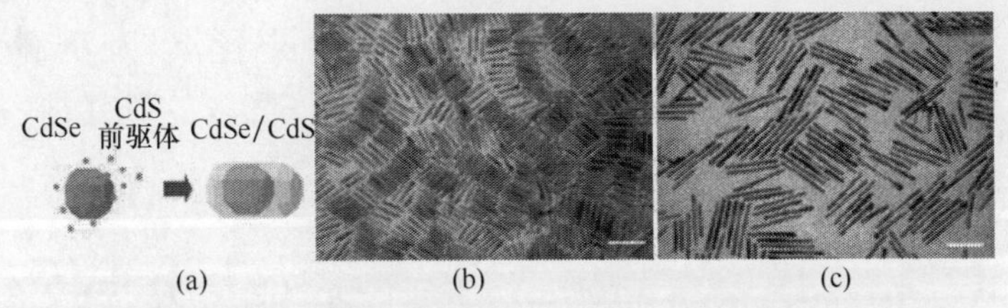

图 2.33　(a)种子生长法制备 CdSe/CdS 纳米棒示意图；
(b) 4.9nm×19nm 和(c) 3.8nm×111nm 纳米棒 TEM[153]

由于这些纳米棒具有高度的单分散性，它们能够在几微米的范围内笔直的自组装。Alivisatos 等人采用类似的方法，合成出另外一种类型的各向异性结构：CdSe/CdS 四足结构纳米晶[154]。在这种情况中，闪锌矿结构的 CdSe 种子纳米晶与 S 元素一起注入到混合溶液中，这个混合溶液包括 Cd 前驱体和反应混合物。这时会生长出四足结构纳米晶，包含一个 CdSe 核和四个长度 15～46nm 的 CdS 足，CdS 足的长度依赖于注入种子的数量。图 2.34 给出了在尺寸 4nm 种子 CdSe 纳米晶上生长 CdS 的四足结构的 TEM 图像。

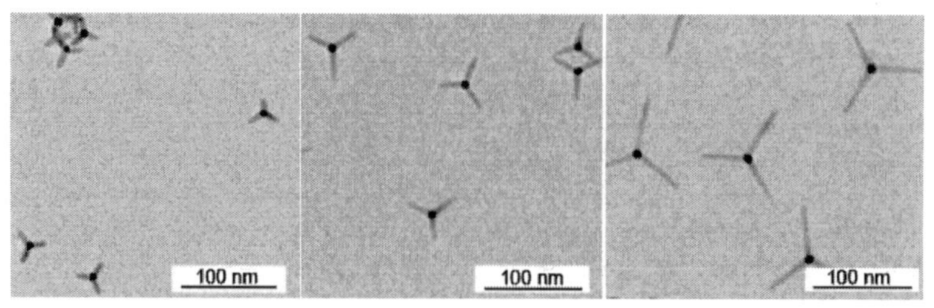

图 2.34　不同长度的四足结构 CdSe/CdS 纳米晶的 TEM 图像[154]

4. 多重壳的核壳量子点

由于简单的核壳结构量子点难以同时满足电子能级(禁带宽度和电子能级对应匹配关系)和晶格结构(晶格匹配)的要求,研究者考虑合成多重壳的核壳量子点。尤其是核、壳材料之间的晶格失配,极大的限制了壳厚度,因为此时增加壳厚度会影响核壳量子点的 PL 发光效率。Reiss 等人首先研究了在核量子点和外壳之间夹一个中间壳的核/壳/壳结构(core/shell/shell structure,CSS),合成出 CdSe/ZnSe/ZnS 量子点,以期减小交界面上的应变[155,156]。

图 2.35 是这种具有线性带隙排列的异质结构示意图,其优点在于实现了低应变,中间过渡层 ZnSe 发挥着“晶格适配器”和有效钝化的作用,同时外壳 ZnS 能够限制载流子。Talapin 等人的研究表明,与 CdSe/ZnSe 的核/壳结构比较,核/壳结构在光氧化方面具有高的稳定性,以及更高的量子产额[157]。Rosenthal 等人的研究进一步证明了这一点[158]。

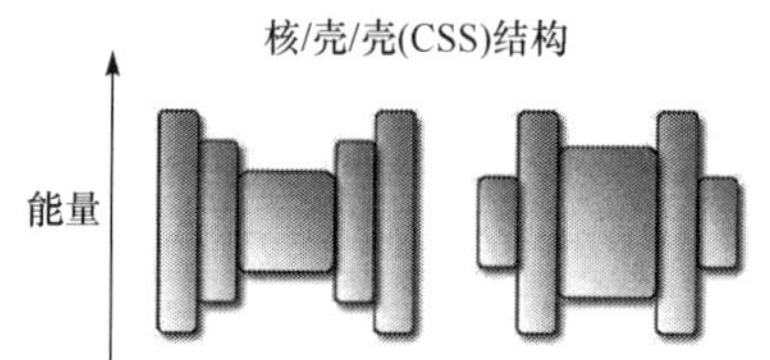

图 2.35　多层壳结构胶体量子点的能级排列关系示意图

2.4　胶体量子点晶格结构特性表征与分析技术

2.4.1　X 射线衍射分析技术

X 射线衍射分析(X-ray diffraction,XRD)是利用晶体形成的 X 射线衍射,对物质内部原子在空间分布的状况进行结构分析的方法。将具有一定波长的 X 射线照射到结晶性物质上,在结晶内遇到规则排列的原子或离子而发生散射,散射的 X 射线在某些方向上相位得到加强,从而显示与结晶结构相对应的特有的衍射现象。

X 射线衍射方法具有不损伤样品、无污染、快捷、测量精度高等特点,能得到有关量子点晶格结构完整性的大量信息。

1. X 射线衍射分析的原理

当波长为 λ 的 X 射线入射晶体后，由于各格点发生相干散射，在特定方向上产生衍射极大。根据胶体量子点的具体情况，我们下面主要介绍布拉格衍射(Bragg diffraction)理论。

(1) 布拉格衍射方程

英国物理学家布拉格父子(W H Bragg 和 W L Bragg)把晶体的空间点阵视为相互平行、面间距相等的一组平面点阵(晶面族)，晶体对 X 射线的衍射是晶面族对 X 射线产生的选择性反射。从晶面族反射的 X 射线服从反射定律，而且不同晶面反射的 X 射线产生干涉，满足干涉极大方向的 X 射线保留下来，这个方向满足的方程称为布拉格衍射方程[159]。

当一束平行的 X 射线以掠射角 θ(入射线与晶面间夹角，称为布拉格角)投射到晶体上时，晶面上每一原子(或离子)成为子波源，向各个方向发出散射，如图 2.36 所示。只有满足反射定律的散射才能相互干涉而加强，所以两相邻晶面沿反射方向的散射光①、②之间满足如下方程时，产生衍射极大，即[159]

$$2d_{(hkl)}\sin\theta=n\lambda \tag{2.4-1}$$

上式称为布拉格衍射方程。式中，$d_{(hkl)}$ 表示晶面指数是(hkl)的相邻晶面间距；n 是衍射级次，取正整数。显然，对应的衍射角(入射线与衍射线的夹角)是 2θ。

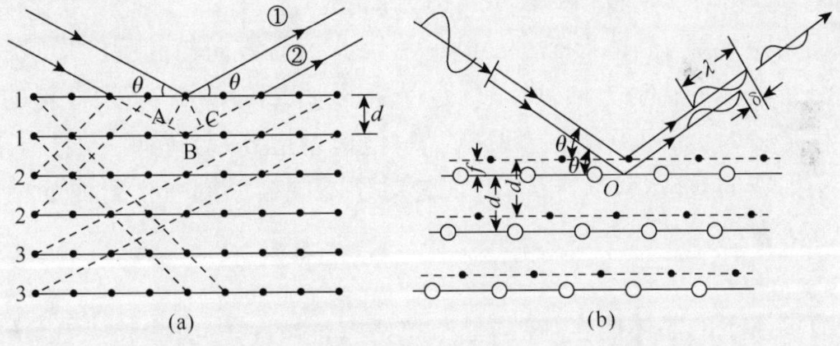

图 2.36　(a)布拉格公式推导图示；(b)不同格子散射之间的干涉

布拉格衍射公式在形式上可以理解为，在入射 X 射线相对指数为(hkl)晶面族的晶面反射方向上可以获得 n 级衍射极大，但切不可将衍射束误认为某一晶面的晶面反射束。事实上，衍射束是所有格点散射的相干极大，与几何光学的晶面反射有本质区别。此外，晶体的表面可以不属于(hkl)晶面族，也不宜将衍射束片面视为来自于某一晶面族(hkl)中不同晶面散射的相干极大。实际上，衍射是所有格点的共同等价贡献，并不是只涉及某一个特定的晶面族。

注意到指数为(nh,nk,nl)晶面族的相邻晶面间距$d_{(nh,nk,nl)}$与指数为(h,k,l)晶面族的相邻晶面的间距$d_{(h,k,l)}$满足如下关系：

$$d_{(nh,nk,nl)}=\frac{d_{(hkl)}}{n}$$

代入式(2.4-1)，并引入衍射指数hkl代替晶面指数(nh,nk,nl)，得出如下方程：

$$2d_{hkl}\sin\theta=\lambda \tag{2.4-2}$$

上式称为简化的布拉格衍射方程。式中，d_{hkl}表示晶面指数是(nh,nk,nl)的相邻晶面间距，或称为衍射面间距；θ是布拉格角。

简化布拉格方程的物理意义是：只有在d、θ、λ同时满足布拉格方程时，晶体才能对X射线产生衍射极大，而且将(h,k,l)晶面的任何级次衍射，简化为衍射面hkl(不管在这些面上是否有原子存在)的一级衍射极大。在这种情况下，每个给定的衍射面只对应一个θ值。于是，对某一条衍射线可以只确定它是哪一个衍射面产生，而不必考虑它是第几级衍射。此外，当λ一定时，θ的变化对应于不同的d_{hkl}，也就对应不同的衍射面。

衍射指数hkl是将产生一级衍射极大的那个晶面指数用来标记相应的衍射线，称为该衍射线的衍射指数，与衍射指数对应的晶面称为衍射面。衍射指数不要求互质，可以有公因子。例如，110晶面族与入射的X射线存在不同的θ角，则110衍射、220衍射、330衍射代表了不同方向的衍射线。所以，可以采用布拉格角θ、衍射面间距d_{hkl}和衍射指数hkl表示衍射方向。

衍射面间距d_{hkl}与晶体形态、尺寸有关，因此衍射方向与晶胞的形状和尺寸有关。通过测量晶体的衍射方向，可以确定晶胞的形状和尺寸。特别一提的是，当晶体结构产生形变时，面间距d_{hkl}会偏离原值，但衍射指数hkl不变。所以，采用衍射指数表示衍射方向比较稳定、准确，特别是对于不同样品同一衍射面的情况，常用衍射指数hkl表示。

(2) 衍射强度

对于简单格子的晶体而言，在满足布拉格方程情况下，各个格点在hkl方向的散射总是同相的，因此互相加强，得到衍射极大。但是，对于复式格子的晶胞而言，不同格子的散射不一定会同相，可能相互削弱。

如图2.36(b)所示，由两套格子构成的体系。两套格子的晶面对应的间距相同，各自符合布拉格方程。但两个格子不重叠，有一个间距，各自产生的散射线之间存在光程差，导致合成的衍射强度发生变化。衍射强度的变化决定于原子的种类和它们在晶胞中的位置。

设晶体被X射线照射区域内，单位体积包含了N个晶胞，每个晶胞中有n个原子，第j个原子的坐标是(x_j,y_j,z_j)，在hkl方向的衍射峰的强度是

$$I_{hkl}=f_e^2N^2\ |F_{hkl}|^2 \tag{2.4-3}$$

式中，F_{hkl} 称为 hkl 衍射的结构因子，其模量 $|F_{hkl}|$ 称为结构振幅，$|F_{hkl}|^2$ 是结构振幅平方，代表着单个晶胞的散射能力。其表示式为

$$|F_{hkl}|^2=\left[\sum_{j=1}^{n}f_j\cos2\pi(hx_j+ky_j+lz_j)\right]^2+\left[\sum_{j=1}^{n}f_j\sin2\pi(hx_j+ky_j+lz_j)\right]^2 \tag{2.4-4}$$

f_j 称为原子散射因子，表示一个原子的散射能力。式(2.4-3)中的另一因子 f_e^2 称为单个电子相干散射强度，由汤姆孙公式给出

$$f_e^2=I_0\left(\frac{e^2}{mc^2R}\right)^2\left(\frac{1+\cos^2\theta}{2}\right) \tag{2.4-5}$$

对于纳米粒子组成粉晶样品，是由许多纳米晶粒组成。这时不但存在单个量子点的散射，也有量子点散射间的相干作用。这时粉晶整体衍射分布在布拉格角 θ 附近、$\Delta\theta$ 的范围内，衍射强度分布曲线如图 2.37 所示。衍射线强度是该曲线下面积，称为积分强度。在峰值强度一半处，对应布拉格角度的范围称为半峰宽度，用 B 表示。因此，对于粉晶样品，在 hkl 方向的衍射线强度是

$$I_{hkl}=\left(\frac{e^4}{32\pi m^2c^4}\right)\left(\frac{I_0\lambda^2}{R}\right)(N^2\ |F_{hkl}|^2P_{hkl})\left(\frac{1+\cos^2 2\theta}{\sin^2\theta\cos\theta}\right)\left(\frac{1}{2\mu}\right)V\mathrm{e}^{-2M} \tag{2.4-6}$$

式中，e、m 分别是电子电荷和质量；c 是光速；R 是衍射线的路程；V 是参与衍射的体积；μ 是样品吸收系数；e^{-2M} 是温度因子；P_{hkl} 是多重性因子。

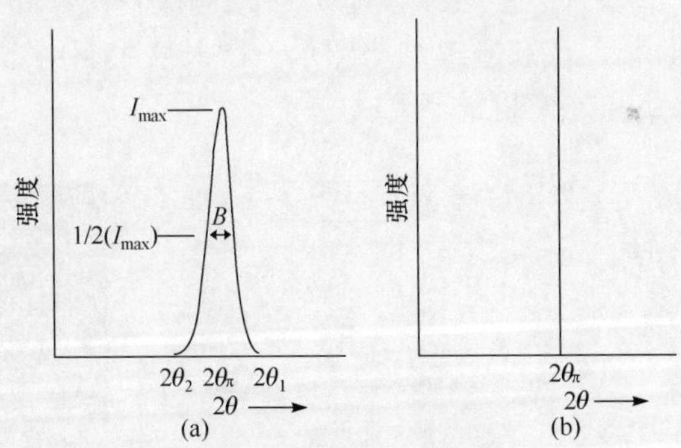

图 2.37　粉晶 hkl 方向衍射强度分布曲线

(a)实际曲线；(b)理想情况

衍射线的强度反映了晶体物质内部的微观结构信息，由此可以实现晶体量子点的晶格结构分析。由上式看到，影响粉晶某条衍射线强度的因素如下：

① 物理常数部分：$\dfrac{e^4}{32\pi m^2c^4}$；

② 实验常数部分：$\dfrac{I_0\lambda^2}{R}$；

③ 样品晶格结构参数部分：$N^2 \ |F_{hkl}|^2 P_{hkl}$，因子决定于样品的晶格结构、原子种类等因素。

④ 角度因子：$\dfrac{1+\cos^2 2\theta}{\sin^2\theta\cos\theta}$，这是一个与布拉格角有关的参数。

⑤ 晶格热振动因子：e^{-2M}，其值由如下公式计算：

$$e^{-2M}=\exp\left(-\frac{B\sin^2\theta}{\lambda^2}\right) \tag{2.4-7}$$

式中，

$$B=\frac{6h^2}{m_a k_B \Theta}\left[\frac{\phi(x)}{x}+\frac{1}{4}\right] \tag{2.4-8}$$

在这里，Θ 是德拜温度；$\left[\dfrac{\phi(x)}{x}+\dfrac{1}{4}\right]$是德拜函数（$x=\Theta/T$），可以查表得到；$k_B$ 是玻尔兹曼常数；h 是普朗克常数；m_a是原子质量。

⑥ 吸收因子：$\dfrac{1}{2\mu}$，等于样品对 X 射线的吸收系数。

⑦ 体积因子：V，是参与衍射的样品体积。

2. 系统结构与分析方法

晶体 XRD 分析有多种方法，胶体量子点一般制成粉末样品，采用粉末衍射仪法。图 2.38 是 XRD 衍射仪和原理结构图示。衍射仪主要由 X 射线机、测角仪、辐射探测器、数据采集和处理装置等组成。

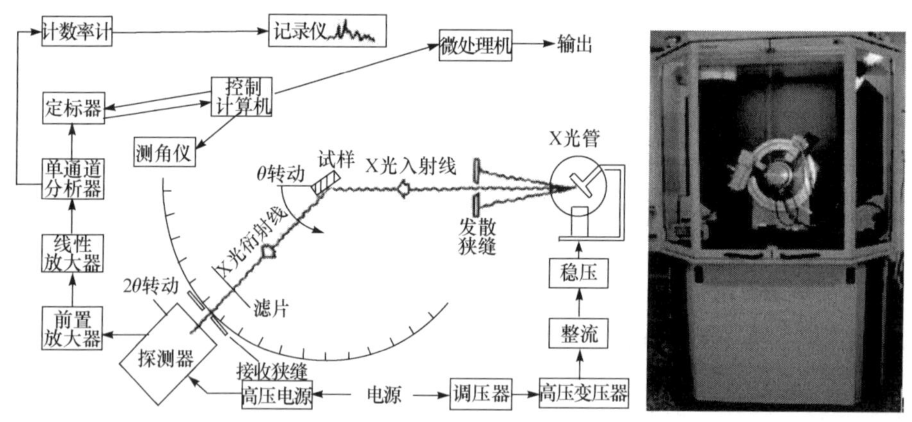

图 2.38　XRD 衍射仪和原理结构图示

图 2.39 是采用 Cu Kα 作为 X 射线源，利用 XRD 衍射仪得到的 PbSe 量子点衍射强度分布曲线[160]，由此可以计算出晶面间距等参数。利用 XRD 衍射仪得到

的衍射强度分布曲线，可以分析量子点晶格结构，主要包括量子点物相分析和晶粒尺寸计算。

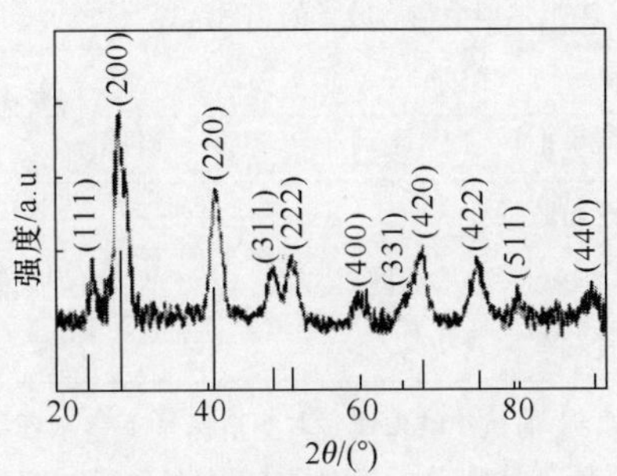

图 2.39　岩盐结构 5.9nm PbSe 量子点的 XRD 衍射图谱[160]

(1) 物相分析

分析物质中包括什么元素，称为成分分析，而对物质中各组成成分的存在状态、形态、价态进行确定的分析，称为物相分析。每种胶体量子点物质都有其特定的结构参数，包括：晶格结构类型、晶胞的尺寸、原子或离子的位置和数目等。因此，不会有两种物质具有相同的 X 射线衍射谱；而对于多相混合的胶体量子点，其衍射谱是各个成分衍射谱的叠加。根据样品的衍射谱，利用标准卡片中一组 d 值和相对强度与待测样品的衍射谱数据比较，可以确定胶体量子点物质的组成成分、结构类型、粒子尺寸等数据。

标准卡片由国际粉末衍射标准联合委员会收集、校订、和编辑，以前称为 JCPDS 卡；现称为 ICDD · PDF 卡。图 2.40 是新旧两种 PDF 卡，其中，旧卡的说明见表 2.4，新卡说明见表 2.5。图 2.39 的测试数据与 JCPDS 卡比较（参见文献：McClune，W. F. Powder Diffraction File Alphabetical Index Inorganic Phase; JCPDS：Swarthmore，PA，1980.），可以认定该胶体 PbSe 量子点的晶格结构与体岩盐晶格结构是一致的。PDF 卡给出的晶面间距与测试数据得出的计算值也是相符的。

10

d	1a	1b	1c	1*d*	7
I/I_1	2a	2b	2c	2*d*	8

	d/Å	I/I_0	*hkl*	*d*/Å	I/I_0	*hkl*
Rad.　λ　Filter　Dia. Cut. off　Int.　I/I_1 Ref.　3						
Sys.　S.G. a_0　b_0　c_0 A　C α　β　r　Z　D. Ref　4			9			
ε. лωβ　$ε_r$　Sign 2V　D　mp　Color Ref.　5						
6						

7　　8

1 2	*d*/Å	I/I_0	*hkl*	*d*/Å	I/I_0	*hkl*
Rad　λ　Filter　Dia. Cut. off　Int.　I/I_{cor} Ref.　3			6			
Sys.　S.G. a　b　c A　C α　β　γ　Z　4 Ref. $D_λ$　D_m　mp						
Color　5						

图 2.40　粉末衍射卡片：旧卡（左）；新卡（右）

表 2.4 粉末衍射卡片(旧卡)说明

第 1 部分	1*a*,1*b*,1*c* 为三个最强衍射线的晶面间距,1*d* 为试样的最大面间距
第 2 部分	2*a*,2*b*,2*c*,2*d* 为上述四个衍射线条的相对强度
第 3 部分	所用实验条件
第 4 部分	物相的结晶学数据
第 5 部分	物相的光学性质数据
第 6 部分	化学分析、试样来源、分解温度、转变点、热处理、实验温度等
第 7 部分	物相的化学式和名称
第 8 部分	矿物学通用名称、有机物结构式。右上角标号★表示数据高度可靠;○表示可靠性较低;无符号者表示一般;i 表示已指数化和估计强度,但不如有星号的卡片可靠;C 表示数据为计算值。
第 9 部分	面间距、相对强度和衍射指数
第 10 部分	卡片序号

表 2.5 粉末衍射卡片(新卡)说明

第 1 部分	试样的化学式
第 2 部分	试样的英文名称、矿物学名称或通用名称
第 3 部分	实验方法和条件
第 4 部分	物相的结晶学数据
第 5 部分	试样颜色、制备方法、测试方法等说明
第 6 部分	试样各衍射线的晶面间距 d 值,相对强度值和晶面指数值
第 7 部分	卡片序号
第 8 部分	数据质量。上角标号★表示数据高度可靠;○表示可靠性较低;无符号者表示一般;i 表示已指数化和估计强度,但不如有星号的卡片可靠;C 表示数据为计算值

物相分析过程的步骤。

① 采用粉末法获得被测样本的衍射图样;

② 根据衍射图样进行计算和分析,得到各衍射峰的 2θ、d 和相对强度 I/I_1。其中,对 2θ、d 值要求具有高的测量精度和计算精度,但相对强度 I/I_1 对计算精度要求不高。

③ 使用检索手册,查表比对,得到物相卡片号。一般采用 Hanawalt 计算方法,用最强线的 d 值判定卡片所处的大组,用次强线 d 值判定卡片所处位置,最后用若干条强线 d 值检验判断结果。

④ 若是多物相分析,还需对剩余衍射线重新根据相对强度排序,重复③的过程,直至全部衍射线得到解释。

(2) 量子点尺寸计算

X 射线衍射强度分布与纳米粒子的颗粒尺寸密切相关。一般而言，量子点尺寸越小，某一衍射线的宽度会增加。计算纳米粒子平均粒径的常用方法是 Debye-Scherrer 法[161]。其计算公式如下：

$$D=\frac{K\lambda}{B\cos\theta} \tag{2.4-9}$$

式中，λ 是 X 射线的波长；K 是形状因子，取值范围是 0.85～0.9，一般取 0.89；B 是相应衍射线的半宽度；θ 是相应衍射线的布拉格角。

采用图 2.39 的数据，计算出该胶体 PbSe 量子点的平均尺寸是 5.7nm，与 TEM 方法得到的数据(5.9nm)较为一致。

2.4.2　透射电子显微镜

透射电子显微镜(transmission electron microscope，TEM)是一种基于电子波动性，实现精细结构成像的系统，在胶体量子点晶格结构分析中有着重要的应用。

1. 基本原理

根据德布罗意假设(de Broglie hypothesis)，电子具有波动性，其波长可以表示为

$$\lambda=\frac{h}{m\upsilon} \tag{2.4-10}$$

式中，h 是普朗克常数；m 是电子质量；υ 是电子运动速度。在高速运动情况下，电子的速度接近光速，电子质量是

$$m=\frac{m_0}{\sqrt{1-\left(\frac{\upsilon}{c}\right)^2}} \tag{2.4-11}$$

在加速电压 U 的作用下，电子能量为

$$eU=mc^2-m_0c^2 \tag{2.4-12}$$

上述三式联立，得出

$$\lambda=\frac{h}{\sqrt{2m_0eU\left(1+\frac{eU}{2m_0c^2}\right)}}=\frac{1.225}{\sqrt{U(1+0.9788\times10^{-6}U)}} \tag{2.4-13}$$

式中，U 的单位是 V；λ 的单位是 nm。

当电子束入射到晶体样品时，将产生衍射。在满足布拉格方程时

$$2d_{hkl}\sin\theta=\lambda \tag{2.4-14}$$

在特定角度 2θ 处产生极大衍射。式中，d_{hkl} 是(nh,nk,nl)的相邻晶面间距，或称为

衍射面间距；θ 是布拉格角。透射电子显微镜的成像过程如同显微镜成像一样，如图 2.41 所示。不同的衍射面 hkl 对应不同方向的衍射波，它们在电子成像透镜的后焦面上形成衍射斑，称为电子衍射图样。

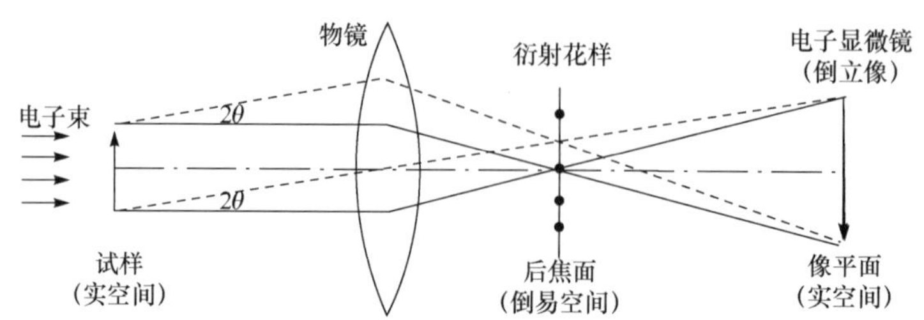

图 2.41 透射电子显微镜成像过程模拟图示

在后焦面上的电子衍射波继续向前运动，相互干涉，在像面上形成样品精细结构的电子显微像。通常，生成衍射斑的后焦面称为倒易空间(倒易晶格空间，reciprocal space)，样品位置(物面)或像面称为实空间(real space)。在透射电子显微镜中，通过调节电子透镜，能够观察到电子显微像(实空间信息)和衍射斑(倒易空间信息)。

对于电子衍射斑，先观察电子显微像(放大像)。在样品面上的相应位置插入选区光阑，这时只产生这个区域的衍射斑，这种观察模式称为选区电子衍射(selected area electron diffraction，SAED)法。另一方面，观察电子显微像时，先观察衍射斑，将光阑插到后焦面处在衍射斑中选择感兴趣的衍射波，得到相应的电子显微像，从而观察特定晶面或晶格缺陷。

根据显微镜成像分辨率的计算公式，极限分辨率与照射波的波长成反比，所以加速电压越高，电子束波长越短，显微镜的分辨率越高。表 2.6 给出了几种加速电压与电子束波长、成像分辨率的对应数值。

表 2.6 几种加速电压与电子束波长、成像分辨率的对应数值

U/kV	λ/nm	适用仪器	仪器分辨率/nm
20	0.008 59	SEM	优于 1.5
50	0.005 36	TEM	—
100	0.003 70	TEM	0.2
200	0.002 51	TEM	0.14
300	0.001 97	TEM	优于 0.14
1000	0.000 687	TEM	优于 0.14

2. 系统结构与分析方法

图 2.42 是 Philips CM200FEG 透射电子显微镜的实物图片和结构剖面图。主要由照明系统、样品室、成像系统、图像观察和记录系统组成。其中照明系统主要由电子枪和聚光镜组成。成像部分主要由样品室、物镜、中间镜和投影镜等装置组成。图像观察和记录系统主要由荧光屏、照相机、数据显示等部件组成。

胶体量子点适合于溶液法制备样品，要将胶体量子点溶液滴撒在带有微栅的铜网上。根据溶液中样品的浓度，滴撒过程重复若干次，直至样品含量适合于 TEM 的观察。

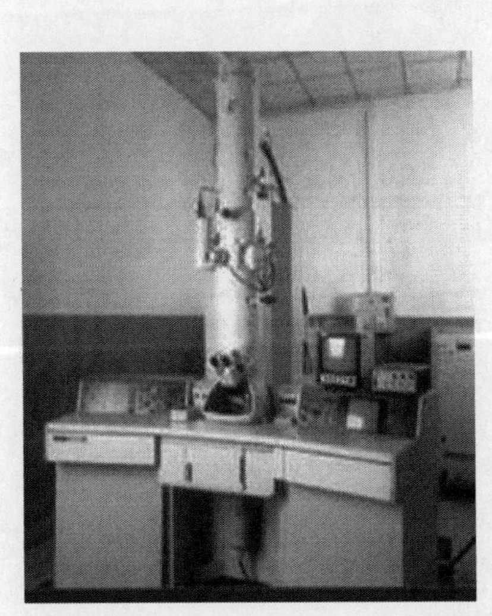

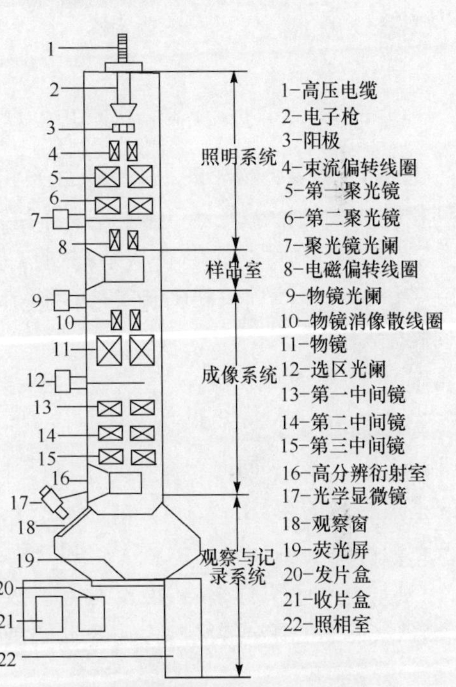

图 2.42　Philips CM200FEG 透射电子显微镜的实物图片和结构剖面图

(1) 胶体量子点尺寸分布分析

利用 TEM 可以对胶体量子点尺寸分布进行分析，其方法是对拍摄一定数量的量子点图像进行尺寸统计，由此给出量子点尺寸分布图。图 2.43 给出了 PbSe 胶体量子点的 TEM 图片和尺寸分布图。统计表明，被测样品的平均尺寸是 6.8nm，尺寸分布较窄(标准差 $\sigma=6.2\%$)[160]。

(2) 胶体量子点晶格结构分析

在一定情况下，利用高分辨电子显微技术(high-resolution TEM，HRTEM)可以分析一些常规方法难以解决的特殊晶体的结构。主要有两种情况：

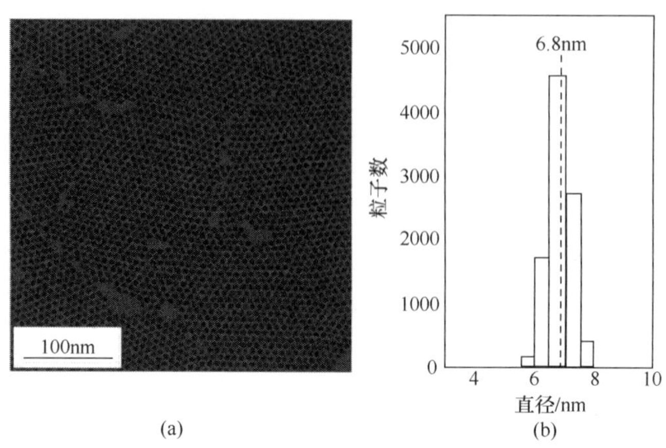

图2.43 PbSe 胶体量子点的(a) TEM 图像和(b) 尺寸分布柱状图[160]

① 样品是多种物相的混合物，且关注的物相含量较低，这时通过 TEM 可以得到相关物相的衍射花样，或者直接得到有关晶粒的 HRTEM；

② 样品的晶体结构中有超结构，且超结构的调制强度较弱，通过 TEM，容易用电子衍射方法得到与超结构关联的衍射斑，也可以在相应的 HRTEM 上直接观察到超结构。

图 2.44 是 PbSe 量子点的 HRTEM 图像，我们可以清晰的看到它是由 6 个{1 0 0}晶面和 8 个{1 1 1}晶面族组成，是一个岩盐晶格结构。{1 0 0}晶面族是由 Pb 和 Se 原子形成，同时{1 1 1}晶面族是由 Se 或 Pb 作为端面。由于 Se 和 Pb 之间的正负极性的差异，{1 1 1}晶面族正好是相反的极性，它们的编排将决定 PbSe 量子点内部电荷的分布。依赖于〈111〉晶面族的统一编排，整个量子点会有两种可能：一是具有一个对称中心，但没有电偶极矩；另一个是没有对称中心，具有一个分别沿着〈100〉、〈110〉或者〈111〉轴的电偶极矩。

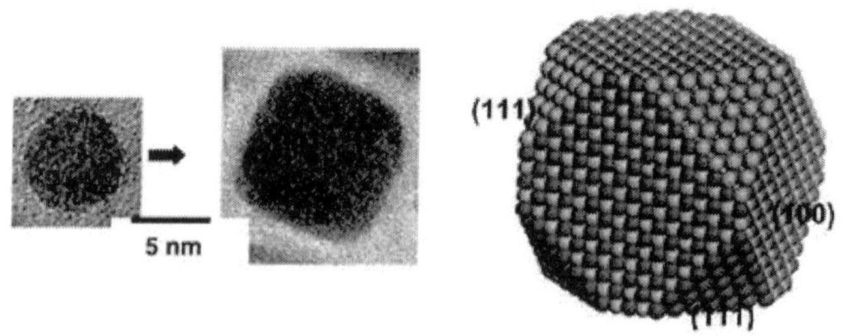

图 2.44 PbSe 量子点 HRTEM 图像和结构示意图[162]

特别是对于核壳结构的胶体量子点，HRTEM 可以直观的显示出核壳是否成功包覆，以及核和壳的尺寸等晶格参数。图 2.45 是 CdSe/CdS 核壳量子点的

HRTEM[163]，它清楚的显示出 CdSe/CdS 核壳包覆的情况。其中(c)图左、底和顶部显示出外部 2～3 层对比度降低，表明存在 CdS 分子(因为它比 CdSe 有更强的散射)

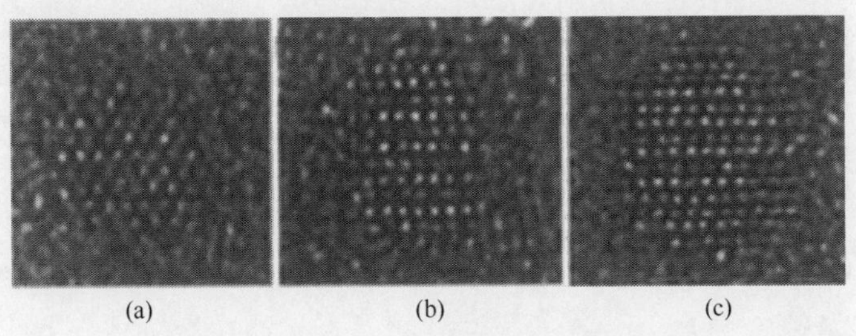

图 2.45　CdSe/CdS 核壳量子点的 HRTEM 图像[163]

(3) 物相分析

TEM 的另一项基本功能是利用电子衍射斑，进行晶体的物相分析。对于胶体量子点而言，进行物相分析往往采用 X 射线衍射分析技术。但是，当样品中某些相的含量过低，就难以采用 XRD 分析的方法，这时电子衍射方法就是一个较好的补充手段。此外，电子衍射方法不但可以得到样品中物相分布，而且可以对特定物相的量子点晶格特征进行分析。

图 2.46(a)是在电子透镜后焦面上获取的粉末晶体的电子衍射图样。每一个衍射圆环，与晶体某一晶面的布拉格角对应，有如下关系：

$$\tan\theta = \frac{R_{hkl}}{f} \tag{2.4-15}$$

式中，f 是电子透镜的焦距；R_{hkl} 是与某一晶面族衍射对应的衍射圆环半径。上式与式(2.4-14)联立，可以得到相关晶面的信息。图 2.46(b)是胶体 PbSe 量子点样品的低能电子衍射图样，利用式(2.4-14)、式(2.4-15)可以计算出各个衍射圆环对应晶面的米勒指数，而且可以确定晶面间距。

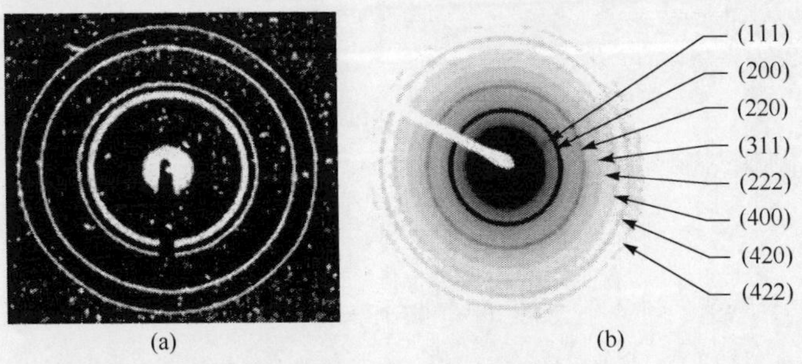

图2.46　粉末晶体的电子衍射图样(a)和胶体 PbSe 量子点样品的低能电子衍射图样(b)

2.5 胶体量子点光学特性表征与分析

胶体量子点的光学性质与它的能级结构和激子复合特性直接相关，所以对胶体量子点的光学性质进行表征和分析，实质是对量子点中激子的性质进行表征。综合而言，胶体量子点的主要特性包括：吸收光谱特性、荧光发射光谱特性、荧光寿命和荧光量子产额等。

2.5.1 胶体量子点吸收光谱分析

1. 基本原理

胶体量子点吸收光谱是处于价带中的电子吸收辐射后，跃迁到导带，此时形成按波长排列的暗线或暗带组成的光谱。研究胶体量子点吸收光谱的特征和规律，可以了解胶体量子点的能级结构和载流子状态，以及载流子与其他粒子（如晶格热振动产生的声子）相互作用的性质。

根据前面的讨论，吸收波长 λ 与量子点的禁带宽度 E_g 或杂质的电离能 E_I 满足如下关系：

$$\lambda=\frac{1239}{E_g} \text{ 或 } \lambda=\frac{1239}{E_\mathrm{I}} \tag{2.5-1}$$

式中，E_g 或 E_I 的单位是 eV；λ 的单位是 nm。由于量子点的禁带宽度是量子化的，因此量子点的吸收峰是分立的，出现第一激子吸收峰、第二激子吸收峰等。

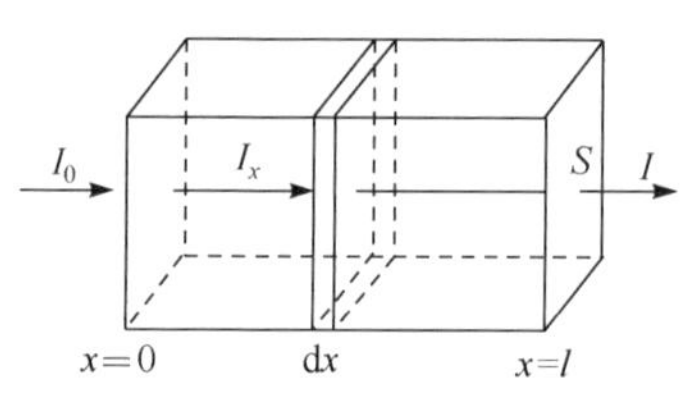

图 2.47 一束单色光通过量子点溶液样品

设一束单色光通过一个长度为 l 的胶体量子点溶液样品，如图 2.47。样品的横截面积是 S，通过样品光束的横截面积是 $\mathrm{d}S$。在距离入射端面 l 处取一厚度是 $\mathrm{d}x$ 的薄层，薄层中量子点的数量是 $\mathrm{d}N$，则光子在薄层中被吸收的概率是

$$\frac{\mathrm{d}S}{S}=K\frac{\mathrm{d}N}{N} \tag{2.5-2}$$

式中，K 是比例系数，称为吸收系数。所以，穿过薄层后，光强的相对减少量是 $-\mathrm{d}I_x/I_x\propto \mathrm{d}S/S$，于是有

$$-\frac{\mathrm{d}I_x}{I_x}=K\frac{\mathrm{d}N}{N} \tag{2.5-3}$$

两边积分，出射强度 I 与入射强度 I_0 有如下关系：

$$\lg\frac{I}{I_0}=-\varepsilon\frac{N}{S} \tag{2.5-4}$$

式中，$\varepsilon=K\lg e$ 称为消光系数。注意到，$N=VC=SlC$，C 是量子点的浓度，l 是样品

中光通过的路径长度。于是得出样品的通过率 T 为

$$T=\frac{I}{I_0}=10^{-\varepsilon Cl} \tag{2.5-5}$$

或定义吸光度:$A=\varepsilon Cl$。有

$$T=10^{-A} \tag{2.5-6}$$

上式称为 Lamber-Beer 吸收定律。

消光系数和吸光度有如下关系:

$$\varepsilon=\frac{A}{Cl} \tag{2.5-7}$$

这表明,ε 表示单位浓度、单位长度样品产生的吸光度。在入射光波长、温度、溶剂一定时,它是样品组分的函数。一般引入摩尔消光系数,这时 l 的单位是 cm,C 的单位是 mol/L。同一吸收物质在不同波长下的 ε 值是不同的:在峰值吸收波长 λ_{max} 处的摩尔消光系数,常以 ε_{max} 表示。ε_{max} 表明了该吸收物质最大限度的吸光能力,也反映了光度法测定该物质可能达到的最大灵敏度。

吸收光谱测量的一个重要目的是确定吸光度 A 与样品浓度的关系。对于单一组分材料而言,可以根据式(2.5-5)直接确定。但是,对于多组分材料来讲,样品的吸光度是各组分吸光度之和,即 $A=A_1+A_2+\cdots$。以两个组分(a、b)材料为例,若各组分的吸收曲线互有重叠,则可根据吸光度的加合性求解联立方程组得出各组分的含量,即

$$\begin{aligned} A(\lambda_1)&=\varepsilon_a(\lambda_1)C_a l+\varepsilon_b(\lambda_1)C_b l \\ A(\lambda_2)&=\varepsilon_a(\lambda_2)C_a l+\varepsilon_b(\lambda_2)C_b l \end{aligned} \tag{2.5-8}$$

式中,λ_1、λ_2 是两个组分单独存在时的峰值吸收波长。

2. 吸收光谱的测量

所谓吸收光谱的测量是指吸光度 A(或透过率 T)随波长变化的曲线的测量。考虑到光谱测量的准确性,一般将吸收光谱分为两个波段:紫外-可见吸收光谱和红外光谱,红外光谱又分为近红外光谱(0.75～2.5μm)、中红外光谱(2.5～25μm)、远红外光谱(25～1000μm)。

(1) 紫外-可见吸收光谱的测量

紫外-可见吸收光谱的测量一般使用紫外-可见分光度计进行,图 2.48 是双光束紫外-可见分光度计的照片和常见三种光路结构的原理框图。仪器一般由光源、单色仪或滤光片、样品池、信号采集与处理系统组成。

光源:在整个紫外光区或可见光谱区可以发射连续光谱,具有足够的辐射强度、较好的稳定性、较长的使用寿命。可见光区:钨灯作为光源,其辐射波长在 320～2500nm;紫外区:氢、氘灯,发射 185～400nm 的连续光谱。

单色仪:将光源发射的复合光分解成单色光,并可从中选出任意波长单色光的光学系统。

样品池:样品室放置各种类型的吸收池(比色皿)和相应的池架附件。吸收池主要有石英池和玻璃池两种。在紫外区须采用石英池,可见区一般用玻璃池。

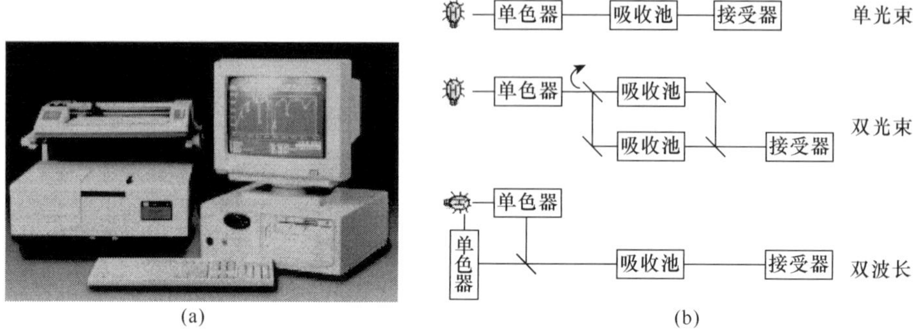

图 2.48　双光束紫外-可见分光度计(a)和三种结构的原理框图(b)

将胶体量子点溶解到溶剂中,放入到样品池里,进行测量。图 2.49 是溶解到正己烷(hexane)中的不同尺寸 CdSe 胶体量子点的紫外-可见吸收光谱图,它显示了吸光度 A 随波长的变化曲线。由图示可以看出,胶体 CdSe 量子点的吸收光谱是尺寸依赖的。

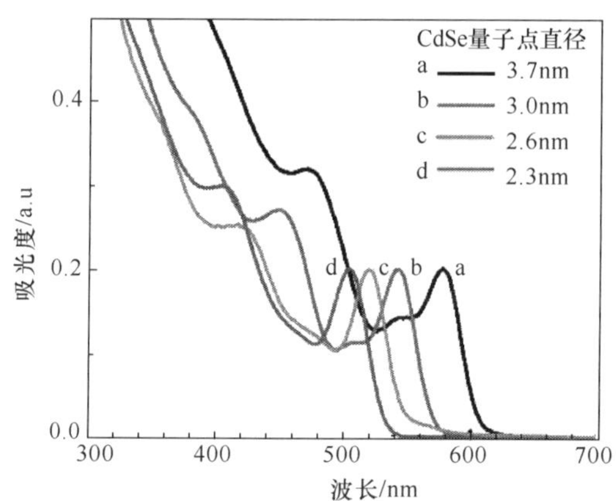

图 2.49　不同尺寸 CdSe 胶体量子点的吸收光谱曲线
(阅读彩图请扫封底二维码)

测定吸收光谱时,可以将胶体量子点溶液放在不同光程长度的石英样品容器中,光程长度从 1 厘米到 10 厘米,常见的是用长宽均为 1 厘米,高为 3～5 厘米的石英样品池。在大多数情况下,在溶液条件下测定胶体量子点的紫外可见光谱,选择合适的溶剂是非常重要的。除了样品池需用紫外透明的石英外,所用溶剂也必须是无紫外吸收。不同的溶剂有不同的透明波段，对紫外吸收或透明度是不同的。当入射波长减少到一定数值时，溶剂产生吸收效应而产生不透明，这一波长即为该溶剂的“透明界限”(常见溶剂的透明界限见表 2.7)。因此，选择待测样品所用的溶剂必须在透明界限以上，否则样品和溶剂的紫外吸收会重叠，难以得到样品的紫外吸收。

表 2.7 常见溶剂的透明界限

溶剂	水	乙腈	正己烷	环己烷	95%乙醇	甲醇	乙醚	二氧六环	氯仿
界限/nm	190	190	200	205	205	205	215	215	245

紫外可见光谱所用溶剂和有机样品分子之间还会发生作用，一般极性强的溶剂与胶体量子点的作用会加强。因此，在保证样品能溶解的前提下，应尽可能地使用低极性的溶剂。由于溶剂对样品的紫外可见光谱的影响较大，同一样品在不同的溶剂中的紫外可见光吸收波长会有差异。因此，表征紫外可见光谱时，除了最大波长和摩尔吸光系数外，还必须注明所用溶剂。

(2) 红外吸收光谱的测量

红外吸收光谱的测量方法和装置与紫外-可见光谱的情况基本一致，不同之处有：一是光源一般采用红外光谱较为丰富的卤钨灯；二是单色仪的分光器件(光栅)应当工作在红外波段，在被测试光谱波段内没有高级光谱的干扰；三是因玻璃、石英等材料不能透过红外光，红外吸收池采用可透过红外光的 NaCl、KBr、CsI、KRS-5(TlI58%，TlBr42%)等材料制成窗片。采用 NaCl、KBr、CsI 等材料制成的窗片需注意防潮。固体试样常与纯 KBr 粉末混匀压片，然后直接进行测定。四是接收探测器采用红外辐射响应的器件。

目前，胶体量子点的红外吸收光谱主要出现在近红外波段。图 2.50 是不同合成时间的(对应不同尺寸)胶体 PbSe 量子点近红外吸收光谱曲线，它显示了吸光度 A 在近红外波长范围内随波长的变化关系。由图示可以看出，胶体 PbSe 量子点的吸收光谱是尺寸依赖的，有明显的激子吸收峰。

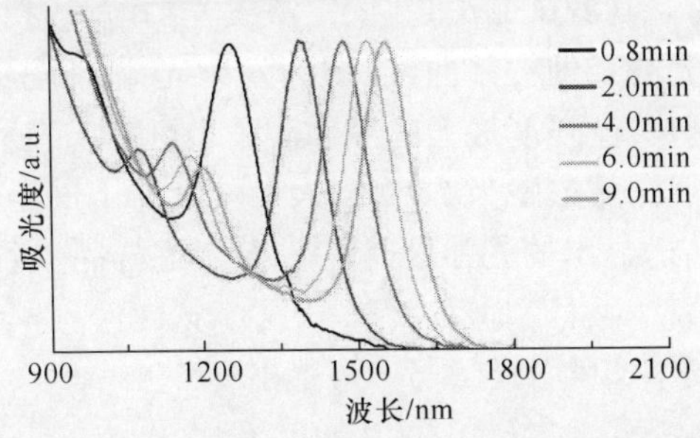

图 2.50 不同生长时间(对应不同尺寸)的胶体 PbSe 量子点近红外吸收光谱曲线

(阅读彩图请扫封底二维码)

2.5.2　胶体量子点光致发光的光谱分析

1. 基本原理

当胶体量子点受到光照射时，除吸收某种波长的光之外，将发射出比原来所吸收光波长更长的光，我们称之为光致发光(photoluminescence，PL)。产生PL发光的机理是：胶体量子点吸收激发光子能量后，处于价带中的电子跃迁到导带，并将很快释放出能量又重新跃迁回到价带。若电子返回时以发射光辐射的形式释放能量，就称为“发光”，即所谓荧光(fluorescence)或磷光(phosphorescence)。荧光与磷光的区别在于：磷光的发射跃迁是自旋禁止的，所以发光弛豫过程变缓，其寿命为10^{-4} s，而荧光的寿命短得多；外光源照射停止后，荧光马上停止，而磷光仍可持续一段时间；另外磷光的波长要比荧光波长大得多。此外，电子返回时以其他形式释放能量(如与晶格作用，将能量传递给晶格；与溶剂或其他分子之间产生相互作用而转移能量，产生猝灭效应等)，称为非辐射转移过程。

胶体量子点光致发光主要来自于荧光辐射，所以下面主要分析荧光辐射的性质。荧光涉及到两种辐射，即激发光辐射和发射光辐射，因而具有两种特征光谱，即激发光谱和发射光谱。它们是荧光定性和定量分析的基本依据。

(1) 激发光谱

通过测量荧光物质的发光强度随激发光波长的变化而获得的光谱，称为激发光谱。激发光谱的具体测试方法是，通过扫描激发单色仪，使不同波长的入射光照射激发荧光物质，发出的荧光通过固定波长的发射单色仪而照射到检测器上，检测其荧光强度，最后通过记录仪记录光强度对激发光波长的关系曲线，即为激发光谱。通过激发光谱，可以选择最佳激发波长—发射荧光强度最大的激发光波长，常用λ_{ex}表示。

(2) 发射光谱

通过测量荧光物质的发光强度随发射光波长的变化而获得的光谱，称为发射光谱，也称为荧光光谱。其测试方法是，固定激发光的波长，扫描发射光的波长，记录发射光强度对发射光波长的关系曲线，即为发射光谱。通过发射光谱可以选择最佳的发射波长—发射荧光强度最大的发射波长，常用λ_{em}表示。

设胶体量子点溶液样品浓度为C，受到入射强度为I_0的激发光照射，产生的荧光强度是I_F，而由样品透射出的光强度是I_T。若考虑样品吸收的光强度I_A，有

$$I_A=I_0-I_T$$

由Lamber-Beer吸收定律，利用式(2.5-5)，得出

$$I_A=I_0(1-10^{-Cl\varepsilon})\qquad(2.5\text{-}9)$$

荧光是物质吸收光子之后发出的辐射，荧光强度I_F与荧光物质的吸光强度I_A及其发射荧光的能力有关，有

$$I_F = KI_A \tag{2.5-10}$$

式中,K 是与胶体量子点溶液样品发射荧光的能力有关的系数。联立上面二式,有

$$I_F = KI_0(1-10^{-Cl\varepsilon}) = KI_0(1-e^{-2.303Cl\varepsilon}) \tag{2.5-11}$$

利用如下展开式:

$$e^{-2.303\varepsilon Cl} = 2.303\varepsilon Cl - \frac{(-2.303\varepsilon Cl)^2}{2!} - \frac{(-2.303\varepsilon Cl)^3}{3!} \cdots$$

在量子点浓度较低时,一般是 $A=\varepsilon Cl<0.05$(这时样品吸收的强度不超过入射强度的 2%)。上式近似取第一项,于是得出

$$I_F = 2.303KI_0\varepsilon lC \tag{2.5-12}$$

上式表明,在低浓度条件下,荧光强度与激发光强度和量子点浓度成正比。

应该注意的是,此式只适合于荧光物质的稀释溶液。当 C 较大时,$A=\varepsilon Cl>0.05$,线性关系将受到破坏。其原因是受激后的激发态分子与体系中的其他分子碰撞,使其以非辐射跃迁的形式去激化,产生荧光猝灭(fluorescence quenching),或者激发态分子所发射的荧光被没受激发的分子所吸收,发生所谓的“自吸收”现象,从而使荧光减弱。

实验和理论分析表明,荧光光谱具有如下特点。

(1) Stokes 位移

在胶体量子点溶液荧光光谱中,所观察到的荧光发射波长总是大于激发波长。Stokes 于 1852 年首次发现这种波长位移现象,故称 Stokes 位移。

Stokes 位移说明激发与发射之间存在着一定的能量损失。激发态粒子由于振动弛豫及内部转移的无辐射跃迁而迅速衰变到电子激发态的最低能级,这是产生 Stokes 位移的主要原因;其次,胶体量子点的尺寸不单一、以及 Stark 效应等因素的影响,也会导致荧光辐射能量低于量子点的禁带宽度;第三,溶剂效应和激发态电子可能发生的某些反应,也会加大 Stokes 位移。

(2) 荧光发射光谱的形状与激发波长无关

由于荧光发射是激发态的电子由导带最低能级跃迁回价带的能级所产生的,所以不管激发光的能量多大,能把电子激发到哪种激发态,都将经过迅速的振动弛豫及内部转移跃迁至导带的最低能级,然后发射荧光。因此,荧光光谱只有一个发射带,且发射光谱的形状与激发波长无关。

(3) 荧光激发光谱的形状与发射波长无关

在稀溶液中,荧光发射的效率与激发光的波长无关,因此用不同发射波长绘制激发光谱时,激发光谱的形状不变,只是发射强度不同而已。

2. 荧光光谱的测量

荧光光谱测试仪器与紫外-可见分光光度计的基本组成部件相同,即包括光

源、单色器、样品池、检测器和记录显示装置五个部分。荧光仪器的单色器有两个，分别用于选择激发波长和荧光发射波长。荧光仪器与紫外-可见分光光度计的最大不同是，荧光的测量通常在与激发光垂直的方向上进行，以消除透射光和杂散光对荧光测量的影响，其结构示意图如图 2.51 所示。

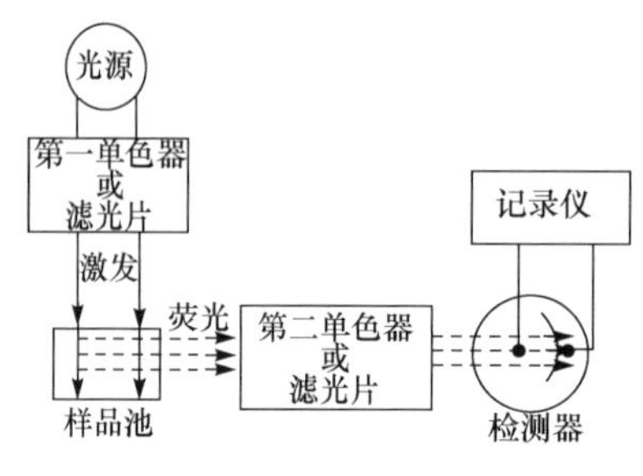

图 2.51　荧光光谱分析仪的基本结构

荧光光谱测试仪的各主要部件简要分述如下。

激发光源：激发光源应具有足够的强度，适用波长范围宽、稳定等特点。常用的光源有高压汞灯、氙弧灯等。此外，半导体激光器或其他适当的激光器等是一种新型的荧光激发光源。这种光源不需单色器和滤光片，具有单色性好，强度大，脉冲激光时间短而减少光敏物质的分解等优点。

单色器：荧光光谱仪中应用最多的单色器为光栅单色器，称为荧光分光光度计(fluorospectrophotometer)。光栅有两块，第一块为激发单色器，用于选择激发光的波长，第二块为发射单色器，用于选择荧光发射波长，一般后者的光栅闪耀波长比前者长一些。在比较低档次的荧光计中，采用滤光片作为单色器，多使用干涉滤光片以获得纯度较好的“单色光”。第一滤光片用以分离出所需用的激发光，第二滤光片用以滤去杂散光、瑞利光、拉曼光和杂质所发射的荧光。

样品池：荧光分析的样品池通常用石英材料做成，它与吸光分析法的液池不同，荧光样品池的四面均为磨光透明面，一般液池的厚度是 1cm。

检测器：简易型的荧光计可用目视检测，或用硒光电池、光电管检测。现在的荧光计多采用光电倍增管进行检测。检测器的方向应与激发光的方向成直角，以消除样品池中透射光和杂散光的干扰。在现代的高级仪器中，光导摄像管用来作为光学多道分析器(optical multichannel analyzer，OMA)的检测器。它具有检测效率高、动态范围宽、线性响应好、坚固耐用和寿命长等优点。它的检测灵敏度虽不如光电倍增管，但却能同时接收荧光体的整个发射光谱。

记录、显示装置：荧光仪的读出装置有数字电压表或记录仪。现代仪器都配上计算机，进行自动控制和显示荧光光谱及各种参数。

在测试时，将胶体量子点溶解到低荧光的溶剂中，装入样品池内。选用合适激发光源，沿垂直于单色仪入射口的方向照射样品。应当注意，如果荧光光谱仪狭缝太大，荧光信号太强，容易超出仪器检测范围，损伤仪器；如果狭缝开的太小，荧光信号又太弱，检测比较困难，所以要选择大小合适的狭缝。

图 2.52 是胶体 PbSe 量子点溶解到四氯乙烯(tetrachloroethylene，TCE)溶剂中的样品溶液，在 543nm 激发波长的半导体激光器照射下获得的 PL 光谱曲线。

图示表明,胶体量子点的 PL 光谱是尺寸依赖的。

图 2.53 是胶体 PbSe 量子点溶解到四氯乙烯溶剂的样品溶液的吸收光谱和 PL 光谱曲线的比较,其中 PL 光谱是在 543nm 激发波长的半导体激光器照射下获得的结果。图示表明,PL 光谱的峰值波长要高于吸收光谱的峰值波长,这就是 Stokes 位移。

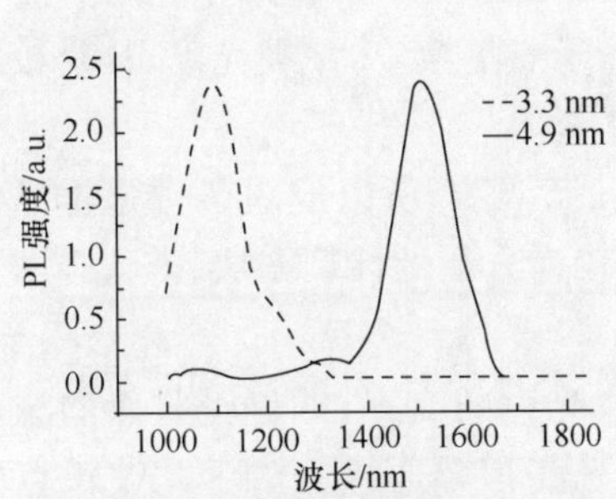

图 2.52　不同尺寸胶体 PbSe 量子点样品溶液的 PL 光谱

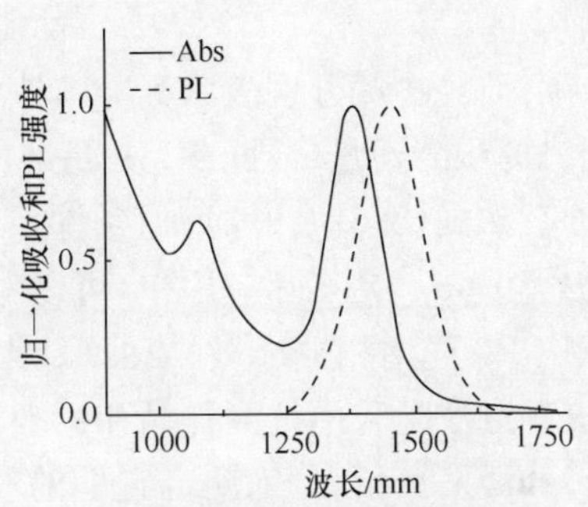

图 2.53　四氯乙烯溶剂中胶体 PbSe 量子点溶液的吸收光谱和 PL 光谱比较

2.5.3　胶体量子点光致发光的量子产额测量

胶体量子点 PL 量子产额 Q 是一个十分重要的参数,它反映了胶体量子点 PL 发光的性质。其定义如下:

$$Q=\frac{\text{发射光子数}}{\text{吸收光子数}} \tag{2.5-13}$$

因此可见,量子产额 Q 表示了 PL 发射能力的高低。如果胶体量子点吸收激发波长为 λ_A 的光辐射通量是 Φ_A,然后发出波长为 λ_F 的 PL 辐射通量是 Φ_F,上式可以近似表示为

$$Q=\frac{\Phi_F\lambda_F}{\Phi_A\lambda_A}=\frac{\Phi_F n_A}{\Phi_A n_F} \tag{2.5-14}$$

式中,n_A、n_F 分别是量子点样品溶液对激发波长的折射率和 PL 辐射波长的折射率。

无论是理论研究还是实际需要,量子产额 Q 的测量,都有极其重要的意义。但是,目前尚无一种理想的、或者是“万能的”测量方法,至今仍然是要根据测定对象的不同,选用不同的方法。这里主要依据 Crosby 等人的论述[164],介绍几种适于胶体量子点的测量方法。

1. 低浓度胶体量子点溶液的量子产额测量

溶液样品发光量子产额的绝对测量法,如 Weber-Tealede 方法[165,166]、Dawson

等的方法[167,168]都比较麻烦。而采用相对比较测量的方法，往往事半功倍，简便易行。

在同一测试仪器和激发光强度的情况下，根据低浓度条件下的 Lamber-Beer 吸收定律，通过式(2.5-12)可以得到如下关系式：

$$Q_x=\frac{A_sF_xn_x^2}{A_xF_sn_s^2}\cdot Q_s \tag{2.5-15}$$

式中，下标"s"、"x"分别表示标准溶液和待测量子点溶液；A 是吸光度；F 是校正的 PL 光谱的积分通量(或面积)；n 是溶液的折射率。

注意到式(2.5-15)的近似条件来自于式(2.5-12)，所以成立条件是样品的吸光度 $A<0.05$。在实际应用中，可以考虑如下较为方便的计算方法。

(1) PL 光谱积分通量(或面积)比较法

这种方法是采用待测样品和标准溶液吸收光谱的交点，即等吸收点的波长作为两者的激发波长，分别测定它们的校正 PL 光谱积分通量。由于此波长点处满足 $A_x=A_s$，则式(2.5-15)简化为

$$Q_x=\frac{F_xn_x^2}{F_sn_s^2}\cdot Q_s \tag{2.5-16}$$

这种方法的优点是可以克服激发波长 λ_{ex} 与 Q 相关性的影响。如果等吸收点波长与待测样品和标准溶液所要求的适宜激发波长相一致时，可以获得更为理想的结果。此外，提高等吸收点波长读数的准确度，有利于获得计算的准确性；同时也要注意到，溶剂或试剂空白的散射(主要是瑞利散射)和荧光背景，对测量结果也会产生明显影响。因此，用于计算 Q_x 的一些数据，如 F_x、F_s 等，应是扣除了溶剂或试剂空白的散射和荧光背景之后的数值。

(2) PL 光谱峰值比较法

这时仍然是采用待测样品和标准溶液吸收光谱的交点，即等吸收点的波长作为两者的激发波长，分别测定它们的校正 PL 光谱的峰值 E_x 和 E_s，取 PL 光谱积分通量正比于峰值，于是有

$$Q_x=\frac{E_xn_x^2}{E_sn_s^2}\cdot Q_s \tag{2.5-17}$$

由于待测样品和标准溶液的 PL 光谱一般并不相同，其面积之比往往不大于峰值之比，这种方法具有一定近似性。

在实际测量中应当注意到，由于紫外-可见分光光度计和荧光分光光度计之间特性的差异，由通带宽度、波长准确性等会引起误差。因此建议在同一台仪器上进行吸收光谱和荧光光谱的侧量，以消除这种与吸光度测量有关的误差。

(3) 两点荧光法

将荧光光度计的样品室进行改进，如图 2.54 所示，其中，Ⅰ是激发光束；Ⅱ是

荧光出射狭缝；Ⅲ是池架；Ⅳ是出射的荧光。这时可以测定沿激发光程上样品池两点处的荧光强度。当激发光程长度为 L_1 时，样品池位置如图中实线所示；当激发光程长度为 L_2 时，液池位置如图中虚线所示。在激发光程上的溶液各点的荧光强度，正比于入射到此点处的激发光强度，而入射光强度又与光源强度、沿激发光程传输的距离，以及溶液的吸光度有关，由此可导出[169]

$$\frac{F_{x1}^{(1+L_1S)}}{F_{x2}^{L_1S}}=KQ_x\log\frac{F_{x1}}{F_{x2}} \tag{2.5-18}$$

$$\frac{F_{s1}^{(1+L_1S)}}{F_{s2}^{L_1S}}=KQ_s\log\frac{F_{s1}}{F_{s2}} \tag{2.5-19}$$

式中，$S=(L_2-L_1)^{-1}$；K 是与仪器几何参数、光源强度、选定的 L_1 和 L_2、荧光半宽度有关的常数。

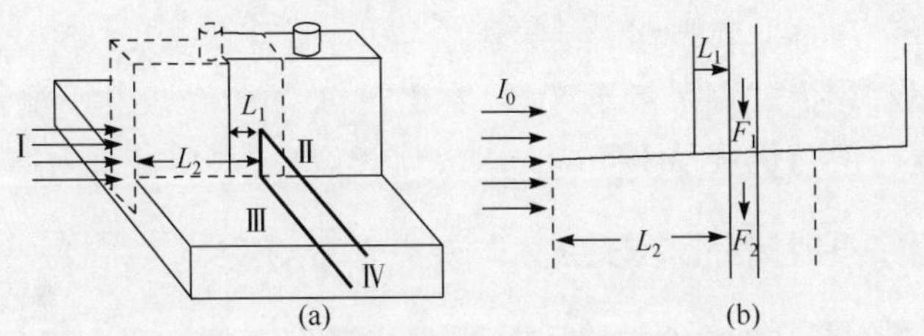

图 2.54　(a)样品池在池架上两个位置示意图；(b)沿激发光程两点观察荧光强度

上面两式联立，消去常数 K，可以得出待测样品的量子产额 Q_x。Britten 的研究表明[169]，当吸光度的范围是 0.05～0.10，两个测试点光程差值 L_1-L_2 的范围是 2.0～4.0cm 时，测量的精确性较好。

2. 高浓度胶体量子点溶液量子产额的测量

在高浓度胶体量子点溶液情况下，低浓度条件下的 Lamber-Beer 吸收定律表示式(2.5-12)不再适用，但是仍然可以使用式(2.5-5)。我们取激发光垂直入射到样品池，与之垂直方向接收 PL 荧光，如图 2.55 所示。

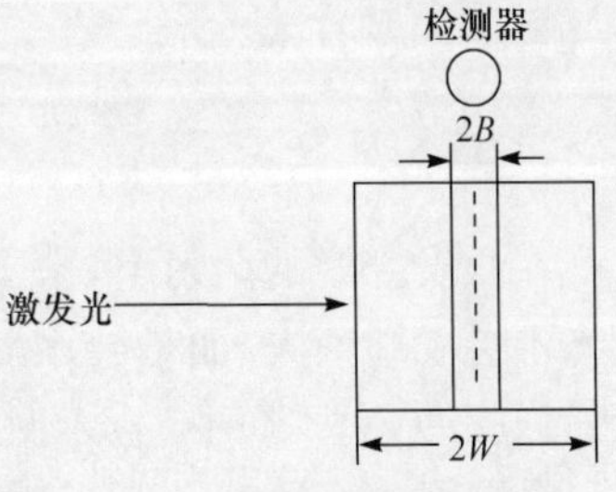

检测器

$2B$

激发光

$2W$

图 2.55　激发光束垂直入射样品池，与之垂直方向上观察荧光辐射

设样品池长度是 $2W$，PL 荧光观察宽度是 $2B$。根据式(2.5-5)，在 $W-B$ 的界面处的通过率是

$$T_1=10^{-\varepsilon WC}\cdot 10^{\varepsilon BC} \tag{2.5-20}$$

而在 $W+B$ 的界面处的通过率是

$$T_2=10^{-\varepsilon WC}\cdot 10^{-\varepsilon BC} \tag{2.5-21}$$

积分荧光通量 F 与界面 $W-B$ 到界面 $W+B$ 之间样品吸收激发光的强度成比例，根据式(2.5-10)，半宽度 $2B$ 内的积分荧光通量为

$$F=KI_0\,10^{-\varepsilon WC}(10^{\varepsilon BC}-10^{-\varepsilon BC}) \tag{2.5-22}$$

取 F 对 C 的极值：$\mathrm{d}F/\mathrm{d}C=0$，得到 F 有极大值时的这个样品池的吸光度是

$$A=\frac{W}{B}\log\left(\frac{W+B}{W-B}\right) \tag{2.5-23}$$

由 $A=-\log T$，可以确定出积分荧光通量 F 取最大值时的 T 值。显然，T 是 W、B 的函数。在实际情况下，常用样品池 $2W=1\text{cm}$，当 $2B$ 由 0.5cm 变化到 0.05cm 时，T 的数值变化不大。因此可以取 $2B$ 趋于零的极限情况下，在积分荧光通量 F 取最大值时，$T\sim0.135$。于是，在同一台荧光光度计上，以同样的激发光强度 I_0 照射透过率 $T\sim1.135$ 的待测样品和标准溶液，利用式(2.5-22)可以得出

$$Q_x=\left(\frac{F_x}{F_s}\right)_{T=0.135}\cdot Q_s \tag{2.5-24}$$

由于透过率 T 的小量漂移对结果影响很小，而且 $T\sim1.135$ 又处于光度误差较小区域，所以利用上式测量量子产额，要比在 $A<0.05$ 条件下测量的结果准确得多。当然，这时溶液仍服从 Lamber-Beer 定律，也可对溶液折射率进行校正。

2.5.4 胶体量子点时间分辨荧光技术与荧光寿命测量

胶体量子点的荧光寿命（或衰减时间）是指激发态的电子在返回到基态之前，在激发态存留的平均时间。荧光寿命可以揭示如下特性：揭示量子点中载流子被猝灭中心俘获的概率、揭示量子点光致发光的机制、揭示量子点之间发生能量共振转移的速率等。

目前，荧光寿命测量主要采用时间分辨荧光技术（time-resolved fluorescence-technology，TRF）。由于时间分辨结果数据包含有比稳态荧光数据更多的信息，近年来，时间分辨荧光技术已成为纳米发光、生物化学与生物物理等领域的主要研究工具之一。下面，我们从原理、仪器及应用等方面，简要介绍时间分辨荧光以及荧光寿命测量技术。

1. 基本原理

在激发光源的照射下，一个荧光体系会向各个方向发出荧光。当停止照射时，荧光不会立即消失，而是会逐渐衰减至零。一般定义，当荧光强度衰减到初始时刻荧光强度的 36.8%时($1/e$)，对应的荧光弛豫时间 τ 称为荧光寿命。

设浓度为 $C(\text{mol}\cdot\text{L}^{-1})$ 的胶体量子点溶液，所有量子点所处的环境一样，则溶液中所有复合中心的荧光衰减途径相同。有一束时间很短的脉冲光，若其持续时间与过程中涉及的弛豫时间相比可忽略不计，可认为其时间宽度为零，这种理想的线光源被称作 δ 脉冲。以 δ 脉冲激发上述胶体量子点溶液，由于光吸收与振动弛豫的时间很短，则可认为在计时时刻，一定数量 N_0 的电子通过吸收光子，到达了

激发态 S_1。这些处于激发态的粒子，通过荧光辐射和无辐射跃迁的途径返回基态 S_0，其速率常数分别用 k_r、k_{nr} 表示，它们分别与辐射复合的寿命、非辐射复合的寿命成倒数关系。于是，任意时刻激发态上的粒子数目 $N(t)$ 满足如下方程：

$$\frac{dN}{dt}=-(k_r+k_{nr})N \tag{2.5-25}$$

上式积分，得出

$$N(t)=N_0\exp\left(\frac{t}{\tau}\right) \tag{2.5-26}$$

式中，τ 是激发态 S_1 的寿命，可以表示为

$$\tau=\frac{1}{k_r+k_{nr}} \tag{2.5-27}$$

当一束脉冲入射光作用后，荧光辐射光在脉冲后时间 t 的强度 $I(t)$，与激发态的粒子数目的衰退率及激发态通过荧光衰减的量子产额 Q_F 成比例，于是有

$$I(t)=\frac{1}{\tau}N(t)Q_F=I_0\exp\left(\frac{t}{\tau}\right) \tag{2.5-28}$$

式中，$I_0=\frac{N_0Q_F}{\tau}$ 是初始时刻($t=0$)的荧光强度。显然，以 δ 脉冲作为激发光源的单一发光机制的量子点体系中，荧光强度呈单指数衰减。而观测到的荧光寿命 τ 与 S_1 态的寿命 τ 等价，不仅受荧光发射速率的影响，还受各种非辐射过程的影响，所以直接测得的表观荧光寿命也称作自然寿命。

对于有多个辐射机制的量子点体系，由于产生荧光的微观机制不同，整个体系的荧光衰减曲线为多个指数衰减函数的叠加，这时荧光辐射的分布是

$$I(t)=\sum_j I_{0j}\exp\left(\frac{t}{\tau_j}\right) \tag{2.5-29}$$

式中，τ_j 是第 j 个辐射机制的寿命；I_{0j} 是第 j 个辐射机制在初始时刻的强度。

另一个影响荧光辐射的因素是量子点之间可以存在荧光能量转移，即发光粒子的激发态能量可以从量子点 A(称为给体)转移到量子点 B(称为受体)。给体-受体对中，激发态电子能量转移的主要机制有：一是远程偶极-偶极相互作用的共振转移，称为 Förster 转移；二是扩散控制的碰撞转移；三是给体的发射被受体吸收，称为辐射转移。为了定量描述能量转移，相关研究给出荧光能量转移的效率 E 为[170]

$$E=1-\frac{\tau_{et}}{\tau}=\left[1+\left(\frac{r}{r_0}\right)^6\right]^{-1} \tag{2.5-30}$$

式中，τ、τ_{et} 分别是不存在和存在受体时，给体的荧光寿命；r 是给体与受体的距离，而 r_0 是转移效率达到 50%时的距离，称为临界距离，可以表示为

$$r_0^6 = 8.78 \times 10^{-15} \frac{K^2 Q_F J}{n^4} \tag{2.5-31}$$

式中,K 是取向因子,对于无规则取向时,$K^2=2/3$;J 是给体发射谱与受体吸收谱的交叠因子;n 是胶体量子点溶液的折射率。

此外,由于实际激发光源不会是理想的 δ 脉冲光源,任何实际光源都有一定的宽度,因此在实际应用中,上述表达式还需要做进一步修正。若将激发光源的强度表示为时间的函数 $I_E(t)$,则检到的信号 $R(t)$ 可表示为 $I_E(t)$ 与 δ 脉冲响应 $I(t)$ 间的卷积

$$R(t) = I_E(t) \otimes I(t) = \int I_E(t') I(t-t') \mathrm{d}t' \tag{2.5-32}$$

2. 时间分辨荧光技术与荧光寿命测量

时间分辨光谱是一种瞬态光谱(transient spectrum),是激发光脉冲截止后相对于激发光脉冲的不同延迟时刻测得的荧光发射,反映了激发态电子的运动过程(即荧光动力学)。一般测量的是荧光衰减谱,即固定检测的激发波长 λ_{ex} 和发射波长 λ_{em},记录荧光强度随时间的变化。这里介绍比较常用的时域脉冲法,以及实现时间分辨光谱测量的仪器结构和数据处理方法。

脉冲法采用很短的脉冲光源,输出信号如式(2.5-29)或式(2.5-32)所示,为激发光与 δ 脉冲响应卷积的结果,如图 2.56 所示。在脉冲法中,荧光发射强度首先增加,达到峰值后开始逐渐衰减。当激发光的强度可以忽略后,衰减情况就变得与 δ 脉冲响应的衰减曲线 $I(t)$ 一致。因此,若要得到真实的 δ 脉冲响应参数,需要对测量得到的荧光信号进行去卷积的运算。

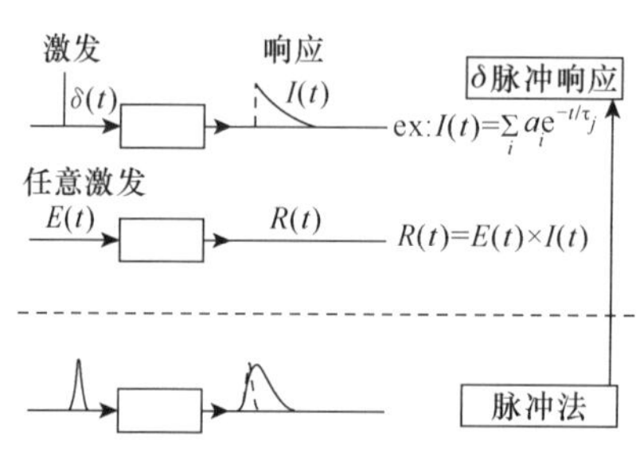

图 2.56　荧光时间分辨技术中的激发与响应信号转换过程

在脉冲法检测荧光衰减的技术中,较普遍使用的手段是单光子计数法(time-correlated single-photon counting, TCSPC)。单光子计数法的基本原理是:在某一时间 t 检测到发射光子的概率,与该时间点的荧光强度成正比。令每一个激发脉冲最多只得到一个荧光发射光子,记录该光子出现的时间,并在坐标上记录频次,经过大量的累计,即可构建出荧光发射光子在时间轴上的分布概率曲线,即荧光衰减曲线。这种仪器的结构框图如图 2.57 所示,其中一个重要的部件称作时幅转换器(TAC),它可以将两个电信号间的时间间隔长度记录下来。激发光源发射一束短的脉冲光,同时被转换为一个电信号,启动 TAC 的记录;样品被脉冲光激发后,放出的光

子同样被转换为一个电信号，终止 TAC 的记录。这样被 TAC 记录下来的时间间隔信号会以电脉冲的形式传达给多通道分析器(MCA)，并在 MCA 对应的时间通道内记录一个点。经过大量的累计，就会形成荧光衰减曲线。计数越多，得到曲线的精确度越高，通常衰减曲线的峰值计数要达到 $10^3 \sim 10^4$。另外，如果需要对所测曲线求卷积，就需要记录激发脉冲的曲线形状。这时，只要在相同的检测条件下，将样品换作光散射的溶液(常用硅胶悬浊液)即可。

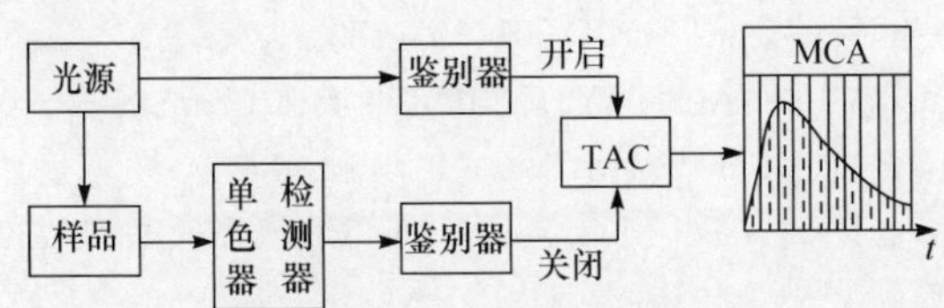

图 2.57　单光子计数法荧光时间分辨测量仪器示意图

时间分辨率是荧光寿命测量仪器的重要参数，它决定了仪器所能测量到的最短荧光寿命。在时间分辨荧光光谱仪中，无论是脉冲法或相移法，时间分辨率都是由激发光源与检测器共同决定的。在 TCSPC 法中，激发光源的选择非常重要，既可以选用各种气体闪光灯，也可选用脉冲激光器。闪光灯的成本相对较低，给出的脉冲基本在纳秒级，脉冲频率不高($10^4 \sim 10^5$ Hz)，因此数据采集时间较长，在测定过程中还可能出现光强度漂移的情况，影响测量的效率与准确性。脉冲激光器则可以给出皮秒级的脉冲，且脉冲频率可以非常高，但其价格也比较昂贵。检测器方面，一般采用光电倍增管(PMT)，也可采用微通道板检测器(MCP)，后者的响应时间更快，且干扰较小。采用脉冲激光器与 MCP 的仪器，理论上可以检测到 10～20ps 的荧光寿命。

将测量结果数据进行处理与拟合，即可得到荧光寿命的信息。拟合数据时，脉冲法以式(2.5-28)单一或式(2.5-29)多个寿命的指数衰减曲线为模型。根据测量数据与拟合曲线间的差异，给出判据 χ_r^2，χ_r^2 越接近 1，说明拟合结果越好。χ_r^2 计算公式如下[171,172]：

$$\chi_r^2 = \frac{1}{\nu}\sum_{j=1}^{N}\left[\frac{R(t_j) - R_c(t_j)}{\sigma(j)}\right]^2 \tag{2.5-33}$$

式中，$R(t_j)$与 $R_c(t_j)$分别代表 t_j时刻的测量数据与计算拟合数据；N 是数据点总的个数；ν 为自由度；$\sigma(j)$为第 j 个数据点的标准偏差，对于 TCSPC 法，测量误差遵循泊松分布，$\sigma(j)$约等于 $\sqrt{R(t_j)}$。所以，上式可以写为

$$\chi_r^2 = \frac{1}{\nu}\sum_{j=1}^{N}\frac{[R(t_j) - R_c(t_j)]^2}{R(t_j)} \tag{2.5-34}$$

对一个未知样品，一般可以先根据样品情况或已有经验，假设它有 n 个荧光寿

命，进行拟合计算。若计算出的χ_r^2与 1 相差很远，说明之前的假设不合理，可改变荧光寿命的个数进行校正。而对拟合结果的最终解释，还要视样品本身的情况而定。

参考文献

[1] Murray C B,Norris D J,Bawendi M G. J Am. Chem. Soc. ,1993,115:8706.

[2] Peng X G,Sehlam P M C,Kadavanieh A V,et al. J. Am. Chem. Soc. ,1997,119:7019.

[3] Peng A,Peng X G. J. Am. Chem. Soc. ,2001,123:183.

[4] Talapin D V,Rogaeh A L,Shevehenko E V,et al. J. Am. Chem. Soc. ,2002,124:5782.

[5] Lamer V K,Dinega R H. J. Am. Chem. Soc. ,1950,72:4847.

[6] Murray C B,Kagan C R,Bawendi M G. Annu. Rev. Mater. Sci. ,2000,30:545.

[7] Voorhees P W. J. Stat. Phys. ,1985,38:231.

[8] Benson G C,Shuttleworth R. J. Chem. Phys,1951,19:130.

[9] Markov I V. Crystal Growth for Beginners. 2nd ed. Singapore:World Scientific,2003:546.

[10] Sugimoto T. Adv Colloid Interf Sci ,1987,28:65.

[11] Buffat P,Borel J P. Phys. Rev. A,1976,13:2287.

[12] Sugimoto T,Shiba F. J. Phys. Chem. B,1999,103:3607.

[13] Fenelonov V B,Kodenyov G G,Kostrovsky V G. J. Phys. Chem. B,2001,105:1050.

[14] Talapin D V,Rogach A L,Weller H,et al. J. Phys. Chem. B,2001,105:12278.

[15] Talapin D V,Rogach A L,Weller H,et al. J. Am. Chem. Soc. ,2002,124:5782.

[16] Berry R S,Rice S A; Ross. J. Physical Chemistry. Oxford:Oxford University Press,2000.

[17] Zener C J. Appl. Phys. ,1949,20:950.

[18] Talapin D V,Rogach A L,Kornowski A,et al. Nano Lett. ,2001,1:207.

[19] Hambrock J,Becker R,Birkner A,et al. Chem. Commun. ,2002:68.

[20] Jana N R,Peng X. J. Am. Chem. Soc. ,2003,125:14280.

[21] Park J,An K,Hwang Y,et al. Nat. Mater. ,2004,3:891.

[22] Seo W S,Jo H H,Lee K,et al. Adv. Mater. ,2003,15:795.

[23] Bullen C R,Mulvaney P. Nano Lett. ,2004,4:2303.

[24] Tiemann M,Weiß Ö,Hartikainen J,et al. Chem. Phys. Chem. ,2005,6:2113.

[25] Asokan S,Krueger K M,Alkhawaldeh A,et al. Nanotechnology,2005,16:2000.

[26] van Embden J,Mulvaney P. Langmuir,2005,21:10226.

[27] Yu W W,Qu L,Guo W,et al. Chem. Mater. ,2003,15:2854.

[28] Alivisatos A P. J. Phys. Chem. ,1996,100:13226.

[29] Berry C R. Phys. Rev. ,1967,161:848.

[30] Henglein A. Phys Chem,1982,86:301.

[31] Rossetti R,Nakahara S,Brus L E. J. Chem. Phys. ,1983,79:1086.

[32] Rossetti R,Ellison J L,Gibson J M,et al. J. Chem. Phys. ,1984,80:4464.

[33] Vossmeyer Bmeyer T,Katsikas L, Giersig M,et al. J. Phys. Chem. ,1994,98:7665.

[34] Talapin D V,Rogach A L,Shevehenko E V,et al. J. Am. Chem. Soc. ,2002,124:5782.
[35] Gao M,Rogach A L,Kornowski A,et al. J. Phys. Chem. B,1998,102:8360.
[36] Yu W W,Wang Y A,Peng X. Chem. Mater. ,2003,15:4300.
[37] Rogach A L,Kornowski A,Gao M,et al. J. Phys. Chem. B,1999,103:3065.
[38] Rogaeh A L,Kersha W S V ,Burt M,et al. Adv. Mater. ,1999,112:552.
[39] Wang S F, Gu F, Lu M K. Langmuir,2006,22:398.
[40] Flores-Acosta M, Sotelo-Lerma M, Arizpe-Chavez H, et al. Solid State Commun. , 2003, 128:407.
[41] Huang N M,Shahidan R,Khiew P S,et al. Colloid. Surf. A ,2004,247:55.
[42] Zhou S M,Zhang X H,Meng X M,et al. J. Solid State Chem. ,2005,178:399.
[43] Ma Y R, Qi L M,Ma J M,et al. Cryst. Growth Des. ,2004,4:351.
[44] Gaponik N,Talapin D V,Rogach A L,et al. J. Phys. Chem B,2002,106:7177.
[45] Mamedova N N,Kotov N A,Rogach A L,et al. Nano Lett. ,2001,1:281.
[46] Rogach A L,Franzl T,Klar T A,et al. J. Phys. Chem. C,2007,111:14628.
[47] Rogach A L,Katsikas L,Kornowski A,et al. Phys. Chem. ,1996,100:1772.
[48] Cho K S,Talapin D V,Gaschler W,et al. J. Am. Chem. Soc. ,2005,127:7140.
[49] Sun Y G,Xia Y N. Science,2002,298:2176.
[50] An K,Lee N,Park J,et al. J. Am. Chem . Soc. ,2006,128:9753.
[51] Puzder A,Williamson A J,Zaitseva N,et al. Nano Lett. ,2004,4:2361.
[52] Manna L,Wang L W,Cingolani R,et al. J. Phys Chem. B,2005,109:6183.
[53] Rempel J Y,Trout B L,Bawendi M G,et al. J. Phys. Chem. B,2005,109:19320.
[54] Rempel J Y,Trout B L,Bawendi M G,et al. J. Phys. Chem. B,2006,110:18007.
[55] Wulff G. Z Krystallogr Mineral,1901,34:449.
[56] Scheel H J,Fukuda T. Crystal Growth Technology. 1st ed. ,John Wiley & Sons,2004.
[57] Daolpian G M,Tiago M L,Puerto M L,et al. Nano Lett. ,2006,6:501.
[58] Puntes V F,Zanchet D,Erdonmez C K,et al. J. Am. Chem. Soc. ,2002,124:12874.
[59] Allen P B. Nano Lett. ,2007,7:6.
[60] Mao Y B,Zhang F,Wong S S. Adv Mater,2006,18:1895.
[61] Lifshitz E,Bashouti M,Kloper V,et al. Nano Lett. ,2003,3:857.
[62] Yu H,Li J ,Loomis R A,et al. J. Am. Chem. Soc. ,2003,125:16168.
[63] Nishio K,Isshiki T,Kitano M,et al. Philos. Mag. A ,1997,76:889.
[64] Hu J,Bando Y,D Golberg Small,2005,1:95.
[65] Cozzoli P D,Manna L,Curri M L,et al. Chem. Mater. ,2005,17:1296.
[66] Zhu Y C,Bando Y,Xue D F,et al. J. Am. Chem. Soc. ,2003,125:16196.
[67] Pang Q,Zhao L J,Cai Y,et al. Chem. Mater. ,2005,17:5263.
[68] Asokan S,Krueger K M,Colvin V L,et al. Small,2007,3:1164.
[69] Nobile C,Kudera S,Fiore A,et al. Phys. Stat. Sol. A ,2007,204:483.
[70] Manna L,Milliron D J,Meisel A,et al. Nat. Mater. ,2003,2:382.

[71] Kanaras A G, Sonnichsen C, Liu H, et al. Nano Lett., 2005, 5: 2164.
[72] Carbone L, Kudera S, Carlino E, et al. J. Am. Chem. Soc., 2006, 128: 748.
[73] Cozzoli P D, Snoeck E, Garcia M A, et al. Nano Lett, 2006, 6: 1966.
[74] Yeh C Y, Lu Z W, Froyen S, et al. Phys. Rev. B: Cond. Matt., 1992, 46: 10086.
[75] Wei S, Zhang S. Phys. Rev. B, 2000, 62: 6944.
[76] Manna L, Scher E C. Alivisatos A P, J. Cluster. Sci., 2002, 13: 521.
[77] Kudera S, Carbone L, Carlino E, et al. Phys. E, 2007, 37: 128.
[78] Takeuchi S, Iwanaga H, M Fujii Philos Mag A, 1995, 69: 1125.
[79] Iwanaga H, Fujii M, Takeuchi S. J. Cryst. Growth, 1998, 183: 190.
[80] Zhang J Y, Yu W W. Appl. Phys. Lett., 2006, 89: 123108.
[81] Gao X, Yang L, Petros J A, et al. Curr. Opin. Biotechnol, 2005, 16: 63.
[82] Yu W W, Chang E, Falkner J C, et al. J. Am. Chem. Soc., 2007, 129: 2871.
[83] Geissbuehler I, Hovius R, Martinez K L, et al. Angew. Chem. Int. Ed., 2005, 44: 1388.
[84] Carion O, Mahler B, Pons T. Nat. Protoc., 2007, 2: 2383.
[85] Jin T, Fujii F, Sakata H, et al. Chem. Commun., 2005, 22: 2829.
[86] Jin T, Fujii F, Sakata H, et al. Chem. Commun., 2005, 34: 4300.
[87] Jin T, Fujii F, Yamada E, et al. J. Am. Chem. Soc., 2006, 128: 9288.
[88] Osaki F, Kanamori T, Sando S, et al. J. Am. Chem. Soc., 2004, 126: 6520.
[89] Feng J, Ding S Y, Tucker M P, et al. Appl. Phys. Lett., 2005, 86: 033108.
[90] Dubertret B, Skourides P, Norris D J, et al. Science, 2002, 298: 1759.
[91] Hristova K, Needham D. Macro Molecules, 1995, 28: 991.
[92] Jańczewski D, Tomczak N, Khin Y W, et al. Eur. Polym. J., 2009, 45: 3.
[93] Luccardini C, Tribet C, Vial F, et al. Langmuir, 2006, 22: 2304.
[94] Mattheakis L C, Dias J M, Choi Y J, et al. Anal. Biochem., 2004, 327: 200.
[95] Larson D R, Zipfel W R, Williams R M, et al. Science, 2003, 300: 1434.
[96] Wu X, Liu H, Liu J, et al. Nat. Biotechnol., 2003, 21: 41.
[97] Gao X, Cui Y, Levenson R M, et al. Nat. Biotechnol., 2004, 22: 969.
[98] Pellegrino T, Manna L, Kudera S, et al. Nano Lett., 2004, 4: 703.
[99] Lees E E, Nguyen T L, Clayton A H A, et al. ACS Nano, 2009, 3: 1121.
[100] Kairdolf B A, Mancini M C, Smith A M. Anal. Chem., 2008, 80: 3029.
[101] Shibasaki Y, Kim B, Young A J. J. Mater. Chem., 2009, 19: 6324.
[102] Kim S, Bawendi M G. J. Am. Chem. Soc., 2003, 125: 14652.
[103] Kim S W, Kim S, Tracy J B, et al. J. Am. Chem. Soc., 2005, 127: 4556.
[104] Pinaud F, King D, Moore H P, et al. J. Am. Chem. Soc., 2004, 126: 6115.
[105] Premachandran R, Banerjee S, John V T, et al. Chem. Mater., 1997, 9: 1342.
[106] Yang C H, Bhongale C J, Chou C H, et al. Polymer, 2007, 48: 116.
[107] Potapova I, Mruk R, Hübner C, et al. Angew. Chem. Int. Ed., 2005, 44: 2437.
[108] Xie M, Liu H H, Chen P, et al. Chem. Commun., 2005: 5518.

[109] Zhang H,Zhou Z,Yang B,et al. J. Phys. Chem. B,2003,107:8.

[110] Querner C,Reiss P,Bleuse J,et al. J. Am. Chem. Soc. ,2004,126:11574.

[111] Querner C,Benedetto A,Demadrille R,et al. Chem. Mater. ,2006,18:4817.

[112] Wang X S,Dykstra T E,Salvador M R,et al. J. Am. Chem. Soc. ,2004,126:7784.

[113] Wang M,Oh J K,Dykstra T E,et al. Macromolecules,2006,39:3664.

[114] Zhang C,O'Brien S,Balogh L. J. Phys. Chem. B,2002,106:10316.

[115] Nann T. Chem. Commun. ,2005:1735.

[116] Uyeda H T,Medintz I L,Jaiswal J K,et al. J. Am. Chem. Soc. ,2005,127:3870.

[117] Mei B C,Susumu K,Medintz I L,et al. Nat. Protoc. ,2009,4:412.

[118] Prucker O, Rühe J. Macromolecules,1998,31:592.

[119] Prucker O,Rühe J. Macromolecules,1998,31:602.

[120] Zhao B,Brittain W J. Prog. Polym. Sci. ,2000,25:677.

[121] Skaff H,Emrick T. Chem. Commun. ,2003:52.

[122] Mitchell G P,Mirkin C A,Letsinger R L. J. Am. Chem. Soc. ,1999,121:8122.

[123] Milliron D J,Alivisatos A P,Pitois C,et al. Adv. Mater. ,2003,15:58.

[124] Wang Y A,Li J J,Chen H,et al. J. Am. Chem. Soc. ,2002,124:2293.

[125] Li Z M,Huang P,He R. Mater. Lett. ,2010,64:375.

[126] Guo W,Li J J,Wang Y A,et al. J. Am. Chem. Soc. ,2003,125:3901.

[127] Guo W,Li J J,Wang Y A,et al. Chem. Mater. ,2003,15:3125.

[128] Farmer S C,Patten T E. Chem. Mater. ,2001,13:3920.

[129] Werne T,Patten T E. J. Am. Chem. Soc. ,1999,121:7409.

[130] Sill K,Emrick T. Chem. Mater. ,2004,16:1240.

[131] Skaff H,Ilker M F,Coughlin E B. J. Am. Chem. Soc. ,2002,124:5729.

[132] Carrot G,Rutot-Houzé D,Pottier A,et al. Macromolecules,2002,35:8400.

[133] Rutot-Houzé D,Fris W,Degée P,et al. J. Macromol. Sci. A,2004,41:697.

[134] Skaff H,Sill K, Emrick T. J. Am. Chem. Soc. ,2004,126:11322.

[135] Crooks R M,Zhao M Q,Sun L,et al. Acc. Chem. Res. ,2001,34:181.

[136] Sooklal K,Hanus L H,Ploehn H J,et al. Adv. Mater. ,1998,10:1083.

[137] Zhang P,Naftel S J,Sham T K. J. Appl,Phys. ,2001,90:2755.

[138] Hanus L H,Sooklal K,Murphy C J,et al. Langmuir,2000,16:2621.

[139] Lemon B I,Crooks R M. J. Am. Chem. Soc. ,2000,122:12886.

[140] Hedden R C,Bauer B J ,Smith A P,et al. Polymer,2002,43:5473.

[141] Lee K R,I J Kang. Ultramicroscopy,2009,109:894.

[142] Reiss P ,Protière M,Li L. Small ,2009,5:154.

[143] Chen X B,Lou Y B,Samia A C,et al. Nano Lett. ,2003,3:799.

[144] Madelung O,Schulz M,Weiss H. Crystal and Solid State Physics. 17b,Berlin:Springer,1982.

[145] Singh J. Physics of Semiconductors and Their Heterostructures. New York:McGraw-Hill, 1993.

[146] Yu W W, Qu L H, Guo W Z, et al. Chem. Mater., 2003, 15: 2854. Correction, Chem. Mater., 2004, 16: 560.

[147] Adam S, Talapin D V, Borchert H, et al. J. Chem. Phys., 2005: 123.

[148] Talapin D V. PhD thesis. Hamburg, 2002.

[149] Li J J, Wang Y A, Guo W Z, et al. J. Am. Chem. Soc., 2003, 125: 12567.

[150] Bae W K, Char K, Hur H, et al. Chem. Mater., 2008, 20: 531.

[151] Manna L, Scher E C, Li L S, et al. J. Am. Chem. Soc., 2002, 124: 7136.

[152] Talapin D V, Koeppe R, Gotzinger S, et al. Nano Lett., 2003, 3: 1677.

[153] Carbone L, Nobile C, De Giorg M, et al. Nano Lett., 2007, 7: 2942.

[154] Talapin D V, Nelson J H, Shevchenko E V, et al. Nano Lett., 2007, 7: 2951.

[155] Bleuse J, Carayon S, Reiss P. Physica E, 2004, 21: 331.

[156] Reiss P, Carayon S, Bleusee J, et al. Synth. Met., 2003, 139: 649.

[157] Talapin D V, Mekis I, Gotzinger S, et al. J. Phys. Chem. B, 2004, 108: 18826.

[158] McBride J, Treadway J, Feldman L C, et al. Nano Lett., 2006, 6: 1496.

[159] Bragg W L. Proc. Camb. Phil. Soc., 1913, 17: 43; Proc. Roy. Soc., (Loudon) 1913, A89: 248; Bragg W H. Proc. Roy. Soc,. (Loudon), 1913, A88: 428; Bragg W H, Bragg W L. Proc. Roy. Soc. (Loudon) 1913, A89: 277.

[160] Yu W W, Falkner J C, Shih B S, et al. Chem. Mater., 2004, 16: 3318.

[161] Barns R L. J. Appl. Cryst., 1972, 5: 381.

[162] Cho K S, Talapin D V, Gaschler W, et al. J. Am. Chem. Soc., 2005, 127: 7140.

[163] Peng X, Schlamp M C, Kadavanich A V, et al. J. Am. Chem. Soc., 1997, 119: 7019.

[164] Demasa J N, Crosby G A. J. Phys. Chem., 1971, 76: 991.

[165] Weber G, Teale F W J. Trans. Faraday Soc., 1957, 53: 646.

[166] Weber G, Teale F W J. Trans. Faraday Soc., 1958, 54: 640.

[167] Dawson W R, Windsor M W. J. Phys. Chem., 1968, 72: 3251.

[168] Dawson W R, Kropp J L. J. Opt. Soc. Amer., 1965, 55: 822.

[169] Britten A, et al. Analyst, 1978, 103: 928.

[170] Matthews S M, Elder A D, Yunus K, et al. Anal. Chem., 2007, 79: 4101.

[171] Valeur B. Molecular Fluorescence: Principles and Applications. Weinheim: Wiley, 2002.

[172] Eaton D F. Pure Appl. Chem., 1990, 62: 1631.

第 3 章　Ⅱ-Ⅵ族胶体半导体量子点

Ⅱ-Ⅵ族胶体半导体量子点包括 Cd 族、Zn 族、Hg 族等常见的胶体量子点，辐射波长从紫外延伸到中红外。不同Ⅱ-Ⅵ族胶体半导体量子点的性质，与前驱体元素、合成的方式，以及溶剂等相关。在这一章里，我们介绍典型的Ⅱ-Ⅵ族胶体半导体量子点的合成方法，并就其晶格特性、能级结构和光学性质给以描述。

3.1　CdSe 胶体半导体量子点

3.1.1　CdSe 胶体量子点的合成方法

1. 油相热注入合成方法

1993 年，麻省理工学院 Bawendi 研究组采用热注入方法，将氧族元素(硫、硒或碲)溶解在三辛基氧膦(trioctylphosphine oxide，TOPO)中，而后与二甲基镉(dimethyl cadmium，$Cd(CH_3)_2$)反应，首次在有机溶液中合成出尺寸均一的 CdSe 胶体量子点[1]。但是，二甲基镉毒性极强、易燃、昂贵、室温下不稳定、高温易于释放气体而导致爆炸。因此，这个合成路线对实验器材和人员素质要求很高，不适合大剂量合成。随后，研究者们提出采用不同的镉前驱体合成 CdSe 量子点。一个典型的合成 CdSe 量子点的方法是，采用 $CdCO_3$、CdO 等作为镉前驱体，在 TOPO 中合成出 CdSe 量子点[2,3]。典型样本合成路线是：0.2mmol $CdCO_3$ 与 2g 硬脂酸(又名十八酸，stearic acid，SA)混合，加热到 130℃，在 Ar 气保护下，整个混合物变澄清。系统冷却到室温，加入 2g 99% TOPO，再次将混合物加热到 360℃，然后将溶解在 TOP 中的 0.5mmol 硒粉，和 0.2g 甲苯混合溶液快速注入到反应瓶中，反应温度降低到 300℃，保持这个温度以保证量子点的生长。

图 3.1 是两个尺寸 CdSe 量子点的 TEM，同时给出 XRD 图谱。使用硬脂酸配位体，可以合成 2～25nm 的 CdSe 量子点。XRD 图谱表明，这里合成的 CdSe 量子点显示出纤锌矿晶格结构。

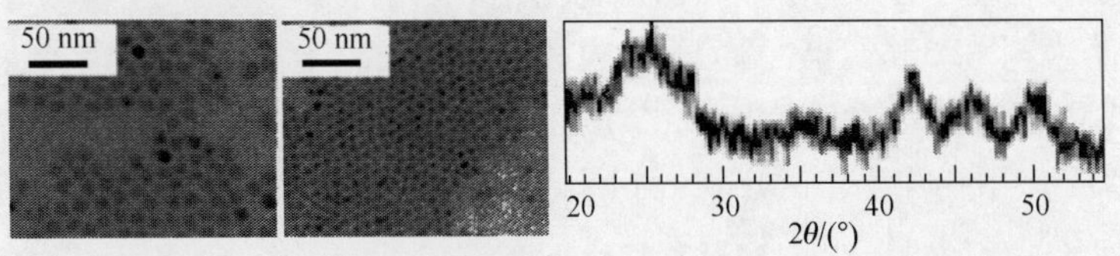

图 3.1　两个尺寸 CdSe 量子点的 TEM 以及 XRD 图谱[2]

在上述合成中，利用Cd的脂肪酸盐替代非常不稳定的$Cd(CH_3)_2$，有利于控制晶核成形的过程。因此，在TOPO体系中的CdSe量子点尺寸和尺寸分布是可重复的。由于量子点生长速度非常快，脂肪酸体系不利于小尺寸量子点的合成。图3.2给出不同Cd前驱体适合性的测试结果。采用不同链长的脂肪酸，例如十二酸(lauric acid，LA)，量子点生长速度随脂肪酸链长的缩短而上升。随着Cd浓度的升高(达到0.1mol/kg溶剂)，在高温时脂肪酸系统会显现出自分解现象，而且链长越短，自分解现象越明显。例如，当温度达到300℃时，高浓度的$Cd(Ac)_2$/TOPO系统显示出不稳定性。这时在注入Se之前只要没有形成沉淀，不会影响量子点的生长。与采用磷酸配位体结合CdO前驱体的合成方案比较[3]，采用脂肪酸不但成本低，而且更有利于保护环境。

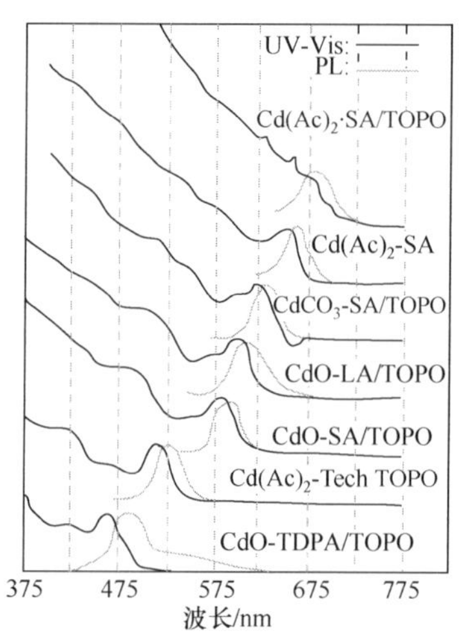

图3.2　不同Cd前驱体合成CdSe量子点的吸收和PL光谱[2]

2. 油相热裂解合成方法

2005年，Yang等人采用热裂解方法，在有机相中制备出CdSe量子点[4]。典型样本合成路线是：将0.05mmol硒粉、0.1mmol镉盐和5.0g十八烯(octadecene，ODE)加入三口瓶，在惰性气体环境下，以$25K \cdot min^{-1}$的速度加热到240℃。取温度达到240℃时为计时零点，不同时间取出一系列样品用于合成动力学的研究。在粒子直径达到3.0nm(第一激子吸收峰是550nm)后，将混在ODE中的油酸(oleic acid，OA)溶液(0.05M，1.0mL)滴入到反应溶液，以稳固量子点的生长。如果采用磷酸三丁酯-硒(tributyl phosphate-Se，TPB-Se)替代Se粉，可以得到四面体CdSe量子点。

一般而言，高温有利于形成高质量的量子点。但是，因为合成温度变化范围大

(室温到 200℃以上)，采用非注入合成方法难以获得单分散性的量子点。如果前驱体的反应活性高，大范围的温度变化导致量子点的成核和生长同时完成，产生单分散性较差的量子点。然而，如果前驱体比较稳定，这时只会形成少量的晶核，粒子的生长将无法控制。因此，只有采用适当反应活性的前驱体，才有利于合成单分散性的量子点。一般而言，理想的前驱体的标志是：在达到量子点生长特定温度之前，几乎没有反应活性；当温度达到特定值后，显示出高的反应活性。

有关的研究表明[1,5-8]，纯的镉盐分解温度是 226℃，Se 粉熔点是 221℃。在室温条件下，Se 不溶于 ODE，只是在超过 190℃时，才微溶于 ODE。因此，在 200℃时，Se 粉与 Cd 盐不发生化学反应；当达到 210℃时，晶核开始出现。如图 3.3(a,b) PL 和吸收光谱所示，吸收峰开始形成。图 3.3(c)表明，随着反应时间增加，粒子尺寸迅速增大，而后趋于稳定。PL 光谱半峰宽度(FWHM)随着反应时间增加而变窄，而后趋于稳定，如图 3.3(e)所示。在晶核开始出现后，粒子的数量迅速增加，达到一个极大值；然后在进一步的生长期间，数量将连续减少，如图 3.3(d)所示。大约 72%的量子点形成于初始阶段；在生长 2 小时后，不再出现新的粒子。

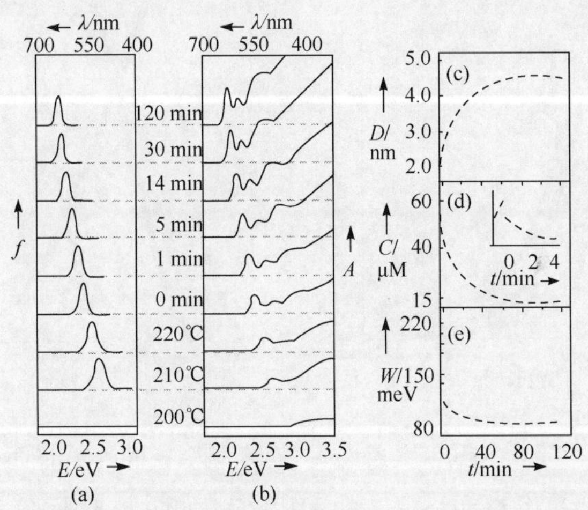

图 3.3 热裂解合成 CdSe 量子点温度、时间依赖的 PL 和吸收光谱[4]

3. 水相合成方法

根据 Kalasad 等人的研究报告[9]，一种水相合成 CdSe 量子点的典型合成路线是：将 $CdCl_2$溶解在蒸馏水中，再加入 0.24M 的 3-巯基丙酸(3-mercaptopropanoic acid，MPA)；在另一个烧瓶中将一定数量的 Se 粉溶解在水合肼(hydrazine hydrate)里。通过改变 Cd^{2+} 和 Se^{2-} 的摩尔数，调整反应时间和温度，调节生成量子点的尺寸，实验得到 5 个样本。样本 1：100mM $CdCl_2$和 5mM 水合肼-Se，2∶1 的体积比，室温下混合；样本 2：100mM $CdCl_2$ 和 50mM 水合肼-Se，4：1 的体积比，室温下混合；样本 3：100mM $CdCl_2$ 和 50mM 水合肼-Se，4：1 的体积比，室温下混合，然后加热到 100℃，保持 30 分钟；样本 4：100mM $CdCl_2$ 和 50mM 水合肼-Se，4：1 的体积比，室温下混合，然后加热到 100℃，保持 110 分钟；样本 5：100mM $CdCl_2$ 和 50mM 水合肼-Se，1：2 的体积比，室温下混合，然后加热到 90℃，保持 30 分钟。

选择水合肼-Se 复合物作为 Se 源，以 MPA 作为配体，生成 CdSe 量子点的反应方程是[9]

$$CdCl_2+(NH_2NH_2)^{2+}+Se^{2-}+H_2O \rightarrow CdSe\downarrow+N_2\uparrow+2HCl+H_2\uparrow+H_2O \tag{3.1-1}$$

水合肼-Se 复合物释放出高活性 Se^{2-} 离子，在溶液中借助 MPA 与 Cd^{2+} 反应产生 CdSe 量子点。如图 3.4(a)所示，CdSe 量子点第一激子吸收峰由样本 1 的 384nm 变化到样本 5 的 600nm，相应尺寸由 1.58nm 增加到 3.42nm。类似情况如图 3.4(b)所示，是 5 个样本的 PL 光谱，PL 量子产额是 12%(样本 5)～43%(样本 3)。

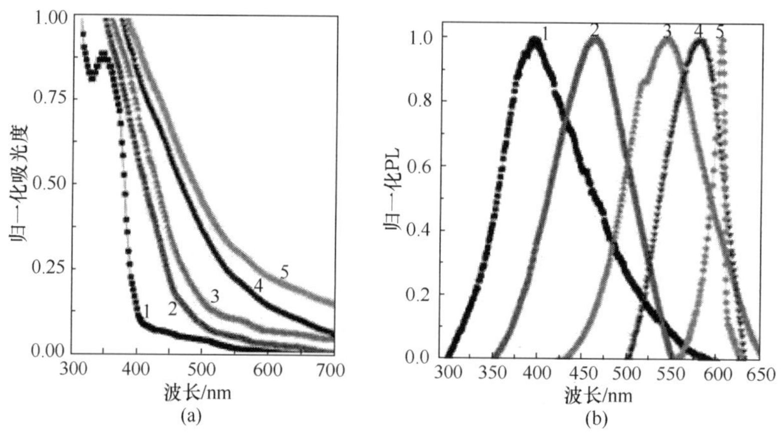

图 3.4　5 个水相 CdSe 量子点样本的吸收(a)和 PL 光谱(b)[9]

5 个样本的 XRD 图谱和样本 3 的 HRTEM 如图 3.5 所示，插图是电子衍射(SAED)图样。XRD 图谱表明，在 $2\theta=25$、43、50 位置出现 3 个宽的、清晰的衍射峰，对应于立方体闪锌矿结构，米勒指数分别是(111)、(220)、(311)晶面族，表明这里制备的 CdSe 量子点是立方体闪锌矿结构。样本 3 的 HRTEM 清晰的格点和晶格框架说明，这里制备的 CdSe 量子点具有良好的结晶性。其中，插入的电子衍射(SAED)图片进一步证明上述晶格结构的结论。

3.1.2　其他形状的 CdSe 胶体纳米晶

胶体纳米晶的不同小晶面具有不同的表面能，对表面活性剂有不同的束缚强度。伴随吸附表面活性剂，具有较低束缚能的小晶面会比那些具有较高束缚能的

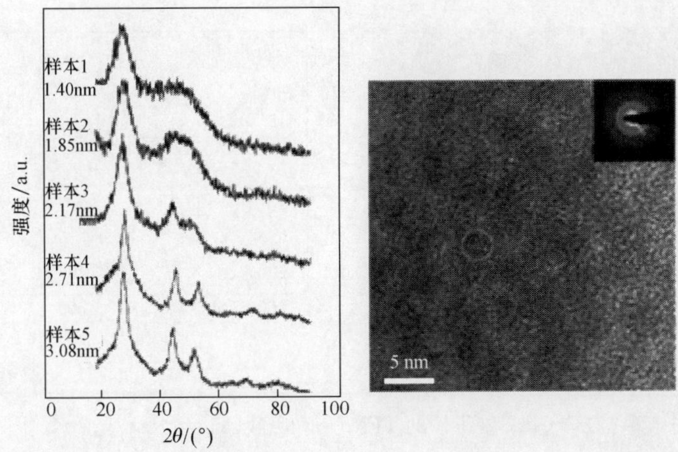

图 3.5 5 个 CdSe 量子点样本的 XRD 图谱和样本 3 的 HRTEM，其中插图是 SAED[9]

小晶面生长更快。利用两种或更多的表面活性剂（surfactant）可以促进整个过程，以便生长出多种不同形状和尺寸的纳米晶。Kotov 等人提出一种非传统的、自组装生长机制，获得微米长度的纳米线[10,11]。自组装机制源于Ⅱ-Ⅵ半导体纳米团簇（cluser）带电表面之间的偶极-偶极相互作用，如果移除稳定作用的有机配位体，无机纳米团簇与有机物稳定剂混合物的净电荷将会增加，从而促进自组装的发生。

Thoma 等人利用这种机制，采用单源分子前驱体，合成出蓝光 CdSe 纳米棒（nanorod，NR）[12]。典型样本合成路线是：在真空中，将 36g 十六烷基胺（hexadecylamine，HDA）加热到 120℃，然后利用氮气净化并冷却到 60℃。此时加入 0.8g 单源前驱体 $Li_2[Cd_{10}Se_4(SPh_{16})]$，随后以 1℃/min 的速率加热溶液到 100℃，保持 72 小时。在溶液温度冷却到 80℃后，加入 80mL 甲苯，随后利用等体积的甲醇，使 HDA 包覆的纳米团簇沉淀出来。再经过离心得到产物，然后溶解在甲苯中。

在这个合成中，Cd∶Se 是 1.2∶1。图 3.6 是胶体 CdSe 纳米棒的 TEM、吸收（虚线）、PL（实线）和 PLE（点划线）光谱。TEM 确定 CdSe 纳米棒的尺寸是直径×长度＝2.5nm ×12nm。图 3.6(b)所示的 PL 光谱表明，其 PL 峰位接近于 500nm。

Zhang 等人在石蜡中让 CdO 和 Se 粉直接反应，得到多足状胶体 CdSe 纳米晶[13]。典型样本合成路线是：1.15g（9mmol）CdO、0.47g（6mmol）Se、10.0mL TOP、15.0mL 油酸和 150mL 石蜡混合。在 N_2 下，以 20℃/min 速率加热到 210℃。最后，反应溶液冷却到 80℃，利用丙酮沉淀得到产物，并溶解在甲苯或氯仿中。

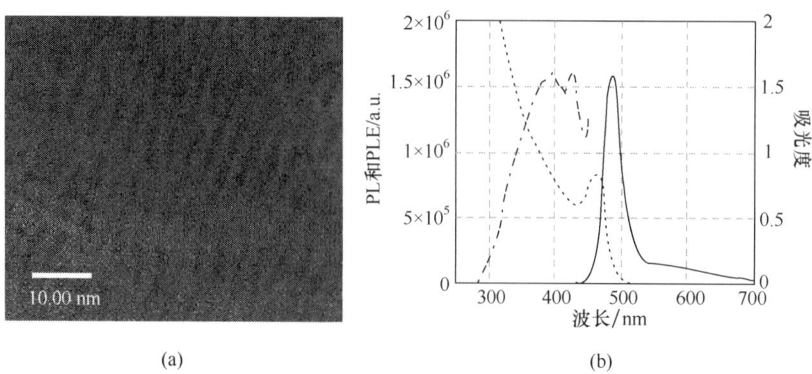

图 3.6 胶体 CdSe 纳米棒的 TEM(a)和吸收、PL 和 PLE 光谱(b)[12]

图 3.7 是不同反应时间多足状胶体 CdSe 纳米晶的 TEM 和 XRD。三足和四足的纳米结构约占总量的 92%,没有观察到球形粒子形态。当反应时间由 2min 增加到 30min 时,平均长/径尺寸由 6.7/2.1nm 增加到 12.2/3.4nm。但是,随着反应时间的延续,多足纳米晶臂的形状比例几乎保持不变。其中插图是单个 CdSe 四足结构的 HRTEM,中心臂垂直于纸面,所以只看到一个黑点,其他三臂呈现对称分布。图 3.7(c)是 CdSe 纳米晶的 XRD,看上去类似于闪锌矿晶格结构,但是没有观测到闪锌矿结构的、位于 61.0°的(400)晶面族的特征衍射峰。

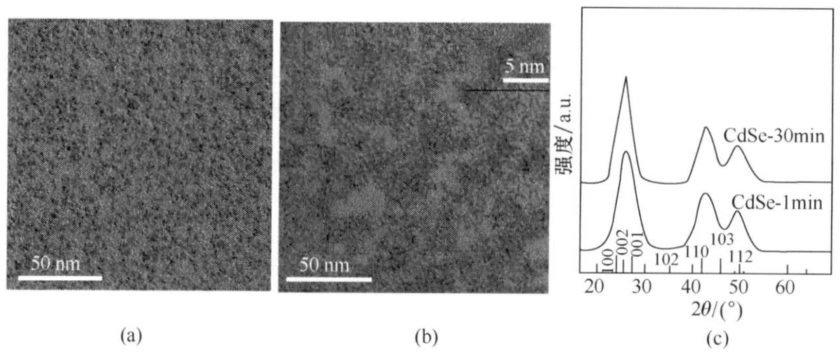

图 3.7 不同反应时间的多足状胶体 CdSe 纳米晶的 TEM(a,b)以及 XRD(c)[13]

图 3.8 是不同反应时间多足状 CdSe 纳米晶的吸收和 PL 光谱,窄而尖锐的第一激子吸收峰和对称均衡的 PL 发光峰,表明多足状 CdSe 纳米晶的尺寸和形状是单分散的。PL 光谱表明,当反应时间增加到 30min 时,PL 峰值位置由 573nm 移动到 607nm,半峰宽 FWHM 始终保持为 24~27nm。

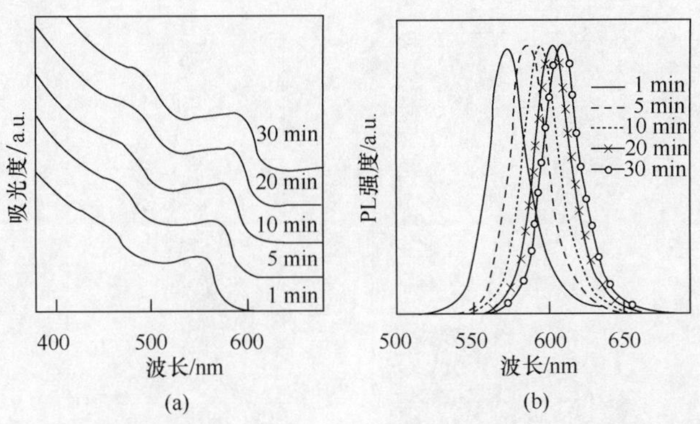

图3.8 不同反应时间的多足状CdSe纳米棒的吸收(a)和PL光谱(b)[13]

3.1.3 CdSe胶体核壳量子点

1. CdSe/CdS胶体核壳量子点

以CdSe为核的核壳量子点合成研究工作较多,其中一种方法是采用二甲基镉(dimethylcadmium)和TOPSe粉作为前驱体,HDA-TOPO-TOP混合物为溶剂,在H_2S气体作用下,"one-pot"实现CdSe/CdS核壳量子点的合成[14]。典型样本合成路线是:首先,利用二甲基镉和TOPSe为前驱体,在HDA-TOPO-TOP混合溶液中合成CdSe量子点[15];其次,将反应瓶内CdSe量子点溶液加热到140℃,利用注射器缓慢的将H_2S注入到反应瓶内。在140℃、30分钟内,H_2S气体被反应混合物吸收。随后温度降至100℃,搅拌1小时。然后将反应混合物冷却到50℃,加入15mL氯仿(trichloromethane,$CHCl_3$),防止TOPO和HDA在室温下凝固。使用0.2μm的过滤器,将CdSe/CdS核壳量子点分离出来。

H_2S气体的加入量直接影响CdSe/CdS量子点的合成质量。在注入不同数量H_2S气体的情况下,CdSe/CdS量子点的吸收和PL光谱如图3.9所示(虚线是CdSe量子点;由左向右排列实线是加入2mL、4mL、6mL、8mL、10mL H_2S的光谱),PL量子产额由28%提高到85%。随着H_2S气体注入量的增加,第一激子吸收峰和PL发射峰均产生红移。小尺寸CdSe量子点(约3nm)的红移最大,达到33nm;而较大尺寸CdSe量子点(约5nm)的红移较小,为6~12nm。

在HDA-TOPO-TOP混合溶液中,合成CdSe/CdS量子点的XRD如图3.10(a)所示,粗看似乎与CdSe核的晶相结构一致,但细节上发现衍射峰存在较大位移,是居于CdSe和CdS之间的纤锌矿晶相。图3.10(b)是尺寸3.0nm(上)和4.8nm(下)CdSe核和CdSe/CdS核壳量子点的TEM,H_2S注入后,量子点尺寸增加,边缘晶格的规则性变得更好,导致核壳量子点的PL光谱强度得到改善。

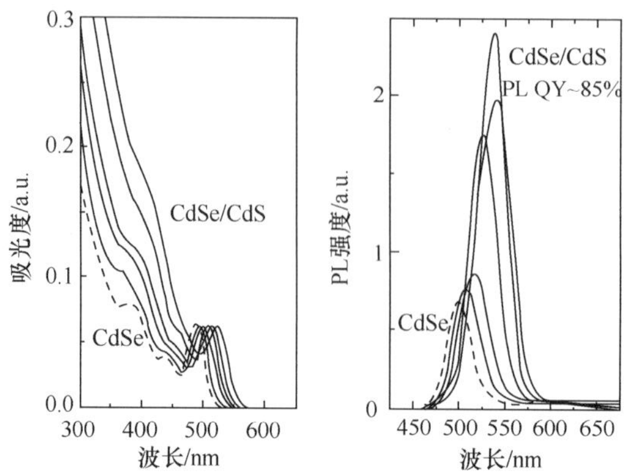

图 3.9 CdSe/CdS 量子点吸收和 PL 光谱[14]

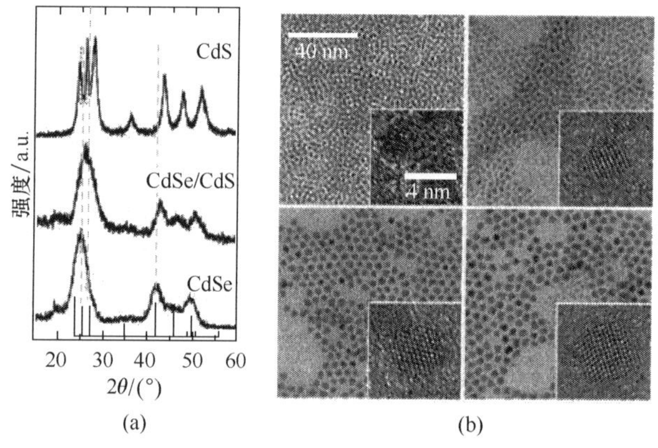

图 3.10 (a) 三种量子点的 XRD;(b) 两个尺寸 CdSe(左)和 CdSe/CdS(右)量子点的 TEM[14]

CdS 壳的厚度直接影响 CdSe/CdS 核壳量子点的 PL 量子产额和稳定性。上述合成方法难以有效控制 CdS 壳的厚度。Peng 等人提出采用逐层离子吸附反应(SILAR)的方法制备核壳量子点,较好地解决了这个问题。他们采用热注入合成方法,利用二乙基二硫代氨基甲酸镉(diethyl dithiocarbamate cadmium, $Cd(DDTC)_2$)作为前驱体,制备出闪锌矿晶相 CdSe/CdS 核壳量子点[15]。其关键是加入伯胺能够激活反应物和提高配位体的活性,从而降低反应温度(在 100～140℃)。图 3.11TEM 显示随着 CdS 数量的增加,壳层增厚和粒子尺寸逐渐增加。同时图 3.11 给出不同 CdS 壳层数目时,CdSe/CdS 量子点的吸收和 PL 光谱。第一激子吸收峰位置的移动与 CdS 单层数的增加具有一致性,而且 CdSe/CdS 量子点的 PL 量子产额和半峰宽度(FWHM)与 CdS 单层数直接相关。

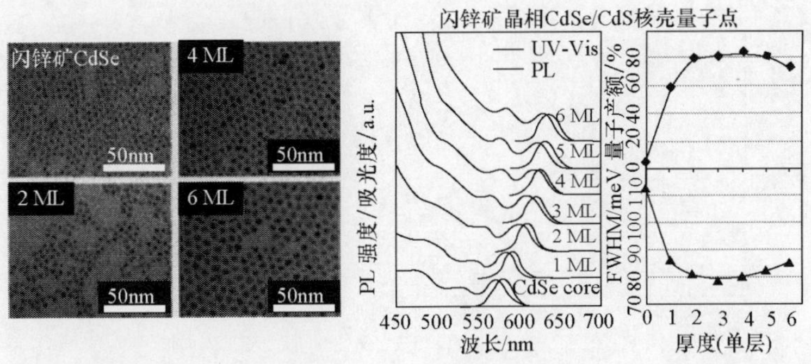

图 3.11　不同壳层(ML)数目 CdSe/CdS 量子点的 TEM、吸收和 PL 光谱、量子产额和 FWHM[15]

2. CdSe/ZnS 胶体核壳量子点

选择宽带的半导体材料，如 ZnS 等，包覆 CdSe 量子点，在提高光学稳定性和量子产额的同时，又可以满足抑制毒性的要求。Murcia 等人提出一种油相合成 CdSe/ZnS 核壳量子点的方法[16]。使用 $Cd(Ac)_2$、TOPO 等合成出 CdSe 量子点；然后将溶解在三丁基磷（tributylphosphane，TBP）中的 Zn 盐注入到 CdSe 量子点溶液中，合成出 CdSe/ZnS 核壳量子点。图 3.12(a、b)是 CdSe 和 CdSe/ZnS 量子点的 TEM，尺寸分别是 2.85nm 和 3.82nm。图 3.12(c)的 XRD 图谱表明，CdSe 和 CdSe/ZnS 量子点都是纤锌矿结构。

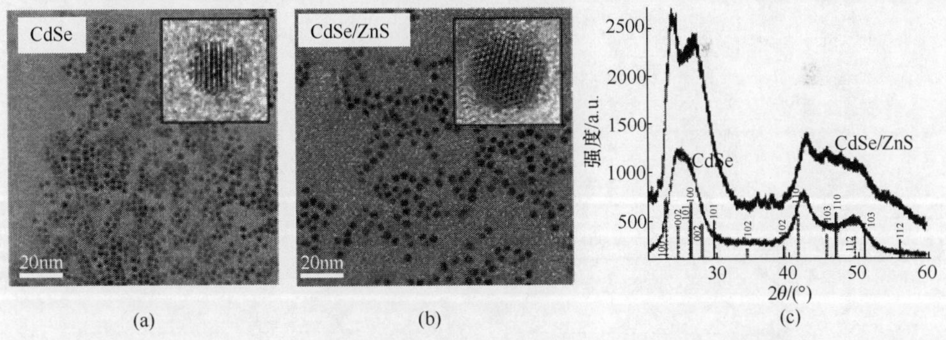

图 3.12　CdSe、CdSe/ZnS 量子点的 TEM、HRTEM 和 XRD 图谱[16]

图 3.13 是上述合成方法制备 CdSe/ZnS 量子点的 PL 光谱和量子产额随壳层厚度变化情况。较低的虚线是 CdSe 量子点的 PL 数据(对应计时时刻)；实线依次是 7min、9min、10min、12min CdSe/ZnS 量子点的数据；较高的虚线是 17min 的数据。这些数据表明，随着壳厚度的增加，PL 发光的性质发生改变，包括 PL 峰位红移、量子产额发生变化等。最高量子产额达到 50%，PL 光谱的半峰宽度只有 25nm。

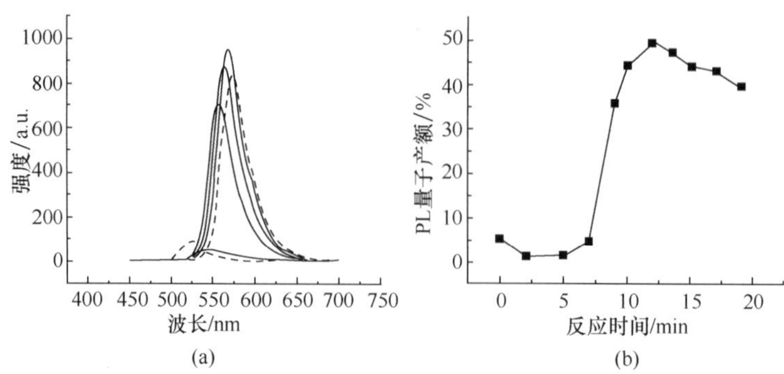

图 3.13　CdSe/ZnS 量子点的 PL 光谱(a)和量子产额随壳层厚度变化的情况(b)[16]

CdSe 与 CdS 的晶格失配是 3.9%，CdSe 与 ZnS 之间是 12%，如图 3.14(a)所示。如果直接包覆 ZnS 核壳，易于在界面上产生新的缺陷，不利于钝化 CdSe 量子点表面。一个解决方案是在 CdSe/CdS 量子点外部先包覆一层合金 $Zn_{0.5}Cd_{0.5}S$，然后再包覆 ZnS[8]。图 3.14(b,c)是这种核壳量子点的吸收、PL 光谱和它的量子产额，包覆 ZnS 壳后仍然保持高的量子产额。

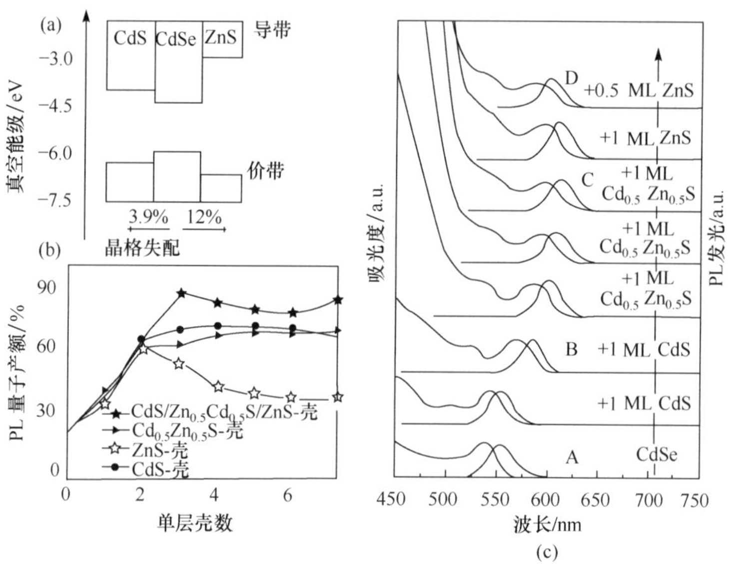

图 3.14　晶格匹配关系(a)；PL 量子产额(b)；不同核壳量子点的吸收和 PL 光谱(c)[8]

3. CdSe/CdTe 胶体核壳量子点

如图 3.15(a)所示，CdSe(4.6eV，6.7eV)和 CdTe(4.1eV，5.9eV)两种材料具有类型 II 带隙关系，电子波函数主体处于核(或壳)中，而空穴波函数主体处于壳

(或核)中,由此可以分离量子点产生的光生载流子,导致光吸收和光发射产生分离。在较低的偏置电压下,这种结构材料可以使激子分离为自由的载流子,在太阳电池、光电探测器等领域有着广泛的应用。

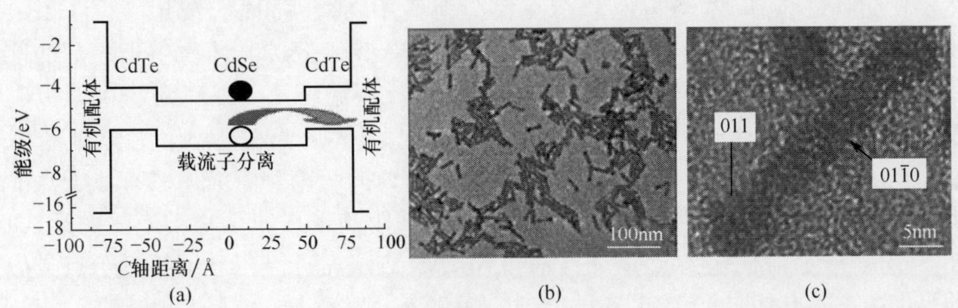

图 3.15　CdSe 和 CdTe 能级匹配关系(a);CdSe/CdTe 纳米晶的 TEM(b)和 HRTEM(c)[17]

CdSe/CdTe 纳米晶典型样本合成路线是[17]:TOPO、十八烷基磷酸(ODPA)和 CdO 的混合溶液加热到 320℃,然后注入室温的 TOP-Se 溶液,获得 CdSe 纳米棒;将纳米棒注入到 TOPO、HDA 和 HPA 组成的混合溶液中,加热到 260℃,然后逐滴注入室温的混合溶液(乙酰丙酮镉(cadmium 2,4-pentanedionate),十六烷二醇(1,2-hexadecanediol),TOP,1.0M 的 TOP-Te)。图 3.15(b,c)是这种方法合成的 CdSe/CdTe 核壳纳米棒的 TEM。

图 3.16 是采用这种方法合成的 CdSe/CdTe 核壳纳米棒的吸收和 PL 光谱,它表明光子可以被 CdSe 纳米棒吸收,也可以被 CdTe 量子点吸收,也可以在两种材料交界处吸收。但是,没有观察到这种 CdSe/CdTe 核壳纳米棒的 PL 光谱,原因是电子和空穴处于两个材料的分离状态里。

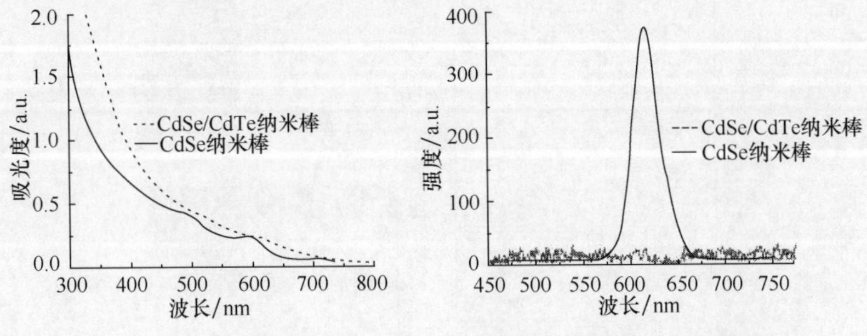

图 3.16　CdSe 和 CdSe/CdTe 纳米棒的吸收和 PL 光谱[17]

随后,Blackman 等采用改进的 SILAR 技术,合成出 CdSe/CdTe 量子点[18]。采用 SILAR 方法合成出接近于花生形状的 CdSe/CdTe 纳米晶,其短轴尺寸与核量子点的尺寸相同。在这个合成过程中,调整合成条件,包括前驱体浓度、反应温度和反应溶液的组成，结果表明这些变化无助于获得点状的 CdSe/CdTe 核壳量子点。观察合成过程发现，在注入后不久就会生长出狭长 CdSe/CdTe 花生状纳米晶。因此，花生状 CdSe/CdTe 纳米晶归因于注入后局部前驱体浓度的增高。如果在生长反应之前，单体均匀地散布在反应溶液中，预想可以合成出点状 CdSe/CdTe 核壳量子点。基于这一分析，将注入温度降低到 180℃，使得生长之前的前驱体均匀分布。在每一次 SILAR 循环注入后，反应温度马上提高到 260℃，以利于 CdTe 壳有效的生长到现存的 CdSe 量子点上。CdTe 壳在高温下生长到 CdSe 量子点之前，低注入温度也能够让前驱体有足够时间吸附到溶液内已有量子点的表面。溶液中单体浓度和化学势都会下降，从而阻止形成花生状纳米晶的形成。如图 3.17 所示，利用这个热循环技术和 SILAR 方法，获得与 CdSe 核量子点类似的尺度均一的点状 CdSe/CdTe 量子点。

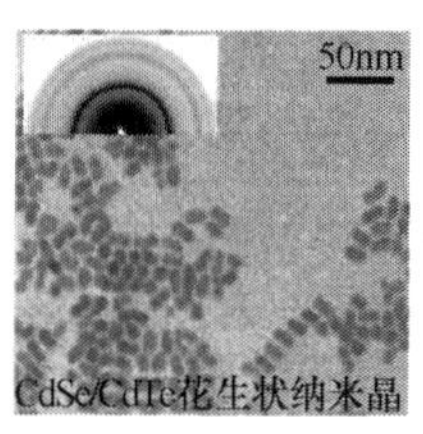

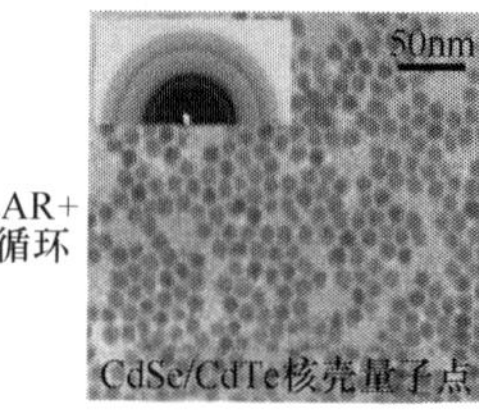

图 3.17　CdSe/CdTe 量子点生长过程示意图[18]

CdTe 壳生长到 CdSe 量子点上并形成点状核壳量子点后，吸收光谱、PL 光谱，以及 HRTEM 如图 3.18 所示。增加 CdTe 壳层厚度，核壳量子点尺寸增加，但是第一激子吸收峰的红移并不明显，而 PL 发射峰却产生明显的红移。显然，包覆厚壳有助于分离第一激子吸收峰和 PL 发光峰。

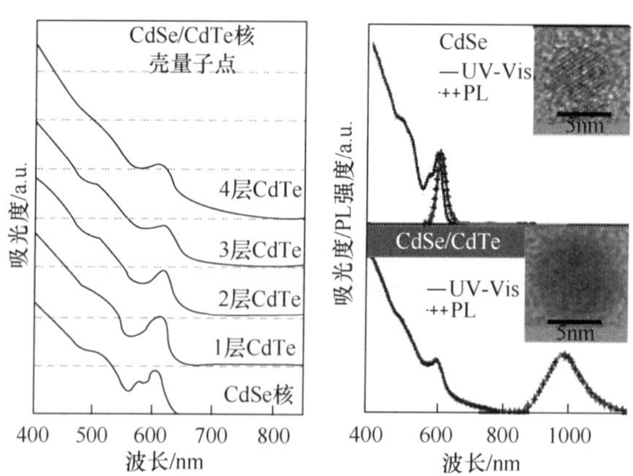

图 3.18　CdSe 和 CdSe/CdTe 量子点的吸收、PL 光谱，以及 HRTEM[18]

3.1.4　CdSe胶体掺杂或合金量子点

胶体CdSe量子点是良好的半导体材料，除了尺寸调谐可以改变发光的属性外，利用Mn、Mg等掺杂胶体CdSe量子点，也可以对发光性质进行调整。

典型的Mn掺杂胶体CdSe量子点的合成方法是[19]：将氧化镉、醋酸锰盐与石蜡油和油酸混合加入到三口瓶中，加热到160℃。在220℃下，将Se前驱体注入到石蜡油中。然后将Mn-Cd溶液注入到Se-石蜡油溶液中，迅速发生成核反应并进行Mn：CdSe量子点的生长过程。通过净洗、离心等处理，获得不同温度、反应时间的Mn：CdSe量子点样品。

图3.19是CdSe量子点和Mn：CdSe量子点的XRD、HRTEM和电子衍射图样，表现出闪锌矿晶格结构。闪锌矿CdSe是热力学亚稳定的，是低温下适合于动力学的晶相。油酸镉单体分子结构阻止向纤锌矿结构方向生长，表面活性剂促使量子点生成闪锌矿结构，并沿{001}面生长以得到最大的结合能。尽管Cd^-和Mn的油酸盐具有导向的作用，但是由于Ostwald熟化，{001}面与其他面上离子沉积均衡，粒子仍然生长成球形量子点。CdSe和Mn：CdSe量子点的XRD也显示出一些变化：Mn：CdSe量子点衍射峰的半宽度降低，说明Mn：CdSe量子点的尺寸大于CdSe量子点尺寸，反映出结晶生长；同时，Mn：CdSe量子点衍射峰位置向大角度方向产生微小的移动，说明Mn离子填充在闪锌矿CdSe的四方体间隙。图3.19(b)给出的HRTEM和EDS进一步验证了XRD的结果。

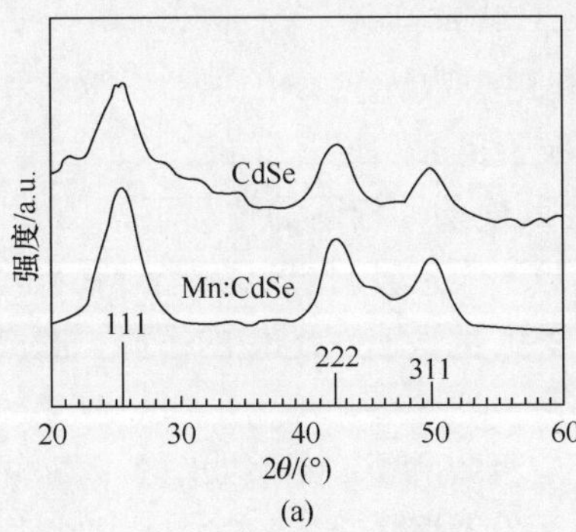

(a)

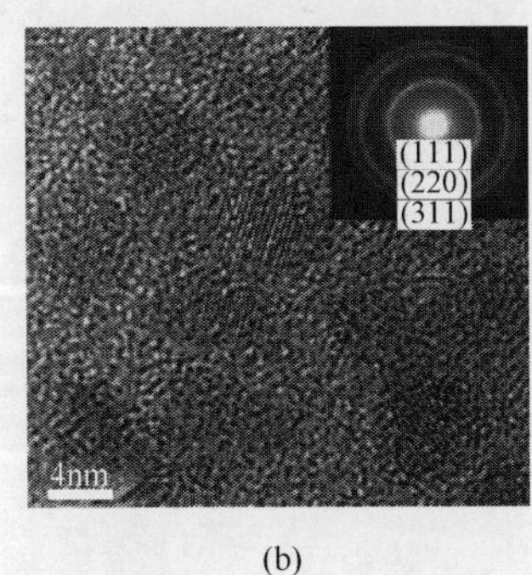

(b)

图3.19　CdSe和Mn：CdSe量子点的XRD(a)和HRTEM、EDS(b)[19]

图3.20是不同反应时间CdSe和Mn：CdSe量子点的吸收光谱。Mn：CdSe量子点吸收光谱相对CdSe量子点产生明显红移，而且延长加热处理时间，吸收光谱逐渐红移，说明粒子尺寸逐渐增大。

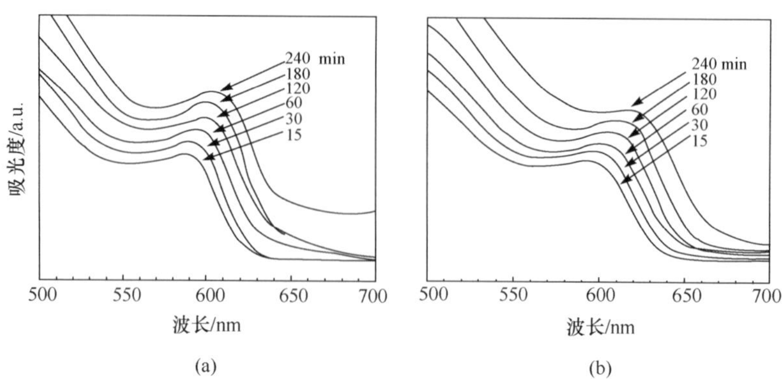

图 3.20　不同反应时间 CdSe(a)和 Mn：CdSe(b)量子点的吸收光谱[19]

3.2　CdS 胶体半导体量子点

3.2.1　CdS 胶体量子点的合成方法

1. 油相热注入合成方法

Yu 等人选择十八碳烯(ODE,常压下沸点是 320℃)作为溶剂,油酸(OA)作为量子点配位体,CdO 和硫元素作为 CdS 前驱体。典型样本合成路线是[20]：将 0.0128g、0.10mmol CdO 和 0.30g OA 与 ODE 混合,加热到 300℃。然后将溶解在 ODE 中的 S 溶液(0.0016g,0.05mmol),快速注入上述混合物中。反应混合物降温到 250℃,进行 CdS 量子点生长。利用吸收光谱、PL 光谱、XRD 和 TEM 测量,确定不同时刻取出样本的晶格结构、粒子尺寸和尺寸分布。

反应动力学过程如图 3.21 所示。在其他条件相同的情况下,OA 浓度对合成产物过程会产生明显的影响。单纯采用 OA 作为溶剂,只是观察到少量的 CdS 粒子。随着 ODE 溶液中 OA 浓度下降,量子点生长速率缓慢的下降,量子点的尺寸分布变窄,第一激子吸收峰变得更加尖锐。

上述方法制备不同尺寸 CdS 量子点的吸收和 PL 光谱如图 3.22(a)所示。第一激子吸收峰范围是 305～440nm,覆盖了几乎所有能够产生量子尺寸受限的范围(约 1～6nm)。图 3.22(c)所示的 TEM 表明,这样合成出的 CdS 量子点单分散性较好。图 3.22(b)的 XRD 表明,这样合成的 CdS 量子点显示出组合的晶格结构:带有一个或多个缺陷的纤锌矿晶格结构。

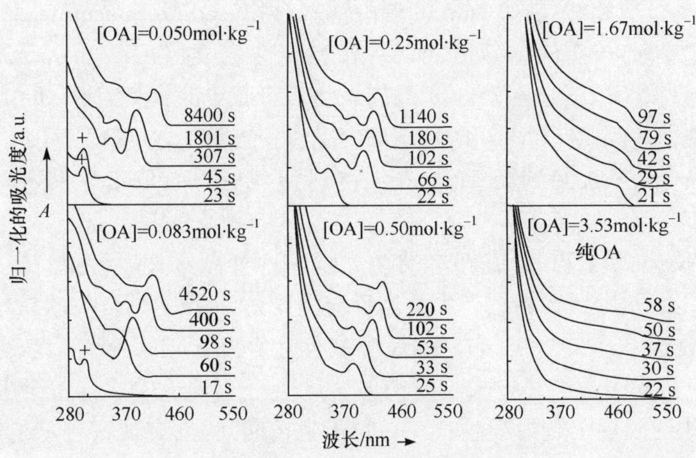

图 3.21 不同反应条件下的 CdS 量子点合成反应的动力学过程[20]

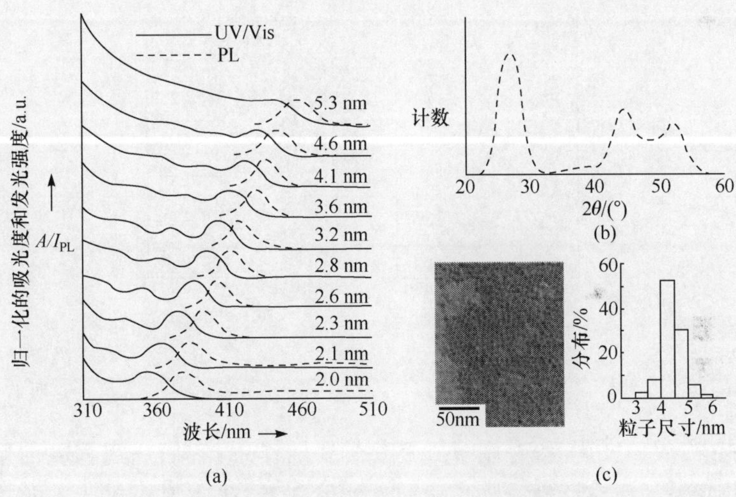

图 3.22 CdS 量子点吸收和 PL 光谱(a)、XRD(b)和 TEM(c)[20]

2. 油相热裂解合成方法

Cao 等人以 $Cd(Ac)_2$ 为前驱体、ODE 为溶剂，采用油相热裂解合成方法制备出 CdS 量子点[21]。这种合成方法控制量子点成核阶段的热力学和动力学，借助于两种试剂，使得原本分开的成核和生长阶段自动的在一个单相的反应系统中完成。这两种试剂称为“成核发起者”，包括二硫化四乙基秋兰姆(tetraethylthiuram disulfides)，用 I_1 代表；二硫化二苯并噻唑(2,2′-dithiobisbenzothiazole)，用 I_2 代表。相关研究表明，这些发起者往往作为增加硫反应活性的活性剂[22]。

典型样本合成路线是：0.1mmol 醋酸镉水合物(cadmium acetate dihydrate)和 0.2mmol 豆蔻酸(myristic acid，MA)溶解到含硫的 ODE(0.05mmol)中，将 I_1(6.25μmol)、I_2(3.13μmol)和 ODE 加入到三口瓶中。在真空(～30mTorr)条件下，混合溶液加热到 120℃，2 小时后溶液变澄清。然后在 Ar 气环境下，以 10℃/min 的速率，将混合溶液加热到 240℃。在温度达到 240℃后，取出一系列样本作动力学研究。

在不同反应条件下，合成样本的动力学特性如图 3.23 所示。图 3.23(a)表明，在 200℃以下时，没有晶核产生。当反应温度达到 240℃后，小的晶粒(即晶核)开始出现。随着粒子的生长，它们的尺寸分布持续变窄，在 4 分钟后获得窄尺寸分布，之后的生长动力学与注入式合成类似。这个窄的粒子尺寸分布至少可以保持 12 小时，在此期间量子点继续生长。在粒子生长期间，没有观察到新的成核发生，反应溶液中量子点的浓度近似保持不变。上述结果表明，这种非注入式合成具有清晰的成核阶段和生长阶段。

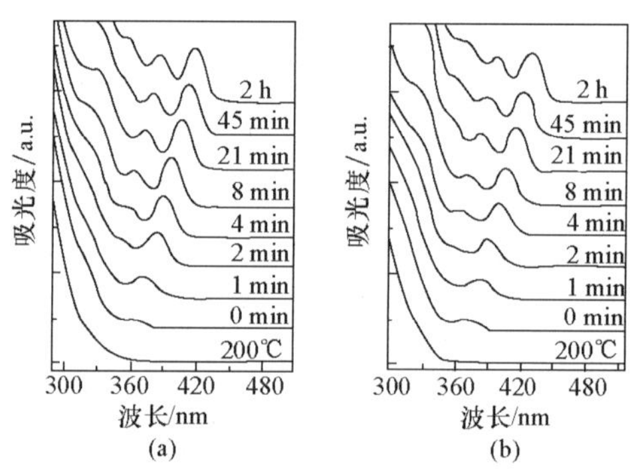

图3.23　(a)$S:I_2=1:1/16$ 和(b)$S:I_2=1:1/8$，随时间变化的 CdS 量子点吸收光谱[21]

在合成中，成核发起者(I_1 和 I_2)起着重要的作用，它们一定程度的影响前驱体(醋酸镉和硫)的反应活性。如果没有这些发起者，在达到 240℃后，将产生大量的白色沉淀物。另一方面，增加 I_2 的数量会进一步加快量子点生长，但成核和生长阶段的动力学图像保持不变，如图 3.23(b)所示。

此外，I_2 的数量也会影响稳定晶核的数量。如图 3.24(a)所示，当 I_2 增加时，稳定晶核的数目变小。这个结果表明，最后粒子的尺寸是受控的。对于同样数量的前驱体，晶核数量越少，最后量子点的尺寸越大，反之亦然。当 $S:I_2$ 比例是 1：3/8 时，粒子尺寸较大，第一激子吸收峰位于 460nm，尺寸分布较好，如图 3.24(b)所示。

这种方法制备的 CdS 量子点是闪锌矿晶格结构，而前面热注入方法制备 CdS 量子点是纤锌矿晶格结构。图 3.25(a)的 XRD 数据表明：一是(200)晶面衍射峰

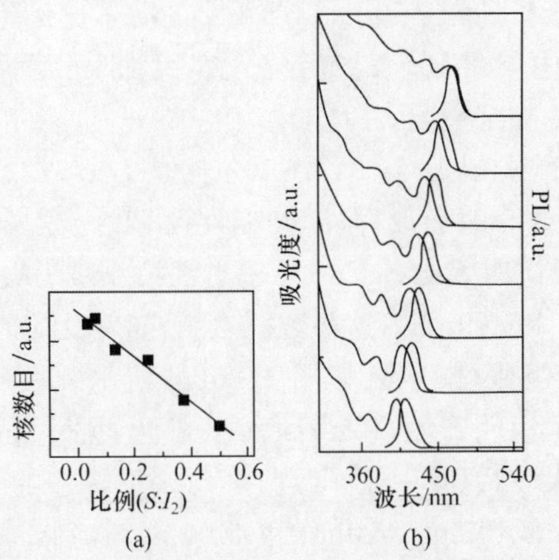

图 3.24　(a)成核数目随 $S:I_2$ 变化曲线;(b)不同尺寸 CdS 量子点吸收和 PL 光谱[21]

出现在 30.8°的肩部;二是在(220)、(311)之间出现深深的凹谷;三是(531)晶面衍射峰出现在 102.8°,而纤锌矿结构出现在 107.8°。这些结果与 TEM 观察结论一致。图 3.25(b)表明,第一激子吸收峰位于 456nm 的量子点是边长 3.8nm 的立方结构,而立方晶相很容易形成闪锌矿晶体;其中插入的电子衍射图片,进一步证明闪锌矿结构的事实。

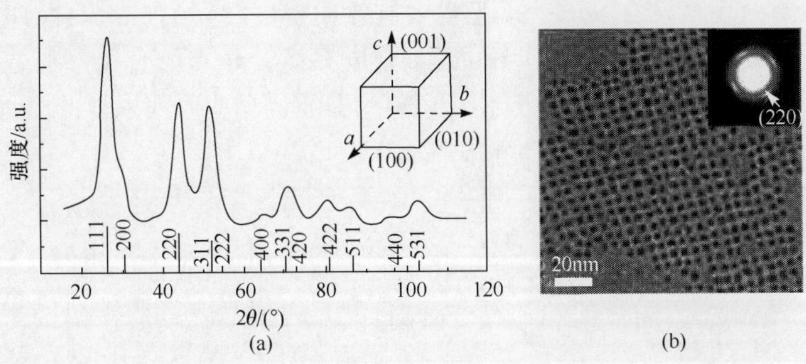

图 3.25　油相热裂解合成方法制备 CdS 量子点的 XRD(a)和 TEM(b)[21]

3. 水相合成方法

Aboulaich 等人以 $CdCl_2$、硫脲为前驱体,3-巯基丙酸(3-mercaptopropionic acid,MPA)为溶剂,采用水相一锅合成方法,制备出 CdS 胶体量子点[23]。典型样本合成路线是:将 $CdCl_2 \cdot 2.5H_2O$(40mg,0.175mmol)、硫脲(thiourea)(22mg,0.289mmol)与 14mL 纯净水混合,得到 Cd^{2+}/thiourea 前驱体溶液。然后,将 20mL MPA(42mg,0.395mmol)水溶液加入上述混合物,再加入 1M NaOH,使混

合物的 pH 刚好达到 10。Cd^{2+}/thiourea/MPA 的摩尔比例是 1/1.7/2.3。通入氮气 30 分钟，去除溶液中空气气泡，然后装入容积 125mL 不锈钢反应釜中，保持 100℃一定时间，之后冷却到室温。

在典型条件下(Cd^{2+}/thiourea/MPA 摩尔比是 1/1.7/2.3，Cd^{2+} 浓度是 5mM)加热 0.75、1、1.5、2 和 3 小时后取样，测试吸收和 PL 光谱。CdS 体材料的禁带宽度是 515nm[24]，不同反应时间制备 CdS 量子点的第一激子吸收峰位置是：363nm、369nm、382nm、387nm 和 409nm。这些数据表明，随着反应时间的增加，CdS 量子点尺寸增加，第一激子吸收峰红移，如图 3.26(a)所示。在反应时间达到 3 小时后，吸收光谱开始展宽，说明开始进入 Ostwald 熟化，尺寸分布显现出“散焦”(defocusing)[5]。相应的吸收边(第一激子吸收峰急剧下降边的切线与横轴的交点)，分别位于 390nm、398nm、407nm、420nm 和 440nm，对应带隙是 3.17eV、3.11eV、3.04eV、2.95eV 和 2.81eV。与 CdS 体材料吸收边 515nm 和对应带隙 2.42eV 比较，这些 CdS 量子点表现出良好的量子尺寸受限效应。利用 Brus 计算公式(1.3-28)

$$E_g = E_g^0 + \frac{\hbar^2 \pi^2}{2R^2}\left[\frac{1}{m_e} + \frac{1}{m_h}\right] - \frac{1.8e^2}{\varepsilon R} \tag{3.2-1}$$

式中，E_g^0是 CdS 体材料禁带宽度(2.42eV)；$\hbar$ 是约化的普朗克常数(6.58×10^{-16} eV·s)；R 是量子点半径；e 是电子电量(1.6×10^{-19}C)；ε 是相对介电常数(5.7)；m_e 是电子有效质量($0.19m_0$)，m_h 是空穴有效质量($0.8m_0$)，m_0 是自由电子质量(9.11×10^{-28}g)。由此可以计算不同时刻合成 CdS 量子点的直径分别是 2.5nm、2.7nm、3.1nm、3.5nm 和 3.9nm。图 3.26(b)是不同反应时间取样的 CdS 量子点 PL 发射光谱，PL 峰位置从 510nm 延伸到 650nm。

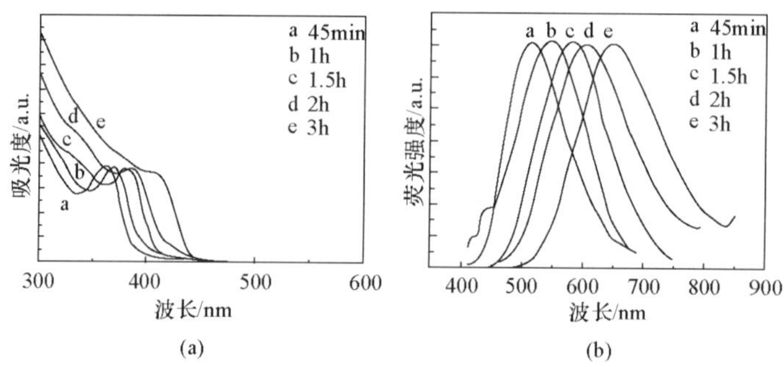

图 3.26 不同反应时间 CdS 量子点吸收(a)和 PL 光谱(b)[23]

不同反应时间制备 CdS 量子点的 XRD 和 TEM 如图 3.27 所示。当反应时间较短时(例如 45 分钟)，结晶较差。随着反应时间的增加，量子点尺寸随之增加，衍射峰变得更加突出和尖锐。衍射峰位置 2θ 出现在 26.5°、43.9°和 51.6°，分别与

(111)、(220)和(311)的晶面族对应，与 JCPDS 文件中的 10-454 卡一致，因此这种方法制备 CdS 量子点是立方体闪锌矿晶格结构。

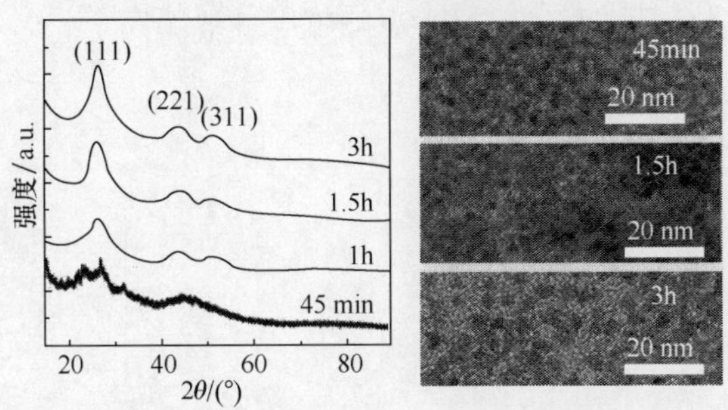

图 3.27　不同反应时间制备 CdS 量子点的 XRD 和 TEM[23]

图 3.27 给出反应时间 45 分钟、1.5 小时和 3 小时制备 CdS 量子点的 TEM，得到粒子的尺寸分别是 2.4nm、3.1nm、3.5nm，与前面利用式(3.2-1)计算的结果比较，二者具有一致性。

3.2.2　CdS 胶体核壳量子点

CdS 为核的胶体核壳量子点的种类远少于 CdSe 为核的核壳量子点，主要是难以找到合适的禁带和晶格结构匹配的壳材料，以便获得好的 PL 发光效率。

核壳量子点结构有两种形式：类型 I 和类型 II。它们的分类决定于核、壳材料的带边(导带带边和价带带边)的相互关系，如图 3.28 所示。对于类型 I 结构，核(或壳)材料带边总是在壳(或核)材料带边之内。这时在交界面附近激发的电子-空穴对趋向于定域在低带隙的材料内，它提供了最低的电子和空穴的能量状态。对于类型 II 结构，最低的电子或空穴的能量状态来自于不同的半导体材料，电子和空穴分别处于异质结界面的两侧，相应的“间接空间”的带隙(E_{g12})决定于核(壳)半导体材料的导带边和另一个壳(核)半导体材料价带边的差值，如图 3.28(b)所示。

在胶体核壳量子点中，类型 I 核壳结构的主要目的是改善较低带隙材料的核内电子和空穴的受限效应，减小核域内的电子-空穴对所受表面缺陷态的作用，提高发光的量子效率，同时限制电子和空穴与外界接触，从而也提高量子点的 PL 发光效率。类型 II 核壳结构主要用于分离不同材料空间的正负电荷，有利于光伏器件(photovoltaic device)应用。此外，由于这种结构产生的带边跃迁辐射能量小于核壳材料的带隙，可以利用良好的宽带材料组合获取红外辐射。因此，CdS 核的核壳胶体量子点的种类主要是类型 II 结构。

CdS/CdSe 核壳结构是较早开展的相关研究[25]。选择 CdSe 壳的主要因素是，它的激子玻尔直径是 11nm，远大于每个壳单层的厚度，因此可以认为激子只是沿径向受到量子受限作用。合成采用 SILAR 技术，具体路线是：在 185℃时，Cd 注入液（CdO 和 OA 溶解在 ODE 中）和 Se 注入液（Se 粉和 TBP 溶解在 ODE 中）交替注入反应瓶。利用核的尺寸、量子点的浓度和晶格常数，可以计算出一个单层需要加入的壳前驱体数量。

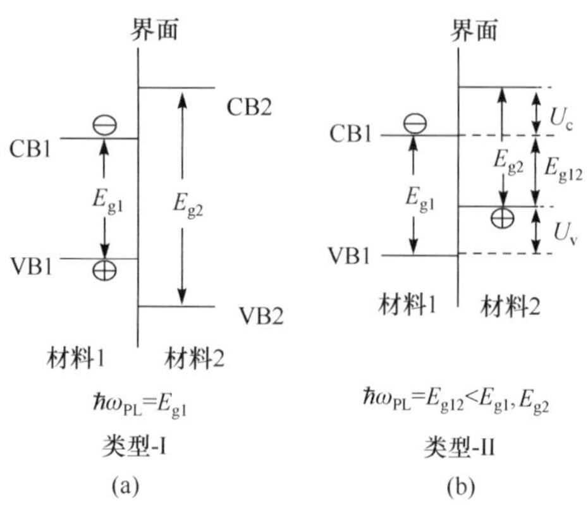

图 3.28　类型 I(a)和类型 II(b)核壳结构的带边匹配关系示意图

图 3.29 是直径 3.7nm CdS 核包覆 3 层、5 层、7 层 CdSe 壳的 TEM 和电子衍射图样，显示出纤锌矿晶格结构。在不同尺寸 CdS 核上生长每一个单层 CdSe 壳所需 Cd 单体（或 Se 单体）的量是完全不同的，需要分别计算。

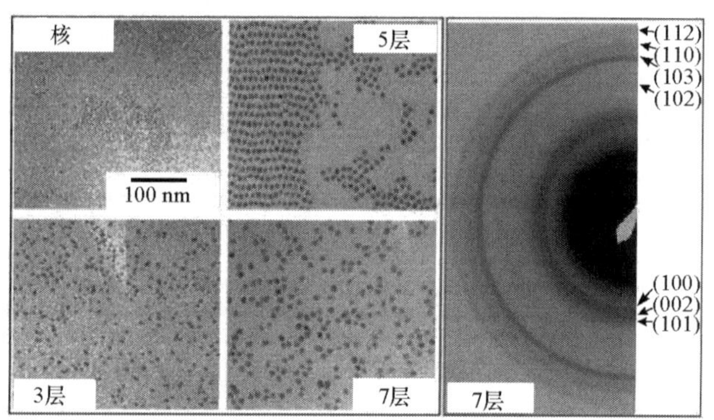

图3.29　不同层数 CdSe 壳包覆 3.7nm CdS 核的 TEM 和 SAED[25]

对于不同尺寸 CdS 核而言，带隙、单层 CdSe 壳增加的体积均有很大差异，但是生长相同壳厚度的 CdS/CdSe 核壳量子点具有类似的 PL 和吸收特性。三个尺寸的 CdS 核（2.7nm、3.7nm、5.0nm）、不同壳层数目的 CdS/CdSe 核壳量子点的吸收和 PL 光谱如图 3.30(a)所示。其中，CdS/CdSe 核壳量子点的最大 PL 量子产额是 2%。这显然不能令人满意，但是可以通过在 CdSe 壳外部生长一个宽带隙的半导体材料壳层进行改善。在 CdSe 壳外面又生长 4 个单层 CdS 壳层，形成 CdS/CdSe/CdS 结构，PL 发光情况如图 3.30(b)所示，量子产额得到极大的改善。

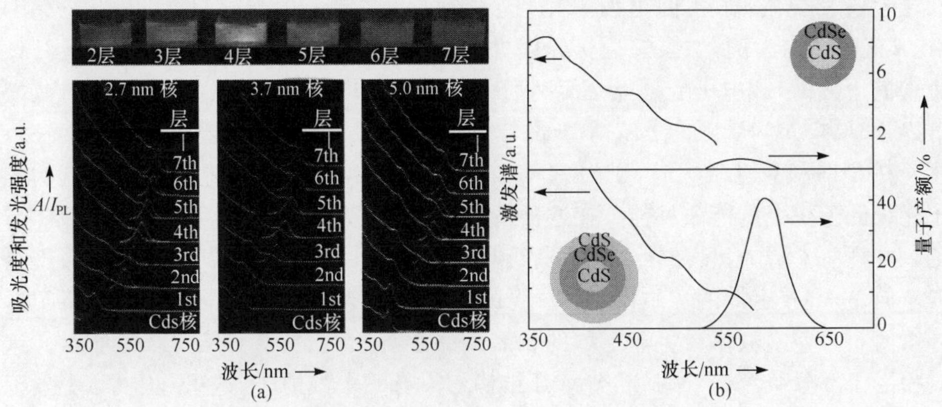

图 3.30 CdS/CdSe 量子点吸收和 PL 光谱，以及 CdS/CdSe/CdS 量子点 PL 光谱[25]

(阅读彩图请扫封底二维码)

2007 年，Ivanov 等人制备出 CdS/ZnSe 核壳胶体量子点[26]。对于 CdS 和 ZnSe 两种材料，二者的界面结构是图 3.28 中的类型 II，它们的典型参数是[27,28]：电子有效质量分别是 0.18 和 0.14；空穴有效质量分别是 0.6 和 0.53；禁带宽度分别是 2.45eV 和 2.72eV；导带和价带补偿分别是 0.8eV 和 0.52eV。因此，具有大尺寸核和厚壳(准体材料结构)的 CdS/ZnSe 核壳量子点是类型 II 结构，最低量子化能级非常接近于体半导体材料的带边，将产生近于空间分离的电子和空穴的波函数。图 3.31 是 CdS 核中电子波函数和 ZnSe 壳中空穴波函数的变化情况。

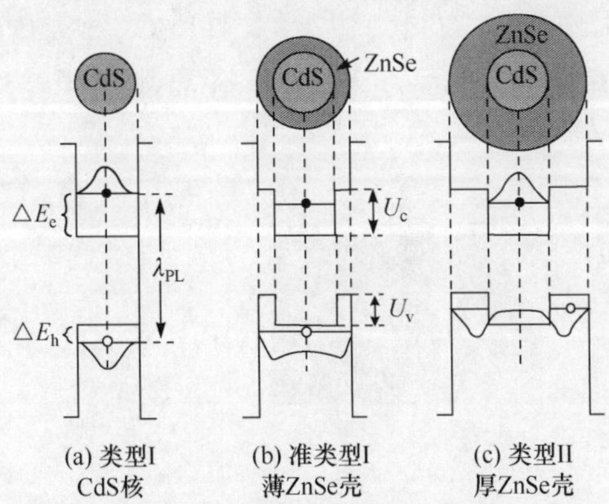

图 3.31 CdS 核中电子波函数和 ZnSe 壳中空穴波函数的变化情况

与体材料或准体材料比较，当核半径 R 和壳厚度 H 较小时，载流子局域性质依赖于量子点的几何形态。它可能从类型 I(两个载流子非定域的局域扩展到异质量子点的全部区域)变成类型 II(一个载流子非定域扩展到异质量子点的全部区域,另一个载流子主要定域于核或壳的区域),最终成为真正类型 II(电子和空穴分别处于核和壳内)。我们可以采用“能量判据”界定上述局域的界限。以 CdS/ZnSe 核壳结构为例,如果核壳交界面处电子的最低能级(1S)位于导带能量补偿(U_c)的下面时,即电子受限能 ΔE_e 小于 U_c 时,可以认为电子主要定域于核内;换言之,如果空穴的受限能 ΔE_h 小于价带能量补偿 U_V,空穴将是定域于壳内。

在 CdS 核尺寸较大时,$R>R_c$(R_c 是电子局域在核里的临界半径),最低的电子能级低于核壳的能量补偿。在这种情况下,不管壳厚度如何(注意,从图 3.31 看到,壳厚度 H 增加,只会导致电子最低能级(1S)进一步下降),电子只能定域于核内。但是,空穴定域的性质将依赖于壳的厚度 H。对于薄壳,1S 空穴能级将超过补偿值 U_V,空穴波函数将非定域的扩展到整个异质壳内,如图 3.31(b)所示。这时相当于部分载流子分离(准类型 II 结构),只有一个载流子(这里是电子)受限于某一个异质区域内。当壳厚度超过某一临界值 H_c 时,$H_c=H_c(R)$,将出现真正的类型 II 结构。H_c 决定于能量补偿:$\Delta E_h=U_V$,ΔE_h 是空穴的受限能(以价带顶为零点)。当 $H>H_C$ 时,空穴能级的移动量小于核壳能量补偿 U_v,空穴是壳定域的,相当于真正的类型 II 结构。在这种情况下,辐射光子的能量 $\hbar\omega_{PL}$ 决定于核壳空间的间接跃迁,即核定域的导带态与壳定域的价带态之间的跃迁。

图 3.32 是 CdS 核和 CdS/ZnSe 核壳量子点 TEM,其中 CdS 量子点接近于球形,具有窄的尺寸分布(平均直径是 4.8nm),在包覆 ZnSe 壳后,粒子尺寸明显增加,直径增加到 6.8～7.5nm,即 ZnSe 壳的厚度是 1.2±0.2nm。图 3.32(d)是 CdS 核、CdS/ZnSe 核壳量子点的 XRD。显然,CdS 核具有体材料立方结构,没有一点六角结构的特征。同样,CdS/ZnSe 核壳量子点的 XRD 显示出立方体晶相结构,但是三个主要衍射峰(对应〈111〉、〈220〉、〈311〉)均向大角度方向移动,说明它的平均晶格常数数值降低,是因为 ZnSe 晶格常数小于立方体 CdS 晶格常数(5.67Å 与 5.81Å)。

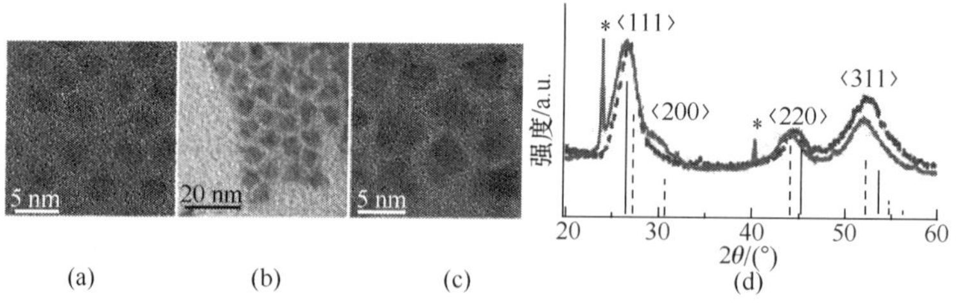

图 3.32 4.8nm CdS 和 6.8nm CdS/ZnSe 量子点的 TEM 和 XRD[26]

3.2.3　CdS 胶体掺杂或合金量子点

有关研究表明，Mn 掺杂 CdS 量子点可以调谐 CdS 量子点的发光特性[29,30]。一种典型的水相合成 Mn 掺杂 CdS 量子点($Cd_{1-x}Mn_xS$)的合成路线是：在给定含水率的条件下，在水溶液中混合两种离子溶液，获得 $Cd_{1-x}Mn_xS$ 量子点。一种是 Na_2S 溶液，一种是含 Cd 和 Mn 混合溶液，二者摩尔浓度比例 $y=([Cd^{2+}]+[Mn^{2+}])/[S^{2-}]=0.5$。在两种溶液混合几秒后，生成 $Cd_{0.5}Mn_{0.5}S$ 量子点，加入十二硫醇(1-dodecanethiol，DDT)，通过硫与阳离子之间的反应，钝化量子点表面。在一定时间后，萃取并用乙醇清洗量子点，再次溶解在溶剂中。

$Cd_{1-x}Mn_xS$ 量子点发光机理如图 3.33 所示[31]：当激发光子能量小于 2.68eV 时，发生导带到孤立的 Mn^{2+} 能态($^4T_1$)和 CdS 缺陷态的跃迁。十二硫醇钝化将产生 Mn^{2+} 能态 $^4T_1$ 到 $^6A_1$ 的 585nm 辐射，以及由表面缺陷态产生的 700nm 辐射。当激发光子能量大于 2.9eV 时，产生多种弛豫过程：一是弛豫到导带的最低能态，进而产生 580nm 和 700nm 的 PL 辐射；另一个能量转移是由这些高的能态到 Mn^{2+} 较高能态，再弛豫到 $^4T_1$ 态，进而产生 580nm 辐射。因此，依赖于激发光的波长，CdS 能态能够转移到孤立的 Mn^{2+} 的 $^4T_1$ 态。

Mn 掺杂含量对 $Cd_{1-x}Mn_xS$ 量子点性质的影响颇为重要。Wang 等人采用水相合成法，使用 $CdCl_2\cdot2.5H_2O$、$MnCl_2\cdot5H_2O$ 和 $(NH_4)_2S$ 作为前驱体，在 180℃水溶液中制备不同含量 Mn 掺杂 $Cd_{1-x}Mn_xS$ 纳米棒，这些纳米棒的直径约为 20nm、长度约为 300nm[32]。图 3.34 是不同 Mn 掺杂含量的 $Cd_{1-x}Mn_xS$ 纳米棒 XRD，显示出六边形 CdS 晶相结构(JCPDS 卡 41-1049)。六个主要的衍射峰分别对应于(002)、(100)、(101)、(110)、(103)和(112)晶面族。与 MnS 的 JCPDS 卡 6-518 比较，在 $Cd_{1-x}Mn_xS$ 纳米棒 XRD 中没有出现杂质相的衍射峰，表明变化的 Mn 掺杂含量对 $Cd_{1-y}Mn_yS$ 纳米棒的结晶性质几乎没有影响。

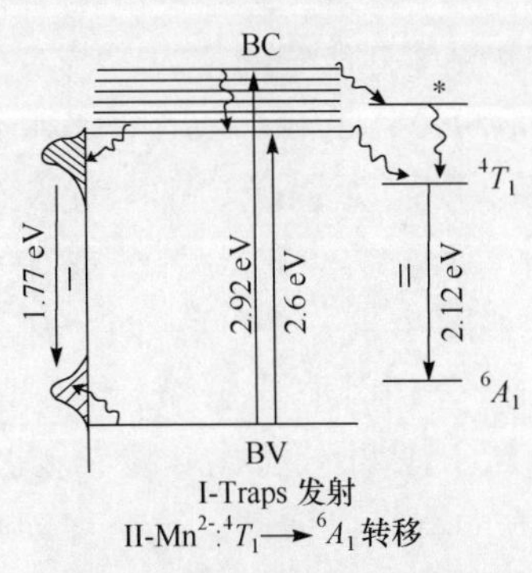

图 3.33　$Cd_{0.95}Mn_{0.05}S$ 纳米粒子 PL 发光的机制示意图[31]

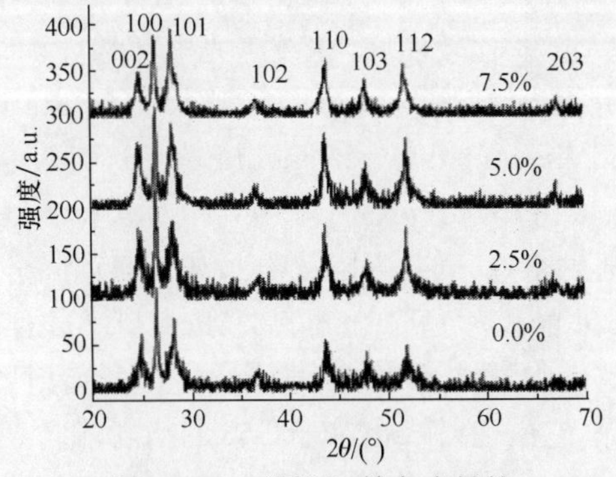

图 3.34　不同 Mn 掺杂含量的 $Cd_{1-x}Mn_xS$ 纳米棒 XRD[32]

图 3.35(a)是 $Cd_{1-x}Mn_xS$ 纳米棒的吸收光谱,不同 Mn 掺杂含量纳米棒吸收峰范围是 460～490nm。增加 Mn 掺杂量,吸收峰发生小的蓝移。在 XRD 显示纳米棒尺寸没有变化的情况下,变化 Mn 掺杂量也会引起 $Cd_{1-x}Mn_xS$ 纳米棒带隙的增加。在 300nm 激发光作用下,不同 Mn 掺杂量的 $Cd_{1-x}Mn_xS$ 纳米棒的 PL 光谱如图 3.35(b)所示。增加 Mn 掺杂量,PL 发射峰在 540～560nm 产生小的红移,并且影响发光强度。对于 2.5%含量,发射峰是 546nm;对于 7.5%含量,发射峰是 556nm。这个移动一定程度归因于提高 Mn 掺杂量使 Mn 粒子内部跃迁($^4T_1$-$^6A_1$)增强。如图 3.35(b)所示,在纳米结构的发光过程中,表面态起着重要的作用。表面态辐射的带隙是 2.27eV(约 545nm),与 Mn^{2+} 离子辐射带隙 2.12eV(约 580nm)较为接近,两个辐射机制的光谱必然产生较大的重叠。这个较大的重叠导致 PL 光谱展宽,以及随着 Mn^{2+} 离子辐射机制的增强而产生小的红移。

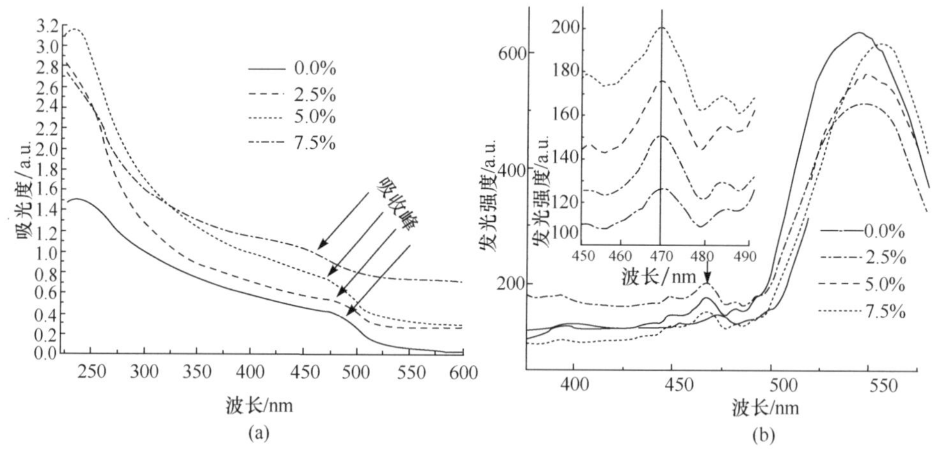

图 3.35　不同 Mn 掺杂量 $Cd_{1-x}Mn_xS$ 纳米棒的吸收(a)和 PL 光谱(b)[32]

CdS 量子点掺杂材料比较多样化,除了 Mn 之外,还有 Co、Fe、Ni 等掺杂材料[33－35]。比较而言,在改善光电活性方面,Ni^{2+} 掺杂具有良好的作用[35,36]。近期研究指出,使用生物分子谷胱甘肽(glutathiose,GSH)作为硫源、硝酸镉水合物(cadmium nitrate tetrahydrate,$Cd(NO_3)_2 \cdot 4H_2O$)作为镉源、硝酸镍水合物(nickel nitrate hexahydrate,$Ni(NO_3)_2 \cdot 6H_2O$)作为镍源,合成出 Ni^{2+} 掺杂 CdS 空心纳米球(nanosphere)[37],其 XRD 和光谱特性如图 3.36(a)所示。四个样本 a、b、c、d 的尺寸是 7.2nm、10.2nm、11.6nm、12.7nm,分别对应 0、1.2mol %、3mol %、5mol %的 Ni 掺杂,显示出类似的衍射图样。对于 1.2mol % Ni 掺杂 CdS 纳米晶,它的衍射峰相对于 CdS 的衍射峰向大角度方向有轻微移动。这个移动归因于 Ni^{2+}(晶格常数是 0.69Å)替代 Cd 离子(晶格常数是 0.95Å)的结果。但是,在 3mol %、5mol % Ni-掺杂 CdS 纳米晶时,没有观察到衍射峰的移动。所以,低浓

度 Ni^{2+} 的掺杂容易产生 Cd^{2+} 的替代，而高浓度只是一部分 Ni^{2+} 进入到 CdS 的晶格中，而不是按比例掺杂进去。图 3.36(b)是 Ni^{2+} 掺杂 CdS 纳米空心球与香豆素混合体的 PL 光谱。PL 强度随着照射时间的增加而逐渐提高。

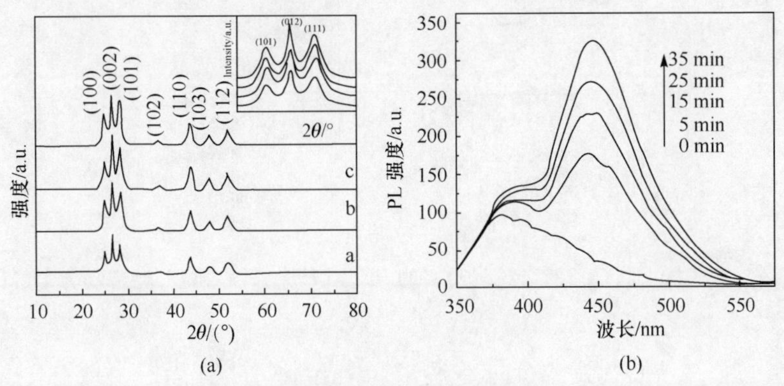

图 3.36　不同 Ni^{2+} 掺杂 CdS 纳米晶的 XRD(a)和 1.2 mol % Ni-CdS 纳米晶与光活化香豆素的 PL 光谱(b)[37]

为了进一步改善掺杂 CdS 量子点的光学性质，可以考虑核壳钝化结构。Ishizumi 等人的工作表明，在 PL 发光较弱的 Mn 掺杂 CdS(Mn∶CdS)量子点外面包覆一层 CdS(Mn∶CdS/CdS)或 ZnS(Mn∶CdS/ZnS)薄层，可以改善它们的发光性质[38]。图 3.37 是 CdS(a)、Mn∶CdS(b)、Mn∶CdS/CdS(c)、Mn∶CdS/ZnS(d)纳米晶的 PL、PLE 光谱，以及 PL 弛豫动力学曲线。Mn∶CdS/CdS 量子点的 PLE 光谱峰值相对 Mn∶CdS 发生红移，是由于包覆壳层后粒子尺寸增大的缘故；另一方面，Mn∶CdS/ZnS 核壳量子点 PLE 光谱峰值与 Mn∶CdS 几乎一致，是由于宽带 ZnS 的包覆使光生激子仍然限制在 Mn∶CdS 核内。非掺杂 CdS 纳米晶表面缺陷的宽带 PL 辐射分布在 1.9eV 附近。核壳量子点除了缺陷态相关的 PL 辐射外，在 2.1eV 附近出现另一个 PL 辐射带，它来自于 Mn^{2+} 离子相关的跃迁辐射。此外，Mn^{2+} 离子相关的、2.1eV 附近的跃迁辐射强度依赖于 Mn∶CdS 量子点的结构，即 Mn∶CdS/CdS 和 Mn∶CdS/ZnS 纳米晶的发光强度要比 Mn∶CdS 纳米晶的发光强度高 2～3 个数量级，说明表面钝化对于提高 2.1eV 附近的 PL 发光发挥了重要作用。

在 14K、2.1eV 附近时，CdS、Mn∶CdS、Mn∶CdS/CdS 和 Mn∶CdS/ZnS 纳米晶的 PL 弛豫动力学过程如图 3.37(b)所示。Mn∶CdS/CdS 和 Mn∶CdS/ZnS 纳米晶的 PL 弛豫过程缓慢，弛豫时间是毫秒量级；而对于非掺杂 CdS 纳米晶，PL 弛豫时间是 100 微秒量级。毫秒量级 PL 发光与 Mn^{2+} 掺杂 CdS 体材料时 Mn^{2+} 离子内部跃迁产生的 PL 弛豫时间类似[39]。因此，在 2.1eV 附近的 PL 发光归因于 Mn^{2+} 离子内部的跃迁。

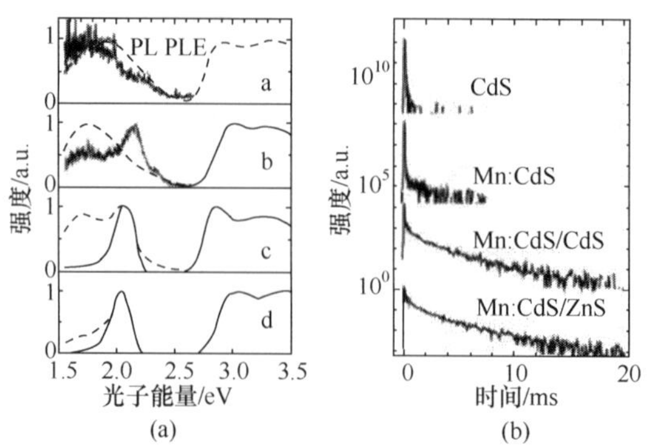

图 3.37　在 14K 时，不同 CdS 掺杂纳米材料的 PL、PLE 光谱(a)和 PL 弛豫动力学过程(b)[37]

3.3　CdTe 胶体半导体量子点

3.3.1　CdTe 胶体量子点的合成方法

1. 油相热注入合成方法

Yu 等人采用 CdO 为前驱体、ODE 为溶剂，使用油相、热注入合成方法制备 CdTe 胶体量子点[40]。具有不同形状或晶格结构 CdTe 量子点的典型合成过程如下。

①纤锌矿结构、点状 CdTe 量子点合成：将 Te 粉溶解在 0.0576g 三丁基膦中，然后用 2g ODE 稀释，得到 0.0064g(0.050mmol)的 Te 注射液。将 CdO(0.0128g，0.10mmol)、OA(0.1125g，0.40mmol)和 ODE 组成的混合物(总量是 4g)放入三口瓶内，在 Ar 气环境下，加热到 300℃。在这个温度下，将 Te 注射液快速注入到反应溶液中。反应混合物随之冷却到 260℃，进行 CdTe 量子点的生长。

②闪锌矿结构、点状 CdTe 量子点合成：与前述合成唯一不同之处是，使用 0.20mmol 的十八烷基磷酸(octadecanephosphonic acid，ODPA)(0.0669g)或 0.20mmol 的十四烷基磷酸(tetradecylphosphonic acid，TDPA)(0.0558g)替代 0.4mmol 的 OA。

③四足形状 CdTe 量子点合成：这时仍然采用路线①，但是要用 TOP 替代 TBP 配制 Te 注射溶液，OA 将 CdO 溶解到 ODE 中并用来作为配体。

④CdTe 纳米棒合成：在 ODE 中，使用 0.2mmol OA 溶解 0.05mmol CdO；使用 0.029g TOP 溶解 0.025mmol Te。其他反应条件与路线③一致。

将不同反应时间 CdTe 量子点取样并溶解在非极性溶剂里，吸收和 PL 光谱如图 3.38(a)所示。不同尺寸粒子的第一激子吸收峰从 530nm 移动到到 760nm，对应的粒子尺寸是 3.2nm 到 9.1nm，第一激子吸收峰与粒子尺寸的关系如图 3.38(b)所

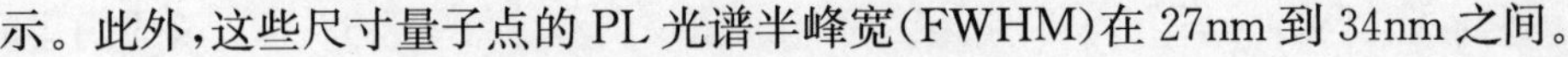
示。此外,这些尺寸量子点的 PL 光谱半峰宽(FWHM)在 27nm 到 34nm 之间。

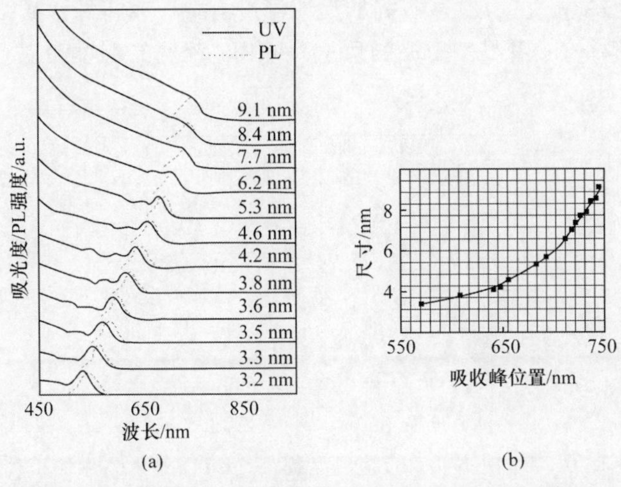

图 3.38　(a)CdTe 量子点吸收与 PL 光谱;(b)第一激子吸收峰与粒子尺寸拟合曲线[40]

在 ODE 中变化配位体和初始单体浓度,控制 CdTe 纳米晶的形状和形状分布。图 3.39 是不同形状 CdTe 纳米晶的 TEM,除了初始单体浓度之外,配位体性质和烃链的长度发挥着关键的作用。

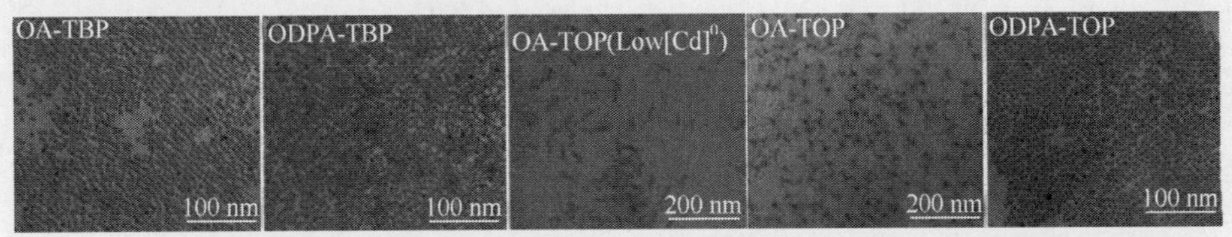

图 3.39　变化配位体和初始单体浓度合成不同形状 CdTe 纳米晶的 TEM[40]

当初始 Cd 单体浓度不是很低时,即使三烷基膦的链长是各不相同的,利用有机磷酸(ODPA 或 TDPA)合成 CdTe 纳米晶都是点的形状,如图 3.39 ODPA-TBP 和 ODPA-TOP 图片所示。如果合成是在 TOPO-TDPA 和极性溶剂的混合物中进行,CdTe 纳米晶生长成狭长形状。如果有机磷酸被脂肪酸替代,如油酸(OA),这时量子点的形状是在点、棒、四足形状之间变化,如图 3.39 OA-TBP、OA-TOP 图片所示。OA 和 TBP 组合,总是产生点状的 CdTe 量子点。当使用 TOP 时,获得狭长 CdTe 纳米晶。在后者情况下,如果初始单体浓度很高时,可以得到纯正的四足形状,如图 3.39OA-TOP 图片所示;如果初始单体浓度中等时,可以得到单分散的棒状,如图 3.39OA-TOP(Low[Cd]^0)所示;如果初始单体浓度低时,可以得到低产量点状 CdTe 量子点。

图 3.40 是不同配位体和反应温度情况下,CdTe 纳米晶的 XRD。当使用脂肪

酸时，将获得纤锌矿结构；当使用磷酸时，倾向于产生闪锌矿结构。图示附加了温度的影响。在OA相关的反应中，高的反应温度有益于获得纤锌矿结构（但有少许闪锌矿晶格缺陷）；在ODPA相关的反应中，相对较低的温度有益于获得闪锌矿结构。

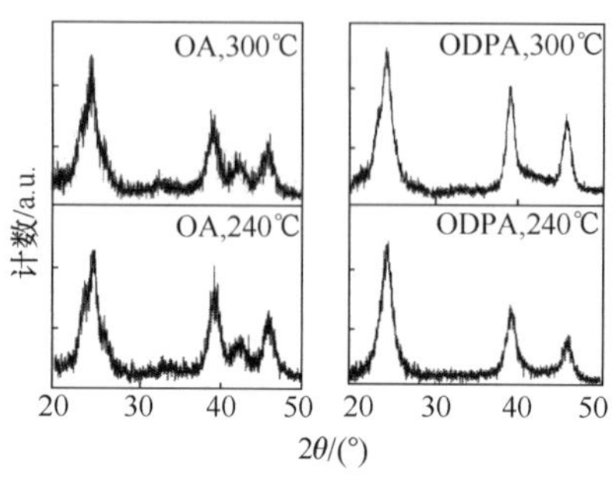

图 3.40 不同配位体和反应温度条件下 CdTe 纳米晶的 XRD[40]

2. 油相热裂解合成方法

Yang 等人提出一种油相、热裂解合成 CdTe 量子点的方法[4]，典型合成路线是：CdO(0.1mmol)、十八烷基磷酸(0.22mmol)、ODE(5.0g)的混合物，加热到300℃，得到无色溶液。溶液冷却到室温，加入 TBP-Te(0.20mmol，内含 TBP 0.19g)，在 Ar 气环境下加热到 240℃(25K/min)。

选择适当的前驱体是这种合成方法的关键。Cd 盐与 Te 粉溶解在 ODE 中，反应活性非常低；但是与 TBP-Te 混合时，却会产生非常高的反应活性。这两种情况都不会形成量子点。使用 Cd 盐与十八烷基磷酸混合体替代 Cd 盐，降低 Cd 前驱体的反应活性。Cd 盐与十八烷基磷酸混合体和 TBP-Te 之间的反应活性刚好适合于生长单分散的 CdTe 量子点。

这种方法制备 CdTe 量子点 TEM 和反应动力学过程如图 3.41 所示。吸收光谱可以看到 5 个激子吸收峰，显示出良好的单分散性。

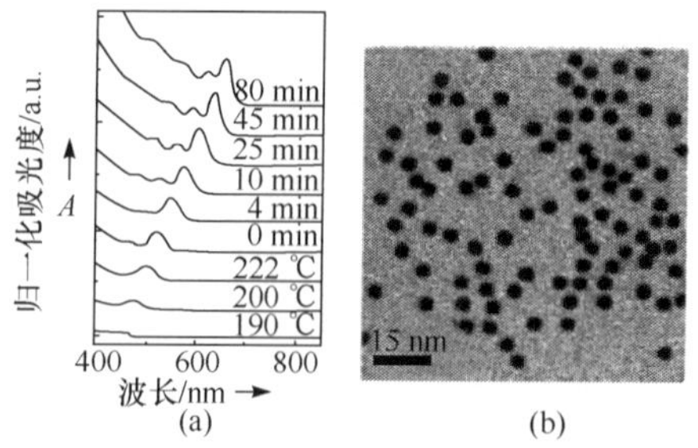

图 3.41 CdTe 量子点吸收光谱(a)和第一激子吸收峰位于 625nm 样品的 TEM(b)[4]

3. 水相合成方法

CdTe 量子点水相合成方法已经取得长足的进展[41~44]。典型样本的合成路线是[41]：将 0.05g $NaBH_4$溶解在 2mL 水中，然后加入 0.04g Te 粉，得到 NaHTe 溶液。加入 23mL 水，稀释 NaHTe 溶液。将 $CdCl_2$和特定的 RGD 多肽溶解在水溶液，随后利用 1M NaOH 将 pH 值调整到 8.5，得到 Cd^{2+} 多肽前驱体。NaHTe 溶液注入到前驱体溶液，使 Cd^{2+}、HTe^- 和多肽的摩尔比例是 4∶1∶10，总体积 25mL，多肽的浓度是 1mM。最终混合物加热到 98℃，通过不同反应时间控制 CdTe 量子点的尺寸。

采用上述合成路线制备水相 CdTe 量子点的吸收光谱、PL 光谱、TEM 图和尺寸分布如图 3.42 所示。其中，图 3.42(a，b)是不同反应时间的三个样品(a-1 小时，b-3 小时，c-6 小时)的吸收和 PL 光谱，PL 峰值波长分别是 532nm、578nm、615nm，对应量子产额分别是 15%、14%、9%。PL 峰值波长 595nm 样本的 TEM 如图 3.42(c)所示，显示良好的单分散性，粒子平均尺寸是 3.56nm。

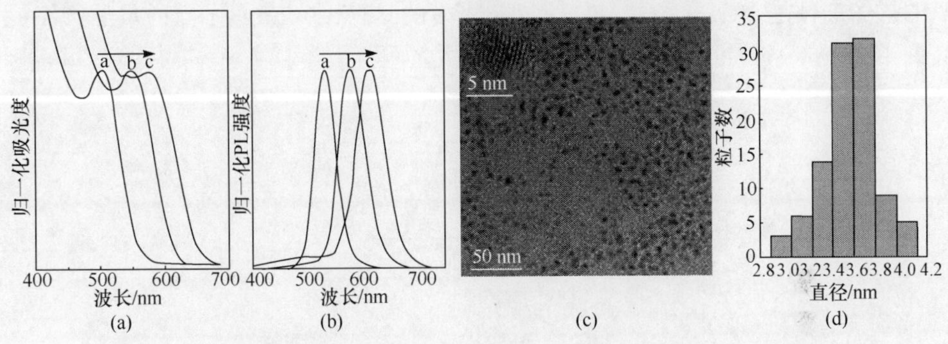

图 3.42　水相 CdTe 量子点的吸收光谱、PL 光谱、TEM 和尺寸分布[41]

3.3.2　CdTe 胶体核壳量子点

CdTe 胶体核壳量子点辐射光谱处于近红外波段，在生物医学等领域有着良好的应用前景，相关方面的研究报道比较丰富[45~59]，这里选择几个典型的结构进行介绍。

CdTe/CdSe 核壳量子点是一种类型 II 结构，一种合成路线如图 3.43(a)所示[45]。选择乙酰丙酮镉(cadmium 2，4-pentanedionate，$C_{10}H_{14}CdO_4$)和 TOP-Te 作为前驱体，制备 CdTe 核；然后将 Et_2Zn 或 Et_3Al 和 TOP-Se 缓慢加入到核溶液中，同过量的阳离子 Cd 反应，形成 CdSe 壳。图 3.43(b)，(c)是 CdTe 核和 CdTe/CdSe 核壳量子点的 TEM，CdTe 核是尺寸 8～9nm 的准球形量子点，而 CdTe/CdSe 核壳量子点是尺寸 10nm 的准立方体结构。图 3.43(d)的 XRD 表明，CdTe

核和 CdTe/CdSe 核壳量子点都是闪锌矿晶格结构，两者衍射峰的位置几乎一致。

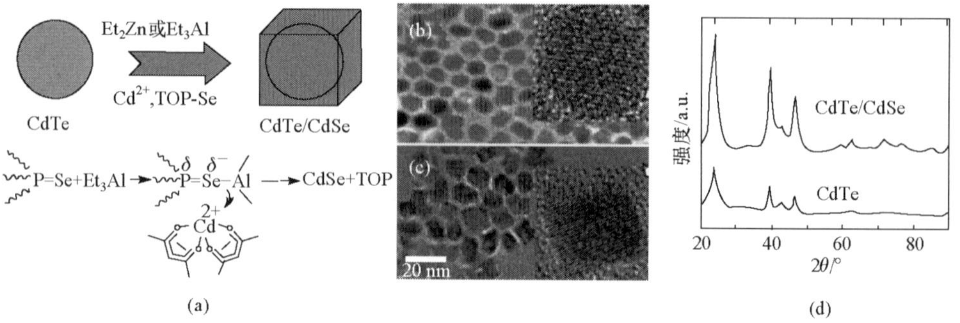

图 3.43 CdTe/CdSe 量子点合成路线(a)，以及 CdTe、CdTe/CdSe 量子点的 TEM(b,c)和 XRD(d)[45]

CdTe 和 CdTe/CdSe 量子点吸收和发射光谱如图 3.44 所示，光谱发生明显的红移。其中，吸收光谱由 692nm 移动到 751nm，发射光谱由 760nm 移动到 802nm。光谱红移符合类型 II 核壳结构的特点。此外，这种方法制备 CdTe 量子点的量子产额是 10%～20%，包覆 CdSe 壳后的 CdTe/CdSe 量子点的量子产额提高到 15%～25%，同时稳定性得到改善。

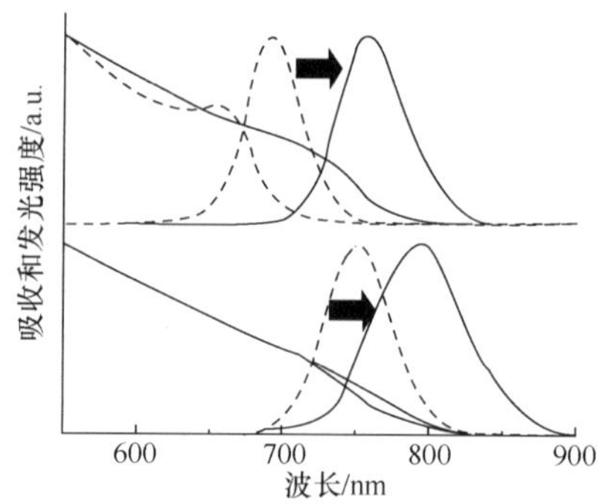

图 3.44 CdTe(虚线)、CdTe/CdSe(实线)量子点吸收和发射光谱[45]

另一种核壳结构是 CdTe/CdS 核壳量子点，一些相关合成方法被报道[50～52]。CdTe/CdS 量子点是类型 II 核壳结构，它与 CdTe/CdSe 的区别是：空穴限制在核内，电子限制在壳内。一种水相 CdTe/CdS 量子点合成方法是[53]：在 40℃的水中，$NaBH_4$ 与 Te 反应产生 NaHTe；在去离子水中，$Cd(ClO_4)_2 \cdot 6H_2O$ 和 MPA 混合，然后加入 NaHTe 溶液，制备出 CdTe 量子点。将 CdTe 原液加入到反应瓶中，加热到特定温度，然后注入 Cd 和 S 的前驱体溶液。根据 SILAR 方法，按照每单层的数量注入前驱体溶液，得到不同单层数的 CdTe/CdS 量子点。图 3.45 是 CdTe 核和 CdTe/CdS 核壳量子点的 XRD 和光谱曲线。CdTe 和 CdS 体材料都是立方结构，但晶格常数不同。相对于 CdTe 核的衍射峰，增加单层壳数量，CdTe/CdS 核壳量子点的衍射峰向大角度方向移动，越来越接近 CdS 体材料衍射峰的位置。此外，相对于 CdTe 核的峰值位置，CdTe/CdS 核壳量子点的吸收峰和 PL 发射峰均产生明显的红移，而且随单层壳数量的增加红移量增加。这与前述 CdTe/CdSe 核壳量子点的现象一致，两者均是类型 II 结构，区别在于电子还是空穴被限制在 CdTe 核内。

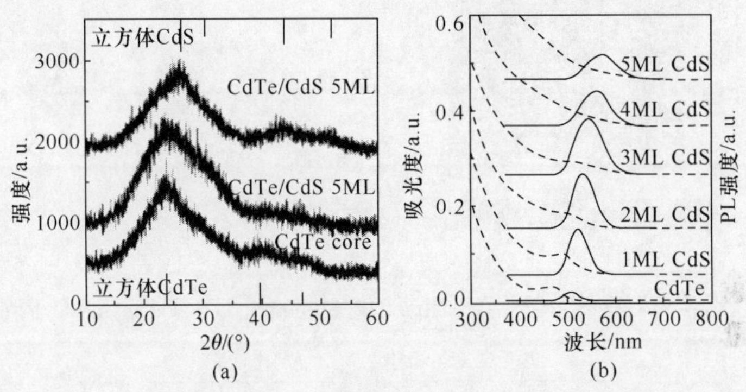

图 3.45　CdTe、CdTe/CdS 量子点的 XRD、吸收和 PL 光谱[53]

相对 CdTe 量子点，上述两种核壳结构 CdTe/CdSe 和 CdTe/CdS 量子点的稳定性和光学性质都有一定改善，但缺点是 Cd 的毒性仍然存在，不利于环保和生物技术的应用。因此，研究者考虑在其外表面包覆 Zn 族材料壳层[54～59]。Samanta 等人利用谷胱甘肽（glutathione，GSH）为配位体，直接在水相中合成 CdTe/CdS/ZnS 和 CdTe/CdSe/ZnS 量子点[60]。注意到，在 ZnS 和 CdTe、ZnS 和 CdS、ZnS 和 CdSe 之间的晶格失配分别是 16%、7%、11%，为了减小晶格失配，可以考虑在 CdTe 核和 ZnS 壳之间插入 CdS 或 CdSe 材料，并通过调整中间层厚度，获得理想的发光效率。

几种材料的相对带隙分布如图 3.46 所示。对于 CdTe/CdS 核壳结构，界面类型不是类型 I 就是依赖于核尺寸和壳厚度的准类型 II 结构；而 CdTe/CdSe 只能是类型 II 结构；由于 ZnS 是宽禁带材料，CdS/ZnS 和 CdSe/ZnS 核壳的界面都是类型 I 结构。这些材料的不同组合，将产生不同的量子点光学特性。

CdTe/CdS/ZnS 和 CdTe/CdSe/ZnS 量子点的 XRD 如图 3.47 所示。CdTe 核显示出三个衍射峰，对应于(111)、(220)和(311)三个晶面族，显示出立方体晶相。其他核壳结构量子点也显示出类似的立方晶格。由于 CdS(或 CdSe)和 ZnS 的晶格常数小于 CdTe 的晶格常数，所以生长 CdS 和 ZnS 壳使衍射峰向大角度方向移动。此外，随着壳层数目的增加，量子点尺寸增加，X 射线衍射峰随之变窄(趋向于体材料的情况)。

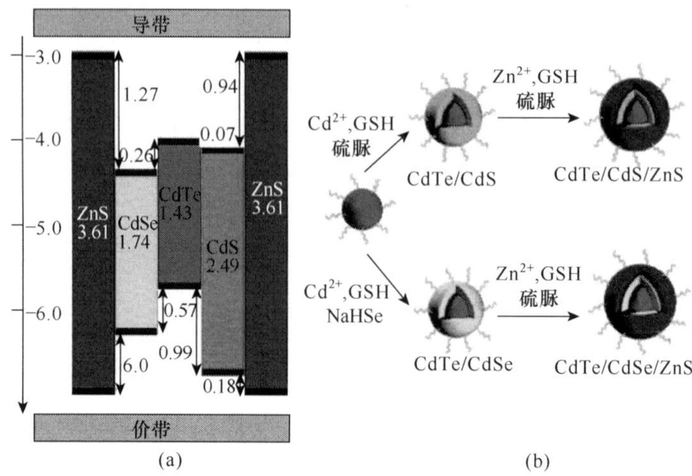

图 3.46 (a)几种半导体材料的能带关系和(b)CdTe/CdS/ZnS、CdTe/CdSe/ZnS 量子点合成路线[60]

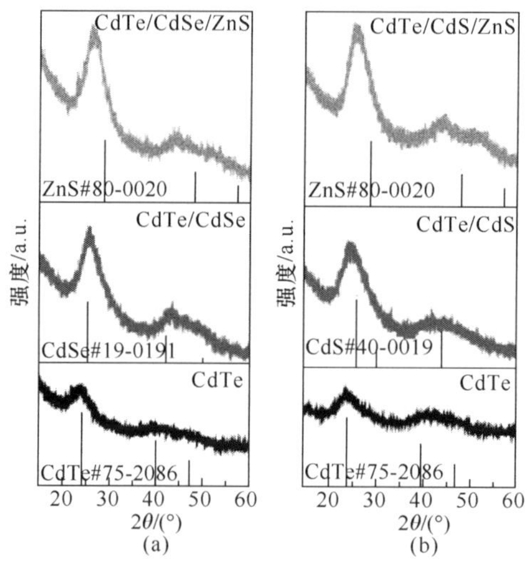

图 3.47 几种量子点的 XRD[60]

介于 CdTe 核和 ZnS 外壳之间的 CdS 层减缓了晶格的急剧变化，有利于增加稳定性和改善量子点的发光特性。ZnS 带隙大于 CdS 带隙，提供了接近 1eV 的导带补偿。因此 CdTe/CdS/ZnS 量子点的激子受限效应增强；同时非辐射复合(nonradiative recombination)和表面缺陷态减少，PL 量子产额提高，如图 3.48(a)所示。这个改善的过程，同样适合于 CdTe/CdSe/ZnS 量子点的情况，如图 3.48(b)所示。

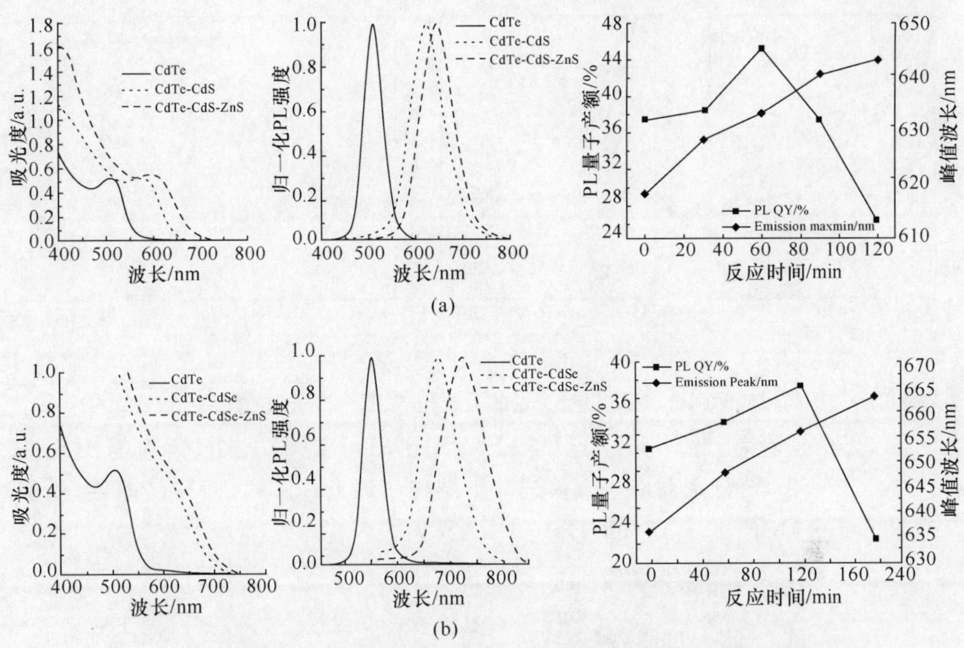

图 3.48　两种核壳量子点的吸收、PL 光谱和量子产额随壳层厚度的变化[60]

3.4　ZnSe 胶体半导体量子点

3.4.1　ZnSe 胶体量子点的合成方法

1. 油相热注入合成方法

Dai 等人以 ZnO 和 Se 粉为前驱体、橄榄油(olive oil)为溶剂，利用油相、热注入合成方法制备 ZnSe 胶体量子点[61]。典型样本合成路线是：将 0.0039g (0.05mmol)Se 溶解在 1mL 橄榄油中，加热到 200℃，保持 3 小时，得到 Se 溶液，然后溶液冷却到室温。将 ZnO(0.0081g，0.1mmol)和橄榄油(5mL)的混合物加入到三口瓶中，在 Ar 气下加热到 330℃。Se 溶液快速注入到沸腾的反应瓶中，反应温度下降到 300℃，适于量子点生长和退火。

在相同的 Se 和 ZnO 前驱体数量条件下，不同反应时间 ZnSe 量子点取样的吸收光谱如图 3.49(a)所示，显示 ZnSe 量子点的尺寸依赖特性，可以确定纳米粒子的尺寸和尺寸分布。随着注入 Se 前驱体，快速成核反应开始，紧接着是早期的生长阶段。这两个过程非常快，大约 10 秒时，ZnSe 量子点生长到 10nm，达到稳定的粒子尺寸。在此之后，这些纳米粒子尺寸几乎固定不变。如果前驱体数量增加到 0.0158g Se 和 0.0324g ZnO，图 3.49(b)的结果表明，增加前驱体数量，可以获得小尺寸的纳米粒子，实现 ZnSe 量子点尺寸调节。

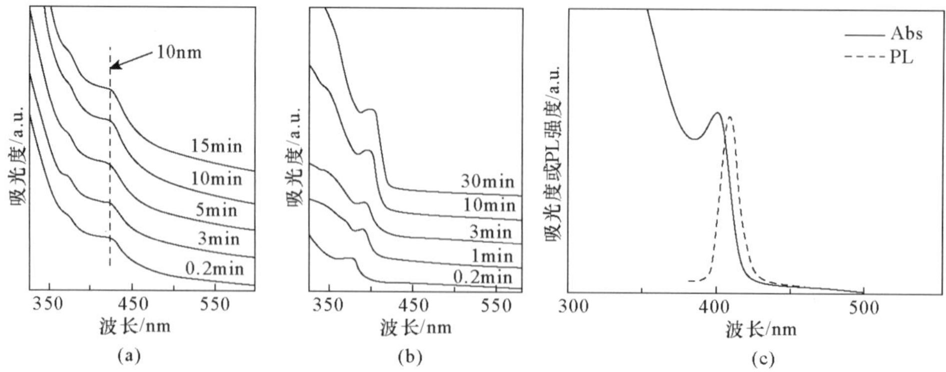

图 3.49 不同反应时间合成 ZnSe 量子点的吸收光谱、第一激子吸收峰和 PL 发光峰[61]

图 3.50 是制备 ZnSe 量子点的 TEM 和 XRD。XRD 表明，衍射峰出现在 27.2°、45.2°、53.6°，分别对应立方体闪锌矿结构(111)、(220)、(311)晶面族，晶格常数是 5.67Å(JCPDS 卡 37-1463)。

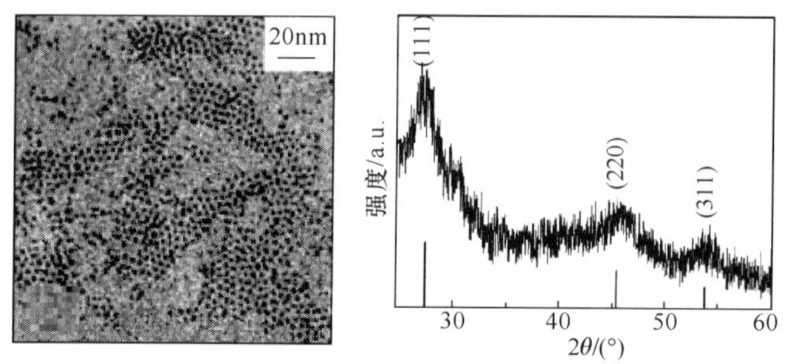

图 3.50 ZnSe 量子点的 TEM 和 XRD 图样[61]

2. 油相热裂解合成方法

Panda 等人使用醋酸锌(zinc acetate dehydrate，$Zn(AC)_2$)、硒脲(selenourea)为前驱体，ODA 或 TOPO 为溶剂，一步合成制备 ZnSe 量子点[62]。典型样本合成路线是：合成反应在油浴、氮气保护、220℃(或低于 220℃)条件下完成。在 140℃下，醋酸锌(0.075g，0.341mmol)溶解在 ODA 和 TOPO(2.96mmol)中。与此同时，在 140℃ 下，二甲基甲酰胺(dimethyl formamide，DMF)辅助硒脲(0.2g，0.742mmol)溶解在 ODA 中。然后，硒脲溶液连续、快速加入到醋酸锌反应液，几分钟后溶液转变为浅黄色的浑浊溶液。保持 1～6 小时后降温，经离心过滤后，将 ZnSe 量子点再次溶解在非极性溶剂(如甲苯、氯仿)中。在不同反应时间：30 分钟(实线)、45 分钟(短划线)、60 分钟(点线)、120 分钟(短画-点线)、240 分钟(短画-点-点线)，提取部分样品进行吸收和 PL 光谱测试，如图 3.51(a，b)所示。样本显示出清晰的吸收峰和窄的发射带(FWHM 为 30～40nm)，展现出良好的单分散性。图 3.51(c，d)是反应时间 30 分钟和 240 分钟的 ZnSe 量子点 TEM，表现出良好的晶格结构和结晶度。纳米粒子的晶面间距是 0.33nm 和 0.28nm，与 ZnSe 闪锌矿结构(111)晶面间距(0.327nm)和(200)晶面间距(0.283nm)一致(JCPDS 卡 37-1463)，说明这种方法合成的 ZnSe 量子点具有闪锌矿晶格结构。

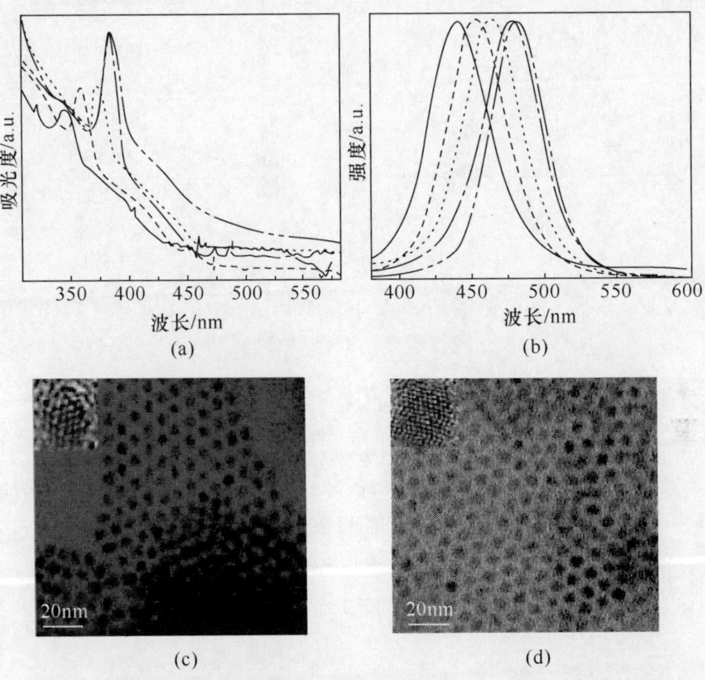

图 3.51　不同反应时间 ZnSe 量子点吸收、PL 光谱，以及 TEM[62]

3. 水相合成方法

采用水相合成方法，同样可以实现 ZnSe 量子点的合成。Zhang 等人使用醋酸锌、硒粉为前驱体，无氧水为溶剂，水相合成 ZnSe 量子点[63]。典型样本合成路线是：将硼氢化钠（sodium borohydride，$NaBH_4$）和硒粉溶解在水中，获取 2mL NaHSe 溶液(0.2M)，然后加到装有 98mL 醋酸锌和配位体溶液的烧瓶中，Zn、Se 和谷胱甘肽(Glutathione，GSH)配位体的浓度分别是 1mM、0.4mM 和 1.2 mM。最终的混合物加热到 100℃，制备 ZnSe 量子点。在同样的实验条件下，可以使用半胱氨酸(L-cysteine，Cys)或 MPA 替代 GSH，合成 ZnSe 量子点。

不同 pH 反应条件(6.5、8.5、10.5 和 11.5)制备的 ZnSe 量子点 PL 光谱如图 3.52(a)所示。图示表明两个发射带：来自于带隙辐射的紫外-蓝光带；表面态相关辐射的长波发光带。在 pH 值是 6.5、8.5、10.5 和 11.5 时，带隙辐射波长分别是 344nm、353nm、368nm 和 377nm。增加 pH，粒子尺寸增加，光谱红移。增加 pH 能够抑制表面态发光，使 ZnSe 量子点 PL 发光性质得到改善，如图 3.52(b)所示。

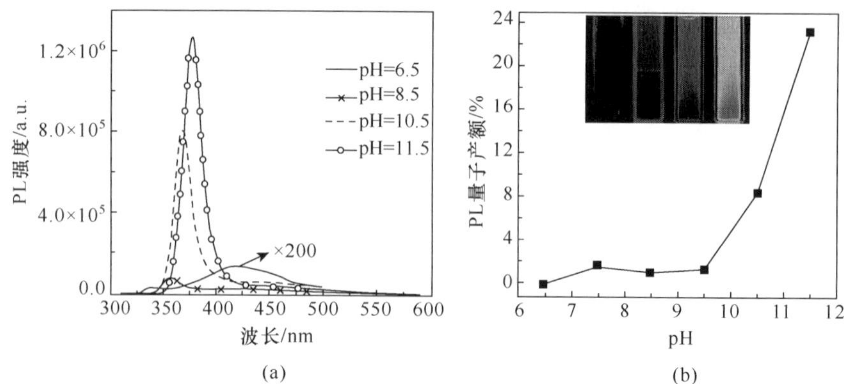

图 3.52　不同 pH 值制备 ZnSe 量子点的 PL 光谱(a)和量子产额(b)[63]
(阅读彩图请扫封底二维码)

不同 pH 制备 ZnSe 量子点 XRD 如图 3.53(a)所示。在 pH 值是 6.5 和 8.5 时,ZnSe 量子点晶格结构与 ZnSe 体材料一致,是闪锌矿晶格结构。在 pH 值是 10.5 和 11.5 时,ZnSe 量子点的衍射峰略有移动和展宽,趋近于 ZnS 体材料的晶格结构。图 3.53(b)是 pH 值 11.5、反应时间 1 小时制备 ZnSe 量子点的 TEM,测量得出粒子尺寸是 3.3nm。

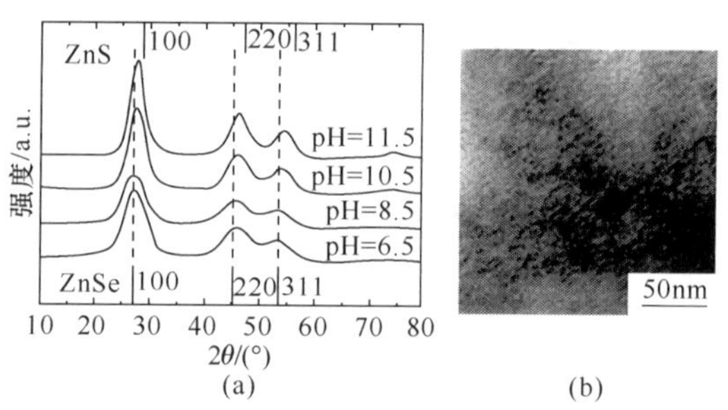

图 3.53　不同 pH 值制备 ZnSe 量子点 XRD(a)和 TEM(b)[63]

3.4.2　ZnSe 胶体核壳量子点

ZnSe 体材料带隙是 2.7eV,通过尺寸调谐,ZnSe 量子点是良好的蓝光材料,核壳结构可以提高它的发光效率和稳定性。图 3.54 是 ZnSe、CdSe 体材料能级关系图,作为比较也给出 CdS、CdSe 体材料的带隙。在 ZnSe/CdSe 结构中,显示出大的导带补偿(0.77eV),电子波函数将完全限制在壳域内。而在 CdS/CdSe 结构里,导带补偿只有 0.26eV。从导带结构角度而言,ZnSe/CdSe 结构优于 CdS/CdSe 结构。

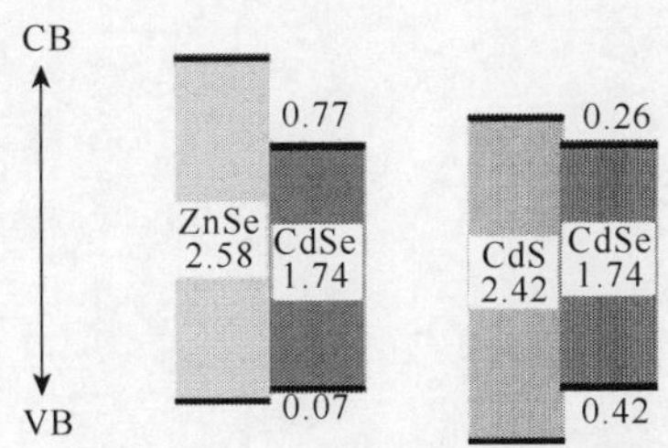

图3.54 ZnSe/CdSe和CdS/CdSe体系能级结构比较

基于上述分析，Zhong等人使用$ZnEt_2$为前驱体，TOP和ODE为溶剂，合成出尺寸2.8nm的ZnSe核量子点[64]。合成路线是：将等摩尔浓度的Cd和Se原液混合，逐滴、缓慢加入到ZnSe核的原液；在230℃下，反应2～3小时，制备出ZnSe/CdSe核壳量子点。

尺寸2.8nm的ZnSe核(a)和包覆1(b)、2(c)、4(d)和6(e)个单层CdSe壳(每单层CdSe壳的厚度是0.35nm)的ZnSe/CdSe量子点TEM如图3.55所示。图3.55也给出ZnSe、ZnSe/CdSe量子点XRD，对应壳厚度分别是a-0单层、b-2单层、c-6单层。ZnSe核量子点显示出立方体闪锌矿ZnSe晶格结构，尺寸效应导致衍射峰扩展。增加壳厚度，ZnSe/CdSe核壳量子点逐渐由立方体闪锌矿ZnSe体材料结构变成立方体闪锌矿CdSe体材料结构，再变成纤锌矿CdSe体材料结构。

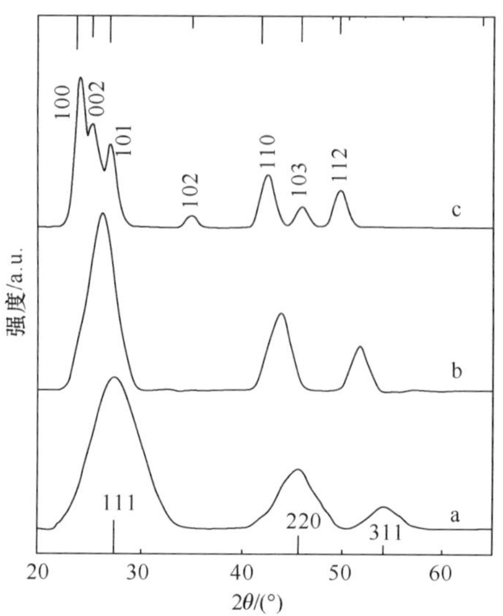

图 3.55 不同壳厚度 ZnSe/CdSe 量子点 TEM 和 XRD[64]

尺寸 2.8nm ZnSe 核和包覆不同 CdSe 单层的 ZnSe/CdSe 核壳量子点吸收和 PL 光谱如图 3.56 所示。随着壳厚度的增加，吸收和带边 PL 光谱均呈现规则的红移。Stokes 移位(第一激子吸收峰与 PL 发射峰的间距)约为 15nm，表明 PL 辐射主要来自于带边辐射跃迁，而不是表面态的长波段复合。随着壳厚度增加到 0.1(b)、0.2(c)、0.5(d)、1(e)、2(f)、4(g)和 6(h)个单层，PL 发射峰由 ZnSe 核的 375nm 逐步移动到 418nm、473nm、515nm、566nm、614nm、654nm 和 674nm，涵盖整个可见区域。

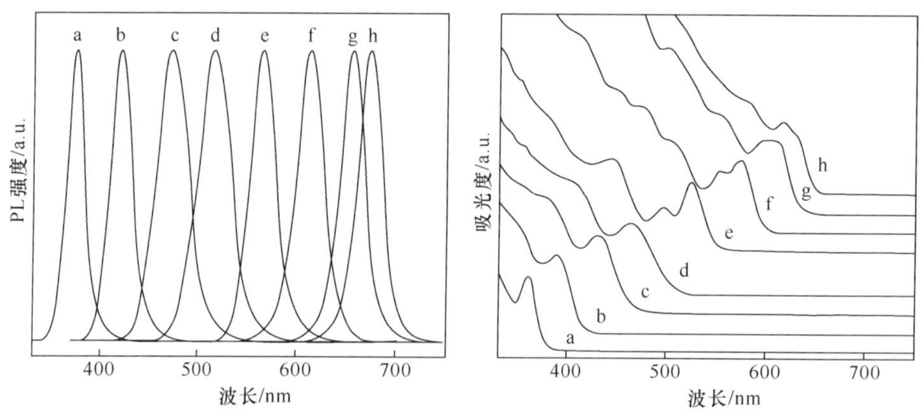

图 3.56 ZnSe 核、不同壳厚度 ZnSe/CdSe 量子点吸收和 PL 光谱[64]

类型 II ZnSe 核的核壳量子点的典型代表是 ZnSe/CdS 量子点。图 3.57 是 ZnSe/CdS 量子点导带和价带相对关系图。CdS $1S_e$ 态低于核壳界面处导带的能

级补偿 U_e，激发电子将定域于 CdS 壳内。类似的，ZnSe 的 $1S_h$ 态低于核壳界面处价带的能级补偿 U_h，光生空穴将定域于 ZnSe 核内。由于量子尺寸受限效应，电子与空穴的能级强烈依赖于核的半径 R 和壳的厚度 H，类型 I 和类型 II 两种类型都有可能呈现，图 3.57 给出两种类型对应的核半径 R 和壳厚度 H 的区域。在较小的 R、H 的区域，呈现出类型 I 的性质；在较大的 R、H 的区域，呈现出类型 II 的性质。

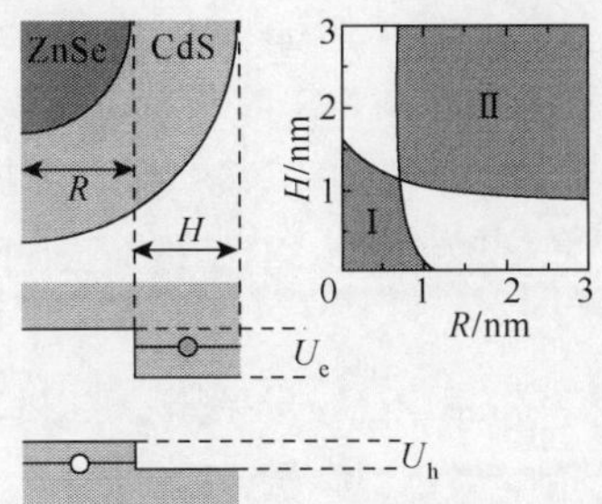

图 3.57　ZnSe/CdS 结构的导带和价带相对关系图

ZnSe/CdS 量子点典型合成路线是[65]：将溶解在 ODA 中的硬脂酸锌（zinc stearate，$ZnSt_2$）溶液加热到 300℃，迅速注入 Se-TOP 溶液，在 280℃下生长，得到预期的 ZnSe 核量子点；在 280℃时将 CdO 溶解在 OA 和 ODE 溶液中，制备 Cd 前驱体溶液，同时将 S 溶解在 ODE 中，制备 S 前驱体溶液；将两种前驱体混合，注入到 ZnSe 核的原液中，利用 SILAR 技术得到不同单层数目的 ZnSe/CdS 量子点。

图 3.58 是 4.7nm ZnSe 核生长 2 个 CdS 单层的 ZnSe/CdS 量子点 TEM，显示出准球形纳米晶外形，图中标尺长度分别是 20nm 和 2nm。由于 CdS 具有纤锌矿晶格结构，壳材料沿 c 轴生长速度更快而产生椭球形状。由 ZnSe/CdS 量子点 XRD 发现，它显示出体 CdS 材料的晶格结构。比较图中 CdS 的两种晶相（b-立方体；c-六角形）衍射峰，断定 ZnSe/CdS 量子点是六边形晶相和立方形晶相的混合体。

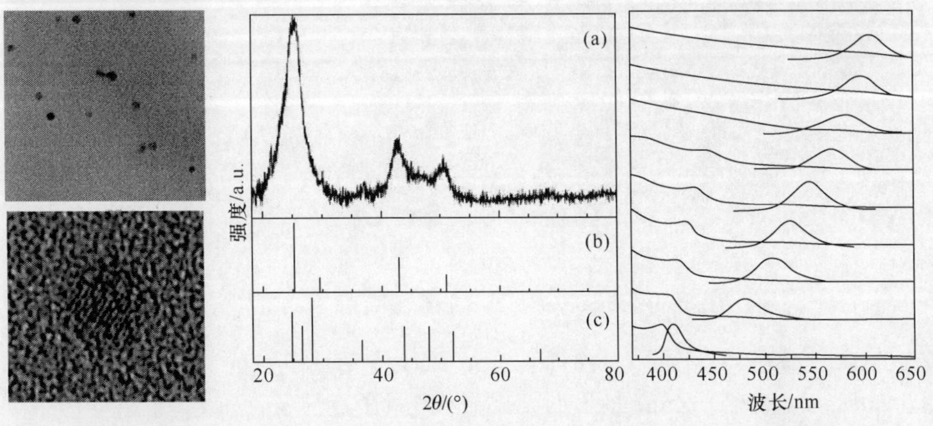

图 3.58　ZnSe/CdS 量子点 TEM、HRTEM、XRD，以及吸收和 PL 光谱[65]

不同单层数量的 ZnSe/CdS 量子点吸收和 PL 发射光谱如图 3.58 所示。随着 Cd 和 S 前驱体的增加，ZnSe/CdS 量子点的吸收峰开始展宽并向长波方向移动，表示尺寸不断增加。这也揭示出类型 II 结构的吸收图像，表明核壳交界面处电子跃迁带来的能量值要小于 ZnSe 或 CdS 量子点的量值。在壳厚度逐渐增加时，PL 光谱的变化证明类型 II 载流子数量的增加。初始时，ZnSe 核量子点的 PL 发射峰位于 420nm。随着 Cd 和 S 前驱体的增加，ZnSe 表面配位体被迅速移出，PL 发射迅速减弱。同时，在 480nm 处产生新的 PL 发射峰，随着壳厚度的增加，这个 PL 发射峰逐步红移，到达 605nm。ZnSe/CdS 量子点光子发射能量表明，这时 PL 发射既不是来自于 ZnSe 的空间跃迁，也不是 CdS 的空间跃迁，而是来自于核壳交界面处两个材料空间的间接跃迁。图中显示出 100～110nm 的大 Stokes 位移，进一步证明这个跃迁性质。

如上所述，采用 Cd 族材料包覆 ZnSe 量子点，可以较好的改善 ZnSe 量子点的发光特性。但是从生物医学角度考虑，需要无毒性的量子点材料，所以 ZnSe/ZnS 量子点应运而生[66～71]。一种水相合成 ZnSe/ZnS 量子点的方法是[71]：将 $Zn(Ac)_2$ 和 GSH 溶解在去离子水中，加入 NaOH 保持 pH 值为 11.5；将 Se 粉加入 $NaBH_4$ 溶液，获得 NaHSe 溶液，再加入到 Zn 前驱体溶液中；加热到 90℃，制备出 ZnSe 量子点。将一定比例的 $Zn(Ac)_2$、GSH、硫脲混合物加入到 ZnSe 量子点原液中，加热到 90℃，制备不同壳层厚度的 ZnSe/ZnS 量子点。图 3.59(a，b)是 ZnSe 核量子点和生长 2.5 小时 ZnSe/ZnS 量子点 TEM，显示 ZnSe 核量子点的尺寸是 2.7nm，ZnSe/ZnS 核壳量子点的尺寸是 3.6nm，ZnS 壳厚度是 0.45nm(1.5 个 ZnS 单层)。图 3.59(c)是相应量子点材料的 XRD，衍射峰显示出立方立体闪锌矿晶格结构，与 ZnSe 体材料的晶相近似相同。

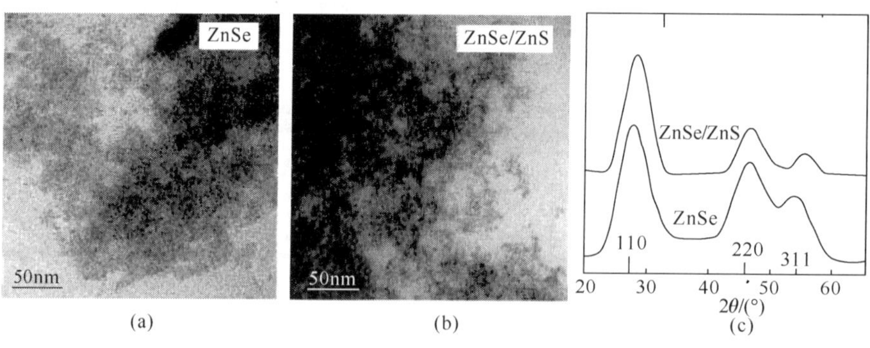

(a)　(b)　(c)

图 3.59　ZnSe、ZnSe/ZnS 量子点 TEM 和 XRD[71]

ZnSe 核量子点、不同生长时间 ZnSe/ZnS 核壳量子点的吸收和 PL 光谱如图 3.60所示。相对于 ZnSe 量子点，ZnSe/ZnS 量子点的吸收和 PL 光谱均产生红移，表明随着反应时间的增加，壳层厚度逐渐增加，ZnSe/ZnS 量子点的尺寸长大。样本显示出窄的第一激子吸收峰，来自于 $1S(e)$-$1S_{3/2}(h)$之间的电子跃迁，也表明窄的量子点尺寸分布。小的 Stokes 位移(约为 18nm)，说明 ZnSe/ZnS 核壳量子点的 PL 发光主要来自于带边复合，没有表面深能级缺陷的复合发光。随着 ZnS 壳厚度的增加，ZnSe/ZnS 核壳量子点 PL 发射峰的半宽度变窄。上述光谱数据表明，利用宽带隙 ZnS 包覆窄带隙 ZnSe 量子点，得到的是类型 I 核壳结构。电子和空穴限制在 ZnSe 核内，而且钝化 ZnSe 核的表面，清除表面缺陷，提高 PL 发光效率。

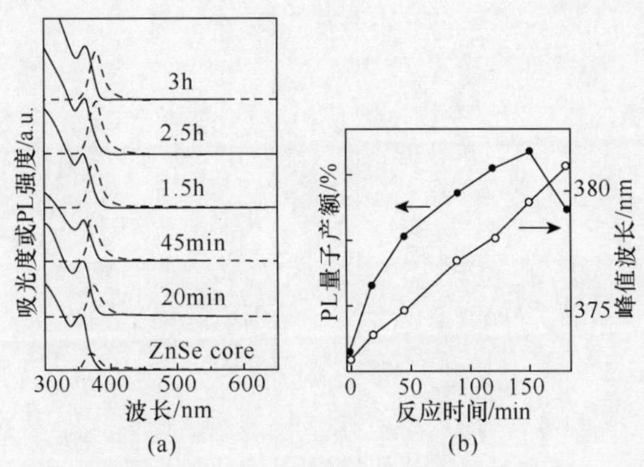

图 3.60　不同壳生长时间制备 ZnSe/ZnS 量子点吸收、PL 光谱(a)和量子产额(b)[71]

3.4.3　ZnSe 胶体掺杂或合金量子点

利用某些元素掺杂 ZnSe 量子点，可以改变它的光学性质。如同 Cd 族量子点掺杂一样，Mn 掺杂 ZnSe 量子点是研究较早、也是比较成熟的掺杂方法。相关研究工作表明，Mn 掺杂 ZnSe 量子点可以较好地改善它的光学和磁学性质[72]。

Mn 掺杂 ZnSe 量子点的基本方法是[72]：将 0.5mL 二甲基锰(dimethyl manganese，$MnMe_2$)(0.02mmol)与 4mL TOP、1mL Se-TOP、82μL 二乙基锌(diethylzinc，0.8mmol)混合，然后混合溶液快速注入到含有 15mL HDA 的反应瓶中，制备出 Mn 掺杂 ZnSe 量子点。图 3.61 是不同尺寸、Mn 掺杂浓度 ZnSe 量子点的吸收、PL 和 PLE 光谱：(A) <27Å，0%；(B) <27 Å，0%；(C) 27Å，0%；(D) 27.5Å，0.5%；(E) 28.0Å，0%；(F) 30.5Å，0%；(G) 36.0Å，2.5%；(H) 43.0Å，2.5%；(I) 57.5Å，2.5%。随着 ZnSe 量子点尺寸增加，第一激子吸收峰逐渐红移，体现出量子尺寸受限效应。再来考察 PL 和 PLE 光谱，其中图 3.61(a)是未掺杂 ZnSe 量子点的光致发光(PL)和光致激发(PLE)光谱，PL 是强烈的蓝光，没有任何红移的辐射；PLE 是一个窄的蓝光光谱，显示出引起 PL 蓝光的一系列吸收图像，与 ZnSe 量子点吸收谱一致。图(b)是 Mn 掺杂 ZnSe 量子点的 PL 和

PLE 光谱，PL 辐射包含一个附加的、红移发光峰，位于 2.12eV(585nm)，来自于内部 Mn^{2+} 离子的$^4T_1$-$^6A_1$ 跃迁。此外，比较来自于蓝光的 PLE 光谱(PLE1，图(b))和来自于 Mn 发射的 PLE 光谱(PLE2，图(b))，二者具有相同的 ZnSe 量子点吸收图样。PLE 光谱表明，能量由光致激发 ZnSe 量子点转移到 Mn^{2+} 离子，从而产生出 Mn^{2+} 离子的$^4T_1$-$^6A_1$ 跃迁发光。

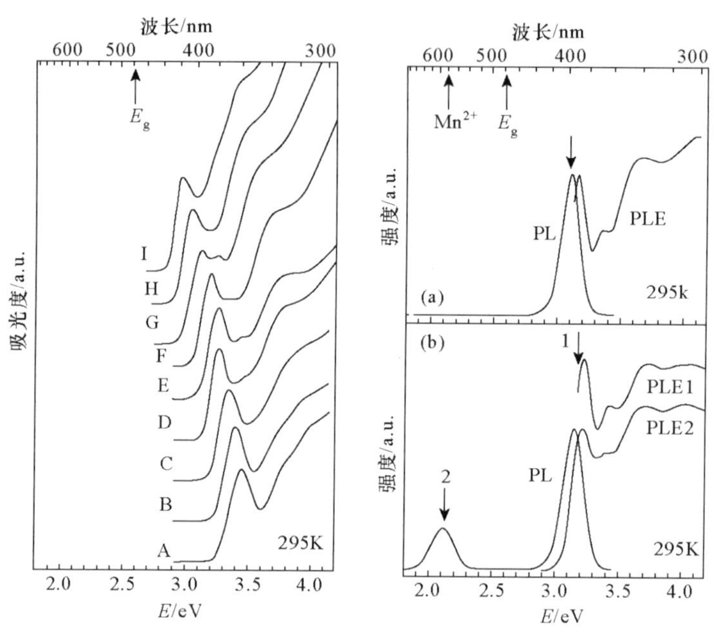

图 3.61 不同尺寸和 Mn 掺杂浓度 ZnSe 量子点的吸收、PL 和 PLE 光谱[72]

近几年对 Cu 掺杂 ZnSe 量子点的研究取得了较好的进展，Cu 掺杂 ZnSe 量子点发出蓝光和绿光[73~75]。一种 Cu 掺杂 ZnSe 量子点合成路线是[76]：将硬脂酸锌和 ODE 加入到三口瓶中，加热到 300℃。硒粉溶解在 TBP、ODA 和 ODE 的混合溶剂中，在 300℃时注入到反应混合物中。混合溶液冷却到 250℃进入生长阶段。当达到预期粒子尺寸时，温度下降到 200℃，将溶解在 TBP 中、特定数量的醋酸铜溶液加入到反应瓶。温度升高到 220℃，保持 2 小时，继续缓慢生长，稳定后得到 Cu 掺杂 ZnSe 量子点。图 3.62 是 Cu 掺杂 ZnSe 量子点的 XRD 和 TEM。XRD 清晰显示出(111)、(220)和(311)晶面族的衍射峰，显示出闪锌矿晶格结构。根据衍射峰的半宽度，利用 Debye-Scherrer 公式，计算出掺杂量子点尺寸约为 6nm，与 TEM 得到的数据一致。

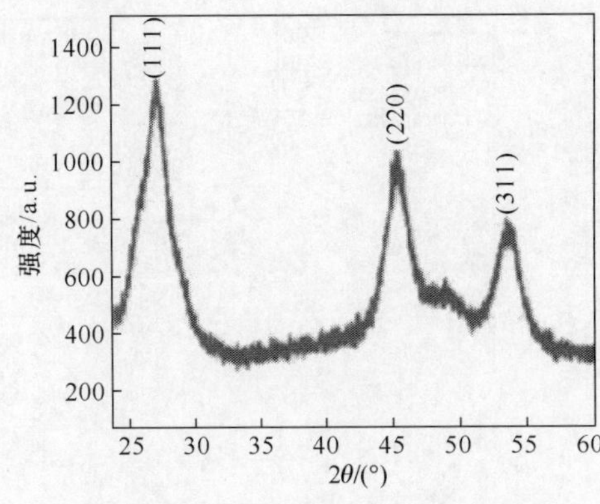

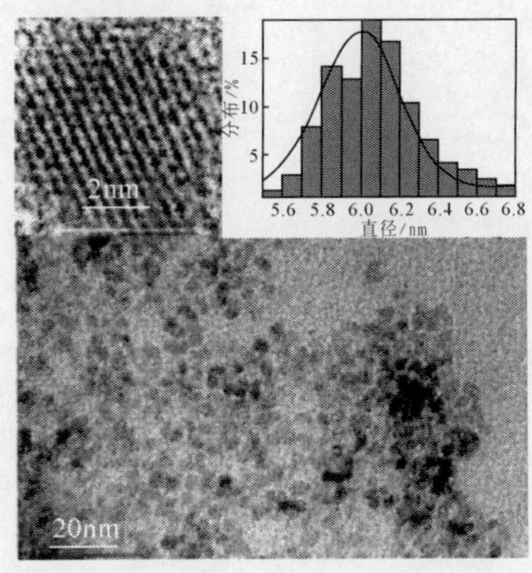

图 3.62　Cu 掺杂 ZnSe 量子点 XRD 和 TEM[76]

图 3.63 是 Cu 掺杂 ZnSe 前后量子点的吸收、PL 和 PLE 光谱，最后得到样本的第一激子吸收峰位于 415nm(2.99eV)。与 ZnSe 体材料数据 2.69eV(461nm)比较，显示出量子尺寸受限产生的蓝移。在注入 TBP-Se 后，初始生长迅速，在几秒内第一激子吸收峰出现在 380nm，表明量子点开始形成。在初始阶段，尺寸分布较宽，激子吸收峰较宽。随着生长的进行，吸收峰变窄，说明逐步形成单分散的粒子。

对于 ZnSe 体材料，带边发射对应于 2.67eV(465nm)附近。这个带边发射除了自发辐射之外，还包括施主-受主对(donor-acceptor pair，DAP)的发光[77,78]。在同样条件下，未掺杂 ZnSe 量子点的 PL 光谱如图 3.63(b)所示，显示出不对称的、位于 435nm(2.85eV)近带边发射峰，其拟合曲线是两个高斯线型的组成，一个带宽 15nm 的峰位于 433nm，另一个带宽 20nm 的峰位于 445nm。这个发光峰包括杂质施主(donor)到浅陷阱(shallow trap，ST)态的跃迁。除了这个主要发射峰外，在 478nm(2.6eV)附近还出现另一个低强度、宽阔的发射峰，来自于两个辐射跃迁的组合：一个是深陷阱(deep trap，DT)态相关的辐射；另一个是杂质施主与 Zn 空位受主构成的 DAP 复合产生的自发辐射。

对于近带边辐射：初始时价带的电子被激发到导带，无辐射跃迁到 ST 态或杂质的施主态；然后与价带的空穴或空穴陷阱态复合，产生 435nm 的发光。DT 态发光来自于 Zn 空位或表面 Se 悬空键，它们在 ZnSe 量子点的禁带中产生深陷阱态[79,80]。光生空穴被 Se 原子悬空键的电子直接填充，随后的发光是空穴迁移后，与导带电子最终产生再复合的结果。这个发光光谱宽阔，原因是表面存在一系列不同的 Se 原子悬空键，允许产生一系列填充，原理如图 3.63(c)所示。

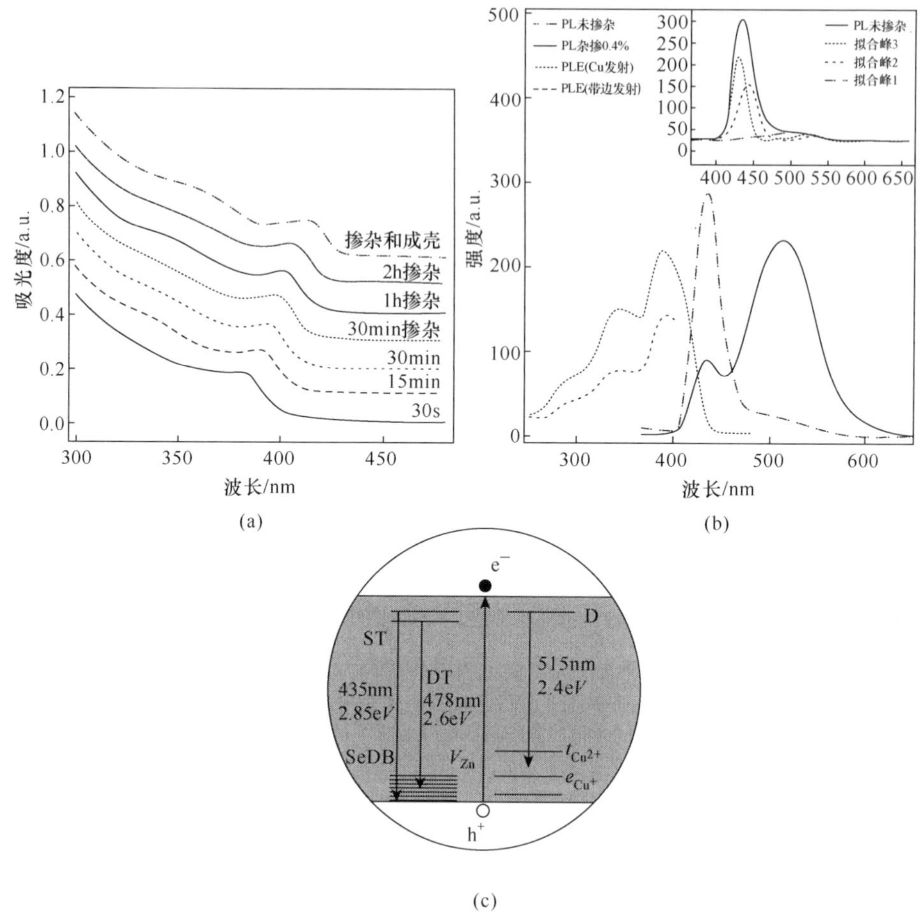

图 3.63　不同掺杂时间 Cu 掺杂 ZnSe 量子点的吸收、PL、PLE 光谱[76]

在 Cu 掺杂 ZnSe 量子点中，Cu 离子发射类似于其体材料的绿色辐射。随着粒子尺寸减小，由于量子受限效应，导带移向更高的能量状态，绿色辐射会产生蓝移。在初始时刻，一个价带电子被激发到 ZnSe 导带。晶格中的 Cu(Ⅰ)离子通过长程库仑作用被价带空穴约束，产生短暂的 Cu^{2+} 受主(acceptor)态。然后，导带电子迁移到 Zn 悬空键约束的或杂质施主相关的 ST 态，与 Cu 的 d^- 态上的空穴再次复合。这个施主-受主复合产生 515nm(2.4eV)的辐射。短暂的 Cu^{2+} 态被劈裂成较高和较低的两个能级(如图 3.63(c)所示)，产生 $^2T_2$(2D)基态和 $2E$ 激发态，二者都可以接受激发的电子，导致发射峰的展宽。这进一步肯定辐射展宽是固有的，而不是由于量子点尺寸分布带来的。

3.5　ZnS 胶体半导体量子点

3.5.1　ZnS 胶体量子点合成方法

1. 油相热注入合成方法

Li 等人使用醋酸锌为前驱体、TOP 或 OA 为溶剂，采用油相热注入合成方法，制备 ZnS 胶体量子点[81]。全部合成在惰性气体环境中进行，根据纳米晶形态的不同，选择不同的合成路线。

①ZnS 纳米棒的合成：利用 Yu 等人的方法，合成乙基黄原酸锌[82]。将一定数量的乙基黄原酸锌（zinc ethylxanthate，$Zn(C_2H_5OCS_2)_2$）溶解在 4mL OA 中，然后将溶液快速注入到 4g 十六胺（hexadecylamine，HDA）热溶液，并进行搅拌。经历一定反应时间后，冷却反应溶液，利用丙酮或甲醇沉淀并纯化，将 ZnS 纳米棒分散在氯仿或甲苯中。

②ZnS 量子点的合成：将一定数量的乙基黄原酸锌溶解在 4mL TOP 中，然后将溶液快速注入到 4g HDA＋TOP 混合热溶液中，并进行搅拌。合成反应也可以仅仅使用 TOP 溶液，或三辛胺（trioctylamine，TOA）溶液。经历一定反应时间后，冷却反应溶液，利用丙酮或甲醇沉淀并纯化，将 ZnS 量子点分散在氯仿或甲苯中。

在 HDA＋OA 系统里，OA 是前驱体溶剂，HDA 是主要的配位体稳定剂，一般形成 ZnS 纳米棒。通过改变反应条件，如反应温度、前驱体（乙基黄原酸锌）浓度等，可以调整纳米棒的纵横比例和直径。图 3.64 是不同温度、单体浓度制备 ZnS 纳米棒的 TEM。在反应温度 150℃、溶液含有 0.5g $Zn(C_2H_5OCS_2)_2$ 时，反应延续 10 小时，获得长 200nm、直径 2.5nm 的纳米棒，如图 3.64(a)所示。在反应温度 200℃、溶液含有 0.2g $Zn(C_2H_5OCS_2)_2$ 时，反应延续 6 小时，获得 25nm 长、3.5nm 宽的纳米棒，如图 3.64(b)所示。在反应温度 250℃、溶液含有 0.35g $Zn(C_2H_5OCS_2)_2$ 时，反应延续 4 小时，获得 35nm 长、4.5nm 直径的纳米棒，并有少数球形纳米晶出现，如图 3.64(c)所示；这时增加单体浓度，会得到更长的纳米棒，例如溶液含有 0.5g $Zn(C_2H_5OCS_2)_2$，纳米棒长度达到 50nm，而且纳米棒会自组装成为二维有规则的形态，如图 3.64(d)所示。

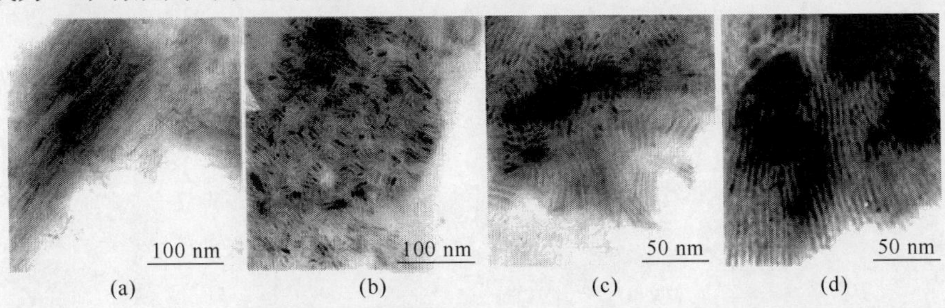

图 3.64　在 HAD＋OA 溶液中，不同温度、前驱体浓度和反应时间 ZnS 纳米棒 TEM[81]

按照合成方法②，用 TOP 替代 OA 作为前驱体溶剂，无论是使用 HDA、或 TOP、或二者混合溶液，都将得到球状 ZnS 量子点。反应温度 200℃、溶液含有 0.3g $Zn(C_2H_5OCS_2)_2$、反应时间 3 小时制备 ZnS 量子点 TEM 如图 3.65 所示。当只有 TOP 稳定剂时，形成点状粒子，而且聚集在一起，如图 3.65(a)所示。其中插入的 HRTEM 表明，这时 ZnS 量子点是面(可以是纤锌矿 ZnS(002)晶面，也可以是闪锌矿 ZnS(111)晶面)间距 0.312nm 的单晶结构。当 TOP 和 HDA 的混合物(比例是 2∶1)作为稳定剂时，绝大多数纳米晶(90%)是球形，而且这些纳米粒子自组装为二维超晶格阵列，如图 3.65(b)所示。相应的 HRTEM 表明，单个纳米晶显现出六边形排列。(111)面间距是 0.312nm，(200)面间距是 0.274nm，对应于闪锌矿 ZnS 晶格结构。当 TOP 与 HDA 的比例是 1∶1 时，纳米晶中棒型产物数量增加，如图 3.65(c)所示。当 TOA 作为唯一的稳定剂时，纳米粒子也呈现出点状结晶体，如图 3.65(d)所示。此外，在纯 TOP 或 TOA 溶液里，纳米粒子较小，而且难以用非溶剂沉淀析出。

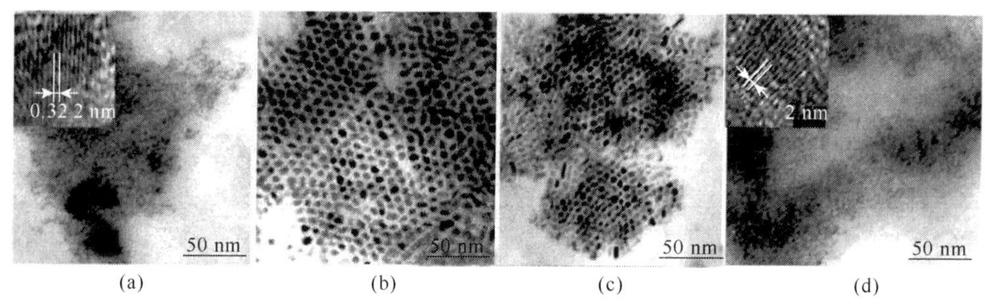

图 3.65 不同溶剂组合制备 ZnS 纳米晶 TEM[81]

ZnS 结晶有两种结构：纤锌矿和闪锌矿结构。在 HDA+OA 溶液中，不同反应温度和时间条件下(a：150℃，6h；b：200℃，6h；c：250℃，6 h；d：250℃，10h)制备 ZnS 纳米棒 XRD 如图 3.66(a)所示。这些 XRD 均与纤锌矿结构 ZnS 相对应，清楚显现出(110)、(103)、(112)晶面的衍射峰。在纯 TOP 或纯 TOA 的情况下，不同配位体比例条件下(a －TOA；b －TOP；c －TOP∶HDA＝2∶1；d －TOP∶HDA＝1∶1；e －HDA+OA)制备 ZnS 纳米晶的 XRD 如图 3.66(b)所示。各种条件下样本的 XRD 清晰表明，这时合成的 ZnS 纳米晶具有立方体闪锌矿结构。

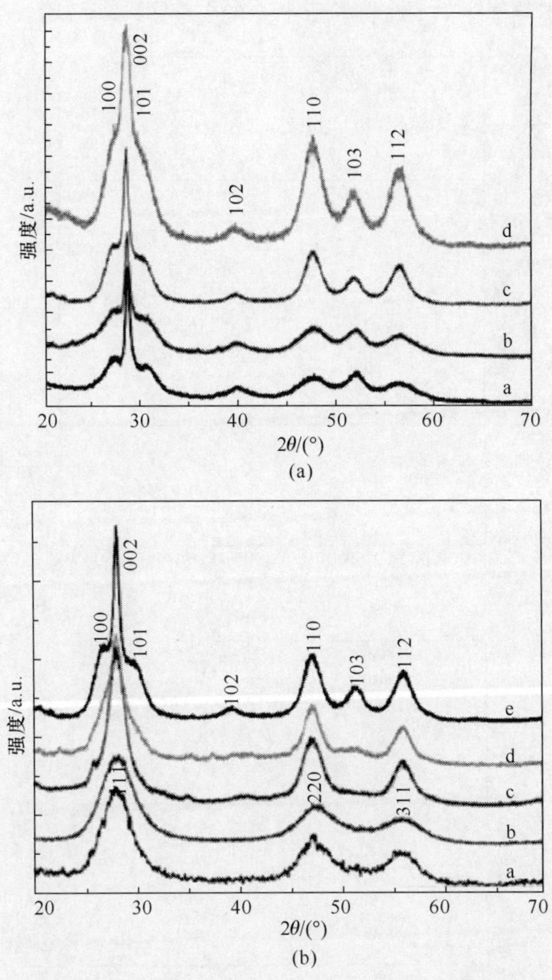

图 3.66　纤锌矿(a)和闪锌矿(b)结构 ZnS 纳米晶的 XRD[81]

四种典型 ZnS 纳米晶的吸收和 PL 光谱如图 3.67(a)所示：a、b 是 HDA 为溶剂、反应温度分别是 150℃和 200℃制备的样本，显示出纤锌矿结构、不同直径和长宽比的 ZnS 纳米棒；c、d 是 HDA＋TOP(2∶1)或纯 TOP 为溶剂、反应温度是 200℃制备的样本，显示出闪锌矿结构 ZnS 量子点。由于量子尺寸效应，第一激子吸收峰相对体材料 ZnS 吸收峰(335nm)均产生明显的蓝移。值得注意的是，样品 a 有两个吸收峰：主峰位于 282nm，肩峰位于 290nm。随着反应过程的进行，较长波长峰会变得更强，较短波长峰会变得较弱，但峰的位置不变，如图 3.67(b)所示。这个现象归因于样品 a 中存在两种直径的纳米棒，各自产生不同的量子尺寸效应。由于直径的差距太小(由光谱上看，折算为 0.2nm)，以至于 TEM 未能观察到。随着继续生长，较细纳米棒的直径逐步增加，而较粗纳米棒的直径基本不变，以至于纳米棒的直径逐步趋于一致，纳米棒尺寸分布变窄。

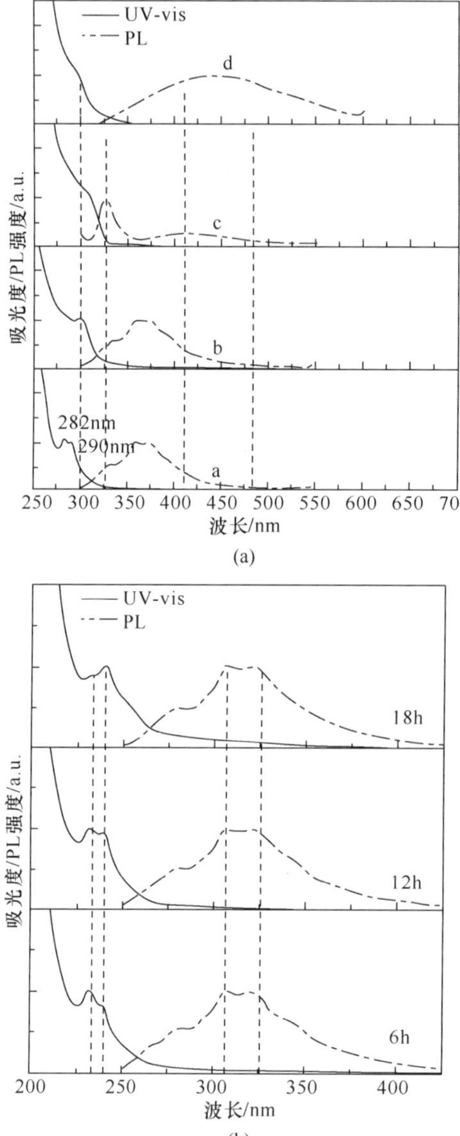

图 3.67　ZnS 纳米晶样品的吸收和 PL 光谱[81]

受合成条件、纳米晶尺寸和形态的影响，ZnS 纳米晶 PL 发光较为复杂。在一般情况下，可以观察到两个发射峰，一个来自于激子辐射，一个来自于缺陷态辐射。激子辐射峰是尖锐的，处于近带边；缺陷态相关的辐射峰较为宽阔，Stokes 位移较大。在 HDA＋TOP 溶液中合成的 ZnS 纳米粒子，PL 光谱显示出两个发射峰，如图 3.67(a)所示。强度较大的位于 322nm，来自于近带边的激子辐射；另一个位于

420nm 的弱发射峰较为宽阔，来自于表面空位（Zn 空位）相关的辐射。在纯 TOP 溶液中合成的 ZnS 纳米粒子，它们的 PL 发射谱存在两个较为宽阔的发射峰，分别位于 420nm 和 460nm，来自于表面空位产生的辐射和缺陷表面态辐射。两个点状量子点 PL 光谱的差异，说明与 TOP 相比，烷基胺（alkylamine）分子能更有效的钝化纳米晶表面。

2. 油相、热裂解合成方法

Yu 等人使用二乙基锌、硫粉为前驱体，HDA 或 ODE 为溶剂，采用热裂解一步合成方法，制备出 ZnS 纳米棒和量子点[82]。根据纳米晶形态不同，选择不同的合成路线。

①ZnS 纳米棒合成。将 3mmol（0.096g）硫粉溶解在 HDA 中，在 Ar 气下加热到 125℃。将二乙基锌（0.5mmol）溶液注入到硫溶液，加热到 300℃，保持 1 小时。反应混合物冷却到 60℃，加入 50mL 乙醇，使 ZnS 纳米晶沉淀。通过离心取出沉淀物，用乙醇多次清洗，移出多余的 HAD，得到黄色的 ZnS 纳米棒。

②ZnS 量子点合成。将 2.5g HDA（10mmol）和 2.5g ODE（10mmol）混合，在真空、100℃下保持 1 小时。在 Ar 气条件下，将 3mmol（0.096g）硫粉溶解在 HDA/ODE 混合物中，混合物溶液温度下降到 45℃。将二乙基锌（0.5mmol）溶液注入到硫溶液，缓慢加热到 300℃，持续 2 小时。随着温度的增加，溶液的颜色由绿色变化为黄色，最后变成红色。反应混合物冷却到 60℃，加入 50mL 乙醇，使 ZnS 纳米晶沉淀。通过离心取出沉淀物，用乙醇多次清洗，移出多余的 HDA 和 ODE，得到 ZnS 量子点。

在 125℃下，将二乙基锌加入到 HDA 的硫溶液，在 300℃下熟化，可制备 ZnS 纳米棒。这时纳米晶中有 80％的纳米棒和 20％球形纳米晶，TEM 如图 3.68(a) 所示。为了增加纳米棒的数量，将反应产物溶解在油胺中，在 60℃下继续生长 24 小时。在经历第二次熟化后，几乎所有的纳米晶都成长为棒形，TEM 如图 3.68(b) 所示。纳米棒平均尺寸是直径 5nm，长度 21nm。图 3.68(c)的 HRTEM 和电子衍射图样表明，这些 ZnS 纳米棒具有立方体闪锌矿结构，沿着生长轴方向的晶面间距是 0.311nm，与体材料 ZnS 闪锌矿结构的(111)晶面间距一致。

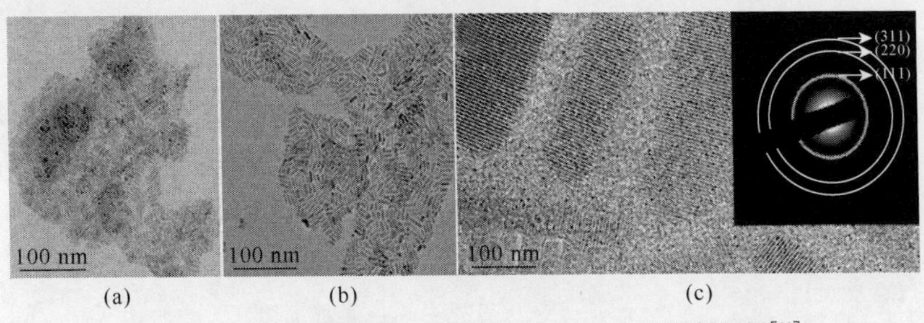

(a) (b) (c)

图 3.68 ZnS 纳米棒的 TEM、HRTEM 和电子衍射图样[82]

在 45℃下，二乙基锌加入 HDA 和 ODE 混合的硫溶液，在 300℃下熟化，制备球形 ZnS 量子点。图 3.69(a)TEM 表明，这些球形 ZnS 量子点是大量的二维和三维六角密堆积结构，HRTEM 图像清晰的显示出闪锌矿晶格结构。当油胺(oleylamine,OLA)替代 HDA、其他条件不变时，同样可以获得尺寸 5nm 的球形 ZnS 量子点。图 3.69(b)是 ZnS 纳米晶的 XRD(图中，下标 C、H 分别表示立方体闪锌矿和六角形纤锌矿结构。)，准球形纳米晶是一个混合结构，主要是闪锌矿结构，同时又有少量的纤锌矿结构特征。

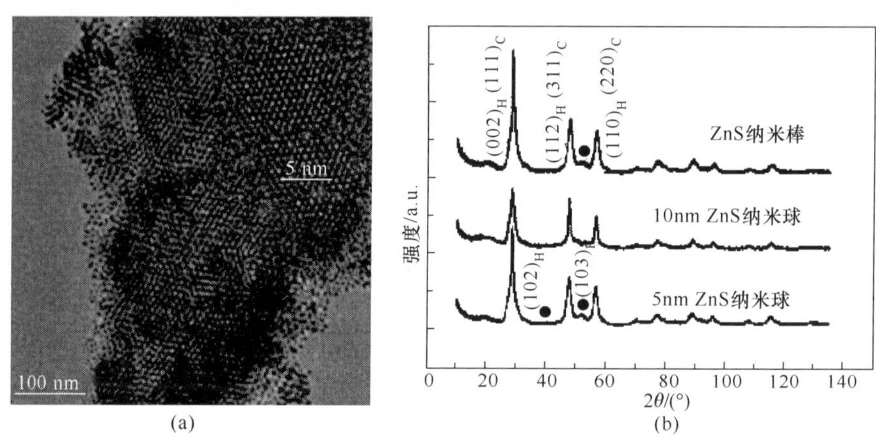

图 3.69 球形 ZnS 量子点的 HRTEM(a)和 XRD(b)[82]

3. 水相合成方法

Nanda 等人使用醋酸锌、硫化钠前驱体，以硫代甘油和 DMF 为溶剂，合成出水相 ZnS 量子点[83]。典型样本合成路线是：将 2.2mmol 醋酸锌水合物和 5.2mmol 硫代甘油溶解在 50mL 二甲基甲酰胺(dimethyl formamide,DMF)中。将 0.28mmol 硫化钠水合物溶解在 8mL 水中，在 Ar 气环境下逐滴加入到上述混合物中。利用 2mL、0.1M NaOH，使混合溶液的 pH 值调节为 8。缓慢加热溶液，退火 10～12 小时后，将溶液浓缩。加入丙酮或乙醇沉淀并萃取量子点。

上述方法合成的 ZnS 量子点 XRD 如图 3.70(a)所示，三个尺寸 ZnS 量子点的 XRD 特征与体材料闪锌矿结构一致。出现在 28.5°、47.5°和 56.3°的衍射峰，刚好与闪锌矿 ZnS 晶相的(111)、(220)、(311)晶面相对应。图 3.70(b,c)给出了 3.5nm ZnS 量子点的 TEM 和 HRTEM。HRTEM 表明，ZnS 量子点晶格结构由两个格子构成，一个格子的晶格常数是 2.6Å，另一个是 3.0Å。这些间距对应于闪锌矿 ZnS 晶格的(200)和(111)晶面族。

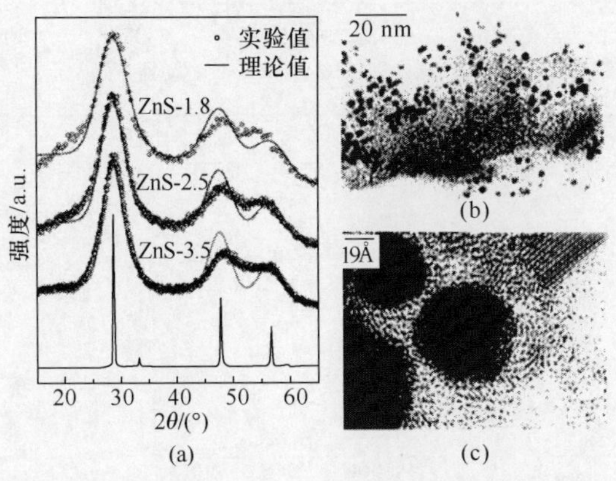

图 3.70　ZnS 量子点的 XRD、TEM 和 HRTEM[83]

图 3.71 是不同尺寸 ZnS 量子点和体材料 ZnS 的吸收光谱，第一激子吸收峰显示强烈的尺寸依赖性。体材料 ZnS 吸收边位于 340nm，对应于 ZnS 体材料禁带宽度（3.65eV）。1.8nm、2.5nm、3.5nm ZnS 量子点的第一激子吸收峰的位置分别是 260nm、272nm 和 288nm，对应于 4.8eV、4.55eV 和 4.3eV。

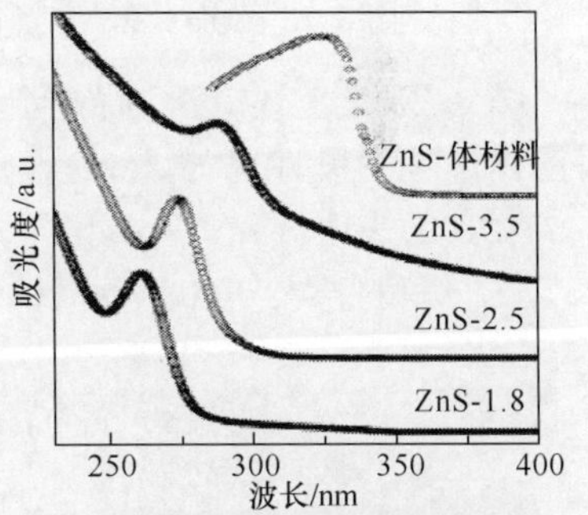

图 3.71　不同尺寸 ZnS 量子点和体材料 ZnS 的吸收光谱[83]

3.5.2　ZnS 胶体掺杂或合金量子点

利用不同金属离子掺杂 ZnS 量子点，可以调谐其发光性质。在这些金属离子中，Mn 掺杂 ZnS 量子点（Mn：ZnS）受到格外的关注。

图 3.72(a)给出热裂解方法制备 Mn：ZnS 的路线[84]。将全部前驱体（$ZnSt_2$、$MnSt_2$、S）和溶剂 ODE 装入三口瓶中，在 Ar 气环境下加热到 270℃。在 2～3 分钟里，Mn 掺杂剂开始发光，并随着反应时间的增加而增强，量子产额达到 10%～15%。PL 光谱中包含一个位于 420nm 的低强度宽谱辐射，如图 3.72(b)所示。进一步将 Zn 前驱体注入到 S 富裕的反应混合物中，低强度宽谱辐射消失，掺杂辐射增强，量子产额达到 50%。注意，过量的硬脂酸能够有效避免在 Zn 前驱体注入过程中带来的 ZnS 和 ZnO 量子点新的成核过程。第二次 Zn 前驱体注入前后的 PL 和吸收光谱如图 3.72(b,c)所示，吸收光谱产生微小红移，说明 ZnS 量子点的生长。图 3.72(d)是中心位于 585nm 掺杂辐射的时间解析光致发光（time-resolved photoluminescence，TRPL）曲线，确定辐射寿命是 0.37ms。

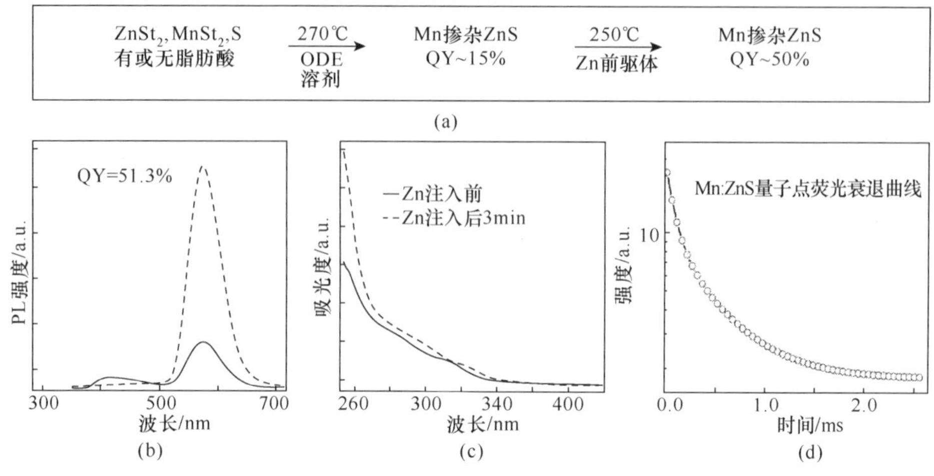

图 3.72　Mn：ZnS 量子点制备路线、PL 和吸收光谱、TRPL 曲线[84]

图 3.73 是上述方法制备 Mn：ZnS 量子点的 TEM 和 HRTEM，以及电子衍射图样。粒子尺寸是 3.2nm，显示出良好的单分散性。图 3.73(c) XRD(JCPDS 卡 77-2100)表明，Mn：ZnS 量子点是立方体晶格结构，晶格常数是 69.2Å，与立方体 ZnS 体材料掺杂 Mn 的数据(69.6Å)一致。

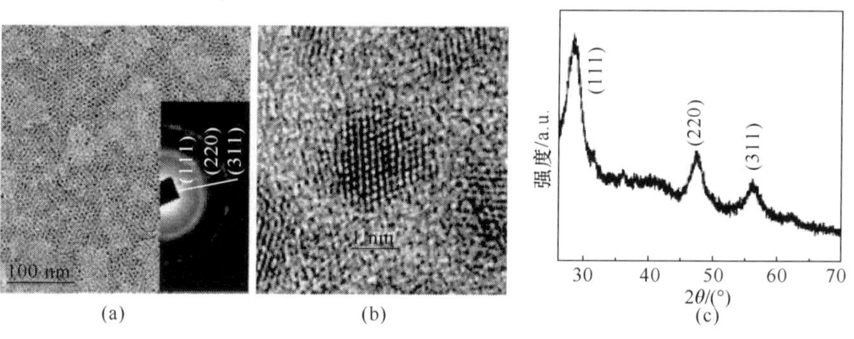

图 3.73　ZnS：Mn^{2+} 量子点 TEM、HRTEM 和 XRD[84]

同样，在 Mn：ZnS 量子点表面包覆壳层可以改善量子点的发光性质。包覆 ZnS 壳层的技术路线如图 3.74 所示[85]，合成步骤是：将 $ZnCl_2$、PEG、OA 混合物加热到 170℃，然后将 S 与 OA 的混合溶液注入前驱体溶液中，温度提高到 290℃并保持 1 小时，冷却到室温，经过纯化、离心后得到 ZnS 量子点。其次，用 TOPO 替代 PEG，加入 Mn^{2+} 掺杂剂，其他合成过程与 ZnS 量子点一样，得到 Mn：ZnS 量子点。最后，将 Zn^{2+} 前驱体溶液注入到 50℃“S”富裕的 Mn：ZnS 溶液中，加热到 290℃，形成 ZnS 壳，得到 Mn：ZnS/ZnS 核壳量子点。图 3.74 是 Mn：ZnS、Mn：ZnS/ZnS量子点的 PL 光谱。对比看到，在 580nm 附近二者都出现强发光峰，但 Mn：ZnS/ZnS 量子点在 460nm 附近还有一个弱发光峰。后者来源于 ZnS 量子点，而前者是 Mn^{2+} 的 $^4T_1$-$^6A_1$ 跃迁辐射。比较 Mn:ZnS(a) 和 Mn：ZnS/ZnS(b) 量子点的 PL 发光强度，后者相对前者增强了 30%。显然，Mn：ZnS 量子点表面存在大量缺陷，导致非辐射复合(nonradiative recombination)。通过包覆 ZnS 壳层可以有效钝化量子点表面，减小非辐射复合几率，提高 PL 发光效率。

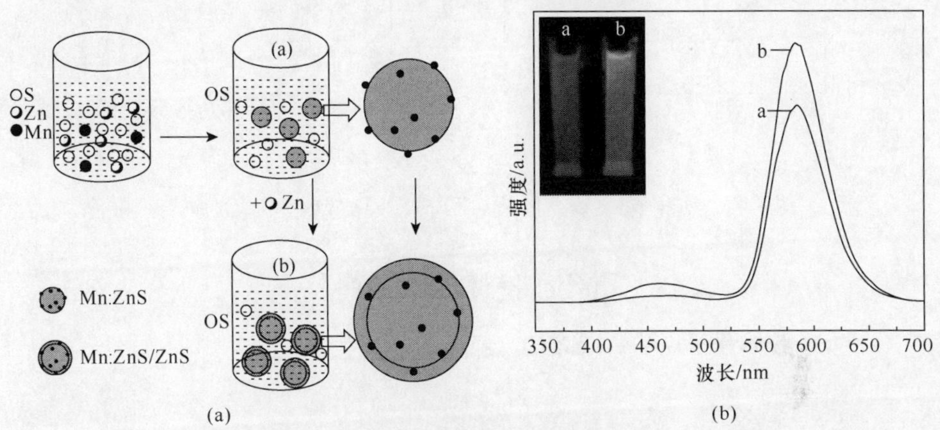

图 3.74 Mn：ZnS 和 Mn：ZnS/ZnS 量子点合成路线图(a)和 PL 光谱(b)[85]
(阅读彩图请扫封底二维码)

为了满足生物技术的应用，可以合成水相 Mn 掺杂 ZnS 量子点。采用 MPA 为配位剂，在水中合成 Mn：ZnS 量子点[86]，典型合成路线是：$Zn(NO_3)_2$、$Mn(NO_3)_2$ 和 MPA 混合，加入水稀释，再加入 NaOH 将 pH 调节为 10；在 N_2 气下，加热沸腾 30 分钟，然后快速注入 Na_2S，反应 15 分钟后制备出水相 Mn：ZnS 量子点。图 3.75(a,b)是水相 Mn：ZnS 量子点的 TEM 和 XRD，显示出良好的单分散性，以及与(111)、(220)和(311)晶面对应衍射峰，证明是立方体闪锌矿晶相结构，计算出粒子尺寸是 3.9nm。图 3.75(c,d)是不同尺寸水相 Mn：ZnS 量子点的吸收和 PL 光谱，第一激子吸收峰位于 305nm，相对 ZnS 体材料值(340nm)蓝移 0.41eV，表现出量子尺寸受限作用。各个尺寸 Mn：ZnS 量子点在 590nm 附近均出现一个发光峰，对应于 Mn^{2+} 掺杂剂的发光，显示出非尺寸依赖的特点。

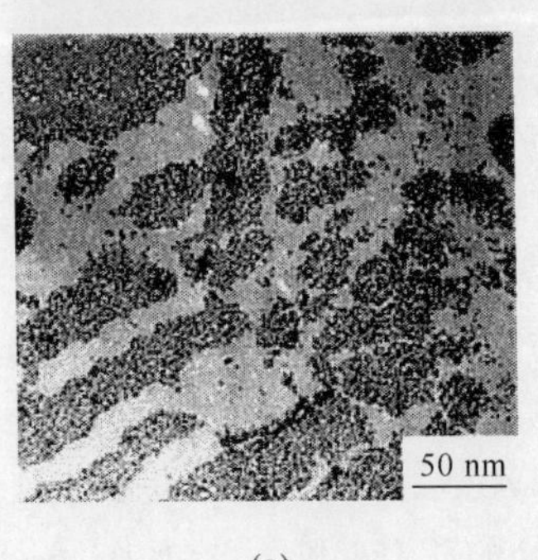

(a)

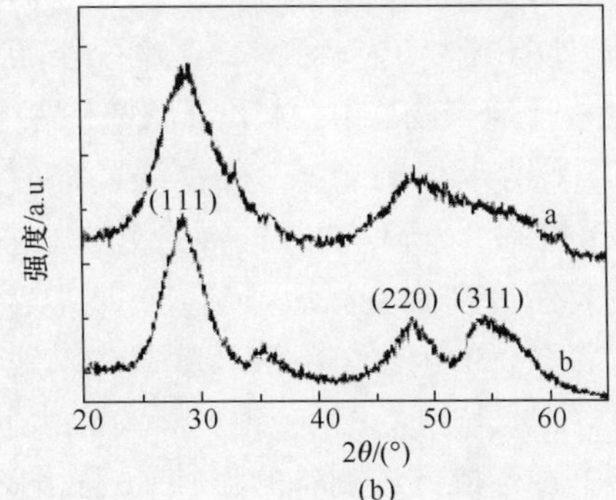

(b)

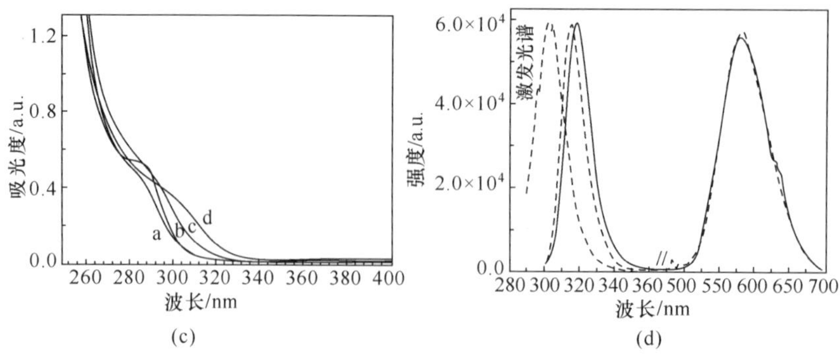

图 3.75　水相 Mn：ZnS 量子点 TEM、XRD、吸收和 PL 光谱[86]

3.6　ZnTe 胶体半导体量子点

3.6.1　ZnTe 胶体量子点的合成方法

1. 油相合成方法

Zhang 等人采用醋酸锌或氯化锌为前驱体，TOP 或 OA 为溶剂，制备油相 ZnTe 胶体量子点[87]。几个典型样本的合成路线如下。

①准球形 ZnTe 量子点的合成：将 1mmol 醋酸锌水合物、15mL 二苄醚(dibenzyl ether)和 1mL OA 混合，在真空、无水环境中，混合物加热到 150℃，保持 30 分钟。温度上升到 250℃后，将 Te-TOP 溶液(1mL)和浓度 1M 的 1mL 三乙基硼氢化锂($LiBH(CH_2CH_3)_3$)/二苄醚溶液混合，快速注入到加热溶液中。在冷却前，系统保持 250℃ 10 分钟。加入过量乙醇，经过离心，提取反应产物(ZnTe 量子点)并分散在正己烷中。

②四面体 ZnTe 纳米晶的合成：在室温的条件下，将 0.408g、3mmol $ZnCl_2$ 加入到 15mL 二苄醚和 3.0mL 油胺的混合物中，在真空环境中加热到 150℃。在混合物自然冷却到室温后，1mL Te-TOP 溶液(含 1M 的 Te)注入到 Zn-油胺溶液中，形成前驱体溶液。将 5mL 前驱体溶液注射到预先加热到 250℃的 10mL 二苄醚中。每隔 15 分钟，将额外前驱体溶液(每次 5mL)注入到反应物中，共 3 次。最后加入过量乙醇，经离心获得反应产物(四面体 ZnTe 纳米晶)，将 ZnTe 纳米晶分散在正己烷中。

③ZnTe 纳米棒的合成：在室温的条件下，将 0.272g、3mmol $ZnCl_2$ 加入到 10mL 二苄醚和 2.0mL 油胺的混合物中。在真空环境中，混合物加热到 150℃。在混合物自然冷却到室温后，1M Te-TOP 溶液(2mL)、二苄醚溶液(2mL)加入到混合物。将获得的前驱体溶液(5mL)注入到 10mL 二苄醚中，逐渐加热到 150℃，保持温度，生长 3 小时。

按照上述合成方法制备的三种 ZnTe 纳米晶的 TEM 和 XRD 如图 3.76 所示。

按照合成方法①制备的准球形 ZnTe 量子点如图 3.76(a)所示,生长 5 分钟的样品平均尺寸是 5nm。图 3.76(a)插图是其电子衍射图样,显示出立方形闪锌矿晶格结构。图 3.76(d)中 d-a 曲线所示 XRD 表明,全部衍射峰与标准 ICDD PDF 卡(15-0746)一致,进一步证明这种 ZnTe 量子点是闪锌矿单相结构。

按照合成路线②制备的四面体 ZnTe 纳米晶的 TEM 如图 3.76(b)所示,生长 10 分钟样品平均尺寸 15~18nm。这种四方体纳米晶 XRD 如图 3.76(d)中曲线 b 所示。

按合成路线③制备的 ZnTe 纳米棒的 TEM 如图 3.76(c)所示,图 3.76(d)中曲线 c 是 XRD,显示出立方体晶相。图 3.76(c)的电子衍射图样表明,ZnTe 纳米棒沿着〈111〉方向生长,这是因为初期 ZnTe 晶核在〈111〉方向生长速度更快的结果。

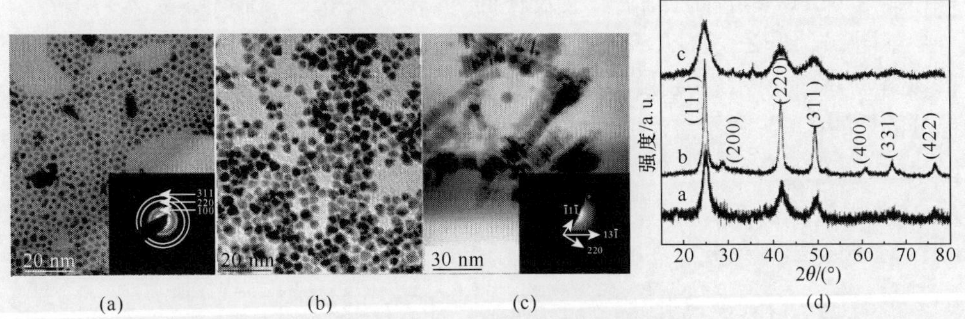

图 3.76 三种 ZnTe 纳米晶的 TEM 和 XRD[87]

图 3.77 是不同形态 ZnTe 纳米晶的吸收光谱。曲线 a~d 是不同反应时间(45s、2min、5min 和 10min)准球形 ZnTe 量子点的吸收光谱,随着生长时间增加,吸收峰红移和逐渐展宽。曲线 e~f 分别是四面体 ZnTe 纳米晶和 ZnTe 纳米棒的吸收光谱,光谱进一步红移,展宽更加明显。

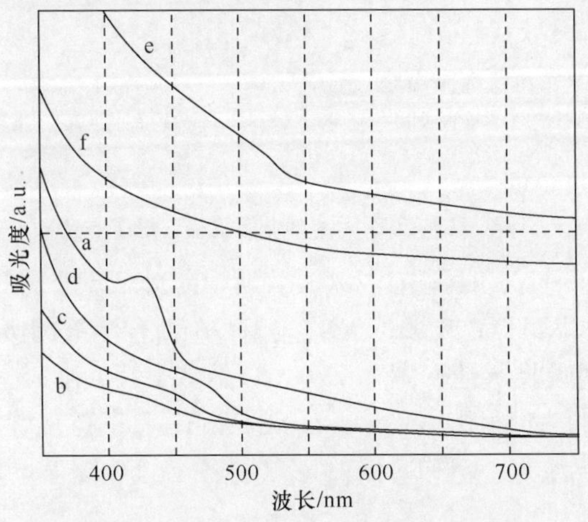

图 3.77 不同形态 ZnTe 纳米晶的吸收光谱[87]

2. 水相合成方法

Xu 等人使用 $Zn(OH)_2$、Te 粉为前驱体，巯基乙酸（TGA）、硫代甘油（TG）为溶剂，制备水相 ZnTe 量子点[88]。典型样本的合成路线是：利用 NaOH 溶液，制备不同 pH 值的硝酸锌（$Zn(NO_3)_2$）和 TGA 混合溶液。将 NaHTe 溶液（Te 粉与硼氢化钠（$NaBH_4$）混合溶液）注入到上述混合溶液中，得到黑色溶液。按照 Zn/TGA/Te摩尔比 1/2.4/0.2，制备 ZnTe 溶液（0.1mol），其中 Zn 浓度是 1.6×10^{-3}mol/L。在室温、氮气的环境中储存 ZnTe 黑色溶液，直至溶液变成无色。TG 为配体的 ZnTe 量子点的合成方法与此类似，采用 TG 替代 TGA 作为配位体。此外在注入 NaHTe 溶液之前，TG 为配体的 ZnTe 溶液 pH 值调整到 8.5。

不同 pH 值、Zn/TGA/Te 比例是 1/2.4/0.2 的 TGA-ZnTe 纳米粒子吸收光谱如图 3.78(a)所示（曲线沿斜线按 a→g 排列）。在 pH 值小于 5.49 时，难以得到单分散性的 ZnTe 量子点。TGA 配体会影响静电斥力，从而影响粒子的分散。当 pH 值由 7.0 下降到 4.5 时，在 TGA 配体上带负电的羧酸根转化为不带电的羧酸，由此导致 ZnTe 纳米粒子团聚。因此，pH 5.49 是一个临界值，当 pH 值大于 5.49 时，将会出现单分散性的 ZnTe 量子点。

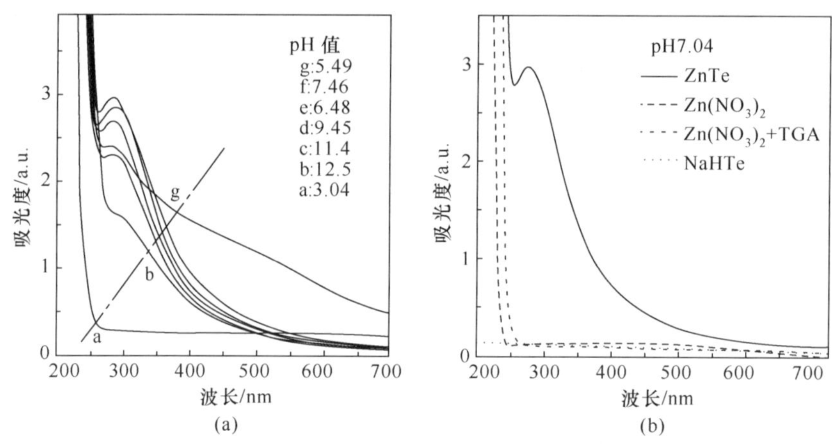

图 3.78 不同 pH 值和不同溶剂制备 ZnTe 量子点吸收光谱[88]

当 pH 值是 5.9～7.1 时，图 3.78(a)表明，在 280nm 处出现一个明显的吸收峰，它与 $Zn(NO_3)_2$、NaHTe 或 $Zn(NO_3)_2$＋TGA 混合溶液的吸收峰不同，来自于 ZnTe 量子点的带间吸收跃迁。图 3.79(a，b)是 pH 7.0 和 12.0 时 ZnTe 量子点的 TEM，其中 HRTEM 插图表明，pH 7.0 的 ZnTe 量子点尺寸是 1.5nm。当 pH 值是 7.1～10.0 时，注入 NaHTe 仍然可以制备 ZnTe 量子点，吸收峰在 280nm 附近。

当 pH 值高于 10.0 时，ZnTe 量子点吸收峰产生小的红移，由 280nm 移动到

320nm，如图 3.78(a)所示。按照量子尺寸受限理论，说明量子点的尺寸逐渐增大。图 3.79(b)表明，在 pH 值是 12.0 时，ZnTe 量子点尺寸是 2.3nm。图 3.79(c) XRD 表明，这时 ZnTe 量子点是六边形 ZnTe 体材料晶格结构。

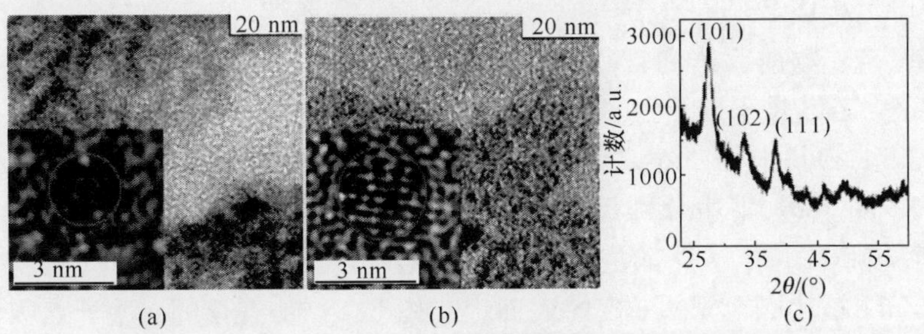

图 3.79　ZnTe 量子点的 TEM、HRTEM 和 XRD[88]

3.6.2　ZnTe 胶体核壳量子点

ZnTe 体材料禁带宽度是 2.26eV，考虑到壳材料的毒性限制，难以选择恰当的壳材料构成类型 I 核壳量子点，并使其发光落在可见光区间。类型 II 核壳结构的带隙决定于核、壳最低的导带底和价带顶的间隔，通过调节壳厚度可以获得可见光辐射。

ZnTe 和 ZnSe 是带隙 540nm 和 443nm 的直接带隙半导体材料，两者都是闪锌矿晶格结构，彼此之间的晶格失配是 7%左右[89]，如图 3.80(a)所示。ZnTe 导带和价带都高于 ZnSe，ZnTe/ZnSe 量子点是典型的类型 II 结构。由于带隙的补偿作用，ZnTe/ZnSe 量子点的电子、空穴分别分布在不同的空间，其中空穴主要存在于核的空间，而电子主要存在于壳的空间，ZnTe 的价带和 ZnSe 的导带之间形成有效的带隙，如图 3.80(b)所示。

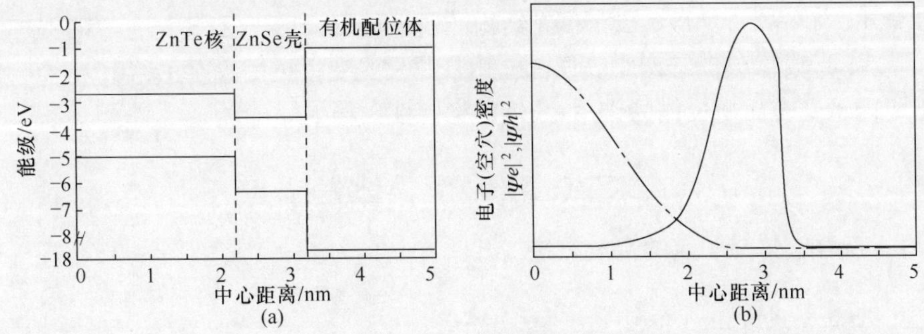

图 3.80　ZnTe(2.2nm)/ZnSe(1.0nm)量子点能级结构和电子(实线)、空穴(点划线)分布[89]

ZnTe/ZnSe 和 ZnTe/ZnSe/ZnS 量子点典型样本合成路线是[89]：将 Te 溶入 TOP 中，随后与 HDA 和 ODE 混合放入三口瓶。在真空中干燥 2 小时，然后加热到

270℃，再将 Zn 和 Te 前驱体混合物快速注入到反应瓶中，连续搅拌直至得到预想尺寸的 ZnTe 量子点。将 ZnTe 核量子点原液与 ODE、HDA 装入反应瓶中，当反应温度达到 200℃时，再将 Zn 和 Se 前驱体混合物逐滴加入反应瓶，温度保持200～250℃，生成 ZnTe/ZnSe 量子点。将 ZnTe/ZnSe 量子点冷却到 200℃，加入二乙基锌、硫化物前驱体和 TOP 的混合物，在 220℃连续搅拌 1 小时，最后得到 ZnTe/ZnSe/ZnS 量子点。

图 3.81(a)是半径 2nm ZnTe 核量子点和包覆厚度 1.3nm 的 ZnTe/ZnSe 量子点的 XRD，上边、下边分别是 ZnSe 和 ZnTe 体材料的立方结构，中间的衍射峰分布表明核和核壳量子点都是闪锌矿晶格结构，衍射峰展宽和向大角度方向移动表明 ZnSe 被生长到 ZnTe 核的表面上。图 3.81(b)是 ZnTe 量子点吸收光谱(空心方块线)、ZnTe/ZnS 量子点吸收和发射光谱(实心方块线)。吸收光谱的红移再次表明成功包覆 ZnSe 壳，ZnTe/ZnSe 量子点 PL 发射波长仍然落在 ZnTe 体材料带隙之内。图 3.81(c，d)分别是 ZnTe 量子点和 ZnTe/ZnSe 量子点的 TEM。

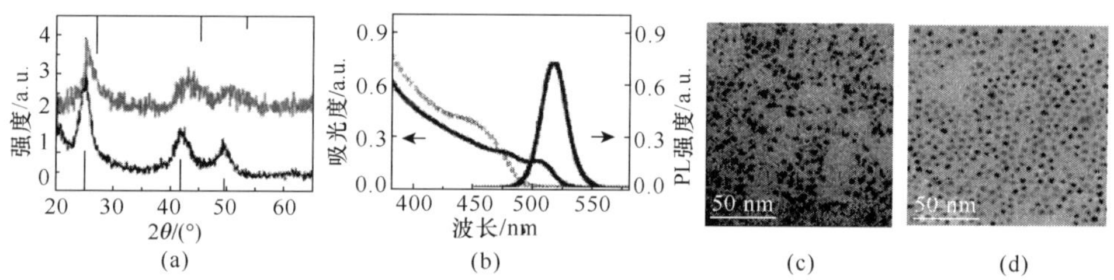

图 3.81　ZnTe 和 ZnTe/ZnSe 量子点的 XRD、吸收与 PL 光谱和 TEM[89]

在 ZnTe/ZnSe 量子点外表面包覆 ZnS 壳，宽带隙 ZnS 壳限制电子和空穴，进一步增强光学稳定性。ZnTe/ZnSe 和 ZnTe/ZnSe/ZnS 量子点吸收和 PL 光谱红移非常小(约 2nm)，这是类型 I 核壳结构的明显特征。由于 ZnS 壳有效的保护了 ZnTe/ZnSe 结构，借助于两个壳层的作用，PL 发光变得更好。ZnTe/ZnSe/ZnS 量子点更能承受表面配位体的作用，胶体的稳定性变得更好。

3.7　ZnO 胶体半导体量子点

3.7.1　ZnO 胶体量子点的合成方法

1. 油相合成方法

Shim 等人采用油相热注入法制备 ZnO 胶体量子点，典型样本合成路线是[90]：将 O_2 通入 4mL OA 中，加入 150μL 二乙基锌和 4mL 无水癸烷(anhydrous decane)。将上述混合物快速注入到 200℃的 TOPO(6g)中(Ar 气保护)，产生

ZnO 量子点。量子点适合生长的温度是 150～180℃，可以获得窄的尺寸分布。当 ZnO 量子点生长到 3nm 时，生长将变得十分缓慢，需要加入更多的 Zn/O 前驱体，以保证进一步的生长需要，但激子吸收峰会展宽。

ZnO 是直接带隙半导体材料，电子、空穴有效质量是 $0.24m_0$ 和 $0.59m_0$。由于晶格场(约 40meV)的作用，价带被劈裂为 3 个，但没有明显的自旋-轨道耦合。载流子小的有效质量导致带边吸收具有强烈的尺寸依赖性[91]。在生长过程中，ZnO 量子点吸收和 PL 光谱(其中较低的两个光谱来自于在 OA 中直接生长的 ZnO 量子点)如图 3.82所示，显示出强烈的量子尺寸受限作用。图中 XRD 插图表明，这种方法合成的 ZnO 量子点具有纤锌矿晶格结构。尺寸变小，第一激子吸收峰($1S_h$-$1S_e$)更加清晰，但第二激子吸收峰($1P_h$-$1P_e$)却不明显，是由于形状和晶格场使 p 态电子、空穴的寿命退化。此外，较大的 Stokes 位移暗示存在缺陷发光过程。强烈尺寸依赖的 PL 光谱，表明载流子处于量子受限态，是由导带跃迁到深的空穴陷阱(氧空位产生，大约位于价带上 1eV 处。)产生的结果[92,93]。

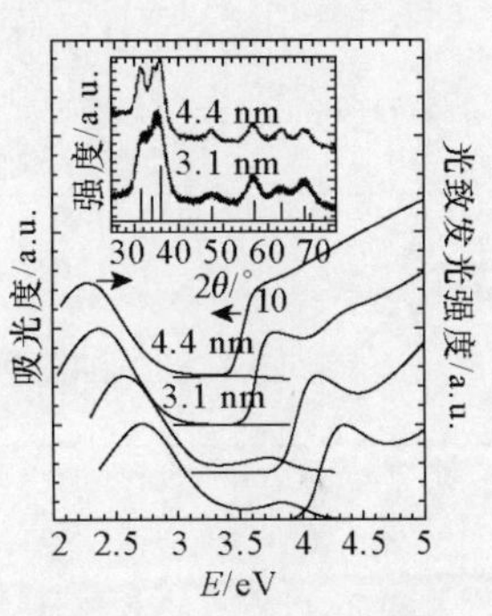

图 3.82　ZnO 量子点吸收和 PL 光谱，插图是其 XRD[90]

在上面叙述的方法中，胶体 ZnO 量子点合成数量局限于克的量级，难以满足大剂量合成要求。采用热裂解合成方法，可以较好的解决这个问题。一个大剂量胶体 ZnO 量子点典型合成路线是[93]：将 5.45g $ZnCl_2$(40mmol)、24.35g 油酸钠(80mmol)溶解在 80mL 乙醇、60mL 蒸馏水、140mL 正己烷的混合溶剂里，加热到 70℃，保持 4 小时。当反应完成后，将包含锌-油酸盐复合体的有机层用蒸馏水清洗 3 次。在清洗后，正己烷被蒸发，获得固态的锌-油酸盐复合体。在室温条件下，18g (52mmol)锌-油酸盐复合体溶解在 300mL 油胺、90mL (284mmol)OA 中，加热到 300℃并保持 1 小时。溶液变成灰色，表明 ZnO 量子点已经形成。冷却到室温，加入过量的乙醇，获得白灰色沉淀物；再经过离心，获得离散的 ZnO 量子点，溶解在正己烷或甲苯等非极性溶剂中。

图 3.83 是 ZnO 量子点 XRD 和 TEM，显示出纤锌矿六边形晶格结构(JCPDS 卡 36-1451：P63mc，a=3.249Å，c=5.206Å)。ZnO 量子点 TEM 表明，它具有六边形角锥体形态。其中电子衍射图样再次表明这种方法合成的 ZnO 量子点是纤锌矿六边形晶格结构，HRTEM 表明(1000)晶面的间距是 0.280nm、(0002)晶面的间距是 0.260nm。

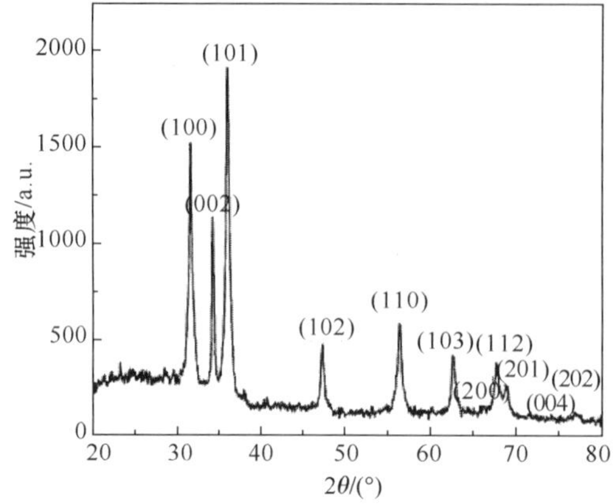

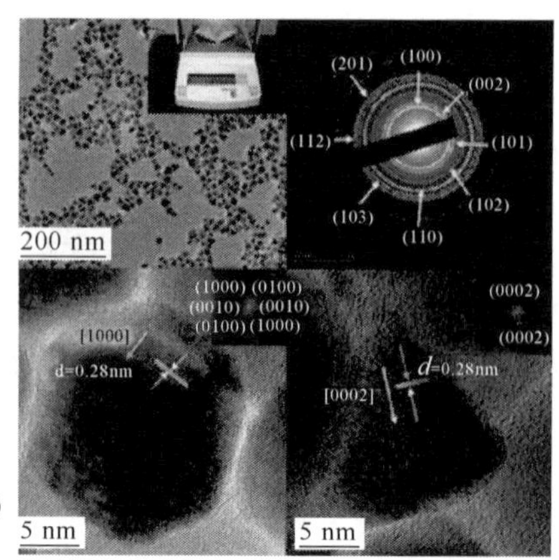

图 3.83 油相热裂解法 ZnO 量子点的 XRD 和 TEM 图样[93]

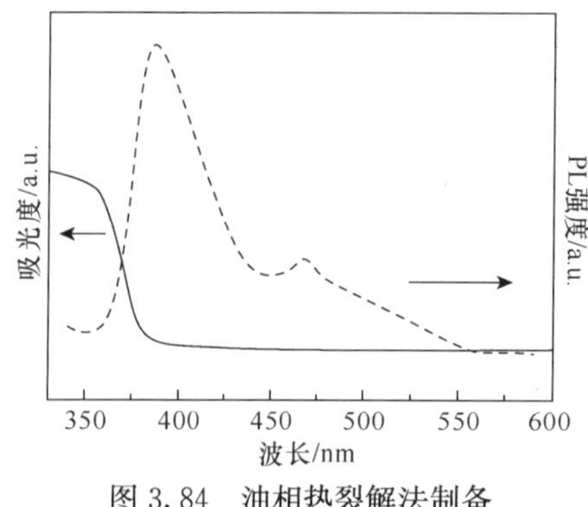

图 3.84 油相热裂解法制备 ZnO 量子点吸收和 PL 光谱[93]

图 3.84 是油相热裂解法制备的 ZnO 量子点吸收和 PL 光谱。ZnO 量子点吸收边始于 380nm，PL 光谱包括发光峰位于 387nm 的近带边辐射和位于 468nm 附近、展宽的蓝-绿色发光峰。387nm 处的近紫外辐射接近于 ZnO 体材料（380nm）带隙，来源于自由激子复合。468nm 处展宽的、较弱的蓝绿发光，归因于缺陷态的贡献，这个特定缺陷态可能是氧空位或者是表面深陷阱。

2. 水相合成方法

Viswanatha 等人提出一种水相合成 ZnO 量子点的方法，典型样本制备路线是[94]：在室温下，将纯化的全氟磺酸薄膜（nafion1，5cm×6cm）浸泡在硝酸锌（zinc nitrate，50mL、0.5mol · L^{-1}）水溶液中，保持 1 夜。然后清洗薄膜，在去离子水中浸泡 24 小时；再放入 NaOH 乙醇或水溶液（50mL，0.5mol · L^{-1}），搅拌 30 分钟。然后在乙醛或去离子水中浸泡 24 小时，获得嵌入在全氟磺酸薄膜中、带有蓝光或彩色的 ZnO 量子点样本（前者为 ZnO-全氟磺酸（乙醛），后者为 ZnO-全氟磺酸（水相））。嵌入全氟磺酸薄膜中的 ZnO 量子点数量依赖于 Zn^{2+} 交换的数量，受控于全氟磺酸薄膜的面积/重量。

在这种合成方法中，在硝酸锌水溶液中浸泡全氟磺酸薄膜有助于 Zn^{2+} 离子交换反应。Zn^{2+}-全氟磺酸薄膜再放入 NaOH/乙醇或 NaOH 水溶液，以便引入 OH^-。这时首先生成 $Zn(OH)_2$。生成 ZnO 量子点的化学反应过程是

$$Zn^{2+} + 2OH^- \longleftrightarrow Zn(OH)_2 \tag{3.7-1}$$

$$Zn(OH)_2 \longleftrightarrow ZnO + H_2O \tag{3.7-2}$$

$$Zn(OH)_2 + 2OH^- \longleftrightarrow [Zn(OH)_4]^{2-} \tag{3.7-3}$$

$$[Zn(OH)_4]^{2-} \longleftrightarrow ZnO + H_2O + 2OH^- \tag{3.7-4}$$

采用上述方法制备水相 ZnO 量子点的 XRD 如图 3.85 所示，(100)、(002)和(101)晶面产生的衍射峰分别位于 31.7°、34.4°和 36.2°，对应六角形晶格结构(JCPDS 89-1397，图中 c)。两个样本(ZnO-Nafion(Et)和 ZnO-Nafion(aq))显示出展宽的衍射峰。利用 Schererr 方程，计算出两种 ZnO 纳米粒子的尺寸是 10.9nm 和 13.3nm。因此，ZnO-Nafion(Et)结晶度要略低于 ZnO-Nafion(aq)结晶度。由于 OH^- 可以更快地进入 NaOH/乙醇溶液，在全氟磺酸中迅速形成大量的 ZnO 晶核并迅速生长，导致 ZnO 纳米粒子的结晶度较低。因此，在 ZnO-Nafion(Et)样本中会产生更多的氧缺陷，由此影响 ZnO 纳米粒子的 PL 发光。

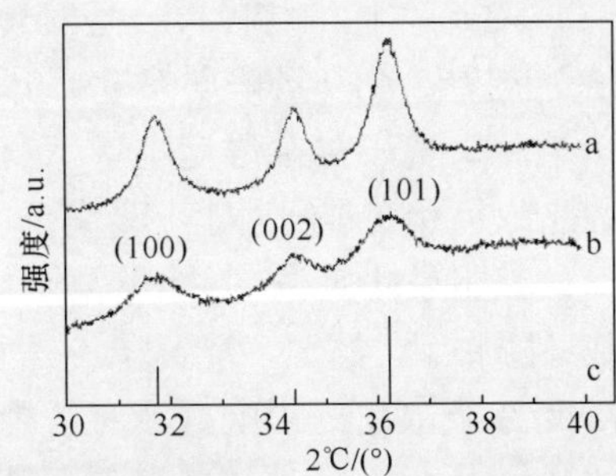

图 3.85　ZnO-Nafion(Et)-a 和 ZnO-Nafion(aq)-b 的 XRD[94]

ZnO-Nafion 样本吸收光谱如图 3.86 所示，ZnO-Nafion(Et)和 ZnO-Nafion(aq)吸收峰分别位于 365nm 和 377nm。吸收峰的形状决定于粒子尺寸分布，吸收光谱表明窄的粒子尺寸分布。ZnO-Nafion(aq)-a 和 ZnO-Nafion(Et)-b 样本的 PL 光谱展宽明显，峰值分别位于 581nm 和 562nm。这种展宽的发射光谱表明，ZnO 纳米粒子的发光既来自于带边辐射，也来自于缺陷态相关的辐射[95]。

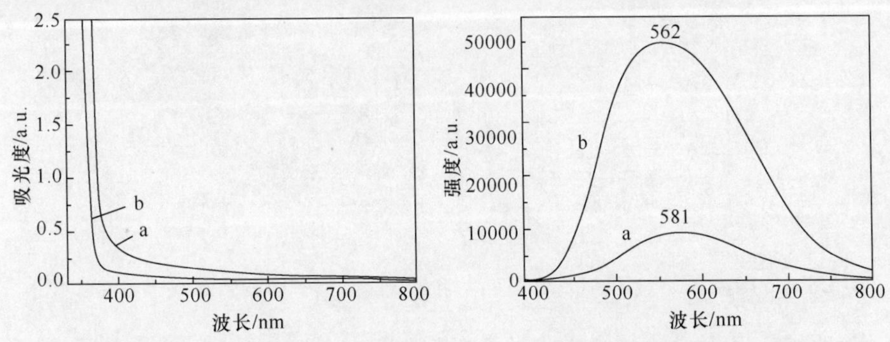

图 3.86　ZnO-Nafion(aq)-a 和 ZnO-Nafion(Et)-b 样本的吸收和 PL 光谱[94]

3.7.2 ZnO胶体掺杂或合金量子点

ZnO是宽带隙半导体材料，在场效应管、气体传感器、太阳电池等领域有着广泛的应用。利用金属离子掺杂ZnO量子点，可以调整它的物理性质。Erwin等人的研究表明，量子点掺杂的影响决定于适宜的量子点尺寸和形状，以及选择不会强烈约束掺杂离子的表面活性剂[96]。

一种典型的金属离子掺杂ZnO量子点的合成方法是[97,98]：将三辛胺（10mL）除气后加热到180℃，随后注入0.05mmol金属盐的OA溶液，保持180℃ 60分钟。反应结束后，将混合物的温度冷却到室温，加入乙醇获得量子点沉淀。通过多次清洗和离心，获得不同金属离子掺杂的ZnO量子点。

图3.87(c)是不同金属离子掺杂ZnO量子点（a-纯ZnO；b-5% Mg掺杂；c-2% Cd掺杂；d-2% Fe掺杂；e-5% Fe掺杂；f-2% Mn掺杂）TEM，各种掺杂量子点呈现出准球形，平均尺寸是9～12nm。图3.87(a，b)是Cd、Mg两种金属离子掺杂ZnO量子点的XRD，纯ZnO和掺杂ZnO量子点都显示出单一的六方晶系红锌矿结构(JCPDS卡80-0075)。在Mg离子掺杂浓度小于10%时，衍射峰向大角度方向移动，说明掺杂离子后的晶胞尺寸变小。由于Mg离子半径更小，Mg离子替代晶格中的Zn离子使掺杂后的晶胞尺寸变小。在Mg离子掺杂浓度较高时，衍射峰展宽并向回移动，说明晶胞又膨胀了。这时Mg离子不是替代晶格中的Zn离子，而是出现在间隙里。同样，受掺杂浓度的影响，Cd离子掺杂也会产生晶格膨胀。由于Mg离子与Zn离子的半径大小接近，所以掺杂不会带来晶格常数的变化。

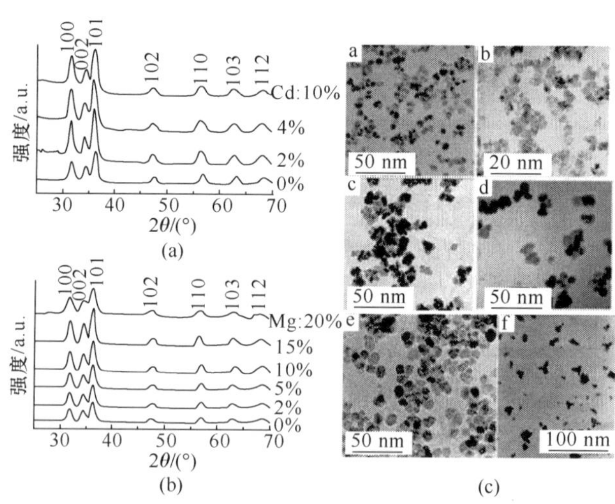

图3.87 Cd、Mg掺杂ZnO量子点的XRD(a，b)和不同金属离子掺杂ZnO量子点TEM(c)[97,98]

Mg、Cd掺杂ZnO量子点吸收光谱如图3.88(a，b)所示，Mg掺杂ZnO量子点的吸收光谱相对未掺杂时有明显的蓝移，说明掺杂造成带隙增加。吸收系数 α 与带隙 E_g 有如下关系：

$$\alpha = A\frac{(h\nu - E_g)^{1/2}}{h\nu} \tag{3.7-5}$$

式中，A 是常数。由插图可以看到，随着 Mg 掺杂浓度由 0 增加到 15%，带隙由 3.30eV 线性增加到 3.66eV。与之相反，Cd 掺杂的结果是产生带隙的红移。当 Cd 掺杂浓度由 0 增加到 10%时，带隙近似线性的由 3.30eV 减少到 2.92eV。当 ZnO 量子点尺寸大于 7.0nm 后，尺寸效应对带隙几乎没有影响[99,100]。因此，带隙移动归因于掺杂离子，这一点可以从 PL 光谱看到，如图 3.88(c)所示。Mg 掺杂 ZnO 量子点的 PL 光谱由带边和缺陷态辐射组成，掺杂 Mg 离子使量子点的缺陷减少。随着 Mg 掺杂浓度的增加，带边辐射逐渐蓝移，与吸收光谱中激子能量的变化是一致的。缺陷辐射归结于深陷阱，在高掺杂(约 10%)时占据主导地位。不同浓度 Cd 掺杂 ZnO 量子点的 PL 辐射光谱，如图 3.88(d)所示。随着 Cd 掺杂浓度的增加，Cd 掺杂 ZnO 量子点的辐射光谱呈现出红移，与其吸收光谱的情况是一致的。

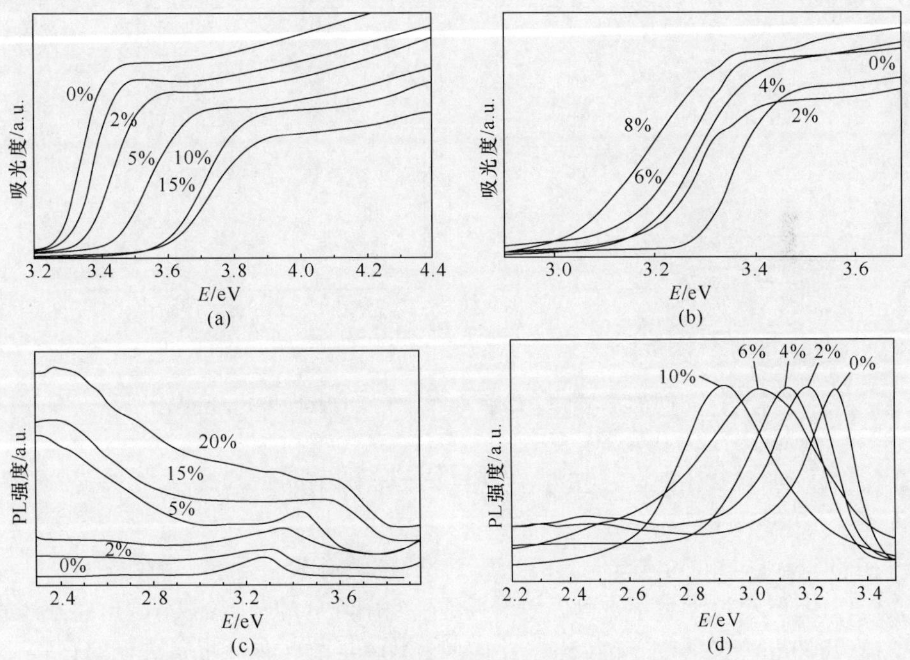

图 3.88　Mg 和 Cd 掺杂 ZnO 量子点的吸收和 PL 光谱[97,98]

Mn 掺杂 ZnO 量子点吸收光谱范围是 2.48～3.18eV，来自于 Mn 离子 $^6A_1$ 基态和激发态^4T、^4E、和$^4A_1$之间的 d-d 跃迁。随着掺杂浓度的增加，这个吸收带强度随之增强，带边和激子能量随之产生蓝移，如图 3.89(a)所示。Fe 掺杂也会产生同样的蓝移结果，在 2.9～3.2eV 范围内的吸收来自于 Fe 离子的 d-d 跃迁，如图 3.89(b)所示。图 3.89(c，d)是 Mn、Fe 掺杂 ZnO 量子点的 PL 光谱，Mn 掺杂 ZnO 量子点 PL 发光被大大地减弱，可以拟合为 3 个高斯峰，分别位于 3.32、3.15 和 2.76eV。2.76eV 的发光峰来自于 Mn 离子$^4T(G)$到$^6A_1(S)$的 d-d 跃迁；由于 5% Mn 掺杂样本的带边是 3.36eV，所以 3.32eV 发光峰归因于带边辐射；3.15eV 发光峰的来源尚不清楚。与 Mn 掺杂的情况一样，Fe 掺杂量子点的发光强度随掺杂浓度的增加而减弱。在 1%Fe 掺杂量子点的情况下，激子发光峰较为陡峭，随着掺杂浓度的提高而趋于展宽和减弱。

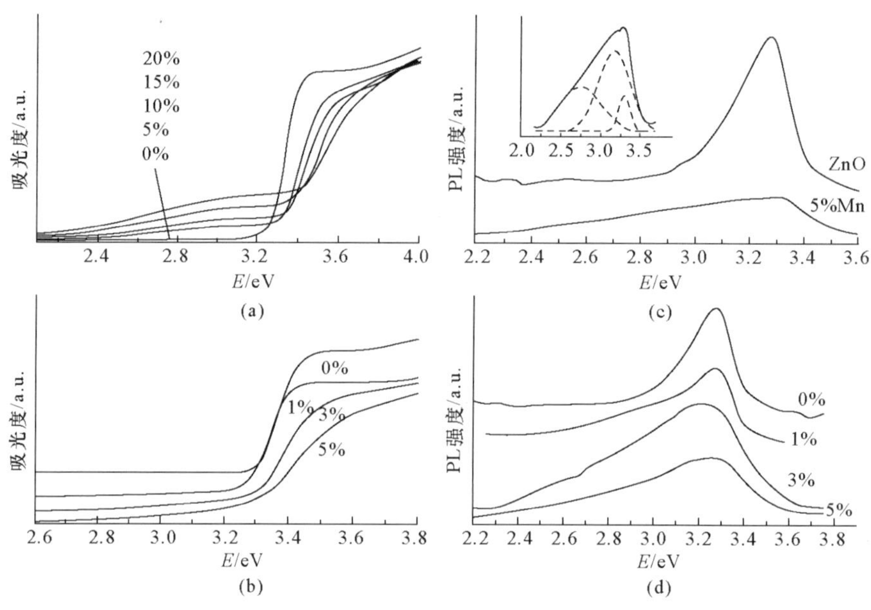

图 3.89 不同浓度 Mn、Fe 掺杂 ZnO 量子点的吸收和 PL 光谱[97,98]

3.8 HgTe 胶体半导体量子点

在 295K 时，HgTe 体材料具有－0.15eV 逆转有效带隙[101]。在量子尺寸受限效应作用下，小尺寸量子点可以发出近红外到中红外的窄带辐射，满足硅光纤通信窗口(1300nm (0.95eV)和 1550nm (0.79eV))要求。有关报道表明，HgTe 材料的电子、空穴有效质量是 0.03 和 0.42，介电常数是 218，玻尔半径是 40nm[101]。这些数据要远远大于其他Ⅱ-Ⅵ族材料，可以获得明显的尺寸调谐效果。

3.8.1　HgTe胶体量子点的合成方法

1. 油相合成方法

油相合成HgTe胶体量子点的典型方法是[102]：在乙醇(15mL)中溶解醋酸汞(0.33g，1.0mmol)，加入十六胺(1.00g，4.2mmol)，生成白色的氯化氨基汞(aminomercuric chloride，$Hg(NH_2)Cl$)，作为汞的前驱体。将Te粉(0.13g，1.0mmol)溶解到TOP(2mL)中，生成TOP-Te复合物，并将其缓慢滴入汞前驱体溶液。溶液缓慢地变成褐色，最终生成沉淀物。混合物冷却到−78℃，保持10分钟，直至固化。结晶体用乙醇多次清洗和离心，最后得到咖啡色的粉末，可以溶解在甲苯中。

采用上述方法制备HgTe量子点XRD如图3.90(a)所示，展宽的衍射峰显示出闪锌矿晶相结构，分别对应HgTe体材料(111)、(220)和(311)晶面。利用Scherrer方程，采用(111)面衍射峰的半宽度数据，计算出粒子尺寸是3.2nm。图3.90(b)是HgTe量子点TEM，由此测量粒子平均尺寸是3.5nm，与Scherrer方程的计算结果相近。

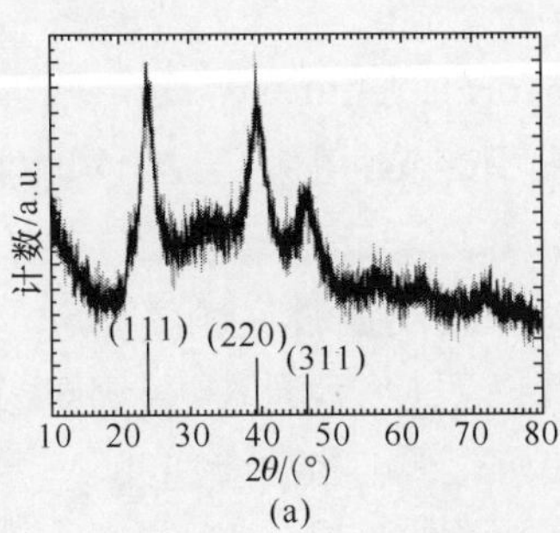

(a)

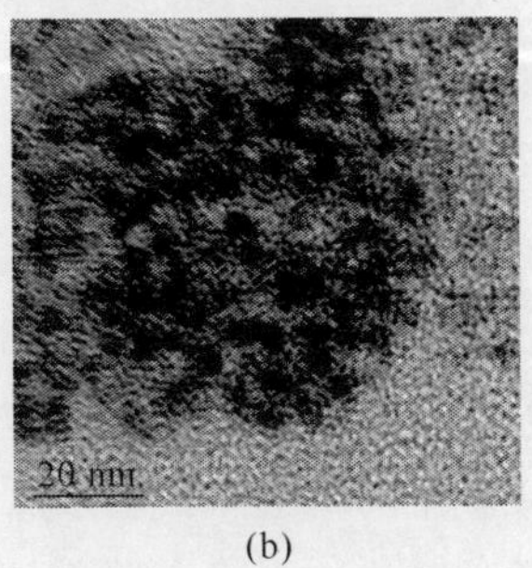

(b)

图3.90　HgTe量子点XRD和TEM[102]

HgTe量子点吸收和PL光谱如图3.91所示。在室温条件下，HgTe体材料具有负的带隙，这里显示HgTe量子点样品的第一激子吸收峰位于1120nm，如图3.91(a)实线所示，显示出明显的量子尺寸受限效应。当样本放置2周后，第一激子吸收峰移动到1290nm，如图3.91(a)虚线所示。在632.8nm He-Ne激光的激发下，不同存储时间HgTe量子点PL辐射范围是1200～1600nm，如图3.91(b)中所示。其中，新鲜量子点PL发光峰位于1200nm(图中实线)；在空气、暗室中放置两天后，发光峰红移到1320nm(图中虚线)；再放置两周后，发光峰红移到1400nm(图中点线)。吸收和PL光谱都显示出老化带来的红移，表明在老化过程中胶体量子点会继续生长；同时量子点表面缺陷态随之增加，导致发光猝灭和光谱展宽。

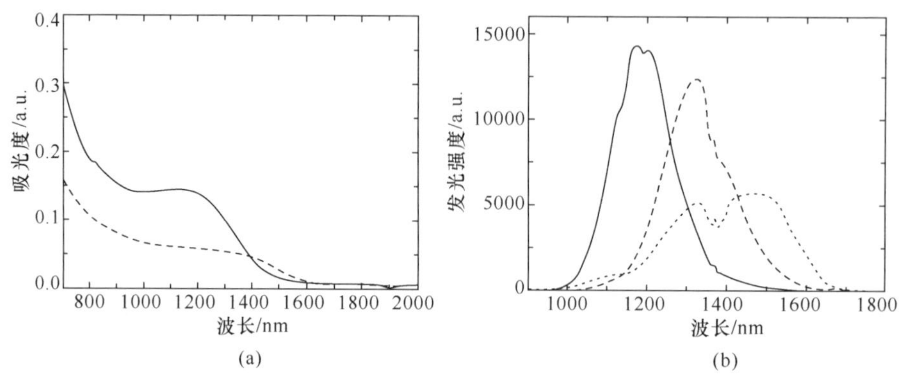

图 3.91　HgTe 胶体量子点吸收(a)和 PL 光谱(b)[102]

2. 水相合成方法

油相合成 HgTe 量子点的主要问题是:即使在 70～100℃的低温下合成 HgTe 量子点,仍然面临高反应活性带来的不稳定性和不可控生长[103]。相比之下,HgTe 量子点水相合成法可以回避这些困扰。

以硫代甘油为稳定剂,采用碲化氢(hydride tellurium,H_2Te)气体,通过 N_2 饱和氯化汞(mercuric chloride,$HgCl_2$)溶液,Rogach 等人合成出水相胶体 HgTe 量子点。典型样本的合成路线是[104]:将 0.94g(2.35mmol)高氯酸汞(mercury perchlorate,$Hg(ClO_4)_2$)和 0.5mL(5.77mmol)硫代甘油溶解在 125mL 水中,用 1M NaOH 将 pH 值调节到 11.2。上述溶液装入反应瓶,通入 N_2 气 30 分钟。在搅拌下,将 H_2Te 气体(在 N_2 气下,利用 0.08g Al_2Te_3 和 10mL 0.5M H_2SO_4 反应获得)通入反应溶液中。利用旋转蒸发仪将初始溶液减少到 30mL。然后逐滴加入丙醇,搅拌 2～3 小时。通过离心,包含硫代甘油配位剂的 HgTe 粒子沉淀物被解析出来。

上述方法制备 HgTe 量子点 XRD 和 TEM 如图 3.92 所示,衍射峰的位置显示出 HgTe 量子点具有立方体(碲汞矿)晶相。图示给出 HgTe 量子点的 TEM,其中插图是单个粒子的 HRTEM 和快速傅里叶变换(FTT)图谱。HRTEM 显示 HgTe 量子点尺寸范围是 3～6nm,清晰的晶格图像说明这些 HgTe 量子点具有良好的结晶度。测量碲汞矿 HgTe 量子点(111)晶面的间距,数值是 3.73Å。

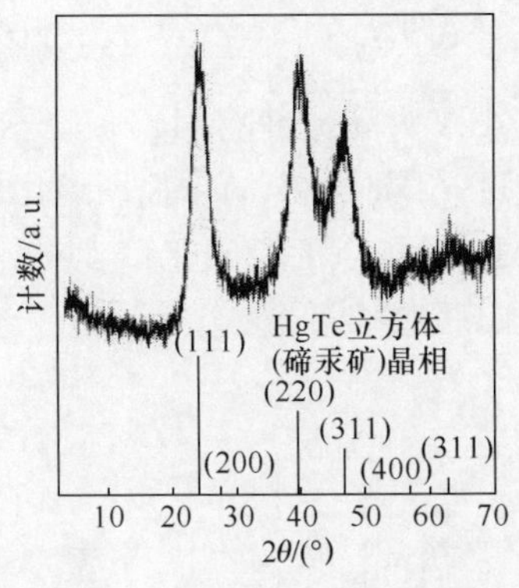

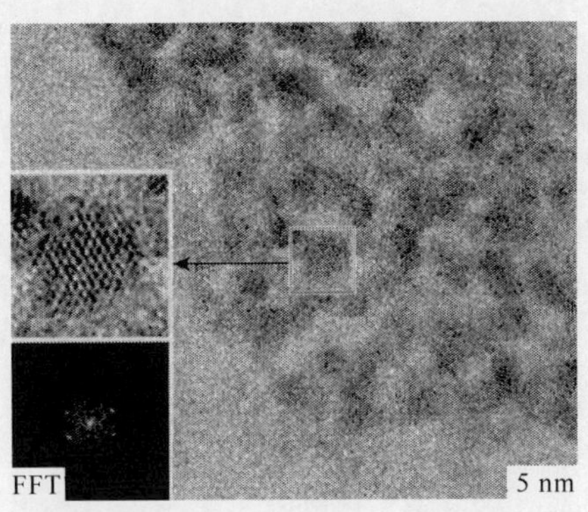

图 3.92 水溶性 HgTe 量子点 XRD 和 TEM[104]

水相合成 HgTe 量子点的吸收和 PL 光谱如图 3.93 所示。吸收光谱尾部一直延伸到红外区间，在 500nm 附近显示微弱的肩部。水相 HgTe 量子点 PL 光谱范围是 800～1400nm，峰值位于 1080nm。在这个区间，量子产额达到 48%。在室温条件下，将水相制备 HgTe 量子点溶解在嘧啶中，尽管 PL 发光的量子效率降低了，但 PL 发光峰却移动到 1.3μm 附近，恰好处于通信的窗口。溶解在嘧啶中的 HgTe 量子点吸收光谱，与水溶液中的情况基本相同。

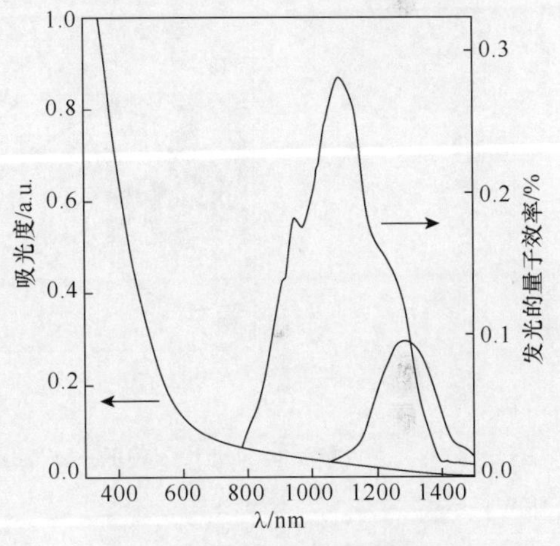

图 3.93 水相合成 HgTe 量子点的吸收和 PL 光谱[104]

在波长大于 1.3μm 时，水溶液吸收强烈，限制了水溶液 HgTe 量子点的光学性质表征。Kovalenko 等人通过配位体交换，将水相合成的 HgTe 量子点转换到有机溶剂[105]，使得 HgTe 量子点的发光波长调谐到 1.2～3.7μm。这种方法典型合成路线是：在亲水的硫醇中，通过 $Hg(ClO_4)_2$ 和 H_2Te 气体之间反应，制备水相 HgTe 量子点。其中，硫代甘油（TG）、巯基乙酸（TGA）、半胱氨酸（L-cysteine）、巯基乙醇（ME）、巯基乙胺（mercaptoethylamine，MEA）都可以作为稳定剂。为了延长 HgTe 量子点的发光波长，采用热处理的方法，增加量子点的尺寸，典型热处理温度是 75～80℃。利用 DDT，一种疏水的硫醇，完成配位体交换。

采用这种方法制备的 HgTe 量子点吸收（b）和 PL 光谱（a）如图 3.94 所示。当 HgTe 量子点的尺寸由 3nm 增加到 12nm 时，PL 发光峰位置由 1.2μm 移动到 3.5μm，对应的光子能量 E(eV) 与纳米粒子直径 d(nm) 满足如下关系：

$$E(\text{eV})=0.3+0.2d^{-1}+5.7d^{-2} \tag{3.8-1}$$

通过比较 PL 发光峰随生长时间的变化，发现 MEA 为配位剂的 HgTe 量子点生长速度高于 TG 为配位剂的 HgTe 量子点生长速度。同时，图(a)中插图给出随粒子尺寸变化的 PL 峰位和量子产额。图(b)是 HgTe 量子点的吸收光谱，小尺寸粒子表现良好的近红外吸收峰，随着粒子尺寸的增加，吸收峰展宽。

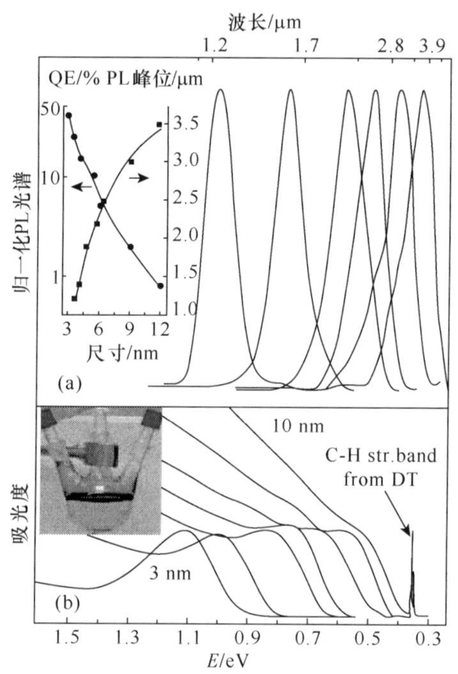

图 3.94　尺寸依赖的 HgTe 量子点 PL 和吸收光谱[105]

3.8.2　HgTe 胶体核壳量子点

如前所述，在室温水溶液中，已经实现胶体 HgTe 量子点的制备。但是，测试典型的胶体 HgTe 量子点吸收或 PL 光谱发现，对于新鲜的 HgTe 量子点，初始 PL 发光峰是 1050nm；随着增加时间，发光峰向长波方向移动，在 2 周后可以移动到 1200nm，并且发光效率下降。这个“老化”过程会持续的进行下去，尽管速度较为缓慢，仍然对长期的稳定性产生影响，以至于影响相关方面的应用。

在 HgTe 量子点表面包覆宽禁带的无机材料壳层，可以解决稳定性问题，而且核壳结构可以钝化 HgTe 量子点表面，有效提高量子产额。一个具体的实施案例是 HgTe/CdS 核壳量子点，典型合成方法是[106]：20mL 0.1M H_2SO_4 与 49mg Al_2Te_3 反应，生成 H_2Te 气体。将 H_2Te 气体通入到 N_2 饱和、强烈搅拌的混合溶液，混合溶液由 0.471g $Hg(ClO_4)_2 \cdot 3H_2O$、0.250mL 硫代甘油和 60mL 去离子水组成，制备出 HgTe 量子点。将 0.161g $Cd(ClO_4)_2 \cdot 6H_2O$ 与 0.042mL 硫代甘油混合，pH 值调整到 10 左右，产生出轻微浑浊的溶液。将 0.38mmol 的 H_2S 注入到搅拌的上述溶液中，浑浊将消失，制备出清澈、金褐色的 CdS 前驱体溶液。然后将 10mL HgTe 量子点稀释到 100mL，与 CdS 前驱体溶液放置到反应瓶中，在氮气下搅拌，加热到沸点。然后退火 30 分钟，得到稳定的 HgTe/CdS 量子点。

图 3.95(a)是 HgTe 核(a 曲线)和 HgTe/CdS 核壳量子点(b 曲线)的吸收光谱。裸 HgTe 量子点的激子吸收峰位于 850nm，在加入 CdS 前驱体后，吸收光谱产生明显红移。短波吸光度值迅速增加，说明 HgTe/CdS 量子点材料中产生分离的 CdS 或 HgCdTeS 合金纳米粒子。

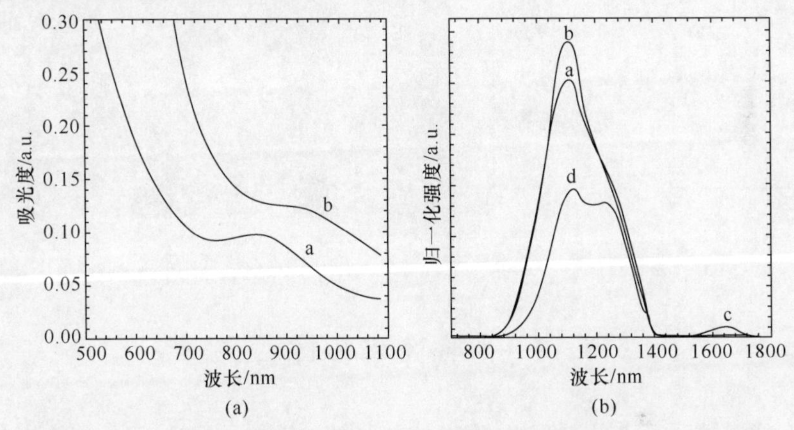

图 3.95　室温 HgTe、HgTe/CdS 核壳量子点的吸收和 PL 光谱[106]

图 3.95(b)是 HgTe 量子点和 HgTe 核壳/CdS 量子点的 PL 发光光谱，其中 a、b 曲线是未加热 HgTe、HgTe/CdS 量子点的 PL 光谱，而 c、d 曲线分别对应两种量子点经过几分钟退火后的 PL 光谱。在水溶液中、处于近红外波段的 HgTe 量子点具有明显的 PL 发光峰(位于 1150nm)，整个光谱在 1450 处被截断。当 HgTe 量子点加热 2 分钟后，PL 发光峰明显红移到 1650nm 处，发光强度显著下降。在包覆 CdS 壳层后，带边复合的 PL 发光峰处于 1110nm，强度略微增加。加热 HgTe/CdS 量子点后，稳定性得到改善。加热 30 分钟后，尽管发光峰有轻微红移和展宽，但仍然保持较好的发光强度。

图 3.96 是 HgTe 和 HgTe/CdS 量子点的 XRD 和 HgTe/CdS 核壳量子点的 HRTEM。与体 HgTe 和 CdS 的 XRD 比较，HgTe 和 HgTe/CdS 量子点都显示出立方晶相结构，而且 HgTe/CdS 量子点衍射峰更接近于体相 CdS，而不是体相 HgTe。这个结论并不令人惊讶，因为合成 HgTe/CdS 量子点的组分比例是 30% HgTe 对 70% CdS。但是，HgTe/CdS 量子点衍射峰明显展宽(尤其是在小角度

方向)，这是 HgTe 和 CdS 各自衍射峰叠加的结果。HRTEM 清晰显示出核壳结构，即一个黑色核的周围包围着浅色的壳材料。HgTe 量子点包覆较厚的 CdS 壳层，核壳量子点总尺寸较大(5～10nm)。

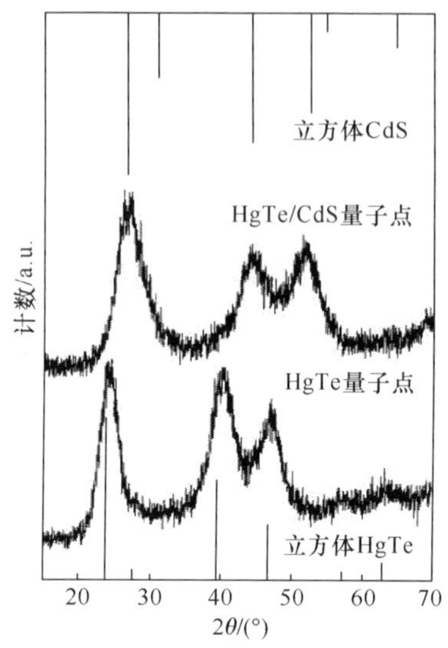

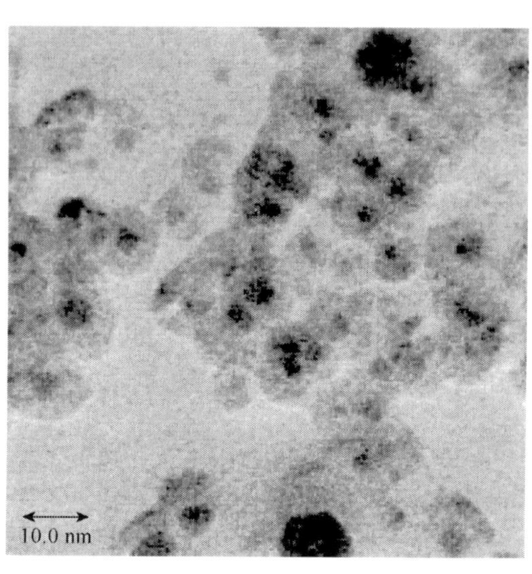

图 3.96　HgTe、HgTe/CdS 核壳量子点的 XRD 和 HRTEM[106]

3.9　HgS 胶体半导体量子点

在合成胶体量子点的过程中，通过控制局部活性粒子的浓度，使用恰当的金属离子络合剂分离结晶的成核和生长过程，从而获得高质量的量子点。在这个过程中，通过表面活性剂调节金属离子的稳定性。常用的表面活性剂包括：长链的脂肪酸和烷基磷酸等。一般而言，通过减缓活性粒子流向量子点的有效数量，可以控制量子点生长速度。减缓活性粒子流向量子点的方法有两种：一是利用更强配位能力的金属配位剂减缓反应速率；另一个是使用更多的空间阻碍配位剂调整扩散速率。利用快速注入和有机金属前驱体的快速分解，也会产生小的尺寸分散性。

对于汞而言，可以选择的表面活性剂很多。但是，人们发现单一的配位体配位能力不足以控制 HgS 量子点的生长动力学进程。对具有不同稳定常数 K 的配位体研究表明，当 K 值小于 10^{17} 时，如多脂肪酸($\log K$ 是 6～9)和胺($\log K$ 是 10～18)，在加入硫前驱体后迅速产生硫化汞沉淀。增加表面活性剂链长，可以减缓反应速度，但不会阻止不受控生长。在另一个极端情况下，更强配位能力的配位体，如多胺($\log K$ 是 17～28)、磷化氢或磷化氢的氧化物($\log K$ 是 30～37)，以及硫醇($\log K>30$)等，在一定的温度下，有利于还原金属汞，以阻止它与硫前驱体复合[107]。

根据上面的分析，典型的 HgS 量子点合成方法是[107]：100mg 醋酸汞(mercuric acetate，$HgAc_2$)与 27μL 硫代甘油在 3mL 去离子水中进行化合反应，得到汞原液。持续加入硫代甘油，直到它与 $HgAc_2$ 反应生成不溶的黑色沉淀物。3.4g AOT(～0.01mol)与 20mL 环己烷混合，放置在反应瓶中。将 0.11mL(1×10^{-5} mol Hg(II))加入到反应瓶中，搅拌直至清澈。在手套箱中，2.4μL 六甲基二硅硫烷(bis(trimethylsilyl) sulfide，$(TMS)_2S$)(1×10^{-5} mol)与 10mL 正己烷混合，以 1mL/min 的速率加入到反应瓶。可以观察到反应物颜色由黄色变化为粉红色、紫色、绿色、黄褐色和棕色，直至生成絮结产物。

利用强配位能力的配位体(硫代甘油)，可以实现可控速率的生长 HgS 量子点。等浓度比例的硫代甘油和汞，是制备 HgS 量子点的最佳配比。增加或减少这个比例会导致 HgS 吸收光谱质量显著下降。在合成过程中，反应混合物伴随着一系列颜色的变化，从黄色到紫色、绿色，最终变成褐色，如图 3.97 所示。吸收光谱表现出窄的带边吸收，以及与吸收类似的、尺寸依赖的带边复合发光，同时伴有弱的深陷阱发光。

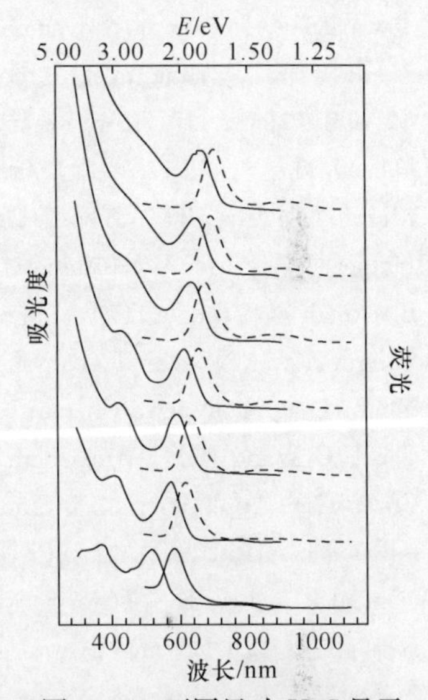

图 3.97　不同尺寸 HgS 量子点吸收和 PL 光谱[107]

HgS 量子点带边吸收范围是 1.5～2.1eV。HgS 量子点 XRD 和 TEM 如图 3.98 所示，显示出 β-HgS 立方体闪锌矿晶格结构，这种合成方法显示出良好的 HgS 量子点的结晶性。

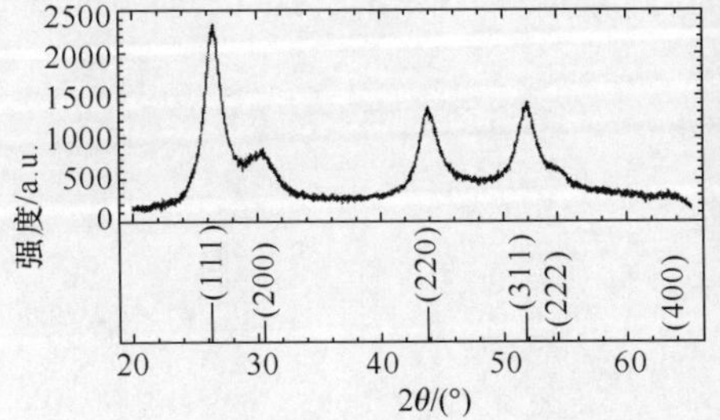

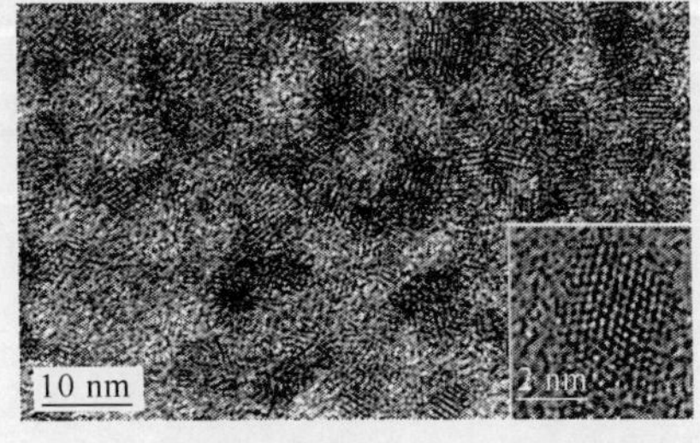

图 3.98　HgS 量子点 XRD 和 TEM[107]

参 考 文 献

[1] Murray C B，Norris D J，Bawendi M G. J. Am. Chem. Soc.，1993，115：8706.

[2] Qu L，Peng Z A，Peng X. Nano Letters，2001，1：333.

[3] Peng Z A, Peng X G. J. Am. Chem. Soc., 2001, 123: 183.
[4] Yang Y A, Wu H, Williams K R, et al. Angew. Chem. -Int. Edit., 2005, 44: 6712.
[5] Peng X, Wickham J, Alivisatos A P. J. Am. Chem. Soc., 1998, 120: 5343.
[6] Qu L, Peng X. J. Am. Chem. Soc., 2002, 124: 2049.
[7] Yu W W, Qi L, Guo W, et al. Chem. Mater., 2003, 15: 2854.
[8] Xie R, Kolb U, Li J, et al. J. Am. Chem. Soc., 2005, 127: 7480.
[9] Kalasad M N, Rabinal M K, Mulimani B G. Langmuir, 2009, 25: 12729.
[10] Tang Z, Kotov N A, Giersig M. Science, 2002, 297: 237.
[11] Tang Z, Ozturk B, Wang Y, et al. J. Phys. Chem. B, 2004, 108: 6297.
[12] Thoma S G, Sanchez A, Provencio P P, et al. J. Am. Chem. Soc., 2005, 127: 7611.
[13] Zhang W, Jin C, Yang Y, et al. Inorg. Chem., 2012, 51: 531.
[14] Mekis I, Talapin D V, Kornowski A, et al. J. Phys. Chem. B, 2003, 107: 7454.
[15] Nan W, Niu Y, Qin H, et al. J. Am. Chem. Soc., 2012, 134: 19685.
[16] Murcia M J, Shaw D L, Woo Druff H, et al. Chem. Mater., 2006, 18: 2219.
[17] Halpert J E, Porter V J, Zimmer J P, et al. J. Am. Chem. Soc., 2006, 128: 12590.
[18] Blackman B, Battaglia D M, Mishima T D, et al. Chem. Mater., 2007, 19: 3815.
[19] Sung Y, Kwak W, Kim T G, et al. Crystal Growth & Design, 2008, 8: 1186.
[20] Yu W, Peng X. Angew. Chem. -Int. Edit, 2002, 41: 2368.
[21] Cao Y C, Wang J H. J. Am. Chem. Soc., 2004, 126: 14336.
[22] Coran A Y. Appl. Polym. Sci., 2003, 87: 24.
[23] Aboulaich A, Billaud D, Abyan M, et al. ACS Appl. Mater. Interfaces, 2012, 4: 2561.
[24] Mandal P, Talwar S S, Major S S, et al. J. Chem. Phys., 2008, 128: 114703.
[25] Battaglia D, Li J J, Wang Y, et al. Angew. Chem. Int. Ed., 2003, 42: 5035.
[26] Ivanov S A, Piryatinski A, Nanda J, et al. J. Am. Chem. Soc., 2007, 129: 11708.
[27] Landolt-Boernstein: Numerical Data and Functional Relationships in Science and Technology. Group III, Condensed Matter, SubVolume C; Martienssen, W., Editor-in-Chief; Springer: Verlag, 1998.
[28] Dinger A, Petillon S, Grün M, et al. Semicond. Sci. Technol., 1999, 14: 595.
[29] Levy L, Ingert D, Feltin N, et al. Adv. Mater., 1998, 10: 53.
[30] Bol A A, van Beek R, Ferwerda J, et al. J. Phys. Chem. Solids, 2003, 64: 247.
[31] Gumlich H E. J. Lumin, 1981, 23: 73.
[32] Wang Q, Xu Z, Yue L, et al. Opt. Mater., 2004, 27: 453.
[33] Chandramohan S, Kanjilal A, Sarangi S N, et al. Nanoscale, 2010, 2: 1155.
[34] Li J X, Xu J H, Dai W L, et al. Appl. Catal. B, 2009, 85: 162.
[35] Dong L H, Liu Y, Zhuo Y J, et al. Eur. J. Inorg. Chem., 2010: 2504.
[36] Kudo A, Sekizawa M. Chem. Commun., 2000, 15: 1371.
[37] Luo M, Liu Y, Hu J, et al. ACS Appl. Mater. Interfaces, 2012, 4: 1813.
[38] Ishizumi A, Kanemitsu Y. Adv. Mater., 2006, 18: 1083.

[39] Kanemitsu Y, Matsubara H, White C W. Appl. Phys. Lett., 2002, 81: 535.
[40] Yu W W, Wang Y A, Peng X. Chem. Mater., 2003, 15: 4300.
[41] He H, Feng M, Hu J, et al. ACS Appl. Mater. Interfaces, 2012, 4: 6362.
[42] Xu H, Wang J, Han S, et al. Langmuir, 2009, 25: 4115.
[43] Wang J, Han S, Meng G, et al. Soft Matter., 2009, 5: 3870.
[44] Chen C, Pan F, Zhang S, et al. Biomacromolecules, 2010, 11: 402.
[45] Seo H, Kim S W. Chem. Mater., 2007, 19: 2715.
[46] Zeng Q, Kong X, Sun Y, et al. J. Phys. Chem. C, 2008, 112: 8587.
[47] Samanta A, Deng Z, Liu Y. Langmuir, 2012, 28: 8205.
[48] Tsay J M, Pflughoefft M, Bentolila L A, et al. J. Am. Chem. Soc., 2004, 126: 1926.
[49] Kim S, Lim Y T, Soltesz E G, et al. Nat. Biotechnol., 2004, 22: 93.
[50] Schreder B, Schmidt T, Ptatschek V, et al. J. Phys. Chem. B, 2000, 104: 1677.
[51] Scholps O, Thomas N L, Woggon U, et al. J. Phys. Chem. B, 2006, 110: 2074.
[52] Chang J Y, Wang S R, Yang C H. Nanotechnology, 2007, 18: 345602.
[53] Zeng Q, Kong X, Sun Y, et al. J. Phys. Chem. C, 2008, 112: 8587.
[54] Talapin D V, Mekis I, Gotzinger S, et al. J. Phys. Chem. B, 2004, 108: 18826.
[55] Zhang W J, Chen G J, Wang J, et al. Inorg. Chem., 2009, 48: 9723.
[56] Taniguchi S, Green M, Rizvi S B, et al. J. Mater. Chem., 2011, 21: 2877.
[57] Green M, Williamson P, Samalova M, et al. J. Mater. Chem., 2009, 19: 8341.
[58] Yan C, Tang F, Li L, et al. Nanoscale Res. Lett., 2010, 5: 189.
[59] He Y, Lu H T, Sai L M, et al. Adv. Mater., 2008, 20: 3416.
[60]Samanta A, Deng Z, Liu Y. Langmuir, 2012, 28: 8205.
[61] Dai Q, Xiao N, Ning J, et al. J. Phys. Chem. C, 2008, 112: 7567.
[62] Panda A B, Acharya S, Efrima S, et al. Langmuir, 2007, 23: 765.
[63] Zhang J, Li J, Zhang J, et al. J. Phys. Chem. C, 2010, 114: 11087.
[64] Zhong X, Xie R, Zhang Y. Chem. Mater., 2005, 17: 4038.
[65] Nemchinov A, Kirsanova M, Kasakarage N N H, et al. J. Phys. Chem. C, 2008, 112: 9301.
[66] Nikesh V V, Mahamuni S. Semicond. Sci. Technol., 2001, 16: 687.
[67] Shavel A, Gaponik N, Eychmuller A. J. Phys. Chem. B, 2004, 108: 5905.
[68] Lesnyak V, Plotnikov A, Gaponik N, et al. J. Mater. Chem., 2008, 18: 5142.
[69] Lan G Y, Lin Y W, Huanga Y F, et al. J. Mater. Chem., 2007, 17: 2661.
[70] Qian H F, Qiu X, Li L, et al. J. Phys. Chem. B, 2006, 110: 9034.
[71] Fang Z, Li Y, Zhang H, et al. J. Phys. Chem. C, 2009, 113: 14145.
[72] Norris D J, Yao N, Charnock F T, et al. Nano Lett., 1, 2001: 3.
[73] Pradhan N, Goorskey D, Thessing J, et al. J. Am. Chem. Soc., 2005, 127: 17586.
[74] Jana S, Srivastava B B, Acharya S, et al. Chem. Commun., 2010, 46: 2853.
[75] Li S S, Liu F T, Wang Q, et al. Adv. Mater. Res., 2009, 79: 2043.
[76] Gu S, Cooper J K, Corrado C, et al. J. Phys. Chem. C, 2011, 115: 20864.

[77] Dunstan D J, Cavenett B C, Brunwin R F, et al. J. Phys. C: Solid State Phys., 1977, 10:L361.
[78] Iida S J. Phys. Soc. Jpn.,1968,25:177.
[79] Pokrant S,Whaley K. Eur. Phys. J. D,1999,6:255.
[80] Underwood D F,Kippeny T,Rosenthal S J. J. Phys. Chem. B,2001,105:436.
[81] Li Y,Li X,Yang C, et al. J. Phys. Chem. B,2004,108:16002.
[82] Yu J H,Joo J,Park H M,et al. J. Am. Chem. Soc.,2005,127:5662.
[83] Nanda J,Sapra S,Sarma D D,Chem. Mater.,2000,12:1018.
[84] Srivastava B B,Jana S,Karan N S,et al. J. Phys. Chem. Lett.,2010,1:1454.
[85] Quan Z,Wang Z,Yang P,et al. Inorg. Chem.,2007,46:1354.
[86] Zhuang J,Zhang X,Wang G,et al. J. Mater. Chem.,2003,13:1853.
[87] Zhang J,Sun K,Kumbhar A,et al. J. Phys. Chem. C,2008,112:5454.
[88] Xu S,Wang C,Xu Q,et al. Chem. Mater.,2010,22:5838.
[89] Bang J,Park J,Lee J H,et al. Chem. Mater.,2010,22:233.
[90] Shim M,Sionnest P G. J. Am. Chem. Soc.,2001,123:11651.
[91] Spanhel L,Anderson M A. J. Am. Chem. Soc.,1991,113:2826.
[92] Dijken A,Meulenkamp E A,Vanmaekelbergh D,et al. J. Phys. Chem. B,2000,104:1715.
[93] Choi S,Kim E,Park J,et al. J. Phys. Chem. B,2005,109:14792.
[94] Viswanatha R,Amenitsch H,Sarma D D. J. Am. Chem. Soc.,2007,129:4470.
[95] Djurišić A B,Choy W C H,Roy V A L,et al. Adv. Funct. Mater.,2004,14:856.
[96] Erwin S C,Zu L,Haftel M I,et al. Nature,2005,436:91.
[97] Wang Y S,Thomas P J,O'Brien P. J. Phys. Chem. B,2006,110:4099.
[98] Wang Y S,Thomas P J. O'Brien P. J. Phys. Chem. B,2006,110:21413.
[99] Muelenkamp E A. J. Phys. Chem. B,1998,102:5566.
[100] Wood A,Giersig M,Hilgendorff M,et al. J. Chem.,2003,56:1051.
[101] Green M,Wakefield G,Dobson P J. J. Mater. Chem.,2003,13:1076.
[102] Piepenbrock M O M,Stirner T,Kelly S M,et al. J. Am. Chem. Soc.,2006,128:7087.
[103] Green M,Wakefield G,Dobson P J. J. Mater. Chem.,2003,13:1076.
[104] Rogach A,Kershaw S,Burt M,et al. Adv. Mater.,1999,11:552.
[105] Kovalenko M V,Kaufmann E,Pachinger D,et al. J. Am. Chem. Soc.,2006,128:3516.
[106] Harrison M T,Kershaw S V,Rogach A L. Adv. Mater.,2000,12:123.
[107] Higginson K A,Kuno M. J. Phys. Chem. B,2002,106:9982.

第4章　Ⅳ-Ⅵ族胶体半导体量子点

Ⅳ-Ⅵ族胶体半导体量子点主要是Pb族(PbSe,PbS,PbTe)和Sn族胶体量子点。这些半导体是窄带材料,发光主要在近红外光谱区域,因此受到人们的关注。与Ⅱ-Ⅵ族、Ⅲ-Ⅴ族胶体半导体量子点比较,Ⅳ-Ⅵ族胶体半导体量子点具有独特之处,包括高的介电常数、大的玻尔半径、电子和空穴的质量近似相同、窄的带隙等。在这一章里,主要介绍Ⅳ-Ⅵ族胶体半导体量子点的典型制备方法,对其晶格结构和光学性质进行初步的介绍。

4.1　PbSe胶体半导体量子点

2001年,Murray等人首先制备了PbSe胶体量子点[1,2]。通将TOP-Se注入到联苯为溶剂的醋酸铅($Pb(Ac)_2$)溶液中,制备出3.5～15nm的PbSe胶体量子点。在此基础上,Wehrenberg等人研究了不同尺寸PbSe量子点带间光学跃迁,确定PbSe量子点PL量子产额可以达到85%[3]。

已有研究表明,PbSe量子点具有小的Stokes位移,PL衰退寿命约为1μs。$1S_{e,h}$—$1P_{e,h}$之间的跃迁能量是0.2eV和0.33eV[3]。这样一个量值的寿命,归因于奇偶校正禁止出现$1P_{e,h}$—$1D_{e,h}$之间的跃迁。随后,Liljeroth等人证明了这个看似不符合规则的特性[4]。采用TOP/OA为配位剂的PbSe量子点,在室温下可以发射1～3μm辐射,在77K下可以发射4.1μm辐射,但效率只有0.5%[1]。值得注意的是,PbSe量子点在1450～1550nm的发光刚好处于通信窗口。同铕(europium, Eu)掺杂光纤(optical fiber)比较,PbSe量子点材料显示出更大的带宽和更高的增益(100～150nm和～100cm^{-1};相应铕掺杂光纤的参数是20～30nm和0.01cm^{-1})[5]。

4.1.1　PbSe胶体量子点的合成方法

1. 油相合成方法

PbSe量子点油相合成方法报道较多,包括首先采用热注入方法合成PbSe量子点的Murray等人[1,2]。随后几年里,Sionnest[6]、Krauss[7]等先后采用类似方法合成出PbSe量子点,量子点的尺寸可以小至2～3nm[8]。

这里介绍使用比较广泛的Yu等人建立的非配位溶剂合成方法,其优点是使用材料低廉和环保,适合于制备大尺寸范围(3～13nm)PbSe量子点[9]。这种热注入方法的典型样品合成路线是：0.892g PbO（4.00mmol）、2.825g OA（10.00mmol）和 ODE 组成总重量是 16g 的混合溶液，装入三口瓶，加热到 150℃获得澄清溶液，然后进一步加热到 180℃。将 6.4g TOP-Se 溶液（包含 0.64g、8.00mmol 的 Se）快速注入到上述混合溶液中；随后反应溶液温度冷却到 150℃，开始 PbSe 量子点生长。整个反应过程是在惰性气体（N_2或 Ar）环境下进行，在不同反应时间获取不同尺寸的 PbSe 量子点。值得注意的是，利用 TBP-Se 替代 TOP-Se，采用上述方法也可以合成出 PbSe 量子点。

在这种合成方法中，PbO 作为 Pb 源，在 150℃与 OA 反应生成油酸铅。在 180℃注入 TOP-Se，形成 PbSe 晶核。注入后，随着反应温度的下降，反应不会进一步生成晶核。保持适当的反应温度，允许晶核生长。图 4.1 显示出制备的 PbSe 量子点具有良好的单分散性和球状外形，而且尺寸分布窄（5%～7%）。图 4.2 是 PbSe 量子点 XRD，显示出完美的岩盐晶格结构。

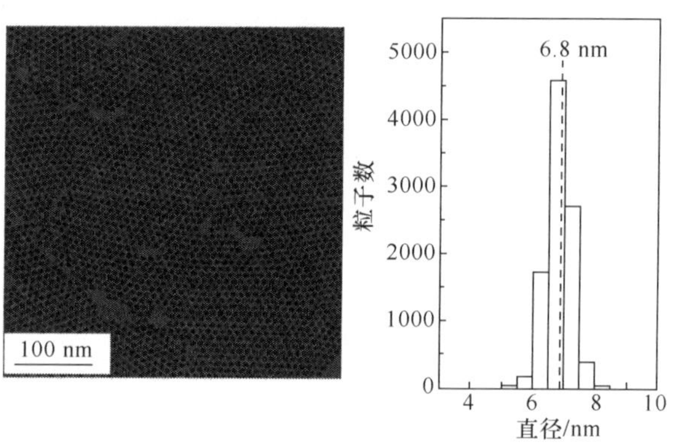

图 4.1 PbSe 量子点 TEM 和尺寸分布直方图[9]

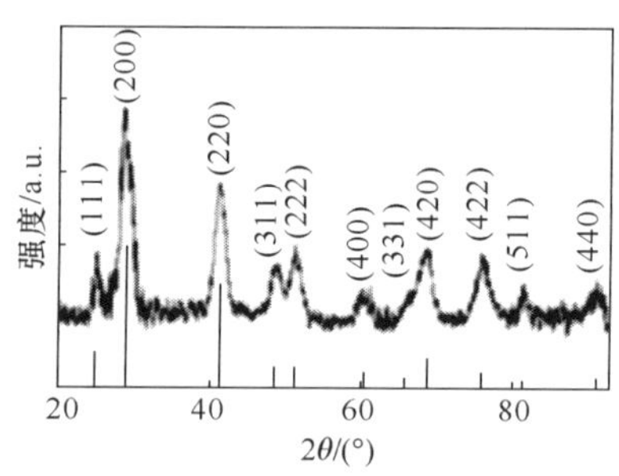

图 4.2 PbSe 量子点 XRD[9]

图 4.3（a）是不同尺寸 PbSe 量子点吸收光谱，峰值波长范围是 1100～2520nm。图 4.3（b）是 3.9nm PbSe 量子点的吸收和 PL 光谱，第一激子吸收峰位于 1205nm（半峰半宽度（half-width at half-maximum，HWHM）是 56nm），PL 发

射峰位于 1235nm(半峰全宽度(full-width at half-maximun,FWHM)是 145nm),Stokes 位移是 30nm。PL 发射谱显示出良好的高斯(Gaussian)线型,表明是纯带边辐射,PL 量子产额达到 89%。

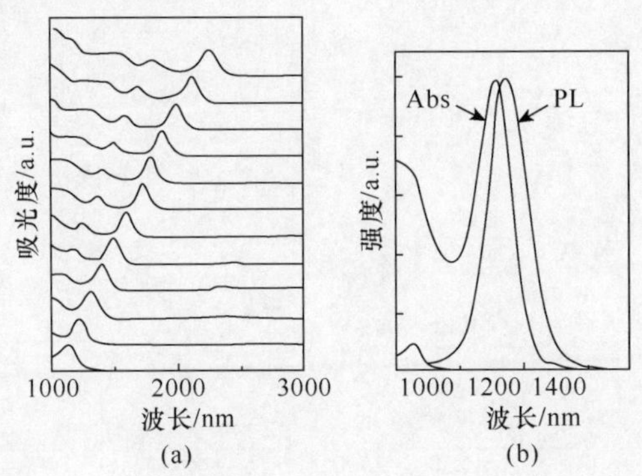

图 4.3 (a) 尺寸依赖的 PbSe 量子点吸收光谱,(b) 3.9nm PbSe 量子点吸收与 PL 光谱[9]

TOP-Se 与 Pb(oleate)$_2$反应,产生 PbSe 单体、TOPO。这些单体经历成核和生长阶段,形成 PbSe 量子点。Sapra 等人提出 Se-富余的 PbSe 量子点结构[10]:PbSe 核首先被一层非化学计量的 $Pb_{1-x}Se$ 包围,然后是 Se 壳层,最外面是三烷基磷配位体。但是,这个模型与 Moreels 等人的实验结果相矛盾[11]。基于等离子体-质谱仪(ICP-MS)测量结果,Moreels 等人发现,每个 PbSe 量子点是由 PbSe 核和一个表面 Pb 原子层组成。Moreels 等人通过核磁共振光谱仪(NMR)测量,进一步证明了这个模型的正确性[12]。NMR 测量清晰表明,表面 Pb 原子层连接的是 OA 配位体,几乎不存在三烷基磷配位体。Moreels 等人关于 Pb-富余和 OA 包覆 PbSe 量子点的模型,进一步被 Yu 研究组的工作所证明[13]。因此,PbSe 量子点是由 PbSe 核和一个表面 Pb 原子层组成,OA 包覆着 Pb 原子表面。

根据 Yu 等人的工作[14],PbSe 量子点的生长是在较为温和(150℃)的条件下进行,低于Ⅱ-Ⅵ族量子点(250～350℃)的生长条件。然而,这时 PbSe 量子点的生长仍然迅速,如图 4.4 所示。随着反应时间的增加,第一激子吸收峰快速红移。量子点的快速生长不利于尺寸和尺寸分布控制。为了减缓反应速度,获得完美的结晶度,需要调整量子点表面配位体动力学。

当反应溶液中配位体的浓度增加时,量子点表面的配位体数量就会增加,从而限制单体生长到量子点表面上,减缓量子点的生长速度。然而图 4.5(a)所示实验结果表明,第一激子吸收峰加速红移,即稍微增加配位体 OA 的浓度,PbSe 量子点的生长速度也增加。尽管增加配位体 OA 的浓度形成量子点的密集包覆,限制了单体生长到 PbSe 量子点表面,但是也有效的减少了晶核的形成。通过测量量子点的数量可以证明这个结论。研究表明,在反应中增加 OA 的浓度,会使其更多的

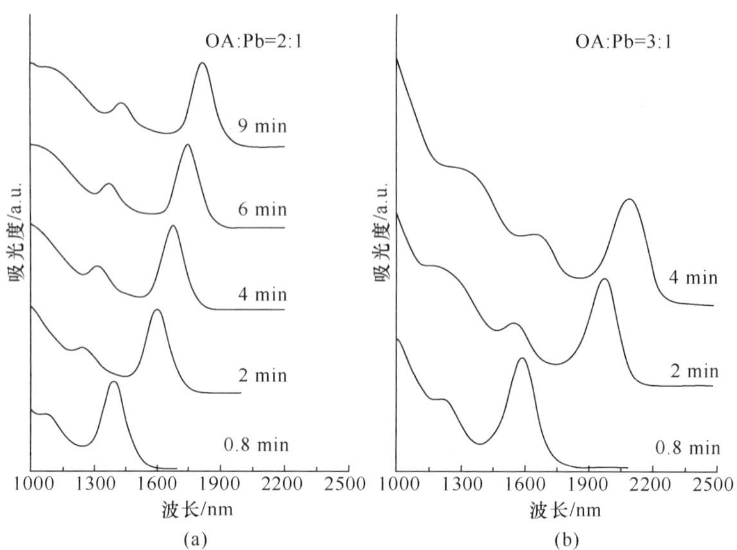

图 4.4 不同 OA 浓度 PbSe 量子点时间依赖的反应动力学过程[14]

络合到 Pb 上,使成核变得更加困难[14~16]。因此,在一个具有较高 OA 浓度反应的成核阶段,只会产生较小数量的晶核,相当于消耗了较少的单体。换言之,更多的单体保留到生长阶段,供应给较少的晶核,从而更快的生成更大的量子点。因此,在反应中增加 OA 的浓度,可以生成更大的 PbSe 量子点,但是会降低量子点的颗粒浓度。

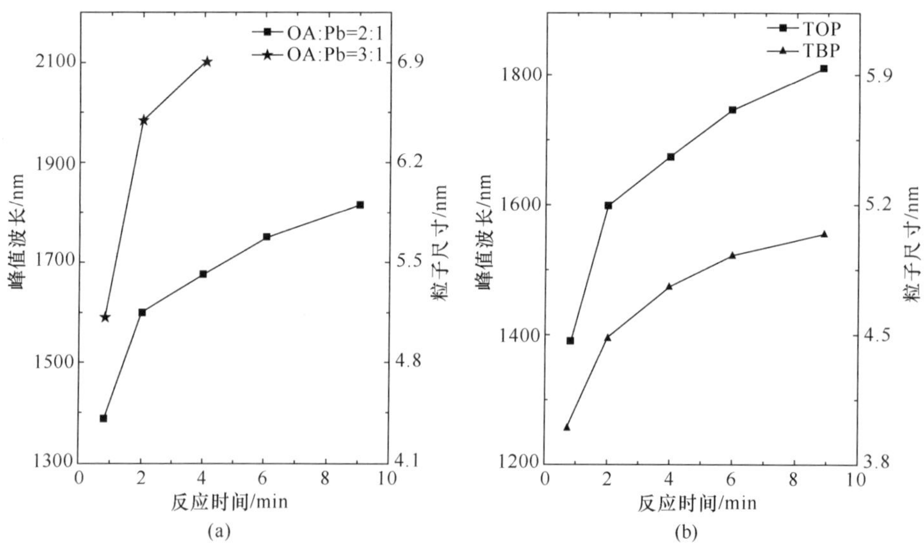

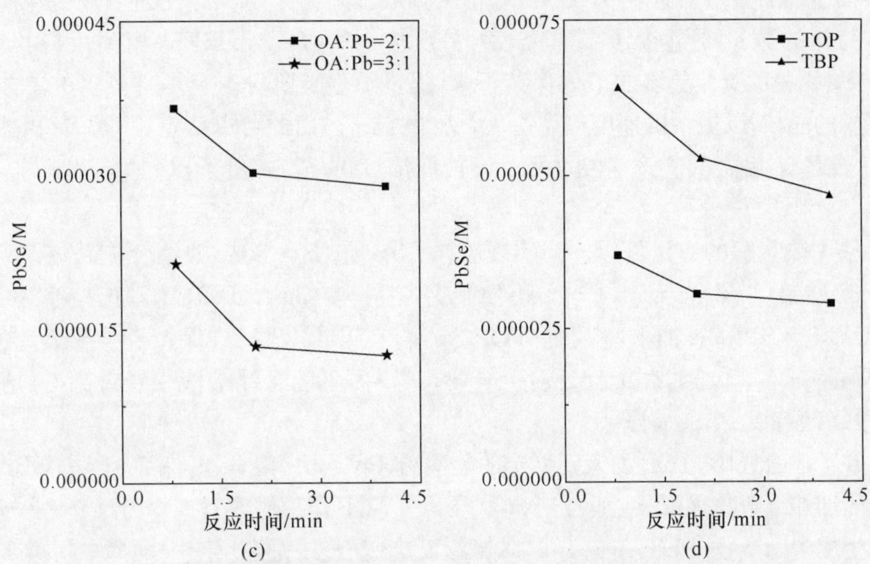

图 4.5　不同 OA 浓度和配位体对 PbSe 量子点合成动力学过程的影响[14]

除了调整 OA(用于 Pb 前驱体和 PbSe 量子点的配位体)之外,也可以调整 Se 前驱体的配位体,例如用 TBP 替代 TOP,调整 PbSe 量子点的生长。如图 4.5(b)所示,TBP-Se 可以大大减缓反应速度,比 TOP-Se 更容易控制 PbSe 量子点的生长。因此,使用 TBP 作为 Se 前驱体的配位体制备 PbSe 量子点具有更好的单分散尺寸分布,见表 4.1。

表 4.1　TOP-Se 和 TBP-Se 对 PbSe 量子点特性参数影响时间表

反应时间/min	TOP-Se 相关的反应				TBP-Se 相关的反应			
	峰值波长/nm	粒子尺寸/nm	HWHM/nm	尺寸分布/%	峰值波长/nm	粒子尺寸/nm	HWHM/nm	尺寸分布/%
0.8	1390.0	4.4	66.5	8.0	1257.0	3.9	59.0	6.0
2.0	1598.5	5.2	66.0	8.0	1395.0	4.4	53.0	4.5
4.0	1675.5	5.4	57.5	5.5	1475.5	4.7	54.5	5.0
6.0	1746.0	5.7	61.0	6.5	1523.0	4.9	55.0	5.0
9.0	1813.5	5.9	64.0	7.0	1557.0	5.0	57.0	5.5

在 PbSe 量子点合成中,无论是使用 TOP-Se 或者使用 TBP-Se,PbSe 分子键合的能力都会变弱[17,18]。然而,长链的三烷基磷显示出更大的空间阻碍性,可以更有效地阻碍晶核的形成[19]。因为 TOP 比 TBP 的链更长,在 TOP-Se 相关反应

中晶核形成的数量要远少于 TBP-Se 相关合成，即 TOP-Se 相关反应的成核阶段，单体消耗的数量要远少于 TBP-Se 相关反应。所以，与 TBP-Se 相关反应比较，TOP-Se 相关反应使更多的单体保留下来，提供给生长阶段。于是有更多的单体供给更少的晶核，以更快的速度产生更大尺寸的粒子。由此可以认定，TOP-Se 相关反应比 TBP-Se 相关反应产生更大尺寸、较低浓度的 PbSe 量子点，如图 4.5(b，d)所示。

采用热裂解的方法可以一步实现胶体 PbSe 量子点合成，典型合成路线是[20]：1.5g 醋酸铅(lead acetate，$Pb(CH_3COO)_2$)溶解在 5mL TOP 中，加热到 100～120℃，保持 2 小时；加入室温的 TOP-Se 溶液(12mL，1M)，保持反应温度 80～130℃，持续 1～3 小时。搅拌反应混合物，获得黑色的悬浮溶液。经过离心、清洗后，最终制备成 PbSe 量子点。

在上述合成中，TOP 加入到稳定的醋酸铅($Pb(Ac)_2$)混合物，然后加入 TOP-Se，适度的加热混合物，获得纯正的 PbSe 量子点。TOP 作用主要有三个方面：一是与醋酸铅生成中间产物[$Pb(OAc)_2TOP_2$]，减缓反应速度；二是在反应中发挥中间媒介作用；三是 TOP-Se 释放出 Se，与 Pb 的中间产物发生反应。反应过程表示如下：

$$Pb(CH_3COO)_2 + 2(C_8H_{17})_3P \longrightarrow [Pb(CH_3COO)_2][(C_8H_{17})_3P]_2$$

$$[Pb(CH_3COO)_2][(C_8H_{17})_3P]_2 + (C_8H_{17})_3P{=}Se \longrightarrow PbSe$$

图 4.6 是采用上述一步合成法制备的 PbSe 量子点 XRD 和吸收光谱。随着反应温度的提高，粒子直径随之下降，导致 XRD 衍射峰展宽。这与正常情况下的结果是不一致的，即温度较高，粒子的直径应当增加，XRD 衍射峰应当变得更加尖锐。衍射角的位置表明，这种方法制备 PbSe 量子点是 PbSe 岩盐晶格结构。利用 Scherrer 方程，计算出粒子尺寸是 15～23nm。根据 XRD，我们看到：当反应温度较低(a-50℃)时，粒子初步成形，尺寸较大，对应于成核阶段；当温度上升到 80℃以上(b-80℃，c-110℃，d-130℃)时，反应动力学启动，形成较小尺寸的、近于同一的 PbSe 量子点，衍射峰开始逐步展宽，如图 b～d 曲线所示。PbSe 量子点吸收光谱表明，吸收光谱具有明显的尺寸依赖特性。在 130℃时制备的 PbSe 量子点，第一激子吸收峰位于 2.31μm(0.56eV)。

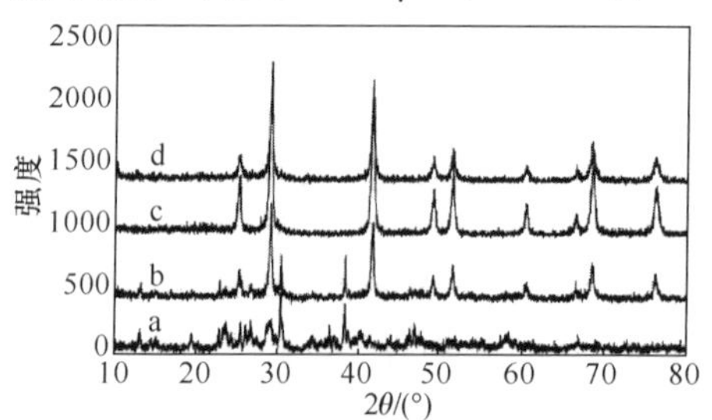

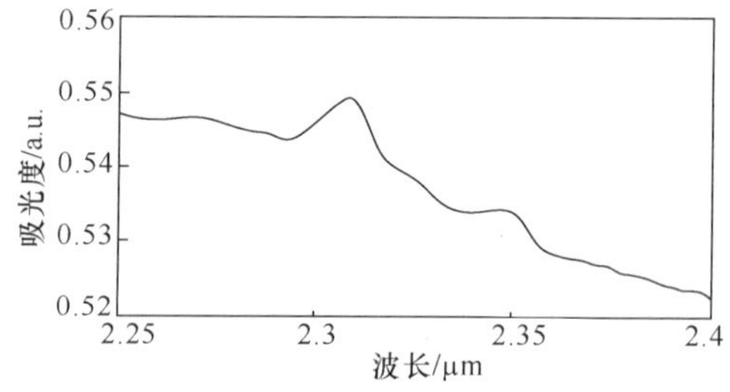

图 4.6　一步合成法制备 PbSe 量子点的 XRD 和吸收光谱[20]

2. 水相合成方法

水相合成 PbSe 量子点的研究报道较少，一个典型的合成路线是[21]：将等量摩尔数的 Pb 粉和 Se 粉装入 50mL 高压反应釜中，同时加入 40mL 蒸馏水。然后密封反应釜，温度升高到 220℃，保持 10～14 小时。随后冷却到室温，过滤沉淀物；依次使用 1M NaOH、蒸馏水、无水酒精清洗。在 50℃、真空条件下干燥，得到粉状产物，产率约为 80%～90%。

在这个合成中，Pb 粉首先与水反应，生成 $Pb(OH)_2$ 和 H_2[22]。同时，利用 H_2 使 Se 还原，产生出 Se^{2-}。最后，$Pb(OH)_2$ 与 Se^{2-} 反应生成 PbSe 产物。具体反应过程如下：

$$Pb + 2H_2O \longrightarrow Pb(OH)_2 + H_2\uparrow$$

$$H_2 + Se \longrightarrow Se^{2-} + 2H^+$$

$$Pb(OH)_2 + Se^{2-} + 2H^+ \longrightarrow PbSe + 2H_2O$$

$$\text{总反应：} Pb + Se \longrightarrow PbSe$$

图 4.7 是上述合成方法制备的 PbSe 量子点 XRD 和 TEM。由 XRD 看到，这里制备 PbSe 量子点的衍射特性符合标准数据卡 JCPDS 78-1903，类似于立方体岩盐晶格结构。由 TEM 看到，粒子平均尺寸范围是 60～100nm。

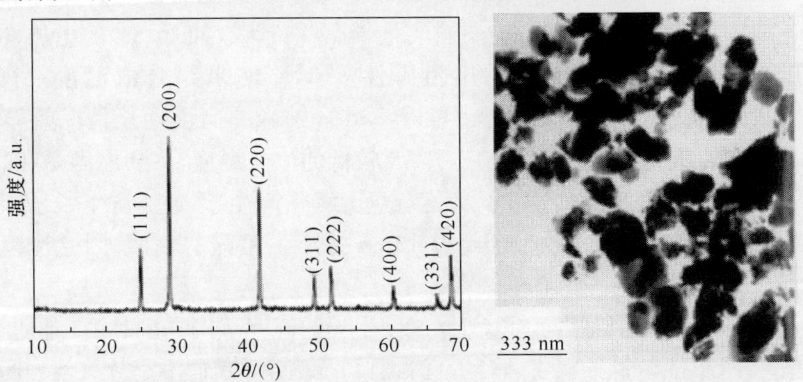

图 4.7　水相合成 PbSe 量子点 XRD 和 TEM[21]

4.1.2　PbSe 胶体量子点的形态控制与生长动力学

制备高质量一维或准一维 PbSe 纳米结构，也是研究人员感兴趣的目标。这些结构的尺寸、形状、维度等对其光学、电学和其他物理学性质会产生影响。PbSe 纳米棒或纳米线具有 5～10nm 的直径，远小于 PbSe 的玻尔半径(46nm)，仍然会产生强烈的量子尺寸受限效应。与之相对应的，纳米线的长度可以达到 1～5μm，而且纳米线都是沿着岩盐晶格结构的〈100〉方向。通过改变 Pb/Se 的比例，可以实现直线纳米线的分叉;调整溶剂的性质,也可以对纳米线的生长产生影响。

我们通过一个具体例子来分析 PbSe 纳米线生长过程。典型样本的合成路线是[23]:TOP(3mL,6.7mmol)、Ph_2O(0.2mL,1.3mmol)或聚氧乙烯月桂醚(Brij 30;0.24～0.48mL,0.6～1.3mmol)、$Pb(Ac)_2 \cdot 3H_2O$(0.02g,53μmol)与辛酸(octanoic acid)(0.01mL,63μmol)混合,在真空、干燥的环境下加热到 120℃。然后通入 N_2 气,混合溶液加热到 175℃。在手套箱中,配制直径约为 1.4nm 的 Au/Bi 纳米颗粒(175 μL, 0.067μmol)和 1.0 M TOP-Se(25.0 μL, 25.0 μmol)组成的溶液。在 175℃下,将 TOP-Se 注入到反应混合物中,生成咖啡色或黑色溶液,通过丙酮清洗去除表面活性剂,离心后获得反应产物。通过调整 Pb/Se 比例和 Au/Bi 纳米颗粒的尺寸,改变纳米线的形态和分叉。

在上述 PbSe 纳米晶的合成中,通过选择前驱体和配位(或非配位)的表面活性剂,可以获得高质量的、量子受限的、直的或分叉的 PbSe 纳米线。通常来说,Pb 的前驱体可选择 Pb 盐或 PbO,它们容易与脂肪酸(如油酸)配位。Pb 前驱体的选择并没有对配位剂产生明显的影响,$Pb(Ac)_2 \cdot 3H_2O$、PbO、$Pb(acac)_2$(乙酰丙酮铅,lead(Ⅱ) acetylacetonate)具有同样好的效果。辛酸和油酸都可以考虑用作与 Pb 结合的长链。PbSe 量子点和纳米线的生长,倾向于使用弱配位的表面配位剂,例如 TOP、二苯醚(diphenyl ether,DPE)和 Brij 30。其他的更强的配位剂,例如 TOPO 和胺,已经成功的用于其他材料的量子点/纳米线(如 CdSe)的生长,但是它们在 PbSe 纳米晶的生长中显示出阻碍性。PbSe 纳米线合成温度一般低于 200℃,与 PbSe 量子点的情况一样,但是与 CdSe 纳米晶高温生长情况差异较大。在 PbSe 量子点 或纳米线情况下,它们需要较低的生长温度,主要原因是在高温的条件下,脂肪酸和 Pb 的混合物不稳定,会分解并产生沉淀。当生长温度超过 200℃时,制备 PbSe 纳米线的直径超过 10nm 并产生粗糙的表面,因此建议 PbSe 纳米晶的理想生长温度是 150～200℃。

具体给出一个窄的、适合于 PbSe 纳米线生长的温度范围是困难的,但是可以给出一个清晰的结论:较低的温度适合于直线型 PbSe 纳米线,而不是分叉型 PbSe 纳米线。相比之下,对于 CdSe 而言,高温(>330℃)更适合于直线型的纳米线的生长,低温(～270℃)更适合于分叉型纳米线的生长。这个变化来源于生长过程中动力学与热力学效应的竞争。在低温情况下,更偏爱于 CdSe 闪锌矿结构,而不是纤锌矿晶相[24]。对于 PbSe 纳米线,不存在这样的混合相,但是仍然存在明显的温度依赖性。

Au/Bi 纳米粒子(1.5～3nm)的尺寸效应也是一个值得考虑的问题。在上述合成方法中,Au/Bi 纳米粒子的尺寸影响 PbSe 纳米线的宽度及分叉。小的 Au/Bi 纳米粒子产生细的纳米线,反之亦然。例如,合成直线型纳米线,需使用直径约为 1.4nm 的 Au/Bi 纳米粒子;合成分叉型纳米线,需使用直径约为 2.2nm 的 Au/Bi 纳米粒子。

然而,无论是直线型还是分叉型,对纳米线生长影响更大的因素是 Pb∶Se 的比例。在直线型 PbSe 纳米线合成中，初始 Pb：Se 比例是 2：1；而在分叉型 PbSe 纳米线合成中，初始 Pb：Se 比例是 4：1。这个比例与其他文献中报道 CdSe 纳米线合成的 Cd：Se 比例是相反的，Cd：Se 比例由 7：1 变化为 1.7：1[24]。尽管初始 Pb：Se 比例对纳米线形态影响的机制不是十分清晰，一个可能的解释是：提高溶液中 Pb 或 Se 的浓度会影响成核速度，导致在同一个粒子上形成两个成核线的概率增加，引发出分叉。

图 4.8(a,b)是两个直径几乎相同的直线型纳米线样本的 TEM，图 4.8(c,d)是相应样本的 HRTEM。这些 PbSe 纳米线长度是 1～5μm，长度依赖于反应的条件。PbSe 纳米线晶格图像是沿着两个轴向：〈100〉和〈110〉。图 4.8(c)是沿〈100〉方向生长纳米线的 HRTEM，这时晶格显示出来源于(200)晶面的平行(或垂直)晶格图形，它是垂直于〈100〉生长轴。此外，图 4.8(d)是沿〈110〉方向生长纳米线的 HRTEM，在这时的晶格显示出(111)晶面的十字形图案，相应的角度分别是 70.5°和 109.5°。利用 HRTEM 测量出(111)晶面的间隔是 3.65Å，(200)晶面的间隔是 3.02Å，与相应的理论值 3.53Å 和 3.06Å 十分接近。

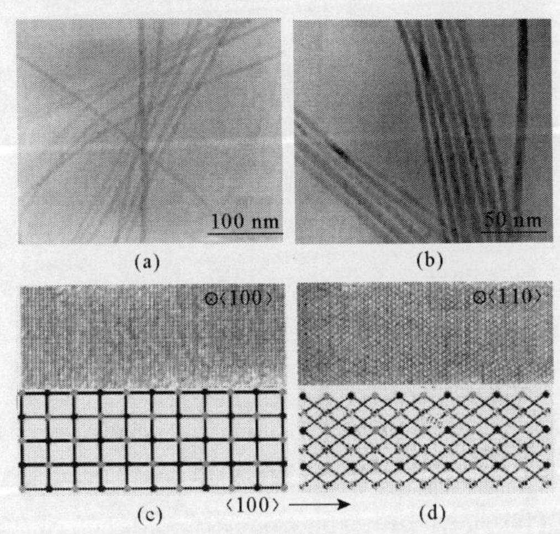

图 4.8 沿〈100〉、〈110〉方向生长 PbSe 纳米线的 TEM[23]

当直线型纳米线的配制剂发生变化时，例如 Pb：Se 先驱体比例变化，可以转化为分叉型纳米线。实验表明，当 Pb：Se 先驱体比例达到 4：1 时，催发分叉的可能性达到极限。若超过这个比例，纳米线的表面会变得粗糙，是因为催化(纵向)生长和非催化(横向)生长的竞争。在上述合成中，可以观察到两种分叉 PbSe 纳米线的类型，即 T 型分叉和 Y 型分叉，如图 4.9 所示。图 4.9(a)是 T 型分叉 PbSe 纳米线的 HRTEM。对于 PbSe 纳米晶而言，岩盐结构占据支配地位，直线型和分叉型 PbSe 纳米线的生长方向一般是沿着岩盐晶格的(100)面。对比 CdSe 纳米晶，它具有两种可能的晶格结构，即四面体闪锌矿结构和纤锌矿结构，因此分叉

CdSe 纳米线有三足型、V 型、Y 型等。图 4.8(c)中 T 型 HRTEM 表明,这些生长线就是晶线,具有光滑的表面。T 型臂相互垂直的生长,沿着相同的〈100〉方向。对 40 个 T 型或直角型 PbSe 纳米线进行测量,两臂之间的平均夹角是 90°。

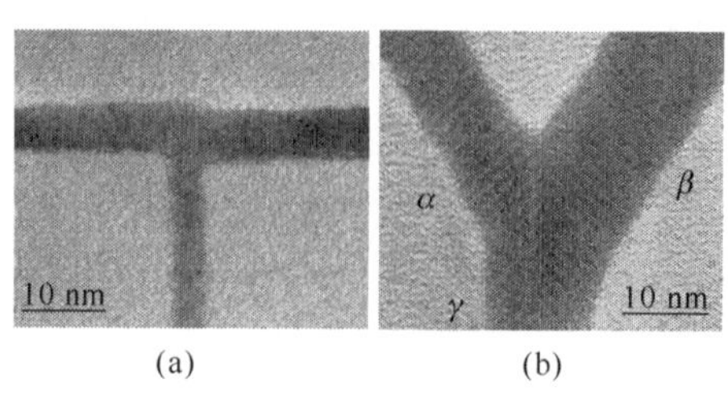

图 4.9 T 型和 Y 型结构 PbSe 纳米线的 HRTEM 图像[23]

分叉型 PbSe 纳米线另一种形式是 Y 型结构,由两个〈100〉方向臂(α,β)和通过孪生使二者融合附加的第三个臂(γ)组成,如图 4.9(b)所示。更多的 Y 型 PbSe 纳米线的信息表明,一个(111)孪生晶面边界移动到结构的中心,带有平行的(200)晶面并正常沿着两个臂〈100〉生长方向,两个晶面之间的夹角是 70.5°。当两臂晶核在一个给定的晶粒上以小于临界夹角(θ_{crit}~77.3°)成核时,在交汇处两臂借助于一个低能量的孪生彼此共存,导致了一个 70.5°的 α-β 角的$\langle 100\rangle_{\alpha,\beta}$生长方向。

一个近期 PbSe 纳米棒的研究报道表明,在合成反应的初期,一定数量水的加入,对 PbSe 纳米棒的形态和产额会产生令人惊讶的影响[25]。典型样品合成的方法是:4.4 g (20mmol)PbO 和 19mL OA(60mmol)加热到 110℃,2 小时;一旦溶液变成无色,它就被放置在两个小瓶内,黏滞的 Pb-油酸盐和 OA 冷却到室温,混合物变成蓬松的白色固体。用丙酮去除多余的油酸。通过真空炉得到白色的油酸铅粉末。油酸铅(1mmol)、油酸(1.2mmol)和 ODE(5mL)的混合溶液加热到 150℃,将六乙基亚磷酰三胺(hexaethyl phosphorous triamide)(3mL)和硒(3mmol)混合溶液注入到混合溶液,在 135℃反应 2 分钟后冷却至室温,溶液颜色变成深棕色。通过正己烷/乙醇清洗后,获得黑色纳米棒产物。

保持上述同样的反应过程,在加热之前,将一定数量的水加入到油酸铅、油酸和 ODE 混合溶液中,水的浓度范围是 0~204 mM。在较低水浓度(<84mM)的情况下,油酸首先被稀释,然后部分加入到溶液中。在较高水浓度(>84mM)的情况下,水直接加入到反应溶液中。例如,为了获得 142 mM 水浓度,需要在反应中加入 23 μL 的水。依赖于水的浓度,反应溶液在 10~90s 内变成咖啡色,纳米棒的产量是 5~39mg。

在不同水浓度情况下,制备 PbSe 纳米棒的形态变化如图 4.10 显示。在无水情况下，纳米棒的长径比是 8，如图 4.10(a)所示。在加入少量水(0.7 mM)的情况下，纳米棒的长径比是 10，如图 4.10(b)所示；随着水浓度的增加，纳米棒的长径比下降到 1.1，如图 4.10(c：84mM，d：204 mM)所示。随着水浓度的变化，长径比随着变化，主要是纳米棒长度下降，而不是直径变大。此外，随着水浓度的增加，纳米棒分叉的几率也会随之下降。在无水情况下合成纳米棒，分叉纳米棒的比例达到 90%，而且多个分叉的纳米棒比例达到 57%(即出现超过 1 个的 90°连接点)。当水浓度由 0.7mM 增加到 204 mM 时，分叉纳米棒的数量由 60%下降到 0。

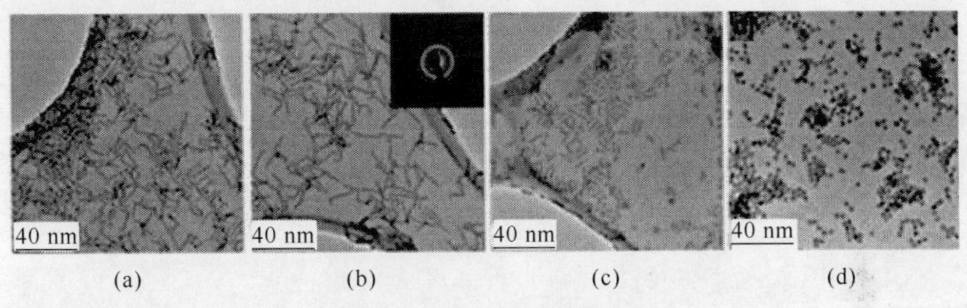

图 4.10　不同水浓度制备 PbSe 纳米棒的 TEM[25]

在室温条件下，PbSe 纳米棒吸收和 PL 光谱如图 4.11 所示。由于纳米棒第一激子吸收峰主要决定于直径，所以不同水浓度的 PbSe 纳米棒吸收和 PL 光谱会有差异。随着水浓度由 0 增加到 142 mM，纳米棒直径由 2.9nm 增加到 4.3nm；当水浓度增加到 204mM 时，纳米棒直径增加到 6.5nm。相应的第一激子吸收峰的位置也表现出类似的规律，由 1.1eV 减少到 0.88eV，直至降低到 0.66eV。PbSe 纳米棒的 PL 光谱显示出清晰的发射峰，峰值表现出与第一激子吸收峰一样的变化规律(a～h 对应水浓度由低到高)。但是，出乎意料的是，PL 发光强度与水浓度无关。在反应过程中，当水浓度增加时，纳米棒 PL 发光没有下降，即没有增加非辐射缺陷的产物。

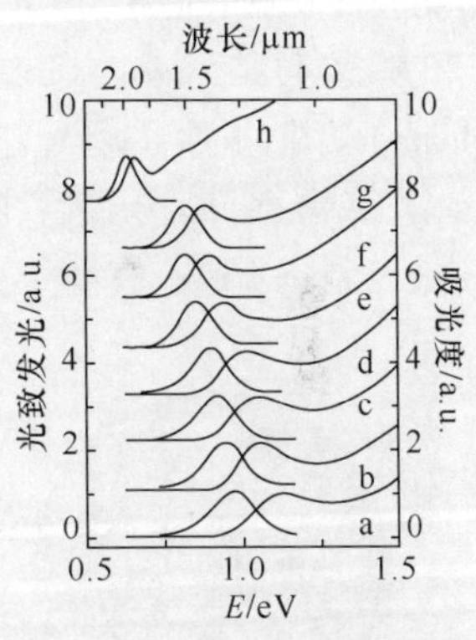

图 4.11　PbSe 纳米棒的吸收和 PL 光谱[25]

4.1.3　PbSe 胶体核壳量子点

实验研究表明，PbSe 胶体量子点稳定性较差[26]。当暴露在空气环境时，PbSe 量子点 PL 发光急剧下降，如图 4.12(a)所示；在放置 12 天后，溶液已经变成清澈液，如图 4.12(b)所示。因此，如何提高 PbSe 量子点稳定性，是一个亟待解决的问题，解决不稳定问题的一个主要方法是核壳结构。

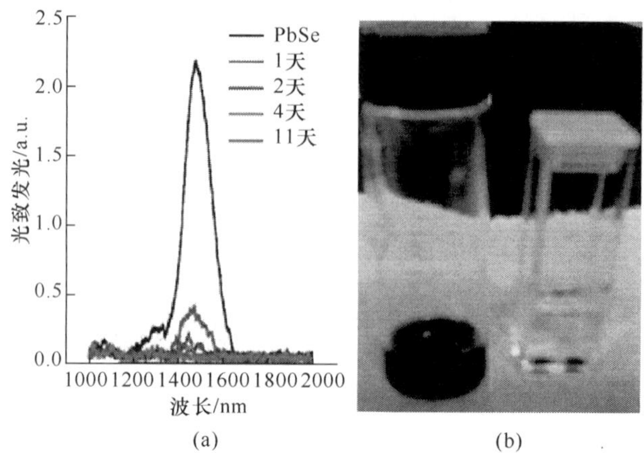

(a)　　(b)

图 4.12　新鲜和放置 12 天的 PbSe 量子点 PL 光谱和样品图片[26]
（阅读彩图请扫封底二维码）

1. PbSe/PbS 胶体量子点

从合成条件角度考虑，PbSe/PbS 核壳量子点是一个较好的选择，二者能级结构如图 4.13(a)所示。典型的 PbSe/PbS 核壳量子点的合成路线是[27]：在真空、130℃条件下，380mg (1mmol) $Pb(Ac)_2 \cdot 3H_2O$ (或 PbO) 加热烘干 15 分钟；然后加入 20mL ODE 和 635 μL (2mmol) OA，混合物放置在真空、130℃条件下 15 分钟，得到油酸铅 $Pb(oleate)_2$，并去除 H_2O、乙酸和 O_2。在另一个烧瓶中将 5mL TOP 与 79mg (1mmol) Se 混合，15 分钟后加热到 121℃。将 TOP-Se 注入到上述混合物中，反应继续进行，制备 PbSe 核量子点。然后采用两种路线制备 PbSe/PbS 核壳量子点。

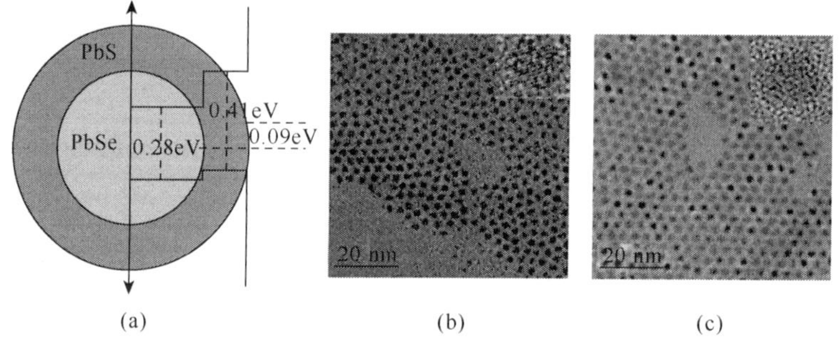

(a)　　(b)　　(c)

图 4.13　能级结构(a)和 PbSe(b)、PbSe/PbS(c)量子点的 TEM 和 HTEM[27]

路线一，采用六甲基二硅硫烷作为硫源。将 PbSe 核量子点溶解到 10mL ODE 和 1mmol OA 中，再将 0.25mmol $Pb(oleate)_2$、5mL ODE 与 0.5mmol OA 混合，然后加入到 PbSe 核量子点溶液，加热到 130℃。将 0.2mmol $(TMS)_2S$ 与 2.5mL TOP 混合，然后逐滴加入上述反应溶液，制备出不同壳厚度的 PbSe/PbS 核壳量子点。

路线二，采用 TOP-S 作为硫源。125mg (0.53mmol) $Pb(OAc)_2 \cdot 3H_2O$、2mL ODE 与 1.5mL OA (4.7mmol)混合，装入第一个反应瓶中在真空条件下加热到 120℃。在混合物变得清晰后，继续在 120℃加热 10 分钟。在 Ar 气条件下，加入 6mL TOP，继续在 120℃加热 20 分钟，然后冷却到室温。将氯仿溶剂中的 40～50mg PbSe 核量子点装入第二个反应瓶，在 45℃、Ar 气作用下，移出溶剂，然后注入 1.5mLTOP，再将 80mg S 与 0.5～1mL TOP 混合，注入 PbSe 核量子点溶液。将第二个反应瓶中的混合物注入第一个反应瓶中。在 45℃条件下，组合混合物搅拌 5 分钟，然后与 15mL ODE 一起注入第三个反应瓶，再加热到 180℃以适合于壳的生长。然后，温度转为 120℃，15～20 分钟，制备出不同壳生长时间的 PbSe/PbS 核壳量子点。

图 4.13 是 PbSe 和 PbSe/PbS 量子点的 TEM 和 HRTEM，PbSe 和 PbSe/PbS 量子点尺寸分别是 4.3nm 和 5.3nm，PbS 壳层厚度约是 0.5nm。同时，两种方法制备 PbSe/PbS 量子点的 XRD 如图 4.14 所示。其中，绿色线和褐色线分别是 PbSe 和 PbS 理论计算曲线，蓝色和红色线分别是 PbSe/PbS 量子点实验数据和理论计算数据，下边灰色线是 PbSe/PbS 实验和理论计算数据差值。它显示硒铅矿(clausthalite)和方铅矿(galena)混合的晶格结构，但硒铅矿占据主导地位。

使用$(TMS)_2S$作为 S 源，不同 PbS 壳厚度、PbSe/PbS 量子点的吸收和 PL 光谱如图 4.15 所示，其中(a)图底部是 PbSe 量子点的吸收光谱，上部逐个是 0.3、0.8、1.8、2.5mL$(TMS)_2S$溶液的 PbSe/PbS 核壳量子点的吸收光谱。随着 PbS 壳的生长，壳层加厚，第一激子吸收峰明显红移，与类型Ⅱ核壳结构特点是一致的。此外，核壳样本 PL 光谱显示出两个发射峰，而相应 PbSe 核只有一个 PL 发射峰。核壳样本 1350nm 的第一个发射峰，来自于 PbS 量子点。在壳层生长过程中，由于$(TMS)_2S$的高反应活性，难免产生少量的 PbS 量子点。第二个发射峰来自于 PbSe 量子点，但红移 400nm，与吸收峰的情况类似。由于核与壳之间只是存在小的能量势垒，PbSe 核的电子波函数扩展到壳内，所以发射峰移向低能量一侧。

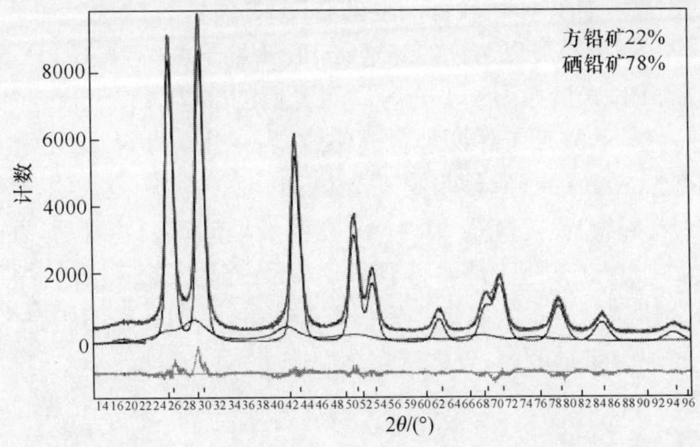

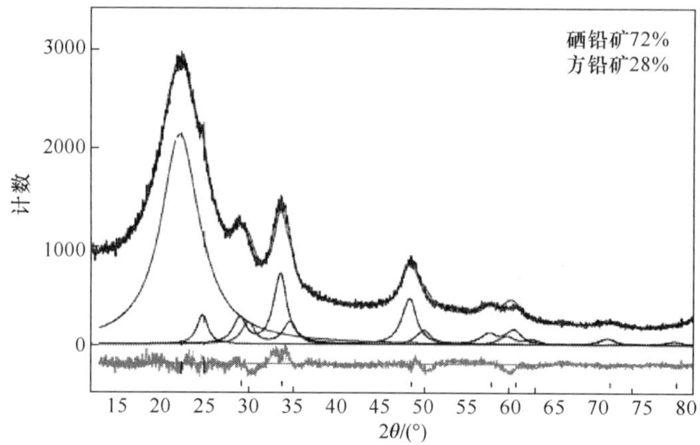

图 4.14 PbSe、PbS 和两种路线制备 PbSe/PbS 量子点的 XRD[27]

(阅读彩图请扫封底二维码)

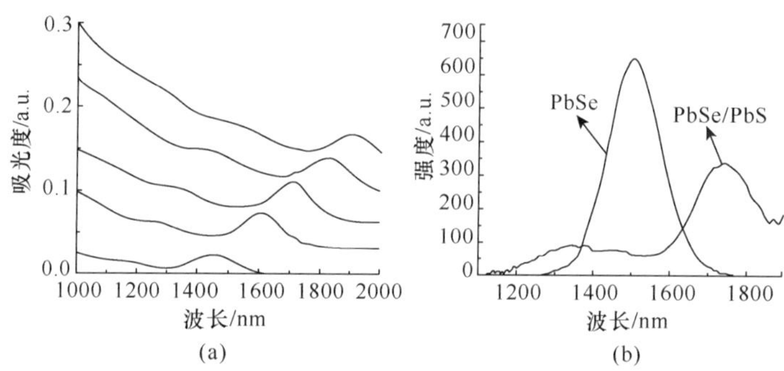

图 4.15 PbSe 和 PbSe/PbS 量子点的吸收、PL 光谱[27]

使用活性较高的$(TMS)_2S$作为 S 源，在合成 PbSe/PbS 量子点时导致 PbS 量子点副产物的出现。如果使用较低活性的 TOP-S 作为 S 源，控制 Pb 和 S 源的比例，PbS 量子点副产物是可以避免的。这时 PbSe 量子点（实线）和 PbSe/PbS 核壳量子点（虚线）的 PL 光谱如图 4.16(a)所示，光谱的红移只有 86nm，而且光谱的形态是高斯线型。然而，采用上述两种合成路线制备 PbSe/PbS 核壳量子点，与 PbSe 核量子点相比，发光的稳定性没有明显增加。图 4.16(b)表明，新鲜的 PbSe/PbS 核壳量子点（虚线）发光峰是 1556nm，在溶液里储存一个月后，发光峰蓝移到 1434nm（实线），强度也有所下降。蓝移表明 PbS 壳对 PbSe 核的保护效果不佳，导致 PbSe/PbS 核壳量子点的氧化。另一个可能性是，PbS 壳不能完全的钝化 PbSe 核，没有形成一个完整的壳，导致储存期间产生不稳定性。

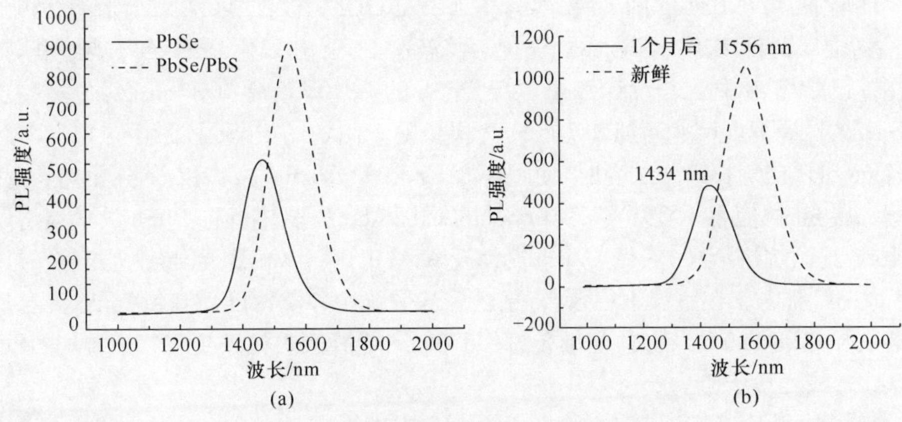

图 4.16　PbSe、PbSe/PbS 量子点的 PL 光谱和稳定性比较[27]

2. PbSe/CdSe 和 PbSe/CdSe/ZnSe 胶体量子点

PbSe 量子点研究主要的关注点包括：一是对于发光效率较低的 PbSe 量子点，如何提高发光效率；二是对于发光效率较高的 PbSe 量子点，如何提高其稳定性，包括 PL 光谱强度的稳定和峰值位置的稳定；三是 PbSe 量子点的毒性限制，避免对生物体产生毒性损害。一个好的核壳结构应当较好地解决上述问题。

在 PbSe 核量子点表面包覆 PbS 壳层，量子点稳定性没有明显的改善，所以有必要尝试其他核壳结构。从材料结构角度考虑，CdSe 作为壳材料也许是一个适合的选择。首先，在通常的环境下，CdSe 具有良好的稳定性；其次，CdSe 的禁带宽度远大于 PbSe，可以形成良好的Ⅰ型核壳结构，将载流子限制在 PbSe 核内，获得良好的无机钝化效果；最后，立方体岩盐结构 PbSe 与立方体闪锌矿结构 CdSe 的晶格常数相近，晶格失配只有 1%，有利于形成一个平缓、低缺陷的交界面。

采用 SILAR 技术合成 PbSe/CdSe 和 PbSe/CdSe/ZnSe 核壳量子点，是一个好的选择[28,29]。典型的合成路线如下。

步骤 1，PbSe 核量子点合成。0.892 g PbO (4.00mmol)、2.60 g OA (8.00mmol) 与 12.85 g ODE 混合加入反应瓶。在氮气下，混合溶液加热到 170℃，直到 PbO 全部溶解，溶液变至无色。在手套箱中配置质量比为 10% 的 Se-TBP 溶液，取出 6.4g 迅速注入到快速搅拌的反应溶液中。温度迅速下降并保持在 148℃，在这个温度下量子点生长 4 分钟，然后迅速注入过量的室温甲苯溶液，将反应终止。使用氯仿-甲醇萃取，利用丙酮沉积，获得纯化的 PbSe 量子点，然后溶解到正己烷中。

步骤 2，PbSe/CdSe 核壳量子点合成。准备两种溶液：第一种，在 60℃温度和氮气环境下，将 0.1804 g 环己基丁酸镉（cadimum cyclohex anebutyrate）溶解在 8.1300 g OLA 中，获得 0.04 M、清澈无色的 Cd 注射液；第二种，在 220℃温度和氮气环境下，将 0.0316g 的 Se 粉溶解在 7.88 g ODE 中，获得 0.04 M、清澈黄色的 Se 注射液。两种溶液冷却到室内温度。将新鲜 PbSe 和氧化 PbSe 量子点净化，溶解在正己烷溶液中。若设计每个单层 CdSe 的平均厚度是 0.35nm，每包覆一层 CdSe 壳层，量子点尺寸增加 0.7nm。选择步骤 1 制备的 PbSe 核量子点（1.000×10^{-4} mmol），在生长第一层壳时，使用 3.315×10^{-2} mmol 的 Cd 和 Se 先驱体；在生长第二层壳时，使用 4.212×10^{-2} mmol 的 Cd 和 Se 先驱体。将 PbSe 量子点溶解在 5mL 正己烷溶液中，然后与 1.500g ODA 和 5.000g ODE 混合，上述溶液置入 25mL 三口瓶内。在室温下用泵，将正己烷从系统中移除。随后在氮气下，混合反应溶液加热到 120℃。将预先准备好 Cd 和 Se 溶液依次注入到三口瓶，获得 PbSe/CdSe 核壳量子点。

步骤 3，PbSe/CdSe/ZnSe 核壳量子点合成。每层 ZnSe 厚度是 0.32nm，每增加一层 ZnSe，量子点尺寸增加 0.64nm。对于 1.000×10^{-4} mmol、直径 4.8nm 的 PbSe 核量子点，在包覆两层 CdSe 后，CdSe 壳的厚度是 0.7nm。这时注入 Zn 和 Se，第一次注入 5.127×10^{-2} mmol，生长第一层 ZnSe 壳；第二次注入 6.131×10^{-2} mmol，生长第二层 ZnSe 壳。具体过程是：1.000×10^{-4} mmol PbSe 量子点溶解在 5mL 正己烷溶剂内，放入 25mL 三口瓶；同时注入 1.500 g OLA 和 5.000 g ODE。在室温下将正己烷从系统中移除。随后在氮气下，反应混合物加热到 120℃。按前述方法包覆两层 CdSe 壳层后，将按预定数量的 Zn 和 Se 溶液依次注入到三口瓶内，生成两层 ZnSe 壳。

新鲜 PbSe 量子点尺寸是 4.8nm，如图 4.17(a)所示，图 4.17(b)是尺寸分布直方图，显示出 8.1%的偏差。在包覆两层 CdSe 壳后，PbSe/CdSe 核壳量子点尺寸增加到 6.2nm，如图 4.17(c)所示，图 4.17(d)是尺寸分布直方图，显示出 6.9%的偏差。

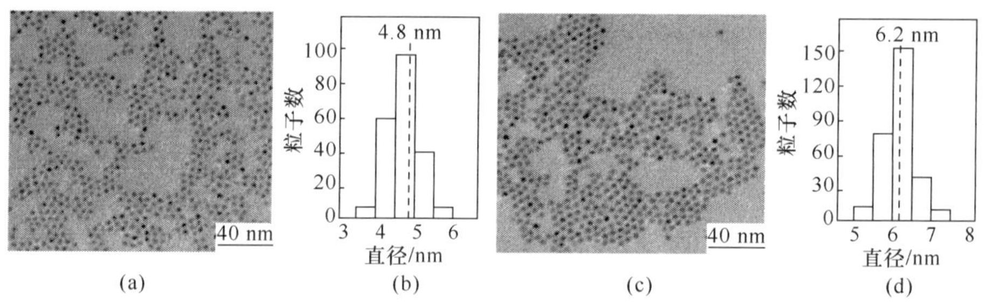

图 4.17 PbSe、PbSe/CdSe 量子点的 TEM 和尺寸分布直方图[28,29]

在尺寸 4.8nm 的 PbSe 核上，依次包覆三个单层 CdSe，每单层厚度是 0.35nm，每生长一个单层后的吸收与 PL 光谱如图 4.18 所示。随着层数的增加，光谱峰值波长一致的红移。三个单层依次生长后，第一激子吸收峰的红移量分别是 11nm、10nm、11nm。PbSe/CdSe 量子点吸收与 PL 光谱的红移，主要归因于如下因素:①在包覆 CdSe 壳层后,电子波函数由 PbSe 核向 CdSe 壳层扩展,等效造成激子间距的增加,量子受限能减小;②在核壳交界面上,介电效应导致界面上出现极化电荷,产生极化电场,由此附加局域极化能量。

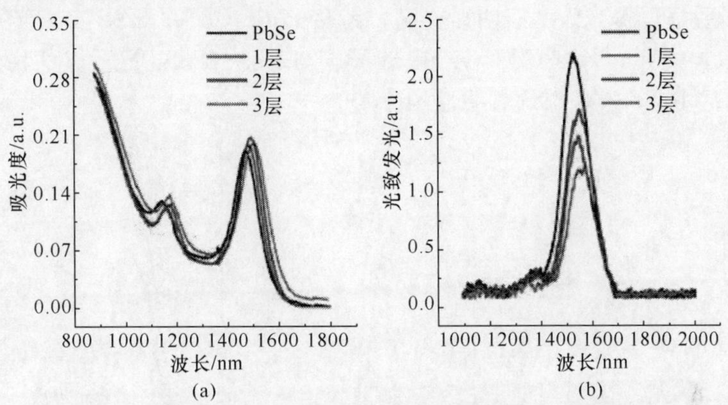

图 4.18　不同壳层厚度 PbSe/CdSe 量子点吸收和 PL 光谱[28,29]

(阅读彩图请扫封底二维码)

在 PbSe 和 CdSe 两种材料的交界面上,缺陷与壳的厚度有关。与包覆第一层壳后的 PL 发光效率相比,包覆第二层壳后,PL 发光效率有所提高,如图 4.18(b)所示。由于两种材料交界面上的应力随壳层厚度的变化是非线性的,在两层厚度时形成了较好的界面应力(interfacial stress),减少了晶格的失配,表面缺陷被钝化,PL 发光效率将增加。但是在包覆第三层后,晶格的张力加强,导致 PL 发光效率下降。对 PbSe/CdSe 量子点的 PL 发光测量表明,这时的量子产额可以达到 70%。PbSe、PbSe/CdSe 量子点的 PL 发光稳定性如图 4.19 所示。核壳结构的稳定性得到明显的改善。

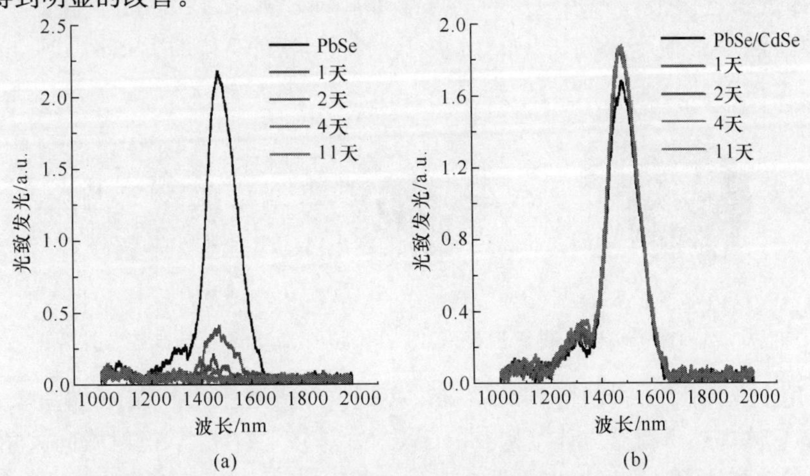

图 4.19　PbSe、PbSe/CdSe 量子点 PL 发光稳定性比较[28,29]

(阅读彩图请扫封底二维码)

在 PbSe/CdSe 量子点的外面，再次包覆两层 ZnSe 壳，PbSe/CdSe/ZnSe 核壳量子点尺寸是 7.5nm。吸收与 PL 光谱的变化如图 4.20 所示。随着壳层数增加，第一激子吸收峰一致的出现红移。PL 光谱表明，在 PbSe/CdSe 核壳量子点增长两层 ZnSe 后，PL 发光效率有明显提高。考察 PbSe/CdSe/ZnSe 量子点的稳定性，如图 4.20(c)所示，PbSe/CdSe/ZnSe 量子点与 PbSe/CdSe 量子点的稳定性没有明显差异，较 PbSe 量子点均有明显的改善。

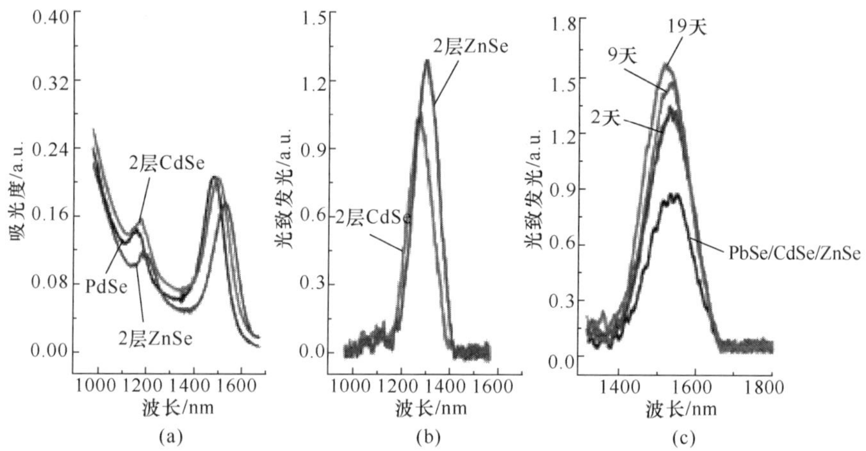

图 4.20 PbSe、PbSe/CdSe、PbSe/CdSe/ZnSe 量子点的吸收、PL 光谱和稳定性比较[28,29]
（阅读彩图请扫封底二维码）

除了上述 PbSe/CdSe 量子点合成方法之外，Pietryga 等人提出一个很有意思的、与传统方法不同的离子交换法合成路线[30]，合成路线如图 4.21 所示。如果加热 PbSe 量子点溶液，在 80℃左右会产生 Ostwald 熟化，PbSe 量子点表面的 Pb 离子被溶液中其他金属离子(如 Cd 离子)替代，得到期待的 PbSe/CdSe 核壳量子点。

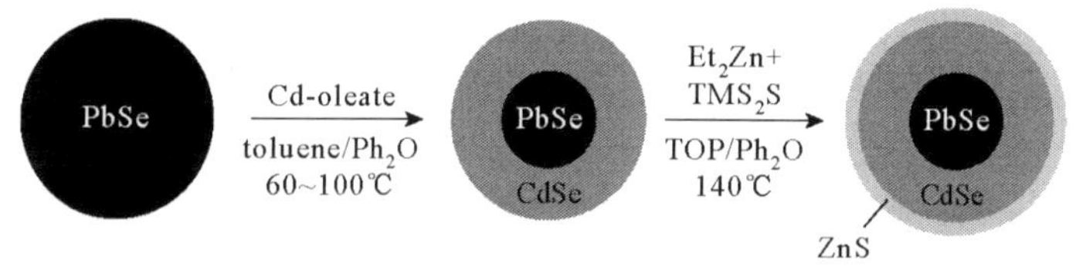

图 4.21 离子交换法制备 PbSe/CdSe、PbSe/CdSe/ZnS 量子点路线图[30]

采用“Cd 替代”方法制备 PbSe/CdSe 核壳量子点 XRD 和 TEM 如图 4.22 所示，样本总体仍然保留立方体结构。由于 CdSe 晶格常数略小，衍射峰向大角度方向稍微移动和展宽，尤其可以看到(111)、(200)和(220)晶面衍射强度的变化。PbSe 是岩盐晶格，(200)是主峰，其次是(220)和(111)；CdSe 材料是闪锌矿晶格，

(200)缺失,(111)是主峰,(220)是次峰。PbSe/CdSe 核壳量子点是两者中间形态,衍射图样是岩盐和闪锌矿结构的组合。PbSe/CdSe 核壳量子点 XRD、HR-TEM 如图 4.22 所示,良好的晶格匹配使得核壳界面难以分辨出来。

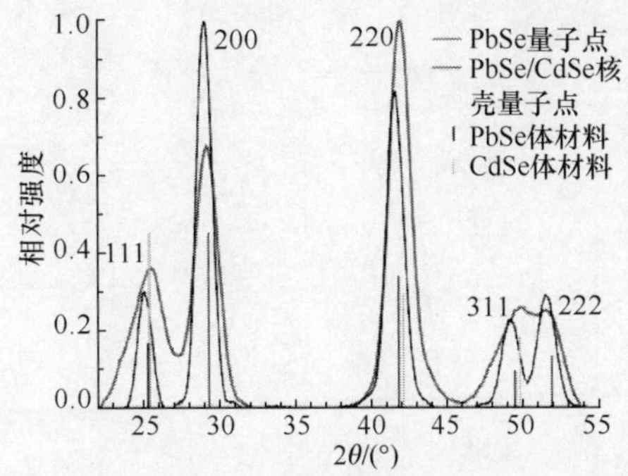

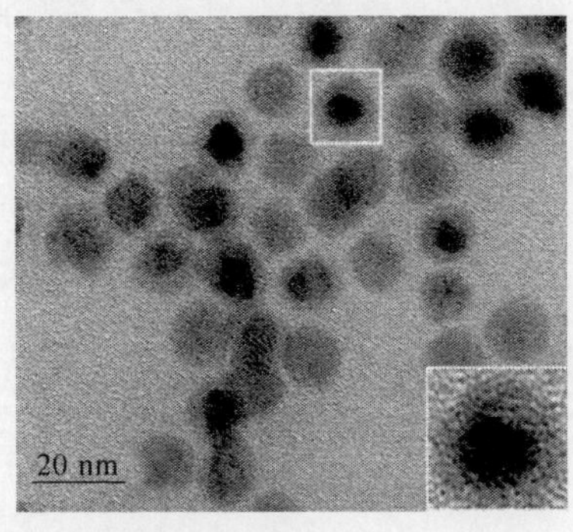

图 4.22 PbSe、PbSe/CdSe 量子点的 XRD 和 PbSe/CdSe 的 TEM[30]
(阅读彩图请扫封底二维码)

4.2 PbS 胶体半导体量子点

PbS 材料具有较大的玻尔半径(约 18nm),较小的电子和空穴有效质量($m_e \approx m_h \approx 0.085m_0$),较大的光学介电常数($\varepsilon_\infty \sim 17.2$)和较窄的直接带隙(298 K:0.41 eV)。PbS 量子点光学性质具有良好的尺寸依赖特性,当 PbS 量子点尺寸大于 10nm 后,光学性质几乎与体材料的情况一样[31]。

4.2.1 PbS 胶体量子点的合成方法

量子点的生长牵扯到两种机制:晶体学的特定导向附着机制和 Ostwald 熟化机制。导向附着生长是指通过共享一个共同的定向结晶,两个粒子直接自组织成为一个单晶。这种机制已经应用到早期 PbS 量子点的制备[32]。相比之下,Ostwald 熟化机制牵扯到较小的粒子的消融,提供给较大粒子的生长[33~35]。PbS 量子点已经在不同的溶剂中制备成功,包括:玻璃[36,37],聚合物[38,39],水溶液[40,41]等。在这里,我们介绍一些典型的合成方法。

1. 油相合成方法

Hines 和 Scholes 首次报道 PbS 量子点的有机相合成[42],典型样本的合成路线是:将 PbO 加入到 OA 中,浓度是 0.05~0.2M。在 Ar 气下加热到 150℃,保持 1 小时。将$(TMS)_2S$溶解在 ODE 中(TOP 亦可作为$(TMS)_2S$的稀释溶剂),保持摩尔比 Pb∶S 是 2∶1,在 150℃时注入到 PbO 前驱体溶液。反应混合物的温度稳定在 80～140℃，保证量子点的生长。这种方法制备的 PbS 量子点吸收和 PL 光谱如图 4.23 所示。吸收光谱范围是 800～1800nm，尺寸 6.5nm 的 PbS 量子点的 PL 光谱的强度半峰宽约为 100 meV。这个发光光谱显示出良好的高斯线型，是典型的带边辐射，没有显示出缺陷态发光。

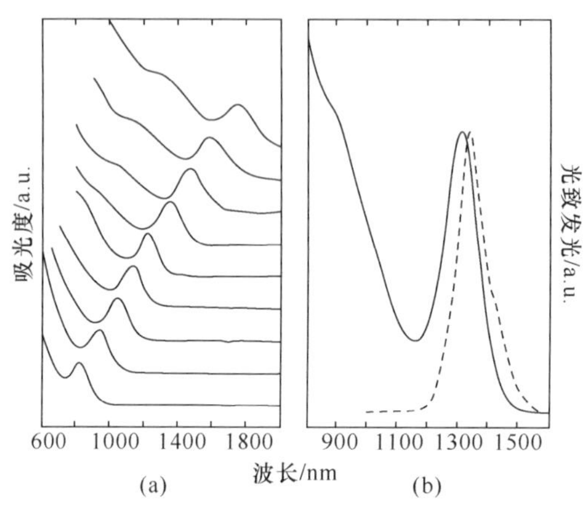

图 4.23 不同尺寸 PbS 量子点吸收光谱和尺寸 6.5nm PbS 量子点的吸收、PL 光谱[42]

第一激子吸收峰 1440nm 的 PbS 量子点 TEM、HRTEM 和 SAED 如图 4.24 所示，这种方法合成的 PbS 量子点具有立方体岩盐晶格结构。沿〈001〉方向的晶面间隔是 0.59nm。

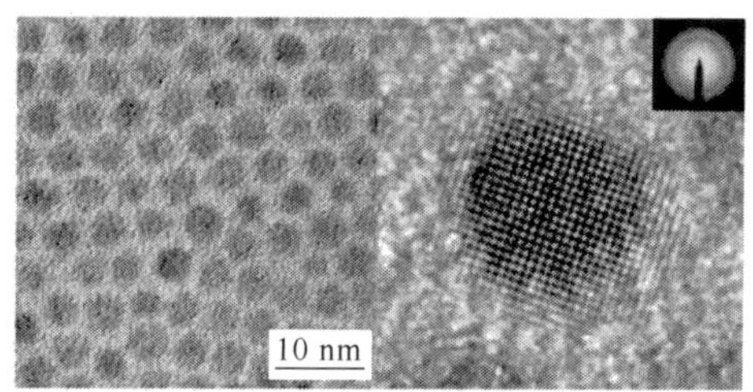

图 4.24 Hines 等人制备 PbS 量子点的 TEM、HRTEM 和 SAED[42]

另一种 PbS 量子点合成方法以 $PbCl_2$ 和 S 粉为先驱体，典型样本的合成路线是[43]：在室温条件下，278mg $PbCl_2$（1mmol）与 5mL 油胺（OLA）混合装入 50mL 三口瓶。N_2 作用 45 分钟，排除氧气，然后加热到 90℃，生成 $PbCl_2$-OLA。S(2.5mL，0.33mmol)溶解在 OLA 中，加热到 90℃，快速注入到 $PbCl_2$-OLA 中。在这个温度下，继续进行合成反应。

随着生长时间、反应温度和前驱体比例的变化，上述方法制备 PbS 量子点吸收和 PL 光谱将发生变化。首先考察反应时间的影响。当初始 $PbCl_2$/S 是 3∶1、反应温度是 90℃时，不同反应时间 PbS 量子点样本吸收、PL 光谱如图 4.25 所示。反应时间由 1 分钟增加到 210 分钟，第一激子吸收峰由 1246nm 移动到 1436nm，对应于粒子尺寸随时间增加。在这个过程中，吸收光谱没有明显的展宽和形状变化，但是 PL 光谱的形状却有明显变化，由开始时的长波拖尾，逐步变成双峰结构，然后又在短波方向出现肩部和显示出宽峰的形状。在 Ostwald 熟化的早期，成核开始的瞬间，溶液中单体迅速减少。随着长波方向出现吸收(肩部)，直接的影响是 PL 发射峰的展宽。随后显示出明显的双峰，意味着出现双峰的量子点尺寸分布。产生双峰量子点尺寸分布的原因是：在 Ostwald 熟化阶段，由于单体的不足，呈现两个发展趋势，即较大的粒子进行生长，而较小的粒子被消融。在 Ostwald 熟化的后期，双峰变成单峰。实验观察表明，在 90℃反应温度条件下，直到反应 540 分钟，也没有观察到这个变化。表明 90℃反应温度不够高，在 540 分钟反应时间内不足以完成 Ostwald 熟化。

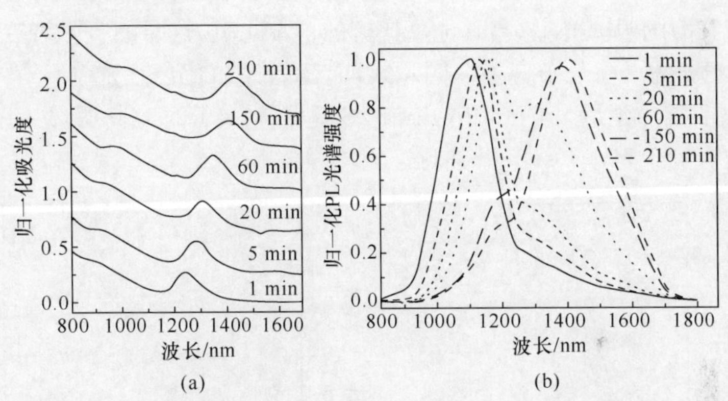

图 4.25　不同反应时间 PbS 量子点的吸收、PL 光谱的变化[43]

其次，考察反应温度的影响。在 $PbCl_2$/S 比例是 3∶1 条件下，当反应温度是 90℃、100℃、110℃和 120℃时，将 S-OLA 注入到 $PbCl_2$-OLA 中，马上会看到颜色的变化，显示开始成核。图 4.26(a)是不同反应温度、反应时间是 1 分钟样本的 PL 光谱。在反应温度是 110℃时，在长波方向出现一个肩部，说明在很短的时间里 Ostwald 熟化已经开始影响 PbS 量子点的生长。但是，对于其他温度、1 分钟合成的样本，PL 光谱基本是单峰，只是有微不足道的长波拖尾。因此，尽管 Ostwald 熟化开始发挥作用，但是它对尺寸分布和 PL 光谱的影响并不明显。图 4.26(b)是不同反应温度、反应时间 1 分钟样本的吸收光谱。当反应温度由 90℃增加到 120℃，PbS 量子点的吸收峰由 1246nm 移动到 1408nm(对应于尺寸的变化)，强度由 0.26 下降到 0.10。

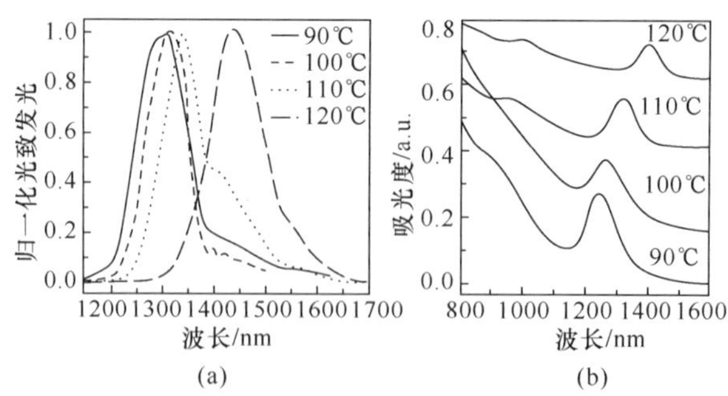

图 4.26　$PbCl_2/S$ 是 3∶1、反应时间 1 分钟，PbS 量子点的 PL 和吸收光谱[43]

最后，考察前驱体摩尔比的影响。在反应温度 90℃时，固定 $PbCl_2$ 的浓度，将 $PbCl_2/S$ 比逐步调整到 10∶1，反应时间 1 分钟样本的 PL 光谱如图 4.27(a)所示。在2∶1的较低摩尔比时，双峰显示出来，而且长波的峰占据 PL 辐射的 89%。同时比较图 4.27(b)的吸收光谱，与其他高比例的样本比较，这时的吸收峰变得宽阔和减弱，预示粒子的尺寸分布变差。图示表明，随着摩尔比的增加，Ostwald 熟化的开始时间被明显的延迟，这一点在 $PbCl_2/S$ 比是 10∶1 时尤其明显。因此，高的 $PbCl_2/S$ 比有利于阻止 Ostwald 熟化。

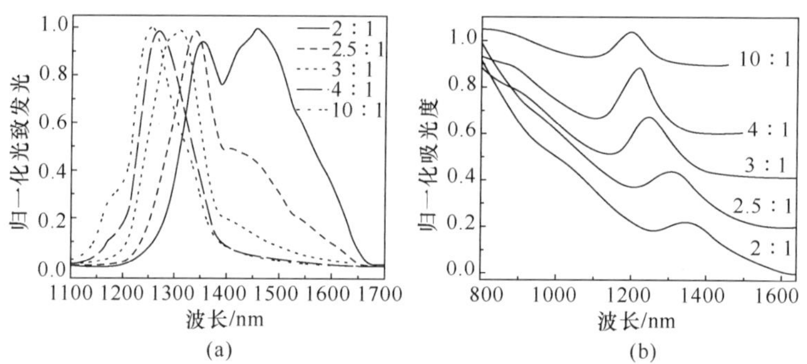

图 4.27　不同 $PbCl_2/S$ 比制备 PbS 量子点的 PL 和吸收光谱[43]

Liu 等使用 PbO、$(TMS)_2S$ 为先驱体，采用非热注入方法制备 PbS 量子点。典型样本的合成路线是[44]：在室温环境下，0.09 g (0.4mmol) PbO、0.25mL (0.8mmol) OA 和 3.75mL ODE 混合装入 100mL 的三口瓶，去除瓦斯，加热到 120℃并保持 1 小时，得到油酸铅前驱体。然后，反应瓶转入 N_2 环境和冷却到室温。2mL ODE 在真空中去除瓦斯 1 小时，然后在 N_2 环境下加入 42 μL (0.2mmol)的 $(TMS)_2S$；搅拌 10 分钟，获得 S 源溶液，再加入到反应瓶中。这个典型的合成具有 4OA-2Pb-1S 的摩尔比和 0.035 M $(TMS)_2S$。在 S 溶液和 Pb 溶液混合后，反应瓶按 2℃/min 的速率加热，在室温、40、50、60、70、80、90、100、110 和 120℃时取样分析，45 分钟后达到 120℃。

图 4.28 是摩尔比 4OA-2PbO-1 $(TMS)_2S$ 情况下，不同生长温度制备样本的吸收和 PL 光谱。在室温环境下，将 Pb 前驱体溶液与 S 前驱体溶液混合后，混合溶液的颜色由淡黄色变化为淡红色、红色、褐色，显示成核/生长过程中 PbS 量子点的变化。图 4.28(a,b)是室温(30℃)时量子点生长过程的吸收和 PL 光谱，而图 4.28(c,d)是 40℃时的相应光学性质。对于 30℃和 40℃的生长温度，在 4 个小时的生长过程中，第一激子吸收峰和 PL 发射峰显示出微小的红移。图 4.28(e)是生长温度由 30℃增加到 120℃时(2℃/min)，生长量子点第一激子吸收峰的变化情况。在温度增加过程中，PbS 量子点的吸收峰由 633nm 红移到 859nm，说明 PbS 量子点的尺寸的增加。在整个温度范围内，每个 PbS 量子点样本的吸收峰显示出良好的对称结构，表明窄的粒子尺寸分布。实验观察表明，在 70～80℃时，PbS 量子点尺寸分布达到最好的效果。在 70℃时 PbS 量子点的 PL 光谱如图 4.28(e)中插图所示，这时吸收和发射峰分别位于 712nm 和 822nm，半峰宽是 100nm 左右。

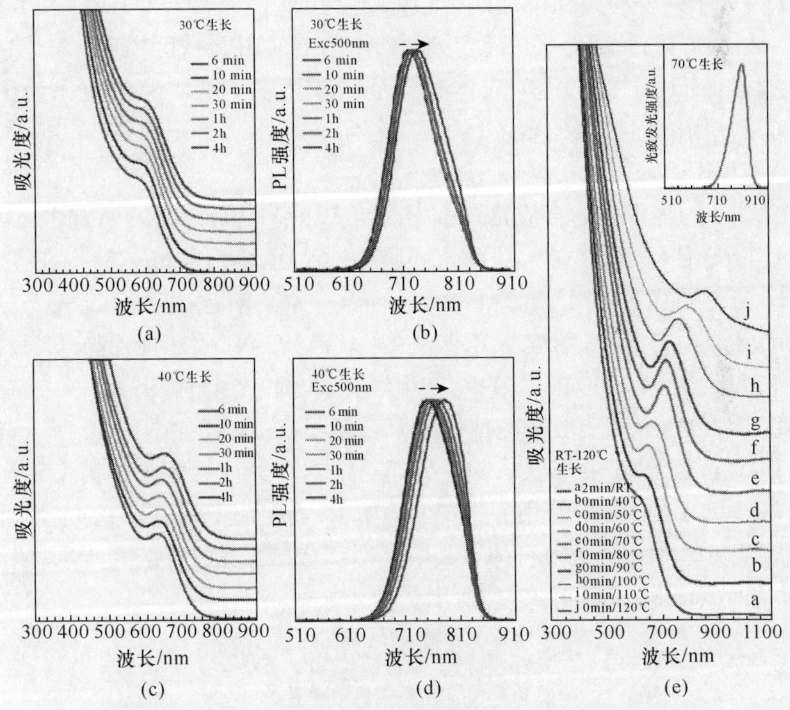

图 4.28　非注入法制备 PbS 量子点吸收和 PL 光谱[44]

(阅读彩图请扫封底二维码)

图 4.29 是生长温度 70℃制备 PbS 量子点的 XRD 和 TEM，显示出 PbS 量子点立方形岩盐晶格结构。由于 PbS 量子点的尺寸作用，PbS 量子点 XRD 衍射峰相对于体材料的衍射峰变得宽阔。利用 Scherrer 方程和(220)晶面的衍射数据，计算出粒子尺寸是 2.59nm。

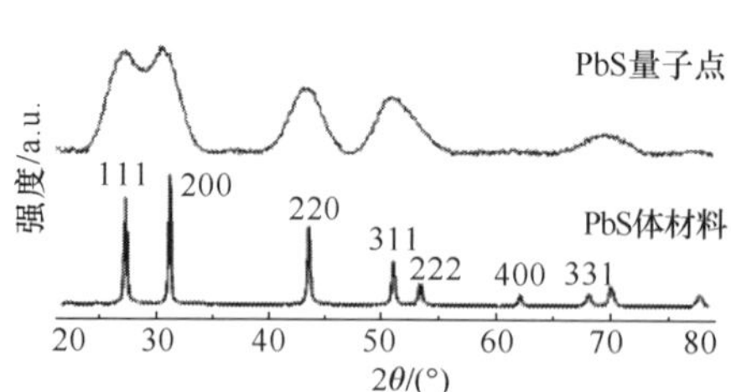

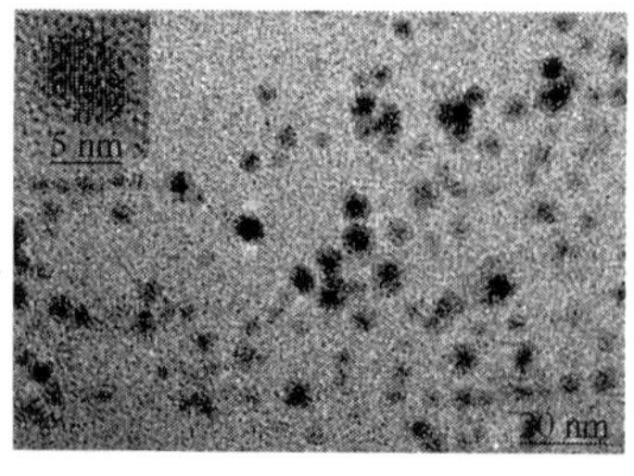

图 4.29　非注入法制备 PbS 量子点的 XRD 和 TEM[44]

2. 水相合成方法

早期的水相合成 PbS 量子点一般使用水溶性聚合物，例如聚乙醇（polyvinyl alcohol，PVA）、凝胶（gel）、DNA 等。典型的合成路线如下[45]。

（1）高分子聚合物为配位体的合成路线：30mL（4×10^{-5}M）$Pb(NO_3)_2$ 水溶液（内含 2%的 PVA）装入 100mL 反应瓶中，在冰浴中冷却和使用 Ar 除气。然后，注入过量的 H_2S 气体，透明胶体悬浮液的颜色逐步由浅棕色变化为深褐色。这里也可以使用浓度类似的聚乙烯吡咯烷酮（polyvinyl pyrrolidone，PVP）、明胶（gelatin）等替代 PVA。

（2）DNA 为配位体的合成路线：DNA 与 10 mM、pH 7.4 的氨基丁三醇（trometamol，Tris）混合，储存在－20℃的环境中。使用 N_2 对 15mg/5mL 的 DNA 溶液除气 20 分钟。加入 2mL、2.5 mM $Pb(NO_3)_2$ 水溶液，继续通 N_2 气 5 分钟，再加入 5mL、2.5 mM Na_2S 溶液。溶液变成橙红色，在 N_2 气环境保持 10 分钟。利用乙醇/乙酸钠（3 M，pH 6.0）处理，产生沉淀和去除多余的 DNA。

利用 PVA、PVP 和明胶为配位体的 PbS 量子点 TEM 如图 4.30 所示，粒子的尺寸是 4～12nm。粒子的形状依赖于表面稳定剂：当使用 PVA 作为稳定剂时，粒子呈现球形，尺寸是 4～6nm，如图 4.30(a)所示；当使用 PVP 作为稳定剂时，粒子呈现针状、立方体和球形的混合体，尺寸是 8～12nm，如图 4.30(b)所示；使用明胶作为稳定剂时，TEM 如图 4.30(c)所示

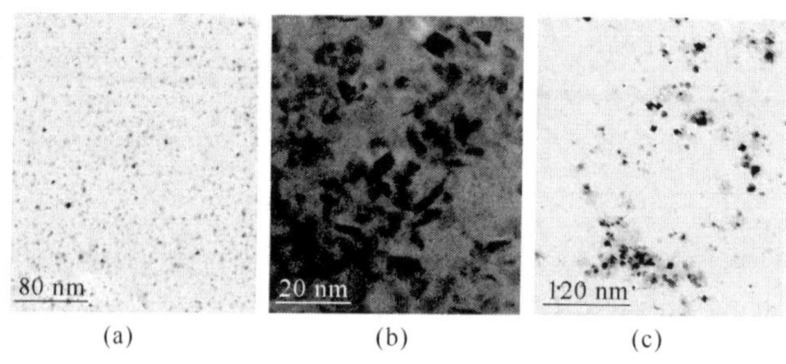

图 4.30　在 PVA、PVP 和明胶中制备 PbS 量子点的 TEM[45]

利用DNA配位体制备PbS量子点的TEM和XRD如图4.31所示。粒子接近圆形形状，尺寸是4～6nm。XRD衍射图谱显示出衍射峰对应的晶面间隔分别是2.98Å、3.47Å和2.087Å，与方铅矿PbS的相应数据2.97Å、3.43Å和2.10Å一致[46]。根据衍射峰的半宽度，利用Scherrer方程，计算出粒子的平均尺寸是4.98nm。

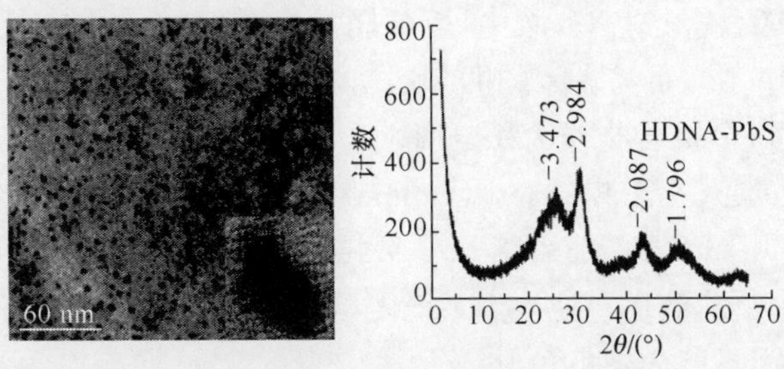

图4.31 DNA为配位体的PbS量子点的TEM和XRD图样[46]

采用上述方法制备PbS量子点吸收光谱如图4.32所示。如图4.32(a)所示，当使用PVA作为稳定剂时，PbS量子点的吸收峰分别位于390nm和581nm；当使用明胶作为稳定剂时，PbS量子点在可见区显示出明显的肩部吸收峰，分别位于390nm和581nm；当使用PVP作为稳定剂时，PbS量子点在可见区显示出宽阔的吸收，没有明显的吸收峰，类似于间接带隙的半导体特性。图4.32(b)是聚苯乙烯(polystyrene，PS)、聚甲基丙烯酸甲酯(polymethyl methacrylate，PMMA)和DNA为稳定剂的PbS量子点吸收光谱，与图4.32(a)的结果类似。值得注意的是，这些样品没有出现PL发光。

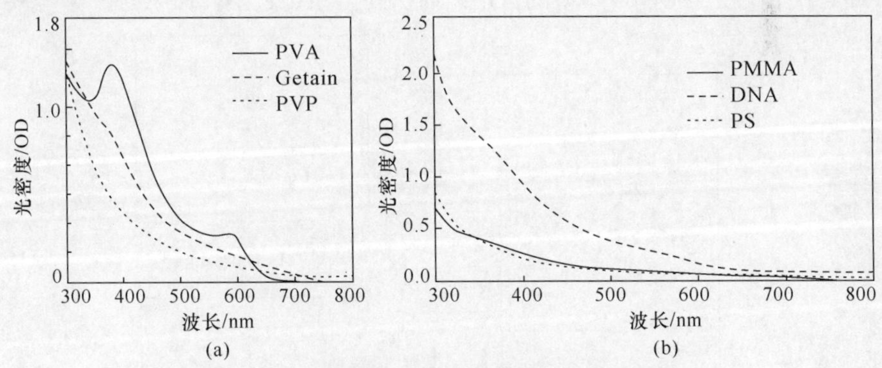

图4.32 不同稳定剂制备PbS量子点吸收光谱[47]

上述水相合成方法，没有获得良好发光的PbS量子点。人们开始尝试利用其他配位体作为稳定剂，制备水溶性PbS量子点。这里介绍一种利用TG、二巯基丙醇(dithioglycerol，DTG)和二者混合物作为稳定剂、水相合成PbS量子点的方法。在室温条件下，一个典型样本的合成路线如下[47]。

(1) TG 作为稳定剂。0.25mmol 醋酸铅和一定数量的 TG 组成 15mL 的水溶液,加入三乙胺(triethylamine)调节水溶液的 pH 为 11.2。在搅拌下,0.1 M 硫化钠溶液迅速注入到系统内。溶液马上由清晰透明变成咖啡色,表明生成 PbS 量子点。

(2) DTG 作为稳定剂。合成步骤与上述类似,只是 DTG 溶液分成两步使用:将 0.10mmol DTG 注入到三乙胺中,以便阻止在基础溶液中生成氢氧化铅(lead hydroxide,$Pb(OH)_2$);再将剩余的 DTG 注入到反应系统中。

(3) DTG 和 TG 混合物作为稳定剂。0.25mmol 醋酸铅和 1.5mmol TG 混合成 15mL 水溶液,加入三乙胺(triethylamine)调节水溶液的 pH 是 11.2,然后加入 0.11~0.96mmol 的 DTG。随后将 0.1 M 硫化钠溶液迅速注入到系统内。在搅拌下,0.1 M 硫化钠溶液迅速注入到系统内,溶液的颜色马上或在 10 小时内(依赖于 DTG/Pb 摩尔比)变成咖啡色。

图 4.33(a)是 1.28< DTG/Pb < 3.40 制备 PbS 量子点的吸收和 PL 光谱,光谱范围是 900~1200nm,相对 PbS 体材料(0.41 eV,3020nm),光谱产生较大的蓝移,归因于量子尺寸受限效应。当 DTG/Pb 摩尔比增加时,吸收和 PL 光谱产生小的红移,表明量子点的尺寸稍有增加。如图 4.33(b)所示,随着 DTG/Pb 摩尔比增加,PL 发光峰值由 996nm 移动到 1090nm。形成这个效应的原因是:由于较高的 pH,产生 DTG^{2-} 离子,生成 PbDTG、$[Pb(DTG)_2]^{2-}$ 和 $[Pb(DTG)_3]^{4-}$ 混合物。每个混合物的浓度依赖于 DTG 含量,即 DTG 浓度的增加导致 $[Pb(DTG)_3]^{4-}$ 浓度的增加和 PbDTG、$[Pb(DTG)_2]^{2-}$ 浓度的降低,S^{2-} 离子、PbDTG 和 $[Pb(DTG)_2]^{2-}$ 在纳米晶成核中的作用因而提高。相比之下,$[Pb(DTG)_3]^{4-}$ 中的

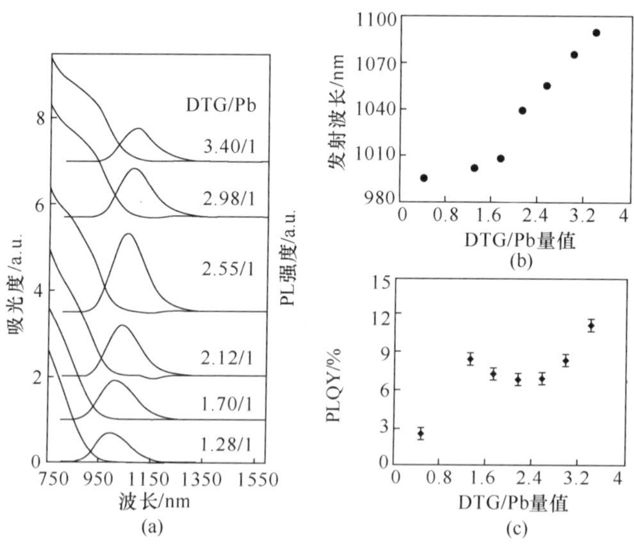

图 4.33 不同 DTG/Pb 比例制备 PbS 量子点吸收、PL 光谱、PL 峰位和量子产额变化[47]

Pb 不易于和 S^{2-} 发生反应，因为它的六个轨道电子均参与配位体的键合。除此之外，与 PbDTG 和 $[Pb(DTG)_2]^{2-}$ 比较，在三个配位体存在的情况下，量子点成核的空间排位阻碍更大。因此，PbDTG 和 $[Pb(DTG)_2]^{2-}$ 有助于量子点的成核，而 $[Pb(DTG)_3]^{4-}$ 只是起到提供后备原料的作用。因此，在较高 DTG 浓度（有利于形成 $[Pb(DTG)_3]^{4-}$）的情况下，可以形成少量的 PbS 晶核和粒子尺寸的增加。图 4.33(c)是不同 DTG/Pb 摩尔比制备 PbS 量子点的 PL 量子产额的变化，除了较小的 DTG/Pb 量值（0.43/1），这种方法制备 PbS 量子点量子产额达到 7%～10%。

4.2.2　PbS 胶体量子点的形态控制

这里介绍一种采用不同表面活性剂，实现 PbS 量子点形状调整的方法。典型样本的合成路线是[48]：在三口瓶中，0.7 g 乙酸铅、10mL 十八烯和 2mL 油酸在氮气下加热到 200℃。在另一个烧瓶中，装入 0.02 g 硫、15mL 十八烯、4mL TOP 和油胺，在氮气下加热到 100℃。S 溶液注入到 Pb 前驱体溶液，反应 60 分钟后冷却到室温。用 50mL 丙酮提纯、离心后，将制备的 PbS 纳米线溶解在甲苯中。使用油酸替代油胺，制备出 PbS 纳米棒。使用 TOP 和油酸替代等量的油胺（即 4mLTOP 替代 4mL 油胺，或 2mL 油酸替代 2mL 油胺），可以制备 PbS 纳米管（nanotube，NT）。

当只有油胺用作表面活性剂时，PbS 纳米晶呈现出立方体形态，如图 4.34 所示。这些立方体 PbS 纳米晶的尺寸约为 15nm，HRTEM 表明它们是由单晶畴组成。图中电子衍射图样表明，这种立方体 PbS 纳米晶具有岩盐 PbS 晶格结构。

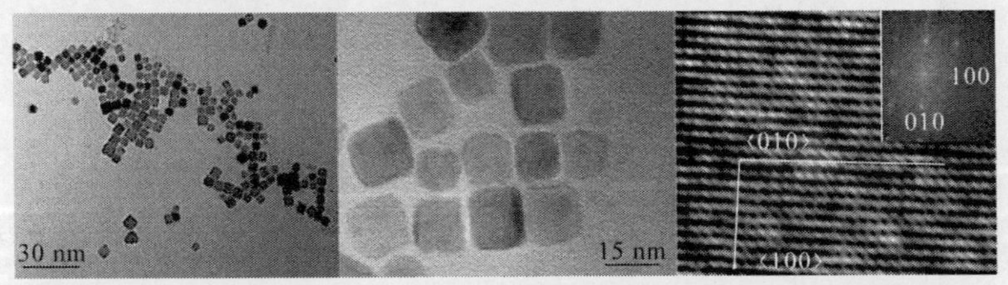

图 4.34　油胺表面活性剂制备 PbS 纳米晶 TEM 和电子衍射图样[48]

当使用油胺和 TOP 共同作为表面活性剂时，如果两种表面活性剂具有恰当的比例（例如，TOP：OLA＝1.38：1），PbS 纳米晶的生长和形态将发生变化。在 PbS 纳米晶生长 5 分钟后，星形 PbS 纳米晶形成，平均尺寸是 15nm，如图 4.35 所示。星形 PbS 纳米晶结构是沿着〈100〉方向、六角生长形成的，具有单晶属性。

在 PbS 纳米晶生长 60 分钟后，星形 PbS 纳米晶开始转变成棒形结构，如图 4.36所示。纳米棒的平均长度是 L＝44nm，平均宽度是 W＝8.8nm，说明这时最大的变化是长度的变化。图中电子衍射图样表明，这种立方体 PbS 纳米晶具有岩盐 PbS 晶格结构。

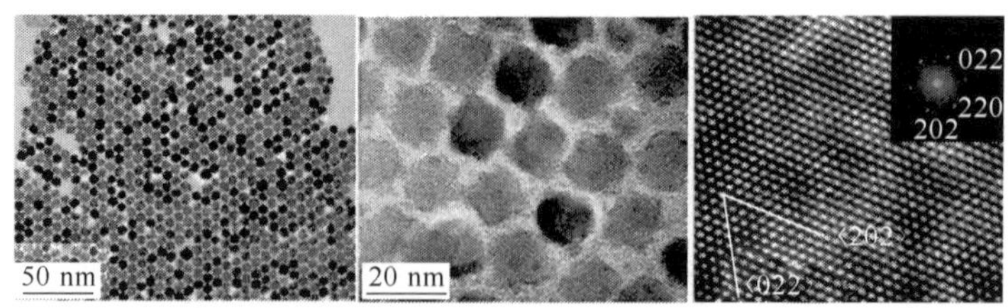

图 4.35 油胺和 TOP 共同表面活性剂、生长 5 分钟制备 PbS 纳米晶的 TEM 和电子衍射图样[48]

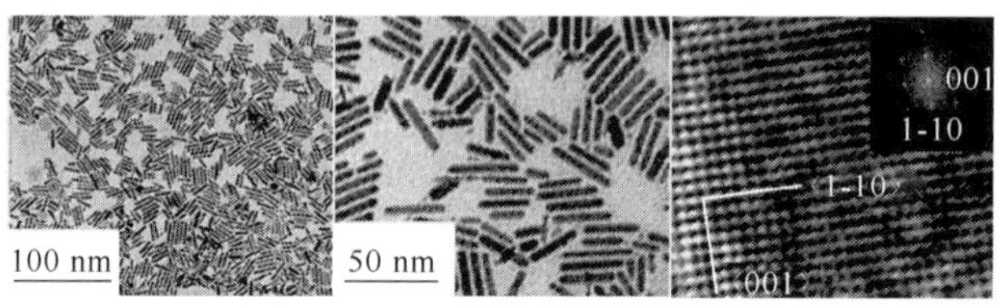

图 4.36 油胺和 TOP 共同表面活性剂，合成时间 60 分钟制备 PbS 纳米晶的 TEM 和电子衍射图样[48]

最后，当第三种表面活性剂油酸加入系统时，PbS 纳米晶的形态变成枝状的纳米线。TEM 如图 4.37 所示，这些纳米线边缘凸凹不平整，平均直径是 16nm 左右。这个尺寸仍然在 PbS 玻尔半径（18nm 左右）之内，意味着仍然具有量子尺寸受限效应。HRTEM 表明，PbS 纳米线的晶面间距是 0.30nm，与岩盐 PbS(200)晶面的间距一致，表明 PbS 纳米线是沿着〈100〉方向生长。

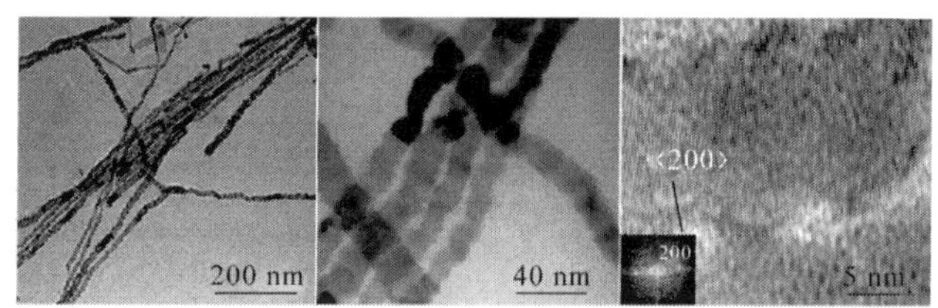

图 4.37 油胺、TOP 和油酸共同表面活性剂制备 PbS 纳米晶的 TEM 和电子衍射图样[48]

除上述热注入法之外，Wang 等采用简单的一步合成技术，实现 PbS 纳米晶尺寸和形状控制[49]。研究表明，无机纳米晶的生长过程受控于热力学和动力学的参数，由此产生不同形态的纳米晶。①如果直接在 DDT 中加热 $Pb(Ac)_2$，可制备出 PbS 纳米晶。通过调整反应时间和反应物浓度，可以控制纳米晶的尺寸。当反应时间是 10 分钟时，PbS 纳米晶平均直径是 47.1nm；当反应时间增加到 30 分钟时，PbS 纳米晶平均直径增加到 55.8nm；反应时间进一步达到 80 分钟时，尺寸增加到 73.9nm。这些 PbS 纳米晶是八面体形状，而且具有自组装的能力，在一个中心纳米晶的周围围绕着六个纳米晶。②如果增加 ODE 到反应中，可制备出星形 PbS 纳米晶。③除 DDT 之外，额外加入一些有机官能团，如 OA 和 OLA 等，纳米晶的形态得到进一步控制。例如,当 OA 加入到合成时,在 200℃下,PbS 纳米晶形态由八面体转变成切去尖端的八面体;在 240℃下,PbS 纳米晶形态由八面体转变成立方体。

4.2.3　PbS 胶体核壳量子点

利用外延涂覆(epitaxial coating)技术将宽禁带半导体材料包覆在量子点的表面,可以钝化表面和提高量子点的 PL 发光效率。对于良好的外延涂覆,需要满足晶格常数和晶格结构的匹配,这样才能保证在所有晶向上实现相同效果的外延涂覆。PbS 是高度对称的岩盐晶格结构,没有彼此共存的半导体材料。一组可能的、具有宽禁带和岩盐结构的材料是碱土金属硫化物,但是这类材料难以采用液相合成技术制备。另一组可能的材料是闪锌矿结构的材料,如 ZnS 或 CdS 等。闪锌矿结构与岩盐结构类似,是面心立方结构,区别仅仅在于邻近原子的配位。

岩盐结构是具有 6 个邻近原子的高度对称结构,而闪锌矿结构只有 4 个邻近原子。但是两种结构终止的(111)晶面是同一种类原子,因此在结构上是同一的。所以,在 PbS 量子点(111)终结面上进行外延生长是可行的。强烈的量子尺寸受限的作用使 PbS 量子点吸收带边接近 600nm,处于 CdSe 量子点的光谱区。由于 ZnS 和 CdS 用来钝化 CdSe 量子点表面显示出有效性,预想它们也许能够有效的用以钝化 PbS 量子点表面,获得可见光的 PL 辐射。注意到 CdS(闪锌矿结构,晶格常数是 5.82Å)与 PbS(岩盐结构,晶格常数是 5.91Å)之间的晶格失配很小,图 4.38 是 PbS 核、CdS 壳的能级结构示意图。PbS 和 CdS 之间的导带补偿使电子的势垒要小于空穴的势垒,电子波函数难以像空穴波函数那样限制在势阱中。图中示出直径 3nm PbS 量子点的第一、第二激子吸收峰对应的载流子的跃迁能量值,最低的激发能级刚好落在 CdS 受限势的边缘,而最高的激发能级不再受 CdS 受限势的限制,而且 PbS 和 CdS 的电子有效质量比较小($0.16m_0$ 和 $0.165m_0$),所以电子的波函数很容易进入到 CdS 壳中。综合而言,选择 CdS 作为壳来钝化 PbS 量子点的表面是可行的。

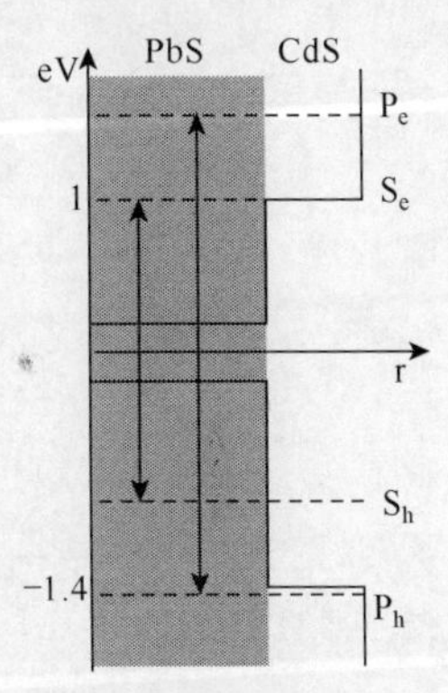

图 4.38　PbS 核、CdS 壳的能级结构示意图

一种水溶液胶体 PbS/CdS 核壳量子点的典型合成路线是[50]:将 100mL(2×10^{-4}M)乙酸铅溶解在 0.2%的聚乙烯醇中,其中,溶剂是超纯水。在加入 0.8mL H_2S 之前,利用 Ar 气作用 20 分钟。H_2S 与乙酸铅的摩尔比例要超过 2∶1,以便获得 S 终结表面的 PbS 量子点。反应 5 分钟,生成深红色的 PbS 纳米晶溶液。然后是 CdS 涂覆的过程,其步骤是:维持溶液 pH 小于 5,以便抑制 CdS 量子点的生长。除气后的 2mL、0.01 M 六聚偏磷酸钠(sodium hexametaphosphate,SHMP)

快速加入到反应溶液，然后注入一定数量的 $CdCl_2$ 溶液，其中 Pb^{2+} 与 Cd^{2+} 的比例是 1∶2。$CdCl_2$ 溶液的浓度是 0.01M 时，注入应当缓慢，注入时间是 2 分钟；$CdCl_2$ 溶液的浓度是 0.1M 时，注入应当迅速。在稳定搅拌下，反应 15 分钟。通过注入 2mL、0.1 M 的 NaOH 溶液，再快速注入超量的 0.5mL、0.1 M $CdCl_2$ 溶液，使反应溶液 pH 达到 10.5，然后进行光活化的处理，以便获得好的 PL 发光结果。

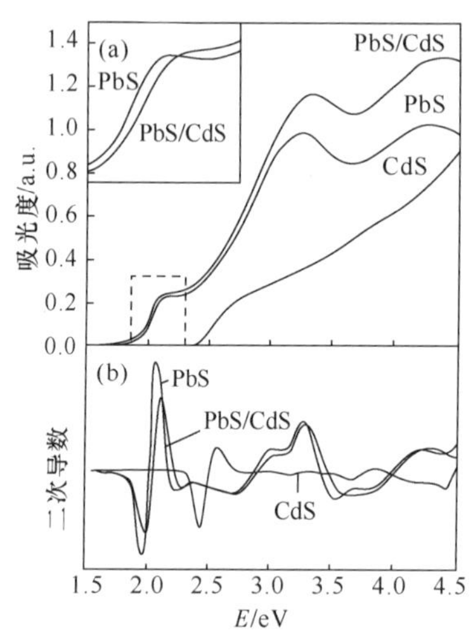

图 4.39　PbS、PbS/CdS、CdS 量子点吸收光谱和二阶导数曲线[50]

图 4.39(a)是纯 PbS 量子点、CdS 量子点及表面钝化的 PbS/CdS 量子点的吸收光谱，图 4.39(b)是二阶导数曲线。PbS 量子点溶液的吸收光谱呈现出三个激子吸收峰，PbS/CdS 量子点光谱的吸收峰相对纯 PbS 量子点产生轻微的蓝移，并增加高能量方向的吸收。比较图中给出的 CdS 量子点溶液的吸收光谱，PbS/CdS 量子点吸收光谱没有 CdS 量子点成长的迹象。这说明在上述合成过程中，CdS 量子点的生长被抑制了。

上述吸收光谱和二阶导数曲线清晰表明，包覆 CdS 壳钝化 PbS 量子点的一个结果是，相对 PbS 量子点吸收峰，PbS/CdS 带边的吸收峰产生蓝移。利用液相外延生长的半导体壳，通常会产生吸收光谱的红移，这里出现的蓝移是核/壳交界面出现合金的结果。产生这样的结果并不令人惊讶，因为上面已经提到了二者晶格结构的差异。在室温情况下，PbS 和 CdS 的稳定相不会出现合金情况，但是可以产生一个高度混乱的界面相。在酸性 pH 值时，随着 Cd^{2+} 离子的加入，量子点表面的 Pb^{2+} 离子被替代，量子点表面被部分侵蚀，导致吸收光谱的蓝移。

使用 CdS 钝化 PbS 量子点表面，导致 PL 光谱产生较大的变化，光谱范围从深红色辐射扩展到黄绿色辐射，如图 4.40 中虚线所示(图中黑线是相应的吸收光谱)。在 Pb∶Cd 是 1∶2、0.01M $CdCl_2$ 注入的条件下，PbS/CdS 量子点的带边出现一个深红色的 PL 发光，这个发光类型归结于带边辐射。与之比较，在 Pb∶Cd 是 1∶2、0.1M $CdCl_2$ 注入条件下，PbS/CdS 吸收带边之上出现了黄绿色的 PL 发光，两个 PbS/CdS 溶液 PL 发光样本如图 4.40(c)所示。

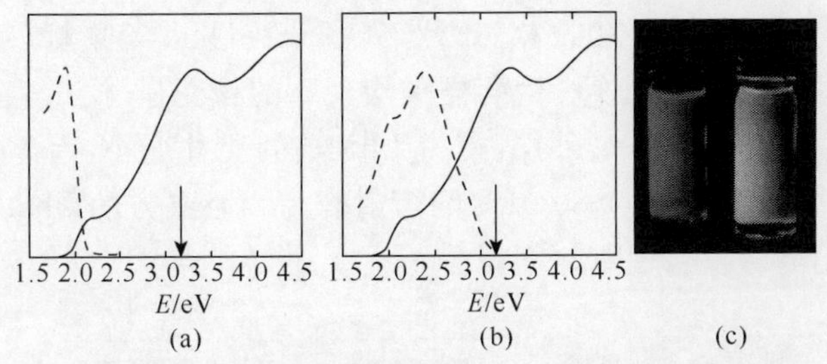

图 4.40 两种 PbS/CdS 量子点样本的 PL、吸收光谱和发光图片[50]
(阅读彩图请扫封底二维码)

PbS/CdS 量子点油相合成方法也被成功实现，Neo 等采用离子交换方法，制备出油相 PbS/CdS 核壳量子点[51]。典型样本的合成路线是：4.8mmol $PbCl_2$ 与 8mL OLA 混合装入 25mL 三口瓶。溶液搅拌和加热到 100℃，除气 5 分钟，稳定在 120℃、30 分钟。0.023g S 与 6mL OLA 混合装入两口瓶，加热到 80℃，形成红色溶液。取出 4mL 红色溶液，快速注入到 $PbCl_2$ 溶液的三口瓶内。在 120℃、保持 1 分钟。然后注入 4mL 冷却的正己烷，终止反应，获得 PbS 量子点。9.6mmol $Cd(Ac)_2$ $2H_2O$、7.6mL OA 与 20mL 二苯醚（或 30mL 十八烯）混合，加热到 150℃，获得镉盐原液。原液冷却到 60℃（或 80℃），除气 2 小时，然后再加热到 155℃。将 PbS 核量子点溶解到 12mL 的甲苯中，装入 100mL 的三口瓶。通入氮气 30 分钟，在油浴内加热到 100℃。随后将热的镉盐原液加入到甲苯溶液，保持 100℃、20 小时，进行 CdS 壳生长。在 20 小时后，溶液冷却到 50℃。加入 8mL 正己烷，经过沉淀、清洗等处理，得到 PbS/CdS 核壳量子点。

采用离子交换法制备 PbS 和 PbS/CdS 量子点的 TEM 如图 4.41 所示，PbS 量子点尺寸是 5.1nm，而 PbS/CdS 量子点平均尺寸是 5.0nm。在进行阳离子交换后，PbS 和 PbS/CdS 量子点平均尺寸几乎相同，说明在 CdS 壳生长期间，没有 Ostwald 熟化发生。

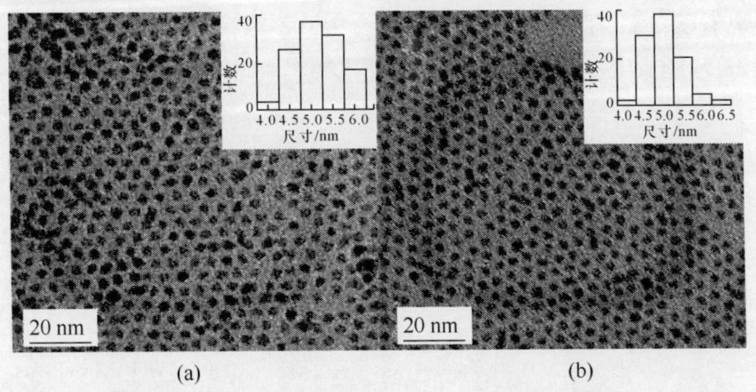

图 4.41 5nm 直径 PbS、PbS/CdS 量子点的 TEM[51]

PbS 和 PbS/CdS 量子点的 XRD 如图 4.42 所示，整体的衍射峰表明 PbS/CdS

量子点仍然具有 PbS 面心立方晶格(JCPDS 5-0592),只是衍射峰展宽了。衍射峰展宽的原因是:首先,离子交换产生同样平均尺寸的核壳量子点,表明在涂覆 CdS 壳的时候,只是替换 PbS 的最外层,使得 PbS 核的尺寸变小,因此衍射峰发生展宽;其次,立方体 CdS (JCPDS80-019)的衍射峰与面心立方的 PbS 衍射峰彼此接近,衍射峰重叠,导致混合展宽。

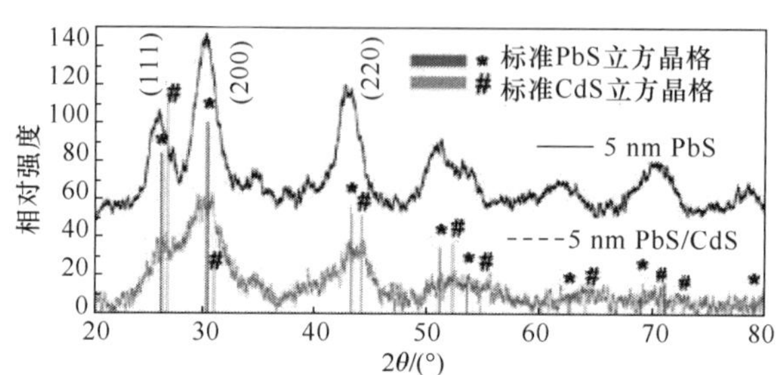

图 4.42　5nm 直径 PbS、PbS/CdS 量子点的 XRD[51]

(阅读彩图请扫封底二维码)

尺寸 5nm PbS 核量子点和离子交换生长 CdS 壳 1 h、20 h 制备 PbS/CdS 核壳量子点的近红外吸收光谱如图 4.43(a)所示。PbS 量子点显示出 3 个主要的激子吸收峰,位于 1242nm ($1S_e$-$1S_h$)、900nm ($1P_e$-$1P_h$)和 500～600nm ($1D_e$-$1D_h$)。对于 1 小时和 20 小时 PbS/CdS 核壳量子点,第一激子吸收峰($1S_e$-$1S_h$)由 1242nm 分别蓝移到 1001nm 和 902nm。值得注意的是,在 PbS/CdS 量子点吸收光谱中,更低波长的激子吸收峰消失,而且随着 CdS 壳的形成,吸收峰明显的展宽。产生这个现象的原因是:首先,CdS 壳的形成使核内激子的位置发生变化;其次,离子交换是各向异性的,导致多分散尺寸的 PbS 核量子点。在图 4.42(a)中,波长小于 700nm 的吸收光谱升高,归因于 CdS 的吸收贡献,而且随着 CdS 壳厚度增加而增加。此外,在阳离子交换后,PbS 量子点近红外发光光谱也呈现展宽和蓝移,如图 4.43(b)所示。在包覆 CdS 壳后,Stokes 位移由 58nm 增加到 165nm。原因是 CdS 和 PbS 之间的交界面产生大量的缺陷,由此产生大的移动。

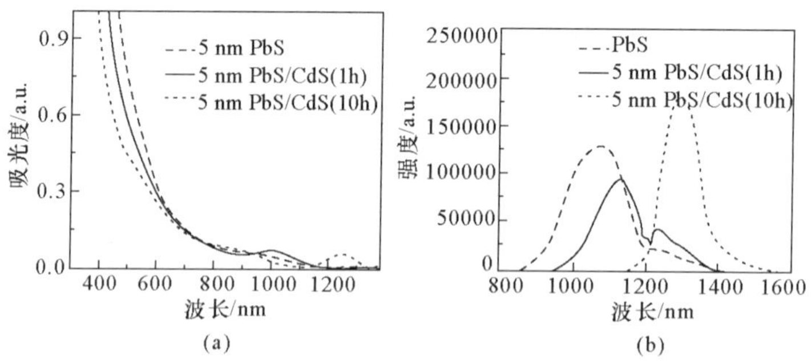

图 4.43　PbS、PbS/CdS 量子点的吸收和 PL 光谱[51]

4.3 PbTe 胶体半导体量子点

1995 年,Reynoso 等人首先制备掺杂在玻璃中的 PbTe 量子点[52]。2003 年,Cho 等人首先利用有机金属合成法,制备出胶体 PbTe 量子点[53]。直至目前,与 PbSe 和 PbS 量子点的研究报道相比,有关 PbTe 胶体量子点的研究报道仍然较少。

4.3.1 PbTe 胶体量子点的合成方法

在 2004 年,Lu 等人采用乙酸铅和 TOP-Te 为前驱体溶液、苯基醚(phenyl ether)和 OA 为溶剂,使用快速注入的方法,合成出球形和立方形 PbTe 量子点[54]。稍后 Murphy 等人提供了一种较为环境友好、一锅煮合成方法[55],其典型样本的合成路线如下。

(1) 油酸盐合成 PbTe 量子点的合成路线:PbO、OA 和 ODE 混合,得到油酸铅前驱体。根据合成量子点尺寸由小到大,OA/Pb 摩尔比在 2.25～6.0 调整。Pb 的浓度通过 ODE 调整,根据合成量子点尺寸由小到大,Pb 的摩尔浓度由 0.05 M 增加到 0.26M。在 Ar 气保护和磁力搅拌下,混合物加热到 170℃,保持 30 分钟。包含油酸铅前驱体透明溶液的温度调整到 140～170℃。按照 2∶1 的 Pb/Te 比例,将 0.5M TOP-Te 原液快速注入反应瓶内,成核现象马上发生。在注入后,反应瓶的温度下降到 80～130℃,保持这个温度,进入生长过程。以第一激子吸收峰处于 1500～1600nm 的 PbTe 量子点为例:1mmol PbO(0.225 g)、6mmol OA (1.89 g)、4.7 g ODE ([Pb]=0.12M)混合装入反应瓶,加热到 150℃,快速注入 1mL、0.5M TOP-Te(0.5mmol)。在注入后,反应瓶转置于油浴中,保持 110℃、6 分钟。然后反应瓶转置于冷却水中,在搅拌下加入 3mL 无水正己烷。经过丙酮清洗、沉淀等环节,制备的 PbTe 量子点重新溶解到四氯乙烯中。

(2) 芥酸盐合成 PbTe 量子点的合成路线:与油酸盐合成 PbTe 量子点的合成路线相同,一些条件是:芥酸(erucic acid,EA)与油酸混合比例变化是 2.25 EA/0 OA—0EA/6 OA,[Pb] =0.1M;注入温度和生长温度分别是 150℃和 100℃;Pb 和 Te 前驱体按 1∶1 比例进行混合。

(3) 立方体形状 PbTe 纳米晶的合成路线:0.45 g PbO (2.0mmol)、2.22 g OA (3.5 OA∶1Pb)、15.00 g ODE ([Pb] =0.9M)混合装入 100mL 的反应瓶,在室温条件下除气 30 分钟,然后在 Ar 气环境下加热到 193℃。4.0mL、0.5M TOP-Te (2.0mmol)快速注入反应瓶,然后类似于上述球形量子点的处理,得到立方体形状的 PbTe 纳米晶。

在球形量子点合成中,当 OA 的用量刚好满足配位体稳定时,Pb 单体的反应量增大;当 OA/Pb 的比例大于 12∶1 时,量子点的尺寸较大;相反的,阳离子单体

(Pb(oleate)$_2$)的量一定时,增加阴离子单体(TOP-Te)的量,会产生较小的量子点。因此,通过减少OA的量、增加阴离子单体的量,成核的数量会随之增加,从而形成较小的量子点。为了合成较小的量子点,可以注入较大量的TOP-Te(近似是1∶1的Pb/Te比例),而生长温度、Pb前驱体的浓度和OA/Pb的比例随之降低。

一系列尺寸PbTe量子点吸收光谱如图4.44(a)所示,第一激子吸收峰由1009延伸到2054nm。其中,尺寸2.9nm PbTe量子点的吸收与PL光谱如图4.44(b)所示,显示出65 meV的Stokes位移,半峰宽是130 meV,表明辐射主要来自于带边复合。PbTe量子点带隙随量子点半径R的变化规律,如图4.44(c)所示。相应的短线表示量子点的尺寸分布。

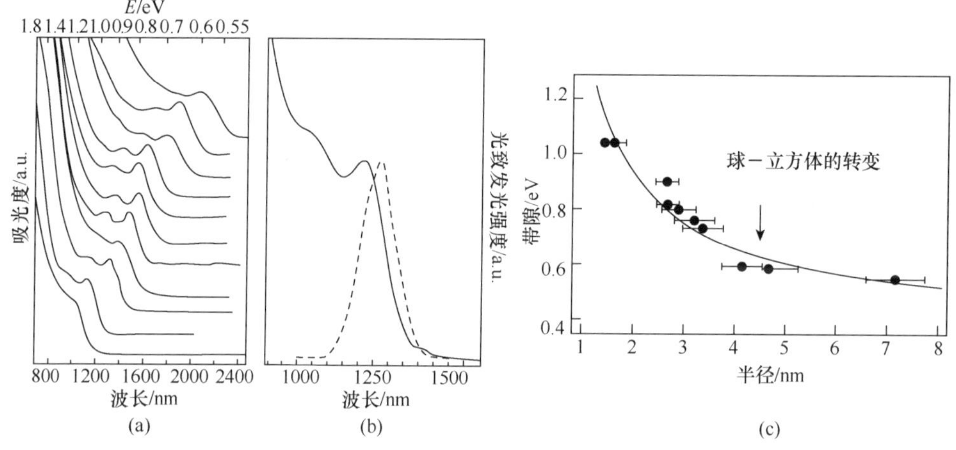

图4.44 Nozik等人制备的PbTe量子点的吸收、PL光谱和带隙随粒子半径R的变化[55]

Nozik等人制备的第一激子吸收峰位于1534nm的PbTe量子点的TEM如图4.45(a)所示,第一激子吸收峰位于1185nm、1194nm、1504nm、1534nm、1614nm、1675nm和2054nm的PbTe量子点,它们的平均直径是2.9nm、3.3nm、5.3nm、5.8nm、6.4nm、6.7nm和8.3nm。图4.44(b)是其XRD,上述方法制备的PbTe量子点是高度结晶的岩盐结构。

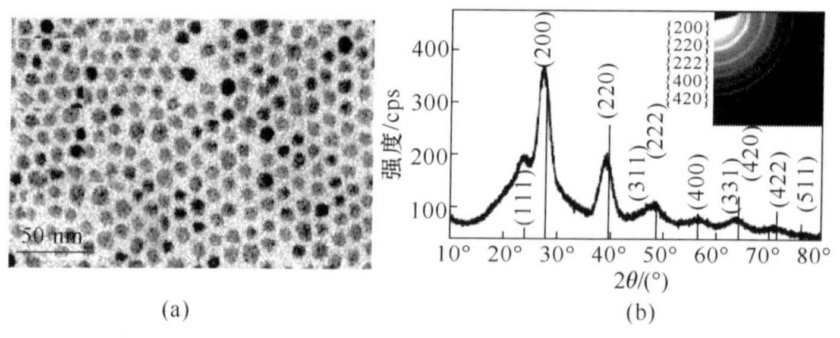

图4.45 尺寸5.8nm PbTe量子点的TEM和XRD[55]

在注入 TOP-Te 10 分钟后,取出部分样品进行 TEM 测试,如图 4.46(a,b)所示,这是尺寸 9.3nm、准立方体的 PbTe 纳米晶,呈现出六角形密集排列的结构。图 4.46(c)是注入 TOP-Te 15 分钟后,部分取样的 TEM。这些准立方结构的 PbTe 纳米晶平均尺寸是 14.3nm,显示出正方形的外貌,表明较长生长时间将产生较大的立方形结构。

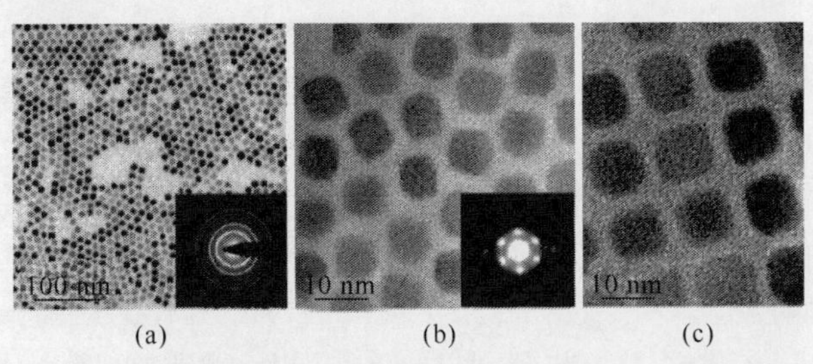

图 4.46 准立方体 PbTe 纳米晶的 TEM 和电子衍射图样[55]

在上述分析中,当尺寸在 8.3nm 附近时,纳米晶是高度球形结构;当尺寸在 9.3nm 附近时,纳米晶是近似立方体结构;当尺寸在 14.3nm 附近时,纳米晶是立方体结构。这个结果与其他的研究结果是类似的[54],因此在上述合成条件下,当尺寸是 9.3nm 附近时,PbTe 纳米晶的形状由球形向立方体转变。在同一有机配位体和生长温度的条件下,PbTe 纳米晶的形状是尺寸依赖的。对于岩盐结构,尺寸依赖的球形向立方体的转变,一般发生在高温合成环境。在这种条件下,具有较高表面能的(111)晶面沿着〈111〉方向的生长,要快于较低表面能(100)晶面的沿着〈100〉方向的生长。这个偏向于(100)晶面的生长方式将产生立方体状,并具有最低的总表面能。

Yu 等人的研究表明[19],通过调整束缚阳离子配位体的种类和浓度,可以改变量子点前驱体的反应活性。除了 OA 之外,MA(myristic acid)、二十二烷酸(behenic acid,BA)和 EA 也是适合的钝化配位体。图 4.47 是不同 MA : OA : Pb 比例制备 PbTe 量子点的吸收光谱,光谱 a、b、c 和 d 是反应时间 4 分钟后的取样,相应的比例分别是 2.25 EA/0 OA/1 Pb、1 EA/1.25 OA/1 Pb、0 EA/2.25OA/1 Pb 和 0 EA/6 OA/1 Pb。蓝移的吸收光谱表明,EA 的确可以降低 Pb 单体的反应活性,导致较小的量子点。尽管吸收峰相对变窄,即尺寸分布较窄,但是使用 EA 作为钝化配位体得到的量子点,第一激子吸收峰下降到 940nm。增加 OA 的数量有利于形成油酸铅前驱体,减少初始晶核的形成数量,导致用于生长阶段单体数量增加,在 OA 数量达到 2

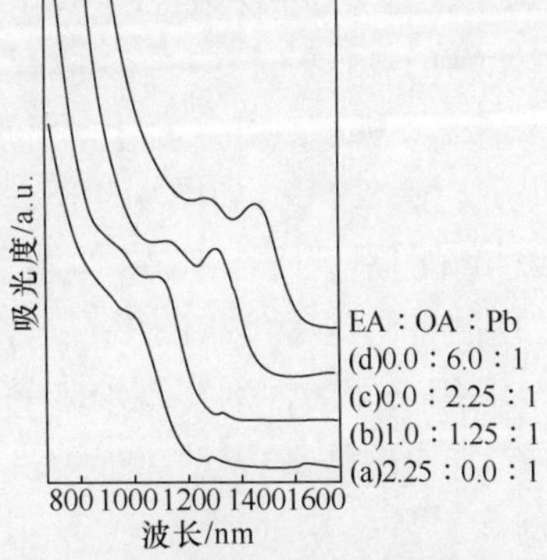

图 4.47 调整配位体和前驱体浓度比例对 PbTe 量子点吸收光谱的影响[19]

OA/1 Pb 的最大比例时，获得较大的量子点。

4.3.2 PbTe 胶体量子点的形态控制

为了获得不同形状的胶体纳米晶，人们使用了不同的手段，包括改变表面活性剂、使用种子生长和模板材料等。采用改变表面活性剂和前驱体的比例，也可以控制 PbTe 纳米晶的形状。控制纳米晶形状的机理是基于生长过程的动力学，通过将表面活性剂束缚到不同的晶面，允许沿着不同晶向的生长速度增加或减少。这里，我们对这种控制 PbTe 纳米晶形状的机制作进一步的讨论。

这里介绍一种通过控制反应动力学，选择恰当的表面活性剂、合适的温度、Pb 和 Te 的比例，控制 PbTe 纳米晶形状的合成方法。在这个方法中，TOP 或 DPE 作为生长溶剂，膦酸或十六烷胺(hexadecylamine，HDA)作为表面稳定剂。典型的合成路线是[56]：将醋酸铅、OA 与 TOP 或 DPE 混合，得到 Pb 溶液；将 Te 粉溶解在 TOP 中，得到 Te 溶液。在 250℃时，将前驱体溶液注入到反应瓶中，保持 170～180℃的生长温度、3～4 分钟。通过调整 Pb、Te 的摩尔比例，得到 3 种不同形状的 PbTe 纳米晶，如图 4.48 所示。图(a)是尺寸 13nm 的立方体；图(b)是尺寸 20nm 的立方八面体；图(c)是尺寸 22nm 的八面体。

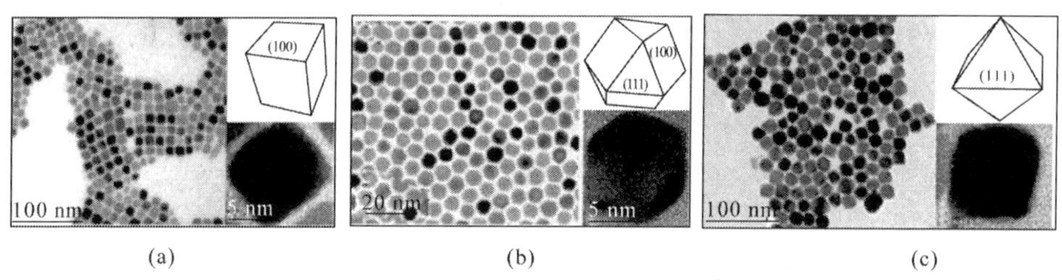

(a) (b) (c)

图 4.48 调整 Pb、Te 摩尔比例制备 3 种不同形状 PbTe 纳米晶的 TEM[56]

PbTe 是岩盐结构，沿不同的方向具有不同的表面能，通过增加或降低不同方向的生长速率，可以调整纳米晶的形状。当 Pb∶Te 比由 5∶1 变化为 1∶5 时，高 Te 比例(1∶5 的 Pb∶Te)将产生立方体的 PbTe 纳米晶，平均尺寸是 13nm，如图 4.48(a)所示。如果将 Pb∶Te 比例调整到 5∶1，产生八面体的 PbTe 纳米晶，平均尺寸是 22nm，如图 4.48(c)所示。在中间比例(1∶1)情况下，将产生平均尺寸 20nm 的不规则八面体，如图 4.48(b)所示。在 Pb∶Te 比例是 1∶2 和 2∶1 时，也制备出这种形状的 PbTe 纳米晶。

利用表面活性剂实现纳米晶形状的控制，是控制纳米晶形状的有效方法。当 Pb∶Te 比例是 1∶5 时，纳米晶的形状是立方体晶格结构，归因于小晶面出现 Te 的饱和。另一方面，当 Pb∶Te 比例是 5∶1 时，小晶面出现 Pb 的饱和，导致{100}小晶面比{111}小晶面有更快的生长速度，同时胺钝化了{111}小晶面。不规则的八面体纳米晶具有一个几乎是正方形的 Pb 或 Te 原子受控的(111)位面，以及在

(100)位面具有相同的 Pb 和 Te 原子的分布。因此，显示出(100)受(111)控制的中间阶段。

使用 TDPA 或者其同系物替代胺。膦酸可以使生长速度变缓，定量观察发现：当使用胺的时候，在前驱体注入后，成核反应立刻发生；而使用膦酸时，在 10s 后才发生成核反应。产生这个变化的原因，归因于膦酸对纳米晶表面具有强烈的束缚。当 Pb ∶ Te 比例是 1 ∶ 5 时，这时获得的是立方体的 PbTe 纳米晶；然而当 Pb ∶ Te 比例是 5 ∶ 1～1 ∶ 3 时，获得的是不规则八面体的 PbTe 纳米晶。利用膦酸作为表面活性剂，并没有获得八面体的 PbTe 纳米晶，再一次表明这样一个事实：产生八面体纳米晶，需要沿(100)方向的生长速度快于(111)方向的生长速度。这一点不可能利用膦酸完成，因为利用膦酸产生的生长速度会更缓慢。

利用 TOP 和膦酸合成的立方体、不规则八面体、八面体 PbTe 纳米晶的尺寸，受控于表面活性剂的选择和反应时间的长短。当使用 HPA 配位体时，可以获得较大尺寸(约 22nm)的纳米晶，而使用 TDPA 时只有约 8nm，如图 4.49(a,b)所示。因此，在使用 HPA 时，产生较快的生长动力学。如果使用 ODPA 作为表面活性剂，获得的纳米晶尺寸只有 3～5nm，而且是球形形状。此外，固定表面活性剂的类型，通过调整反应时间，也可以控制不规则八面体纳米晶的尺寸。例如，以 TDPA 为表面活性剂，在前驱体注入后 5 分钟和 7 分钟，分别获得 28nm 和 40nm 的纳米晶，如图 4.49(c,d)所示。

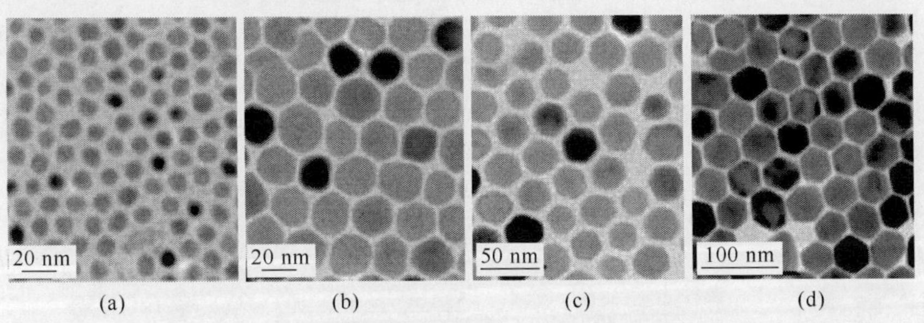

图 4.49　不同尺寸的立方八面体 PbTe 纳米晶的 TEM[56]

通过调整表面配位体和反应时间，人们可以获得不同形状的 PbTe 纳米晶，包括球形、立方体、八面体等。因此，通过形态控制可以制备 PbTe 纳米棒或纳米线。这里介绍一种两步胶体合成法，制备 PbTe 球形纳米晶和纳米棒，实现尺寸和形状的控制。典型样本的合成路线是[57]：首先制备出 NaHTe 溶液，然后将铅盐(氯化物、硝酸盐、碳酸盐)悬浮液(水溶液)与 NaHTe 溶液混合，反应生成 PbTe 产物。整个反应过程满足如下两个方程：

$$4NaBH_4 + 2Te + 7H_2O \rightarrow 2NaHTe + Na_2B_4O_7 + 14H_2 \qquad (4.3\text{-}1)$$

$$NaHTe + PbCO_3 \rightarrow PbTe + NaHCO_3 \qquad (4.3\text{-}2)$$

使用碳酸铅，在不同反应温度、反应时间时，制备出不同类型的 PbTe 纳米晶，如图 4.50 所示。对比而言，采用其他铅盐(chloride or nitrate)只是合成出球形的纳米晶。对于 $PbCO_3$，在反应温度 190℃、反应 2 小时后，生成球形量子点；在反应 4 小时后，变成小尺寸的棒，如图 4.50(a、b)所示。在反应温度 230℃的情况下，也有类似的结果，如图 4.50(c、d)所示。但是，在反应温度达到 270℃时，只能获得纳米棒，如图 4.50(e、f)。

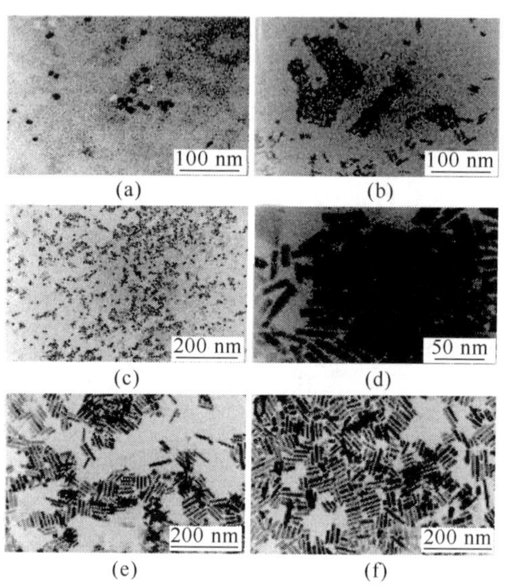

图 4.50　使用碳酸铅前驱体制备 PbTe 纳米晶的 TEM[57]

球形和棒形 PbTe 纳米晶 XRD 表明，两者都是岩盐晶格结构(面心立方，空间点群是 Fm3m)，如图 4.51 所示。主要的衍射峰来自于立方体 PbTe (ICDD 08-0028)(200)、(220)、(222)、(420)和(422)晶面族。在 190℃、注入 2 小时后(a 曲线)，球形纳米晶的直径是 10.8nm；4 小时后，生成 PbTe 纳米棒的长度是 15nm，

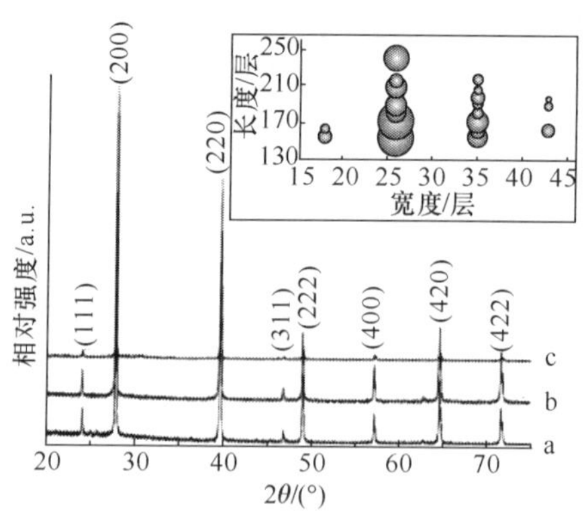

图 4.51　球形和棒形 PbTe 纳米晶的 XRD[57]

宽度是 5nm。在 230℃、注入 2 小时后(b 曲线),球形纳米晶的直径是 15.2nm;4 小时后,生成的 PbTe 纳米棒的长度是 35nm,宽度是 8nm。在 270℃注入时(c 曲线),只看到 PbTe 纳米棒生成。在 2 小时后,长度是 45nm,宽度是 7.3nm;在 4 小时后,长度是 51.7nm,宽度是 9.1nm。插图显示了这个生长过程。

4.3.3 PbTe 胶体核壳量子点

1. PbTe/CdTe 胶体量子点

类比于其他 Pb 族量子点核壳结构,如 PbS/CdS 和 PbSe/CdSe,我们可以联想到 PbTe/CdTe 核壳结构。CdTe 是Ⅱ-Ⅵ族半导体,与 PbTe 一样属于立方晶系。其中,CdTe 是闪锌矿结构,而 PbTe 是岩盐结构。二者晶格常数很接近,PbTe 是 0.6462nm,CdTe 是 0.6480nm[58],晶格失配较小,有利于形成 PbTe/CdTe 核壳体系。此外,PbTe 带隙是 0.32eV,CdTe 带隙是 1.5eV,二者有 1.17eV 的带隙差,有利于产生载流子的受限效应。

Lambert 等人提出一种 PbTe/CdTe 核壳量子点阳离子交换的制备方法,典型样本的合成路线如下[59]。①将 2.5mmol Te 与 7.258mmol TOP 混合,得到 TOP-Te;将 1.0mmole $Pb(Ac)_2$、6.7mmol OA 和 18.6mmol ODE 混合,得到Pb-OA混合溶液;在 1 小时内,分别将两种混合溶液加热到 100℃,再将 Pb-OA-ODE 混合溶液加热到 175℃。将 600mg TOP-Te 溶解到 3.4g ODE 中,然后注入到Pb-OA混合溶液。在 140℃下,反应生长 20 分钟。利用 10mL∶5mL BuOH∶EtOH 混合溶液终止反应,再加入 800μL 甲苯,形成尺寸 6.6nm 的 PbTe 量子点悬浮溶液。②将 11.70mmol $Cd(Ac)_2$、28.26mmol OA 和 68.75mmol ODE 混合,在 1 小时内,将 Cd-OA 混合溶液加热到 100℃;将溶解在甲苯中的 800μL PbTe 量子点悬浮溶液使用 10mL 甲苯稀释,加热到 100℃。将 Cd-OA 混合溶液注入到 PbTe 量子点悬浮溶液,其中 Cd∶Pb 超过 3850∶1。在反应 17 个小时后,使用 1.0mL∶500μL 的 BuOH∶EtOH 混合溶液终止反应。经过两次冲洗,制备出 PbTe/CdTe 核壳量子点。

平均直径 6.6nm(尺寸分布是 6.6%)PbTe 核量子点经过上述离子交换,制备出平均直径是 6.7nm(尺寸分布是 6.4%)的 PbTe/CdTe 核壳量子点,TEM 如图 4.52 所示。因此,通过离子交换合成法,既不改变粒子的尺寸,也不改变粒子的尺寸分布。

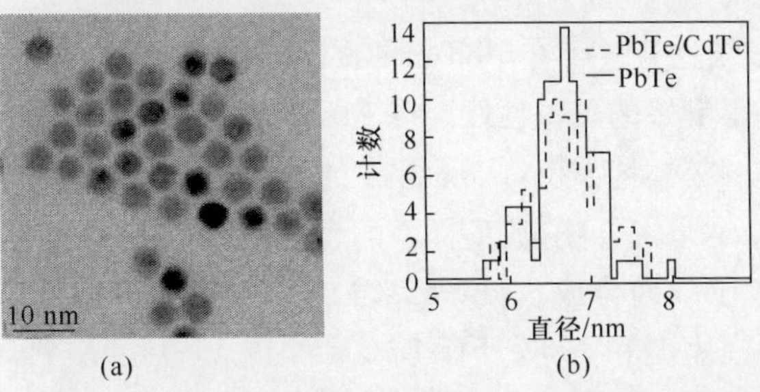

图 4.52 离子交换法制备 PbTe/CdTe 量子点的 TEM 和尺寸分布直方图[59]

PbTe和CdTe具有立方晶格结构，晶格常数几乎相同，但一个是岩盐结构，一个是闪锌矿结构，图4.53是PbTe/CdTe核壳量子点沿特定方向的HRTEM。沿着〈111〉方向，PbTe和CdTe两者晶格图像显示出六角晶格结构，它们的晶格常数几乎相同，分别是0.280nm和0.281nm，如图4.53(a)所示。这个结果只是对应于沿〈111〉特定方向，表明PbTe和CdTe两者的〈111〉轴线是相同的方向，具有前后一致的(111)晶面直线排列。

当沿着〈100〉方向观察时，PbTe和CdTe是两种类型的、中间有折变的正方形晶格图像。沿着这个方向，PbTe的晶格常数是0.323nm，CdTe晶格常数是0.324nm；其次沿倾斜45°的方向，两者有共同的晶格常数0.229nm。如图4.53(b)所示，PbTe核是边长为0.321nm的正方形图样，CdTe壳是0.234nm的正方形图样。显然，两个图样倾斜45°，完好匹配。再者，这个图像表明，核和壳的〈100〉指向是相同的，具有连续直线排列的(100)晶面。

当沿着〈211〉方向观察时，PbTe和CdTe是长方形晶格图像，每个单元的长、宽分别是0.229/0.194nm和0.389/0.229nm，如图4.53(c)所示。与〈100〉方向的情况一样，两者的晶格匹配是完美的，但二者之间具有模糊的交界。

当沿着〈110〉方向观察时，PbTe显示出两个可能的长方形点阵图像，一个长宽是0.646/0.457nm，另一个是0.323/0.229nm。与之比较，CdTe却只有一个长方形点阵图像，长宽是0.648/0.459nm。图4.53(d)是一个实例，核是0.323/0.229nm长方形点阵图像，壳是0.648/0.459nm长方形点阵图像。

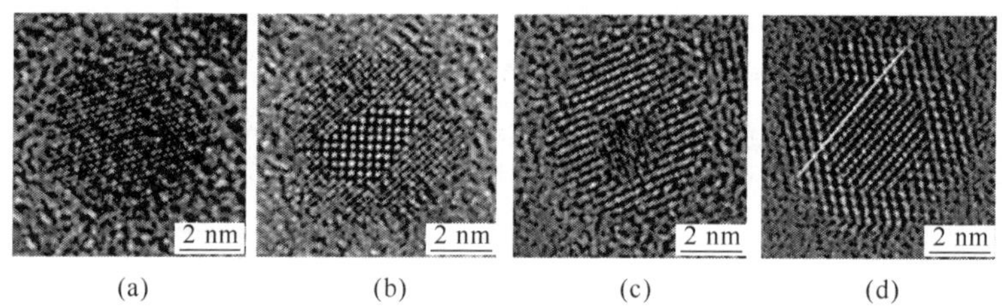

图4.53 沿〈111〉、〈100〉、〈211〉和〈110〉方向观察PbTe/CdTe量子点的HRTEM[59]

2. PbTe/PbS胶体量子点

一个近期的研究表明[60]，在PbTe核的外部包覆PbS壳，形成PbTe/PbS核壳量子点，可以获得良好的热电性质。以PbTe/PbS核壳量子点为基础，可以得到$(PbTe)_{1-x}(PbS)_x$纳米混合物，实现组分的调谐。PbTe/PbS核壳量子点及其$(PbTe)_{1-x}(PbS)_x$纳米混合物，典型样本的合成路线如下[60]。

(1) PbS纳米粒子的合成。PbO(2.94 g，12 mM)、OA (90mL，48 mM)与90mL ODE混合，在室温和100℃下除气0.5小时，得到油酸铅，随后将该透明溶液加热到135℃。在此温度和Ar气环境下，溶解在40mL ODE中的1.26mL

$(TMS)_2S$ 快速注入到反应混合物中。保持 3 分钟，进行结晶生长，然后快速冷却到室温。

(2) PbTe 纳米粒子的合成。PbO (2.94 g, 12 mM)、OA (13.32 g, 4.75 mM) 与 90mL ODE 混合，在室温和 100℃下各除气 0.5 小时，得到油酸铅复合物，随后将这个透明溶液加热到 190℃。将 2mL、1M TOP-Te 快速注入到混合物中，保持反应温度 160～180℃、3 分钟，然后快速冷却到室温。

(3) 结晶态 PbS 壳、PbTe/PbS 纳米粒子的合成。当上述 PbTe 纳米粒子溶液达到室温时，将溶解在 6mL DMF 的 114mg 硫代乙酰胺(thioacetamide, TA)加入到反应瓶。按 1.7℃/min，将上述混合溶液加热到 80℃，保持这个温度 30 分钟。在冷却到室温后，PbTe/PbS 纳米粒子被离心、沉淀。

(4) 非结晶态 PbS 壳、PbTe/PbS 纳米粒子的合成。上述 PbTe 纳米粒子溶液冷却到 80℃(而不是室温)，将溶解在 6mL DMF 的 114mg 硫代乙酰胺注入到反应瓶中。包含 S 前驱体的混合物保持 80℃、5 分钟。在冷却到室温后，PbTe/PbS 纳米粒子被离心、沉淀。

(5) PbTe-PbS 纳米复合物的合成。上述过程制备 PbTe/PbS 纳米粒子被多次清洗、沉淀、溶解，直至 PbTe/PbS 纳米粒子不再能够溶解在有机溶剂里。在这种情况下，绝大部分用来控制量子点尺寸、形状、溶解性的初始表面活性剂已经移除。在大气环境条件下，对清洗后的纳米粒子进行干燥。然后，这些纳米粒子加热到 500℃。最后，在室温、大于 2 吨压力下，材料挤压成直径 10mm、厚度 1mm 丸状物体。

上述二步合成 PbTe/PbS 纳米粒子的路线包括：第一步使油酸铅和 TOP、Te 在 ODE 中反应，生成 PbTe 纳米粒子。图 4.54(a)是两个不同批次合成的立方体 PbTe 纳米粒子的 TEM，平均尺寸分别是 8.5nm 和 11nm。第二步是将 S 前驱体加入到 PbTe 纳米粒子原液里，按 1.7℃/min 将反应混合物加热到 80℃。较大的前驱体反应活性或较高的反应温度促进了 S 替代 PbTe 核中的 Te，或者促进了独立的 PbS 结晶成核。通过调整反应条件，促使 PbS 壳生长在 PbTe 核的表面上，图 4.54(b)是 $(PbTe)_{0.28}/(PbS)_{0.72}$ 纳米粒子的 TEM，图 4.54(c)是 $(PbTe)_{0.28}/$

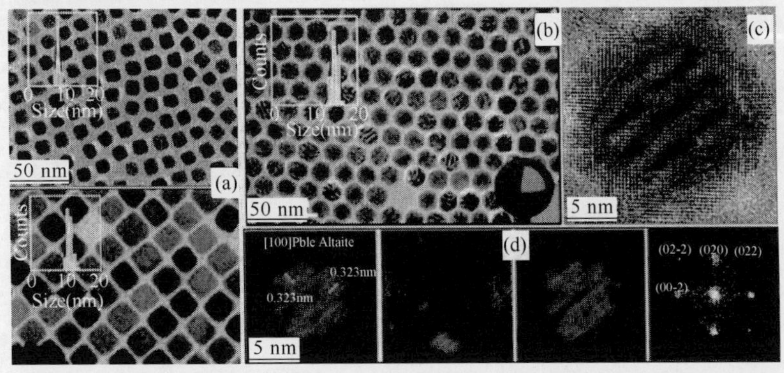

图 4.54　PbTe、PbS、$(PbTe)_{0.28}/(PbS)_{0.72}$ 纳米粒子的 TEM、HRTEM 和电子衍射图像[60]

$(PbS)_{0.72}$纳米粒子的 HRTEM。图 4.54(d)显示出$(PbTe)_{0.28}/(PbS)_{0.72}$纳米粒子的电子衍射功率谱(electron diffraction power spectrum),证明核和壳具有相同的晶格结构(Fm3m),即单个晶胞里有相同的原子位置,但有不同的晶胞参数。其中,(200)晶面的空间间距是:碲铅矿(altaite)PbTe(0.323nm, JCDP: 00-038-1435)和方铅矿 PbS (0.297nm, JCDP: 00-005-0592)。

通过调整壳生长的反应动力学,可以控制壳的结晶性。在相对较高的 80℃时注入 S 前驱体,通过增加 PbS 晶核到 PbTe 表面位置的压力,可以获得非结晶 PbS 壳的 PbTe/PbS 核壳纳米晶,如图 4.55 所示。此外,通过调整 PbTe 核小晶面的角度和壳的厚度,可以调整 PbTe/PbS 核壳纳米晶的形状。较小的 PbTe 核是偏圆形的准立方体,在这样偏圆形 PbTe 纳米晶的表面上生长厚的 PbS 壳,可以得到球形的核壳纳米晶,如图 4.55(a)所示。在较大的和高度小晶面化 PbTe 核纳米晶的表面上生长薄的 PbS 壳,可以得到准立方体的核壳纳米晶,如图 4.55(b)所示。

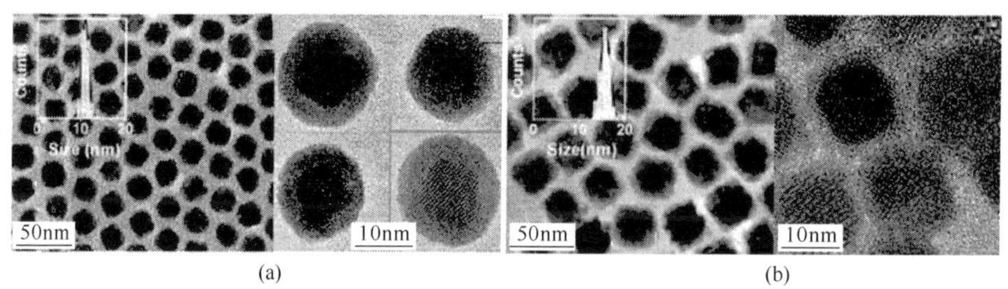

图 4.55　$(PbTe)_{0.25}/(PbS)_{0.75}$、$(PbTe)_{0.60}/(PbS)_{0.40}$纳米粒子的 TEM 和 HRTEM[60]

使用一组具有相同尺寸、但有不同 PbTe∶PbS 比例的 PbTe/PbS 核壳纳米粒子,制作出一组$(PbTe)_{1-x}/(PbS)_x$纳米混合物,其中 $x=0.32$、0.40、0.49 和 0.72,如图 4.56所示。图中同时给出了$(PbTe)_{1-x}/(PbS)_x$纳米混合物的 XRD 图谱,可以发现两个较弱的新的衍射峰(即 PbTe 和 PbS 纳米晶所没有的衍射峰)。这些新的 XRD 衍射峰归因于 PbO(101)和(110)晶面,它存在于所有$(PbTe)_{1-x}/(PbS)_x$纳米混合物样品里。当纳米粒子暴露空气中时,在短暂的时间里,其表面会出现大量的氧,PbS 和 PbTe 表面产生出氧化铅。

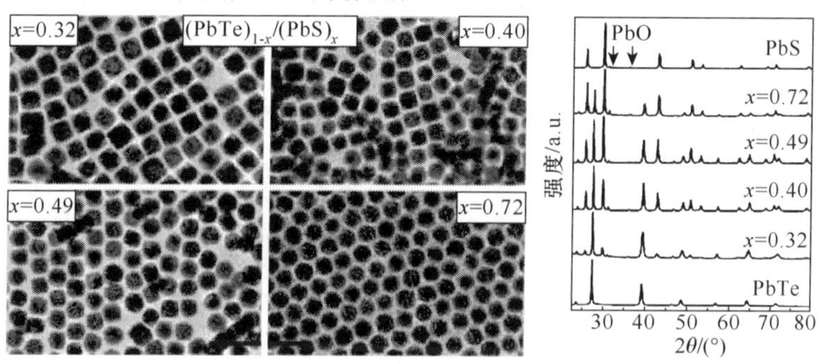

图 4.56　$(PbTe)_{1-x}/(PbS)_x$纳米粒子的 TEM 和 XRD[60]

4.4　Pb 族胶体掺杂或合金半导体量子点

除了量子尺寸受限效应，合金或掺杂半导体量子点也提供了一种带隙调控的非传统方法。通过组分调整，半导体量子点的光学性质、电学性质将产生较大的变化。这里介绍几种典型的 Pb 族胶体掺杂或合金半导体量子点的合成方法和它们的基本特性。

4.4.1　Pb 族胶体掺杂量子点

众所周知，通过掺杂浓度的调整可以实现 n 型半导体过渡为 p 型半导体材料，这一点同样适合于半导体量子点材料。He 等人采用胶体湿法化学技术，制备出 Zn 掺杂 PbS 量子点（Zn：PbS 量子点）。典型样本的合成路线是[61]：0.01914g (0.07mmol) $PbCl_2$、0.0349mL (0.4mmol) 3-MPA 混合在 35mL 去离子水中，得到清澈透明的 Pb^{2+} 前驱体溶液。将 1M NaOH 溶液滴入 Pb^{2+} 前驱体溶液，使溶液的 pH 值达到 11.6。将硫代乙酰胺溶解到去离子水中，得到 S^{2-} 前驱体溶液。然后在搅拌下，将 5mL S^{2-} 溶液迅速注入到 35mL Pb^{2+} 前驱体溶液。此外，选择 Pb^{2+}：S^{2-} 为 10：8、10：6、10：4、10：2 比例，用于量子点的合成。将反应混合物溶液放置在微波(MW)烤箱内（频率是 2450MHz，功率是 960 W），放置 40s（中间停顿 10s），得到明亮、灰绿色的量子点溶液。溶液进一步老化，获得良好结晶的 PbS 量子点的生长。在老化 10 天后，PbS 胶体溶液变成层次分离的 2 种尺寸的纳米粒子溶液。在上层是清澈的 PbS 量子点溶液，在底层是暗色的 PbS 纳米晶。通过离心分离，获得 PbS 纳米晶和量子点。同样方法，利用 Pb^{2+}/Zn^{2+} 前驱体溶液（其中 Pb 与 Zn 的比例是 80：1）合成 PbS 量子点，实现 Zn 的掺杂，得到 Zn：PbS 量子点。

在上述合成路线中，通过改变离子的摩尔比，实现 PbS 纳米晶和量子点的合成；通过使用混合的 Pb^{2+}/Zn^{2+} 前驱体溶液，将 Zn 掺杂到 PbS 量子点里。图 4.57 是不同材料的 XRD，石英基底、PbS 量子点、ZnS、Zn：PbS 量子点。PbS 量子点的主要衍射峰，与面心立方 PbS 材料（JCPDS 65-9496）的衍射峰良好的一致。作为参考，纯 ZnS 的 XRD 也被绘出。图示表明，Zn：PbS 量子点的 XRD 衍射峰相对发生微小的变化。由于 PbS 和 ZnS 晶格失配，产生晶格张力，使 XRD 衍射峰移动。Zn：PbS 量子点的 XRD 表明，Zn 掺杂使 PbS 晶格中出现了类似 ZnS 的结构，其他衍射峰归因于反应溶液中出现硫酸盐/亚硫酸盐和硫代硫酸盐。

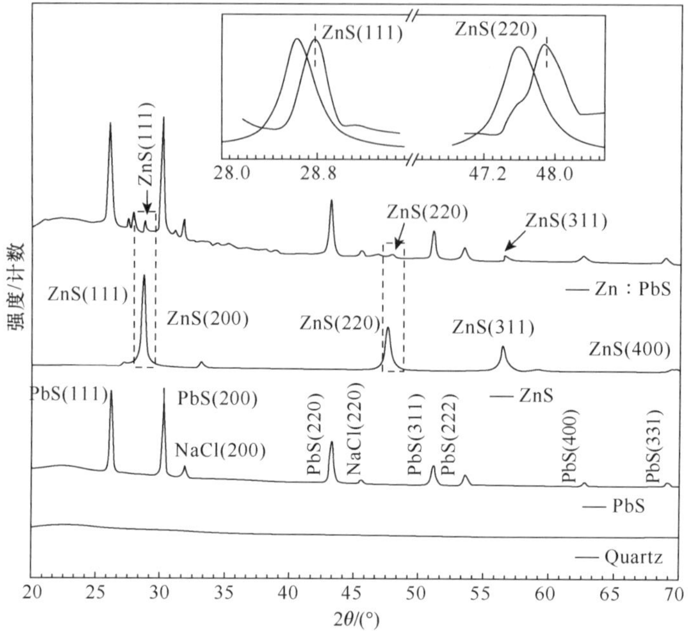

图 4.57　石英基底、PbS 量子点、ZnS 和 Zn∶PbS 量子点的 XRD[61]

上述合成过程中，胶体溶液底部黑色 PbS 纳米晶胶体溶液的 TEM 如图 4.58(a)所示，平均尺寸约为 50nm；上层清澈的 PbS 量子点胶体溶液的 TEM 如图 4.58(b)所示，平均尺寸约为 5nm。相应的 HRTEM 如图 4.58(c)所示，显示出 PbS 量子点具有良好的单晶性，PbS(200)晶面间距清晰呈现出来。Zn∶PbS 量子点的电子衍射图样如图 4.58(d)所示。

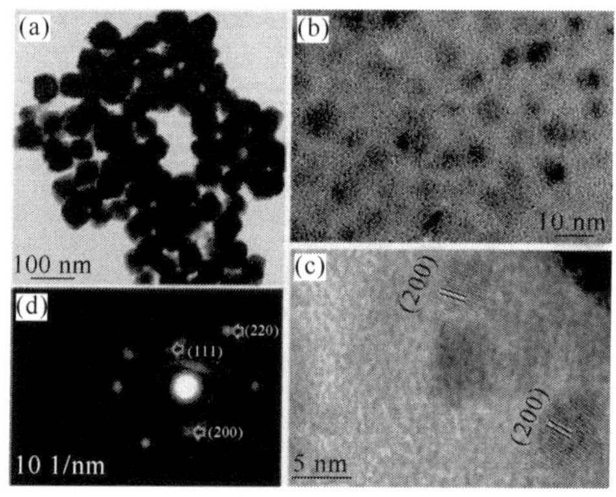

图 4.58　PbS 纳米晶、PbS 量子点、Zn∶PbS 量子点的 HRTEM 和电子衍射图样[61]

上述合成过程可以概括为图 4.59(a)所示的路线图。当稳定剂 3-MPA 加入到 Pb^{2+} 前驱体溶液后，生成含有絮状物的混浊溶液，如图 4.59(b)所示。在用于合成的元素中，Pb、S、O、C 分别具有 $6p$、$3p$、$2p$、$2p$ 轨道独立的成对电子，这些 p 轨道上独立的成对电子往往形成 π 键[62,63]。同时注意到，3-MPA 分子具有羰基，其中 O 要比 C 带更多的负电。由于 O 吸引电子远离 C，所以 C═O 键的极性会增加，羰基 O 更易于与 Pb 反应[64,65]。整体而言，在金属阳离子 Pb^{2+} 和有机阴离子羰基之间形成相对较强的 π 键组合。

对于 π 键、π^* 键和非键合状态中的电子，在 UV 照射下，它们可以从最高占位分子轨道转移到最低占位分子轨道。在图 4.59(b)吸收光谱中，其中 UV 区域(约 390nm)的吸收峰，对应于非键合电子(n-e^-)被激发到更高的 π^* 轨道。有关研究表明，π 共轭复合分子中的电荷转移是一个普遍的效应[66,67]。当两个组分分别促成电子施主和电子受主时，电荷转移就会发生。在这里，Pb^{2+} 离子和羰基分别发挥了受主电子和电子施主的作用。在图 4.59(b)吸收光谱中的另一个吸收峰，位于 850nm 处，正是电子由施主转移到与受主相关的轨道的结果。这个吸收峰揭示了图中置于可见光谱的最末端的 Pb^{2+} 絮状物样品为什么是白色。如图 4.59(c)上部的图片显示，当疏水硫醇(—SH)融入水里时，白色的沉淀物就从 Pb^{2+} 先驱体水溶液中沉淀出来。

为了获得良好稳定的前驱体溶液，可以向白色的 Pb^{2+} 絮状物中滴入 1M 的 NaOH，使其完全消失，得到清澈透明的溶液，如图 4.59(b)右下角的图片所示。就 3-MPA [$HS(CH_2)_2COOH$]而言，更高的 pH 值会使更多羧酸根阴离子[$HS(CH_2)_2COO^-$]释放出来。实验表明，在 pH 值超过 11 时，前驱体溶液会变得清晰透明。

PbS 量子点合成的关键是成核和随后生长过程的控制，适当的 3-MPA 浓度能够迅速满足成核的条件。微波的作用，使包含 C═S 双键的硫代乙酰胺分解，产生出 S^{2-} 离子。同时，微波破坏胶态微团，使 Pb^{2+} 离子暴露给 S^{2-}。一旦 Pb^{2+} 被释放出来，它们会同 S^{2-} 离子反应，PbS 量子点被合成出来，如图 4.59(c)的下部图片所示。实验表明，如果稳定剂浓度很高，它将阻止金属胶体核与 S^{2-} 发生反应；而浓度过低时，将导致 PbS 快速生长，形成大尺寸的颗粒。通过 π 共轭 Pb^{2+}/Zn^{2+} 复合体的形成，这种胶体促进机制也适合于 Zn 掺杂 PbS 量子点。在 3-MPA 加入到 $PbCl_2$ 和 $ZnCl_2$ 混合溶液时，会产生白色絮状物；NaOH 的滴入会产生清澈透明的胶体溶液，使 Zn：PbS 量子点的合成变得更加容易。

上述方法制备 PbS 纳米晶和量子点显示出近红外的吸收光谱，如图 4.60(a)所示。PbS 纳米晶的宽阔的吸收峰，归因于形状和尺寸的不均一性。在 PbS 量子点的情况下，吸收光谱产生蓝移，归因于带隙的展宽。与 PbS 纳米晶光谱比较，PbS 量子点吸收光谱至少蓝移 30nm。在 PbS 量子点合成中，改变 S^{2-} 与 Pb^{2+} 的

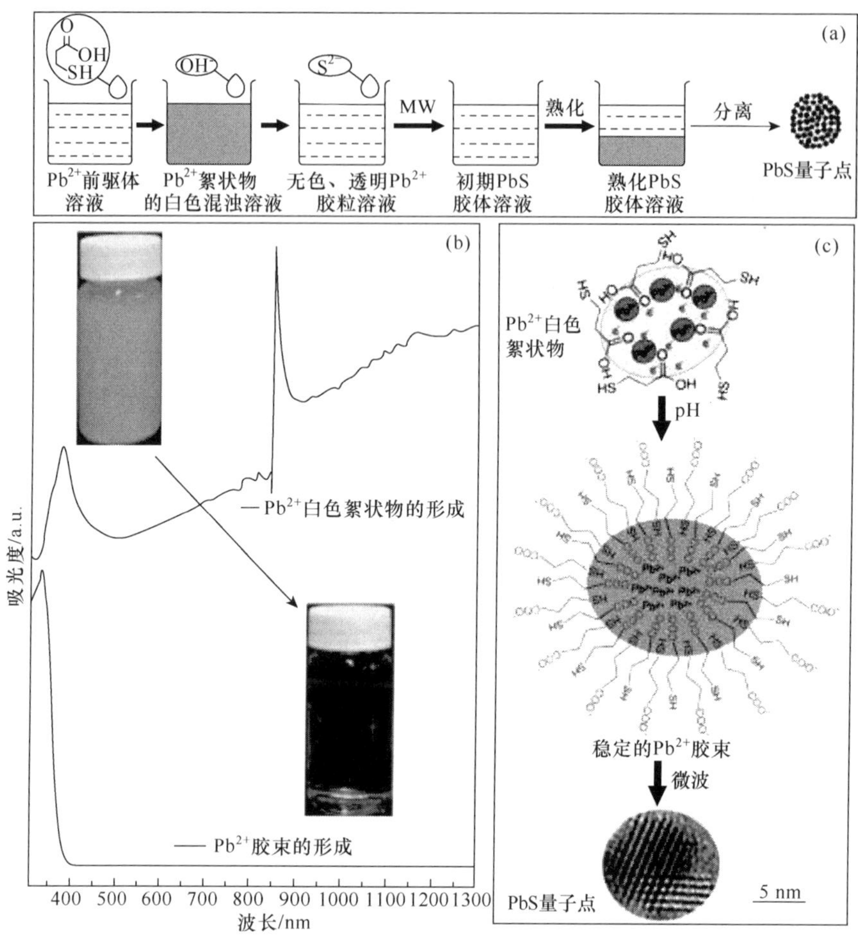

图 4.59 PbS、Zn：PbS 量子点合成路线图[61]

摩尔浓度比例，由 0.8 下降到 0.2，但保持 3-MPA 不变。随着 S^{2-} 浓度的下降，可以发现吸收光谱会再蓝移 10nm，如图 4.60(b)所示。这个吸收光谱的变化，归结于量子点尺寸的微小变化。

Zn 掺杂 PbS 量子点吸收光谱如图 4.60(c)所示。在掺杂前后，吸收光谱从 1396nm 蓝移到 1369nm。由于 Pb 和 Zn 具有相同的价电子数，让 Zn 发挥类似于传统的施主或受主是不可能的。这意味着让 Zn 掺杂类似于 n 或 p 掺杂半导体那样，不可能降低带隙。相反，蓝移表明带隙却增加了。利用 Burstein-Moss 效应，可以解释这个蓝移现象[68,69]。对于传统的半导体掺杂，费米能级位于导带和施主能态之间。然而在这里，一旦 Zn 掺杂得足够多，退化的掺杂能级将会进入 PbS 内部，一个新的费米能级将会进入到 PbS 的导带。在新的费米能级之下的全部能态

(位于导带之上)，将由掺杂能态占据。根据 Pauli 不相容原理，简并的掺杂能态不能接受更多的同类电子，所以在价带顶部的电子只能被激发到新的费米能级之上。随着低能量跃迁的减少，蓝移显示出带隙的增加。Zn：PbS 量子点扩展的带隙等于 PbS 带隙与 Moss Burstein 移动的组合。

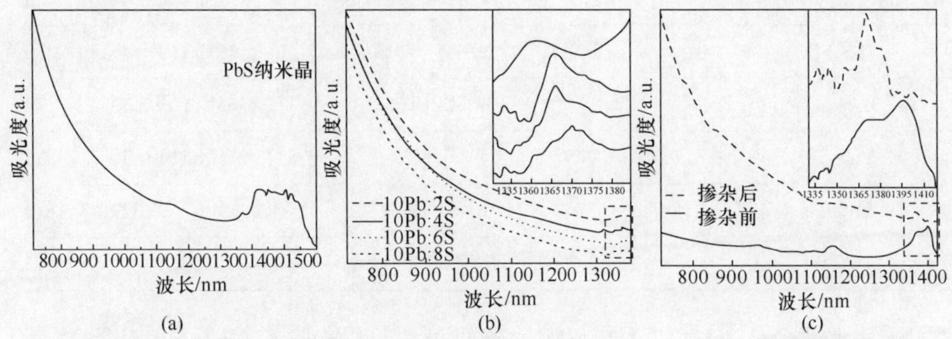

图 4.60　(a)PbS 纳米晶、(b)不同 Pb/S 比例和(c)Zn 掺杂前后 PbS 量子点吸收光谱[61]
(阅读彩图请扫封底二维码)

4.4.2　Pb 族胶体合金量子点

PbE(E＝Te, Se, S)体材料是立方体 NaCl 结构，这些材料组分彼此组合形成合金材料，显示出良好的晶格结构调谐，对材料的带隙、发光等性质产生影响。以 PbS_xSe_{1-x} 合金为例，其带隙与组分的比例相关，有如下表示[70]：

$$E_g(x,T)=263-138x+\sqrt{400+0.265T^2}\ (\text{meV}) \tag{4.4-1}$$

式中，x 是组分比例；T 是热力学温度。

PbE 组成的量子点合金材料($PbSe_xTe_{1-x}$、PbS_xTe_{1-x}、PbS_xSe_{1-x})，其性质不但是尺寸依赖，而且也会是组分依赖的。Beard 等人采用热注入方法成功制备出 $PbSe_xTe_{1-x}$、PbS_xTe_{1-x}、PbS_xSe_{1-x} 合金量子点。将两种阴离子前驱体溶液注入到包含油酸铅混合物的反应瓶，调整组分比例，得到相应的 PbE 组成的合金量子点。典型样本的合成路线是[71]：0.223 g PbO、0.7 g OA 与 5g ODE 混合装入 50mL 的反应瓶内，通入 N_2 气，在 140℃下除气 1 小时。将预先准备好的 3mL、0.5 mM 硫族元素(作为阴离子前驱体)溶液注入，反应进行 40s，然后快速冷却。当反应混合物温度降低到 70℃时，注入 5mL 无水正己烷，反应瓶进一步冷却到室温。全部阴离子溶液采用过量的 ODE 配制，数量为 3mL。每种阴离子前驱体溶液的数量见表 4.2。在反应瓶冷却到室温后，通过离心、清洗等过程，得到粉状、干燥的量子点。

表 4.2 PbE 组成的合金量子点的前驱体组成材料列表

样本	硫前驱体	硒前驱体	碲前驱体	DPP
$PbSe_xTe_{1-x}$	n/a	1M TOP—Se	0.75M TOP—Te	15μL
$PbSe_xTe_{1-x}$	n/a	0.75M TBP—Se	0.75M TOP—Te	15μL
$PbSe_xTe_{1-x}$	n/a	0.5M $(TMS)_2Se$	0.75M TBP—Te	15μL
$PbSe_xTe_{1-x}$	n/a	0.5M $(TMS)_2Se$	0.5M $(TMS)_2Te$	n/a
PbS_xTe_{1-x}	0.75M $(TMS)_2S$	n/a	0.75M TBP—Te	15μL
PbS_xTe_{1-x}	0.75M $(TMS)_2S$	n/a	0.5M $(TMS)_2Te$	n/a
PbS_xSe_{1-x}	$(TMS)_2S$	1M TOP—Se	n/a	37μL

采用上述合成方法、以不同硫族元素作为阴离子先驱体，制备 Pb 族合金量子点的吸收和 PL 光谱如图 4.61 所示。显然，合金量子点吸收和 PL 光谱既与组分比例有关，也与阴离子前驱体的种类相关。

Cd 族合金量子点的研究表明[72]，对于 TOP-Se 和 TOP-Te，后者的反应活性是前者的二倍。在使用 TOP-Se 和 TOP-Te 合成 $PbSe_xTe_{1-x}$ 量子点（Pb/(Se+Te)是 1∶1 或 2∶1)时，制备量子点中的 Te 含量要远多于 Se，原因是 Te 的反应活性更高。但是，随着阳离子与阴离子比值的升高，导致更多的 Se 参与到反应中来。图 4.61(a)的插图表明，随着反应时间的延长，量子点中含有更多的 Se 元素。此外，TBP-Se 反应动力学常数是 TOP-Se 的 1.7 倍[73]，可以采用 TBP-Se 和 $(TMS)_2Se$ 增加 Se 在合金量子点中的含量。$(TMS)_2Se$ 与 TBP-Te 组合，支持更高的 Se 反应活性，允许合成更宽范围组分比例的合金量子点，如图 4.61(b) 所示。但是，单独使用 TMS_2，能够制备出全部 Se、Te 组分比例的合金量子点，如图 4.61(c)所示。

考察$(TMS)_2S$ 对 S 参与的影响，在$(TMS)_2S$ 和 TBP-Te、$(TMS)_2S$ 和$(TMS)_2Te$、$(TMS)_2S$ 和 TOP-Se 不同组合下，图 4.61(d～f)是 PbS_xTe_{1-x} 和 PbS_xSe_{1-x}合金量子点的吸收和 PL 光谱。图 4.61(d)表明，使用 TBP-Te 可以使合金量子点有较高的 S 组分；而使用$(TMS)_2S$ 和$(TMS)_2Te$ 可以更好的控制 PbS_xTe_{1-x}量子点的组分，归因于二者具有相同的反应活性，如图 4.61(e)所示；在 PbS_xSe_{1-x}合成中，使用$(TMS)_2S$ 和 TOP-Se，合金量子点中会出现更高的 S 组分，归因于$(TMS)_2S$ 比 TOP-Se 有更高的反应活性，如图 4.61(f)所示。

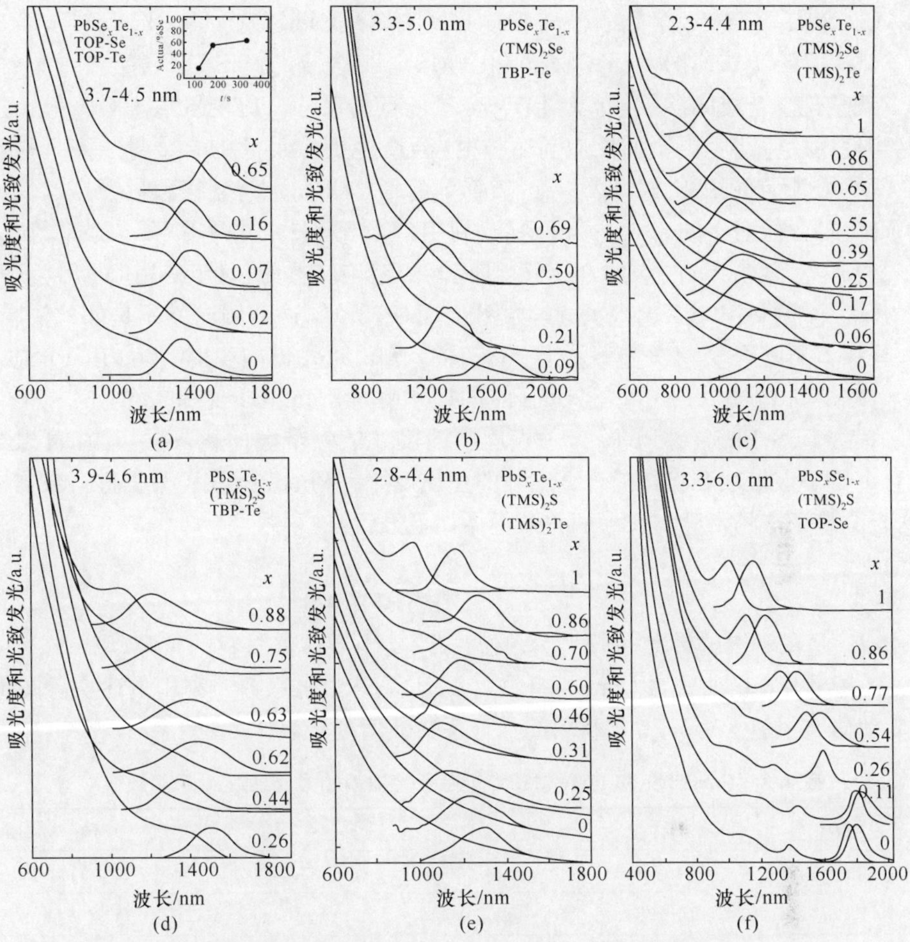

图 4.61　不同尺寸、前驱体和组分 Pb 族合金量子点的吸收和 PL 光谱[71]

图 4.61 表明，当合金量子点中 Te 的含量较高时，第一激子吸收峰变得十分不清楚，原因是 PbTe 的 1s 和 1p 电子能态过于接近，除非具有高的单分散性，否则难以分辨。令人遗憾的是，$(TMS)_2Te$ 具有较高的反应活性，致使 $PbSe_xTe_{1-x}$ 和 PbS_xTe_{1-x} 要比 PbS_xSe_{1-x} 量子点有更大的多分散性，如图 4.62 所示。图中(a)图是

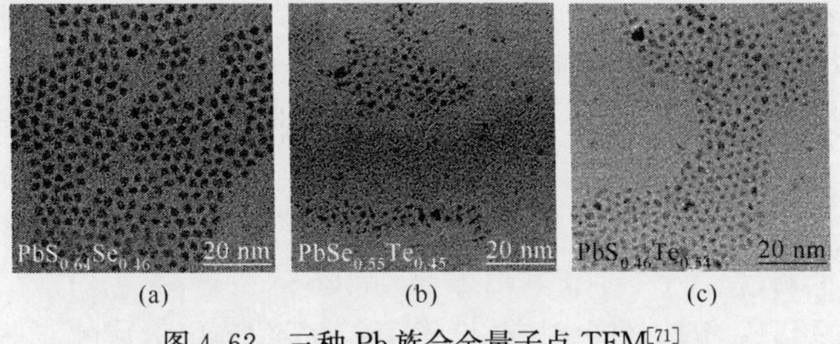

图 4.62　三种 Pb 族合金量子点 TEM[71]

$(TMS)_2S$ 和 TOP-Se 合成的 $PbS_{0.54}Se_{0.46}$；(b)图是$(TMS)_2Se$ 和$(TMS)_2Te$ 合成的 $PbSe_{0.55}Te_{0.45}$；(c)图是$(TMS)_2S$ 和$(TMS)_2Te$ 合成的 $PbS_{0.46}Te_{0.54}$。

调整化学合成的参数，可以调谐合金量子点的尺寸。比较图 4.61(a)～(c)发现，当使用反应速度更快的反应前驱体时，会产生更小尺寸的合金量子点。对于图 4.61(f)所示的 PbS_xSe_{1-x} 量子点，随着 S 的增加，PL 光谱蓝移和量子点的尺寸会下降。同样，对于图 4.61(c)所示的、利用$(TMS)_2Se$ 和$(TMS)_2Te$ 制备 $PbSe_xTe_{1-x}$ 量子点，随着 Se 的增加，也会得到相同的结论。然而，对于采用$(TMS)_2S$ 和$(TMS)_2Te$ 制备 PbS_xTe_{1-x} 量子点，如图 4.61(e)所示，这个倾向就不是如此清晰，PL 光谱不再随合金组分呈现线性的蓝移。当 S 的数量减少时，例如由 $PbS_{0.86}Te_{0.14}$ 减少到 $PbS_{0.15}Te_{0.85}$，合金量子点的尺寸由 3.2nm 减少到 2.6nm。

根据 PbS、PbSe 和 PbTe 量子点已有的尺寸依赖带隙曲线，通过计算可以给出合金量子点带隙和直径随合金组分的变化规律。利用上述实验数据进行数据拟合，合金量子点的带隙与尺寸的关系遵循如下方程：

$$E_g(d)=E_g^0+\frac{1}{Ad^2+Bd+C} \tag{4.4-2}$$

式中，E_g 是量子点的带隙(以 eV 为单位)；E_g^0 是半导体体材料的带隙(以 eV 为单位)；d 是量子点的直径(以 nm 为单位)；A、B、C 是拟合系数。利用上述实验数据和其他研究报道[74～76]，Pb 族材料的拟合系数数值列于表 4.3。

表 4.3　PbS、PbSe 和 PbTe 量子点带隙尺寸依赖的拟合系数 *A*、*B*、*C* 数值

材料	E_g^0	A	B	C
PbS	0.41	0.014494	0.32589	0.07777
PbSe	0.278	0.020866	0.20636	0.42683
PbTe	0.31	0.0026367	0.22721	0.66641

为了确定组分依赖的带隙关系，这里绘出了不同组分情况下，带隙随尺寸变化的曲线，如图 4.63 所示。于是得到如下组分依赖的带隙关系式：

$$E_g(x,d)=xE_g^Y(d)+(1-x)E_g^Z(d) \tag{4.4-3}$$

式中，x 是组分比例，而 Y 和 Z 代表合金的材料。可以在上式附加一个小项 $-bx(1-x)$，使得计算模型更加完美。利用图 4.61(f)的数据，确定出 $b\sim0.09$。在已知组分和带隙的条件下，利用上述两式可以预示合金量子点的尺寸。图 4.63 给出 TEM 测量合金量子点(由不同颜色圆点或圆圈表示)平均尺寸的误差范围(短横线)，其中颜色表示：绿色对应$(TMS)_2S$ 和 TOP-Se 合成的 PbS_xSe_{1-x}；紫色对应$(TMS)_2S$ 和 TBP-Te 合成的 PbS_xTe_{1-x}；蓝色对应$(TMS)_2S$ 和$(TMS)_2Te$ 合成的 PbS_xTe_{1-x}；黄色对应 TOP-Se 和 TOP-Te 合成 $PbSe_xTe_{1-x}$；褐色对应$(TMS)_2Se$ 和 TBP-Te 合成的 $PbSe_xTe_{1-x}$；红色对应$(TMS)_2Se$ 和 TMS_2Te 合成的 $PbSe_xTe_{1-x}$。对

于 PbS_xSe_{1-x}，第一激子吸收峰十分清晰，具有好的单分散性，所以拟合方程预示值与 TEM 测量值之间有很小的偏差。反之，对于 $PbSe_xTe_{1-x}$ 和 PbS_xTe_{1-x}，在高 Te 组分情况下，第一激子吸收峰不清晰，单分散性差，所以拟合方程预示值与 TEM 测量值之间有较大的偏差。

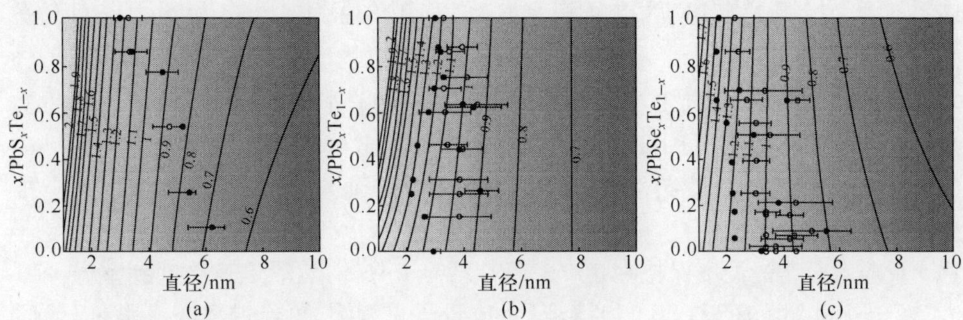

图 4.63　三种合金量子点尺寸和组分依赖的带隙拟合计算曲线和实验值[71]
(阅读彩图请扫封底二维码)

不同组分合金量子点的 XRD 如图 4.64 所示，所有的合金材料都是岩盐结构，并具有类似的晶格常数（注意：PbS、PbSe 和 PbTe 的晶格常数分别是 5.9362Å、6.124Å 和 6.459Å）。图中，$(TMS)_2S$ 和 TOP-Se 制备 PbS_xSe_{1-x}，$(TMS)_2S$ 和 $(TMS)_2Te$ 制备 PbS_xTe_{1-x}，$(TMS)_2Se$ 和 $(TMS_2)Te$ 制备 $PbSe_xTe_{1-x}$；此外，红、蓝、黄色的竖线对应于 PbTe、PbSe、PbS 体材料的 XRD。由 $PbSe_xTe_{1-x}$、PbS_xTe_{1-x} 的 XRD 看到，随着 Te 含量的增加，XRD 逐步由 PbSe 或 PbS 向 PbTe 转变。具有高 Te 含量的 $PbSe_xTe_{1-x}$ 和 PbS_xTe_{1-x} 样本，表现出宽阔的衍射峰，是由于样本的

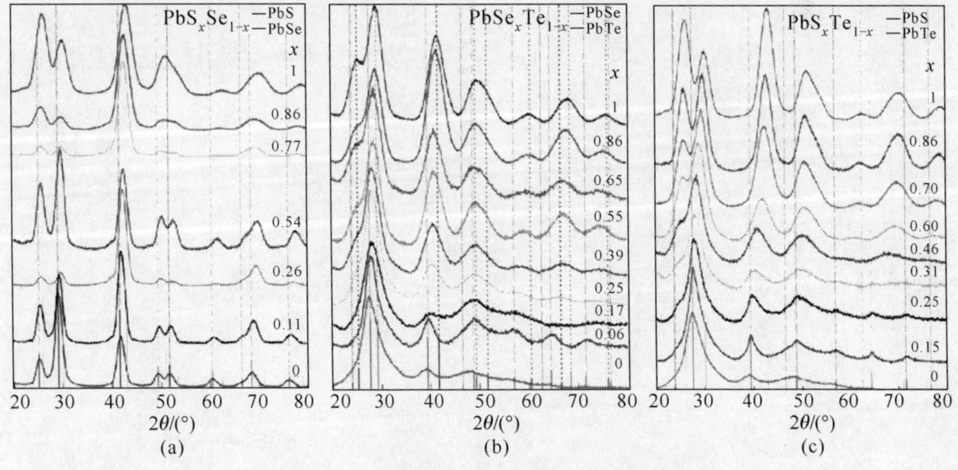

图 4.64　三种 Pb 族合金量子点的 XRD[71]
(阅读彩图请扫封底二维码)

多分散性或在合金量子点中产生不均匀的应变。对于 PbS_xSe_{1-x} 样本，XRD 逐步由 PbSe 向 PbS 转变。

PbE 组成的合金量子点材料的另一个例子是 $PbTe\text{-}Sb_2Te_3$ 体系，这是一个由两个不融合相组成的合金结构 $Pb_mSb_{2n}Te_{m+3n}$。PbTe 和 Sb_2Te_3（碲化锑）是合金体系的两个极端，在热电应用方面有着重要的应用价值[77]。PbTe 和 Sb_2Te_3 具有不同的晶格点阵，前者是立方体岩盐($Fm\bar{3}m$)结构，而后者是斜方六面体($R\bar{3}m$)结构。

一种典型的 $Pb_mSb_{2n}Te_{m+3n}$ 胶体合金量子点的合成路线是[78]：化学计量的乙酸铅水合物和醋酸锑、20.0mL ODE、5.00mL OA、5.00mL OLA 混合装入 100mL 的反应瓶，在真空、100℃条件下干燥 3～4 小时，得到均匀浅黄色的溶液。反应瓶通入 N_2 气，加热到 160℃，迅速注入恰当数量的 TOP-Te，出现咖啡色的反应混合物。反应混合物的温度保持在 150～160℃，约 1 分钟，然后迅速冷却到室温。加入 20.0mL 乙醇/正己烷(1∶1)溶液，生成量子点沉淀，再经过离心将黑色、球形 $Pb_mSb_{2n}Te_{m+3n}$ 量子点分离出来。通过调整 Pb、Sb、Te 先驱体的摩尔比例，得到不同原子组分的 $Pb_mSb_{2n}Te_{m+3n}$ 量子点。

采用上述方法制备 $Pb_mSb_{2n}Te_{m+3n}$ 量子点的 XRD 如图 4.65(a)所示，其中对应关系是：1-$Pb_{10.44}Sb_2Te_{13.44}$，2-$Pb_{8.32}Sb_2Te_{11.32}$，3-$Pb_{6.42}Sb_2Te_{9.42}$，4-$Pb_{4.36}Sb_2Te_{7.36}$，5-$Pb_{3.00}Sb_2Te_{6.00}$，6-$Pb_{2.84}Sb_2Te_{5.84}$，7-$Pb_2Sb_{5.22}Te_{9.83}$。每种合金量子点均显示出立方体岩盐结构，没有观察到与 Sb_2Te_3 或元素 Pb、Sb、Te 对应的杂质衍射峰，说明制备的量子点具有单晶属性。然而，在 $2\theta=55°$处，存在着一个次级杂质衍射峰，可以归结为纳米晶表面存在的不完全氧化物 Sb_2O_3。与 PbTe 的衍射峰相比较，合金量子点的衍射图样向大衍射角方向移动，是由于晶格融入 Sb 后导致晶格变短。随着 Sb 浓度的增加，$Pb_mSb_{2n}Te_{m+3n}$ 量子点的晶格常数开始有规律的减小，如图 4.65(b)所示。利用 Scherre 方程，根据衍射峰展宽的半宽度，计算出图示量子点的尺寸范围是 9.4～12.7nm。

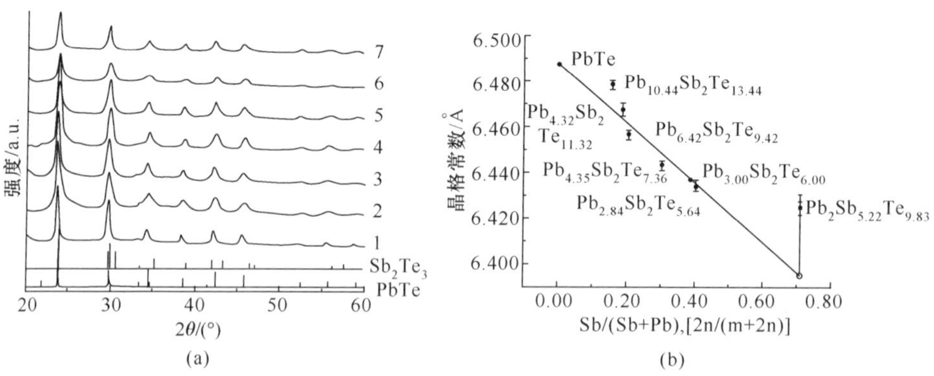

图 4.65　7 种 $Pb_mSb_{2n}Te_{m+3n}$ 量子点的 XRD 和晶格常数的变化[78]

图 4.66 是典型的 $Pb_mSb_{2n}Te_{m+3n}$ 量子点 TEM，其中对应关系是：a-$Pb_2Sb_{5.22}Te_{9.83}$，b-$Pb_{2.84}Sb_2Te_{5.84}$，c-$Pb_{6.42}Sb_2Te_{9.42}$，d-$Pb_{10.44}Sb_2Te_{13.44}$。合金量子点显示出相对窄的尺寸分布，但形状并不规则。使用 OA 和 OLA 的混合物作为表面活性剂，它们与 Pb、Sb 有较好亲和力，可以钝化粗糙的表面，导致不规则形状的产生。图 4.66(e)是 $Pb_{2.84}Sb_2Te_{5.84}$ 量子点的 HRTEM，显示出良好的结晶性。图 4.66(f)是合金量子点的电子衍射图样，再一次肯定了合金量子点是立方体岩盐结构，表 4.4 列出 $Pb_mSb_{2n}Te_{m+3n}$ 量子点的相关参数。

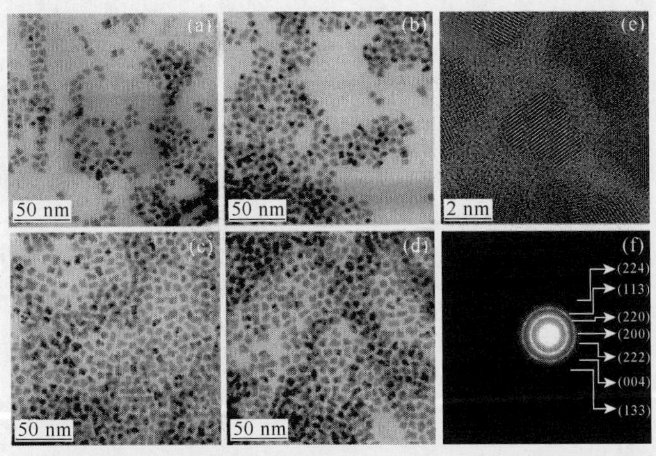

图 4.66　$Pb_mSb_{2n}Te_{m+3n}$ 量子点 TEM 和 $Pb_{2.84}Sb_2Te_{5.84}$ 量子点的 HRTEM 和电子衍射图样[78]

表 4.4　$Pb_mSb_{2n}Te_{m+3n}$ 量子点的元素组分、平均粒子尺寸、晶格常数和带隙

理论组成	实际组成(ICP-AES)	平均粒子尺寸/nm		晶格常数/Å	带隙/eV
		XRD	TEM		
$Pb_3Sb_4Te_9$	$Pb_2Sb_{5.22}Te_{9.83}$	9.4	9.8±0.5	6.428(3)	0.45
$Pb_2Sb_2Te_5$	$Pb_{2.84}Sb_2Te_{5.84}$	10.3	10.1±0.5	6.434(4)	0.42
$Pb_3Sb_2Te_6$	$Pb_{3.00}Sb_2Te_{6.00}$	11.5	11.3±0.6	6.437(1)	0.41
$Pb_4Sb_2Te_7$	$Pb_{4.36}Sb_2Te_{7.36}$	9.5	9.6±0.8	6.443(2)	0.44
$Pb_6Sb_2Te_9$	$Pb_{6.42}Sb_2Te_{9.42}$	11.8	11.7±0.8	6.457(2)	0.42
$Pb_8Sb_2Te_{11}$	$Pb_{8.32}Sb_2Te_{11.32}$	11.1	10.8±0.5	6.468(3)	0.43
$Pb_{10}Sb_2Te_{13}$	$Pb_{10.44}Sb_2Te_{13.44}$	12.7	12.4±0.7	6.479(2)	0.42

4.5　Sn 族胶体半导体量子点

Sn 族与 Pb 族半导体材料的性质类似，带隙处于红外波段，在红外探测器、热电效应，以及太阳电池等领域，有着良好的应用前景。在这里，我们介绍典型的 Sn

族胶体量子点的合成方法和基本特性。

4.5.1　SnSe 胶体量子点

SnSe 材料对环境相对友好，近几年日益引起人们的关注。硒化锡（tin selenide，SnSe）体材料具有一个 0.90 eV 的间接带隙和一个 1.30 eV 的直接带隙，属于Ⅳ-Ⅵ族半导体材料。

采用胶体法合成 SnSe 量子点的报道较少，其中 Franzman 等人首次采用液相合成技术，得到单分散的、量子受限的 SnSe 纳米晶[79]。典型样本的合成路线如下。

步骤 1，合成二（叔丁基）联硒化合物（di-tert-butyl diselenide）。在 N_2 气环境下，将 10.75 g、0.44 mol Mg 加入 200mL 的二乙醚（diethyl ether）中。然后将 50mL、0.44 mol 溴代叔丁烷（tert-butyl bromide）缓慢加入到乙醚溶液里，搅拌 30 分钟，得到一个灰色的溶液。随后加入 31.74 g、0.40 mol Se，搅拌 30 分钟。溶液冷却到冰点，将 17 g、0.33 mol 氯化铵溶解到 50mL 的蒸馏水中，再将其加入到上述混合溶液。在 10 分钟后，过量的 Mg 过滤出来，通过加入 50mL 正己烷，将有机溶液从水层中萃取出来。用氯化铵水溶液清洗 4 次。通过蒸发，有机溶液被移出，得到一个橘黄色的液体。

步骤 2，SnSe 纳米晶的合成。将 0.14 g、0.75mmol 氯化亚锡（stannous chloride，$SnCl_2$）装入反应瓶，加入 2.50mL、10.86mmol 干燥的十二胺和 0.50mL、2.10mmol 十二烷（dodecane）。在 N_2 气保护下，按 10℃ · min^{-1} 加热到 95℃，然后注入 0.38mmol、70 μL 的二（叔丁基）联硒化物。反应温度按 10℃ · min^{-1} 加热到 180℃，反应持续 4 分钟，得到一个黑色的溶液。在冷却到室温后，反应混合物溶解到 2mL 的二氯甲烷（dichloromethane，CH_2Cl_2）中，然后加入 15mL 的乙醇，经过超声和离心得到咖啡色的固体。利用 1mL 甲苯和 15mL 乙醇反复清洗，得到最后的产物，可以溶解在各种有机溶液中。

图 4.67 是上述方法制备 SnSe 纳米晶的 TEM，显示出平均宽度 19.0nm、长度是多分散的狭长形状的纳米晶。HRTEM 显示出高度的结晶性，(111) 晶面的间隔是 0.29nm。

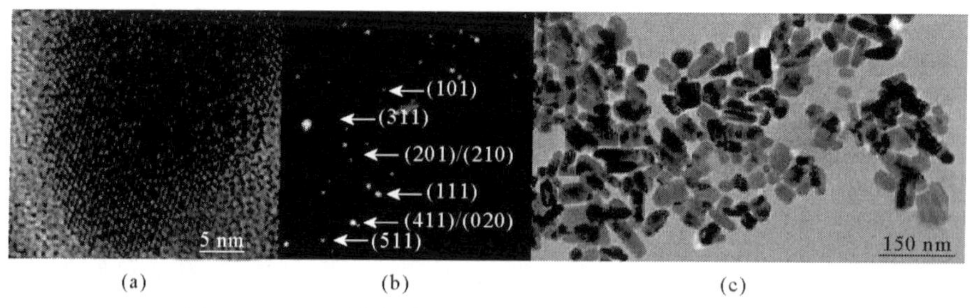

图 4.67　SnSe 纳米晶的 HRTEM、电子衍射和 TEM[79]

上述方法制备 SnSe 纳米晶的 XRD 和 ICP 如图 4.68 所示，SnSe 纳米晶显示出斜方晶系晶相。它是由一系列 Sn 和 Se 双层组合，具有高度扭曲岩盐结构。与斜方晶系结构 SnSe 标准 XRD 衍射图谱(JCPDS 048-1224)比较，相应晶格常数是 a=11.55Å、b=4.16Å、c =4.45Å。此外，这种合成方法制备出纯 SnSe 结晶，没有看到 SnO、SnO_2、$SnSe_2$，或 Se 结晶的存在。由 ICP 测试得到，这里制备 SnSe 纳米晶中的 Sn∶Se 比例接近于 1∶1。

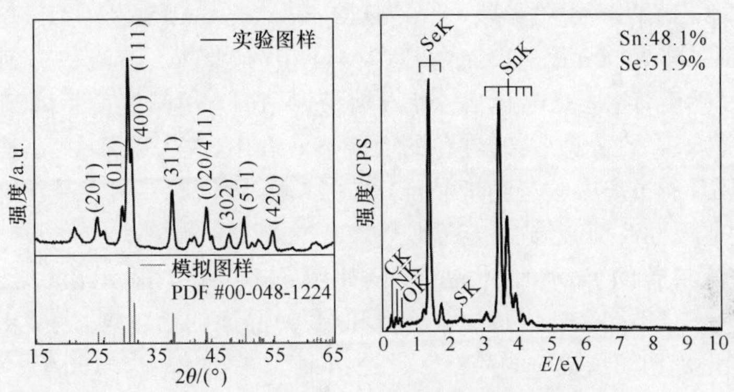

图 4.68 SnSe 纳米晶的 XRD 和 ICP[79]

SnSe 纳米晶吸收光谱如图 4.69 所示，根据第一激子吸收峰的位置，SnSe 纳米晶直接带隙是 1.71eV，相对体 SnSe 材料带隙(1.30 eV)蓝移 0.41eV。因此，在图 4.67的纳米晶尺寸下，SnSe 纳米晶仍然显示出良好的量子尺寸受限效应。

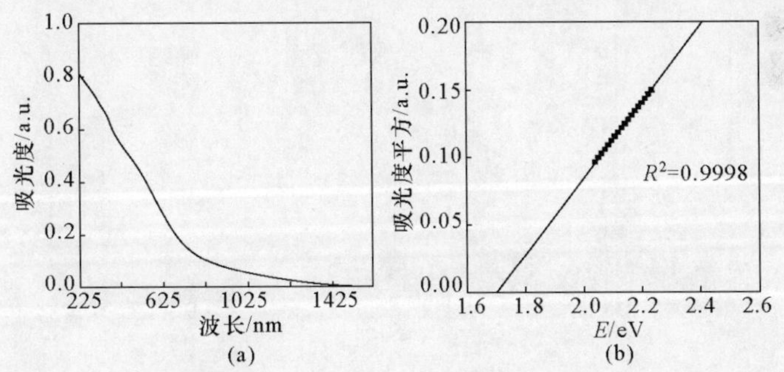

图 4.69 SnSe 纳米晶吸收光谱和吸光度平方数值拟合直接带隙的确定[79]

在传统的胶体半导体纳米晶的合成中，TOP 用作为反应的配位体，它易于在纳米晶上残留磷化物。此外，有机复合物[二(三甲基硅基)胺]基锡(tin(Ⅱ) bis[bis(trimethylsilyl)amide]，$Sn[N(SiMe_3)_2]_2$)适合作为合成锡硫族化合物的锡前驱体，但是它对水和空气是敏感的，而且价格昂贵并具有一定毒性。值得推荐的合成路线是，采用无烷基磷合成低毒性 SnSe 纳米晶。这个方法采用结晶态氢氧化亚锡(stannous hydroxide,$Sn_6O_4(OH)_4$)作为 Sn 前驱体,硒脲$(H_2N)_2C=Se$作为 Se 前驱体,OLA 作为溶剂和配位体。典型样本的合成路线如下[80]。

步骤 1,$Sn_6O_4(OH)_4$ 的合成。将 0.1517 g、0.800mmol $SnCl_2$ 和 1.9224 g、7.200mmol OLA 与 0.9072 g ODE 混合装入三口瓶,并处于 N_2 气环境。在加入 20mL H_2O 后,在室温环境可以看到黄色、浑浊的溶液。搅拌几分钟,通过离心收集黄色混浊物。利用甲苯纯化样品,在 50℃下干燥。

步骤 2,SnSe 纳米晶的合成。将 0.0422 g、0.05mmol $Sn_6O_4(OH)_4$、1mL OA 和 10mL OLA 装入 50mL 三口瓶中,通入 N_2气移除氧气。溶液加热到 140℃,保持 30 分钟。然后,注入 3mL 硒脲/OLA 溶液(0.1M),溶液温度下降到 130℃,颜色变成暗红色。在 5 分钟后,暗红色的反应溶液取出,放入甲苯中,迅速冷却到室温。加入甲醇,通过离心收集纳米晶;再经过纯化得到 SnSe 纳米晶。这些纳米晶再次溶解到非极性溶剂,形成稳定的胶体溶液。

上述方法制备的 SnSe 纳米晶 XRD 如图 4.70 所示,显示出(201)、(011)、(111)、(400)、(311)、(020)、(411)、(511)和(420)晶面的衍射峰,表明正斜方晶体结构(JCPDS 32-1382),相应的晶格常数是:$a=11.420$Å、$b=4.190$Å、$c=4.460$Å,以及 $\alpha=\beta=\gamma=90°$。

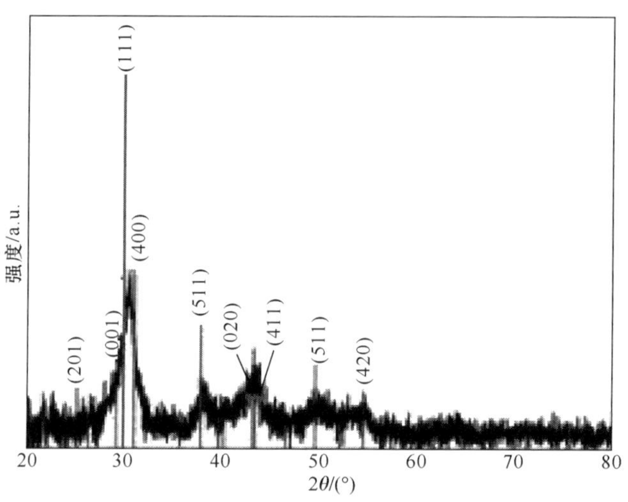

图 4.70　SnSe 纳米晶的 XRD[80]

调整反应条件,包括反应温度和 Sn/Se 的摩尔比,SnSe 纳米晶尺寸和形状会发生变化,不同反应条件制备 SnSe 纳米晶的 HRTEM 如图 4.71 所示。当硒脲/OLA 注入温度是 110℃时,如果 Sn/Se 的摩尔比是 1∶2,则制备出尺寸 19.5nm 的立方体 SnSe 纳米晶,如图 4.71(a)所示;如果 Sn/Se 的摩尔比是 1∶1,则制备出尺寸 7.2nm 的球形 SnSe 纳米晶,如图 4.71(b)所示;如果 Sn/Se 的摩尔比是 2∶1,

则制备出尺寸 24nm 的立方体薄层 SnSe 纳米晶，厚度是 5nm，如图 4.71(c)所示。当硒脲/OLA 注入温度是 140℃时，如果 Sn/Se 的摩尔比是 1∶2，则制备出尺寸 16.6nm 的立方体 SnSe 纳米晶，如图 4.71(d)所示；如果 Sn/Se 的摩尔比是 1∶1，则制备出椭球形 SnSe 纳米晶，如图 4.71(e)所示；如果 Sn/Se 的摩尔比是 2∶1，则制备出尺寸 18nm 立方体 SnSe 纳米晶，如图 4.71(f)所示。

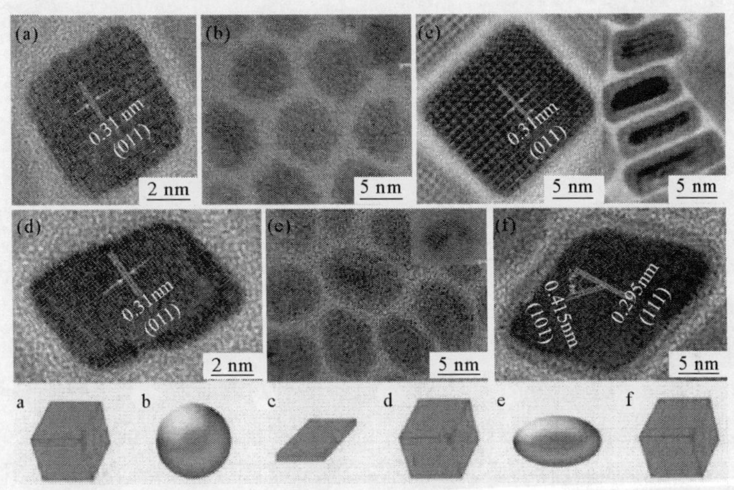

图 4.71　调整反应温度和 Sn/Se 摩尔比例，SnSe 纳米晶尺寸和形状的变化[80]

由于 SnSe 纳米晶成核和生长过程几乎同时完成，反应时间对形态的影响很小。TEM 表明，无论是 110℃，还是 140℃的反应温度，只要 Sn/Se 的摩尔比是 1∶1，SnSe 纳米晶均呈现类球形的形态。反之，Sn/Se 的摩尔比是其他比例时，SnSe 纳米晶呈现立方体的形态。因此，SnSe 纳米晶形态和尺寸明显依赖于 Sn/Se 的摩尔比。在纳米晶最稳定时，具有最低的化学势，化学势强烈的依赖于纳米晶表面原子的比例(在它们有相同体积时)。当硫脲/OLA 以 Sn/Se 摩尔比 1∶1 注入到 Sn 前驱体溶液时，Se 和 Sn 的单体浓度同时降低。在两者单体浓度最低时，反应溶液的化学势最低。因此，这时产出的纳米晶具有低的化学势，而且纳米晶优先选择这个结果。当 Sn/Se 摩尔比是 1∶2 或 2∶1 时，随着成核期间两者单体的消耗，其中一个单体有较高的浓度，导致反应溶液具有整体较高的化学势。这个较高的化学势使纳米晶也具有较高的化学势，所以 Sn/Se 是 1∶2 或 2∶1 的摩尔比会产生立方体的纳米晶。

同样，反应温度对 SnSe 纳米晶形状和尺寸也会产生影响。在 Sn/Se 摩尔比相同的情况下，不同反应温度会产生不同尺寸和形状的纳米晶。当反应温度较低时，成核密度较高，但晶核尺寸较小。因此，反应温度 110℃与 140℃比较，前者会产生尺寸小的、数量更多的晶核。当 Sn/Se 摩尔比是 1∶1 时，在成核结束后两者的先驱体同时耗尽。剩余的低单体浓度不足以维持 SnSe 晶核的生长，所以成核后 SnSe 纳米晶的尺寸就确定了，而且反应温度 110℃产生的纳米晶尺寸要小于 140℃的尺寸。当 Sn/Se 摩尔比是 1∶2 或 2∶1 时，其中一个单体在成核阶段后仍然有剩余的单体浓度支持结晶生长。在较低的 110℃时，反应溶液具有较高的黏滞性，阻碍反应物的有效扩散，SnSe 晶核只能消耗附近的单体得以生长，直至所有单体消耗殆尽。缓慢的扩散将产生不同尺寸的纳米晶，以及大的尺寸分布标准差。在较高的反应温度 140℃时，反应物容易扩散，全部的单体均可以支持每一个 SnSe 晶核的生长，从而获得窄的尺寸分布。

4.5.2　SnS 胶体量子点

SnS 也是一种重要的Ⅳ-Ⅵ族半导体材料，体材料具有直接带隙 1.3 eV 和间接带隙 1.09 eV，类似于硅的相应数值。因为它的正斜方晶格结构、恰当的带隙、低毒性和廉价的成本，SnS 在光电探测器和太阳电池等领域有着广泛的应用。由于尺寸和形态调谐的效应，SnS 量子点显示出异于其体材料的不同特性。

与 CdS、CdSe 和 PbS 这些立方体结晶结构的材料比较，SnS 的层晶结构使其制备出量子点更加困难，难以获取足够小的尺寸和良好的单分散性。Hichey 等人的工作为 SnS 胶体量子点的制备奠定了基础，他们采用 $Sn[N(SiMe_3)_2]_2$ 作为油酸锡的先驱体，使得合成反应快速完成。典型样本的合成路线是[81]：5mL (15.6mmol) ODE、3mL (6.7mmol) TOP、4.5mL (14.2mmol) OA 与 0.78mL (2mmol) $[Sn\text{-}[N(SiMe_3)_2]_2$ 混合装入三口瓶，氮气注入和排空氧气，然后加热到 180℃。在这个温度下保持 30 分钟，以便清除水分。随后，10mL (30.4mmol) OLA、3mL (6.7mmol) TOP 与 0.075g (1mmol)硫化乙酰胺(thioacetamide，TA)组成的混合物，迅速注入到反应瓶中。在 120～180℃，反应继续进行，以便得到所需尺寸的量子点。为了获得三角形的纳米晶，需将 5mL (15.2mmol) OLA、3mL (6.7mmol) TOP 和 0.075g (1mmol) TA 注入到 Sn 混合物，在达到所需的反应时间后，反应温度迅速降低到室温，纳米晶从反应混合物中被移出。

采用上述合成方法制备 SnS 纳米晶的 TEM 和 HRTEM 如图 4.72 所示，显示出良好的单分散性和结晶性。图 4.73 是球形 SnS 量子点的 XRD(竖线是体硫锡矿 XRD 衍射峰强度和位置)，显示出 α-SnS 斜方晶系结构(JCPDS 39-354)，具有 Pbnm 对称性，a=4.305Å、b=11.262Å、c =3.976Å。三角形的粒子也具有硫锡矿(herzenbergite)结构，二者 a、c 方向相当、长轴 b 拉长 7%。三角形粒子主要终结于(110)和(100)小晶面。这些小晶面包含暴露于真空的两种原子，即 Sn 和 S 原子，如图 4.72(c)所示。只有(010)小晶面是一种类型的原子，即 Sn 或 S 原子，是唯一稳定的小晶面。在粒子生长期间，一旦(110)和(100)小晶面获得 Sn 和 S 原子，这些边界面开始生长过程。相比而言，由 Sn 和 S 单种类原子层组成稳定的小晶面(即形成(010)边界面),难以形成沿〈010〉方向的交替生长。

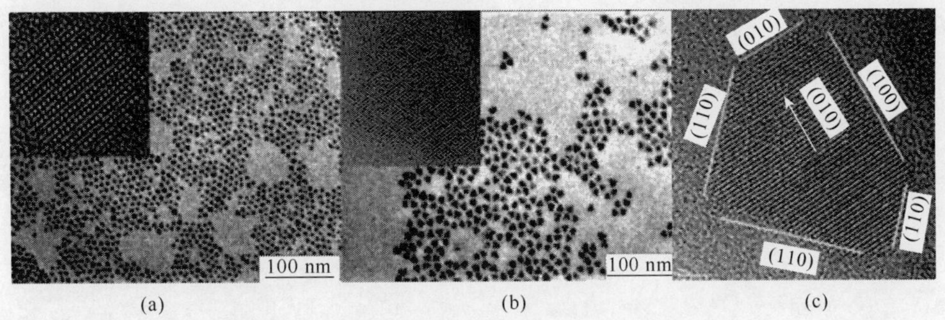

图 4.72　球形(a)和三角形(b、c)SnS 纳米晶的 TEM 和 HRTEM[81]

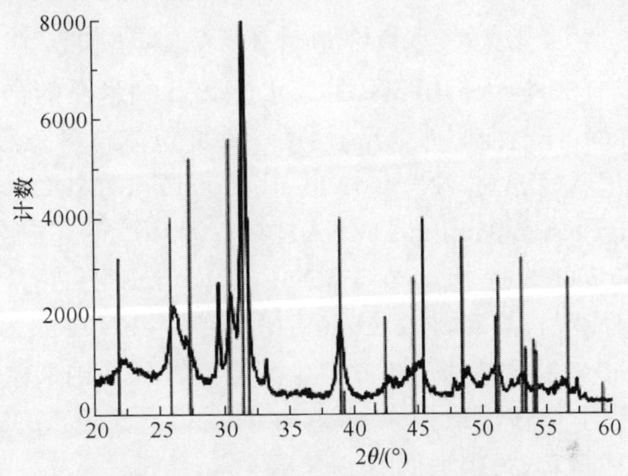

图 4.73　SnS 球形量子点的 XRD[81]

可以预期,不同小晶面对单体和配位体的竞争性吸收,导致这些小晶面生长速度的变化。在高单体浓度的情况下,不同小晶面生长速度的差别会产生各向异性的形状。不同小晶面的相对生长速度,可以通过调整表面活性剂的比例实现控制。因此,SnS 纳米晶的形状控制,可以通过调整 OA/OLA 的比例来实现。开始时 OA/OLA 为 1∶2,形成球形纳米粒子,如图 4.72(a)所示;当羧酸浓度增加时,粒子的尺寸随之增加,同时粒子变得多角性。当 OA 浓度较高时,OA/OLA 达到 1∶1,粒子呈现出清晰的三角形或梯形,如图 4.72 所示。

直径 7nm、OA/OLA 是 1∶1 的 SnS 纳米晶吸收光谱如图 4.74 所示,插图是吸收系数($\alpha^{1/2}$)随能量(eV)变化曲线,显示出直线形态表明这个吸收对应于间接跃迁。在使用 tin(II)硫化物情况下,SnS 体材料具有比较接近的直接和间接带隙(0.2 eV 的差异)。在量子尺寸受限的情况下,两者的相对位置是不确定的,存在带隙移动和重叠的可能性,由此发生能态的混合和彼此能态的互换。因此,考虑到纳米晶表面态的存在,就目前的研究而言,这个吸收真实性质有待于深入的研究。

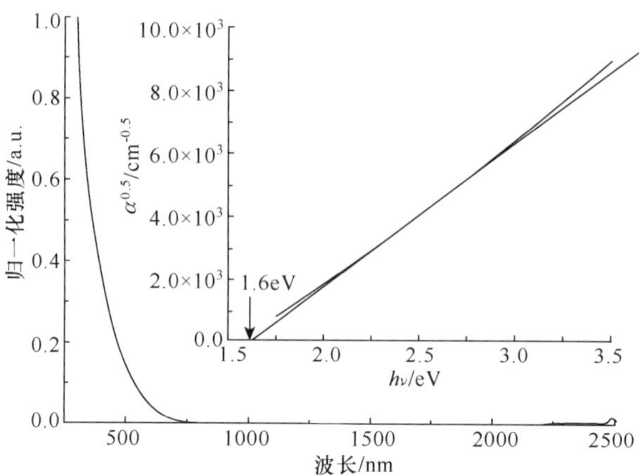

图 4.74　SnS 量子点吸收光谱和吸收系数平方根随能量的线性变化[81]

除了上述合成方法外，人们给出一种亲水性 SnS 纳米晶的合成方法。这种方法采用 $SnBr_2$ 和 Na_2S 作为前驱体，分别使用三种配位体材料三乙醇胺（triethanolaime，TEA）、N-甲基二乙醇胺（N-methyldiethanolamine，MDEA）、N，N-二甲基乙醇胺（N，N-dimethyl-ethanolamine，DMEA），在室温环境下完成合成。使用 TEA 制备典型样本的合成路线是[82]：0.056 g $SnBr_2$ 与 20mL 乙二醇（ethylene glycol，EG）、4mL TEA 组成混合溶液，将 2mL(0.1M)溶解在 EG 中的 Na_2S 溶液历经 10 分钟逐滴的加入 $SnBr_2$ 混合溶液。由此产生深褐色的 SnS 纳米粒子，经过离心、乙醇清洗 4 次，SnS 量子点被提取出来，储存在溶剂里。使用 MDEA、DMEA 替代 TEA，重复上述合成过程，得到类似的 SnS 量子点。

利用 TEA 作为稳定配位体，制备出小的、单分散的 SnS 量子点，TEM 如图 4.75(a)所示，显示出球形的量子点。图 4.75(b)是单个量子点的 HRTEM，清晰显示出原子晶格的边缘，表现出高度结晶性。图 4.75(c)粒子尺寸直方图，显示出粒子尺寸是 3.2nm。当使用 MDEA 作为稳定配位体时，粒子尺寸是 4.0nm；当使用 DMEA 作为稳定配位体时，粒子尺寸是 5.0nm。因此，SnS 量子点尺寸和单分散性可以通过稳定剂的羧基团数目进行调整。与 MDEA 比较，使用 TEA 会产生较小的、更加具有单分散性的量子点，而使用 MDEA 比使用 DMEA 会获得较小的、更具单分散性的量子点。

SnS 量子点电子衍射图样(SAED)如图 4.75(d)所示，一系列清晰的衍射环与斜方晶相 SnS(Pbnm；a=11.143Å，b=3.971Å，c=4.336Å)相对应。相应的晶面是：1-(101)；2-(201)、(210)；3-(011)、(111)、(301)、(400)；4-(211)、(401)；5-(311)、(410)；6-(102)、(020)、(501)、(112)；7-(121)、(511)。没有显示出存在立方体晶相的 SnS。

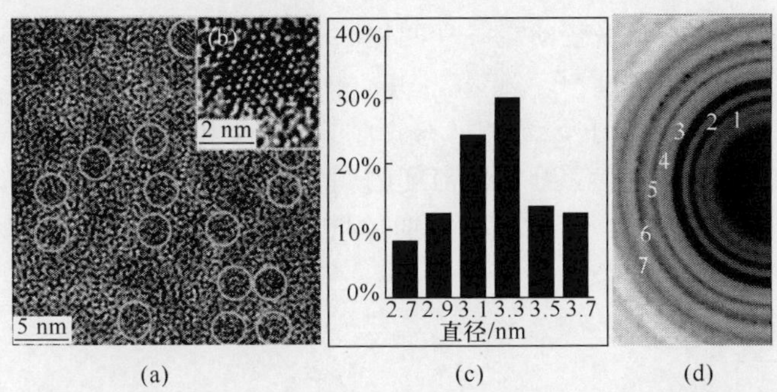

图 4.75　使用 TEA 制备 SnS 量子点的 TEM、尺寸分布和电子衍射图样[82]

将 SnS 量子点溶液滴涂在玻璃基底上，形成量子点薄膜，图 4.76 是使用 MDEA、DMEA、TEA 制备的三个样本的反射率测量数据。图 4.76(a)表明，使用 TEA 和 MDEA 制备样本具有较小的、更加单分散的 SnS 量子点，薄膜反射率的边界相对蓝移 0.4 eV。由插图看到反射率对光子能量 $h\nu$ 的一阶导数曲线，反射率的变化率峰值对应于 SnS 量子点薄膜反射率的边界。TEA 和 MDEA 制备样本的反射率边缘是 1.65 eV，高于 SnS 体材料的数值(1.1eV)，与前述尺寸 7nm SnS 纳米晶的 1.6eV 相接近[81,83,84]。此外，与 MDEA 的样本比较，TEA 的样本具有更好的单分散性和更窄的峰。这些数据表明，随着 SnS 量子点尺寸的减小，带隙随之变大。相比之下，DMEA 样本反射率的变化率显示出两个峰，分别位于 1.6eV 和 1.2eV。这个现象最有可能归结于 DMEA 样本中存在两个尺寸分布：一个尺寸大于 6.5nm，对应峰值是 1.2eV，类似于 SnS 体材料的性质；一个尺寸小于 6.5nm，对应峰值是 1.6eV。

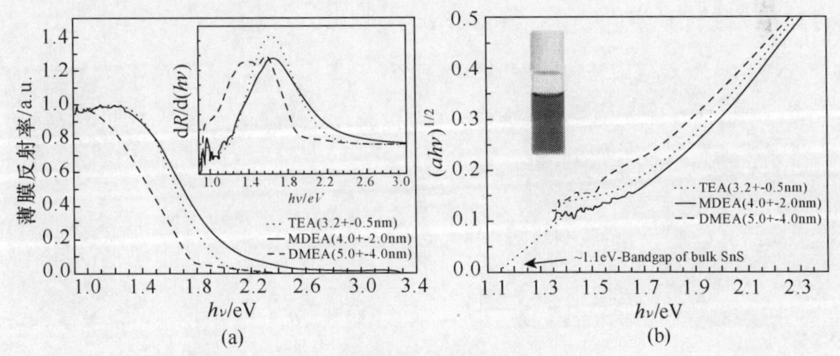

图 4.76　SnS 量子点薄膜反射率 R(插图是一阶导数)和 $R^{0.5}$ 随光子能量变化曲线[82]
(阅读彩图请扫封底二维码)

将 SnS 量子点溶解在乙醇中，得到褐色胶体量子点溶液，吸收光谱如图 4.76(b)所示。样本在紫外-可见区域有连续的吸收截面，而且随着向紫外方向延伸，吸收截面逐渐增加。显然，这些样本显示出体半导体间接带隙材料的特性。这些关系曲线十分接近抛物线，做这些曲线线性变化区域的切线，可以估计这些间接带隙材料的禁带宽度 E_g。对于 DMEA 样本，估计间接带隙是 $E_g \approx 1.1$ eV，表明大尺寸 SnS 粒子的光学性质类似于 SnS 体材料。对于 TEA 和 MDEA 样本，没有看到线性的区域，这一点与量子点零维状态密度的属性预期是一致的；此外，也体现纳米晶尺寸足够小时，量子尺寸受限作用愈加体现出来。上述样本没有观察到 PL 荧光，与 SnS 纳米晶间接带隙的特性符合。

4.5.3 SnTe 胶体量子点

SnTe 是Ⅳ-Ⅵ族窄带半导体材料，具有直接带隙(0.18 eV)，是良好的中红外探测器和热电转换材料。

SnTe 量子点合成的报道较少，2007 年首次制备出尺寸较为均一的 SnTe 胶体量子点，典型样本的合成路线是[85]：在 200℃的条件下，元素 Te 溶解在 TOP 中，得到 TOP-Te 溶液(其中 Te 占 10%比例)。0.16mL (0.4mmol) $Sn[N(SiMe_3)_2]_2$ 溶解到 6mL ODE，得到 Sn 注入溶液。将 14mL OLA 装入 100mL 三口瓶，在 100℃、真空下去除瓦斯 1 小时，然后注入 1mL TOP-Te 溶液(0.73mmol Te)。反应温度升高到 150～180℃，Sn 注射液迅速注入反应瓶。反应温度降低到 120～150℃，保持 1.5 分钟后结束反应。加入 3mL OA 冷却溶液，再将氯仿/丙酮的混合溶液(1∶1)加入到量子点溶液，通过离心提取量子点。将量子点溶解到氯仿，加入丙酮发生沉淀，进行两次提纯。最后，量子点溶解到非极性溶剂中，得到稳定的胶体量子点溶液。

采用上述合成方法制备 SnTe 量子点，TEM 如图 4.77(a,b)所示。XRD 如图 4.77(c)所示，HRTEM 如图 4.77(d,e)所示，显示出良好的结晶性和体 SnTe 立方体岩盐晶格结构(空间点阵：Fm3m；a=6.235Å)，粒子平均尺寸是 10.2nm。

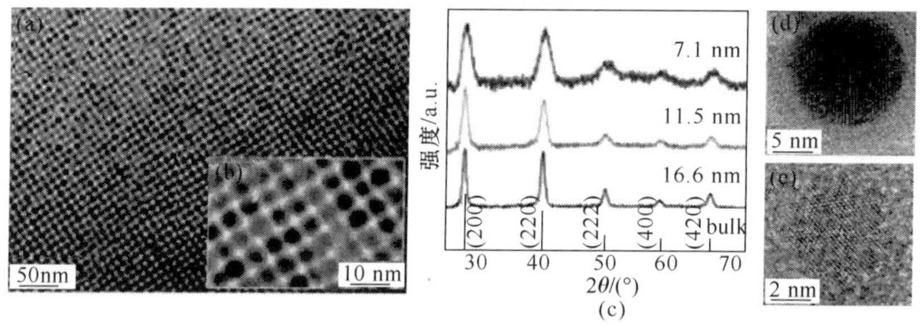

图 4.77　SnTe 量子点的 TEM、XRD，沿[001]和[111]的 HRTEM[85]

调整注入反应混合物的剂量、生长温度、OLA 的浓度，SnTe 量子点尺寸由 4.5nm 提高到 15nm，如图 4.78 所示。一般而言，随着注入剂量和生长温度的提高，量子点尺寸随之增加。实验表明，获得单分散 SnTe 量子点的最佳反应温度是 90～150℃。此外，如果反应混合物中稳定剂(OLA)的浓度降低，量子点尺寸也会降低。由于伯胺(primary amine)与Sn^{2+}离子形成复合体,因此较低的OLA浓度导致纳米晶成核速度的增加。随着大量晶核的形成,用于SnTe量子点生长的前驱体数量不足,由此产生较小尺寸量子点。

SnTe量子点吸收光谱如图4.79所示,吸收峰位于红外区间。SnTe体材料是直接带隙材料,类似于PbS的带隙结构,吸收峰可以归结于$1S_h$-$1S_e$的激子跃迁。位于3.4 μm附近的尖锐吸收线,表明OA振动模式被约束到量子点表面。通过调整量子点尺寸,可以改变吸收峰的位置。当SnTe量子点尺寸是14nm和7.2nm时,吸收峰确定出光学带隙的大小是0.39eV和0.54eV。

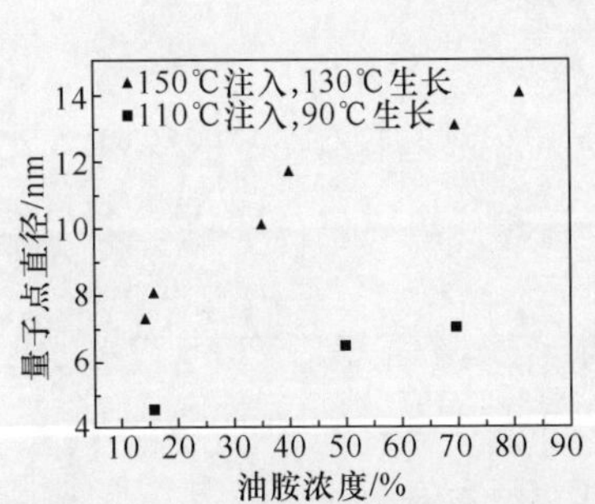

图4.78 反应温度和OLA浓度变化对SnTe量子点尺寸的影响[85]

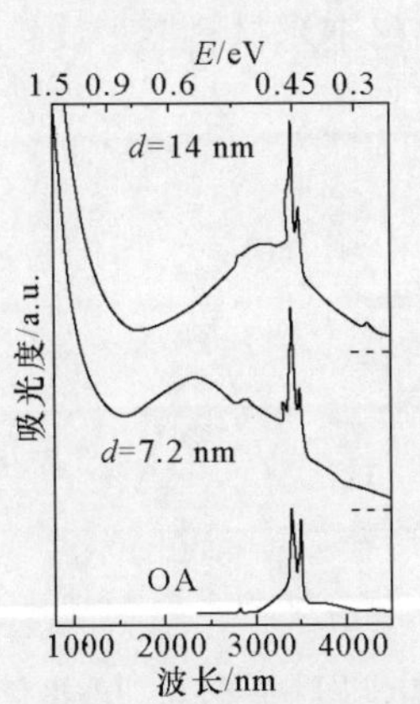

图4.79 尺寸7.2nm、14nm SnTe量子点和OA的吸收光谱(点线是参考零点线)[85]

4.5.4 Sn族胶体合金或掺杂的量子点

Sn合金或掺杂材料相关的研究报道寥寥无几,主要涉及三元复合材料:$Pb_{1-x}Sn_xTe$和$Pb_{1-x}Sn_xSe$。对于$Pb_{1-x}Sn_xSe$体材料,具有立方体晶格结构,一般是Pb富裕($x<0.4$)。图4.80是这些三元合金体材料的带隙E_g、折射率n、晶格常数a随合金比例的变化曲线[70]。

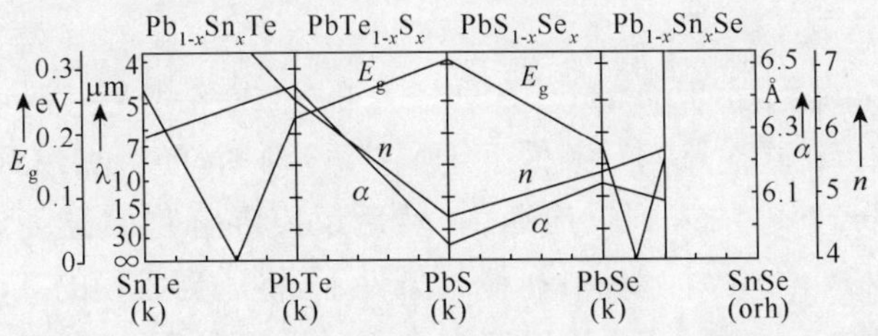

图4.80 $Pb_{1-x}Sn_xTe$、$PbTe_{1-x}S_x$,$PbS_{1-x}Se_x$和$Pb_{1-x}Sn_xSe$体材料带隙、晶格常数和折射率[70]

比较而言，$Pb_{1-x}Sn_xTe$ 材料要比它的两端材料 PbTe(0.29 eV)和 SnTe(0.18 eV)具有更窄的带隙，随着 Sn 组分浓度的变化，带隙的变化是不规则的。Dimmock 等人提出能带反转模型(reversal pattern)，即相对于 PbSe 的能带，SnTe 价带和导带反转了，较好的解释了这个现象[86]。在开始阶段，随着 Sn 组分浓度 x 的增加，$Pb_{1-x}Sn_xTe$ 材料带隙变小，在某一合金比例的情况下带隙为零(价带与导带汇集于一点，$E_g=0$)。随着 Sn 组分比例的进一步增加，带边结构趋同于 SnTe 的数值，如图 4.81(a)所示。实验研究表明，在带隙为零的时候，相应 Sn 组分浓度(x)是温度的函数。当温度由 4K 增加到 300K 时，Sn 组分浓度 x 由 0.32 变化为 0.65。图 4.81(b)给出纳米材料能带反转的情况。

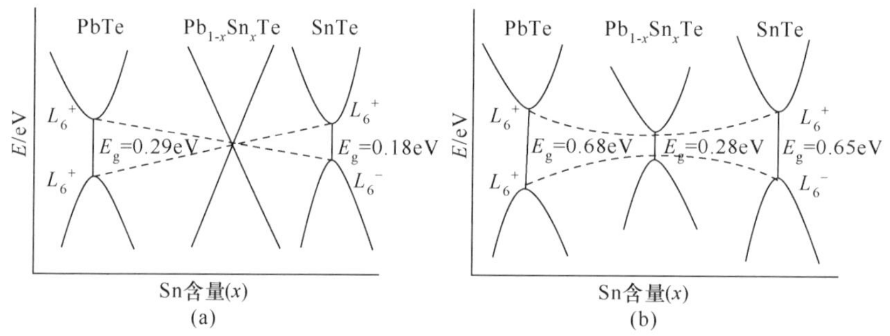

图 4.81　体材料和纳米材料 $Pb_{1-x}Sn_xTe$ 带隙随 Sn 组分 x 变化[86]

Arachchige 等人详细研究 $Pb_{1-x}Sn_xTe$ 合金量子点的能带结构，分析组分和尺寸如何双重影响量子点的能带结构[87]。为了说明这个问题，采用如下路线合成出典型的 $Pb_{1-x}Sn_xTe$ 合金量子点、SnTe 量子点和 PbTe 量子点。

(1) $Pb_{1-x}Sn_xTe$ 量子点的合成。全部合成是在真空条件下、利用 Schlenk 系统完成。0.3793g (1mmol)乙酸铅水合物、9.4mL ODE 与 0.6mL OA 混合，加热到 70℃，保持 3 小时，得到油酸铅原液。0.16mL (0.4mmol) 二[二(三甲基甲硅烷基)氨基]锡(II)(bis[bis(trimethylsilyl)amino]tin(Ⅱ))与 2mL ODE 混合，得到 tin(Ⅱ)注射液。将 2.552g (20mmol)元素 Te 与 20mL TOP 混合，加热到 150℃，得到 1.0M TOP-Te。

典型的 7.5nm 尺寸 $Pb_{1-x}Sn_xTe$ 量子点的合成路线是：17mL OA 放置在 100mL 反应瓶内，在真空、100℃条件下干燥 2～3 小时，随后加热到 140℃。适当数量油酸铅/ODE 溶液加入到反应瓶内，然后反应混合物的温度加热到 150℃。在 150℃时，注入 tin (Ⅱ)注射液；在搅拌条件下，将适当数量的 Te/TOP 快速注入到反应混合物中。在注入后，让反应混合物的温度处于 150～145℃，保持 1.5 分钟。利用冰水浴使反应混合物的温度下降到室温，再加入 3mL OA。加入氯仿/丙酮(1：1)混合物，通过离心使反应生成的纳米晶沉淀，将黑色球形的 $Pb_{1-x}Sn_xTe$

量子点分离出来。纯化的量子点分散在氯仿或四氯化碳中，得到稳定的胶体悬浮液。通过调整 Pb/Sn 的摩尔比，不同组分比例的 $Pb_{1-x}Sn_xTe$ 合金量子点被制备出来。

(2) SnTe 量子点的合成。典型的 7.5nm 尺寸 SnTe 量子点的合成路线是：0.4mmol bis[bis (trime thylsilyl) amino] tin(Ⅱ)、0.75mmol Te/TOP 与 OA/ODE(17mL/3mL)混合，加热到 150℃，保持 1.5 分钟。通过隔离、纯化后，得到 SnTe 量子点。

(3) PbTe 量子点的合成。典型的 7.5nm 尺寸 PbTe 量子点的合成路线是：在 70℃条件下，将 1.5mmol $Pb(Ac)_2 \cdot 3H_2O$、0.5mL OA 与 ODE 混合。温度升高到 180℃，再将 4.5mL(1.0M) Te/TOP 注入到反应混合物中。反应温度稳定在 155～160℃，保持 1.5 分钟，然后快速冷却到室温。通过隔离、纯化后，得到 PbTe 量子点，溶解在正己烷、氯仿或四氯乙烯，得到稳定的胶体悬浮液。

采用上述合成路线制备不同组分 $Pb_{1-x}Sn_xTe$ 量子点(对应标号是：a-$Pb_{0.86}Sn_{0.14}Te$；b-$Pb_{0.8}Sn_{0.2}Te$；c-$Pb_{0.5}Sn_{0.5}Te$；d-$Pb_{0.33}Sn_{0.67}Te$；e-$Pb_{0.2}Sn_{0.8}Te$；f-$Pb_{0.14}Sn_{0.86}Te$)，XRD 如图 4.82(a)所示，显示出立方体 NaCl 类型的晶格结构(PDF 08-0028)。衍射峰向较大的 2θ 方向移动，说明 Sn 成功的并入到 PbTe 的晶格。晶格常数处于 SnTe 和 PbTe 晶格常数之间，而且随着 Sn 浓度由高到低的变化，晶格常数有规律的下降，如图 4.82(b)所示。根据 Bragg 衍射峰的线宽，上述组分范围 $Pb_{1-x}Sn_xTe$ 量子点的平均尺寸是 4.4～5.1nm。此外，XRD 中没有看到任何与 SnTe 或元素 Pb、Sn、Te 相关的信息。

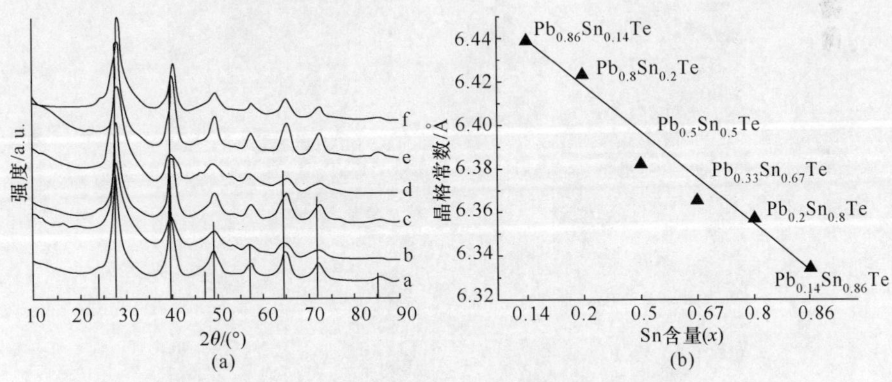

图 4.82　不同组分 $Pb_{1-x}Sn_xTe$ 量子点 XRD 和晶格常数随组分 x 变化[87]

$Pb_{1-x}Sn_xTe$ 量子点 TEM 如图 4.83 所示，显示出球形形状。对于全部组分范围(对应标号关系是：a-$Pb_{0.86}Sn_{0.14}Te$；b-$Pb_{0.8}Sn_{0.2}Te$；c-$Pb_{0.5}Sn_{0.5}Te$；d-$Pb_{0.33}Sn_{0.67}Te$；e-$Pb_{0.2}Sn_{0.8}Te$；f-$Pb_{0.14}Sn_{0.86}Te$)，粒子平均尺寸是 6.0～8.7nm。显然，

利用衍射峰线宽计算出的微晶尺寸，要小于由 TEM 得到的粒子尺寸。这个差异是因为合金粒子的外部是一个非晶壳，如图 4.83(i) HRTEM 所示。总体而言，$Pb_{0.86}Sn_{0.14}Te$ 和 $Pb_{0.14}Sn_{0.86}Te$ 量子点是单分散的、无聚集的、球形纳米粒子，与图 4.83(g,h)所示 SnTe 和 PbTe 量子点比较，有着类似的尺寸和形状。对于 1∶1 (Pb∶Sn)组分比例的 $Pb_{0.5}Sn_{0.5}Te$ 量子点，显示出球形到椭球形的形状，与其他组分量子点比较，$Pb_{0.5}Sn_{0.5}Te$ 量子点呈现出多分散性。这个各向异性的生长归结于 Pb 和 Sn 在反应活性或亲和性上的差异，即 Pb^{2+} 与油酸配位体键合，Sn^{2+} 与胺配位体键合。与 Sn 前驱体的数量比较，如果反应混合物含有超量的油酸铅(例如 $Pb_{0.86}Sn_{0.14}Te$)，将产生 Pb 富裕的量子点，外部被 OA 钝化。这时量子点具有窄的尺寸分布，在尺寸和形状上十分接近 PbTe 量子点。类似的，如果反应混合物存在着超量的 Sn 前驱体，例如 $Pb_{0.14}Sn_{0.86}Te$，量子点外部被胺配位体钝化，这时量子点的尺寸和形状十分接近 SnTe 量子点。如果 Pb 和 Sn 先驱体的有效浓度十分接近，例如 $Pb_{0.5}Sn_{0.5}Te$，这时制备量子点的外部被油酸和胺配位体两者钝化，量子点形状变化依赖于键合油酸或胺的亲和性。假设油酸和胺能够交换某些晶面的表面能，在其他晶面被油酸或胺配位体钝化时，它能够牢牢的约束到一个晶相。这将导致某些晶相相对其他晶相产生更快的生长，最终产生各向异性的纳米晶。因此，随着 Pb(对 Sn 富裕的相)和 Sn(对 Pb 富裕的相)前驱体的增加，粒子趋向于生长为各向异性相。尽管存在原子组分的差异，图 4.83(c,d)所示 $Pb_{0.5}Sn_{0.5}Te$ 和 $Pb_{0.33}Sn_{0.67}Te$ 量子点的电子衍射图像表明，这两种量子点的衍射花样均对应于立方体 NaCl 结晶结构。

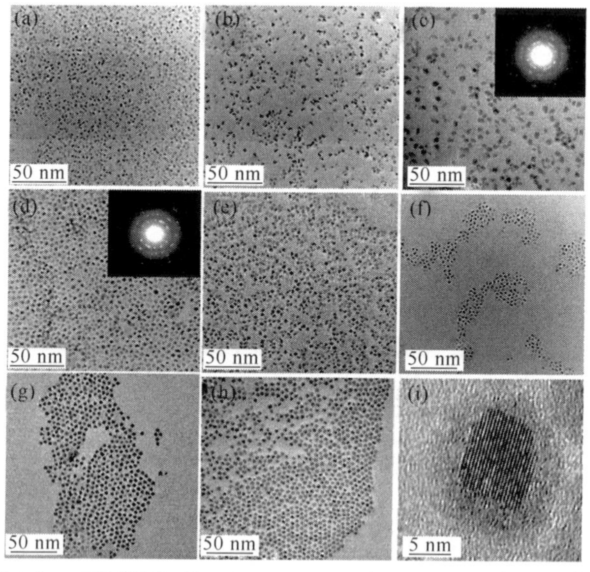

图 4.83　不同组分 $Pb_{1-x}Sn_xTe$、SnTe 和 PbTe 量子点 TEM[87]

$Pb_{1-x}Sn_xTe$ 量子点带隙刚好处于中红外波段(对应标号关系是：a-$Pb_{0.86}Sn_{0.14}Te$；b-$Pb_{0.8}Sn_{0.2}Te$；c-$Pb_{0.5}Sn_{0.5}Te$；d-$Pb_{0.33}Sn_{0.67}Te$；e-$Pb_{0.2}Sn_{0.8}Te$；f-$Pb_{0.14}Sn_{0.86}Te$)，如图 4.84 所示。吸收光谱表明，开始阶段的带隙是 0.28～0.65 eV。最低带隙是 0.28 eV，对应于 $Pb_{0.33}Sn_{0.67}Te$ 纳米晶；随着 Pb 组分的增加(对 Pb 富裕相)或 Sn 组分的增加(对 Sn 富裕相)，带隙会随之增加。对于与 $Pb_{1-x}Sn_xTe$ 有相同尺寸(7.5nm)的 PbTe 和 SnTe 量子点，带隙要比 $Pb_{1-x}Sn_xTe$ 量子点的带隙略微大一些，即 PbTe 的带隙是 0.68eV，SnTe 的带隙是 0.65 eV。使用上述合成路线制备合金量子点具有几乎相同的形状和尺寸，所以带隙的变化可以归结于 Sn 组分 x 的变化。根据这些实验结果，并与带隙转化模型比较，随着 Sn 的增加(对 Pb 富裕相)或 Pb 的增加(对 Sn 富裕相)，可以看到带隙随之减小。由于量子受限效应，量子点带隙相对于体材料产生蓝移。与此同时，体 $Pb_{0.35}Sn_{0.65}Te$ 合金是金属，具有 $E_g=0$的带隙(300 K)，而合金量子点却具有 $E_g=0.28$ eV 的带隙，表现出量子尺寸受限效应的作用。

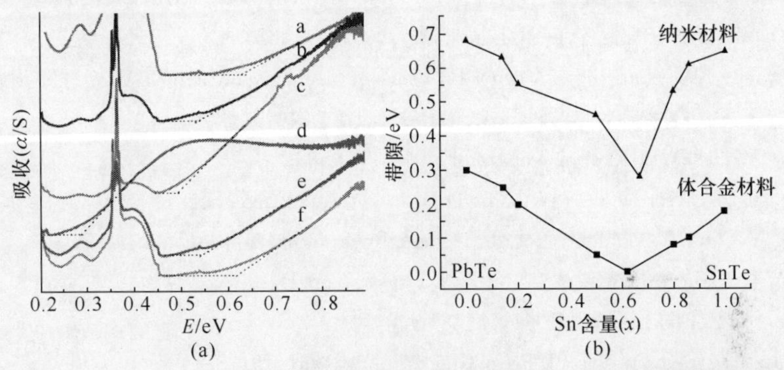

图 4.84　不同组分 $Pb_{1-x}Sn_xTe$ 量子点的吸收光谱和组分 x 对带隙的影响曲线[87]

参 考 文 献

[1] Murray C B, Sun S H, Gaschler W, et al. IBM J. Res. Dev., 2001, 45: 47.

[2] Sun S H, Murray C B, Weller D, et al. Science, 2000, 287: 1989.

[3] Wehrenberg B L, Wang C, Sionnest P G. J. Phys. Chem. B, 2002, 106: 10634.

[4] Liljeroth P, van Emmichoven P A Z, Hickey S G, et al. Phys. Rev. Lett., 2005, 95: 086801.

[5] Rogach A L, Eychm A, Hickey S G, et al. Small, 2007, 3: 536.

[6] Wehrenberg B L, Wang C, Sionnest P G. J. Phys. Chem. B, 2002, 106: 10634.

[7] Du H, Chen C, Krishnan R, et al. Nano Lett., 2002, 2: 1321.

[8] Sashchiuk A, Langol L, Chaim R. J. Cryst. Growth, 2002, 240: 431.

[9] Yu W W, Falkner J C, Shih B S, et al. Chem. Mater, 2004, 16: 3318.

[10] Sapra S, Nanda J, Pietryga J M, et al. J. Phys. Chem. B, 2006, 110: 15244.

[11] Moreels I,Lambert K,Muynck D D,et al. Chem. Mater. ,2007,19:6101.
[12] Moreels I,Fritzinger B,Martins J C,et al. J. Am. Chem. Soc. ,2008,130:15081.
[13] Dai Q,Wang Y,Li X,et al. ACS Nano,2009,3:1518.
[14] Yu W W,Peng X. Angew. Chem. ,Int. Ed. ,2002,41:2368.
[15] Joo J,Pietryga J M,McGuire J A,et al. J. Am. Chem. Soc. ,2009,131:10620.
[16] Bullen C R,Mulvaney P. Nano Lett. ,2004,4:2303.
[17] Steckel J S,Yen B K H,Oertel D C,et al. J. Am. Chem. Soc. ,2006,128:13032.
[18] Liu H,Owen J S,Alivisatos A P. J. Am. Chem. Soc. ,2007,129:305.
[19] Yu W W,Wang Y A,Peng X. Chem. Mater. ,2003,15:4300.
[20] Khannaa P K,Jun K W,Gokarna A,et al. Materials Chemistry and Physics,2006,96:154.
[21] An C,Tang K,Jin Y,et al. J. Cryst. Growth,2003,253:467.
[22] Cao X,Wang X,Song T. Inorganic Chemistry,Beijing:Higher Education Press,1994:739.
[23] Hull K L,Grebinski J W,Kosel T H,et al. Chem. Mater. ,2005,17:4416.
[24] Grebinski J W,Richter K L,Zhang J,et al. J. Phys. Chem. B,2004,108:9745.
[25] Boercker J E,Foos E E,Placencia D,et al. J. Am. Chem. Soc. ,2013,135:15071.
[26] Dai Q,Wang Y,Zhang Y,et al. Langmuir,2009,25:12320.
[27] Stouwdam J W,Shan J,van Veggel F C J M,et al. J. Phys. Chem. C,2007,111:1086.
[28] Zhang Y,Dai Q,Li X,et al. Nanoscale Res. Lett. ,2010,5:1279.
[29] Zhang Y,Dai Q,Li X,et al. Langmiur,2011,27:9583.
[30] Pietryga J M,Werder D J,Williams D J,et al. J. Am. Chem. Soc. ,2008,130:4879.
[31] Wang Y,Suna A,Mahler W,et al. J. Chem. Phys. ,1987,87:7315.
[32] Zhang J,Wang Y H,Zheng J S,et al. J. Phys. Chem. B,2007,111:1449.
[33] Wagner C Z. Elektrochem,1961,65:581.
[34] Lifshitz I M,Slyozov V V. J. Phys. Chem. Solids,1961,19:35.
[35] Talapin D V,Rogach A L,Haase M,et al. J. Phys. Chem. B,2001,105:12278.
[36] Guerreiro P T,Ten S,Borrelli N F,et al. Appl. Phys. Lett. ,1997,71:1595.
[37] Joshi S,Sen S,Ocampo P C. J. Phys. Chem. C,2007,111:4105.
[38] Patel A A,Wu F,Zhang J Z,et al. J. Phys. Chem. B,2000,104:11598.
[39] Kim D,Teratani N,Nishimura H,et al. Int. J. Mod. Phys. B,2001,15:3829.
[40] Leontidis E,Orphanou M,Leodidou T K,et al. Nano Lett. ,2003,3:569.
[41] Bakueva L,Gorelikov I,Musikhin S,et al. Adv. Mater. ,2004,16:926.
[42] Hines M A,Scholes G D. Adv. Mater. ,2003,15:1844.
[43] Zhao H,Chaker M,Ma D. J. Phys. Chem. C,2009,113:6497.
[44] Liu T,Li M,Ouyang J,et al. J. Phys. Chem. C,2009,113:2301.
[45] Patel A A,Wu F,Zhang J Z,et al. J. Phys. Chem. B,2000,104:11598.
[46] In Powder Diffraction File;JCPDS Intern. Center for Diffraction Data:Swarthmore,1989;Vol. Entry 5-592.

[47] Zhao X, Gorelikov I, Musikhin S, et al. Langmuir, 2005, 21: 1086.

[48] Warner J H, Cao H. Nanotechnology, 2008, 19: 305605.

[49] Wang Y, Tang A, Li K, et al. Langmuir, 2012, 28: 16436.

[50] Ferńee M J, Watt A, Warner J, et al. Nanotechnology, 2003, 14: 991.

[51] Neo M S, Venkatram N, Li G S, et al. J. Phys. Chem. C, 2010, 114: 18037.

[52] Reynoso V C S, Depaula A M, Cuevas R F, et al. Electron. Lett., 1995, 31: 1013.

[53] Cho K S, Stokes K L, Murray C B. J. Am. Chem. Soc., 2003, 225: U74.

[54] Lu W, Fang J, Stokes K L, et al. J. Am. Chem. Soc., 2004, 126: 11798.

[55] Murphy J E, Beard M C, Norman A G, et al. J. Am. Chem. Soc., 2006, 128: 3241.

[56] Mokari T, Zhang M, Yang P. J. Am. Chem. Soc., 2007, 129: 9864.

[57] Ziqubu N, Ramasamy K, Rajasekhar P V S R, et al. Chem. Mater., 2010, 22: 3817.

[58] Koike K, Honden T, Makabe I, et al. J. Cryst. Growth, 2003, 257: 212.

[59] Lambert K, Geyter B D, Moreels I, et al. Chem. Mater., 2009, 21: 778.

[60] Ibáñnez M, Zamani R, Gorsse S, et al. ACS Nano, 2013, 7: 2573.

[61] He X, Demchenko I N, Stolte W C, et al. J. Phys. Chem. C, 2012, 116: 22001.

[62] DiLabio G A, Johnson E R. J. Am. Chem. Soc., 2007, 129: 6199.

[63] Holland P L. Acc. Chem. Res., 2008, 41: 905.

[64] Wiberg K B. Acc. Chem. Res., 1999, 32: 922.

[65] Wiberg K B, Breneman C M. J. Am. Chem. Soc., 1992, 114: 831.

[66] Abdou M S A, Orfino F P, Son Y, et al. J. Am. Chem. Soc., 1997, 119: 4518.

[67] Abdou M S A, Orfino F P, Xie Z W, et al. Adv. Mater., 1994, 6: 838.

[68] Bhuiyan A G, Sugita K, Kasashima K, et al. Appl. Phys. Lett., 2003, 83: 4788.

[69] Wu J, Walukiewicz W, Li S X, et al. Appl. Phys. Lett., 2004, 84: 2805.

[70] Preier H. Appl. Phys., 1979, 20: 189.

[71] Smith D K, Luther J M, Semonin O E, et al. ACS Nano, 2011, 5: 183.

[72] Bailey R E, Nie S M. J. Am. Chem. Soc., 2003, 125: 7100.

[73] Liu H, Owen J S, Alivisatos A P. J. Am. Chem. Soc., 2006, 129: 305.

[74] Ma W, Luther J M, Zheng H M, et al. Nano Lett., 2009, 9: 1699.

[75] Cademartiri L, Montanari E, Calestani G, et al. J. Am. Chem. Soc., 2006, 128: 10337.

[76] Moreels I, Lambert K, Smeets D, et al. ACS Nano, 2009, 3: 3023.

[77] Pinwen Z, Yoshio I, Yukihiro I, et al. J. Phys.: Condens. Matter, 2005, 17: 7319.

[78] Soriano R B, Arachchige I U, Malliakas C D, et al. J. Am. Chem. Soc., 2013, 135: 768.

[79] Franzman M A, Schlenker C W, Thompson M E. J. Am. Chem. Soc., 2010, 132: 4060.

[80] Ning J, Xiao G, Jiang T, et al. Cryst Eng Comm., 2011, 13: 4161.

[81] Hickey S G, Waurisch C, Rellinghaus B, et al. J. Am. Chem. Soc., 2008, 130: 14978.

[82] Xu Y, Al-Salim N, Bumby C W, et al. J. Am. Chem. Soc., 2009, 131: 15990.
[83] Thangaraju B, Kaliannan P. J. Phys D: Appl. Phys., 2000, 33: 1054.
[84] Albers W, Haas C, van der Maesen F. J. Phys. Chem. Solids, 1960, 15: 306.
[85] Kovalenko M V, Heiss W, Shevchenko E V, et al. J. Am. Chem. Soc., 2007, 129: 11354.
[86] Dimmock J O, Melngailis I, Strauss A. J. Phy. Rev. Lett., 1966, 16: 1193.
[87] Arachchige I U, Kanatzidis M G. Nano Lett., 2009, 9: 1583.

第 5 章　Ⅲ-Ⅴ族胶体半导体量子点

Ⅲ-Ⅴ族胶体半导体量子点主要是 In 族(InP,InAs 等)、Ga 族(GaP,GaAs 等)胶体量子点。由于这些半导体材料带隙介于 Cd 族和 Pb 族之间,所以发光波段主要在可见和近红外光谱区域,日益受到人们的关注。

与Ⅱ-Ⅵ族、Ⅳ-Ⅵ族胶体半导体量子点比较,Ⅲ-Ⅴ族胶体半导体量子点具有独特之处,In、Ga 等元素要比 Cd、Pb、Hg 更为环境友好。但是,Ⅲ-Ⅴ族半导体材料具有牢固的共价键结构,而不是像Ⅱ-Ⅵ族、Ⅳ-Ⅵ族半导体的离子键结构。所以,高质量Ⅲ-Ⅴ族胶体半导体量子点的制备较为困难,导致Ⅲ-Ⅴ族胶体半导体量子点的研究和应用较Ⅱ-Ⅵ族、Ⅳ-Ⅵ族有较大差距。在这一章里,主要介绍Ⅲ-Ⅴ族胶体半导体量子点的典型合成方法,对其晶格结构和光学特性给予初步的介绍。

5.1　InP 胶体半导体量子点

在过去的十年里,人们开始把关注的焦点移向 III-V 量子点,特别是 InP 量子点的研究。由于共价键结构的稳定性,使得 III-V 量子点具有良好的光学稳定性,而且具有低毒性,在生物医学领域展现出广阔的应用前景。

对于 InP 半导体,其体材料带隙是 1.35 eV,激子玻尔半径是 15nm。因此,InP 量子点具有良好的量子尺寸受限效应,PL 光谱可以覆盖可见光波段。相对而言,InP 量子点合成技术的研究或许是 III-V 量子点中较为深入的材料,但是其合成质量仍然落后于Ⅱ-Ⅵ族量子点(如 CdSe 量子点),量子产额仍然较低。原因是多方面的,也是人们亟待解决的。

5.1.1　InP 胶体量子点的合成方法

已有研究表明,通常用于高质量合成Ⅱ-Ⅵ族胶体量子点的经验,如典型的步骤、配位体和类似组分的前驱体,并没有成功的借鉴给 InP 量子点的合成,以获得令人满意的 InP 量子点。溶剂的选择、In 与配位体比例的控制、甚至除气过程,都会影响 InP 胶体量子点合成的质量。这些因素对于建立Ⅲ-Ⅴ族胶体量子点的“绿色”合成模式,都是一些基本的关键步骤。

1. 油相合成方法

早期胶体 InP 量子点的合成，主要是借鉴 Cd 族胶体量子点的合成经验。TOPO 和 TOP 作为溶剂，在 InP 胶体量子点的合成中经常使用。Mičič等人模拟 Cd 族胶体量子点合成的方法，制备 InP 胶体量子点[1]。典型样本的合成路线是：在室温条件下，将 $InCl_3$ 和 $Na_2C_2O_4$ 的复合体与三甲基硅基磷（tris（trimethylsilyl）phosphine，$(TMS)_3P$）按不同摩尔比例（In：P＝0.7：1～1.6：1）混合，形成前驱体溶液。然后将前驱体溶液与 TOPO 或 TOPO 与 TOP 复合物进行混合，加热到 270℃，保持 3 天，得到 TOPO 为配位体的 InP 胶体量子点。反应方程如下：

$$\text{In-P 前驱体} + (C_8H_{17})_3PO \rightarrow \text{InP 量子点-}(C_8H_{17})_3PO + \text{副产物} \quad (5.1\text{-}1)$$

在室温条件下，草酸氯化铟（chloroindium oxalate）和 $(TMS)_3P$ 在乙氰中反应，生成共价键结合的 InP。橙色的溶液吸收波长小于 500nm 的光，但是没有显示出荧光。图 5.1 是上述方法制备 InP 量子点的 XRD 和 TEM，清晰显示出闪锌矿晶格结构，(111)、(220)和(311)晶面衍射峰位于 $2\theta=26.2°$、$46.3°$和 $51.7°$。HRTEM 表明，(111)晶面族相邻晶面间隔是 3.39Å，粒子平均尺寸是 2.61nm。

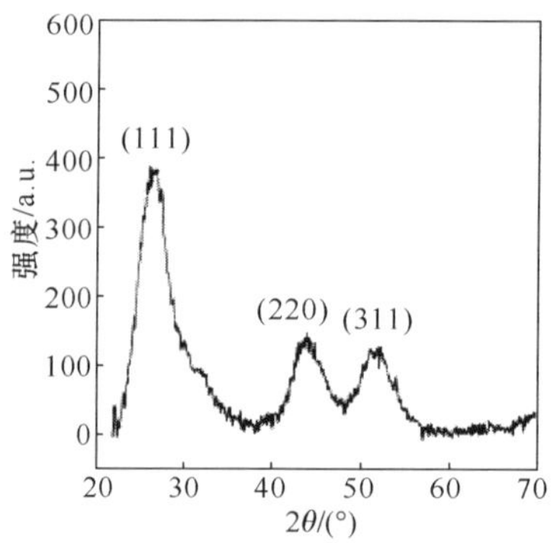

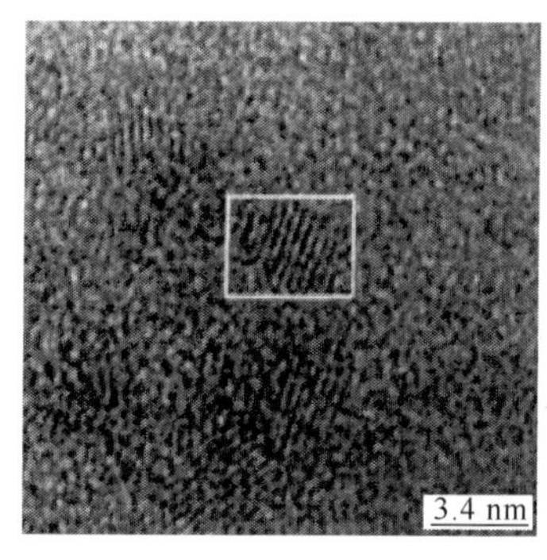

图 5.1 Mičič等人制备的 InP 量子点的 XRD 和 HRTEM[1]

与上述合成路线不同，Battaglia 等人采用 $In(Ac)_3$ 和 $(TMS)_3P$ 为前驱体，热注入法合成 InP 胶体量子点。典型样本的合成路线是[2]：将 0.1mmol $In(Ac)_3$、0.3mmol 配位体和 ODE 混合，获得 5g 混合物，装入三口瓶中。混合物加热到 100～120℃，使用 Ar 气净化 3 次，然后进一步加热到 300℃。将 0.05mmol $(TMS)_3P$ 溶解到 ODE 中，获得 2g 溶液，注入到反应瓶。在注入后，反应溶液温度降低到 270℃，适合于 InP 胶体量子点的生长。在 250℃时，逐滴交替注入 1g In 和 P 前驱体溶液（0.5M）。这个操作将保持 In 过量的反应，取出不同反应时间样品进行检测，了解反应的进展。最后产物溶解在非极性溶剂中。

依据尺寸分布聚焦的原理[3]，可控的合成需要一个快速、短暂的成核过程和相对缓慢、较长的生长过程，以便在溶液中产生单分散性的量子点。一个快速、短暂的成核过程，应当提供足够多的、具有相对窄的尺寸分布的种子晶核，作为起始的种子。如果生长过程足够缓慢，将有足够的时间实现调整，获得预定尺寸的量子点。这个原理是优化胶体量子点合成的基本原则，它同样适用于 InP 胶体量子点的合成。已有合成研究表明，许多典型的表面活性剂或有机配位体，如脂肪酸(fatty acid)、胺(amine)、磷化氢、氧化膦(phosphine oxide)、有机酸等，都是 Cd 族胶体量子点合成的良好配位体。然而，这些配位体中的多数并不适合用于高质量 InP 胶体量子点的生长。对于相对较弱的配位体，如胺(amine)、氧化膦和部分脂肪酸，将产生持续的成核反应。对于相对较强的配位体，如磷酸，在典型的合成条件下，不会产生反应。Peng 等人使用不同链长的脂肪酸作为配位体，In 前驱体与脂肪酸的摩尔比是 1∶3，在 ODE 中制备 InP 胶体量子点，吸收光谱如图 5.2 所示。显然，十六酸(palmitic acid，PA)、豆蔻酸(MA)是最佳的脂肪酸。可以发现，烃链越长，成核反应和生成过程就越缓慢。因此，中等链长的脂肪酸，如 PA 和 MA，是平衡成核反应和生长速度的最佳配位体，适合于单分散 InP 胶体量子点的生长。

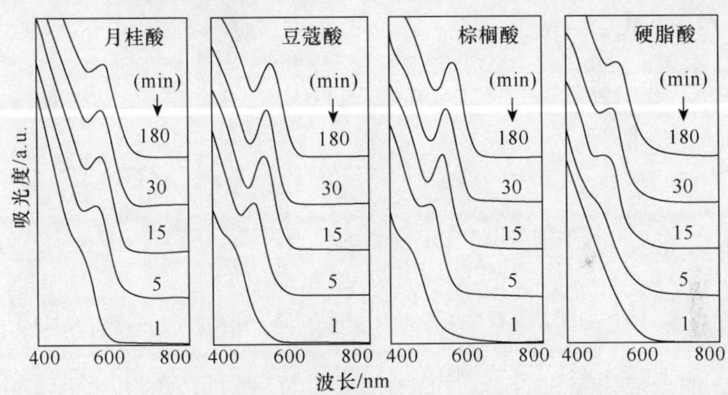

图 5.2　不同链长脂肪酸配位体合成 InP 胶体量子点的吸收光谱[2]

进一步的研究表明，配位体的浓度也会影响 InP 胶体量子点反应动力学。当 In/MA 的摩尔比是 1∶3 时，良好的吸收谱如图 5.3 所示，这时制备的 InP 胶体量子点具有窄的尺寸分布。当 In/MA 的摩尔比是 1∶2 或 1∶4.5 时，没有显示出明显的吸收峰，说明 InP 胶体量子点的尺寸分布较宽，合成反应脱离控制或没有产生量子点。

Battaglia 等人制备 InP 胶体量子点的 PL 光谱、TEM 和 XRD 如图 5.4 所示。PL 光谱表明，InP 胶体量子点的 PL 发光完全来自于带边辐射。TEM 表明，这里制备的 InP 胶体量子点是点状和稍微拉长形状的混合体，量子点尺寸约为 3.1nm。XRD 表明，InP 胶体量子点是闪锌矿体 InP 结晶结构，清晰显示出(200)晶面在内的衍射峰。

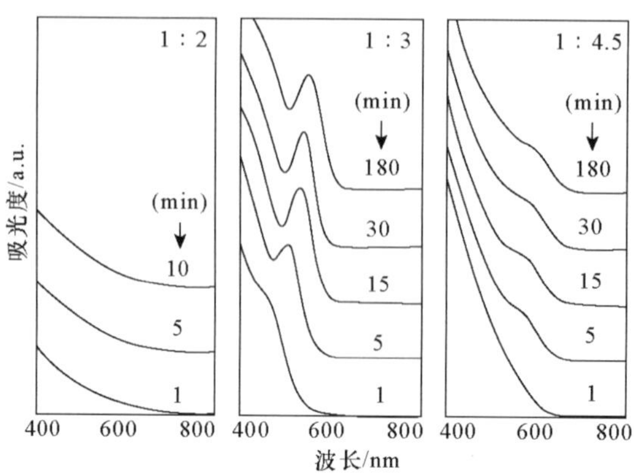

图 5.3　不同 In/MA 摩尔比合成 InP 胶体量子点的吸收光谱[2]

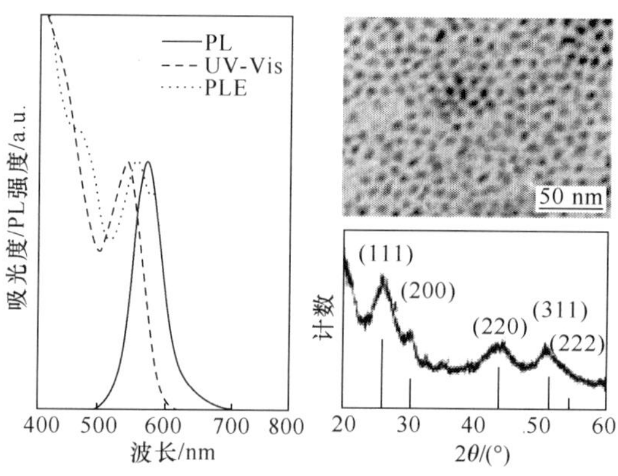

图 5.4　Battaglia 等人制备 InP 胶体量子点的 PL 光谱、TEM 和 XRD[2]

Xu 等人的合成研究表明，类似的成核反应过程也可以在配位溶剂中实现，前提条件是这个溶剂的配位效应要比相应强配位体的效应弱很多[4]。通过选择适当的反应物和反应条件，可以加快成核反应过程，从而打破配位体对合成高质量 InP 胶体量子点的限制，利用弱配位溶剂合成高质量的 InP 胶体量子点。

考虑到低毒性和廉价性，选择十四酸甲酯(methyl myristate)和癸二酸二丁酯(dibutyl sebacate)作为弱配位剂，选择长链的脂肪酸和胺作为配位体，典型 InP 胶体量子点样本的合成路线是[4]：1mL 酯和 0.4～0.45mmol 配位体混合装入三口瓶，在 N_2保护下加热到 260℃。将 0.1mmol $In(CH_3)_3$和 0.05mmol$(TMS)_3P$ 溶解到 0.5mL 酯的溶液内，形成一个清澈的溶液，快速注入加热的反应瓶。在注入后，溶液冷却到 200℃，保持这个温度以满足生长的需要。产物被沉淀和使用丙酮、甲醇清洗，然后溶解在氯仿中。

与预期一样，这时制备 InP 胶体量子点没有明显的吸收峰，而且具有宽的发光峰，其半峰宽(FWHM)约为 85nm。较宽的分散度表明，这些酯与非配位溶剂相比，尽管与强的配位溶剂(如 TOPO)相比，已经得到良好的改进，但仍然产生相对缓慢的成核反应过程。

如果使用三甲基铟(trimethyl indium，TMI)，作为 In 的前驱体，InP 量子点的质量有明显的改善，PL 发光增强，尺寸分布被优化。在室温条件下，三甲基铟可以溶解到酯中，产生 In-酯复合体。与羧酸铟相比，In-酯复合体具有较高的反应活性。在高温条件下，In-酯复合体和$(TMS)_3P$易于反应，产生较高的成核速度。此外，实验发现，最好的配位体是脂肪酸。实验表明，反应温度对合成反应也会产生影响，不同反应温度、生长 2 分钟后胶体量子点的吸收光谱如图 5.5 所示。最佳注入温度是 240～280℃，随后进行晶体生长的适当温度范围是 180～210℃，这时制备 InP 胶体量子点 PL 光谱的强度半宽度只有 48nm。图中给出十八酸(SA)与 In 的摩尔比是 4.2∶1、尺寸 2.5nm 胶体量子点的 TEM，InP 量子点显示出良好的单分散性，相应的 XRD 显示出闪锌矿晶格结构。

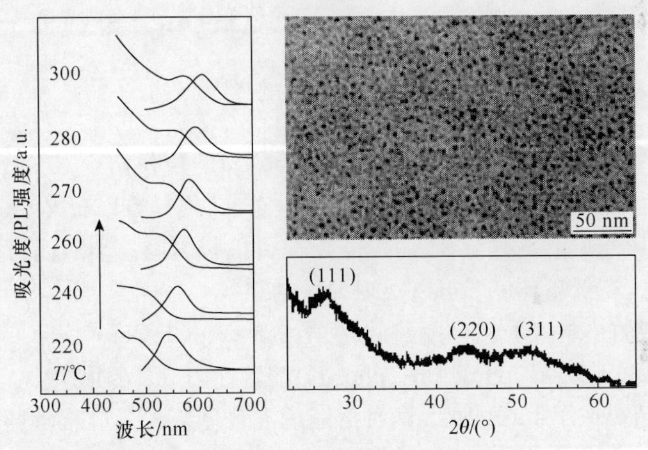

图 5.5　不同反应温度合成 InP 胶体量子点吸收、PL 光谱，以及 TEM 和 XRD[4]

此外，有关研究表明，如果将质子性溶剂(protic reagent，如 MeOH 和 RNH_2)引入到合成反应中，可以加速成核反应过程[5,6]。Xu 等人使用胺(如辛胺、十六胺)和过量的脂肪酸、油酸作为质子性溶剂[4]，制备出 InP 胶体量子点，吸收光谱如图 5.6 所示。当 SA 与 In 的比例是 3∶1 时，InP 胶体量子点的吸收峰难以分辨。随着 SA 浓度的增加，吸收峰变得清晰和陡峭。当 SA 与 In 的比例是 4∶1 到 4.5∶1时，获得最好的吸收峰。脂肪酸烃链的长度也会对合成产生影响，在非配位溶剂里，脂肪酸的链长对平衡成核反应和生长过程，发挥着显著的影响。利用不同链长脂肪酸合成的胶体量子点，它们的吸收光谱显示出明显的差异。使用三种不同链长的脂肪酸，即 SA、MA、OA，合成 InP 胶体量子点的 UV-vis 光谱如图 5.6

所示。MA 具有最大的链长，更好的平衡成核反应和生长过程。但是，与 ODE 体系合成的结果比较，三个系列的光谱没有显示出尺寸分布的明显差异。

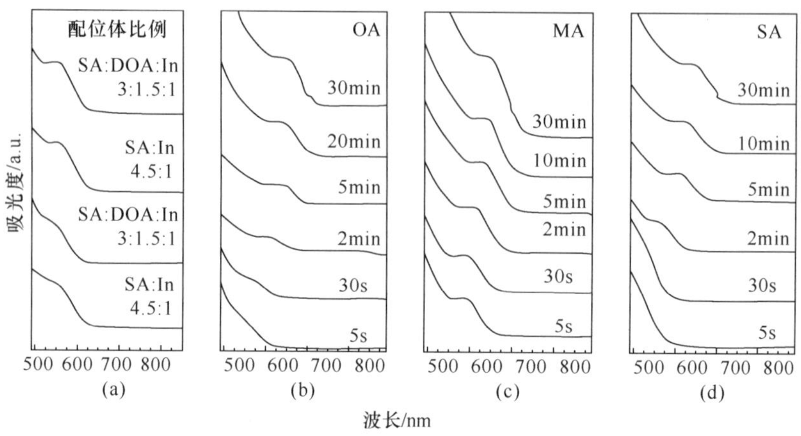

图 5.6　不同比例配位体和不同配位体 InP 量子点吸收光谱[5]

2. 水相合成方法

制备 InP 量子点主要采用高温（300～350℃）的配位溶剂方法[5,7,8]和非配位溶剂方法[2]，可以获得良好的胶体量子点尺寸分布，但是难以获得宏量的 InP 量子点。此外，采用配位溶剂进行合成时，需要耗费很长时间。相对而言，采用水相热裂解合成方法，在低温环境下可以实现大量的制备。

一个典型的热裂解水相合成路线是[9]：2.5mmol $InCl_3 \cdot 4H_2O$ 溶解在 25mL 的乙醇中，5mmol 黄磷（yellow phosphorus）溶解在 25mL 的甲苯中。In:P 摩尔比是 1∶2。在超声作用 15 分钟后，两种溶液的混合体装入三口瓶，然后在磁力搅拌下加热到 40～70℃，变成透明、黄色混合物。将 15mmol 的 $NaBH_4$ 溶解到 75mL 的乙醇中，得到 0.2M $NaBH_4$ 溶液。可以采用两种方法将 $NaBH_4$ 溶液注入到前驱体混合物中，一种方法称为连续方法，将全部数量（75mL）$NaBH_4$ 溶液逐滴的加入到前驱体混合溶液中，注入速率是 1～5mL · min^{-1}。在第一滴加入后 12 分钟，反应混合物变成暗黄色，表明一定数量的 InP 量子点已经形成。第二种方法称为不连续模式，将 10mL $NaBH_4$ 溶液迅速注入到前驱体混合溶液，形成 InP 成核种子。在几分钟之后，反应混合物的颜色变成黄色。剩余 65mL $NaBH_4$ 溶液逐滴的加入到反应混合溶液，确保在 InP 量子点生长期间具有足够的过饱和度。合成反应保持在 40℃或 70℃，视粒子尺寸要求，保持 1～5 小时。通过沉淀、离心和几次清洗，去除诸如 P、NaCl 和 $NaBH_4$ 等副产品，得到 InP 量子点粉末。

按照上述合成路线，生成 InP 化学反应过程如下：

$$2In^{3+} + 6BH_4^- \rightarrow 2In + 3B_2H_6 + 3H_2 \tag{5.1-2}$$

$$4In + P_4 \rightarrow 4InP \tag{5.1-3}$$

$$4InCl_3 + 12NaBH_4 + P_4 \rightarrow 4InP + 12NaCl + 6B_2H_6 + 6H_2 \tag{5.1-4}$$

方程(5.1-2)描述的是氧化还原反应，表明氢硼化物离子的氧化和 In 离子的减少，伴随生成乙硼烷(diborane)和氢气的释放。方程(5.1-3)是新产生的 In 原子与 P 元素反应，生成 InP 量子点。方程(5.1-4)是上述两个反应过程的总结，包括副产品 NaCl 的出现，可以使用去离子水清洗来移除。最后 InP 量子点沉淀出来，形成良好的黑色粉末。在这个合成路线里，关键的问题是如何避免生成金属 In 的残渣，可以通过调整 In^{3+} 离子数量来避免这个问题的发生。In^{3+} 离子数量的控制与使用的还原剂、反应温度和溶剂有关。在这里使用 $NaBH_4$ 作为还原剂，是因为 $NaBH_4$ 在乙醇中具有较高的溶解度。非常缓慢的逐滴加入 $NaBH_4$ 溶液，以便控制 In^{3+} 离子的减少率。通过采用较低的 $1mL \cdot min^{-1}$ 的注入速率，可以获得高的 InP 量子点产量，同时避免金属 In 残渣的生成。

上述合成路线制备 InP 量子点的 XRD 和 Raman 光谱如图 5.7 所示。三个不同反应时间(a-1 小时；b-2 小时；c-5 小时)样本 XRD 一致表明，这里制备的 InP 量子点具有立方体闪锌矿晶格结构。(111)晶面的衍射峰是 26.3°，晶面之间的间隔是 0.337nm；(200)、(220)和(311)晶面的衍射峰分别位于 30.5°、43.7°和 51.6°。生长时间由 1 小时增加到 5 小时，InP 量子点尺寸略有增大。利用 43.7°处(220)晶面的衍射峰，根据 Scherrer 方程计算出粒子尺寸约为 4nm(1 小时)和 4.2nm(5 小时)。反应时间 2 小时，InP 量子点 Raman 光谱显示出立方体闪锌矿晶格结构 InP 量子点横向光学声子(TO)和纵向光学声子 LO 谱线。

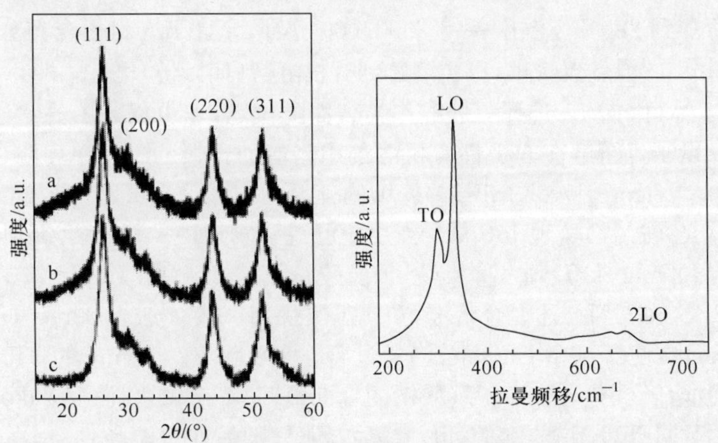

图 5.7　不同反应时间 InP 量子点 的 XRD，以及 InP 量子点的 Raman 光谱[9]

采用不连续模式合成 InP 胶体量子点的 UV-vis 吸收光谱和 TEM 如图 5.8 所示，一个近带边跃迁对应的吸收峰说明制备的量子点具有较低的尺寸分布。但是，对于采用连续模式注入制备的 InP 量子点，没有观察到含有吸收峰的吸收光谱。二者比较表明，不连续注入模式制备 InP 胶体量子点的尺寸分布较窄。采用上述方法制备的 InP 量子点的 TEM、HRTEM(其中标尺是 5nm)显示出量子点的尺寸是 3～6nm。这个较宽的尺寸分布，是由于量子点的团聚。

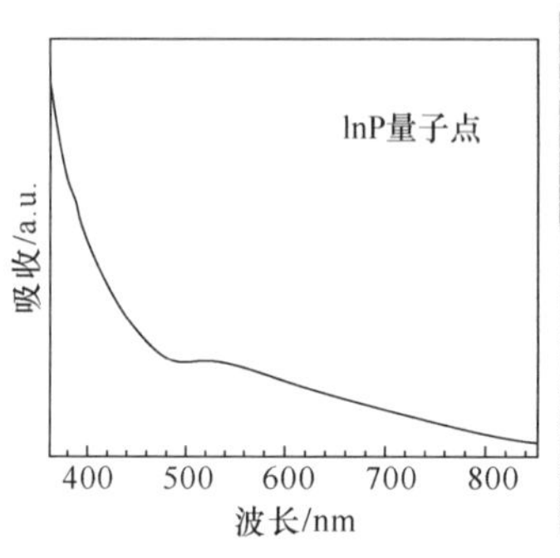

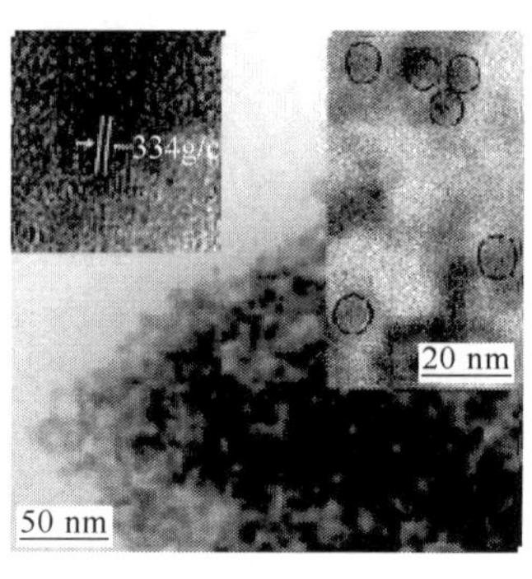

图 5.8 InP 胶体量子点的吸收光谱和 TEM、HRTEM[9]

获取水相 InP 量子点的另外一种方法是先采用油相合成方法得到 InP 胶体量子点，再利用配位体交换转化成水相 InP 量子点。这种方法包括两个过程：一是在有机溶液中高温合成 InP 量子点；二是利用表面功能活性剂进行配位体交换，使 InP 量子点水相分散。典型的合成与转换的路线如下[10]。

步骤一，有机溶液高温合成 InP 量子点。将 0.20mmol 醋酸铟($In(Ac)_3$)与 0.60mmol MA 混合，装入三口瓶中。然后将 8.0mL ODE 注入混合物中，加热到 120℃，抽真空 1 小时，得到清澈的溶液。在 Ar 气下混合物进一步加热，温度升高到 300℃。溶解在 ODE 中的 1.0mL(0.1 M)$P(TMS)_3$溶液注入到反应瓶，反应溶液的温度下降到 280℃。温度保持 280℃、60 分钟，允许 InP 量子点充分生长。通过离心后，InP 量子点被收集，再次溶解到有机溶剂(如氯仿)里。

步骤二，水相转换。选择豆蔻酸作为表面配位剂，它可以与 InP 量子点连结，使胶体 InP 量子点溶解在非极性有机溶剂中。借助于聚乙二醇单甲醚(monomethoxy poly ethylene glycol，MPEG)修饰的三氯均三嗪(trichloro-striazine，TsT)，通过配位体交换过程，实现 InP 量子点由正己烷到水溶液的转换[11]。典型样本的变换方法是：22mg TsT 与 1.0 g 无水碳酸钠混合溶解在 20mL 苯中，然后将 200mg MPEG 加入到上述混合溶液，在室温下保持一夜。加入 30mL 石油醚(petroleum ether)，使 TsT-MPEG 沉淀，通过离心实现收集。6.0mg 的多巴胺(dopamine)化合物溶解到包含 30mg 碳酸钠的 2.0mL 1,4-二氧六环(1,4-dioxane)里。60mg 的 TsT-MPEG 溶解在 2.0mL 二氧六环里，随后在室温条件下，在 5 分钟内滴入到体系内保持反应 3 小时。经过沉淀、离心，产物被隔离出来。这个产物再次溶解到氯仿中，并与 1.0mL 浓缩的 InP 量子点悬浮液(1.2mg/mL)混合。在 Ar 气保护和室温的条件下，混合物被搅拌一夜。通过离心，TsT-MPEG-dopamine 包裹的 InP 量子点沉淀下来，经过正己烷清洗，溶解在去离子水中。

采用上述配位体交换方法制备的水相 InP 量子点的 PL 光谱如图 5.9 所示。通过变化 MA 浓度调整粒子尺寸，使发射峰由 580nm 调整到 625nm，半峰宽分别是 60nm 和 90nm。

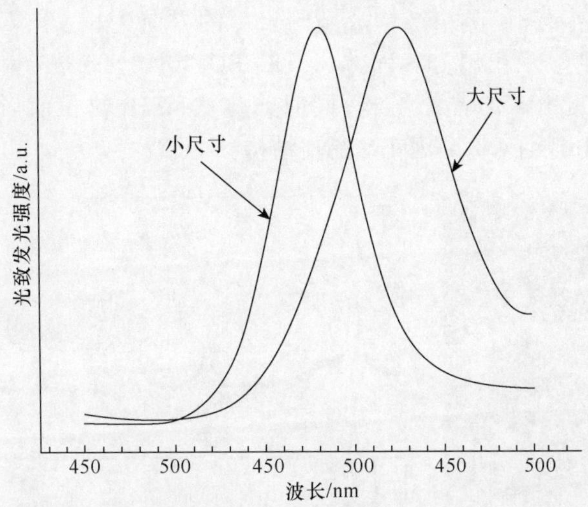

图 5.9　配位体交换制备水相的 InP 量子点的 PL 光谱[10]

5.1.2　InP 胶体量子点的形态控制

我们来考察一种具有直径和长度可控、单分散的 InP 纳米棒的合成方法。这种方法利用单分散胶体 Bi 纳米粒子作为媒介，使用十六胺和其他传统表面活性剂作为稳定剂。典型样本的合成路线包括如下两个阶段[12]。

步骤一，InP 纳米棒合成。将豆蔻酸铟(indium myristate，$In(myr)_3$)原液(1.65g、0.25mmol)、HDA (570mg、2.36mmol)、TOP (90mg、0.24mmol)、TOPO (250mg、0.65mmol)和聚异丁烯(polyisobutene)(3g)装入 Schlenk 反应系统。在一个独立的小瓶中，Bi 纳米粒子原液(140～200mg、0.0056～0.008mmol)和 DOA (30mg、0.12mmol)溶解到 0.5mL 聚异丁烯里。在 Schlenk 系统的反应混合物加热到适当温度(238～266℃)后，保持 1～2 分钟。然后，$(TMS)_3P$ 原液(0.5mL 0.21mmol)迅速注入到 Schlenk 系统中，反应混合溶液的颜色马上变成微黄色。在适当时刻，包含 Bi 纳米粒子的混合物迅速注入到系统中，反应物在 30s 内由深褐色变成略带灰色的橄榄色。在适当的反应时间(总反应时间为 0.5～3 分钟)后，系统冷却到室温。加入 2mL 甲苯、3mL 丙酮，离心得到 InP 纳米棒沉淀物，并分离出来。

步骤二，Bi 纳米粒子移出。InP 纳米棒的甲苯溶液(3mL)与 OA (250～800mg、0.89～2.83mmol)混合，在室温下超声清洗。在 6～8 小时内，Bi 粒子被去除。通过加入甲醇,使悬浮液中的 InP 纳米棒发生沉淀,经过离心被分离出来。

上述方法制备 InP 纳米棒的 TEM、XRD 如图 5.10 所示,Bi 纳米粒子出现在 InP 纳米棒的一端。图示表明,绝大多数 InP 纳米棒是直的,平均直径是 4.2～7.8nm,平均长度是 10～39nm(不包括 Bi 纳米粒子)。图 5.10(b)是 InP 纳米棒的 HRTEM,显示出闪锌矿晶格结构,沿着〈111〉的方向生长。图 5.10(c)是 Bi 和 InP 的 XRD,分别显示出斜方六面体(ICDD PDF 00-044-1246)和闪锌矿立方体(ICDD PDF 00-032-0452)晶格结构;同时给出去除 Bi 粒子前后 InP 纳米棒的 XRD,再次表明 InP 纳米棒是闪锌矿晶格结构。

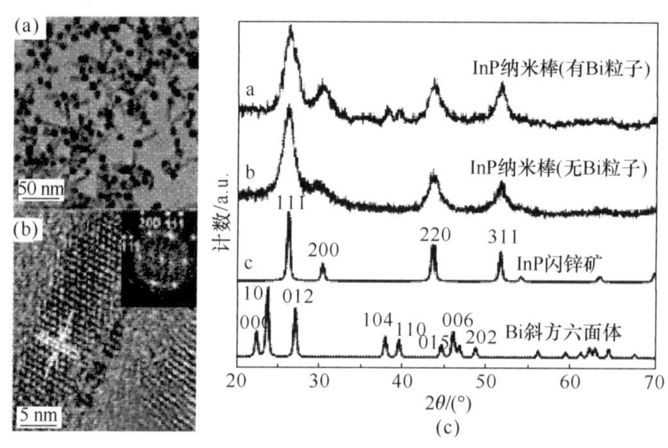

图 5.10 InP 纳米棒的 TEM、HRTEM 和 XRD[12]

考察去除 Bi 纳米粒子后的情况。利用 Bi 和 InP 对刻蚀反应物的不同反应活性,可以将 Bi 纳米粒子移除。实验表明,稀盐酸可以在纳米尺度上除去 Bi 纳米粒子同时对 InP 也产生刻蚀;在超声作用中使用羧酸去除 Bi 粒子,可以让 InP 纳米棒保持完好,然而短链的羧酸(如乙酸)会产生团聚;利用 OA 可以去除 Bi 粒子,获得良好单分散的 InP 纳米棒,图 5.11 是去除 Bi 粒子后 InP 纳米棒的 TEM。在使用 OA 刻蚀后,Bi 成分去除,如图 5.10(c)中 b 代表的 XRD 所示。比对表明,Bi 纳米粒子刻蚀后,InP 纳米棒形态变差,直径减小,但长度略微变化。

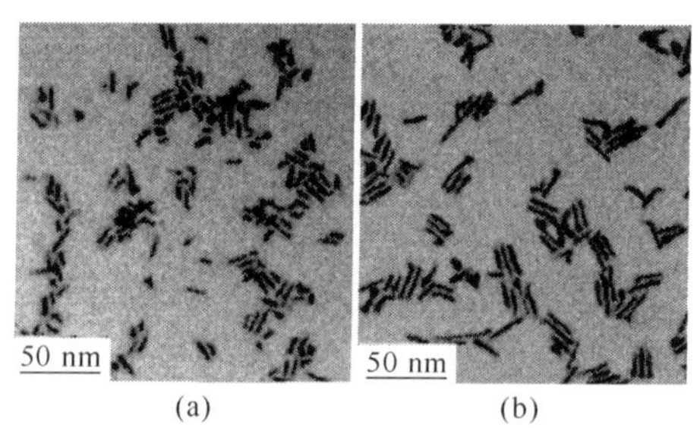

图 5.11 去除 Bi 粒子后不同尺寸 InP 纳米棒的 TEM[12]

去除 Bi 粒子前后 InP 纳米棒吸收光谱如图 5.12 所示。其中,图(a,c)中每个吸收光谱都显示出两个激子吸收峰,最低激子吸收峰决定 InP 纳米棒的带隙。与 InP 量子点吸收光谱比较,InP 纳米棒吸收光谱较为宽阔,归因于 InP 纳米棒尺寸分布不如 InP 量子点的窄。为了确定纳米棒的带隙,对最低能量的激子吸收峰进行高斯线型拟合,高斯峰的位置决定带隙的数值,如图 5.12(b,d)所示。典型样本是:去除 Bi 粒子前尺寸 4.5nm×14.0nm、带隙 1.67 eV;去除 Bi 粒子后尺寸 4.0nm×12.5nm、带隙 1.75 eV。

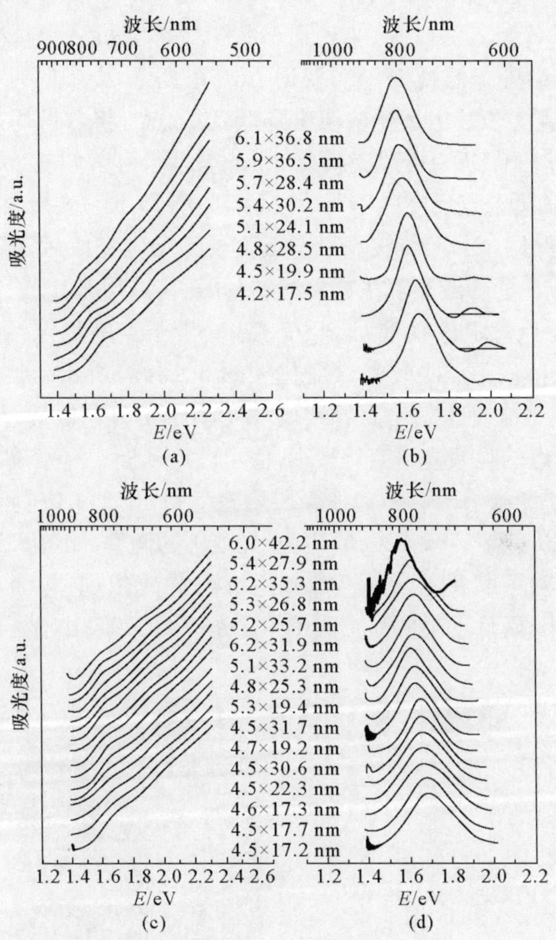

图 5.12　Bi 粒子去除前后 InP 纳米棒的吸收光谱(a,c)和高斯拟合(b,d)[12]

除了引入 Bi 纳米粒子作为合成 InP 纳米棒的媒介之外,也有研究人员采用 Au 等金属纳米粒子作为合成 InP 纳米棒的媒介[13,14],其结果与上述使用 Bi 粒子的效果类似。

5.1.3 InP 胶体核壳量子点

1. InP/ZnS 胶体核壳量子点

Xie 等人成功制备出高质量 InP/ZnS 核壳量子点。采用两步合成法，典型样本合成路线如下[15]。

步骤 1，InP 量子点合成。将 0.2 mM(TMS)$_3$P 和 2.4 mM 正辛胺混合，溶解到 1.5mL ODE 中。将 0.4 mM 醋酸铟(indium acetate，In(Ac)$_3$)、1.54 mM 豆蔻酸(MA)和 4g ODE 装入三口瓶，加热到 188℃。将(TMS)$_3$P/胺的溶液注入到反应混合物中，反应温度降低到 178℃，获得 InP 量子点。

步骤 2，ZnS 壳生长。上述反应温度降低到 150℃，将数量均是 1.2mL 的硬脂酸锌(0.1 M，溶解在 ODE 中)和硫磺(sulphur，0.1 M，溶解在 ODE 中)前驱体溶液分别注入到 InP 量子点反应瓶中，注入时间间隔是 10 分钟。在注入后，反应温度升高到 220℃，保持 30 分钟，核壳量子点生长。反应完成后，温度降到室温。经过提纯，将 InP/ZnS 量子点溶解在有机溶剂(如氯仿或甲苯)中。

InP 胶体量子点稳定性较差，远低于 CdSe 量子点的稳定性。在空气中放置 12 小时后，InP 胶体量子点吸收光谱变化如图 5.13(a)所示。吸收峰发生明显蓝移，说明 InP 量子点被快速氧化而导致尺寸变小。在 InP 核量子点表面包覆 ZnS 壳层后，核壳量子点的吸收光谱变化很小，稳定性得到极大提高，如图 5.13(b)所示。此外，InP 核的量子产额小于 1%，包覆壳层后提高到 40%。通过调整 InP/ZnS 核壳量子点的尺寸，可以实现 450～750nm PL 发光范围的调整，如图 5.13(c)所示。

值得注意的是，可以利用亲水性巯基丙酸作为配位剂，将油相 InP/ZnS 核壳量子点转换成水相，而且不会明显损失 PL 发光。图 5.13(d)显示这个转换前后发光强度的比较。

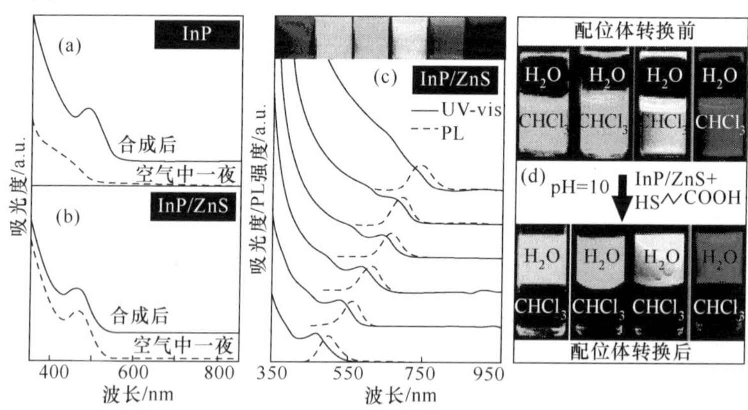

图 5.13 InP、InP/ZnS 量子点稳定性、尺寸依赖的 InP/ZnS 量子点吸收、PL 光谱和油相转水相[15]

(阅读彩图请扫封底二维码)

与热注入方法比较，一锅煮方法可以大剂量合成出单分散的胶体量子点，该方法同样可以合成出高质量的 InP/ZnS 核壳量子点。典型样本的合成路线是[16]：2mmol 醋酸铟、适量的(4～8mmol)豆蔻酸(MA)与 20mL ODE 混合装入三口瓶。在真空环境下，混合物加热到 100～120℃，保持 1 小时，获得不同 In∶MA 比例的豆蔻酸铟 $In(MA)_x$。0.1mmol 豆蔻酸铟、0.1mmol 硬脂酸锌、0.1mmol 十二硫醇(DDT)、0.1mmol $(TMS)_3P$ 与 8mL ODE 混合装入三口瓶，在惰性气体保护下搅拌，以 2℃/s 的速度将反应混合物加热到 230～300℃。保持一定时间(5min～2h)，生长 InP/ZnS 量子点。在温度增加 60～80℃时，反应物颜色由无色变成绿色，表明 $(TMS)_3P$ 开始与 In 前驱体发生反应。最后，反应物冷却到室温，经过提纯得到 InP/ZnS 量子点，并溶解到有机溶剂(如正己烷、甲苯或氯仿)中。

在室温条件下，全部前驱体($In(MA)_x$，$(TMS)_3P$，DDT)与 ODE 混合，In∶P∶MA∶Zn∶S 的摩尔比是 1∶1∶4.3∶1∶1。加热到 300℃，保持适当的反应时间，分时取样的 UV-vis 吸收和 PL 光谱如图 5.14(a)所示。当反应时间是 1 分钟时，样本的吸收峰位于 430nm，带有宽而弱的发光峰。在 3 分钟时，开始出现尖锐的吸收峰，同时伴随窄的发光峰。这些数据表明，在 3 分钟内，“尺寸聚焦”的生长过程已经结束。纯的 DDT 分解温度是 350℃，但是在其他混合物存在的情况下，发现 DDT 在 230℃已经开始发生反应，释放出硫以生成 ZnS 壳。随着反应时间的增加，发光效率明显增加，最高可以达到 70％，如图 5.14(c)所示。

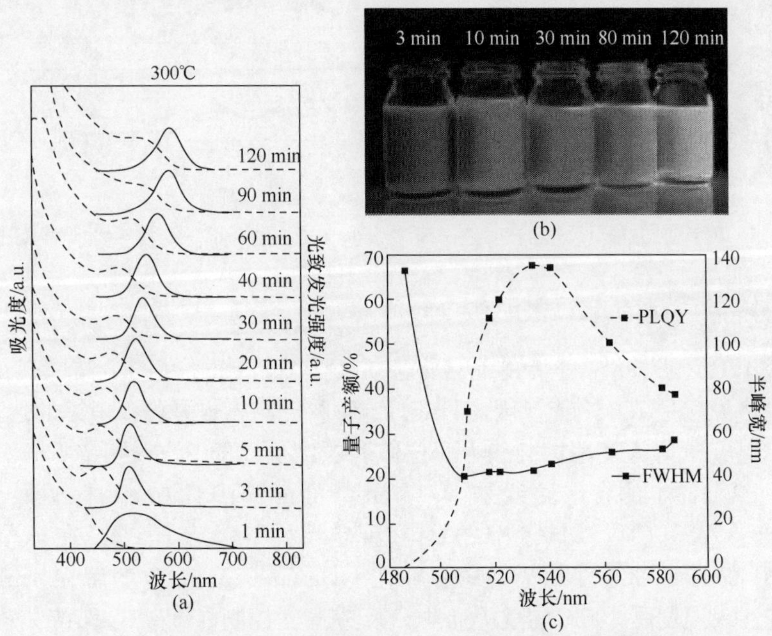

图 5.14　不同反应时间样本的吸收、PL 光谱、量子产额和半峰宽[16]

(阅读彩图请扫封底二维码)

图 5.15(a,b)是 In∶P∶MA∶Zn∶S=1∶0.7∶3.5∶1∶1、In∶P∶MA∶Zn∶S=1∶1∶2∶1∶1 两个典型的 InP/ZnS 量子点样本的 TEM,激子吸收峰分别位于 527nm 和 475nm,PL 发射峰分别位于 566nm 和 537nm。由 TEM 得到两个样本的平均尺寸是 3.5nm 和 4.1nm。根据相关文献报道,对于上述两个激子吸收峰而言,纯 InP 量子点的尺寸是 2.35nm 和 2.1nm[17,18]。对于核壳 InP/ZnS 量子点,这个数值稍微估计过高,因为没有考虑到激子吸收峰的红移(由于波函数向壳层的扩散)。因此,两个典型的 InP/ZnS 样本的壳层厚度至少是 0.6nm 和 1.0nm。图 5.15(c)是 PL 发光峰位于 640nm 的 InP 量子点和两个不同实验条件制备 InP/ZnS 样本的 XRD,同时作为比较,给出没有 DDT(InPZn)时制备样本的 XRD。在全部样本中,三个主要的衍射峰都是 InP 立方体闪锌矿晶格结构。但是,在核壳样本中,这些衍射峰向着立方体 ZnS 特征位置的方向发生移动。与之对应,在没有 DDT(InPZn)时制备的样本中,没有看到移动的现象。

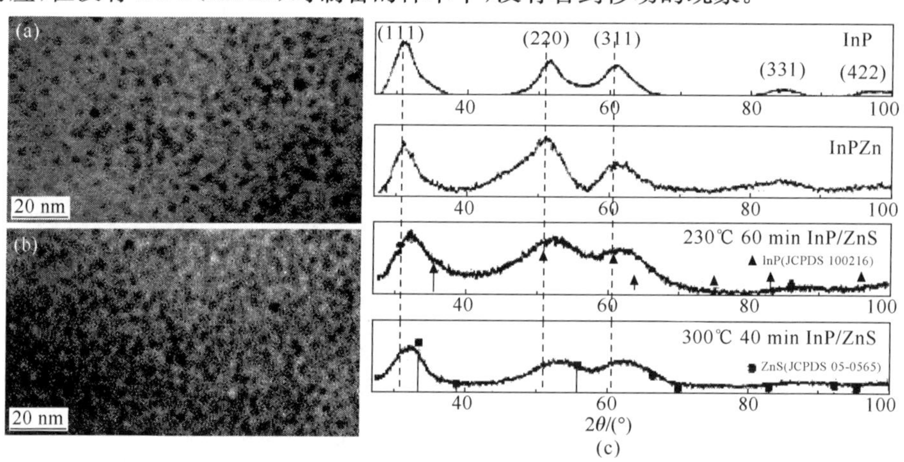

图 5.15 尺寸 3.5nm、4.1nm InP/ZnS 量子点的 TEM 和不同合成条件样本的 XRD[16]

2. InP/ZnSe 胶体核壳量子点

比较 InP、ZnS、ZnSe 三者的晶格常数,InP 与 ZnSe 的晶格失配是 3.4%,而与 ZnS 的晶格失配是 7.6%[19]。因此,InP/ZnSe 核壳结构也是可以考虑的选择。

Mushongaa 等人使用棕榈酸为配位体和弱配位性的 ODE,制备 InP/ZnSe 量子点[20]。典型样本的合成路线是:0.15mmol 醋酸锌、0.45mmol 棕榈酸与 4mL ODE 混合装入三口瓶。加热到 120℃,在真空条件下保持 1.5 h。在 Ar 气净化后,温度升高到 300℃。$(TMS)_3P$ 溶解在 ODE(0.075mmol,溶解在 1mL ODE 中),迅速注入温度是 300℃的反应瓶中。反应温度控制在 270℃,保持 2 小时,以便 InP 核的生长。在 140℃条件下,将十一烯酸锌(zinc undecylenate)溶解到 ODE (9.5mL)和 TOP (0.5mL)的混合物中,得到 Zn 前驱体注射液(0.1 M);类似的将

Se 溶解到 ODE（9.5mL）和 TOP（0.5mL）的混合物中，得到 Se 前驱体注射液（0.1 M）。将三口瓶的反应温度降低到 150℃，将 Zn 前驱体注射液（0.375mmol，0.375mL）注入到反应瓶，温度升高到 230℃，保持 4 小时。将 Se 前驱体注射液（0.15mmol，1.5mL）注入到反应瓶，保持这个温度 1 小时。通过净化和提纯，InP/ZnSe 胶体核壳量子点被制备出来。

上述方法制备三个样本 PL 发光光谱如图 5.16(a)所示。在进入 InP 核生长 30 分钟和 120 分钟时，PL 发光峰值位置没有明显的变化。InP 核生长 120 分钟时样本的发光峰峰值位置是 579nm，而制备 InP/ZnSe 量子点显示 PL 发光峰值位置是 574nm。这个效应产生的原因归结于 ZnSe 壳与 InP 核的界面出现缺陷态，由此产生 InP 量子点没有的缺陷辐射。

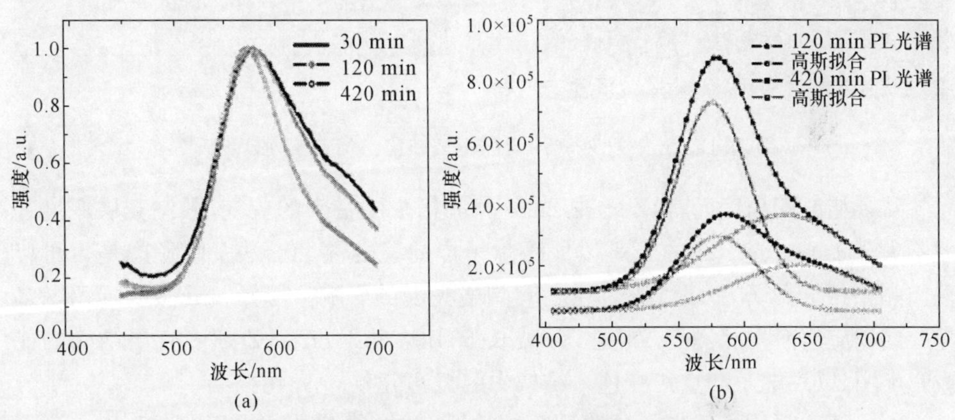

图 5.16　不同反应时间样本 PL 光谱和高斯峰拟合[20]

（阅读彩图请扫封底二维码）

这里提到的表面态来源于悬空键，往往出现在重建的表面。在 InP/ZnSe 结构中，ZnSe 与 InP 之间的晶格失配较小。图 5.16(b)表明，每个 PL 光谱可以视为两个高斯分布的组合。对于 InP/ZnSe 和 InP 量子点而言，缺陷态相关的 PL 峰值分别位于 627nm 和 640nm。光谱蓝移证明在 InP 核上包覆 ZnSe 壳后，由此诱生出表面态。ZnSe 壳会诱生较多的表面态，折合成缺陷态辐射与带边辐射的比例可以达到 1.4[21]。

InP/ZnSe 量子点的 HRTEM 和 EDX 如图 5.17 所示，InP/ZnSe 量子点平均尺寸是 1.95nm。HRTEM 表明，制备 InP/ZnSe 量子点具有良好的结晶度，相邻晶面的空间距离是 0.29nm，与闪锌矿结构(200)晶面系 0.29343nm 的结果一致。图中插入的电子衍射图样带有三个衍射环，对应于闪锌矿晶格结构的(111)、(220)、(311)晶面族，相应的空间间隔是 0.3404nm、0.2069nm 和 0.17716nm，与理论数据一致。InP/ZnSe 量子点的 EDX 结果表明，In ∶ P ∶ Zn ∶ Se 比例是

1∶0.96∶1.47∶0.17，在 In 富裕核上包覆一层 Zn 富裕的表面。因此，InP 核具有 In 终结的表面，外壳是 Zn 终结的表面。Zn/In 比例是 1.47，表明 InP 核被一个 ZnSe 壳层包覆。

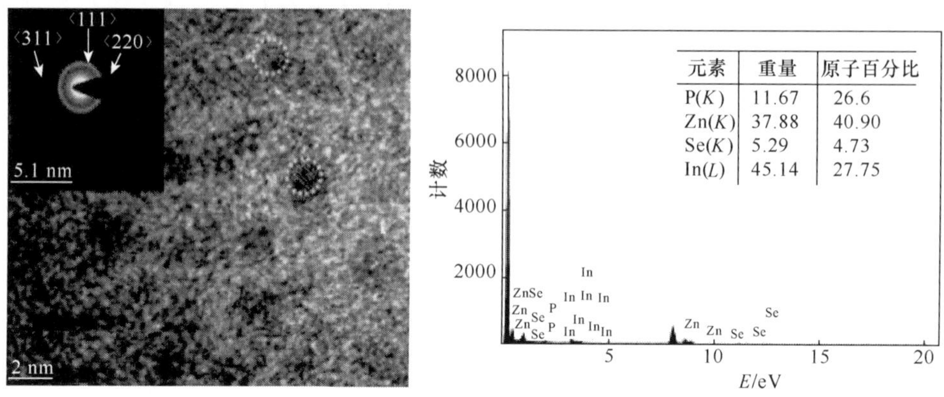

图 5.17　InP/ZnSe 量子点的 HRTEM、SAED 和 EDX[20]

从晶格匹配角度而言，ZnS 或 ZnSe 壳晶格失配带来的应变，限制壳层厚度一般不大于 1nm。这么薄的壳难以保障量子点的稳定性。于是人们考虑是否可以采用晶格组合的方法，改善核、壳之间晶格失配的影响。于是，InP/ZnSe/ZnS 多壳层结构应运而生。图 5.18 是 PL 波长 534nm InP/ZnSe/ZnS 多壳层结构的能级匹配图，以及电子和空穴在这个结构中的概率分布。

Kim 等人采用连续离子层吸附反应合成方法，合成出 InP/ZnSe/ZnS 多壳层量子点[22]。典型样本的合成路线是：在 188℃ 和 N_2 气环境下，0.0230g (0.079mmol)醋酸铟、0.0703g(0.26mmol)豆蔻酸与 6mL ODE 混合。在 110℃下去除气 2 小时。0.079mmol(0.029mL)$(TMS)_3P$、0.3mL 辛胺(octylamine)和 1mL ODE 混合，在 200℃条件下迅速注入到 In 前驱体溶液，生成 InP 核量子点。在 30 分钟后，将 InP 胶体溶液冷却到 150℃。在温度达到 230℃时，溶解在 ODE 中的油酸锌(zinc oleate，$Zn(oleate)_2$) (2.8mL，1.2mmol)溶液注入到 InP 溶液中(按 1mL/min 速度)。在 20 分钟后，溶液冷却到 150℃，0.14mL、2 M TOP-Se 溶液和 1mL TOP 按 1mL/min 速度注入到反应混合物中。溶液加热到 230℃，保持 20 分钟，再冷却到 150℃，生成 InP/ZnSe。在 230℃时，将 2.8mL 油酸锌溶液按 1mL/min 速度注入 InP/ZnSe 溶液中。在 20 分钟后，溶液冷却到 150℃，2.8mL、0.1 M 溶解在 ODE 中的 S 溶液按 1mL/min 速度注入反应混合物中。反应进行 20 分钟，然后冷却到室温，生成 InP/ZnSe/ZnS 多壳层量子点。

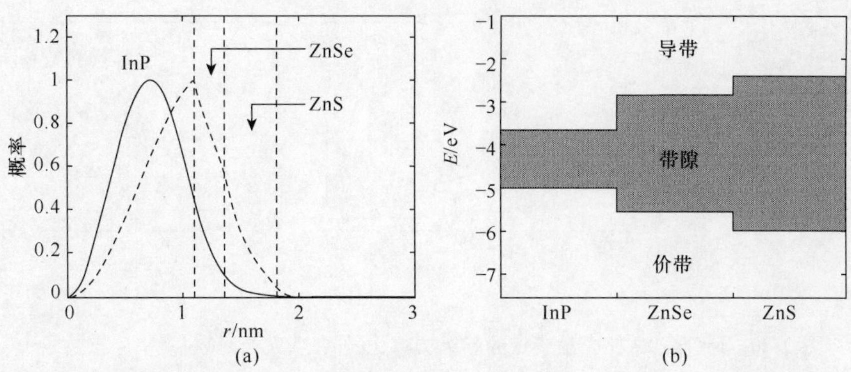

图5.18 InP/ZnSe/ZnS量子点(虚线)电子和(实线)空穴概率分布,以及能级结构[22]

图5.19(a,b)是InP量子点和InP/ZnSe/ZnS量子点的TEM,InP量子点平均尺寸是2.1nm,InP/ZnSe量子点平均尺寸是2.6nm,InP/ZnSe/ZnS量子点平均尺寸是3.3nm。图5.19(c)是InP和InP/ZnSe/ZnS量子点吸收和PL光谱。InP量子点第一激子吸收峰位于460nm。当包覆ZnSe壳层后,InP/ZnSe结构的第一激子吸收峰移到519nm,说明电子波函数的受限被削弱了,但空穴仍然受限于核内。当包覆ZnS外部壳层后,第一激子吸收峰移到525nm。增强的PL发光归因于窄的带边辐射,表明InP/ZnSe/ZnS量子点具有良好的单分散性和有效的表面钝化。

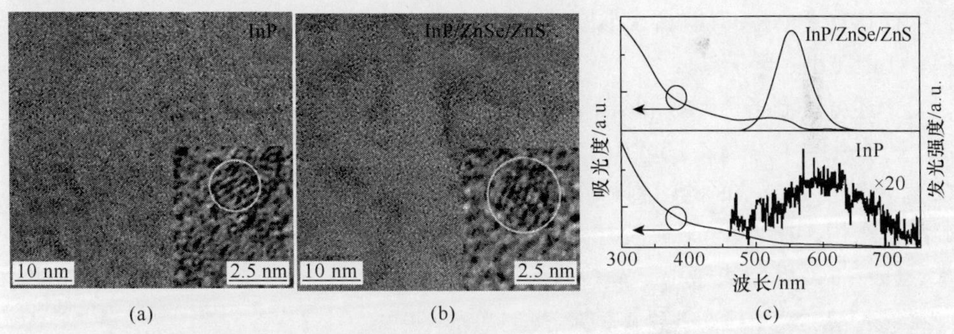

图5.19 InP、InP/ZnSe/ZnS量子点的TEM和吸收、PL光谱[22]

3. InP/CdSe胶体核壳量子点

InP和CdSe能级结构如图5.20(a)所示,InP体材料具有较高的导带和价带,InP/CdSe核壳是类型Ⅱ结构。在InP/CdSe核壳结构中,电子波函数的主体进入到CdSe壳,而空穴主要处于InP核内,图5.20(b,c)是半径1.5nm InP核、厚度1nm CdSe壳的InP/CdSe核壳结构电子和空穴波函数、概率密度的分布。这个结构将增强电子和空穴的不定域性,吸收和发光光谱之间产生较大的红移。

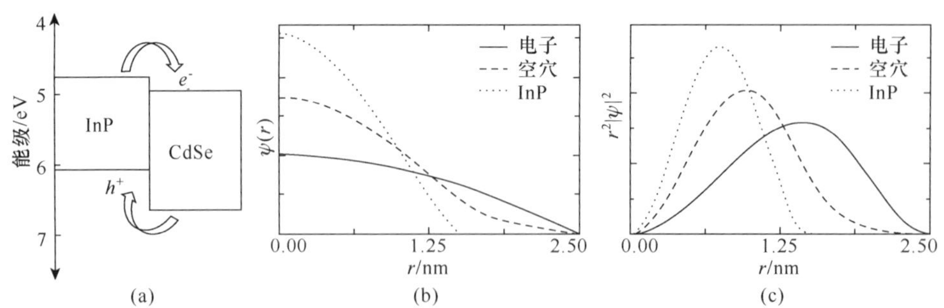

图 5.20　InP/CdSe 核壳量子点的能级结构、电子和空穴波函数、概率分布曲线

Kim 等人成功合成出类型Ⅱ结构 InP/CdSe 量子点，典型样本的合成路线由两个阶段组成[23]。

步骤 1，InP 量子点的制备。将 0.12mmol $In(Ac)_3$、0.36mmol PA 和 8mL ODE 混合装入三口瓶，加热到 100℃，保持 1.5 小时。将 0.06mmol$(TMS)_3P$ 溶解到 1mL ODE 中，排气后作为注射溶液。反应混合物加热到 300℃，注射液注入到反应瓶内。反应瓶温度调整到 270℃，保持 30 分钟，以利于 InP 的生长。

步骤 2，InP/CdSe 量子点的制备。将上述 270℃ InP 量子点溶液冷却到 200℃。将 0.063g(0.2mmol) $Cd(acac)_2$、0.1mL (0.1mmol)1M TBP-Se、0.1mL OA 与 3mL ODE 混合，混合物缓慢(历时 1 小时)地加入到 InP 量子点溶液，反应温度保持在 200℃，稳定 0.5 小时。在熟化后，溶液温度冷却到室温，经过提纯后得到 InP/CdSe 量子点。

上述方法制备 InP 核和 InP/CdSe 核壳量子点 TEM 和 XRD 如图 5.21 所示，InP 量子点尺寸约为 2.7nm，InP/CdSe 量子点尺寸约为 4.0nm。XRD 中(1 1 1)、(2 2 0)和(3 1 1)晶面的衍射峰清晰表明，InP 核和 InP/CdSe 核壳量子点是闪锌矿晶格结构。在生长 CdSe 壳层后，衍射峰向小角度方向移动，归因于 CdSe 晶格常数(a= 6.077Å)大于 InP 晶格常数(a= 5.868Å)。

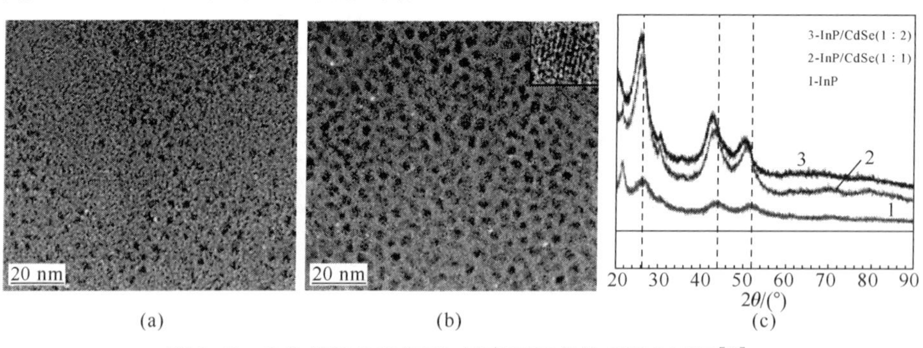

图 5.21　InP 核和 InP/CdSe 核壳量子点的 TEM、XRD[23]

InP、InP/CdSe 量子点吸收和 PL 光谱如图 5.22(a)所示。尺寸 2.7nm 的 InP 量子点发光峰位于 580nm，在包覆 CdSe 壳层后，InP/CdSe 量子点的 PL 光谱展宽，随着壳层厚度的增加而产生红移。这个红移使 PL 发光峰由 580nm 移动到 700nm，反映出电子波函数向壳层泄露的增加。与此同时，PL 量子产率发生变化，由 InP 量子点的 1%增加到 InP/CdSe 量子点的 10%，又在壳层较厚时下降到 2.5%。InP 和 CdSe 导带只有 0.19 eV 的差异，在 CdSe 壳层初始形成阶段将产生类型Ⅰ结构，较好的钝化表面缺陷，发光增强；当壳层厚度增加到一定数值后，产生出类型Ⅱ结构，导致发光强度下降。在 InP/CdSe 量子点发光光谱位于 710nm 时，发光强度下降，这时它的时间分辨单光子发光衰退曲线如图 5.22(b)所示。这时平均寿命是 274.58 ns，比类型Ⅰ量子点发光寿命长得多[24]，意味着这时形成的是类型Ⅱ带隙结构，产生空间分离的激子。

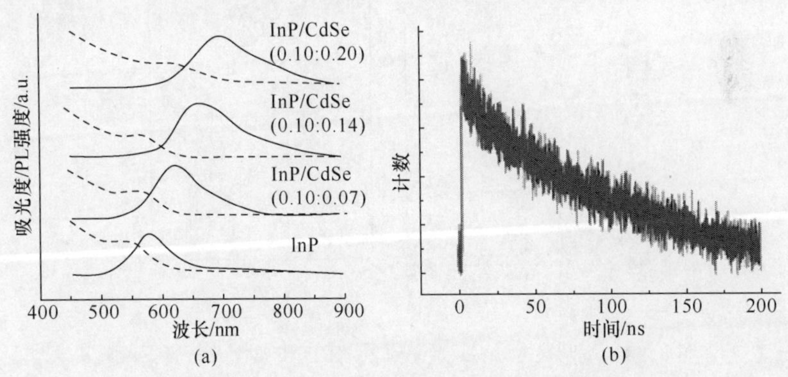

图 5.22　ZnP、InP/CdSe 量子点吸收、PL 光谱和 PL 衰退曲线[23]

5.2　InAs 胶体半导体量子点

InAs 量子点的发光处于近红外窗口(700nm～1400nm)。InAs 半导体材料的玻尔半径是 74nm，体材料带隙是 0.4 eV，具有良好的量子尺寸调谐性质。

5.2.1　InAs 胶体量子点的合成方法

Guzelian 等人采用 $InCl_3$ 和$(TMS)_3As$(三(三甲基硅基)砷，tris(trimethylsi1yl) arsine)为前驱体、TOP 为溶剂，合成 InAs 胶体量子点[25]，其合成路线遵从如下反应过程[26]：

$$(TMS)_3As+InCl_3 \rightarrow InAs+3\,(TMS)_3Cl \tag{5.2-1}$$

典型样本的合成路线是[27]：0.4mM $InCl_3$、0.5mL TOP 与 3.5mL ODE 混合装入三口瓶。在氮气保护下，混合物加热到 150℃。将 0.05～0.1mmol$(TMS)_3As$ 溶

液注入到反应溶液中，然后溶液进一步加热到特定温度，以获得不同尺寸 InAs 胶体量子点。

上述过程制备 InAs 量子点的 XRD 和尺寸依赖的吸收、PL 光谱如图 5.23 所示。XRD 表明，衍射峰的位置显示出 InAs 立方体闪锌矿晶格结构。衍射峰展宽程度与量子点尺寸的变化具有一致性。利用 Scherrer 方程，确定出量子点的尺寸，标示在图中。室温下吸收和 PL 光谱表明，随着量子点尺寸由 34Å 增加到 60Å，相对于 InAs 体材料的 0.35eV 带隙，InAs 量子点带隙产生明显的蓝移。尺寸 34Å 的量子点，蓝移 1.2eV；对于 60Å 量子点，蓝移是 0.7eV。

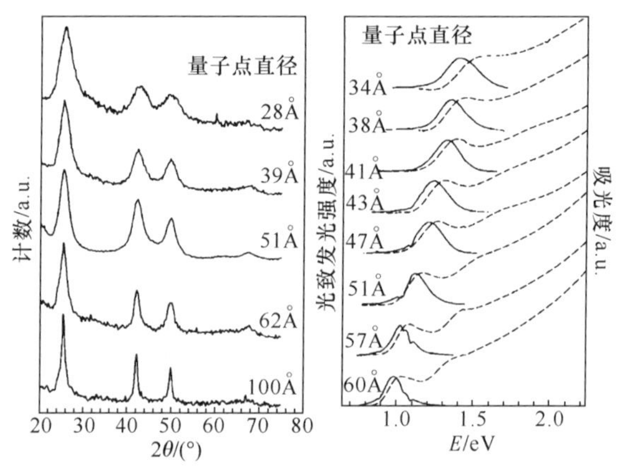

图 5.23　不同尺寸 InAs 量子点的 XRD 和吸收、PL 光谱[27]

比较同样方法制备的 InAs 量子点和 InP 量子点，在合成初始阶段，反应活性高的前驱体（$(TMS)_3As$ 与 $(TMS)_3P$ 比较）会产生更小的纳米团簇（小于 1nm），这时吸收光谱的峰位是固定的。去除活化剂（如脂肪胺）和增加阻滞剂（脂肪酸），仍然会产生特殊尺寸的纳米团簇，在 420nm 和 460nm 处出现两个明显的、持续存留的吸收峰，如图 5.24 吸收光谱所示。因为 As 前驱体具有高的反应活性，在反应开始后的瞬间，通过生成 InAs 团簇或被分解（由于脂肪酸的存在或高温作用，这个分解会被加速），大部分 As 分子被消耗掉。于是，在成核阶段没有剩余的单体，由此产生的结果是：通过并入单体获得 InAs 量子点的持续生长已经是不可能的，而且通常的尺寸分布聚焦技术也不再适用于这个合成过程。

根据粒子间扩散的尺寸分布自聚焦理论[28,29]，高粒子浓度导致毗邻粒子的扩散球发生重叠，毗邻粒子之间的溶解度梯度驱使靠近小粒子表面的单体进入大粒子的重叠的扩散球。如果这个机制发挥作用，小粒子的完全溶解和大粒子的缓慢生长，将产生近乎单分散的结果。显然，在反应时间内，小粒子的快速溶解是关键，以避免出现典型的 Ostwald 熟化过程的宽尺寸分布。在这个系统中，这些非常小的纳米团簇和粒子意味着易于实现一个高的溶解度梯度，因为粒子的溶解度是遵循 Gibbs-Thompson 方程，呈现指数型增加[30]。尽管持续存留的吸收峰表明特殊尺寸的纳米团簇在溶液中占据了主体，但是图 5.24 显示出初始溶液具有较宽的吸收峰，暗示这些特殊尺寸的小粒子也有尺寸分布。

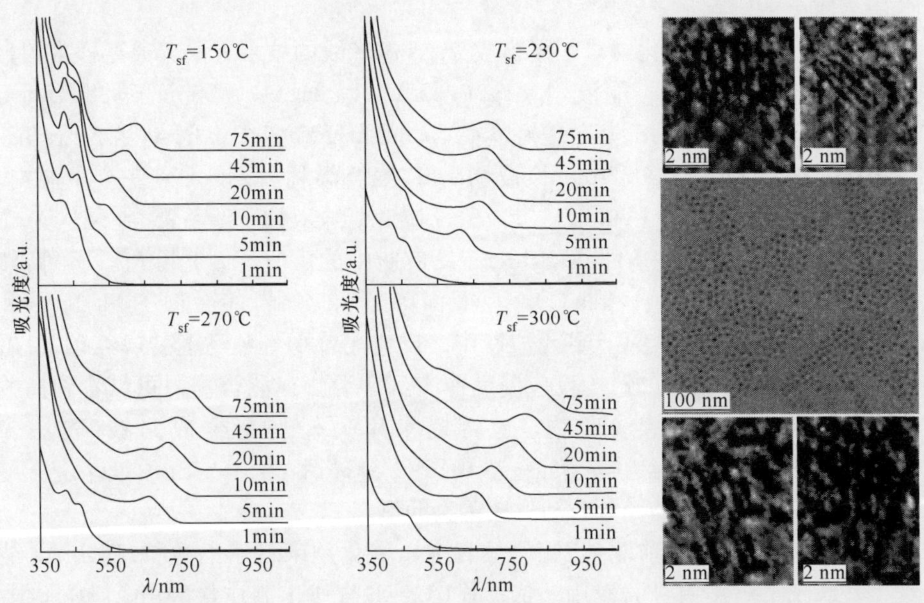

图 5.24　不同反应温度制备 InAs 量子点的吸收光谱和 TEM[27]

进一步研究合成过程的特性。在 150℃时，通过注入$(TMS)_3As$前驱体到反应系统，InAs 纳米团簇生成。如果注入温度较低，例如 70℃，将产生更加缓慢的 InAs纳米团簇生成过程，不会出现后续的自聚焦效应。在纳米团簇的峰值位置吸收达到一个常数值后，反应系统被加热到一个特定的自聚焦温度(T_{sf})。如图 5.24 所示，依据时间演变的吸收光谱，热的纳米团簇变得不稳定，相对大的 InAs 粒子生成。来自于初始 InAs 纳米团簇在 420nm 和 460nm 处的吸收峰消失的速度，强烈的依赖于 T_{sf}。当温度 T_{sf} 达到和超过 180℃时，初始纳米团簇完全消失。当 T_{sf} 是 130～180℃之间时，初始纳米团簇部分消失。当 T_{sf} 低于 120℃时，既没有发现初始纳米团簇消失，也没有发现大的 InAs 纳米粒子生成。

上述合成方法制备的 InAs 量子点具有良好、明显的吸收光谱，说明产生了一个聚焦的尺寸分布，这与图 5.24 InAs 量子点 TEM 是一致的。同时，图 5.24 吸收光谱和 TEM 表明，通过自聚焦获得 InAs 量子点的最终尺寸，决定于 T_{sf} 的值。

5.2.2 InAs 胶体量子点的形态控制

与 InP 胶体量子点形态控制类似，利用金属纳米粒子可以实现 InAs 纳米线的生长。可以肯定，前驱体、配位体和金属催化纳米粒子的选择，对 InAs 纳米线的生长有着重要的影响。

考察 Bi 作为金属催化纳米粒子合成 InAs 纳米线的技术方法。典型样本的合成路线是[31]：将 In(myr)$_3$ 原液(1.81g、0.27mmol)、HDA (550mg、2.28mmol)、TOP 和聚葵烯(Polydecene)(3g)放置在 Schlenk 反应瓶中。Bi 纳米粒子溶液(40～80mg、0.0016～0.0032mmol)被 0.5mL 聚癸烯稀释，装入另一个小瓶内。将(TMS)$_3$As 原液(0.5mL、0.15～0.17mmol 和 Bi 纳米粒子原液混合，装入 3mL 注射器内。在 100℃真空条件下，Schlenk 反应瓶中的反应混合物除气 5 分钟，然后加热到适当的温度(240～335℃)。反应保持 1～2 分钟，然后将(TMS)$_3$As 和 Bi 纳米粒子的混合物迅速注入到反应瓶中。反应混合物颜色马上变成红色，最后变成灰褐色。在注入后 5 分钟，反应温度冷却到室温。在混合物内可以看到黑色的沉淀物，是 InAs 纳米线产物。也可以采用另外一个合成路线：先注入(TMS)$_3$As 原液，生成深红色的溶液；在 0.5～1 分钟后，再注入 Bi 原液。这样可以更好的控制纳米线的直径分布和形成笔直的形态。

在上述合成过程中，前驱体、配位体和金属催化纳米粒子的选择，对 InAs 纳米线生长起到了至关重要的作用。依据式(5.2-2)合成出高质量的 InAs 纳米线，如图 5.25 的 TEM 所示，显示出窄的直径分布、高度笔直的形态和良好的结晶度。

$$\text{In(myr)}_3+\text{(TMS)}_3\text{As}\xrightarrow[\text{Bi nanoparticles, HDA, TOP}]{\text{240-335℃, polydecene solvent}}\text{InAs 纳米线} \tag{5.2-2}$$

(a)　(b)　(c)　(d)

图 5.25　基于 Bi 粒子制备不同直径 InAs 纳米线的 TEM[31]

配位体的相对数量对 InAs 纳米线质量的影响十分明显，实验表明：In(myr)$_3$/(TMS)$_3$As 最佳比例是 1.6～2.1；对于生长稀疏的、直径 $d=10$nm 的纳米线，HDA/In(myr)$_3$ 的最佳比例是 6.9～8.4；对于生长浓密的、直径 $d=10$nm 的纳米线，HDA/In(myr)$_3$ 的最佳比例是 4.1～4.8。对于稀疏纳米线的情况，更易于产生弯曲的形态，加入 TOP 主要用于改善稀疏纳米线的直线形态和直径的分布。使用较低的 Bi 纳米粒子浓度，适合于生长稀疏的纳米线。

InAs 纳米线和 Bi 纳米粒子的 XRD 如图 5.26 所示，分别显示出 InAs 体材料闪锌矿晶格结构(ICDD-PDF 00-015-0869)和斜方六面体晶格结构(ICDD-PDF 00-044-1246)。此外，EDX 表明 In/As 的平均组分比例是 1∶1。图 5.26(c)是沿⟨011⟩方向的电子衍射图像(SAED)。

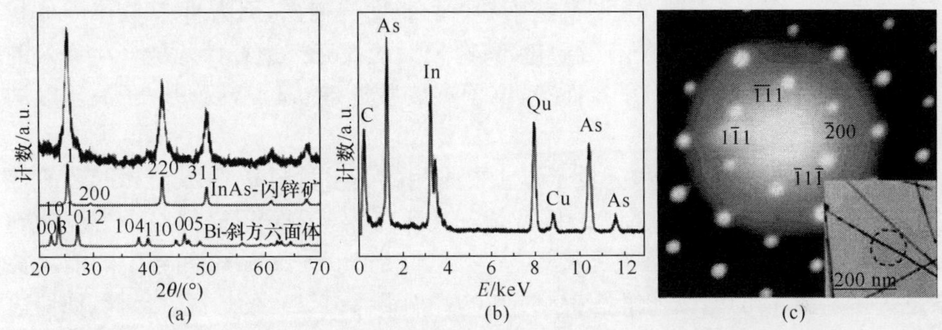

图 5.26 InAs 纳米线和 Bi 纳米粒子的 XRD、InAs 纳米线的 EDX 和 SAED[31]

溶解在 CCl_4 中的 InAs 纳米线的吸收和 PL 光谱如图 5.27 所示，随着纳米线直径的增加，发射光谱产生明显的红移。与前面讨论的 InAs 量子点光谱相比，光谱的展宽非常明显。但是，PL 光谱的分布仍然显示出良好的高斯线型和明确的峰值位置，由此可以确定纳米线第一激子跃迁对应的能量值。

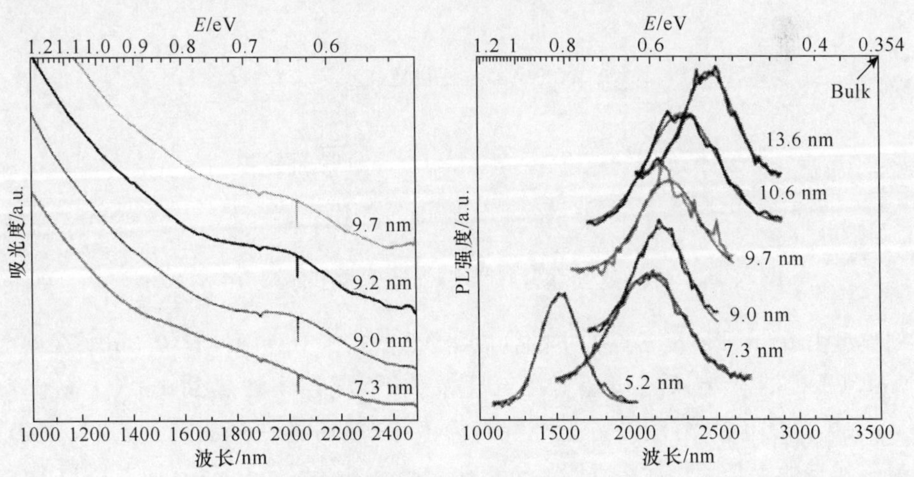

图 5.27 不同直径 InAs 纳米线吸收和 PL 光谱[31]

5.2.3 InAs 胶体核壳量子点

众所周知，包覆钝化的壳可以保护核并减少表面缺陷。在选择钝化壳的材料时，应当注意两个因素：首先是核、壳材料之间的晶格匹配，大的晶格失配会在核壳交界面产生应力，从而产生捕获载流子的缺陷态；其次是核壳材料带边的补偿，足够高的带边补偿可以使载流子限制在核的区域和获得表面隔离，有效防止非辐射复合的发生。后一个因素对Ⅲ-Ⅴ族半导体材料尤为突出，因为Ⅲ-Ⅴ族半导体材料的载流子往往具有较小的有效质量，只有较大的核壳带边补偿才能产生有效的受限效应。对于 InAs 核量子点而言，电子有效质量是 0.024，因此电子波函数的展宽是引人注目的。

目前，以 InAs 为核的核壳量子点主要采用的壳层材料是 CdSe、ZnSe、ZnS 等材料，图 5.28 是几种材料的能级匹配情况。InAs 核与 ZnSe 壳的晶格失配达到 6.6%，而与 CdSe 壳的晶格失配接近为 0%。但是 InAs-ZnSe 之间导带的能级补偿是 1.3eV、价带的能级补偿是 0.99eV，均好于 InAs-CdSe 的情况。因此，如何选择恰当的壳层材料，尚需进一步考虑。

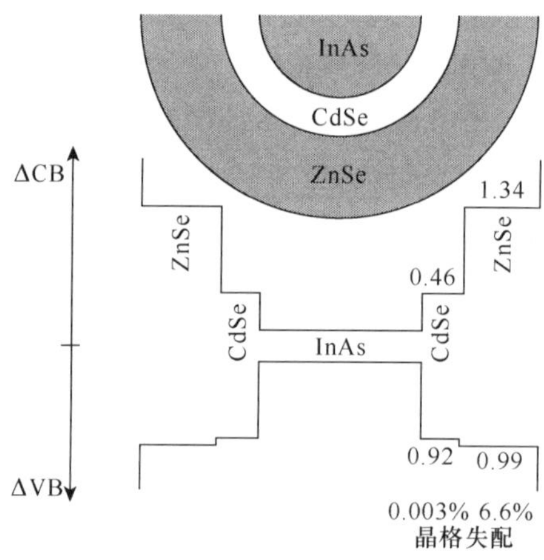

图 5.28 InAs-CdSe-ZnSe 材料之间晶格匹配和能级结构示意图

典型 InAs/CdSe 量子点样本的合成路线是[27]：0.4mM $InCl_3$、0.5mL TOP 与 3.5mL ODE 混合装入三口瓶。在氮气保护下，混合物加热到 150℃。0.05～0.1mmol$(TMS)_3$As 溶液注入上述混合溶液中，然后进一步加热到 180℃，实现 InAs量子点的生长。然后将 0.04mmol Se 溶解在 0.2mL TOP 中，注入到 InAs 量子点的反应瓶中。5 分钟后，相同量的 Cd 前驱体注入到反应溶液中。反应温度升高到 190℃，保持 30 分钟，获得 CdSe 壳。

图 5.29(a,b,c)是 InAs/CdSe 核壳量子点的 TEM，随着壳层的生长，InAs/

CdSe 核壳量子点的尺寸逐渐增加。图 5.29(d)是 InAs/CdSe 核壳量子点吸收和 PL 光谱，随着壳层的生长，InAs/CdSe 核壳量子点的两种光谱呈现稳定的红移。图 5.29(e)是 InAs/CdSe 核壳量子点的 HRTEM 和电子衍射图样，进一步证明 CdSe 壳层是外延生长在闪锌矿 InAs 核的表面上。

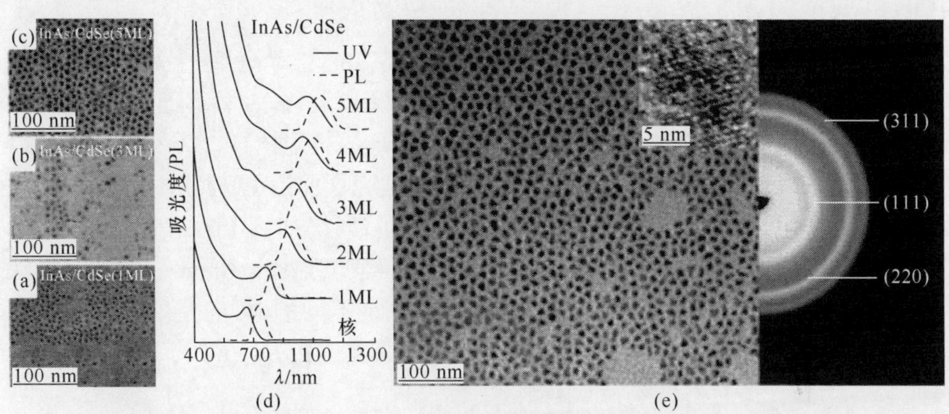

图 5.29　不同单层 InAs/CdSe 核壳量子点的 TEM、吸收、PL 光谱和 EDS[27]

另外的尝试是在 InAs 核外表面包覆较宽带隙的 ZnSe 或 ZnS 壳，形成 InAs/ZnSe 或 InAs/ZnS 核壳量子点。制备方法如图 5.30 所示[32]，典型样本合成路线如下。

步骤 1，InAs 量子点的合成。将 0.3mmol $InAc_3$、0.9mmolMA 与 8mL ODE 混合，装入三口瓶，加热到 220℃，Ar 气排除空气。在另一个容器内，0.15mmol Zn_3As_2 粉末被分成 0.05mmol 和 0.1mmol 两部分。首先，0.05mmol Zn_3As_2 与 HCl 反应，10 分钟后过量的 HCl 溶液注入到 0.1mmol Zn_3As_2 的部分中。然后在 Ar 气保护下，将生成的 AsH_3 导入到热的 In 前体驱中，InAs 量子点生长时间是 20～30分钟。

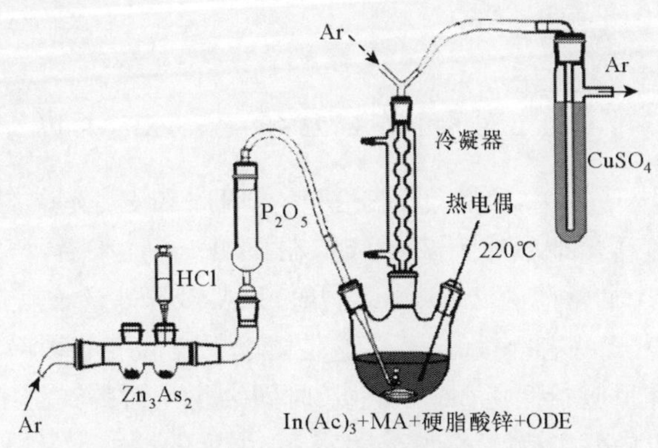

图 5.30　InAs 核壳量子点制备过程示意图

步骤 2,ZnSe 或 ZnS 壳的生长。为了生成 ZnS 壳,在 240℃和加入 0.3mmL 硬脂酸锌下,合成 InAs 量子点。在 InAs 量子点形成后,反应温度下降到 130℃,将溶解在 1mL ODE 中的 3mmol DDT 注入到上述热混合物里。然后,反应混合物加热到 240℃,保持 1 小时。ZnSe 壳的生长类似于 ZnS,只是用 0.3mL(1.0M)的 TOP-Se 替代 DDT,反应温度是 220℃。

采用上述合成方法制备的 InAs、InAs/ZnS、InAs/ZnSe 量子点的 XRD 如图 5.31(a)所示,显示出类似于 InAs 体材料的衍射峰。InAs/ZnS 量子点的 XRD 显示出三个移动的衍射峰,移动的方向是接近 ZnS 的衍射图样。类似的情况可以从 InAs/ZnSe 量子点的 XRD 中看到。此外,包覆壳层前后 PL 发射光谱的变化如图 5.31(b)所示。PL 量子产额由 InAs 量子点的 1%增加到 InAs/ZnS 量子点的 8%和 InAs/ZnSe 量子点的 15%,表明壳层生长确实钝化 InAs 量子点的表面缺陷,改善了 PL 发光性质。但是,两种壳层的效果是不同的,可能是因为晶格匹配的差异。对于 ZnS 壳而言,InAs 核与 ZnS 壳的晶格失配是 10.7%;而对于 InAs 核与 ZnSe 壳而言,晶格失配为 6.44%。

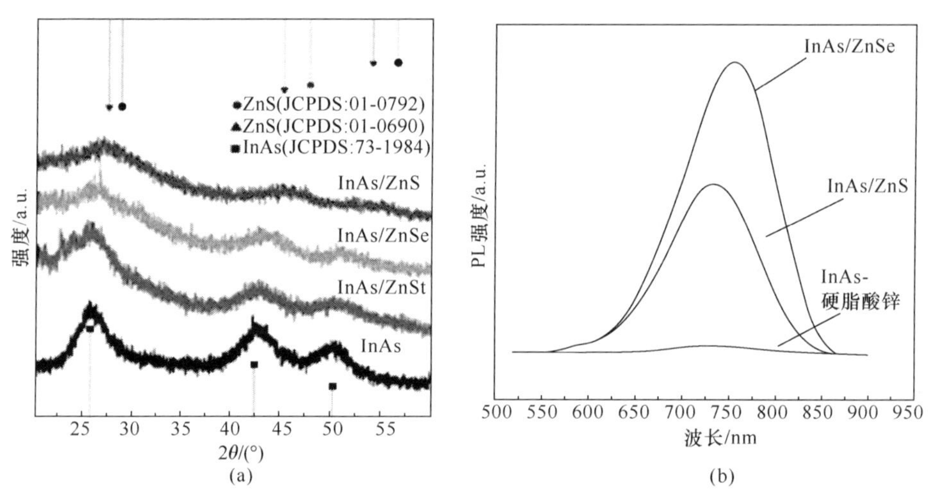

图 5.31 InAs、InAs/ZnSe 和 InAs/ZnS 量子点的 XRD 和 PL 光谱[32]

在 ZnSe 壳生长过程中,InAs/ZnSe 量子点吸收和 PL 光谱的变化如图 5.32 所示。当反应温度缓慢地增加到 220℃时,在 TOP-Se 加入后,PL 发光强度略有增加,表明生成一个非常薄的 ZnSe 壳。同时,InAs/ZnSe 量子点 PL 发光峰相对于InAs 量子点的发光峰有轻微的蓝移,这是由于反应温度的缓慢增加使 InAs 量子点产生分解。在反应条件是 220℃、生长时间为 1 小时的过程中,吸收峰和 PL 发光峰均向长波方向发生持续移动,伴随着 PL 强度的增加,表明形成的是核壳结构,而不是合金结构。此外,随着壳层厚度的增加,吸收光谱的形态保持不变,说明壳层生长过程保持了原有的尺寸分布。

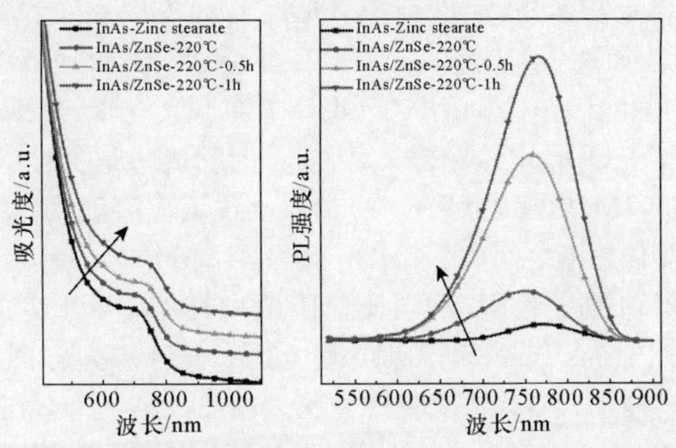

图 5.32 ZnSe 壳生长过程对 InAs/ZnSe 量子点吸收和 PL 光谱的影响[32]

通过壳层包覆，InAs 量子点的稳定性会提高，如图 5.33 所示。随着存储时间的增加，由于表面的氧化作用，InAs 量子点尺寸变得更小，PL 光谱发生蓝移，并逐渐展宽和强度逐渐变弱；而 InAs/ZnSe 量子点 PL 发光强度提高，归因于表面抗氧化的作用[33,34]。InAs 量子点和 InAs/ZnSe 量子点表现出相反的稳定性，是因为 InAs 和 ZnSe 具有不同的化学性质。

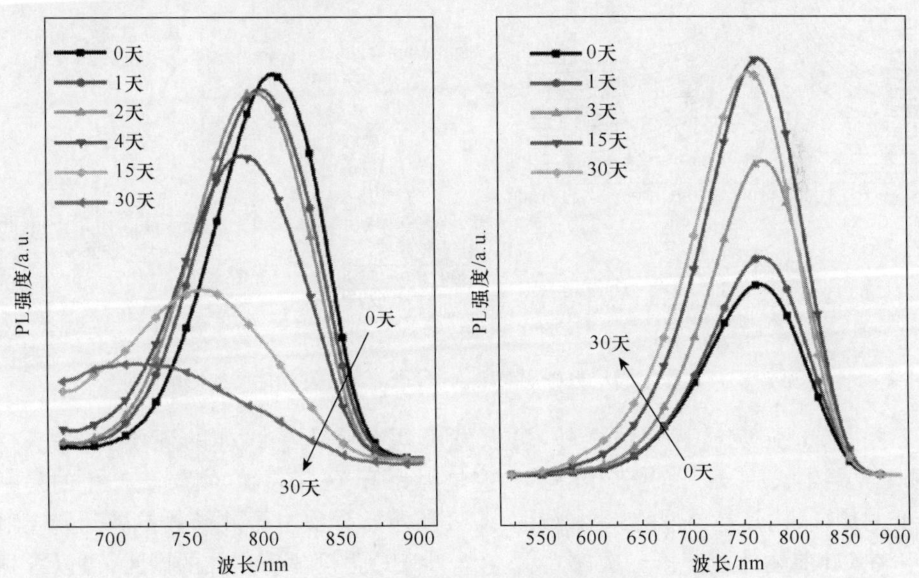

图 5.33 InAs、InAs/ZnSe 量子点随存储时间变化的 PL 光谱[32]

由图 5.28 可以看到，如果采用多种壳层结构，如 InAs/CdSe/ZnSe 结构，可以兼顾晶格失配和能带补偿两个因素，理论上可以获得更好的核壳效果。Banin 等人制备出 InAs/CdSe/ZnSe 结构，典型样本的合成路线是[35]：将 1×10^{-7}mol InAs 量子点溶解到 700mg 甲苯中，然后与 5g ODE、1.5g ODA 混合放置到反应瓶中。在真空条件下，反应瓶逐步加热到 100℃。在 Ar 气环境，反应温度升高到 260℃，包含 Cd 前驱体的原液(0.04M，溶解在 ODE 中加入反应瓶。随后加入 Se 前驱体溶液(0.04M，溶解在 ODE 中)，保持一定时间，生成预期厚度的 CdSe 壳。然后将 Zn 前驱体溶液(0.04M，溶解在 ODE 中)加入上述反应溶液，随后加入 Se 前驱体溶液。每两个前驱体溶液之间，注入时间间隔是 15 分钟。

在上述多壳层包覆过程中，不同反应阶段取样的 PL 光谱如图 5.34 所示。图 5.34(a)是尺寸 3.8nm InAs 量子点包覆 0，1，2，…14 层壳的 PL 光谱，可以清晰看到每个前驱体溶液加入后光谱变化的情况。在加入第一个 Cd 溶液后，PL 光谱强度明显增加，如图 5.34(b)所示。随着各层连续生长，PL 光谱强度继续增加，最后 PL 强度的增加达到 47 倍，如图 5.34(c)所示。PL 强度增加在于壳层包覆产生高的补偿势垒，量子受限效应将电子和空穴波函数限制在 InAs 量子点内，从而减少定域在量子点表面缺陷的影响。

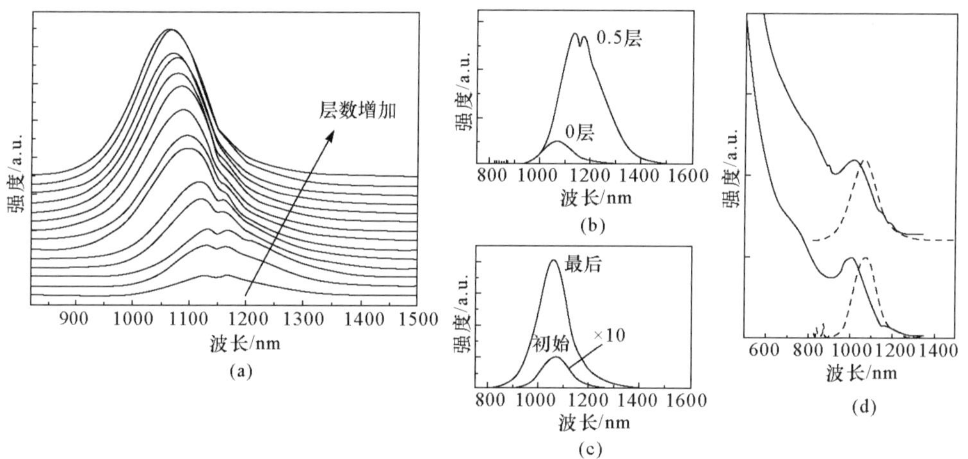

图 5.34　包覆不同层数壳层对 InAs 量子点 PL 发光性质的影响[35]

除了 PL 强度显著增强之外，可以发现两个令人感兴趣的现象。首先，在 CdSe 壳层生长后，PL 光谱产生红移。这是因为 InAs 核包覆 CdSe 壳产生的是一个低的势垒，尤其是导带的势垒(如图 5.28 所示)，导致电子波函数扩展到壳层附近。在 Cd 前驱体溶液第一次加入后，在产生 PL 强度显著增加的同时，可以看到一个大的红移，如图 5.34(b)所示。其次，在 ZnSe 壳生长之后，PL 光谱又回到初始的位置，如图 5.34(c)所示。此外，图 5.34(d)显示出另一个引人注意的现象，即在壳层包覆前后，光谱的形态几乎保持不变，说明粒子单分散的尺寸分布没有变化。

图 5.35(a，b)是 InAs 量子点包覆壳层前后 TEM，尺寸 3.8nm InAs 量子点包

覆壳层后的尺寸增加到 5.6nm。InAs 量子点包覆壳层前后的 XRD 如图 5.35(c)所示。InAs 量子点(曲线下)是体相 InAs 闪锌矿晶格结构。厚度 0.5nm 壳的 CdSe/ZnSe 量子点 XRD(曲线中)相对 InAs 量子点产生了向大角度方向的移动,同时呈现出氧化铟(indium oxide,In_2O_3)的 bcc 晶格相对应的衍射峰。这个晶格应该产生于壳层生长之前,在高温下出现在 InAs 核的表面。当 CdSe/ZnSe 壳的厚度是 0.9nm 时,XRD(曲线上)持续向大角度方向移动,更加靠近体材料 ZnSe 闪锌矿晶格对应的衍射峰,表明最外层 ZnSe 壳层的形成。

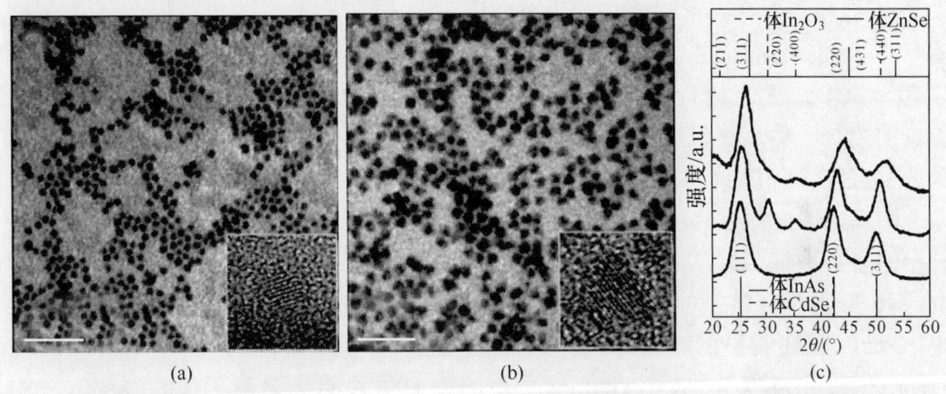

(a)　(b)　(c)

图 5.35　InAs、InAs/CdSe/ZnSe 量子点的 TEM(标尺 50nm)、XRD[35]

5.3　InSb 胶体半导体量子点

Ⅲ-Ⅴ族半导体材料具有优越的物理性质,InSb 作为其中一员,在红外探测器(infrared detector)等方面有着广泛的应用。InSb 具有直接带隙(在 300K 时,E_g=0.17eV),以及高的载流子迁移率(migration rate)。在室温情况下,电子迁移率是 78000cm^2·V^{-1}·s^{-1}。它具有非常小的有效电子质量(m_e=0.014m_0)和较小的有效空穴质量(m_h= 0.25m_0),以及大的激子玻尔半径(60nm)和所有半导体材料中的最小激子结合能(0.5 meV)[36]。因此,对于低于 10nm 尺寸的 InSb 量子点,可以产生强烈的量子受限效应。

5.3.1　InSb 胶体量子点的合成方法

较早的 InSb 量子点合成采用$(TMS)_3Sb$(tris(trimethylsilyl)antimony)作为锑前驱体[37]。$(TMS)_3Sb$ 按如下反应过程完成制备:

$$Na+C_{10}H_8 \rightarrow Na^+[C_{10}H_8]^-$$
$$3Na^+[C_{10}H_8]^- + Sb \rightarrow Na_3Sb + C_{10}H_8$$
$$Na_3Sb + (CH_3)_3SiCl \rightarrow Sb[Si(CH_3)_3]_3 + 3NaCl$$

典型样本的合成路线是：将 1.7g Na(73.5mmol)、3.58gSb(29.4mmol)、50mg 萘和 100mL 甲苯装入三口瓶中，除气和在搅拌的同时回流加热，保持 7 天。在冷却到室温后，9.3mL (73.5mmol) 三甲基氯硅烷(chlorotrimethylsilane)逐滴加入到反应瓶中，然后再次回流加热 2 天。过滤最后产物，移除剩余固体残渣；通过分馏移除溶剂。

利用上述合成路线获得的$(TMS)_3Sb$作为 InSb 的前驱体，典型样本的合成路线是[37]：0.1mmol 醋酸铟、0.3mmol 十八酸与 3mL ODE 混合装入三口瓶。混合溶液在 Ar 气下加热到 120℃，然后除气 30 分钟，再充满 Ar 气。此后加热高于 200℃，醋酸铟和十八酸溶解。这个温度保持 30 分钟，然后冷却到 100℃。将 0.05mmol $(TMS)_3Sb$ 溶解到 2mL TOP 中，快速注入到反应瓶里。反应进行 5 分钟，以便量子点的生长。然后将反应瓶移入冰浴，终止反应。当反应温度降到室温后，使用甲醇进行沉淀，通过离心去除多余的配位体，获得固体产物，溶解到正己烷溶剂中。

图 5.36(a,b)是上述方法制备 InSb 量子点的 STEM 和 HRTEM，显示出尺寸分布的多分散性。量子点尺寸是 3～13nm，平均尺寸是 6nm。溶解在正己烷溶剂中的 InSb 量子点溶液吸收和 PL 光谱如图 5.36(c)所示，可以发现吸收光谱平缓变化，难以看到明显的吸收峰；在吸收边附近出现半峰宽为 100nm(233 meV)的 PL 光谱，发光范围是 700～1000nm。这个宽阔的、没有明显激子吸收峰的吸收光谱，缘于制备的量子点是多分散的。但是，发射光谱相对于 InSb 体材料的带隙(0.17eV，7294nm)，还是有明显的蓝移，显示出强烈的量子尺寸受限效应。

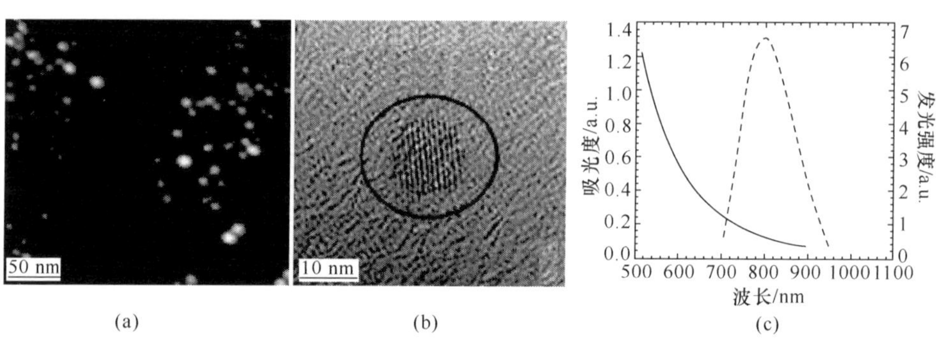

图 5.36　InSb 量子点的 STEM、HRTEM，以及吸收和 PL 光谱[37]

上述方法制备 InSb 量子点未能具有良好的单分散性，因此不具有好的光学性质。稍后，Liu 等人采用 $InCl_3$ 和三(二(三甲基硅基)氨基)锑(tris(di-trimethylsilylamido) antimony，$Sb[N(Si(Me)_3)_2]_3$)为前驱体，在三乙基硼氢化锂(lithium triethylborohydride，$LiEt_3BH$)参与时，获得良好单分散性的 InSb 量子点。典型样本的合成路线是[38]：将溶解在二辛醚(octyl ether)中的 5mL、2.0M $LiEt_3BH$ 与 12mL ODE 混合，装入三口瓶中。随后将 0.8mmol $InCl_3$、0.8mmol $Sb[N(Si(Me)_3)_2]_3$ 溶解在

3. 2mL TOP 和 0. 5mL 甲苯中，注入到此三口瓶中。反应混合物由褐色转变成黑色。反应温度以 3℃/min 的速度增加到 260℃，保持 20 分钟后冷却到室温。然后加入 5mL 的 OA，以便中和过量的氯化物，附带将 OA 包裹到纳米晶的表面。通过离心分离不溶的副产物，利用尺寸依赖的分级沉淀获得单分散的 InSb 量子点。

在这个合成路线中，$LiEt_3BH$ 发挥着关键的作用。如果缺少 $LiEt_3BH$，在 200℃之下，$InCl_3$ 和 $Sb[N(Si(Me)_3)_2]_3$ 是不能发生反应的。在较高温度时，这些前驱体可以生成黑色、非结晶产物。实验表明，$LiEt_3BH$ 与 $InCl_3$ 在 OA 中混合，能够生成金属 In；$LiEt_3BH$ 与 $Sb[N(Si(Me)_3)_2]_3$ 混合，能够生成黑色、非结晶产物，其中包含锑团簇[39]。

合成实验表明，调整生长温度和 $LiEt_3BH$ 的数量，可以改变 InSb 量子点的平均尺寸。高的反应温度和长的生长时间，可以获得较大尺寸的 InSb 量子点。当反应温度处于 240～260℃，保持生长 20 分钟，$InCl_3$ 与 $LiEt_3BH$ 摩尔比例是 1∶12. 5，InSb 量子点尺寸范围是 4. 5～7nm。当 $InCl_3$ 与 $LiEt_3BH$ 摩尔比减少到 1∶6. 25，生长温度保持是 240℃，可以获得 3. 4～4. 5nm InSb 量子点。当生长温度处于 240℃以下时，不能获得良好结晶性的 InSb 量子点。

图 5. 37 (a，b)是这种合成方法制备 InSb 量子点的 TEM，InSb 量子点平均尺寸是 4. 2nm 和 6. 3nm。图 5. 37(c)是相应的 HRTEM，具有高度结晶性。InSb 量子点的 XRD 如图 5. 37(d)所示，显示出 InSb 量子点具有闪锌矿晶格结构，与 InSb 体材料的晶格结构相同。

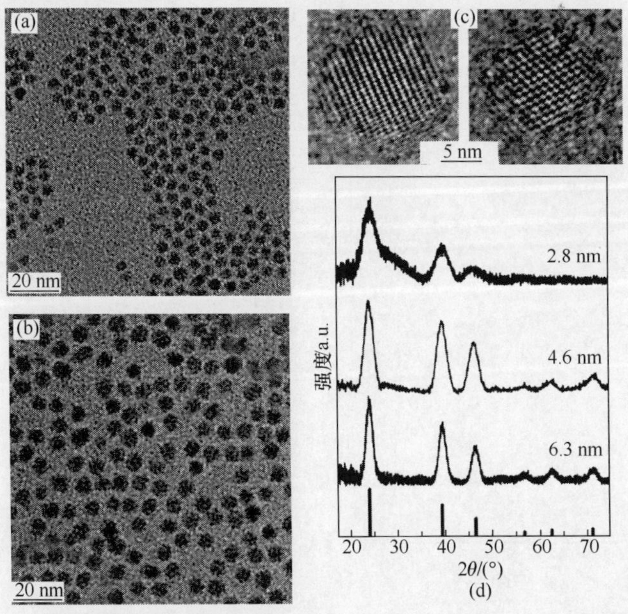

图 5. 37　不同尺寸 InSb 量子点的 TEM、HRTEM 和 XRD 图样[38]

Liu 等人制备的胶体 InSb 量子点显示出尺寸依赖的、近红外的吸收光谱，如图 5.38(a)所示。由于量子尺寸受限效应，InSb 量子点光谱强烈依赖于量子点的尺寸。当粒子尺寸由 3.3nm 变化为 6.5nm 时，第一激子吸收峰位置由 1200nm (1.03 eV)变化为 1750nm(0.71 eV)，如图 5.38(b)所示。InSb 量子点有小的电子和空穴有效质量，可以在这个尺寸范围内产生大的量子受限能。图示同时给出 Efros 等人理论计算 InSb 量子点尺寸依赖的能级数值[40]，由此可以比较理论计算值与实验值的差异。对 $1S_{3/2}$(h)-$1S_{1/2}$(e)跃迁能量，在量子点尺寸大于 5nm 时，理论值和实验值基本一致；但是在小于 5nm 的尺寸时，理论值要远大于实验值。产生这个误差的原因是多方面的，主要原因之一是理论计算低估了波函数扩展进入周围介质产生的损耗。值得注意的是，InSb 这类Ⅲ-Ⅴ族半导体材料，导带具有能量毗邻的深谷。对于体 InSb 材料，L 深谷只比 Γ 深谷高 0.51 eV。Γ 深谷电子有效质量($m_\Gamma = 0.014m_0$)是 L 深谷电子有效质量($m_L = 0.25m_0$)的 1/18，因此 Γ 深谷的电子更易受到量子尺寸受限的影响。结果，Γ 深谷和 L 深谷最低量子受限态的能量差，随着尺寸的减小而减小。在特定尺寸时，InSb 量子点由直接带隙转化为间接带隙结构。传统的理论模型往往忽视 Γ 深谷能带结构的作用，导致强烈量子受限的Ⅲ-Ⅴ族量子点能级的理论计算产生误差。

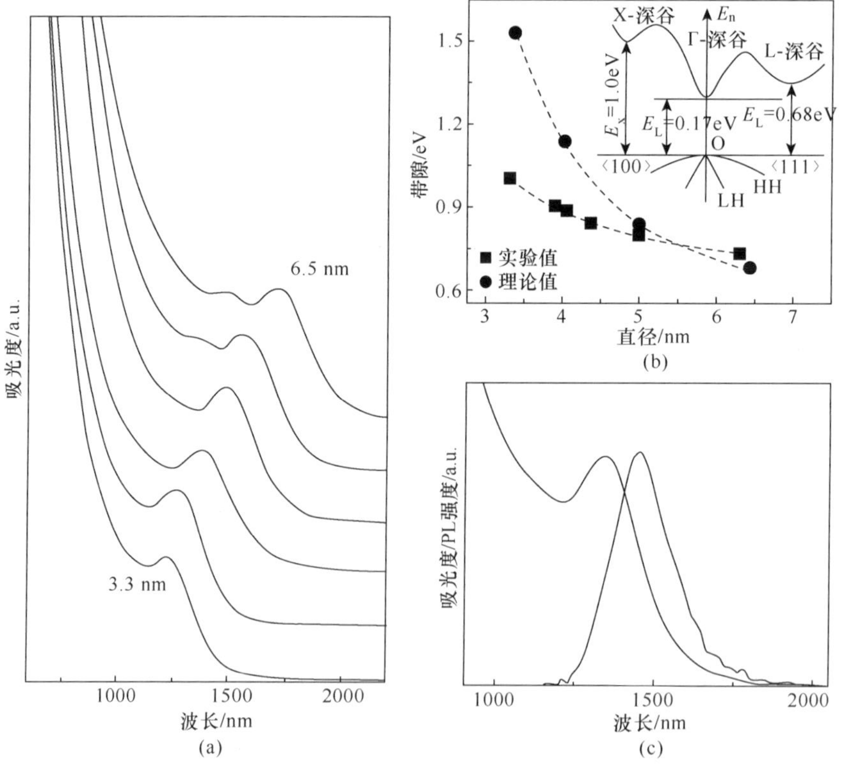

图 5.38 不同尺寸 InSb 量子点吸收、PL 光谱，以及带隙理论计算与实验值比较[38]

尺寸为 3.8nm InSb 量子点的 PL 光谱图 5.38(c)所示，显示出带边的复合发光。因此，至少对于尺寸大于 3.8nm 的 InSb 量子点，它们具有直接带隙的电子结构。

5.3.2　InSb 胶体量子点的形态控制

与其他量子点一样，通过变化溶剂、配位体和反应温度，可以调控 InSb 纳米粒子的形态。Yarema 等人提出一个调控 InSb 纳米晶形状的方法，其原理如图 5.39 所示[41]。

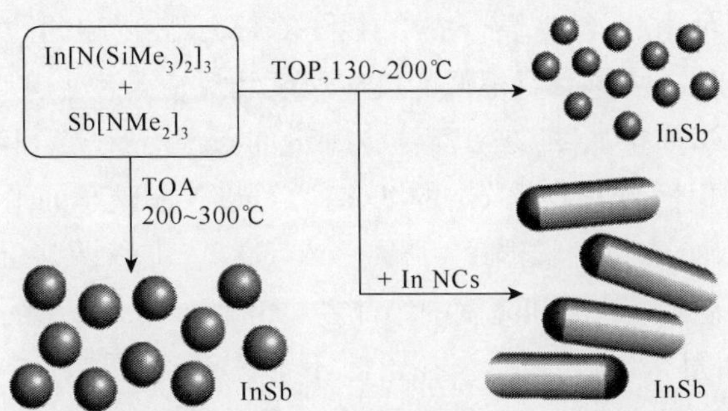

图 5.39　调控 InSb 量子点到纳米棒形态的合成路线示意图[41]

与 P、As 等元素比较，$(TMS)_3Sb$ 是不稳定的，在 InSb 合成中具有非常有限的作用。因此，Sb 前驱体的反应活性是获得单分散 InSb 量子点的主要障碍。中间反应活性的 Sb 源，既不是化学惰性的 $SbCl_3$ 或 $Sb(RCOO)_3$，也不是不稳定的 $(TMS)_3Sb$ 和 SbH_3，这里选择的是 Sb 的烷基胺，例如三(二甲基氨基)锑(tris(dimethylamido)antimony, $Sb[NMe_2]_3$)。采用 $Sb[NMe_2]_3$ 和三(硅基氨基)铟[tris(silylamide)indium]作为前驱体，制备 InSb 纳米晶的方法如下。

(1) $In[N(SiMe_3)_2]_3$(三(二(三甲基硅基)氨基)铟，tris(di-trimethylsilylamido)indium)的合成。6.7mmol $InCl_3$ 溶解在 80mL 乙醚中，20mmol$LiN(SiMe_3)_2$ 溶解在 40mL 乙醚中，随后逐滴加入获得二者的混合溶液。反应混合物缓慢的变得浑浊，生成不溶的 LiCl。溶液放置 24 小时，然后过滤和真空干燥，获得黄色的 $In[(NSiMe_3)_2]_3$。为了进一步的提纯，在 －10℃ 下加入三倍的乙醚，使 $In[N(SiMe_3)_2]_3$结晶，得到白色结晶产物。

(2) 基于 TOP 的 InSb 纳米晶合成。0.3g(0.5mmol)$In[N(SiMe_3)_2]_3$、50 μL (0.25mmol)$Sb[NMe_2]_3$ 和 5mL TOP 在手套箱中混合，装入 Schlenk 系统，按 10～15°/min 速度加热到 200℃。在 200℃保持 5 分钟，然后冷却和提纯。加入 0.2mL OA，替代结合力较弱的溶剂 TOP，提供长时间胶体稳定性。为了获得棒状的 InSb 纳米晶，In 纳米晶加入到相同的 In-Sb 前驱体混合物中。混合物迅速加热到 160℃，保持这个温度 10～20 分钟，然后进行上述相同的提纯过程。

(3) 基于三辛胺(trioctylamine，TOA)的 InSb 纳米晶合成。在 110℃真空下，10mL TOA 被干燥，然后 N_2 气下加热到 250℃。在这个温度下，将 75mg (0.12mmol)In[N(SiMe$_3$)$_2$]$_3$、12.5 μL (0.06mmol)Sb[NMe$_2$]$_3$ 和 6mL 十六烷混合物注入。在热注入后，反应混合物冷却到 200℃，保持 5～15 分钟，然后采用与 TOP 合成路线相同的冷却和提纯过程。

采用上述合成路线，在较弱的配位溶剂中，例如 TOP 或 TOA，In[N(SiMe$_3$)$_2$]$_3$ 和 Sb[NMe$_2$]$_3$ 发生反应，产生尺寸规则的 InSb 纳米晶，如图 5.40 所示。

在基于 TOP 的 InSb 纳米晶合成中，In[N(SiMe$_3$)$_2$]$_3$ 和 Sb[NMe$_2$]$_3$ 在 130℃时已经开始发生反应，只是具有很低的反应速度和反应产率。在 200℃时，这个反应在几分钟内完成，产生如图 5.40(a～c)所示的 InSb 量子点，相邻(321)晶面间距是 0.37nm。利用恰当的 In 和 Sb 的摩尔比，可以控制粒子的平均尺寸。利用生长时间(2～10 分钟)或者生长温度(180～220℃)，也可以调整 InSb 量子点的直径。InSb 量子点显示出球形和高度的结晶性，如图 5.40(a，b)所示；尺寸分布范围是 10%～15%，如图 5.40(c)所示。在正常环境下，每个纳米粒子被包覆一个氧化物壳，它的平均厚度是 1.2nm，如图 5.40(b)TEM 所示。在初始氧化后，InSb 纳米晶能够保持数月的稳定性。

在基于 TOP 的 InSb 纳米晶合成中，可以获得各向异性生长的 InSb 纳米晶，如图 5.40(d)所示。在 TOP 溶液与 In、Sb 混合物中，直接加入 In 纳米晶，随着加热到 160℃，保持 15 分钟，得到图 5.40(d，e)所示的结果。这里获得顶端带有 In 纳米粒子的 InSb 纳米棒，尺寸是 15nm× 40nm。

在基于 TOA 的 InSb 纳米晶合成中，反应温度高达 200～300℃。InSb 纳米晶的尺寸随生长时间或 In 与 Sb 摩尔比变化，如图 5.40(f～i)所示，得到近似是球形的量子点形状，InSb 量子点尺寸分布好于 TOP 为溶剂的情况。在基于 TOA 的 InSb 纳米晶合成中，溶解在十六烷中的 In[N(SiMe$_3$)$_2$]$_3$ 和 Sb[NMe$_2$]$_3$ 前驱体，在 250℃时迅速注入到 TOA 中。温度调整到 200℃，保持 3～20 分钟。这时会产生大尺寸的 InSb 量子点或纳米晶，如图 5.40(g，h)TEM 所示。与 TOP 溶剂的合成比较，TOA 溶剂合成的 InSb 纳米晶具有类似的氧化敏感性。

InSb 体材料具有稳定的立方体闪锌矿晶格结构。上述合成路线制备 InSb 纳米晶的 XRD 如图 5.41 所示，可以观察到纯闪锌矿或纯纤锌矿晶格结构，以及二者混合晶格结构。决定形成何种晶格结构的直接因素，取决于反应混合物中 In 和 Sb 的摩尔比。值得注意，在两种溶剂(TOP 和 TOA)中，在相同生长温度时可以获得两种晶格结构的 InSb 纳米晶。尽管 In 和 Sb 的摩尔比直接影响纳米晶的尺寸(如图 5.41(h)所示)，但是没有观察到尺寸依赖的晶格。例如，图 5.41(a，c)

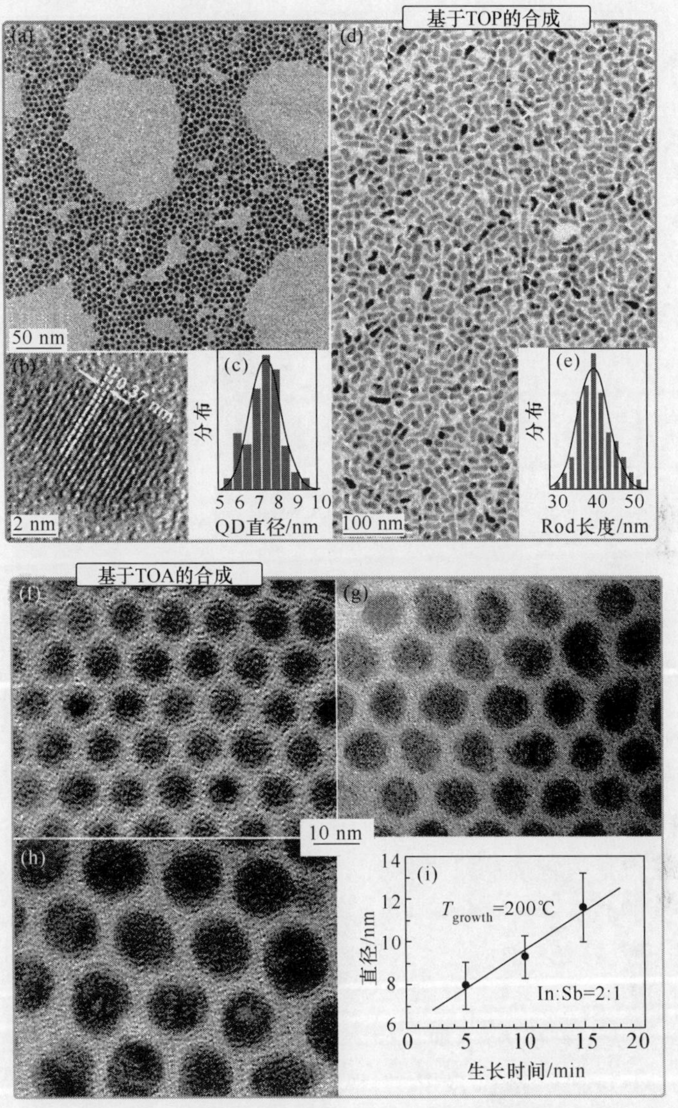

图 5.40 Yarema 等人制备不同形态 InSb 纳米晶的 TEM[41]

显示纯纤锌矿和闪锌矿 InSb 量子点，虽然二者是在不同溶剂中生长，但它们具有几乎相同尺寸(8～9nm)。如果选择过量的 $In[N(SiMe_3)_2]_3$ 进行合成，将获得纤锌矿晶格结构的 InSb 量子点。当 In/Sb 摩尔比是 1∶1 或 Sb 过量的情况下，将获得闪锌矿晶格结构的 InSb 量子点；如果进一步增加 In/Sb 摩尔比，In 前驱体的微小超量，将获得两种晶格结构混合存在的 InSb 量子点，如图 5.41(b)所示。

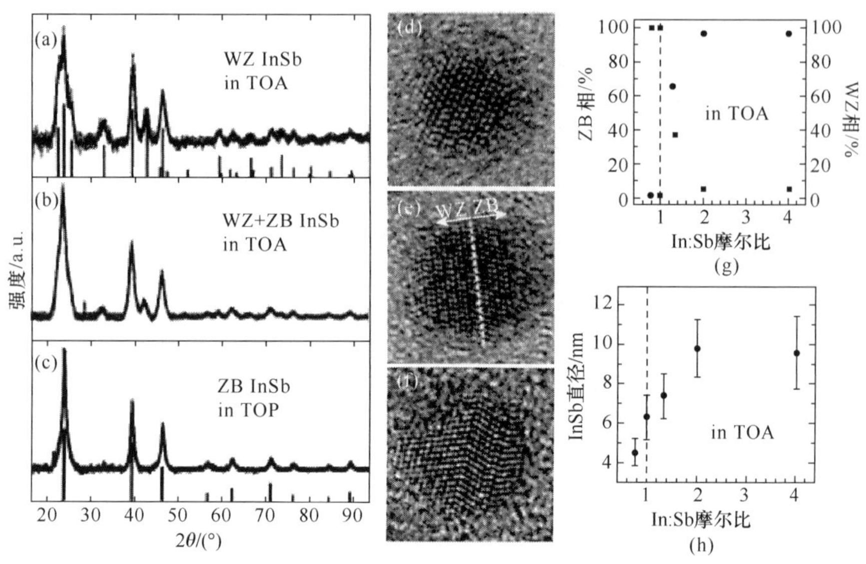

图 5.41　Yarema 等人制备 InSb 纳米晶的 XRD 和 HRTEM[41]

5.3.3　InSb 胶体核壳量子点

图 5.38(c)所示 InSb 量子点的 PL 发光是十分微弱的，量子产额一般不高于 1%。因此，根据传统的方法，在 InSb 量子点外表面生长一个宽带隙半导体材料壳层，可以改善 InSb 量子点的稳定性和 PL 发光的量子产额。

InSb 量子点是闪锌矿晶格结构，适合于采用Ⅱ-Ⅵ族壳层材料。另一方面，InSb 具有较大的晶格常数(a= 6.479Å)，Ⅱ-Ⅵ和Ⅲ-Ⅴ族的多数材料难以与其匹配，容易产生较大的交界面应变。这里选择 Cd 族材料包覆 InSb 量子点，考察其特性的改善情况。

根据 Liu 等人的合成方法，典型的 InSb/CdS 核壳量子点的合成路线是[38]：将 0.5mmol $Cd(Me)_2$加入 5mL TOP 中，得到 0.1M Cd 前驱体溶液；将 0.5mmol $Zn(Et)_2$(二乙基锌，diethylzinc，DEZ)加入 5mL TOP 中，得到 0.1M Zn 前驱体溶液；将 0.5mmol $(TMS)_2S$ 加入 5mL TOP 中，得到 0.1M S 前驱体溶液；将 0.5mmol Se 加入 5mL TBP 中，得到 0.1M Se 前驱体溶液；将 6mg 4.5nm InSb 量子点溶解到 2mL 无水的 OA 中，加热到 60℃。然后将适当比例的 Cd、S 前驱体(176 μL 0.1M Cd 和 176 μL 0.1M S)混合，按照每 20 秒一滴的速度将前驱体混合溶液逐滴加入到 InSb 量子点反应溶液中。在完成壳生长后，反应混合物冷却到室温，通过加入乙腈沉淀和离心分离，获得 InSb/CdS 核壳量子点，并再次溶解到正己烷、甲苯、氯仿或 TCE 中。

这个典型样本的合成路线，同样适用于合成其他核壳结构，如 InSb/CdSe、InSb/CdTe、InSb/ZnTe 等，图 5.42 是 InSb/CdSe、InSb/CdTe、InSb/ZnTe 核壳量子点的吸收和 PL 光谱。与 InSb 量子点的情况比较，在 InSb 量子点包覆 CdSe、CdTe 或 ZnTe 壳层后，PL 发光效率有明显改善。此外可以看到吸收峰产生微小的蓝移，表明核壳量子点出现合金结构或在壳层生长之前或期间对 InSb 核进行了刻蚀。

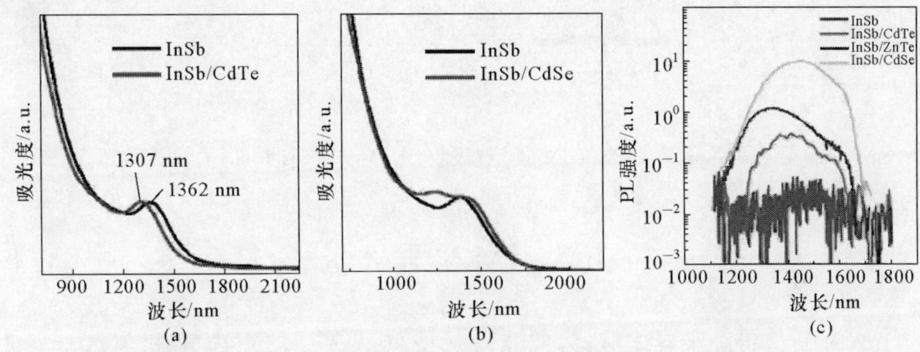

图 5.42　InSb 量子点包覆不同壳层后的吸收和 PL 光谱[38]
(阅读彩图请扫封底二维码)

图 5.43 是 InSb/CdS 核壳量子点 TEM、InSb 量子点和 InSb/CdS 量子点的 XRD。TEM 表明，InSb/CdS 核壳量子点多数接近于球形，部分是四面体形状。相对于 InSb 量子点，InSb/CdS 量子点平均尺寸增加 0.6nm，相当于生成一个单分子层的 CdS 薄壳。比较 InSb 量子点和 InSb/CdS 量子点的 XRD，可以看到 CdS 晶格的贡献。

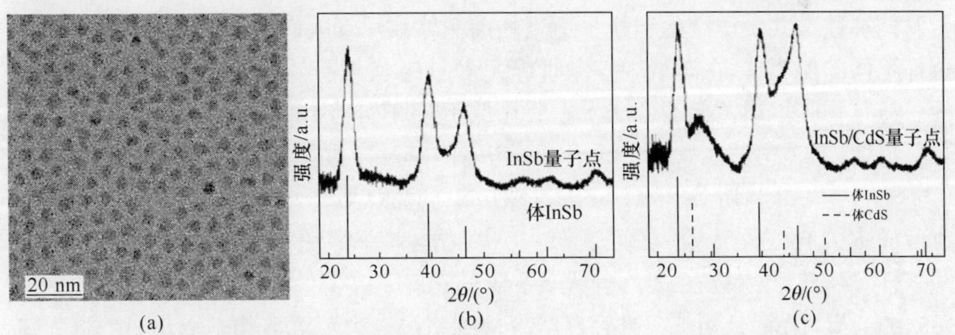

图 5.43　InSb/CdS 核壳量子点 TEM 和 InSb 量子点 XRD 比较[38]

图 5.44(a)表明，InSb/CdS 量子点第一激子吸收峰较 InSb 量子点有明显的红移，是电子波函数向壳层扩展的结果。由图 5.44(b)看到，InSb/CdS 量子点 PL 发光得到明显改善，较 InSb 量子点提高 200 倍。此外，图 5.44(c，d)是 InSb 量子点和 InSb/CdS 量子点的 PL 时间衰退曲线，得到 InSb 量子点和 InSb/CdS 量子点

的 PL 荧光寿命分别是 160ns 和 175ns，两者较为接近。

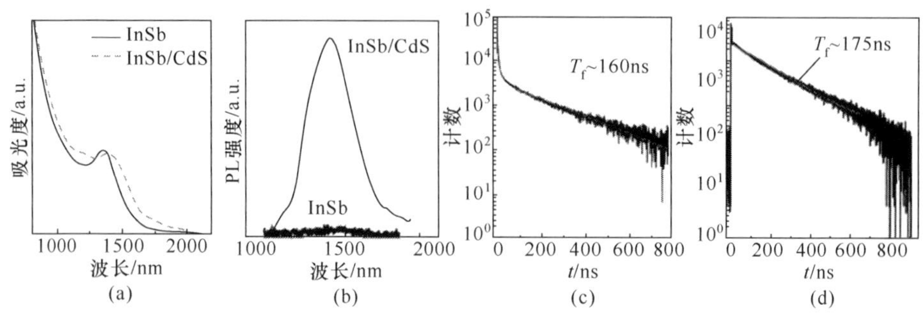

图 5.44　InSb、InSb/CdS 量子点吸收、PL 光谱和时间衰退曲线[38]

5.4　InN 胶体半导体量子点

InN 是直接带隙半导体材料，带隙为 0.6～0.7eV。此外，这个材料具有高的电子迁移率（10～100$cm^2 \cdot V^{-1} \cdot s^{-1}$），小的电子有效质量（0.07$m_0$），激子玻尔半径约为 8nm[42]，在红外激光、晶体管、生物传感器等领域有着广泛的应用前景。

迄今为止，人们采用多种液相方法获得 InN 胶体量子点，包括：溶剂热法（solvothermal method）[43～45]、水热法（hydrothermal method）[46]、热解法（pyrolysis method）[47,48]、二前驱体法[49,50]等。为了合成尺寸均匀分布的 InN 胶体量子点，快速的成核过程和相对缓慢的生长过程是十分重要的，这需要生长单元浓度达到高度饱和的水平。然而对于氮化物量子点而言，要达到这个条件是非常困难的，因为它们往往是共价键结构和缺少适当的前驱体。尽管人们尝试了不同合成方法和选择不同的前驱体，在溶液中控制Ⅲ族元素与 N 实现有效的化学反应仍然是困难的。氮化物胶体量子点的合成质量明显低于Ⅱ-Ⅵ族半导体量子点。

早期，Xiao 等人提出的一个合成方法[43]，其反应过程是

$$In_2S_3 + 6NaNH_2 \rightarrow 2InN + 3Na_2S + 4NH_3$$

典型样本的合成路线是：按照文献[51]的方法，获得化学计量的 In_2S_3，然后与 $NaNH_2$ 混合，装入高压蒸汽容器，并填充总体积 95%的苯。反应容器加热到 180～200℃，保持 15 小时，然后自然冷却到室温。黑色沉淀物被滤出，用稀酸、乙醇、蒸馏水依次清洗，然后在 50℃真空环境下干燥 4 小时。

通过上述苯热转换过程制备 InN 纳米晶的 XRD 和 TEM 如图 5.45 所示。XRD 显示出 InN 纳米晶具有良好的结晶性和纯六角形晶相，晶格常数是 a=3.551Å、c=5.716Å，没有显示出其他物质如 In、In_2O_3、In_2S_3 的衍射峰。由 XRD 衍射峰的半峰宽，利用 Scherrer 方程，计算出粒子平均尺寸是 10nm。图 5.45(b)

是典型样本的 TEM，InN 纳米晶具有棒状和板状形态。粒子平均尺寸是 10～30nm，与 XRD 分析的结果类似。其中插图是 SAED，衍射环对应于(100)、(002)、(101)、(110)、(103)、(112)晶面族，显示出六角形多晶结构。图 5.45(c)是 InN 纳米晶的 HRTEM，对应于六角形 InN (100)晶面族点阵间隔是 3.07Å；区域 B 的点阵间隔是 2.70Å，对应于六角形 InN(101)晶面族点阵间距是 2.70Å。

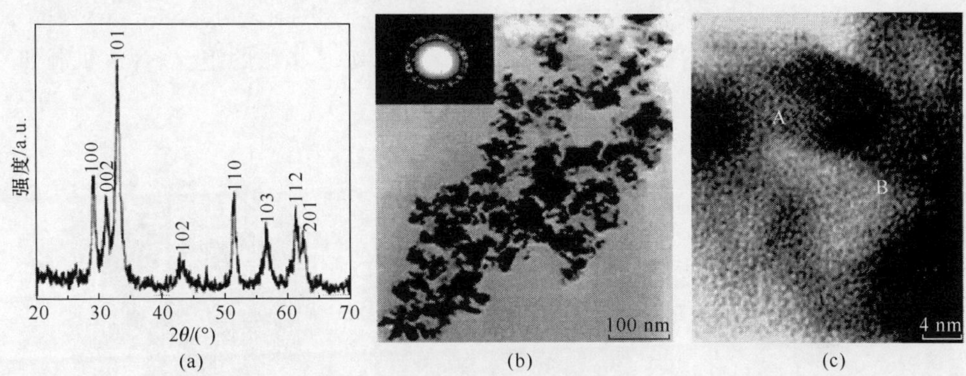

图 5.45　InN 纳米晶的 XRD、TEM、SAED 和 HRTEM[43]

对于闪锌矿晶格结构，一般具有两个 Raman 活性声子：F_2(TO)和 F_2(LO)；纤锌矿晶格结构具有 6 个 Raman 活性声子：A_1(TO)、A_1(LO)、E_1(TO)、E_1(LO)和 $2E_2$。InN 纳米晶的 Raman 谱如图 5.46(a)所示，Raman 衍射峰位于 443cm^{-1}、488cm^{-1}、588cm^{-1}，对应于 A_1(TO)模式、E_2 模式、A_1(LO)模式，再次表明 InN 纳米晶是六边形多晶结构，与 XRD 结果一致。图 5.46(b)是 InN 纳米晶吸收光谱，1.9 eV 吸收峰归因于带隙跃迁，是 InN 体材料的吸收起始边；2.36 eV 吸收峰是 InN 体材料吸收光谱中没有的，应该是小尺寸 InN 纳米晶产生的蓝移。尺寸受限结果证明，在制备产物中存在 InN 量子点，图 5.46(c)PL 光谱进一步证明了这一点。宽阔的 PL 发光峰，峰值位于 2.2 eV，相对带边辐射蓝移 0.3 eV。

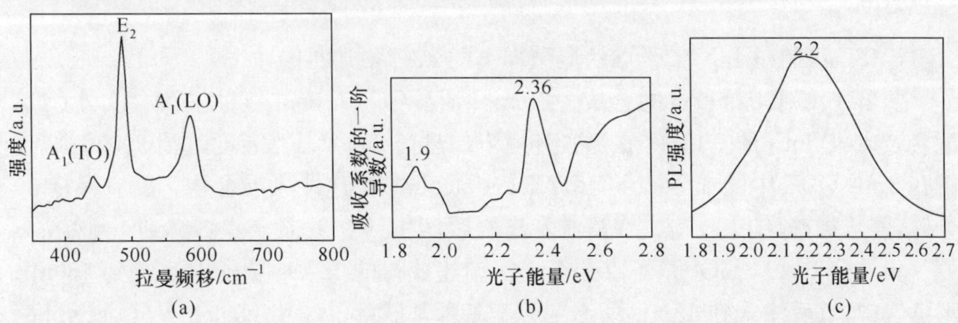

图 5.46　InN 纳米晶的 Raman 光谱(a)、吸收光谱(b)和 PL 光谱(c)[48]

另一个合成氮化物量子点的路线是气相法(vapor-phase method)[52~55]，氨气作为N源物质。气相法通常使用相对高的生长温度，有助于克服液相法遇到的困难。两者相比，液相法可以通过选择适当的配位体和溶剂，将成核过程和生长过程分开，但是气相法缺乏控制成核过程的手段，往往难以获得均匀形态的纳米晶。

Chen等人提出一种新的InN胶体量子点的合成方法，有助于得到均匀尺寸和形态的InN量子点[56]。该方法(solution-and vapor-phase methods under silica shell confinement，SVSC)是在硅壳的限制下，实现液-气相法的组合，合成机制如图5.47所示。

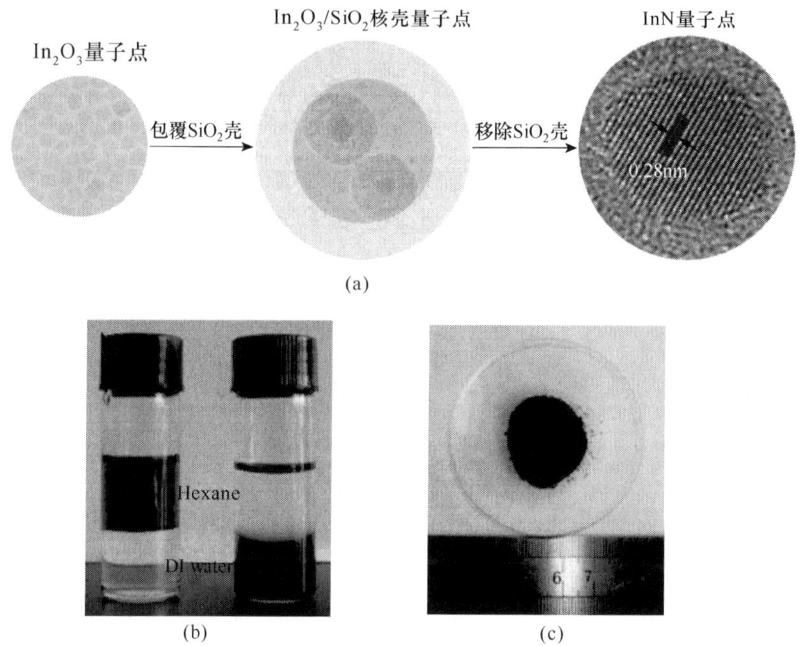

图5.47　SVSC方法合成InN胶体量子点的示意图和样本照片[56]
(阅读彩图请扫封底二维码)

SVSC法制备InN量子点的典型样本的合成路线如下。

步骤1，In_2O_3量子点的合成。6mmol油酸铟、18mmol豆蔻酸(MA)与ODE混合装入100mL的三口瓶，在氮气环境下加热到290℃。当温度达到290℃时，溶解在3mL ODE中的30mmol癸醇(decyl alcohol)快速注入混合物。反应保持30分钟，停止加热，结束反应。在清洗和离心后，生成In_2O_3量子点溶解到正己烷中。

步骤2，In_2O_3/SiO_2量子点的合成。前述获得的In_2O_3量子点溶解到450mL正己烷中，然后注入到45mL聚乙二醇辛基苯基醚(poly(ethyleneglycol octylphenol ether)，Triton X-100)、45mL乙醇、3mL TEOS和13.5mL蒸馏水混合物中。

此后，再加入 1.5mL 氨水，催化硅与聚合物的反应。在室温条件下，微乳液被搅拌 12 小时，加入丙酮将粒子分离出来。最后产物在 80℃下干燥，通过乙醇清洗和离心，去除表面活性剂。

步骤 3，InN/SiO_2 量子点的合成。将前述获得的 In_2O_3/SiO_2 量子点放置到管式炉中，使用 NH_3 气净化 20 分钟。反应炉加热到 500～700℃，在 NH_3 气环境下保持 5 小时。

步骤 4，移除硅和相转移。利用 HF 去除硅壳，产物 InN 量子点被蒸馏水清洗 3 次，然后溶解到 50mL 蒸馏水中。包含 InN 量子点蒸馏水与含有 1mL 十二烷胺的 50mL 乙醇混合，经过 3 分钟的搅拌后，再加入 50 mol 正己烷，完成水溶液到正己烷的相转移。然后，包含 InN 量子点溶液在十二烷胺中加热到 200℃，保持 30 分钟。利用乙醇清洗和离心，移除过量的十二胺，再溶解到正己烷中。

采用上述合成方法制备 InN 量子点的 TEM 和 HRTEM 如图 5.48(a,b)所示，显示出球形和良好的单分散性。图 5.48(c)是粒子尺寸分布直方图，计算出粒子平均尺寸是 5.7nm。图 5.48(d)是 InN 量子点的 XRD，除了对应 $2\theta=22.5°$的衍射峰是非结晶硅的特征，其他衍射峰显示出立方体 InN 晶格结构(JCPDS 88-2365)。

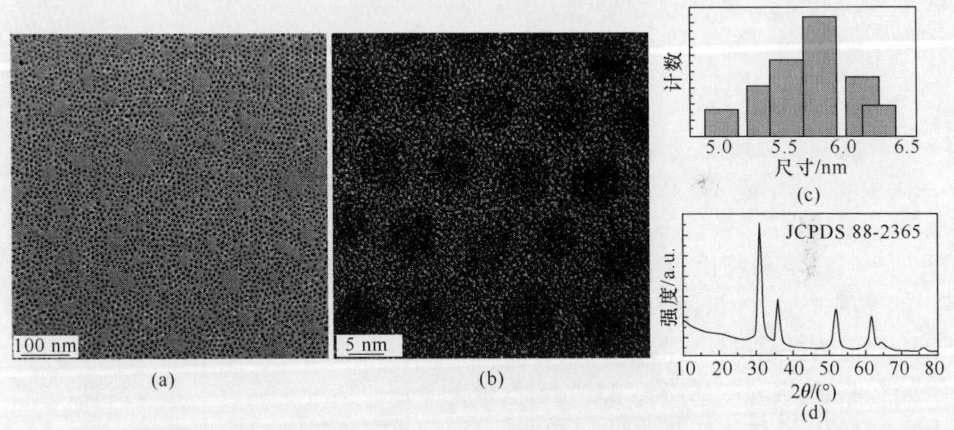

(a)　(b)　(c)　(d)

图 5.48　InN 量子点 TEM、HRTEM、尺寸分布直方图和 XRD[56]

InN/SiO_2 量子点粉末的 PL 光谱如图 5.49(a)所示。在 1900nm 附近 PL 信号的凹陷，归因于水的吸收，而不是来源于样品。PL 光谱显示 3 个明显的发光峰，主要发射峰位于 0.62 eV (2.0 μm)附近，是 InN 的带边辐射。有关报道表明，立方体 InN 带隙略小于纤锌矿 InN 的带隙，数值是 0.65～0.7 eV[57,58]。立方体 InN 体材料的带隙是 0.58 eV[59]，根据 Varshni 公式[57]，300 K 时带隙红移到 0.53 eV。所以，位于 0.62 eV 的主要发射峰相对立方体 0.53 eV 的带隙产生 90 meV 的蓝移，是量子尺寸受限效应的贡献。此外，位于 0.75 eV (1.65 μm)的发射峰，归属于 InN 量子点表面态的贡献。在 0.564 eV (~2.2 μm)处,也可以观察到一个发光峰,可能来自于电子-空穴的相互作用或受主与带边的跃迁。

将去除硅壳、带有有机表面配位体的 InN 量子点溶解到四氯乙烯中,吸收光谱如图 5.49(b)所示。在 1722nm 和 1408nm 看到两个清晰的吸收峰,以及在 1196nm 还有一个较微弱的吸收峰。由于表面态、杂质能级和自由电子浓度的混淆,难以从吸收光谱中提取能带结构的信息。

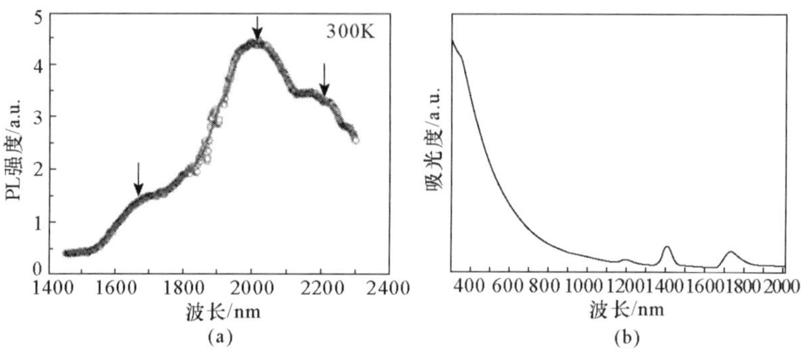

图 5.49　InN/SiO_2 量子点粉末吸收和 PL 光谱[56]

5.5　GaAs 胶体半导体量子点

GaAs 半导体材料,在现代光电子器件和太阳电池等领域有着良好的应用。GaAs 是直接带隙材料(在 300 K 条件下,E_g=1.42 eV),与硅材料(在 300 K 条件下,E_g=1.12 eV)相比,具有较好的电子特性,显示出更高的电子迁移率,允许器件工作频率超过 250 GHz。GaAs 材料的激子玻尔半径是 19nm,即使是在较大的尺寸下,仍然显示出良好的量子受限效应。尽管 GaAs 材料具有诸多良好的特性,但是它的共价键和四面体晶格结构对有效的合成胶体量子点造成较大困难,强烈限制了它的尺寸依赖特性的研究和应用。

5.5.1　GaAs 胶体量子点的合成方法

GaAs 胶体量子点合成研究已有二十多年的历史,早期的研究采用 $GaCl_3$ 和 $(TMS)_3As$ 为前驱体,典型样本的合成路线是[60]:将氯化镓(gallium chloride,$GaCl_3$)溶解到 50mL 癸烷里,与同样摩尔浓度的、溶解在 50mL 溶剂中的 $(TMS)_3As$ 混合,在干燥和氮气环境下加热到 180℃,保持 72 小时。在此期间,混合物的颜色由黄色变化为咖啡色。当试剂浓度高于 0.005mol · dm^{-3} 时,反应混合物变成黑色,有轻微的散射。反应混合物移到不锈钢高压反应釜内,在 200℃下熟化 72 小时。

合成产物胶体 GaAs 量子点的 TEM 如图 5.50(a)所示，可以看到晶格的轮廓，晶格的平均间隔是 0.33nm，与 GaAs(111)晶面的已知间隔 0.326nm 保持一致。当反应混合物移到不锈钢高压反应釜，在 200℃下熟化 0、24、48、72 和 120 小时，样本吸收光谱如图 5.50(b)所示。其中插图是 24、120 小时熟化样本的 TEM 图像，显示出球形形状颗粒。粒子尺寸随熟化时间的增加而增大，熟化 0(a 曲线)、24(b 曲线)、48(c 曲线)小时样本的吸收光谱如图 5.59(c)所示。

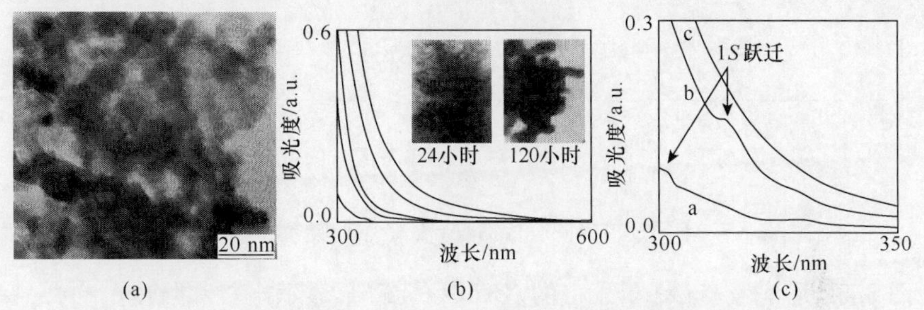

图 5.50　GaAs 量子点 TEM 和不同熟化时间的吸收光谱[60]

稍后的一个研究，Malik 等人采用 $As(NMe_2)_3$ 替代 $(TMS)_3As$，作为 As 源，使用乙基吡啶(4-ethylpyridine)为溶剂，合成出 GaAs 胶体量子点[61]。典型样本的合成路线是：在氮气环境下，将 2.5g、14.2mmol $GaCl_3$ 溶解到 20mL 无水乙基吡啶中，然后加入 3.0g、14.2mmol$(TMS)_3As$。反应混合物缓慢加热到 167℃，在搅拌下回流，回流持续 7 天。加入 50mL 石油醚溶剂(petroleum ether)(40～60℃)，获得黑色 GaAs 量子点沉淀物。经过离心隔离出来，然后再次溶解在乙基吡啶溶剂里，得到 GaAs 量子点胶体悬浮液。

取不同反应时间的样本进行吸收和 PL 光谱的检测，反应时间是 5 小时样本的吸收(曲线 a)和 PL 光谱(曲线 b)如图 5.51(a)所示。吸收光谱的吸收峰分别处于 396nm 和 447nm，分别为第一、第二激子吸收峰；对应的 PL 发射峰分别位于 430nm 和 480nm，在两个发光峰之间的最小值位于 447nm，与第一激子吸收峰的位置准确重合。这表明反应早期样本的 PL 发光峰有两个，产生的原因来自于第一激发态发射光的自吸收。随着反应时间的增加，PL 发光峰的半峰宽(FWHM)逐渐下降，显示出粒子尺寸分布变窄和粒子合成质量的改善。继续加热可以进一步改善粒子的结晶性，但是粒子进一步的生长需要再次注入前驱体溶液。在进一步加入额外的前驱体后，反应时间超过 6 天、按时间由短到长得到 1～2 号样本，PL 光谱如图 5.51(b)所示。伴随前驱体的注入，相应样本光谱出现红移，与粒子平均尺寸增加一致。

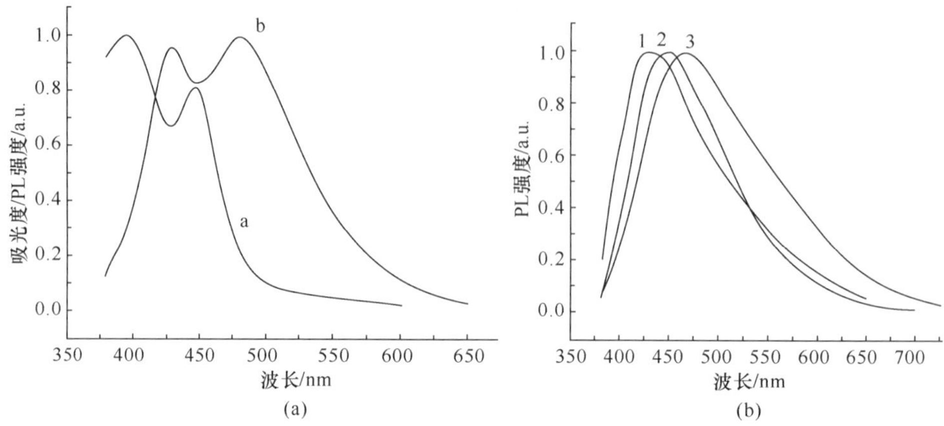

图 5.51 不同反应时间合成 GaAs 量子点的吸收和 PL 光谱[61]

图 5.52 是 1 号 GaAs 量子点的 XRD 和 TEM，显示出较高强度的(111)晶面衍射峰和较弱的(220)、(311)晶面衍射峰。TEM 测量表明，GaAs 量子点的尺寸是 4.3nm。

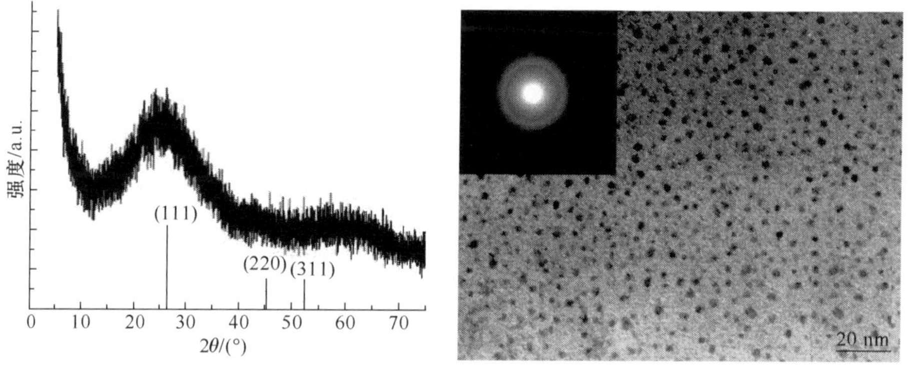

图 5.52 GaAs 量子点样本 1 的 XRD、TEM 和 SAED[61]

Lauth 等人采用 $GaCl_3$ 和砷化锰（manganese arsenide，Mg_3As_2）为前驱体，TOPO 和 ODE 为溶剂，合成出质量更好的 GaAs 量子点[62]。合成路线采用三步路线，丁基锂(n-butyllithium)在三步中作为还原剂使用。三个反应过程产生三个中间产物，有

$$GaCl_3 + RLi \rightarrow RGaCl_2 + LiCl \tag{5.5-1}$$

$$GaCl_3 + 2RLi \rightarrow R_2GaCl + 2LiCl \tag{5.5-2}$$

$$GaCl_3 + 3RLi \rightarrow R_3Ga + 3LiCl \tag{5.5-3}$$

特定金属盐中的卤化物配位体被替代的程度，依赖于丁基锂与反应所用卤化物的

摩尔比。金属烷基复合物分解生成元素 Ga，随后与 Mg_3As_2 发生反应，生成 GaAs 量子点，反应过程如下。

$$GaCl_3 + nLiR \xrightarrow[n=1-3]{\triangle \ 烃类溶剂} [R_nGaCl_{3-n}] + nLiCl$$

溶液中非隔离

$$\downarrow \triangle$$

$$GaAs\ 纳米晶 \xleftarrow{\triangle \ Mg_3As_2} Ga^0$$

采用上述合成方法，典型样本的合成路线是[62]：0.13mmol（22mg）$GaCl_3$、0.14mmol(31mg)Mg_3As_2 与 1g TOPO 稳定剂和 10mL ODE 溶剂混合，在氮气环境下加热到 315℃。0.4mmol 丁基锂（0.25mL 1.6M 溶解在正己烷中）与 4mL ODE 混合，然后按 10mL/h 的速度逐滴加入到反应混合物中。在丁基锂滴加过程中，反应溶液迅速转变成灰色。在 30 分钟内，颜色变成暗红色。随着反应的进行，溶液开始变得浑浊和转变成黑褐色。在 90 分钟后，反应混合物冷却到 280℃，保持这个温度 1 小时。随后进一步冷却到 100℃，在离心前加入 10mL 的甲苯，得到清晰的深褐色悬浮液。加入 10mL 丙酮或甲醇，量子点从悬浮液中沉淀出来，然后再次溶解到甲苯中。

图 5.53 是 Lauth 等人合成 GaAs 量子点的 TEM 和 XRD，粒子尺寸是 8.4nm。图 5.53(b)是电子衍射图样(SAED)，显示出立方体晶相($F\bar{4}3m$)，相应不同晶面族相邻面间距是：3.27Å(111)、2.00Å(220)、1.71Å(311)。XRD 表明，所有衍射峰对应于 GaAs 面心立方体(fcc)晶格结构(JCPDS 80-16)。图 5.53(e)是 GaAs 量子点的吸收光谱，没有看到明显的吸收特征峰，是因为 GaAs 量子点尺寸超过 4nm 导致量子受限效应的缺失。GaAs 量子点吸收特征峰缺失的原因，也可能是因为低的激子束缚能(0.007eV)，导致吸收特征峰只能在低于 80 K 的温度时才能被观察到。

在 GaAs 量子点合成中，一个重要的影响因素是 Ga 与 As 的摩尔比。在上述合成路线中，具有最小尺寸分布的 GaAs 量子点，Ga 与 As 摩尔比是 1∶2。实验表明，当 Ga 与 As 摩尔比是 1∶1 时，将导致宽阔的尺寸分布，同时在反应混合物中出现剩余 Ga 的球形粒子。此外，反应温度也会影响 GaAs 量子点的合成。当反应温度是 315℃时，可以得到最佳的合成效果。当反应温度低于 300℃时，反应混合物会变成浑浊的灰色，表明数百纳米大尺寸的 Ga 单质粒子生成。

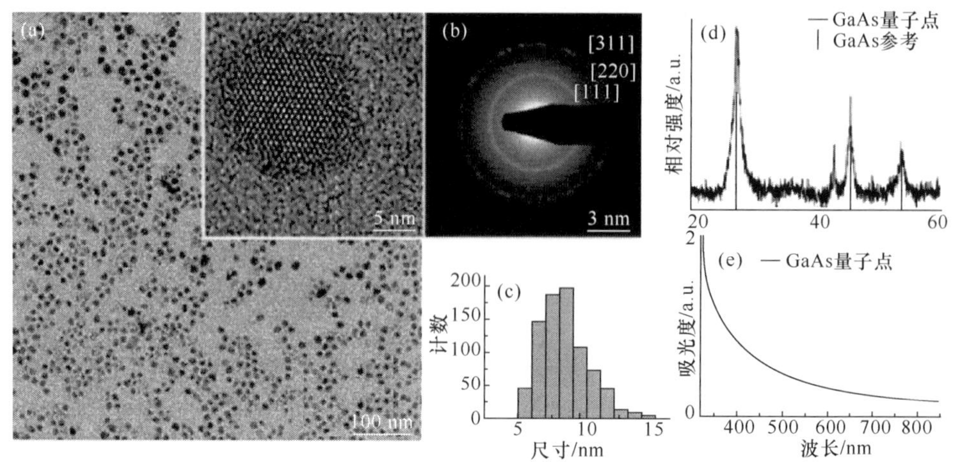

图 5.53 Lauth 等人合成 GaAs 量子点的 TEM、SAED、XRD 和吸收光谱[62]

5.5.2 GaAs 胶体纳米晶的形态控制

近几年，其他形状 GaAs 纳米晶的合成研究取得了令人瞩目的进展，人们已经制备出 GaAs 纳米线等。GaAs 纳米线合成方法主要包括：平板印刷(printing technique)方法[63]，模板辅助(template-assisted)方法[64]，蒸汽-液体-固体(vapor-liquid-solid, VLS)生长法[65]，临界流体-液体-固体(critical fluid-liquid-solid)法[66]，以及氧化物辅助蒸汽(oxide-assisted vapor)生长法[67]等。然而，这些方法制备 GaAs 纳米线的直径达到数十纳米，远大于 GaAs 材料的激子玻尔半径(约 7nm)。因此，这些 GaAs 纳米线难以获得良好的量子尺寸受限效应。如何合成出具有相对窄的、量子受限的 GaAs 纳米线，仍然是一个具有挑战性的工作。在这里，我们介绍两个近几年的研究报道，说明如何实现 GaAs 纳米线的形态控制，制备良好量子受限的 GaAs 纳米线。

Buhro 等人采用三(三丁基)镓(tris(tributyl)gallium, t-Bu_3Ga)和$(TMS)_3As$为前驱体、TOPO 和 ODE 为溶剂，使用蒸汽-液体-固体生长法(VLS 法)合成出尺寸分布相对窄的、量子受限的胶体 GaAs 纳米线。典型样本的合成路线如下[68]。

(1) 前驱体原液的制备。在室温环境下，将 1.14g(4.73mmol) t-Bu_3Ga 与 9.23g ODE 混合，制备出溶解在 ODE 的 t-Bu_3Ga 原液(0.36mmol/mL)；在室温环境下，1.64g(5.57mmol)$(TMS)_3As$ 与 14.06g ODE 混合，制备出溶解在 ODE 的$(TMS)_3As$ 原液(0.28mmol/mL)；在室温环境下，将 t-Bu_3Ga 和$(TMS)_3As$ 采用与上述类似方法分别与聚(1-癸烯)(poly(1-decene), PDE)混合，制备出溶解在 PDE 中的 t-Bu_3Ga (0.33mmol/mL)和$(TMS)_3As$(0.28mmol/mL)原液。

(2) Bi 纳米粒子原液的制备。在高温(170～210℃)环境下，聚(1-十六烯)

(poly(1-hexadecene),1-乙烯基吡咯烷酮,(1-vinylpyrrolidinone)(二者比例为 0.67∶0.33)和 $Na[N(SiMe_3)_2]$组成混合溶液,生长单分散的 Bi 纳米粒子。通过调整反应条件,使 Bi 纳米粒子的尺寸为 5～18nm。

(3) Bi 催化生长 GaAs 纳米线。全部反应过程是在干燥的氮气环境下,在 Schlenk 系统中完成。将 0.2g(0.52mmol) TOPO、1.0g(2.70mmol) TOP 与 3g ODE 混合,装入 20mL Schlenk 系统的反应管中;同时将 30mg(0.0012mmol)Bi 纳米粒子原液与 0.5g ODE 混合,装入另一个小瓶中。在室温条件下,溶解在 ODE 中的 0.5mL(0.18mmol) $t\text{-}Bu_3Ga$ 原液和溶解在 ODE 中的 0.7mL(0.20mmol) $(TMS)_3As$ 原液注入到反应管中。然后,处于盐浴中的反应管加热到 255℃,保持 20 秒,反应混合物变成均匀、透明浅黄色的溶液。将 Bi 纳米粒子原液快速注入到反应混合物里,在 1 分钟内,产生深红色、带有少量黑色沉淀的溶液。又经过 5 分钟后,反应混合物冷却到室温。加入 3mL 甲醇,形成 GaAs 纳米线沉淀,通过离心分离出沉淀物,再次溶解到甲苯中。

(4) Ga 催化生长 GaAs 纳米线。4-叔丁基苯乙烯(4-tert-butyl vinylbenzene)(370g,2.31mol)和 4-氯甲基苯乙烯(4-chloromethyl vinylbenzene)(100g,0.65mol)溶解在 1.3L 甲苯中,再添加 23g、0.14mol 偶氮异丁腈(azoisobutyronitrile, AIBN),在 80℃下加热 24 小时,然后冷却到室温,加入 100mL 甲醇终止反应,得到共聚物(poly(1-tert-butyl-4-vinylbenzene)$_{0.78}$-co(1-chloromethyl-4-vinylbenzene)$_{0.22}$)。将 40～120mg(0.21～0.63mmol)共聚物和 3g PDE 混合,装入 20mL 的 Schlenk 反应管中。将溶解在 PDE 中的 0.3mL(0.10mmol) $t\text{-}Bu_3Ga$ 原液和溶解在 PDE 中的 0.4mL(0.11mmol) $(TMS)_3As$ 原液混合,加入反应管里。处于盐浴中的反应管加热到 235～285℃,在 30 秒内反应混合物变成均匀、透明浅黄色的溶液。随着反应进行,少量气泡生成和从反应物中逸出。又经过 30 秒后,溶液的颜色由浅黄色变成深红色,并有少量的黑色沉淀物生成。再经过 5 分钟后,反应混合物冷却到室温。加入 3mL 甲醇,形成 GaAs 纳米线沉淀,通过离心分离出沉淀物。利用大的 Ga 粒子(直径是 50～100nm)生长的较粗的 GaAs 纳米线(直径是 30～50nm),首先通过离心分离出来;而较细的 GaAs 纳米线,要经过几分钟后离心分离出来。分离出来的 GaAs 纳米线再次溶解到甲苯中,得到透明、深红色的溶液。

值得注意的是,在上述合成中,如果使用 TOPO 作为反应溶剂,没有获得 GaAs 纳米线,这是因为 TOPO 对 Ga 前驱体有强烈的束缚,阻止了 GaAs 纳米线的生长。如果 ODE 与 TOPO 混合作为溶剂,有助于 GaAs 纳米线的生长。TOP 添加剂可以提高生成 GaAs 纳米线的质量和溶解度,而且 TOPO 与 TOP 组合为表面活性剂,对于制备高质量和良好直径调控的 GaAs 纳米线,能够发挥最佳的作用。

Bi 催化生长典型尺寸 GaAs 纳米线的 TEM 如图 5.54 所示,其中对应样本的直径是 4.87nm。这些 GaAs 纳米线直径均匀,长度范围是 500～1000nm。但是这些纳米线不是笔直的,带有明显的结点,这一点在小直径 GaAs 纳米线中更加突出，如图 5.54(a)所示。

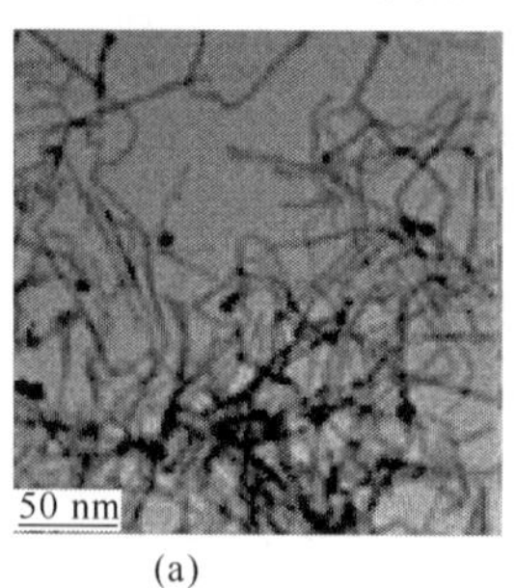

(a)

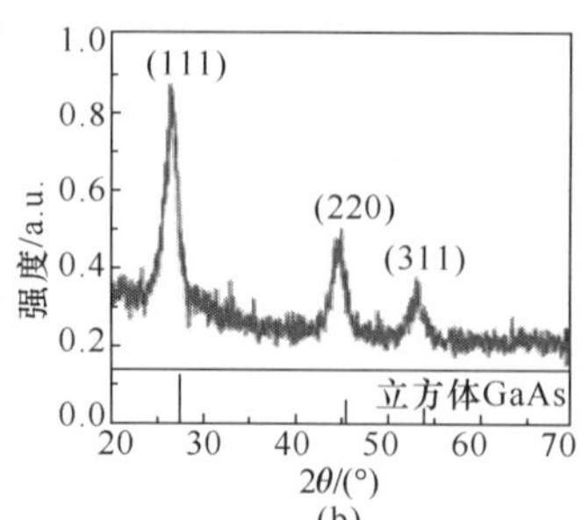

(b)

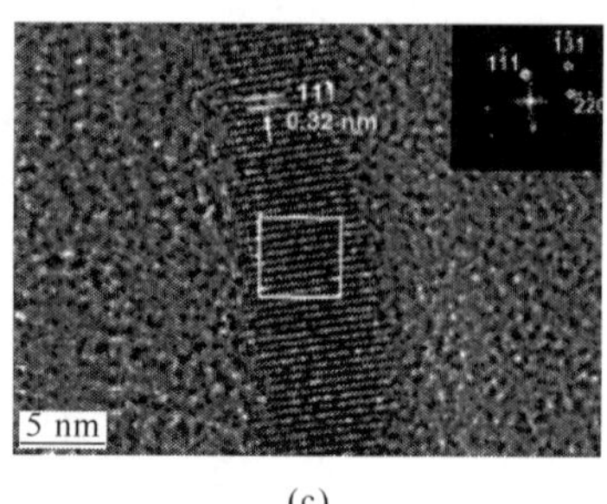

(c)

图 5.54　Bi 催化生长 GaAs 纳米线的 TEM、HRTEM 和 XRD[68]

图 5.54(a)显示催化纳米粒子位于 GaAs 纳米线的顶端。在没有 Bi 纳米粒子催化的实验中，没有观察到 GaAs 纳米线的形成，说明 Bi 纳米粒子是必要的。通过调整 Bi 纳米粒子的初始尺寸，GaAs 纳米线直径的尺寸范围是 4.8～11nm。人们发现，GaAs 纳米线平均直径一般比 Bi 纳米粒子的平均尺寸小 30%～50%。GaAs 纳米线的 XRD 如图 5.54(b)所示，显示出传统的闪锌矿晶格结构。图 5.54(c)是 Bi 纳米粒子催化 GaAs 纳米线的 HRTEM 和快速傅里叶变换(fast Fourier transform，FFT)图像，显示出 GaAs 纳米线的生长轴线沿〈111〉晶向，是典型的单晶体。

在上述合成条件下，直径小于 9.2nm Bi 纳米粒子催化 GaAs 纳米线具有窄的尺寸分布，图 5.55(a)吸收光谱的激子吸收峰形态证明了这一点。GaAs 纳米线显示出直径依赖的光学特性，即随着直径的减小，激子吸收峰逐渐蓝移。由于量子尺寸受限效应，GaAs 纳米线激子吸收峰相对体材料带隙(1.43 eV，870nm)产生蓝移。对于直径大于 10nm 的 GaAs 纳米线，没有显示出激子吸收峰，归因于这些 GaAs 纳米线宽的直径分布。在室温环境下，这些 GaAs 纳米线没有显示出可分辨的 PL 发射光谱图像。根据图 5.55(b)第一激子吸收峰的位置分布，通过数据拟合确定峰位随直径的函数关系，由此确定 GaAs 纳米线的平均带隙的直径依赖关系。

Ga 纳米粒子催化生长典型尺寸 GaAs 纳米线的 TEM 如图 5.56 所示(其中对应样本的直径是：a-4.91nm；b-5.65nm；c-7.21nm；d-7.98nm)，这些 GaAs 纳米线是笔直的，长度是 200～500nm，要短于 Bi 催化生长典型尺寸的 GaAs 纳米线。此外，这些 GaAs 纳米线没有明显的结，这一点在小尺寸半径的纳米线中更加突出，如图 5.56(a)所示。两种不同形态的 GaAs 纳米线表明，使用不同的催化剂和表面钝化剂会产生不同的效果。比较而言，Bi 纳米粒子催化 GaAs 纳米线直径的调控，可以通过调整 Bi 纳米粒子的尺寸实现；而对于 Ga 纳米粒子催化 GaAs 纳米线，直径的调控是调整共聚物的数量和/或反应温度实现。一般而言，较低的温度会形成粗大的 GaAs 纳米线，较高的反应温度会产生较为细小的 GaAs 纳米线。在上述合成条件下，得到 GaAs 纳米线直径的范围是 4.9～7.9nm。

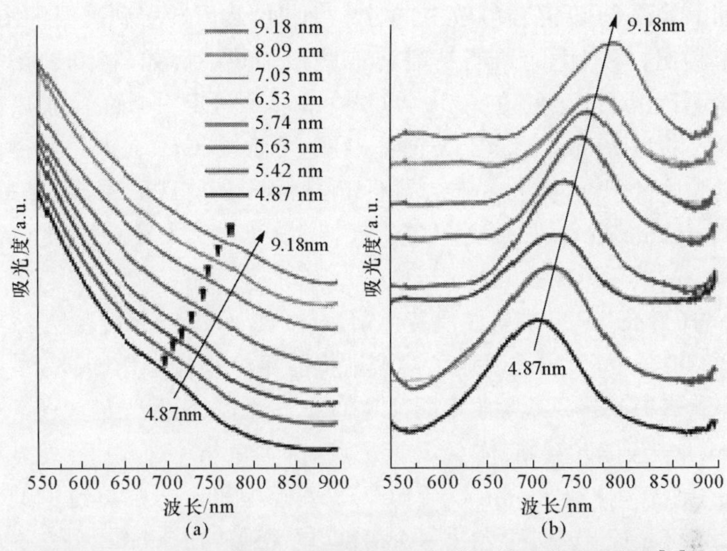

图 5.55 不同直径 GaAs 纳米线吸收光谱和第一激子吸收峰[68]

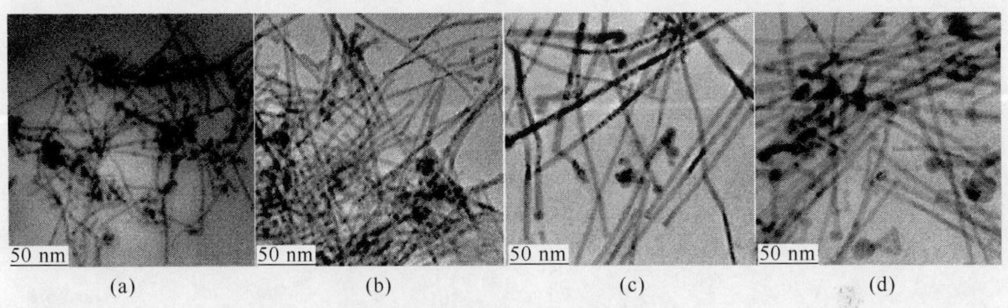

图 5.56 Ga 催化生长的 GaAs 纳米线的 TEM[68]

5.6 GaP 胶体半导体量子点

GaP 是Ⅲ-Ⅴ族半导体材料，在 300 K 时，体材料直接带隙 $E_g=2.78$ eV，间接带隙是 $E_g=2.22$ eV。在这里，就 GaP 胶体半导体量子点的合成方法、形态控制进行介绍。

5.6.1 GaP 胶体量子点的合成方法

早期 GaP 胶体量子点的合成，主要采用 $GaCl_3$ 和$(TMS)_3P$ 为前驱体、TOPO 为溶剂，在高温条件下实现 GaP 胶体量子点的制备。一个典型样本的合成路线是[69]：在室温条件下，按摩尔比 Ga∶P＝1∶1的要求，将 $GaCl_3$ 和$(TMS)_3P$ 在甲苯中混合。然后加热沸腾，得到黄色 GaP 前驱体$[Cl_2GaP(SiMe_3)_2]_2$。GaP 前驱体溶液加入到甲苯、TOPO混合溶液中，搅拌1小时，然后转移到高温油浴中；在真空下将甲苯移出，将产生的透明粘滞溶液缓慢加热。例如，将0.18g $GaCl_3$ 与0.25g$(TMS)_3P$ 混合，溶解在0.1g TOPO和2g TOP中，然后加热到270～320℃，得到尺寸为30nm的GaP量子点。在这个阶段，GaP是非结晶体。为了制备出结晶的胶体量子点，将上述非结晶GaP材料与10g TOPO(或5g三苯基膦，triphenylphosphine)混合，加热到360℃，保持3天。加入 CH_3OH，使GaP量子点沉淀，进行清洗，然后再次溶解到甲苯中。

$GaCl_3$ 与$(TMS)_3P$ 反应生成浅黄色前驱体$[Cl_2GaP(SiMe_3)_2]_2$，然后溶解到TOP/TOPO/甲苯中，形成透明黄色溶液。将前驱体$[Cl_2GaP(SiMe_3)_2]_2$ 加热到270℃、310℃、370℃、400℃，生成不同尺寸GaP量子点，吸收光谱如图5.57所示。直径为3nm(加热到400℃)胶体GaP量子点，在420nm (2.95 eV)处显示出一个肩部，浅浅的尾部延伸到650nm (1.91 eV)。直径为20nm (加热到370℃)GaP量子点在392nm (3.17 eV)处显示出一个肩部，尾部延伸到550nm。

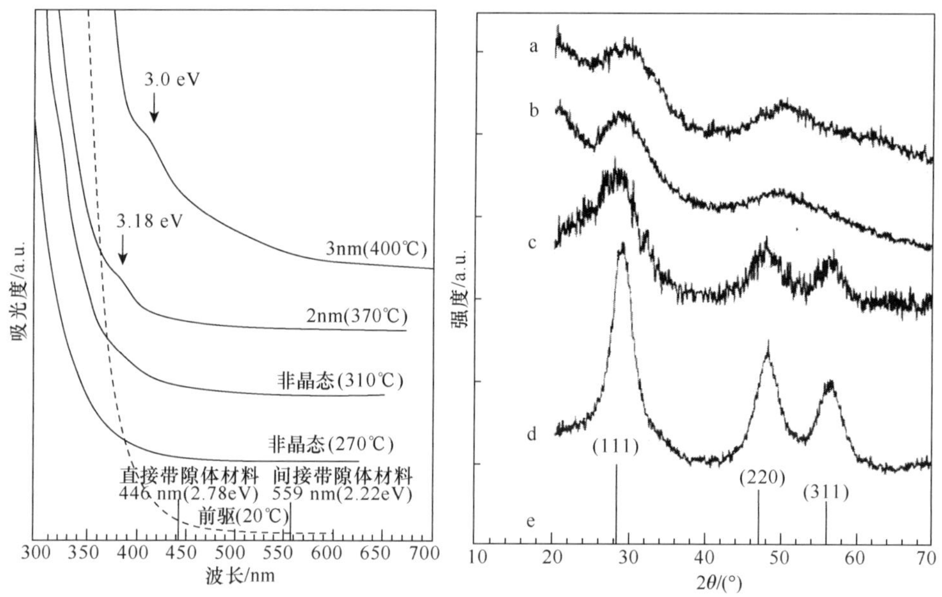

图5.57 不同尺寸GaP量子点的吸收光谱和XRD[69]

GaP体材料具有间接带隙2.22 eV(559nm)和直接带隙2.78 eV (446nm)。Krishna等人对GaP量子点的理论计算表明[70]，间接带隙随量子点尺寸减小的增加量要远小于直接带隙的增加量。对于尺寸3nm的GaP量子点，直接和间接带隙分别达是3.35 eV和2.4 eV。在尺寸低于3nm时，随量子点尺寸减小，直接带隙随之减小，而间接带隙继续增加。因此，在尺寸低于3nm的附近，GaP预期将由间接带隙半导体材料转变成直接带隙半导体材料。

在图 5.57 吸收光谱中，在 420nm 处的陡峭吸收和肩部对应于 GaP 量子点的直接跃迁；而在 500nm 之上尾部来自于间接跃迁。对于尺寸 3nm 的 GaP 量子点，直接跃迁的位置是 2.95 eV，较相应理论值 3.35 eV 要小很多。同样要注意到，图 5.57吸收光谱的尾部延伸到 GaP 体材料间接带隙之下。这种亚带隙吸收的原因，目前尚不清楚，也许是由于高的反应温度导致不纯杂质，在 GaP 量子点中出现高密度的亚带隙态。

不同温度合成 GaP 量子点的 XRD 如图 5.57(b)所示(a-270，b-310，c-370，d-400)，显示出 GaP 体材料闪锌矿晶格结构。根据 XRD 衍射峰的半宽度，可以计算出 GaP 量子点的尺寸。当合成温度是 400℃时，GaP 量子点的尺寸约为 3nm；当合成温度是 370℃时，GaP 量子点尺寸约为 2nm。

采用上述合成方法，Furis 等人研究了表面活性剂对 GaP 量子点光学特性的影响[71]。$GaCl_3$ 和$(TMS)_3P$ 在 TOPO 中发生反应，制备出 GaP 量子点。GaP 量子点的 TEM 如图 5.58(a)所示，显示出球形的 GaP 量子点，粒子平均直径是 14nm。EDX 分析如图 5.58(b)所示，显示出过量的 P 元素，表明要么存在过量的表面活性剂，或者其他复合物中包含过量的 P。

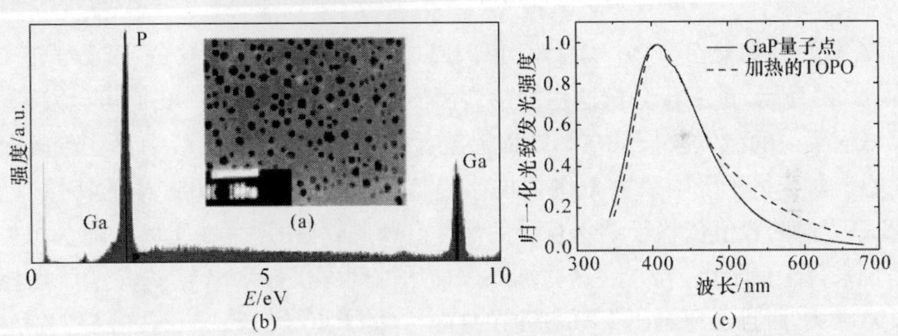

图 5.58　Furis 等人制备的 GaP 量子点 的 TEM、EDX 和 PL 光谱[71]

包含 GaP 量子点甲苯溶液的 PL 光谱如图 5.58(c)所示，覆盖整个可见光谱区间，峰值位置落在蓝光区域。保持与合成生长一样的条件和使用甲苯稀释，加热后的表面活性剂(TOPO)的 PL 辐射光谱与包含 GaP 量子点的甲苯溶液的 PL 光谱比较，二者光谱区域几乎一样。看来包含 GaP 量子点的甲苯溶液的 PL 辐射是表面活性剂被加热的结果。这个结果，让人们疑虑 GaP 量子点辐射的存在。

图 5.59(a)是三种溶液 GaP 量子点的 PL 光谱，三种溶液包括：加热的 TOPO、HDA 和未加热的 TOA。所有样品的激发波长是 350nm，辐射光谱是宽阔的并覆盖了整个可见区域，这与宽阔的纳米粒子尺寸分布是一致的。因此，当加热到

高温时，TOPO、HDA 和(或)其他产物显示出 PL 发光，在某些因素(例如 TOA)情况下，即使没有加热，表面活性剂也显示出发光。

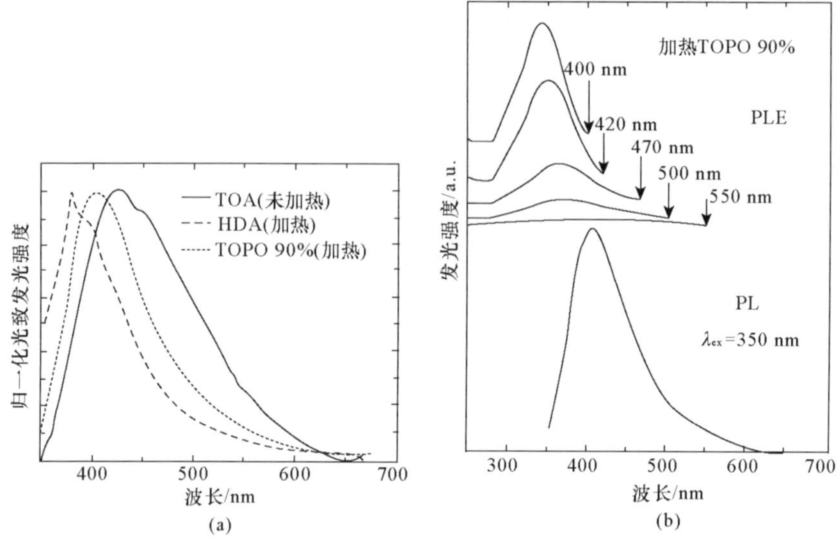

图 5.59　三种表面活性剂的 PL 光谱和加热到 150℃ TOPO 的 PLE 光谱[71]

将 TOPO 加热到 150℃，考察处于 PL 发光区域几个波长的 PLE 光谱，如图 5.59(b)所示，进一步分析这些加热表面活性剂的光学性质。我们可以发现，对应于峰值辐射的激发波长是在不同辐射波长之间变化，说明溶液中存在着多个发光中心。对于量子受限尺寸范围内的半导体量子点，也显示出这样的特性[72,73]，即 PLE 光谱的峰值依赖于纳米粒子的尺寸。因此，利用这个性质可以确认相关辐射是否来自于量子点。因此，这些加热表面活性剂不仅显示出与 GaP 量子点相同的发光区域，而且也显示出 PLE 光谱的特征与量子点类似。

显然，连续激发光的 PL 和 PLE 研究不足以确定上述 PL 辐射的性质，或者说不能分离出对应于量子点的光谱分量。因此，需要进行 TOPO 溶液的时间分辨 PL 发光特性测试，不同延迟时间的时间分辨 PL 光谱如图 5.60(a)所示。与激发波长 350nm 连续激发光产生的 PL 发光峰比较，这时 PL 峰是红移的。这个红移与 PLE 的结果是一致的，表明不同激发波长对应于不同的发光中心，由此促成宽阔的 PL 特征。对应于图 5.60(a)所示峰值波长，PL 强度随时间衰退的关系如图 5.60(b)所示。衰退呈现出非指数特性，是由于存在多个不同的发光中心。对衰退曲线进行多组分的拟合，得到不同发光中心对应的辐射寿命，量值是纳秒量级，与直接带隙产生的辐射复合寿命量级一致。此外，有关量子点载流子复合的时间分辨研究表明[74,75]，量子点载流子复合发光强度衰退也是呈现非指数函数的特性,而且载流子寿命依赖于量子点的尺寸。

进一步考察加热 TOPO 发光性质随加热时间的关系,图 5.60(c)是 150℃、不同加热时间阶段的发光情况。在加热 0.5 小时后,结果显示出有意义的辐射特性。最为重要的是,发光强度随加热时间变化,在加热 24 小时后达到最高值。

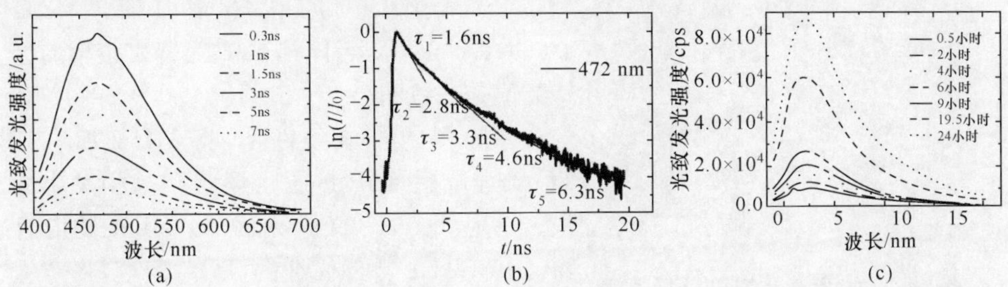

图 5.60　加热 TOPO 不同衰退时间的 PL 光谱和 PL 衰退曲线,以及不同加热时间 PL 光谱[71]

总之,广泛用于胶质量子点合成的表面活性剂,显示出热解相关的 PL 发光性质。发射光谱宽阔,覆盖整个可见光区域。PLE 和 TRPL 光谱表明,表面活性剂热解相关的 PL 发光与 GaP 量子点的性质类似,普通的光学技术难以区分。利用时间分辨 PL 发光测量可以区分量子点的发光和表面态相关辐射,后者的弛豫时间达到数十到数百纳秒。但是,一个短的弛豫时间不足以证明来自于量子点 PL 发光的存在。通过对再现环境的加热表面活性剂或溶剂的 PL、PLE 和 TRPL 细节研究,有助于区分 PL 光谱中表面活性剂分量的贡献。这个工作对 GaP 量子点而言,显得更有意义,因为它可以发出低于 500nm 的辐射。

5.6.2　GaP 胶体量子点的形态控制

如前所述,胶体量子点的形状受到反应温度、表面活性剂和溶剂的影响,通过调节这些因素可以对胶体量子点的尺寸、形状等实现控制。首先,我们介绍一种表面活性剂控制 GaP 量子点形状的方法。采用单个前驱体三(叔丁基膦基)镓(tris(di-tertbutylphosphino)gallane,$Ga(P(t\text{-}Bu)_2)_3$)和热裂解技术,在胺稳定剂的热混合物中实现 GaP 纳米晶形状控制。通过选择表面活性剂的种类和数量,实现 GaP 球形量子点到纳米棒的调控[76]。典型样本的合成路线是:将 100mg $Ga(P(t\text{-}Bu)_2)_3$ 溶解到 2mL TOA 中,在 330℃条件下注入到 TOA 和 HDA 的混合物里。在 72 小时后,使用冷却的甲苯将反应终止,然后使用甲醇处理产生沉淀,得到琥珀色的絮状物,再经过离心分离出来。于是琥珀色粉末状 GaP 纳米晶被制备出来,再次溶解到甲苯或二氯甲烷中。

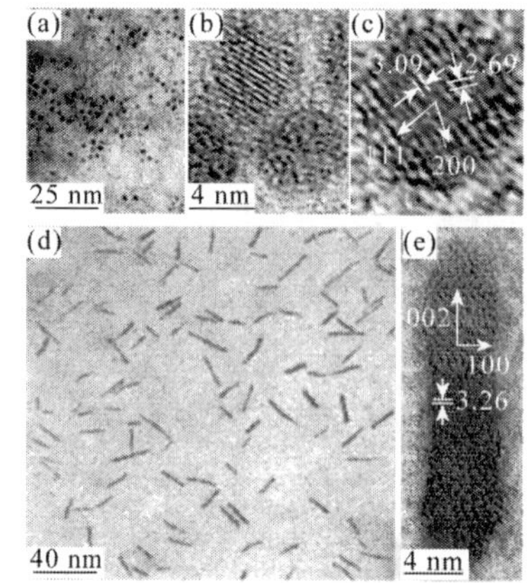

图 5.61 GaP 量子点的 TEM 和 HRTEM,以及 GaP 纳米棒的 TEM 和 HRTEM[76]

当只有 TOA 用作稳定剂时,这时制备出球形 GaP 量子点。尺寸 8.1nm、单分散 GaP 量子点的 TEM 如图 5.61(a)所示,相应的 HRTEM 如图 5.61(b,c)所示。我们看到沿〈111〉和〈200〉方向相邻晶面的间隔是 3.094Å、2.687Å,与体相 GaP 闪锌矿结构的已知数值是一致的。

在同样的合成条件下,将 HDA 加入到 TOA,会导致 GaP 量子点形状和晶相发生变化。采用 8.7mL TOA 和 4.8g HDA 的混合物(比例是 1∶1)替代纯的 TOA 溶液,将产生球形量子点(70%)和纳米棒(30%)的混合物,其中纳米棒的长度是 42.3nm,直径是 7.9nm。当稳定剂比例为 1∶2.5 时,将会全部产生长度是 45nm、直径是 8nm 的纳米棒,如图 5.61(d,e)所示。由 HRTEM 可以发现,沿〈002〉晶向相邻晶面的间隔是 3.26Å,显示出单晶纤锌矿晶格结构。图 5.62 是 GaP 量子点和 GaP 纳米棒的 XRD,再次证明前者是闪锌矿晶格结构,后者是纤锌矿晶格结构。

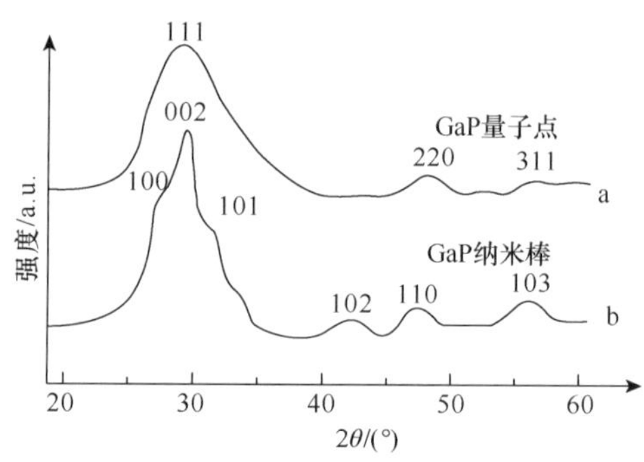

图 5.62 GaP 量子点和 GaP 纳米棒的 XRD[76]

上述分析表明,较低的 HDA 与 TOA 比例似乎有利于形成闪锌矿晶格结构的球形量子点,而高浓度的 HDA 将产生纤锌矿晶格结构和易于产生各向异性的生长。这个结果表明,在结晶生长期间,稳定剂具有空间位阻效应。GaP 结晶具有两个不同的晶相[77]:一个是热力学稳定的闪锌矿晶格结构,带有〈111〉晶向的重叠构造;另一个是动力学稳定的纤锌矿晶格结构,带有〈002〉晶向的错列构造。GaP 单体与表面 GaP 晶格原子之间具有强烈的偶极相互作用,动力学稳定的纤锌矿晶格结构被催生出来。在结晶生长期间,稳定剂被强力约束到结晶表面,结晶结构高度受到稳定剂变化的影响。当位阻大的 TOA 作为稳定剂时，错列的构造优先产生，使得配位体与 GaP 晶格之间的空间阻碍最小化，于是 GaP 闪锌矿晶格结构优先于纤锌矿结构。当过量的、无空间阻碍的 HDA 加入到 TOA 中，在 GaP-HDA 复合物与 GaP 晶格之间的位阻减小了，在高单体浓度诱导的动力学生长情况下，动力学稳定的 GaP 纤锌矿结构优先得到鼓励。

此外，在上述两种稳定剂之间的位阻差异，似乎归因于纤锌矿结构 GaP 的各向异性生长引起的。当纤锌矿结构的种子形成时，位阻大的 TOA 有选择的约束到具有错列构造的小晶面(如(100)和(110)小晶面)上，而不是约束到(002)这样的小晶面，由此阻碍这些小晶面的生长。另一方面，GaP-HAD 复合体连续向高表面能的小晶面(如(002)小晶面)供应单体，有助于棒状结构 c 晶向的生长。

5.7　GaN 胶体半导体量子点

GaN 是Ⅲ-Ⅴ族半导体材料，在蓝光 LED 和激光二极管、高速场效应管、紫外探测器件等领域，有着广泛的应用前景。GaN 是宽禁带直接带隙材料，在 300K 条件下，对于六角形晶格结构的体材料，直接带隙 $E_g=3.41$ eV；对于闪锌矿晶格结构的体材料，$E_g=3.2$-3.3eV。此外，GaN 材料的激子玻尔半径约为 2.5nm，只有尺寸小于 5nm 的 GaN 量子点才能够表现出量子尺寸受限效应。

合成高质量的胶体量子点一般需要两个过程：迅速的成核过程；快速的终结生长和有效的粒子退火过程。对于 GaN 胶体量子点而言，如何良好的实现这两个过程是十分困难的。Xie 等人在 1996 年提出一种苯热合成技术，成功制备出 GaN 纳米晶[78]。Frank 等人提出一种爆炸式 GaN 胶体量子点的合成方法[79]，合成路线和装置如图 5.63 所示。$Na[Ga(N_3)_4]$与胺溶解在甲苯溶液里，得到单体的、低熔点、可溶的三烷基胺加合物$(R_3N)Ga(N_3)_3$（$R_3N=Et_3N$、Me_3N、Me_2N-C_nH_{2n+1}，$n=8\sim16$）。复合物 $Na[Ga(N_3)_4]$是带有 7 配位 Na 中心的配位体聚合物。叠氮化镓(gallium azide，$Ga(N_3)_3$)是一种凝聚相的复合化学组成。当温度升高时，来自于叠氮化物的 N_2 逐渐去除，生成 GaN 结构。这个过程可以认为类同于溶胶-凝胶化学中的冷凝过程，利用样品的爆炸产生冲击加热，结束晶体的生长。

$(Et_3N)Ga(N_3)_3$ 放置在 71mL 不锈钢压力反应釜内，反应釜内填充 N_2。按 30℃/min 速度将反应釜加热到 400℃。在压力达到 10～200 bar 后，爆炸发生，压力容器立刻冷却到室温。GaN 量子点以粉末形式被收集。粒子尺寸通过两个因素实现：一是调整前驱体的数量；二是在 150℃“冷凝”的时间。

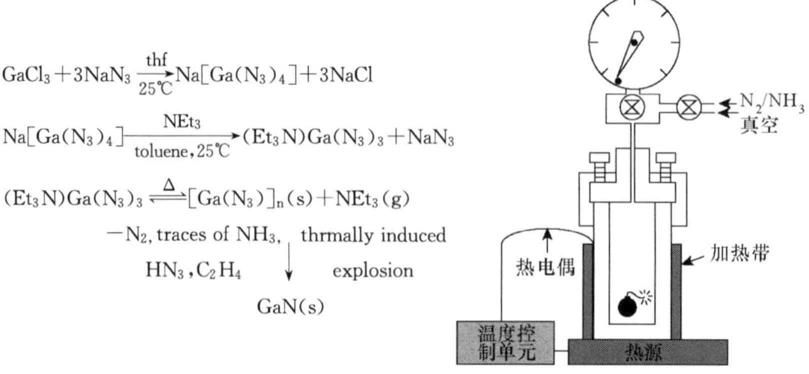

图 5.63　爆炸式 GaN 胶体量子点的合成的原理和装置示意图[79]

图 5.64 是 GaN 量子点的 XRD 和 PL 光谱，显示出纯六角纤锌矿晶相。利用 Scherrer 方程，可以计算出 GaN 量子点的尺寸，如图中表示数据所示。在 2.2 eV 处显示出一个发光峰，是 GaN 的一个特征峰。同时观察到 4.2 eV 处的发光峰，相对于体材料发生明显蓝移，是 GaN 量子点量子尺寸受限效应的反映。

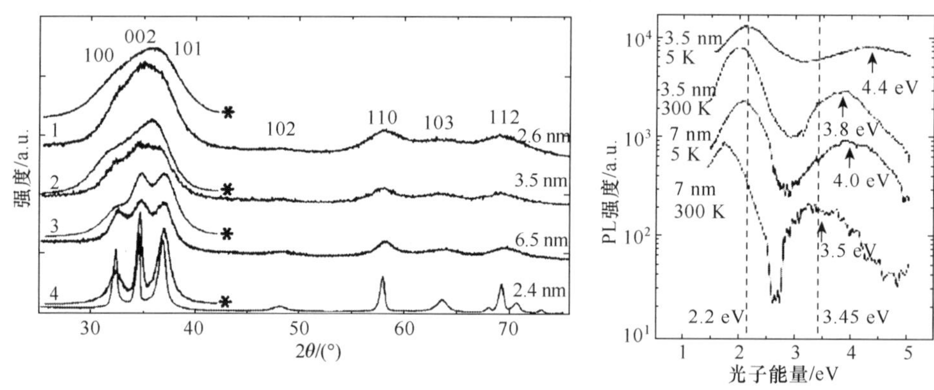

图 5.64　爆炸制备 GaN 量子点的 XRD 和 PL 光谱[79]

稍后，Mićić等采用类似于Ⅲ-Ⅴ族磷化物胶体量子点的合成方法，制备出胶体透明、单分散的 GaN 量子点[80]。典型样本的合成路线是：将无水 $GaCl_3$ 与二甲基氨基锂（dimethyl amine lithium，$LiN[Me]_2$）溶解到正己烷中，得到二聚三（二甲基氨基）镓（dimerization tris(dimethylamine)gallium，$Ga_2[N(Me)_2]_6$）。在室温条件下，$Ga_2[N(Me)_2]_6$ 与 NH_3 反应 24 小时，得到酰亚胺聚合物镓$[Ga(NH)_{3/2}]_n$。将 0.2g$[Ga(NH)_{3/2}]_n$ 溶解到 4mL TOA 中，缓慢加热到 360℃（超过 24 小时），保持这个温度一天，获得 GaN 量子点。溶液冷却到 220℃，然后加入 2mL TOA、2g 十六烷基胺（hexadecylamine，HAD）混合物，保持 220℃和搅拌 10 小时。由于 HAD 可以减小位阻和创建一个更加稠密的表面包裹，所以 HAD 能够改善 GaN 量子点表面的疏水性。

图 5.65 是上述合成路线制备 GaN 量子点的吸收和 PL 光谱。吸收光谱在 330nm 处显示出一个较弱的肩峰。PL 光谱是宽阔的、不规则形状曲线，是由于较差的单分散性。相对体材料闪锌矿结构 GaN 带隙(3.2～3.3 eV)，吸收光谱和辐射光谱蓝移到 3.65 eV 附近，显示出量子尺寸受限效应。

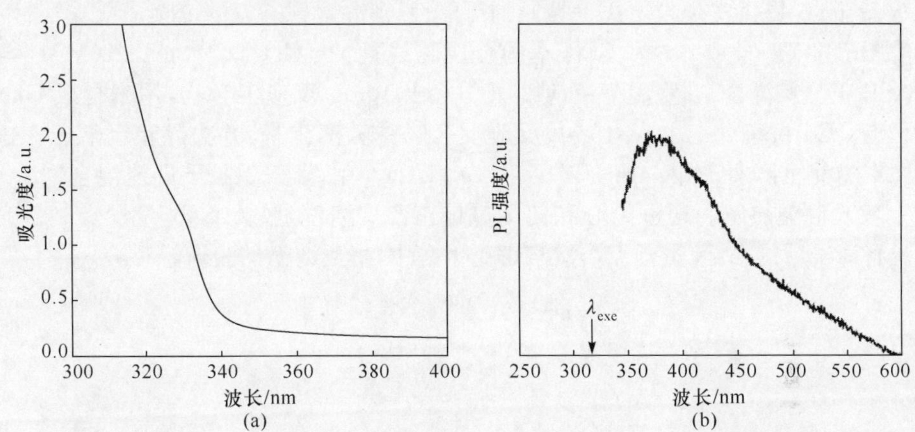

图 5.65 Mičič等人制备的 GaN 量子点的吸收和 PL 光谱[80]

上述合成路线制备 GaN 量子点的 TEM 和 XRD 如图 5.66 所示。TEM 显示出分散的、球形 GaN 量子点，尺寸是 2.3～4.5nm，平均尺寸是 3nm。XRD 显示出位于 35°、58°、69°、40.5°的衍射峰，与体材料 GaN(111)、(220)、(311)、(200)晶面族对应，表明它是闪锌矿晶格结构。

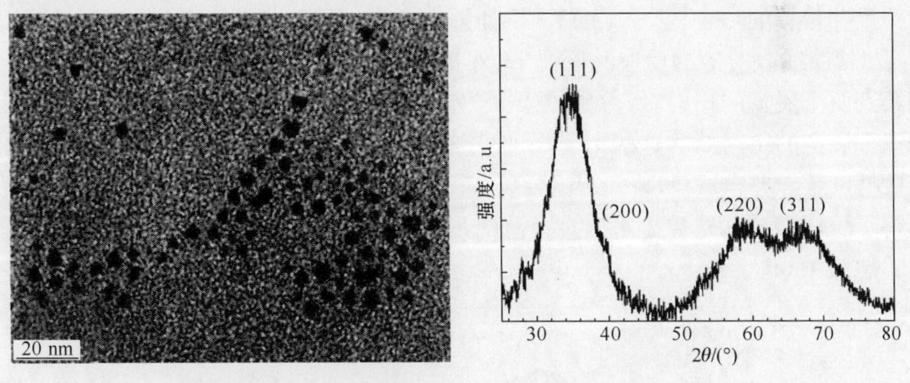

图 5.66 Mičič等人制备的 GaN 量子点的 TEM 和 XRD[80]

在 Mičič等人的合成方法中，需要在高沸点配位溶剂混合物中热裂解酰亚胺聚合物镓。这种方法存在一些问题：一是合成流程比较复杂，使用纯氨具有危险性；二是聚合物溶解度较差，不利于粒子尺寸的控制和获得高的产率。Pan 等人提出一种新的 GaN 量子点合成方法，有助于提高合成产率和改善光学性质[81]。他们发现，用来制备酰亚胺聚合物镓的 $Ga_2[N(Me)_2]_6$，可以高温分解，直接用来合成 GaN 量子点，而不需要先合成出酰亚胺聚合物镓。图 5.67 是合成路线框图，显示出新旧两种路线的差异。这种新合成路线的意义在于：有利于获得高产率的 GaN 量子点，提供实现粒子尺寸控制的可能性，消除对气态氨的依赖。

Pan 等人新合成方法典型样本的合成路线是：2g $GaCl_3$、1.8g $LiN(Me)_2$ 与 100mL 正己烷混合，在室温下反应 2 天。取出 10mL 反应混合物，用来合成 GaN 量子点。$Ga_2[N(Me)_2]_6$ 从 10mL 反应混合物中分离出来，并去除正己烷。在这个二聚物前驱体中，加入 4mL TOA 和 1g HAD。在 Ar 气保护下回流混合物 1～3 天，实现高温热解。通过离心和使用过量正己烷清洗，胶体 GaN 量子点制备完成。将清洗后的 GaN 量子点再次溶解到甲醇中，得到清澈的胶体悬浮液。

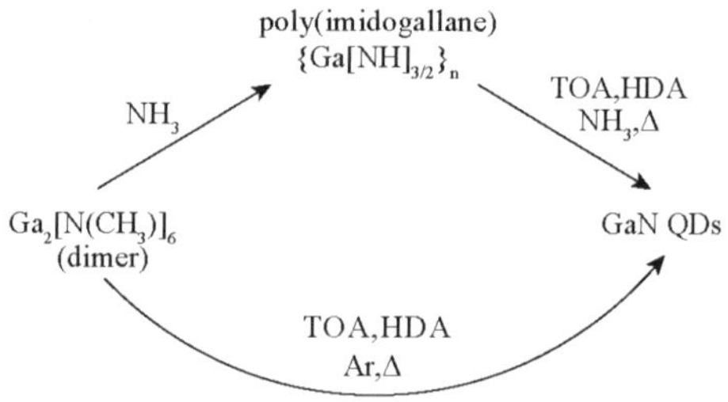

聚合物高温热解路线

poly(imidogallane)
$\{Ga[NH]_{3/2}\}_n$

NH_3

TOA,HDA
NH_3,Δ

$Ga_2[N(CH_3)]_6$
(dimer)

GaN QDs

TOA,HDA
Ar,Δ

直接高温热解路线

图 5.67　新旧两种 GaN 量子点制备路线的比较示意图

尺寸依赖的 GaN 量子点的 XRD 如图 5.68(a)所示，曲线 a 对应的反应时间是 24 小时，曲线 b 对应的反应时间是 60 小时。对于反应时间 24 小时的样本，可以观察到两个展宽的衍射峰，分别位于 35°和 62°。在合成反应 60 小时后，可以观察到三个展宽的衍射峰。这些衍射峰的位置和强度与 GaN 体材料闪锌矿晶格结构的数据一致。在合成反应 60 小时后，获得 GaN 量子点的 TEM 如图 5.68(b)所示，标尺是 10nm。图像显示出直径范围是 2～4nm、球形形状的 GaN 量子点，平均尺寸是 2.4nm。

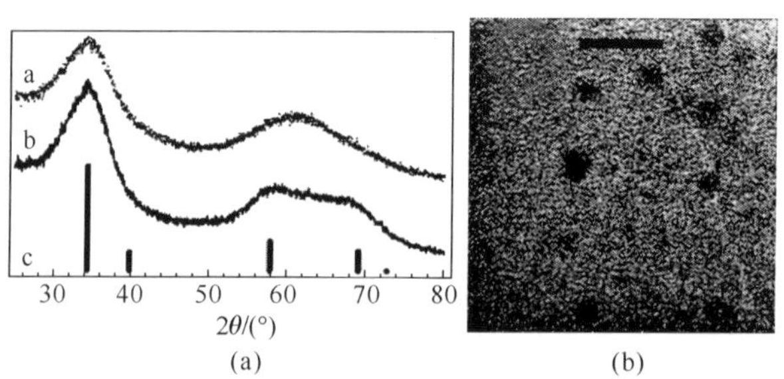

图 5.68　Pan 等人制备 GaN 量子点的 XRD 和 TEM[81]

在合成反应 24、60 小时后，GaN 量子点吸收光谱如图 5.69(a)所示。吸收光谱显示出紫外激子吸收峰，相对于体材料 GaN 的吸收边(365nm)有明显的蓝移，归因于 GaN 量子点的量子尺寸受限效应。图中两个吸收峰显示出大的肩部，倾斜的吸收背景随波长的减少而增加。同样样本的 PL 光谱如图 5.69(b)所示，这个室温 PL 光谱位于 GaN 体材料吸收边附近，峰值波长是 305nm(4.07 eV)，表明激子复合辐射来自于带边复合；此外也可以看到来自于缺陷态对应的宽阔、可见区的辐射。

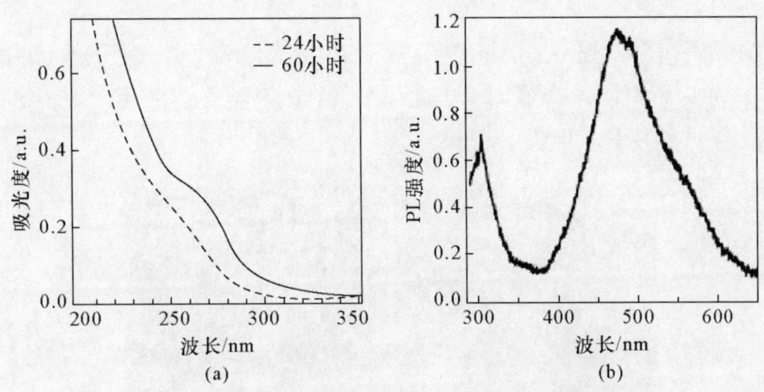

图 5.69 Pan 等人制备的 GaN 量子点的吸收和 PL 光谱[81]

5.8 Ⅲ-Ⅴ族胶体掺杂与合金半导体量子点

Ⅲ-Ⅴ族胶体半导体量子点除了诸多优点之外，也面临一些问题，包括：较低的辐射效率，难以控制尺寸分布和稳定性。几种金属离子，如 Mn、Cu 等可以掺杂Ⅲ-Ⅴ族半导体量子点，以期改善它们的光电性质。

5.8.1 Mn 掺杂Ⅲ-Ⅴ族胶体量子点

采用 Mn 掺杂Ⅲ-Ⅴ族半导体量子点，一个主要原因是为了获得磁性半导体量子点材料。Mn 的溶解度较低，约为 $10^{16}\sim10^{17}\ cm^{-3}$。利用分子束外延技术，在 GaAs 和 InAs 中已经获得远超极限溶解度的 Mn 掺杂水平(约为 $10^{20}\ cm^{-3}$)。这些材料的高掺杂磁性剂浓度，使其获得一些独特的特性，如铁磁性和电场依赖的磁性等。Mn 掺杂Ⅲ-Ⅴ族半导体量子点显示出尺寸依赖的磁学和光学性质，有助于提高量子点中电子与空穴的相互作用。

一个较为早期的 Mn 掺杂Ⅲ-Ⅴ族胶体量子点，是 Stowell 等人制备的 Mn 掺杂 InAs 量子点[82]。合成可以在不锈钢反应釜中完成，也可以利用 Schlenk 系统进行。在反应釜中：0.9mL(0.25g) $InCl_3$ 原液、0.165g[$(TMS)_3As$]与 6.8mL

TOP 混合装入反应釜中，加热到 250～280℃（低于 TOP 的沸点 290℃）。在反应 1～3 小时后，使用氯仿将粒子从容器内萃取出来。较高的反应温度可以改善结晶度，较长的反应时间产生较大尺寸的纳米粒子。在 Schlenk 系统中：在氮气作用下，将 20mL TOP 和 0.73g $InCl_3$ 装入三口瓶，搅拌并加热到 250～280℃。在达到设想温度后，注入 0.71g $(TMS)_3As$。回流，反应进行 1～3 小时。利用多种 Mn 的前驱体可以进行掺杂实验，包括 $MnCl_2$、$MnBr_2$、$Mn(CH_3)_2$ 和酞菁锰（manganese(Ⅱ) phthalocyanine，$C_{32}H_{16}MnN_8$）。每种 Mn 前驱体的浓度为 0.16M，加入到反应混合物中。

图 5.70 是直径 4.5nm InAs 量子点(a)和 $Mn_{0.01}In_{0.99}As$ 量子点(b)的 TEM。当 $MnBr_2$ 作为 Mn 源加入合成时，与纯 InAs 量子点合成结果比较，掺杂后粒子的平均直径没有明显变化，仍是 4.5nm。

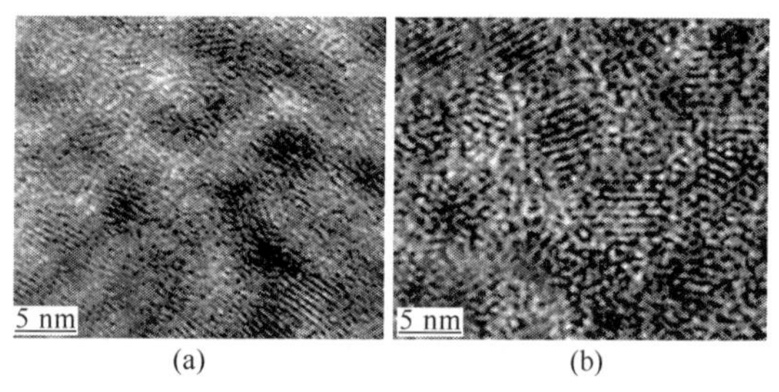

图 5.70　直径 4.5nm InAs 量子点和 $Mn_{0.01}In_{0.99}As$ 量子点的 TEM[82]

为了说明掺杂剂处于量子点的表面，还是处于量子点的内核，使用吡啶作用到掺杂量子点的表面，因为吡啶可以去除表面的 Mn。将 Mn 掺杂 InAs 量子点溶解到 1mL 正己烷中，然后与 15mL 吡啶混合，搅拌 24 小时。利用正己烷作为反溶剂，使 Mn 掺杂 InAs 量子点沉淀。结果表明，具有组分比例 $x_{Mn}=0.048$ 的 Mn 掺杂量子点，在配位体交换后，组分比例减少到 $x_{Mn}=0.024$，这表明有一半的 Mn 处于掺杂量子点的表面。

此外，Mn 的组分含量随着反应釜加热速度而改变。实验结果表明，当花费几分钟加热到合成温度时，Mn 组分比例是 $x_{Mn}=0.015$；当加热时间达到 15～45 分钟时，会产生更高的 Mn 组分比例，x_{Mn} 由 0.02 增加到 0.05。同时，随着粒子直径的变化，Mn 的组分含量也会产生变化，越小尺寸粒子会产生越高的 Mn 掺杂浓度。

分析 InAs 量子点、Mn：InAs 量子点和掺杂剂的电子自旋共振（electron spin resonance，ESR）光谱，在 115K、9.42 GHz 下，ESR 光谱如图 5.71 所示（a-5nm InAs量子点；b-$x_{Mn}=0.01$、直径 5nm Mn：InAs 量子点；c-$x_{Mn}=0.024$、直径 5nm Mn：InAs 量子点）。在表面化学交换前后，Mn：InAs 量子点的 ESR 光谱显示出 Mn 掺杂剂 d^5 组态的特性，这个组态归因于 Mn^{2+} 替代六重组态 d^6 的一个电子缺

位[84]。未掺杂 InAs 量子点信号作为背景，Mn：InAs 量子点 ESR 光谱信号敏感的依赖于量子点中 Mn 的数量和位置。当 Mn 的浓度由 $x_{Mn}=0.01$ 增加到 $x_{Mn}=0.024$ 时，六重组态 d^6 的 ESR 光谱信号出现减弱，如图 5.71 曲线 c 所示。

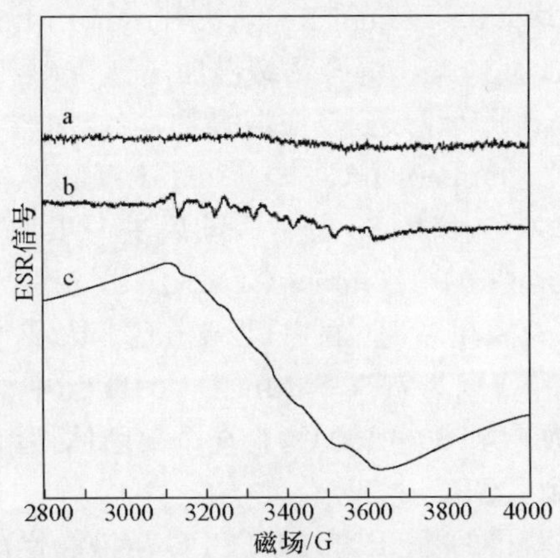

图 5.71 InAs 量子点和不同 Mn 掺杂浓度 Mn:InAs 量子点的 ESR[82]

比较 InAs 量子点和 Mn：InAs 量子点的吸收和 PL 光谱，如图 5.72 所示。激子吸收峰和 PL 峰相对体材料 InAs 带隙(0.36eV，3433nm)明显的蓝移，是由于量子尺寸效应的作用。对于相同尺寸的 InAs 量子点和 Mn：InAs 量子点，激子吸收峰的位置几乎相同，显示出不依赖于 Mn 掺杂的特性。与同尺寸未掺杂 InAs 量子点相比，Mn 掺杂使 PL 光谱红移，而且发生明显的展宽。Mn 掺杂诱导的红移与 Mn 相关受主态的产生有关，有关体材料的实验和理论表明，Mn 掺杂产生的受主态位于价带之上 0.1 eV[83,84]。Mn：InAs 量子点 PL 光谱展宽，不能简单归因于尺寸分布的影响，因为 TEM 表明纯的和未掺杂量子点的尺寸分布没有变化。不能排除 Mn：InAs 量子点组分分布的影响，PL 光谱的尾部与 Mn 掺杂剂产生的附加杂质能级有关。

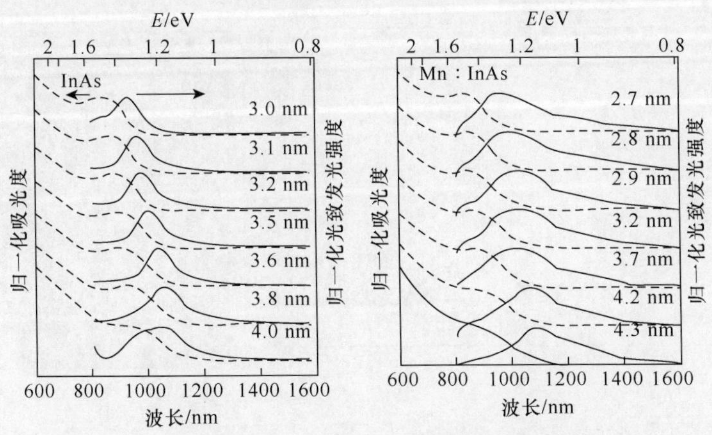

图 5.72 InAs 和 $Mn_{0.02}In_{0.98}As$ 量子点的吸收和 PL 光谱[82]

在 Mn 掺杂Ⅲ-Ⅴ族量子点中，另一个成功的材料是 Mn：InP 量子点。Mn 掺杂 InP 胶体量子点的合成方法有两个选择：高温缓慢加热路线和高温注入法。典型样本的合成路线如下[85]。

(1) 高温缓慢加热法。0.90mmol $InCl_3$、0.10mmol Mn 盐(x=0.10)与 10mL TOP 混合，装入 Schlenk 反应瓶。混合物缓慢加热到 260～270℃，稳定 30～60 分钟。随后，1.0mmol$(TMS)_3P$ 注入到反应混合物，溶液加热 1～2 小时。

(2) 高温注入法。0.90mmol $InCl_3$ 与 12.5mL TOPO 混合，装入 Schlenk 反应瓶。反应瓶加热到 200℃，保持 30 分钟。随后进一步加热到 300℃，保持 1 小时。溶解在 3mL TOP 中的 1.0mmol$(TMS)_3P$ 与溶解在 5mL TOP 中的 0.10mmol Mn 盐混合，随后注入到热的 TOPO-$InCl_3$ 混合物中。反应温度被调节到 260℃，保持 2～3 小时。因为室温下 $MnCl_2$ 在 TOP 中溶解的十分缓慢，所以 $MnCl_2$/TOP 溶液需要加热到 80～100℃，直至全部固体被溶解；在与$(TMS)_3P$ 混合之前返回室温，注入到 TOPO 中。

上述两个合成方法获得的 TOP 和/或 TOPO 溶液缓慢冷却到 60℃，然后用等体积的氯仿(高温缓慢加热法)或甲苯(高温注入法)稀释。每个方法的产物都可以进一步进行粒子大小的分级，一般均可以得到 4—6 个分级结果。对于高温缓慢加热法，可以用乙醇进行沉淀分级；对于高温注入法，使用甲醇进行沉淀分级。各个分级产物重新分散到甲苯中。

纯化后的量子点表面可以被吡啶置换，具体的方法是：将 0.3～0.5g TOP/TOPO 包裹的粒子溶解到 7～10mL 吡啶中，加热到 60℃，保持 15 分钟。加入过量的正己烷，然后进行离心，这个过程反复 3 次，最后产生粒子的沉淀。

在上述合成条件下，Mn 掺杂 InP 量子点的 XRD 和 TEM 如图 5.73 所示。XRD 表明，Mn：InP 量子点具有立方体闪锌矿体 InP 晶格结构，2 倍衍射角是 26°、44°和 51°的衍射峰分别对应于(111)、(220)和(311)晶面。TEM 显示出均匀球形粒子，粒子平均尺寸是 2.5～5nm。

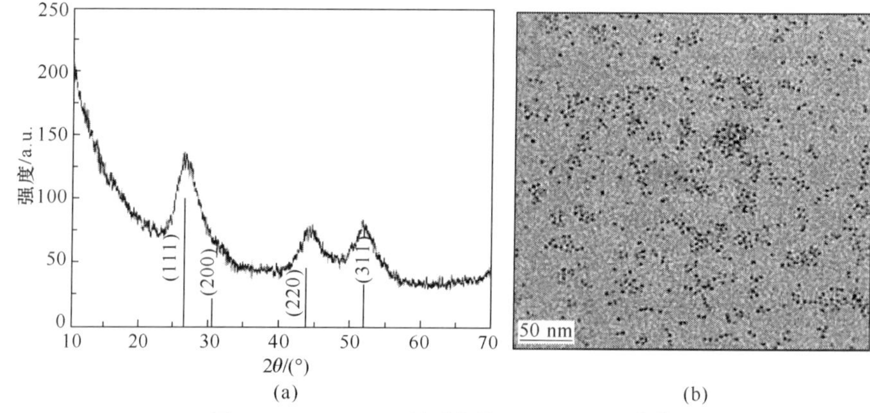

图 5.73　Mn：InP 量子点的 XRD 和 TEM[85]

5.8.2　Cu 掺杂Ⅲ-Ⅴ族胶体量子点

Cu 掺杂Ⅲ-Ⅴ族胶体半导体量子点的研究报道相对较少，但是 Cu 作为掺杂剂已经在其他量子点材料(如 Zn 族材料)中得到较好的应用。人们对 Cu 掺杂Ⅲ-Ⅴ族半导体体材料和薄膜材料的光学性质已经进行了研究[87,88]，两个 PL 发射峰被观察到，分别位于 1.21 eV 和 1.01 eV。因此，Cu∶InP 材料中存在 Cu_A 和 Cu_B 两个杂质能级，本体材料的导带电子与掺杂离子空穴的辐射复合产生这两个 PL 发射，预示 Cu∶InP 量子点可以在宽阔的光学窗口内进行颜色调谐，如图 5.74(a)所示。这为 Cu∶InP 量子点展示了一个良好的发展前景，获得高效率的和颜色可调谐的红光和近红外辐射的窗口。

Cu∶InP 量子点典型样本的合成路线是[86]：0.2mmol 三(三甲基硅基)磷与 2.4mmol ODE 混合，得到 1.5mL P 注入液。将 0.4 mM 醋酸锌、1.4 mM 豆蔻酸和 4g ODE 装入三口瓶，在 Ar 气下加热到 188℃。将 P 前驱体注入液加入反应混合物中，反应温度降低到 178℃，保持 10 分钟。反应溶液进一步冷却到 130℃，将溶解在 ODE 中的 0.02mmol 硬脂酸铜(copper stearate，$Cu(St)_2$)加入反应溶液。按照 2℃/min 的加热速度，反应溶液再次加热到 210℃，获得 Cu∶InP 量子点。

图 5.74(b)是尺寸 4nm Cu∶InP 量子点的吸收、PL 发光和 PL 激发(PLE)光谱。InP 带边发光被削弱，PL 光谱的中心调整到 950nm。InP 体材料带隙是 1.43 eV 或 867nm，这意味图 5.74(b)的 PL 发射峰不是来自于 InP 量子点固有的带边辐射。图示中吸收峰和 PL 峰之间产生的能量间隙，进一步支持 PL 光谱来源于 Cu∶InP量子点。实际上，这样一个大的间隙导致 Cu∶InP 量子点呈现出零自吸收。PLE 光谱表明，在宽带中的一个不同波长的 PL 发光类似于激发光谱，从而证明这个宽带辐射不能归因于纳米晶的尺寸分布。这样一个辐射光谱的展宽，说明在 Cu∶InP 量子点的 PL 光谱中存在着 Cu_A 和 Cu_B 两个带。图 5.74(b)PL 光谱的半峰宽是 0.24 eV，与 Cu_A 和 Cu_B 能级的差值(0.21 eV)近于相同。当然也要强调，由于复合的电子来自于 InP 量子点的导带，InP 量子点尺寸分布的因素会进一步使 Cu∶InP 量子点的 PL 光谱展宽。所以，Cu_A 和 Cu_B 两个带之间的能量差，只是全部 PL 光谱的半峰宽的最低极限。因此，试图合成出比纯 InP 量子点更窄 PL 的光谱的 Cu∶InP 量子点，是难以实现的。

通过调整 InP 量子点尺寸，Cu∶InP 量子点可以实现红光到近红外波段的发光调谐，如图 5.74(c)所示。Cu∶InP 量子点的 PL 发光峰由 630nm 延伸到 1100nm。与纯 InP 量子点相同尺寸范围的 PL 光谱比较，Cu∶InP 量子点尺寸调谐光谱的范围更加宽阔，几乎覆盖 450～1250nm。

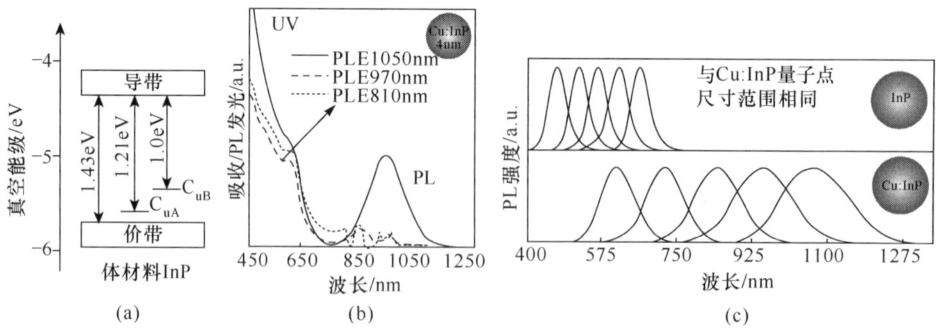

图 5.74　Cu∶InP 的能级结构和 InP、Cu∶InP 量子点的吸收、PL 光谱[86]

掺杂剂浓度对 Cu∶InP 量子点的光学性质会产生较大影响。不同 Cu:P 前驱体比例的 Cu∶InP 量子点吸收光谱如图 5.75(a)所示(其中浓度由顶部的 0%增加到底部 50%)。随着溶液中 Cu 前驱体比例的增加,InP 量子点的第一激子吸收峰逐渐消失。同时,长波一侧的尾部变得越来越明显。图 5.75(b)表明,掺杂剂 PL 峰位和光谱轮廓不依赖于溶液中 Cu 前驱体浓度。此外,量子产额最大值对应于 10%的 Cu 前驱体浓度(相对于初始 P 前驱体的浓度)。10%的掺杂剂浓度意味着每个量子点平均含有 5～6 个掺杂剂离子。

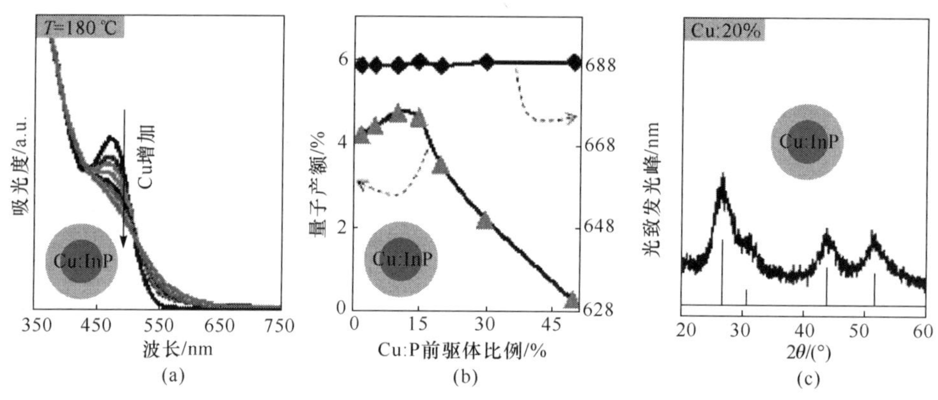

图 5.75　不同掺杂浓度 Cu∶InP 量子点吸收光谱、量子产额和峰位,以及 XRD[86]
(阅读彩图请扫封底二维码)

图 5.75(c)(作为比照,体材料 InP 的衍射峰也标注在图中,以竖线表示)是 20%掺杂浓度的 Cu∶InP 量子点的 XRD,表明 Cu 掺杂并没有改变 InP 本体量子点的晶格结构。高掺杂浓度 Cu∶InP 量子点衍射峰与 InP 体材料的标注位置是一致的,InP 本体量子点的晶格结构没有变化。

5.8.3　InAsP 胶体合金量子点

Kim 等人采用 $In(Ac)_3$、$(TMS)_3P$ 和 $(TMS)_3As$ 为前驱体，ODE 等为溶剂，制备 $InAs_xP_{1-x}$ 胶体合金量子点和 $InAs_xP_{1-x}/InP/ZnSe$ 核壳量子点。典型样本的合成路线如下[89]。

(1) 典型 $InAs_xP_{1-x}$ 胶体量子点的合成。0.044g (0.15mmol) $In(Ac)_3$、0.127mg (0.45mmol) OA 与 8mL ODE 混合，在 120℃下除气 1 小时。使用 N_2 净化混合溶液，然后加热到 300℃。随后，0.0125g (0.05mmol) $(TMS)_3P$、0.0147g (0.05mmol) $(TMS)_3As$ 与 2mL ODE 混合，注入到热反应瓶中。注入后温度下降到 270℃，保持 1 小时。冷却到室温，使用过量乙醇让产物沉淀。

(2) 典型 $InAs_xP_{1-x}/InP$ 核壳胶体量子点的合成。处于 270℃的 $InAs_{0.82}P_{0.18}$ 溶液冷却到 140℃。随后 0.030g (0.10mmol) $In(Ac)_3$、0.018g (0.075mmol) $(TMS)_3P$ 与 2mL ODE 混合，将混合物注入到上述 $InAs_{0.82}P_{0.18}$ 溶液中。温度升高到 180℃，保持 1 小时。同样的前驱体用来进行 In 和 P 前驱体的第二次注入。

(3) 典型 $InAs_xP_{1-x}/InP/ZnSe$ 核壳胶体量子点的合成。将处于 180℃、1 小时的 $InAs_{0.82}P_{0.18}/InP$ 溶液加热到 200℃。随后 0.024g (0.20mmol) $ZnEt_2$、0.2mL (0.20mmol，1 M) TOP-Se 与 2mL TOP 混合，在 1 小时内将这个混合溶液逐滴加入 200℃的 $InAs_{0.82}P_{0.18}/InP$ 溶液。反应溶液冷却到室温，使用过量乙醇让产物沉淀。

在合成 $InAs_xP_{1-x}$ 胶体量子点过程中，取 2、5、15 和 30 分钟的 $InAs_{0.66}P_{0.33}$ 量子点样本，吸收和 PL 光谱如图 5.76(a)所示。随着生长时间的增加，两个光谱均产生持续的红移。此外，初始 As 与 P 前驱体比例是 50/50 时，最终获得量子点的 As 与 P 组分比例是 66/33。粒子尺寸和满足化学计量的组分随时间的变化曲线如图 5.76(b)所示。在 2 分钟时，As 与 P 组分比例是 47/53，量子点尺寸是 1.7nm，表明两个前驱体以几乎相同的比例成核。在 5 分钟时，As 与 P 组分比例是 33/66，量子点的尺寸是 3.5nm，表明生长主要归因于 InP 的生成。P 与 As 前驱体比较，P 前驱体显示出更快的生长动力学。在 15 分钟时，As 与 P 组分比例是 56/44，量子点尺寸是 3.6nm，显示出显著的组分变化，而尺寸几乎不变，表明量子点中 P 与处于溶液中的 As 进行交换，产生交换的原因是由于 As、P 与 In 之间形成化学键强度的差异。In-As 键的结合强度是 48.0 kcal/mol，而 In-P 键的结合强度是 47.3 kcal/mol，前者略大于后者。

元素分析表明，量子点中 As/P 比例要高于前驱体溶液中的比例。一些典型的数据是：当前驱体溶液中 As/P 比例分别是 75/25、50/50 和 25/75 时，相应合金量子点中 As/P 比例分别是 82/18、66/33 和 33/66。图 5.77(a，b)是两个组分比例合金量子点 TEM，$InAs_{0.66}P_{0.33}$ 量子点的尺寸是 3.77nm，$InAs_{0.33}P_{0.66}$ 量子点的

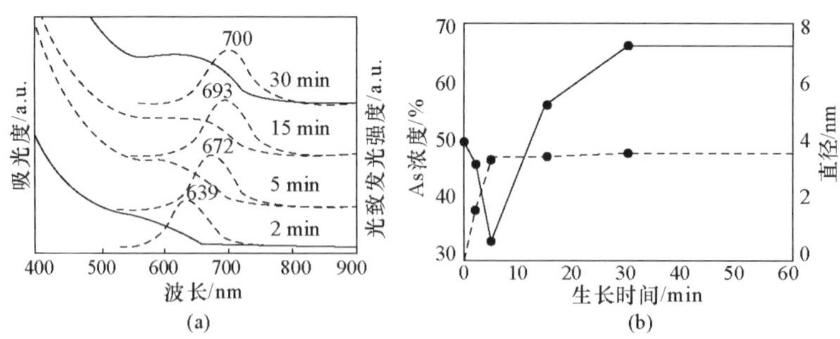

图 5.76　不同反应时间 $InAs_{0.66}P_{0.33}$ 量子点吸收、PL 光谱和尺寸、组分变化曲线[89]

尺寸是 4.23nm，$InAs_{0.82}P_{0.18}$ 量子点的尺寸是 4.02nm。使用同样方式合成纯 InP 和 InAs 量子点，相应的尺寸约为 3nm 和 2nm。

图 5.77(c)是上述 3 个组分比例合金量子点的 XRD，$InAs_{0.66}P_{0.33}$ 量子点对应曲线 b，$InAs_{0.33}P_{0.66}$ 量子点对应曲线 c，$InAs_{0.82}P_{0.18}$ 量子点对应曲线 a。三个衍射峰分别对应于(111)、(220)、(311)晶面族，显示出三元合金量子点是闪锌矿晶格结构。

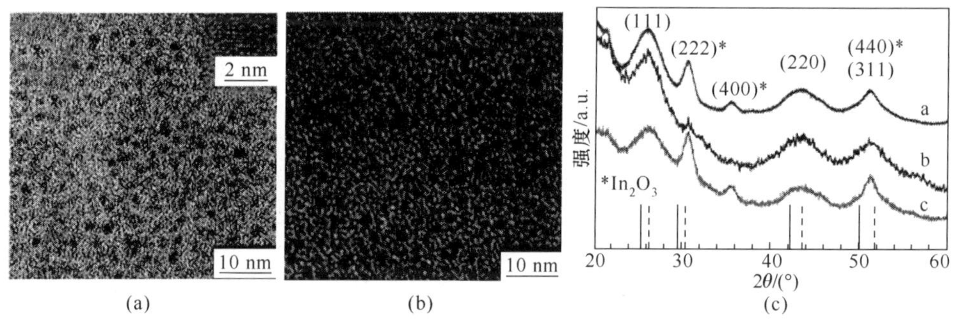

图 5.77　不同组分比例 InAsP 量子点的 TEM 和 XRD[89]

随着组分变化，合金量子点的吸收和 PL 光谱相应发生变化，如图 5.78(a)所示。在保持尺寸基本不变的情况下，As、P 比例变化使 PL 发光峰从 600nm 调谐到 800nm 附近(由底部到顶部：InP 量子点 PL 峰值波长是 614nm、半峰宽(FWHM)是 74nm；$InAs_{0.33}P_{0.66}$ 量子点 PL 峰值波长是 652nm、半峰宽是 68nm；$InAs_{0.66}P_{0.33}$ 量子点 PL 峰值波长是 699nm、半峰宽是 81nm；$InAs_{0.82}P_{0.18}$ 量子点 PL 峰值波长是 738nm、半峰宽是 86nm；InAs 量子点 PL 峰值波长是 755nm、半峰宽是 105nm)。这里显示出较宽的 PL 光谱的半峰宽，是Ⅲ-Ⅴ族半导质独有的特性，归因于有效电子质量很小的原因。图 5.78(b)是合金量子点 PL 发射峰位置和合金体材料的带隙[90,91]随 As 摩尔比变化的曲线，两者有类似形态。其中，虚线是体材料带隙变化曲线，实线是合金量子点 PL 峰值位置变化曲线，符号▲和●表示

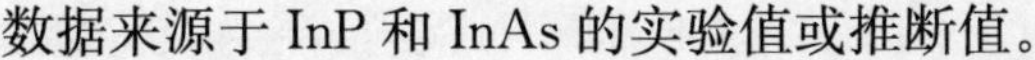

数据来源于 InP 和 InAs 的实验值或推断值。

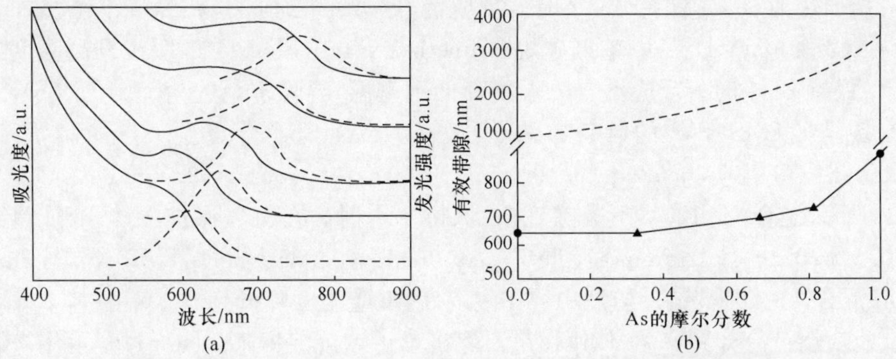

图 5.78 不同组分比例 InAsP 量子点吸收、PL 光谱和带隙变化曲线[90]

使用 InP 和 ZnSe 包覆 InAsP 量子点，制备 $InAs_xP_{1-x}$/InP 和 $InAs_xP_{1-x}$/InP/ZnSe 核壳结构。包覆壳层前后合金量子点吸收和 PL 光谱如图 5.79(c)所示。$InAs_{0.82}P_{0.18}$ 合金量子点的 PL 发光峰位于 738nm。在包覆第一层 InP 后，PL 光谱峰值位于 765nm，半峰宽达到 103nm；在包覆第二层 InP 后，PL 光谱峰值位于 801nm，半峰宽达到 119nm，量子产额提高 3 倍。$InAs_{0.82}P_{0.18}$/InP 核壳结构的能级关系如图 5.79(b)所示，呈现出类型 I 核壳结构。电子波函数会延伸到壳层，而空穴波函数几乎没有变化，导致有效的带隙红移，如图 5.79(a)所示。

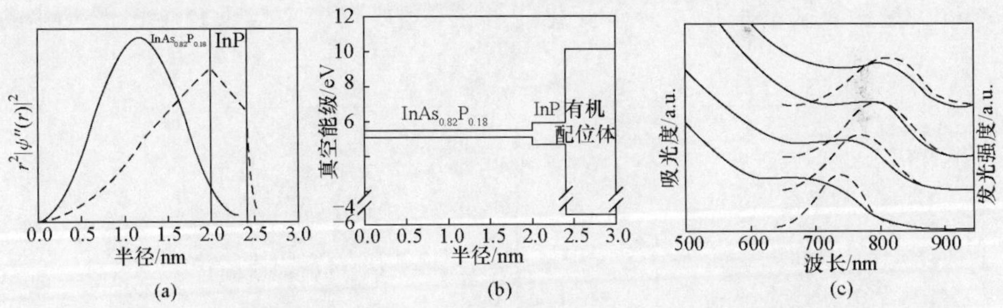

图 5.79 $InAs_{0.82}P_{0.18}$/InP 量子点、波函数扩展能级结构和不同壳层数的吸收、PL 光谱[89]

5.8.4 InAsSb 胶体合金量子点

与带隙 0.38 eV 的 InAs 比较，InSb 带隙是 0.18 eV 的窄带半导体材料，适合于作为中红外发光和探测器件。兼顾 InSb 量子点和 InAs 量子点特性，获得 $InAs_xSb_{1-x}$ 合金胶体量子点，是一个有意义的半导体材料。

Kim 等人采用 $In(Ac)_3$、$(TMS)_3Sb$、$(TMS)_3As$ 作为 In、Sb 和 As 的前驱体，制备 $InAs_xSb_{1-x}$ 胶体合金量子点[92]。典型样本的合成路线如下。①$(TMS)_3As$ 的制备：2.9g (126.8mmol) Na 和 4.1g (104.8mmol) K 混合加热，生成合金；然后与

5g (66.74mmol) As 和 80mL 二甲醚(dimethyl ether, DME)混合，装入反应瓶。反应瓶加热到 80℃，保持 48 小时。反应混合物冷却到 0℃，在氮气下缓慢加入 29.7g (273.6mmol) 三甲基氯硅烷(trimethyl sillyl chloride)。缓慢升高温度到 50℃，保持 24 小时。反应混合物温度降低到室温，滤除多余的盐。②$(TMS)_3Sb$ 的制备：与 $(TMS)_3As$ 的制备方法一样。③$InAs_xSb_{1-x}$ 合金量子点的制备：以 $InAs_{0.97}Sb_{0.03}$ 为例。0.029g (0.10mmol) $In(Ac)_3$、0.085mg (0.30mmol) OA 与 8mL ODE 混合，在 120℃下去除瓦斯，保持 1 小时。在氮气保护下，溶液加热到 300℃。0.013g (0.045mmol) $(TMS)_3As$、0.002g(0.005mmol) $(TMS)_3Sb$ 与 2mL ODE 混合，注入到热的反应瓶中。在注入后，反应温度降低到 270℃，保持 0.5 小时。反应溶液冷却到室温，使用过量乙醇将量子点沉淀出来。同样过程可用来制备 $InAs_{0.90}Sb_{0.10}$、$InAs_{0.86}Sb_{0.14}$ 合金量子点。

不同 As∶Sb 比例的 $InAs_xSb_{1-x}$ 合金量子点吸收和 PL 光谱如图 5.80 所示(其中，InAs 对应实线；$InAs_{0.97}Sb_{0.03}$ 对应虚线；$InAs_{0.90}Sb_{0.10}$ 对应点线；$InAs_{0.86}Sb_{0.14}$ 对应点划线)。随着 Sb 比例的增加，胶体量子点溶液的颜色越加变黑变暗，合金量子点越加变得不稳定，是因为 As 与 Sb 原子有 16%的尺寸差异。$InAs_xSb_{1-x}$ 合金量子点发射光谱范围是 770～870nm。随着 Sb 组分的增加，第一激子吸收峰和 PL 发光峰红移，归因于体材料 InSb 的带隙小于体材料 InAs 的带隙。此外，组分的变化导致第一激子吸收峰展宽和辐射光谱强度半峰宽的加宽。辐射光谱强度半峰宽数据如下：InAs 是 84nm；$InAs_{97}Sb_3$ 是 120nm；$InAs_{90}Sb_{10}$ 是 151nm；$InAs_{86}Sb_{14}$ 是 164nm。这些数据不是尺寸分布变化能够说明的，应该来自于合金比例变化的影响。

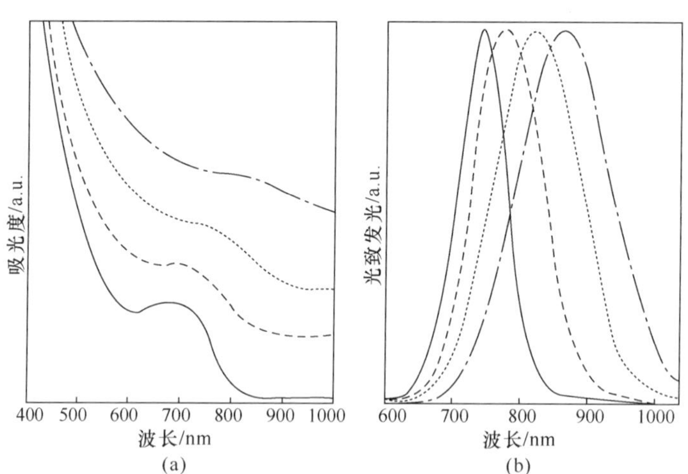

图 5.80　不同 As:Sb 比例 $InAs_xSb_{1-x}$ 合金量子点吸收和 PL 光谱[92]

不同组分 $InAs_xSb_{1-x}$ 合金量子点 TEM 如图 5.81(a, b)所示，其中(a)图

$InAs_{0.86}Sb_{0.14}$尺寸是 3.01nm，(b)图 $InAs_{0.90}Sb_{0.10}$尺寸是 2.73nm。插图显示出合金量子点具有良好的单晶结构。图 5.81(c)是两个合金量子点的 XRD，一系列复杂的衍射峰是氧化铟(222)晶面族在 31°处的衍射峰、(400)晶面族在 35°处的衍射峰、(440)晶面族在 51°处的衍射峰。(111)、(220)和(311)晶面族的衍射峰表明，$InAs_xSb_{1-x}$合金量子点是闪锌矿晶格结构。

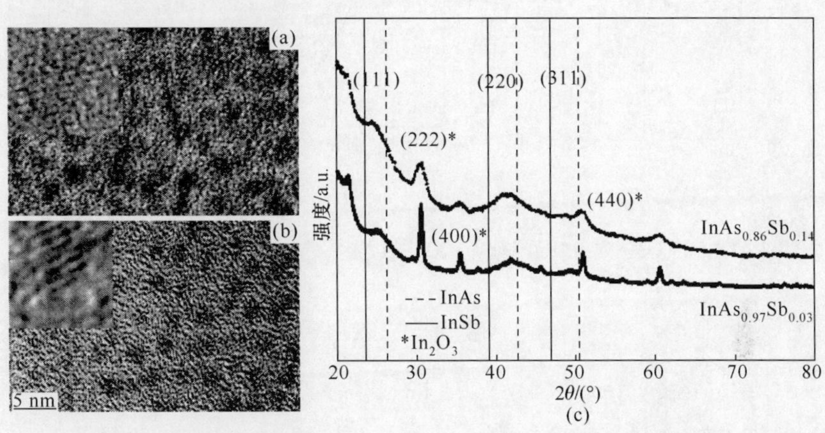

图 5.81　不同组分 $InAs_xSb_{1-x}$合金量子点的 TEM 和 XRD[92]

5.8.5　GaInP 胶体合金量子点

一种传统的 GaInP 胶体合金量子点的合成路线是[69]：按照 Ga∶In∶P 是 1∶1∶2.6 的比例，在室温条件下，将 $InCl_3$、$GaCl_3$ 与$(TMS)_3P$ 混合溶解到甲苯中。对于尺寸 2.5nm 的 GaInP 合金量子点，0.19g $GaCl_3$、0.23g $InCl_3$、0.52g $(TMS)_3P$、0.1g TOPO 与 0.4g 三(2-二苯基膦基乙基)磷(tris(2-diphenylphospinoethyl)phosphine)混合，加热到 400℃，保持 3 天。通过净化和提纯，获得 GaInP 量子点。

尺寸 6.5nm GaInP 合金量子点 XRD 如图 5.82(a)所示，作为比较列出尺寸分别是 3.0nm、3.5nm 的 GaP 和 InP 量子点的 XRD。GaInP 合金量子点的衍射峰介于 GaP 和 InP 量子点之间，表明 GaInP 的晶格间隔是 GaP 和 InP 的平均值，介于二者之间。

GaInP 三元合金体材料是直接带隙，变化范围是 1.7～2.2 eV，依赖于组分和生长温度[93～96]。图 5.82(b)是尺寸 2.5nm GaInP 合金量子点的吸收光谱，插图是吸收系数随光子能量变化曲线，直接带隙数值约为 2.7eV。这个数值表明，GaInP 合金量子点的吸收光谱产生明显的蓝移，来自于良好的量子尺寸受限效应。

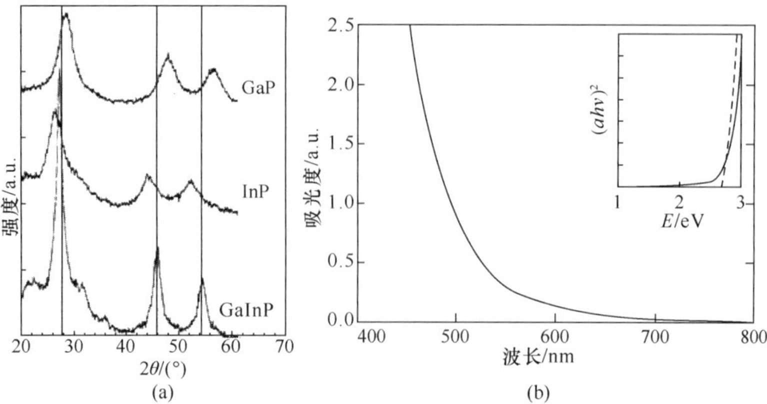

图5.82 GaInP、GaP 和 InP 量子点的 XRD，以及 2.5nm GaInP 量子点吸收光谱[69]

参 考 文 献

[1] Mićić O I, Curtis C J, Jones K M, et al. J. Phys. Chem. , 1994, 98: 4966.

[2] Battaglia D, Peng X. Nano Lett. , 2002, 2: 1027.

[3] Peng X, Wickham J, Alivisatos A P. J. Am. Chem. Soc. , 1998, 120: 5343.

[4] Xu S, Kumar S, Nann T. J. Am. Chem. Soc. , 2006, 128: 1054.

[5] Mićić O I, Ahrenkiel S P, Nozik A J. Appl. Phys. Lett. , 2001, 78: 4022.

[6] Douglas T, Theopold K H. Inorg. Chem. , 1991, 30: 594.

[7] Mićić O I, Cheong H M, Fu H, et al. J. Phys. Chem. B, 1997, 101, 4904.

[8] Seong M J, Mićić O I, Nozik A J, et al. Appl. Phys. Lett. , 2003, 82: 185.

[9] Thuy U T D, Huyen T T T, Liem N Q, et al. Materials Chemistry and Physics, 2008, 112: 1120.

[10] Wang Y, Quek C H, Leong K W, et al. Mater. Res. Soc. Symp. Proc. , 2010, 1241: 7.

[11] Xie J, Xu C, Xu Z, et al. Chem. Mater. , 2006, 18: 5401.

[12] Wang F, Buhro W E. J. Am. Chem. Soc. , 2007, 129: 14381.

[13] Shweky I, Aharoni A, Mokari T, et al. Materials Science and Engineering C, 2006, 26: 788.

[14] Dimitrijević N M, Rajh T, Ahrenkiel S P, et al. J. Phys. Chem. B, 2005, 109: 18243.

[15] Xie R, Battaglia D, Peng X. J. Am. Chem. Soc. , 2007, 129: 15432.

[16] Li L, Reiss P. J. Am. Chem. Soc. , 2008, 130: 11588.

[17] Guzelian A A, Katari J E B, Kadavanich A V, et al. J. Phys. Chem. , 1996, 100: 7212.

[18] Baskoutas S, Terzis A F. J. Appl. Phys. , 2006, 99: 013708.

[19] Huang K, Demadrille R, Silly M G, et al. ACS Nano, 2010, 4: 4799.

[20] Mushongaa P, Onania M O, Madieheb A M, et al. Materials Letters, 2013, 95: 37.

[21] Protiere M, Reiss P. Chem. Commun. , 2007: 2417.

[22] Kim K, Lee H, Ahn J, et al. Appl. Phys. Lett., 101: 073107.
[23] Kim S, Park J, Kim S, et al. Journal of Colloid and Interface Science, 2010, 346: 347.
[24] Kim S, Fisher B, Eisler H J, et al. J. Am. Chem. Soc., 2003, 125: 11466.
[25] Guzelian A A, Banin U, Kadavanich A V, et al. Appl. Phys. Lett., 1996, 69: 1432.
[26] Wells R L, Pitt C G, McPhail A T, et al. Chem. Mater., 1989, 1: 4.
[27] Xie R, Peng X. Angew. Chem., 2008, 120: 7791.
[28] Thessing J, Qian J, Chen H, et al. J. Am. Chem. Soc., 2007, 129: 2736.
[29] Chen Y, Johnson E, Peng X. J. Am. Chem. Soc., 2007, 129: 10937.
[30] Mullin J W. Crystallization. third ed. Oxford: Butterworth-Heinemann, 1997.
[31] Wang F, Yu H, Jeong S, et al. ACS Nano, 2008, 2: 1903.
[32] Zhang J, Zhang D. Chem. Mater., 2010, 22: 1579.
[33] Myung N, Bae Y, Bard A J. Nano Lett., 2003, 3: 747.
[34] Yu K, Zaman B, Singh S, et al. Chem. Mater., 2005, 17: 2552.
[35] Aharoni A, Mokari T, Popov I, et al. J. Am. Chem. Soc., 2006, 128: 257.
[36] Group Ⅳ, Elements, Ⅳ-Ⅳ and Ⅲ-Ⅴ Compounds. Part b -Electronic, Transport, Optical and Other Properties. In Landolt-Börnstein-Group Ⅲ Condensed Matter, O. Madelung, U. Rössler, M. Schulz, Eds. Springer-Verlag: Germany, 2002, Vol. 41A1b.
[37] Evans C M, Castro S L, Worman J J, et al. Chem. Mater., 2008, 20: 5727.
[38] Liu W, Chang A Y, Schaller R D, et al. J. Am. Chem. Soc., 2012, 134: 20258.
[39] Corbett J D. Chem. Rev., 1985, 85: 383.
[40] Efros A L, Rosen M. Phys. Rev. B, 1998, 58: 7120.
[41] Yarema M, Kovalenko M V. Chem. Mater., 2013, 25: 1788.
[42] Wu J. J. Appl. Phys, 2009, 106: 011101.
[43] Xiao J, Xie Y, Tang R, et al. Inorg. Chem., 2003, 42: 107.
[44] Sardar K, Deepak F L, Govindaraj A, et al. Small, 2005, 1: 91.
[45] Hsieh J C, Yun D S, Hu E, et al. J. Mater. Chem., 2010, 20: 1435.
[46] Xiong Y, Xie Y, Li Z, et al. New J. Chem., 2004, 28: 214.
[47] Frank A C, Stowasser F, Sussek H, et al. J. Am. Chem. Soc., 1998, 120: 3512.
[48] Sardar K, Dan M, Schwenzer B, et al. J. Mater. Chem., 2005, 15: 2175.
[49] Dingman S D, Rath N P, Markowitz P D, et al. Angew. Chem., Int. Ed., 2000, 39: 1470.
[50] Chen C, Liang C, Tamkang J. Sci. Eng., 2002, 5: 223.
[51] Yu S H, Shu L, Qian Y T, et al. Mater. Res. Bull., 1998, 33: 717.
[52] Bhaviripudi S, Qi J, Hu E, et al. Nano Lett., 2007, 7: 3512.
[53] Schwenzer B, Meier C, Masala O, et al. J. Mater. Chem., 2005, 15: 1891.
[54] Li H, Yang H, Yu S, et al. Appl. Phys. Lett., 1996, 69: 1285.
[55] Goodwin T J, Leppert V J, Risbud S H, et al. Appl. Phys. Lett., 1997, 70: 3122.
[56] Chen Z, Li Y, Cao C, et al. J. Am. Chem. Soc., 2012, 134: 780.

[57] Wu J Q. J. Appl. Phys. ,2009,106:011101.
[58] Cesar M,Ke Y Q,Ji W,et al. Appl. Phys. Lett. ,2011,98:202107.
[59] Bechstedt F,Furthmüller J,Ferhat M,et al. Phys. Stat. Sol. (a),2003,195:628.
[60] Butler L,Redmond G,Fitzmaurice D. J. Phys. Chem. ,1993,97:10750.
[61] Malik M A,O'Brien P,Norager S,et al. J. Mater. Chem. ,2003,13:2591.
[62] Lauth J,Strupeit T,Kornowski A,et al. Chem. Mater. ,2013,25:1377.
[63] Sun Y,Rogers J A. Nano Lett. ,2004,4:1953.
[64] Berry A D,Tonucci R J,Fatemi M. Appl. Phys. Lett. ,1996,69:2846.
[65] Duan X,Wang J,Lieber C M. Appl. Phys. Lett. ,2000,76:1116.
[66] Davidson F M,Schricker A D,Wiacek R J,et al. Adv. Mater. ,2004,16:646.
[67] Shi W,Zheng Y,Wang N,et al. Adv. Mater. ,2001,13:591.
[68] Dong A,Yu H,Wang F,et al. J. J. Am. Chem. Soc. ,2008,130:5954.
[69] Mikik O I,Sprague J R,Curtis C J,et al. J. Phys. Chem. ,1995,99:7754.
[70] Krishna M V R,Friesner R A. J. Chem. Phys. ,1991,95:525.
[71] Furis M,Sahoo Y,MacRae D J,et al. J. Phys. Chem. B,2003,107:11622.
[72] Norris J,Efros A L,Rosen M,et al. Phys. Rev. B,1996,53:16347.
[73] Banin U,Lee C J,Guzelian A A,et al. J. Chem. Phys. ,1998,109:2306.
[74] Zhao X,Schoenfeld O,Komuro S,et al. Phys. Rev. B,1994,50:18654.
[75] Mi ći ć O I,Cheong H M,Fu H,et al. J. Phys. Chem. B,1997,101:4904.
[76] Kim Y,Jun Y,Jun B,et al. J. Am. Chem. Soc. ,2002,124:13656.
[77] Yeh C Y,Lu Z W,Froyen S,et al. Phys. Rev. B,1992,46:10086.
[78] Xie Y,Qian Y,Wang W,et al. Science,1996,272:1926.
[79] Frank A C,Stowasser F,Sussek H,et al. J. Am. Chem. Soc. ,1998,120:3512.
[80] Mi ći ć O I,Ahrenkiel S P,Bertram D,et al. Appl. Phys. Lett. ,75,1999:478.
[81] Pan G,Kordesch M E,Patten P G V. Chem. Mater. ,2006,18:3915.
[82] Stowell C A,Wiacek R J,Saunders A E,et al. Nano Lett. ,2003,3:1441.
[83] Linnarsson M,Janzen E,Monemar B,et al. Phys. Rev. B,1997,55:6938.
[84] Jain M,Kronik L,Chelikowsky J R,et al. Phys. Rev. B,2001,64:245205.
[85] Somaskandan K,Tsoi G M,Wenger L E,et al. Chem. Mater. ,2005,17:1190.
[86] Xie R,Peng X. J. Am. Chem. Soc. ,2009,131:10645.
[87] Skolnick M S,Dean P,Pitt A,et al. J. Phys. C:Solid State Phys. ,1983,16:1967.
[88] Pal D,Bose D N. J. Electron. Mater. ,1996,25:677.
[89] Kim S W,Zimmer J P,Ohnishi S,et al. J. Am. Chem. Soc. ,2005,127:10526.
[90] Girtan M. Surf. Coat. Technol. ,2004,184:219.

[91] Talapin D V, Gaponik N, Borchert H, et al. J. Phys. Chem. B, 2002, 106: 12659.
[92] Kim S W, Sujith S, Lee B Y. Chem. Commun., 2006: 4811.
[93] Delong M C, Ohlsen W D, Viohl I, et al. J. Appl. Phys., 1991, 70: 2780.
[94] Wei S H, Zunger A. Phys. E, 1989, 39: 3279.
[95] Wei S H, Ferreira L G, Zunger A. Phys. Rev. E, 1990, 41: 8240.
[96] Froyen S, Zunger A. Phys. Rev. Lett., 1991, 66: 2132.

第 6 章　其他胶体半导体量子点

其他胶体半导体量子点主要包括Ⅰ-Ⅲ-Ⅵ、Ⅰ-Ⅵ族胶体半导体量子点。在近十年里，这些胶体半导体量子点的研究受到人们的关注，相应的合成技术、机理研究、器件制作等均有长足进展。在这里，我们就其中典型的胶体半导体量子点合成方法和基本特性进行介绍。

6.1　$CuInS_2$ 胶体半导体量子点

$CuInS_2$（缩写 CIS）是典型的Ⅰ-Ⅲ-Ⅵ族三元半导体材料，玻尔半径是 3.9～4.1nm，体材料是直接带隙（1.45～1.53eV）。在这里，我们介绍这种胶体半导体量子点的合成方法和基本性质。

6.1.1　$CuInS_2$ 胶体量子点的合成方法

Panthani 等人采用乙酰丙酮铜（copper（Ⅱ）acetylacetonate，$Cu(acac)_2$）、乙酰丙酮铟（indium（Ⅲ）acetylacetonate，$In(acac)_3$）为前驱体，OLA 为溶剂，制备单分散的 $CuInS_2$ 胶体量子点[1]，化学反应过程是

$$Cu(acac)_2 + In(acac)_3 + 2S \xrightarrow[\text{oleylamine}]{\text{o-dichlorobenzene, }180^\circ} CuInS_2\ \text{nanocrystals} + \text{by-products} \tag{6.1-1}$$

其中，硫元素溶解在邻二氯苯（o-dichlorobenzene，DCB）中，作为 S 源。

根据上述反应方程，典型样本合成路线是：0.26g（1mmol）$Cu(acac)_2$、0.41g（1mmol）$In(acac)_3$ 溶解在 7mL 邻二氯苯中，装入 25mL 的三口瓶。在另一个三口瓶中装入 3mL DCB，溶解 0.064g（2mmol）硫元素。然后两个三口瓶接入 Schlenk 系统，在室温下清除氧气和水分 30 分钟。随后，通入氮气，在 60℃下保持 30 分钟。将 0.5-2mL（1.5-6mmol）的 OLA 加入到（Cu，In）-DCB 混合物中，两个三口瓶加热到 110℃，二者混合并保持氮气作用。反应混合物回流（～182℃）1 小时，然后冷却到室温，加入过量乙醇，将量子点分离出来。经过纯化后的 $CuInS_2$ 量子点溶解到非极性有机溶剂内，如正己烷、甲苯、氯仿、四氯乙烯（TCE）等。

上述合成路线制备 $CuInS_2$ 量子点 TEM 如图 6.1 所示。通过变化 OLA/金属前驱体的比例，可以调整量子点尺寸。当 OLA/（Cu＋In）摩尔比由 6：1（图 6.1（a））

减少到 3∶1(图 6.1(b))时,$CuInS_2$ 量子点的平均直径由 8nm 增加到 12nm。在一般情况下,$CuInS_2$ 量子点不是完美的球形,相对尺寸分布较宽。图 6.1(c)HRTEM 表明制备的 $CuInS_2$ 量子点具有良好的结晶性,(112)、(200)晶面族相邻面间隔分别是 0.32nm 和 0.28nm,对应于四方形 $CuInS_2$ 晶格结构。这个结果与图 6.1(d)XRD(JCPDS 085-1575)吻合,再次证明制备的 $CuInS_2$ 量子点是黄铜矿(chalcopyrite,CP)四方形晶格结构。图 6.1(e)是尺寸 8nm $CuInS_2$ 量子点的吸收光谱,吸收边位于 1.29eV(960nm)。

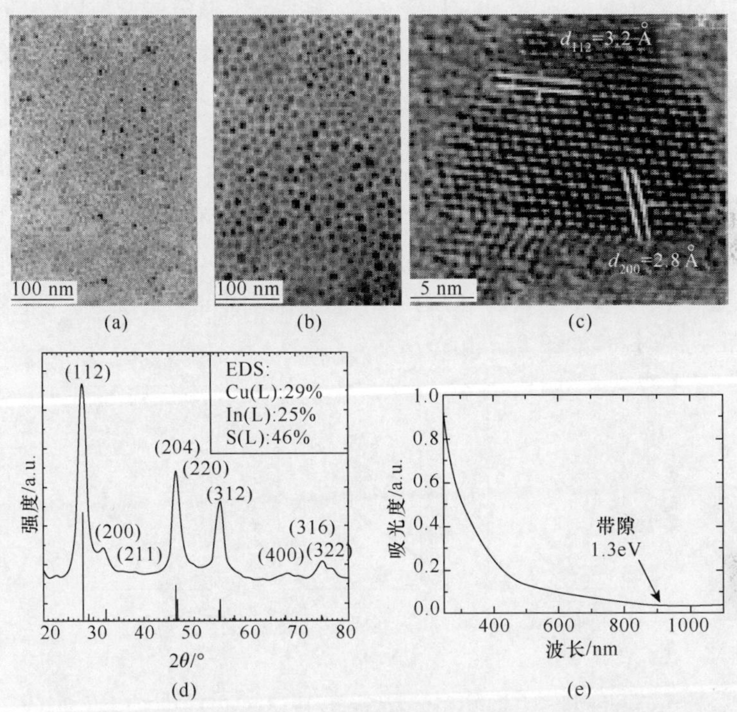

图 6.1　$CuInS_2$ 量子点的 TEM、HRTEM、XRD 和吸收光谱[1]

$CuInS_2$ 量子点是三元化合物,其特性主要取决于 Cu、In、S 三个元素的比例。Xie 等人的研究表明,采用三个独立的前驱体:铟的脂肪酸盐、醋酸铜和 S 粉,以及恰当的配位体、溶剂和反应温度,可以合成出大尺寸范围(2～20nm)、单分散的 $CuInS_2$ 量子点[2]。典型样本的合成路线是:将 0.1mmol 铟盐、0.1mmol 醋酸铜(Ⅰ)/(Ⅱ)、0.2mmol OA 和 4mL ODE 装入三口瓶,加热到 80℃。当溶液变得清澈时,加入 1mmol 十二烷。反应溶液颜色由淡绿色(copper(Ⅰ)))或淡蓝色(copper(Ⅱ)变成淡黄色。然后将 0.3mmol S 溶解在油胺或 ODE 中,在 180℃时迅速注入到反应溶液里。

制备质量良好的 $CuInS_2$ 量子点,关键是要平衡两个阳离子前驱体的反应。由于金属脂肪酸盐具有较高的稳定性、广泛的实用性、较低的毒性和良好的经济性，被广泛用于合成高质量胶体量子点的前驱体。当 In 和 Cu 羧酸盐作为前驱体时，如果使用 ODE、TOPO、胺、羧酸或这些物质的混合物作为溶剂，即使反应温度非常低，无法生成 InS，但仍然可以形成 $Cu_xS_{(x=1\sim2)}$ 纳米相。这表明与 In 脂肪酸盐比较，在上述反应溶剂中，Cu 脂肪酸盐具有更高的反应活性。为了获得高质量的油相胶体量子点，需要抑制作为前驱体的 Cu 脂肪酸盐的反应活性。简单的方法是增加自由脂肪酸的浓度[3]，但是这个方法不能阻止 Cu_xS 纳米相的生成。值得注意的是，Cu^+ 离子是非常温和的 Lewis 酸，强 Lewis 碱类的配位体(如脂肪酸)会阻碍 Cu 离子的反应活性，不是好的配位体。因此选择弱 Lewis 碱类的烷基硫醇，作为 Cu 离子的配位体。通过硫醇配位体可以减小 Cu 的反应活性，使反应温度控制在 230℃以下。

采用上述合成方法制备 $CuInS_2$ 量子点，其带边随硫醇浓度变化如图 6.2(a)所示，显示出带隙强烈的依赖于硫醇的浓度。随着 Cu 浓度的增加，$CuInS_2$ 量子点带边急剧减小，相对于体材料带边产生急剧的红移。此外，采用 Xie 的合成方法制备 $CuInS_2$ 量子点，其吸收带边(在硫醇与 Cu 初始比例固定的情况下)也依赖于反应的温度和反应的时间，如图 6.2(b,c)所示。

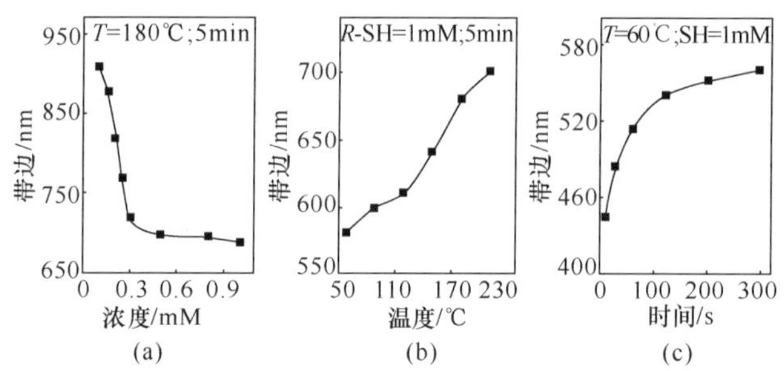

图 6.2　$CuInS_2$ 量子点带边随硫醇浓度、反应温度和反应时间变化曲线[2]

图 6.2(c)表明，当反应温度是 60℃时，随着反应时间由 10 秒增加到 300 秒，$CuInS_2$ 量子点吸收边由 450nm 移动到 570nm。此外，吸收带边的红移依赖于反应的温度。实验表明，如果反应温度是 180℃或以上，从 S 前驱体溶液注入到加热 1 小时，量子点吸收光谱几乎是不变的。图 6.2(b)表明，比较反应温度 180℃与 60℃带边吸收的位置，高温会明显的增强带边吸收的红移，对应于产生大尺寸的粒子。综合而言，前驱体反应活性是热增强的。在成核后，高温时晶核的生长速度进一步放大，在较短的时间里产生出更大尺寸的量子点。

不同尺寸 $CuInS_2$ 量子点吸收和 PL 光谱如图 6.3 所示。如图 6.3(a)所示，随着量子点尺寸的减小，吸收光谱呈现明显的蓝移。由于没有明显的吸收峰，吸收带边随量子点尺寸的变化曲线如图 6.3(b)所示。当 $CuInS_2$ 量子点尺寸大于 10nm

后,吸收带边随尺寸增加的红移变得十分微弱。图 6.3(c)是特定 $CuInS_2$ 量子点样本的 PL 和不同激发波长的 PLE 光谱。短波处 PLE 显示出良好的、清晰激子峰,这表明在 PL 光谱短波处 PLE 谱线变窄。因此,$CuInS_2$ 量子点样本产生宽阔吸收光谱的原因,主要是因为尺寸或形状的非均匀性。

Xie 的合成方法制备的 $CuInS_2$ 量子点 TEM 和 XRD 如图 6.4 所示。TEM 表明,尺寸小于 10nm 的 $CuInS_2$ 量子点的形状基本是球形的;大于 10nm 量子点的形状和尺寸变得较为混乱。XRD 进一步表明,这时制备的 $CuInS_2$ 量子点具有纯正的立方体晶格结构。

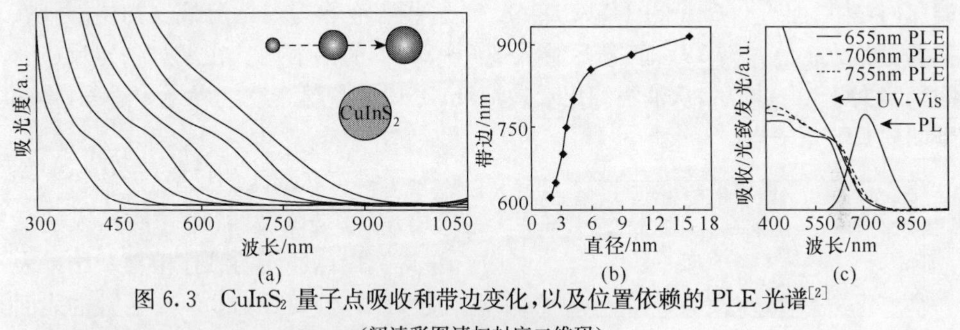

图 6.3　$CuInS_2$ 量子点吸收和带边变化,以及位置依赖的 PLE 光谱[2]

(阅读彩图请扫封底二维码)

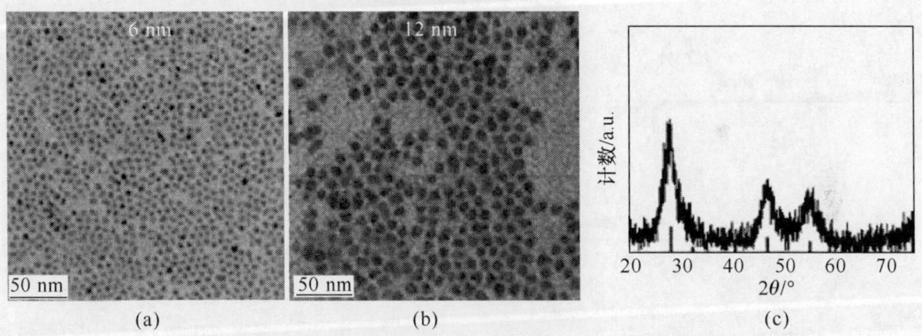

图 6.4　Xie 等人制备的 $CuInS_2$ 量子点的 TEM 和 XRD[2]

6.1.2　$CuInS_2$ 胶体量子点形态和晶相控制

CIS 量子点具有良好的应用前景,它的合成研究引人关注,包括不同几何形态和晶格结构的 CIS 纳米晶的研究。例如,Peng 等人合成出 CIS 纳米片(nanoplate)[4];Wakita 等人合成出纳米线[5];Pan 等人报道两种晶相的 CIS 量子点的制备,即闪锌矿立方体晶相和纤锌矿六角形晶相[6];Connor 等人制备纤锌矿 CIS 纳米棒等[7]。这些研究表明,CIS 纳米粒子的晶相和几何形状受到反应温度、前驱体、配位体、溶剂等因素的影响,通过这些因素的调节可以获取所需的 CIS 纳米粒子。

Nose 等人通过调整金属单体的配位体，实现 CIS 量子点晶相结构的调整。典型样本的合成路线是[8]：在 180℃温度时，将 38.1mg CuI 溶解在 282μL 亚磷酸三辛酯(trioctyl phosphite，TOOP)和 5.0mL ODE 混合溶液里，保持 40 分钟，然后冷却到室温，制备出 Cu 源溶液；在 140℃温度时，将 221.2mg $InCl_3$ 溶解到 1.0mL TOOP 里，保持 60 分钟，然后冷却到室温，制备出 In 源溶液。溶解在 TOOP 溶液中的 $InCl_3$ 被 4.0mL ODE 稀释，然后将溶解在 TOOP 和 ODE 中的 1mL $InCl_3$ 再次被 4.0mL ODE 稀释。在 120℃温度时，将 77.0mg S 粉溶解在 5mL 亚磷酸三苯酯中，保持 40 分钟，制备出 S 源溶液。分别取 1.0mL 源溶液混合装入 12mL 的玻璃瓶内，然后加入 0.5mmol HDA 或 OLA，这些溶液称为初始溶液。初始溶液在室温下存放 3 分钟到 3 小时，然后移入 200～240℃的油浴内。在经过一定反应时间(30 秒到 5 分钟)后，从油浴移出反应溶液，冷却到室温。经过提纯等过程，得到预期的 CIS 量子点。

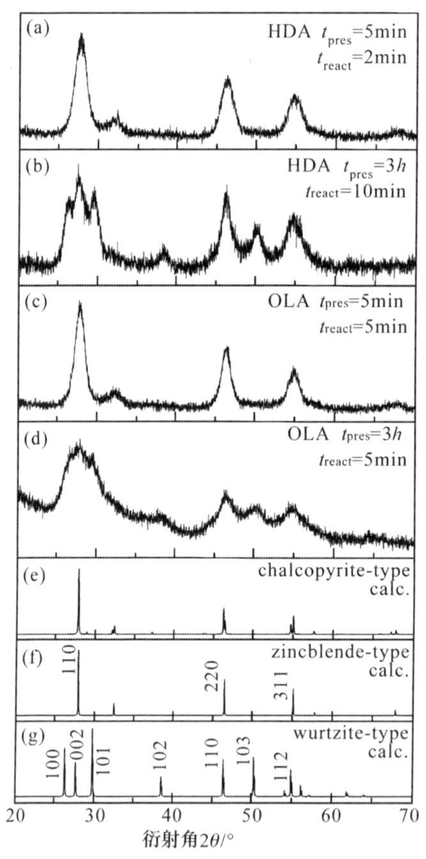

图 6.5　不同表面活性剂制备 CIS 量子点的 XRD[8]

对于没有胺加入的反应，产物粉末产生聚集，溶液是浑浊的；对于胺加入的反应，获得黑褐色透明的胶体溶液。结果表明，胺(HAD 或 OLA)是一个有效的表面活性剂，阻止团聚的发生。图 6.5 是上述合成路线制备 $CuInS_2$ 量子点的 XRD，图中标注出理论计算的 $CuInS_2$ 黄铜矿(CP)、闪锌矿(ZB)、纤锌矿(WZ)种类的轮廓线。当使用 HAD 作为表面活性剂时，如图 6.5(a，b)所示(其中，ZB-CIS(a)是 $X_{Cu}:X_{In}:X_S=1.0:1.0:1.7$；WZ-CIS(b)是 $X_{Cu}:X_{In}:X_S=1.0:0.9:1.8$.)。在加入表面活性剂、初始溶液储存时间 t_{pres} 是 5 分钟时，获得 CP 或 ZB 晶相的产物。CP 和 ZB 晶相的 XRD 差异很小，难以确切作出二者之间的判断。当储存时间 t_{pres} 是 3 小时时，一个三联体的特征峰出现在 $2\theta\approx27°$，在 $2\theta\approx50°$ 清晰观察到一个特征衍射峰。与理论计算轮廓比较，这时对应于 WZ 晶相。

在使用 OLA 作为表面活性剂时，得到类似于 HDA 的 XRD，合成样品的 XRD 如图 6.5(c，d)所示。例如，在 t_{pres} 是 5 分钟时，制备出 ZB 晶相的产物；在 t_{pres}是 3 小时时，获得的是 WB 晶相。这些实验结果表明，CIS 量子点的晶相结构依赖于 t_{pres}：较短的 t_{pres}产生 ZB 晶相，较长的 t_{pres}获得 WZ 晶相。EDX 分析表明，ZB 和 WZ 晶相组分比例是 X_{Cu} ：X_{In} ：X_S = 1.0：1.0：1.7 和 1.0：0.9：1.8，没有显示明显的组分差异。

Batabyal 等人对 CIS 量子点晶相结构和几何形状作出进一步研究，使用单源前驱体[$(Ph_3P)CuIn(SC\{O\}Ph)_4$]和多源前驱体[Cu(SC{O}Ph)]、[In(bipy)(SC{O}Ph)$_3$]，制备单分散 WZ 六角形和 ZB 立方体 CIS 量子点晶相。典型样本的合成路线如下[9]。

单源合成方法：在室温条件下，按照摩尔比前驱体：DT(dodecane thiol，DT)：TOPO=1：50：50，1.50mg(0.05mmol)[$(Ph_3P)CuIn(SC\{O\}Ph)_4$]、0.60mL(2.5mmol)DT 和 0.97g(2.5mmol)TOPO 混合，加热到 175℃，在氮气环境下保持 15 小时。溶液冷却到 70℃，加入过量乙醇沉淀，通过离心分离出沉淀物，用乙醇清洗、干燥，产物再次溶解到甲苯或正己烷里。

多源合成方法：在室温条件下，按照摩尔比例前驱体：DT：TOPO=1：50：50，14.7mg(0.073mmol)[Cu(SC{O}Ph)]、3.50mg(0.073mmol)[In(bipy)(SC{O}Ph)$_3$]、0.88mL(3.65mmol)DT、和 1.41g(3.65mmol)TOPO 混合，加热到 175℃，在氮气环境下保持 16 小时。经过沉淀、离心和清洗干燥，最后将产物再次溶解到甲苯或正己烷中。

合成实验表明，CIS 量子点晶相结构受控于反应温度和表面活性剂的比例。在不同反应温度时，具有不同表面活性剂比例合成出来的 CIS 量子点的性质，列于表 6.1 中。

表 6.1　不同反应条件下 CIS 量子点的晶相结构和形态

样本代码	前驱体：TOPO：DT	反应温度/℃	结晶相	形貌(尺寸)
CIS1	1：50：50	150	纤锌矿	盘状(直径，30～60nm)
CIS2	1：50：50	175	纤锌矿	盘状(直径，6～20nm)
CIS3	1：50：50	200	纤锌矿	盘状(主要)(30～60nm)和纳米棒(长 50nm，直径 10nm)的混合物
CIS4	1：50：50	250	纤锌矿	纳米棒(主要)(长 50nm，直径 10nm)和平面(直径 30～60nm)
CIS5	1：50：50	275	闪锌矿(主要)+纤锌矿	很小的球形粒子(5～10nm)和盘状(30～60nm)的混合物
CIS6	1：50：50	300	闪锌矿(主要)+纤锌矿	很小的球形粒子(5～10nm)和盘状(30～60nm)的混合物

续表

样本代码	前驱体：TOPO：DT	反应温度/℃	结晶相	形貌(尺寸)
CIS7	1：50：50	350	闪锌矿	小球形粒子(5～10nm)
CIS8	1：25：75	150	闪锌矿	盘状(直径 20～50nm)
CIS9	1：25：75	200	闪锌矿	盘状(直径 20～60nm)
CIS10	1：25：75	300	闪锌矿	盘状(直径 10～30nm)
CIS11	1：25：75	350	闪锌矿	盘状(直径 10～30nm)

当反应温度低于 250℃时,CIS 量子点显示出 WZ 晶相结构;当反应温度高于 250℃时,显示出 ZB 晶相结构。具有前驱体：TOPO：DT＝1：50：50、不同反应温度制备 CIS 量子点的 XRD 如图 6.6(a)所示,其中曲线 a～g 对应于表 6.1 中样本 CIS1-CIS7。样本 CIS1、CIS2、CIS3 和 CIS4 显示出 WZ 晶相结构,样本 CIS5 显示出两种(WZ 和 ZB)晶相结构信息,在 350℃获得的样本 CIS7 是纯 ZB 晶相。因此,在低于 250℃时,将产生 WZ 晶相的 CIS 量子点;只有达到 350℃时,才能产生 ZB 晶相的 CIS 量子点。换言之,在其他合成条件一定的情况下,两种晶相结构受控于反应温度。

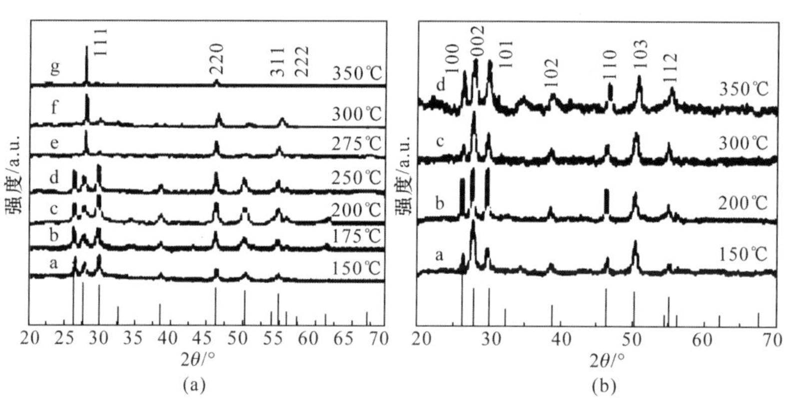

图 6.6 不同比例和反应温度制备 CIS 量子点的 XRD[9]

金属单体和表面活性剂配体分子之间价键的强度,以及配位体分子的空间间隔,都会影响纳米晶生长的速度。因此,除了反应温度的因素外,表面活性剂对 CIS 量子点的晶相也发挥着关键的作用。当配位体、DT 和 TOPO 是按照 1：50：50(w/w)混合时,在反应温度超过 250℃时,不再出现纯 WZ 晶相的 CIS 量子点。如果增加 TOPO 的数量,即使反应温度是 350℃,仍然可以获得 WZ 晶相的 CIS 量子点。当前驱体：DT：TOPO 比例是 1：25：75 时,不同反应温度制备 CIS 量子点的 XRD 如图 6.6(b)所示,曲线 a～d 对应样本 CIS8-CIS11 的 XRD。在 150～350℃反应温度范围内,这些 CIS 量子点样本都呈现出 WZ 晶相结构。

最后，再来分析反应温度对 CIS 纳米晶形状的影响。样本 CIS2 的 HRTEM 如图 6.7(a,b)所示，表明在 175℃附近，将形成单分散 CIS 量子点，粒子尺寸范围是 8～20nm，平均尺寸是 10nm，沿着(100)晶面生长，相邻晶面的间隔是 3.39Å，与 WZ 晶相的(100)晶面晶格一致。在 200℃时，产物是少量纳米棒和多数纳米片的混合体。在 250℃时，CIS 纳米棒比例增加，样本 CIS3 的 HRTEM 如图 6.7(c,d)所示。这时纳米棒的长度和宽度分别是 50nm 和 10nm，沿着长度的晶格边缘对应于 WZ 晶相的(101)晶面。对于调整纳米粒子的几何形态，温度发挥着关键的作用。高的反应温度可以提供更多的能量，以满足 CIS 纳米粒子特定晶面的择优生长[10]。

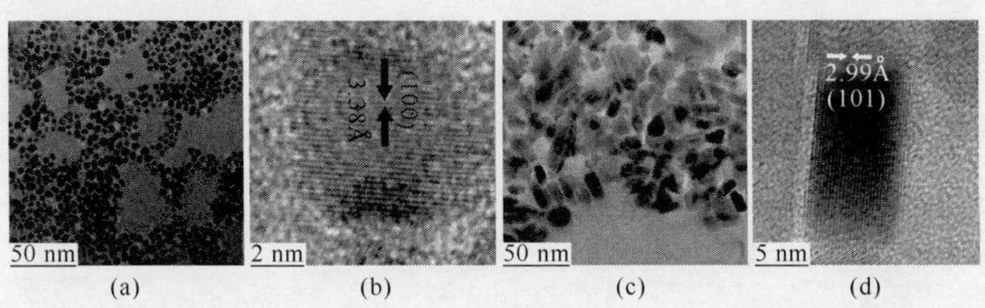

图 6.7　样本 CIS2(a,b)、CIS3(c,d)TEM 和 HRTEM[9]

6.1.3　ZnCuInS 胶体量子点

CIS(E_g = 1.5eV) 与 ZnS(E_g = 3.7eV) 形成合金 $(CuInS_2)_x(ZnS)_{1-x}$ (ZnCuZnS,ZCIS)，通过组分调谐创建一族新的量子点材料，带隙可以由 3.7eV 调谐到 1.5eV，覆盖整个可见光波段。但是应当注意，要想形成同质的合金量子点，掺杂材料与主体材料之间需要满足晶格匹配。ZnS 是立方体或六角形晶相，$CuInS_2$ 一般是四角形晶相，只有在高温下才能得到立方体晶相。

Pan 等人利用 OA 或十二硫醇为配位体，通过湿法化学合成路线制备立方体或六角形 CIS 量子点，由此制备 ZCIS 量子点[11]。典型样本的合成路线是：在室温环境下，金属硫化物与二乙基二硫代氨基甲酸钠(sodium diethyldithiocarbamatl, Na(dedc))在水中反应，生成 $Cu(dedc)_2$ 和 $In(dedc)_3$。18.1mg (0.05mmol) $Zn(dedc)_2$、18.0mg (0.05mmol) $Cu(dedc)_2$、28.0mg (0.05mmol) $In(dedc)_3$、0.5gOA、4.5g ODE 装入 50mL 三口瓶，在 N_2 流动下混合物加热到 200℃。然后将 0.5mL 油胺注入到反应瓶，保持 200℃、2 分钟。经过沉淀等环节，制备出 ZCIS 胶体量子点。

在上述合成实验中，二乙基二硫代氨基甲酸盐与 Zn^{2+}、Cu^{2+} 和 In^{3+} 反应生成前驱体 $Zn(dedc)_2$、$Cu(dedc)_2$ 和 $In(dedc)_3$。在水和氧的环境中，这些有机金属前驱体十分稳定。在非配位溶剂中，这些前驱体会发生热解过程，生成合金量子点。油胺可以有效地降低这些前驱体的热解温度，从而减小它们反应活性的差异，利于形成同质的 ZCIS。

图 6.8(a,b)是不同组分比例下 ZCIS 量子点 XRD，显示出两种晶相(立方体和六角形)的衍射图像。当 ZnS：$CuInS_2$ 摩尔比由 0：1 增加到 8：1 时，衍射峰整体移向大角度的方向。随着 ZnS 组分的增加，晶格常数随之降低。原因是：在形成均质合金时，Zn^{2+} 离子半径小于 Cu^{+} 和 In^{3+} 的半径。图 6.8(c,d)是立方体和六角形 ZCIS 量子点晶格常数、带隙随 $CuInS_2$ 摩尔百分数变化曲线。晶格常数近于满足如下线性关系：

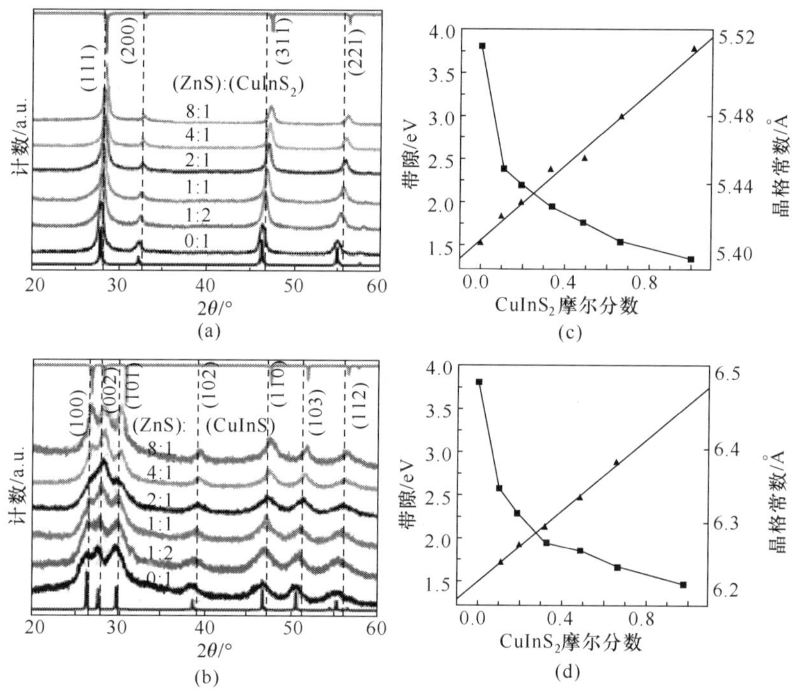

图 6.8 不同组分情况立方体和六角形 ZCIS 量子点的 XRD、带隙、晶格常数曲线[11]

$$c_x = c^{ZnS}(c^{CuInS_2} + c^{ZnS})x \quad (6.1\text{-}2)$$

在这里，c 是 $CuInS_2$ 或 ZnS c 轴晶格常数；x 是 $CuInS_2$ 的摩尔分数。借助于组分调节，可以获得同质合金量子点。

正如预期，ZCIS 量子点具有较宽的带隙调谐能力。随 ZnS：$CuInS_2$ 比例减少，立方体和六角形 ZCIS 量子点吸收光谱变化情况如图 6.9(a,b)所示。图中 PL 发光颜色逐渐变化，表示逐渐减小的带隙。与颜色的变化一致，光学吸收带边的红移随着 $CuInS_2$ 组分的增加，清晰的显示出来。图 6.9(c,d)是立方体和六角形

ZCIS 量子点的 TEM，对于$(CuInS_2)_{0.5}(ZnS)_{0.5}$合金量子点，平均尺寸分别是 32.4nm(立方体)和 5.7nm(六角形)。因为粒子尺寸远大于它们的玻尔半径，所以带隙的变化来自于组分的变化，而不是粒子的尺寸。

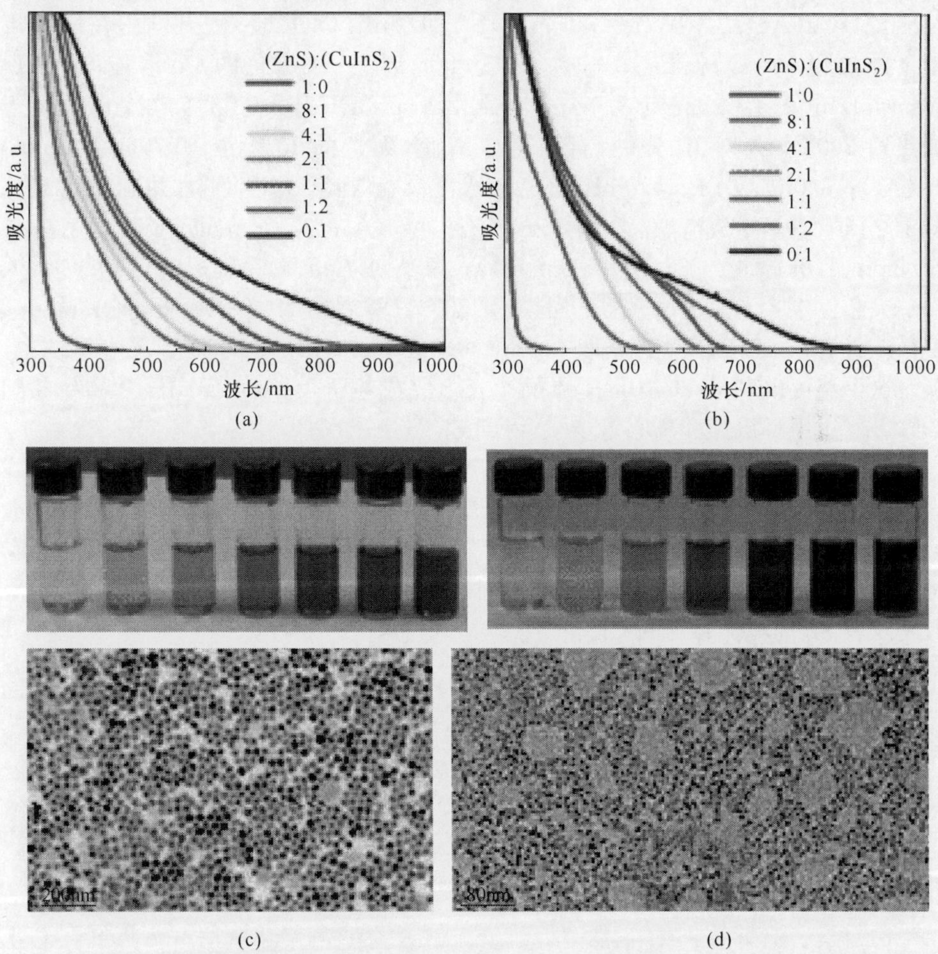

图 6.9　不同组分比例立方体和六角形 ZCIS 量子点吸收光谱和 TEM[11]
(阅读彩图请扫封底二维码)

ZCIS 量子点带隙 $E_g(x)$ 与组分 x 的关系，可以表示如下：

$$E_g(x)=xE_g^{CuInS_2}+(1-x)E_g^{ZnS}-bx(1-x) \tag{6.1-3}$$

式中，$E_g^{CuInS_2}$ 和 E_g^{ZnS} 是 $CuInS_2$ 和 ZnS 的带隙；x 是 $CuInS_2$ 的摩尔分数；b 是非线性修正参数。利用图 6.8(c,d)的数据，修正系数 b 是 x 的函数，通过拟合得到

$$b(x)=24.9-180.3x+620.3x^2-972.3x^3+558.6x^4 \quad \text{(立方体相)} \tag{6.1-4}$$

$$b(x)=16.2-98.2x+329.7x^2-528.7x^3+312.9x^4 \quad \text{(六角形相)} \tag{6.1-5}$$

Zhang 等人采用醋酸铜、醋酸铟和醋酸锌为前驱体，在非配位溶剂 ODE 中制备 ZCIS 量子点[12]。制备单分散 ZCIS 量子点的关键是，采用适当配位体 DOT 平衡三个阳离子前驱体的反应活性。典型样本的合成路线是：0.399g (2mmol) $Cu(Ac)_2$、1.137g(4.0mmol)SA、9.0mL ODE 装入三口瓶，在氩气流动下加热到 160℃，保持 10 分钟，直至生成清澈、深绿色的 Cu 溶液；0.584g (2mmol) $In(Ac)_3$、2.274g(8.0mmol)SA、8.0mLODE 装入三口瓶，在氩气流动下加热到 200℃，保持 10 分钟，直至生成清澈、无色的 In 溶液；1.756g(8mmol) $Zn(Ac)_2$、6.0mLOAm、14.0mL ODE 装入三口瓶，在氩气流动下加热到 160℃，保持 10 分钟，直至生成清澈、无色的 Zn 溶液。将 1.0mL(0.2mmol)Cu 源液、1.0mL (0.2mmol)In 源液、0.25mL(0.1mmol)Zn 源液、1.0mL DT 和 3.0mL ODE 装入 50mL 的三口瓶，在 Ar 气流动下加热到 230℃。然后在 120℃条件下，将 4.0mmol S 溶解到 10.0mL ODE 中，获取 0.8mL(0.32mmol)ODE-S，注入到反应系统中，保持这个温度以利于 ZCIS 量子点的生长。完成粒子生长后，反应混合物冷却到 60℃。经过甲醇沉淀和离心等步骤，得到 ZCIS 量子点。

利用 Cu、In、Zn 的醋酸盐作为阳离子前驱体，借助于 SA 和 DOT，在非配位溶剂 ODE 中制备 ZCIS 量子点。DOT 作为 S 源和稳定作用的配位体，利于 ZCIS 量子点的制备。在 Zn∶Cu∶In 比例是 1∶2∶2 和 230℃反应温度条件下，不同反应时间 ZCIS 量子点的吸收和 PL 光谱如图 6.10(a，b)所示。作为比较，图 6.10(c，d)是没有 Zn 前驱体参与的 CIS 量子点对应信息。

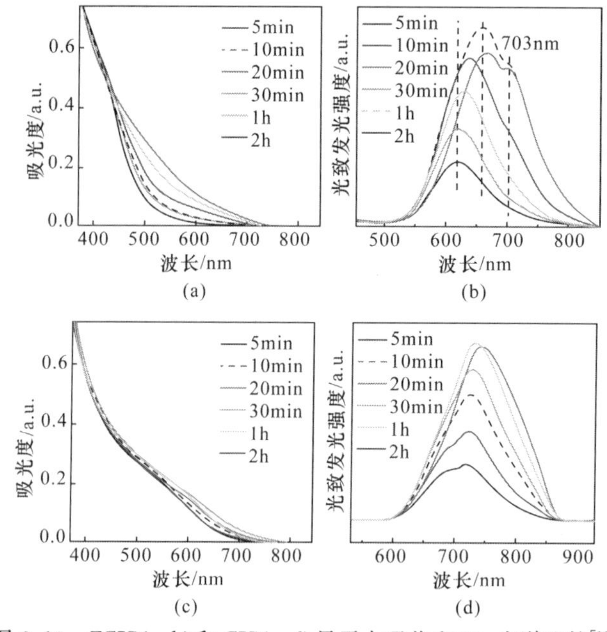

图 6.10 ZCIS(a，b)和 CIS(c，d)量子点吸收和 PL 光谱比较[12]

(阅读彩图请扫封底二维码)

ZCIS和CIS量子点吸收光谱类似，如图6.10(a,c)所示，显示出宽阔的肩部和延伸向长波方向的尾部。第一激子吸收峰远不如II-VI族量子点的清晰，原因有如下几点：首先是宽的尺寸分布；其次可能是电子波函数由量子点核向表面配位体包层的扩散；还有源于近带边态的存在。在吸收光谱中观察到的肩部，是由于ZCIS量子点的激子跃迁；在2小时的生长过程中，这个肩部由530nm红移到710nm。相比之下，CIS量子点相应光学带隙只是由610nm红移到750nm。ZCIS量子点相对CIS量子点的吸收光谱蓝移，是因为较宽带隙的ZnS掺杂到CIS量子点。

图6.10(b)是ZCIS量子点的PL光谱，宽阔的发光峰来自于两个峰的组合。在开始阶段(<30min)，在短波边的峰(第一个峰)决定了光谱的轮廓，而在长波边的峰强度(第二个峰)几乎忽略不计。随着反应时间的延续，光谱轮廓中的两个峰逐渐显现和增强。当生长时间1小时后，达到最大值；这时第二个峰的增加得更快，逐渐达到短波边第一个峰的强度。另一方面，随着反应时间的延续，在1小时内，第一个峰的位置由610nm红移到655nm；反之，第二个峰的位置几乎固定在703nm处。如果反应时间进一步延长，将产生量子点沉淀，发光会逐步减弱。对比而言，CIS样本可以观察到多个PL辐射峰。显然，多个PL发光峰的存在不是粒子尺寸分布较宽所能解释的。

上述实验表明，ZCIS量子点的PL发光性质(峰位置和强度)，强烈依赖于如下因素：Zn∶CuIn比例、ODE-S和DT的数量，以及反应温度。具体情况讨论如下。

(1) 反应温度的影响。ZCIS量子点的PL峰位置强烈依赖于反应温度。当反应温度由200℃增加到280℃时，PL峰值波长由620nm红移到740nm，如图6.11(a)所示。TEM的结果表明，这个红移的原因可以归于粒子尺寸的增加。如果反应温度很低(远低于200℃)，没有观察到PL辐射；如果反应温度很高(高于280℃)，就会有沉淀。沉淀发生的原因是DT、S前驱体和稳定剂配位体之间发生反应，导致逐渐的分解和胶体的不稳定。与之相反，也有报道指出，即使是在60℃，CIS量子点也可以被制备出来[3]。

(2) ODE-S数量的影响。随着ODE-S数量的增加，ZCIS量子点PL峰位由550nm红移到660nm，如图6.11(b)所示。一般而言，带隙的红移是由于粒子尺寸的增加和(或)具有较低带隙组分含量的增加。在这里，TEM表明不同ODE-S数量的ZCIS量子点尺寸未见差异，所以排除粒子尺寸增加的理由。ICP分析表明，这时Cu∶In比例随ODE-S数量增加而明显提高。因为Cu_xS带隙比CIS或ZCIS要低，所以较高的Cu∶In比例导致ZCIS量子点带隙降低。

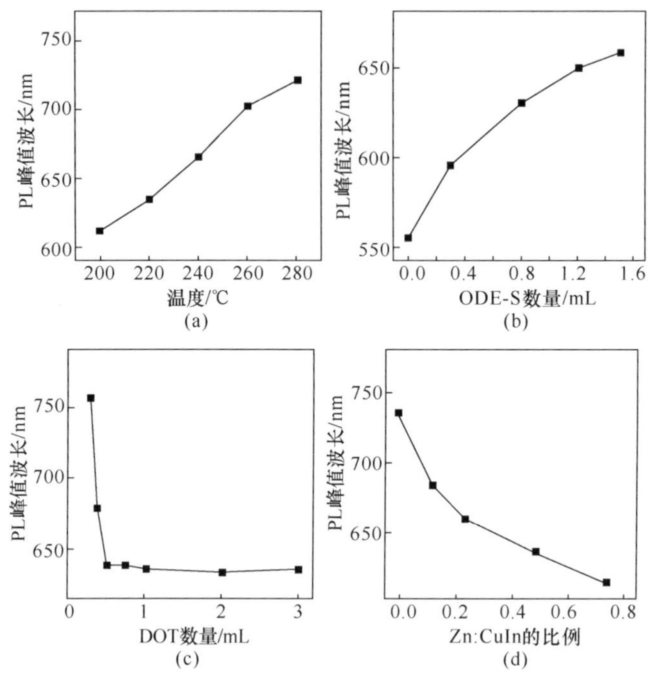

图 6.11　反应温度、ODE-S 和 DT 数量、Zn∶CuIn 比例对 ZCIS 量子点 PL 峰位影响[12]

(3) DOT 数量的影响。图 6.11(c)表明，ZCIS 量子点 PL 光谱强烈依赖于硫醇的数量。依赖关系区分成两个范围：当硫醇数量少于 0.5mL 时，随着硫醇数量的增加，ZCIS 量子点 PL 发光峰显著向短波方向移动，归因于组分的变化；当硫醇数量高于 0.5mL 时，硫醇浓度变化对 PL 峰位几乎没有影响。

(4) Zn 含量的影响。通过调整 Zn∶CuIn 比例，ZCIS 量子点 PL 光谱产生明显变化。当 Zn 与 Cu 前驱体溶液的摩尔比由 0∶1 变化到 0.75∶1，而且 Cu、In 的摩尔比相同，ZCIS 量子点 PL 带隙由 736nm 蓝移到 614nm，如图 6.11(d)所示。带隙的增加是因为 ZnS 成分并入到 CIS 中，即 Zn^{2+} 替代 Cu^{+} 和 In^{3+}。由于体 ZnS(3.6eV)的带隙大于 CIS(1.5eV)的带隙，所以 ZCIS 量子点带隙高于 CIS 量子点的带隙，这种带隙调谐方法已经广泛应用于掺杂量子点技术中。

图 6.12 是 ZCIS 量子点的 XRD 和 TEM。XRD 表明，ZCIS 量子点特征衍射峰反映其具有立方体 ZB 晶相结构，衍射峰展宽归因于有限的量子点尺寸。TEM 表明，这里制备的 ZCIS 量子点平均尺寸是 3.1nm。

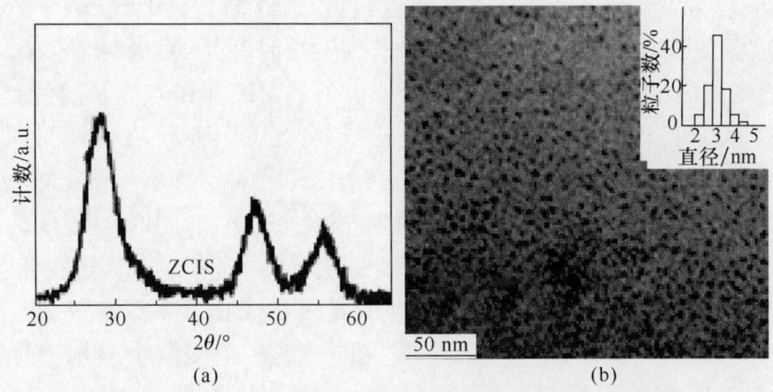

图6.12 Zhang等人制备ZCIS量子点的XRD和TEM[12]

6.1.4 CIS或ZCIS胶体核壳量子点

1. CIS胶体核壳量子点

CIS量子点包覆核壳材料,目前报道主要是宽带隙ZnS。选择ZnS作为壳材料的理由是:①它是宽禁带(3.6eV)半导体材料,与CIS形成类型I核壳结构;②CIS可以衍生出闪锌矿晶格结构,其中Zn的位置被Cu和In分别占据,CIS与ZnS之间的晶格失配相对较低(2%~3%);③ZnS具有良好的化学稳定性和较低的毒性。

Li等人提出一种简单的CIS/ZnS核壳胶体量子点的合成路线。采用非配位性的ODE为溶剂,以CuI、醋酸铟、豆蔻酸和十二硫醇为前驱体制备CIS/InS量子点,然后利用配位体交换,实现油相转水相[13]。典型样本的合成路线如下。0.1mmol $In(Ac)_3$、0.1mmol CuI、1.0mL(4.175mmol)DT与8mL ODE混合,装入50mL三口瓶。在Ar气环境下,混合物加热到50~80℃,搅拌1小时;然后加热到200~270℃。反应溶液颜色逐步由无色变成绿色、黄色、红色和咖啡色。保持这个反应温度15~290分钟,然后移除热源,CIS量子点沉淀和离心分离出来,再次溶解到正己烷、甲苯或氯仿等有机溶剂里。将0.8mmol $Zn(St)_2$溶解在3mL ODE里,再加入0.1mmol乙基黄原酸锌(zinc ethylxanthate)、100μL二甲基甲酰胺(N,N-dimethylformamide,DMF)和1mL甲苯混合溶液,得到ZnS的生长源液。在230℃条件下,在30分钟内将Zn-S源液逐滴加入到包含反应混合物CIS量子点的溶液中。经过沉淀、离心等过程,得到CIS/ZnS核壳胶体量子点。随后,利用二氢硫辛酸(dihydrolipoic acid,DHLA)替代表面配位体DT,实现油相转水相。

如图 6.13 所示，不同尺寸 CIS 量子点包覆 ZnS 壳，提高 PLQY 的效果是不同的。在合成温度 230℃条件下，当 CIS 量子点生长时间是 20 分钟（样本 CIS20M）时，包覆 ZnS 壳后的 PLQY 由 8%增加到 60%；当 CIS 量子点生长时间是 40 分钟（样本 CIS40M）时，相应数值由 8%增加到 41%；当 CIS 量子点生长时间是 60 分钟（样本 CIS60M）时，相应数值由 4%增加到 12%。对于样本 CIS20M，在壳生长的初始阶段，位于最短波长处尺寸依赖的发光峰强烈增加，同时伴随显著的蓝移，如图 6.13(a)所示。考虑到 ZnS 生长温度是较低的 230℃，这个蓝移难以归结为 Zn 扩散进入 CIS 量子点内部，更有可能是沉积在表面。对于较大尺寸的样本 CIS40M 和 CIS60M，在 ZnS 壳生长时，发光峰中的一个或两个显示出提高，但仍然保持原有的近红外发光波长（710～815nm）不变，如图 6.13(b，c)所示。因此，基本光学跃迁不是来源于表面缺陷，否则表面钝化将导致所有发光峰位置的变化。

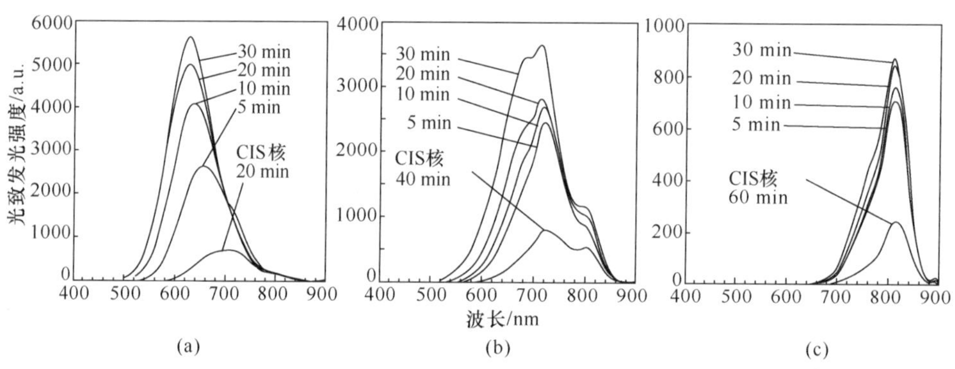

图 6.13　不同尺寸 CIS 量子点包覆 ZnS 壳前后 PL 光谱随时间变化曲线[13]

图 6.14 是包覆 ZnS 壳前后量子点的 TEM 和 XRD。TEM 表明，在包覆 ZnS 壳前（图 6.14(a)）后（图 6.14(b)），粒子尺寸由 3nm 增加到 7nm，相当于包覆 5～6 个 ZnS 分子单层。XRD 表明，不同尺寸 CIS 量子点（A：270℃，30min；B：230℃，

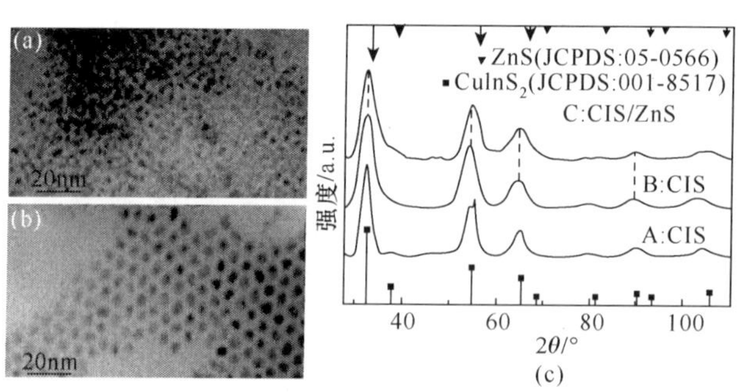

图 6.14　包覆 ZnS 壳前后量子点的 TEM 和 XRD[13]

40min)和 B-CIS 核的 CIS/ZnS 量子点(c)没有不同晶相的混合，只有四角形 CIS 晶格结构的衍射峰出现。EDX 测量得到组分比例是 Cu∶In∶S=21∶21∶58，Cu∶In是 1，而 S 的组分较预期有增加，是因为 DT 作为表面配位体。在较高合成温度获得的产物，衍射峰相对较窄，这是粒子尺寸较大的反映。在包覆 ZnS 壳层后，全部衍射峰向大角度方向发生明显的移动，趋于接近立方体 ZnS 特征衍射峰的位置。

除了上述热注入方法制备 CIS 核壳胶体量子点之外，还有一些其他合成方法，如溶剂热合成法[14]、热裂解合成法[15]、光化学分解法[16]等。值得注意的是 Li 等人提出核壳包覆的方法，获得高达 90%的 PLQY[17]。这种方法不需要前驱体注入，与其他非注入合成方法比较，这种合成方法的优点在于阴离子前驱体同时用作配位体和溶剂，尽可能充分利用昂贵的阳离子前驱体和最少量的合成试剂使用量。典型样本的合成路线是[17]：0.292g(1mmol)醋酸锌、0.190g(1mmol)碘化亚铜(copper(I) iodide，CuI)与 5mL DT 混合装入三口瓶，除气，Ar 气净化，然后加热到 100℃，保持 10 分钟，直至溶液变得清澈。然后反应温度升高到 230℃，溶液由无色变成绿色、黄色、红色和黑色，显示 CIS 量子点成核和生长进程。取出 1mL CIS 量子点原液，用 4mL ODE 稀释，用来包覆 ZnS(或 CdS)壳。将 0.4mmol 硬脂酸锌(或油酸镉)、0.4mmol 溶解在 TOP(1M 溶液)的 S 溶液和 4mL ODE 混合，在 210℃、用时 20 分钟逐滴加入到反应溶液中，完成壳的生长。

采用 Li 等人方法制备 CIS 量子点的吸收和 PL 光谱如图 6.15(a)所示，具有大的(0.46eV)Stokes 位移。在 1 小时合成时间里，PL 发光峰由 630nm 移动到 780nm(图 6.15(b))，与粒子尺寸的增加相对应(图 6.15(a)中插图)。当反应温度较高时，量子点生长加快，是由于 DT 分解速度的增加。在这个合成中，DT 充分发挥 S 前驱体的作用，同时也是良好的溶剂，因此合成不需要其他的溶剂。这时大大超量的阴离子前驱体可以完全耗尽阳离子前驱体，获得高达 90%的化学产率(相对 In、Cu 的剂量)和最小量的溶剂消耗。

当 ZnS 包覆 CIS 量子点时，PL 发光峰开始发生蓝移，如图 6.15(c)所示。产生蓝移的原因是 ZnS 壳生长使 CIS 量子点被刻蚀，量子尺寸受限效应增强。当包覆 CdS 壳时，初始会出现类似的蓝移，随着生长时间的延续会产生红移，如图 6.15(d)所示。后者的红移与电子波函数定域延伸到 CdS 层的认识一致，因为它的导带相对于 ZnS 要低。无论是 ZnS 壳还是 CdS 壳，都会明显的改善 CIS 量子点的发光效率。ZnS 壳使 PL 量子产率提高近 10 倍，要略好于 CdS 壳的效果。随着 ZnS 或 CdS 壳层的生长，粒子尺寸增加，但是它们仍然保持四面体晶格结构，如图 6.16(a，b)TEM 所示。图 6.16(c)的 XRD 进一步证明了这一点。

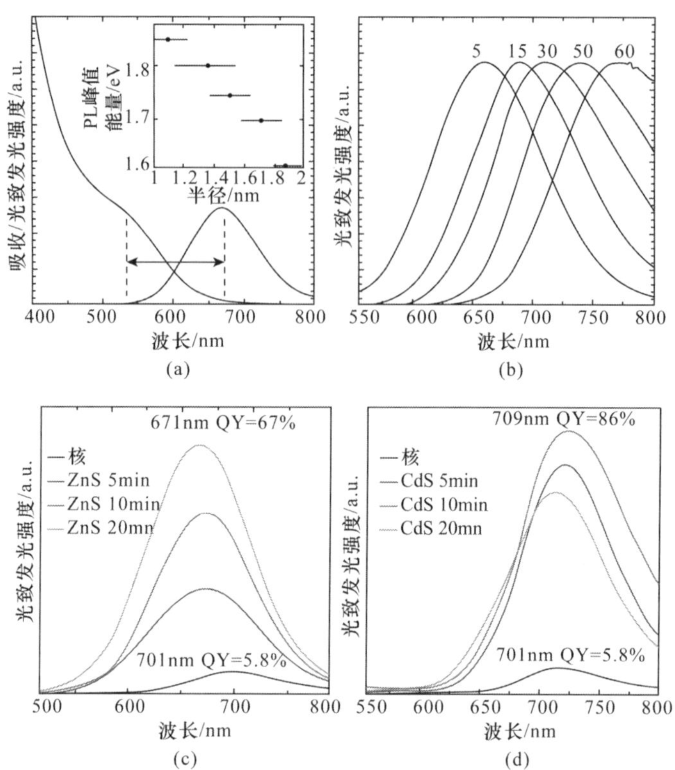

图 6.15　CIS 量子点吸收、PL 光谱，以及包覆 ZnS 或 CdS 壳前后 PL 光谱的变化[17]
（阅读彩图请扫封底二维码）

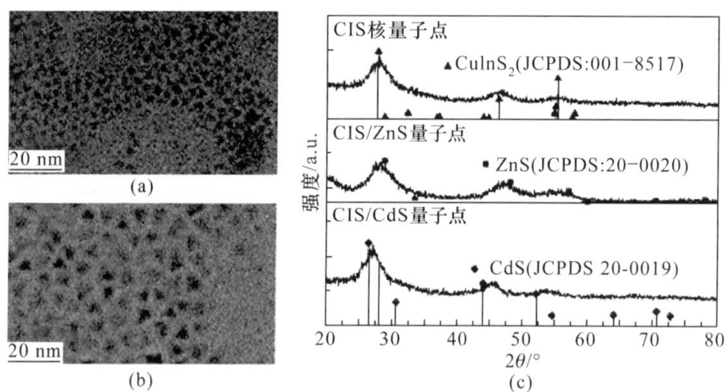

图 6.16　CIS 和 CIS/ZnS 量子点的 TEM 和三种量子点的 XRD[17]

2. ZCIS 胶体核壳量子点

同 CIS 量子点比较，ZCIS 量子点发光光谱向短波长方向移动，发光区域覆盖整个可见光区间。因此，有关 ZCIS 量子点核壳结构受到人们的关注。Nose 等人提出一种胶体 ZCIS/ZnS 量子点合成方法，典型样本合成路线是[18]：在室温条件下，0.25mmol 二乙基二硫代氨基甲酸锌(zinc diethyl dithiocarbamate，DDCZ)溶解到 3.0mL TOP 中。然后，1.0mL DDCZ 溶液与 4.0mL ODE 混合，混合溶液作为Zn-S溶液。在 60℃条件下，0.1mmol CuI 溶解到 3.0mL OA 中。在室温条件下，0.1mmol InI_3 溶解到 3.0mL OA 中。将 2.5mL Zn-S 溶液、1.25mLCu 和 In 溶液混合装入反应瓶，加热到 200℃。在 Ar 气环境下，保持 60～300 秒，获得 ZCIS 量子点。对于较薄的 ZnS 壳：从 1.0mL ZCIS 量子点溶液中提取 2.26mg ZCIS 量子点，再次溶解到 1.5mL、包含 32μL OA 的 5.5mM DDCZ 溶液中。对于较厚的 ZnS 壳：将 ZCIS 量子点再次溶解到 2.0mL、包含 210μL OA 的 35.3mM DDCZ 溶液中。混合溶液加热到 140℃，保持 5 分钟，得到 ZCIS/ZnS 核壳量子点。

采用 Nose 等人方法制备的 ZCIS 量子点和 ZCIS/ZnS 量子点的 HRTEM 如图 6.17 所示，其中插图是粒子尺寸分布直方图。ZCIS 量子点和 ZCIS/ZnS 量子点平均尺寸是 2.7nm 和 3.5nm，ZnS 壳层平均厚度是 0.4nm。

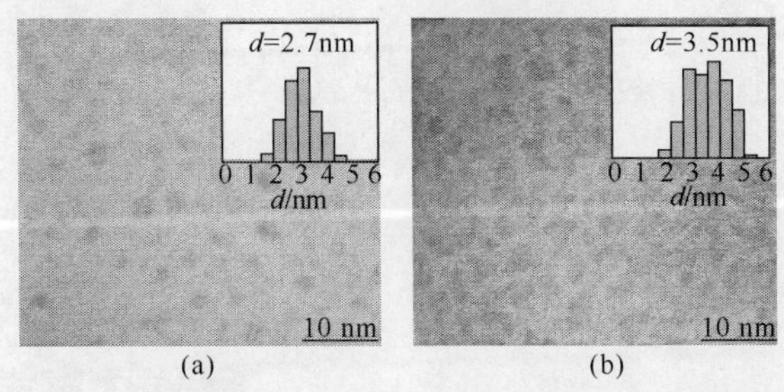

图 6.17　ZCIS、ZCIS/ZnS 量子点的 HRTEM 和尺寸分布[18]

胶体和粉末 ZCIS、ZCIS/ZnS 量子点的 PL 光谱如图 6.18 所示。图 6.18(a) ZCIS 量子点 PL 光谱表明，粉末样本的峰位相对胶体样本产生 179meV 的移动。产生移动的原因是粉末量子点表面活性剂被移除，从而减弱量子点内部电子和空穴的受限作用。图 6.18(b)ZCIS/ZnS 量子点 PL 光谱表明，粉末样本的峰位相对胶体样本产生 95meV 的移动，小于 ZCIS 量子点的情况，ZnS 壳层有效的保持了量子受限效应。图 6.18(c)进一步表明，包覆 ZnS 壳层有效的改善 ZCIS 量子点的 PL 发光性质。

另一个关于 ZCIS 核壳量子点的工作是 Tan 等人的研究，他们采用多壳层包覆，成功制备出 ZCIS/ZnSe/ZnS 量子点[19]。利用高温有机溶剂法，使用 DDCZ、CuI、InI_3等为前驱体，制备出的 ZCIS/ZnSe/ZnS 量子点的 PLQY 可以达到 50%左右。三种颜色量子点的吸收光谱和 PL 光谱如图 6.19 所示，PL 发光峰的位置分别是 620nm、580nm 和 553nm。

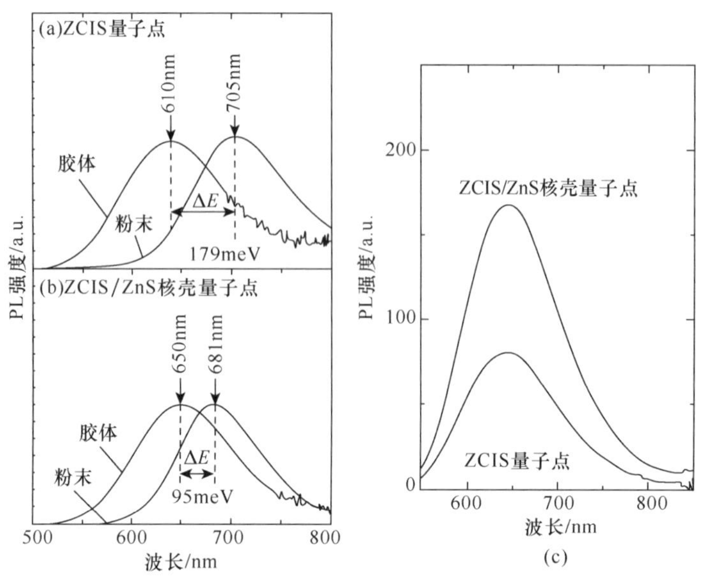

图 6.18　胶体和粉末 ZCIS(a)、ZCIS/ZnS(b)量子点的发光谱以及 2 种胶体量子点发光光谱的对比(c)

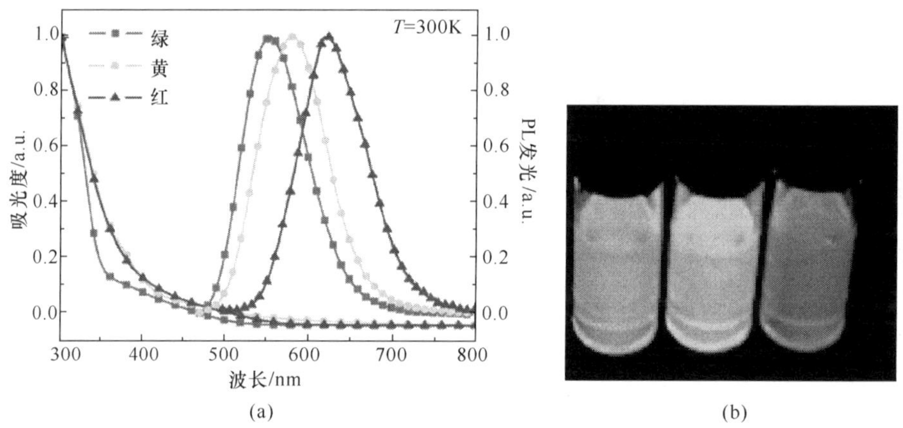

图 6.19　三种尺寸 ZCIS/ZnSe/ZnS 量子点吸收和 PL 光谱，以及发光图片[19]

(阅读彩图请扫封底二维码)

6.2　$CuInSe_2$ 胶体半导体量子点

$CuInSe_2$(CISe)也是典型的 I-III-VI 族三元半导体材料，玻尔半径是 5.43nm，具有直接带隙 1.04eV。在这里，我们介绍这种胶体半导体量子点材料的合成方法和基本性质。

6.2.1　$CuInSe_2$ 胶体量子点的合成方法

Malik 首先报道 $CuInSe_2$ 胶体量子点的合成[20]。他们采用 TOPO 为配位体，利用 $InCl_3$、CuCl 为前驱体，TOP 为溶剂，两步反应制备 $CuInSe_2$ 胶体量子点。典型样本的合成路线是：在室温下，将 1.66g Se 与 20mL TOP 混合，搅拌和保持 48 小时，得到澄清的 TOP-Se 溶液(1M)。将 2.20g(0.01mol)$InCl_3$、1.0g(0.01mol)CuCl 溶解到 15mL TOP 中，注入到 100℃、20g TOPO 溶液中。在注入后，混合溶液变成淡黄色，温度降低到 80℃，反应进行 1 小时。随后反应温度提高到 250℃，此时将 20mL、1.0 M TOP-Se 注入到反应溶液中，保持反应温度 24 小时。之后反应温度降低到 60℃，经过沉淀、离心等过程，再将制得的 $CuInSe_2$ 量子点溶解到甲苯里。

上述方法制备 CISe 量子点吸收和 PL 光谱如图 6.20 所示，吸收边位于 420nm(2.95eV)，激子吸收峰位置是 352nm(1.95eV)，相对体材料(1.04eV)产生明显的蓝移，来自于量子尺寸受限效应。同时看到 PL 发光峰的位置是 440nm，相对于带边红移 20nm(0.02eV)。HRTEM 显示出球形纳米粒子，直径约为 4.5nm。粒子晶格边缘与 $CuInSe_2$ 立方体晶相(220)晶面族对应。ICP 测试表明，量子点 Cu、In、Se 的组分比例是 Cu∶In∶Se=1∶1.1∶1.8。

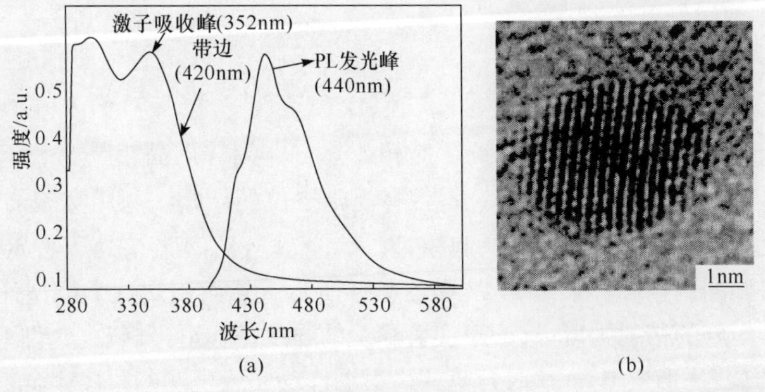

图 6.20　Malik 等人制备的 CISe 量子点吸收和 PL 光谱，以及 HRTEM[20]

稍后，Allen 等人使用二(三甲基硅基)硒(di(trimethyl silyl) selenium，$(Me_3Si)_2Se$)作为 Se 前驱体，Cu 和 In 源采用 Cu(I)和 In(III)，在 TOP 和 OA 溶剂中制备 $CuInSe_2$ 量子点[21]。典型样品的合成路线是：在 280℃条件下，将溶解在 2.0ml(0.15mmol)TOP 中的$(Me_3Si)_2Se$ 注入到含 OA(1.5mL)、TOP(3mL)、CuI (0.015mmol)、InI_3(0.060mmol)的反应瓶中，反应温度降低到 210℃，然后加热恢复，持续生长得到 $CuIn_5Se_8$ 量子点。如果将溶解在 2.5mL(0.25mmol)TOP 中的 $(Me_3Si)_2Se$ 溶液注入到含 OA(3mL)、TOP(2.5mL)、CuI(0.25mmol)、InI_3(0.25mmol)的反应瓶中，将得到 $CuIn_{2.3}Se_4$ 量子点。同理可以得到 $CuIn_{1.5}Se_3$

量子点。

上述方法制备 $CuIn_5Se_8$ 量子点(图 6.21(a))和 $CuIn_{2.3}Se_4$ 量子点(图 6.21(b))的近红外吸收和 PL 光谱如图 6.21 所示。实验表明,对于 $CuIn_5Se_8$ 量子点:当 Cu、In 前驱体比例是 1∶4 时,量子点中 Cu、In、Se 组分比例是 1∶6.03∶10.2∶当 Cu、In 前驱体比例是 1∶1 时,量子点中 Cu、In、Se 组分比例是 1∶5.63∶8.89。对于 $CuIn_{2.3}Se_4$ 量子点:当 Cu、In 前驱体比例是 1∶4 时,量子点中 Cu、In、Se 组分比例是 1∶2.29∶4.15;当 Cu、In 前驱体比例是 1∶1 和反应温度是 280℃时,量子点中 Cu、In、Se 组分比例是 1∶2.32∶4.11;当 Cu、In 前驱体比例是 1∶1 和反应温度是 360℃时,量子点中 Cu、In、Se 组分比例是 1∶1.58∶2.95。

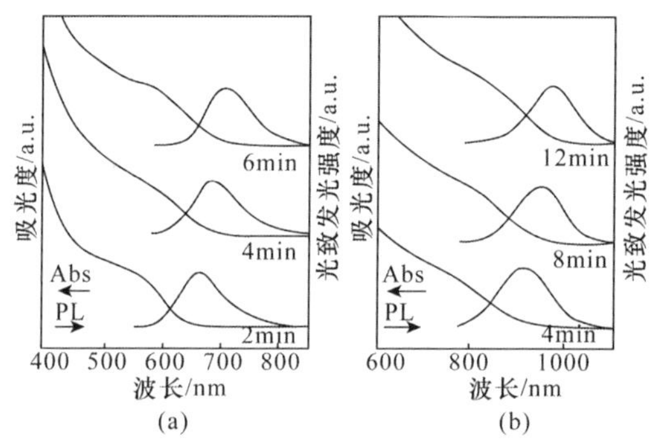

图 6.21 $CuIn_5Se_8$、$CuIn_{2.3}Se_4$ 量子点吸收和 PL 光谱[21]

$CuInSe_2$ 体材料是四角形黄铜矿晶相或立方体闪锌矿晶相[22]。图 6.22 所示 $CuIn_{1.5}Se_3$ 量子点的 XRD 表明,它是带有规则空位的结构。利用实验测量 Cu、In 和 Se 的化学计量,创建黄铜矿晶胞模型。Cu 空位(V_{Cu})最初处于特定的 Cu 位置,计算得到的衍射图样如图 6.22 中曲线 a 所示。然而利用这个模型计算(211)和(101)晶面族的衍射强度,远大于实验测量的强度。作适当修改,允许 In 原子移动到 Cu 的位置,形成 In_{Cu},这时计算的衍射图样与实验观测的图样完全一致,如图 6.22 中曲线 b 所示。于是,包含 In_{Cu} 和 $2V_{Cu}$ 缺陷对的模型结构与带有规则空位黄铜矿晶相吻合,而且全部量子点测量的元素组分与预期规则空位 Cu-In-Se 组分的化学计量结果是一致的。此外,如果选择立方体闪锌矿晶胞模型,不能得到与观测 XRD 一致的结果,如图 6.22 中曲线 c 所示。所以可以判定,Allen 等人制备的 $CuInSe_2$ 量子点具有黄铜矿晶相结构。

Nose 等人提出另一种胶体 $CuInSe_2$ 量子点的制备方法。他们采用 CuI、$InCl_3$ 作为 Cu 和 In 的前驱体,典型样本的合成路线是[23]:将 75.8mg Se 溶解到 2.0mL TOP 中,得到 TOP-Se(0.48M);在 180℃条件下,将 57.1mg CuI 溶解到 210μL TOOP 和 5.0mL ODE 的混合溶剂中,保持 60 分钟,得到 Cu 源液;在 140℃条件

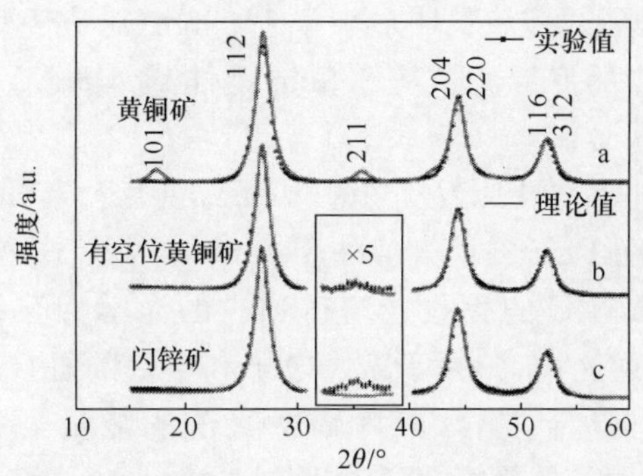

图 6.22　尺寸 6nm 的 $CuIn_{1.5}Se_3$ 量子点实验和理论计算 XRD 比较[21]

下，将 221.2mg $InCl_3$ 溶解到 1.0mL TOOP 中，保持 60 分钟，得到 In 源液。在室温条件下，222.8mg In 源液被 5.0mL ODE 稀释。分别取 1.0mL 各种源液，与 0.25mmol HDA 混合，放置到 12mL 玻璃瓶中，在水浴内保持 60℃，使固体 HDA 溶解。然后将混合物放到油浴内，温度稳定在 320℃，反应时间分别是 130 秒(样本 A)、120 秒(样本 B)、110 秒(样本 C)。随后从油浴内移除，反应混合物冷却到室温。

上述方法制备样本 A 的 XRD 如图 6.23(a)所示，比较黄铜矿结构 $CuInSe_2$ 的计算图样，实验测量 XRD 与计算的结果一致。利用 Scherrer 方程，计算样本 A 的平均尺寸是 5.9nm。EDX 分析表明，这个样本的组分比例是：22.5at.%的 Cu；24.3at.%的 In 和 53.2at.%的 Se。样本 A 组分比例略微偏离化学计量，是略微 In 富裕。图 6.23(b)是样本 A 的 HRTEM，粒子的平均尺寸是 5.0nm，与 XRD 计算结果接近一致。图 6.23(c)是三个样本的 SAXS 分析，显示出样本 A、B、C 的平均尺寸分别是 5.6nm、1.9nm 和 1.2nm。

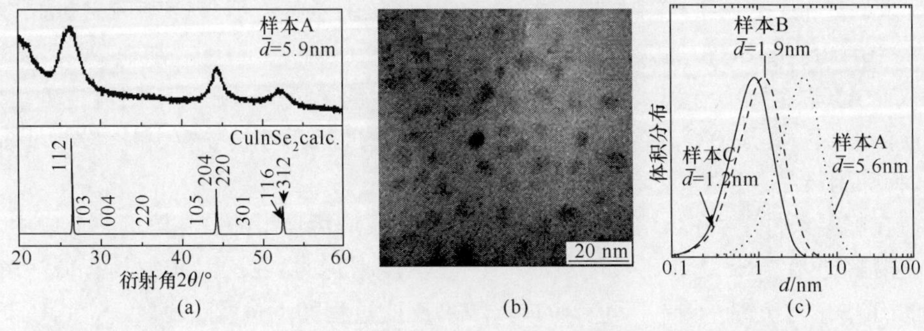

图 6.23　样本 A 的 XRD 和 HRTEM，以及三个样本的 SAXS 分析[23]

图 6.24(a)是三个样本吸收和 PL 光谱，显示出宽阔的吸收光谱和略微显现的肩部，以及较为宽阔的 PL 发射峰。肩部来自光学带隙，即来自于电子空穴对(或

激子)的产生。肩部位置对应波长明显小于 1192nm(对应于 $CuInSe_2$ 体材料的带隙:1.04eV);三个样本的肩部波长从 838nm 延伸到 746nm。这些蓝移主要是因为量子尺寸受限效应。

图 6.24(b)是样本 C 的 PL 激发光谱(PLE),在大于 750nm 波长处,呈现出清晰的信号下降。这表明 PLE 的最大值处于 750nm 附近,这个波长值与样本 C 的光学带隙相同。由样本 C 的吸收光谱得到它的光学带隙是 746nm。因此,在 838nm 处的宽阔的辐射光谱,归因于激发电子和空穴的复合。但是,这个辐射不是来源于一般的带间激子复合,因为辐射光子的能量(1.48eV)和光学带隙(1.66eV)之间存在着明显的差值,即存在明显的 Stokes 位移,数值接近 180meV。这个大的 Stokes 位移(180meV),说明这个辐射应当归因于缺陷态产生的电子-空穴复合。

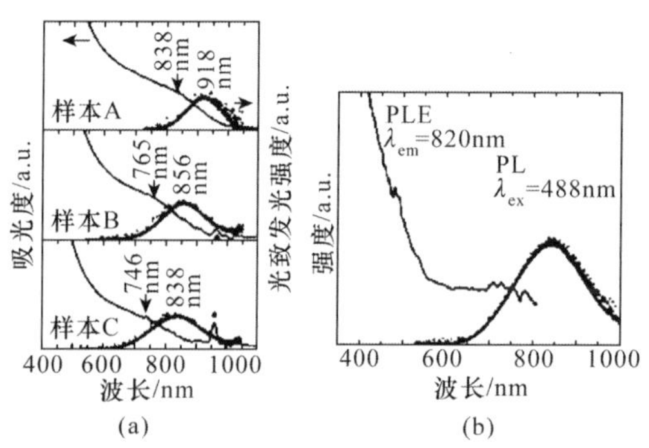

图 6.24 三个样本的吸收和 PL 光谱,以及样本 C 的 PLE 光谱[23]

6.2.2 $CuInSe_2$ 胶体量子点的形态控制

Yang 等人利用溶剂热反应,制备出 $CuInSe_2$ 纳米棒。典型样本的合成路线是[24]:0.07896g Se 粉加入到 50mL 乙二胺(ethylenediamine)中,加热到 120℃。加入 0.46652g In_2Se_3 和 0.26890g $CuCl_2$,发生溶剂热反应。在整个回流过程里,反应温度保持在 120℃。在反应完成后,沉淀物被过滤,使用蒸馏水和乙醇清洗多次,移除副产品。

在室温条件下,将 Se 溶解到乙二胺中,使其反应活性增加。在溶剂热反应中,胺使溶解的元素 Se 诱导出负离子 Se^{2-}。在温度增加时,在乙二胺中具有低溶解度的 In_2Se_3 与负离子 Se^{2-} 反应,生成 $InSe_2$,反应过程如下式所示:

$$In_2Se_3 + Se^{2-} \rightarrow 2InSe_2^- \tag{6.2-1}$$

有关研究表明,乙二胺有助于生长一维纳米结构[25,26]。烷基胺的螯合作用是生成作为模板螯合复合物的基础,由此构建一个一维纳米结构。在合成中,$CuCl_2$ 中的

Cu^{2+}首先被还原成Cu^{+}，乙二胺与之络合，反应方程如下(其中“en”代表双配位的乙二胺)：

$$Cu^{+}+2en \rightarrow [Cu(en)_2]^{+} \quad (6.2\text{-}2)$$

乙二胺与Cu^{+}强烈的结合生成两个五无环形鳌合结构，其中Cu^{+}是两个乙二胺氨基团的桥梁。乙二胺中的$InSe_2^{-}$与$[Cu(en)_2]^{+}$组织成复合体，开始成核和结晶生长，形成一维$CuInSe_2$纳米结构。$[Cu(en)_2]^{+}$整合物也被作为一个分子组成的模板，引导$CuInSe_2$纳米棒的生长，反应方程如下：

$$InSe_2^{-}+[Cu(en)_2]^{+} \rightarrow CuInSe_2+2en \quad (6.2\text{-}3)$$

上述合成方法制备$CuInSe_2$纳米棒的XRD如图6.25(a)所示。7个衍射峰分别是$CuInSe_2$的(112)、(211)、(220)、(204)、(301)、(312)和(400)晶面族，显示出黄铜矿四方晶格结构，晶格常数是：$a=0.5949$nm、$c=1.1443$nm，与$CuInSe_2$的标准数据(JCPDS23-0209)一致。此外六个非常弱的衍射信号不能归属于黄铜矿$CuInSe_2$，而是归属于Se相关的(131)、(012)、(112)、(003)、(113)和(152)晶面族。所以，XRD显示合成产物是$CuInSe_2$和Se结晶的混合体。为了将$CuInSe_2$纳米棒从混合物中提取出来，利用高速离心实现$CuInSe_2$纳米棒的物理分离。图6.25(b)是离心分离后产物的XRD，这时显示出唯一的$CuInSe_2$黄铜矿四方晶格结构。

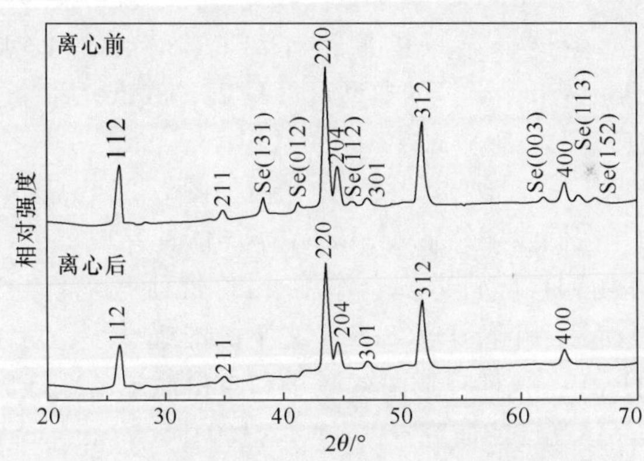

图 6.25　合成产物离心前后的 XRD 图样[24]

溶剂热反应时间是12、24、28、32、36和48小时产生6个样品TEM如图6.26(a～f)所示。在较短反应时间(12小时，如图6.26(a))时，合成产物是球形纳米粒子。随着反应时间的延续，这些纳米粒子会再次结晶而形成新的形态，如图6.26(b)所示。产物是直径20～80nm不规则形状的纳米粒子，它们起着种子的作用，以便生长出一维$CuInSe_2$纳米棒。在反应时间超过28小时后，不规则纳米粒子开始延长，形成纳米棒的雏形，如图6.26(c)所示。随后反应时间达到32小时，一些纳米棒的形态形成，沿着长度方向已经生长数百纳米，如图6.26(d)所示。当反应时间达到

36 小时后，在乙二胺溶液中的 $CuInSe_2$ 纳米棒已经具有高的产率。图 6.26(e)表明，这时 $CuInSe_2$ 纳米棒的直径是 50～100nm，长度达到几 μm。在反应 48 小时后，$CuInSe_2$ 纳米棒的 TEM 如图 6.26(f)所示，$CuInSe_2$ 纳米棒形态几乎与图 6.26(e)的形态相同，只是数量进一步增加。

图 6.26 (a～f)对应于 12、24、28、32、36 和 48 小时产生 6 个样品的 TEM[24]

溶解在乙二胺中 $CuInSe_2$ 纳米棒吸收光谱如图 6.27(a)所示，吸收开始于 1262nm，在 1162nm 达到最大值。作为比较，图中虚线是 Cu-富裕 $CuInSe_2$ 薄膜的吸收光谱[27]。比较两者，$CuInSe_2$ 纳米棒吸收光谱几乎没有蓝移(即几乎没有产生量子受限效应)。产生这样结果的原因是：$CuInSe_2$ 材料的玻尔半径是 1～2nm[28,29]，而 $CuInSe_2$ 纳米棒半径的典型尺寸是 25～50nm，后者远大于前者，所以看不到量子受限效应。

在 10K 条件下，$CuInSe_2$ 纳米棒的 PL 光谱如图 6.27(b)所示，由此我们分析它的电子能级结构。在低温条件下，$CuInSe_2$ 半导体具有 1.05eV 的直接带隙。人们已经发现，在晶体场和自旋轨道耦合作用下，价带顶劈裂产生两个接近的能级(间隙只有几 meV)和另一个位于 233meV 之下的能级[30,31]。对于＃1 群，它是由一个强的、三个弱的峰组成，对应于束缚激子和自由激子的跃迁。根据 Yakushev 等人对 $CuInSe_2$ 单晶体光谱的研究[32,33]，＃1a(1.0496eV)和＃1b(1.0424eV)的强度随温度的增加而缓慢减小；相比之下，＃1c(1.0312eV)和＃1d(1.0245eV)的强度迅速减少。按照这个研究结果，＃1a 和＃1b 归因于自由激子的跃迁，＃1c 和＃1d 归因于束缚激子的跃迁。为了决定＃1a 和＃1b 跃迁对应的带隙，绘制 10K 到 50K 两个温度的 PL 强度变化曲线，如图 6.27(b)中的插图。利用拟合 PL 强度随温度 T 变化的曲线，可以得出活化(或束缚)能 E_a 的量值分别是 5meV 和 13meV。而由图 6.27(b)看到，＃1a 和＃1b 峰位置分别处于 1.055eV 带隙能量的下部 5.4meV 和 12.6meV，证明拟合结果的正确性。

依据类似的 $CuInSe_2$ 晶体相关 PL 光谱的研究报道[34-36]，＃2～＃7 群 PL 光谱的含义是：在＃2 和＃3 前边缘有一个尖锐的峰，随后是一个宽阔的重叠。＃1c、

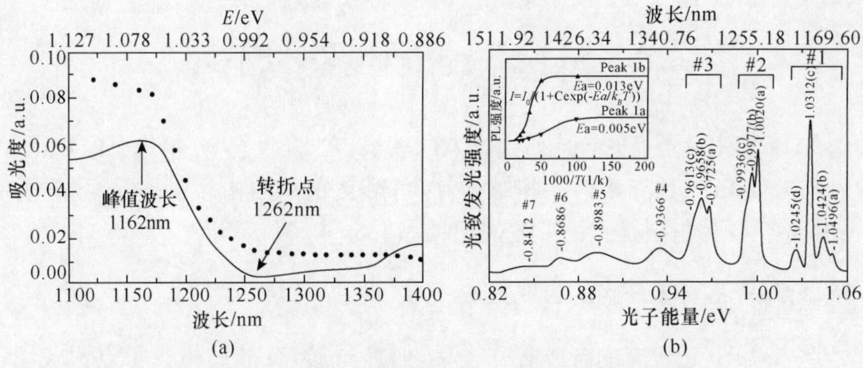

图 6.27　$CuInSe_2$ 纳米棒的吸收光谱和低温 PL 光谱[24]

♯2a 和♯3a 的间隔是 29.2meV、29.5meV，与一个 LO 声子能量 28.9meV 接近。由于♯1c、♯2a 和♯3a 相对强度急剧下降，彼此间隔是声子能量，所以这三个峰归结于一系列的振动能级。因此，♯2a 和♯3a 归属于束缚激子发射的♯1c 峰与 1LO 和 2LO 声子作用的结果。♯2 和♯3 群跃迁归因于不同缺陷中心的发射。♯2b(0.9977eV)和♯3b(0.9658eV)峰对应于自由态到束缚态的跃迁，束缚态分别位于 1.055eV 带隙之下 57meV 和 89meV。根据 Wasim 等人的理论研究[37]，两个最低固有缺陷形成的能量是：对于铟占据铜的位置(indium on copper antisite，In_{Cu})缺陷是 1.4eV；铜占据铟的位置，(copper on indium antisite，Cu_{In})缺陷是 1.5eV。然而 Zhang 等人关于 $CuInSe_2$ 电子结构的计算表明[38]，形成铜空位(copper vacancy，V_{Cu})要比形成 In_{Cu} 和 Cu_{In} 缺陷容易得多，V_{Cu}、In_{Cu}、Cu_{In} 形成的能量分别是 0.60eV、1.85eV 和 1.54eV。根据 Rincón 等人关于 $CuInSe_2$ 缺陷活化能的研究[39]，♯2b 受主能级的活化能 E_a 是 57meV，归因于受主缺陷 V_{Cu}、硒占据铟的位置(selenium on indium antisite，Se_{In})或铜占据硒的位置(copper on selenium antisite，Cu_{Se})。考虑到如下两个因素：较低的形成能量和受主能级 $E_a=(45\pm12)$meV 的计算值，♯2b 归因于空位缺陷 V_{Cu}。

根据有关研究[35,39]，♯3b 峰具有 $E_a=89$meV，位于受主能量范围内。有关 Cu 富裕 $CuInSe_2$ 薄膜的研究给出，Cu_{In} 缺陷 $E_a=83$meV[33]，与♯3b 峰的 $E_a=89$meV 接近，因此♯3b 峰源于 Cu_{In} 缺陷。基于♯3b 与♯4 峰的相对强度和具有 29.2meV 的间隔(与 LO 声子能量一致)，位于 0.9366eV 处弱的、较宽的♯4 峰归因于♯3b 峰与 LO 声子结合。已有研究表明，来自于施主-受主对(DAP)跃迁所产生 PL 能量是 0.9eV，♯5 峰对应于 0.8983eV，所以♯5 峰归结于包含一个 $E_a=156.7$meV 深能级的另一个自由态到束缚态的跃迁。位于 0.8686eV 处的♯6 峰与♯5 峰相差 29.7meV，类似位于 0.8412eV 处的♯7 峰与♯6 峰之间的差值 27.4meV。如前讨论，♯6 和♯7 峰来自于♯5 峰与 1LO、2LO 作用的结果。

6.3 $AgInS_2$ 胶体半导体量子点

$AgInS_2$ 胶体量子点的合成研究开展的较早，在 20 世纪 90 年代已经取得了良好的成果。$AgInS_2$ 具有两种晶相结构：四角形黄铜矿结构和斜方晶系结构。此外，$AgInS_2$ 半导体材料是直接带隙，范围是 1.86～2.04eV[40,41]。

6.3.1 $AgInS_2$ 胶体量子点的合成方法

尽管 $AgInS_2$ 量子点的合成研究较早，但是与 II-VI 族胶体量子点比较，其合成方法和特性研究的报道却寥寥无几。

Vittal 等人利用一锅煮的方法，首次采用热裂解方法制备出 $AgInS_2$ 量子点。合成中采用单源前驱体$[(Ph_3P)_2Ag(m\text{-}SC\{O\}Ph\text{-}S)_2In(SC\{O\}Ph)_2]$，通过加入两种表面活性剂(例如：DT 和 OA)，在一个单相反应系统中完成成核和生长两个过程。典型样本的合成路线是[42]：按照相关文献的方法[43,44]，制备单源前驱体$[(Ph_3P)_2Ag(m\text{-}SC\{O\}Ph\text{-}S)_2In(SC\{O\}Ph)_2]$。在室温条件下，单源前驱体加入到 DT 和 OA 的混合物(前驱体与 DT 摩尔比例是 51∶50，DT 与 OA 的体积比例是 1∶3)中。在惰性气体保护下，搅拌并将反应混合物加热到 200℃，保持 2 小时。在 50℃时，反应溶液的颜色变成透明的淡黄色，显示前驱体已经溶解到 DT-OA 溶剂里。当温度提高到 70℃或更高时，反应溶液变成浑浊的棕红色，说明 $AgInS_2$ 成核已经开始。反应后得到暗红色溶液，随后冷却到室温，经过沉淀、离心分离等过程，得到暗红色固体产物。

上述方法制备 $AgInS_2$ 量子点的 TEM 和 XRD 如图 6.28 所示。HRTEM 清晰表明，这里制备 $AgInS_2$ 量子点具有较为均匀的尺寸，量子点的平均尺寸是 13.9nm。HRTEM 图像的晶格边缘，显示出这些量子点具有高的结晶性，对应(120)晶面族，面间距是 0.356nm。电子衍射图样 SAED 是由(200)、(002)、(121)、(122)、(040)、(123)和(322)晶面族的衍射斑组成，表明 $AgInS_2$ 量子点是斜方晶系 $AgInS_2$ 晶格结构(JCPDS00-025-1328)。元素分析表明，Ag、In、S 的比例是 1∶1.05∶2.13。这里 S 元素的比例略高，是因为配位体 DT 的作用。XRD 进一步证明，这里制备的 $AgInS_2$ 量子点是斜方晶系结构(JCPDS00-025-1328)。

当 DT 与 OA 比例减少到 1∶6 时，制备量子点是较小尺寸(8.5nm)与较大尺寸(33.2nm)粒子的共存体。当 DT 与 OA 比例增加到 2∶1 时，量子点尺寸分布变得更加宽阔。单独使用 DT 作为配位体，将导致合成产物的团聚。而单独使用 OA 时，将获得微米尺寸的 $AgInS_2$ 结晶体。因此 DT 和 OA 的组合作用，才能够获得 $AgInS_2$ 量子点的生长。在上述合成中，125～200℃反应温度有利于产生窄的粒子尺寸分布。如果反应温度增加到 215℃，甚至达到 250℃以上，这时会制备出失去单分

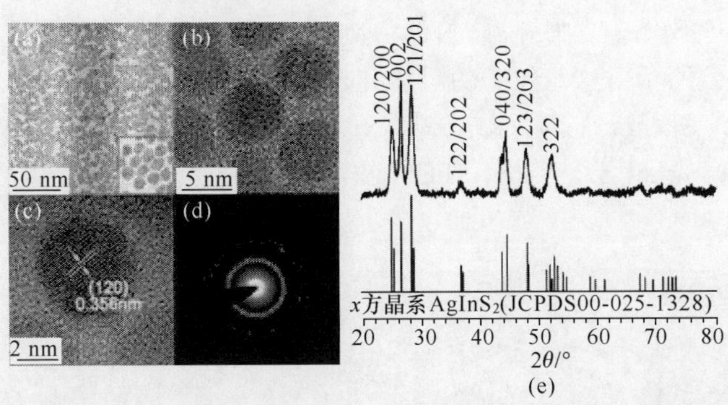

图 6.28　$AgInS_2$ 量子点的 TEM、HRTEM、SAED 和 XRD[42]

散性的、更大尺寸粒子。当反应时间由 2 小时增加到 16 小时，更宽的尺寸分布证明 Ostwald 熟化的发生。总之，为了获得单分散的 $AgInS_2$ 量子点，在表面活性剂比例确定和反应温度是 125～200℃时，首要的条件是缩短量子点的生长时间。

Kuzuya 等人提供了另一种制备方法，采用醋酸银(silver acetate，AgAc)和$In(Ac)_3$为前驱体，制备出单分散的、具有良好 PL 发光的 $AgInS_2$ 量子点。典型样本的合成路线是[45]：0.4mmol AgAc、$In(Ac)_3$ 与 DT 混合，装入反应瓶。在 423K 下通入 Ar 气 2 小时除气。将 TOA 加入反应瓶，混合溶液加热到 210～270℃，保持 2 小时。将 26.2mg 或 104.8mg(0.817 或 3.27mmol)S 粉分别溶解到 DT 或烷基胺中，获得 5mL S 配位体，快速注入到上述混合溶液里，加热到 210～270℃，保持 2 小时。经过沉淀、离心，将获得的样本溶解到正已烷溶液。不同样本的实验条件列于表 6.2。

表 6.2　不同 $AgInS_2$ 量子点合成条件和实验数据

样本	AgAc/mg	$In(Ac)_3$/mg	DT/mL	S/mg	烷基胺/g	反应温度/℃
SA1	67.4	116.8	2.46	—	16.2(TOCA)	220
SA2	67.4	116.8	15	26.2	2.15(DA)	240
SA3	67.4	116.8	17.6	26.2	—	150
SA4	67.4	116.8	17.6	104.8	—	150
SA5	67.4	116.8	17.6	26.2	—	240
SA6	67.4	116.8	17.6	26.2	—	270

DA：Dodecylamine，TOCA：Tri-*n*-octyl amine

在不同条件下，上述方法制备 $AgInS_2$ 纳米粒子的 TEM 如图 6.29 所示。硫醇热解导致生成不规则形状的纳米粒子，这时在一个多面体核上出现类似枝状晶体生长，如图 6.29(a)所示。图 6.29(b～f)是 AgIn 与不同硫源之间交换反应制备的 $AgInS_2$ 纳米粒子 TEM，其中，图 6.29(b)是 AgIn 与 S-十二烷胺(S-DA)之间交换反应得到 $AgInS_2$ 纳米粒子 TEM，显示出较低的多分散性，粒子的平均尺寸是

5.6nm。相比之下,S-DT 为硫源时,制备的 $AgInS_2$ 纳米粒子有更小的粒子尺寸,如图 6.29(c~f)所示。这些粒子的尺寸和尺寸分布随反应温度的增加而增加(其中,(c)150℃(0.817mmol S);(d)150℃(3.27mmol S);(e)240℃(0.817mmol S);(f)270℃(0.817mmol S))。此外,TEM 图像表明,高的反应温度会产生三角形的粒子。

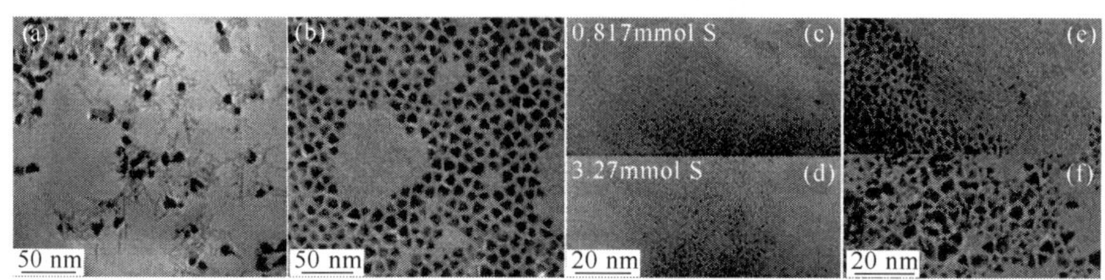

图 6.29 Kuzuya 等人在不同反应条件下制备 $AgInS_2$ 纳米粒子的 TEM[45]

在不同条件下,上述方法制备 $AgInS_2$ 纳米粒子 XRD 如图 6.30 所示,显示出类似于黄铜矿或闪锌矿晶格结构。具有黄铜矿结构 $AgInS_2$ 的特征峰位于 $2\theta=35.04°$,对应于(211)晶面族。这个衍射峰未在图示中清晰的观察到,因此这些 $AgInS_2$ 纳米粒子的晶格结构不能确定是黄铜矿或闪锌矿结构。图中 a 曲线显示出面心立方 Ag 晶相的衍射峰(圆点标示)。正如 TEM 所示的那样,这时硫醇热解得到的纳米粒子是多面体核和枝状晶体组成。因此,这时 Ag-In-硫醇热解产生的是 Ag(核)-$AgInS_2$(枝状晶体)异质结构的纳米粒子。图中 b~f 曲线表明,在多态结构 Ag InS_2 纳米粒子的合成中,硫源发挥着重要作用。b 曲线是 Ag-In-硫醇与 S-DA 之间交换反应得到 $AgInS_2$ 纳米粒子的 XRD,显示出斜方晶系 $AgInS_2$ 晶格结构(JCPDS00-025-1328)。c~f 曲线是 Ag-In-硫醇与 S-DT 之间交换反应得到 $AgInS_2$ 纳米粒子的 XRD,显示出黄铜矿或闪锌矿晶格结构。这时衍射峰的半峰宽 FWHM 随反应温度而变,即纳米粒子的尺寸分布依赖于反应温度。

在上述合成中,硫醇不仅作为 S 源,而且也是调谐多种金属离子反应活性的配位剂,它的引入导致黄铜矿纳米粒子的生成。硫醇分子具有电子施主的属性,因此 Ag-硫醇结合物分解成 RSSR 和 Ag,如图 6.31(a)所示。然后,通过 In-硫醇复合物的热解形成 In 硫化物。与硫源共存的 Ag 是热力学不稳定的,In 硫化物与 Ag 反应,在纳米粒子表面生成 $AgInS_2$ 枝状结晶。

为了合成同质结构的单分散性 $AgInS_2$ 纳米粒子,可以选择 Ag-In-硫醇与硫源(S-DT 或 S-DA)反应替代 Ag-In-硫醇盐的热解作用。由于硫醇和氨基的电子施主属性,这些硫源易于在室温下释放出 H_2S 或 S^{2-}。合成机制如下:在一个 Ag-In 复合物中,硫醇离子(RS^-)被替换为 S^{2-} 离子,生成 Ag-S-In 单元,聚合形成一个 Ag-In-S 晶格,如图 6.31(b)所示。但是这个模型不能很好的解释斜方晶系 $AgInS_2$ 纳米粒子的形成,需要附加一个“阳离子掺杂过程”。阳离子掺杂过程包括:硫化物(例如 Ag_2S、In_2S_3)纳米粒子的预先合成;硫化物纳米粒子表面阳离子的交换;掺杂剂阳离子的扩散,如图 6.31(c)所示。在这种情况下,二元硫化物纳米粒子($AgInS_2$)具有相同的 S 亚晶格,作为种子纳米粒子。准黄铜矿和斜方晶系晶格粒子的形成,分别需要一个面心立方和斜方晶系 S 亚晶格的硫化物纳米粒子。

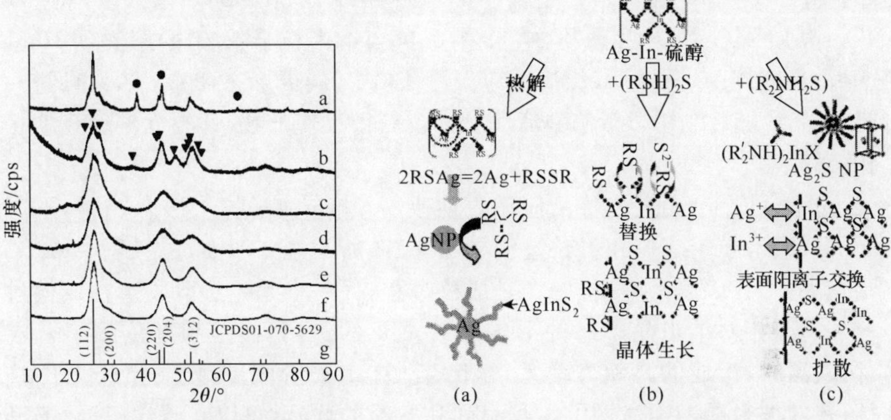

图 6.30　Kuzuya 等人制备 $AgInS_2$ 纳米粒子的 XRD[45]

图 6.31　$AgInS_2$ 纳米粒子生成过程路线图

Ag-In-硫醇与不同硫源之间交换反应制备 $AgInS_2$ 纳米粒子吸收和 PL 光谱如图 6.32 所示。在吸收光谱中,在 2.2～2.6eV 附近有一个肩部或宽峰,峰值位置决定吸收带的位置是 2.61eV(实线)、2.38eV(点划线)、2.26eV(虚线),对应于制备纳米粒子的尺寸是 2.5nm(SA4)、3.4nm(SA5)和 4.3nm(SA6);位置是 2.22eV 的吸收带,对应于 S-DA 硫源制备 $AgInS_2$ 纳米粒子的尺寸是 5.6nm(SA2)。同样,由 PL 光谱可以看到 FWHM 是 370～400meV 的宽阔辐射带,峰值位置位于 1.61eV、1.51eV 和 1.45eV,对应于尺寸为 2.5nm、3.4nm 和 4.3nm 的 S-DT 硫源合成的 $AgInS_2$ 纳米粒子。

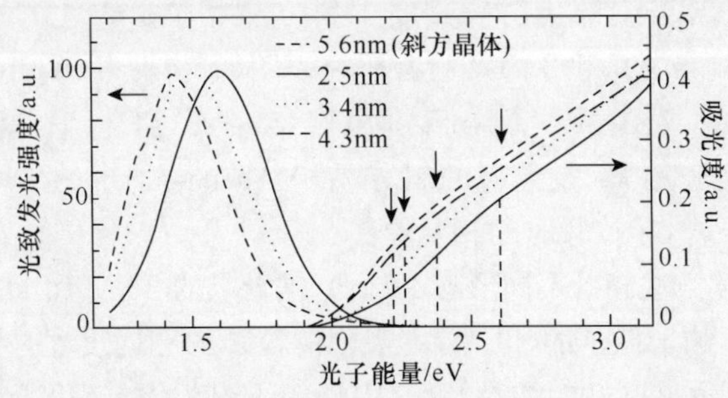

图 6.32　Ag-In-硫醇与不同硫源交换反应制备 $AgInS_2$ 纳米粒子的吸收和 PL 光谱[45]

6.3.2　$AgInS_2$ 胶体量子点的形态控制

通过调整反应条件，可以实现 $AgInS_2$ 纳米粒子形态控制。Wang 等人采用 $AgNO_3$、$In(NO_3)_3$ 和 S 粉作为前驱体，十八胺(octadecylamine)为溶剂，制备不同形态的 $AgInS_2$ 纳米晶[46]。典型样本的合成路线是：在 120℃条件下，将 0.04g $AgNO_3$、0.1g $In(NO_3)_3$ 和 S 粉(纳米棒：0.05g；纳米粒子：0.01g)溶解到 10ml 十八胺中。在搅拌 10 分钟后，保持反应温度 120℃(蠕虫形态：200℃)，以便进一步生长和结晶。随后利用过量乙醇清洗、沉淀，获得反应产物，并再次溶解到非极性溶剂中。

在这个合成中，通过调整反应条件实现 $AgInS_2$ 纳米粒子形态控制，不同形态 $AgInS_2$ 纳米粒子成核和生长过程如图 6.33 所示。一般而言，控制 $AgInS_2$ 纳米晶形态的临界因素有两个：一个是成核过程；另一个是生长阶段。在成核过程里，种子的晶相对纳米晶形态的形成有着重要的作用，而且高度依赖于合成条件。在高温时，形成的是斜方晶系 $AgInS_2$。在生长阶段里，控制生长条件获得不同形态的纳米晶。通过调整生长温度和 S 粉的浓度，可以获得粒子形、棒形和蠕虫形的 $AgInS_2$ 纳米晶。

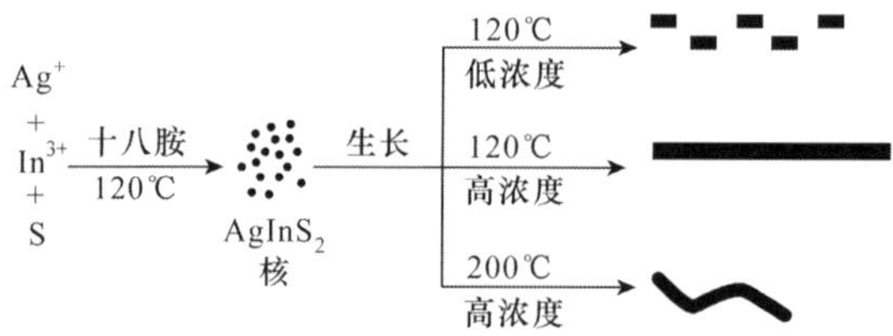

图 6.33　不同形态 $AgInS_2$ 纳米粒子成核和生长过程框图

上述方法制备不同形态 $AgInS_2$ 纳米晶的 XRD 如图 6.34 所示。三个形态样本显示出类似的 XRD，全部衍射峰归属于斜方晶相 $AgInS_2$(JCPDS25-1328；$a=7.001Å$，$b=8.278Å$，$c=6.698Å$)。已有研究表明，斜方晶相 $AgInS_2$ 是高温相，在 620℃以上是稳定的；而四角形 $AgInS_2$ 是低温相，在 620℃以下是稳定的[47,48]。这里在 120℃反应温度获得的是亚稳的斜方晶相 $AgInS_2$ 纳米晶。原因是十八胺可以调整化学生长环境，导致暂时的相复原。

图 6.35 是上述方法制备不同形态 $AgInS_2$ 纳米晶的 TEM 和 HRTEM。图 6.35(a)显示出 $AgInS_2$ 纳米粒子的 TEM，不规则的粒子的平均尺寸是 10nm。图 6.35(b)的 HRTEM 显示出良好的结晶性，其中插图给出相邻晶面的间距是 0.356nm，对应于斜方晶相 $AgInS_2$(120)晶面族的间距。$AgInS_2$ 纳米棒的 TEM 如图 6.35(c)所示，纳米棒的平均直径是 10nm，长度为 60～100nm。相应的 HRTEM 如

图6.35(d)所示，显示出 $AgInS_2$ 纳米棒具有单晶结构，晶格的空间距离是0.356nm。蠕虫形 $AgInS_2$ 纳米晶的TEM和HRTEM如图6.35(e,f)所示，显示出平均直径为10nm，长度为20～60nm。HRTEM表明蠕虫形 $AgInS_2$ 纳米晶具有单晶结构，晶格的空间距离与 $AgInS_2$ 纳米棒和纳米粒子的结果一致。

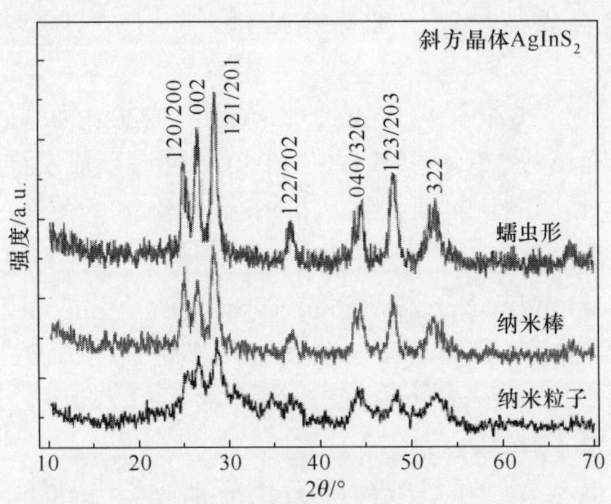

图6.34　三种形态 $AgInS_2$ 纳米晶的XRD[46]

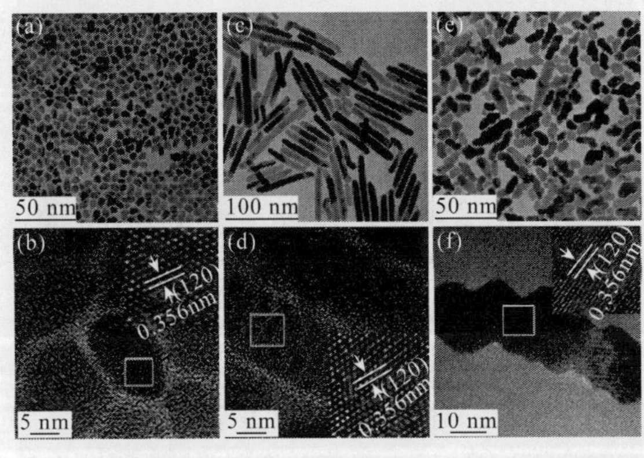

图6.35　三种形态 $AgInS_2$ 纳米晶的TEM和HRTEM[46]

6.4　$AgInSe_2$ 胶体半导体量子点

$AgInSe_2$ 具有两种晶相结构：四角形黄铜矿和斜方晶系结构。此外，$AgInSe_2$ 半导体材料是直接带隙，禁带宽度是1.19eV。$AgInSe_2$ 胶体量子点的合成研究报道较少，这里就典型的研究报道加以介绍。

6.4.1 $AgInSe_2$ 胶体量子点的合成方法

Abazović等人提出一种较为安全和“绿色”的 $AgInSe_2$ 胶体量子点合成方法，采用 ODE 为非配位溶剂，得到良好结晶性的纳米粒子；同时引入 TOP 或 OA 长链配位体，调整合成纳米粒子的晶相结构[49]。几个典型样本的合成路线如下。

样本 1（S1）：0.0167g（0.1mmol）AgAc、0.0228g（0.1mmol）豆蔻酸和 3.1mLODE 混合，在 Ar 气下加热到 190℃。30 分钟后生成深棕色的 Ag 溶液，随后冷却到室温。在 100℃时，将 0.0395g(0.5mmol)Se 粉溶解到 6.35mL ODE 中，保持 30 分钟。随后在 Ar 气下加热到 200℃，保持 4 小时，直至生成黄色透明溶液。0.0292g(0.1mmol)$In(Ac)_3$、0.0685g(0.3mmol)豆蔻酸和 1.5mL ODE 装入反应瓶中，在 Ar 下加热到 270℃，30 分钟后生成黄色透明 In 溶液。这时将 Se 溶液和 Ag 溶液迅速注入到 In 溶液中，反应混合物保持 270℃4 小时，得到期待的 $AgInSe_2$ 胶体纳米粒子产物。

样本 2（S2）：将 AgAc 和豆蔻酸的数量分别改为 0.0083g(0.05 mmol)和 0.0114g(0.05mmol)，与 S1 制备方法一样，得到 Ag 溶液。在 120℃时，将 0.0395g(0.5mmol)Se 粉溶解到 2mL TOP 中，得到 Se 溶液。In 溶液获得方法与 S1 一样。三种溶液按 S1 方法混合，反应混合物加热到 270℃，保持 1 小时。

样本 3（S3）：与样本 2 的合成路线一样，只是反应混合物加热到 270℃，保持 4 小时。

样本 4（S4）：0.0167g(0.1mmol)AgAc、0.0228g(0.1mmol)豆蔻酸和 3.1mL OA 混合，在 Ar 气下加热到 190℃；30 分钟后生成深棕色的 Ag 溶液，随后冷却到室温。在 100℃时，将 0.0158g(0.2mmol)Se 粉溶解到 6.35mL OA 中，保持 30 分钟；随后在 Ar 气下加热到 200℃，保持 4 小时，直至生成黄色透明溶液。0.0292g (0.1mmol)的 $In(Ac)_3$、0.0685g(0.3mmol)豆蔻酸和 1.5mL OA 装入反应瓶中，在 Ar 气下加热到 270℃，30 分钟后生成黄色透明 In 溶液。将 Se 溶液和 Ag 溶液迅速注入到 In 溶液中，反应混合物保持 270℃4 小时，得到期待的 $AgInSe_2$ 胶体纳米粒子产物。

图 6.36 是上述 4 个样本的 XRD。在长时间加热的条件下(4 小时)，斜方晶相(O)(具有较低对称性的晶相)转换成四角形晶相(T)(具有较高对称性的晶相)。图 6.36(a)是样本 1 的 XRD，显示出两种晶相共存，比例约为 T：O＝40%：60%。T 相对应于(112)、(204)、(312)、(116)和(224)晶面族的衍射峰，而 O 相对应于(120)、(200)、(002)、(121)、(201)、(040)、(320)、(123)和(203)晶面族衍射峰。为了获得单一的晶相，改用 TOP 作为 Se 的溶剂，调整 Ag 溶液的浓度，得到

样本 2 的 XRD，如图 6.36(b)所示。这时 XRD 显示出较低强度的衍射峰，表明纳米粒子具有较低的结晶性。此外发现，来自于 O 相衍射峰的比例要低于 T 相的衍射峰。如果进一步增加反应的时间，得到样本 3 的 XRD，如图 6.36(c)所示，这时获得纯 T 相 $AgInSe_2$ 纳米粒子。利用 Scherrer 方程，选择(112)晶面族衍射峰半宽度，得到样本 2、样本 3 的尺寸约为 9nm。进一步改用 OA 作为配位体和溶剂，得到样本 4 的 XRD，如图 6.36(d)所示。当 Se 数量适当时，得到纯 O 相 AgInSe 纳米粒子。利用 Scherrer 方程，选择(002)晶面族衍射峰半峰宽，得到样本 4 的尺寸约为 12nm。

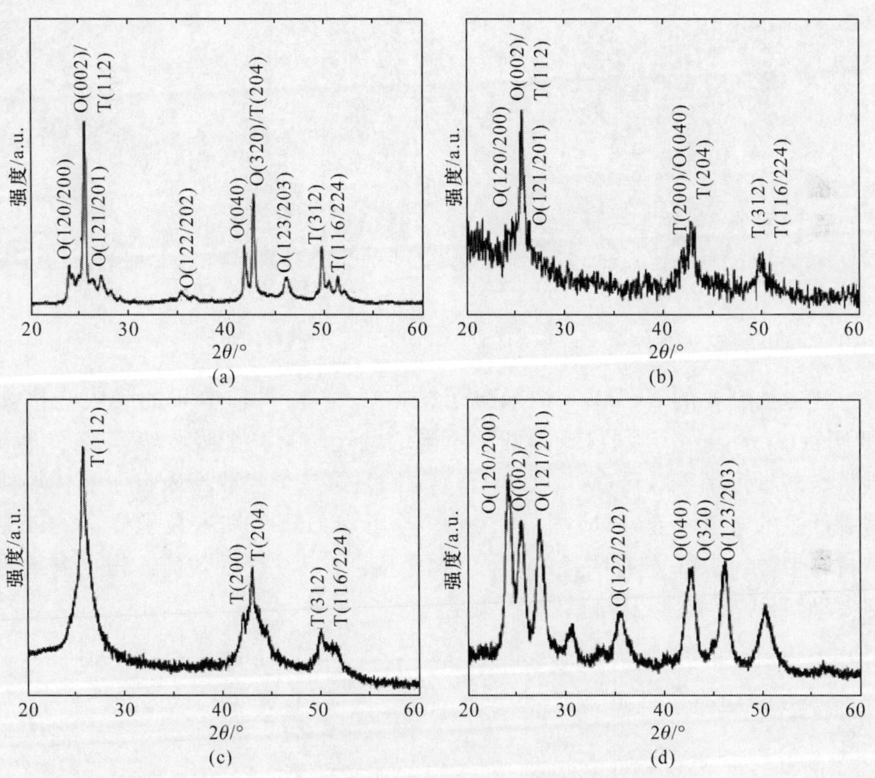

图 6.36　4 个 $AgInSe_2$ 纳米粒子样本的 XRD[49]

XRD 表明，使用 ODE 作为单一溶剂(样本 1)会产生两个晶相：O 相和 T 相。ODE 是非极性配位剂，任何配位体的存在都会对结晶成核和生长产生重要的影响。豆蔻酸的存在是形成 T 相的主要原因。具有长烃的配位剂会减缓反应动力学，是由于初始形成单体之间空间排位的阻碍。此外，如果存在强的配位剂，单体的反应活性将被抑制，有利于形成更加稳定的晶相(T 相)。增加酸的数量不能够减缓反应，导致亚稳相(O 相)形成。在加入 TOP 的情况(S2 和 S3)下，TOP 有 3

个烃链,会进一步产生减缓效应,导致低能量、高对称性 T 相的增强,以至于形成单一的稳定 T 相。在使用 OA 作为溶剂和配位剂时(S4),情况变得更加复杂。对于半导体和金属材料,脂肪酸是弱的配位剂。因此,尽管反应溶液具有高的浓度和长的烃链,OA 对于结晶生长动力学具有微弱的影响,允许快速的单体形成。此外,270℃是一个相当高的反应温度,在上述实验条件下,单体表面配位剂的活性增加,导致配位剂对粒子的作用减弱。在这种情况下,Ag_2Se 种子生长成 $AgInSe_2$ 初始单体,这个二元复合体具有斜方晶系对称性,有利于 O 相 $AgInSe_2$ 的形成。样本 S1(a)、S3(b)、S4(c,d)的 TEM 如图 6.37 所示。

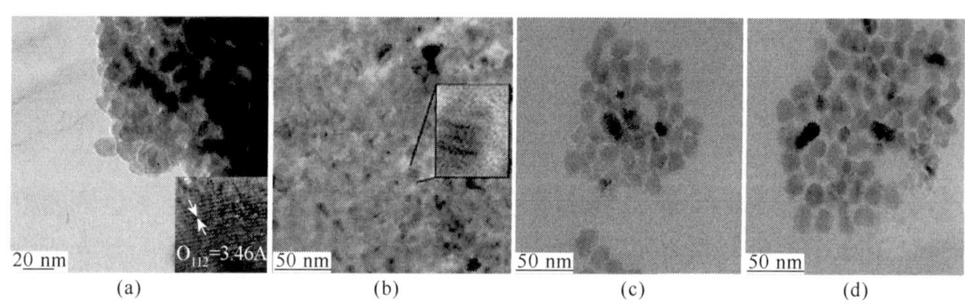

图 6.37 样本 S1(a)、S3(b)、S4(c、d)的 TEM[49]

上述方法制备的 $AgInSe_2$ 纳米粒子样本 2、样本 3、样本 4 的吸收光谱如图 6.38 所示,显示出两个吸收峰,即两个不同的跃迁。第一个吸收峰来自于价带顶到导带底的直接带隙跃迁(对应图(a)、(c)、(e));第二个吸收峰来自于晶体场使价带劈裂产生的电子跃迁(对应图(b)、(d)、(f))。$AgInSe_2$ 纳米粒子样本的带隙相对体材料带隙(1.19eV)有明显的蓝移,归因于量子尺寸受限效应。根据有效质量近似模型,带隙蓝移量 ΔE 满足如下关系:

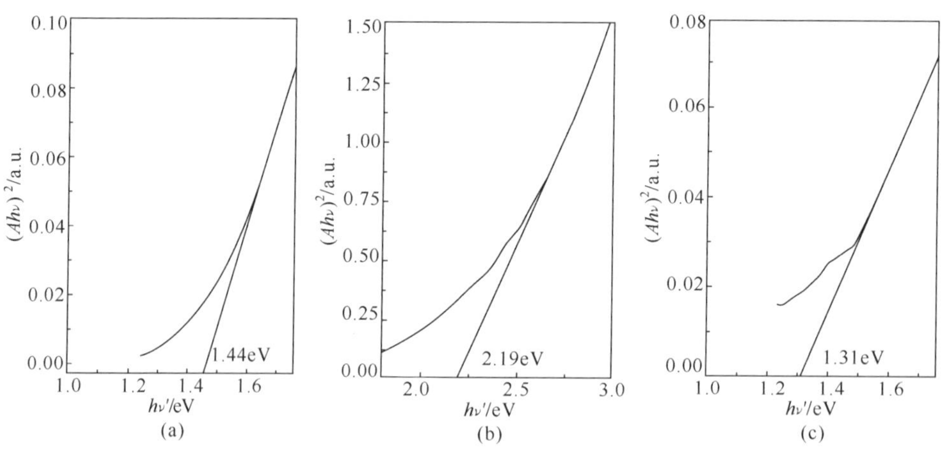

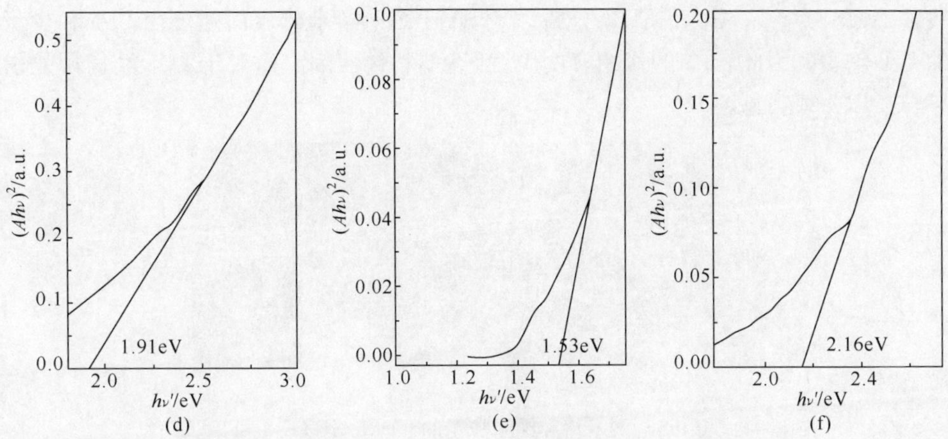

图 6.38　样本 S2～S4 的$(Ah\nu)^2$ 随光子能量变化曲线[49]

$$\Delta E=\frac{\hbar^2\pi^2}{2R^2}\left(\frac{1}{m_e}+\frac{1}{m_h}\right)-\frac{1.8e^2}{4\pi\varepsilon\varepsilon_0 R} \tag{6.4-1}$$

式中，R 是 $AgInSe_2$ 纳米粒子的半径；m_e 和 m_h 是电子和空穴的有效质量。利用图 6.38(a,c,e)的数据，计算出 $AgInSe_2$ 纳米粒子样本 2、样本 3、样本 4 的尺寸是 8nm、16nm 和 7nm。

6.4.2　$AgInSe_2$ 胶体量子点的形态控制

Vittal 等人研究 $AgInSe_2$ 纳米晶的形态控制，首先给出 $AgInSe_2$ 纳米棒的合成方法。采用一锅煮合成方法，在胺和硫醇混合溶液中，单源前驱体产生热解，制备出一维棒状结构和接近于球形纳米粒子的 $AgInSe_2$ 纳米晶[50]。典型样本的合成路线是：0.03mmol(50mg)[$(PPh_3)_2AgIn(SeC\{O\}Ph)_4$]、1.10mL(3.37mmol) OA 和 0.81mL(3.37mmol)DT 混合装入反应瓶，前驱体迅速溶解和形成黑色溶液。在真空条件下，溶液除气，随后在 Ar 气下加热到 185℃，保持 17 小时。在反应结束后，反应瓶底部有黑色沉淀产物。加入少量的甲苯和超量的乙醇，通过离心得到 $AgInSe_2$ 纳米晶。

采用上述方法制备 $AgInSe_2$ 纳米棒的 TEM 如图 6.39(a)所示，纳米棒平均长度是 50.3nm，平均直径是 14.5nm，二者比例接近于 3.5。图 6.39(c)是单个 $AgInSe_2$ 纳米棒的 HRTEM，清晰的晶格边缘显示出良好的结晶性。如果反应温度提高到 250℃，在加热 2 小时后得到的是不规则形状的 $AgInSe_2$ 纳米粒子，如图 6.39(b)所示。产生变化的原因是：在高温情况下，胺溶液中的前驱体是不稳定的，几乎没有可用的单体推进纳米粒子的生长。

在 $AgInSe_2$ 纳米棒的合成中，DT 和 OA 的作用是同等重要的。实验表明，如果单独使用 OA，只是得到不规则的 $AgInSe_2$ 粒子；如果单独使用 DT，只是产生大

块的 $AgInSe_2$。FTIR 和 EDX 分析表明，$AgInSe_2$ 纳米棒表面主要由 OA 和少量的 DT 包裹。因此，OA 的作用有两个：活性剂和包覆剂。而对于 DT，其作用是引导粒子以一维方式生长。

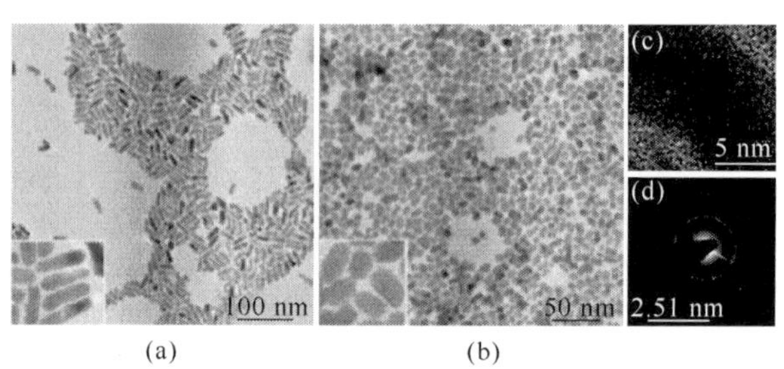

图 6.39 $AgInSe_2$ 纳米棒和纳米粒子的 TEM、HRTEM 和 SAED[50]

在反应温度 185℃条件下，如果反应时间由 17 小时缩短到 1.5 小时，这时得到的是小的纳米棒与多面体 $AgInSe_2$ 纳米粒子的混合产物，如图 6.40(a)所示。但是，这时 $AgInSe_2$ 纳米棒的直径并未变化，说明在持续的加热生长过程中，生长是沿着棒的长度方向进行。当使用同等数量的十六胺替代 OA 时，可以获得同样的 $AgInSe_2$ 纳米棒，如图 6.40(b)所示，表明 $AgInSe_2$ 纳米棒的形态是由 DT 决定的。当用 TOPO 替代 DT 时，这时获得的是多面体 $AgInSe_2$ 纳米粒子为主的产物，如图 6.40(c)所示，再次证明 DT 在 $AgInSe_2$ 纳米棒生长中的作用。

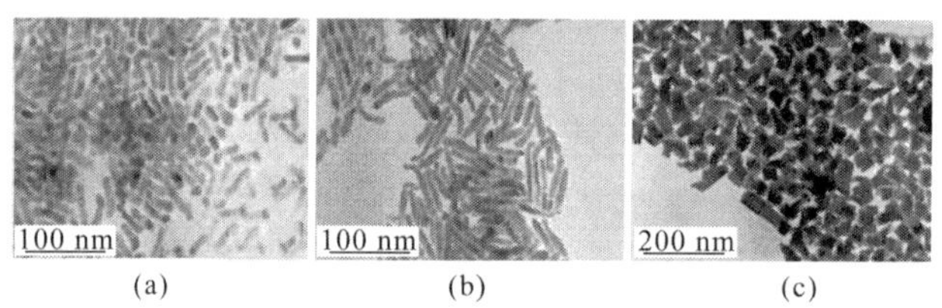

图 6.40 不同配位体制备 $AgInSe_2$ 纳米晶的 TEM[50]

6.5 Ag_2S 胶体半导体量子点

Ag_2S 是 I-VI 族窄带半导体材料，体材料带隙是 0.9～1.1eV[51,52]。因此，Ag_2S 量子点是良好的近红外辐射材料。在这里，我们介绍这种胶体量子点的合成方法和典型样本的基本性质。

6.5.1 Ag_2S 胶体量子点的合成方法

Ag_2S 具有多个不同的同位素异形的结构，如单斜晶系的 α-Ag_2S(在 178℃以下的稳定结构)、体心立方的 β-Ag_2S(在 178～600℃之间处于稳定的结构)、面心立方的 γ-Ag_2S(在 600℃以上的稳定结构)，在光电器件、太阳电池、红外探测器等领域有着广泛的应用前景。近几年以来,有关 Ag_2S 胶体量子点的研究得到广泛的关注。我们选择几种典型的合成方法给以初略的介绍。

Wang 等人提出一种单前驱体合成油相 α-Ag_2S 的方法[53]。其中,前驱体是二乙基二硫代氨基甲酸银(diethyl dithiocarbamate silver, Ag(DDTC)),合成路线如图 6.41 所示。

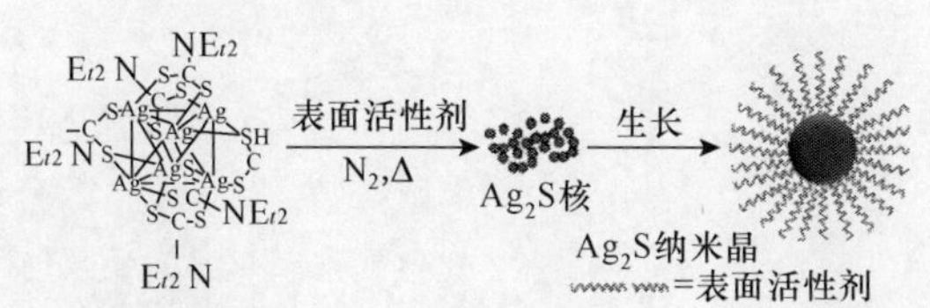

图 6.41 基于单源前驱体 Ag(DDTC)制备 Ag_2S 量子点的路线图

典型样本的合成路线是[53]:0.05mol 硝酸银(silver nitrate, $AgNO_3$)和三水合二乙基二硫代氨基甲酸钠($(C_2H_5)_2NCS_2Na \cdot 3H_2O$, diethyl dithiocarbamate sodium, Na(DDTC)),分别溶解到 100mL 的蒸馏水中,然后两种溶液在 500mL 烧杯中混合,3 小时后获得黄色的 Ag(DDTC)沉淀物。在室温环境下,0.1mmol Ag(DDTC)、10mmol OA 和 10mmol ODA 混合,以 20mmol ODE 为溶剂,装入 100mL 三口瓶。在真空和磁力搅拌下,混合溶液加热到 100℃,经历几分钟,去除水和氧气,形成透明溶液。以 15℃/min 加热速度,反应溶液加热到 200℃,在 N_2 环境下保持 30 分钟。在冷却到室温后,加入过量乙醇,使量子点沉淀;利用乙醇清洗,在 60℃空气环境下干燥。最后,将制备的量子点溶解在非极性有机溶剂中(如环已烷等)。

上述方法制备 Ag_2S 量子点的 XRD 如图 6.42(a)所示,全部衍射峰可以与单斜晶系(螺状硫银矿(acanthite),P21/n 点群)Ag_2S 相匹配,相应晶格常数是 $a=4.226$Å、$b=6.928$Å 和 $c=7.858$Å(JCPDS 14-0072)。图 6.42(b)是 Ag_2S 量子点的 TEM,显示出良好的单分散性,平均尺寸是 10.2nm。图 6.42(c)的 HRTEM 表明,晶格边缘的空间间距是 0.28nm,对应于 Ag_2S(112)晶面族的间距。TEM 表明,单分散 Ag_2S 量子点是离散和二维规则的排列,表明量子点表面保持着良好的配位体包裹。

Ag_2S 量子点吸收光谱如图 6.43(a)所示,第一激子吸收峰位于 920nm,相对体材料 Ag_2S 的带隙($E_g=1.1$eV)产生明显的蓝移,体现出量子尺寸受限效应。图 6.43(b)是 Ag_2S 量子点的 PL 光谱,峰值位于 1058nm,FWHM 约为 21nm,具有窄的尺寸分布。

上述合成方法只是一个尺寸的 Ag_2S 量子点,没有充分体现尺寸调谐的功能,而且 PL 辐射强度较弱。稍后,Jiang 等人提出二步合成方法[54],如图 6.44 所示。典型样本的合成路线是:0.05mmol$(TMS)_2S$ 与 1.5mL TOP 混合装入 10mL 玻璃瓶，然后转入注射器。1.6mmol MA、2.4mmol OA 和 5mL ODE 加入到 25mL 三口瓶中，在搅拌下再次加入 0.1mmol 醋酸银粉末。在 Ar 气作用下，在 60℃温度下净化 30 分钟，然后反应混合物再次加热到 110℃。在醋酸银完全溶解后，将 $(TMS)_2S$ 前驱体溶液迅速注入到反应瓶中。在注入后，反应温度稳定到 90℃，以满足 Ag_2S 量子点的生长。在冷却到室温后，Ag_2S 量子点被纯化，分离出的 Ag_2S 量子点再次溶解到正己烷或甲苯中。

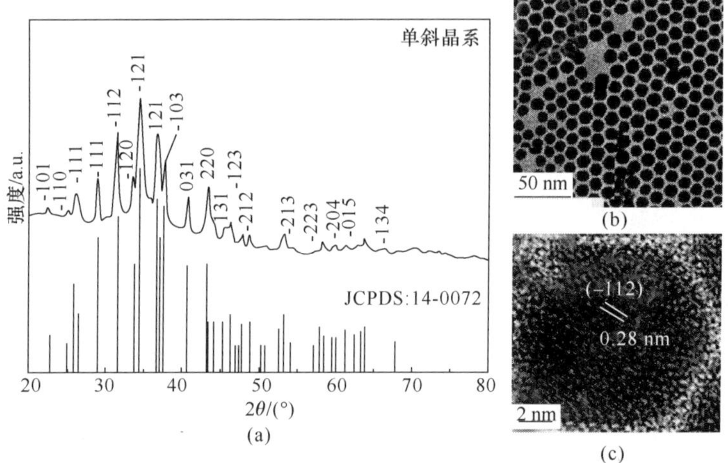

图 6.42　Ag_2S 量子点的 XRD、TEM 和 HRTEM[53]

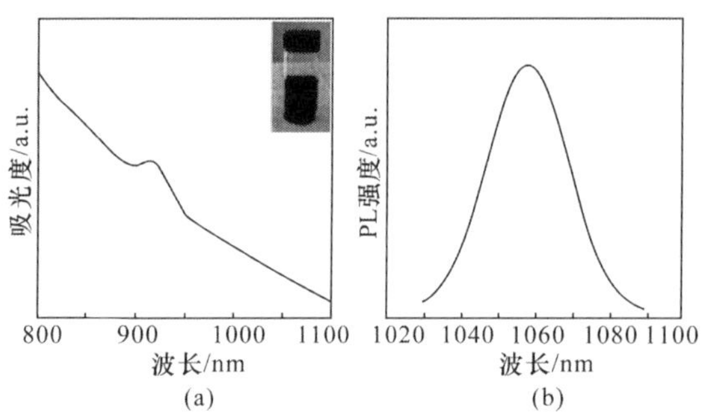

图 6.43　Ag_2S 量子点吸收和室温下的 PL 光谱[53]

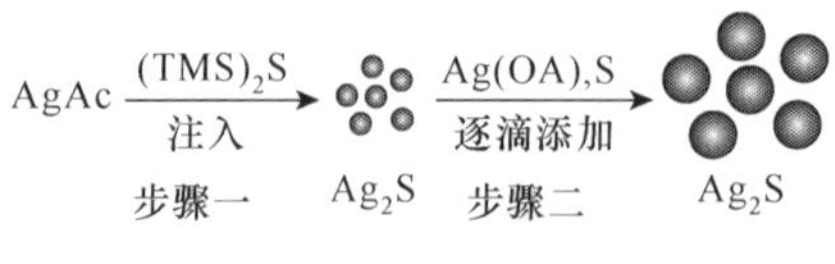

AgAc —$(TMS)_2S$ 注入→ Ag_2S —Ag(OA),S 逐滴添加→ Ag_2S

步骤一　　步骤二

图 6.44　二步合成法制备 Ag_2S 量子点路线示意图

这种合成方法的第一步是制备类似于球形的 Ag_2S 量子点，TEM 如图 6.45(a)所示，粒子平均直径是 1.5nm。HRTEM 插图表明，Ag_2S 量子点显示出清晰的晶格结构和原子位面。原子位面的间距是 0.238nm，匹配于 α-Ag_2S(103)晶面族。Ag_2S 量子点的 XRD 如图 6.45(c)a 曲线所示，显示出弱的、难以分辨的衍射峰，产生这个结果归结于过小的粒子尺寸和非晶态表面配位体。在 Ar 气保护下加热到 180℃，保持 1 小时，这时 Ag_2S 量子点的 XRD 如图 6.45(c)b 曲线所示。XRD 得到明显改善，与单斜晶系 Ag_2S(JCPDSCard 65-2356)相符。Ag_2S 量子点的 EDX 数据如图 6.45(b)所示，Ag 和 S 元素比例是 Ag∶S=1.7∶1，与体材料 Ag_2S 的化学计量值接近。

合成第一步制备球形 Ag_2S 量子点的吸收(a 曲线)、PL 光谱(c 曲线)和 PLE 光谱(b 曲线)如图 6.45(d)所示。由于量子尺寸受限效应，第一激子吸收峰位于 655nm(1.9eV)，相对体材料 Ag_2S 带隙(1.1eV)产生明显的蓝移。此外，PLE 光谱也显示出明显的激发峰，与吸收光谱有良好的一致性。这个直径 1.5nm Ag_2S 量子点的 PL 辐射峰位于 813nm，FWHM 为 65nm。但是，这时 Ag_2S 量子点的 PL 量子产率只有 0.18%，荧光寿命是 57ns。

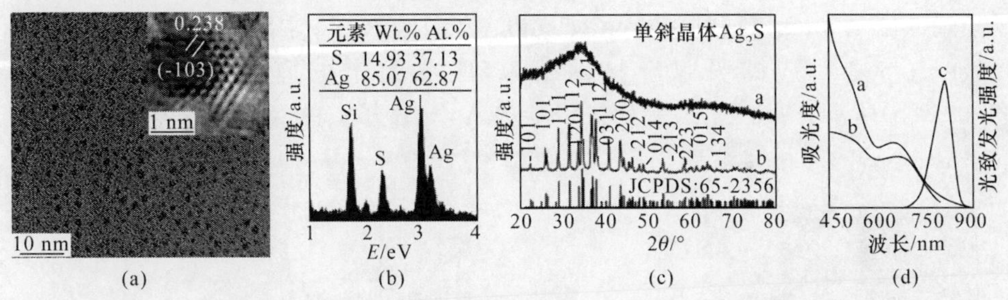

图 6.45　一步法制备 Ag_2S 量子点的 TEM、EDX、XRD 和吸收、PLE、PL 光谱[54]

单分散胶体量子点的形成，涉及两个过程：成核过程和生长过程，两个过程的平衡是获得高质量胶体量子点的关键。在初始晶核形成过程中，在单体迅速消耗形成晶核后，溶液中剩余单体的浓度将影响后面量子点的生长。在成核结束后，较低的剩余单体浓度将减缓量子点的生长速度。作为调整成核和生长平衡的关键因素，通过调整注入和生长温度可以调整 Ag_2S 量子点的形成过程。如图 6.46 所示，图(a)，(b)，(c)注入/生长温度分别是 50℃/50℃、90℃/70℃和 120℃/90℃；图(d)的注入温度和生长时间是：a 曲线是 50℃、30 秒；b 曲线是 50℃、5 分钟；c 曲线是 50℃、30 分钟；d 曲线是 80℃、5 秒；e 曲线是 110℃、5 秒。当注入温度高于 90℃时，初始成核速度过快，以至于在$(TMS)_2S$ 注入后，吸收峰和 PL 峰几乎马上显示出来，而且不随生长时间的增加而移动，如图 6.46(b，c)所示。产生这个现象的原因是:伴随成核过程的进行,高反应活性的$(TMS)_2S$被完全耗尽,不足以支撑后续的生长过程。因此,通过调整注入温度和生长时间,PL 辐射峰可以由 690nm 调谐到 820nm,如图 6.46(d)所示。

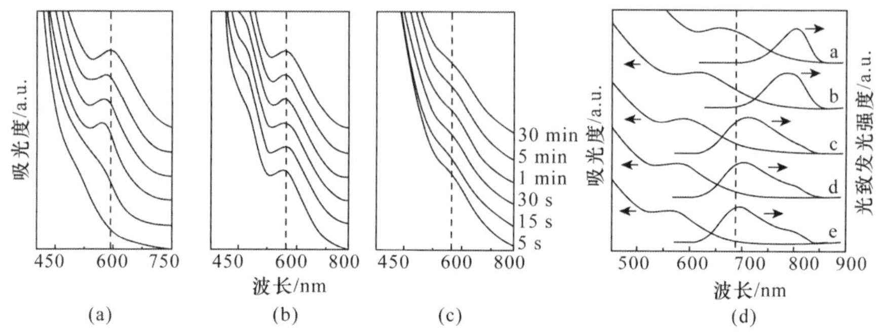

图 6.46 不同注入/生长温度和生长时间制备的 Ag_2S 量子点吸收、PL 光谱[54]

除了调整温度和生长时间之外,配位体浓度也是影响合成纳米粒子尺寸的重要因素。在第一步合成中,制备 Ag_2S 量子点不能变化配位体的浓度。因此,一个种子居间生长的步骤(称为第二步)被实施。在种子居间生长 18 小时后,Ag_2S 量子点尺寸由 1.5nm 增加到 4.6nm,如图 6.47(a)所示;PL 辐射峰由 813nm 红移到 1227nm;与之对应的吸收峰显示出来,吸收光谱的肩部位于 1010nm,如图 6.47(b)所示。图 6.47(c)是第二步制备 Ag_2S 量子点的 XRD,仍然显示出单斜晶系 α-Ag_2S 的晶相结构。

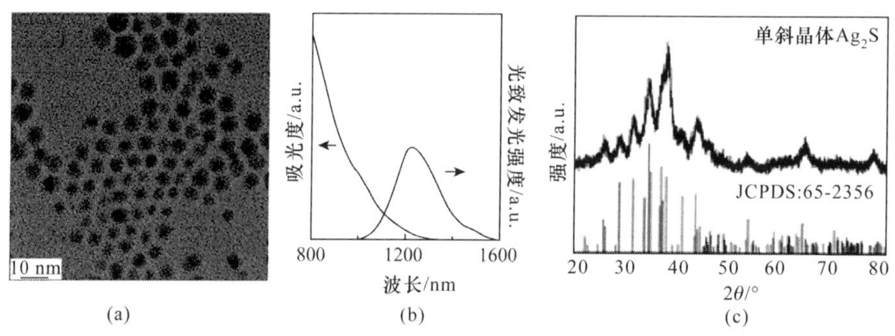

图 6.47 第二步制备 Ag_2S 量子点的 TEM、吸收和 PL 光谱、XRD[54]

水相分散的 Ag_2S 量子点是十分必要的,以便适用于生物医学的应用。上述油相制备 Ag_2S 量子点可以通过配位体交换得到水相 Ag_2S 量子点,但必然产生 PL 发光质量的下降。Hocaoglu 等人提出一种可以获得较高 PL 发光性能、水相法制备 Ag_2S 量子点的方法[55]。采用 2-巯基丙酸(2-mercaptopropionic acid,2-MPA)包裹 Ag_2S 量子点,通过调节 Ag∶S 和 2-MPA∶Ag 比例,获得良好 PL 发光特性。

水相法制备 Ag_2S 量子点的合成路线如图 6.48 所示，典型样本的合成路线是[55]：将 2-MPA 溶解到 75mL 去氧的水中，利用 NaOH 和 CH_3COOH 溶液(2M)将 pH 调整为 7.5。然后加入 42.5mg $AgNO_3$，pH 仍然调整为 7.5。溶液加热到适当的温度(例如：30℃、50℃或 90℃)，随后在搅拌下、将 25mL Na_2S 水溶液缓慢加入到反应混合物中。经过水清洗和过滤后，将制备出 Ag_2S 量子点水溶液储存在 4℃的暗室中。

制备过程中，随着二价硫离子的增加，溶液的颜色转变为黄色，最终胶体量子点溶液是暗褐色。制备 Ag_2S/2-MPA 量子点的 XRD 如图 6.49(a)a 曲线所示，衍射峰的展宽归因于粒子的纳米尺寸，而表面非结晶有机物的包裹导致衍射峰的模糊化。当样本加热到 180℃，超过 1 小时，Ag_2S 量子点表面包裹物被分解，可分辨的衍射峰清晰的显示出来，如图 6.49(a)b 曲线所示，对应单斜晶系 α-Ag_2S 的晶相结构(JCPDS 14-72)。

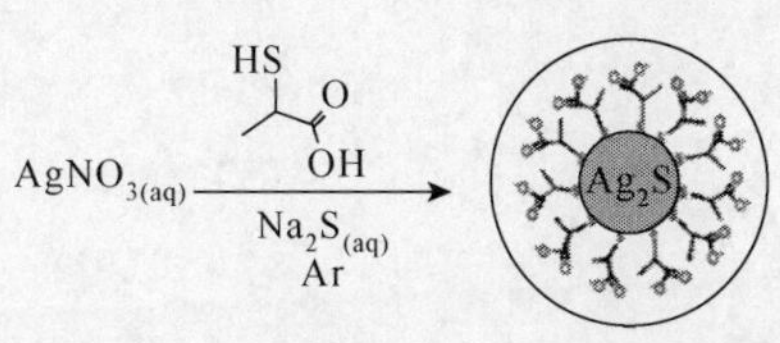

图 6.48　2-MPA 包覆 Ag_2S 量子点的水相合成路线示意图

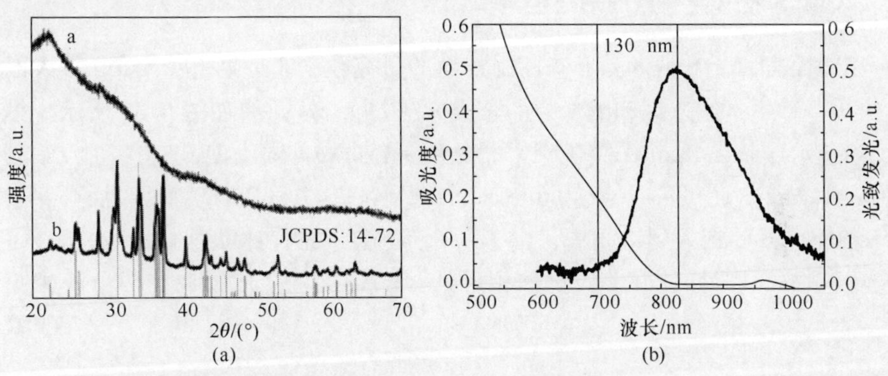

图 6.49　Ag_2S 量子点加温前后的 XRD 和吸收、PL 光谱[49]

Ag_2S/2-MPA 量子点吸收和 PL 辐射光谱如图 6.49(b)所示。粒子尺寸和发光特性与反应温度、以及配位体：2-MPA∶Ag 和 Ag∶S 的比例有关。根据第一激子吸收峰位置，利用式(6.4-1)，计算出粒子尺寸(注意：$m_e=0.286$，$m_h=1.096$，$\varepsilon_{Ag_2S}=5.95$[56])，有关数据列于表 6.3 中。

表 6.3　不同 Ag：S、2-MPA：Ag 和反应温度制备 Ag_2S/2MPA 量子点特性数据

Ag：S	2-MPA：Ag	T /℃	反应时间/h	λ_{cutoff}* /nm	直径** /nm	带隙	$\lambda_{em,max}$ /nm	FWHM /nm	水合直径/nm	Zeta 电势 /mV	QY*** (%)
4	5	30	3	727	2.38	1.71	837	157	3.3	−30	—
4	5	30	1	695	2.29	1.79	827	157	2.8	−55	—
4	5	50	3	757	2.46	1.64	827	173	3.1	−39	—
4	5	90	3	834	2.70	1.49	851	181	3.1	−57	17
4	10	90	3	935	3.05	1.33	950	—	3.9	−46	—
4	10	30	1	711	2.33	1.75	815	162	3.0	−42.3	7
2.5	5	90	3	950-990	>3.1	<1.3	—	—	4.7	−58	—
6	5	90	3	763	2.48	1.63	828	168	3.1	−77.5	14
6	5	30	1	655	2.20	1.9	786	220	3.0	−55	—

* 吸收峰

** 由 Brus 方程计算得出

*** 利用 LDS798 近红外染料计算得出

6.5.2　Ag_2S 胶体量子点的形态控制

相对而言，Ag_2S 纳米晶形态控制方面的研究较少。近期 Feldmann 等人的研究，给出一种中空纳米球和纳米片的合成方法[57]，合成路线如图 6.50 所示。设计一个油包水(water-in-oil(o/w))乳状液胶囊系统，Ag 前驱体四(三苯基膦)硝酸银(nitratotetrakis(triphenylphosphine)silver(Ⅰ)，NTS，$Ag(Ph_3P)_4NO_3$)加入到油相里，S 前驱体 TU 加入到水相中。由于一个反应物限制在极性水相中(TU)，而另一个反应物(NTS)限制在非极性油相里，因此 Ag_2S 的生成控制在两个液相胶囊

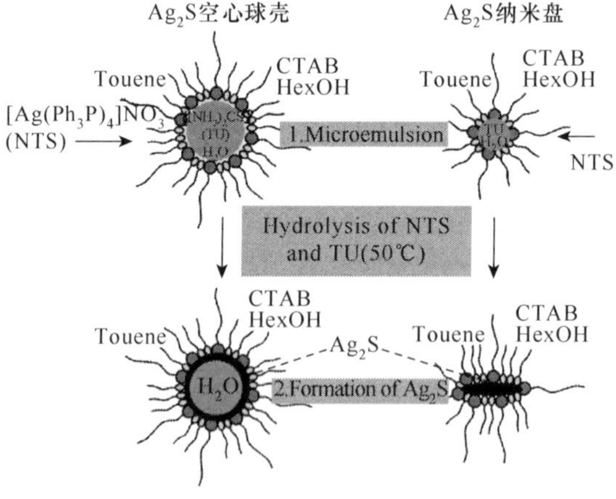

图 6.50　Ag_2S 中空纳米球和纳米片制备路线示意图

的相界上，形成一个 Ag_2S 壳。

根据 Leidinger 等人的设计，典型样本的合成路线是[57]：40g(153mmol)PPh_3、5.86g(34mmol)$AgNO_3$ 溶解到 800mL 乙醇中，回流 6 小时后得到 NTS。标准微乳液（standard microemulsion，SME(v)）符号中 v 表示包含 0.25M TU 的 6.25%氨水溶液的体积（以 mL 表示），这个溶液作为乳状液的极性相。此外，包括 25mL 甲苯的 SME(v)作为非极性分散剂相，910mg 十六烷基三甲基溴化铵（cetyltrimethylammonium bromide，CTAB）作为表面活性剂，2.5mL 乙醇作为辅助表面活性剂。将 80.4mg(0.2mmol)NTS 溶解到 10mL 甲苯中，超声处理 1 分钟；然后加入到 SME(1)中，混合溶液变成透明。混合溶液被缓慢加热到 50℃，溶液变成深黑色，显示出中空 Ag_2S 纳米球的形成。使用 442mg NTS(0.5mmol)和 SME(0.25)，其他条件不变，制备出 Ag_2S 纳米片。

上述方法制备 Ag_2S 中空纳米球、纳米片的 HRTEM 和 XRD 如图 6.51 所示，其中图(a)、(c)是 Ag_2S 中空纳米球的图样，图(b)、(d)是 Ag_2S 中空纳米片的图样。显然，两者具有相同的晶格结构，即 α-Ag_2S 螺状硫银矿结构。

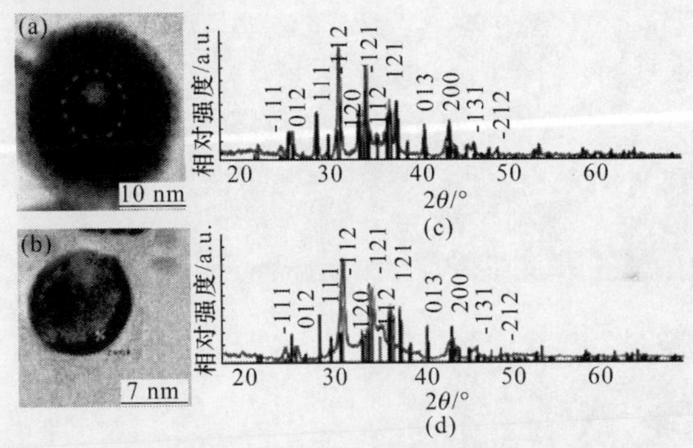

图 6.51　Ag_2S 中空纳米球、纳米片的 HRTEM 和 XRD[57]

众所周知，Ag_2S 是一种“快”离子导体，Ag_2S 中的 Ag 阳离子表现出“流体”似的性质。因此，尽管 Ag_2S 是一种化学计量化合物，在 Ag_2S 中仍然会产生阳离子空缺[58~60]。基于这个特点，Ag_2S 纳米晶可以作为半导体异质结构的调和者。这时 Ag_2S 纳米晶承担两种作用：制备半导体异质结构的催化剂和源基质，Xu 等人利用这个思想，制备不同形态的 Ag_2S 纳米晶，将其作为 Ag_2S-ZnS、Ag_2S-CdS、Ag_2S-CdS-ZnS、Ag_2S-ZnS-CdS-ZnS 结构的催化剂和 Ag_2S-$AgInS_2$、$AgInS_2$-Ag_2S-$AgInS_2$ 的源基质[61]。

通过调整合成条件，可以获得不同形状的 Ag_2S 纳米晶。典型样本的合成路线是：将反应瓶内 4.0g 十八胺以 8℃·min^{-1} 速度加热到 170℃，保持 20 分钟。然后逐次加入 25mg $AgNO_3$、29mg S 粉，反应混合物的颜色由淡黄色变成黑色，表明 Ag_2S 纳米晶的生成。反应混合物在 170℃继续反应 10 分钟，利用乙醇发生沉淀和通过离心收集。在正己烷和 $CHCl_3$ 多次清洗后，得到用于后续合成和分析的 Ag_2S 纳米晶。如果反应温度是 95～130℃，这时制备出棒状 Ag_2S 纳米晶。

Ag_2S 纳米晶的形状和尺寸敏感的依赖于反应温度和 $AgNO_3$、S 粉的剂量。当反应温度高于 160℃或低于 90℃时，合成出球形 Ag_2S 纳米晶，TEM 如图 6.52(a,c)所示(对应 170℃和 85℃)。前者与后者相比，显示出大尺寸和较宽的尺寸分布。在 95～130℃反应温度时，将形成 Ag_2S 纳米棒，如图 6.52(b)所示(对应 130℃)。这个差异产生的原因是：在较低反应温度时，十八胺的黏性很高，反应物扩散速度很低，生成的 Ag_2S 晶核被十八胺包裹，易于形成球形 Ag_2S 纳米晶；在 95～130℃反应温度时，十八胺的黏性降低，反应物扩散速度增加，包裹剂出现空缺，导致部分 Ag_2S 晶核小面露出，有益于形成延长的 Ag_2S 纳米晶生长；在反应温度高于 160℃时，反应速率增加，十八胺与 Ag_2S 之间的相互作用减弱；与此同时，二次成核现象增加，有助于等方向的生长和加宽 Ag_2S 纳米晶的尺寸分布。制备 Ag_2S 纳米晶的 XRD 如图 6.52(d)所示，Ag_2S 纳米晶是单斜晶相(JCPDS 14-0072)，晶格常数是 a=4.229Å、b=6.931Å、c=7.862Å。

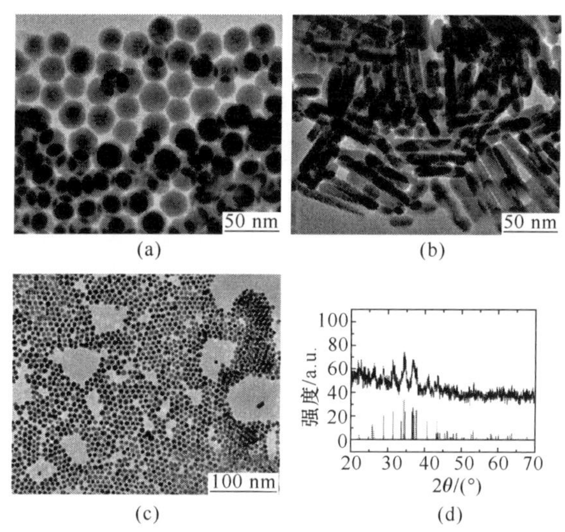

图 6.52 不同反应温度制备的 Ag_2S 纳米晶的 TEM 和 XRD[61]

以 Ag_2S 纳米晶作为源基质，可以制备 Ag_2S-ZnS 半导体异质纳米结构。典型样本的合成路线是[61]：将 0.2～0.3g $Zn(dbdc)_2$ 溶解在 5～8mL 十八胺中，然后加入 3～10mg $AgNO_3$。按 8℃·min^{-1} 速率将反应混合物加热到 150～260℃，保持这个温度 7～60 分钟。Ag(dbdc)分解温度是 120℃，低于 $Zn(dbdc)_2$ 的 140℃分解温度。在上述包括 $AgNO_3$、$Zn(dbdc)_2$ 和十八烷胺的反应混合物中，Ag^+ 与 $Zn(dbdc)_2$ 反应生成 Ag(dbdc)；稍后温度达到 120℃，Ag(dbdc)发生分解，生成 Ag_2S 纳米晶；反应温度进一步达到 140℃，$Zn(dbdc)_2$ 发生分解，ZnS 溶解和生长

到 Ag_2S 纳米晶上，形成 Ag_2S 纳米晶和 ZnS 纳米线的各自生长，产生 Ag_2S-ZnS 半导体异质纳米结构。Ag_2S-ZnS 半导体异质纳米结构 TEM 如图 6.53(a)所示，其中ZnS 纳米线直径是 20nm、长约几微米。Ag_2S-ZnS 半导体异质纳米结构 XRD 如图 6.53(b)所示，其中 ZnS 纳米线(曲线 b)是六角形 ZnS 晶相(JCPDS 80-0007)。此外，归属于 Ag_2S、位于 30°～45°的衍射峰是很弱的，这是 Ag_2S-ZnS 结构中 Ag_2S 数量远小于 ZnS 的结果。

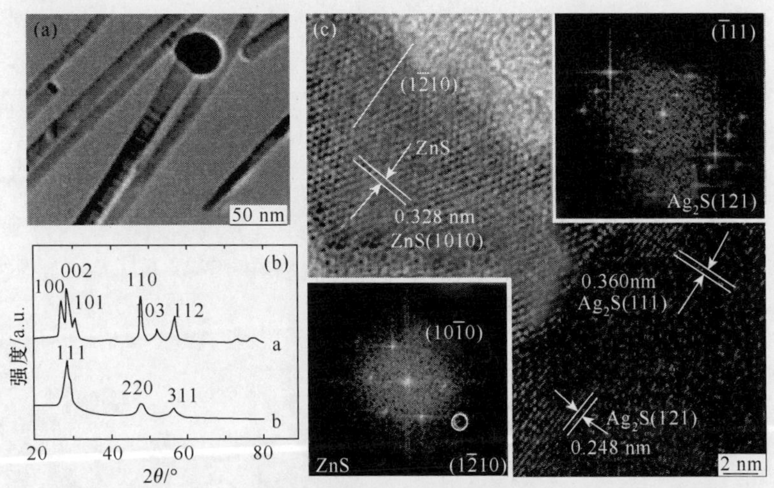

图 6.53　Ag_2S-ZnS 纳米线的 TEM、XRD、HRTEM 和电子衍射图样[61]

图 6.53(c)所示 Ag_2S-ZnS 交界面的 HRTEM 和 FFT 图像表明，二者的交界面是由 $Ag_2S(121)$面与 $ZnS(1\bar{2}10)$面组成，而且 ZnS 纳米线的优先生长方向是沿着$(1\bar{2}10)$面的方向。然而，$Ag_2S(\bar{1}11)$面与 $ZnS(10\bar{1}0)$面之间存在着较大的晶格失配(8.9%)，由此失配产生的应力导致相交界面附近的局域弯曲。实验表明，ZnS 纳米线的长度和直径依赖于 $Zn(dbdc)_2$ 的数量，同时随 $AgNO_3$ 数量的增加而减少。显然，前驱体 $Zn(dbdc)_2$ 和 $AgNO_3$ 发挥着不同的作用：$Zn(dbdc)_2$ 数量的增加，提供更多的 Zn 和 S 源，有利于 ZnS 纳米线的生长；反之，$AgNO_3$ 数量的增加可以提高 Ag_2S 纳米晶的数量，减少溶解在 Ag_2S 纳米晶中 ZnS 的数量，必然导致 ZnS 纳米线长度的降低。

同理，利用 Ag_2S 纳米晶作为源基质，也可以制备 Ag_2S-CdS 和 Ag_2S-ZnS-CdS-ZnS 半导体异质纳米结构，图 6.54 是这两种半导体异质纳米结构的 TEM。

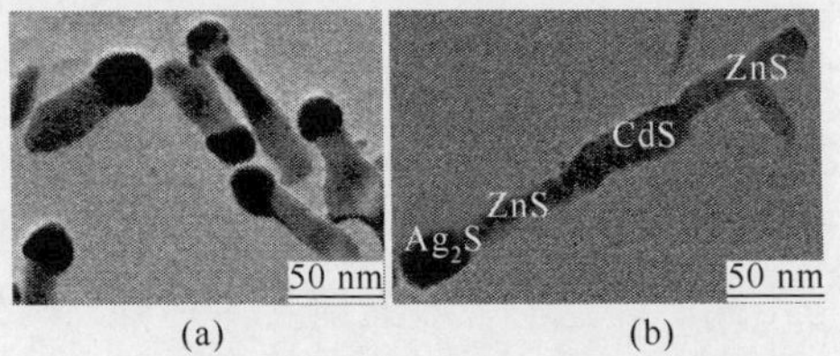

图 6.54　(a)Ag_2S-CdS 和(b)Ag_2S-ZnS-CdS-ZnS 异质纳米结构的 TEM[61]

6.5.3 Ag_2S 胶体核壳量子点

Ag_2S 是窄带(～1eV)半导体材料，ZnS 是宽带(～3.66eV)半导体材料，二者组合成核壳结构，有利于改善 Ag_2S 量子点的发光性质。Paria 等人提出一种新颖的中空 Ag_2S/ZnS 或 ZnS/Ag_2S 双壳结构，在生物技术领域展现出良好的应用前景。例如将药物装入中空球内，可以控制药物的释放。

中空 Ag_2S/ZnS 双壳球形结构量子点的合成过程如图 6.55 所示。典型的合成路线是[62]：在 CTAB 溶液中，利用硫代硫酸钠(sodium thiosulfate，$Na_2S_2O_3$)和 HNO_3 催化反应，得到 S 纳米粒子(作为内核)。超声 20 分钟，进行第一层壳的包覆。前驱体(如果首先包覆 Ag_2S，则是 $AgNO_3$；如果首先包覆 ZnS，则是 $Zn(NO_3)_2$)缓慢加入到 S^{2-} 离子溶液里。60 分钟后反应完成，再超声处理 15 分钟。然后加入前驱体($AgNO_3$ 或 $Zn(NO_3)_2$)，生成外部的壳。经过分离、清洗，收集得到实心纳米粒子，直接放置在 55℃的烤箱中，放置一夜；随后在 450℃下煅烧 30 分钟，在空气中移除 S，获得中空双壳球形纳米粒子。

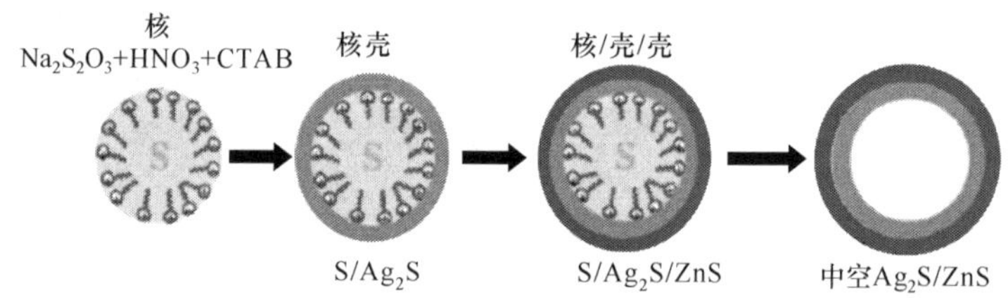

图 6.55 中空 Ag_2S/ZnS 双壳球形结构量子点制备过程示意图

中空 Ag_2S、ZnS/Ag_2S、Ag_2S/ZnS 和 ZnS 纳米粒子的吸收光谱如图 6.56(a)所示。在可见光区域，中空 Ag_2S 纳米粒子的吸收强度明显高于其他三种粒子的吸收光谱，这是因为 Ag_2S 具有较窄的带隙(～1eV)；在紫外区域，中空 ZnS 纳米粒子显示出较高的吸收强度，这是因为 ZnS 是宽带隙材料。当中空 Ag_2S 粒子外部包覆 ZnS 后，将产生与中空 ZnS 粒子不同的吸收图像。与中空 Ag_2S 粒子吸收光谱比较，中空 Ag_2S/ZnS 粒子在紫外区域的吸收强度增加了，但没有显示出明显的特征峰。但是，这个吸收强度仍然低于中空 ZnS 粒子的吸收光谱强度，而且在 360nm 处显示出一个肩部，这是包覆宽带隙 ZnS 材料的结果。ZnS 直接暴露在光辐射下，对吸收光谱具有支配性的影响。可见区域吸收的增加，主要是由于内部 Ag_2S 壳的影响。这时吸收强度数值仍然低于中空 Ag_2S 粒子，因为外部存在一个薄的 ZnS 层(～28nm)。一般而言，当外壳层厚度足够厚时，入射光不能穿过外壳层。另一方面，相对于中空 Ag_2S/ZnS，当包覆材料的顺序变化时，中空ZnS/Ag_2S 纳米粒子的吸收图像是不同的。这时吸收光谱延伸到可见区外(高于 710nm 处)，也表现出相对高的吸收强度。同时，由于外壳层 Ag_2S 厚度是 23.3nm，ZnS 难以对吸收强度产生影响。因此，在紫外区域的吸收强度要低于中空 ZnS 或中空 Ag_2S/ZnS 粒子的量值。

上述几种中空粒子的 PL 光谱如图 6.56(b)所示。与实心 Ag_2S 纳米粒子比较，中空 Ag_2S 纳米粒子的 PLQY 要有明显的增加。在包覆 ZnS 外壳层(厚度约 27.8nm)后，Ag_2S 的 PLQY 由 89%降低到 39%，但是仍然高于中空 ZnS 粒子的 PLQY(14%)。这个结果表明，ZnS 包覆钝化了 Ag_2S 纳米粒子的辐射。换言之，Ag_2S 内壳层的存在影响 ZnS 的辐射，使得中空 Ag_2S/ZnS 纳米粒子的 PLQY 高于中空 ZnS 纳米粒子的量值。

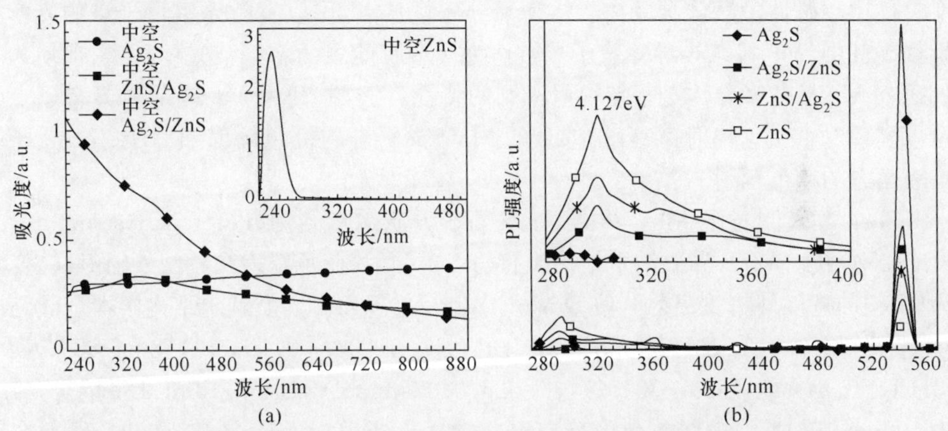

图 6.56 中空 Ag_2S、ZnS/Ag_2S、Ag_2S/ZnS 和 ZnS 纳米粒子吸收、PL 光谱[62]

两个双壳层中空纳米粒子 XRD 如图 6.57 所示。对于中空 Ag_2S/ZnS 纳米粒

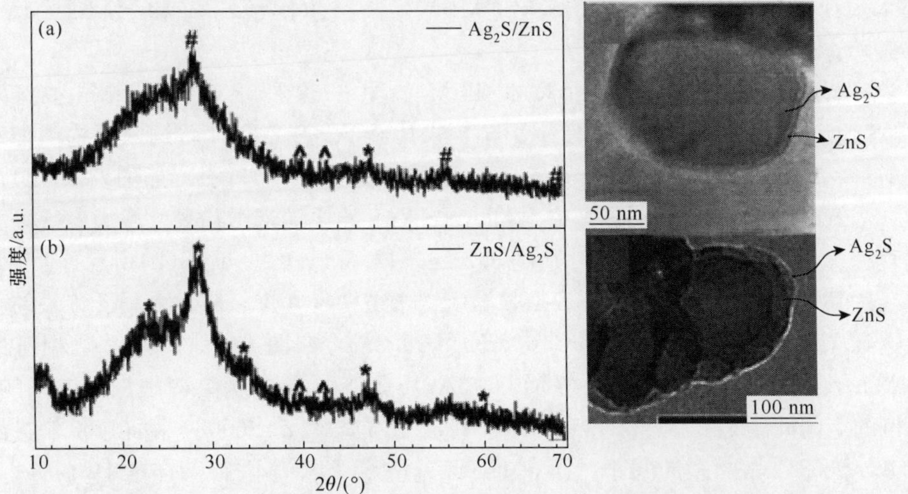

图 6.57 中空 Ag_2S/ZnS、ZnS/Ag_2S 纳米粒子 XRD 和 HRTEM[62]

子,在包覆 ZnS 外壳层后,Ag_2S 材料原有的一些衍射峰消失,同时出现一些新的衍射峰,这是立方体 ZnS(JCPDS PDF02-0564)作用的结果。类似情况同样出现在中空 ZnS/Ag_2S 粒子上,这是单斜晶相 Ag_2S(JCPDS PDF09-0422)的贡献。图 6.57(c,d)是两个双壳层中空纳米粒子的 TEM,两种粒子近似是球形结构,粒子尺寸范围是 80～85nm。对于中空 Ag_2S/ZnS 粒子,Ag_2S 壳层厚度是 5～10nm;对于中空 ZnS/Ag_2S 粒子,ZnS 壳层厚度是 5～10nm。

6.5.4 Ag_2S 胶体掺杂量子点

使用顺磁性过渡族金属离子掺杂半导体量子点,可以有效调整量子点的光学性质。其中,Mn 掺杂半导体量子点被作为一个有前景的新型荧光体种类,促使人们研究 Mn 掺杂半导体量子点辐射机制的特性。例如,利用 Mn 掺杂 ZnS 量子点可以实现二重颜色辐射:来自于掺杂的 Mn^{2+} 离子态的橙色辐射和源于 ZnS 量子点表面态的蓝色辐射。

Shen 等人制备了 Mn^{2+} 掺杂 Ag_2S-ZnS 异质纳米结构(heteronanostructure, HNS),使 Ag_2S-ZnS 异质纳米结构原有的二重辐射(蓝色辐射和近红外辐射)转变为蓝、橙和近红外三重辐射。典型 Mn^{2+} 掺杂 Ag_2S-ZnS 异质纳米结构样本合成路线是[63]:将 0.013g(0.05mmol)Ag(DDTC)、0.036g(0.1mmol)$Zn(DDTC)_2$、$MnCl_2$(Zn 摩尔数的 0%～24%)与 0.02g(0.075mmol)OLA 和 10mL DT 混合,装入 100mL 三口瓶。略带紫色的反应混合物加热到 120℃,除气 20 分钟。然后在 Ar 气保护下,反应温度以 15℃ · min^{-1} 的速度增加到 240℃,保持 5 分钟。利用过量乙醇使产物沉淀,经过离心后被收集。最后产物溶解到环己烷中,获得三个样本:HNS0(未掺杂 Mn^{2+})、HNS1(Mn^{2+} 掺杂摩尔比是 6%)和 HNS2(Mn^{2+} 掺杂摩尔比是 12%)。

HNS0、HNS1、HNS2 三个样本 TEM 如图 6.58 所示,显示出 Mn 掺杂对 Ag_2S-ZnS 异质纳米结构形状发生影响。未掺杂 Ag_2S-ZnS 异质纳米结构类似于蝌蚪形状(Ag_2S 头,直径约 5.5nm;ZnS 尾,约 4.5nm×5.5nm),如图 6.58(a)所示。当 Mn 掺杂达到 2.1%时,蝌蚪状 Ag_2S-ZnS 异质纳米结构尺寸增大,Ag_2S 头的直径达到 6.5nm,ZnS 尾尺寸达到 6.2nm×12.6nm,如图 6.58(b)所示。当 Mn 掺杂达到 5.9%时,蝌蚪状 Ag_2S-ZnS 异质纳米结构尺寸进一步增大,Ag_2S 头的直径达到 7nm,ZnS 尾部尺寸达到 6.3nm×19.2nm,如图 6.58(c)所示。相应的 HRTEM 进一步表明,在未掺杂 Mn 时,Ag_2S-ZnS 异质纳米结构是没有缺陷的,晶格的空间间距是 0.31nm 和 0.22nm,对应于纤锌矿 ZnS(008)晶面族和单斜晶系 Ag_2S(031)晶面族的间距。而在 HNS1、HNS2 两个 Mn 掺杂样本中,在 Ag_2S 头部显示出少量的位错,以及在 ZnS 尾部发现立方体闪锌矿晶相。

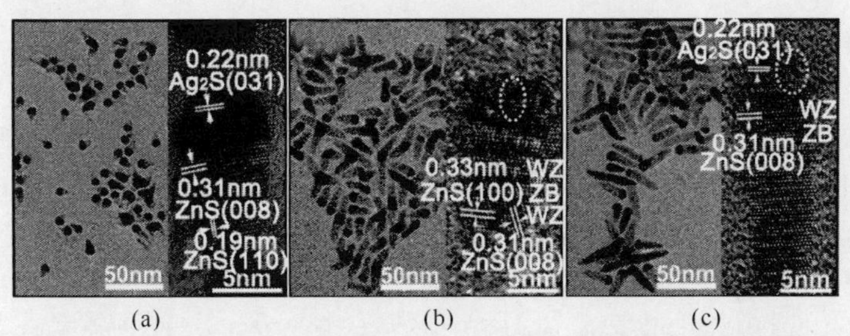

图 6.58　HNS0、HNS1、HNS2 三个样本的 TEM 和 HRTEM[63]

其次，Mn 掺杂明显影响 Ag_2S-ZnS 异质纳米结构的 PL 光谱，如图 6.59 所示。样本 HNS0 呈现出二重颜色辐射，包括在 300nm 激发波长下的蓝色辐射和在 658nm 激发波长下的近红外辐射。样本 HNS1 则清楚显示出第三个颜色，位于 586nm 附近的橙色辐射。样本 HNS2 与 HNS1 的 PL 辐射类似，但蓝色辐射十分微弱，几乎可以忽略。

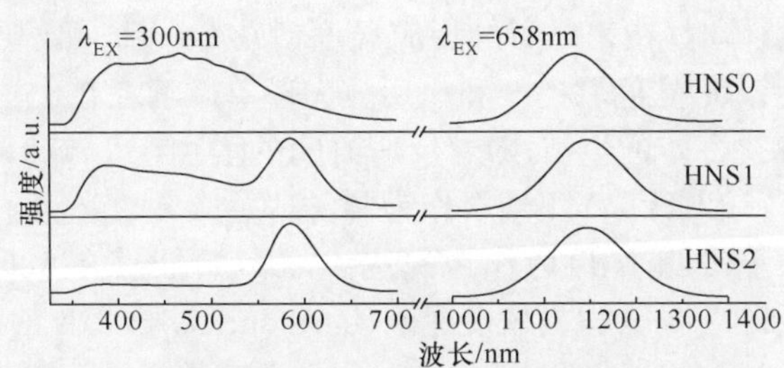

图 6.59　HNS0、HNS1、HNS2 三个样本的 PL 光谱[63]

6.6　Ag_2Se 胶体半导体量子点

Ag_2Se 通常存在两个稳定的固体相：半导体 β-Ag_2Se，低温合成显示出斜方晶系晶格；金属性 α-Ag_2Se，高温合成显示出体心立方晶格。就 β-Ag_2Se 而言，体材料带隙是 0.15eV，利用尺寸调谐可以获得第二近红外窗口（NIR-II）辐射，光辐射范围是：1000～1400nm。与第一近红外窗口（NIR-I：650～950nm）比较，前者在生物成像领域展现出良好的应用前景，因为生物组织对 NIR-II 辐射有较小的吸收和散射。因此，Ag_2Se 量子点得到人们的关注，合成方法和特性的研究取得显著的进展，这里选择若干典型的案例加以介绍。

6.6.1　Ag_2Se 胶体量子点的合成方法

Ag_2Se 量子点主要应用于生物成像领域，人们期待获得水相 Ag_2Se 量子点。获得水相 Ag_2Se 量子点的方法有两种：一种是采用传统的油相配位体合成出油相 Ag_2Se 量子点，然后通过配位体交换转换为水相 Ag_2Se 量子点；另一种是直接采用水相溶剂合成出水相 Ag_2Se 量子点。

Zhu 等人提出一种采用传统的油相配位体，注入式合成 Ag_2Se 量子点，然后通过配位体交换转换成水相 Ag_2Se 量子点的方法。典型样本的合成路线是[64]：在 Ar 气保护下，将醋酸银（AgAc）、配位体（OLA、TDPA 或正辛硫醇（octanethiol））和 ODE 混合装入三口瓶。将 Se 粉溶解到 TOP，得到 TOP-Se，然后迅速注入高温反应混合物中。最后将反应产物溶解到无极性溶剂中。

实验结果表明，使用 OLA 或 TDPA 作为配位体，易于生成不均匀的产物。Ag(I)是很弱的 Lewis 酸，而 OLA 和 TDPA 都是很强的 Lewis 碱。这些配位体通过弱的相互作用束缚到 Ag(I)上。当减少 OLA 时，合成应在相对低温（120℃）的条件下完成，避免生成 Ag 纳米粒子。相对低的反应温度，导致较低的有效单体浓度，意味着只有少量单体用于初始的成核阶段，多数单体被遗弃而没有参与生长。而且，OLA 较弱的束缚到 Ag(I)，导致配位体迅速从纳米粒子表面脱逸出来，从而加快生长过程。因此，这时控制纳米粒子的尺寸和尺寸分布是十分困难的。当使用 TDPA 作为配位体时，在相对高的反应温度（170℃）下，有效单体浓度会提高，是因为 TDPA 与 Ag(I)之间弱的调和作用。大量单体消耗在成核阶段，剩余的单体数量不足以支撑进一步的生长，随着反应时间的增加产生 Ostwald 熟化和形状的演变。因此，OLA 和 TDPA 不适合作为制备高质量 Ag_2Se 量子点的配位体。

利用弱 Lewis 碱的正辛硫醇作为配位体，Ag(I)能够在 180℃下稳定下来，Ag(I)与 S 反应生成 Ag_2S。根据软硬酸碱（hard and soft acids and bases，HSAB）特性，Se 与 Ag(I)之间的束缚要强于 S 与 Ag(I)之间的束缚。因此，当 TOP-Se 注入时，Ag(I)和正辛硫醇之间的 Ag(I)-S 键将被断裂，形成 Ag-Se 键。同时，正辛硫醇对 Ag(I)的适当束缚，可以有效的平衡成核过程和生长过程，以便获得高质量 Ag_2Se 量子点。这个思路如图 6.60 所示的路线图。

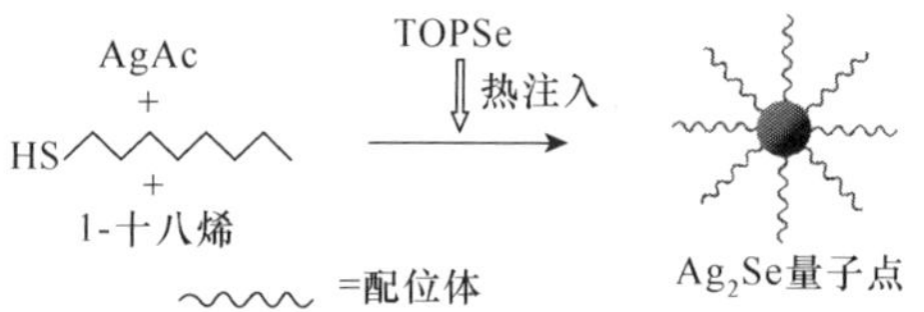

图 6.60　Ag_2Se 量子点制备路线示意图

采用上述合成路线，三个不同反应时间（1min、5min、1h）Ag_2Se 量子点 TEM 如图 6.61(a,b,c)所示，显示出良好的尺寸分布。粒子平均尺寸是 3.1nm、3.4nm 和 3.9nm。图 6.61(d)是 Ag_2Se 量子点的 XRD，显示出斜方晶系 Ag_2Se 结构（JCPDS Card24-1041）。宽阔的衍射峰是由于低的结晶度和小尺寸粒子。插图 HRTEM 表明，相邻晶面间距是 0.246nm，与斜方晶系 Ag_2Se(013)晶面族点阵间距一致。

采用上述方法制备的 Ag_2Se 量子点的吸收和 PL 光谱，如图 6.62 所示（图中曲线反应时间分别是：a-5s，b-1min，c-5min，d-10min，e-20min，f-30min，g-45min，

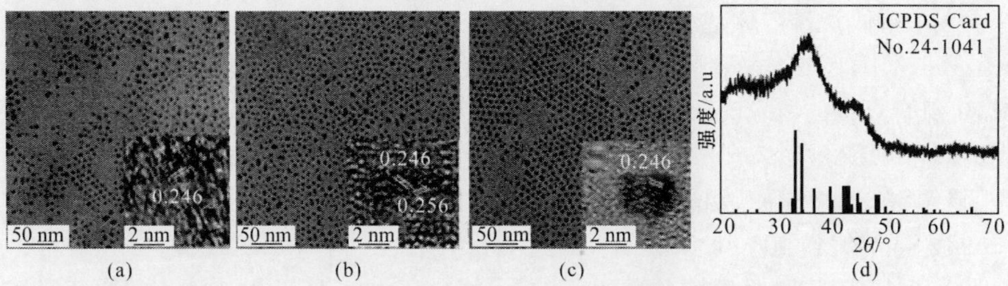

图 6.61　三个尺寸 Ag_2Se 量子点 TEM、HRTEM 和 XRD[64]

h-1h.)。随着反应时间的增加，Ag_2Se 量子点吸收光谱红移，范围是 770～1070nm；相应的 PL 光谱红移范围是 1080～1330nm。利用吸收光谱可以计算出 Ag_2Se 量子点的尺寸，三个不同反应时间(1min，5min，1h)制备的 Ag_2Se 量子点的吸收峰分别位于 808nm、868nm 和 1070nm，利用如下计算公式[65]：

$$E_g(\text{dot})=E_g(\text{bulk})+\frac{\hbar^2\pi^2}{2R^2}\left(\frac{1}{m_e}+\frac{1}{m_h}\right) \tag{6.6-1}$$

三个尺寸 Ag_2Se 量子点带隙分别是 1.54eV、1.41eV、1.13eV。式中各量的数据是：$E_g(\text{bulk})=0.15\text{eV}$，$m_e=0.12m_0$，$m_h=0.75m_0$，$R$ 取值为 3.2nm、3.4nm、3.8nm。吸收和 PL 光谱的红移表明，Ag_2Se 量子点具有良好的粒子尺寸受限效应。此外，图 6.62示出配位体交换前后 Ag_2Se 量子点发光变化情况。可以看到，配位体交换未对 Ag_2Se 量子点发光产生明显的影响。

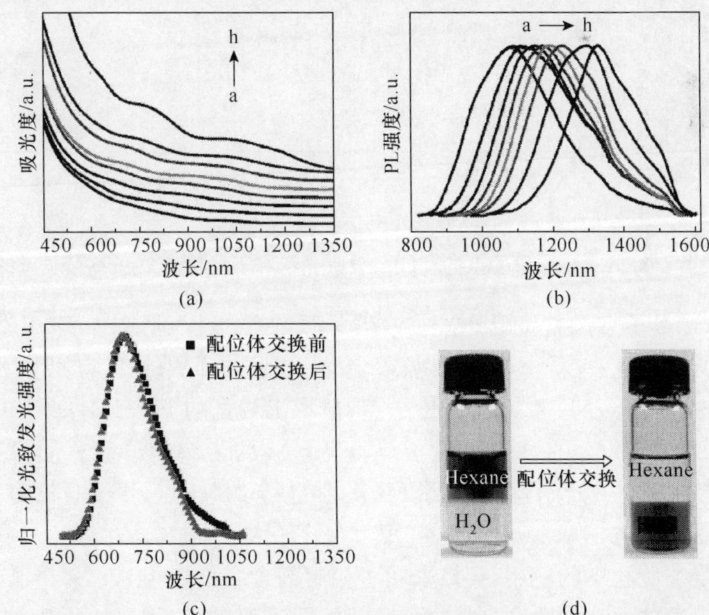

图 6.62　Ag_2Se 量子点吸收和 PL 光谱，以及配位体交换前后的 PL 光谱和发光图片[64]

(阅读彩图请扫封底二维码)

Ag_2Se体材料带隙是0.15eV,利用量子尺寸受限效应可以获得中红外(mid-infrared,MIR,>2.5μm)吸收和辐射的量子点材料。而且与汞相比,Ag的毒性很低,更符合环保的要求。Sahu等人提出另一种合成Ag_2Se量子点的方法,使吸收光谱落在MIR波段。典型样本的合成路线是[66]:将7.8g TOPO、6.6mL OLA混合,装入50mL反应瓶,加热到70℃,除气。在手套箱内,分别将16.99g $AgNO_3$和7.896g Se溶解到100mL TOP中,得到1M Ag-TOP和1M TOP-Se。4mL TOP-Se加入到反应瓶,然后温度升高到150℃。将4mL Ag-TOP迅速注入到快速搅拌的反应混合物中,反应在140℃下继续约4分钟。在水浴内降温停止生长,加入丁醇以防止反应混合物凝固。使用乙醇让量子点沉淀,然后将产物再次溶解到正己烷中。

上述方法制备的Ag_2Se量子点的TEM如图6.63(a)所示,显示平均尺寸是7.3nm。IR吸收光谱如图6.63(b)所示,在0.22eV(5.6μm)处可以看到明显的吸收峰。图6.63(c)是几个不同尺寸Ag_2Se量子点的XRD,显示出四角形晶相结构。因此在室温条件下,Ag_2Se量子点具有两种晶相结构:一种是斜方晶系结构,是一种稳定的体材料晶相;另一种是四角形结构,是一种亚稳相。

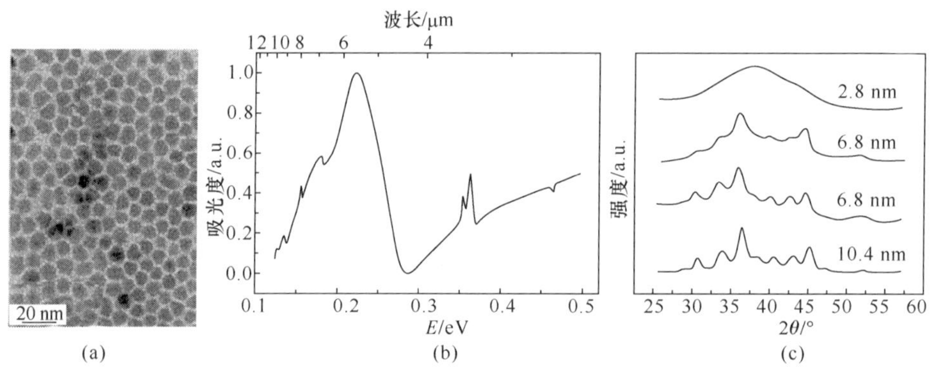

图6.63 尺寸7.3nm Ag_2Se量子点的TEM、吸收光谱和不同尺寸Ag_2Se量子点的XRD[66]

当Ag_2Se量子点尺寸变化时,第一激子吸收峰可以调谐覆盖MIR波段,如图6.64(a)所示。这些第一激子吸收峰显示出窄的FWHM,典型数值不大于75meV。但是,对于很小尺寸Ag_2Se量子点,显示出较宽的FWHM,如图6.64(b)所示。例如,直径2.8 nm的Ag_2Se量子点,FWHM约为200 meV。形成这一现象的原因是,如果反应一开始就被淬灭以获得小的尺寸量子点,量子点没有足够的时间进行尺寸的聚焦过程。

为了满足生物科学的应用,直接采用水相溶剂合成出水相Ag_2Se量子点是一个诱人的方法。模仿生物化学反应制备可调谐NIR荧光的Ag_2Se量子点,关键是获得适当价态的Ag和Se元素。Gu等人利用GSH、烟酰胺腺嘌呤二核苷磷酸(nicotinamide adenine dinucleotide phosphate, NADPH)和谷胱甘肽还原酶 (glutathione reductase, GR)，给出由亚硒酸盐 SeO_3^{2-} 还原为 GSSeH 的生物模拟过程，如图 6.65 所示[67]。可以与重金属离子反应的 GSSeH，被选作 Se 前驱体，用来合成 Ag_2Se 量子点。

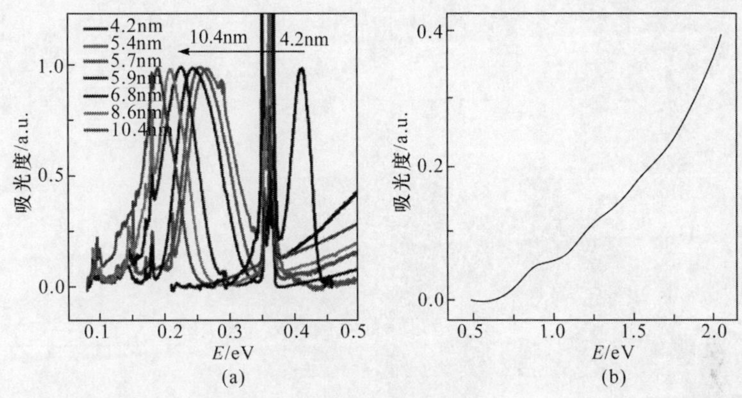

图 6.64　不同尺寸 Ag_2Se 量子点第一激子吸收峰和尺寸 2.8nm Ag_2Se 量子点吸收光谱[66]

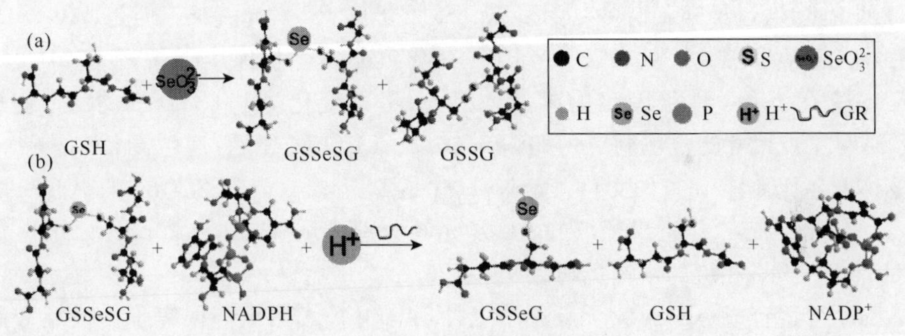

图 6.65　SeO_3^{2-} 还原过程示意图[67]
（阅读彩图请扫封底二维码）

典型样本的合成路线是[67]：5.5μmol L-丙氨酸(L-alanine)、4.4μmol $AgNO_3$ 与 6 mL NaOH (pH13)混合，装入反应瓶，在 90℃下搅拌，产生 Ag^+－Ala 复合物。在室温下，4.4 μmol GSH、1.1μmol Na_2SeO_3、1.1μmol NADPH 和 4μL GR 与 4mL 伯瑞坦-罗宾森缓冲剂(Britton-Robison buffer, BR buffer) (pH7.1)混合，得到 Se 前驱体。4mL Se 前驱体注入 Ag^+－Ala 复合物反应瓶。在 90℃下搅拌 10 分钟，溶液的颜色由无色变成黄褐色，得到预想的 Ag_2Se 量子点。

采用上述方法制备 Ag_2Se 量子点的 XRD 如图 6.66(b)所示，全部特征峰显示出斜方晶系结构 β-Ag_2Se(JCPDS 24-1041)。图 6.66(a)HRTEM 表明，点阵间隔是

0.24nm 和 0.23nm，对应于斜方晶系 Ag_2Se(013)和(031)晶面族的面间距。

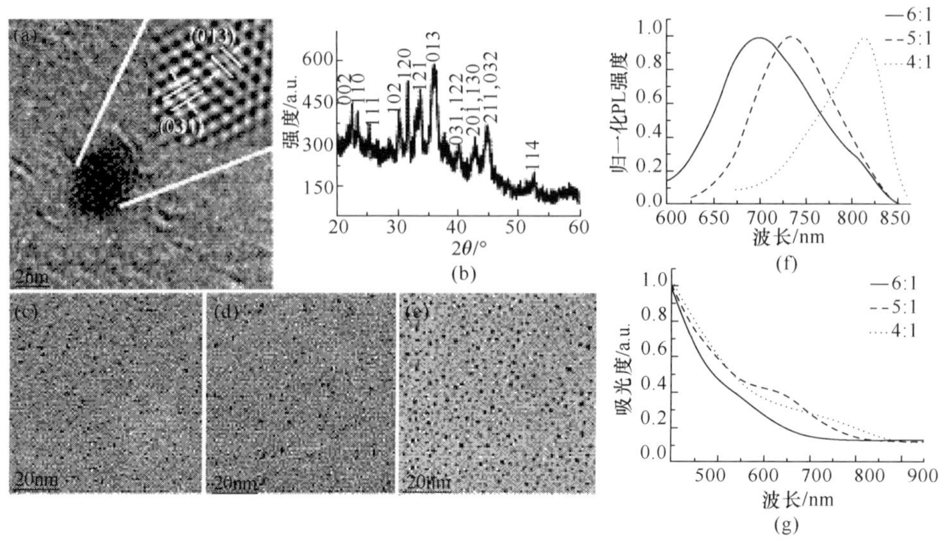

图 6.66 Ag_2Se 量子点 HRTEM、XRD 和不同摩尔比的 TEM、PL、吸收光谱[67]

理论上，通过尺寸调谐可以调整 Ag_2Se 量子点 PL 发光波长。但是，Ag_2Se 具有很小的溶度积常数($K_{SP}=2.0\times10^{-64}$)，导致晶体生长速度过快，制备小尺寸 Ag_2Se 量子点是一件很困难的事情。因此，考虑变化 Ag∶Se 的摩尔比，实现 Ag_2Se 量子点尺寸的微小调节。如图 6.66(c～e)TEM 所示，通过调整 Ag 和 Se 前驱体摩尔比 6∶1、5∶1 和 4∶1，制备尺寸是 1.5nm、1.6nm、2.4nm 的 Ag_2Se 量子点。与此对应，Ag_2Se 量子点的 PL 发光峰分别位于 700nm、730nm、820nm，如图 6.75(f)所示，相应的半峰宽约为 90～120nm。

除了上述合成 Ag_2Se 量子点方法之外，Wang 等人提出一种离子交换反应制备方法。采用水溶性 ZnSe 纳米粒子作为前驱体，柠檬酸钠(trisodium citrate)作为稳定剂，制备水溶性 Ag_2Se 量子点。典型样本的合成路线是[68]：首先，将 1mL NaHSe 水溶液加入 9mL N_2 饱和的 $ZnCl_2$ 水溶液(pH6.5)中，其中包含作为稳定剂的 MPA，Zn^{2+}∶NaHSe∶MPA 的摩尔比是 1∶0.5∶2.4。然后将 10mL 反应混合溶液装入 80mL 的玻璃容器中，在 140℃下微波照射 30 分钟，通过沉淀、离心等过程，获得尺寸约 3.5nm 的 ZnSe 量子点。其次，在 N_2 保护下，将 5mL $AgNO_3$(40mM)水溶液注入到包含 0.1mmolZnSe 量子点和 0.1M 柠檬酸钠的 10mL 水溶液中，注入速度为 0.5～1.0mL·h^{-1}。无色 ZnSe 水溶液迅速转变成微黄色，随着 $AgNO_3$ 水溶液的加入，颜色逐渐加深，最后溶液变成黑褐色的水相胶体。经过沉淀、离心分离和干燥等过程，再将产物溶解到纯水中，形成均质 Ag_2Se 量子点胶体溶液。

采用离子交换反应制备 Ag_2Se 量子点的 TEM 如图 6.67 所示，(a)，(b)图分别对应 ZnSe 和 Ag_2Se 量子点。ZnSe 量子点和产物 Ag_2Se 量子点直径和尺寸分布是类似的，两者的平均尺寸约为 3.5nm。Ag_2Se 量子点的 XRD 如图 6.67(c)所示，其中曲线 a 是 ZnSe 量子点的 XRD，显示出闪锌矿立方体晶格结构；曲线 b 是 Ag_2Se 量子点的 XRD，显示出立方体晶格结构（α 相，JCPDS 76-0135)，而且 Se 阴离子构成体心立方晶格，类似于立方体结构 ZnSe。上述观察表明，在室温条件下，使用立方体结构 ZnSe 量子点作为前驱体，通过离子交换反应可以获得高温相 α-Ag_2Se 量子点。

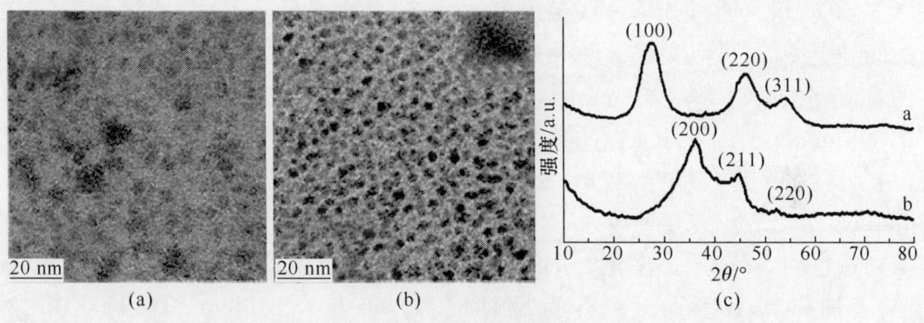

图 6.67　ZnSe 和 Ag_2Se 量子点的 TEM、XRD[68]

图 6.68 是不同反应时间（a-0 小时，即 ZnSe 量子点自身；b-1 小时；c-3 小时；d-6 小时；e-Ag_2Se 量子点）产物的吸收光谱和相应样本的照片，随着 $AgNO_3$ 溶液的逐渐加入，ZnSe 水溶性胶体的吸收带(290～330nm)强度逐渐降低。当 ZnSe 量子点完全转换成 Ag_2Se 量子点时，ZnSe 水溶性胶体吸收带的强度降低为零，Ag_2Se 量子点胶体溶液显示出黑褐色。

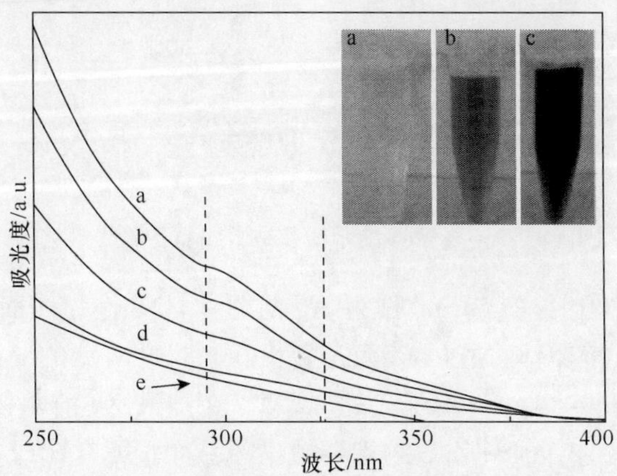

图 6.68　不同反应时间产物的吸收光谱和相应样本的照片[68]

(阅读彩图请扫封底二维码)

6.6.2 Ag_2Se 胶体量子点的形态控制

半导体-半导体异质结构可以提供内部激子分离、载流子输运和光电效应，因此杂交的半导体-半导体异质结构是一个令人关注的研究焦点。Ag_2Se 是具有固有相转换的典型材料，可以实现半导体和超离子导体之间的可逆转换。因此，Ag_2Se 纳米晶是一个潜在的热电材料。此外，Ag_2Se-ZnS 异质结构在太阳能发电和能量转换等方面有良好的应用，是有潜力的光伏材料。

Xu 等人提出一种尺寸和形态可控的 Ag_2Se-ZnS 异质纳米结构的制备方法，如图 6.69 所示。通过调整合成条件，如 Ag_2Se 纳米晶的尺寸、前驱体的数量、反应时间和温度等，可以实现 Ag_2Se-ZnS 异质纳米结构长度和直径的控制。典型样本的合成路线是[69]：将 20mmol $AgNO_3$ 溶解到 10mL 水中，在磁力搅拌下加入 5mL(50mmol)乙酰丙酮(acetylacetone)，保持 5 分钟；然后再加入适量的三乙胺，获得乙酰丙酮银(silver 2,4-pentanedionate, Ag(acac))沉淀物。将 1.578g (20mmol)Se、200mL ODE 装入三口瓶中，在 N_2 气下加热到 220℃，保持 180 分钟后得到黄色的 Se 前驱体溶液。同理，将 0.96g(30mmol)S、300mL ODE 混和，在 N_2 气下加热到 150℃，得到 S 前驱体溶液。将 0.729g(9mmol) ZnO、12.42g (44mmol)OA 和 16.2mL 石蜡油装入 50mL 的三口瓶，加热到 300℃，得到无色的 Zn 前驱体溶液。首先将 0.0414g(0.2mmol)Ag(acac)与 8mL DT 混合，在搅拌和 N_2 气下加热到 130-200℃，保持 10 分钟后加入 2mL Se 前驱体，得到咖啡色的 Ag_2Se 纳米晶。其次，加入 2mL Zn 前驱体，在 N_2 气下保持温度 220℃，反应进行 3 小时，得到 Ag_2Se-ZnS 纳米棒；如果继续增加 Zn 前驱体，会产生更长的 Ag_2Se-ZnS 纳米线。

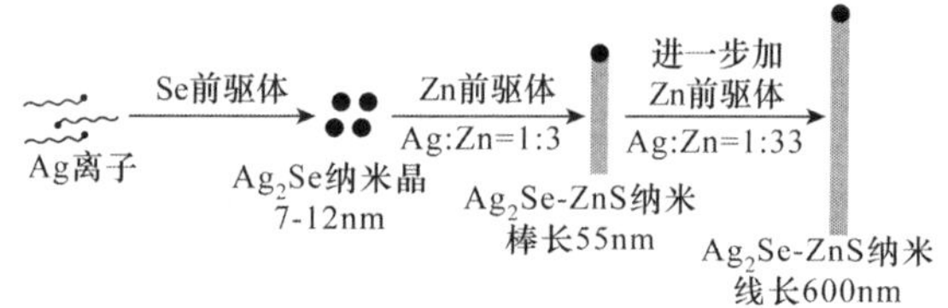

图 6.69　Ag_2Se-ZnS 纳米棒和纳米线制备路线示意图

在上述合成过程中，Ag(acac)作为 Ag 前驱体，DT 作为表面包覆剂，Se 粉溶解到 ODE 作为 Se 前驱体，通过调节反应温度获得尺寸可调的 Ag_2Se 纳米晶。图 6.70(a)是尺寸 7.5nm Ag_2Se 纳米晶的 TEM。在加入 Zn 前驱体后，与 DT 反应生成具有 Ag_2Se 头的 Ag_2Se-ZnS 纳米棒或纳米线，如图 6.70(b,c)所示。其中，Ag_2Se-ZnS 纳米棒前驱体 Ag 和 Zn 的摩尔比是 1∶3，反应时间是 30 分钟；Ag_2Se-ZnS 纳米线前驱体 Ag 和 Zn 的摩尔比是 1∶33，反应时间是 33 小时。图 6.70(d)

是 Ag_2Se 纳米晶、Ag_2Se-ZnS 纳米棒、Ag_2Se-ZnS 纳米线的 XRD。在没有 Ag_2Se 种子存在时，ZnS 纳米晶呈现出闪锌矿晶相；然而，如果反应溶液中包含 Ag_2Se 纳米晶和 Ag_2Se-ZnS 纳米棒或纳米线，显示出纤锌矿晶格结构(JCPDS 05-0492)。

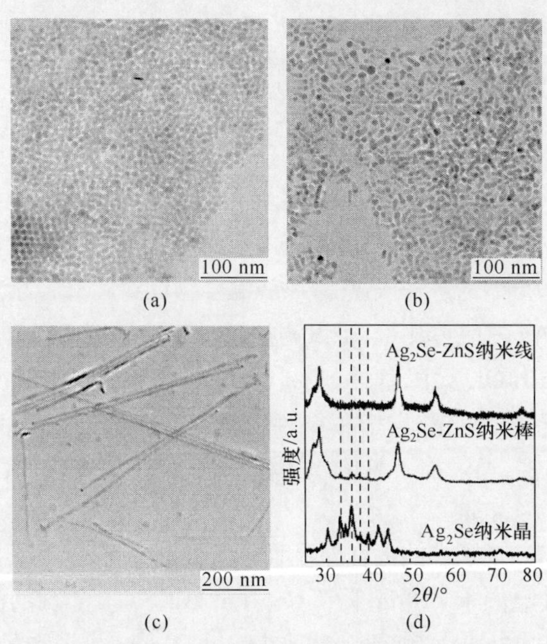

图 6.70　Ag_2Se 纳米晶、Ag_2Se-ZnS 纳米棒或纳米线的 TEM 和三者的 XRD[69]

Ag_2Se-ZnS 纳米棒尺寸与 Ag_2Se 纳米晶尺寸有关，尺寸 2.2nm 和 12nmAg_2Se 纳米晶种子 TEM 如图 6.71(a)所示，制备出相应的 Ag_2Se-ZnS 纳米棒如图 6.71(b)所示。显然，在同样反应条件下，尺寸较大的 Ag_2Se 纳米晶种子易于获得较大尺寸的 Ag_2Se-ZnS 纳米棒。此外，Ag_2Se-ZnS 纳米棒的尺寸也与反应温度和时间有关。图 6.71(c1,c2)是反应温度 180℃、反应时间 30 分钟和 3 小时的 Ag_2Se-ZnS 纳米棒；图 6.71(d1,d2)是反应温度 300℃、反应时间 30 分钟和 3 小时的 Ag_2Se-ZnS 纳米棒。二者比较，反应温度越高、生长时间越长，易于生成较大尺寸的 Ag_2Se 纳米晶和 Ag_2Se-ZnS 纳米棒。

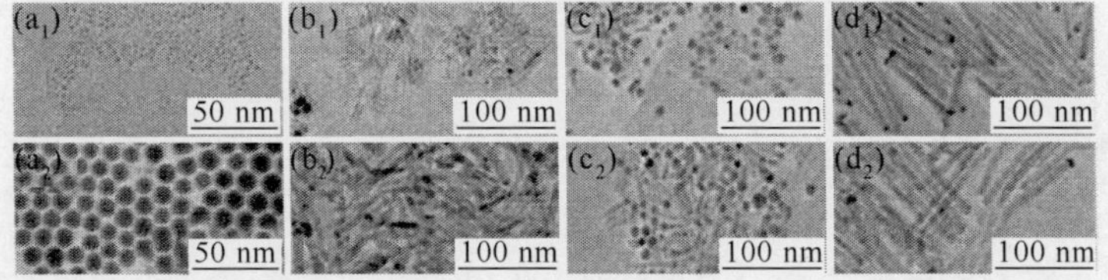

图 6.71　不同尺寸 Ag_2Se 纳米晶、不同反应温度和生长时间制备 Ag_2Se-ZnS 纳米棒的 TEM[69]

6.6.3 Ag_2Se 胶体核壳量子点

众所周知,通过核壳结构可以较好的提高量子点发光效率和增强稳定性。目前几种合成方法制备 Ag_2Se 量子点的 PL 效率较低,核壳包覆是提高其 PL 效率的有效途径。有关 Ag_2Se 核壳量子点的研究报道寥寥,一个典型的研究成果是 Yarema 等人工作[70],成功制备出 $Ag_2Se/ZnSe$ 核壳量子点。其合成路线是:首先,将 1mmol 三氟乙酸银(silver(I) trifluoroacetate,AgTFA)、10mL OLA 混合,加热到 70℃,在真空下提纯 1 小时,然后 Ar 气作用 30 分钟。0.4g $Li[N(SiMe_3)_2]$ 溶解到 2.5mL、10%(w/w)TOP-Se,然后迅速注入反应溶液中。在恒定温度下,反应持续 1 小时。在冷却后,通过加入氯仿/甲醇混合物沉淀和离心,制备出 Ag_2Se 量子点。通过调整 Se、Ag 前驱体比例,可以调控 Ag_2Se 量子点的尺寸。其次,1.5mmol $Zn(Ac)_2$ 溶解到 5mL OLA 中,加热到 100℃,保持 1 小时。将获得的 Zn 前驱体溶液注入到 Ag_2Se 量子点溶液,在 70℃条件下生长 ZnSe 壳,保持恒定温度 1 小时。反应溶液冷却到室温,通过加入氯仿/甲醇混合物沉淀和离心,然后加入一定数量的 OA,改善胶体的稳定性。

两个尺寸 Ag_2Se 量子点的近红外吸收光谱如图 6.72(a)所示。2.0nm Ag_2Se 量子点的激子吸收峰位于 750nm 附近,3.4nm Ag_2Se 量子点的激子吸收峰位于 1000nm 附近,吸收边处于 1300nm。这两个尺寸 Ag_2Se 量子点的 PL 发光峰分别位于 1030nm 和 1250nm,显示出 200nm 的 Stokes 位移,表明量子点表面存在缺陷态,影响到 Ag_2Se 量子点的量子产率。例如,2.0nm Ag_2Se 量子点的量子产率仅是 1.76%。根据上述合成方法,选择 ZnSe 壳层包覆。选择 ZnSe 的理由是:①与 Ag_2Se 比较,它有较宽的带隙,在核、壳之间形成类型Ⅰ带隙结构;②毒性较低;③良好的化学稳定性。实验结果表明,即使 ZnSe 晶格(闪锌矿结构,晶格常数是 a=5.668Å)和 Ag_2Se 晶格(正斜方晶系结构,晶格常数是 a = 4.337Å、b=7.070Å、c=7.773Å)之间有较大的失配,但是包覆 ZnSe 壳层仍然使 PL 发光增加 40%,如图 6.72(b)所示。此外,$Ag_2Se/ZnSe$ 量子点与 Ag_2Se 量子点比较,显示出更好的稳定性。如图 6.72(b)所示,在包覆 ZnSe 壳层后,PL 光谱产生一个小的红移,这与量子点尺寸的增加相关。

考察包覆壳层前后 Ag_2Se 量子点 PL 发光的衰退过程,如图 6.72(c,d)所示。Ag_2Se 量子点的弛豫时间是 131ns,$Ag_2Se/ZnSe$ 量子点的弛豫时间是 122ns,略小于前者。这里的数值远小于 PbS 量子点(2800ns)和 PbSe 量子点(1200ns)的数值,但是高于 HgTe 量子点(70ns)的数值。因此,Ag_2Se 量子点是一种良好的光电导材料。

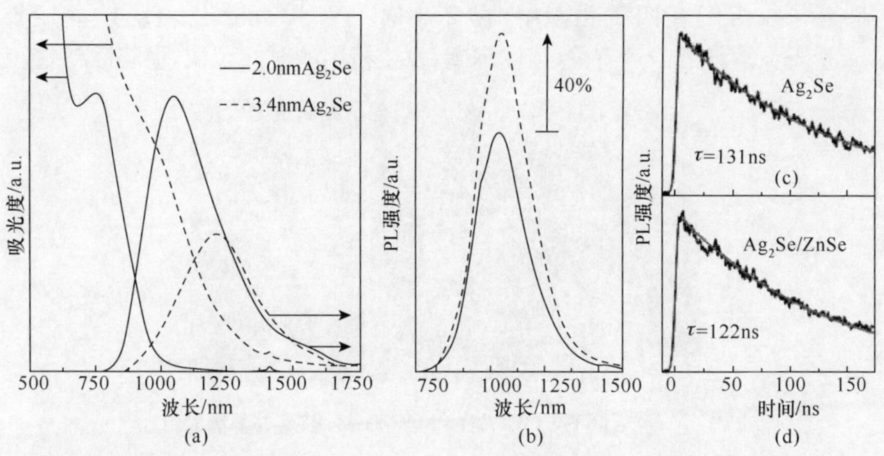

图 6.72 (a)两个尺寸 Ag_2Se 量子点的吸收和 PL 光谱；(b)包覆 ZnSe 前后 PL 光谱的比较；(c) Ag_2Se 与(d) Ag_2Se/ZnSe 量子点的 PL 发光衰退曲线[73]

6.7 Ag_2Te 胶体半导体量子点

Ag_2Te 是 I-VI 族胶体半导体材料，体材料带隙是 0.67eV。在这里，我们介绍 Ag_2Te 胶体量子点材料的合成方法和典型样本的基本性质。

相对而言，Ag_2Te 胶体量子点合成研究的报道较少。Sahu 等人采用一锅煮、单步合成路线，使用 $AgNO_3$、碲颗粒(tellurium shot)为前驱体和 TOP 为溶剂，制备 Ag_2Te 胶体量子点[71]。典型样本的合成路线是：16.99g $AgNO_3$ 和 7.896g 碲颗粒分别溶解到 100mL TOP 中，得到 1M Ag-TOP 和 1M TOP-Te。6.4mL OA、5.4g ODA、12.8mL ODE 混合装入 100mL 圆形烧瓶，除气；然后通入 N_2 气，移除水和氧。在 N_2 气下加热到 70℃，2mL 1M TOP-Te 迅速注入；温度提高到 191℃，再迅速注入 2mL Ag-TOP。反应温度控制在 150℃，保持生长 5 分钟，获得尺寸 7nm 的 Ag_2Te 量子点。

采用上述方法制备的 Ag_2Te 量子点的 TEM 和 HRTEM 如图 6.73 所示。实验表明，增加生长时间可以提高 Ag_2Te 量子点尺寸。但是，当生长时间超过 20 分钟后，Ag_2Te 量子点产生凝聚，生成随意形状的 Ag_2Te 纳米粒子。通过改变注入和生长温度、配位体浓度也会改变粒子的尺寸。例如，当配位体浓度减少 1/2 时，在成核初始阶段会产生大量的晶核，导致获得较小尺寸的粒子。

在空气及光照环境下，实验考察 Ag_2Te 量子点的稳定性，Ag_2Te 量子点的稳定性依赖于溶剂的性质。当 Ag_2Te 量子点溶解在辛烷中，不到两天时间就发生析出现象；当 Ag_2Te 量子点溶解在氯仿或 TCE 中，在两天之内也开始产生析出；当

Ag_2Te 量子点溶解在四氯化碳中，在 2 小时后就开始析出。此外，稳定性与 Ag_2Te 量子点溶解的浓度有关，浓度越高，发生析出的时间越快，稳定性越差。

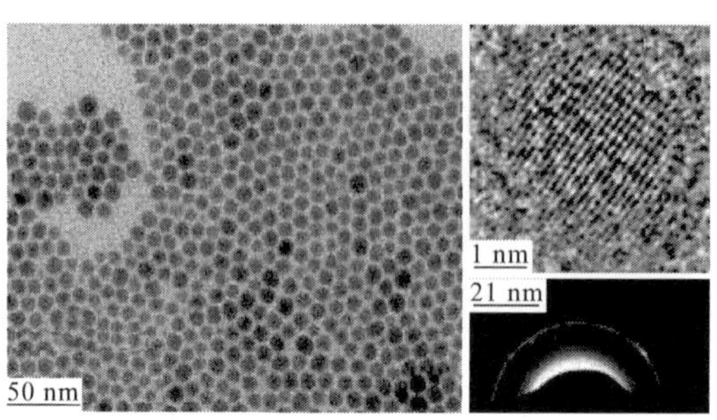

图 6.73　Ag_2Te 量子点的 TEM 和 HRTEM，以及电子衍射图样[71]

上述方法制备 Ag_2Te 量子点的 XRD 如图 6.74(a)所示，显示出稳定的低温相，即 α-Ag_2Te(单斜晶系，JCPDS00-034-0142)。这个结果表明，当反应温度冷却时，Ag_2Te 量子点经过一次相变转变为低温相。Ag_2Te 量子点的吸收光谱如图 6.74(b)所示，显示出三个清晰的跃迁过程。

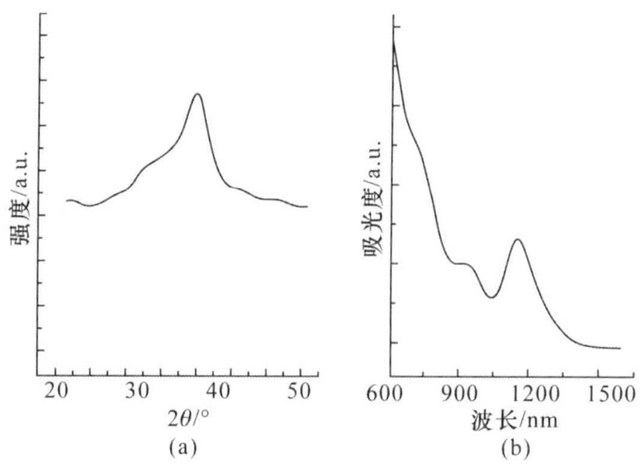

图 6.74　Ag_2Te 量子点 XRD 和吸收光谱[71]

参考文献

[1] Panthani M G, Akhavan V, Goodfellow B, et al. J. Am. Chem. Soc., 2008, 130: 16770.

[2] Xie R, Rutherford M, Peng X. J. Am. Chem. Soc., 2009, 131: 5691.

[3] Yu W W, Wang Y A, Peng X. Chem. Mater., 2003, 15: 4300.

[4] Peng S, Liang J, Zhang L, et al. J. Cryst. Growth, 2007, 305: 99.

[5] Wakita K, Iwai M, Miyoshi Y, et al. Compos. Sci. Technol., 2005, 65: 765.

[6] Pan D, An L, Sun Z, et al. J. Am. Chem. Soc., 2008, 130: 5620.

[7] Connor S T, Hsu C M, Weil B D, et al. J. Am. Chem. Soc., 2009, 131: 4962.

[8] Nose K, Soma Y, Omata T, et al. Chem. Mater., 2009, 21:2607.
[9] Batabyal S K, Tian L, Venkatram N, et al. J. Phys. Chem. C, 2009, 113:15037.
[10] Park H, Ah C, Kim W, et al. Sci. Technol. A, 2006, 24:1323.
[11] Pan D, Weng D, Wang X, et al. Chem. Commun., 2009:4221.
[12] Zhang W, Zhong X, et al. Inorg. Chem., 2011, 50:4065.
[13] Li L, Daou T J, Texier I, et al. Chem. Mater., 2009, 21:2422.
[14] Li B, Xie Y, Huang J X, et al. Adv. Mater., 1999, 11:1456.
[15] Castro S L, Bailey S G, Ráaelle R P, et al. J. Phys. Chem. B, 2004, 108:12429.
[16] Nairn J J, Shapiro P J, Twamley B, et al. Nano Lett., 2006, 6:1218.
[17] Li L, Pandey A, Werder D J, et al. J. Am. Chem. Soc., 2011, 133:1176.
[18] Nose K, Fujita N, Omata T, et al. J. Phys: Conference Series, 2009, 165:012028.
[19] Tan Z, Zhang Y, Xie C, et al. Adv. Mater., 2011, 23:3553.
[20] Malik M A, O'Brien P, Revaprasadu N. Adv. Mater., 1999, 11:1441.
[21] Allen P M, Bawendi M G. Am J. Chem. Soc., 2008, 130:9240.
[22] Schumann B, Tempel A, Kühn G. Cryst. Res. Technol., 1988, 23:3.
[23] Nose K, Omata T, Matsuo S O Y. J. Phys. Chem. C, 2009, 113:3455.
[24] Yang Y, Chen Y T. J. Phys. Chem. B, 2006, 110:17370.
[25] Wang W, Geng Y, Qian Y, et al. Adv. Mater., 1998, 10:1479.
[26] Li Y D, Liao H W, Ding Y, et al. Chem. Mater., 1998, 10:2301.
[27] Mooney G D, Hermann A M, Tuttle J R, et al. Sol. Cells, 1991, 30:69.
[28] Rincón C, Márquez R. J. Phys. Chem. Solids, 1999, 60:1865.
[29] Malik M A, O'Brien P, Revaprasadu N. Adv. Mater., 1999, 11:1441.
[30] Neumann H. Sol. Cells, 1986, 16:317.
[31] Shay J L, Wernick J H. Ternary Chalcopyrite Semiconductors: Growth, Electronic Properties, & Applications, Pergamon Press: Oxford, 1975, Chapter 4, 110.
[32] Yakushev M V, Feofanov Y, Martin R W, et al. J. Phys. Chem. Solids, 2003, 64:2011.
[33] Yakushev M V, Mudryi A V, Tomlinson R D. Appl. Phys. Lett., 2003, 82:3233.
[34] Niki S, Makita Y, Yamada A, et al. Jpn. J. Appl. Phys., 1994, 33:L500.
[35] Zott S, Leo K, Ruckh M, et al. J. Appl. Phys., 1997, 82:356.
[36] Yu P W. J. Appl. Phys., 1976, 47:677.
[37] Wasim S M. Sol. Cells, 1986, 16:289.
[38] Zhang S B, Wei S H, Zunger A. Phys. Rev. Lett., 1997, 78:4059.
[39] Rincón C, Márquez R. J. Phys. Chem. Solids, 1999, 60:1865.
[40] Aissa Z, Bouzidi A, Amlouk M. J. Alloys Compd, 2010, 506:492.
[41] Tian L, Vittal J J. New J. Chem., 2007, 31:2083.
[42] Tian L, Elim H I, Ji W, et al. Chem. Commun., 2006:4276.
[43] Deivaraj T C, Park J, Afzaal M, et al. Chem. Mater., 2003, 15:2383.
[44] Deivaraj T C, Park J, Afzaal M, et al. Chem. Commun., 2001:2304.

[45] Ogawa T,Kuzuya T,Hamanaka Y,et al. J. Mater. Chem. ,2010,20:2226.
[46] Wang D,Zheng W,Hao C,et al. Chem. Commun. ,2008:2556.
[47] Shay J L,Tell B,Schiavone L M,et al. Phys. Rev. B: Solid State,1974,9:1719.
[48] Krustok J,Raudoja J,Krunks M,et al. J. Appl. Phys. ,2000,88:205.
[49] Abazović N D,Čćmor M I,Mitrić M N,et al. J. Nanopart Res. ,2012,14:810.
[50] Ng M T,Boothroyd C B,Vittal J J. J. Am. Chem. Soc. ,2006,128:7118.
[51] Junod P,Hediger H,Kilchör B. Philos. Mag. ,1977,36:941.
[52] Naturforsch Z. J. Appel. ,1955,10a,530.
[53] Du Y,Xu B,Fu T. J. Am. Chem. Soc. ,2010,132:1470.
[54] Jiang P,Tian Z Q,Zhu C N. Chem. Mater. ,2012,24:3.
[55] Hocaoglu I,Cizmeciyan M N,Erdem R,et al. J. Mater. Chem. ,2012,22:14674.
[56] Ehrlich S H,Imaging J. Sci. Technol. ,1993,37:73.
[57] Leidinger P,Popescu R,Gerthsen D,et al. Chem. Mater. ,2013,25:4173.
[58] Allex R,Moore W J. J. Am. Chem. Soc. ,1959,63:223.
[59] Lim W P,Zhang Z,Low H Y,et al. Angew. Chem. ,Int. Ed. ,2004,43:5685.
[60] Shitz I,Crystallogr A K. Rep. ,2007,52:302.
[61] Zhu G,Xu Z. J. Am. Chem. Soc. ,2011,133:148.
[62] Chaudhuri R G,Paria S. J. Phys. Chem. C,2013,117:23385.
[63] Shen S,Zhang Y,Liu Y,et al. Chem. Mater. ,2012,24:2407.
[64] Zhu C N,Jiang P,Zhang Z L,et al. ACS Appl. Mater. Interfaces,2013,5:1186.
[65] Praharaj S,Nath S,Panigrahi S,et al. Chem. Commun. ,2006:3836.
[66] Sahu A,Khare A,Deng D D,et al. Chem. Commun. ,2012,48:5458.
[67] Gu Y P,Cui R,Zhang Z L,et al. J. Am. Chem. Soc. ,2012,134:79.
[68] Wang S B,Hu B. Liu C C,et al. J. Colloid and Interface Science,2008,325:351.
[69] Xu W,Niu J,Wang H,et al. ACS Appl. Mater. Interfaces,2013,5:7537.
[70] Yarema M,Pichler S,Sytnyk M,et al. ACS Nano,2011,5:3758.
[71] Sahu A,Qi L,Kang M S,et al. J. Am. Chem. Soc. ,2011,133:6509.

第 7 章　胶体半导体量子点的典型物理性质

由于尺寸很小，半导体量子点的物理性质与其体材料有诸多差异。胶体半导体量子点由于表面配体的存在，表面效应变得更加复杂化，使得胶体半导体量子点的物理性质更加丰富多彩。在这里，我们着重讨论胶体半导体量子点的电子结构、载流子传递机制和多激子效应等典型的电学和光学性质。

7.1　多种因素依赖的电子结构和发光性质

由于尺寸、表面、掺杂或合金等因素的存在，使得胶体半导体量子点的发光变得十分复杂。多种因素导致辐射中心的多元化。因此，研究胶体半导体量子点的辐射机制，有助于改善发光效率，为制作高效的量子点光电子器件奠定基础。

7.1.1　尺寸依赖的电子结构和发光性质

半导体量子点的能级结构受到量子尺寸受限效应的影响，其发光性质必然是尺寸依赖的。我们以典型的 CdSe 和 PbSe 量子点为例，具体讨论尺寸受限效应的影响。

考虑胶体半导体量子点表面的介电效应，利用有限深势阱、有效质量近似模型(finite barrier version of the effective mass approximation model，FEMA)，胶体半导体量子点中激子的哈密顿量可以表示为

$$H=-\frac{\hbar^2}{2m_e}\nabla_e^2-\frac{\hbar^2}{2m_h}\nabla_h^2+V_e+V_h+V_{pol}-\frac{e^2}{4\pi\varepsilon_0\varepsilon r_{eh}} \tag{7.1-1}$$

其中，m_e 和 m_h 分别为电子和空穴的有效质量，V_{pol} 为纳米晶体的表面介电效应带来激子的附加势能，V_e、V_h 分别为电子和空穴的受限势垒，由下式决定：

$$V_e+V_h=E_g^{(M)}+E_g^{(S)} \tag{7.1-2}$$

其中，$E_g^{(S)}$ 为量子点体材料的禁带宽度，$E_g^{(M)}$ 为外界溶剂的禁带宽度。电子和空穴的受限势垒和材料的禁带宽度的关系，如图 7.1 所示。

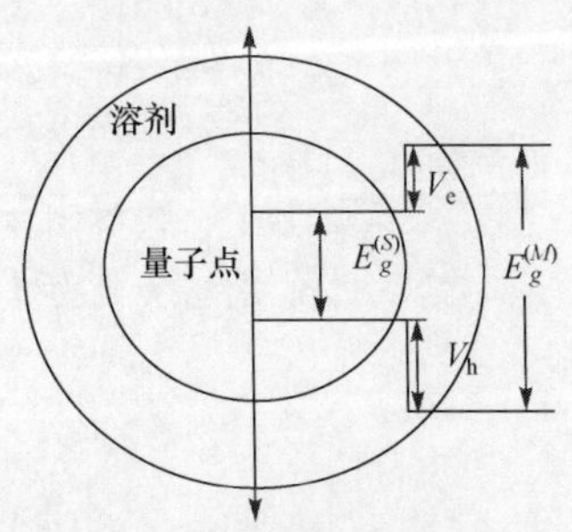

图 7.1　电子和空穴的受限势垒与量子点材料和溶剂材料禁带宽度的关系

我们取球形胶体半导体量子点，设电子(空穴)受限势的高度为

$$V_0=\begin{cases}0 & r<R \\ V_{e(h)} & r>R\end{cases} \tag{7.1-3}$$

R 是量子点的半径。如果库仑相互作用视为微扰项，采用球坐标系统，对于$l=0$的基态，式(7.1-1)可以表示为

$$H=\begin{cases}-\dfrac{\hbar^2}{2m_e}\left[\dfrac{\partial^2}{\partial^2 r_e}+\dfrac{2}{r_e}\dfrac{\partial}{\partial r_e}\right]-\dfrac{\hbar^2}{2m_h}\left[\dfrac{\partial^2}{\partial^2 r_h}+\dfrac{2}{r_h}\dfrac{\partial}{\partial r_h}\right]-\dfrac{\hbar^2}{2m_r}\left[\dfrac{\partial^2}{\partial^2 r_{eh}}+\dfrac{2}{r_{eh}}\dfrac{\partial}{\partial r_{eh}}\right] \\ +V_{pol}(r_e,r_h) \quad r\leqslant R \\ -\dfrac{\hbar^2}{2m_e}\left[\dfrac{\partial^2}{\partial^2 r_e}+\dfrac{2}{r_e}\dfrac{\partial}{\partial r_e}\right]-\dfrac{\hbar^2}{2m_h}\left[\dfrac{\partial^2}{\partial^2 r_h}+\dfrac{2}{r_h}\dfrac{\partial}{\partial r_h}\right]-\dfrac{\hbar^2}{2m_r}\left[\dfrac{\partial^2}{\partial^2 r_{eh}}+\dfrac{2}{r_{eh}}\dfrac{\partial}{\partial r_{eh}}\right] \\ +V_e+V_h \quad r>R\end{cases} \tag{7.1-4}$$

于是，激子的波函数可以写为

$$\psi(r_e,r_h)=\varphi(r_e)\varphi(r_h) \tag{7.1-5}$$

如果不考虑表面介电效应的影响，极化势能 V_{pol} 为零。量子点内外电子或空穴的基态波函数表示为

$$\varphi_{in}(r_i)=A_i\,\frac{\sin(K_i r_i)}{r_i} \quad i=e,h \quad r<R \tag{7.1-6}$$

$$\varphi_{out}(r_i)=B_i\,\frac{e^{-N_i r_i}}{r_i} \quad i=e,h \quad r>R \tag{7.1-7}$$

式中，$K_i=\sqrt{\dfrac{2m_i E_i}{\hbar^2}}$，$N_i=\sqrt{\dfrac{2m_0(V_0-E_i)}{\hbar^2}}$，$m_i$ 是电子或空穴的有效质量，E_i 是包括量子尺寸受限能、量子介电受限能在内的电子或空穴的基态能量。

考虑到量子介电受限效应的影响，需要考虑极化势能 V_{pol} 的影响，于是量子点内部的电子、空穴波函数应当添加指数包络函数 $e^{-\chi_i\frac{r_i}{R}}$，量子点内电子或空穴的基态波函数表示为[1]

$$\varphi_{in}(r_i)=A_i\,\frac{\sin(K_i r_i)}{r_i}\cdot e^{-\chi_i\frac{r_i}{R}} \quad i=e,h \quad r<R \tag{7.1-8}$$

式中，χ_i 是衰减因子，依赖于由于表面介电效应产生的极化能 V_{pol}。

波函数必须满足标准化条件，即在边界处的波函数连续条件和粒子流守恒条件

$$\begin{cases}\varphi_{in}(R)=\varphi_{out}(R) \\ \dfrac{1}{m_i}\dfrac{\partial\varphi_{in}}{\partial r}\Big|_{r=R}=\dfrac{1}{m_0}\dfrac{\partial\varphi_{out}}{\partial r}\Big|_{r=R}\end{cases} \tag{7.1-9}$$

将式(7.1-8)代入式(7.1-9)，我们得到如下结果：

$$\tan(X_0\xi_i)=\frac{X_0\xi_i}{(1+\chi_i)-\beta_i-\beta_i X_0\sqrt{1-\xi_i{}^2/\beta_i}} \tag{7.1-10}$$

式中，$\beta_i=\frac{m_i}{m_0}$，$X_0^2=\frac{2m_0V_0R^2}{\hbar^2}$，$K_iR=X_0\xi_i$。电子或空穴的基态能量可以表示为

$$E_i=\frac{\xi_i^2V_0}{\beta_i}=\frac{\hbar X_0^2\xi_i^2}{2m_iR^2}\quad i=e,h \tag{7.1-11}$$

如果不考虑表面介电效应影响，衰减因子 $\chi=0$。由式(7.1-10)、式(7.1-11)两式求出不包括表面极化引起 Stark 效应的电子和空穴的受限能 E_e^0、E_h^0。同理，考虑表面介电效应影响的电子和空穴的受限能，衰减因子 $\chi\neq0$。由式(7.1-10)、式(7.1-11)两式求出的是包括表面极化引起 Stark 效应的电子和空穴的受限能 E_e、E_h。所以，胶体半导体量子点表面极化引起禁带宽度的变化是

$$E^{\text{pol}}=E_e^{\text{pol}}+E_h^{\text{pol}} \tag{7.1-12}$$

式中，$E_e^{\text{pol}}=E_e-E_e^0$，$E_h^{\text{pol}}=E_h-E_h^0$。

考虑到电子与空穴库仑作用相对较小，可以采用微扰理论处理库仑作用能量[2]。这时有

$$\begin{aligned}E_{e-h}&=\left\langle\varphi(r_e),\varphi(r_h)\left|\frac{e^2}{4\pi\varepsilon_0\varepsilon(\bar{r}_{eh})r_{eh}}\right|\varphi(r_e),\varphi(r_h)\right\rangle\\&=-\frac{e^2}{2\pi\varepsilon_0\varepsilon(\bar{r}_{eh})}\int_0^R\varphi_{in}^2(r_h)r_h\mathrm{d}r_h\int_0^{r_h}\varphi_{in}^2(r_e)r_e^2\mathrm{d}r_e\end{aligned} \tag{7.1-13}$$

式中，$\varphi(r_e)$、$\varphi(r_h)$ 分别是电子或空穴的基态波函数；$\varepsilon(\bar{r}_{eh})$是电子和空穴之间平均距离是 $\bar{r}_{eh}=|r_e-r_h|$（近似可以表示为 0.69932R[3]）的介电常数，$\varepsilon(\bar{r}_{eh})$可以表示为[4]

$$\frac{1}{\varepsilon(\bar{r}_{eh})}=\frac{1}{\varepsilon_\infty}-\left[\frac{1}{\varepsilon_\infty}-\frac{1}{\varepsilon_0}\right]\times\left[1-\frac{\exp(-\bar{r}_{eh}/\rho_e)+\exp(-\bar{r}_{eh}/\rho_h)}{2}\right] \tag{7.1-14}$$

ε_∞、ε_0 分别是光学和静电介电常数；$\rho_{e,h}=\left(\frac{\hbar}{2m_{e,h}\omega_{LO}}\right)^{1/2}$，$\omega_{LO}$是胶体半导体量子点光学声子的角频率。

将式(7.1-6)、式(7.1-7)代入式(7.1-13)，能够计算出不包括表面介电效应的库仑作用能量 E_{e-h}^0；如果将式(7.1-8)代入式(7.1-13)，可以计算出包括表面介电效应的库仑作用能量 E_{e-h}。

如果选择量子点溶解在四氯乙烯溶剂中，有关材料参数列于表 7.1[5]。在PbSe胶体量子点的计算中，利用 Choi 等人的实验数据[6]，PbSe 胶体量子点的衰减因子是：$\chi_e=0.1738$、$\chi_h=0.0740$。在 CdSe 量子点计算中，利用 Yu 等人的实验数据[7]，CdSe 胶体量子点衰减因子是：$\chi_e=0.0267$、$\chi_h=0.5482$。

表 7.1　在四氯乙烯溶剂中，PbSe、CdSe 材料的有关参数

基底	E_g(M) /eV	E_g(S) /eV	LUMO /eV	HOMO /eV	m_e $/m_0$	m_h $/m_0$	ε_∞	ε_0	$(\hbar\omega)_{LO}$ /meV
PbSe 油酸、四氯乙烯	5.0	0.28	−4.87	−5.15	0.07	0.068	25	227	16.8
CdSe 油酸、四氯乙烯	5.0	3.74	−4.45	−6.19	0.13	0.3	9.56	6.23	26.5

根据上述有限深势阱模型，图 7.2 给出考虑与未考虑表面介电效应 PbSe、CdSe 胶体量子点的 LUMO(lowest unoccupied molecular orbital)和 HOMO (highest occupied molecular orbital)理论计算值，并附加若干参考文献的实验值。通过对比可以发现，考虑表面介电效应修正后的有限深势阱模型(RFEMA)的计算结果，与 LUMO 和 HOMO 实验值有更好的一致性。特别是在小尺寸区间，未考虑表面介电效应的有限深势阱模型理论值要比实验值大很多。采用表面介电效应修正后的有限深势阱模型，计算数据曲线的变化的趋势与实验值吻合的很好。

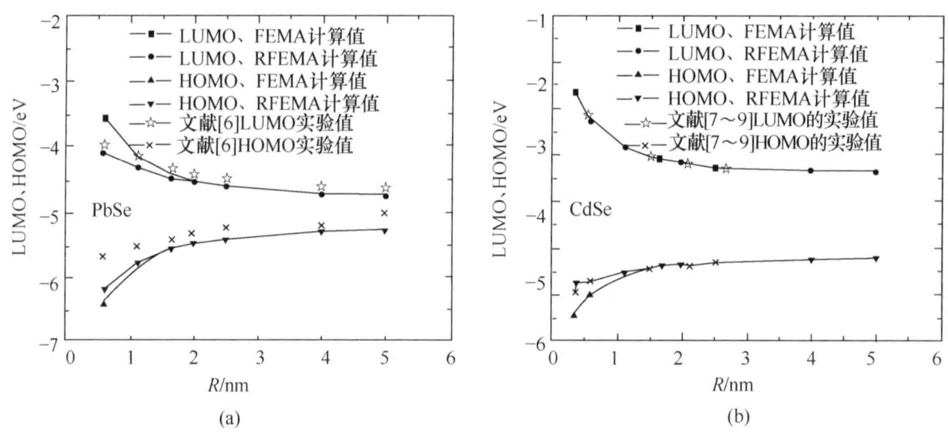

图 7.2　不同尺寸 PbSe、CdSe 胶体量子点 LUMO 和 HOMO 的实验值和理论计算值比较

同时，图 7.3 给出考虑与未考虑表面介电效应 PbSe、CdSe 胶体量子点的禁带宽度理论计算值，并附加了作者以及其他研究人员的实验值[10]。可以看出，在计算禁带宽度时，未考虑表面介电效应的模型，在较大尺寸区间与实验值有较好的符合；但是在量子点半径小于 2nm 的区间，开始明显的偏离实验值。修正后的模型的理论值曲线与实验值吻合的很好。这说明，随着量子点尺寸的减小，量子点的表面介电效应起的作用越来越大，使得实际的禁带宽度不会增大的如此剧烈。

图 7.3 所采用的实验数据来自于不同实验组的工作，是不同溶剂条件的结果。这些实验数据具有较好的一致性，相关研究已经证明了这一点[10]。显然，在不同

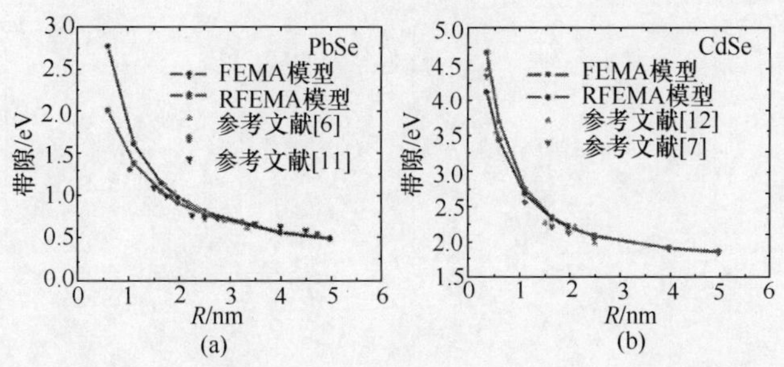

图 7.3　不同尺寸的 PbSe、CdSe 胶体量子点的禁带宽度的实验曲线和理论计算曲线

的溶剂环境下，电子和空穴的受限势垒 $V_e(V_h)$将发生变化。但是，我们的计算表明，在不同的溶剂环境下，$E_g(M)$的有限变化，对 PbSe 和 CdSe 量子点禁带宽度的影响不大，如图 7.4 所示。

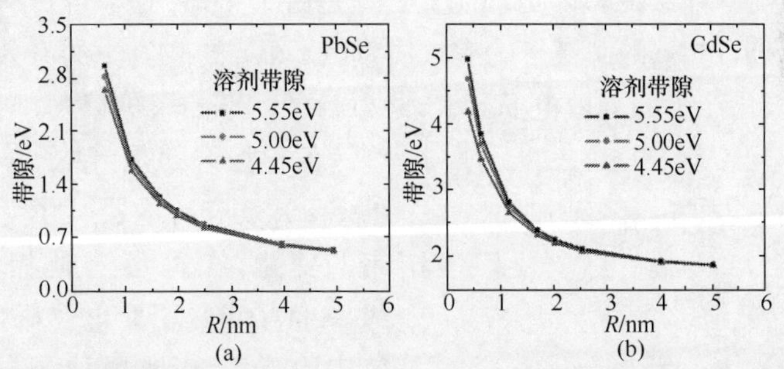

图 7.4　溶剂禁带宽度变化对 PbSe、CdSe 量子点的禁带宽度理论计算的影响

根据式(7.1-12)，由于表面介电效应的作用，PbSe 和 CdSe 量子点的 LUMO、HOMO 和禁带宽度会产生明显变化。由于表面介电效应的作用而产生的局域极化附加的能量是

$$\text{PbSe:}\quad E^{\mathrm{pol}}=-\frac{0.2673}{R^2}-\frac{0.001316}{R}\tag{7.1-15}$$

$$\text{CdSe:}\quad E^{\mathrm{pol}}=-\frac{0.05995}{R^2}-\frac{0.02754}{R}\tag{7.1-16}$$

式中，E^{pol}的单位是 eV；量子点半径 R 的单位是 nm。图 7.5 是表面介电受限效应导致的 Stark 效应，引起禁带改变量随量子点半径变化的曲线。我们可以看到，量子点表面极化导致的 Stark 效应是尺寸依赖的。在小尺寸的情况下，量子点的表面积与体积比值迅速增加，表面极化导致的 Stark 效应会更加明显。所以，小尺寸 PbSe 量子点的 Stark 效应对能级结构的影响较大。

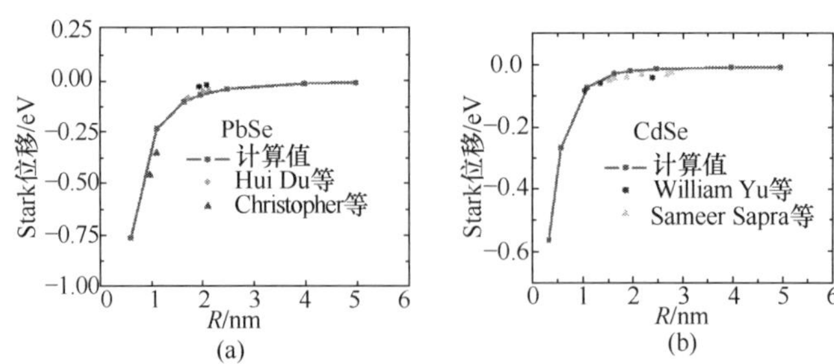

图 7.5　PbSe 和 CdSe 量子点 Stark 位移量随半径 R 的关系曲线
图(a)中“▲、■、●”表示实验数据，取自参考文献[13]～[16]；
(b)中“▲、■”表示实验数据，取自参考文献[7]和[17]

比较 PbSe 量子点与 CdSe 量子点的表面介电效应，我们可以发现 PbSe 量子点表面介电效应对能级的影响更加明显。这是由于 PbSe 是窄带材料，而 CdSe 是宽带材料。此外，PbSe 的载流子的有效质量较 CdSe 的载流子的有效质量要小得多，所以表面极化产生的局域电场对 PbSe 载流子状态的影响较大。

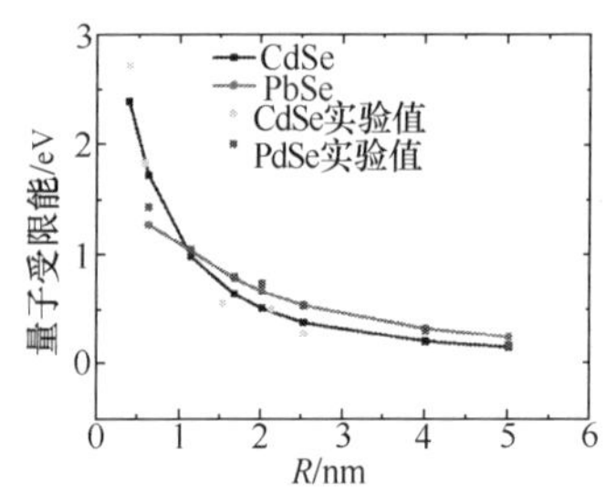

图 7.6　PbSe、CdSe 量子点受限能随量子点尺寸变化曲线。PbSe 数据来自参考文献[6,18]，CdSe 数据来自参考文献[7,12]

值得注意的是，量子介电受限引起的 Stark 效应与量子尺寸受限引起的禁带的变化，在符号上是相反的。由于 PbSe 量子点量子介电受限引起的 Stark 效应比 CdSe 影响更加明显，所以 PbSe 量子点的量子受限能随量子点尺寸的变化较 CdSe 量子点要缓慢。上述理论计算结果证明了这一点，如图 7.6 所示。考虑量子介电受限引起的 Stark 效应的平衡作用，PbSe 和 CdSe 量子点的量子尺寸受限能量的理论计算结果，与这些量子点典型尺寸的实验值吻合的很好。

作为比较，考虑与未考虑表面介电效应情况，PbSe、CdSe 量子点库仑作用能量随量子点尺寸的变化曲线如图 7.7 所示。对于本身值就很小的库仑作用，两种模型计算值几乎是没有差异的。这体现了库仑作用的长程作用特性，使得表面介电效应对电子和空穴库仑作用的影响较小。

由于胶体量子点材料和其表面介质的差异，在表面产生极化电荷，建立局域极化电场，产生 Stark 效应。通过计算 CdSe 和 PbSe 胶体量子点的量子介电受限效应所附加的表面极化能量，发现量子介电受限效应与量子尺寸受限效应的符号相

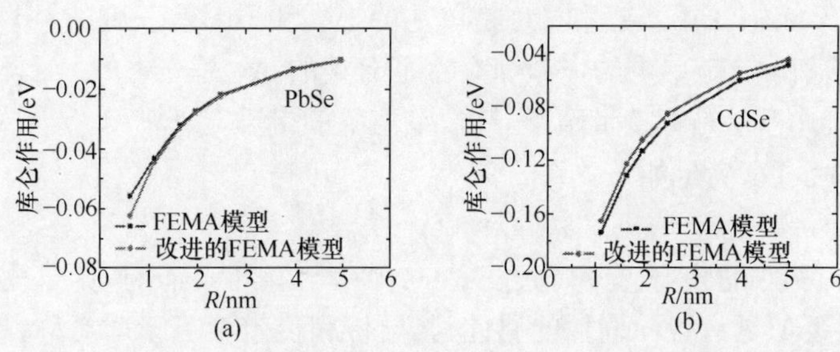

图 7.7　PbSe、CdSe 量子点库仑作用能量随量子点半径的变化曲线

反，导致胶体量子点的量子受限能随尺寸的变化趋于平缓。比较 PbSe、CdSe 胶体量子点的量子介电受限效应，发现 PbSe 量子点的量子介电受限效应影响更加明显，而且 PbSe、CdSe 胶体量子点的量子受限介电效应是尺寸依赖的。

7.1.2　组分依赖的电子结构和发光性质

对于掺杂或合金材料，一般会出现多种发光中心，而且这些发光中心与掺杂或合金的组分比例有关，导致这些材料的发光是组分依赖的。ABX_2 系列的黄铜矿晶体结构类似于闪锌矿结构，两个阳离子 A 和 B 的每一个被四面的四个阳离子 X 所调控。但是，阴离子被 2A＋2B 调控，一般具有不同的结合长度，即 $R_{AX} \neq R_{BX}$。ABX_2 系列的晶胞是四角形的，具有体黄铜矿的电子结构。在这里，我们以 ABX_2 系列的典型材料为例，说明组分依赖发光的特点和性质。

1. $CuInSe_2$ 胶体量子点的能级结构和发光性质

首先，我们分析 $CuInSe_2$ 半导体合金材料组分依赖的能级结构，明确不同缺陷中心的来源和性质。在 $CuInSe_2$ 材料中，电子与空穴复合发光归因于缺陷能级，导致较大的 Stokes 位移。

对于 $CuInSe_2$ 体材料而言，实验和理论研究指出，$CuInSe_2$ 可能有如下几种缺陷[19~21]。

(1) 产生施主能态的六种来源：一是 Se 缺失，产生 Se 空位(V_{Se})；二是 Cu 进入晶格的间隙中，产生间隙铜(Cu_i)；三是 In 进入晶格的间隙中，产生间隙铟(In_i)；四是 In 占据了 Cu 的位置(In_{Cu})；五是 Se 占据 Cu 的位置(Se_{Cu})；六是 In 占据 Se 的位置(In_{Se})。

(2) 产生受主能态的四种来源：一是 Cu 缺失，产生 Cu 空位(V_{Cu})；二是 In 缺失，产生 In 空位(V_{In})；三是 Se 进入晶格的间隙中，产生间隙硒(Se_i)；四是 Cu 占据了 In 的位置(Cu_{In})；五是 Se 占据 In 的位置(Se_{In})；六是 Cu 占据 Se 的位置(Cu_{Se})。

此外，对于施主：Cu_i、Se_{Cu}和 In_{Se}是单重的，V_{Se}和 In_{Cu}是双重的，In_i 是三重的；对于受主：V_{Cu}和 Se_{In}是单重的，Se_i 和 Cu_{In}是双重的，V_{in}是三重的。

体材料 $CuInSe_2$ 是直接带隙半导体，室温下的带隙是 $E_g \sim 1eV$[22]。依赖于光子能量的吸收系数，满足如下关系[23]：

$$\alpha(h\nu) \approx (h\nu - E_g)^{1/2} \tag{7.1-17}$$

$CuInSe_2$ 材料的电子有效质量是 0.082[24]，空穴有效质量是 0.73[25]。$CuInSe_2$ 材料近似具有各向同性的属性，其导带和价带接近于球对称，导带和价带能级的色散关系是

$$E_C(k) \approx E_g + \frac{\hbar^2 k^2}{2m_e} \tag{7.1-18}$$

$$E_V(k) \approx \frac{\hbar^2 k^2}{2m_h} \tag{7.1-19}$$

不同测量结果表明，$CuInSe_2$ 介电常数数值是 10～16，一般取为 14.7[26]。

如上讨论，在 $CuInSe_2$ 材料中，可以出现单重、双重、三重施主或受主缺陷，它们在禁带中分别产生单重、双重、三重的施主或受主能级。例如，在 $CuInSe_2$ 材料中，一个单一受主的电离过程可以表示为

$$V_{Cu}^0 \rightarrow V_{Cu}^- + e^+ ,\ E_{A1} \tag{7.1-20}$$

式中，E_{A1}是受主的电离能；V_{Cu}^0、V_{Cu}^-分别是中性和带电时的受主态。这个缺陷态在禁带中提供了一个受主能级，E_{A1}是受主的活化能。双重受主和施主的活化能可以得到类似的表示。例如，双重施主 In_{Cu}的电离能定义为施主态到导带底（或 LUMO）的能量，第一和第二电离能（或活化能）表示为 $E_{D2}^{(1)}$、$E_{D2}^{(2)}$。这个过程可以表示为

$$\begin{cases} In_{Cu}^0 \rightarrow In_{Cu}^+ + e^- , & E_{D2}^{(1)} \\ In_{Cu}^+ \rightarrow In_{Cu}^{++} + e^- , & E_{D2}^{(2)} \end{cases} \tag{7.1-21}$$

这里单重或双重的活化能 E_{A1}、$E_{D2}^{(1)}$、$E_{D2}^{(2)}$同样适用于三重态的表示。

1）单重施主或受主能级

考虑一个单重施主缺陷。在有效质量近似模型中，施主的势能 $U(r)$可以用介电屏蔽势表示，浅施主缺陷满足类氢原子近似，有如下方程：

$$\left(-\frac{\hbar^2}{2m_e}\nabla^2 - \frac{e^2}{4\pi\varepsilon r}\right)\psi(r) = E_{D1}\psi(r) \tag{7.1-22}$$

式中，$\psi(r)$是施主电子的类氢原子近似下的包络函数；E_{D1}是施主的活化能。对于基态，施主活化能可以表示为[26]

$$E_{D1} = \frac{m_e e^4}{2h^2\varepsilon^2} = E_{D0} \tag{7.1-23}$$

类似的方法可以用于受主的讨论，得到类似的方程

$$\left(-\frac{\hbar^2}{2m_{\mathrm{h}}}\nabla^2-\frac{e^2}{4\pi\varepsilon r}\right)\psi(r)=E_{\mathrm{A1}}\psi(r) \tag{7.1-24}$$

对于基态,受主的活化能可以表示为[25]

$$E_{\mathrm{A1}}=\frac{m_{\mathrm{h}}e^4}{2h^2\varepsilon^2}=E_{A0} \tag{7.1-25}$$

借助于氢原子的玻尔半径 a_0,施主电子或受主空穴的玻尔半径 a^* 可以表示为

$$a^*=\frac{\hbar^2 e}{m_i\varepsilon^2}=\frac{m_0}{m_i}a_0\varepsilon \qquad (i=\mathrm{e,h}) \tag{7.1-26}$$

上述结果适合于 $a^*\geqslant a$(a 是晶格常数)的情况。对于 $CuInSe_2$ 材料,晶格常数是 $a=b\sim5.67$Å 和 $c\sim11.3$Å。因此,$CuInSe_2$ 施主和受主的玻尔半径分别近似是 10nm 和 1.2nm。

2) 双重施主或受主能级

在这种缺陷情况下,一般在价带中产生两个局域能级,它们的活化能可以利用类氦原子近似处理得到[27]。因此,双重施主有效质量近似模型下的薛定谔方程是

$$\left(-\frac{\hbar^2}{2m_{\mathrm{e}}}(\nabla_1^2+\nabla_2^2)-\frac{Ze^2}{4\pi\varepsilon r_1}-\frac{Ze^2}{4\pi\varepsilon r_2}+\frac{e^2}{4\pi\varepsilon|r_2-r_1|}\right)\psi(\boldsymbol{r}_1,\boldsymbol{r}_2)=E_{D2}\psi(\boldsymbol{r}_1,\boldsymbol{r}_2) \tag{7.1-27}$$

在这里,$E_{D2}=E_{D2}^{(1)}+E_{D2}^{(2)}$,$E_{D2}^{(1)}$、$E_{D2}^{(2)}$ 是式(7.1-22)分别定义的第一和第二施主的活化能。上式的试探解可以表示为

$$\psi(\boldsymbol{r}_1,\boldsymbol{r}_2)=\frac{Z^3}{\pi a^*}\exp\left[-\frac{Z(r_1+r_2)}{a^*}\right] \tag{7.1-28}$$

得到活化能的量值是

$$E_{D2}=2(Z^2-4Z)+\frac{5}{4Z} \tag{7.1-29}$$

对上式求极小值,使 $\mathrm{d}E_{D2}/\mathrm{d}Z=0$,得到有效离子电荷 $Ze=27e/16$。于是得到 $E_{D2}=5.7E_{D0}$,类比(7.1-23)式,引入屏蔽势 $U(r)=2e^2/4\pi\varepsilon r$,$E_{D2}^{(2)}$ 是

$$E_{D2}^{(2)}=\frac{4m_{\mathrm{e}}e^4}{2h^2\varepsilon^2}=4E_{D0} \tag{7.1-30}$$

而第一施主的活化能是

$$E_{D2}^{(1)}=5.7E_{D0}-4E_{D0}=1.7E_{D0} \tag{7.1-31}$$

3) 三重施主或受主能级

在这种情况下,可以模仿双重施主(受主)缺陷的模式处理单重的三重施主(受主)缺陷态能级。一个单重的三重施主(受主)的有效质量近似处理的方程是

$$\left(-\frac{\hbar^2}{2m_e}(\nabla_1^2+\nabla_2^2)-\frac{Z'e^2}{4\pi\varepsilon r_1}-\frac{Z'e^2}{4\pi\varepsilon r_2}+\frac{e^2}{4\pi\varepsilon|r_2-r_1|}\right)\psi(\boldsymbol{r}_1,\boldsymbol{r}_2)=E_{D3}\psi(\boldsymbol{r}_1,\boldsymbol{r}_2) \tag{7.1-32}$$

在这里，$E_{D3}=E_{D3}^{(2)}+E_{D3}^{(3)}$，$E_{D3}^{(2)}$、$E_{D3}^{(3)}$是这个三重缺陷中心的第二和第三施主的活化能。

式(7.1-32)的试探解仍然可以由式(7.1-28)表示，类比同样方法得到有效离子电荷 $Z'e=43e/16$。于是得到 $E_{D3}=14.4E_{D0}$。类比式(7.1-23)，引入屏蔽势 $U(r)=3e^2/4\pi\varepsilon r$，于是得到

$$E_{D2}^{(3)}=9E_{D0} \tag{7.1-33}$$

而三重能级的第二个施主活化能是

$$E_{D2}^{(1)}=14.4E_{D0}-9E_{D0}=5.5E_{D0} \tag{7.1-34}$$

类比方程(7.1-32)，得到包含三个电子的类似方程和试探解。类比上述求解过程，得到

$$E_{D3}=E_{D3}^{(1)}+E_{D3}^{(2)}+E_{D3}^{(3)}=16.9E_{D0} \tag{7.1-35}$$

于是三重能级的第一活化能是

$$E_{D3}^{(1)}=16.9E_{D0}-14.4E_{D0}=2.5E_{D0} \tag{7.1-36}$$

综合上述计算，所得结果列于表 7.2 中。

表 7.2 $CuInSe_2$ 材料各种施主和受主态的活化能(meV，相对 LUMO、HOMO)

受主能级	来源	活化能	施主能级	来源	活化能
E_{A1}	V_{Cu}^-，Se_{In}^-，Cu_{Se}^-	45±12	E_{D1}	Cu_i^+，Se_{Cu}^+，In_{Se}^+	5±2
$E_{A2}^{(1)}$	Se_i^-，Cu_{In}^-	78±20	$E_{D2}^{(1)}$	V_{Se}^+，In_{Cu}^+	9±2
$E_{A2}^{(2)}$	Se_i^{2-}，Cu_{In}^{2-}	184±45	$E_{D2}^{(2)}$	V_{Se}^{2+}，In_{Cu}^{2+}	21±2
$E_{A3}^{(1)}$	V_{In}^-	115±30	$E_{D3}^{(1)}$	In_i^+	13±3
$E_{A3}^{(2)}$	V_{In}^{2-}	250±60	$E_{D3}^{(2)}$	In_i^{2+}	28±7
$E_{A3}^{(3)}$	V_{In}^{3-}	410±100	E_{D3}^{3}	In_i^{3+}	46±12

综合有关研究结果，在这些缺陷能级和 LUMO、HOMO 之间的电子跃迁，依赖于 Cu 富裕或 In 富裕的组分[28~30]。例如，在 Cu 富裕的情况下，由 LUMO 到 V_{In}、Cu_{In}受主能级的电子跃迁，以及从施主能级 V_{Se}、Cu_i 到 HOMO 的电子跃迁，占据主导地位。在 In 富裕的情况下，来自于施主能级 In_{Cu}到受主能级 V_{Cu}的电子跃迁，以及从施主能级 V_{Se}到受主能级 V_{Cu}的电子跃迁，即施主-受主对(donor-acceptor pair，DAP)复合，占据主导地位。这时，电子跃迁产生发射光子的能量是

$$h\nu = E_g - E_A + \frac{e^2}{4\pi\varepsilon r} \qquad \text{LUMO} \rightarrow V_{in}、Cu_{In}$$

$$h\nu = E_g - E_D + \frac{e^2}{4\pi\varepsilon r} \qquad V_{Se}、Cu_i \rightarrow \text{HOMO} \tag{7.1-37}$$

$$h\nu = E_g - E_A - E_D + \frac{e^2}{4\pi\varepsilon r} \qquad V_{Se} \rightarrow V_{Cu}$$

对于 $CuInSe_2$ 量子点，由于量子点的 LUMO、HOMO 是尺寸依赖的，因此 $CuInSe_2$ 量子点的电子跃迁变得较为复杂，既可以存在尺寸依赖的性质，也会呈现组分依赖的性质。图 7.8 是三个 $CuInSe_2$ 量子点尺寸依赖的电子跃迁示意图[31]。随着量子点尺寸的减小，尺寸受限能增大，LUMO、HOMO 增加，导致 E_g 增加。同时，受主 V_{Cu} 依赖于量子点的尺寸，发生尺寸依赖的变化。图 7.8 表明，1S(e) 和 1S(h) 态之间的能级差，决定第一激子吸收峰的位置，或者是量子点光学禁带的间隙。随着量子点尺寸由 5.6nm 减小到 1.2nm，禁带 E_g 由 1.48eV 增加到 1.66eV。1S(e) 态的电子跃迁到 V_{Cu} 受主能级，发出辐射 $h\nu$ 光子，然后在受主能级上的电子再与 1S(h) 态空穴产生非辐射复合。由于 1S(e) 态的能级随量子点尺寸减小而增加，所以辐射光子能量随之增加。随着量子点尺寸由 5.6nm 减小到 1.2nm，$h\nu$ 由 1.35eV 增加到 1.48eV，受主的电离能 E_{A1} 由 0.13eV 增加到 1.18eV。

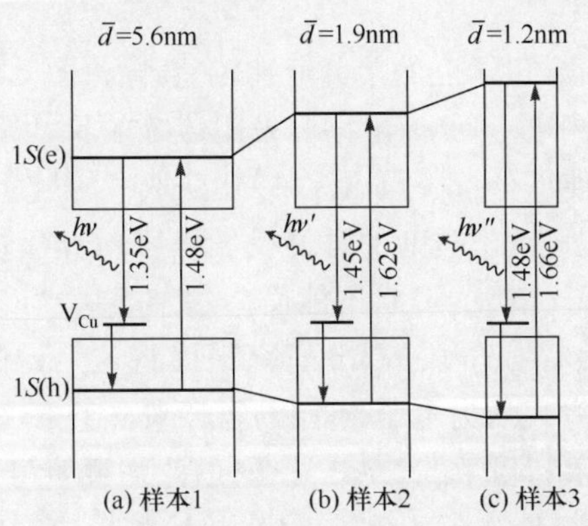

图 7.8　三个尺寸 $CuInSe_2$ 量子点的电子跃迁过程示意图

2. $CuInS_2$ 量子点的能级结构和发光特性

以 Nam 等人合成的 CIS 和 CIS/ZnS 胶体量子点为例[32]，CIS 量子点的 Cu∶In 前驱体摩尔比分别是 1∶1、1∶2、1∶4，同时对 Cu∶In 前驱体摩尔比 1∶4 的 CIS 量子点包覆了 ZnS 壳层。

对于 Cu∶In=1∶1、生长时间是 5～20 分钟的 CIS 量子点，紫外-可见吸收和 PL 光谱如图 7.9(a) 所示。PL 发光强度与反应时间有关，其中最好的量子产额

(QY)是 1.6%,对应于反应时间是 20 分钟的样本。如果反应时间增加到 25 分钟,则 QY 降低到 1.3%。这时呈现宽阔的 PL 发光光谱,是黄铜矿 I-III-V 量子点的一般特性,归因于一些因素:缺陷辐射的属性和尺寸/组分的变化。正如图 7.9(a)所示,吸收的肩部(对应光学的带隙)随时间增加移向较低能量的方向,是由于粒子尺寸随生长时间的增大。CIS 量子点的光学带隙约为 2.13~2.34eV(对应于 582~530nm),均高于体材料的数值(1.5eV),表明粒子呈现强烈的量子尺寸受限效应。相对于光学带隙,PL 辐射峰的位置有明显红移,产生的 Stokes 位移是 300~470meV,说明这些辐射跃迁不能简单归结于带边的激子复合。

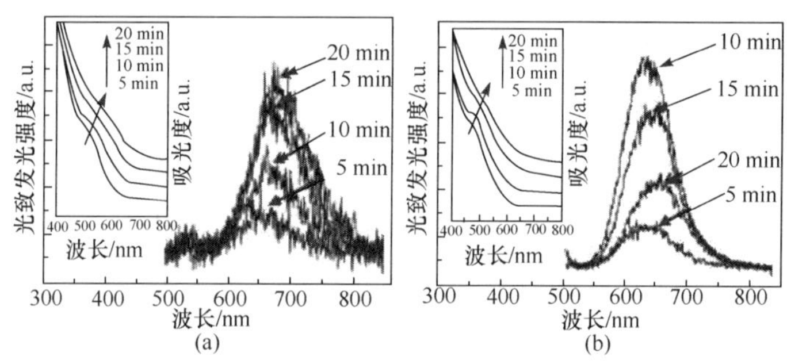

图 7.9 尺寸筛选(a)前、(b)后不同尺寸 CIS 量子点吸收和 PL 光谱[32]

由于这里制备的 CIS 量子点的单分散性较差,导致图 7.9(a)所示宽阔的吸收和发光光谱,难以准确测定 Stokes 位移。采用传统的尺寸筛选手段进行处理(即利用甲醇作为非溶剂,使部分量子点沉淀,以便获取窄的尺寸分布)。然而,尺寸筛选后的 CIS 量子点还是显示出类似的宽阔吸收和 PL 光谱,如图 7.9(b)所示,表明 CIS 量子点的吸收和 PL 光谱的形状不能简单归结于尺寸的不均匀性。CIS 量子点的 PL 辐射机制仍然存在争议:部分研究报道将这个缺陷相关的辐射归因于 DAP 复合[33~38];Nose 等人认为电子-空穴的复合来自于 1S(e)和 Cu 空位(V_{Cu})能级间的跃迁,而不是施主和受主的 DAP 复合,以此来说明可调谐的 CIS 量子点的 PL 光谱[31]。对于这里制备的 CIS 量子点样本,较长反应时间(对应较大尺寸)的量子点,显示出较小的红移量。但是,与带隙随时间的变化量(反应时间由 5 分钟变化到 20 分钟,带隙变化是 ΔE_g=0.21eV)比较,它们 PL 辐射红移(0.04eV)是一个相对小的量。

在黄铜矿 CIS 结构中,Cu-S 束缚比 In-S 间束缚要弱,更易于形成 V_{Cu} 和产生错位缺陷[34]。尽管这里合成的 CIS 量子点是按 Cu∶In=1∶1 进行的,由于 V_{Cu} 的产生,导致 CIS 量子点是略微 In 富裕的。在 In 富裕的 CIS 量子点中,主要缺陷是 V_{Cu}、In_{Cu} 和 V_S[31,34]。如果认为这些缺陷态能级不依赖于粒子的尺寸,那么不同尺寸 CIS 量子点发出的辐射波长应当是不变的,这与上述尺寸依赖的辐射调谐矛盾。同时,如果认为这些辐射来自于导带(CB)到 V_{Cu} 能级的跃迁,那么应当观察到随粒子尺寸增加更加明显的辐射红移结果,而不是这里观察到的0.04eV。在体材料CIS量子点中,V_S 和 V_{Cu} 两个缺陷态能级分别位于CB边之下约35meV和VB边之上约100meV[39,40],它们随着粒子尺寸的变化不会产生很明显的(但有一定程度的)变化。同时,较深的 In_{Cu} 处于CB边之下约145meV[39,40],是基本固定的。因此,在 V_S 施主和 V_{Cu} 受主之间的DAP复合占据了主导地位,这时缺陷中心的能级是可以随量子点的尺寸略微变化的,对CIS量子点的辐射产生轻微的调谐。

根据Uehara等人的研究,CIS量子点的QY依赖于缺陷态浓度的调控[34]。利用前驱体摩尔比Cu/In<1,可以诱导产生Cu空位 V_{Cu},导致Cu不足,使得CIS量子点的QY提高5%~6%。作为比较,考察前驱体摩尔比Cu∶In=1∶2和1∶4制备出Cu不足的CIS量子点。实际EDS测试表明,在前驱体摩尔比Cu∶In=1∶1、1∶2、1∶4时制备的CIS量子点中,Cu/In实际分别比例是0.92、0.73和0.61。图7.9(b)是Cu∶In=1∶4制备CIS量子点的吸收和PL光谱。这些CIS量子点的吸收和PL光谱随着反应时间产生红移,与Cu∶In=1∶1的方式一样。但是,它们的带隙和辐射波长分布位于2.38~2.59eV和638~648nm,高于Cu∶In=1∶1的情况。对于Cu不足的CIS量子点,会产生更高的带隙,其原因是:Cu的 d 轨道与s的 p 轨道之间会发生杂化,导致价带的降低[31,34]。此外,当Cu∶In=1∶4、反应时间是10分钟时,CIS量子点的QY达到5.4%,约是Cu∶In=1∶1时的3.4倍,证明Cu不足可以改善CIS量子点的QY。在Cu∶In=1∶2的情况下,CIS量子点的吸收与发光光谱介于上述两者之间,在反应时间是15分钟时,QY达到2.8%。

综合上述讨论,CIS量子点辐射复合的跃迁过程如图7.10所示。根据有关文献[39,40],在体材料CIS中,一个受主(V_{Cu})能级和两个施主(V_S,In_{Cu})能级位于1.5eV的带隙内。在Cu∶In=1∶4、反应时间是10分钟的CIS量子点中,量子受限的电子能级[1S(e)]和空穴能级[1S(h)],对应产生2.5eV的光学带隙。基于有效质量近似计算方法,1S(e)和1S(h)能级的增加主要依赖于电子和空穴的有效质量(m_e,m_h)。考虑到1S(e)和1S(h)能级是 $1/m_e$、$1/m_h$ 的函数,而 m_e(0.16)比 m_h(1.3)轻得多,所以随着尺寸的变化,1S(e)能级的移动量要远大于1S(h)能级。如上所述,随着带隙的增加,施主和受主能级可以发生移动,每个缺陷能级的移动程度依赖于它距离CB或VB的深度。即随着带隙的变化,较浅的缺陷(如 V_S)会比较深的缺陷(如 In_{Cu})产生更大的移动。值得注意的是,具有Cu∶In=1∶4、反应时间是10分钟的CIS量子点,辐射峰的位置是647nm(1.92eV)。由于 In_{Cu}-V_{Cu} 复合产生的是近红外辐射,因此 V_S-V_{Cu} 的DAP复合跃迁较 In_{Cu}-V_{Cu} 占据主导地位。

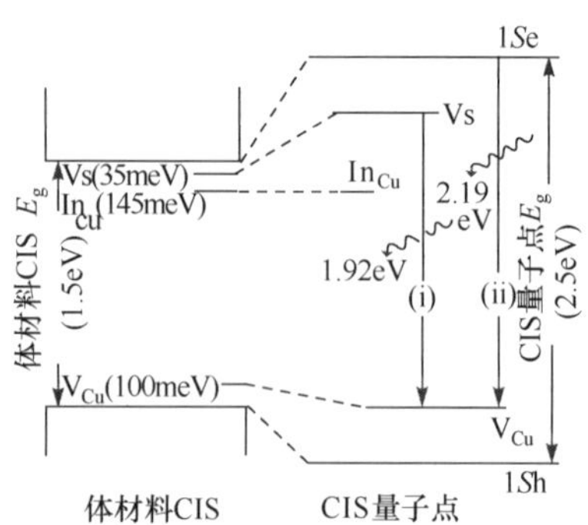

图 7.10　CIS 量子点的能级结构和辐射复合跃迁过程的示意图[34]

7.2　胶体半导体量子点温度依赖的物理性质

已有理论和实验表明，半导体材料的禁带宽度是温度依赖的，半导体材料禁带宽度随温度的变化率称为温度系数(temperature coefficient)。体半导体材料温度依赖的禁带宽度性质，已经有诸多的理论研究，一般认为温度对禁带宽度的影响来自于晶格的膨胀[41]，以及激子与声子相互作用导致有效质量的变化[42,43]。

目前，体半导体材料的温度性质采用 Varshni 的理论[44]描述，它给出体半导体材料的禁带宽度与温度的关系，即

$$E_g(T)=E_g(0)-\frac{\alpha T^2}{T+\beta} \tag{7.2-1}$$

式中，α、β 是决定于材料的常数，β 称为德拜(Deby)温度；T 是半导体材料的热力学温度；$E_g(0)$是 $T=0$ 时的禁带宽度。

近几年，半导体量子点温度依赖的禁带宽度和发光性质的研究，引起人们的关注。相关研究结果表明，半导体量子点的禁带宽度和 PL 发光强度不但是温度依赖的，而且也是尺寸依赖的。在本章里，我们以 CdSe、PbSe 等胶体半导体量子点为研究对象，从实验和理论两个方面讨论 PbSe 量子点尺寸、温度二元依赖的禁带宽度，定量描述几个典型胶体半导体量子点禁带宽度和 PL 发光强度随尺寸、温度变化的规律。

7.2.1　温度依赖的禁带宽度

1. CdSe 胶体量子点温度依赖的禁带宽度

对于体 CdSe 材料而言：在 0K 时，带隙是 1.85eV；在 300K 时，带隙是

1.75eV。在一定温度范围内，带隙随温度表现出线性变化规律。然而对于 CdSe 胶体量子点而言，由于尺寸受限作用，温度依赖关系将变得较为复杂。

(1) 实验研究

利用 CdO、TOP-Se 为前驱体，以 OA、TOPO 和 ODE 为溶剂，合成出不同尺寸的 CdSe 胶体量子点。不同尺寸 CdSe 胶体量子点的吸收光谱如图 7.11 所示，通过数值拟合，粒子尺寸 D 与第一激子吸收峰的波长 λ 具有如下关系式[45]：

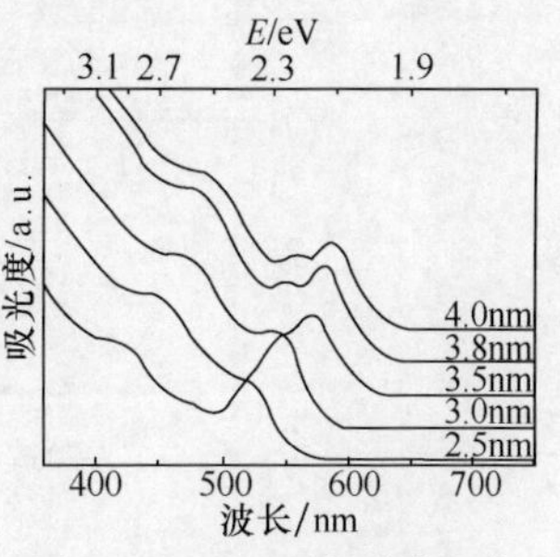

图 7.11　室温下不同尺寸 CdSe 量子点的吸收光谱

$$D=1.6122\times10^{-9}\lambda^4-2.6575\times10^{-6}\lambda^3+1.6242\times10^{-3}\lambda^2-0.4277\lambda+41.57 \tag{7.2-2}$$

在不同温度下，尺寸为 4.0nm、2.5nm CdSe 量子点的吸收光谱，如图 7.12 所示。当温度增加时，两个尺寸 CdSe 量子点的吸收光谱会发生红移。通过线性拟合，得到如下关系式：

$$\lambda=\begin{cases}0.1T+553.5 & D=4.0\text{nm}\\0.1T+487.7 & D=2.5\text{nm}\end{cases} \tag{7.2-3}$$

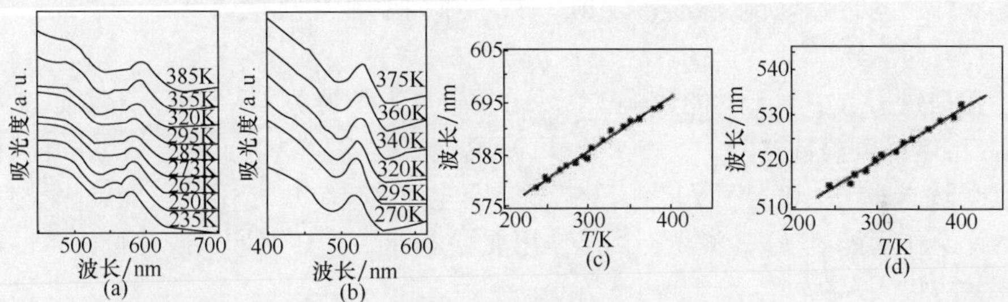

图 7.12　尺寸 4.0nm(a,c)、2.5nm (b,d)CdSe 量子点温度依赖的吸收光谱和拟合关系[45]

我们可以发现，在实验误差范围内，不同尺寸 CdSe 量子点的温度系数几乎是一个常数。因此，对于其他粒子尺寸(2.8nm、3.2nm、3.8nm、4.3nm、4.5nm 和 4.7nm)，带隙随温度的变化关系可以表示为

$$\lambda=0.1T+C \tag{7.2-4}$$

式中，C 是依赖于粒子尺寸 D 的常数，满足如下关系式：

$$C(D,298\text{K})=\lambda_0-29.8 \tag{7.2-5}$$

λ_0 是室温下相应 CdSe 量子点第一激子吸收峰的峰值波长。不同尺寸粒子(即不同 λ_0)C 的数据如图 7.13(a)所示。

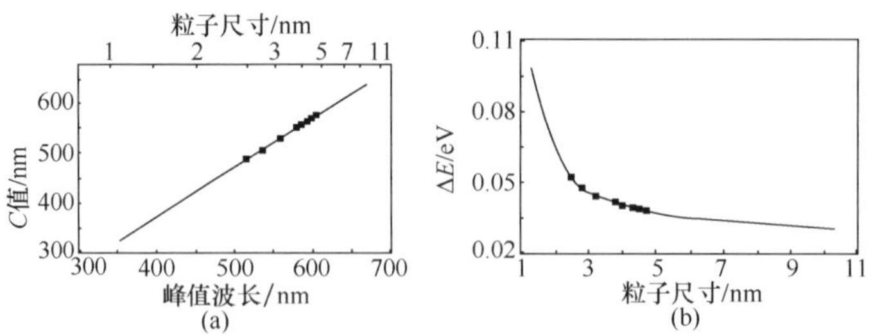

图 7.13 不同尺寸 CdSe 量子点(a)C 与峰值波长的关系;(b)带隙变化与尺寸关系[45]

利用带隙 E_g 与波长 λ 的关系:$E_g=1239.8/\lambda$(λ 以 nm 为单位,E_g 以 eV 为单位),方程(7.2-4)可以表示为

$$E_g=\frac{1239.8}{0.1T+C(D,298\text{K})} \tag{7.2-6}$$

常数 C 是尺寸依赖的,所以带隙 E_g 也是尺寸依赖的。在 273～385K 温度范围内,图 7.13(b)是不同尺寸 CdSe 量子点的带隙变化数据,以及由上式绘出的曲线。随着温度的增加,导致尺寸依赖的带隙数值的下降。这个带隙的降低归因于热膨胀和电子与声子之间的耦合效应。此外,对于 II-VI 半导体量子点,其带内能量差不能达到体材料带隙,所以温度系数 $\mathrm{d}E_g/\mathrm{d}T$ 类似于体材料的数值[46]。

(2) 理论分析

根据量子点中激子的能量构成,CdSe 量子点光学带隙 E_{gap} 与温度相关的主要来源有:体材料禁带宽度 $E_{gap}^0=(E_e^0-E_h^0)$,E_e^0、E_h^0 是体材料电子和空穴的动能;量子点受限能 $E^{conf}=(E_e^{conf}+E_h^{conf})$,$E_e^{conf}$、$E_h^{conf}$ 是电子和空穴的量子受限能;电子与空穴的库仑作用能量 J_{e-h};激子与声子作用能量 J_{e-ph}。所以,CdSe 胶体量子点的温度系数可以表示为

$$\frac{\mathrm{d}E_{gap}}{\mathrm{d}T}=\frac{\mathrm{d}E_{gap}^0}{\mathrm{d}T}+\frac{\mathrm{d}E^{conf}}{\mathrm{d}T}+\frac{\mathrm{d}J_{e-h}}{\mathrm{d}T}+\frac{\mathrm{d}J_{e-ph}}{\mathrm{d}T} \tag{7.2-7}$$

①体材料带隙随温度的变化对温度系数的贡献。研究表明,体材料受温度影响导致形态扭曲,是材料的带隙发生改变的原因之一;另外一个原因是激子与声子的相互作用。Nomura 等人的研究指出,在 $T=100\sim300$K 范围内,CdSe 体材料的浓度函数 $\mathrm{d}E_g^0/\mathrm{d}T=-0.36\text{meV}\cdot\text{K}^{-1}$[47]。

②库仑作用能量随温度的变化对温度系数的贡献。由于电子和空穴波函数限制在一个量子点中,因此二者的相互作用要比体材料的激子有更大的重叠区域。库仑作用能量依赖于介电常数,而介电常数依赖于温度,当温度变化时,$\mathrm{d}J_{e-h}/\mathrm{d}T$ 将发生改变。

假设在量子点中库仑作用能量比例于 $1/R$(R 是量子点的半径)。对于 CdSe 体材料,激子的玻尔半径是 $a=5.6$nm,电子与空穴的库仑作用能量是 $J_{e-h}=$

15meV。当 $T=300\text{K}$ 时，$\varepsilon=9.64$；当 $T=100\text{K}$ 时，$\varepsilon=9.17$。对于 $R=1\text{nm}$ 的 CdSe 量子点，计算出介电常数变化对温度系数的贡献是 $\mathrm{d}J_{\text{e-h}}/\mathrm{d}T=-0.01\text{meV}\cdot\text{K}^{-1}$。这个库仑作用能量随温度变化对温度系数的贡献，随量子点半径 R 的变化关系如图 7.14 所示。

③激子与声子相互作用随温度的变化对温度系数的贡献。在量子点中，声子密度、电子结构和激子波函数都与体材料中的情况不同，所以激子与声子相互作用不同于体材料的情况，导致量子点的 $\mathrm{d}J_{\text{e-ph}}/\mathrm{d}T$ 发生与体材料不同的变化。根据已有的研究结果，在 CdSe 量子点中，声子能量的改变量是[48,49]：$\hbar\Delta\omega_{\text{opt}}=B\times N$。式中，$N$ 是光学声子 Boltzmann 占位数；B 是比例常数，可以由光学声子贡献的线宽 δ_{opt} 决定[49]。这一项对 $\mathrm{d}J_{\text{e-ph}}/\mathrm{d}T$ 的贡献很小，例如对 $R=5\text{nm}$ 的 CdSe 量子点，$\mathrm{d}J_{\text{e-ph}}/\mathrm{d}T\sim-0.01\text{meV}\cdot\text{K}^{-1}$，如图 7.14 所示。

④量子受限能随温度的变化对温度系数的贡献。对于 CdSe 量子点而言，可以考虑使用无限深势阱模型。于是，量子点中激子的受限能为

$$E^{\text{conf}}=\frac{\hbar^2\alpha^2}{2mR^2} \tag{7.2-8}$$

式中，α 是常数；m 是激子的折合质量。于是，该项随温度变化系数是

$$\frac{\mathrm{d}E^{\text{conf}}}{\mathrm{d}T}=-E^{\text{conf}}\left[\frac{1}{m}\frac{\partial m}{\partial T}+\frac{2}{R}\frac{\partial R}{\partial T}\right]\frac{\hbar^2\alpha^2}{2mR^2} \tag{7.2-9}$$

对于 CdSe 材料，热膨胀系数约为 5×10^{-6}。根据有关文献报道[50]，可以得到 CdSe 材料折合质量随温度变化系数是 $2\times10^{-4}\ \text{K}^{-1}$。对于 CdSe 量子点而言，量子受限能随温度变化对温度系数的贡献与量子点半径 R 的关系如图 7.14 所示。

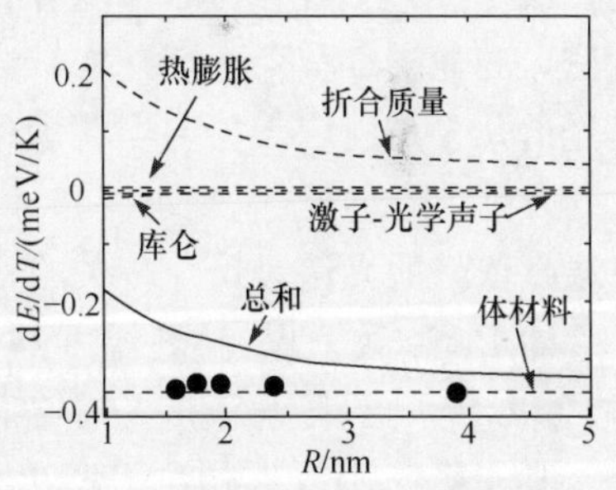

图 7.14 CdSe 量子点 温度系数随半径 R 的变化关系[54]

上述分析表明，折合质量随温度的变化，对 CdSe 纳米晶温度系数的影响较大。但总体而言，CdSe 量子点的温度系数与尺寸基本无关，与 CdSe 体材料的温度系数基本一致。

2. PbSe 胶体量子点温度依赖的禁带宽度

研究表明，PbSe 体材料的禁带随温度的升高而增大，变化率大于零[51,52]。Wise 等人的研究进一步表明，PbSe 量子点的禁带宽度是尺寸、温度依赖的[53,54]。随着量子点尺寸的变小，这个变化率会逐渐变小，以至于在某一尺寸下出现禁带温度依赖的转折点，在小于这个转折点的尺寸后，禁带随温度的升高而减小，出现禁

带温度依赖的红移现象。确定量子受限下 PbSe 胶体量子点禁带反转变化的临界点，是一个十分令人感兴趣的问题。

(1) 实验研究

采用 Se 粉和 PbO 为前驱体，TOP 和 ODE 为溶剂，OA 为活性剂，制备出不同尺寸的 PbSe 胶体量子点[55]。图 7.15 是几个典型尺寸 PbSe 量子点的吸收光谱和 TEM 图像。

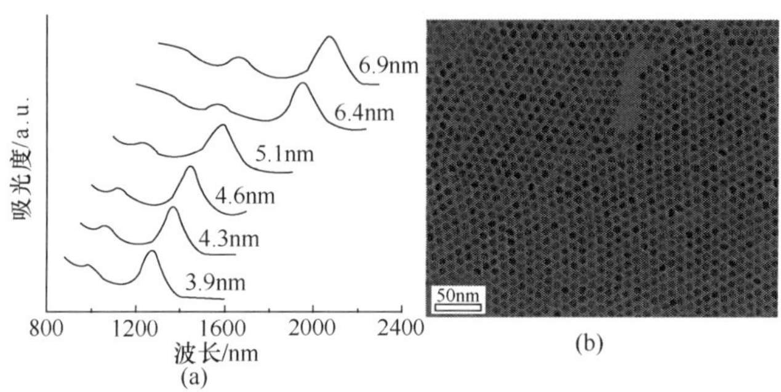

图 7.15 不同尺寸 PbSe 量子点 (a)吸收光谱和 (b)TEM 图像[55]

将 PbSe 量子点用 N_2 封装，加热到不同温度(分别是 25℃、40℃、60℃、80℃、100℃、120℃)，测量其吸收光谱。在不同温度条件下，不同尺寸 PbSe 量子点的吸收光谱如图 7.16 所示。我们可以发现，对于 3.9nm PbSe 量子点，随着温度的升高，吸收光谱呈现出红移，伴随着吸收强度的下降。随着粒子尺寸的增加，这个温度诱导的光谱红移会逐渐减弱。当粒子尺寸是 5.1nm 附近时，这个红移将消失，其光谱几乎与温度无关。当粒子尺寸进一步增加时，如 6.4nm、6.9nm 时，随着温度的升高，吸收光谱呈现出蓝移，但仍然伴随着吸收强度的下降。因此，PbSe 量子点温度依赖的光谱是尺寸相关的，5.1nm 附近粒子尺寸是一个临界点。对于较小尺寸的 PbSe 量子点，随着温度的升高，吸收光谱呈现出红移；反之对于较大尺寸的 PbSe 量子点，随着温度的升高，吸收光谱呈现出蓝移。

温度系数 $d\lambda/dT$ 随粒子尺寸的变化关系，如图 7.17(a)所示，其中 λ 是 PbSe 量子点第一激子吸收峰的位置。我们看到，在较小 PbSe 量子点尺寸时，$d\lambda/dT$ 大于零；随着尺寸的增加，逐步趋于零；在较大尺寸时，$d\lambda/dT$ 是小于零。这个尺寸依赖的温度系数，与 II-VI 和 III-V 纳米材料 $d\lambda/dT$ 接近于体材料的情况有很大区别[56,57]。图 7.17(b)温度系数的另一种表示 dE_g/dT 随粒子半径 R 的变化关系。两种系数的关系是

$$\frac{d\lambda}{dT}=-\frac{\lambda^2}{1240}\frac{dE_g}{dT} \tag{7.2-10}$$

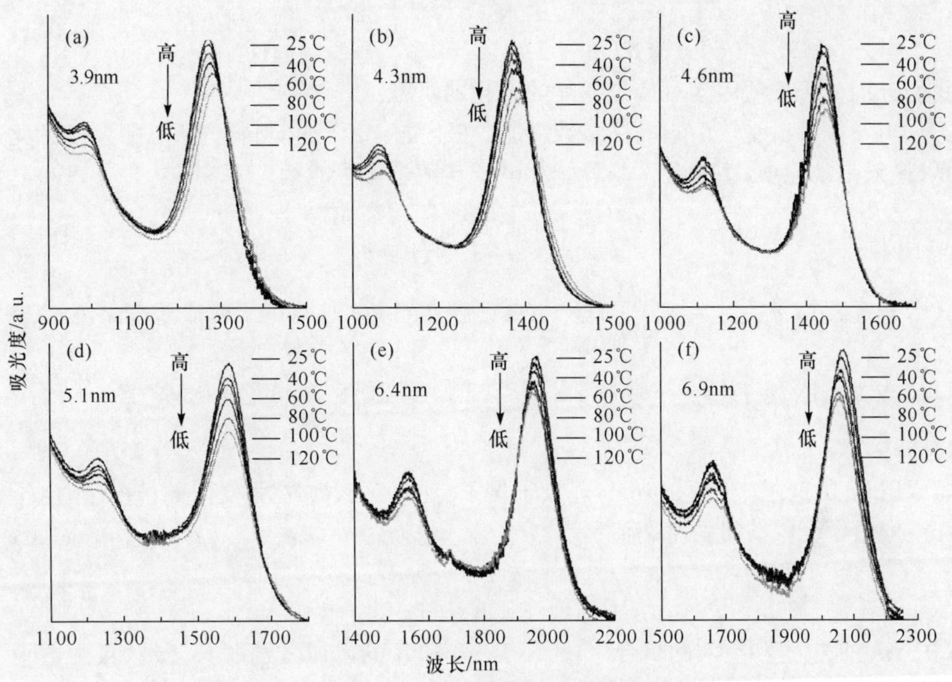

图 7.16　不同尺寸 PbSe 量子点随温度变化的吸收光谱[55]

(阅读彩图请扫封底二维码)

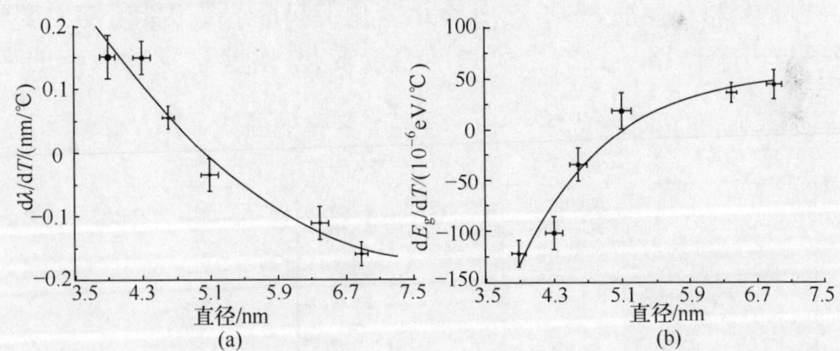

图 7.17　PbSe 量子点温度系数(a) $d\lambda/dT$ 和(b) dE_g/dT 随直径的变化曲线

(2) 理论分析

PbSe 量子点光学带隙 E_{gap} 主要包括：体材料的禁带宽度 $E_{gap}^0=E_e^0-E_h^0$，E_e^0、E_h^0 是体材料中电子和空穴的动能；量子点受限动能 $E^{conf}=E_e^{conf}+E_h^{conf}$，$E_e^{conf}$、$E_h^{conf}$ 是电子和空穴的量子受限动能；电子与空穴的库仑作用能量 J_{e-h}；激子与声子作用能量 J_{e-ph}；以及量子点表面极化附加的极化能量 $E^{pol}=E_e^{pol}+E_h^{pol}$。当温度发生变化时，这五项能量随温度变化，有

$$\frac{\mathrm{d}E_{\mathrm{gap}}}{\mathrm{d}T}=\frac{\mathrm{d}E_{\mathrm{gap}}^{0}}{\mathrm{d}T}+\frac{\mathrm{d}E^{\mathrm{conf}}}{\mathrm{d}T}+\frac{\mathrm{d}J_{\mathrm{e-h}}}{\mathrm{d}T}+\frac{\mathrm{d}E^{\mathrm{pol}}}{\mathrm{d}T}+\frac{\mathrm{d}J_{\mathrm{e-ph}}}{\mathrm{d}T} \tag{7.2-11}$$

我们分别分析五项因素对禁带宽度的变化的贡献。

半导体材料受热引起晶格常数膨胀，在压强一定下，体材料的 E_{gap}^{0} 随温度变化是(这只是动能项，不包含库仑势能和电子与声子作用能量)

$$\frac{\mathrm{d}E_{\mathrm{gap}}^{0}}{\mathrm{d}T}=\left(\frac{1}{a}\frac{\partial a}{\partial T}\right)\left(a\frac{\partial E_{\mathrm{gap}}^{0}}{\partial a}\right) \tag{7.2-12}$$

式中，a 是晶格常数，$\alpha=\left(\frac{1}{a}\frac{\partial a}{\partial T}\right)$是 PbSe 线膨胀系数[58]。对于 PbSe 而言，$a\frac{\partial E_{\mathrm{gap}}^{0}}{\partial a}\sim$ 11.5eV[59]，体材料晶格热膨胀引起 E_{gap}^{0} 随温度 T 的变化率是：$\frac{\mathrm{d}E_{\mathrm{gap}}^{0}}{\mathrm{d}T}\sim$ $11.5\alpha\mu\mathrm{eV}\cdot\mathrm{K}^{-1}$。

PbSe 的玻尔半径是 46nm，远大于量子点的半径 R。在强受限的情况下，电子和空穴量子受限能量的基态值是[60]

$$E^{\mathrm{conf}}=\frac{\hbar^{2}\pi^{2}}{2m_{\mathrm{r}}R^{2}}=\frac{0.377}{m_{\mathrm{r}}R^{2}} \tag{7.2-13}$$

式中，m_{r} 是电子和空穴的折合质量，E^{conf}、m_{r} 和 R 的单位分别取 eV、m_0(自由电子质量)和 nm。由于电子、空穴的有效质量和量子点半径 R 都随温度变化，于是有

$$\frac{\mathrm{d}E^{\mathrm{conf}}}{\mathrm{d}T}=-\frac{0.377}{m_{\mathrm{r}}R^{2}}\left(2\alpha+\frac{1}{m_{\mathrm{r}}}\frac{\partial m_{\mathrm{r}}}{\partial T}\right) \tag{7.2-14}$$

其中，第一项是晶格热膨胀，量子点半径 R 变化引起量子受限能量随温度变化；第二项是激子与声子作用导致折合质量随温度变化，引起量子受限能的变化[61]。PbSe 折合质量 m_{r} 和相对变化率$\frac{1}{m_{\mathrm{r}}}\frac{\partial m_{\mathrm{r}}}{\partial T}$随温度变化的曲线如图 7.18 所示。

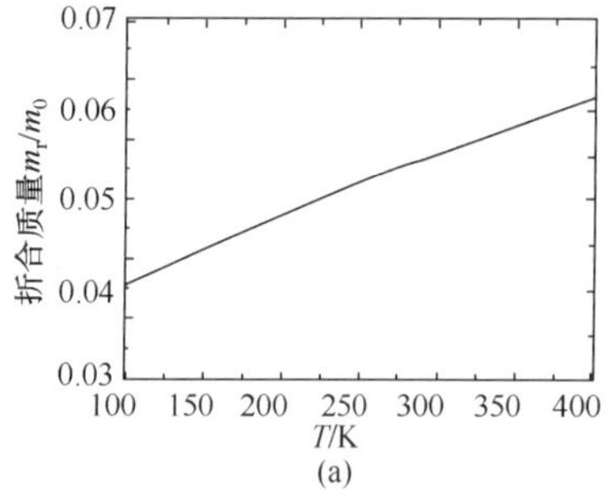

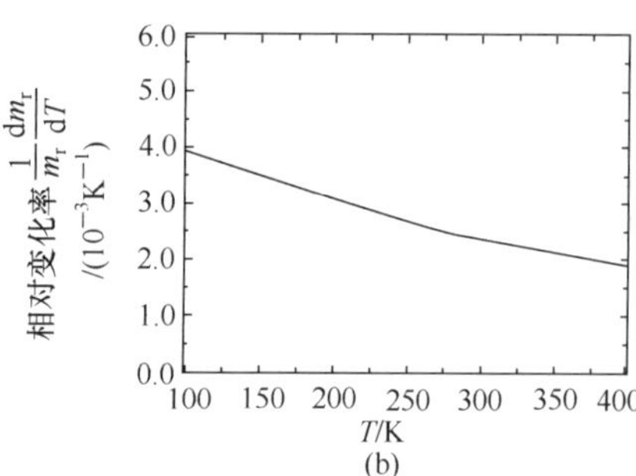

图 7.18 PbSe 材料(a)折合质量和(b)相对变化率随温度变化曲线

若胶体量子点视为相对介电常数是 ε_1 的球体，电子与空穴的库仑作用能量是[62] $J_{\mathrm{e-h}}=-\frac{1.786e^{2}}{4\pi\varepsilon_{0}\varepsilon_{1}R}=-\frac{2.575}{\varepsilon_{1}R}$，随温度的变化是

$$\frac{\mathrm{d}J_{\mathrm{e-h}}}{\mathrm{d}T}=\frac{2.275}{\varepsilon_1 R}\left(\alpha+\frac{1}{\varepsilon_1}\frac{\mathrm{d}\varepsilon_1}{\mathrm{d}T}\right) \tag{7.2-15}$$

对 PbSe 而言，介电常数的相对变化率是$\frac{1}{\varepsilon_1}\frac{\mathrm{d}\varepsilon_1}{\mathrm{d}T}\sim -5\times10^{-4}\mathrm{K}^{-1}$，$\varepsilon_1\sim250$[63]。$R$ 以 nm 为单位，电子与空穴库仑作用能量的变化率是$\frac{\mathrm{d}J_{\mathrm{e-h}}}{\mathrm{d}T}\sim-\frac{5.2}{R}+\frac{10283}{R}\cdot\alpha$ $(\mu\mathrm{eV}\cdot\mathrm{K}^{-1})$。

胶体量子点表面极化附加的极化能 $E^{\mathrm{pol}}\sim-0.248\frac{\varepsilon_1 E_{\mathrm{Ry}}}{\varepsilon_2}$[64]，$\varepsilon_2$ 是溶剂四氯乙烯的相对介电常数，E_{Ry}是 PbSe 材料的有效里德伯能量。于是有

$$\frac{\mathrm{d}E^{\mathrm{pol}}}{\mathrm{d}T}=E^{\mathrm{pol}}\frac{1}{\varepsilon_2}\frac{\mathrm{d}\varepsilon_2}{\mathrm{d}T} \tag{7.2-16}$$

对四氯乙烯，$\frac{1}{\varepsilon_2}\frac{\mathrm{d}\varepsilon_2}{\mathrm{d}T}\sim-2\times10^{-3}\mathrm{K}^{-1}$[65,66]。$E^{\mathrm{pol}}\sim1.53\mathrm{emV}$，$\frac{\mathrm{d}E^{\mathrm{pol}}}{\mathrm{d}T}\sim-3.2\mu\mathrm{eV}\cdot\mathrm{K}^{-1}$。

激子与声子作用能量 $J_{\mathrm{e-ph}}$可以表示为以下的关系式[67]：

$$J_{\mathrm{e-ph}}=\sum_{\boldsymbol{q}}\frac{|\langle\psi(\boldsymbol{k}\pm\boldsymbol{q})\chi(n_q\mp1)\mid H_{\mathrm{e-ph}}\mid\psi(\boldsymbol{k})\chi(n_q)\rangle|^2}{E(\boldsymbol{k})-E(\boldsymbol{k}\pm\boldsymbol{q})\pm\hbar\omega_q} \tag{7.2-17}$$

式中，$H_{\mathrm{e-ph}}$是电子与声子相互作用哈密顿项；$\boldsymbol{k}$、$\boldsymbol{q}$ 是电子和声子的波矢；ω_q 是声子的频率；$E(\boldsymbol{k})$是激子的能量；$\psi(\boldsymbol{k})$是电子的波函数；$\chi(n_q)$是占据数为 n 的离子波函数。$E(\boldsymbol{k})-E(\boldsymbol{k}\pm\boldsymbol{q})\pm\hbar\omega_q$ 这一项相当于释放(或吸收)了一个声子。在导带底，如果是释放声子，$J_{\mathrm{e-ph}}$是个负值，而如果是吸收一个声子，$J_{\mathrm{e-ph}}$有可能是负的也有可能是正的[68]。

根据式(7.2-17)，激子和声子作用能量 $E_{\mathrm{e-ph}}$可以表示为[69]

$$J_{\mathrm{e-ph}}=S(R)\langle\hbar\omega\rangle n(T)=S(R)\langle\hbar\omega\rangle\left(\mathrm{e}^{\frac{\langle\hbar\omega\rangle}{k_{\mathrm{B}}T}}-1\right)^{-1} \tag{7.2-18}$$

式中，$\langle\hbar\omega\rangle$平均声子能量；$k_{\mathrm{B}}$ 是玻尔兹曼常数(Boltzmann constant)；$n(T)$是声子浓度；$S(R)$是激子与声子相互作用的耦合因子，称为 Huang-Rhys 因子。对于 PbSe 材料：$\langle\hbar\omega\rangle=16.8\mathrm{meV}$[70]。激子与声子作用主要表现为：弗罗里希(Fröhlich)耦合、形变耦合和压电耦合。量子化的声子波矢依赖于粒子的尺寸和尺寸受限量子点的 Huang-Rhys 因子[71,72]。Fröhlich 耦合来自于激子与光学声子耦合，依赖于 $1/R$[73]；形变耦合、压电耦合来自于激子与声学声子的耦合。其中形变耦合与粒子尺寸无关，而压电耦合依赖于 $1/R^2$[74]。此外，Huang-Rhys 因子是温度依赖的[75~77]，激子和声子作用能量变化率可以表示为

$$\frac{\mathrm{d}E_{\mathrm{e-ph}}}{\mathrm{d}T}=B_0(T)+\frac{B_1(T)}{R}+\frac{B_2(T)}{R^2} \tag{7.2-19}$$

根据图 7.16 所示的实验数据，可以得到激子和声子作用能量变化率随温度变化曲线，如图 7.19 所示。利用数据拟合，$B_0(T)$、$B_1(T)$和 $B_2(T)$可以表示为

$$B_0(T)=249.7\times\exp(-0.002544\times T)+27.08\times\exp(0.00408\times T)$$

$$B_1(T)=410.9+330.9\times\cos(0.0117\times T)+329.2\times\sin(0.0117\times T)$$

$$B_2(T)=-0.005586\times\exp(0.03081\times T)+5297\times\exp(-0.00436\times T)$$

代入式(7.2-19)，得到激子和声子作用能量对温度系数的贡献是

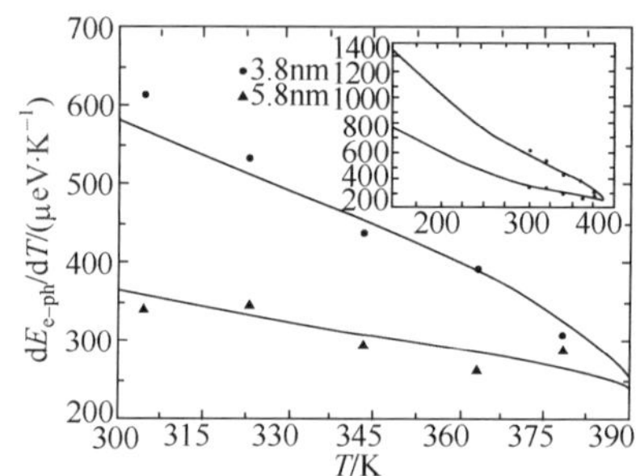

图 7.19 3.8nm 和 5.8nm PbSe 量子点中激子与声子相互作用能量变化率与温度关系曲线

$$\left(\frac{dE_{e-ph}}{dT}\right)_{300K}=208.5-\frac{15.786}{R}+\frac{1374.4}{R^2} \tag{7.2-20}$$

综合上述讨论，半径为 R 的球形 PbSe 胶体量子点的温度系数可以表示为

$$\begin{aligned}\frac{dE_{gap}}{dT}=&[11.5\alpha]+\left[-\frac{0.377}{2m_rR^2}\left(2\alpha+\frac{1}{m_r}\frac{dm_r}{dT}\right)\right]\\&+\left[\frac{1.786e^2}{4\pi\varepsilon_0\varepsilon_rR}\left(\alpha+\frac{1}{\varepsilon_r}\frac{d\varepsilon_r}{dT}\right)\right]+[-3.2]\\&+\left[B_0(T)+\frac{B_1(T)}{R}+\frac{B_2(T)}{R^2}\right]\end{aligned} \tag{7.2-21}$$

式中，能量、量子点半径和温度系数的单位分别是 μeV、nm 和 μeV · K^{-1}。PbSe 胶体量子点的温度系数随量子点半径 R 的变化关系，如图 7.20 所示。其中，图(a)是温度系数随半径 R 的变化曲线，插图是大尺寸范围曲线，“点”和竖线是实验数值或误差范围，实线是计算曲线；图(b)是温度在 300K 条件下，不同因素对温度系数贡献量随半径 R 的变化曲线，其中插图是小尺寸范围的放大图，“点”是实验数值。

由图 7.20(a)给出不同温度的$\frac{dE_{gap}}{dT}\sim R$ 曲线，显示出$\frac{dE_{gap}}{dT}$仍然与温度有关。其中，在 $R=2.5$nm 附近放大图像中，可以清晰看到一个临界尺寸 R_C。在 $R>R_C$

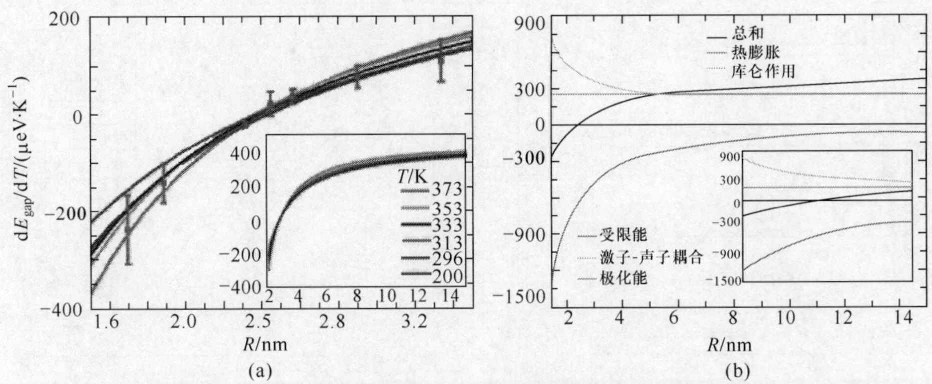

图 7.20 PbSe 量子点 (a)温度系数和(b)不同因素对温度系数贡献随半径 R 的变化曲线
（阅读彩图请扫封底二维码）

时，$\frac{dE_{gap}}{dT}>0$；在 $R<R_C$ 时，$\frac{dE_{gap}}{dT}<0$。利用式(7.2-21)，计算出临界值 $R_C=2.44$nm。图 7.20(b)是 $T=300$K 时，$\frac{dE_{gap}}{dT}\sim R$ 曲线，同时绘出了晶格体膨胀、量子点尺寸变化、库仑作用、激子与声子作用(与 R 有关部分)、表面极化等不同因素贡献项随半径 R 变化曲线。我们看到，随着温度的增加，不同因素对温度系数的贡献是不同的。晶格膨胀导致体材料带隙增加，尺寸膨胀引起有效质量的下降和激子与声子耦合，导致大尺寸 PbSe 量子点的带隙减少。随着粒子尺寸的下降，温度导致量子受限能的变化率增大，以此可以补偿激子与声子耦合能量和体材料带隙的变化率。于是，最终导致温度系数趋于零，即 PbSe 量子点的尺寸达到某一个临界值时，其带隙补偿是温度不相关。当粒子尺寸进一步减小时，尺寸效应导致量子受限进一步增强，其对温度系数的贡献逐步占据主导地位，于是温度系数变成小于零。因此，量子受限效应和激子与声子耦合对温度系数的影响，发挥着主导作用。

7.2.2 温度依赖的 PL 发光效应

1. CdTe 胶体量子点温度依赖的 PL 发光

合成出不同尺寸的 CdTe 量子点，利用 TEM 测试出粒子的尺寸是 4.2nm(A1 样本)、4.9nm(A2 样本)和 5.9nm(A3 样本)[78]。CdTe 量子点溶解在氯仿溶剂里，滴到 Si-SiO_2基片上，测量 15～300K 温度范围内的 PL 光谱。图 7.21(a)是室温下三个样本的吸收和 PL 光谱，其中实线是吸收和 PL 曲线，虚线是高斯拟合曲线；图 7.21(b)是样本 A2 在 215～300K 温度范围内的 PL 光谱，其中插图是带隙随温度变化曲线，方块点是实验值，连续线是拟合曲线[79]。

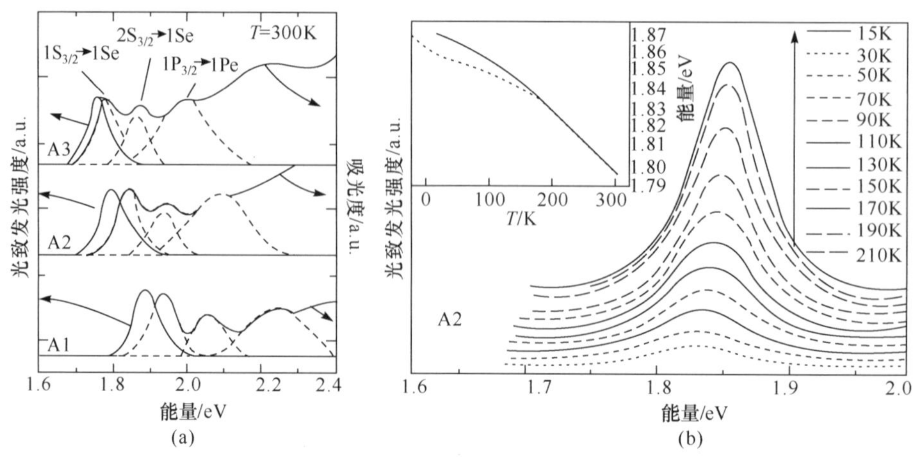

图 7.21　(a)三个样本的吸收和 PL 光谱;(b)样本 A2 不同温度的 PL 光谱[79]

CdTe 量子点的吸收光谱显示出几个吸收峰,对应于不同的光学跃迁,前三个吸收峰对应于 $1S_{3/2}$-$1S_e$、$2S_{3/2}$-$1S_e$ 和 $1P_{3/2}$-$1P_e$ 跃迁。由于尺寸受限效应,吸收峰随尺寸的减小呈现出蓝移现象。而从温度依赖的 PL 光谱中看到,随着温度的增加,PL 光谱呈现出:峰的位置发生红移;半宽度进一步展宽;强度逐步下降。

根据前面的讨论,对于 II-VI 和 III-V 半导体量子点材料,带隙的温度依赖性质类似于体半导体材料。因此,温度依赖的 PL 光谱峰值位置可以近似采用 Varshni 关系式(7.2-1)表示。利用方程(7.2-1)拟合图 7.21(b)的实验数据,得到图 7.21(b)中的插图。对于 $T>150\sim170$K 时,拟合的 α 和 β 的数值十分接近体材料的数值;但是在较低温度时,拟合产生较大误差。如果固定 β 是体材料的 Debye 温度 θ_D 值(158K),则拟合出的 α 值是 3.2×10^{-4} eV · K^{-1},与体材料的数值(3×10^{-4}eV · K^{-1})十分接近[80]。在温度 15K 附近,三个样本最大的误差 ΔE_{g0} 约为 12~20meV。对于所有样本,实验数据满足类似体材料拟合曲线的条件是 $k_BT\geqslant\Delta E_{g0}$($k_B$ 是 Boltzmann 常数),其中 ΔE_{g0} 可以取为量子点两个不同状态的能量间隔,这暗示热活化跃迁发生在两个不同状态间。这个跃迁可以归因于不同的过程,如暗-亮激子态的跃迁;带内状态和表面态之间的跃迁,如表面缺陷态到固有电子态的跃迁,或者固有电子态到较高能量的局域表面态的跃迁。暗-亮激子态跃迁应当可以排除,因为这种跃迁过程的活化能远小于 ΔE_{g0}(典型值是几个 meV),而且应当表现出强烈的尺寸依赖性;而这里的数据见表 7.3,活化能是 20meV 左右,没有尺寸依赖的变化规律。因此,这里的活化跃迁源于表面态与量子点固有能态之间的跃迁,导致 PL 光谱峰位的温度依赖性。此外,由图 7.21(a)看到,室温环境 Stokes 位移随着尺寸的降低而增加,其中样本 A3、A2 和 A1 的 Stokes 位移分别是 24meV、42meV 和 52meV。这个趋势表明，室温下 PL 发射特性是 CdTe 量子点固有能量状态间的跃迁决定的。

表 7.3　根据式(7.2-22)拟合得到的相关数据

样本	E_a /meV	m	ΔE_{g0} /meV	E_{LO} /meV	$\Delta E_{1,2}$ /meV	E_{escape} /meV
A1	23.5±2.0	5.6±1.7	21	20±5	124.5	110±30
A2	13.6±0.7	4.9±0.2	12	19.1±1.5	96.5	94±4
A3	15.6±1.7	4.0±0.3	17	22±4	82.2	92±7

为了确定不同非辐射过程对载流子复合的影响，图 7.22(a)给出 PL 强度随 $1/k_BT$ 变化曲线。对于三个尺寸的样本，在温度低于 40K 时，PL 强度几乎是不变的。初始热活化导致 PL 强度的减小出现在 40～170K 的范围，随后延续到 300K 的强烈的指数衰减。一般而言，复合过程包括辐射复合、俄歇(Auger)非辐射复合、不同尺寸量子点之间的 Förster 能量转移、脱离量子点的热逃逸，以及表面态对载流子的局域化。在现有的激发条件下(约为 $W\cdot cm^{-2}$)，每个量子点平均激子数目 $N_0\ll 1$[81]，俄歇影响可以忽略。此外，液体和固体样本 PL 辐射之间没有明显的差异，Förster 能量转移也可以忽略。

由于强烈的受限机制，可以认为辐射寿命是温度不相关的[82]。考虑到辐射复合、热活化非辐射过程(与活化能 E_a 相关)、以及热逃逸效应，温度依赖的 PL 强度可以表示为[83]

$$I_{PL}=\frac{I_0}{1+A\exp\left(-\frac{E_a}{k_BT}\right)+B\left[\exp\left(\frac{E_{LO}}{k_BT}\right)-1\right]^{-m}} \tag{7.2-22}$$

式中，I_0 是 $T=0K$ 时的 PL 强度；m 是与载流子热逃逸相关的 LO 声子数目，E_{LO} 是 LO 声子能量。进行实验数据拟合，得到如图 7.22(a)所示的曲线，相关拟合参数列于表 7.3 中(注意，表中 $\Delta E_{1,2}$ 是 1、2 激子吸收峰的能量间隙；$E_{escape}=m(E_{LO})$ 是热逃逸需要的能量)。

从拟合数据可以看到，活化能的数值 E_a 非常接近 ΔE_{g0}(ΔE_{g0} 可以由 PL 峰的位置分析中给出)。这表明低温 PL 猝灭过程源于本征态与缺陷态之间同样的热活化跃迁，对 PL 峰的温度依赖性产生影响。在胶体量子点中，有关 CdTe 和 CdSe 量子点的实验数据表明，在带边辐射之下几十 meV 处存在表面态[84,85]；同时，有关表面缺陷态的理论研究结果表明，具有与带边相同或更高能量的辐射表面缺陷态也是可以存在的[86]。然而，这些表面态的化学来源仍然是不清楚的。这里显现

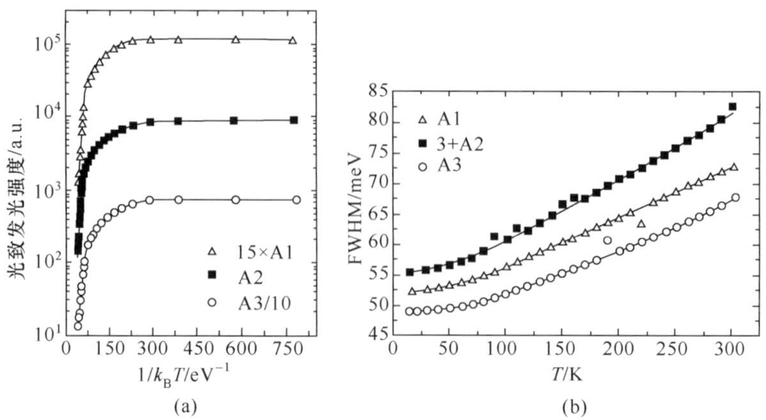

图 7.22　三个样本(a)PL 强度和(b)FWHM 随温度变化的实验值和拟合曲线[79]

的结果归结于一个表面缺陷态到弱辐射本征态的热诱导脱陷，即源于热活化的捕捉。另外，这里显现的结果也可能源于热活化激子由一个较大的量子点到较小量子点的迁移[87]。然而，由于样本中量子点之间的平均距离达到 μm 量级，如此大的间距只能允许 FRET 产生于较小量子点到较大量子点之间，所以将热活化激子归因于较大尺寸量子点到较小尺寸量子点的迁移是不可能的。

在 $T>170$K 时，可以发现明显存在着热逃逸过程。在这个过程中，被吸收 LO 声子的平均数目随量子点尺寸的降低而增加，由约为 4 个增加到约为 6 个。由于小尺寸量子点具有更强烈的受限效应，导致比邻状态之间的能量差增加，引起被吸收 LO 声子的平均数目增加。为了证明这个解释，我们可以比较热逃逸过程中吸收 LO 声子的总能量 $E_{escape}=m(E_{LO})$，以及与这个过程相关激发态之间的能量差。首先，我们考虑谁是热逃逸的主要载流子，这可以根据受限态之间的最小能量差判断。在 CdTe 量子点中，由于空穴具有较高的有效质量，因此热逃逸的主要载流子是空穴。此外，由图 7.21(a)所示，两个初始的吸收峰源于 $1S_{3/2}$-1Se 和 $2S_{3/2}$-1Se 跃迁。将 $1S_{3/2}$ 和 $2S_{3/2}$ 空穴态之间的能量差作为初始两个吸收峰位置的能量差值，即表 7.3 中的 $\Delta E_{1,2}$。比较 $\Delta E_{1,2}$ 和 $E_{escape}=m(E_{LO})$，可以看到良好的一致性，证明与热逃逸相关的载流子是空穴。

其次，我们通过分析温度依赖的 PL 光谱展宽，研究尺寸依赖的激子-声子耦合。图 7.22(b)是三个尺寸样本 PL 光谱强度半宽度(FWHM)的实验值，并给出了相应的拟合曲线，清晰显示出温度依赖的特性。由于声子对激子的散射，PL 光谱的展宽是由均匀展宽和不均匀展宽组成。通过数据拟合，得到如下表示：

$$\Gamma(T)=\Gamma_{inh}+\sigma T+\Gamma_{LO}\left[\exp\left(\frac{E_{LO}}{k_BT}\right)-1\right]^{-1} \tag{7.2-23}$$

式中，Γ_{inh}是均匀展宽，它不依赖于温度，归结于量子点尺寸分布、形状和组分；σ 是激子与声学声子的耦合系数；Γ_{LO}表示激子与LO声子的耦合系数；E_{LO}是LO声子的能量；k_B是Boltzmann常数。对三个样本数据按式(7.2-23)进行拟合，相关拟合参数列于表7.4中。

表7.4 三个样本σ、Γ_{LO}和E_{LO}的拟合数据

样品	$\sigma/\mu eV\cdot K^{-1}$	Γ_{LO}/meV	E_{LO}/meV
A1	31±7	14±3	20±5
A2	33±6	18.3±0.9	20±1.5
A3	14±5	21±4	22±4

我们看到，这里拟合得到的σ数值，要高于CdTe体材料的数值(约为$0.72\mu eV\cdot K^{-1}$[88])。这个结果表明，由于尺寸受限效应，会极大的增强量子点中激子与声学声子的耦合。此外看到，σ数值决定于低温(低于170K)区间发生的本征态到缺陷态的跃迁影响，即σ数值主要影响低温情况下PL光谱的展宽。通过进一步的分析，我们发现载流子与LO声子的耦合系数要小于体材料的数值(约为24.5meV[88])，而且随量子点尺寸的减小而变小。最后，由拟合数据看到，LO声子的能量E_{LO}与粒子的尺寸无关，与体材料的数值(约为21.1meV[89])基本一致。

2. ZnCuInS/ZnSe/ZnS胶体量子点温度依赖的PL发光

ZnCuInS(ZCIS)量子点是合金量子点材料，往往包含多个辐射中心，发光机制较为复杂。由于多种辐射机制并存，其温度依赖的发光特性不同于单纯的带边辐射量子点材料。我们来分析ZCIS/ZnSe/ZnS量子点温度依赖的PL发光特点。

根据Liu等人的研究[90]，在室温环境下，三个尺寸(3.3nm、2.7nm、2.3nm)的ZCIS/ZnSe/ZnS胶体量子点的吸收和PL光谱如图7.23所示。3.3nm、2.7nm和2.3nm ZCIS/ZnSe/ZnS量子点的Stokes位移分别是398.6meV、436.7meV和498.8meV，如此之大数值说明材料的发光不是来自于单纯的带边激子复合，而是产生于缺陷相关的复合。同时，Stokes位移与粒子尺寸直接相关，随着尺寸的下降而逐渐增大，表明带边也参与了复合。对于$CuInS_2$量子点，电子的有效质量(0.16)要远小于空穴的有效质量(1.30)，尺寸受限带来导带尺寸依赖的增加要远大于价带的贡献，即导带到缺陷态的跃迁是产生上述辐射的主要贡献。上述跃迁过程如图7.23(d)所示，其中VB、CB是价带顶和导带底，ED、EA是施主和受主能级，ES是表面态能级。

在50～373K温度变化范围内，三个ZCIS/ZnSe/ZnS量子点样本PL光谱随温度变化的曲线如图7.24所示。随着温度的上升，PL光谱的峰位发生红移，强度逐渐下降，半峰宽度发生展宽。根据PL光谱的峰值位置，计算出ZCIS/ZnSe/ZnS量子点的带隙。对于CIS类材料，其温度系数接近于体材料的性质，可以采用

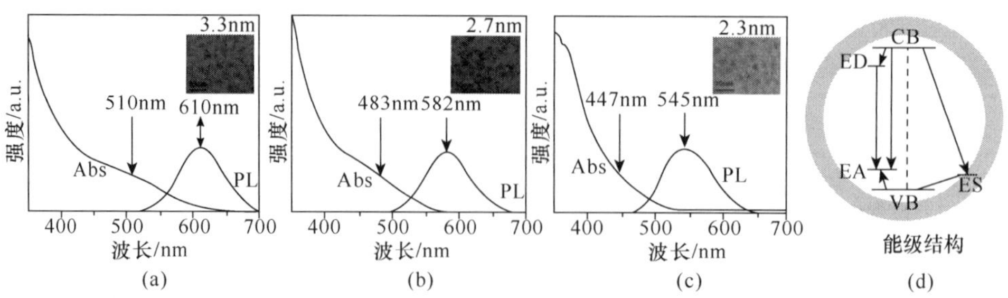

图 7.23　三个尺寸 ZCIS/ZnSe/ZnS 量子点(a～c)吸收和 PL 光谱,以及(d)电子结构模型

Varshni 公式来描述带隙随温度变化的规律。根据式(7.2-1),对三个样本的实验数据进行拟合,得到 $E_g(R,0)$、$\alpha(R)$和 $\beta(R)$数值,显示出略微的尺寸依赖性质,见表 7.5。与 $CuInS_2$ 体材料的数据比较(温度系数是 $dE/dT \approx -2.0\times10^{-4}$ eV · K^{-1};Debye 温度是 264K;带隙是 1.55eV)[91,92],有较好的一致性,只是由于尺寸受限效应导致带隙发生蓝移。

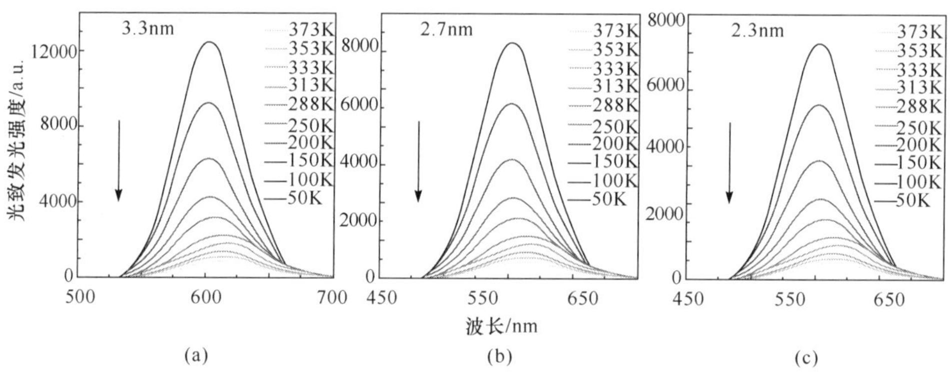

图 7.24　三个尺寸 ZCIS/ZnSe/ZnS 量子点 温度依赖的 PL 光谱
(阅读彩图请扫封底二维码)

表 7.5　利用式(7.2-1)和式(7.2-24)拟合得到的相关参数

尺寸/nm	$E_g(R,0)$ /eV	$\alpha(R)$ /eV · K^{-1}	β /K	S(Huang-Rhys factor)	$\langle\hbar\omega\rangle$ /meV
3.3	2.069	2.56×10^{-4}	268	2.05	9.4
2.7	2.174	2.95×10^{-4}	267	2.16	9.7
2.3	2.318	4.18×10^{-4}	265	2.28	9.8

图 7.24(a)的数据也可以采用改进的 Varshni 公式进行拟合,体现激子与声子的耦合效应。改进的 Varshni 公式是

$$E_g(R,T)=E_g(R,0)-2S\langle\hbar\omega\rangle\left[\exp\left(\frac{\langle\hbar\omega\rangle}{k_B T}-1\right)\right]^{-1} \tag{7.2-24}$$

式中，S 是 Huang-Rhys 因子，$\langle\hbar\omega\rangle$是平均声子能量，拟合结果如图 7.25(b)所示。S 因子的拟合值表明，随着量子点尺寸的减小，激子与声子的耦合将增强。注意到$\langle\hbar\omega\rangle$是平均声子能量，它小于光学声子的能量，大于声学声子的能量，基本与声学声子的能量($CuInS_2$ 体材料的数值是 8.3meV)接近。因此，由于温度增加而导致带隙的下降，主要是由于载流子与声学声子的相互作用。

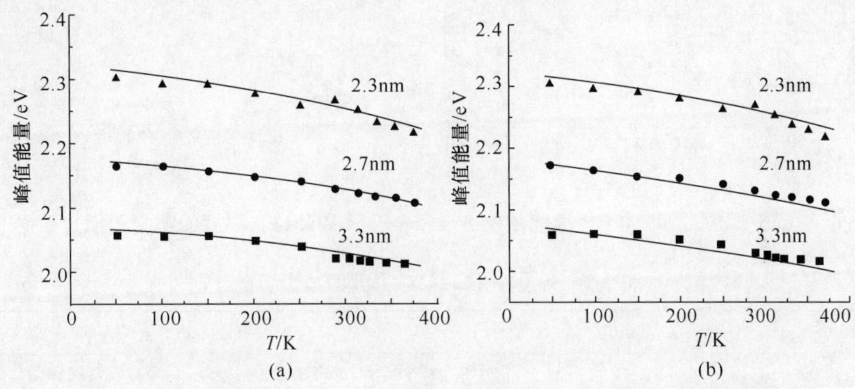

图 7.25　ZCIS/ZnSe/ZnS 量子点光学带隙温度、尺寸依赖的拟合曲线

ZCIS/ZnSe/ZnS 量子点 PL 半峰宽(FWHM)随温度的变化如图 7.26(a)所示，强度半宽度随温度升高而发生展宽。主要受到三个因素的作用：一个均匀展宽项，归咎于量子点的尺寸分布；两个非均匀展宽项，是激子与声学声子、光学声子的相互作用，拟合结果列于表 7.6。我们看到，拟合系数弱依赖于量子点的尺寸，PL 光谱展宽的主要贡献来自于载流子与声学声子的相互作用。

进一步研究 ZCIS/ZnSe/ZnS 量子点的 PL 强度随温度的变化关系，实验数据如图 7.26(b)所示。考虑到 ZCIS/ZnSe/ZnS 量子点辐射中心的多元性，我们将 PL 发光强度表示为

$$I_{PL}=\frac{I_0}{1+A\exp\left(-\frac{E_a}{k_B T}\right)+B\exp\left(-\frac{E_b}{k_B T}\right)} \tag{7.2-25}$$

式中，I_0 是 $T=0$K 的 PL 强度；E_a、E_b 是不同活化机制的活化能；A、B 表示量子点辐射寿命与捕获时间(由辐射中心到非辐射复合中心的时间)的比值。通过数据拟合，得到 E_a、E_b、A 和 B 等拟合系数(表 7.7)，拟合曲线如图 7.26(b)所示。具有小活化能(40～50meV)的非辐射弛豫过程，导致 PL 强度随温度的增加而逐渐下降。由于 ZCIS/ZnSe/ZnS 量子点中存在多种缺陷，如 V_{Cu}、V_S、In_{Cu} 等，形成施主或受主，可能出现施主-受主复合或导带与受主之间的跃迁发光过程。因此，ZCIS/

ZnSe/ZnS 量子点的 PL 发光可能包括多种复合机制:表面态相关的辐射复合;量子化的导带态到带内局域态的复合;以及 DAP 复合。

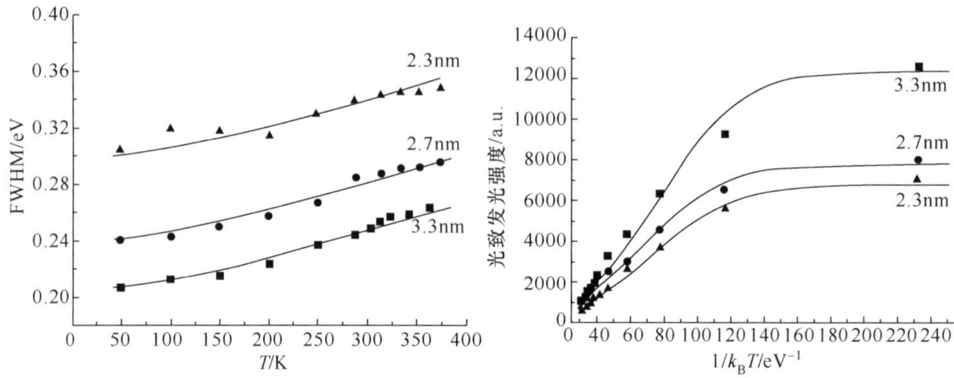

图 7.26 ZCIS/ZnSe/ZnS 量子点温度依赖的(a)FWHM 和(b)PL 强度的实验和拟合数据曲线

表 7.6 根据式(7.2-23)得到的拟合参数

尺寸/nm	Γ_{inh}/meV	E_{LO}/meV	Γ_{LO}/meV	σ/μeV · K^{-1}
3.3	205.2	35.7	56.1	35.3
2.7	240.0	35.5	54.3	37.4
2.3	298.8	35.1	51.6	41.1

表 7.7 根据式(7.2-25)得到的拟合参数

尺寸/nm	E_a/meV	E_b/meV	A	B
3.3	48.5	40.1	12.5	16.5
2.7	48.1	39.2	12.5	8.0
2.3	47.9	38.0	13.0	10.5

7.3 胶体半导体量子点的消光系数

根据 Lambert-Beer 定律,胶体半导体量子点的光吸收和发光性质与量子点溶液的浓度有关。已有研究表明,通过测量胶体半导体量子点溶液的吸收光谱,借助于 Lambert-Beer 定律,可以计算量子点溶液中的粒子浓度。但是,实现这一目标的前提是已知胶体量子点溶液的摩尔消光系数。

尽管胶体量子点溶液的摩尔消光系数对于实际应用和理论研究十分重要,但是实验测量的难度和复杂性导致相关方面的研究报道很少,这与量子点合成研究论文呈指数增加形成了鲜明的对照。一些关于胶体半导体量子点消光系数的研究报道包括：Yu 等人对 CdX(X=S,Se,Te)和 PbSe 消光系数的研究[7,10]；Nozik 等人对 InAs 消光系数的研究[93]；Cademartiri 等人对 PbS 消光系数的研究[94]。在这里，我们来介绍胶体半导体量子点消光系数的尺寸依赖性质，并给出典型胶体半导体量子点溶液消光系数的变化规律。

7.3.1　消光系数与消光截面

1. 基本概念

胶体量子点的消光截面是吸收截面与散射截面之和。

吸收截面 σ_{ab} 定义为：单位时间内被胶体量子点吸收的电磁波平均功率与入射的电磁波平均功率之比，即

$$\sigma_{ab}=\frac{P_{ab}}{P_{in}} \tag{7.3-1}$$

式中，P_{in} 是入射到量子点表面电磁波的平均功率；P_{ab} 是被量子点吸收的电磁波平均功率。

散射截面 σ_{sc} 定义为：单位时间里被量子点散射的电磁波平均功率与入射的电磁波平均功率之比。即

$$\sigma_{sc}=\frac{P_{sc}}{P_{in}} \tag{7.3-2}$$

所以，消光截面 σ_{ex} 可以表示为

$$\sigma_{ex}=\sigma_{ab}+\sigma_{sc} \tag{7.3-3}$$

消光系数的定义是：利用 Lambert-Beer 定律，吸光度 A 有如下关系：

$$A=\varepsilon_{ex}Cl \tag{7.3-4}$$

式中，ε_{ex} 是消光系数；C 是摩尔浓度；l 是吸收光程。两者的关系是[95]

$$\sigma_{ex}=\frac{\varepsilon_{ex}}{N_A}\ln 10=3.825\times10^{-24}\varepsilon_{ex} \tag{7.3-5}$$

$N_A=6.022\times10^{23}$ 是阿伏伽德罗常数(Avogadro constant)。

2. 胶体半导体量子点的消光截面

若胶体量子点溶解在有机溶剂内，颗粒浓度较低，可以忽略颗粒间的相互作用和多重散射的影响。在入射电磁波作用下，量子点可以视为电偶极子，发生强迫振动，产生散射电磁波和对电磁波的吸收。设胶体量子点相对介电常数是 ε_1，磁导率是 μ_1，电极化率是 χ。溶剂的相对介电常数是 ε，相对磁导率是 μ。在入射电磁波的作用下，胶体量子点的电极化强度是

$$\boldsymbol{p}=\varepsilon_0\chi\boldsymbol{E} \tag{7.3-6}$$

这里，$\boldsymbol{E}$ 是入射到胶体量子点电磁波的电场强度，ε_0 是真空中介电常数。

在球坐标系中，取 $\boldsymbol{P}$ 的方向为极轴 z 的方向。若电磁波的角频率是 ω，胶体量子点（视为电偶极子）作强迫振动，散射电磁波的电场强度和磁场强度是[96]

$$\boldsymbol{E}_{\mathrm{sc}}=-\frac{\omega^2\mu p\sin\theta}{4\pi r}\mathrm{e}^{\mathrm{i}kr}\boldsymbol{e}_\theta \tag{7.3-7}$$

$$\boldsymbol{H}_{\mathrm{sc}}=\sqrt{\frac{\varepsilon_0\varepsilon}{\mu}}E_{\mathrm{sc}}\boldsymbol{e}_\varphi \tag{7.3-8}$$

式中，$\boldsymbol{e}_\theta$、$\boldsymbol{e}_\varphi$ 是单位角矢量，$k=\omega\sqrt{\varepsilon_0\varepsilon\mu}$是电磁波在溶剂中的波数。散射电磁波平均功率是

$$\begin{aligned}\boldsymbol{P}_{\mathrm{sc}}&=\frac{1}{2}\mathrm{Re}\left[\oint_S(\boldsymbol{E}\times\boldsymbol{H}^*)\cdot\mathrm{d}\boldsymbol{S}\right]\\&=\frac{1}{2}\int_0^\pi\int_0^{2\pi}\sqrt{\frac{\varepsilon_0\varepsilon}{\mu}}\frac{\omega^4\mu^2\varepsilon_0^2\mid\chi\mid^2\mid E\mid^2\sin^2\theta}{16\pi^2}\sin\theta\mathrm{d}\theta\mathrm{d}\varphi\\&=\frac{\omega^4\mu^2\varepsilon_0^2\mid\chi\mid^2}{12\pi^2}\sqrt{\frac{\varepsilon_0\varepsilon}{\mu}}\mid E\mid^2\end{aligned} \tag{7.3-9}$$

这里，积分面积 S 是遍及这个量子点的球面。注意到，入射电磁波的平均功率是

$$P_{\mathrm{in}}=\frac{1}{2}\sqrt{\frac{\varepsilon_0\varepsilon}{\mu}}|E|^2 \tag{7.3-10}$$

根据式(7.3-2)得到散射截面是

$$\sigma_{\mathrm{sc}}^e=\frac{\varepsilon^2k^4|\chi|^2}{6\pi} \tag{7.3-11}$$

胶体半导体量子点对电磁波的吸收来自于两个方面：一是弛豫效应（relaxation effect）引起的介电损耗；二是电阻引起的涡流损耗。根据电磁场理论，引入胶体半导体量子点介电常数的虚部表示这个损耗[97]。

设半导体量子点的相对介电常数的实部是 ε_1'、虚部是 ε_1''，则

$$\varepsilon_1=\varepsilon_0(\varepsilon_1'+\mathrm{i}\varepsilon''_1)=\varepsilon_0\varepsilon_1'+\mathrm{i}\frac{\sigma_{\mathrm{e}}}{\omega} \tag{7.3-12}$$

σ_{e} 是胶体半导体量子点的电导率。于是，胶体半导体量子点对电磁波吸收的平均功率是[100]

$$P_{\mathrm{ab}}=\frac{1}{2}\mathrm{Re}(\boldsymbol{J}^*\cdot\boldsymbol{E})=\frac{1}{2}\mathrm{Re}(\sigma_{\mathrm{e}}\cdot|E|^2)=\frac{1}{2}\omega\varepsilon_0\varepsilon_1''|E|^2 \tag{7.3-13}$$

比较式(7.3-10)和式(7.3-1)，我们得到电场的吸收截面是

$$\sigma_{\mathrm{ab}}^{\mathrm{e}}=\omega\sqrt{\varepsilon_0\varepsilon\mu}\frac{\varepsilon_1''}{\varepsilon}=\frac{\varepsilon_1''}{\varepsilon}k \tag{7.3-14}$$

利用如下关系：

$$\boldsymbol{D}=\varepsilon_0\varepsilon_1\boldsymbol{E}=\varepsilon_0\boldsymbol{E}+\boldsymbol{p}$$

将式(7.3-6)、式(7.3-12)代入上式，有

$$\varepsilon_0(\varepsilon_1'+\mathrm{i}\varepsilon_1'')\boldsymbol{E}=\varepsilon_0(1+\chi'+\chi'')\boldsymbol{E}$$

这里，χ'、χ''是胶体量子点电极化率的实部和虚部。上式两边比较得出

$$\varepsilon_1'=\chi''=\mathrm{Im}(\chi)$$

代入式(7.3-14)，得出

$$\sigma_{\mathrm{ab}}^{\mathrm{e}}=\omega\sqrt{\varepsilon_0\varepsilon\mu}\frac{\varepsilon_1''}{\varepsilon}=\frac{k}{\varepsilon}\mathrm{Im}(\chi) \tag{7.3-15}$$

式中，Im 表示求复数的虚部。显然，只有电极化率的虚部才对电磁波吸收有贡献。

同理，电磁波对量子点的磁化也会引起类似的损耗。根据电磁理论的对称性，由胶体半导体量子点磁化引起的吸收和散射截面，与电极化贡献的形式相同。所以，胶体半导体量子点的散射截面、吸收截面是电极化、磁化引起的散射截面和吸收截面之和。即

$$\sigma_{\mathrm{sc}}=\sigma_{\mathrm{sc}}^{\mathrm{e}}+\sigma_{\mathrm{sc}}^{\mathrm{m}}=\frac{\varepsilon^2k^4(|\chi_{\mathrm{e}}|^2+|\chi_{\mathrm{m}}|^2)}{6\pi} \tag{7.3-16}$$

$$\sigma_{\mathrm{ab}}=\sigma_{\mathrm{ab}}^{\mathrm{e}}+\sigma_{\mathrm{ab}}^{\mathrm{m}}=\frac{k}{\varepsilon}\mathrm{Im}(\chi_{\mathrm{e}}+\chi_{\mathrm{m}}) \tag{7.3-17}$$

式中，χ_{e}、χ_{m} 是胶体半导体量子点的电极化率和磁极化率。

若将胶体半导体量子点视为球形结构，其散射、吸收截面表示式是[98]

$$\sigma_{\mathrm{sc}}=\frac{\varepsilon^2k^4V^2}{2\pi}\left(\frac{|\varepsilon_1-\varepsilon|^2}{|\varepsilon_1+2\varepsilon|^2}+\frac{|\mu_1-\mu|^2}{|\mu_1+2\mu|^2}\right) \tag{7.3-18}$$

$$\sigma_{\mathrm{ab}}=\frac{3kV}{\varepsilon}\mathrm{Im}\left(\frac{\varepsilon_1-\varepsilon}{\varepsilon}+\frac{\varepsilon_1-\varepsilon}{\varepsilon_1+\varepsilon}+\frac{\mu_1-\mu}{\mu}+\frac{\mu_1-\mu}{\mu_1+\mu}\right) \tag{7.3-19}$$

式中，V 是量子点体积。显然，对于给定材料的胶体半导体量子点，其消光截面与量子点尺寸和照射光的波长有关。

7.3.2　Cd 族胶体量子点的消光系数

根据 Yu 等人的方法[7]，在非配位溶剂 ODE 中制备 CdTe、CdSe、CdS 量子点，得到单分散尺寸分布的胶体量子点。图 7.27 是不同尺寸 CdTe、CdSe、CdS 量子点溶液的吸收和 PL 发光光谱，显示出尖锐的光谱分布。典型的数值是：CdTe、CdSe 和 CdS 量子点的 PL 半峰宽（FWHM）分别是 29±2nm、25±2nm、和

18±2nm。对于吸收光谱，第一激子吸收峰在较低能量一侧 1/2 强度的宽度分别是18±1nm、14±1nm 和 11±1nm。

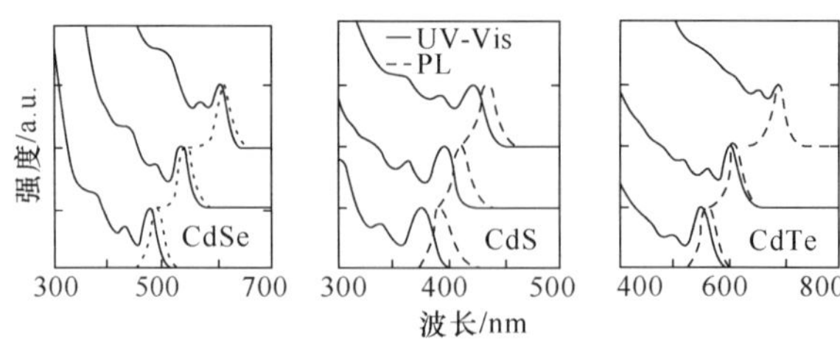

图 7.27　不同尺寸的三种量子点的吸收和 PL 光谱

胶体量子点的尺寸可以通过 TEM 测量确定，也可以利用第一激子吸收峰的位置确定。通过数据拟合，得到量子点直径 D 与第一激子吸收峰峰值波长的关系是

$$D=\begin{cases}9.8127\times10^{-7}\lambda^3-1.7147\times10^{-3}\lambda^2+1.0064\lambda-194.84 & \text{CdTe}\\ 1.6122\times10^{-9}\lambda^4-2.6575\times10^{-6}\lambda^3+1.6242\times10^{-3}\lambda^2-0.4277\lambda+41.57 & \text{CdSe}\\ -6.6521\times10^{-8}\lambda^3+1.9557\times10^{-4}\lambda^2-9.2352\times10^{-2}\lambda+13.29 & \text{CdS}\end{cases}\tag{7.3-20}$$

式中，D(nm)是给定胶体量子点样本的直径；λ(nm)是相应样本第一激子吸收峰的峰值波长。

通过测定 Cd 原子数目和粒子的尺寸，可以确定胶体量子点溶液样本的浓度。为了保证测量的准确性，应当移除溶液中任何未反应 Cd 前驱体，然后进行吸光度的测量。根据 Lambert-Beer 定律，摩尔消光系数可以由式(7.3-4)表示。式中，A 是给定胶体量子点样本在第一激子吸收峰处的吸光度值；C 是给定样本溶液中量子点的摩尔浓度(mol/L)；l 是光束通过的路径长度(cm)。量子点摩尔消光系数 ε_{ex}的单位是 L/mol · cm。CdTe、CdSe、CdS 量子点的摩尔消光系数随粒子尺寸的变化关系，如图 7.28 所示。通过数据拟合，得到摩尔消光系数 ε_{ex}与第一激子吸收峰峰值位置的关系是

$$\varepsilon_{ex}=\begin{cases}3450E_gD^{2.4} & \text{CdTe}\\ 1600E_gD^3 & \text{CdSe}\\ 3450E_gD^{2.4} & \text{CdS}\end{cases}\tag{7.3-21}$$

式中，E_g 是第一激子吸收峰对应的跃迁能量，单位是 eV；D 是量子点的直径，单位是 nm。图 7.28 的实验数据也可以直接拟合为量子点直径 D 的函数，得到如下拟合方程：

$$\varepsilon_{ex}=\begin{cases}10043D^{2.12} & \text{CdTe}\\ 5857D^{2.65} & \text{CdSe}\\ 21536D^{2.3} & \text{CdS}\end{cases}\tag{7.3-22}$$

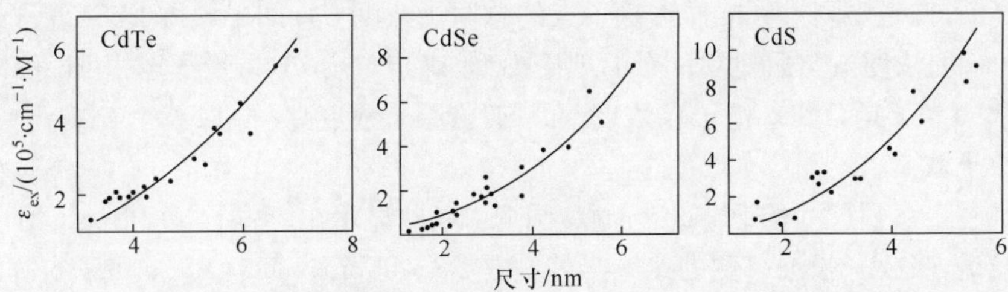

图 7.28　三种量子点摩尔消光系数随量子点直径变化的实验数据和拟合曲线

当利用图 7.28 的数据来确定方程(7.3-4)中的浓度时，如果待测量子点的尺寸分布比这些标准样本的尺寸分布宽，建议对吸光度 A 进行校正。通过比较待测样本和标准样本的吸收、PL 光谱的半峰宽，可以实现这个校正。具体校正表示式为

$$A=\frac{A_m\ (\mathrm{HWHM})_{Abs}}{K} \tag{7.3-23}$$

式中，A、A_m 分别是标准样本和测量样本吸光度；$(\mathrm{HWHM})_{Abs}$ 是第一激子吸收峰在长波方向的 1/2 半峰宽；K 是用于测量的全部标准样本 $(\mathrm{HWHM})_{Abs}$ 的平均值。这里采用的 CdTe、CdSe 和 CdS 量子点标准样本 $(\mathrm{HWHM})_{Abs}$ 的平均值是：18、14、11nm。

作为另一个选择，也可以采用 PL 光谱的在长波方向的 1/2 半峰宽 $(\mathrm{HWHM})_{PL}$ 进行校正，这时有如下校正关系式：

$$A=\frac{A_m\ (\mathrm{HWHM})_{PL}}{K'} \tag{7.3-24}$$

式中，A、A_m 分别是标准样本和测量样本吸光度；$(\mathrm{HWHM})_{PL}$ 是 PL 光谱的 1/2 半峰宽；K' 是用于测量的全部标准样本 $(\mathrm{HWHM})_{PL}$ 的平均值。这里采用 CdTe、CdSe 和 CdS 量子点标准样本 $(\mathrm{HWHM})_{PL}$ 的平均值是：29、25、18nm。如果 PL 光谱具有明显的不对称性，上式仍然会有较好的校正效果。

7.3.3　Pb 族胶体量子点的消光系数

1. PbSe 胶体量子点消光系数

一般而言，可以采用式(7.3-4)测量胶体量子点的消光系数。为此，需要合成一系列尺寸具有良好单分散性的半导体 PbSe 胶体量子点，作为标准样本。在式(7.3-4)中，A 是标准量子点溶液样本在第一激子吸收峰处的吸光度，可以通过吸收光谱确定。l 是光通过样本的路径长度，可以根据样品溶液试管的尺寸确定。C 是量子点溶液的摩尔浓度，是确定消光系数 ε_{ex} 的关键。为了确定 PbSe 量子点

的浓度 C，首先要测量标准样本量子点的总原子浓度 C_A（即半导体 PbSe 量子点中 Pb 和 Se 的浓度）；然后建立一个的理论模型，确定单个 PbSe 量子点中 Pb 和 Se 的原子数 N。于是，PbSe 量子点浓度 C 等于总原子浓度 C_A 除以单个 PbSe 量子点中的原子数 N。

制备一系列尺寸的 PbSe 量子点，图 7.29(a)显示出不同尺寸 PbSe 量子点的吸收光谱，吸收峰长波一侧的 1/2 半峰宽是 55～65nm。每个 PbSe 量子点样本第一激子吸收峰的位置决定于粒子的直径 D，通过数据拟合，如图 7.29(b)所示，得到二者的线性经验公式是

$$D=\frac{\lambda-143.75}{281.25} \tag{7.3-25}$$

式中，D 是 PbSe 量子点的直径，单位是 nm；λ 是 PbSe 量子点第一激子吸收峰的波长，单位也是 nm。

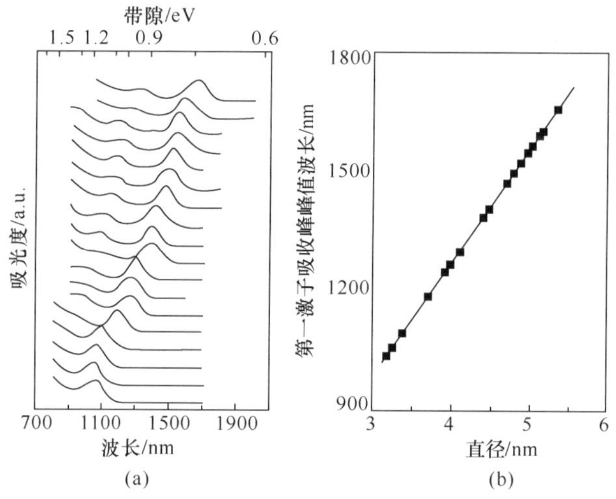

图 7.29　PbSe 量子点(a)吸收光谱和(b)第一激子吸收峰位置与粒子尺寸关系

(1) 浓度的计算

在二元半导体量子点摩尔消光系数测量的研究中，一般假定描述对象是满足化学计量的量子点，由此得出单个量子点中阳离子和阴离子的数目是相同的结论。但是，对于 PbSe 量子点而言，Pb 阳离子数目并不等于 Se 阴离子的数目。Sapra 等人提出了 Se 富裕的 PbSe 量子点结构，认为 PbSe 核的外部包裹着 $Pb_{1-x}Se$ 层，外表面是 Se 壳，附着 TOP 配位体[99]。但是，尽管采用的都是 Murray 的合成方法[100]，这个结论却是与 Moreels 等人的测量结果是矛盾的[101]。Moreels 等人认为 PbSe 核止于一个表面壳层，这个壳层是 Pb 原子层。

ICP-MS 和 NMR 的测量结果证明 Moreels 等人的结论是合理的。NMR 结果显示 PbSe 量子点表面是 Pb 壳层，其外面被 OA 配位体附着，仅有少量的 TOP 分子存在。在这里，我们展示使用不同溶剂和采用不同合成方法(包括 Murray 等人的合成方法)得到的 18 个 PbSe 量子点样本，见表 7.8。表内的数据证明 Moreels 等人模型是正确的。

表 7.8　18 个 PbSe 胶体半导体量子点样本的元素成分分析数据

粒子尺寸 D/nm	Pb 浓度 $C_{pb'}$/ppm	Se 浓度 $C_{Se'}$/ppm	Pb∶Se 原子比/R	Pb 和 Se 总原子数/N
3.19	10.57	2.04	1.97	440
3.20	20.19	3.62	2.12	467
3.27	10.26	1.94	2.02	490
3.40	11.27	2.20	1.95	554
3.72	14.75	2.99	1.88	751
3.95	11.95	2.60	1.75	890
3.99	22.53	5.22	1.64	886
4.12	14.51	3.34	1.66	1001
4.43	17.74	4.76	1.42	1176
4.45	15.94	3.88	1.57	1269
4.49	15.76	3.90	1.54	1294
4.74	9.74	2.47	1.50	1538
4.79	17.86	4.82	1.41	1537
4.90	14.49	3.66	1.51	1732
5.02	17.93	4.91	1.39	1792
5.03	16.29	4.27	1.45	1850
5.17	20.57	5.66	1.38	1975
5.39	21.14	5.94	1.35	2248

在 PbSe 量子点中，Pb 原子和 Se 原子数的比值 Pb/Se 大于 1，而且依赖于量子点的尺寸，如图 7.30(a)所示。尺寸越小的量子点，Pb 原子数量比例越大，这进一步说明 Pb 阳离子终止于 PbSe 量子点表面。这一点与 Moreels 等人模型和实验数据是符合的，即 PbSe 量子点的结构是：一个符合化学计量的 PbSe 核和一层外表面为 Pb 原子壳，如图 7.30(b)所示。图 7.30(a)显示的结果，包括合成中使用 Se-TBP 和 Se-TOP 两种 Se 前驱体的情况。在 PbSe 量子点表面存在 Pb 原子层的事实，对于 PbSe 量子点中 Pb 和 Se 原子总数目 N 的计算有着特别的意义，这个总数 N 直接影响到量子点浓度的计算。

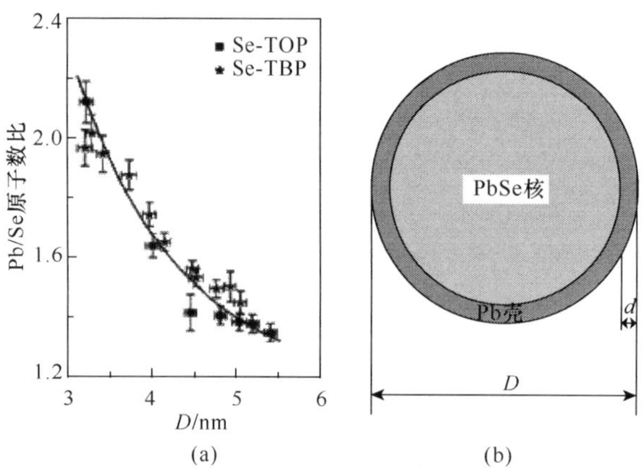

图 7.30　Pb/Se 原子数比随尺寸变化数据和 PbSe 量子点结构示意图

根据已有的体材料计算公式，PbSe 量子点中 Pb 和 Se 原子总数目 N 的计算方法如下：

$$N=\frac{4\pi}{3}\left(\frac{D}{a}\right)^3 \tag{7.3-26}$$

式中，D 是量子点的直径，d_{shell} 是 Pb 壳的厚度，a 是体材料的晶格常数。对于体 PbSe 晶体，$a=0.612\text{nm}$。上式适合于计算满足化学计量要求的 PbSe 量子点原子总数，这时 Pb 原子数目等于 Se 原子的数目。但是，它不适合于计算不满足化学计量要求的 PbSe 量子点原子数目。我们必须考虑到，这时的 PbSe 量子点是由两部分构成：满足化学计量的 PbSe 核和表面 Pb 原子壳层。

我们计算一个单独的 PbSe 量子点中 Pb 和 Se 原子的实际数目。首先，考虑如下关系式：

$$\frac{N_{\text{Se}}}{N_{\text{Pb,shell}}}=\frac{1}{(R-1)} \tag{7.3-27}$$

式中，N_{Se}是一个 PbSe 量子点中 Se 原子的数目；$N_{\text{Pb,shell}}$是相应 PbSe 量子点表面 Pb 壳中 Pb 原子的数目；R 是相应 PbSe 量子点中 Pb/Se 的原子数目比值，可以通过测量原子的浓度确定，具体数据见表 7.8。显然 N_{Se}和 $N_{\text{Pb,shell}}$有如下表示式：

$$N_{\text{Se}}=\frac{m_{\text{core}}}{M_{\text{PbSe}}}\cdot N_{\text{A}}=\frac{\frac{4\pi}{3}\left(\frac{D}{2}-d_{\text{shell}}\right)^3\cdot\rho_{\text{PbSe}}}{M_{\text{PbSe}}}\times 6.022\times 10^{23} \tag{7.3-28}$$

$$N_{\text{Pb,shell}}=\frac{m_{\text{shell}}}{M_{\text{Pb}}}\cdot N_{\text{A}}=\frac{\frac{4\pi}{3}\left[\left(\frac{D}{2}\right)^3-\left(\frac{D}{2}-d_{\text{shell}}\right)^3\right]\cdot\rho_{\text{shell}}}{M_{\text{Pb}}}\times 6.022\times 10^{23} \tag{7.3-29}$$

这里，m_{core}、m_{shell}分别是 PbSe 核和 Pb 壳的质量；M_{PbSe}（=286.2g·mol^{-1}）、M_{Pb}（=207.2g·mol^{-1}）分别是 PbSe 和 Pb 的摩尔质量；ρ_{PbSe}是 PbSe 核的密度，可以取体 PbSe 晶体的密度值（8.10g·cm^{-3}）；N_A=6.022×10^{23}是 Avogadro's 常数；ρ_{shell}、d_{shell}分别是 Pb 壳的密度和厚度。利用表 7.8 的数据和联立式（7.3-27）～式（7.3-29），我们可以得到 m_{core}、m_{shell}、ρ_{shell}和 d_{shell}。

通过计算得出：d_{shell} = 0.32nm，接近于共价键结合 Pb 原子的直径（0.294nm）。这表明在上述 18 个样品中，每个 PbSe 量子点的外表面都有一个 Pb 原子尺度厚度的 Pb 原子壳层。所以，在一个 PbSe 量子点中，Pb 和 Se 原子总数 N 是

$$\begin{aligned} N &= N_{Se} + N_{Pb} = N_{Se} + RN_{Se} \\ &= \frac{\frac{4\pi}{3}\left(\frac{D}{2} - d_{shell}\right)^3 \rho_{PbSe}}{M_{PbSe}} \times 6.022 \times 10^{23} + \frac{\frac{4\pi}{3}\left(\frac{D}{2} - d_{shell}\right)^3 R\rho_{PbSe}}{M_{PbSe}} \times 6.022 \times 10^{23} \end{aligned} \tag{7.3-30}$$

18 个样品 N 的计算值列于表 7.8 中。由此计算出 PbSe 量子点溶液中的量子点浓度 C_{PbSe}是

$$C_{PbSe} = \frac{10^3}{N}\left(\frac{C_{Pb}}{M_{Pb}} + \frac{C_{Se}}{M_{Se}}\right) \tag{7.3-31}$$

这里，C_{PbSe}是以 μM 为计量单位。式中，C_{Pb}（ppm）、C_{Se}（ppm）分别是通过质谱仪测量的 Pb 原子和 Se 原子的质量浓度；M_{Se}（78.96g·mol^{-1}）是 Se 的摩尔质量；$\left(\frac{C_{Pb}}{M_{Pb}} + \frac{C_{Se}}{M_{Se}}\right)$是一个 PbSe 量子点中 Pb 和 Se 的总原子浓度。

（2）摩尔消光系数的测量

根据式（7.3-4），选择光通过样品的路径长度是 1cm，通过测量 PbSe 量子点溶液的吸光度 A 和计算量子点浓度 C_{PbSe}，可以计算出 PbSe 量子点摩尔消光系数 ε_{ex}。我们得到 18 个 PbSe 量子点样本的摩尔消光系数 ε_{ex}的计算值，它是粒子尺寸 D 的函数。对相应数据进行幂级数拟合，得到 PbSe 量子点消光系数随粒子直径变化的函数关系是

$$\varepsilon_{ex} = 0.03389D^{2.53801} \tag{7.3-32}$$

这里，ε_{ex}单位是 10^{5}M^{-1}·cm^{-1}，量子点直径 D 单位是 nm。图 7.31 是 18 个 PbSe 量子点样本消光系数随粒子尺寸 D 变化的测量值和拟合的函数曲线。

注意到，由式（7.3-32）决定的摩尔消光系数的精度与量子点尺寸分布有关。如果量子点尺寸分布较宽，必然产生较低的峰值吸光度和更宽的吸收光谱。为了

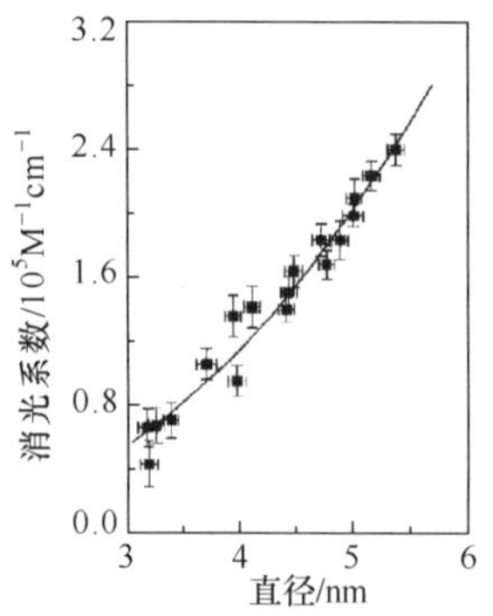

图 7.31　18 个 PbSe 量子点样本消光系数随尺寸 D 变化的测量值和拟合函数曲线

减小这个影响，可以采用如下关系式校正实际量子点样本的吸光度值 A，即

$$A = A_m \frac{W_{HWHM}}{K} \tag{7.3-33}$$

式中，A、A_m 分别是校准后和实际测量的吸光度值；W_{HWHM}是吸收光谱的 1/2 半峰宽；K 是 18 个样本吸收光谱 1/2 半峰宽的平均值，这里是取为 60nm。

2. PbS 胶体量子点消光系数

Cademartiri 等人选择 $PbCl_2$、元素 S 为前驱体，OLA(oleylamine)为溶剂，制备不同尺寸的 PbS 量子点，然后溶解到正己烷溶液中[102]。对制备不同尺寸的 PbS 量子点进行相关表征，得到如图 7.32 所示的典型尺寸量子点的 TEM 和不同尺寸 PbS 量子点吸收光谱。结合 TEM 可以确定相应样本的尺寸范围是 4.16～6.83nm，对应这些尺寸粒子吸收光谱第一激子吸收峰的位置范围是 1186～1592nm，而且光谱轮廓呈现多个吸收峰，证明样本具有良好的单分散性。

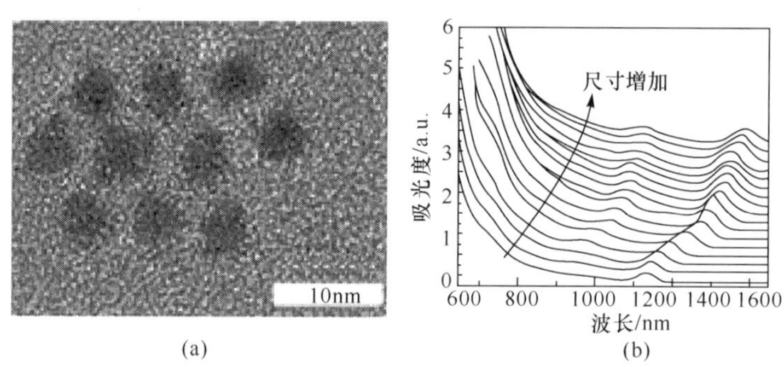

图 7.32　典型尺寸 PbS 量子点的 TEM 和不同尺寸 PbS 量子点吸收光谱[94]

对 PbS 量子点吸收光谱求二阶导数，如图 7.33(a)所示。我们可以清晰观察到 7 个跃迁过程，而且跃迁能量依赖于量子点的尺寸。我们描绘出跃迁能量随 $1/r^2$的变化曲线，如图 7.33(b)所示。对实验数据进行曲线拟合，拟合函数包括：体材料带隙能量(常数项)、量子受限能量项(比例于$1/r^2$)、库仑作用能量项(比例于 $1/r$)。具体拟合结果如下：

$$E_j(\mathrm{eV})=\begin{cases}0.41+0.96/r^2+0.85/r & j=1\\ 0.41+0.54/r^2+1.83/r & j=3\\ 0.41+1.15/r^2+1.67/r & j=4\\ 0.41+0.93/r^2+2.29/r & j=5\\ 0.41+0.67/r^2+2.97/r & j=6\end{cases}\tag{7.3-34}$$

对于第 2 个和第 7 个跃迁,未得到满意的拟合。

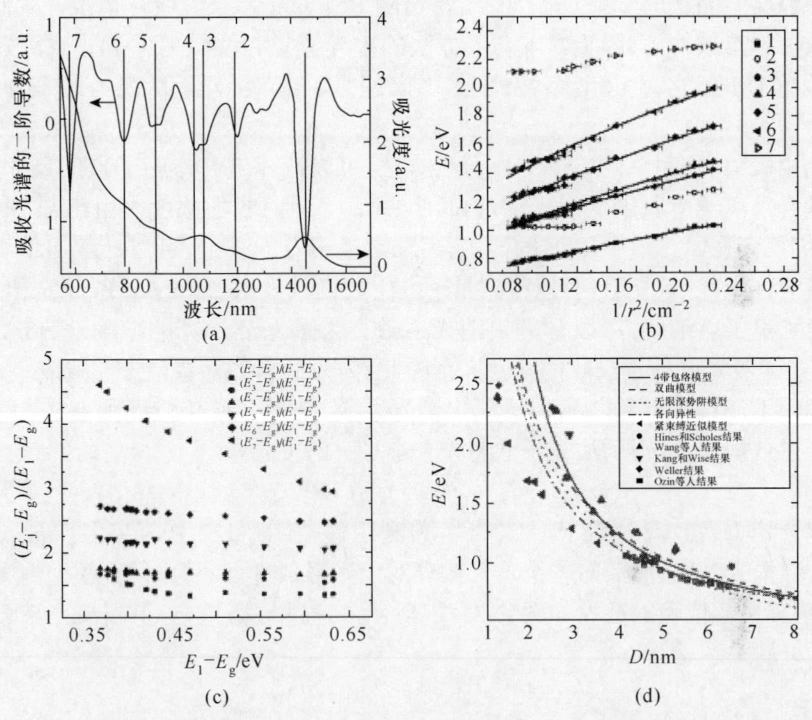

图 7.33　PbS 量子点的(a)吸收光谱和它的二阶导数;(b) 跃迁能量随 r^{-2} 的拟合曲线;(c)归一化受限能随第一激子受限能变化;(d)不同来源的 $1S_e$-$1S_h$ 跃迁能量随量子点直径变化的实验值和计算值[94]

根据有效质量近似方法,每一个跃迁的受限能比例系数的大小,反映受限的程度。若体材料的带隙是 E_g,某个跃迁受限能(E_j-E_g)除以第一激子受限能(E_1-E_g),定义为归一化受限能。绘制归一化受限能随第一激子受限能(E_1-E_g)的变化曲线,如图 7.33(c)所示。可以发现,除第 7 个跃迁之外,其他每个跃迁对应的归一化受限能近似保持一个常数。这些归一化受限能的平均值可以表示为:$\langle(E_j-E_g)/(E_1-E_g)\rangle=1.39(j=2)$、$1.7(j=3)$、$1.73(j=4)$、$2.2(j=5)$、$2.6(j=6)$。

根据这些数值,可以将这些跃迁归属于量子点电子结构中相应的能级。利用 Tudury 等人计算方法[103],将跃迁 2 归于 $1S_e$-$1P_h$(或 $1P_e$-$1S_h$),跃迁 3 和 4 归于

$1P_e$-$1P_h$(具有不同 j 数值)。事实上,跃迁 2 是奇偶性禁制的,它的产生归因于 PbS 能带或固有偶极矩的各向异性。在各向异性结构中,PbS 量子点这个跃迁的振子强度要比 PbSe 量子点弱得多,原因是 PbS 量子点的各向异性要比 PbSe 量子点弱得多。此外应当注意到,对于大尺寸粒子,这个跃迁归一化量子受限能不是一个常数,随尺寸的增加而变大,如图 7.33(c)所示。

$1S_e$-$1S_h$ 跃迁较为容易模拟和实验测量,图 7.33(d)给出不同方法模拟计算和不同来源实验测量的 $1S_e$-$1S_h$ 跃迁能量值随 PbS 量子点尺寸变化情况。我们看到实验数值是离散的,归因于样本合成方法的差异或尺寸测量的差异。对跃迁 7 的解释是困难的,它显示出不同的尺寸依赖性。有观点将其视为带间的直接跃迁[102]。

利用 XRD 衍射峰的 Scherrer 分析方法,可以计算出 PbS 量子点的尺寸;利用电感耦合等离子体原子发射光谱法(ICP-AES)得到 Pb 的浓度。由已知 Pb 的浓度,我们得到初始溶液中 PbS 的体积;由球形量子点的直径,可以计算出单个 PbS 量子点的体积;二者相除,可以得到量子点的数目。根据 Lambert-Beer 定律,利用吸光度和量子点浓度,可以计算出消光系数。为了保证计算的准确性,应使 $1S_e$-$1S_h$ 处最大吸光度处于吸收的线性区。为此,需要适当的稀释量子点溶液。

利用 $1S_e$-$1S_h$ 跃迁的峰值,计算出消光系数,随尺寸变化情况如图 7.34(a)所示。经过数据拟合,得到消光系数与粒子半径 r 的关系是

$$\varepsilon_{ex}(\mathrm{M^{-1}\cdot cm^{-1}})=19600r^{2.32} \tag{7.3-35}$$

这时拟合相关系数 R 达到 $R^2=0.98$。若利用覆盖 $1S_e$-$1S_h$ 跃迁峰各个波长的吸光度计算消光系数,然后对各个波长成分的消光系数进行积分,得到整个消光系数的量值,其尺寸依赖的数据如图 7.34(b)所示。经过数据拟合,得到消光系数与粒子半径 r 的关系是

$$\varepsilon_{ex}(\mathrm{M^{-1}\cdot cm^{-1}})=2030790r^{2.49} \tag{7.3-36}$$

这时拟合相关系数 R 达到 $R^2=0.995$。消光系数的累积也可以开始于 555nm,这时消光系数值随尺寸依赖的数据如图 7.34(c)所示。经过数据拟合,得到消光系数与粒子半径 r 的关系是

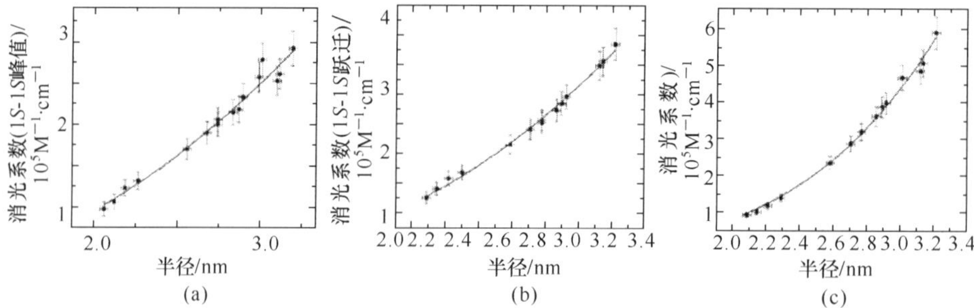

图 7.34　基于 $1S_e$-$1S_h$(a)峰值、(b)积分和(c)555nm 开始积分,计算出尺寸依赖的消光系数[96]

$$\varepsilon_{ex}(M^{-1} \cdot cm^{-1}) = 5149146 r^{4.05} \tag{7.3-37}$$

这时拟合相关系数 R 达到 $R^2 = 0.994$。

与 PbSe 量子点消光系数比较，如果只是考虑第一激子吸收峰，消光系数与半径 r 的指数关系是类似的，指数均在 2～3。但是，如果考虑整个第一激子吸收峰的累积计算替代峰值计算，可以获得更准确的拟合结果。

7.4　胶体半导体量子点之间载流子的输运

胶体半导体量子点载流子的输运过程主要包括量子点之间载流子的传递，量子点和有机分子之间载流子的传递等。有关胶体半导体量子点载流子的输运规律的研究，在量子点电子和光电子器件领域有着广泛的应用。在这里，我们介绍胶体半导体量子点载流子输运的基本规律，对典型胶体半导体量子点中的载流子输运特性进行基础性的讨论。

7.4.1　量子点局域态之间的电子输运理论

在一个分子系统中，人们已经建立了电子转移的理论，这种局域态之间电子转移的理论已经用来研究金属或半导体表面分子间的电子转移[105]。在这个模型中，建立如图 7.35 所示的核坐标系，考察始态和终态的能量。在电子由始态转移到终态的过程中，核坐标系是不变的，电子的转移将在核坐标系中表现出来，即这个转移出现在始、终势能面交叉的区域。在图 7.35 中，ΔG^0 表示始、终态之间自由能的改变量；λ 是始态到终态核坐标系平衡所需要的重组能。对于在量子点之间的电子转移，转移速度要比典型的振动频率缓慢。在非绝热限制下，电子转移速度可以表示为

$$k_{et} = \frac{2\pi}{\hbar} |V_{12}|^2 (FC) \tag{7.4-1}$$

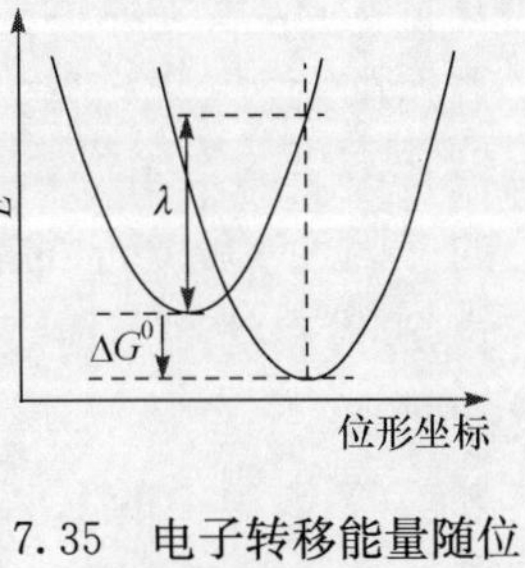

式中，V_{12} 是共振的始态和终态电子耦合矩阵元；FC 是 Franck-Condon 因子，由始态和终态波函数的重叠积分决定，其中的权重是始态占据的 Boltzmann 概率。在高温情况下，式(7.4-1)写为[104]

$$k_{et} = \frac{2\pi}{\hbar} |V_{12}|^2 (4\pi\lambda k_B T)^{-1/2} e^{-\Delta E^* / k_B T} \tag{7.4-2}$$

图 7.35　电子转移能量随位形坐标的关系

式中，

$$\Delta E^* = \frac{(\Delta G^0 - \lambda)^2}{4\lambda} \tag{7.4-3}$$

为了计算重组能λ，需要考虑两个因素的贡献：一是分子内部的振动；二是分子周围环境电介质或溶剂结构的变化。如果分子内部和电介质的贡献分别是λ_i、λ_o，于是有

$$\lambda=\lambda_i+\lambda_o \tag{7.4-4}$$

利用电介质连续模型，电介质贡献的电子转移的重组能可以被计算出来。对于两个球形结构之间的电子转移，λ_o 表示为

$$\lambda_o=\frac{e^2}{4\pi\varepsilon_0}\left(\frac{1}{2r_1}+\frac{1}{2r_2}-\frac{1}{d}\right)\left(\frac{1}{\varepsilon_{op}}-\frac{1}{\varepsilon_s}\right) \tag{7.4-5}$$

其中，r_1、r_2 是两个球半径；d 是两个球心的间距；ε_{op}、ε_s 是球周围溶剂的光学介电常数和静电介电常数。

量子点内部重组能的计算，必须考虑增加（或移除）一个电子后晶格的响应。一般而言，增加（或移除）一个电子会改变量子点的电荷分布状态，使单个量子点由不带电变成带电状态，从而改变原子核的平衡状态，与此相关的附加能量用 λ_s 表示。由于两个量子点之间发生电子转移，必然发生结构的重组，量子点内部贡献总的重组能量 λ_i 是两个量子点附加能量 λ_s 的总和。为了进一步了解 λ_s 的含义，需要考虑量子点带电前后振动模式的变化。这里的振动模式是量子点的声子模式，包括声学模式和光学模式。

在非极性量子点材料（例如硅）中，相关的耦合与声学声子有关。借助于形变势（由于晶格拉伸产生电子能量的改变量），声学声子与系统的能量发生耦合。在量子点中，λ_s 的贡献来自于形变势产生的声学声子的耦合，其量值比例于 r^{-3}，r 是量子点的半径[105]。Brus 给出直径 2nm 的 Si 量子点的数值是：$\lambda_s=12\text{meV}$[106]。

在极性量子点材料（例如 CdSe）中，情况较为复杂。这时借助于 Fröhlich 相互作用，光学声子可以与电子态发生耦合。由于电子和空穴往往同时存在，产生电荷的相互补偿，使量子点尺寸相关的耦合强度变得复杂化。但是，Fröhlich 相互作用会影响振动结构，并对量子点的辐射产生影响。以 CdSe 量子点为例，尽管来自形变势耦合产生的重组能难以准确计算，但是 Fröhlich 相互作用的贡献是占据主导地位的。因为 LO 声子的能量是 26.5meV（对 CdSe），与室温下热振动能量相当，式（7.4-2）代表的高温模型将难以成立，这时需要建立新的模型以反映振动能量量子化的要求。

方程（7.4-1）中的 V_{12} 可以利用一维势垒近似简化处理。根据 Leatherdale 等人的研究[107]，对于来自于一个包含电子和空穴的半导体量子点的电子转移情况，可以利用 WKB（Wentzel-Kramer-Brillouin）近似，在电场 E 的作用下，高为 φ、宽为 d 方形势垒产生隧道贯穿的概率是

$$S=\exp\left\{-\frac{4}{3}\sqrt{\frac{2m}{\hbar^2}}\frac{1}{eE}\left[\varphi^{3/2}-(\varphi-eEd)^{3/2}\right]\right\} \tag{7.4-6}$$

式中，m 是势垒内载流子的有效质量。对于薄、高的势垒，隧道贯穿的概率随着宽度的增加而呈指数下降趋势。

对于电子转移，相应的电子迁移率 μ_e 可以表示为

$$J_e = ne\mu_e E \tag{7.4-7}$$

式中，J_e 是迁移电流密度；n 是电子密度；E 作用电场。在一个迁移占据支配的系统中，迁移率通常是电场依赖的。迁移率比例于载流子的净迁移速率 $\upsilon(E)$，有

$$\mu(E) = \frac{\upsilon(E)}{E}\mathrm{d} \tag{7.4-8}$$

式中，d 是在作用电场方向上的特征距离；$\upsilon(E) = \upsilon_{\mathrm{forward}}(E) - \upsilon_{\mathrm{back}}(E)$ 是前向和后向迁移速率的差值。

在量子点中，一定数量的载流子会占据缺陷态，相对于自由载流子几乎是不移动的。因此定义一个有效迁移率 μ_{eff}，有

$$J = n_{\mathrm{total}} e\mu_{\mathrm{eff}} E \tag{7.4-9}$$

式中，n_{total} 是陷阱载流子密度和自由载流子密度之和。由于陷阱载流子是不能移动的，自由载流子具有的迁移率是 μ_{free}。于是，有效迁移率可以表示为

$$\mu_{\mathrm{eff}} = \frac{n_{\mathrm{free}}}{n_{\mathrm{total}}}\mu_{\mathrm{free}} \tag{7.4-10}$$

在量子点系统中，缺陷态位于量子点的表面，数量和深度受到表面钝化的影响。由于陷阱载流子和自由载流子(占据量子点核的状态)都会参与量子点之间的隧道贯穿，很难区分迁移(自由)和不迁移(陷阱)载流子。在这种情况下，会产生随迁移率 μ_i 变化的载流子浓度 n_i 的分布，这时有效迁移率可以表示为

$$\mu_{\mathrm{eff}} = \frac{\sum_i n_i\mu_i}{\sum_i n_i} \tag{7.4-11}$$

在量子点薄膜中，电子迁移是一个局域过程，易于受到单个量子点电子结构和周围环境的影响。因此，在确定电子穿越这个薄膜的过程中，扰乱效应发挥了重要的作用。造成量子点电子能级发生扰乱的第一个来源是量子点的尺寸分布，它使量子受限能的分布发生扰乱。这个扰乱也会造成吸收和发光光谱的非均匀谱线增宽。以 CdSe 量子点为例，这个增宽的范围是 50～100meV，基本归因于量子受限能的变化。在给定电场的情况下，如果毗邻量子点具有电子亲和势，这时花费最小的活化能，电子就可以在量子点之间迅速的完成迁移。值得注意的是，相邻量子点之间的间距也是呈现不均匀分布的。由于隧道贯穿速率与隧道贯穿距离呈现指数的敏感关系，量子点之间间距的不均匀分布必然导致隧道贯穿速率的不均匀分布。此外，量子点的有效介电常数与其周围其他粒子的排列分布有着敏感的联系。由于电子亲和势不仅与电子受限能有关，而且也与量子点周围局域电介质情况有关，

所以量子点之间间距的不均匀分布，势必给单个量子点粒子电子亲和势带来额外的扰乱。

对于非掺杂薄膜，往往是低载流子浓度的情况，这时毗邻量子点之间的跳跃决定了载流子的输运过程。在迁移能级是高斯分布的情况下，利用 Monte Carlo 仿真计算，Bässler 等人研究了毗邻量子点之间的载流子跳跃，建立了作用电场和温度依赖的迁移率模型[108]。在较低电场情况下，因为毗邻量子点易于接受更高能量的电子，所以量子点中具有较低能量和较大分布间隔的电子，要想跳跃到毗邻量子点是更困难的。根据 Miller-Abrahams 模型，Bässler 等人假设毗邻量子点之间的载流子跳跃速率是微小的，给出迁移率的表示为[109]

$$\mu=\mu_0\exp\left[-\left(\frac{A}{k_B T}\right)^2\right]\exp\left[\gamma(T)\sqrt{E}\right] \tag{7.4-12}$$

式中，常数 A 和温度依赖的 γ 因子决定于扰乱效应。在呈现高斯分布的扰乱中，上式取得了与实验结果较好的一致性[110]。

人们另一个研究目标是高载流子浓度薄膜中的载流子输运性质，胶体量子点薄膜往往属于这种情况。在这种情况下，隧道贯穿效应不仅存在于毗邻量子点之间，也可以出现在较大距离的量子点之间。对于具有 Miller-Abrahams 跳跃速率的三维迁移过程，温度依赖的电导率 σ 有如下表示：

$$\sigma=\sigma_0\exp\left[-\left(\frac{T_0}{T}\right)^{1/4}\right] \tag{7.4-13}$$

式中，$T_0=24(\pi a^3 g_0 k)$，a 是电子波函数的特征定域长度，g_0 是恒定的状态密度。考虑载流子之间的库仑相互作用，这时会产生库仑带隙，数量是 $e^2/4\pi\varepsilon\varepsilon_0 r$。其中，$r$ 是特征跳跃距离。于是温度依赖的电导率表示式被修正如下[111]：

$$\sigma=\sigma_0\exp\left[-\left(\frac{T_c}{T}\right)^{1/2}\right] \tag{7.4-14}$$

这里库仑带隙发挥了重要作用，特征温度 T_c 表示为

$$T_c=\frac{e^4 a g_0}{(4\pi\varepsilon\varepsilon_0)^2 k_B} \tag{7.4-15}$$

上述讨论表明，决定量子点之间电子迁移动力学的因素，除了电子隧道贯穿过程之外，量子点内部和介电弛豫能量也发挥着重要作用。这两个弛豫能量是尺寸依赖的，以小尺寸 CdSe 量子点为例，数值范围是 50～100meV。表面陷阱和扰乱效应的存在，会使量子点之间的迁移过程变得复杂化。

7.4.2 胶体 PbSe 量子点薄膜载流子输运性质

为研究方便，我们以化学合成的胶体 PbSe 量子点薄膜为例，研究量子点尺寸依赖的载流子输运机制，以及载流子的定域长度、电导率和活化能。

我们考察一个具体的场效应管(field effect transistor,FET)结构[112]。将 TOP-Se 和二苯基膦(diphenylphosphine)混合,然后注入到氧化铅(lead oxide, PbO)、OA 和 ODE 的混合热溶液中,制备出直径范围是 3.8~8.4nm 的 PbSe 量子点。这些溶解在四氯乙烯中的胶体量子点,吸收光谱如图 7.36(a)所示。

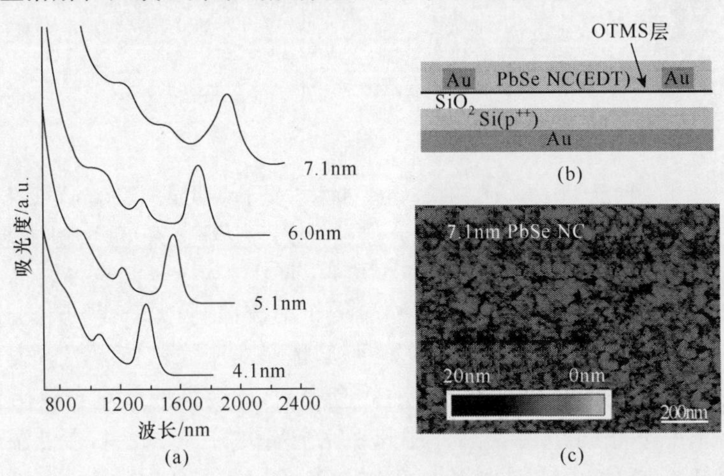

图 7.36 PbSe 量子点吸收光谱(a),FET 结构(b)和薄膜 AFM 图像(c)[112]

(阅读彩图请扫封底二维码)

图 7.36(b)是 PbSe 量子点薄膜制备的 FET 结构示意图。Al/Au(10nm/75nm)沉积在重掺杂 Si 基片的背面,作为栅电极。基片正面生长一层 300nm 厚的 SiO_2 薄层,其上利用标准照相方法制备出 Cr/Au(2.5nm/32.5nm)漏电极。沟槽的长度 L、宽度 W 分别是 50~200μm 和 1~2mm。具有不同尺寸、溶解在无水辛烷中的 PbSe 量子点旋涂在基片上,形成量子点薄膜。为了改善导电性,薄膜使用 0.05M EDT 处理。由于这个处理可能导致薄膜产生裂纹,需要再次旋涂量子点层,以填塞这些裂纹。随后得到薄膜表面的显微图像,如图 7.36(c)所示。器件的测试是在真空环境(10^{-6}Torr)下完成,测试温度是室温或 235K。

在给定漏电压 V_D 的情况下,考察 PbSe 量子点 FETs 漏电流 I_D 随栅电压 V_G 的变化特性。这时显示出典型的 V 型双极性输运特性,其中 I_D 随着 V_G($|V_G|$)的增加而呈现数量级的增加,如图 7.37(a)所示。I_D 随着正的栅电压(图中右侧)的增加而显示出电子导电性质,与之对应,I_D 随着负的栅电压(图中左侧)的增加而显示出空穴导电性质。在室温附近条件下,I_D-V_G 特性显示出一个重要的滞后,载流子注入($|V_G|$增加)时的 I_D 要高于载流子抽出($|V_G|$下降)时的数值。这种典型的滞后特性,往往出现在注入载流子被缺陷捕捉和栅电压被屏蔽的情况里。这种 I_D-V_G曲线的明显滞后作用,阻碍了有意义的电子和空穴的抽取,影响迁移率和导电性。这是因为带有明显滞后作用的 I_D-V_G 曲线,将产生两种明显的横向电导(dI_D/dV_G)的数值(一个是载流子注入时,另一个是载流子抽取时),随之产生两个

明显的迁移率或电导率的数值。

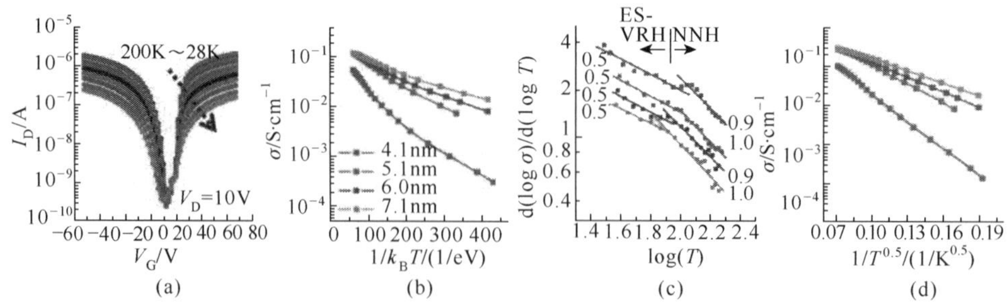

图 7.37　(a) 不同温度的 I_D-V_G 曲线；(b)不同尺寸量子点薄膜 σ 随 $1/k_BT$ 变化曲线；(c) d(log σ)/d(log T) 随 T 变化曲线；(d)不同尺寸量子点薄膜 σ 随 $1/T^{0.5}$ 变化曲线[112]

（阅读彩图请扫封底二维码）

值得注意的是，在低温条件下，这种滞后作用被抑制，尤其是对电子传导。在低于 200K 时，电子传导的滞后变得微不足道，但是对于空穴传导仍然表现出明显的滞后作用。这样一种冷却抑制滞后的效应表明，被诱捕的载流子热活化了。在简单的低温情况下，电子传导滞后作用几乎完全消失的结果表明，在低温环境时的电子输运是缺陷支配的。这个结论让我们明确，低于 200K 时的 PbSe 量子点薄膜内的电子输运，与其说是产生于各个粒子的量子态，还不如认为是产生于粒子的表面态。更重要的是，I_D-V_G 滞后消失的性质让我们可以确定电子输运的迁移率和电导率。

对于尺寸是 7.1nm PbSe 量子点薄膜，在 200～28K 和 $V_D=10$V 的情况下，I_D-V_G的特性曲线如图 7.37(a)所示。根据下式估计特定温度的电导率，即

$$\sigma=en\mu=\frac{L(V_G-V_{th})}{WV_D}\frac{dI_D}{dV_G} \tag{7.4-16}$$

式中，e 是电子电荷；n 是载流子浓度；μ 是迁移率；V_{th}是 I_D-V_G 特性曲线的阈值电压。在 $V_G-V_{th}=50$V 时，I_D-V_G 特性曲线的斜率(dI_D/dV_G)约为 4×10^{12}。由于电介质电容器的导热率非常小(<100pF·K^{-1})，在给定温度范围内，电荷密度几乎是不变的。即在$(V_G-V_{th})>V_D$ 的条件下，可以肯定电导的贡献只是来自于电子，而不是空穴。注意到，如果$(V_G-V_{th})<V_D$，电子和空穴都会参与到电荷的输运中(产生真正的双极输运)。

四个不同尺寸 PbSe 量子点薄膜的电导率 σ 随温度 T 的变化曲线，如图 7.37(b)所示。可以看到，σ 随 T 变化曲线呈现出近似于线性关系，这表明在给定温度条件下，输运过程遵循毗邻跳跃的机制。然而，如图 7.37(b)所示，在全部温度范围内，温度依赖的电导率有别于简单的线性关系。即在 28～200K 温度范围内，载流子输运不能由毗邻跳跃机制简单的描述。

如前所述，对于迁移导电，温度依赖的电导率可以表示为

$$\sigma=\sigma_0 \exp\left[-\left(\frac{T_c}{T}\right)^z\right] \tag{7.4-17}$$

式中,σ_0 是电导率指数前因子;T_c 是特征温度;z 是表示温度依赖强弱的指数。作 $d(\log\sigma)/d(\log T)$ 随温度 T 的变化曲线,其斜率是 z。由图 7.37(c)可见,在 28～200K 温度范围内,所有尺寸量子点薄膜的数据表明,$d(\log\sigma)/d(\log T)$ 随温度 T 的变化曲线的斜率呈现出明显的转折性。在低温区,z 的数值接近 0.5;在高温区,z 的数值接近 1。对于 $z=1$ 的温度依赖性,表现出毗邻跳跃(nearest-neighborhopping,NNH)模式;而对于 $z=0.5$,相当于 ES 可变范围跳跃(Efros-Shklovskii variable-range-hopping,ES-VRH)模式;如果电荷输运遵循 M 可变范围跳跃(Mott variable-range hopping,M-VRH)模式,$z=0.25$(三维输运),或 $z=0.33$(二维输运)。这里给出的拟合表明,z 的数值是 0.5,不是 0.25 或 0.33。在 ES-VRH 模式时,电导率可以表示为式(7.4-14),这时库仑带隙(E_c)的作用体现出来。库仑带隙来源于电子的相互作用,可以视为满足一个毗邻跳跃需要的最小能量,一般出现在具有有限能量和空间分布的局域态之间。$d(\log\sigma)/d(\log T)$ 随温度 T 的变化曲线的斜率发生明显变化说明,在这个温度范围内的载流子转移不是遵循单一的输运机制。在 70～100K 附近,载流子输运机制由 ES-VRH 转变为 NNH。这里的转变温度不是一个固定值,依赖于粒子的尺寸。我们看到,随着量子点尺寸的降低,转变温度随之会增加。

对输运机制的转化可以作进一步的分析,在两个扰乱状态之间的跳跃,可以一般的表示为

$$\sigma=\sigma_0 \exp\left[-\left(\frac{2x}{a}+\frac{\Delta E}{k_B T}\right)\right] \tag{7.4-18}$$

式中,x 是两个相关跃迁状态的空间距离,与跳跃的距离有关;a 是载流子定域长度;ΔE 是两个相关状态的能量差。在满足 ES-VRH 机制的低温条件下,$\Delta E=E_c=0.35e^2/4\pi\varepsilon\varepsilon_0 x$。由于越接近($x$ 越短)的状态之间的跳跃需要更大的能量(更大的 ΔE 或 E_c),因此最小跳跃能量对应的跳跃不能发生在毗邻量子点之间。相反,当跳跃发生在一个最适宜的跳跃距离 x^* 时,式(7.4-18)有最大值。注意到 x^* 是温度的函数,随着温度的增加而减少($x^*=(0.35e^2 a/8\pi\varepsilon\varepsilon_0 k_B T)^{0.5}$)。所以,在满足最佳跳跃距离 x^* 时,式(7.4-18)写为

$$\sigma=\sigma_0 \exp\left[-\left(\frac{2x^*}{a}+\frac{E_c}{k_B T}\right)\right] \tag{7.4-19}$$

或者表示为

$$\sigma=\sigma_0 \exp\left[-\left(\frac{T_0}{T}\right)^{0.5}\right] \tag{7.4-20}$$

其中，$T_0=2.8e^2/4\pi\varepsilon\varepsilon_0 ak_B$。然而，当温度增加时，最佳跳跃距离最终会等于比邻距离(d)，它是量子点直径与量子点间隙(δ)之和。从物理角度看，跳跃距离不能够短于毗邻距离。因此，在高于特征温度 T_{tr} 时，x^* 等于 d，跳跃距离将是温度无关的常数($x^*=d=$常数)。于是式(7.4-19)改写为

$$\sigma=\sigma_{00}\exp\left(-\frac{E_c}{k_B T}\right) \tag{7.4-21}$$

式中，$\sigma_{00}=\sigma_0\exp[-2d/a]$，是一个与温度无关的常数。上式可以描述 NNH 输运机制，相应的电导率与活化能 E_A(这里对应于 E_c，取 $x=d$，$E_c=0.35e^2/4\pi\varepsilon\varepsilon_0 d$)相关。

根据 σ 与 T 的关系，我们可以总结几个反映量子点中电荷输运的特性参数。首先，在 ES-VRH 温度区域，σ 与 $1/T^{0.5}$ 关系曲线的斜率如图 7.37(d)所示。对于不同尺寸的量子点粒子，电子的定域长度(a)和拟合参数 T_0 的关系式是 $a=2.8e^2/4\pi\varepsilon\varepsilon_0 k_B T_0$。对于经过 EDT 处理的 PbSe 量子点薄膜，我们发现电子定域长度与量子点的尺寸相当，如图 7.38(a)所示。电子定域长度与粒子的尺寸相当是意料之中，因为定域长度就是量子点体系中电子迁移的衰退长度，它比例于电子迁移单位距离所需要的跳跃次数。反之，跳跃次数反比于量子点粒子的尺寸。因此，随着量子点粒子直径的增加，定域长度将随着增加。

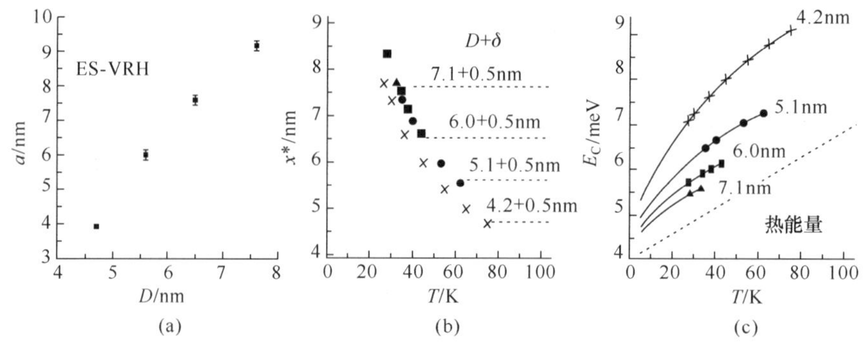

图 7.38　在 ES-VRH 机制下的定域长度(a)、跳跃距离(b)和库仑能量(c)[112]

特定尺寸量子点粒子的定域长度，在给定温度时的最佳跳跃距离是 $x^*=(0.35e^2 a/8\pi\varepsilon\varepsilon_0 k_B T)^{0.5}$。图 7.38(b)给出电子在不同尺寸 PbSe 量子点薄膜中的最佳跳跃距离与温度 T 的关系，同时给出不同尺寸量子点的毗邻距离，其中相邻量子点粒子的间隙取为 0.5nm[113]。与预期相同，在低温下，x^* 值要大于毗邻的间距，而且随着温度的增加而减少。此外，根据图 7.38(b)所示，当 x^* 等于 d 时，可以计算出 T_{tr}。对于不同尺寸的 PbSe 量子点，T_{tr} 的范围是 40～75K。与图 7.37(c)一致，我们发现，小尺寸量子点粒子的电荷输运机制的转变温度发生在

较高的温度范围。同样，在ES-VRH机制和给定温度时，对于一个给定的最佳跳跃距离，跳跃产生的库仑带隙或库仑补偿估计是 $E_C=0.35e^2/4\pi\varepsilon\varepsilon_0 x^*$。如图7.38(c)所示，在整个ES-VRH温度范围和对全部尺寸PbSe粒子而言，它们的数值要大于给定温度的热运动能量，满足ES-VRH模式的基本假设。

我们再来考虑满足NNH温度范围的描述电荷输运特性的参数，尤其是电导率的指数前因子和活化能，这些参数可以从不同尺寸PbSe量子点相关曲线的 y 轴截距和斜率获得，如图7.39所示。电导率的指数因子显示在图7.39(a)中，这个值描述了量子点之间跳跃的速率，它决定于：①电荷输运必须跳跃的数目；②在量子点之间耦合的相关粒子。如果电导率指数前因子 σ_{00} 决定于跳跃数目，随着粒子直径的增加，这个因子随之增大。因为对于大尺寸量子点薄膜，总的跳跃次数会减少。这个性质已经在不同尺寸CdSe量子点薄膜中观察到[114]。然而，对于这里的PbSe量子点薄膜，从单调增加中显示出微小的偏离。这个偏离可能是因为粒子直径变化引起粒子间电子耦合的非线性变化。产生非线性的原因是耦合电子受到诸多因素的影响，包括量子点颗粒的密度、颗粒表面配位体的密度，以及尺寸和形状，而不是单纯受到颗粒尺寸差异的影响。除了电导率指数前因子之外，在200K时不同尺寸粒子的电导率也显示在图7.39(a)中，显示出明显的尺寸依赖性。

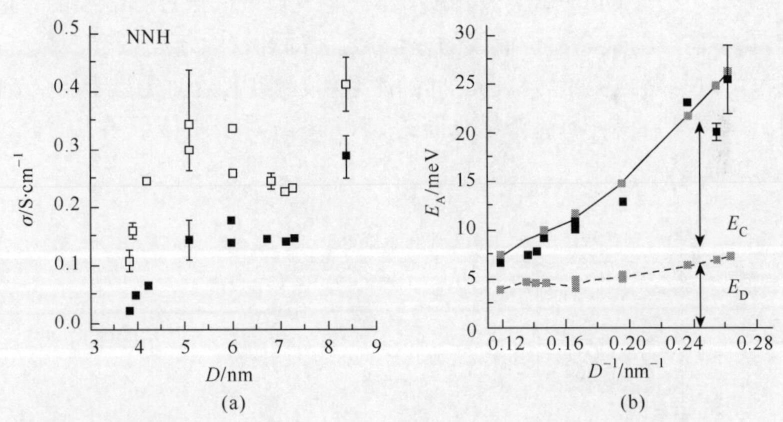

图7.39　NNH输运机制 (a)在200K、$V_G-V_{th}=50V$ 时，尺寸依赖的 σ(实点)和 σ_0(空点)；(b)尺寸依赖的 E_A(黑方块)、E_C(实线)和 E_D(虚线)[112]

由图7.38(c)得到的活化能，反映每次跳跃所需要的平均能量。如图7.39(b)所示，随着粒子直径的减小，活化能 E_A 显示出单调的增加。因此可以断定，尺寸依赖活化能的量值比例于 $1/d$。活化能对尺寸的依赖性，主要归因于电荷输运机制变化的类型，这往往出现在温度增加的情况下。如上所述，在较低温度时，PbSe

量子点薄膜的电子转移遵循 ES-VRH 模式；但是在 T_{tr} 温度之上时，将转变为 NNH 模式（这时满足 $\sigma=\sigma_{00}\exp[-E_C/k_BT]$）。值得强调的是，$T_{tr}$、$E_C$ 是不依赖温度的，但却是尺寸依赖的（$E_C=0.35e^2/4\pi\varepsilon\varepsilon_0 d$）。这表明即使是毗邻跳跃模式，每一次跳跃都要对尺寸依赖的库仑阻碍或 E_C 付出补偿，除非热运动能量足够高，可以忽视 E_C 的存在。因此，在 NNH 温度范围内，对于给定尺寸的量子点粒子，固定 d 的库仑带隙贡献为活化能。

7.5 胶体半导体量子点光生载流子的转移机制

在胶体半导体量子点交界面处光生载流子的转移，对于 LED、光电探测器、光折变材料，以及光电池等应用领域，有着广泛的实际应用意义。

7.5.1 光生载流子的转移机理

1. 光生载流子的转移效应

在一个量子点和它周围环境之间的光生载流子的转移过程，决定于量子点、量子点的表面，以及周围环境（配位体或附近的分子）的相对电子能级，如图 7.40 所示。载流子转移的驱动力来自初始光激发激子和转移态之间的能量差。当一个量子点和一个邻近分子的电子亲和势（E_A，真空能级与最低未占据能级的差值）或电离能（IP，真空能级与最高占位能级的差值）之间的补偿大于初始受激激子的库仑结合能时，可以忽略载流子转移态之间的库仑相互作用，这时更易于产生光生载流子的转移。在有机材料中，这个结合能约为 0.5eV；对于胶体量子点而言，这个能量是 10～100meV。

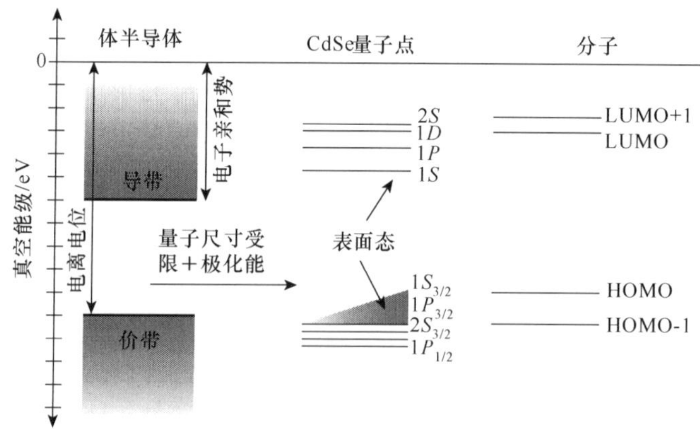

图 7.40 体半导体、量子点和小分子能级状态示意图

对处于量子点交界面的光生受激态，载流子转移只是诸多可能的弛豫过程之一。辐射衰退、Förster 能量转移、非辐射衰退等，都会和载流子转移过程发生竞争。此外，这些过程并不都是严格区分或相互排斥的。捕获的载流子更易于转移到受主态，甚至重新复合（导致深能级的发光）。同样，一个共振转移的激发仍然可以经历载流子分离，或者在受主部位产生辐射复合。作为一个例子，在共轭聚合物 MEH-PPV 与 CdSe 量子点交界面上，几种产生载流子转移的可能途径，如图 7.41 所示。载流子转移的几种途径是：①电子由受激聚合物转移到量子点；②激子由聚合物 Förster 转移到量子点，随后空穴又转移回到聚合物；③空穴由光激发量子点转移到聚合物。在这些转移过程中，伴随着辐射、非辐射复合与载流子和激子转移过程的竞争。

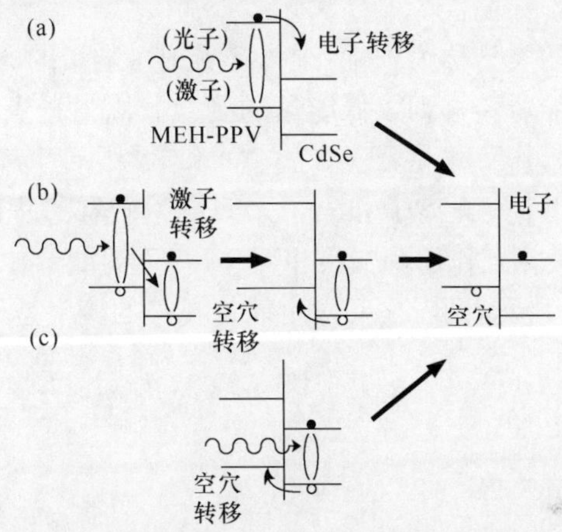

图 7.41　共轭聚合物/量子点交界面载流子转移的可能途径

利用尺寸调控的量子点能级，可以实现上述过程的合理控制。改变半导体量子点的电子亲和势和电离能，一般有两种方法：第一种方法是利用量子受限效应，当量子点尺寸减小时，载流子的动能将会增加；第二种方法是利用传统的极化效应。在通常情况下，与无机半导体比较，胶体量子点周围的有机表面配位体和介质往往具有较小的介电常数（前者 ε～10，后者 ε～2），通过半导体尺寸的减小来提供电介质的稳定性。一些研究成果给出了量子受限和介电受限对于激子和多个粒子能级影响的计算结果[115～119]，本章的第 1 节也给出了相关的计算。根据这些计算结果，利用体相半导体的 E_A 和 IP 的数据，单个量子点的最低电子和空穴能级可以表示为

$$E_A^{QD}=E_A^{bulk}-\frac{m_h}{m_e+m_h}\Delta E \tag{7.5-1}$$

$$IP_{QD}=IP_{bulk}+\frac{m_e}{m_e+m_h}\Delta E \tag{7.5-2}$$

式中，E_A^{QD}、E_A^{bulk}、IP_{QD}、IP_{bulk}分别是量子点和相应体材料的电子亲和势、电离能；ΔE是相对于体材料的光学带隙增加量，可以通过实验确定。上述两式给出了量子点E_A、IP相对体材料变化的下限。根据有效质量近似计算方法，并考虑极化效应，量子点E_A或IP与体材料导带或价带差值的上限是

$$\frac{\hbar^2\pi^2}{2mR^2}+\frac{1}{2R}\cdot\frac{e^2}{4\pi\varepsilon_0}\left(\frac{1}{\varepsilon_{matrix}}-\frac{1}{\varepsilon_{SC}}\right) \tag{7.5-3}$$

式中，R是量子点的有效半径；m是载流子的有效质量；ε_{matrix}、ε_{sc}分别是周围介质和半导体的光学介电常数。

2. 光生载流子能量转移的机理

载流子初始激发的类型称为施主，毗邻接受施主能量的类型称为受主，一般是高能量的施主可以将能量转移到较低能量的受主。以量子点之间转移为例，载流子能量转移发生在较小尺寸量子点（施主）和较大尺寸量子点（受主）之间。Förster 和 Dexter 建立了发光离子和分子之间能量转移过程的模型，定量给出不同机制（例如多极-多极相互作用和交换相互作用）下的能量转移速率方程[120]。这个转移过程如图 7.42 所示，两者之间发生能量转移的概率是[121]

$$W_{DA}=\frac{2\pi}{\hbar}\mid\langle D,A^*\mid H'\mid D^*,A\rangle\mid^2+\int g_D(E)g_A(E)\mathrm{d}E \tag{7.5-4}$$

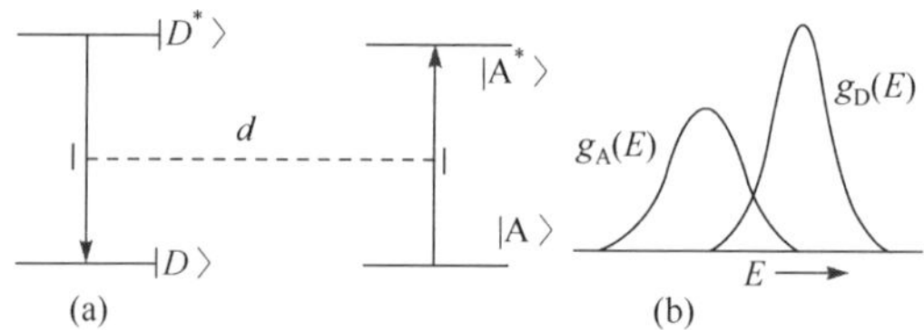

图 7.42　施主 D 到受主 A 的能量转移和两者光谱分布的交叠关系示意图

式中，模的平方项表示能量转移过程相关的施主和受主离子之间相互作用（多极-多极或交换相互作用）；积分项表示施主发射光谱与受主吸收光谱的交叠积分（共振条件）。在一般情况下，可以采用偶极-偶极相互作用机制，上式可以表示为

$$W_{DA}^{dd}=\left(\frac{1}{4\pi\varepsilon_0}\right)^2\frac{3\pi\hbar e^4}{n^4m^2\omega^2}\frac{1}{d^6}f_Df_A\int g_D(E)g_A(E)\mathrm{d}E \tag{7.5-5}$$

式中，W_{DA}^{dd}是借助于偶极-偶极相互作用产生的能量转移概率；d是施主和受主之间的距离；f_A和f_D表示电偶极子振子（施主和受主）的强度。

习惯上，Förster 能量转移速率用k_F表示，可以写成如下表示式[121]：

$$k_{\mathrm{F}}=\frac{Q_{\mathrm{D}}}{\tau_{\mathrm{D}}}\frac{8.785I}{n^4d^6},\quad I=\int_0^{\infty}\alpha_{\mathrm{A}}(\lambda)f_{\mathrm{D}}(\lambda)\lambda^4\mathrm{d}\lambda \tag{7.5-6}$$

式中，Q_{D} 表示施主转移的电偶极矩；τ_{D} 是施主辐射寿命；I 是受主吸收系数 α_{A} 和施主振子强度 f_{D} 之间的交叠积分。

一个令人感兴趣的问题是，在量子点之间使用 Förster 模型能否准确定量的描述能量的转移。Förster 模型基于点偶极子的极限近似，即假设偶极子覆盖的范围要远小于偶极子之间的距离。在量子点之间能量转移的情况下，这个极限近似条件是不成立的。量子点中的振动偶极子不能认为是点偶极子，而且局域场发挥着重要的作用。尽管如此，许多研究报道表明，利用 Förster 模型计算能量转移的结果，与实验的结果取得了良好的一致性。

不同类型能量转移过程的 PL 发光衰退曲线[121]如图 7.43 所示。在没有能量转移发生的曲线 a 中，可以观察到单一的指数衰减规律，衰退速率（包括辐射和非辐射）决定于发射寿命。在存在一步能量转移的曲线 b 中，激发的能量由一个施主转移给毗邻的一个或多个受主，但是不存在施主之间的能量转移。在 PL 衰退曲线中，在初始时刻出现非指数衰退过程，而且衰退速率要快于辐射衰退速率。这个更快的非指数衰退过程，反映出施主周围存在着不同的受主配置。在远时间段，衰退时间近似等于周围没有一个受主时的施主辐射衰退速率。在一个高浓度的施主系统中，将产生施主之间的能量转移和能量转移给受主的过程，这时会导致激发能量扩散到整个施主晶格而产生原地猝灭。如果施主之间能量转移的概率低于转移给陷阱的概率，将发生有限能量迁移的扩散，这时发光衰退过程是非指数曲线 c 描述的情况。初始时间段快的非指数成分表现出，施主能量转移是单步转移到毗邻受主的（曲线 b）；但是，在远时间段的衰退速率仍然要快于孤立施主指数式衰退速率，这是因为能量的迁移是通过整个施主晶格传递给受主，因此产生附加的衰退途径。在施主-施主转移速率远高于施主-受主转移速率时，将发生快速扩散的效应。在这个情况下，覆盖整个施主晶格激发能量的快速扩散，全部施主都感受到相同的受主环境，可以观察到单一的指数衰退过程曲线 d 或 e。

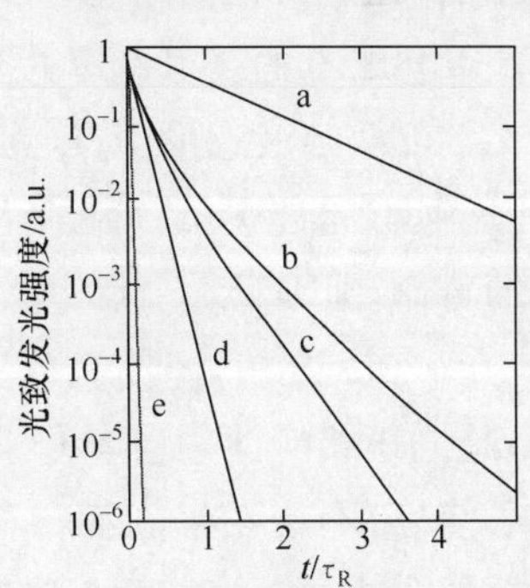

图 7.43　不同能量转移机制的施主 PL 发光衰退曲线[121]

上述分析施主辐射衰退曲线和提取施主-施主、施主-受主转移速率信息的理论，同样适用于金属离子和荧光分子情况。

7.5.2 胶体量子点之间光生载流子的转移效应

1. CdSe 量子点之间的光生载流子转移效应

Crooker 等人首先直接观察到 CdSe 量子点之间 Förster 能量转移效应[122]。采用有机合成技术制备出平均半径是 11～22Å 的胶体 CdSe 量子点，尺寸分布是 4%～9%。然后进行两种处理：一种是带有 TOPO 包裹；另一是包覆 ZnS 壳层以钝化它的表面。然后，将溶解在正己烷/辛烷溶液中的量子点滴涂在玻璃基片上，形成 0.2～1μm 的量子点薄膜。TEM 测量出这个致密的量子点薄膜中，量子点表面-表面的距离是 11Å(刚好是 TOPO 分子的大小)。

对于采用半径 12.4Å CdSe 核、厚度 9Å ZnS 壳的量子点制备的薄膜(对应量子点中心间距是 54Å)，PL 光谱(实线)如图 7.44(a)插图所示，同时给出原溶液态的 PL 光谱(虚线)。薄膜光谱相对溶液光谱有 35meV 的红移，归因于溶液中量子点没有相互作用，而薄膜中量子点之间具有相互作用，由此产生能量转移。图 7.44(a)给出不同光子能量、量子点薄膜 PL 发光衰退曲线，显示出光子能量、尺寸和时间依赖的量子点之间能量转移的动力学过程。在高能量一侧(对应小尺寸量子点)，初始 PL 衰退是迅速的(PL 寿命是 1.9ns)。随着量子点尺寸的增加，PL 寿命稳定的增加，在最低能量处(对应于最大尺寸量子点)达到最大值 22ns。在初始激发后，最大尺寸量子点数据显示出一个微小的初始增加，显示出激子良好的流入到较大的量子点。这些能量或尺寸依赖的寿命，清楚的表明直接的能量转移发生在小的量子点到大的量子点之间。因为借助于光子吸收产生的间接耦合不能加快小尺寸量子点的衰退速率，因此可以排除掉这种间接耦合过程。比较而言，光子能量 2.30eV、溶液态量子点(无相互作用)的 PL 衰退曲线(图中虚线)的 PL 寿命是 24ns，而且是能量(或尺寸)不依赖的。24ns 的数值粗略等于致密薄膜中最大量子点的寿命，即等于量子点中激子的固有辐射寿命。考察全部的 PL 衰退曲线，在衰退 10～20ns 之后，即使是那些高能量的量子点，它们衰退的速度也会缓慢的下降，趋同于相应溶液态量子点辐射衰退曲线，表明这时全部量子点(包括最小的量子点)都不会发生能量转移过程。产生这个现象的原因似乎是因为缺少毗邻共振的受主量子点，这些能够接受激子的量子点的消失，抑制了最大尺寸量子点的能量转移。因此，这些较大尺寸量子点产生的是辐射性的衰退，与低浓度量子点溶液的情况相同。来自于较小尺寸量子点的较快的衰退，归因于较高的找到适宜的毗邻受主量子点的概率。来自于最小尺寸量子点(深黑色曲线)的 1.9ns 衰退速率，几乎完全归于能量转移的效应，比最大尺寸量子点(纯辐射)的衰退速率要快 10 倍。

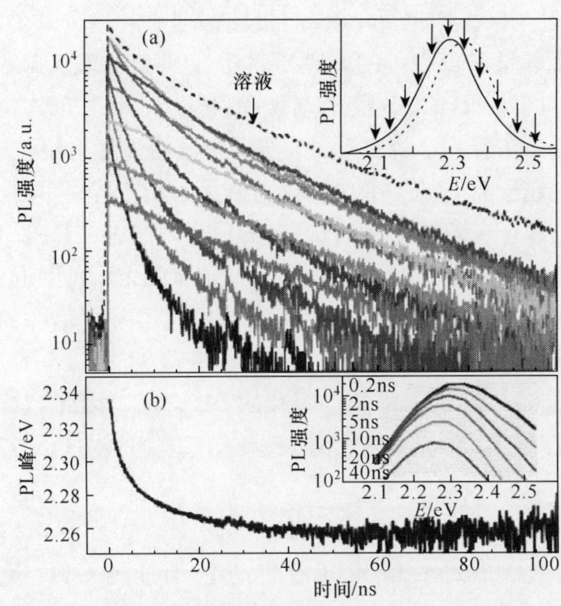

图 7.44　CdSe/ZnS(a)薄膜和溶液的 PL 衰退曲线和 PL 光谱；(b)PL 峰弛豫曲线和 PL 光谱[122]

在 PL 衰退过程中，不同时刻的瞬态光谱峰值位置(或能量)随时间变化曲线如图 7.44(b)所示。初始时刻，PL 发光峰位于 2.34eV，类同于量子点溶液态的数值(可以预期，这个数值对应于该尺寸量子点的实际发射 PL 发光峰)。在经过 10ns 后，发光峰迅速红移；在 30ns 后移动到 2.26eV，然后基本保持不变，表明有效的能量转移已经结束，全部激子已经迁移到较大尺寸的量子点，而进一步的能量转移又被抑制。如图 7.44(b)中插图所示，初始的红移伴随着整体 PL 强度的迅速降低，这是由于每产生一个激子转移到一个新的量子点时，都会有一定概率导致非辐射去活化(表面陷阱的捕捉)。

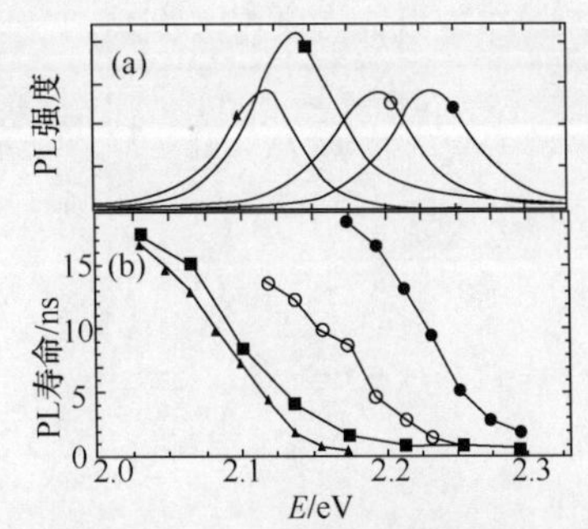

图 7.45　三个尺寸量子点薄膜和混合薄膜(方块)PL 光谱(a)和 PL 寿命随能量(或尺寸)变化曲线(b)[122]

利用三个尺寸(17Å、18Å 和 21Å) TOPO 包裹的 CdSe 量子点溶液，制备出三个单独尺寸 CdSe 量子点薄膜和不同尺寸量子点混合的薄膜，以便研究不同尺寸毗邻量子点对能量转移的影响。这些量子点薄膜的 PL 光谱如图 7.45(a)所示，同时图 7.45(b)给出 PL 寿命随尺寸(或光子能量)变化曲线。图示表明，在每个样本内都存在由低到高能量的 PL 寿命的降低，显示出有效的产生了能量转移。然而，最大能量一端的衰退可以达到 700ps，与图 7.44(a)所示 CdSe/ZnS 量子点相比，几乎超过3倍。根据Förster能量转移速率计算公式(7.5-6)，转移速率比例于d^{-6}(d是毗邻量子点中心的间距)，对于TOPO包裹CdSe量子点薄膜，这个间距是47Å；而对于CdSe/ZnS量子点薄膜，这个间距是54Å。值得注意的是，在全部三个样本中存在着一个特定尺寸的量子点(例如发射峰位于2.175eV)，无论它们是位于PL光谱低、中或高的能量一侧，显示出完全不同的动力学依赖性。当三个尺寸量子点混合在溶液里，形成致密的混合薄膜，在其PL光谱中马上显现出能量转移的效应。在溶液中混合三个尺寸量子点的PL光谱近似是三个组成量子点各自PL光谱的总和，而对于致密的薄膜却展现出一个单一的发射带，且强烈偏重于低能量一侧。更有意义的是，在高能量一侧的PL寿命是非常短(700～800ps)，只是在低能量一侧这个寿命是固有的PL寿命。因此，对于特定尺寸的量子点，能量转移的速度主要决定于毗邻是否具有有效的受主量子点。

2. CdTe量子点之间的光生载流子转移效应

在水相硫基乙酸(thioglycolic acid)稳定剂中，合成出CdTe量子点[123]。选择这种短链配位体有利于产生Förster共振能量转移(Förster resonant energy transfer，FRET)。带正电的聚二烯丙基二甲基氯化铵(poly[diallyldimethylammonium chloride]，PDDA)作为聚合物电介质配对物，与量子点组合形成LbL(layer-by-layer)薄膜。在这个LbL薄膜中，选择了四个直径(1.7～3.5nm)的CdTe量子点，这些量子点的PL和吸收光谱如图7.46(a)所示。在这个选择中，每一较小尺寸量子点的PL发射光谱与下一层较大尺寸量子点的吸收光谱具有最佳的重叠，以便形成有效的FRET。

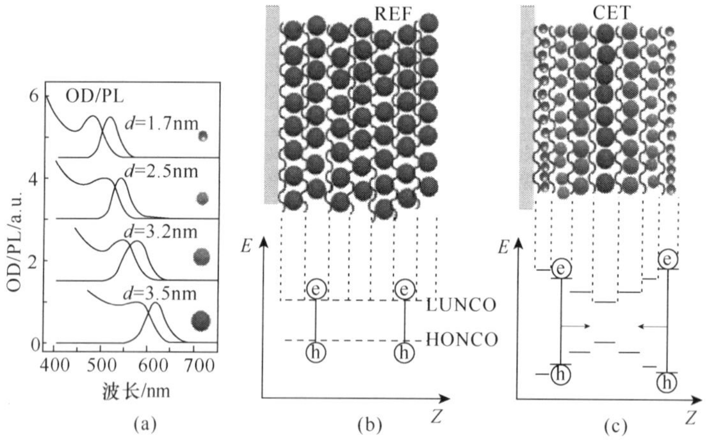

图7.46　(a)不同尺寸CdTe量子点的吸收和PL光谱；(b)7层直径3.5nm(红光)CdTe量子点组成的REF样本示意图；(c)由绿、黄、橙、红光CdTe量子点组成的CET样本示意图[123]

(阅读彩图请扫封底二维码)

考察如图 7.46 所示的实现 LbL 装配的薄膜，其中：由 7 层最大尺寸(3.5nm)量子点组成共振式能量转移(resonant energy transfer，REF)样本，如图 7.46(b)所示；由 7 层阶梯式尺寸量子点组成级联式能量转移(cascaded energy transfer，CET)样本，如图 7.46(c)所示。在 CET 模式中，一系列带隙的变化被实现，这种结构的带隙有利于引导激子转移到最大尺寸量子点的区域。

REF 和 CET 样本的吸收光谱(实线)如图 7.47 所示。REF 样本的吸收开始于 600nm 附近，在中心 575nm 附近呈现出不均匀的激子共振响应的展宽。在高能跃迁的明显的展宽，导致 REF 样本的吸收出现一个陡峭，即在较短波长处产生急剧的吸收增加。在 600nm 附近，CET 样本的吸收光谱显示出平缓的起伏，然后在较短波长处呈现出单调的增加。在图 7.47(a)插图中还给出四个对比样本的吸收光谱。这些样本是 7 层相同尺寸量子点的结构，由左至右的四条曲线分别对应直径 1.7nm、2.5nm、3.2nm 和 3.5nm 量子点的样本。对上述四种样本吸收光谱进行加权平均，得到图 7.47(b)所示的(虚线)吸收光谱。从形状上看，这个平均光谱曲线类似于 CET 样本的曲线。然而它们的吸收强度是失配的，这表明与四个参考样本比较，CET 样本每一层中要存在稍微多的量子点。观察 CET 样本大于最低激子跃迁波长处的吸收光谱可以发现，此处吸收光谱并没有消失，可以观察到吸收的尾部，是缺陷态相关的光学跃迁，这个跃迁能量低于量子点的带隙。

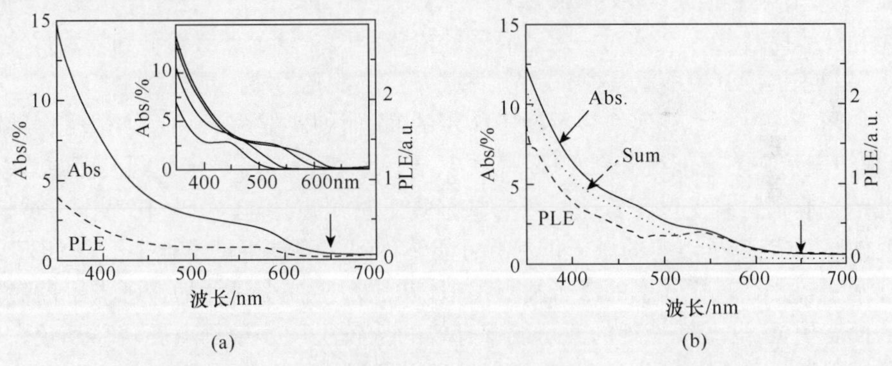

图 7.47　REF(a)和 CET(b)样本的吸收和 PLE 光谱[123]

REF 和 CET 样本的 PL 光谱如图 7.48 所示。REF 样本 PL 光谱的中心位于 612nm，显示出不均匀的展宽，相对于激子吸收峰的位置红移了 37nm。此外，REF 样本的 PLQY 是 2%，与其他三个尺寸(1.7nm、2.5nm、3.2nm)的比较样本的结果类似。这表明要有约 98%的受激电子-空穴对经由缺陷态产生非辐射衰退，如图 7.49(a)所示。众所周知，每个量子点的缺陷数目是不同的[124,125]。因此，缺陷富裕量子点中的激子大部分会弛豫到较低位置的缺陷态，产生非辐射衰退；反之，缺陷-贫乏量子点中的激子易于辐射衰退，如图 7.49(a)中的两种量子点所示。此外，缺陷富裕量子点可以捕捉毗邻缺陷贫乏量子点中的激子。在这样的量子点样本中,可以观察到非指数式的 PL 衰退、宽泛的 PL 寿命分布和低的量子产额。

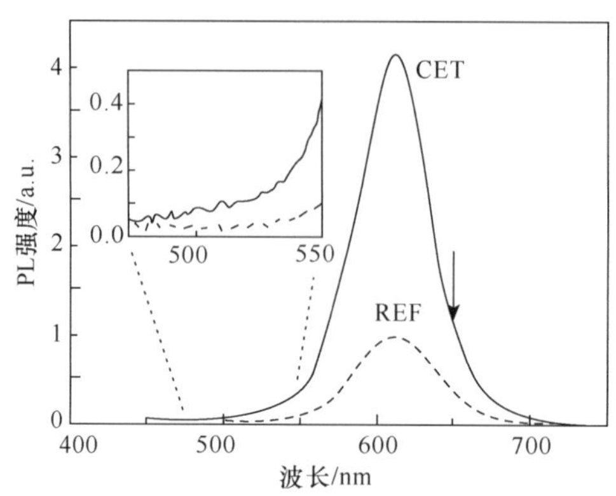

图 7.48　REF 和 CET 样本的 PL 光谱[125]

由图 7.48 可以看到,CET 结构样本的激子复合集中于单一红光辐射的中心区域。CET 结构样本还有其他 6 个量子点层,每层量子点的尺寸都小于中心层量子点的尺寸,这些小尺寸的量子点几乎没有产生 PL 辐射,如图 7.48 插图所示。引人注目的是,虽然 CET 结构样本只有 1 层红光量子点,REF 结构样本有 7 层红光量子点,但是 CET 结构样本的 PL 发光强度约为 REF 结构样本的四倍。这个结果提示我们,激子和被捕捉的电子-空穴对一定是高效的由较小尺寸量子点层转移到较大尺寸量子点层,如图 7.49(b)所示,这与较小尺寸量子点层发光的缺失是吻合的。

如图 7.49 所示,粗实线表示激子能带的底,而细实线表示一系列电子振动能级;虚线表示缺陷态能级。在 REF 样本中,绝大多数的激子被捕捉到表面缺陷态,由此产生非辐射衰退过程。这时只有缺陷贫乏量子点才能为 PL 辐射作出贡献,同时缺陷-贫乏量子点中的激子仍然有可能转移到缺陷富裕量子点中。在 CET 结构样本中,与 REF 样本中的激子捕捉类似,其他六层较小尺寸的量子点中的激子被表面态捕捉,这些被捕捉的激子能够有效的从较小尺寸量子点层转移到较大尺寸量子点层。最重要的是,这些激子只是用少量的能量克服被捕捉的概率,最终会到达红光辐射量子点中心层。

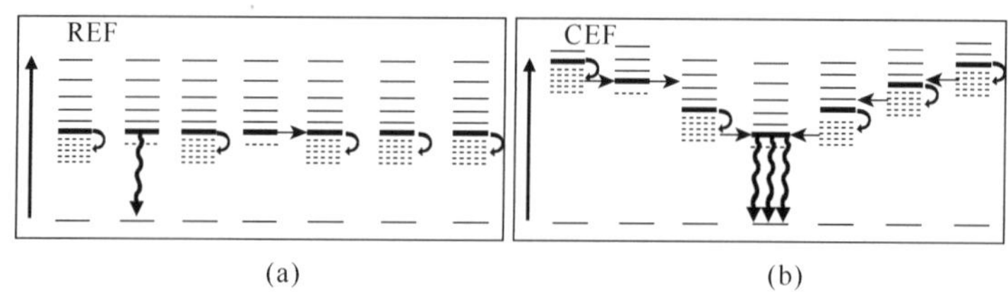

图 7.49　REF(a)和 CET(b)结构样本的激子能级示意图[123]

7.5.3 胶体量子点与有机物之间的光生载流子转移效应

1. CdSe 量子点和胺之间的光生载流子转移效应

我们考察一个具体例子[126]。以 CdO、Se 粉为前驱体，使用 TDPA、TOPO 或 TOP 为溶剂，合成出 CdSe 胶体量子点。借助于有机配位体，可以控制量子点的生长。两个尺寸 CdSe 胶体量子点样本的吸收和 PL 发光的光谱如图 7.50 所示，其带隙分别是 2.08eV、2.3eV。我们看到 PL 发光峰与吸收峰的位置接近，说明发光是导带和价带载流子的直接复合。

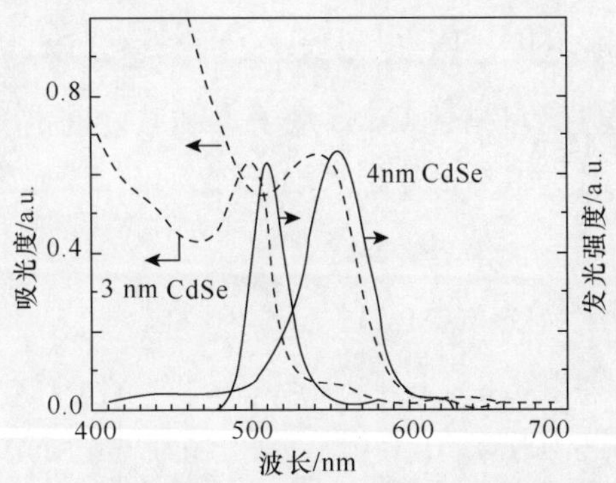

图 7.50　两个尺寸 TOPO 包裹 CdSe 量子点的吸收和发光光谱[126]

在合成中，加入不同数量正丁胺（n-butylamine，n-BA；浓度：a-0mM、b-0.05mM、c-0.175mM、d-0.5mM、e-1.0mM）或对苯二胺（p-phenylenediamine，PPD；浓度：a-0mM、b-0.01mM、c-0.025mM、d-0.05mM、e-0.1mM、f-0.175mM、g-0.275mM、h-0.5mM）时，相应 4nm CdSe 量子点的发光光谱如图 7.51 所示。当胺的浓度由 0 增加到 1.0mM（对 n-BA）或由 0 增加到 0.5mM（对 PPD）时，可以观察到两个明显的不同倾向。随着 n-BA 浓度的增加，我们看到发光产额的增加，在浓度达到 1.0mM 附近时发光产额处于饱和。在这个浓度时，多数 CdSe 量子点表面与 n-BA 形成复合体。辐射峰值和光谱形状与胺的浓度无关的结果，排除了新的表面态的形成。n-BA 复合体钝化了量子点表面，压制表面缺陷带来的非辐射复合。对于提高半导体量子点的发光产额，这种表面复合体模式是十分有益的。

在 PPD 情况下，可以观察到 PL 发射的淬灭。在浓度是 0.5mM 时，CdSe 量子点的辐射几乎全部淬灭。这个事实表明，即使是在低浓度条件下，对于 CdSe 量子点而言，PPD 是一个有效的淬灭剂，它能够直接的拦截载流子，干扰辐射复合的过程。这个拦截载流子的过程可以表示如下：

$$\mathrm{CdSe}+h\nu\rightarrow\mathrm{CdSe(h+e)}\rightarrow\mathrm{CdSe}+h\nu' \qquad (7.5\text{-}7)$$

$$\mathrm{CdSe(h)}+\mathrm{PPD}\rightarrow\mathrm{CdSe}+\mathrm{PPD}^{+} \qquad (7.5\text{-}8)$$

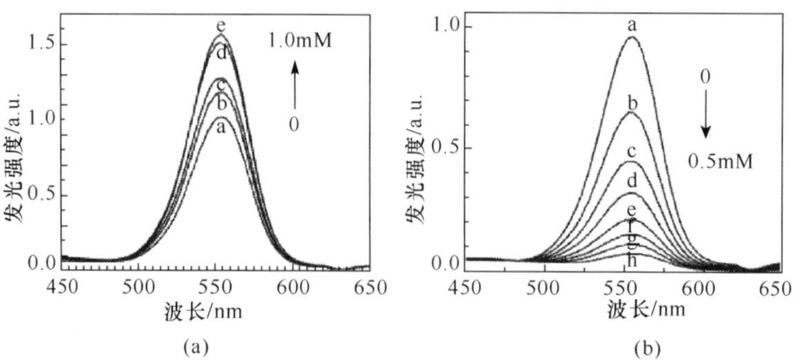

图 7.51　(a) n-BA 和 (b) PPD 包裹 CdSe 量子点的 PL 光谱[126]

利用测量辐射衰退过程，描述 CdSe 量子点和胺之间的相互作用。在辐射峰值处记录的发射强度，显示出幂指数型衰退规律。采用幂指数函数表示这个衰退过程

$$F(t)=a_1\exp\left(-\frac{t}{\tau_1}\right)+a_2\exp\left(-\frac{t}{\tau_2}\right) \tag{7.5-9}$$

在不同 n-BA 浓度(图 7.52(a)：a-0、b-0.05mM、c-0.175mM、d-0.5mM；e-驱动脉冲)和 PPD 浓度(图 7.52(b)：a-0、b-0.1mM、c-0.275mM；d-驱动脉冲)时，尺寸 4nm 的 CdSe 量子点 PL 衰退曲线如图 7.52(a，b)所示。在胺缺失的情况下，3nm CdSe 量子点显示出两个寿命，分别是 6.8(40%)和 55.0(60%)ns，而 4nm CdSe 量子点显示出两个寿命分别是 6.8(69%)和 33.25(31%)ns。

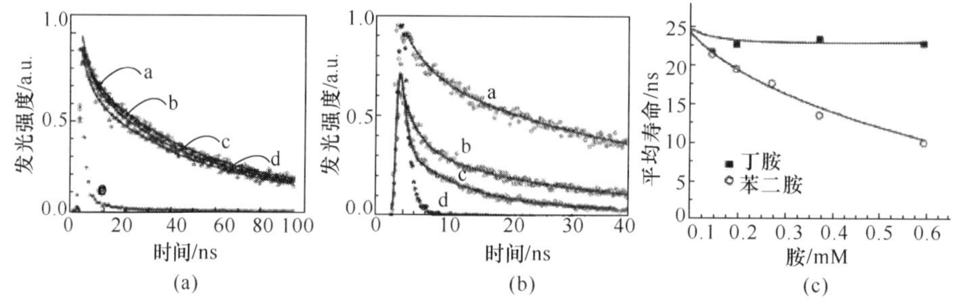

图 7.52　不同浓度 n-BA(a)和 PPD(b)存在时，CdSe 量子点的 PL 衰退曲线，以及寿命随胺浓度的变化曲线(c)[126]

考虑辐射衰退过程的平均寿命，有

$$\langle\tau\rangle=\sum a_i\tau_i^2/\sum a_i\tau_i \tag{7.5-10}$$

利用式(7.5-10)对图 7.52(a，b)的数据进行拟合，得到数值代入上式，得到图 7.52(c)。在 n-BA 存在的情况下，当浓度变化 0～0.5mM 时，平均寿命变化很小。尽管可以

观察到，随着 n-BA 浓度的增加，发光的产额有所改善，但是对辐射弛豫性质几乎没有影响。因此，n-BA 的作用是增强载流子原位辐射复合，对衰退动力学过程没有影响。另一方面，随着 PPD 浓度的增加，平均寿命减少，同时伴随辐射产额的下降。对于 3nm CdSe 量子点，当 PPD 浓度变化 0～0.5mM 时，平均寿命由 51.23ns 减少到 7.10ns。这个结果表明，PPD 与 CdSe 量子点相互作用导致空穴迁移的猝灭。如果 CdSe 量子点表面空穴的清除和辐射寿命的减少仅仅来自于 PPD 的作用，我们可以将空穴转移速率常数表示为

$$k_{Ft}=\frac{1}{\tau_{PPD}}+\frac{1}{\tau} \tag{7.5-11}$$

式中，τ_{PPD} 和 τ 分别是 PPD 存在和不存在时 CdSe 量子点辐射寿命。当 PPD 浓度变化 0～0.5mM 时，对于 3nm 和 4nm 尺寸 CdSe 量子点，空穴转移速率常数由 1.23×10^8 变为 $0.63\times10^8 s^{-1}$。

如果受激 CdSe 量子点与 PPD 相互作用的结果导致空穴的转移，由 CdSe 量子点的瞬态吸收光谱可以观察到载流子转移的后果。在 532nm 激光脉冲作用后 20μs 时，在没有加入胺(a)、存在 1.0mM n-BA(b)、存在 2mM PPD(c)等条件下，CdSe 量子点瞬态吸收光谱如图 7.53 所示。当受到激光脉冲激发时，在 350～700nm 内，CdSe 量子点的吸光度没有显示出明显变化。显然，这时多数光生载流子产生了复合，没有引起任何长寿命的化学性质转换。

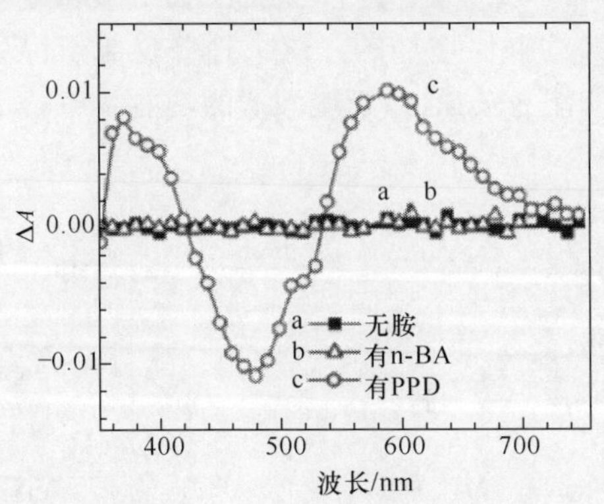

图 7.53　在 532 nm 激光脉冲作用后 20μs 时，不同条件下 CdSe 量子点的瞬态吸收光谱[126]

在两种胺(n-BA 和 PPD)存在的情况下，受激 CdSe 量子点显示出两个不同光谱特性。对于 n-BA 存在时，在微秒量级时间内，瞬态吸收特性没有任何变化。这表明脂肪胺的作用只是钝化 CdSe 量子点表面，不会直接拦截光生载流子。n-BA 包覆在量子点的表面，促进 CdSe 量子点辐射复合过程，有利于辐射产额的增加。对于 PPD 存在时，将导致长寿命瞬态过程的形成，在 370～600nm 内有不同的最

大值。在 500nm 附近的退化，显示清空了 CdSe 量子点的吸收，发挥调节者的作用，具有促进载流子转移作用的能力。

2. CdSe 量子点与钌-多聚嘧啶复合物之间的光生载流子转移效应

钌-多聚嘧啶复合物（Ru-polypyridine complex）广泛应用于量子点太阳能转换系统中，既可以作为感光剂，也可以作为分子催化剂。例如，使用钌-多聚嘧啶复合物作为 TiO_2 量子点表面包覆层，可以起到感光增强的作用，有助于提高量子点敏化太阳电池的性能。在这里，我们介绍钌-多聚嘧啶复合物对胶体半导体量子点的荧光增强作用，并探讨光生载流子的转移效应。

一系列钌-多聚嘧啶复合物结构如图 7.54(a)所示，选择半径 2.3nm CdSe 量子点为研究对象，室温下 PL 发光量子产额约为 5%。通过在苯甲腈(benzonitrile)中混合量子点和钌-多聚嘧啶复合物，获得量子点/钌-多聚嘧啶复合物混合结构。在原液混合后不同时间情况下，CdSe 量子点与 3 个混合物 PL 发射光谱如图 7.54(b)所示，其中插图给出不同混合物 PLQY 随混合时间的关系曲线。在 614nm 和 673nm 处，可以分别观察到 PL 光谱的极大值。随着混合时间的增加，PL 发光强度随之减小。在几小时内，来自量子点的发光完全被猝灭。尤其是在较高的钌-多聚嘧啶复合物/量子点比例情况下，PL 发光几乎马上被猝灭。产生 PL 光谱猝灭的原因，是量子点表面钌-多聚嘧啶复合物随混合时间增加而逐渐增加，相应的吸收随着增加。由插图看到，量子点/钌-多聚嘧啶复合物混合物 PL 发光被猝灭的效率是随复合物 1、2、3 的顺序增加的。这个趋势得益于钌-多聚嘧啶复合物 2、3 被吸附到量子点表面的能力较强，源于羧酸盐的功能。

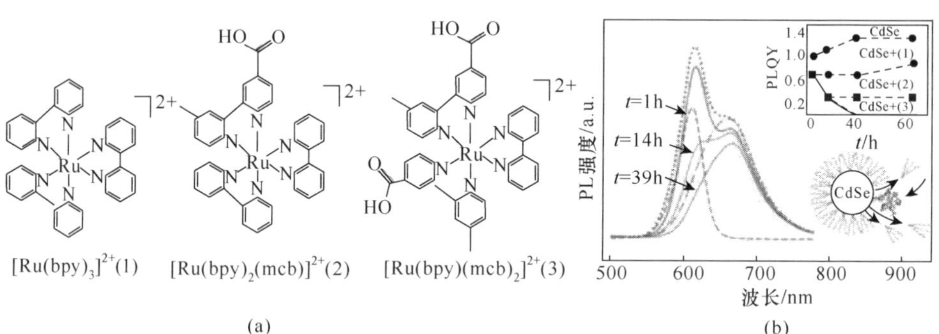

图 7.54　(a)钌-多聚嘧啶复合物结构；(b)混合物的 PL 光谱和 PLQY 曲线[127]

图 7.55(a)是两种材料（CdSe 量子点和钌-多聚嘧啶复合物）的 PL 和吸收光谱，比较图 7.54(b)可见，在包覆钌-多聚嘧啶复合物后，CdSe 量子点和钌-多聚嘧啶复合物的发光强度均受到影响，表明猝灭来自于附属物上电子的相互作用。因为钌-多聚嘧啶复合物的吸收光谱与 CdSe 量子点的发射光谱之间只有很小的重

叠，所以排除能量转移作为 CdSe 量子点 PL 发光猝灭的一种可能机制。这个结论与没有观察到钌-多聚嘧啶复合物 PL 发光产生互补增加的实验结果是一致的。

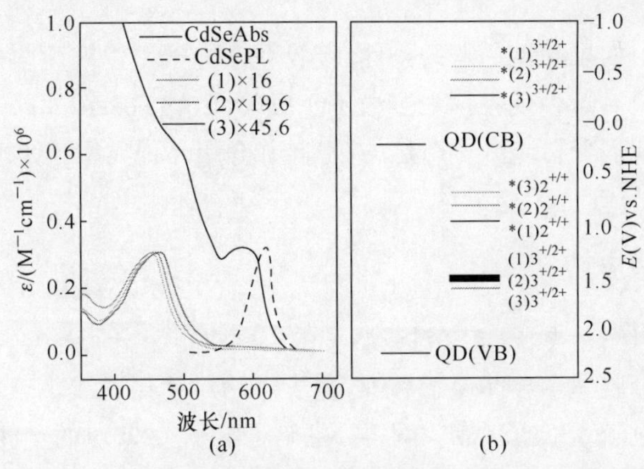

图 7.55　CdSe 量子点和三种复合物吸收、PL 光谱(a)和能级结构示意图(b)[127]
(阅读彩图请扫封底二维码)

CdSe 量子点价带、导带和钌-多聚嘧啶复合物的能级结构如图 7.55(b)所示，这个能级的相对位置关系表明，两者之间可以产生一定数目的载流子转移过程。如果激发强度比较低，可以排除量子点和吸附复合物同时被激发的可能性，这时有两种可能出现的过程，如图 7.56 所示。在图(a)情况下，随着 CdSe 量子点的激发，一个空穴从 CdSe 量子点转移到复合物。这时量子点显示出两个作用：感光剂和空穴施主。在图(b)情况下，随着复合物的光致激发，电子由复合物注入到量子点的导带，量子点显示出电子受主的作用，而不是作为荧光剂。尽管上述光致激发作用于不同的物体，但产生的效果是相同的，即空穴进入到复合物里，而电子停留在量子点中。由于高效的非辐射俄歇复合，这种结果不能产生辐射，只是形成“暗”激子。

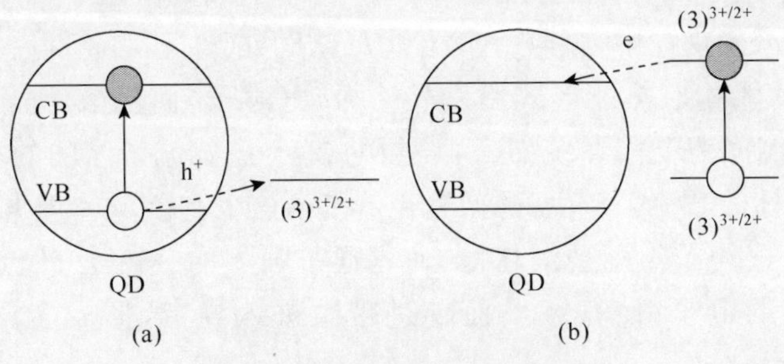

图 7.56　两种转移过程示意图

7.6 胶体半导体量子点的多激子效应

在量子点中，如果满足一定的条件，吸收一个光子可以产生多个(>1)光生电子-空穴对(e^--h^+)，这种现象称为多激子生成(multiple exciton generation，MEG)效应。在这里，我们分析多激子产生的机理，并介绍几种典型胶体量子点的多激子效应。

7.6.1 多激子效应

对体半导体材料，电子-空穴对或激子的尺度决定于电子与空穴相互作用的范围。但是，在一个胶体半导体量子点中，量子点的尺寸接近或小于玻尔半径，其自身尺寸(而不是电子-空穴库仑作用程度)决定了电子-空穴对的空间范围或激子的尺寸。在这种情况下，电子能量直接依赖于电子波函数空间受限的程度。因此，量子点尺寸决定了量子受限效应的强弱。利用这个效应，可以实现量子点带隙的连续调节，控制发光的颜色和吸收光谱的范围。强烈空间受限的一个直接后果是：由于电子波函数的重叠，导致载流子之间库仑作用的增强，并由此产生介电屏蔽。在量子点中，强烈的载流子之间相互作用对光谱和弛豫动力学产生影响，由此产生与单个激子跃迁能量相关的多激子辐射带，导致大的光谱移动[128]。例如在类型Ⅱ量子点中，会产生大的光谱移动(～100meV)，归因于电子和空穴的空间分离导致正负电荷分布的明显失调[129,130]。载流子之间的相互作用也会对载流子的动力学行为产生强烈影响。由于库仑耦合作用，对于电子的带内弛豫而言，俄歇型电子-空穴能量转移成为一个不能忽视的过程，已经可以比拟声子参与的弛豫过程[131～133]。

在量子点中，强烈的载流子之间的相互作用有助于提供一种不同寻常的机制，当吸收一个光子时，可以有效的提高产生两个或多个电子-空穴对的概率。在传统的光致激发理论中，吸收一个能量 $h\nu \geqslant E_g$ 的光子，将产生一个电子-空穴对，多于带隙的能量以热能形式激发晶格振动(声子)而耗散，如图 7.57(a)所示。但是对于量子点受限系统而言，强烈的载流子-载流子之间的相互作用，提供了一个竞争性的载流子产生/弛豫途径。基于这个途径，导带中电子多余的能量不是通过电子-声子作用被消耗掉，而是通过强烈的载流子-载流子库仑耦合转移给价带中的电子，使其激发而越过带隙进入导带，形成多激子效应，如图 7.57(b)所示。

在半导体体材料中，由于库仑相互作用非常微弱、跃迁动量守恒的限制、快声子发射与碰撞电离的竞争，导致多激子的产生是非常困难的。在量子点受限系统

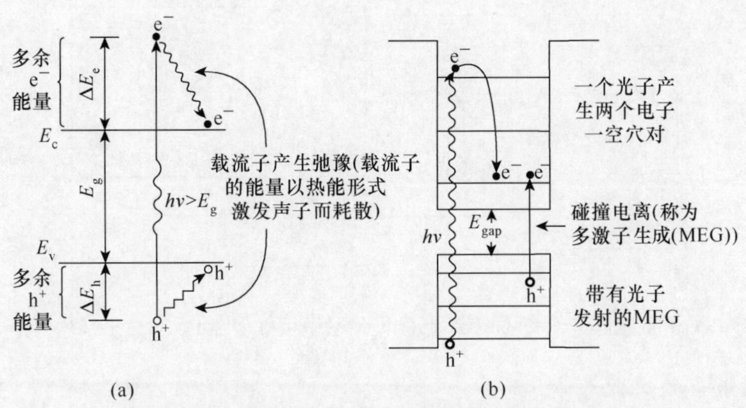

图 7.57 体材料(a)和量子点(b)光致激发的不同特性

中,由于分立电子态的间隔较大,声子自身能量的瓶颈制约了声子的发射。此外,强烈的库仑相互作用和跃迁动量守恒的弛豫要求,也为多激子产生提供了支持。

分析多激子效应的主要方法之一是瞬态吸收测量技术,通过短脉冲吸收产生吸收的变化量 $\Delta\alpha$。通过检测 $\Delta\alpha$ 随时间和波长的变化,可以获得电子能量、被激发载流子的能量分布、载流子能量弛豫和复合动力学的信息。在量子点中,瞬态吸收主要来自于两个效应:状态的填充和库仑相互作用。由于 Pauli 不相容原理,量子化电子态的填充导致光学跃迁的漂白。这个现象仅仅影响已占据的状态,它对 $\Delta\alpha$ 的贡献决定于量子化能级的占位因子。因此,状态填充产生的瞬态吸收信号,可以用于研究量子点中载流子的分布,包括量子点平均占据的布居分布和量子点总体的载流子布居分布。库仑相互作用对瞬态吸收光谱的影响,可以借助于观察 Stark 效应来实现,这个效应源于光生激发载流子产生的局域电场。由于 Stark 效应,导致光学跃迁的移动和选择定则变化产生跃迁振子强度的改变。

7.6.2 多激子效应中的俄歇复合

量子点中的电子波函数是空间受限的,由此可以导致非辐射俄歇复合的增强[134~136]。俄歇复合是指电子-空穴的复合能量不是以光子形式发射,而是通过传递给第三个粒子(电子或空穴),使第三个粒子激发到更高的能量状态,如图 7.58(a)所示。这时俄歇复合可能牵扯到导带电子的激发(左图)或价带空穴的激发(右图)。这种情况可以局限于量子点中,也可以超出量子点之外,后者往往被称为俄歇电离。在体材料半导体中,由于热运动能量具有较强的活化效应,俄歇复合产生的效率较低。然而对于量子点受限系统,由于动量守恒约束变得较为宽松,使活化的障碍被清除,俄歇弛豫过程被加强。在这里,我们主要讨论两个问题:一是多激子的俄歇寿命量级;二是俄歇复合尺寸依赖的性质。

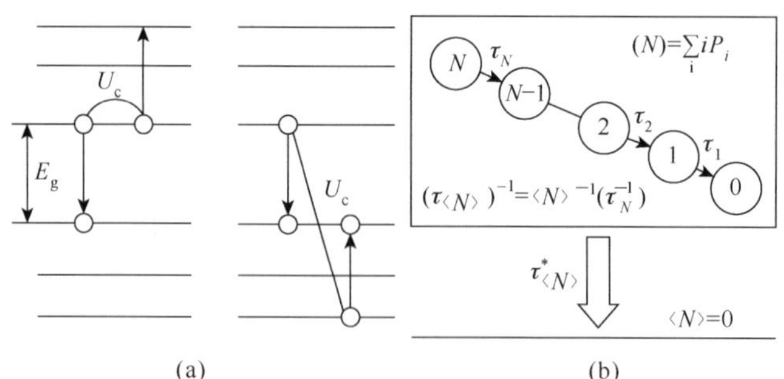

图 7.58 (a) 俄歇跃迁示意图;(b)量子点 N 激子俄歇寿命 τ_N 和激子平均寿命 $\langle\tau_N\rangle$

1. 多激子的俄歇寿命

在体材料半导体中,俄歇复合涉及三个粒子,满足如下速率方程[137]:

$$\frac{\mathrm{d}n}{\mathrm{d}t}=-Cn^3 \tag{7.6-1}$$

式中,n 是载流子密度;C 是俄歇常数。由此得到密度依赖的瞬态弛豫时间 τ 是

$$\tau(n)=\frac{1}{Cn^2} \tag{7.6-2}$$

在量子点结构时,定义量子点中平均激子数$\langle N\rangle$与量子点体积 V_0 之比为有效激子密度$\langle n\rangle$,即$\langle n\rangle=\langle N\rangle/V_0$。所以,量子点中激子的平均寿命$\langle\tau_N\rangle$是

$$\langle\tau_N\rangle=-\langle N\rangle\left(\frac{\mathrm{d}\langle N\rangle}{\mathrm{d}t}\right)^{-1}=\frac{1}{B\langle N\rangle^2} \tag{7.6-3}$$

式中,$B=C\cdot V_0^{-2}$。

量子点中激子的平均寿命$\langle\tau_N\rangle$与 N 个激子衰退时间常数 τ_N 是有区别的。τ_N 是指量子点由 N 个激子态到$(N-1)$个激子态的弛豫时间,如图 7.58(b)所示。有关 CdSe 和 PbSe 量子点的研究表明,俄歇复合寿命比辐射寿命要短一些[134,138,139]。因此,多激子态的衰退过程主要决定于俄歇复合(时间常数是 τ_2、τ_3 等),而单激子态的衰退过程主要源于更缓慢的辐射复合(时间常数是 τ_1)。

在一般情况下,τ_N 与$\langle\tau_N\rangle$之间的关系决定于量子点中激子态的分布,分布特性由在一个量子点中找到第 i 个激子态的概率 p_i 来表征。随时间变化的 p_i 可以表示为

$$\frac{\mathrm{d}p_i}{\mathrm{d}t}=\frac{p_{i+1}}{\tau_{i+1}}-\frac{p_i}{\tau_i} \tag{7.6-4}$$

上式两边对 i 进行求和,得到

$$\frac{\mathrm{d}\langle N\rangle}{\mathrm{d}t}=-\sum_{i=1}^{\infty}\frac{p_i}{\tau_i} \tag{7.6-5}$$

上式可以表示为平均寿命$\langle \tau_N \rangle$与个别激子寿命 τ_N 的关系，有

$$\frac{1}{\langle \tau_N \rangle} = \frac{1}{\langle N \rangle}\sum_{i=1}^{\infty}\frac{p_i}{\tau_i} = \langle N \rangle^{-1}\langle \tau_N^{-1} \rangle \tag{7.6-6}$$

在$\langle N \rangle$数值很大的情况下，如果量子点中激子态的相对变化较小，上式可以近似表示为

$$\tau_N = \left(\frac{\mathrm{d}\langle N \rangle}{\mathrm{d}t}\right)^{-1}\Bigg|_{\langle N \rangle = N} = \frac{\tau_{\langle N \rangle}}{\langle N \rangle}\Bigg|_{\langle N \rangle = N} \tag{7.6-7}$$

利用式(7.6-1)可以发现：对于三个粒子相关的衰退过程，$\tau_N^{-1} \propto N^3$。在 $N \gg 1$ 的情况下，量子点有效俄歇常数 C_{QD}可以表示为

$$C_{QD} = \frac{V_0^2}{N^3 \tau_N} \tag{7.6-8}$$

作为一个例子，考察 PbSe 量子点：其带隙是 $E_g = 0.64\text{eV}$，$\tau_2 = 160\text{ps}$(温度 $T = 300\text{K}$)[140]。如果认为每个量子点中的激子数目较小，计算得到 $C_{QD} \approx V_0^2/8\tau_2 = 5.6\times10^{-29}\text{cm}^6\cdot\text{s}^{-1}$。与体材料的数值 $8\times10^{-28}\text{cm}^6\cdot\text{s}^{-1}$ 比较[141]，量子点材料的数值似乎稍小一些。这是因为没有考虑随着带隙的增加，俄歇复合会迅速增加。

2. 俄歇复合尺寸依赖的性质

在直接带隙体材料的情况下，俄歇复合是三个粒子相关的过程，电子与空穴复合能量转移给第三个载流子，如图 7.59(a)所示。由于跃迁能量和动量守恒的共同要求，这个过程显示出热活化特性，复合速率 $r_A \propto \exp(E_A/k_B T)$。其中，$E_A$ 是活化能，比例于材料的带隙：$E_A = \gamma E_g$(γ 与材料特性相关，如电子结构、载流子的有效质量等)。对于间接带隙体材料，俄歇复合相关的载流子在 k 空间是分离的，如图 7.59(c)所示。这时俄歇衰退需要伴随声子的作用，以满足动量守恒的需要。在声子参与时，俄歇复合牵扯到四个粒子，导致衰退速率明显下降。例如，在室温条件下，直接带隙材料 InAs 和间接带隙材料 Ge 的带隙差异不大(分别是 0.35eV 和 0.66eV)，但是俄歇常数相差了 5 个数量级(分别是 $1.1\times10^{-26}\text{cm}^6\cdot\text{s}^{-1}$ 和 $1.1\times10^{-31}\text{cm}^6\cdot\text{s}^{-1}$)[141,142]。

对于量子点材料，由于强烈的空间受限作用，跃迁过程中动量守恒的要求被放宽，由此会减小直接带隙和间接带隙对俄歇复合影响的区别，呈现出俄歇复合尺寸依赖的性质，如图 7.59(b)所示。以 Ge 量子点为例[140]，三个尺寸量子点的寿命分别是 4ps($R = 1.85\text{nm}$)、28ps($R = 2.75\text{nm}$)和 110ps($R = 5.0\text{nm}$)。同时，利用关系式 $C_{QD} \approx V_0^2/8\tau_2$，计算出 Ge 量子点的俄歇常数取值范围是 $2.1\times10^{-29} \sim 2.8\times$

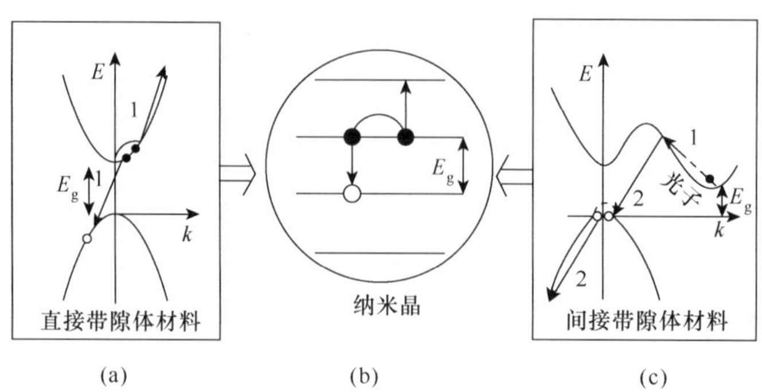

图 7.59　直接(a)和间接(c)带隙体材料的俄歇过程，以及量子点俄歇复合(b)

$10^{-28}cm^6 \cdot s^{-1}$。相对体材料的数值提高了 3～4 个数量级，显示出量子尺寸受限带来的增加。

7.6.3　CdSe 量子点的多激子效应

CdSe 量子点的多激子效应得到研究者的广泛关注，这里结合瞬态 PL 发光(tPL)和瞬态吸收(TA)技术，对相关典型的研究结果加以介绍。

随着泵浦(pump)激发能量 $\hbar\omega$ 和衰退时间 t 的变化，量子点 1S 吸收峰量值会发生变化，相应的变化量是 $\Delta\alpha_{1S}(\hbar\omega,t)$。一般假设 $\Delta\alpha_{1S}(\hbar\omega,t)$ 与占据 1S 激子态电子-空穴对的数量 N_x 成线性比例关系

$$\Delta\alpha_{1S} \propto N_x \tag{7.6-9}$$

在一个良好钝化的胶体量子点中，借助于俄歇复合，多激子衰退产生非辐射过程，特征时间是 $\tau_A \sim 100ps$[134,143]；对于单激子辐射衰退过程，其特征时间是 $\tau_R \sim 10ns$。因此，在光子激发后 $t=t_\infty$(满足 $\tau_A \ll t_\infty \ll \tau_R$)时，在每一个光子激发的量子点中只能剩余一个激子。于是式(7.6-9)可以写为

$$\frac{\Delta\alpha_{1S}(t)}{\Delta\alpha_{1S}(t_\infty)} = N_x \tag{7.6-10}$$

与俄歇复合过程相比，MEG 是一个非常快的弛豫(约为 200fs 或更小)过程。在光子激发后瞬间的 N_x 值，表示 MEG 产生电子-空穴对的数目。

式(7.6-10)考虑了 Pauli 不相容原理的限制，但忽视了载流子之间的相互作用，这个相互作用使光学跃迁的能量发生改变，并将改变它们的振子强度。因此，在分析光谱数据时，应当考虑载流子之间的相互作用效应。电子-电子、空穴-空穴、电子-空穴的相互作用可以综合作为多激子态之间的组态相互作用，于是得到如下发现。

(1) $\Delta\alpha_{1S}/\alpha_{1S}$非线性的依赖于激子的数目$N_x$，方程(7.6-10)是不正确的。实际上，当量子点中只存在一个激子时，1S吸收峰已经衰退了约80%；而利用线性假设的方程(7.6-9)，只是得到50%的衰退结果。

(2) 根据这个非线性依赖的结果，假设1S吸收峰的退化仅仅归因于MEG，则方程(7.6-10)得到的MEG效率明显的被低估了。

取球形CdSe量子点为研究对象，量子点表面的Cd和Se原子被配位体良好的钝化，从而不必考虑带隙间的表面态能级。Franceschetti等人计算CdSe量子点的吸收光谱。在不同激子数目(N_x=0、1、2)的情况下，三个尺寸CdSe量子点的吸光度和相应的跃迁过程如图7.60所示[144,145]。可以看到，线性吸收(N_x=0)显示出三个主要的吸收峰，分别是图7.60(a)中A、B、C。其中，峰A(1S激子)起源于两个最高能量(S类空穴能级，S_{h1}和S_{h2})和最低能量(S类电子能级，Se)间的跃迁；峰B对应于次最高能量(S类空穴能级，2S_h)和最低能量(S类电子能级，Se)间的跃迁；峰C起源于次最高能量(P类空穴能级，P_h)和最低能量(P类电子能级，P_e)间的跃迁。

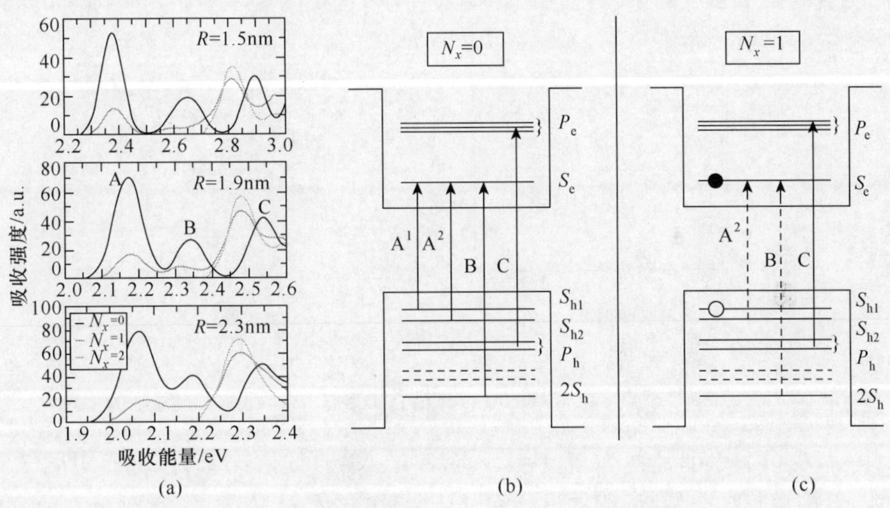

图7.60　CdSe量子点吸收光谱(a)和N_x= 0(b)、N_x=1(c)的吸收跃迁过程示意图[145]

当量子点中产生一个或更多激子时，光学跃迁的能量和振子强度会发生变化。由图7.60(a)看到，对于N_x=1，与没有激子产生时的情况比较，峰A、B的强度明显变小了。对于N_x=2，峰A、B的强度退化为零，归因于带内跃迁的Pauli阻碍。峰C向低能量方向移动(为50～100meV，依赖于量子点的尺寸)，但是通过生成两个激子而没有退化，因为P_h和P_e能级处于空的状态。

以半径 $R=1.9\text{nm}$ 的 CdSe 量子点为例，1S 吸收峰更多的激子信息如图 7.61 所示。对于具有纤锌矿晶格结构的 CdSe 量子点，由于晶体场的作用，价带能级 S_{h1} 和 S_{h2} 发生劈裂。因此，峰 A 分裂成两个峰，如图 7.61(a)所示，分别对应于图 7.60(b)中 $S_{h1}\rightarrow S_e$ 和 $S_{h2}\rightarrow S_e$ 跃迁。当量子点中出现一个激子($N_x=1$)时，在低温条件下，峰 A_1 被完全漂白，同时峰 A_2 大大的减弱，而且向低能量方向发生移动。这是载流子库仑作用和交换相互作用的结果。在 CdSe 量子点中，不考虑电子-空穴耦合时，最低能量的激子态(起源于(S_{h1}, S_e)组合)是四重简并的。由于电子-空穴交换相互作用，这个简并被消除。最低能量激子态变成二重简并，总角动量 $F=2$。当光学吸收产生一个附加的电子-空穴对时，结果是在量子点中产生双激子。最低能量的双激子态(起源于(S_{h1}^2, S_e^2)组合)是一个单重态，具有总角动量 $F=0$。因此，跃迁(S_{h1}, S_e)→(S_{h1}^2, S_e^2)是光学禁止的，这就是当一个旁观激子存在时，峰 A_1 被压制的原因。当 $N_x=1$ 时，A_2 对应的跃迁大大的减弱，原因是 S_e 电子能级被部分占据。此外，由于载流子之间的库仑相互作用，A_2 对应跃迁会移向低能量方向。值得注意的是，在室温条件下，峰 A_1 会产生部分的恢复，导致一个较低能量的振子强度的累积，如图 7.61(a)所示，这是因为单激子占位因子的热活化而产生的重新分布。

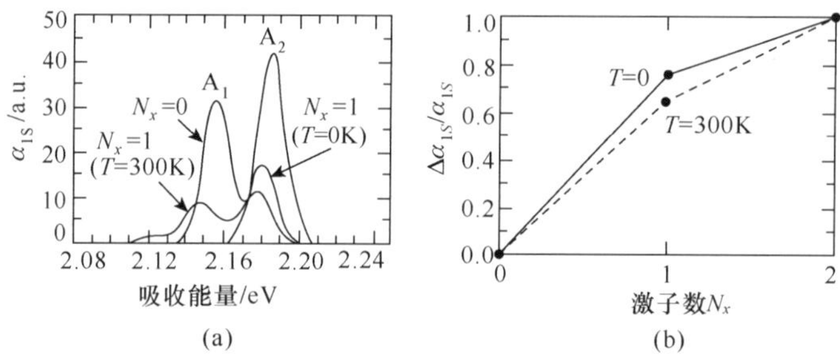

图 7.61 (a) CdSe 量子点 N_x 依赖的吸收光谱；(b) $\Delta\alpha_{1S}(N_x)/\alpha_{1S}(0)$ 随 N_x 的变化[145]

图 7.61(b)表明，比值 $\rho(N_x)=\Delta\alpha_{1S}(N_x)/\alpha_{1S}(0)$ 是依赖于 N_x 的。对图 7.61(a)所示 1S 峰(A_1+A_2)面积的进行积分，计算出比值 $\rho(N_x)$。注意到，$\rho(N_x)$不依赖于吸收光谱的展宽。但是图 7.61(b)表明 $\rho(N_x)=\Delta\alpha_{1S}(N_x)/\alpha_{1S}(0)$ 是非线性依赖于 N_x，表明方程(7.6-9)存在的不足。对于 $N_x=1$，我们得到：$T=0\text{K}$ 时，$\rho=0.77$；$T=300\text{K}$ 时，$\rho=0.66$；与线性假设下 $\rho=0.5$ 的期待是不一致的。

利用方程(7.6-10)计算量子点中的 MEG 效率，即

$$R_{1S}^{\max}=\frac{\Delta\alpha_{1S}(2)}{\Delta\alpha_{1S}(1)} \tag{7.6-11}$$

在一个 CdSe 量子点的 1S 激子态上，最大允许承载的激子数目是 2，所以 $R_{1S}^{\max}$代表

MEG 导致 $\Delta\alpha_{1S}(t)/\Delta\alpha_{1S}(t_\infty)$ 的最大值。计算结果表明，对于半径 1.5～2.3 的 CdSe 量子点，在低温下，$R_{1S}^{max}\sim1.3$；在室温下，$R_{1S}^{max}\sim1.5$。这个结果表明，对于超过 1.5 的 $\Delta\alpha_{1S}(t)/\Delta\alpha_{1S}(t_\infty)$ 部分的测量值，不能归因于 MEG，而应考虑另外的物理来源。

图 7.62 是 Schaller 等人对带隙为 2.0eV 和 2.1eV CdSe 量子点的实验测量结果，在泵浦光子能量是 3.1eV 或 6.2eV 时，显示出低强度激发（$\langle N_0\rangle=0.1$）的 1S 峰瞬态吸收动力学过程[146]。由于能量守恒的要求，对于 3.1eV 的激发，不能通过 MEG 产生双激子；但是对于 6.2eV 的激发而言，双激子的产生是可能的。在使用 3.1eV 泵浦光子、高强度激发（$\langle N_0\rangle$ 大于 1）的条件下，根据这两个量子点样本的瞬态吸收动力学曲线，得到双激子衰退常数（τ_2）是 300ps（$E_g=2.0$eV）和 150ps（$E_g=2.1$eV）。显然，对较宽带隙（较小尺寸）的量子点，具有较小的双激子衰退常数 τ_2，这归因于量子点中多激子俄歇复合的影响。值得注意的是，在使用 6.2eV 泵浦光子、低强度激发（$\langle N_0\rangle=0.1$）的条件下，仍然得到几乎相同的双激子衰退常数 τ_2（分别是 300ps 和 160ps），如图 7.62(a)中的正方形和圆点数值所示。这个结果表明，这时在 CdSe 量子点中直接产生了双激子。根据快速（双激子）和缓慢（单激子）瞬态吸收组分幅度值的比较，可以得到 MEG 效率。这个效率可以表示为 $\hbar\omega_p/E_g$，其中 $\hbar\omega_p$ 是泵浦光子的能量。如图 7.62(b)所示，在 CdSe 量子点中，多激子产生的条件是 $\hbar\omega_p=2.5E_g$。在 6.2eV 泵浦光子作用下，MEG 效率达到 165%。这个数值与上述理论计算值是在误差范围内，具有较好的的一致性。

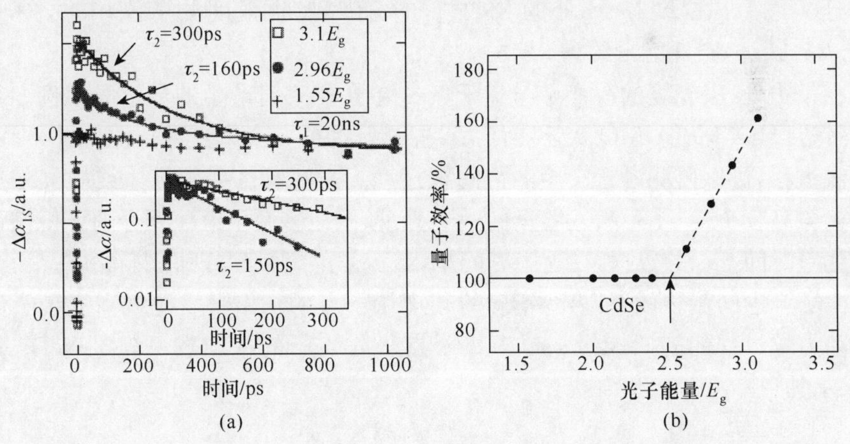

图 7.62　(a)不同尺寸 CdSe 量子点的 TA 曲线；(b)不同能量激发光子的 MEG 效率[146]

7.6.4　PbSe 量子点的多激子效应

同其他量子点相比，在 PbSe 量子点中更易于获得多激子效应。Schaller 等人的研究指出[138]，对于 PbSe 量子点而言，产生双激子吸收的最低激发光子的能量是 $3E_g$，E_g 是量子点的光学带隙。激子产生的量子效率一般定义为：每吸收一个光子，产生基态激子的平均数目。Schaller 等人的研究指出，在光子能量是 $3.8E_g$ 时，激子产生的量子效率达到 218%，远高于体材料碰撞电离 118%的结果。激子产生的量子效率高于 200%表明，这时每吸收一个光子，平均可以得到两个以上的激子。

Ellingson 等人进一步考虑不同尺寸 PbSe 量子点的多激子效应[147]。考虑 3.9～5.7nm范围内三个尺寸的 PbSe 量子点，在 300K 条件下，尺寸 5.4nm 胶体 PbSe 量子点吸收光谱如图 7.63(a)所示。同时图 7.63(b)是吸收光谱的二阶导数，二阶导数最小值清晰的显示出光学跃迁的能量。理论计算得到 PbSe 量子点电子和空穴能级之间的跃迁能量，尺寸依赖的特性如图 7.72(c)所示。通过理论与实验数据的比较，并应用选择定则 $\Delta n=0$、$\Delta L=0$，图 7.63(c)示出允许的光学跃迁。由于自旋-轨道耦合的影响，非零角动量能级产生劈裂，如图 7.63(c,d)中虚线所示。对于 5.4nm 尺寸 PbSe 量子点，由 $1S_h-1S_e$ 跃迁产生第一激子吸收峰，对应能量是$E_g=0.76$eV；来自于 $1S_h-1P_e$ 和 $1P_h-1S_e$ 跃迁(一个$\Delta L=0$的例外)产生第二激子吸收峰，对应的能量是 0.96eV。在 1.14eV 处宽阔的肩部，对应于 $1P_h-1P_e$ 跃迁；在 1.28eV 处的较弱跃迁，对应于 $1S_h-2S_e$ 或 $2S_h-1S_e$(一个 $\Delta n=0$ 的例外)跃迁。在 1.52eV($\sim 2E_g$)处的吸收峰，可以对应于 $1D_h-1D_e$ 的跃迁。在 1.62eV 和 1.88eV、位于 $2E_g\sim 3E_g$ 之间的吸收峰，对应于 $2S_h-2S_e$ 和 $1F_h-1F_e$ 的跃迁。最后，在 2.27eV 处的吸收峰，伴随着吸收强度的急剧增加，对应于 $2P_h-2P_e$跃迁，跃迁能量约为 $3E_g$。

在带边处，吸光度的改变量与量子点中电子-空穴对产生的数量成比例。利用一个带边(HOMO-LUMO 跃迁能量 E_g)探测脉冲或一个中红外探测脉冲，考察瞬态吸收过程，可以监测激子产生的带间跃迁动力学过程。尽管带边或中红外探测信号包含高于 $1S_h-1S_e$ 激发能量的激子分量，但是多激子俄歇复合的分析仅仅依赖于弛豫时间 5ps 的数据，在这个时间里，载流子的增益和冷却已经完成。为了分析多激子产生的量子效率，需要精确的知道量子点的初始激发能级和多激子俄歇复合动力学过程的初始能级。每个量子点吸收光子的平均数目满足 Poisson 统计，表示为[149]

$$N_{eh}=J_p\sigma_A \tag{7.6-12}$$

式中，J_p 是光子通量；σ_A 是激发光子能量处的吸收截面。为了研究一个单独光子吸收产生的 MEG，我们保持 N_{eh}为常数，确保众多的光激发量子点只是吸收一个光子(例如，$N_{eh}=0.25$，吸收光子数超过一个的量子点数目不超过总量子点数的 14%)

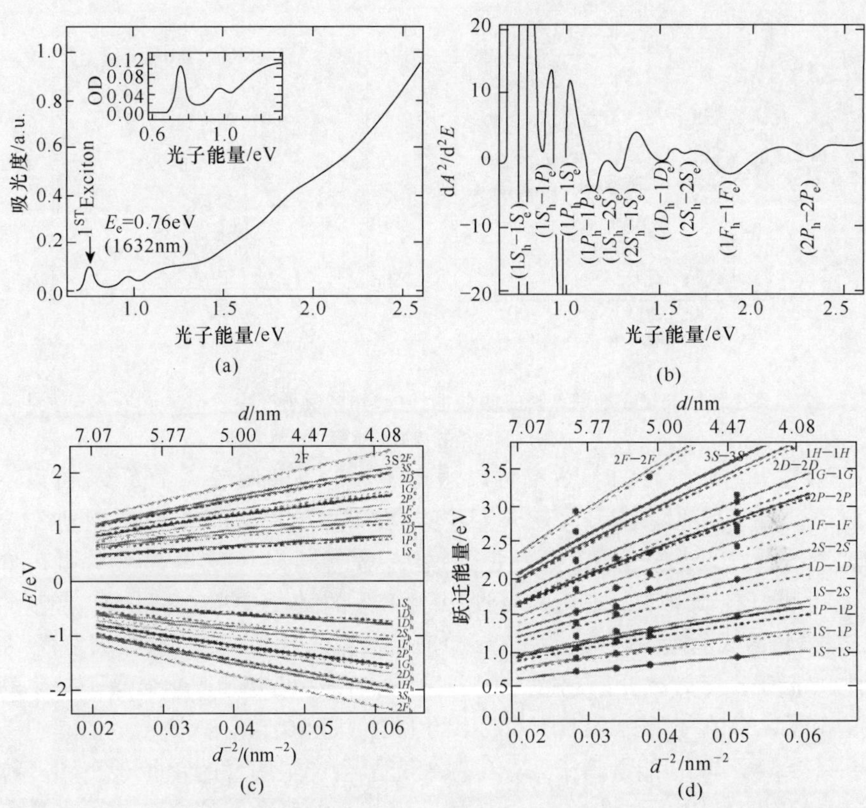

图 7.63　PbSe 量子点吸收光谱(a)；二阶导数(b)；能级结构(c)和跃迁能量(d)[147]

图 7.64(a)是直径 5.7nm(E_g＝0.72eV、N_{eh}＝0.25)PbSe 量子点的瞬态吸收弛豫的动力学曲线，它显示出吸光度变化量随泵浦光子能量与带隙比值($h\nu/E_g$)变化的情况，其中 $h\nu/E_g$ 变化范围是 1.9～5.0。随着光子能量的增加，衰退曲线逐步呈现出与俄歇复合相关的多激子非辐射复合的信息。在一个量子点中，多激子产生俄歇复合的比例随量子点中激子数量的增加而增大。对于 PbSe 量子点而言，单激子寿命(τ_1＞～6000ps)要远大于双激子寿命(τ_2＜～100ps)。保持每个量子点激发的能量恒定(即保持每个量子点吸收光子的数目恒定)，可以分析随泵浦光子能量变化的快衰退分量的振幅。考察激子密度依赖的载流子衰退动力学，可以定量测量吸收一个带边能量光子产生电子-空穴对的数量，即多激子产生的效率。

图 7.64(b)给出了 MEG 效率随泵浦光子能量与带隙比值变化的数据，其中 PbSe 量子点尺寸包括：E_g＝0.72eV(d＝5.7nm)，E_g＝0.82eV(d＝4.7nm)和E_g＝0.91eV(d＝3.9nm)；比值变化范围是 1.9～5.0。对于三个样本，在三倍带隙($3E_g$)附近，多激子产生效率明显增加。实验数据表明：对于 3.9nm 量子点(E_g＝

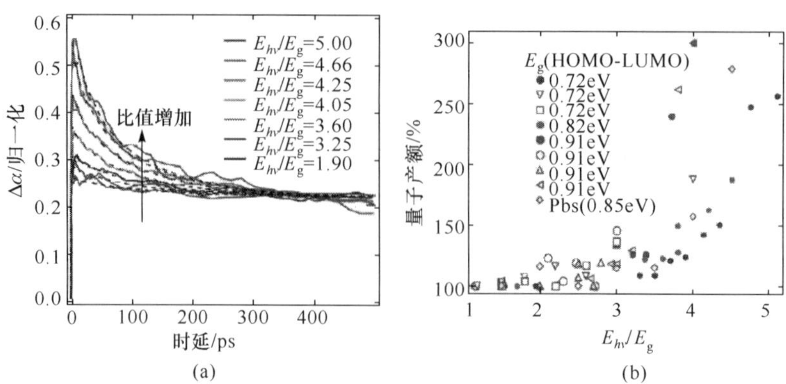

图 7.64　PbSe 量子点瞬态吸收曲线(a)和多激子产生效率(b)[134]

(阅读彩图请扫封底二维码)

0.91eV)，在 $E_{h\nu}/E_g=4.0$ 时，效率可以达到 300%，即每吸收一个光子，可以产生三个激子。对于其他两个尺寸 PbSe 量子点，在 $E_{h\nu}/E_g=5.5$ 时，效率达到 300%。注意到，$2P_h-2P_e$ 跃迁与 $3E_g$ 激发是共振的，对应于 MEG 效率的尖峰处。如果 $2P_h-2P_e$ 跃迁控制了 $3E_g$ 附近的吸收，由此产生的激发态带有超过 $1E_g$ 能量的电子和空穴，与最低的激子吸收(在 $1E_g$ 处)产生共振。图 7.64 表明，在 $E_{h\nu}/E_g$ 大于 2.0 时，多激子产生效率开始超过 100%。在 $2.1E_g\sim2.9E_g$，产生多激子效率的平均值是 109.8%；在 $1.2E_g\sim2.0E_g$，效率的平均值是 101.8%。

在一个量子点中，能量高于 $2E_g$ 的激发光子会产生明显的单粒子态和多粒子态的交叠，借助于多电子之间的库仑作用产生相互的耦合。这个多粒子态是由两个电子和一个空穴(或两个空穴和一个电子)组成，这些电子或空穴处于导带和价带的最低能级。在 PbSe 量子点中，单粒子态是 $2P_e$ 电子(或 $2P_h$ 空穴)态，而多粒子态是 $1S_e1S_e1S_h$(或 $1S_h1S_h1S_e$)电子-空穴的组合。借助于多电子之间的库仑作用，$1S_e1S_e1S_h$(或 $1S_h1S_h1S_e$)电子-空穴组合与单粒子 $2P_e$ 电子(或 $2P_h$ 空穴)态结合。在一个具有附加载流子的量子点中，这样一个库仑结合会产生光生电子-空穴对的非辐射俄歇复合。这个过程是直接碰撞电离的逆过程，Chepic 等人已经证明了这个现象的存在[148]。作为结论：一个具有高于 $3E_g$ 的激发光子，可以直接产生多激子态；当激发能量处于在 $2E_g-3E_g$ 之间时，一个不对称光生电子-空穴对(这时总动能是某一个载流子所固有)，借助于库仑相互作用产生一个对称的电子-空穴对。

PbSe 量子点特有电子学性质，有助于多激子的产生。在体材料和纳米材料中，声子散射是载流子弛豫到带边态的基本因素。在一个强受限的结构中($d\ll a_{e,Bohr}, d\ll a_{h,Bohr}$)，量子受限导致带内电子态的间隔变大，进而导致有效质量减小。由于量子受限作用，电子或空穴的能量间隙一般是光学声子能量的几倍，使声子发射作为弛豫机制的有效贡献被减弱，称为声子瓶颈效应。然而，对于电子有效质量更小的半导体量子点,其导带能级间隔要远大于价带的能级间隔。对于这些 $m_e \ll m_h$ 的半导体材料,俄歇弛豫提供了一种绕过声子瓶颈的弛豫机制[149]。通过移除构成俄歇过程的载流子,可以阻止俄歇衰退,相关研究证实了这个结论[132,150]。但是,对于 PbSe 材料而言,电子和空穴的有效质量都较小,而且两者的量值基本一致。因此,PbSe 量子点的电子或空穴的带内能级间隔要大于 LO 声子能量的 10 倍以上,导致俄歇式的衰退过程不能促进弛豫速率的增加。这样一个声子瓶颈和一种俄歇衰退的结构,随着吸收光子能量达到 $3E_g$,可以提供相对有效的 MEG。

上述分析表明,在 $3E_g$ 之下只能产生低效率的 MEG。在光子能量高于 $3E_g$ 时,由于单激子与多激子的重叠,导致能级密度的增加,MEG 的效率会得到提高。

参考文献

[1] Ritter S, Gartner, Baer N, et al. Phys. Rev. B, 2007, 76: 165302.

[2] Nanda K K, Kruis F E, Fissan H. Nano Lett., 2001, 1: 605.

[3] Ross F M, Tramp R M, Reuter M C. Science, 1999, 286: 1931.

[4] Nanda K K, Kruis F E, Fissan H. J. Appl. Phys., 2004, 95: 5035.

[5] Pellegrini G, Mattei G, Mazzoldi P. J. Appl. Phys., 2005, 97: 073706.

[6] Choi J J, Lim Y, Berrios M B S, et al. Nano Lett., 2009, 9: 3749.

[7] Yu W W, Qu L, Guo W, et al. Chem. Mater., 2003, 15: 2854; ibid., 2004, 16: 560.

[8] Pokrop R, Pamuła K, Drogomirecka S D, et al. J. Phys. Chem. C, 2009, 113: 3487.

[9] Greenham N C, Peng X, Alivisatos A P. Phys. Rev. B, 1996, 54: 17628.

[10] Dai Q, Wang Y, Li X, et al. ACS Nano, 2009, 3: 1518.

[11] Murray C B, Sun S, Gaschler W, et al. IBM J. Res. Dev., 2001, 45: 47.

[12] Schmelz O, Mews A, Basché T, et al. Langmuir, 2001, 17: 2861.

[13] Du H, Chen C, Krishnan R, et al. Nano Lett., 2002, 2: 1321.

[14] Evans C M, Guo L, Peterson J J, et al. Nano Lett., 2008, 8: 2896.

[15] Hanrath T, Veldman D, Choi J J, et al. ACS Appl. Mater. Inter., 2009, 1: 244.

[16] Yu W W, Falkner J C, Shih B S, et al. Chem. Mater., 2004, 16: 3318.

[17] Sapra S, Rogach A L, Feldmann J. J. Mater, Chem, 2006, 16: 3391.

[18] Moreels I, Fritzinger B, Martins J C, et al. J. Am. Chem. Soc., 2008, 130: 15081.

[19] Zott S, Leo K, Ruckh M, et al. J. Appl. phys., 1997, 82, 356.

[20] Dagan G, Elftouh F A, Dunlaly D J, et al. Chem. Mater., 1990, 2, 286.

[21] Zhang S B, Zhunger A, Yoshida H K. Phys. Rev. B, 1998, 57, 9642.

[22] Neumann H. Solar Cells, 1986, 16: 317.

[23] Rincón C, González J, Sánchez P. Phys. Status. Solidi. B, 1981, 108: K19.

[24] Arushanov E, Essaleh L, Galibert J, et al. Appl. Phys. Lett., 1992, 61: 958.

[25] Pantelides S K. Rev. Mod. Phys., 1978, 50: 798.

[26] Rincón C, Marquez R. J. Phys. Chem. Solids, 1999, 60: 1865.

[27] Glodenau A. Phys. Status. Solidi. ,1967,19:K43.
[28] Elfotouh F A,Dunlavy D J,Cahen D,et al. Prog. Cryst. Growth Charact. ,1984,10:365.
[29] Zott S,Leo K,Ruckh M,et al. J. Appl. Phys. ,1997,82:356.
[30] Dagan G,Elftouh F A,Dunlavy D J,et al. Chem. Mater. ,1990,2:286.
[31] Nose K,Omata T,Matsuo S O Y. J. Phys. Chem. C,2009,113:3455.
[32] Nam D,Song W S,Yang H. J. Colloid. Inter. Sci. ,2011,361:491.
[33] Xie R G,Rutherford M,Peng X G. J. Am. Chem. Soc. ,2009,131:5691.
[34] Uehara M,Watanabe K,Tajiri Y,et al. J. Chem. Phys. ,2008,129:134709.
[35] Zhong H Z,Zhou Y,Ye M F,et al. Chem. Mater. ,2008,20:6434.
[36] Li L,Daou T J,Texier I,et al. Chem. Mater. ,2009,21:2422.
[37] Hofhuis J,Schoonman J,Goossens A. J. Phys. Chem. C,2008,112:15052.
[38] Kuo K T,Chen S Y,Cheng B M,et al. Thin Solid Films,2008,517:1257.
[39] Castro S L,Bailey S G,Raffaelle R P,et al. J. Phys. Chem. B,2004,108:12429.
[40] Ueng H Y,Hwang H L. J. Phys. Chem. Solids,1989,50:1297.
[41] Bardeen J,Shockley W. Phys. Rev. ,1950,80:72.
[42] Fan H Y. Phys. Rev. ,1951,82:900.
[43] Nomura S,Kobayashi T. Phys. Rev. B,1992,45:1305.
[44] Varshni Y P. Physica,1967,34:149.
[45] Dai Q,Song Y,Li D,et al. Chem. Phy. Lett. ,2007,439:65.
[46] Alivisatos A P,Harris T D,Brus L E,et al. J. Chem. Phys. ,1988,89:5979.
[47] Nomura S,Kobayashi T. Phys. Rev. B,1992,45:1305.
[48] Krummheuer B,Axt V M,Kuhn T. Phys. Rev. B,2002 65:195313.
[49] Goupalov S V,Suris R A,Lavallard P,et al. Nanotechnology,2001,12:518.
[50] Stradling R A,Wood R A. J. Phys. C,1970,3:L94.
[51] Dalven R. Phys. Rev. Lett. ,1970,24:1015.
[52] Keffert C,Hayes T M,Bienenstock A. Phys. Rev. B,1970,2:1966.
[53] Olkhovets A,Hsu R C,Lipovskii A,et al. Phys. Rev. Lett. ,1998,81:3539.
[54] Liptaya T J,Ram R J. Appl. Phys. Lett. ,2006,89:223132.
[55] Dai Q,Zhang Y,Wang Y,et al. Langmuir,2010,26:11435.
[56] Wise F W. Acc. Chem. Res. ,2000,33:773.
[57] Dai Q,Song Y,Li D,et al. Chem. Phys. Lett. ,2007,439:65.
[58] Novikova S I,Abrikosov N. Kh. :Sov. Phys. Solid State,1964,5:1397.
[59] Schlüter M,Martinez G,Cohen M L. Phys. Rev. B,1975,12:650.
[60] Huntzinger J R,Mlayah A,Paillard V,et al. Phys. Rev. B,2006,74:115308.
[61] Preier H. Appl. Phys,1979,20:189.
[62] Brus L E. J. Chem. Phys,1984,80:4403.
[63] Bailey P T,O'Brien M W,Rabii S. Phys. Rev. B,1969,179:735.
[64] Kayanuma Y. Phys. Rev. B,1988,38:9797.

[65] Smallwood I M. Solvent Recovery Handbook. Second edition. Blackwell Science, 2002.
[66] Konopacka A, Pawełka Z. J. Phys. Org. Chem., 2005, 18: 1190.
[67] Keffer C, Hayes T M, Bienenstock A. Phys. Rev. B, 1970, 2: 1966.
[68] Balevaf M, Georgiev T, Lashkarev G. J. Phys.: Condens. Matter, 1990, 1: 2935.
[69] Uskov A V, Jauho A P, Tromborg B, et al. Phys. Rev. B, 2000, 85: 1516.
[70] Shen W Z, Wu H Z, McCann P J. J. Appl. Phys., 2002, 91: 3621.
[71] Takagahara T. Phys. Rev. Lett, 1993, 71: 3577.
[72] Stoneham A M. J. Phys. C: Solid State Phys., 1979, 12: 891.
[73] Klein M C, Hache F, Ricard D, et al. Phys. Rev. B, 1990, 42: 11123.
[74] Duke C B, Mahan G D. Phys. Rev., 1965, 139: A1965.
[75] Nirmal M, Murray C B, Bawendi M G. Phys. Rev. B, 1994, 50: 2293.
[76] Guha S, Rice J D, Yau Y T, et al. Phys. Rev. B, 2003, 67: 125204.
[77] Zhao H, Kalt H. Phys. Rev. B, 2003, 68: 125309.
[78] Peng Z A, Peng X G. J. Am. Chem. Soc., 2001, 123: 183.
[79] Morello G, Giorgi M D, Kudera S, et al. J. Phys. Chem. C, 2007, 111: 5846.
[80] Börnstein L, Hellwege K H. Numerical Data and Functional Relationship in Science and Technology. Group II-VI. Berlin, Springer-Verlag: 1982, 17a.
[81] Klimov V I, McBranch D W, Leatherdale C A, et al. Phys. Rev. B, 1999, 60: 13740.
[82] Gotoh H, Ando H, Takagahara T. J. Appl. Phys., 1997, 81: 1785.
[83] Valerini D, Creĭ A, Lomascolo M, et al. Phys. Rev. B, 2005, 71: 235409.
[84] Wang X, Yu W W, Zhang J, et al. Phys. Rev. B, 2003, 68: 125318.
[85] Chen W, Joly A G, McCready D E. J. Chem. Phys., 2005, 122: 224708.
[86] Bawendi M G, Carrol P J, Wilson W L, et al. J. Chem. Phys., 1992, 96: 946.
[87] Patané A, Levin A, Polimeni A, et al. Phys. Rev. B, 2000, 62: 11084.
[88] Rudin S, Reinecke T L, Segall B. Phys. Rev. B, 1990, 42: 11218.
[89] Mahan G D. J. Phys. Chem. Solids, 1964, 26: 751.
[90] Liu W, Zhang Y, Zhai W, et al. J. Phys. Chem. C, 2013, 117: 19288.
[91] Nakamura H, Kato W, Uehara M, et al. Chem. Mater., 2006, 18: 3330.
[92] Luck I, Henrion W, Scheer R, et al. Cryst. Res. Technol., 1996, 31: 841.
[93] Yu P R, Beard M C, Ellingson R J, et al. J. Phys. Chem. B, 2005, 109: 7084.
[94] Cademartiri L, Montanari E, Calestani G, et al. J. Am. Chem. Soc., 2006, 128: 10337.
[95] Leatherdale C A, Woo W K, Mikule F V, et al. J. Phys. Chem. B, 2002, 106: 7619.
[96] Kong J A. Theory of Electromagnetic Wave. New York: John Wiley and Sons, 1975: 185-195.
[97] Dobbins R A, Megaridis C M. Applied Optics, 1991, 30: 4747.
[98] A Priou Dielectric Properties of Heterogeneous Mixtures. New York: Elsevier, 1991: 101-152.
[99] Sapra S, Nanda J, Pietryga J M, et al. J. Phys. Chem. B, 2006, 110: 15244.
[100] Murray C B, Sun S, Gaschler W, et al. IBM J. Res. Dev., 2001, 45: 47.

[101] Moreels I, Fritzinger B, Martins J C, et al. J. Am. Chem. Soc. ,2008,130:15081.
[102] Cademartiri L, Montanari E, Calestani G, et al. J. Am. Chem. Soc. ,2006,128:10337.
[103] Miller R D, McLendon G L, Nozik A J, et al. 1995. Surface Electron Transfer Processes. New York: VCH Publishers.
[104] Marcus R A, Sutin N. Biochimica et Biophysica Acta. 1985,811:265.
[105] Rink S S, Miller D A B, Chemla D S. Phys. Rev. B, 1987,35:8113.
[106] Brus L. Phys. Rev. B, 1996,53:4649.
[107] Leatherdale C A, Kagan C R, Morgan N Y, et al. Phys. Rev. B, 2000,62:2669.
[108] Schönherr G, Bässler H, Silver M. Phil. Mag. B, 1981,44:47.
[109] Miller A, Abrahams E. Phys. Rev. ,1960,120:745.
[110] Auweraer M V, Schryver F C D, Borsenberger P M, et al. Adv. Mater. ,1994,6:199.
[111] Efros A L, Shklovskii B I. J. Phys. C, 1975,8:L49.
[112] Kang M S, Sahu A, Norris D J, et al. Nano Lett. ,2011,11:3887.
[113] Liu Y, Gibbs M, Puthussery J. et al. Nano Lett. ,2010,10:1960.
[114] Kang M S, Sahu A, Norris D J, et al. Nano Lett. ,2010,10:3727.
[115] Brus L E. J. Chem. Phys. ,1984,80:4403.
[116] Rabani E, Hetenyi B, Berne B J, et al. J. Chem. Phys. ,1999,110:5355.
[117] Franceschetti A, Williamson A, Zunger A. J. Phys. Chem. B, 2000,104:3398.
[118] Franceschetti A, Zunger A. Appl. Phys. Lett. ,2000,76:1731.
[119] Efros A L, Rosen M. Annu. Rev. Mater. Sci. ,2000,30:475.
[120] Hasselbarth A, Eychmuller A, Weller H. Chem. Phys. Lett. ,1993,203:271.
[121] Henderson B, Imbusch G F. Naturwissenschaften, 1946. 33:166.
[122] Crooker S A, Hollingsworth J A, Tretiak S, et al. Phys. Rev. Lett. ,2002,89:186802.
[123] Franzl T, Klar T A, Schietinger S, et al. Nano Lett. ,2004,4:1599.
[124] Kapitonov A M, Stupak A P, Gaponenko S V, et al. J. Phys. Chem. B, 1999,103:10109.
[125] Talapin D V, Rogach A L, Shevchenko E V, et al. J. Am. Chem. Soc. ,2002,124:5782.
[126] Burda C, Link S, Mohamed M, et al. J. Phys. Chem. B, 2001,105:12286.
[127] Sykora M, Petruska M A, Acevedo J A, et al. J. Am. Chem. Soc. ,2006,128:9984.
[128] Achermann M, Hollingsworth J A, Klimov V I. Phys Rev. B, 2003,68:245302.
[129] Piryatinski A, Ivanov S A, Tretiak S, et al. Nano Lett. ,2007,7:108.
[130] Klimov V I, Ivanov S A, Nanda J, et al. Nature, 2007,447:441.
[131] Klimov V I, McBranch D W. Phys. Rev. Lett. ,1998,80:4028.
[132] Sionnest P G, Shim M, Matranga C, et al. Phys. Rev. B, 1999,60:2181.
[133] Klimov V I, Mikhailovsky A A, McBranch D W, et al. Phys. Rev. B, 2000,61:13349.
[134] Klimov V I, Mikhailovsky A A, McBranch D W, et al. Science, 2000,287:1011.
[135] Schaller R D, Petruska M A, Klimov V I. J. Phys. Chem. B, 2003,107:13765.
[136] Htoon H, Hollingsworth J A, Dickerson R, et al. Phys. Rev. Lett. ,2003,91:227401.
[137] Landsberg P T. Recombination in Semiconductors. Cambridge, 1991.

[138] Schaller R D, Klimov V I. Phys. Rev. Lett., 2004, 92: 186601.
[139] Wehrenberg B L, Wang C J, Sionnest P G. J. Chem. Phys., 2002, 106: 10634.
[140] Klimov V I, McGuire J A, Schaller R D, et al. Phys. Rev. B, 2008, 77: 195324.
[141] Vodopyanov K L, Graener H, Phillips C C, et al. Phys. Rev. B, 1992, 46: 13194.
[142] Klann R, Hofer T, Buhleier R, et al. J. Appl. Phys., 1995, 77: 277.
[143] Wang L W, et al. Phys. Rev. Lett., 2003, 91: 056404.
[144] Franceschetti A, et al. Phys. Rev. B, 1999, 60: 1819.
[145] Franceschetti A, Zhang Y. Phys. Rev. Lett., 2008, 100, 136805.
[146] Schaller R D, Petruska M A, Klimov. Appl. Phys. Lett., 2005, 87: 253102.
[147] Ellingson R J, Beard M C, Johnson J C, et al. Nano Lett., 2005, 5: 865.
[148] Chepic D I, Efros A L, Ekimov A I, et al. J. Lumin., 1990, 47: 113.
[149] Efros A L, Kharchenko V A, Rosen M. Solid State Commun., 1995, 93: 281.
[150] Blackburn J L, Ellingson R J, Micic O I, et al. J. Phys. Chem. B, 2003, 107: 102.

第 8 章　胶体半导体量子点 LED

胶体半导体量子点作为优良的光电子材料，在光电子领域有着广泛的应用前景。它具有发光效率高、辐射带窄、光谱纯度高和精确的可调谐性，在人工照明和显示器件等领域有着令人瞩目的应用前景。将量子点用于制备颜色可调谐的 LED，可以覆盖整个可见光的波段，甚至延伸到近红外范围。

胶体半导体量子点 LED(QD-LED)分为两种：一种是利用量子点直接作为发光点的电致发光器件；另一种是量子点作为荧光粉的下转换光致发光器件。在本章里，我们介绍量子点发光二极管的基本结构和工作原理，描述典型量子点发光二极管的特性。

8.1　胶体量子点电致发光 LED 的结构与原理

与量子点荧光粉下转换器件比较，胶体半导体量子点电致发光器件没有光子吸收的步骤，可以有效地减少能量的损耗，有利于提高器件的内量子效率。此外，它不需要使用激发芯片。

8.1.1　基本结构与原理

1. 基本结构

与有机发光二极管(organic light emitting diode，OLED)相比，量子点发光二极管有着类似的结构。一般而言，在电子和空穴迁移层之间夹带一层作为发光材料的胶体量子点薄膜，形成量子点发光二极管的基本结构。在外加电场作用下，电子和空穴迁移进入量子点薄膜层，在此处复合并发出光子。图 8.1 示出量子点发光二极管的基本结构和电子-空穴对复合过程。

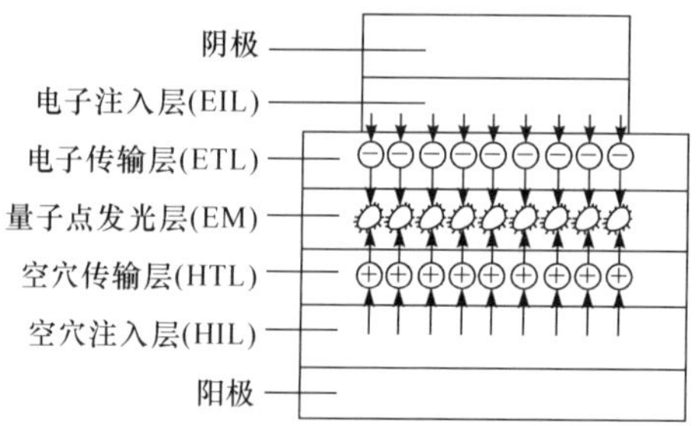

图 8.1　量子点发光二极管的基本结构和激子复合发光的产生

自从 1994 年第一个电致发光胶体量子点发光二极管研制成功以来[1]，量子点发光二极管展现出良好的发展潜力。然而，纯 OLED 仍然具有更高的发光亮度和效率。因此，将有机材料和无机量子点材料组合，有利于获得高效、明亮的 LED 器件。图 8.2 给出了几种典型有机/CdSe 量子点组合量子点发光二极管的结构示意图，以及两个性能参数(外量子效率(external quantum efficiency，EQE)和亮度)的演变情况[2]。我们可以看到，胶体 CdSe 量子点发光二极管的 EQE 已经达到 18%，亮度达到 218800cd · m^{-2}。电致发光胶体量子点发光二极管可以归纳为四种类型，这些类型量子点发光二极管的发展变化过程基本相同，相应的关键技术指标已经接近 OLED 的性能。

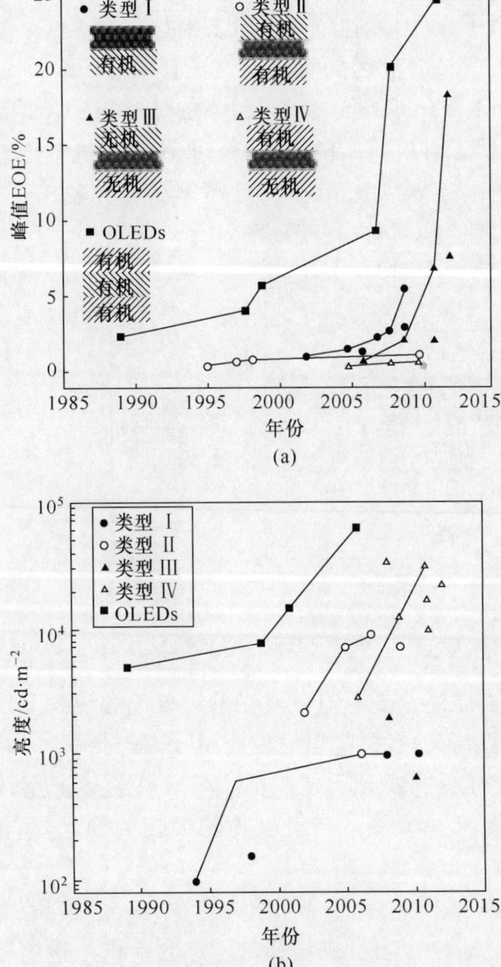

图 8.2　典型量子点发光二极管结构示意图和 EQE、亮度的演变情况[2]

(阅读彩图请扫封底二维码)

2. 基本原理

量子点发光二极管电致发光一般源于直接的载流子注入复合、Förster 共振能量转移或二者共同的作用。电子、空穴经电极注入后，可以通过两种过程实现量子点的电致发光：①电子和空穴直接注入到同一个量子点，在量子点中实现辐射复合发光；②在有机物中，注入电子、空穴形成激子；然后以 Förster 共振能量转移形式将能量转移给量子点，在量子点中产生一个激子，即电子-空穴对；最后在量子点中，电子-空穴对复合发出光子。这两种过程不是竞争的关系，而是能够互不影响的同时存在，使得量子点发光二极管的发光效率最大化。

图 8.3 给出量子点 LED 电致发光的两种机制示意图。在过程Ⅰ中，电子和空穴直接注入同一个量子点中，通过辐射复合发射出一个光子。在过程Ⅱ中，未被限制在量子点中的电子(空穴)输运到有机空穴迁移层(hole transfer layer，HTL)或电子迁移层(electronic transfer layer，ETL)，在有机 HTL(ETL)中与空穴(电子)形成一个激子，这个处于有机物中的激子，经过 FRET 机制把能量转移给量子点，在量子点中形成电子-空穴对，电子-空穴对辐射复合并发出一个光子。过程Ⅰ和过程Ⅱ均能够独立实现量子点的电致发光。

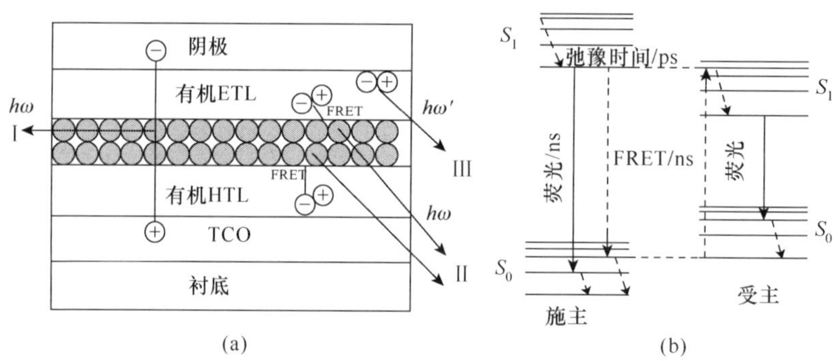

图 8.3　量子点发光二极管中电致发光的机制和能级转移过程示意图

在图 8.3 中，除了描述量子点电致发光的过程Ⅰ和过程Ⅱ之外，还描述了量子点发光二极管中可能存在的有机物电致发光过程，即过程Ⅲ。在过程Ⅲ中，形成于有机物中的激子并没有通过 FRET 机制把能量转移给量子点，而是在有机物中经历辐射复合过程，发射出一个能量与有机物能级相关的光子，形成有机物的电致发光。

在 FRET 机制中，提供能量的一方称为施主，接受并耗散能量的一方称为受主。在量子点发光二极管中，当有机物和量子点分别作为施主和受主的时候，以辐射复合的形式进行能量耗散的过程如图 8.3 右图所示。由电极注入的电子和空穴在有机物中形成激子，然后驰豫到最低激发态，这个过程只需 ps 量级的时间。随后，激子可以直接在有机物中辐射复合，发出一个光子后回到基态；也可以通过FRET 机制回到基态，同时将能量转移给量子点，导致量子点中的电子跃迁到导带，与价带的空穴形成电子-空穴对，最后产生辐射复合发出光子。这两个过程经历的时间均为 ns 量级。因此，有机物中的激子直接辐射复合产生的电致发光的几率，与通过 FRET 机制把能量转移给量子点实现量子点电致发光的几率之比，与 FRET 的效率有关。

FRET 机制通过偶极子（dipole）相互作用实现能量的转移，在能量转移过程中没有光子（photon）的产生和再吸收，是一个非辐射过程。施主的荧光光谱和受主的吸收光谱之间的重叠程度、施主与受主之间的距离、以及施主与受主振动偶极子的相对取向，决定了 FRET 的效率。FRET 效率随施主与受主之间距离的增大而降低，由此定义 Förster 半径：当能量从施主分子转移到受主分子的几率与施主分子经其他过程耗散掉能量的几率相等时，施主与受主之间的距离称为 Förster 半径 R_F。Förster 半径可以表示为[3]

$$R_F^6 = \frac{3}{4\pi}\frac{c^4}{n^4}\int \frac{F_D(\omega)\sigma_A(\omega)}{\omega^4}d\omega \tag{8.1-1}$$

式中，c 是真空中光速；n 是有机物的折射率，F_D 为施主归一化的荧光光谱分布；σ_A 是受主的吸收光谱截面。

在量子点发光二极管中，能量从有机物中的施主经 FRET 机制转移到量子点发光层中的受主，转移速率 $k_{D\to A}$ 可以表示为

$$k_{D\to A} = \frac{R_F^6}{\tau_D}\int_{-\infty}^{\infty}dx\int_0^h \frac{1}{[x^2+(D+y)^2]^3}dy \tag{8.1-2}$$

其中，τ_D 是施主单独存在时的荧光寿命；h 是量子点发光层的厚度；D 是施主与最近受主的距离。如果量子点的吸收光谱与施主的荧光光谱有较大的重叠，且量子点跃迁偶极子与有机物跃迁偶极子的相对取向平行，在有机物和量子点组成的施主-受主系统中可以获得较高的 FRET 效率，典型的 Förster 半径范围是 3～9nm[4,5]。

8.1.2　典型结构的量子点发光二极管

如图 8.2 所示，量子点发光二极管可以区分为四种类型，我们简单给予介绍。

1. 类型Ⅰ：带有聚合物载流子迁移层的量子点发光二极管

早期量子点发光二极管一般都是采用这种类型Ⅰ结构，它与聚合物 LED 的结构类似。这种早期的器件只是包含一个量子点-聚合物双层或混合层，在两个电极之间形成一个三明治式的夹层[6]。这种结构的器件呈现出明显的聚合物层发光特性，表明在量子点薄膜中存在无效的激子结构。在这个初始结构的量子点发光二极管中，量子点的电致发光源于直接的载流子注入、FRET 能量转移或二者共同作

用，如图 8.4 所示。

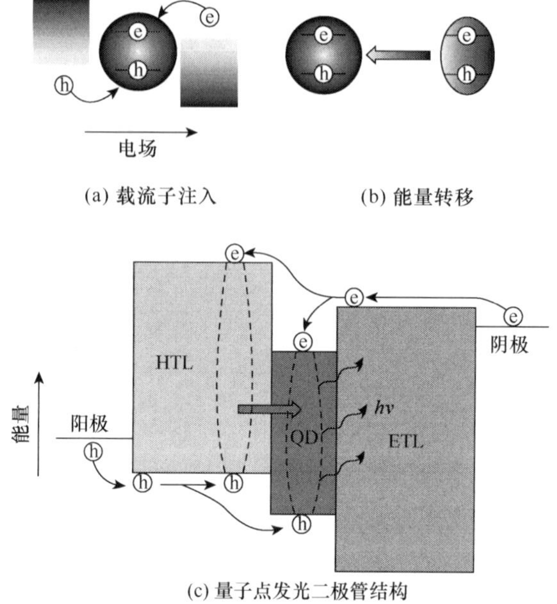

(a) 载流子注入　　(b) 能量转移

(c) 量子点发光二极管结构

图 8.4　类型Ⅰ量子点发光二极管中载流子注入、FRET 能量转移或二者共同作用示意图

在直接载流子注入情况下，电子和空穴从载流子迁移层(carrier transport layer，CTL)注入到量子点中，形成激子，随后复合发射光子。FRET 也是一个不能忽视的机制，这种机制往往出现在毗邻量子点存在其他发光物质的情况中，例如：发光聚合物、小分子有机体、无机半导体材料等。在这种体系里，激子首先在这些发光物质中形成；然后通过偶极子-偶极子的耦合，激子能量非辐射转移到量子点。在量子点发光二极管中，这些机制的相对贡献仍然是不清楚的。对于这些机制的进一步理解，有助于设计高效、明亮的量子点发光二极管器件。

2. 类型Ⅱ：带有有机小分子载流子迁移层的量子点发光二极管

这种结构的量子点发光二极管如图 8.5 所示，组成结构是在一个双分子层 OLED 之间夹带一个胶体量子点单层。这种结构提出一种在有机交界面形成自组装量子点单层的技术：当量子点和载流子输运有机分子的混合溶液旋涂在一起的时候，相分离使量子点单层自然的形成在有机分子薄膜的上部，如图 8.5(a)所示。由此形成一个紧密填充的量子点单层装配，有利于提高量子点发光二极管的发光效率。

利用类型Ⅱ结构，Anikeeva 等人制作成一系列的量子点发光二极管。通过改变两个有机 CTL 之间量子点的特性，获得覆盖整个可见光波段的发光，如图 8.5(b)所示，最大 EQE 达到 2.7%[7]。将 OLED 结构与量子点单层组合，让人们看到

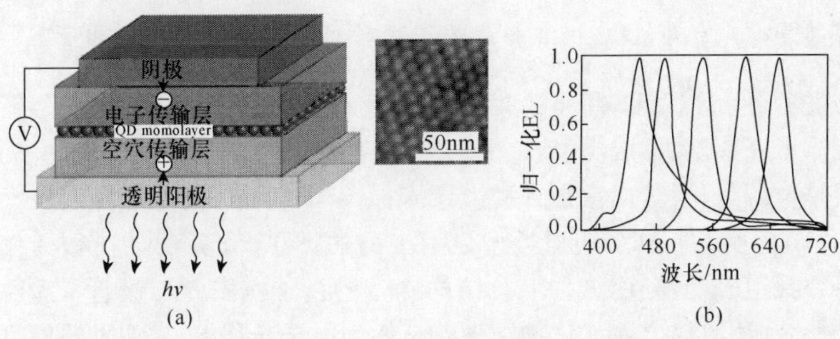

图 8.5　类型Ⅱ量子点发光二极管的结构和可调谐发光光谱示意图[7]
（阅读彩图请扫封底二维码）

了提高量子点发光二极管效率的希望。这种结构器件既具有 OLED 的全部优点，同时又可以改善器件的光谱纯度和实现发光颜色调谐。但是，有机层的使用导致器件在空气中的稳定性下降。如同传统的 OLED 一样，这种结构的量子点发光二极管需要封装，从而提高制作成本和限制了柔韧性。此外，有机材料的绝缘特性限制了量子点发光二极管中的注入电流密度，从而限制了器件的发光亮度。

3. 类型Ⅲ：具有无机载流子迁移层的量子点发光二极管

为了改善器件在空气中的稳定性和提高器件注入电流密度，人们考虑使用无机载流子迁移层替代类型Ⅱ 量子点发光二极管中的有机载流子迁移层，构成无机载流子迁移层的类型Ⅲ量子点发光二极管。Mueller 等人制作出一种全无机材料的量子点发光二极管，在外延生长的 n 型和 p 型 GaN 之间填塞一个量子点单层[8]。遗憾的是他们制作的器件效率很低，EQE$<$0.01%。此外，这种 GaN 外延生长的方式也破坏了胶体量子点器件价格低廉和可以大面积制作的优势。作为一个调整方法，可以考虑使用溅射金属氧化物作为载流子迁移层。与有机材料类似，利用溅射的方法，在室温条件下可以形成金属氧化物或硫化物薄膜。金属氧化物或硫化物种类繁多，选择范围宽，可以充分实现载流子迁移层的能带调谐作用，以便满足量子点发光二极管最佳结构设计。此外，金属氧化物的导电性要比有机载流子迁移层好得多；在薄膜生长期间，通过控制氧的分压，实现对金属氧化物电导率的调谐。Caruge 等人应用这种技术[9]，制作出 ZnO 为电子载流子迁移层、NiO 为空穴载流子迁移层的量子点发光二极管，器件通过的电流密度达到 $4A \cdot cm^{-2}$。但是，器件的效率仍然较低，EQE ～0.1%。

这种结构量子点发光二极管效率较低，是由于溅射过程中会损坏量子点，在空穴载流子迁移层和量子点之间形成较大的势垒，抑制了空穴的注入；此外，这些金属氧化物使量子点 PL 发生猝灭[10]，致使类型Ⅲ 量子点发光二极管仍然没有获得媲美类型Ⅱ器件的发光效率。

4. 类型Ⅳ:具有无机-有机混合载流子迁移层的量子点发光二极管

作为类型Ⅱ和类型Ⅲ 量子点发光二极管的折中方案,人们考虑采用无机-有机混合载流子迁移层,形成类型Ⅳ 量子点发光二极管。在这种器件中,某层载流子迁移层是金属氧化物,通常是n型半导体;另一个载流子迁移层是有机半导体材料,如图8.6(a)所示。这个结构类型显示出高的EQE和亮度,引起人们的关注。近期的研究报道表明,利用这种混合结构制备的量子点发光二极管,EQE可以达到18%[11]。利用胶体金属氧化物纳米粒子作为电子迁移层,类型Ⅳ器件可以做到溶液化处理[12,13]。这种全部溶液化处理(电极除外)的红、绿、蓝量子点发光二极管,EQE分别达到1.7%、1.8%和0.22%;亮度分别是31000cd·m^{-2}、68000cd·m^{-2}和4200cd·m^{-2}。

近期,利用类型Ⅳ这种混合结构,人们研制出4英寸量子点发光二极管彩色显示器,如图8.6(c)所示[14]。采用微接触印刷技术,使用溶液化量子点发光二极管彩色显示器的分辨率达到1000像素/英寸(像素尺寸是25μm),如图8.6(b)所示。与类型Ⅱ量子点发光二极管比较,类型Ⅲ和类型Ⅳ量子点发光二极管使用量子点薄膜的厚度要超过一个单层,达到~50nm。所以,类型Ⅳ 量子点发光二极管的工作机制偏重于载流子注入,而不是Förster能量转移。

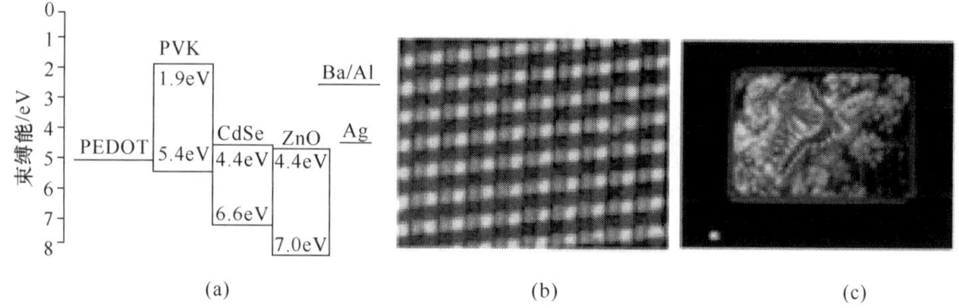

图8.6 一种类型Ⅳ量子点发光二极管的典型能级结构和器件结构示意图[14]
(阅读彩图请扫封底二维码)

8.1.3 载流子迁移层

载流子传输层材料的选取,直接影响到量子点发光二极管的发光效率、发光特性以及制备工艺,具体体现在以下几点。

(1) 有机半导体材料结构组成,使其对载流子具有选择性传输的特性,可以表现出良好的电子传输能力,同时对空穴表现出近乎绝缘性;或者表现出良好的空穴传输能力的同时,又对电子表现出近乎绝缘性。当有机半导体材料作为传输层时,其HOMO能级和LUMO能级在量子点发光二极管中的相对位置以及对载流子传导能力的差异,直接决定了电子和空穴注入量子点的效率。

(2) 有机半导体材料一般也是性能良好的发光材料，在电子、空穴同时存在时，也能产生较强的电致发光。如果要得到色饱和度高、纯量子点发光的量子点发光二极管，需要抑制有机半导体材料的发光；反之，如果要得到具有宽光谱发射特性的量子点发光二极管，则要综合调控有机半导体材料的发光强度与量子点发光强度。

(3) 不同有机物半导体材料的物理性质往往有较大的差别，在量子点发光二极管制备过程中需要考虑到工艺兼容性。因此，若想获得满足特定发光需求、工艺简单、性能稳定、发光效率高的量子点发光二极管，传输层材料的选取至关重要。

如图 8.7 所示，在典型的量子点发光二极管结构中，HTL 位于透明导电玻璃(transparent conductive glass，TCO)或空穴注入层(hole injection layer，HIL)的上方、量子点发光层的下方。理想的 HTL 要求具有良好的空穴传输能力、稳定性好以及适合空穴的注入的 HOMO 能级。如果要得到色饱和度高、纯量子点发光的量子点发光二极管，需要抑制 HTL 中寄生发光，这就要求 HTL 具有比量子点导带更高的 LUMO 能级，以便能够把电子或激子限制在量子点中；此外，在 HTL 中生成的激子又能高效的通过 FRET 机制把能量转移给量子点，产生量子点辐射复合发光。量子点发光二极管中常用的有机 HTL 材料有 TPD(N，N′-二苯基-N，N′-双(3-甲基苯基)-1，1′-二苯基-4，4′-二胺，N，N′-diphenyl-N，N′-bis(3-methylphenyl)-1，1′-biphenyl-4，4′-diamine)；CBP(4，4′-二(N-咔唑)联苯，4，4′-bis (N-carbazolyl)-1，1′-biphenyl)；NPB(N，N′-双(1-萘基)-N，N′-二苯基-1，1′-二苯基-4，4′-二胺，N，N′-Di-[(1-naph1hyl)-N，N′-diphenyl]-1，1′-biphenyl-4，4′-diamine)、PVK 等。上述有机 HTL 的结构示意图如图 8.8 所示。

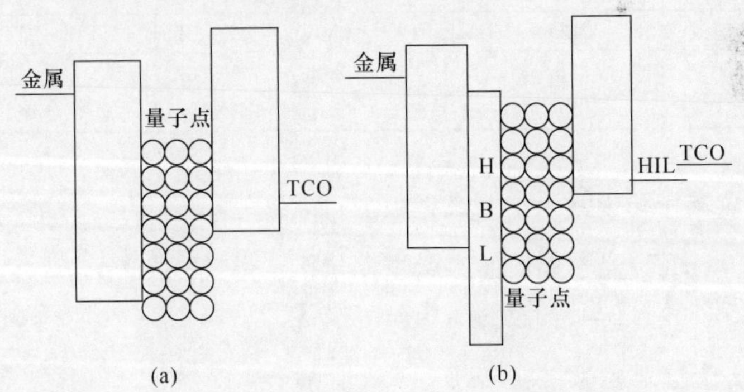

图 8.7　有无空穴阻挡层(HBL)和空穴注入层(HIL)的量子点发光二极管能带示意图

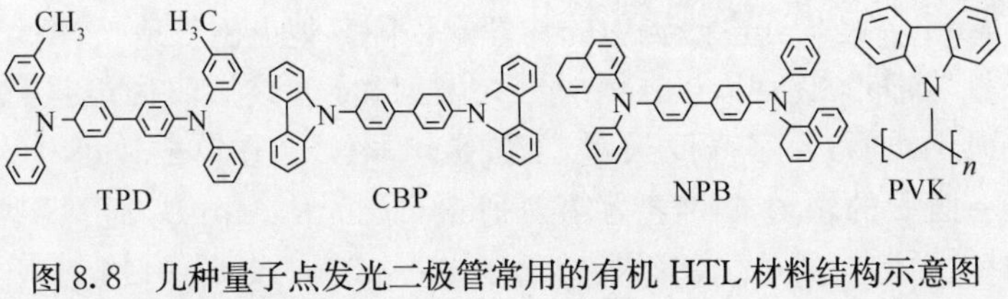

TPD　CBP　NPB　PVK

图 8.8　几种量子点发光二极管常用的有机 HTL 材料结构示意图

理想的ETL应当具有良好的电子传输能力和稳定性，以及适合电子注入的LUMO能级。如果要得到色饱和度高、纯量子点发光的量子点发光二极管，ETL的HOMO能级要比量子点的价带更低，以便能够把空穴和激子限制在量子点中，而且ETL中生成的激子能够高效地转移给量子点，在量子点中完成辐射复合发光。此外，一般是在量子点发光层制备完成之后进行ETL的制备，因此制备ETL时需要考虑对已经成膜的量子点层形貌和发光效率的影响。量子点发光二极管中常用的有机ETL有：Alq_3（三(8-羟基喹啉)铝，tris(8-hydroxyquinoline) alummum)、TPBI(1,3,5-三(N-苯基-2-苯并咪唑基)苯，1,3,5-tris(N-phenylbenzimidazol-2-yI)benzene)、PBD、TAZ(3,4,5-三苯基-1,2,4-苯三唑，3,4,5-triphenyl-1,2,4-triazole)和Alq_3的组合等。图8.9给出这些有机ETL的结构示意图。在表8.1中，给出一些常用的有机电子或空穴迁移层的HOMO和LUMO的数值[15]。

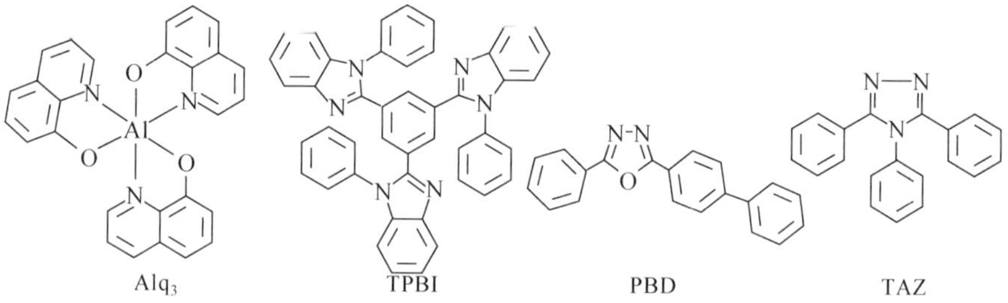

Alq_3　　TPBI　　PBD　　TAZ

图8.9　几种量子点发光二极管常用的有机ETL材料结构示意图

表8.1　一些常用的有机电子或空穴迁移层的HOMO和LUMO的数值

有机	Alq_3	CBP	PBD	PCBM	PPV	PVK	TAZ	TFB	TPBI	TPD	Poly TPD
LUMO(eV)	3.1	2.9	2.6	4.0	2.5	2.2	3.0	2.2	2.7	2.1	2.3/2.5
HOMO(eV)	5.8	6.0	6.1	6.5	5.1	5.3	6.5	5.4	6.2	5.4	5.2/5.4

8.1.4　量子点发光二极管光学特性参量

描述量子点LED光学性质的参量主要包括三类：辐射度量与光度量、色度量、量子产率与效率。对这些量的定义，作简单描述。

1. 辐射度量与光度量

可见光是波长在$3.8\times10^{-7}\sim7.8\times10^{-7}$ m范围内的电磁辐射，辐射度量(radiometric quantity)是描述电磁辐射的物理量。同其他电磁辐射一样，可见光辐射也是一种能量传播形式。以电磁辐射形式发射、传输或接收的能量称做辐射能(radiant energy)，通常用字符Q_e表示，单位是焦耳(J)。在单位时间内量子点LED发射通过某一面积的辐射能称之为辐射通量(radiation flux)，通常用字符Φ_e表示；而单位时间内发射的总能量称为辐射功率(radiant power)，通常用字符P_e表示。辐射通量与功率有相同的单位单位,均是瓦特(W)。

为了具体描述量子点 LED 在空间不同方向的能量分布,引入辐射亮度 L_e。量子点 LED 向某一方向、单位立体角内的辐射通量称为辐射亮度(radiant luminance)。若 LED 发光面积为 $\mathrm{d}A$,在和表面法线 N 成 θ 角方向,在元立体角 $\mathrm{d}\Omega$ 内发出的辐射通量为 $\mathrm{d}\Phi_e$,则辐射亮度 L_e 表示为

$$L_e=\frac{\mathrm{d}\Phi_e}{\cos\theta\mathrm{d}A\mathrm{d}\Omega} \tag{8.1-3}$$

上式表明,在 θ 方向的辐射亮度 L_e 是辐射面在垂直于 θ 方向上单位投影面积、单位立体角内发出的辐射通量。辐射亮度的单位是:瓦特每球面度平方米($\mathrm{W}\cdot\mathrm{s_r}^{-1}\cdot\mathrm{m}^{-2}$)。

对于可见光量子点 LED,发出对人的视觉形成刺激并能被人感受的电磁辐射,人们自然的采用视觉受到刺激的程度,即视觉感受来量度可见光。按视觉响应原则建立的表征可见光的量称作光度量(luminous quantity)。可见光可以采用辐射度量和光度量两种量度系统:把可见光做为纯物理现象研究时,可以采用辐射度量系统;而研究与人的视觉有关问题时,采用光度量系统更方便。

人眼就是一种可见光探测器,其输入是辐射度量的可见光辐射,而输出是光度量表示的光刺激感受。所以,光度量和辐射量间的关系决定于人眼的视觉特性。实验表明,具有相同辐射通量而波长不同的可见光分别作用于人眼,人眼感受的明亮程度将有所不同,这表明人的视觉对不同波长的电磁辐射有不同的灵敏度。人对不同波长光响应的灵敏度是波长的函数,称之为光谱光效率函数(spectral luminous efficiency function)。实验表明,观察场明暗不同时,光谱光效率函数亦稍有不同。国际照明委员会(CIE)根据多组测试实验结果,分别于 1924 年和 1951 年确定并正式推荐两种光谱光效率函数:明视觉光谱光效率函数 $V(\lambda)$ 和暗视觉光谱光效率函数 $V'(\lambda)$。图 8.10 给出了 $V(\lambda)$ 和 $V'(\lambda)$ 的函数曲线,图中的函数值已归

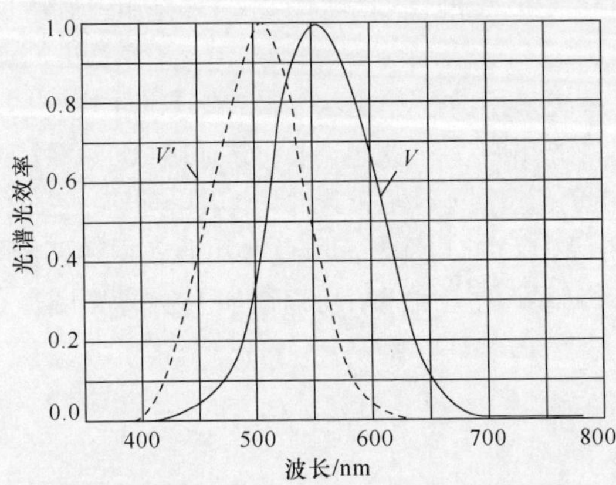

图 8.10　明视觉光谱光效率函数 $V(\lambda)$ 和暗视觉光谱光效率函数 $V'(\lambda)$

一化。可以看到 $V(\lambda)$ 和 $V'(\lambda)$ 二者峰值所对应波长有所不同。$V(\lambda)$ 的峰值在 0.555μm 处；而 $V'(\lambda)$ 的峰值是在 0.507μm 处。

在波长 λ 附近、波长间隔 $d\lambda$ 内，光通量 $d\Phi_V$ 和辐射通量 $d\Phi_e$ 之间的关系可表示为

明视觉条件下　$$d\Phi_V(\lambda)=K_m V(\lambda)\Phi_e(\lambda)d\lambda \tag{8.1-4}$$

暗视觉条件下　$$d\Phi_V(\lambda)=K'_m V'(\lambda)\Phi_e(\lambda)d\lambda \tag{8.1-5}$$

其中，$K_m=683\text{lm/W}$，是明视觉条件下波长 0.555μm、$V(\lambda)=1$ 单色光的绝对光谱光效率值；$K'_m=1755\text{lm/W}$，是暗视觉条件下波长 0.507μm、$V'(\lambda)=1$ 单色光的绝对光谱光效率值。对于整个可见辐射范围内的总光通量 Φ_V，在整个可见光谱范围内积分求得

明视觉　$$\Phi_V=\int_{380}^{780}K_m V(\lambda)\Phi_e(\lambda)d\lambda \tag{8.1-6}$$

暗视觉　$$\Phi_V=\int_{380}^{780}K'_m V'(\lambda)\Phi_e(\lambda)d\lambda \tag{8.1-7}$$

光通量的单位是流明(lm)。

同理，量子点 LED 向某一方向、单位立体角内发射的光通量称为光亮度 L_V。若 LED 发光面积为 dA，在和表面法线 N 成 θ 角方向，在元立体角 $d\Omega$ 内发出的光通量为 $d\Phi_V$，则光亮度表示为

$$L_V=\frac{d\Phi_V}{\cos\theta dA d\Omega} \tag{8.1-8}$$

光亮度的单位是：坎德拉每平方米(cd/m^2)。对于朗伯辐射体，亮度是常数。

2. 色度量

国际照明委员会（CIE）规定的颜色测量原理、基本数据和计算方法，称做 CIE 标准色度学系统。CIE 标准色度学的核心内容是用三刺激值及其派生参数来表示颜色。

1931CIE-RGB 系统采用波长分别为 7×10^{-7} 米(红)、5.461×10^{-7} 米(绿)和 4.358×10^{-7} 米(蓝)的光谱色为三原色，并且分别用(R)、(G)、(B)表示。该系统的光谱三刺激值存在负值，这既不便于计算，也难以理解。为此 CIE 推荐了 1931 CIE-XYZ 系统，选用(X)、(Y)、(Z)为三原色。用此三原色匹配等能光谱色，三刺激值均为正值。这时，LED 的三刺激值可以用如下公式表示：

$$X=k\sum S(\lambda)\bar{x}(\lambda)\Delta\lambda \tag{8.1-9}$$

$$Y=k\sum S(\lambda)\bar{y}(\lambda)\Delta\lambda \tag{8.1-10}$$

$$Z=k\sum S(\lambda)\bar{z}(\lambda)\Delta\lambda \tag{8.1-11}$$

式中，$S(\lambda)$ 是 LED 的光谱功率分布；$\bar{x}(\lambda)$、$\bar{y}(\lambda)$ 和 $\bar{z}(\lambda)$ 为 CIE 1931 标准色度观察

者光谱三刺激值。k 为调节系数，改变 k 值，三刺激值也随之改变，对三刺激值的数值有调节作用。为了使三刺激值有统一的尺度，CIE 规定光源的 Y 刺激值为 100。把光源色的 Y 刺激值定为 100 后，得到

$$k=\frac{100}{\sum S(\lambda)\bar{y}(\lambda)\Delta\lambda} \tag{8.1-12}$$

CIE 1931 标准色度观察者光谱三刺激值的数值如图 8.11(a)所示。

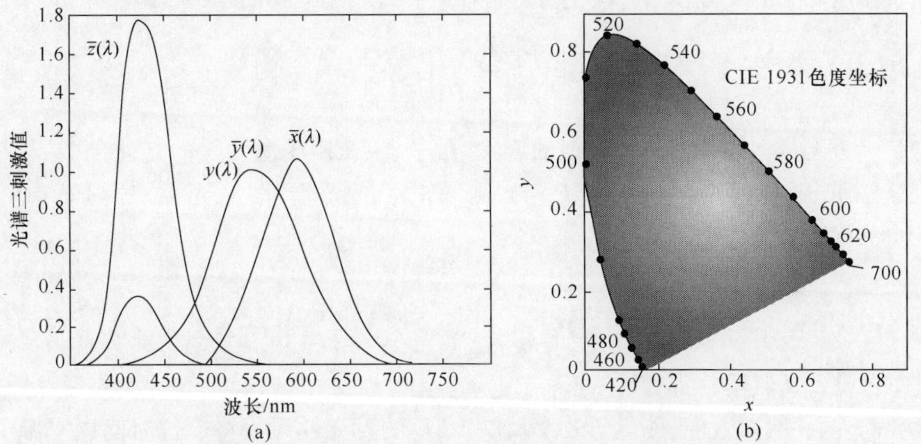

图 8.11　CIE 1931 色匹配函数(a)和色品图(b)

根据 1931 CIE-XYZ 系统，定义色品坐标为

$$x=\frac{X}{X+Y+Z},\quad y=\frac{Y}{X+Y+Z},\quad z=\frac{Z}{X+Y+Z} \tag{8.1-13}$$

图 8.11(b)给出了 1931CIE-XYZ 系统的色品图，称做 CIE 1931 色品图。

相关色温(related color temperature)是描述 LED 光源辐射特性的参数。如果 LED 发光的颜色与黑体在某一温度下辐射光的颜色相同，则黑体这时温度称为该 LED 光源的色温(color temperature)。由于一种颜色可以由多种光谱分布产生，所以色温相同的光源，它们的光谱功率分布不一定相同。对于一般的 LED 光源，它的颜色与任何温度下的黑体辐射的颜色都不相同，这时的 LED 光源可以用相关色温表示。如果 LED 光源的色坐标与黑体在某一温度下辐射光的色坐标最接近，则黑体的温度称为该 LED 光源的相关色温。

显色指数(color rendering index，CRI)也是描述 LED 光源颜色特性的参数，是被测光源照明物体的心理物理色与参比光源照明同一色样的心理物理色符合程度的度量。当 LED 光源光谱中很少或缺乏物体在基准光源下所反射的光谱成分时，会使颜色产生明显的色差，色差越大，光源对该光谱色的显色性越差。显色指数是目前定义光源显色性评价的普遍方法。以 8 种彩度中等的标准色样来检验，

比较在测试光源下与在同色温的基准光源照射下此 8 色的偏离程度,可以测量该光源的显色指数,取平均偏差值 CRI:20～100,以 100 为最高。平均色差越大,CRI 值越低。

3. 量子产额与效率

在给定波长范围内,量子点 LED 光源发射的辐射功率 P_E 与产生这些辐射通量所需电功率 P_e 之比,称为该光源的辐射效率(radiant efficiency),即

$$\eta_E = \frac{P_E}{P_e} = \frac{1}{P_e}\int_{\lambda_1}^{\lambda_2} S(\lambda)\mathrm{d}\lambda \tag{8.1-14}$$

这是一个无量纲的百分数。类似的定义,量子点 LED 光源发射的光通量 P_V 与产生这些光通量所需电功率 P_e 之比,称为该光源的发光效率(luminous efficiency),有

$$\eta_V = \frac{P_V}{P_e} = \frac{K_m}{P_e}\int_{380}^{780} S(\lambda)V(\lambda)\mathrm{d}\lambda \tag{8.1-15}$$

其单位是每瓦流明(lm/W)。

此外,一般引入内、外量子效率反映 LED 的发光性质。将单位时间内有源层载流子复合发出的光子数与注入 LED 的电子数的比值,称为量子点 LED 的内量子效率(internal quantum efficiency,IQE),用 η_{int} 表示,有

$$\eta_{int} = \frac{\text{每秒载流子复合发射光子数}}{\text{LED 注入的电子数}} = \frac{P_{int}/h\nu}{I/e} \tag{8.1-16}$$

式中,P_{int} 表示有源层产生的辐射功率,I 是注入电流(injection current)。在实际情况下,有源层载流子复合发出的光子不一定能够发射到外部空间。为了反映这个影响,引入外量子效率。将单位时间 LED 发出的光子数与注入 LED 的电子数的比值,称为量子点 LED 的外量子效率(EQE),用 η_{ext} 表示,有

$$\eta_{ext} = \frac{\text{每秒 LED 发射的光子数}}{\text{LED 注入的电子数}} = \frac{P_{ext}/h\nu}{I/e} \tag{8.1-17}$$

8.2 Cd 族胶体半导体量子点 LED

与其他胶体半导体量子点比较,Cd 族量子点发光二极管是研究最为充分的量子点发光器件。在这里,我们主要介绍两种结构的 Cd 族胶体量子点发光二极管:第一种情况是量子点薄膜层夹在电子和空穴注入层之间,激子直接在量子点薄膜层内形成。第二种情况是将量子点分散在聚合物或小分子有机物中,构成混合薄

膜层，然后夹在电子和空穴注入层之间。在混合结构中，量子点发挥着激子(产生于聚合物基质中)捕捉器的作用，然后通过辐射复合而发光。在后一种结构量子点发光二极管中，量子点电致发光源于宿主中注入载流子通过 Förster 能量转移到量子点中，再发生复合发光，或者是量子点直接捕捉注入载流子而复合发光。另一方面，考察光致发光可以发现，在光照激发后，没有或极少的自由载流子产生于宿主中，量子点的辐射主要来自宿主 Förster 能量转移，或者来自于直接的量子点激发。在这里我们深入的研究几种典型结构的 Cd 族胶体量子点发光二极管。

8.2.1　CdSe 胶体量子点薄膜层 LED

首例胶体量子点 LED 采用 CdSe 量子点薄膜为发光层、PPV 为空穴注入层的结构，其结构和 EL 光谱如图 8.12 所示[1]。由于没有电子注入层(electronic injection layer，EIL)，器件的工作电压只有 4V，但是外量子效率较低，在 0.01%以下。在注入电流为 $50mA \cdot cm^{-2}$时，发光亮度达到 $100cd \cdot m^{-2}$。利用 CdSe 量子点发光波长的尺寸调谐方法，实现量子点发光二极管黄色、绿色的光发射。

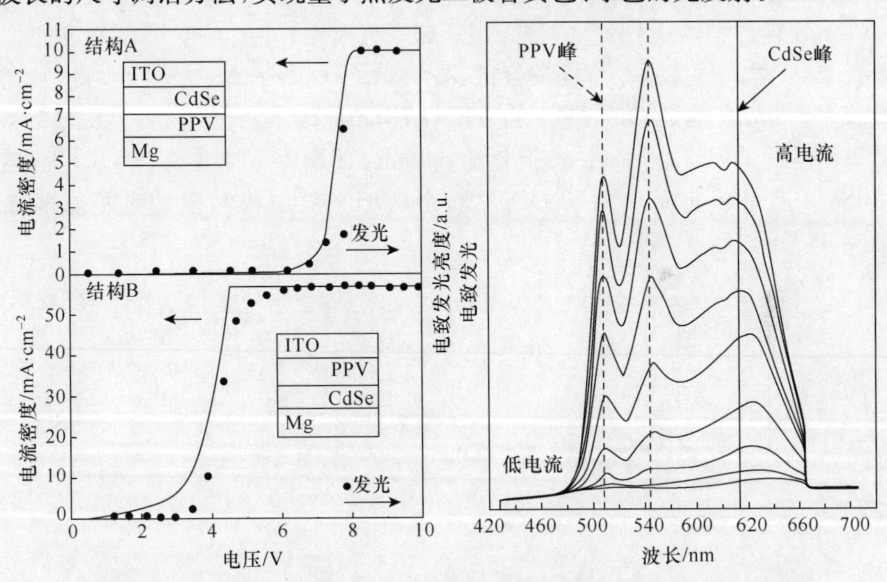

图 8.12　两种结构器件的伏安特性、发光强度曲线，以及 EL 光谱曲线[1]

与传统的平板 PPV 二极管器件一样，这个结构与传统二极管有着类似的伏安特性曲线(图中实线)。因此，载流子注入势垒出现在金属电极的半导体交界处，形成传统的 Schottky 势垒。此外，图中“点”是量子点发光二极管的发光亮度随偏置电压变化曲线。在结构 A 中，开关电压约为 7V，典型的工作电流是 $10mA \cdot cm^{-2}$。相比之下，结构 B 的工作电流是结构 A 的几倍，典型值达到 $50mA \cdot cm^{-2}$，相应的亮度也要高得多，达到 $100cd \cdot m^{-2}$。而且，结构 B 的开关电压要低得多，表明 CdSe 量子点薄膜层的电子亲和势要比 PPV 高得多。

当施加正向偏置时，ITO(indium-tin oxide，氧化铟锡)加正电压。在结构 A 中，PPV 与 Mg 电极接触，这时只有绿色的 PPV 发光。CdSe 量子点没有发光，表明载流子的复合主要发生在 PPV 层。PPV 是一个不良的电子传输材料，对注入电子产生有效的捕捉，使其陷在 PPV 层中。因此，当 PPV 紧邻负电极时，将导致电子与空穴的复合定域于 PPV 层。互换 PPV 和 CdSe 量子点层，得到结构 B。在偏置电压是 4V 的情况下，可以观察到 CdSe 量子点层的发光。由于这时的工作电压较低，可以认为量子点的电子亲和势要比 PPV 大得多。较高的电子亲和势不仅降低了工作电压，而且导致电子穿越 CdSe 量子点层后面临 PPV/CdSe 量子点的接触势垒，致使在 PPV/CdSe 量子点接触面产生电子的积累。这种受限载流子有助于电致发光过程：一是使复合位置远离易于形成猝灭的电极；二是通过在 PPV/CdSe 量子点异质结(heterojunction)处形成大的电场，增强电子进入 PPV 和空穴进入 CdSe 量子点的隧道效应。因此，所形成的激子优先进入较低带隙材料，导致 CdSe 量子点中的复合占据主导地位。

在上述结构中，PPV 为空穴注入层。如果更换为 n 型电子注入层材料会如何呢？Hikmet 等人作了这个方面的尝试，图 8.13 是 CdSe/ZnS 核壳量子点(发光峰值波长是 620nm)为发光层的量子点 LED 结构和能级示意图[16]。一层聚(3,4-乙烯二氧噻吩)(poly(3,4-ethylenedioxythiophene)，PEDOT)被旋涂到 ITO 上，然后将 CdSe/ZnS 量子点旋涂到 PEDOT 上，最后将金属电极蒸镀到量子点薄膜层上面。

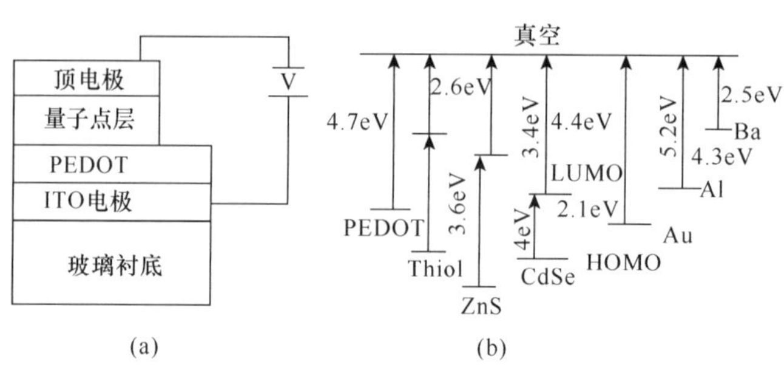

图 8.13　器件结构(a)和能级匹配示意图(b)[16]

利用导电聚合物 PEDOT 的主要目的是平滑 ITO 电极的表面，提高界面的导电性。图 8.14(a)给出这个器件的伏安特性曲线和 EL 发光强度随偏置电压变化的曲线。我们看到，这种结构显示出一个很小的整流作用。当 PEDOT 一端加正电压时，启动电压是 5V；而加负电压时，启动电压是 7V。在量子点薄膜层不同厚度(◆ 10nm，■ 30nm，▲ 75nm，● 100nm，×160nm)情况下，器件 EL 强度随偏置电压变化如图 8.14(b)所示。在不同厚度情况下，当 PEDOT 加正电压时，启动电压总是低于施加反向电压的情况。当 PEDOT 加正电压时，器件显示出较高的转换效率(conversion efficiency)，量子点发光的机制源于高电场下运动电子的贡献。为了使加速电子达到 2～3eV，进入激发态，其漂移速度需要达到 10^6 m/s。为了实现这个漂移速度，对于迁移率 10^{-2} m^2/Vs 的材料，需要提供 10^8 V/m 量级的电场。如图 8.13(b)所示，器件各层能级分布表明：PEDOT 加正电压时，器件启动电压总是低于加负电压的情况。当器件处于正向偏置时，空穴的注入变得更加困难，因为这时基底功函数高于 PEDOT 约 2.2eV。这也揭示出为什么 PEDOT 正向偏置时会产生高于负向偏置的效率。图 8.14(c)给出器件效率随量子点薄膜层厚度变化的曲线和典型的 EL 光谱曲线，器件的效率与量子点薄膜层厚度有关。注意到，这个器件的效率数值较低，原因是 CdSe 核和 ZnS 壳具有较低的 HOMO，导致空穴注入困难，产生低的效率。

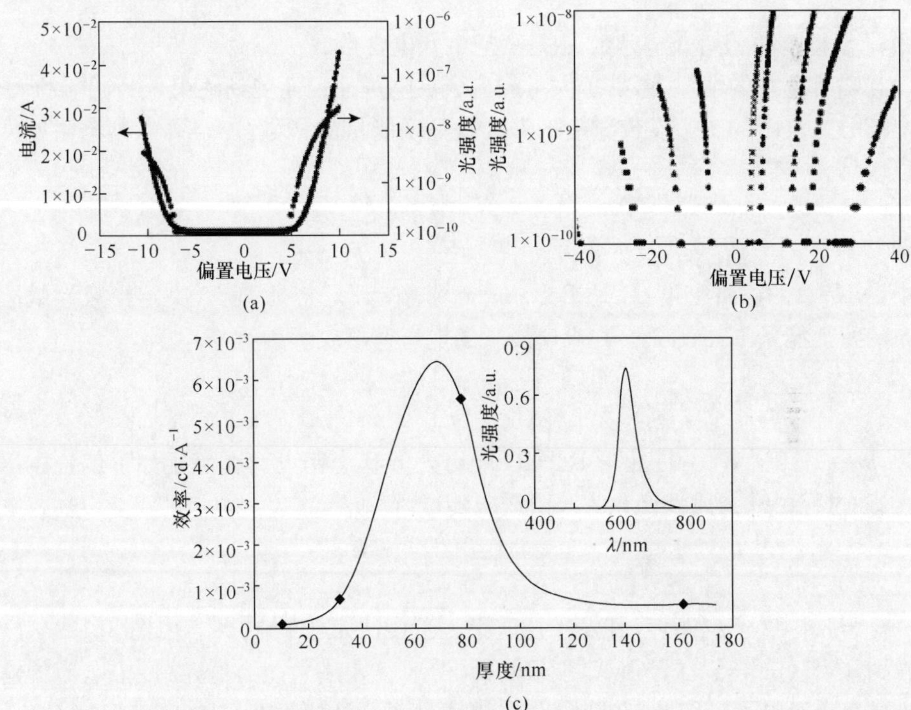

图 8.14　(a)伏安特性和发光强度随偏置电压的变化曲线；(b)不同 PEDOT 厚度器件发光强度随偏置电压的变化曲线；(c)器件效率随量子点薄膜层厚度变化的曲线和典型的 EL 光谱曲线[16]

我们进一步分析图 8.13 所示结构的载流子输运过程。在 OLED 中，在低电场的情况下，电流和电压之间的关系满足 Ohm's 定律[17]，电流密度可以表示为

$$J=\frac{e\mu_n n_T V}{d} \tag{8.2-1}$$

式中，e 是电子电荷；μ_n 是电子迁移率；n_T 是热激发自由载流子密度；V 是偏置电压；d 是薄膜层厚度。一旦注入载流子浓度超过热激发载流子的浓度，就会显示出空间电荷受限(space charge limited，SCL)电流。这时要求半导体至少和一个电极之间是欧姆接触，以便连续的提供电子，同时必须满足如下条件：

空穴注入
$$\phi=V_{\mathrm{HOMO}} \tag{8.2-2}$$

电子注入
$$\phi=V_{\mathrm{LUMO}} \tag{8.2-3}$$

式中，ϕ 是负极的功函数；V_{HOMO}和 V_{LUMO}分别是 HOMO、LUMO 的能级。

在陷阱存在的情况下，SCL 电流密度由 Mottidash Gurney 定律给出[17,18]

$$J=\frac{9\mu_n\varepsilon\varepsilon_0 V^2}{8d^3} \tag{8.2-4}$$

式中，ε 是材料的相对介电常数，ε_0是真空中介电常数。

在陷阱存在的情况下，由于大量载流子被陷阱捕捉而受到约束，注入的载流子只能部分是自由的。假设带隙中陷阱数量呈现能量的指数分布形式，则陷阱密度可以表示为[19]

$$N_t(E)=\frac{N_t}{k_{\mathrm{B}}T_t}\exp\left(\frac{E-E_{\mathrm{LUMO}}}{k_{\mathrm{B}}T_t}\right) \tag{8.2-5}$$

式中，N_t是总的陷阱密度；k_{B}是 Boltzmann 常数；T_t是特征温度，决定指数性缺陷分布的特征能量 $E_t=k_{\mathrm{B}}T_t$。在高电压下的电流密度表示为

$$J=N_{\mathrm{LUMO}}\mu_n \mathrm{e}^{1-m}\left[\frac{\varepsilon\varepsilon_0 m}{N_t(m+1)}\right]^m\left[\frac{2m+1}{m+1}\right]^{m+1}\left[\frac{V^{m+1}}{d^{2m+1}}\right] \tag{8.2-6}$$

其中，$m=T_t/T$，N_{LUMO}是处于 LUMO 能级处的状态密度。在满足如下偏置电压时，输运过程由欧姆属性变化为陷阱受限传导，即

$$V_{\Omega-T}=\left[\frac{n_0}{N_{\mathrm{LUMO}}}\right]^{1/m}\left[\frac{eN_t d^2}{\varepsilon\varepsilon_0}\right]^{m+1} \tag{8.2-7}$$

对于胶体量子点而言，其发光性质很大程度决定于缺陷[20]。由图 8.13(a)已经看到，CdSe 量子点的 HOMO 能级较低，造成空穴注入能力低，器件中电荷的输运主要来自于电子。因此，在陷阱存在的情况下，可以利用上述 SCL 理论解释量子点 LED 的电流随电压变化的性质。图 8.15(a)给出不同量子点薄膜层厚度器件的 I-V 特性曲线，在中间电压范围内，电流与电压的关系可以利用方程(8.2-6)进行拟合。对于 30nm 厚度的量子点薄膜层，在较低电压区间，电流电压二次幂函数，类似于方程(8.2-4)；当量子点薄膜层较厚时，I-V 曲线基本呈现出欧姆性质。较薄薄膜层出现这样的性质，使我们可以联想如下关系的存在：对于欧姆属性产生的电流，$I\sim 1/d$；然而对于 SLC 的贡献来讲，$I\sim 1/d^3$。对于 30nm 厚度的薄膜层，

在较高电压区间，电流对电压的依赖性回归到没有缺陷时的 SCL 属性，类似于方程(8.2-4)的形式。因为在较高电压的情况下，陷阱已经被全部填充。

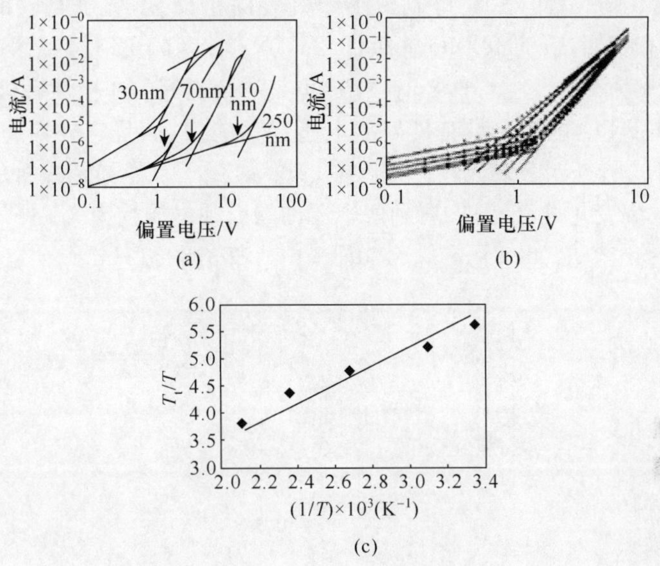

图 8.15　(a)不同薄膜层厚度器件的伏安特性曲线；(b)不同温度的伏安特性曲线；(c) T_t/T 随温度变化曲线[16]

为了进一步研究这种结构器件的 *I-V* 曲线性质，考察其温度性质，图 8.15(b)给出器件在不同温度(◆30℃，■ 50℃，▲ 100℃，● 150℃，×200℃)时的 *I-V* 曲线。这时 *I-V* 曲线可以利用两个具有不同斜率的线性区域描述。使用方程(8.2-1)拟合初始的线性区，使用方程(8.2-6)拟合高斜率的线性区。图 8.15(c)给出了 m (T_t/T) 随 $1/T$ 变化的拟合曲线，由此可以计算出 T_t 的量值是 1750K (0.15eV)。利用这个量值，以及相关数据 $\varepsilon=4$、$N_{\text{LUMO}}=3\times10^{25}\,\text{m}^{-3}$，计算出缺陷浓度是 $N_t=8\times10^{23}\,\text{m}^{-3}$，以及电子的迁移率是 $\mu_n=1.5\times10^{10}\,\text{m}^2/\text{Vs}$。

上述两种结构量子点发光二极管的亮度和发光效率都比较低，一个主要原因是电子和空穴注入的不均衡；另一个原因是量子点发光薄膜只是一个单层的厚度。采用较薄量子点薄膜的原因是，较厚量子点薄膜层会产生较高的工作电压和量子点之间载流子输运困难，由此会带来较低的载流子注入效率。为了解决这个问题，人们设计了一种 CdSe 核、ZnS 或 CdS/ZnS 壳的核壳量子点薄膜层，夹在空穴迁移层和电子迁移层之间，形成如图 8.16(a)所示结构量子点发光二极管[21]。器件结构几何参数是：(ITO)/PEDOT：PSS(25nm)/HTL (45nm)/量子点(15-20nm)/ETL (35nm)/Ca(15nm)/Al (150nm)，其中，ITO/PEDOT：PSS 作为阳极(PSS，聚(苯乙烯磺酸)，poly(styrenesulfonic acid))，poly-TPD 作为 HTL，Alq_3 作为

ETL,Ca/Al 是阴极。

PEDOT:PSS 作为阳极的中间层,主要用来提高阳极的功函数,由 4.7eV (ITO)增加到 5.0eV;此外,它可以减小阳极表面粗糙度,促进空穴的传导能力。Poly-TPD 具有相对高的 HOMO 能级(5.2eV),与 ITO/PEDOT:PSS 阳极的功函数接近,可以作为 HTL。此外,Poly-TPD 也是一个良好的非极性有机溶剂的电阻器。Alq_3选作 ETL,因为它具有良好的电子迁移能力,而且它的界面相与量子点相容。图 8.16(b)是四个发光颜色(红、橙、黄、绿)量子点发光二极管的亮度、发光效率和功率效率变化曲线,我们看到四个器件的启动电压均为 3～4V,发光亮度达到了 9064cd·m^{-2}、3200cd·m^{-2}、4470cd·m^{-2}和 3700cd·m^{-2}。

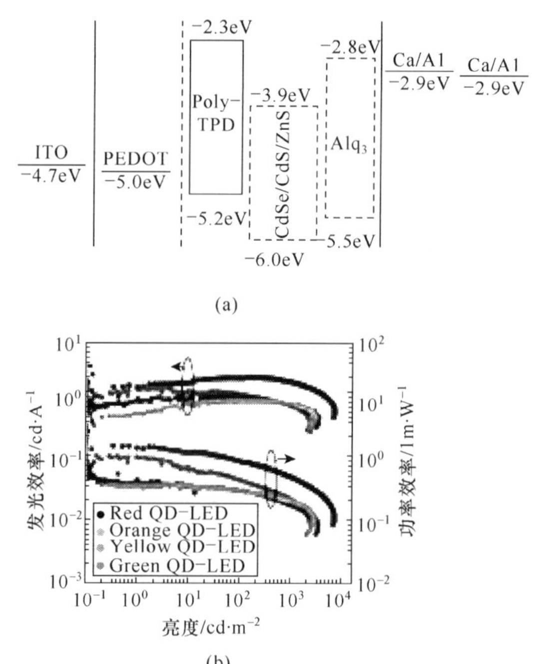

图 8.16　核壳量子点 LED 能级结构(a)和效率、亮度关系曲线(b)[21]

(阅读彩图请扫封底二维码)

通过调整量子点薄膜层的厚度,可以优化量子点发光二极管器件的结构,实现发光颜色、EL 效率和亮度的改善。在量子点薄膜层厚度为 2ML、3ML 和 4ML 时,红光器件 EL 效率随电流变化曲线如图 8.17(a)所示。在这个注入电流范围内,2ML 量子点薄膜层器件的 EL 效率要高于 3ML、4ML 时的效率,表明过厚的量子点薄膜层会限制量子点发光二极管的 EL 效率,归因于量子点之间困难的载流子输运性质。然而,太薄的量子点薄膜层会增加通过量子点薄膜层的漏电流(leak current),引起辐射复合效率的降低,归因于量子点薄膜层中存在着空隙。

这一点可以从不同量子点薄膜层厚度量子点发光二极管的 EL 光谱看到，如图 8.17(b)所示。当量子点薄膜层厚度减少到少于 2 ML 时，峰值 540nm 的 Alq_3 发光光谱显示出来，量子点发光二极管颜色的纯度变差。这时 Alq_3 发出 EL 光谱，是因为空穴泄露到量子点发光二极管的 ETL 中。

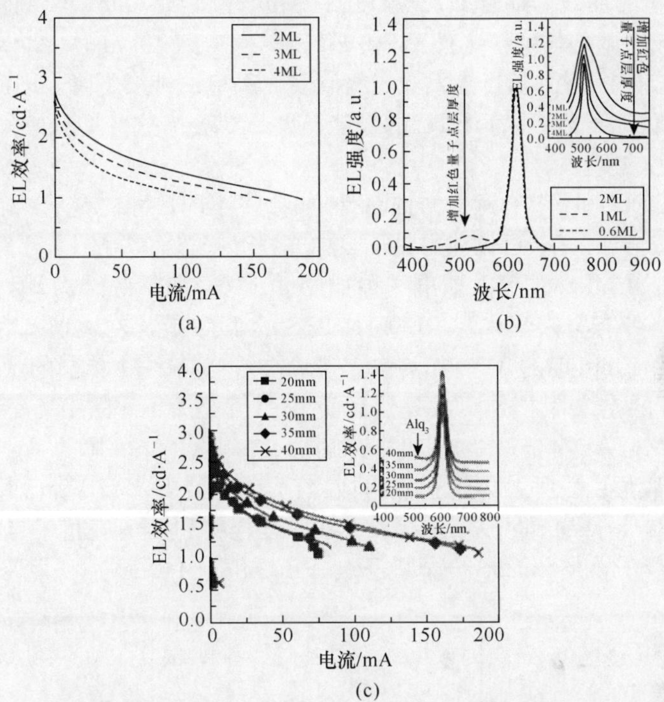

图 8.17　不同量子点厚度和 ETL 厚度对量子点发光二极管的 EL 效率和光谱的影响[21]

考察图 8.17(a)所示红色量子点发光二极管不同量子点薄膜厚度的 EL 效率曲线，2 ML 的量子点薄膜层厚度是一个最佳的厚度。同时，不同颜色量子点发光二极管的量子点薄膜层的最佳厚度依赖于量子点的尺寸和结构。图 8.17(b)中插图给出不同量子点薄膜层厚度的绿色量子点发光二极管的 EL 光谱，这时最佳厚度对应于 7 ML，与红色量子点发光二极管的结果有很大差异。当载流子注入到较小尺寸的量子点时，与注入到同样组分的较大尺寸的量子点比较，会产生相对较低的注入效率，因为较小尺寸量子点的 HOMO 与 HTL 层之间的能级失配增加。

在量子点发光二极管中，HTL 和 ETL 厚度也存在着优化的问题，寻找最佳厚度以便调整电子和空穴的注入，在量子点薄膜层内实现充分的复合。以图 8.16 所示结构为例，HTL 的最佳厚度是 45nm，这时器件启动电压低，同时表现出高的亮度和效率。当 HTL 的厚度是 40nm 时，尽管这时的启动电压较低，但器件的效率却下降了，归因于较高的漏电流。当 HTL 的厚度是 50nm 时，量子点发光二极管的启动电压增加了，同时亮度和效率也下降了，这时来自于 Poly-TPD 的无效辐射包含在量子点发光二极管的 EL 过程中。相对而言，ETL 的最佳厚度确定更加重要，因为 Alq_3 是一个高效的绿光辐射材料。在 HTL 厚度(45nm)和量子点薄膜层厚度(2ML)固定情况下，图 8.17(c)给出红光量子点发光二极管的 EL 效率随 ETL 厚度变化的曲线。随着 ETL 厚度由 20nm 增加到 40nm，器件的 EL 效率和最大注入电流一致的增加了。然而，在 ETL 厚度达到 40nm 时，Alq_3 的辐射开始显现在 EL 光谱中，导致量子点发光二极管发光颜色的纯度下降。因此，对于这个量子点发光二极管器件而言，ETL 的最佳厚度是 35nm，这时具有最大的 EL 效率和良好的颜色纯度。

量子点 LED 的一个有意义的推断是，如果将不同尺寸的量子点混合，红、绿、蓝三色光获得恰当匹配，可以获得量子点白光发光二极管(white light-emitting diode，WLED)。Anikeeva 等人提出一种如图 8.18(a)所示的结构[22]，使这个设想变成现实。将带有空穴注入层 PEDOT:PSS 的 ITO 旋涂在玻璃基底上(作为阳极)，然后旋涂 40nm 厚的 TPD 作为空穴传输层，再旋涂一个单层的量子点后又旋涂厚度 27nm 的空穴阻挡层 TAZ；然后覆盖厚度是 20nm 的 Alq_3，在其上蒸镀 100nm 厚的 Mg/Ag 合金(作为阴极)；最后覆盖一层 100nm 厚的 Ag 保护层。其中，量子点薄膜层由三种胶体量子点组成：红光量子点是 CdSe/ZnS 核壳量子点，PL 峰位于 620nm；绿光量子点是 ZnSe/CdSe 合金核和 ZnS 壳量子点，PL 峰位于 540nm；蓝光量子点是 ZnCdS 合金量子点，PL 峰位于 440nm。

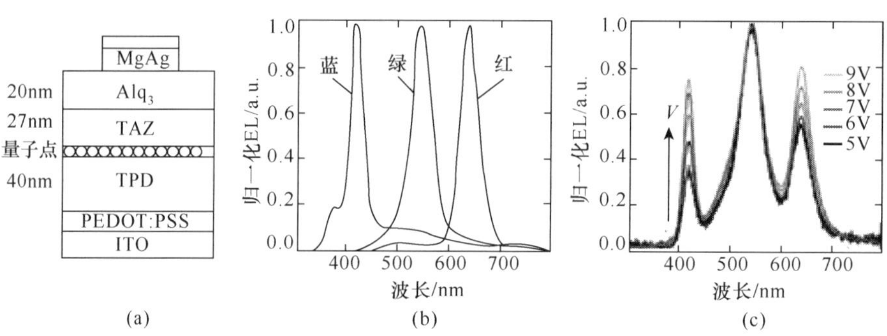

图 8.18　白光量子点发光二极管的 EL 光谱[22]
(阅读彩图请扫封底二维码)

图 8.18(b)是三种单色量子点 LED 的 EL 光谱，测量数据表明：①CdSe/ZnS 量子点的发光范围是 550～650nm，PLQY 达到 90%，EL 器件的外量子效率是 2%。这个颜色的量子点易于接受蓝、绿辐射输运材料转移的激子，从而产生高的亮度和 EQE。②ZnSe/CdSe/ZnS 量子点产生 510～560nm 的辐射，PLQY 达到 70%，EL 器件的外量子效率是 0.5%左右。EQE 较低是因为蓝、绿辐射输运材料转移激子存在较大的困难。③ZnCdS 合金量子点的发光范围是 400～500nm，

PLQY 是 40%左右，EL 器件的外量子效率是 0.35%左右。蓝光器件的 EQE 要低于绿光和红光器件的效率，主要原因是来自于有机传输材料的激子共振能量转移的效率很低。在这种情况下，与绿光和红光器件比较，蓝光器件的性能更多的依赖于直接的载流子注入。由于空穴注入到蓝光量子点价带是更困难的，较高的工作电压可以满足这些量子点的期望。所以，随着工作电压的升高，白光器件的色坐标移向蓝色，如图 8.18(c)所示。

8.2.2　CdSe 胶体量子点与聚合物混合薄膜层 LED

如果将量子点与聚合物或小分子物质混合构成活化层，这时量子点发挥辐射捕捉器的作用，它可以捕捉聚合物基质中产生的激子。在这个结构量子点发光二极管中，量子点的发光来自于两个部分：一是直接注入到聚合物中的载流子，通过 Förster 能量转移到量子点，由此产生辐射复合发光；二是直接注入量子点的载流子产生辐射复合发光。

一种 CdSe/ZnS 量子点与聚合物混合薄膜层量子点发光二极管的典型结构如图 8.19(a)所示[23]。在玻璃基片上沉积 120nm 厚的透明 ITO，作为阳极；然后旋涂厚度 100nm 的 PEDOT:PSS，接着旋涂 QD:PSF 混合物作为活化层；随后蒸镀

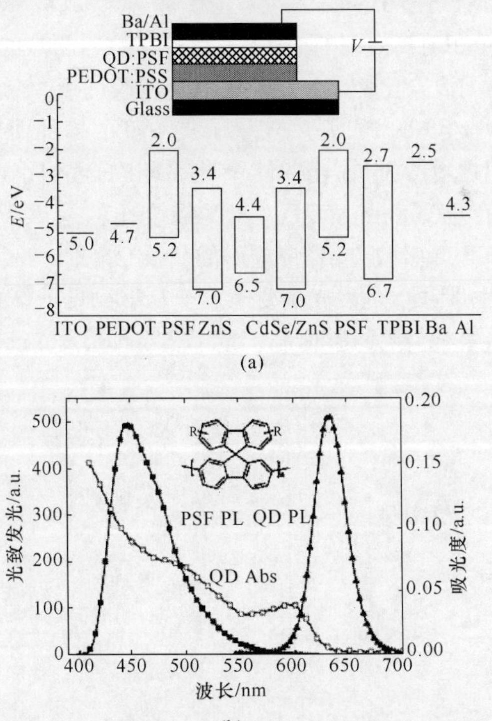

图8.19　混合薄膜层量子点发光二极管的结构和能级匹配图，以及量子点和 PSF 吸收、PL 光谱[23]

（阅读彩图请扫封底二维码）

40nm 的 TPBI 层，作为电子迁移层；最后，蒸镀 Ba(5nm)/Al(100nm)金属电极。图 8.19(a)给出这个结构的能级匹配图。

图 8.19(b)是 CdSe/ZnS 量子点的吸收和 PL 发光光谱，以及聚砜(polysulfone,PSF)的发光光谱，显示出量子点吸收光谱与 PSF 荧光光谱之间有一个明显的交叠。当 CdSe/ZnS 量子点与 PSF 混合时，这个交叠可以有效的实现能量由 PSF 到 CdSe/ZnS 量子点的转移，而且 PSF 和量子点 PL 光谱之间的有明显的分离。由 PSF 施主到 CdSe/ZnS 量子点受主的能量转移效率，决定于 Förster 半径 R_F，其中通过能量转移导致的受激施主分子弛豫的占 1/2，另一半来自于固有的辐射和非辐射途径。当能量转移表现为施主-受主偶极耦合作用时，根据施主的 PL 发光光谱 $F_D(\lambda)$ 和受主的吸收谱 $\sigma_A(\lambda)$ 的交叠量 J_{DA}，Förster 半径可以表示为[23,24]

$$R_F = 0.211\left[\frac{\kappa^2 \eta_F J_{DA}}{n^4}\right]^{1/6}\text{（单位：Å）} \tag{8.2-8}$$

式中，κ 决定于两个跃迁偶极矩的相对取向，对于偶极矩无规则取向时，其值是 2/3[25]；$\eta_F(\lambda)$ 是没有受主时，施主的 PL 量子产率；n 是溶液的折射率。根据图 8.19(b)所示的光谱，对于 PSF 和 CdSe/ZnS 量子点来讲，Förster 半径是 6.2nm。在这个范围内，会产生相对高效率的 PSF 到 CdSe/ZnS 量子点的能量转移。

图 8.20(a)是不同混合比例 QD∶PSF 混合薄膜的 PL 光谱。可以发现，在混合 QD∶PSF 薄膜中，PSF 的 PL 强度随量子点浓度的增加而显著的下降。同时，量子点的 PL 强度随之增加，与预期的能量转移相吻合，但也可能源于直接激发。在量子点辐射最大值处(630nm)，QD∶PSF 混合比例是 70wt%的 PL 激发光谱(带三角形的实线)和 PSF 吸收光谱(带方形的灰线)如图 8.20(b)所示。可以发现，当在 400nm 处激发时，量子点的发光主要来自于 PSF 到量子点的能量转移。在高于 450nm 处产生的低强度 PL 激发尾部，源于量子点吸收激发光产生的 PL 辐射。

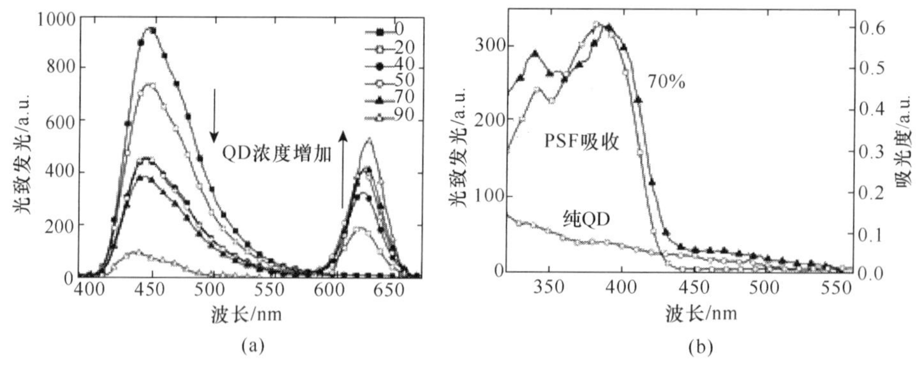

图 8.20　(a)不同混合比例 QD∶PSF 混合薄膜的 PL 光谱；(b)QD∶PSF 是 70wt%的 PL 激发光谱、PSF 吸收光谱和纯量子点薄膜的 PL 光谱[23]

再来考察这个器件EL发光的情况。在图8.19(a)所示的器件结构中,没有TPBI层时,QD∶PSF混合薄膜量子点发光二极管器件的EL光谱如图8.21(a)所示,与图8.20(a)对应的PL光谱有类似形态。当混合层中保持60wt%量子点时,显示出最高的EL强度。对于EL和PL,如果将混合层中量子点的发光强度与PSF的相应数据进行比较,随着量子点浓度增加产生相对强度的增加是类似的。这个类似性表明,在这样一个混合层器件中,由PSF到量子点的能量转移是量子点EL的主要原因,而在量子点中直接的电激发(e-h的注入复合)不是EL的主导因素。

LED的发光性能依赖于空穴和电子电流的平衡。当空穴和电子的迁移率有明显差别时,在发光层中会产生载流子的不平衡分布。某种载流子的过量将降低器件性能,因为这种载流子的一部分会直接通过活化层(activation layer),不会产生辐射复合。通过引入电子阻挡层(electronic blocking layer,EBL)或空穴阻挡层(hole blocking layer,HBL),可以将载流子限制在发光层。为了将空穴限制在QD:PSF混合层中,在QD:PSF层和Ba/Al阴极之间引入40nm厚的TPBI ETL/HBL,如图8.19(a)所示。根据图8.19(a)所示的量子点发光二极管能级匹配图,这时活化层中的空穴将受限于PSF,而这时电子可以被CdSe核量子点捕捉。这个ETL/HBL引入带来的好处是,极大的降低了激子在Ba/Al阴极处的猝灭。靠近金属电极的激子,通常会产生非辐射的衰退。对于PSF中量子点含量是80wt%的情况,量子点发光二极管的EL光谱如图8.21(b)所示。与没有TPBI的器件比较,40nm TPBI层的引入,使量子点的发光强度的增加超过了一个数量级,同时聚合物发光也增加了三倍。与PSF发光增加相比,量子点的发光强度增加更大,表明TPBI层中载流子的复合发光变成激发量子点的主要途径之一。在带有TPBI层器件中,聚合物发光的存在表明在PSF中形成了激子。作为改善载流子或激子受限的结果,利用TPBI层可以轻微增加聚合物发光。这表明量子点不仅仅通过捕捉注入到量子点中的载流子实现激发,而且来自PSF的能量转移依然发挥作用。

有无TPBI层器件的电流密度和亮度随偏置电压变化曲线如图8.21(c)所示。在40nm厚TPBI层加入后,器件的启动电压提高,这时有电流通过但没有发光。作为一个结果:在PSF中量子点的含量是80wt%的情况下,当没有TPBI层时,最大的亮度效率是0.015cd/A;在使用TPBI层后,最大亮度效率增加到0.16cd/A。实验数据表明,在PSF中量子点的含量是70wt%的情况下,带有TPBI层的量子点发光二极管获得了最好的亮度效率,达到0.32cd/A。

另一个成功采用量子点与聚合物混合薄膜作为活化层的工作,是Scholes等人的成果[25]。他们将共聚体材料PTPA-b-CAA(poly(p-methyl triphenylamine-b-cysteamine acrylamide))与CdSe/ZnS量子点混合,制备出量子点与聚合物混合薄膜量子点发光二极管,取得了良好的发光亮度和外量子效率。图8.22(a,b)是器

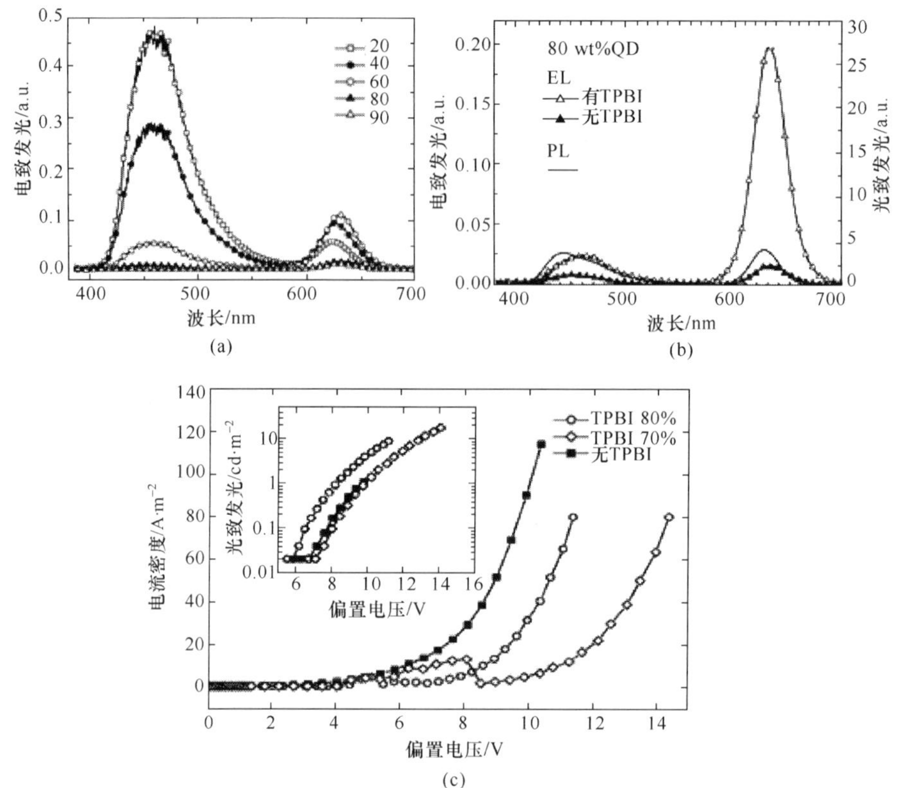

图 8.21 (a)无 TPBI 层器件的 EL 光谱;(b)有无 TPBI 层器件的 EL 光谱比较;(c)有无 TPBI 层器件的伏安特性和亮度曲线[23]

件结构和能级匹配图,其中各层结构是:ITO/PEDOT:PSS(40nm)/(QD/PTPA-b-CAA)/TPBI(40nm)/LiF(0.5nm)/Al(100nm)。其中,PEDOT:PSS 作为空穴注入层;TPBI 是电子输运层,也是空穴阻挡层。量子点分散在 PTPA-b-CAA 混合薄膜中,调整量子点的浓度,得到 H1～H5(量子点浓度分别是 0.5wt%、1.0wt%、1.5wt%、2.0wt%和 2.5wt%;PTPA-b-CAA 浓度是 1.0wt%)5 个器件样本。

在给定偏置电压的情况下,通过器件的电流密度随量子点在混合薄膜中浓度的增加而逐渐减小,如图 8.22(c)所示。产生这个结果的原因是,随着量子点含量的提高,量子点直接捕捉载流子数量和薄膜的厚度将随之增加。如图 8.22(b)所示,CdSe/ZnS 量子点导带边能级是 4.4eV,比 PTPA 的能级(2.8eV)高,电子更易于进入 CdSe 核中。随后受到 ZnS 薄壳的限制,导致通过混合薄膜层的电流密度下降。此外,随着混合薄膜层中量子点含量的增加,器件的亮度和量子点对器件 EL 的贡献随之增加,如图 8.22(d)所示。因为量子点是混合薄膜中激子复合的主要来源,量子点含量的增加将产生更多的激子辐射复合。这些激子既可以来自于直接注入量子点的载流子，也可以来自PTPA到量子点的激子转移。因此，在给定电流密度的情况下，具有较高量子点含量的量子点发光二极管显示出更高的亮度和颜色纯度。

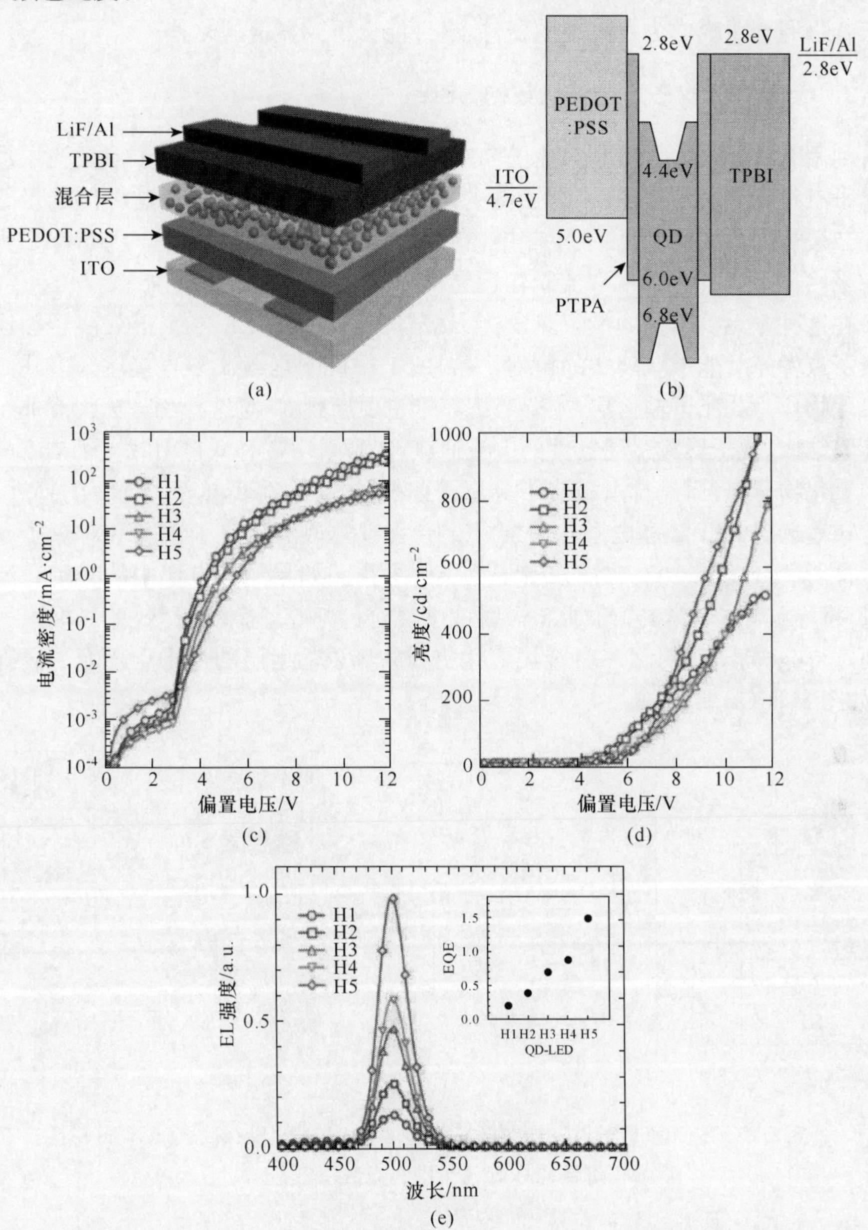

图8.22　QD/PTPA量子点发光二极管结构(a)、能级匹配(b)、伏安特性(c)、亮度(d)、EL光谱和EQE(e)[25]

(阅读彩图请扫封底二维码)

图 8.22(e)表明，当混合薄膜层中量子点含量增加时，器件外量子效率会逐渐增加。这个结果表明，使用导电较好的 PTPA-b-CAA 替代初始包裹在量子点表面的 OA 绝缘层，有助于载流子(电子或空穴)注入到量子点中，即采用量子点/导电聚合物混合薄膜作为发光层的器件，其性能会得到显著的改善。

8.2.3 CdSe 胶体量子点全无机结构 LED

利用有机聚合物材料作为电子和空穴的输运层，之间夹带量子点发光层形成的量子点发光二极管结构，表现出高的发光亮度和 EQE。但是，这种结构量子点发光二极管的主要问题是：在空气中，有机材料是不稳定的。因此，近几年来，人们考虑采用 p 型和 n 型无机载流子输运层，以满足空气中稳定性的要求。

在这种全无机结构的量子点发光二极管里，高效的 EL 依赖于载流子输运层和量子点发光层能带队列式的排列，主要的工作机制是载流子直接注入方式。金属氧化物作为载流子输运层，主要考虑三个主要原则：一是选择物理光滑和非结晶的薄膜结构，便于形成穿越器件的电流通道；二是采用带有低自由载流子浓度的半导体氧化物薄膜，通过自由载流子等离子体振子模式，降低量子点 EL 的猝灭；三是空穴输运层(HTL)和电子输运层(ETL)具有类似的载流子浓度和对量子点的能带补偿，实现电子和空穴注入量子点层的平衡。如果量子点层中的某种载流子过量，将导致量子点充电，增加非辐射俄歇复合的概率，降低 EL 效率。根据上述原则，Caruge 等人设计了一种金属氧化物为载流子输运层的量子点发光二极管结构，如图 8.23(a)所示[26]。

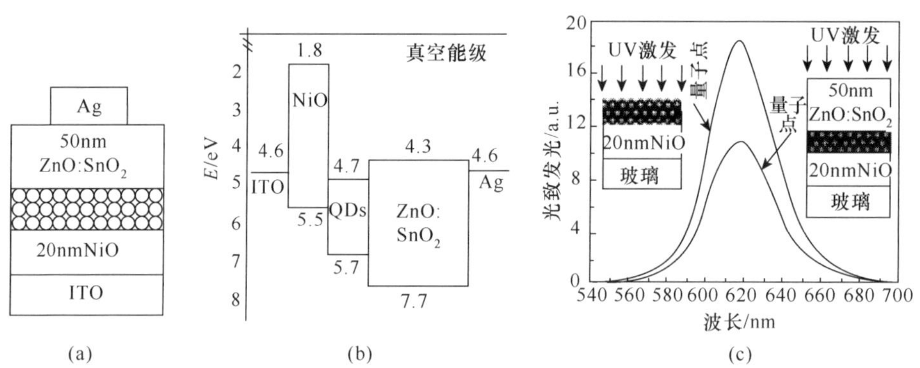

图 8.23 全无机量子点发光二极管结构(a)和能级图(b)；旋涂 $ZnO:SnO_2$ 前后 ZnCdSe 层的 PL 光谱(c)[26]

(阅读彩图请扫封底二维码)

将 20nm 厚的 NiO 薄膜沉积在 ITO 上，作为空穴输运层。选择合金量子点 ZnCdSe，旋涂在 NiO 薄膜上，形成厚度 30nm 的发光层，PL 峰值波长是 638nm，

FWHM 是 40nm。选择 ZnCdSe 合金量子点替代传统的 CdSe/ZnS 量子点，是因为它没有宽禁带的外壳 ZnS，更容易将电荷注入到核量子点中。选择透明 ZnO 和 SnO_2 的合金 ZnO：SnO_2 作为电子输运层，厚度是 50nm，沉积在量子点薄膜上。合金 ZnO：SnO_2 的导带能级允许电子注入到 ZnCdSe 量子点导带，如图 8.23(b)所示。图 8.23(c)给出旋涂 ZnO：SnO_2 前后 ZnCdSe 层的 PL 光谱，显示出 PL 光谱强度有一定的下降。

器件放置在空气中，几天后在空气环境中进行性能测试，图 8.24(a)显示出电流密度(current density，J)随偏置电压 V 的变化曲线。我们看到，J-V 曲线在 1V 和 3V 附近有两个斜率，显示出对载流子的空间电荷受限作用。在 3V 附近 J-V 斜率的增加与量子点发光二极管 EL 发光的开始(3.8V)相一致，也与空穴和电子开始注入到量子点一致。随着电流升高，当偏置电压高于 10 V 时，J-V 的指数关系是 1.3，是注入电子和空穴组合 J-V 特性的显示，即电子和空穴之一或两者都满足欧姆传导性质。在电流密度升高到 3.5A·cm^{-2} 之前，量子点发光二极管保持一个稳态的电流密度，相应载流子注入速率是每秒每个量子点得到 1×10^7 个载流子和每个量子点最大的激子密度是 0.1。

图 8.24(b)是器件 EL 光谱，峰值位于 642nm，FWHM 是 38nm。器件 EL 光谱和量子点 PL 光谱具有类似性，表明器件的发光源于量子点的贡献。图 8.24(c)是量子点发光二极管的 EQE 随注入电流 J 的变化曲线，在 6V、0.46A·cm^{-2} 时，器件的亮度达到 74cd·m^{-2}，辐射中心完全来自于量子点；在 7.15V、0.71A·cm^{-2} 时，器件亮度达到 200cd·m^{-2}；在 19.5V、3.73A·cm^{-2} 时，器件亮度达到最大值，1950cd·m^{-2}；但峰值发光效率是 0.064cd·A^{-1}，对应于 2.33A·cm^{-2}(13.8 V)。

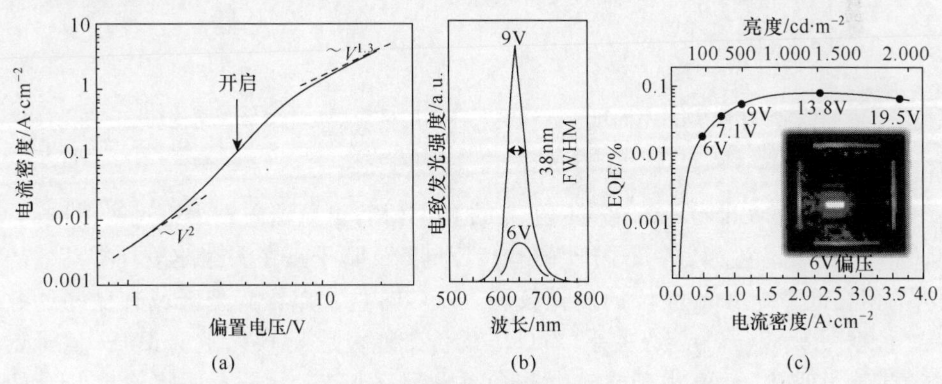

图 8.24　伏安特性(a)和不同电压下的 EL 光谱(b)及 EQE 曲线(c)[26]

(阅读彩图请扫封底二维码)

器件 EQE 受到限制的来源主要是：一是在 p 型和 n 型金属氧化物载流子输运层中，具有相对较高的载流子浓度(典型值是 $10^{14}/cm^3$)，由于量子点之间的非辐射能量转移,导致毗邻量子点的发光猝灭。二是各层之间能级结构的关系影响了空穴和电子注入量子点层的平衡,从而影响量子点发光二极管的工作效率。例如,在8.23(b)所示能级结构情况下,电子由 n 型氧化锌锡(zinctin oxide,ZTO)注入,在量子点层出现明显的堆积;与之比较,空穴由 p 型氧化镍(nickel oxide,NiO)注入到量子点层更加困难。量子点的这种充电导致俄歇非辐射复合的增加,降低了器件的效率。通过调节空穴和电子输运层的厚度,可以消除对量子点的充电过程,避免充电过程对金属氧化物为基础的量子点发光二极管效率产生影响。

利用紫外吸收光谱的测量,相关载流子输运层和量子点薄膜的能带结构如图 8.25(a)所示。考虑到这些材料能带结构的相对关系,可以设计出图 8.25(b)所示的量子点发光二极管,进一步说明这些金属氧化物和量子点发光层的电学性质和结构特性[27]。

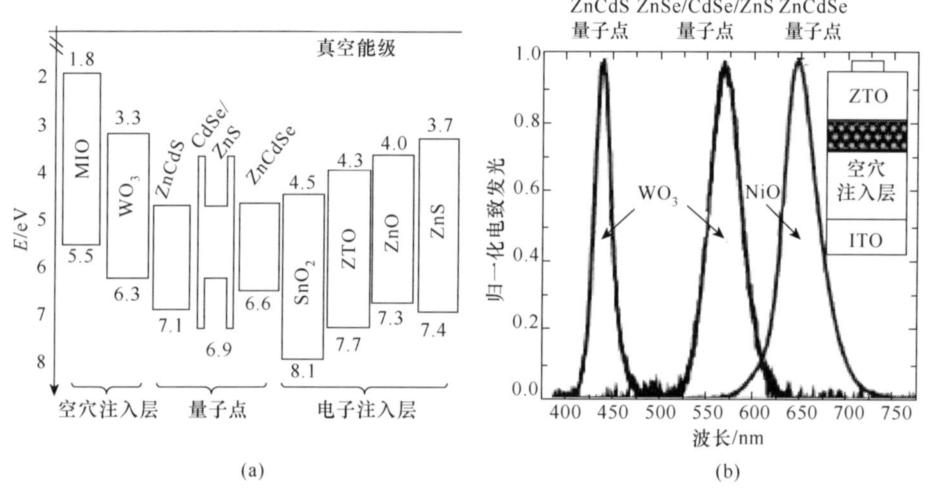

图8.25 材料能带结构图(a);不同量子点和空穴迁移层量子点发光二极管结构和 EL 光谱(b)[27]
(阅读彩图请扫封底二维码)

尺寸调谐的 CdSe/ZnS 核壳量子点的 PL 光谱,可以覆盖整个可见光谱区间,但是在深红和蓝色波段的量子产率较低。ZnCdSe 量子点在深红波段具有高效的发光,但在低于 560nm 波段的发光较弱。ZnCdS 量子点在蓝光区域有良好的效果。根据图 8.25(a)的能级关系,ZnCdS 的价带能级是 7.1eV,比 ZnCdSe 量子点的价带能级低 0.5eV。由于空穴由 NiO 注入到 ZnCdSe 量子点面临着 1.1eV 的势垒,因此在 NiO/QD/ZTO 器件结构中,当采用它替代红光辐射的 ZnCdSe 量子点时,我们没有观察到来自于 ZnCdS 量子点蓝色的 EL。为了证明这个结果是来源于能带补偿的增加,使用三氧化钨(tungsten trioxide,WO_3)薄膜层替代 NiO 薄膜层,它的价带能级比 NiO 低 0.8eV,可以改善空穴的注入。采用这个替代后,可以观察到 ZnCdS 量子点的蓝色 EL 和 ZnSe/CdS/ZnS 量子点的绿光 EL，如图 8.25(b)所示。这个结果表明，在量子点薄膜层和金属氧化物载流子输运层之间的能带队列排列，是获取器件高效发光的决定性因素。然而，输运层可以进一步改善，超越量子点的能带排列。正如前面提到的改善器件工作效率的两个重要因素：量子点层的充电和金属氧化物层的电导率。ZTO 层表现出能带队列排列的良好特性，通过它的调整，实现上述两个因素的改善。

图 8.26(a)给出了四种无机量子点发光二极管器件结构。其中，结构 1 是基本的 NiO/QD/ZTO 器件结构，结构 2～4 是三种改进结构的器件。四种结构器件的 *J-V* 曲线和外量子效率 EQE 曲线如图 8.26(b)所示。增加器件效率的第一种方法是降低量子点发光猝灭的概率，这个猝灭源于毗邻金属氧化物层的自由载流子。为了减少猝灭，在量子点层上部沉积 10nm 厚的 ZnO 绝缘层，得到结构 2。EQE 曲线表明，增加 10nm 厚的 ZnO 层后，EQE 提高 2 倍。为了证明这个 EQE 的增加来自于量子点发光猝灭的降低，我们在 ZTO 或 ZnO 的上面旋涂一个单层量子点(利用高度稀释的量子点溶液)。考察这个制作样本的 PL 光谱，图 8.26(c)给出有无 ZnO 层两个样本的 PL 光谱。带有 ZnO 层样本的 PL 强度提高 2 倍，证明 ZnO 层的插入有助于减少量子点层附近自由载流子的数目和发光猝灭概率。

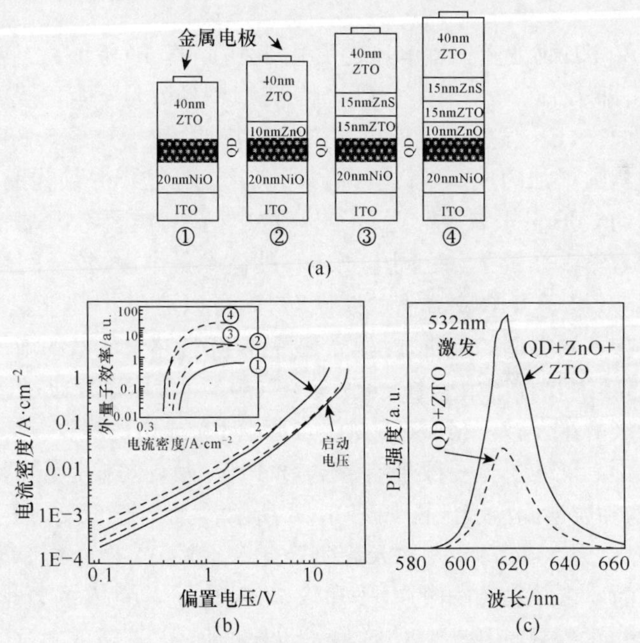

图 8.26 NiO/QD/ZTO 器件四种结构(a)；伏安特性和 EQE(b)；有无 ZnO 层量子点 PL 光谱(c)[27]
(阅读彩图请扫封底二维码)

发光猝灭的第二个来源是量子点薄膜层的充电。根据图 8.25(a)能级结构所示，电子由 ZTO 注入到 ZnCdSe 量子点薄膜层是没有势垒阻碍的，由此导致量子点薄膜层内形成电子的堆积。结构 3 是在 ZTO 内部插入 15nm 厚度的 ZnS 溅射层，相对结构 1，EQE 提高 5 倍。相对电子输运层 ZTO，绝缘层 ZnS 提供 0.6eV 的势垒，以此平衡进入量子点层电子和空穴的数目。如图 8.26(b)所示，插入 ZnS 层会提高器件的启动电压，由 6V 增加到 11V。ZnO 是一个绝缘层，只是对电子流注入 ZTO 提供 0.3eV 的势垒，其作用是减少量子点发光猝灭；与此同时，通过减少电子注入量子点层，ZnS 层限制量子点层的充电。因此，采用结构 4，即加入 10nm 厚的 ZnO 层和 15nm ZnS 层，展现出四个结构中的最高效率，而且没有进一步增加器件的启动电压，仍保持为 11V。

8.2.4 CdS 胶体量子点 LED

Sperling 等利用简单的 ITO/CdS 量子点/Ag 结构，直接得到 CdS 量子点产生的 EL 光谱[28]。实验表明，在 ITO/CdS/Ag 结构上施加直流偏置电压时，在电压超过 15V 时，观察到可见光的光谱，图 8.27(a)给出这个结构在不同偏置电压下的 EL 光谱和室温下 CdS 量子点的 PL 光谱。比较而言，这个结构的 EL 光谱来自于 CdS 量子点。

电流密度和 EL 强度随偏置电压的变化如图 8.27(b)所示。J-V 曲线表现出幂指数的特性，即 $J \sim V^x$，$x \sim 1.32$。这个特性表明，CdS 量子点薄膜的电导率是跳跃式变化的。同样，EL 强度也呈现出幂指数的特性，其指数是 5.88。EL 强度随偏置电压呈现指数增加的规律，不能够简单的归结于层层 pn 结构的二极管特性。电流通过较厚的 CdS 量子点层时，显示出高的电阻率，需要考虑毗邻量子点之间的电子输运动力学。在量子点之间电子转移的概率是温度、粒子间距和电场的函数。因此，高能量量子点中载流子的跳跃转移，可以激发中间能量量子点发光。CdS 量子点存在不同类型的陷阱，在较高偏置电压时，超量能量的增加导致较高能级的相继激发，辐射复合产生蓝移，如图 8.27(a)所示。因此，通过调整偏置电压实现不同深能级的激发，观察到 CdS 量子点薄膜 EL 光谱的展宽。

稍后，Kumar 等人给出一种带有聚合物 PPV 为空穴输运层的 CdS 量子点 LED，器件结构和层层间能级匹配如图 8.28 所示[29]。对于 ITO/PPV/Al 结构而言，电子注入势垒为 1.6eV，空穴注入势垒只有 0.3eV。对聚合物 PPV 而言，这时对应于强有力的空穴注入和弱的电子注入，导致电子与空穴的复合只能发生在 PPV 与金属电极的交界面附近。CdS 量子点层的加入，改善了电子的注入，归因于 CdS 量子点提供较高的电子亲和势(约为 3eV，高于 PPV 的 2.6eV)。使用 Al 电极(负极)，功函数是 4.2eV，电子势垒降低到 1.2eV，于是有更多的电子注入到器件中。此外，CdS 量子点层也有利于阻挡空穴向负电极的注入，以及 PPV 层有

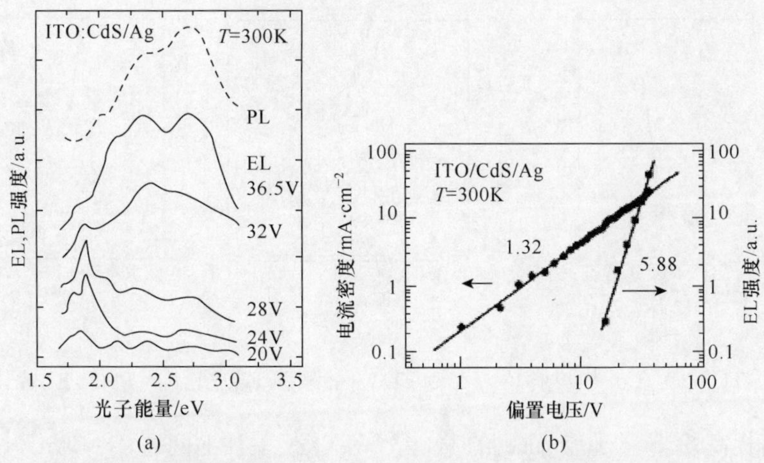

图8.27　ITO/CdS/Ag结构的EL光谱(a)和伏安特性及EL强度(b)[28]

助于阻挡电子向正电极的流动。在PPV/CdS交界面处空穴的积累,增加了作用在CdS量子点层的电场,将进一步改善电子的注入。在PPV/CdS交界面处能级的失配,有助于电子和空穴定域于这个交界附近的区域,从而增加PPV/CdS交界附近载流子复合的概率,有助于提高器件的效率和寿命。

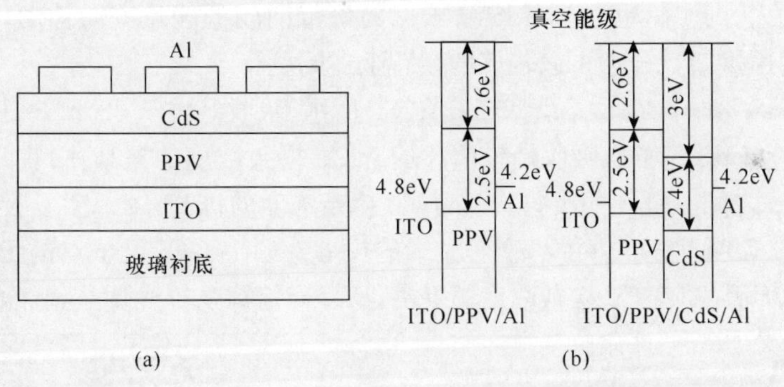

图8.28　PPV/CdS器件的结构(a)和能级结构示意图(b)[29]

PPV/CdS器件 *I-V* 和 *EL-V* 特性曲线如图8.29(a)所示,启动电压是5V。随着偏置电压的升高,发光亮度和注入电流呈现幂指数规律的增加。图8.29(b)是不同电压下的EL光谱曲线,发光亮度随偏置电压升高而增加。在10V、1.6mA·cm^{-2}条件下,发光亮度为150cd·m^{-2}。在510nm波长处,转换效率是340lm/W。图8.29(c)是器件的EL和PL光谱,二者的一致性证明器件的EL来源于CdS量子点激子态的复合发光。在PL情况下,激子的产生来自于光致激发;在EL情况下,发光源于电子和空穴注入产生的复合。电子注入到CdS/PPV的交界处,与来自于正电极经过PPV注入的空穴复合,产生电致发光。

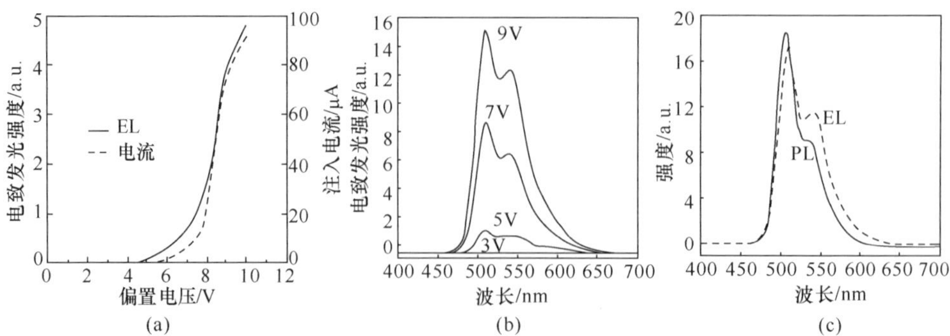

图 8.29　ITO/PPV/CdS/Al 结构的 *I-V* 和 EL-*V* 曲线(a)；EL 光谱(b)；PL 和 EL 光谱(c)[29]

如何提高 CdS 量子点 LED 的发光效率是人们关注的问题，Stouwdam 等人提出采用 Cu 掺杂 CdS 量子点，制备出较高效率的量子点发光二极管[30]。研究表明，量子点发光二极管的效率受限主要归结于低效率的载流子注入。影响载流子注入的主要因素是：一是量子点往往包覆一个无机、宽带的壳(如 ZnS 等)，这个壳可以提高稳定性，钝化表面缺陷以提高 PL 量子产率；二是量子点表面覆盖一层有机配位体，以利于量子点的生长和阻止颗粒聚集。然而，这些有机或无机壳层阻碍载流子的注入。此外，也会使 CdS 量子点的价带向较低能量方向移动，影响空穴的注入。利用掺杂量子点可以较好的缓解上述问题。

Cu∶CdS 量子点吸收光谱如图 8.30(a)所示，吸收峰位于 385nm。相比之下，未掺杂 Cu 的 CdS 量子点吸收峰较窄。随着 Cu 掺杂浓度的提高，吸收峰展宽，在 400～500nm 之间有较高的吸收。随着 Cu 掺杂浓度的提高，第一激子吸收峰的峰位没有改变，表明 Cu 掺杂并不改变粒子的尺寸。Cu∶CdS 量子点的 PL 光谱如图 8.30(b)所示，随着 Cu 掺杂浓度的提高，PL 峰红移，从绿光调节到红光。

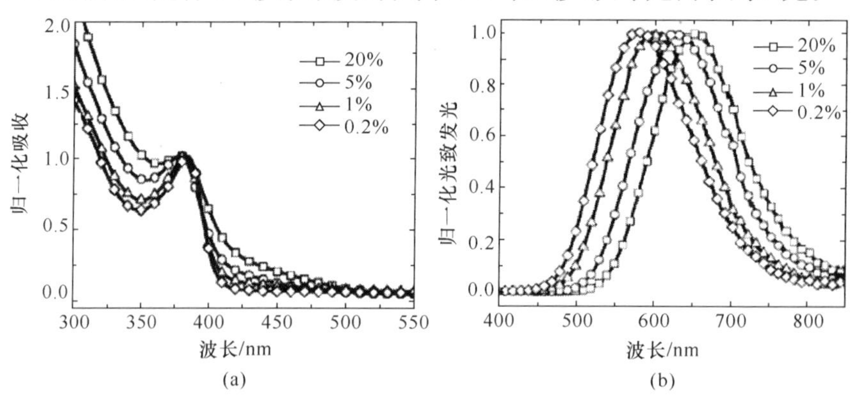

图 8.30　Cu∶CdS 量子点吸收光谱(a)和 PL 光谱(b)[30]

在空穴输运层 PVK 和电子输运层 PBD 之间夹带 Cu：CdS 量子点薄膜层，获得 Cu：CdS 量子点发光二极管，EL 光谱如图 8.31(a)所示。聚乙烯基咔唑(poly(N-vinylcarbazole)，PVK)和 2-(4-联苯基)-5-(4-三丁基苯基)-1，3，4-噁二唑(2-(4-biphenylyl)-5-(4-tert-butylphenyl)-1，3，4-oxadiazole，PBD)的发光位于紫外和蓝光波段，与 Cu：CdS 量子点的吸收光谱有良好的重叠，有助于 Förster 能量转移。在 PVK/PBD 中 Cu：CdS 量子点比例是 10wt%时，观察到来源于量子点的 620nm 波长的强烈发光峰，同时伴随着两个较弱的、位于 460nm 和 490nm 处的发光峰，源于 PVK 和 PBD 的贡献。在 PVK/PBD 中 Cu：CdS 量子点比例是 30wt%时，只观察到量子点的发光峰。Cu：CdS 量子点发光占据主导地位的原因，源于它能有效的捕捉器件中的载流子。注入空穴直接进入到量子点表面附近 Cu 杂质的能级，导致空穴注入势垒变小，有助于提高器件的 EL 发光效率。

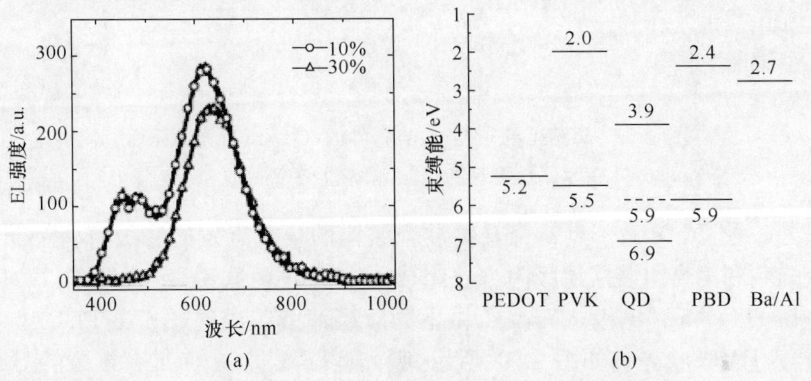

图 8.31　Cu：CdS 量子点发光二极管的 EL 光谱和能级结构[30]

8.2.5　CdTe 胶体量子点 LED

有关 CdTe 量子点薄膜层电致发光特性的研究，早就受到人们的关注。Rogach 等人对 CdTe 量子点薄膜层的电致发光进行了开拓性研究，设计和制备出 ITO/CdTe 量子点/Mg/Ag 结构的量子点发光二极管，如图 8.32(a)所示[31]。这个器件的 EL 光谱峰位与 CdTe 量子点 PL 光谱的峰位几乎是一致的，表明复合发光过程来源于 CdTe 量子点的辐射中心。

如图 8.32(a)所示，EL 光谱比 CdTe 量子点的 PL 光谱宽阔，而且不管是否存在聚苯胺(polyaniline，PAni)，都会出现这个展宽。在加入聚合物 PAni 后，ITO/PAni:CdTe 量子点/Mg/Ag 结构的亮度随偏置电压 V 的变化如图 8.32(b)所示，显示出 2.5V 的启动电压。相比之下，单纯 PAni 存在的结构(ITO/PAni/Mg/Ag)EL 发光启动电压在 6V 以上。ITO/PAni:CdTe 量子点/Mg/Ag 结构的伏安特性曲线如图 8.32(c)所示，在发光启动后，注入电流随偏置电压的增加而增大。

图 8.32(d)是有无聚合物 PAni 两种量子点发光二极管的亮度效率(EL 累积强度与电流的比值)随电压 V 的变化曲线,有聚合物结构的器件显示出更高的外量子效率。

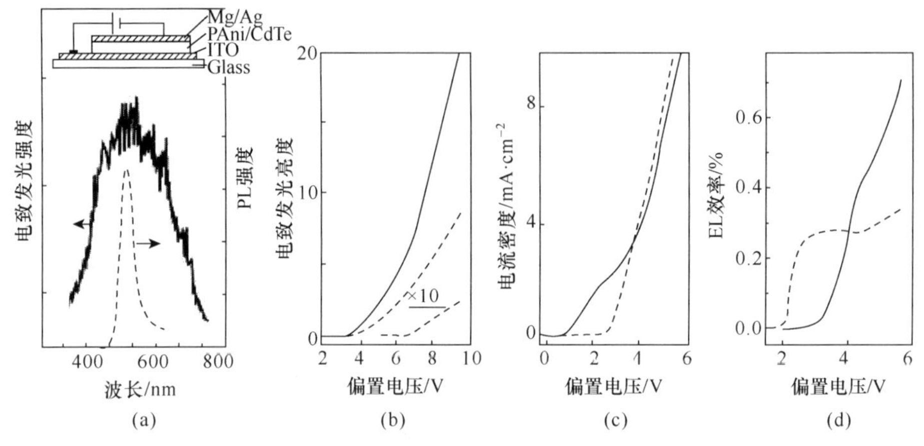

图 8.32 ITO/CdTe/Mg/Ag 器件的 EL 和 PL 光谱(a);亮度(b);伏安特性(c)和亮度效率(d)[31]

另外一种 CdTe 量子点与聚合物混合结构的量子点发光二极管,将 CdTe 量子点装配到利用自组装层层吸附方法组成的 PDDA 薄膜中,然后将 CdTe/PDDA 薄膜夹在 ITO 和 Al 电极之间[32]。由不同双层薄膜组成的$(CdTe/PDDA)_n$(n 表示层数)薄膜,吸收光谱如图 8.33 所示,吸光度随双层(上面带有等量的 CdSe 量子点)数目呈现出线性增加的规律。

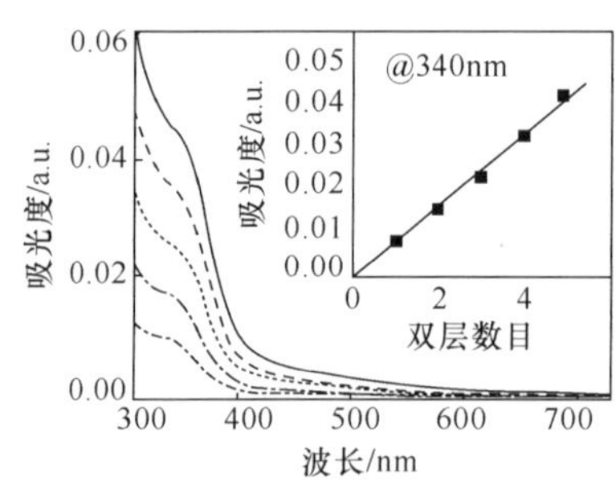

图 8.33 不同 CdTe/PDDA 层数薄膜的吸收光谱[32]

在不同结构参数情况下,考察 ITO/$(CdTe/PDDA)_n$/Al 器件的 EL 特性。对于 n=20、30、50 的$(CdTe/PDDA)_n$薄膜层的器件,电流密度和 EL 亮度随偏置电压变化的曲线如图 8.34(a,b)所示。30 个双层的器件要比其他层数器件有更高的 EL 亮度,而且 50 个双层器件的亮度是最低的。这种变化没有在 I-V 曲线中观察到,随着薄膜层厚度的增加,器件的启动电压单调增加。与 30 个双层的器件比较,50 个双层的器件的 I-V 特性表现出一个有趣的现象。在 2~6V 附近,电流密度显示出一个肩部的凸起。它产生的原因仍然不清楚,可能是因为某些电化学反应。而且随着电压的增加,这个肩部消失了,伴随着一个降低的 EL 强度。

其次，分析不同尺寸 CdTe 量子点的影响。图 8.35(a,b)给出了不同尺寸 CdTe 量子点的 PL 光谱和 30 个双层器件的 EL 光谱，二者具有明显的对应关系。此外，图 8.35(c,d)分别给出使用不同尺寸 CdTe 量子点制作 30 个双层的器件的亮度曲线和伏安特性曲线。随着 CdTe 量子点尺寸的增加，相应器件的亮度随之增加，同时外量子效率也是随之单调增加。

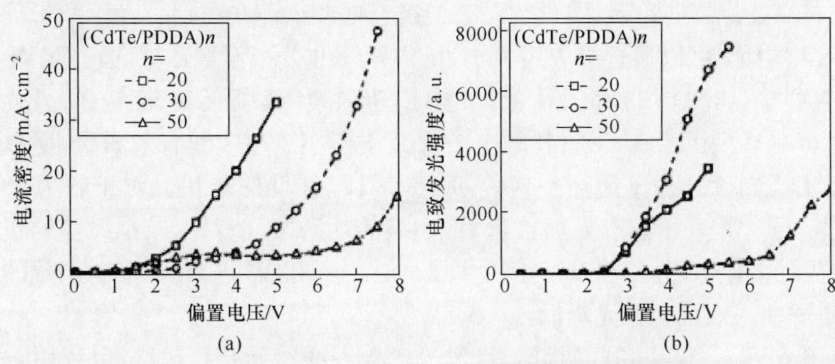

图 8.34　层数对器件 J-V 特性(a)和 EL 强度的影响(b)[32]

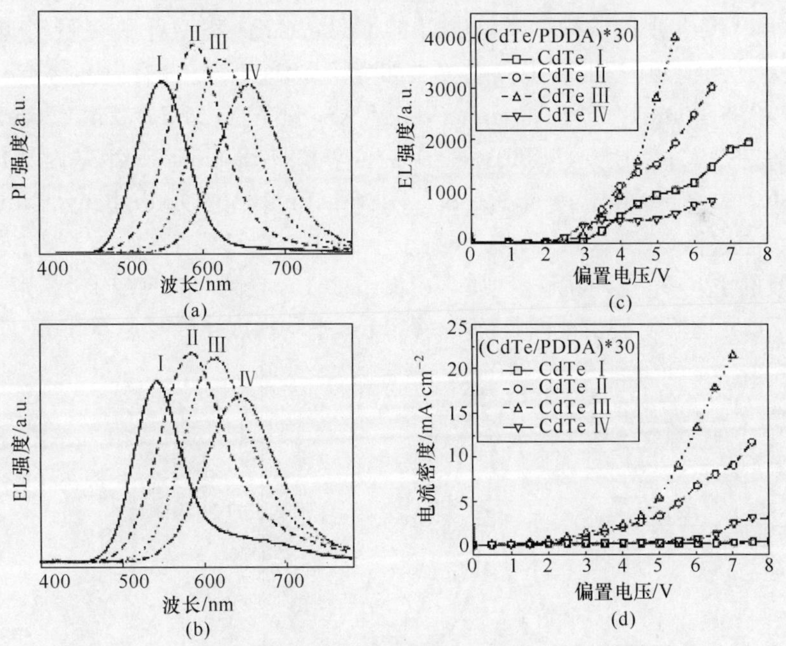

图 8.35　CdTe 量子点尺寸对器件的 PL 光谱(a)；EL 光谱(b)；
亮度(c)和 J-V 特性的影响(d)[32]

如图 8.35(c)所示，不同尺寸 CdTe 量子点制作器件的启动电压是 2.5～3.5V，而且较小尺寸量子点的器件会产生较高的启动电压。对于样本 CdTe Ⅰ、

CdTe Ⅱ和 CdTe Ⅲ，随着量子点尺寸的减小，EL 强度和电流密度会单调增加。但是，样本 CdTe Ⅳ却显示出一个低的电流和 EL 强度。在器件结构特性（例如量子点密度和薄膜厚度）相同时，随着量子点尺寸的变化，器件明显表现出量子点尺寸依赖的性质。在这种情况下，量子点薄膜的光学和电学性质仅受到 CdTe 量子点尺寸依赖的电子态的影响。由于量子尺寸受限效应，较小尺寸量子点的电子态能级会向较高能量方向移动，同时空穴态能级会向较低能量方向移动。两者能级之差，即带隙能量（可以通过吸收边表示）随粒子尺寸变小而增加。比较 CdTe Ⅰ和 CdTe Ⅳ样本，如图 8.33 和图 8.35(a)所示，吸收边清楚显示出蓝移，PL 发光峰位置移动 0.4eV。由于 CdTe 材料的电子有效质量小于空穴的有效质量，所以电子最低能级（导带底）要比最高空穴能级（价带顶）移动的更快。对于较大尺寸的 CdTe 量子点，其电子能态更加接近 Al 电极的功函数，而对于较小尺寸的粒子会产生较大的差值。因此，当量子点尺寸减小时，电子能态与 Al 电极功函数的差异增大，电子注入效率会明显降低。

有关 CdTe 量子点薄膜层量子点发光二极管的特异之处是，可以利用 CdTe/CdSe 类型Ⅱ核壳结构制备出近红外（NIR）辐射的量子点发光二极管。Shen 等人制备出辐射峰值波长范围 640-820nm 的 CdTe/CdSe 类型Ⅱ核壳量子点，按图 8.36 所示的结构，制备出量子点发光二极管[33]。这个器件的结构组成是：ITO/PEDOT：PSS(40nm)/ TFB(30nm)/CdTe/CdSe 量子点(25nm)/ZnO(35nm)/Al，EL 光谱如图 8.36(a)所示。TFB（聚[9,9-二辛基芴-co-N-[4-(3-甲基丙基)]-二苯胺]，poly [9, 9-dioctylfluorene-co-N-[4-(3-methylpropyl)]-diphenylamine]）和 ZnO 作为空穴输运层（HTL）和电子输运层（ETL），它们具有高的电子（空穴）迁移率和有效的空穴（电子）的阻挡性质。由图 8.36(a)看到，这个结构量子点发光二极管的 EL 光谱峰值波长范围是 760～800nm，平均强度半峰宽是 60nm。EL 光谱

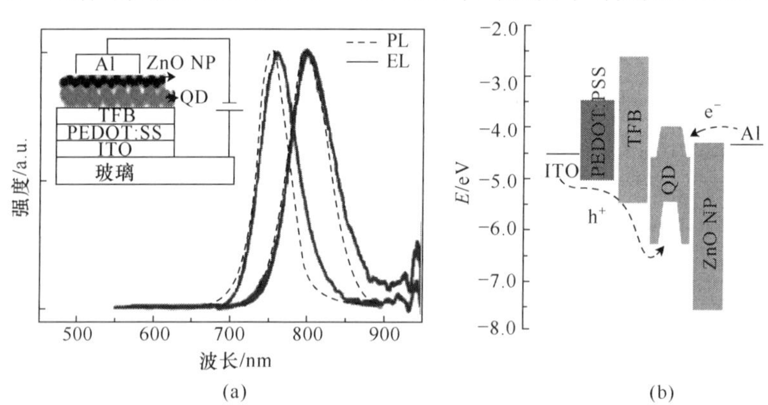

图8.36　CdTe/CdSe 量子点薄膜层 NIR LED 结构、PL 和 EL 光谱(a)；能级结构(b)[33]

（阅读彩图请扫封底二维码）

(实线)相对 PL 光谱(虚线)有微小的红移,约为 8～10nm,是由紧邻量子点薄膜中 Föster 能量转移的作用[34]。

CdTe/CdSe 量子点薄膜层近红外 LED 伏安特性和辐出度随电压变化关系如图 8.37(a)所示。显示出良好的二极管特性。在 8V 工作电压时,电流密度是 2.1×10^3mA·cm^{-2},具有最大的辐出度,约为 17.7mW·cm^{-2}。这里没有显示出来源于 CdTe 或 CdSe 的辐射特性,表明高效的电子与空穴复合发生在类型Ⅱ CdTe/CdSe 核壳量子点中。根据辐出度的曲线,器件的启动电压是 1.55 V,它与 1.55eV 的近红外辐射光子能量几乎一致。器件 EQE 随电流密度变化的情况如图 8.37(b)所示,峰值达到 1.59%。

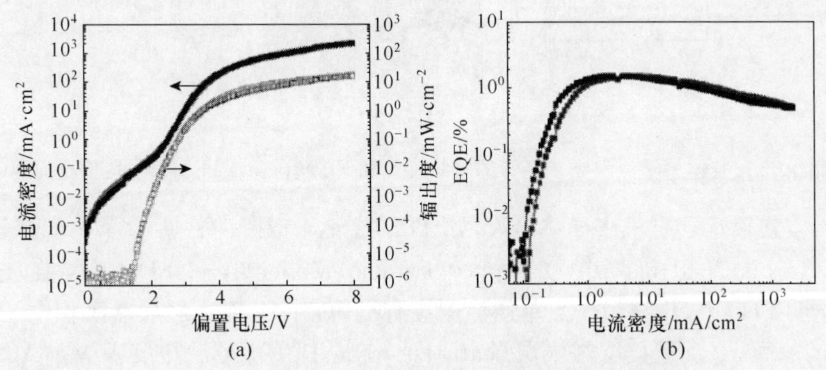

图 8.37　CdTe/CdSe 量子点近红外 LED 的伏安特性和辐出度(a)及 EQE 曲线(b)[33]

8.3　Pb 族胶体半导体量子点 LED

Pb 族胶体量子点辐射光谱主要集中在近红外区间,而且 Pb 族材料的玻尔半径较大,量子尺寸受限效应明显;但介电常数较大,库伦作用相对变小。与 Cd 族胶体量子点 LED 研究比较,Pb 族胶体量子点 LED 的研究起步较晚,相关研究报道较少。这里,我们主要介绍几种典型结构的 Pb 族胶体量子点 LED,就其工作机制和光电特性进行讨论。

8.3.1　PbSe 胶体量子点 LED

从结构角度而言,量子点发光二极管中 PbSe 量子点薄膜结构有两种形式:一是 PbSe 量子点单独构成发光薄膜;二是 PbSe 量子点与其他聚合物混合,形成混合体发光薄膜。

1. PbSe 量子点发光薄膜量子点发光二极管

首个 PbSe 胶体量子点量子点发光二极管,采用 PbSe 胶体量子点独立成膜的结构。根据 Bawendi 研究组的工作,将尺寸可调的 PbSe 量子点沉积成膜,夹在有机聚合物电子输运层(ETL)和空穴输运层(HTL)之间,形成双异质结结构[35]。图 8.38(a)是典型的、有良好激子吸收峰的 PbSe 胶体量子点的吸收、PL 辐射和 EL 辐射光谱(虚线),峰值分别位于 1456nm、1500nm、1495nm。同时,图 8.38(b)是 PbSe 胶体量子点的 TEM 和 HRTEM,显示出良好的单分散性。

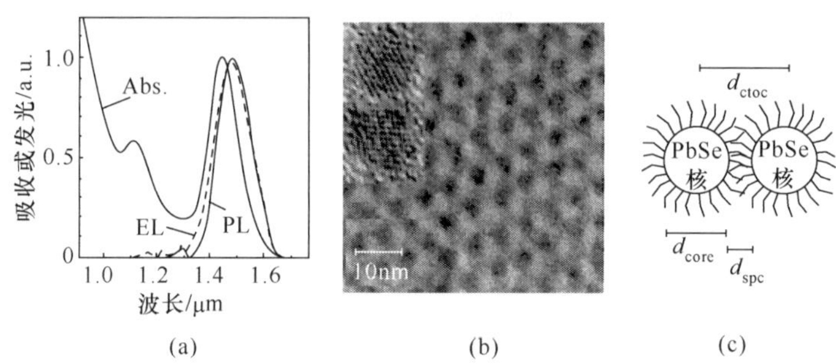

图8.38 PbSe 胶体量子点发光二极管的吸收、PL 和 EL 光谱(a);TEM(b);量子点间距(c)[35]

将空穴输运层有机半导体溶液,如 TPD 或 4,4-双[N-(1-萘基)-N-苯基-氨基]联苯(4,4-bis[N-(1-naphthyl)-N-phenyl-amino]biphenyl,α-NPD),旋涂在玻璃基底的透明 ITO 上,再将量子点单层涂覆在有机薄膜的上面。然后热沉积电子输运层 Alq_3 薄膜,以及阻挡层浴铜灵(bathocuproine,BCP),最后热沉积 Mg/Ag 混合电极。器件结构和外量子效率 EQE 如图 8.39 所示。利用原子力显微技术,测出量子点中心之间的平均距离 d_{ctoc} 约为 6.5nm。这里采用 PbSe 胶体量子点的第一激子吸收峰位于 1400nm,其尺寸 d_{core} 约为 4.7nm。量子点之间填充 1.8nm 尺寸的 OA。

图 8.39(a)是器件的近红外 EL 光谱,与 PbSe 量子点的 PL 光谱十分接近。通过调整量子点的尺寸,可以实现 EL 光谱的持续调整,得到不同峰值(1330nm、1420nm、1500nm、1560nm)的 EL 辐射光谱。器件的伏安特性如图 8.39(b)所示,在小于 3V 情况下,电流密度 J 与偏置电压 V 之间呈现近似于线性的关系;当达到启动电压后,产生辐射,这时电流密度 J 与偏置电压 V 之间呈现幂指数的关系,即 $J \sim V^9$。这与 Alq_3/TPD 类器件的特性相吻合,尽管工作电压较高,仍然会产生量子点的电荷捕捉、交界面处偶极矩的重新排列,以及电荷屏蔽。由图 8.39(b)所示,器件的外量子效率较低,只有 0.001%。这归因于密实的 PbSe 量子点薄膜的量子效率较低。测量表明,PbSe 量子点薄膜的 PL 量子产额只有 1.5%左右。

若将量子点直接嵌入聚合物基质中,形成 EL 发光,这时存在两个激子形成的机制:来自于聚合物到量子点的辐射和非辐射能量转移(energy transfer,ET)。在辐射 ET 中,PbSe 量子点吸收聚合物发射的高能量光子,然后产生更长波长的辐射。在非辐射 ET 中,通过偶极子-偶极子相互作用,不需要声子的参与,借助于 Förster 能量转移,受激施主(聚合物)的能量直接转移到毗邻受主(PbSe 量子点)。

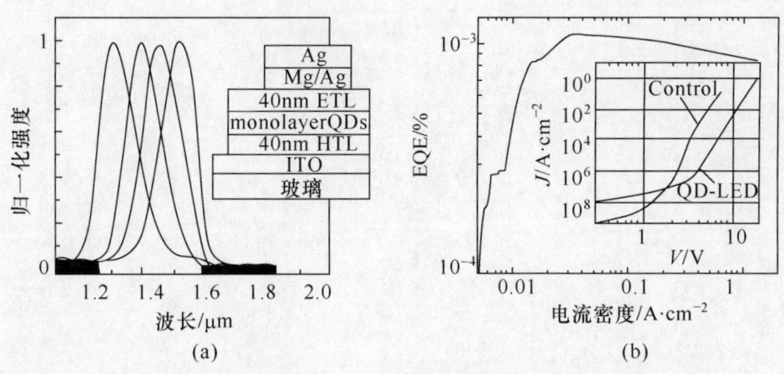

图 8.39　器件结构、归一化的 EL 光谱(a)和 EQE(b)[35]

但是，这种转移需要满足一个条件，即由聚合物到 PbSe 量子点的非辐射转移速率要快于聚合物辐射衰退和其他退激发过程。此外，要想获得高效的能量转移，聚合物辐射光谱与 PbSe 量子点吸收光谱之间必须有明显的重叠。上述结构中，PbSe 量子点只是部分的嵌入在聚合物中，器件显示出较低的 EL 外量子效率。

Hu 等人进一步研究 PbSe 量子点薄膜层的电学特性，采用层层旋涂模式，设计出一种多层器件，获得较好的辐射效率[36]。胶体 PbSe 量子点外部包裹 OA 配位体分子层，使其处于稳定状态。OA 分子是非导电介质，它限制 PbSe 量子点的电学性能。利用配位体交换方法，可以对量子点表面进行处理，改善 PbSe 量子点的电学性能。方法之一是采用 1,2-乙二硫醇(1,2-ethanedithiol,EDT)进行配位体交换，移除绝缘的 OA 分子。如图 8.40(a)所示，将 PbSe 量子点旋涂在一个厚度为 20nm、间隙为 25μm 的电极之间，然后进行 EDT 处理，分析 EDT 处理前后 PbSe量子点薄膜的导电特性。

处理前后不同层数的 PbSe 量子点薄膜电阻 R 的变化情况，如图 8.40(a)所示。随着层数的增加，PbSe 量子点薄膜的电导率随着增加，但是会逐步趋于稳定。同时，EDT 处理前后 PbSe 量子点薄膜的吸收和 PL 辐射光谱如图 8.40(b,c)所示，可以观察到一个明显的红移。这个现象似乎可以归因于空气氧化的结果，然而将处理后的 PbSe 量子点薄膜放在空气中 10 天，这时吸收和 PL 发光光谱呈现出蓝移，所以上述假设是不正确的。这个红移实际上是因为 OA 的减少，导致 PbSe 量子点薄膜密度增加，使得振子强度、偶极子与偶极子的相互耦合发生变化，由此引起吸收和发光光谱的红移。

PbSe 量子点发光二极管的结构如图 8.41(a)所示，ITO/PEDOT: PSS (30nm)/EDT treated PbSe 量子点(80nm)/ZnO(50nm)/Al(150nm)层层结构的能级匹配关系如图 8.41(b)所示。尺寸为 3.3nm、4.4nm 和 5.3nm 的 PbSe 量子点，LUMO 分别是 4.27eV、4.38eV 和 4.45eV，HOMO 分别是 5.33eV、5.25eV 和 5.2eV，其他材料的能级如图所示。

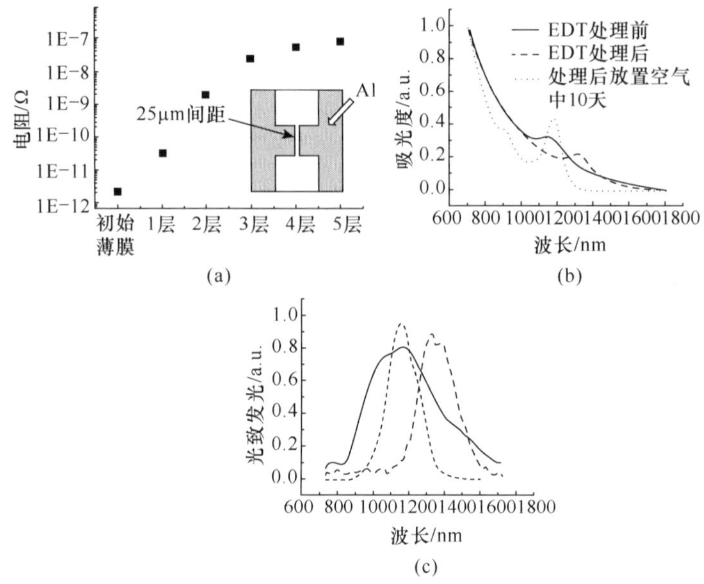

图 8.40　EDT 处理前后 PbSe 量子点薄膜的电阻变化(a)；吸收光谱(b)；PL 光谱(c)[36]

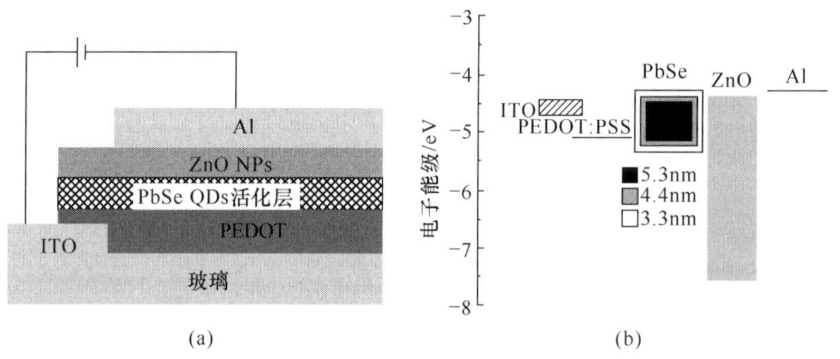

图 8.41　PbSe 量子点发光二极管结构(a)；能级结构(b)[36]

不同尺寸 PbSe 量子点制备器件的 EL 光谱如图 8.42(a)所示，相应的 EL 辐射功率随注入电流密度的变化曲线如图 8.42(b)所示。随着 PbSe 量子点尺寸的增加，EL 辐射强度随之增加。三个量子点发光二极管 EL 辐射峰位于 1198nm、1412nm 和 1597nm，尺寸 5.3nm 粒子量子点发光二极管的辐射功率是 4.4nm 粒子的 4.8 倍，是 3.3nm 粒子的 13.2 倍。这个结果表明，大尺寸 PbSe 量子点有助于产生有效的电子和空穴的注入，得益于他们的能级与器件中比邻层能级之间有更好的匹配。

PbSe 量子点 LED 的 I-V 特性如图 8.43(a)所示。在反向偏置情况下，展现出低的工作电流(1×10^{-8}A)，这有助于阵列器件的制作。注入电流密度和外量子效率 EQE 随偏置电压的变化如图 8.43(b)所示。在偏置电压 2.7V 时,4.4nm PbSe 量子点对应器件最高的 EQE 是 0.73%。与图 8.39 的器件相比,外量子效率有明显的提高。

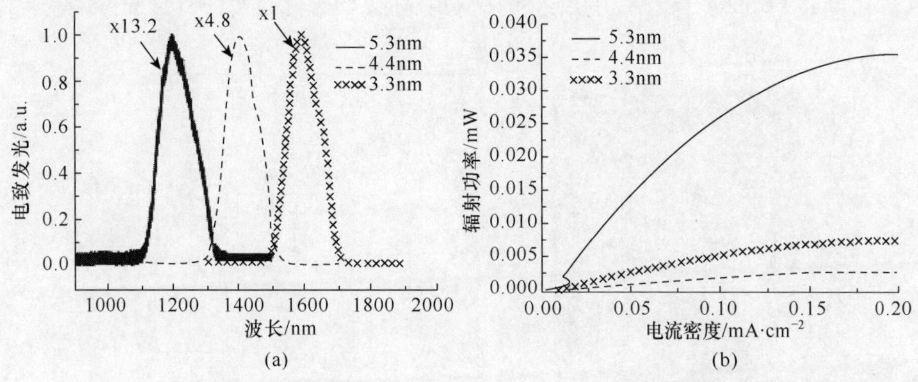

图 8.42　不同尺寸 PbSe 量子点器件的归一化 EL 光谱(a)和辐射功率(b)[36]

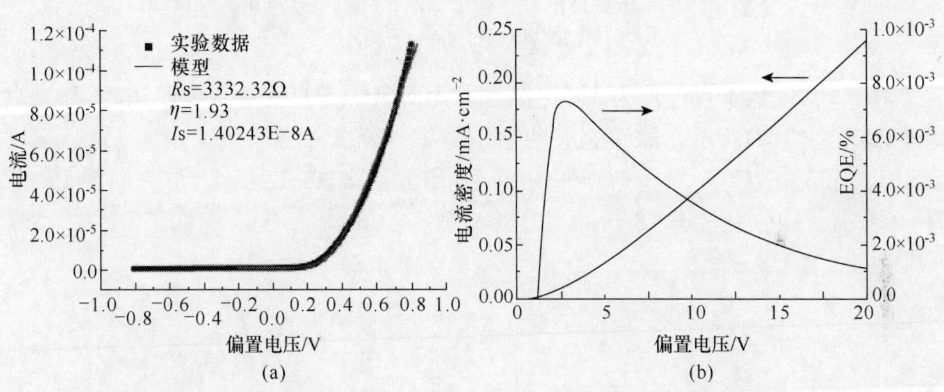

图 8.43　PbSe 量子点 LED 器件的 I-V 曲线(a)和 EQE 和电流密度曲线(b)[36]

2. PbSe 量子点与聚合物混合薄膜量子点发光二极管

将 PbSe 量子点与聚合物混合作为发光层,可以较好的改善有机 LED 的颜色纯度和效率,因此受到人们的关注。PbSe 量子点是窄带半导体材料,导带和价带与许多共轭聚合物的 LUMO-HOMO 带隙十分接近。因此,由聚合物向 PbSe 量子点的能量或载流子转移会更加的有效。如图 8.44 所示,给出聚(2-甲氧基-5-(20-乙基己氧基)-1,4-苯乙烯)(poly[2-methoxy-5-(20-ethyl-hexyloxy)-1,4-phenylene vinylene],MEH-PPV)作为聚合物基质材料的 PbSe 量子点与聚合物混合发光薄膜量子点发光二极管的结构[37]。MEH-PPV 的 HOMO 与 PbSe 量子点价带是匹配的,同时 PbSe

量子点导带边处于 MEH-PPV 的带隙内，可以产生聚合物到 PbSe 量子点的电子有效转移。但是，PbSe 量子点表面包裹着大量 OA 配位体，阻止载流子的有效转移。为了获得高效的 EL 辐射，有必要去除过量的有机配位体 OA，得到纯 PbSe 量子点。所以，在合成 PbSe 量子点后，应当进行多次清洗，以便去除过量的有机配位体。

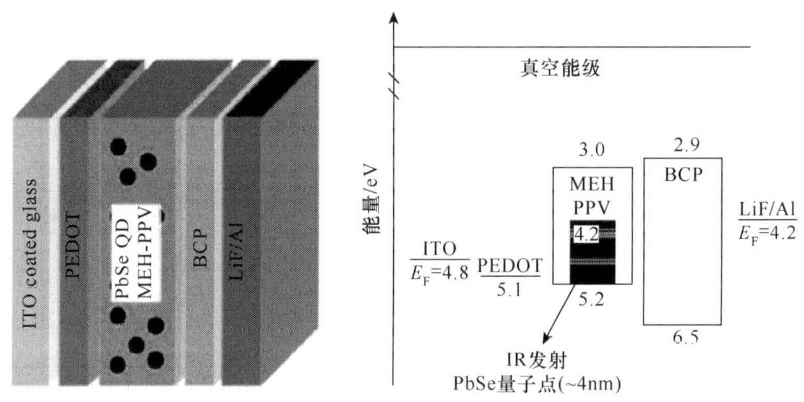

图 8.44　PbSe 量子点与聚合物混合薄膜量子点发光二极管的结构和能级匹配[37]
（阅读彩图请扫封底二维码）

对于 PbSe 量子点比例为 1%的混合发光薄膜量子点发光二极管，电学和光学特性如图 8.45(a)所示。器件的启动电压是 3V，峰值外量子效率是 0.1%。不同尺寸(3～4.5nm)PbSe 量子点器件的 EL 光谱如图 8.45(b)所示，与它们的 PL 光谱一致，辐射峰分别位于 1290nm、1350nm 和 1440nm。

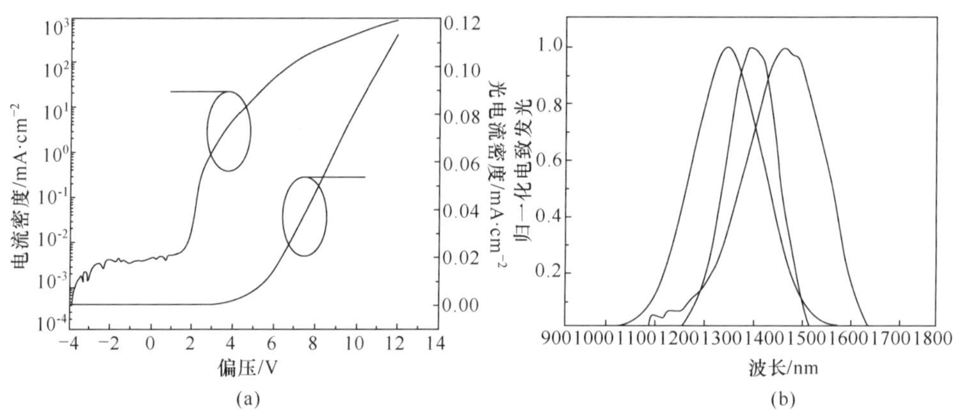

图 8.45　混合发光薄膜量子点发光二极管的伏安特性和辐射强度曲线(a)和归一化 EL 光谱(b)[37]

考虑 PbSe 量子点混合浓度的影响，取 MEH-PPV 中 PbSe 量子点比例分别是 1%、3%、6%和 9%，相应器件的 J-V 曲线如图 8.46(a)所示。随着聚合物中 PbSe 量子点数量的增加，在整个偏置电压范围内的电流密度随之下降。图 8.46(b)是

IR 辐射强度随偏置电压变化的曲线，当 PbSe 量子点比例由 1%增加到 3 %时，IR 辐射强度随之增加。但是，PbSe 量子点比例继续增加后，IR 辐射强度将下降。此外，如果器件是由纯 MEH-PPV 组成发光层时，器件显示出橙色发光，EQE 是 1%。随着 PbSe 量子点的加入，在 MEH-PPV 发光的同时，增加了 PbSe 量子点辐射。当 PbSe 量子点比例达到 9%时，来自 MEH-PPV 辐射的 EQE 减少了 90%，约为 0.1%。随着 PbSe 量子点比例的增加，器件启动电压也随之增加。混合薄膜层量子点发光二极管的近红外 EQE 随电流密度变化情况，如图 8.46(c)所示。在低电流密度时，当 PbSe 量子点比例由 1%增加到 3%时，器件 EQE 随之增加；但 PbSe 量子点的比例继续增加时，EQE 将下降。在电流密度超过 10mA · cm^{-2}后，PbSe 量子点比例为 6%的器件显示出最高的近红外 EQE，约为 0.65%。在一个较宽泛的电流密度范围内，EQE 保持较为稳定的量值，表明器件具有良好的载流子平衡性。

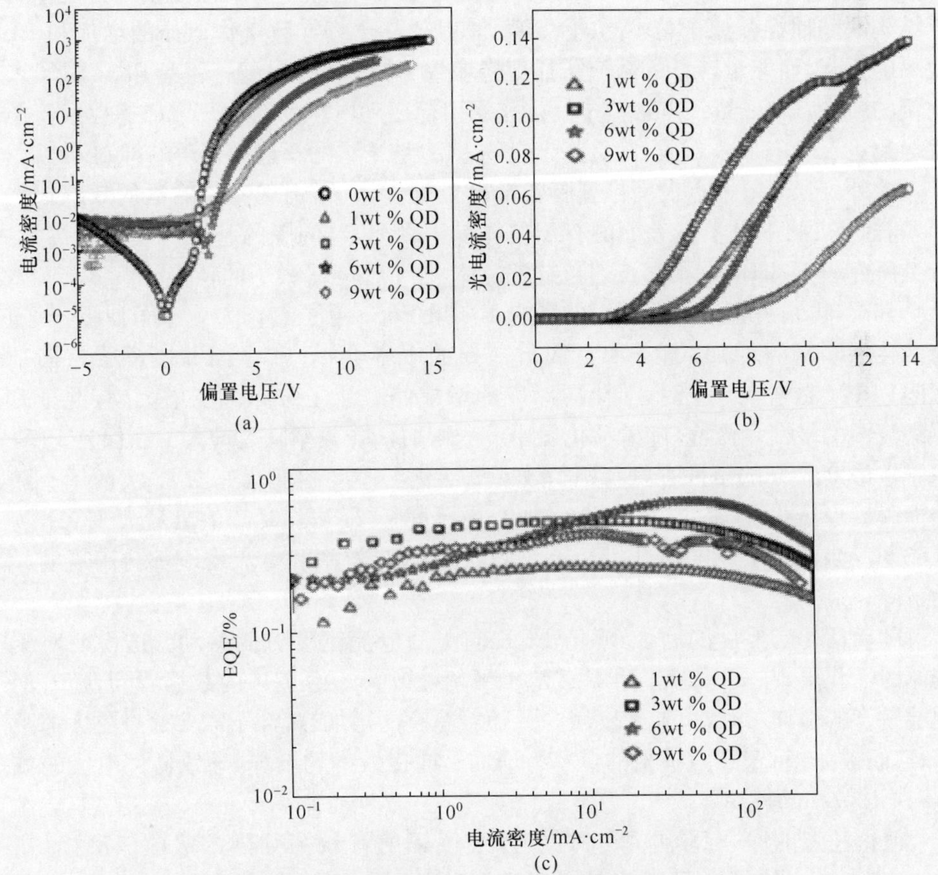

图 8.46　不同混合比例器件的 J-V 特性(a)、辐射强度(b)和 EQE(c)[37]

(阅读彩图请扫封底二维码)

在混合薄膜层量子点发光二极管中存在两种量子点激发的途径:一是激子能量转移(Förster 机制),源于偶极子-偶极子之间的相互作用;二是载流子直接注入。两种机制都强烈依赖于施主和受主的距离。由图 8.46(a)*J-V* 曲线看到,随着混合薄膜层中量子点比例的增加,器件通过的电流显著的减小,这一点尤其出现在低工作电压的区间。例如在 5V 时,PbSe 量子点比例为 9 %的器件与纯 MEH-PPV 器件相比,电流密度下降两个数量级。电流的降低表明,聚合物基质中 PbSe 量子点发挥着载流子捕捉中心的作用。PbSe 量子点导带底(约为 4.27eV)处于 MEH-PPV(LUMO 约为 3.0eV)带隙内,促成电子由聚合物向 PbSe 量子点的转移。MEH-PPV 的 HOMO(5.2eV)与 PbSe 量子点价带顶(5.27eV)十分接近,而且 MEH-PPV 是空穴输运材料,PbSe 量子点捕捉中心不会表现出强烈的空穴输运效应。所以,PbSe 量子点比例的增加将进一步增加空穴的支配地位。BCP 层发挥空穴阻挡层的作用,它的存在有助于提高被阻挡空穴与 PbSe 量子点捕捉电子之间的复合,导致 EL 效率增加。值得注意的是,这里涉及的捕捉载流子与来自于结构缺陷捕捉载流子是不同的。缺陷捕捉载流子将导致工作电压的增加和 EL 效率的下降,而能量转移的载流子捕捉将导致 EL 效率的提高。随着 PbSe 量子点比例的增加,PbSe 量子点载流子捕捉作用引起启动电压的增大。增加捕捉载流子将导致更有效的激子形成,随之是聚合物 MEH-PPV 的辐射被显著的抑制。

此外,PbSe 量子点表面包裹着长链有机配位体,影响载流子输运的效率。然而,高曲率 PbSe 量子点表面的有配位体易于剥离,与周围的基质形成导电接触。有关研究表明,即使是相当长的长链配位体,也不能阻碍激子的转移[38,39]。

其次,再来考察活化层厚度的影响。如果 PbSe 量子点作为载流子捕捉器,随着活化层厚度的增加,电子和空穴被捕捉的概率会提高。当 PbSe 量子点掺杂 MEH-PPV 是空穴为主时,活化层厚度的增加使载流子分布范围增大,有助于改善载流子的平衡。因此,随着活化层厚度的增加,EL 效率随之增大。在保持 PbSe 量子点浓度 6 %的条件下,EL 辐射效率随活化层厚度的变化如图 8.47 所示。随着薄膜层厚度的增加,EQE 随之增加。在厚度是 210nm 时产生出最大 EQE,为 0.83%。当活化层厚度超过 210nm 后,器件的 EL 效率和电流密度都会出现明显的下降。

随着活化层厚度的增加,峰值 EQE 向更高电流密度方向移动。这说明对于较厚的活化层,在高电流密度时,载流子平衡被改善。由 *J-V* 的数据看到,随着活化层厚度的增加,导致电流密度减少。随着厚度的增加,载流子需要通过更大的距离,它们被 PbSe 量子点捕捉的概率将增加。捕捉效率的增加,导致器件电流的减小和 EL 效率的提高。

值得注意的是,ITO 电极对近红外波段辐射有较为强烈的吸收。例如,在 1000～1500nm 波段内,ITO 基底的光学透过率(transmitance)是 55%～65%。考虑到 ITO 的吸收,如果采用非红外吸收电极替代 ITO 电极,上述 PbSe 量子点混

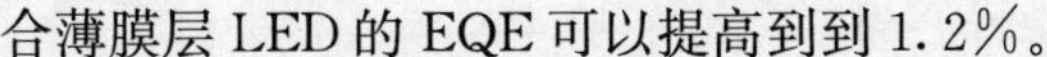
合薄膜层 LED 的 EQE 可以提高到到 1.2%。

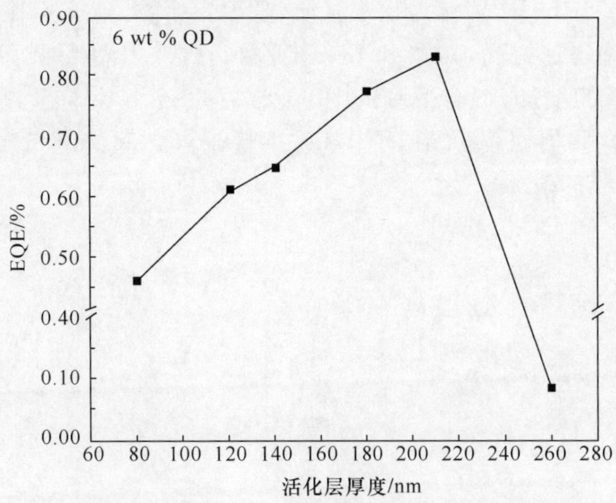

图 8.47　EL 辐射效率随活化层厚度的变化[37]

8.3.2　PbS 胶体量子点 LED

1. PbS 量子点与聚合物混合薄膜层量子点发光二极管

对于 PbS 量子点与聚合物混合薄膜量子点发光二极管，从提高 EL 效率角度考虑，需要注意如下概念。

(1)量子点内辐射量子效率是指被量子点捕捉的每个激子产生光子的数目，决定于量子点表面钝化的程度。

(2) 捕捉效率是指单个激子被量子点捕获的概率，决定于多个机制：能量转移、表面钝化、配位体的阻碍。能量转移依赖于施主与受主的间距 d，表现出 $1/d^6$ 的规律，而且表面配位体对这个间距具有调整作用；表面钝化调谐依赖于量子点表面配位体的厚度，决定于配位体的键长；每种分离载流子的注入依赖于聚合物和量子点混合的类型，能量转移决定于施主(聚合物)的辐射光谱与受主(量子点)吸收光谱的交叠程度。

(3) 注入效率是指每注入一个载流子产生激子的数目，决定于载流子注入和转移的平衡性。电子阻挡层和空穴阻挡层可以使注入载流子保留在活化区域。

首先，对 PbS 量子点表面的配位体 OA 进行交换处理，用键长更短的辛胺替代，以便提高激子的捕捉效率。以 MEH-PPV 作为聚合物基质材料，量子点按不同比例混杂在基质材料中，相关材料的 PL 量子效率和 PL 光谱如图 8.48 所示。OA 包覆 PbS 量子点溶液的 PL 量子效率是 7.6%；旋涂成薄膜后 PL 量子效率是 0.3%。量子效率显著下降的原因是：一是薄膜制备造成未钝化表面态量子点的数目急剧增加;二是薄膜中粒子的密度增加,导致较小尺寸粒子向较大尺寸粒子发生能量转移。利用 MEH-PPV 作为宿主基质,随着聚合物/量子点比值的增加,混合薄膜 PL 量子效率迅速提高,如图 8.48(a)所示。此外由图 8.48(b)看到,随着聚合物/量子点比值的增加,混合薄膜的 PL 光谱发生蓝移,趋向于溶液态 PbS 量子点的 PL 光谱。这些数据表明,在固体基质中量子点之间的能量转移导致混合薄膜的 PL 量子效率下降。

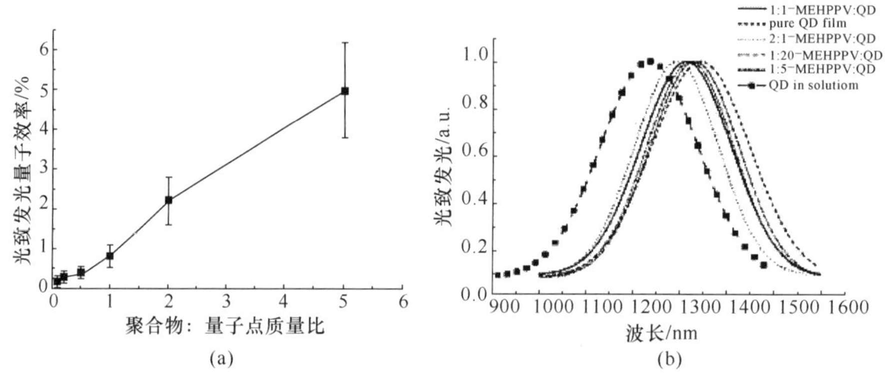

图 8.48 不同掺杂比例 PbS 量子点/聚合物薄膜的 PL 量子效率(a)和 PL 光谱(b)[40]

其次,考虑如何获取最佳的载流子注入效率,这个最终的参数决定于阴极和活化层的厚度。阴极发挥了两个作用:电子的注入和限制了空穴;而活化层厚度决定有效的捕捉截面。根据这样的思想,Konstantator 等人设计了两种 PbS 量子点与聚合物混合发光薄膜的量子点发光二极管,结构如图 8.49 所示。一种器件是 Mg 阴极直接与活化层(混合薄膜)接触,而另一个器件是在 Al 阴极和活化层之间加入 Alq_3 作为电子注入层/空穴阻挡层。

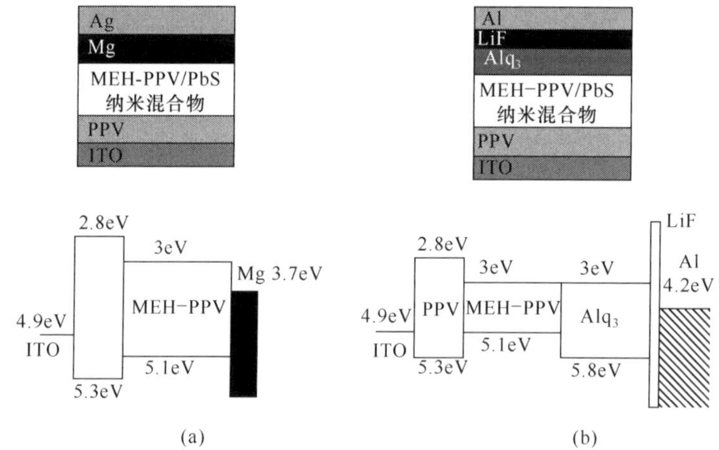

图 8.49 PbS 量子点/聚合物混合薄膜量子点发光二极管的两种结构和能级匹配[40]

考察 Mg 阴极直接与活化层(混合薄膜)接触结构量子点发光二极管,图 8.50(a)给出聚合物/量子点质量比 1∶8 混合薄膜器件的亮度-电流-电压(*L-I-V*)曲线。在反向偏置情况下,反向电流来自于 Mg 电极注入空穴向阳极的移动,没有穿过 PPV 的电子强烈注入。因此,这个结构器件的电流是单极性的。此外,近红外辐射的功率要远高于可见光的辐射。不同浓度比例和厚度混合薄膜 Mg 电极器件的 EQE 曲线如图图 8.50(b)所示,随着厚度增加到 180nm,器件的 EQE 随之增加。活化层厚度决定复合区域的范围,对于强烈复合的基质,较厚的活化层可以提供更有效的捕捉区域。如果活化层厚度超过 300nm,没有观察到器件的 EL 发光,而且需要提高偏置电压才能获得明显的电流。图 8.50(b)表明,聚合物/量子点质量比1∶8混合薄膜器件的 EQE 表现出最佳量值。当比例超过这个数值时,效率将下降。实验表明,当混合比例是 1∶2、1∶1 或 2∶1 时,没有观察到近红外辐射。

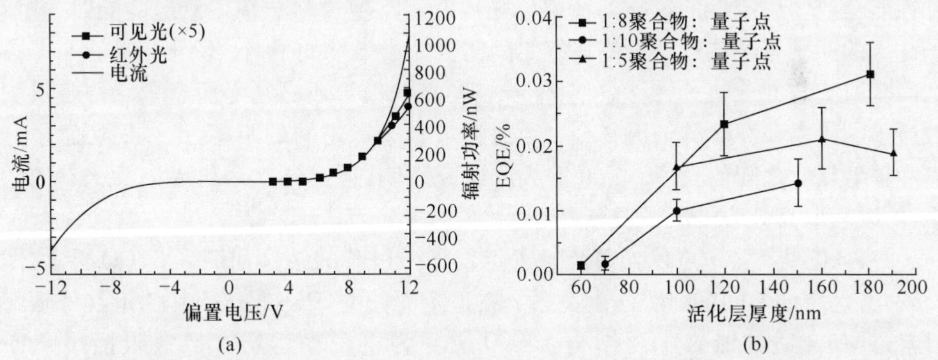

图 8.50　Mg 阴极器件的 *L-I-V* 特性(a)和 EQE 随活化层厚度变化(b)[40]

为了平衡载流子注入,扩展载流子复合的区域,采用 Alq_3/LiF/Al 作为阴极,图 8.51(a)是聚合物/量子点质量比 1∶8 时器件的 *L-I-V* 曲线。与 Mg 阴极器件

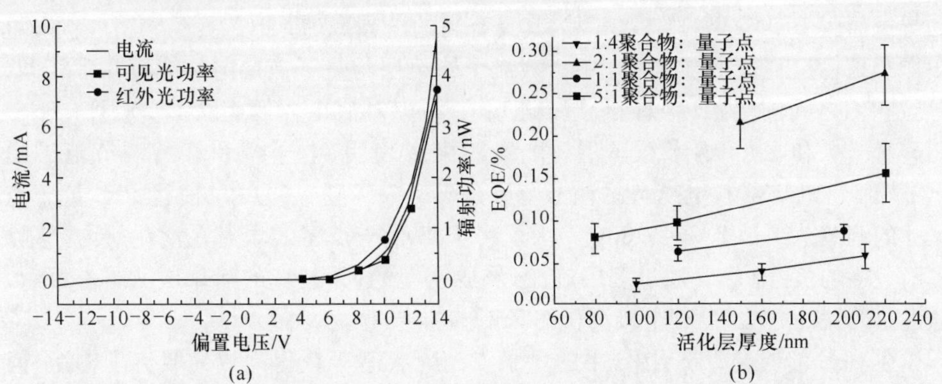

图 8.51　Alq_3/LiF/Al 阴极器件的 *L-I-V* 特性(a)和 EQE 随活化层厚度变化(b)[40]

比较，这个结构器件表现出更加强烈的整流特性。在反向偏置时，利用 LiF 势垒阻挡空穴通过 Alq_3，抑制空穴注入。在正向偏置时，器件辐射功率高于 Mg 阴极器件的结果。其中，近红外辐射达到 3.8μW，来自 MEH-PPV 的可见辐射超过 83.8μW。图 8.51(b)是 Alq_3/LiF/Al 电极器件 EQE 随聚合物/量子点质量比例和厚度变化曲线，EQE 随厚度的增加而提高，最佳厚度是 200nm。在超过 400nm 厚度后，输出光辐射功率变得微弱。

2. 纯 PbS 量子点薄膜量子点发光二极管

无论是纯 PbS 量子点发光薄膜结构还是 PbS 量子点混合聚合物发光薄膜结构，载流子输运机制主要是 Förster 转移，即激子能量借助于偶极子-偶极子相互作用由有机施主转移到量子点受主。在量子点薄膜层中，载流子的动力学特性，对器件性能会产生决定性的影响。在避免场致电离产生过多非辐射衰退的同时，载流子注入的速率与载流子的最终捕捉之间需要一个微妙的平衡。除了需要在量子点之间获取高效的载流子转移效率，量子点发光二极管还必须平衡量子点薄膜层中载流子的注入和高效的辐射复合。通过调节量子点之间的距离，可以平衡激子分离和辐射复合之间的竞争。Sun 等人的研究表明，通过调整活化层中量子点的间距，可以获取高效率的激子复合[41]。

一种纯 PbS 量子点发光薄膜量子点发光二极管的结构如图 8.52(a)所示，图 8.52(b)是层层之间的能级匹配关系。在这个器件中，PbS 量子点作为近红外辐射材料，具有合适的能级匹配结构。ZnO 层作为电子输运层和空穴阻挡层，PEDOT:PSS 薄膜作为空穴输运层和电子阻挡层。采用胶体 ZnO 纳米粒子作为电子注入层，一是 ZnO 的电子迁移率要比通常的 Alq_3 材料高 2 个数量级；二是 ZnO 阻止量子点与 Al 电极的直接接触，避免量子点辐射的等离子猝灭；三是通过胶体 ZnO 纳米粒子的沉积，可以防止 Al 电极溅射对量子点薄膜层产生损害。选择透明导电薄膜 PEDOT∶PSS，是因为其具有高的电导率($1\times10^{-3}S\cdot cm^{-1}$)，空穴可以顺利地输运到量子点薄膜层中。载流子输运层与量子点层之间能级几乎相同，导致它们之间的接触近似是欧姆接触。在 ITO 基底上先后旋涂 PEDOT∶PSS、PbS 量子点和 ZnO 纳米粒子层。能级匹配图表明，电子亲和势的调节范围是 −3.7eV 到 −4.3eV，电离势的调节范围是 −5.7eV 到 −5.1eV，使得 PbS 量子点尺寸的调节范围是 2.7～6.5nm。为了将 PbS 量子点密实填充在活化层内，移除表面包裹的长链 OA。通过多层旋涂，形成密实的、无裂缝的活化层薄膜。最后，通过热蒸镀的方法将 Al 电极沉积在 ZnO 薄膜层上。

在 PbS 量子点薄膜层中，小的量子点间隔有助于获得高效的载流子输运，但也会促进激子分离[42]。另一方面，大的量子点间距有助于辐射复合，但载流子的注入会更加困难。随着 PbS 量子点间距的变化，PbS 量子点薄膜层 EL 量子效率

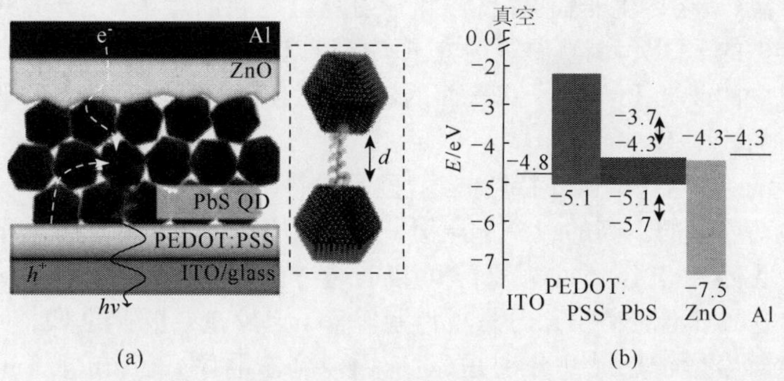

图 8.52　纯 PbS 量子点发光薄膜量子点发光二极管的结构(a)和能级匹配图(b)[41]

(阅读彩图请扫封底二维码)

的变化如图 8.53(a)所示。在偏置电压是 0.7～11V 时,当量子点间距由 5.4nm 增加到 6.1nm 时,EQE 增加 150 倍。随着间距的进一步增加,EQE 开始衰退。测量同样量子点薄膜的 PL 寿命和量子效率表明,随着量子点间距的增加,这些参数将单调增加,增加了 20 倍。但是,随着量子点间距的增加,外场的屏蔽也被削弱,导致激子电离概率的增加,从而减小器件 EL 发光的效率。此外,随着注入电流密度的增加,器件的 EQE 先是略有增加,而后下降,如图 8.53(b)所示。随着电流密度的提高,EQE 可以下降 10 倍。在 EQE 达到最大值时,电流密度依赖于偶联剂分子的种类。对于给定的偶联剂材料,EQE 依赖于量子点的尺寸。尽管不同器件的结果略有起伏,趋势是 EQE 随着量子点尺寸的增加而减小,这与 PL 量子效率变化的趋势是一致的。尺寸 4.5nm PbS 量子点的器件辐射峰位于 1232nm,辐射亮度(方块)和 EQE(圆点)随注入电流的变化曲线,如图 8.53(b)所示,其中插图是直径 3.5nm PbS 量子点制作器件 EQE 随注入电流的变化曲线。在 1.2V 偏置电压下,EL 辐射功率是 185nW,相应的内量子效率达到 8%。

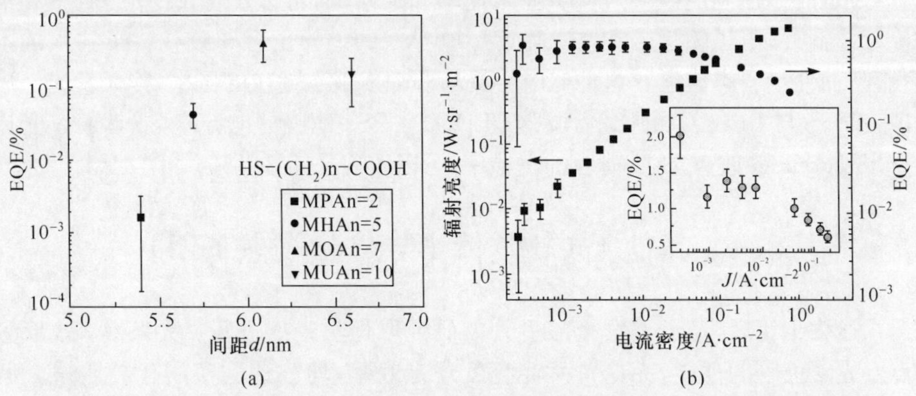

图 8.53　(a)不同量子点间距的 EQE;(b)辐射亮度和 EQE 随注入电流变化曲线[41]

激子分离(最终产生非辐射复合)和辐射复合之间的竞争,决定了具有不同连接器分子器件的 EQE。调整偶联剂分子不但可以改变量子点之间的耦合性质,也可以或多或少的改变 PbS 量子点表面的钝化,还会影响载流子注入的平衡和耦合猝灭光辐射的效率。

图 8.54(a)是器件的伏安特性曲线,显示出斜率为 2.1 的单极性机制,说明电流是空间电荷受限的。高的载流子迁移率载流子输运层材料有利于获得高的电流密度,在较低偏置电压下(4.5V),可以产生较高的电流密度(1A · cm^{-2})。图 8.54(b)显示出不同尺寸 PbS 量子点制作量子点发光二极管的 EL(实线)和 PL(虚线)光谱。当量子点尺寸分别是(对应由左到右顺序)2.7nm、3.5nm、4.5nm、5.6nm 和 6.5nm 时,辐射峰位置由 950nm 调谐到 1650nm,其尾部由 800nm 覆盖到 1850nm。此外,EL 光谱的半宽度与 PL 光谱的半宽度基本一致,辐射峰的位置也未见大的改变。

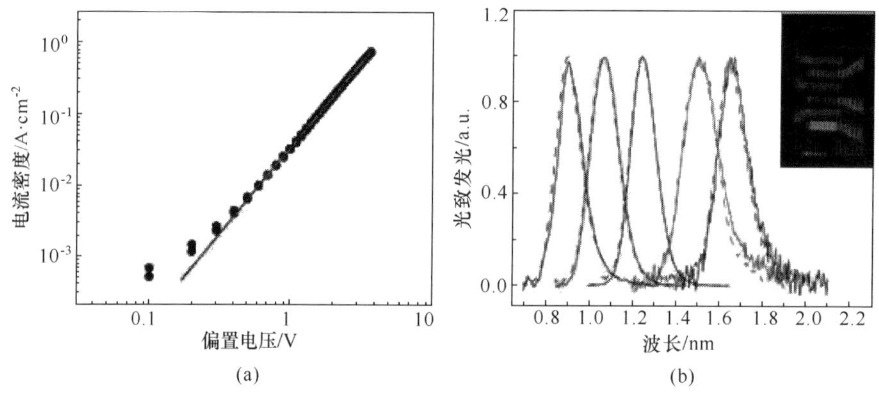

图 8.54　(a)伏安特性曲线;(b)EL 和 PL 光谱[41]
(阅读彩图请扫封底二维码)

一般而言,适当的微调载流子注入速率和迁移率,可以优化 LED 的效率和辐射亮度。此外,电子输运层和空穴输运层电导率的差异也会导致载流子注入的不平衡,从而使量子点充电。这种充电会提高非辐射俄歇弛豫的概率,猝灭发光。通过改变 PSS 与 PEDOT 的比例,调整 PEDOT∶PSS 薄膜的电导率,或者通过光掺杂(photodoping)改善 ZnO 薄膜的电导率,可以实现平衡性调谐。

8.4　其他无 Cd 胶体半导体量子点 LED

在过去十年里,量子点发光二极管的研究取得长足的进步。尤其是 Cd 族量子点发光二极管的性能,无论是发光亮度还是效率,均已达到实用化的阶段。但是,令人遗憾的是 Cd 族材料的毒性,使其应用受到极大的限制。在近几年里,非

Cd 族量子点 LED 的研究引起人们的广泛关注。在这里，我们介绍几种无镉量子点发光二极管。

8.4.1　InP 胶体量子点 LED

InP 胶体量子点 LED 主要有两种类型：一是单色发光量子点发光二极管；二是借助于聚合物发光，组合形成白光量子点发光二极管。

1. 单色发光量子点发光二极管

近几年，InP 胶体量子点 LED 的研究引起人们的关注。一个典型的研究是 Kim 等人的工作[43]。InP/ZnSe/ZnS 核壳量子点和其为发光层的量子点发光二极管的层结构如图 8.55 所示。InP/ZnSe/ZnS 核壳量子点 PL 光谱的峰值位于 545nm，强度半峰宽 FWHM 是 50nm，PL 量子产率达到 40%。器件结构包括：在玻璃基底上沉积阳极 ITO，选择 PEDOT：PSS(70nm) 为空穴注入层(HIL)，Poly-TPD(45nm) 作为空穴输运层，InP/ZnSe/ZnS 量子点(3.5mg · mL^{-1} 溶解在正壬烷中)作为发光层，TPBI(75nm) 作为电子输运层。阴极采用 Ca/Ag (10nm/10nm)，也可以使用 LiF/Al (0.5nm/150nm)。

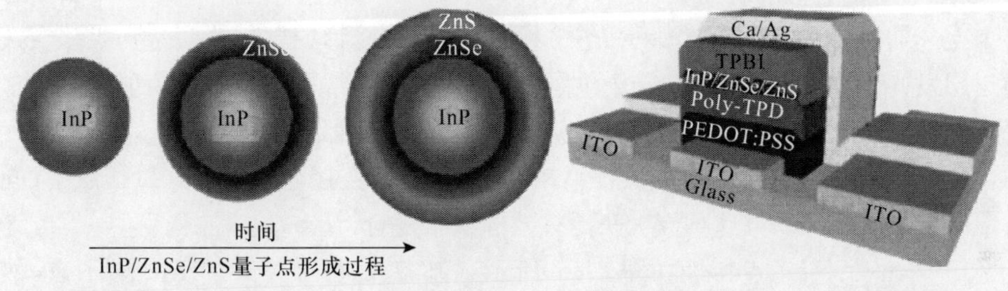

图 8.55　InP/ZnSe/ZnS 量子点和量子点发光二极管器件层层结构示意图[43]
(阅读彩图请扫封底二维码)

两种电极(半透明 Ca/Ag 和不透明 LiF/Al)和 InP 量子点为发光层量子点发光二极管的 EL 光谱如图 8.56(a)所示。由 EL 光谱和图中器件发光图片可以看到，两种结构器件均呈现窄的绿光辐射。同时可以看到一个 425nm 附近的伴随光谱，源于 Poly-TPD 的 EL 发光。这个来自于空穴输运层(HTL)的发光峰，通常产生于不平衡的载流子输运和量子点层中存在缺陷而产生的漏电流[44]。对于 Ca/Ag 电极量子点发光二极管，这个聚合物产生的 EL 贡献比较小的；而对于 LiF/Al 电极量子点发光二极管，这个聚合物产生的 EL 贡献是比较大。因此，激子复合处于量子点层中略微靠近 HTL 层的位置，归结于 LiF/Al 层具有更好的导电性。采用 Ca/Ag 或 LiF/Al 电极时，器件电学特性和发光亮度与偏置电压的关系如图 8.56(b)所示。对于 Ca/Ag 电极器件，最大亮度和电流效率分别是 400cd · m^{-2}、

0.80cd·A,启动电压是 2.4V;而对于 LiF/Al 电极器件,这些数据分别是 1200cd·m^{-2}、1.16cd·A,启动电压是 2.3V。由 8.56(b)中插图看到,在相同偏置电压情况下,采用 Ca/Ag 电极器件的电流密度远低于采用 LiF/Al 电极的数值。采用 Ca/Ag 电极器件的伏安特性曲线较为平缓。

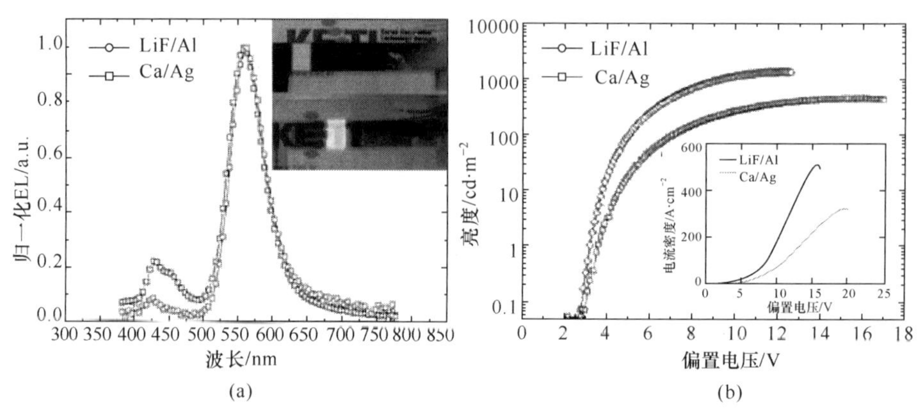

图 8.56 两种电极器件的 EL 光谱和发光图片(a)及亮度和伏安特性曲线(b)[43]
(阅读彩图请扫封底二维码)

上述研究表明,图 8.55 所示 InP 量子点发光二极管的颜色纯度受到毗邻空穴输运层发光的影响。考虑到 InP 量子点具有不同寻常的能级(价带顶是 3.5~4eV,导带底是 5.5~6eV),利用这一点可以解决 InP 量子点发光二极管颜色纯度的优化。Lim 等人采用恰当的器件结构,实现载流子直接注入到 InP 量子点中;同时采用 InP/ZnSeS 核壳量子点,获得有效的激子复合[45]。

InP/ZnSeS 量子点特性如图 8.57 所示。制备尺寸 1.1nm 的 InP 量子点,然后包覆不同组分和厚度的 ZnSeS 壳。对于 InP/ZnSeS 量子点:当壳厚度是 1.1nm 时,量子产率达到 80%,TEM 如图 8.57(a)所示;当壳厚度是 1.7nm 时,量子产率达到 70%,TEM 如图 8.57(b)所示。两种 InP/ZnSeS 量子点 PL 光谱的峰值波长是 500nm 和 520nm,FWHM 约为 50nm。如此高的量子产额表明,采用组分梯度式 ZnSeS 多层壳结构,即使是较厚的壳层包覆,仍然可以较好的减缓晶格失配产生的应变。对于不同壳厚度的 InP/ZnSeS 量子点,PL 光谱和激子衰退动力学没有明显的差异,表明载流子波函数被有效限制在 InP 核内,没有受到壳层包覆的影响。综合考虑 InP 核与 ZnSeS 壳之间的能级补偿(导带补偿约为 0.3eV,价带补偿约为 0.8eV)、载流子的有效质量(对于 InP:m_e=0.077、m_h=0.64),可以认为空穴强烈限制在 InP 核内,而电子局域在 ZnSeS 壳内,如图 8.57(c)所示。

器件采用倒置结构设计,如图 8.58(a)所示。透明 ITO 电极作为阴极,而 Al 作为阳极。采用混合(有机和无机)载流子输运层的倒置器件结构,可以有效的优

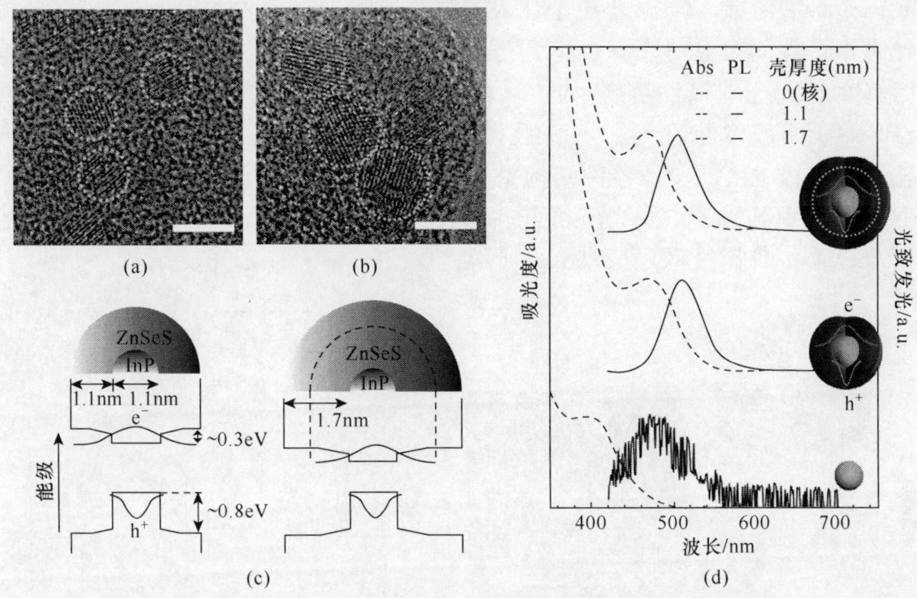

图 8.57　两种 InP/ZnSeS 量子点的 TEM 图片(a,b)；波函数分布(c)及吸收和 PL 光谱(d)[45]
(阅读彩图请扫封底二维码)

化量子点发光二极管中的载流子输运层[46]。底层金属氧化物电子输运层(ETL)，可以有效减小来自于阴极(ITO)电子注入的势垒；同时可以提供坚固的平台以利于量子点的旋涂、空穴输运层和阳极的真空蒸镀或溅射。因此，这里采用 ZnO 纳米粒子薄膜作为 ETL，采用 4,4′,4″-三(N-咔唑基)三苯胺(4,4′,4″-tris(N-carbazolyl) triphenylamine，TCTA)作为 HTL。较薄的 ZnO 纳米粒子薄膜在可见光范围有良好的透明性，在低温(＜100℃)下具有良好的溶解度，适合于 EL 发光器件的制备要求。TCTA HTL 与 ZnO ETL 搭配的另一个理由是，它的 HOMO 是 5.7eV，与 InP/ZnSeS 量子点价带顶(5.9eV)十分接近，而且具有高的空穴迁移率($4\times10^{-4}cm^2\cdot V^{-1}\cdot s^{-1}$)，与 ZnO ETL 的电子迁移率十分接近。在这个器件结构中，电子由 ZnO 注入到 InP/ZnSeS 量子点，具有 0.5eV 的势垒，高于空穴由 TCTA 注入到 InP/ZnSeS 量子点的势垒(0.2eV)。电子和空穴注入势垒的差异，易于产生不对称的载流子注入。不平衡的载流子注入在量子点中产生过量的电子或空穴，导致非辐射复合的发生。此外，这样的注入势垒也会增加器件的工作电压，而工作电压的升高会降低量子点的 PL 量子产额，导致器件效率的下降

根据上面分析，改善器件的第一步是提高电子由 ZnO 到 InP/ZnSeS 量子点的注入能力。从结构角度考虑，在 ZnO 和 InP/ZnSeS 量子点交界处加入一个 PFN (聚-[(9,9-双 (30- (N,N-二甲基氨基) 丙基) -2,7-芴)-alt-2,7-(9,9-辛基芴)]，Poly-[(9,9-bis(30-(N,N-dimethylamino) propyl)-2,7-fluorene)-alt-2,7-(9,9-octylfluorene)])薄层,以便减小电子注入的势垒。PFN 是一种共轭聚合电解质,可以作为界面偶极层,使一个真空能级上移 0.5eV[47~50] 以上。此外,PFN 具有较差的溶解度,不溶于非极性溶剂(如正己烷或甲苯),有利于形成多层结构(即 ZnO 层/PFN 薄层/胶体量子点层)。利用 PFN 的调节作用,可以重新排列器件中载流子输运的能级。由此设计器件结构是:在 ITO 上面依次旋涂 ZnO 纳米粒子层、PFN 薄层和 InP 量子点发光层,再依次蒸镀 TCTA、三氧化钼(molybdenum oxide,MoO_3)和 Al 阳极,如图 8.58(a)所示。

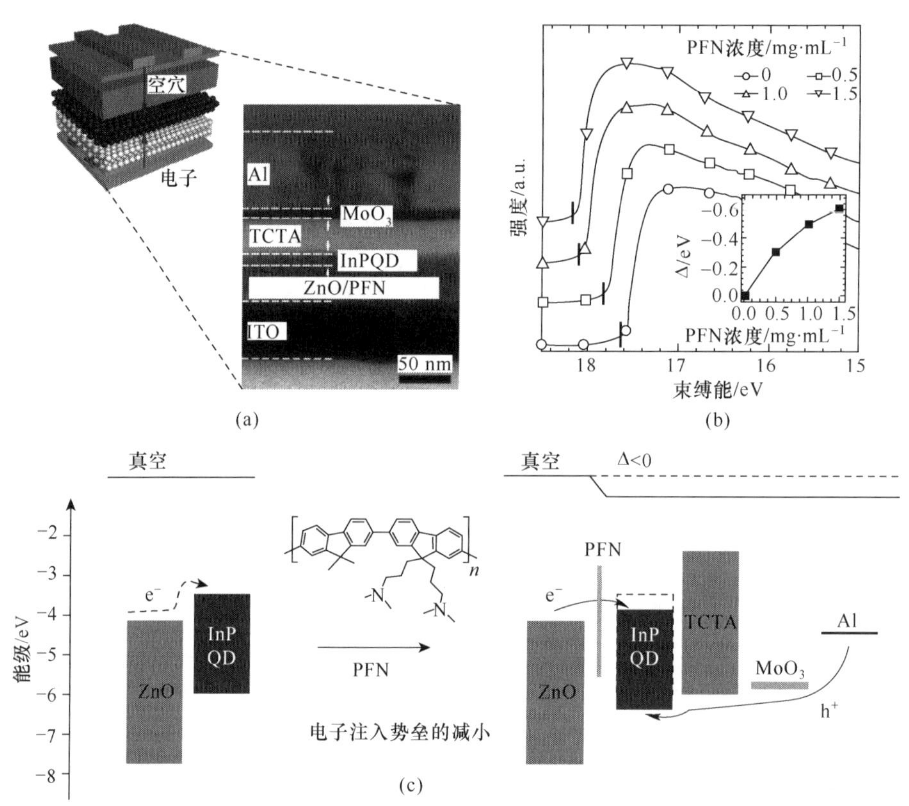

图 8.58 InP/ZnSeS 量子点发光二极管结构图(a)、PFN 影响(b)和器件能级结构(c)[45]
(阅读彩图请扫封底二维码)

采用界面偶极层移动 ZnO 与 InP/ZnSeS 量子点交界面的真空能级,器件发光光谱变化和能级移动情况如图 8.58(b)所示。当使用 1.5mg · mL^{-1}浓度的 PFN 沉积薄膜时,真空能级移动达到 0.6eV。器件发光光谱的变化,是因为 ZnO 和 InP/ZnSeS 量子点之间电子注入随着真空能级的移动发生变化,如图 8.58(c)所示。

考察 PFN 浓度变化对真空能级移动的影响,随之影响电子注入特性和器件的性能。固定其他薄膜层的结构,包括 InP/ZnSeS 量子点发光层为 2～3 个单层、

40nm 厚 ZnO 纳米粒子层，50nm 厚 TCTA 和 10nm 厚 MoO_3 层。当使用 0.5mg · mL^{-1}浓度的 PFN 薄膜时，与没有 PFN 薄膜的器件比较，器件启动电压(V_{ON})由 2.8V 降低到 2.2V，电流密度和亮度均有增加，如图 8.59(a)所示。随着 PFN 浓度的进一步增加，不能保证器件性能会进一步改善。当 PFN 浓度超过 0.5mg · mL^{-1}时，V_{ON}将增加，而电流密度和亮度都会下降，说明电子注入势垒虽然减小，却影响了器件的性能。较厚的 PFN 层可以进一步降低势垒，也会增加电子隧道贯穿的障碍，阻碍电子由 ZnO 到 InP/ZnSeS 量子点发光层的隧道贯穿。

综合调节载流子输运层有助于电子向 InP 量子点层的注入，同时在量子点薄膜层获得载流子的平衡，提高器件的效率，如图 8.59(c)所示。在较薄的 PFN 薄膜时，器件最大效率达到 3.46%，最大发光亮度达到 3900cd · m^{-2}。图 8.59(d)给

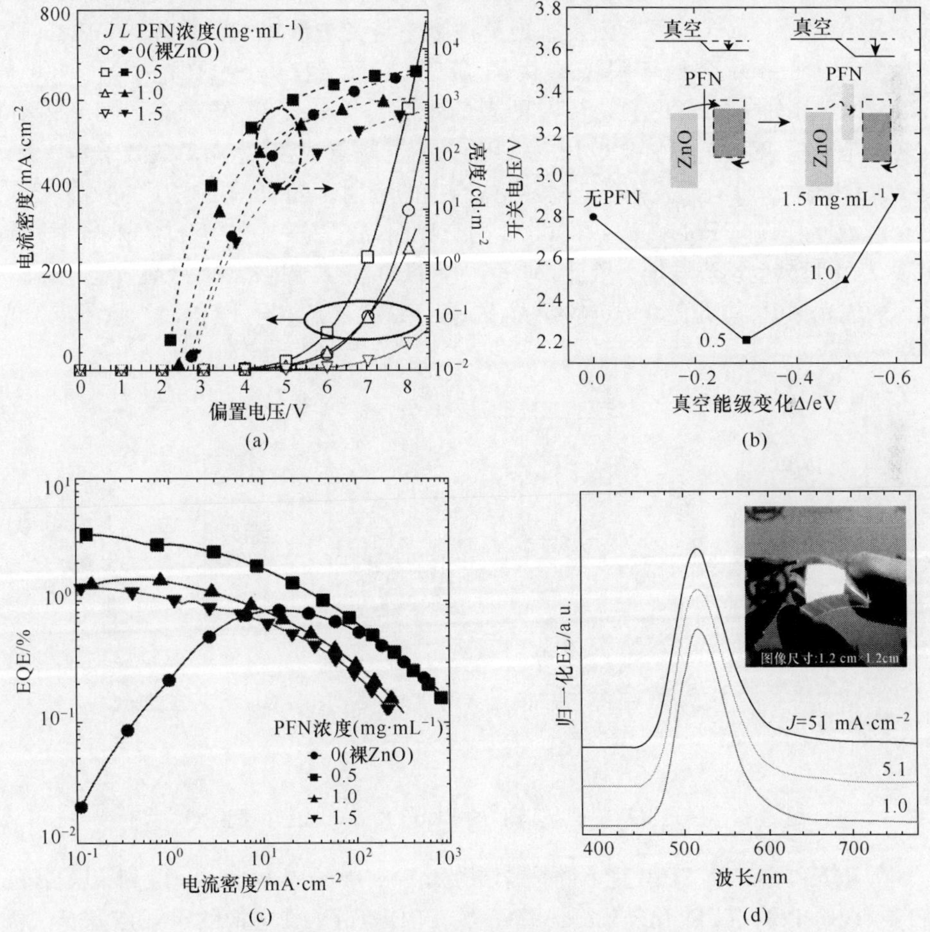

图 8.59　*J-V-L* 曲线(a)；开关电压变化(b)；EQE-*J* 曲线(c)和归一化 EL 光谱(d)[45]

(阅读彩图请扫封底二维码)

出器件 EL 光谱和发光的图片，1.2cm×1.2cm 均匀发光的区域表明，PFN 薄膜的加入有助于获得大面积的发光器件。

2. 白光 InP 量子点 LED

InP 量子点本征发光处于绿光附近，InP/ZnSe/ZnS 核壳量子点 PL 发光光谱如图 8.56 所示，峰值位于 545nm 处。但是，我们注意到位于 425nm 附近的伴随光谱，这个蓝光可以归结于 Poly-TPD 的 EL 发光。所以，可以利用 InP 量子点和载流子输运层的组合发光，获得宽泛的发光光谱，甚至获得白光量子点发光二极管。

考察 ITO/PEDOT：PSS/Poly-TPD/TPBI/LiF/Al 层层结构组成的无量子点 LED，在不同电压下的 EL 光谱如图 8.60(a)所示[51]。蓝色的发光源于 Poly-TPD；发射峰位于 620nm 附近的红色发光，来自于 Poly-TPD 和 TPBI 交界面处形成的复合激发态。这种复合激发态是一种施主与受主形成的复合体，其中之一是在激发态，而另一个处于基态。由图 8.60(b)看到，Poly-TPD 的 HOMO 是 5.2eV，TPBI 的 LUMO 是 3.2eV，两者的带隙是 2.0eV，正好对应于红光辐射。在较低电压时，EL 光谱主要是 Poly-TPD 的蓝光辐射，这时绝大多数激子是在 Poly-TPD 内形成，没有激发态-基态复合体产生的辐射。随着偏置电压的升高，激子复合区域逐步移向 Poly-TPD 和 TPBI 的交界面，激发态-基态复合体 EL 辐射开始出现，相对贡献也逐步增加。因此，利用 Poly-TPD 和 TPBI 交界面处激发态-基态复合体的红光辐射，与 InP 量子点的绿光、Poly-TPD 的蓝光组合，获得白光量子点发光二极管。

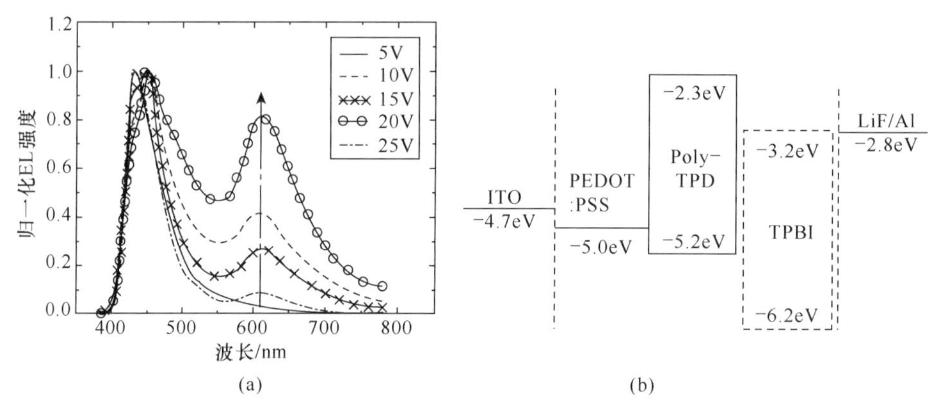

图 8.60　白光 InP 量子点 LED 的 EL 光谱(a)和能级匹配图(b)[51]

在 Poly-TPD 和 TPBI 之间加入 InP/ZnSeS 量子点薄膜层，得到 ITO/PEDOT：PSS/Poly-TPD/InP/ZnSeS 量子点/TPBI/LiF/Al 结构的量子点发光二极管，如图 8.61(a)所示。这个结构器件的发光是绿(InP 量子点)、蓝(Poly-TPD)、红(激发态-基态复合体)辐射的组合，可以产生白光。在偏置电压是 15V 的情况下,器件的 EL 光谱如图 8.61(c)所示。器件发光 CIE 色坐标(chromaticity coordinate)是(0.349,0.342),接近于标准白光色坐标,如图 8.61(d)所示。此外,这种量子点发光二极管具有高的颜色指数,CRI 是 95,温和的色温 4710 K,发光亮度达到 322cd · m^{-2}。

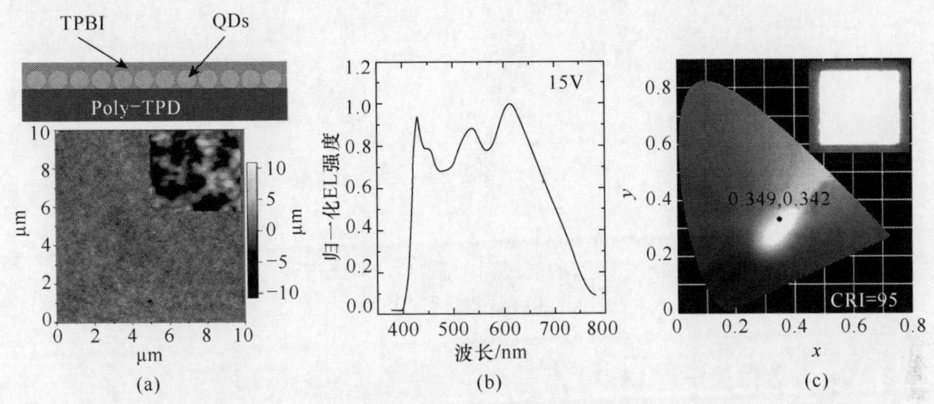

图 8.61　结构和量子点薄膜层的 AFM(a);EL 光谱(b)和 CIE 色坐标(c)[51]
(阅读彩图请扫封底二维码)

除了采用 InP/ZnSeS 核壳量子点薄膜发光层外,Yang 等人采用 InP/ZnS 量子点为发光层,与 Poly-TPD 聚合物组合,也得到白光量子点发光二极管。这种器件结构是 ITO/PEDOT：PSS/Poly-TPD/量子点/ TPBI/LiF/Al,各层结构的能级关系如图 8.62(a)所示。在偏置电压 11V 的情况下,显示出覆盖整个可见光波段的 EL 光谱,如图 8.62(b)所示。其中,红光辐射来源于 InP/ZnS 量子点,由图 8.62(c)所示 InP/ZnS 量子点的 PL 光谱印证;蓝绿色发光来源于 Poly-TPD。器件色坐标是(0.332,0.338),接近于标准白光的色坐标,相应的 CRI 是 91。

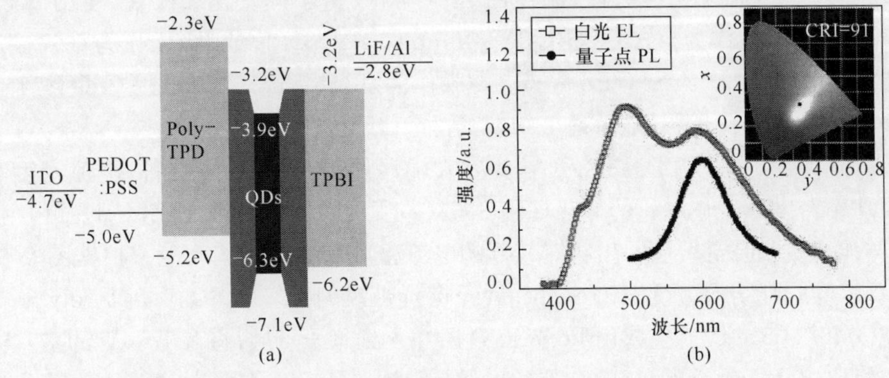

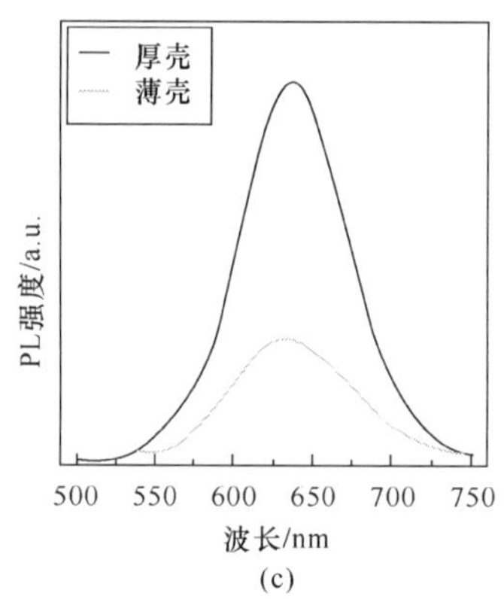

图 8.62　InP/ZnS 量子点发光二极管的能级匹配图(a)；EL 光谱和色坐标(b)和 PL 光谱(c)[51]
(阅读彩图请扫封底二维码)

8.4.2　Zn 族胶体量子点 LED

1. ZnSe/ZnS 胶体量子点 LED

如前所述，量子点发光二极管制作方法有两种。一种方法是量子点与宽带隙共轭聚合物混合，形成载流子有效的输运。然而对于宽带量子点，如 ZnSe 或 CdS 量子点，难以找到合适的宽带隙共轭聚合物材料，既可以在量子点中产生受限激子，又可以有效的输运载流子。研究表明，聚合物基质也会对 EL 发光作出贡献，由此会降低量子点的发光效率。另一种方法是层层结构，将密实的量子点薄膜层夹在宽带隙空穴输运层(HTL)和宽带隙电子输运层(ETL)之间。借助于 HTL 和 ETL 的作用，光生激子有效的受限在量子点薄膜层中，使发光主要来自于量子点。Xiang 等人采用层层结构方法，制作出 ZnSe/ZnS 量子点发光二极管：使用 20nm 厚 PEDOT：PSS 作为空穴注入层，20～40nm 厚 Poly-TPD 或 PVK 作为空穴输运层；以 20～40nm 厚 ZnSe/ZnS 量子点薄膜作为发光层；选择 30nm 厚 ZnO 纳米粒子薄膜作为电子输运层；最后是 100nm 厚的 Al 阴极[52]。

分别使用 Poly-TPD 和 PVK 作为空穴输运层，制作成两种器件，电流密度和辐射功率密度随工作电压的变化如图 8.63(a)所示。比较而言，使用 Poly-TPD 作为空穴输运层的器件，显示出相对较低的电流密度和辐射功率密度。根据图 8.63(b)所示的能带结构关系，ZnSe/ZnS 量子点价带顶的能级是 6.6eV，而 Poly-TPD 的 HOMO 是 5.2eV。空穴由 Poly-TPD 层注入到量子点层，将有 1.4eV 的空穴势垒。相比之下，电子更易于实现 ZnSe/ZnS 量子点(LUMO 是 3.7eV)与 ZnO(4.2eV)之间的输运。图 8.63(a)显示出两个启动电压：首先是位于 1.2V 的启动电压，对应于电子注入；其次是 4.4V 的启动电压，对应于空穴注入和产生辐射发光。这样一个载流子注入的差异导致器件中出现严重的载流子不平衡,导致低效率的电子-空穴的复合。这种不平衡载流子输运过程,会产生强烈的非辐射俄歇复合。在这种情况下,激子复合不是产生光子辐射,而是把它的能量捐献给一个不成对的载流子,然后与声子相互作用弛豫到基态。在使用 Poly-TPD 作为空穴输运层的器件中,产生的激子被过量的电子所猝灭。

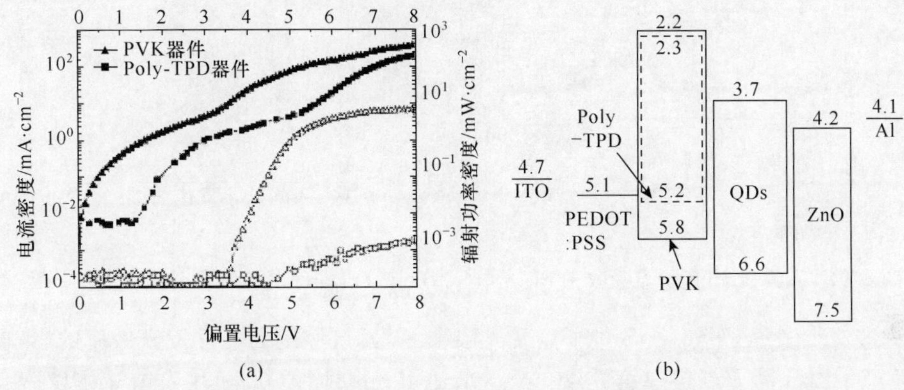

图 8.63　两种空穴输运层器件的伏安特性和辐射功率密度曲线(a)和能级匹配图(b)[52]

为了改善器件的空穴注入,使用 PVK 替代 Poly-TPD。由于 PVK 的 HOMO 是 5.8eV,空穴势垒由 1.4eV 减小到 0.8eV,由此增加空穴电流和促进载流子注入的平衡,如图 8.63(a)所示。空穴注入能力的提高,导致发光启动电压由 4.4V 降低到 3.5V。在工作电压 8V 时,PVK 器件显示出 4.2mW · cm^{-2} 的光功率密度,远大于 Poly-TPD 器件 6.4×10^{-4}mW · cm^{-2}的量值。

图 8.64 (a)给出 ZnSe/ZnS 量子点的吸收和 PL 光谱,分别使用 Poly-TPD 和 PVK 作为空穴迁移层器件的 EL 光谱如图 8.64(b,c)所示。Poly-TPD 器件的 EL 光谱位于 425nm 的带边辐射,与 ZnSe/ZnS 量子点的 PL 光谱类似,同时具有 400～700nm 宽阔的背景发光。考虑到较大的 1.4eV 空穴势垒,导致空穴由 Poly-TPD 向 ZnSe/ZnS 量子点注入的困难,复合受激态的形成或者量子点表面态导致 Poly-TPD 器件产生长波辐射,引起背景辐射的升高。此外,Poly-TPD 的带隙不足以有效的将激子限制在 ZnSe/ZnS 量子点薄膜层中,激子能量能够由 ZnSe/ZnS 量子点薄膜层转移到 Poly-TPD 薄膜层,引起 ZnSe/ZnS 量子点发光效率的下降。与之相比,PVK 器件只是显示出 ZnSe/ZnS 量子点的带边发射,几乎没有背景辐射,如图 8.63(c)所示。两者相比,PVK 器件可以提供一个更好的激子受限。PVK 的 HOMO 低于空穴的注入势垒,有助于空穴向 ZnSe/ZnS 量子点层注入,使载流子复合区域由 HTL/ZnSe/ZnS 量子点的交界面移到 ZnSe/ZnS 量子点薄膜层。

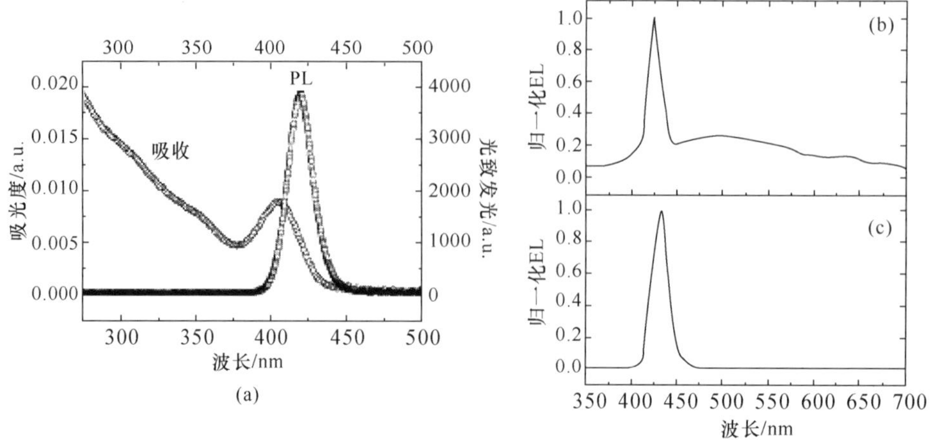

图 8.64　ZnSe/ZnS 量子点吸收和 PL 光谱(a);Poly-TPD(b)和 PVK 器件 EL 光谱(c)[52]

进一步考察 ZnSe/ZnS 量子点发光层和 PVK 层厚度对器件发光效率的影响。当 ZnSe/ZnS 量子点层厚度是 20nm、30nm、40nm 时，EQE 随注入电流密度变化曲线如图 8.65(a)所示，插入图给出了不同 ZnSe/ZnS 量子点层厚度的 EL 光谱。随着 ZnSe/ZnS 量子点发光层厚度的增加，发光区与 HTL/ZnSe/ZnS 量子点交界面的距离会增大，减小来自于交界面的激子非辐射复合，器件 EQE 随之增加。但是，厚度过多的增加将导致不均匀性和降低器件的性能。此外，我们可以观察到一个微小的随厚度增大的 EL 光谱红移，而且没有看到更长波长的辐射，说明发光区域限制在 ZnSe/ZnS 量子点薄膜层内。

在 PVK 厚度不同时，器件 EQE 随电流密度变化曲线如图 8.65(b)所示。随着 PVK 层厚度由 40nm 变到 20nm，器件 EQE 有所提高。PVK 具有一个深 HOMO 能级，而且与 ZnO 材料的电子迁移率($2.0\times10^{-3}cm^2\cdot V^{-1}\cdot s^{-1}$)比较，表现出相对较低的空穴迁移率($10^{-7}\sim10^{-6}cm^2\cdot V^{-1}\cdot s^{-1}$)。对于较厚的 PVK 层，由于载流子输运不平衡的存在，发光区域移向 HTL/QD 的交界面。因此厚的(40nm)PVK 层器件显示出较弱的、来自于 PVK 层的 500～600nm 发光带，如图 8.65(b)所示。基于上述讨论，HTL 厚度的减少可以改善载流子注入的平衡和获得较高的效率，证明载流子的平衡决定了器件的性能。

上述器件效率仍然是比较低的，也许是因为 PVK 较低的空穴迁移率。Ji 等人采用 4,4-N,N-二咔唑基-联苯(4,4-N,N-dicarbazole-biphenyl,CBP)或 TCTA 作为 HTL 得到了较高效率的蓝光辐射[53]。这种器件的结构是：ITO/ZnO(35nm)/ZnSe/ZnS 量子点(3 单层(ML))/CBP 或 TCTA(45nm)/MoO_3(8nm)/Al(200nm)。其中，空穴输运层使用 CBP 时记为器件 A，使用 TCTA 时记为器件 B。两种不同尺寸 ZnSe/ZnS 量子点的吸收、PL、EL 光谱如图 8.66 所示，其中，

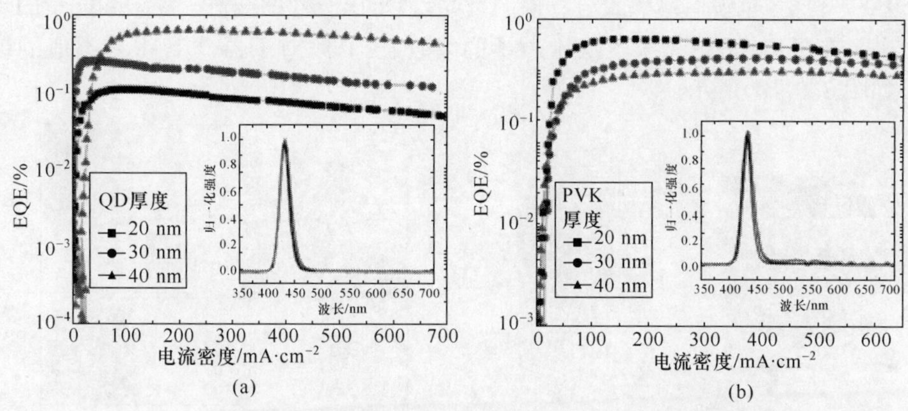

图 8.65　量子点层(a)和 PVK 厚度变化的 EQE、EL 光谱曲线(b)[52]

ZnSe/ZnS 量子点 1 的 PL 发光峰是 439nm，FWHM 是 11.1nm；ZnSe/ZnS 量子点 2 的 PL 发光峰是 412nm，FWHM 是 15.5nm，没有观察到来自于表面缺陷态的发光。量子点发光二极管的 EL 光谱与 ZnSe/ZnS 量子点的 PL 光谱是一致的，只是光谱的半峰宽有所增加，分别由 11.1nm 提高到 15.2nm 和 15.5nm 提高到 19.1nm。EL 光谱相对 PL 光谱有微小红移，分别是由 439nm 增加到 441nm 和由 412nm 增加到 414nm，归因于外加电场产生的 Stark 效应。

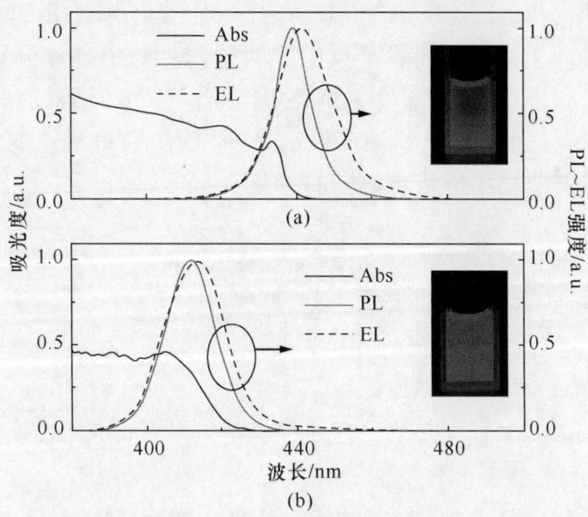

图 8.66　ZnSe/ZnS 量子点的吸收、PL 和 EL 光谱[53]
(阅读彩图请扫封底二维码)

量子点发光二极管的结构和能级匹配关系如图 8.67(a，b)所示。对于器件 A，不同偏置电压的 EL 光谱如图 8.67(c)所示，仍然保持窄带发光，没有观察到深能级缺陷辐射，也没有毗邻聚合物层的发光，显示出有效的载流子注入和能量的转移，以及在 ZnSe/ZnS 量子点层中激子的复合。同样，对于器件 B 得到类似的结果，如图 8.67(d)所示。

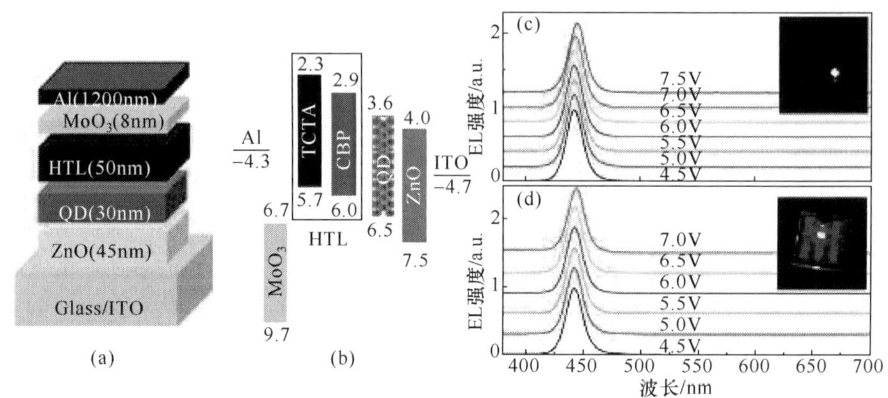

图 8.67 器件结构(a)和能级匹配图(b)，以及两种器件 EL 光谱(c,d)[53]
(阅读彩图请扫封底二维码)

两种器件电流密度-电压-亮度特性曲线和电流效率随电流密度变化如图 8.68 所示。两种器件比较，CBP 为 HTL 的器件显示出更好的性能。使用 TCTA 为 HTL 的器件显示出较低的亮度和效率，归因于 TCTA 的 HOMO 远高于 ZnSe/ZnS 量子点价带顶。而且，器件 A 的启动电压(4V)低于器件 B 的量值(4.6V)，表明空穴更易于通过 CBP 注入到量子点中。两种器件峰值亮度分别是 1170(器件 A)和 394 cd · m^{-2}(器件 B)。器件 A 的数据要比图 8.63 结构的器件表现出更好的性能，说明 ZnO 和 CBP 组成器件可以高效、平衡的向量子点层注入载流子，在 ZnSe/ZnS 量子点薄膜层中形成有效的激子复合。

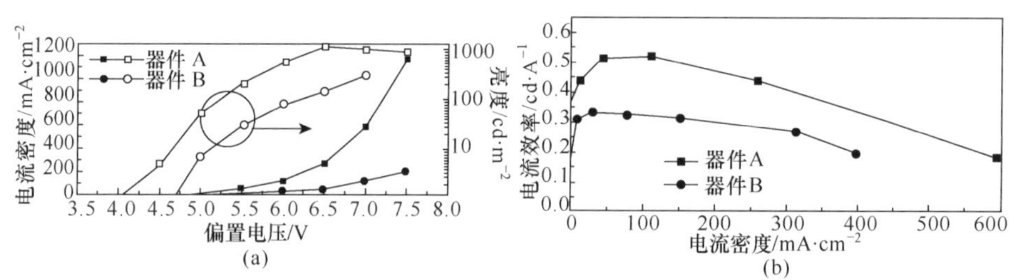

图 8.68 *J-V-L* 曲线(a)和电流效率随注入电流变化曲线(b)[53]

2. ZnS 胶体量子点 LED

ZnS 是一种宽禁带(3.6eV)Ⅱ-Ⅵ族半导体材料，采用稀土掺杂的方法可以改善 ZnS 量子点的发光性质，包括 Mn：ZnS 量子点、Cu：ZnS 量子点、Tb：ZnS 量子点、Eu：ZnS 量子点等。利用这些掺杂 ZnS 量子点，人们制备出量子点发光二极管，这里对部分典型的器件进行介绍。

图 8.69 是利用几种掺杂 ZnS 量子点(S_B-ZnS：0.13%Cu^+、0.1%Al^{3+}，X<1；S_G-ZnS：0.13%Cu^+、0.1%Al^{3+} X>1；S_O-ZnS：0.13%Cu^+、0.1%Al^{3+}、0.2%Mn^{2+}，X>1。X=S^{2-}/Zn^{2+}是前驱体比例)制备量子点发光二极管的结构示意图，并给出 EL 发光光谱[54]。在玻璃为基底的 ITO 透明电极上，蒸镀 300nm 厚的氧化钇(yttrium(Ⅲ) oxide，Y_2O_3)层；然后将胶体掺杂 ZnS 量子点喷涂在 Y_2O_3层上，作为薄膜发光层；再在其上喷涂高介电常数(ε～22)的氰基树脂(cyano resin，CR)薄膜，量子点薄膜层与 CR 薄膜层厚度之和为 20～25μm；最后采用热蒸镀方法，得到 300nm 厚的 Al 电极。

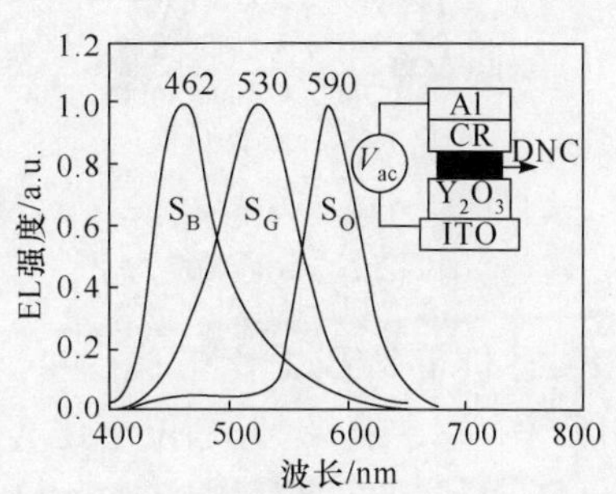

图 8.69　几种掺杂 ZnS 量子点制备 LED 的结构和 EL 光谱[54]

对于样本 S_B，在 S^{2-}不足情况(X= S^{2-}/Zn^{2+}<1，0.13%Cu^+、0.1%Al^{3+})下发射强烈的蓝光辐射，峰值波长位于 462nm(2.62eV)。对于样本 S_G，在 S^{2-}超量情况(X= S^{2-}/Zn^{2+}>1，0.13%Cu^+、0.1%Al^{3+})下发出强烈的绿光辐射，峰值波长位于 530nm(2.30eV)。对于样本 S_O，在 S^{2-}超量的情况(X= S^{2-}/Zn^{2+}>1，0.13%Cu^+、0.1%Al^{3+}、0.2%Mn^{2+})下发射强烈的橙色光辐射，峰值波长位于 590nm(2.12eV)。没有观察到来自于 ZnS：Mn^{2+}量子点的 EL 光谱。此外，对于全部 X<1 的情况，不管是什么种类的掺杂剂和掺杂浓度，在 EL 光谱中始终存在蓝光发光带。

当 Cu^+/Al^{3+}比例变化范围是 0～0.1 at.%时，掺杂 ZnS 量子点 PL 光谱变化如图 8.70 所示。在 S^{2-}不足(X= S^{2-}/Zn^{2+}<1)的情况下，如果激活剂 Al^{3+}缺失，器件只是显示出蓝光发光带。随着 Al^{3+}的加入，将出现位于 525nm 附近的绿光发光带；而且随 Al^{3+}浓度的增大，强度逐渐增强。在 0.1%Al^{3+}浓度情况下，绿光发光带占据主导地位。当 S^{2-}浓度增加到 X>1 时，蓝光一侧的发光减弱，绿光辐射变得均衡对称，如图 8.70(a)插图所示。这时将 Mn^{2+}加入，将导致绿光下降和产生橙色光。考察蓝光和绿/橙辐射的激发光谱(PLE)表明，蓝光来自于施主(308nm/4eV)的带间转移；绿或橙色发光通过 416nm/2.97eV 处的能量转移产生，这个转移仅仅出现在 ZnS 掺杂 Cu^+-Al^{3+}的情况中。

在 S^{2-}不足条件下的高效蓝光辐射和在 S^{2-}过量条件下的高效绿光辐射中，都清晰显示出硫空位(V_S)对 ZnS 量子点发光性质的影响。V_S能够捕捉电子，在导带(CB)之下形成施主能级；反之，Cu^+可以取代 Zn^{2+}的位置(Cu_{Zn})，能够捕捉

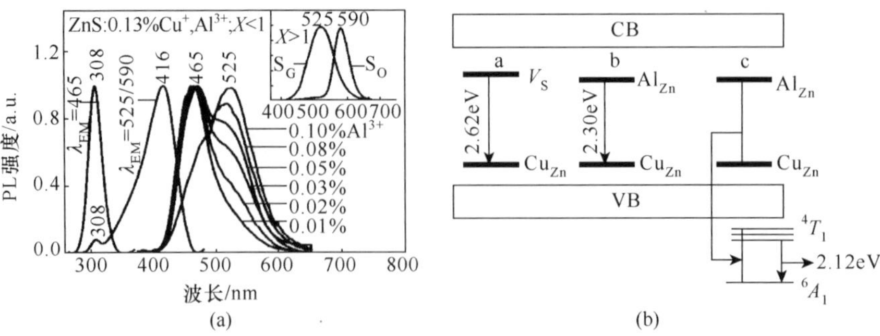

图 8.70　不同 Cu^{+}/Al^{3+} 掺杂 ZnS 量子点 PL 光谱和跃迁过程示意图[54]

空穴，在价带(VB)之上形成受主能级；Al^{3+} 离子可以取代 Zn^{2+} 的位置(Al_{Zn})，也可以产生施主能级，但是位于比 Vs 更深的位置。图 8.70 是这些杂质能级的结构和跃迁示意图，展示出不同发光对应的跃迁过程。上述结果表明，在不同施主-受主(D-A)辐射复合过程之间($V_S \rightarrow Cu_{Zn}$ 和 $Al_{Zn} \rightarrow Cu_{Zn}$)，存在明显的竞争。当掺杂 ZnS 量子点中具有较大的 V_S浓度时，易于产生 $V_S \rightarrow Cu_{Zn}$复合过程，发射 462nm 辐射。然而，当 S^{2-} 过量时，会湮没 V_S空位；如果适宜的进行 Cu^{+}-Al^{3+} 掺杂，$Al_{Zn} \rightarrow Cu_{Zn}$复合过程将占据主导地位，产生 530nm 辐射。对应于带内位置的激发，可以归结于 $Cu_{Zn} \rightarrow Al_{Zn}$之间的电子跃迁。对于橙色辐射相关的 Mn^{2+} 掺杂，存在着同样激发带，表现出由 Cu_{Zn}-Al_{Zn}对到 Mn_{Zn}的高效非辐射能量转移。在 Cu^{+}-Al^{3+} 杂质对不存在时，橙色 EL 不存在的事实也证明这个能量转移过程占据了主导地位。

Niu 等人研究 Tb 掺杂 ZnS 量子点(Tb∶ZnS)的 EL 发光性质，给出相应量子点发光二极管的结构设计[55]。图 8.71(a)给出了 Tb∶ZnS 量子点的 PL 光谱和 EL 光谱，由 379nm 波长激发的 PL 光谱具有 5 个发光峰：430nm、488nm、543nm、583nm 和 618nm。在 5 个发光峰中，430nm 较宽发光峰源于 ZnS 本身的贡献；其他四个位于 488nm、543nm、583nm 和 618nm 的尖锐发光峰，分别来自 Tb^{3+} 离子的 $^5D_4 - {}^7F_6$、$^5D_4 - {}^7F_5$、$^5D_4 - {}^7F_4$ 和 $^5D_4 - {}^7F_3$ 的电子跃迁[56]。

当 Tb∶ZnS 量子点制备器件的工作电压是 10V 时，观察到来自于 ZnS 本身的 430nm 发光峰，以及 491nm ($^5D_4 - {}^7F_6$)、546nm ($^5D_4 - {}^7F_5$)、577nm ($^5D_4 - {}^7F_4$)的发光峰。随着工作电压的升高，EL 发光强度略有增加，但是发光波长没有变化。没有明显观察到来自于 PEDOT-PSS 层的 EL 发光，表明 PEDOT-PSS 层只是发挥降低势垒的作用，促进空穴由 ITO 阳极到 PVK 层的注入。此外，在 ITO/PEDOT-PSS(70nm)/PVK(100nm)/Tb∶ZnS(120nm)/BCP(30nm)/LiF(1nm)/Al(100nm)结构的器件中，没有观察到来自于 PVK 聚合物的 EL 发光。这表明只有 Tb∶ZnS 量子点层对器件 EL 发光作出贡献，正是由于 BCP 层对空穴

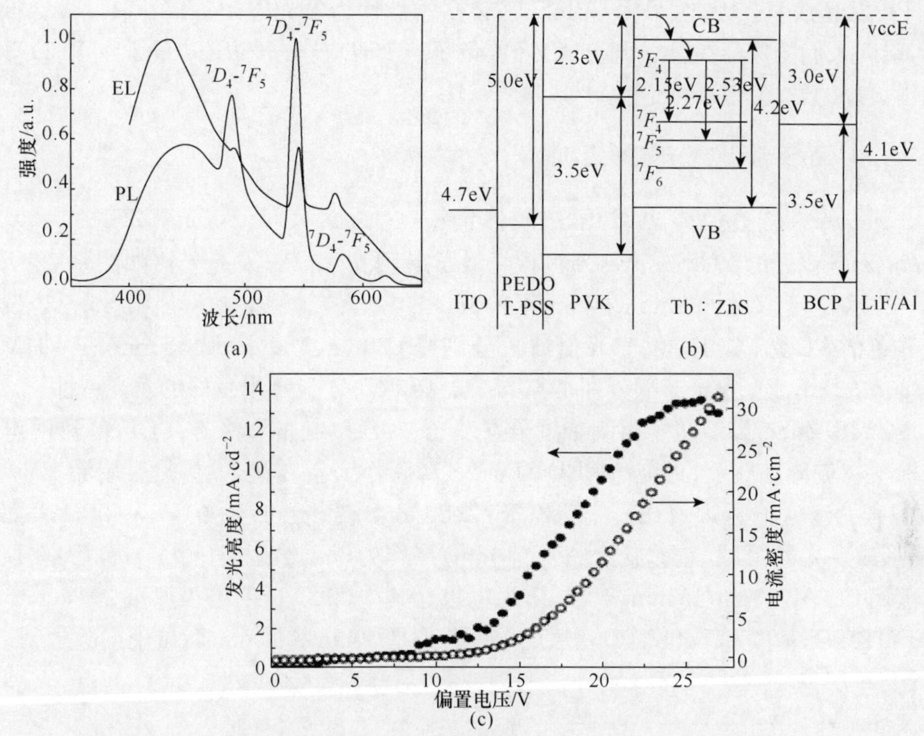

图 8.71　Tb：ZnS 器件的 PL 和 EL 光谱(a)、能级结构(b)及 *J-V-L* 曲线(c)[55]

的阻挡作用，使载流子的复合局限于 Tb：ZnS 量子点薄膜层内。

对于结构 ITO/PEDOT-PSS(70nm)/PVK(100nm)/Tb：ZnS(120nm)/BCP(30nm)/LiF(1nm)/ Al(100nm)的 LED 器件，能级匹配关系如图 8.71(b)所示。尺寸 3nm 的 ZnS 量子点带隙是 4.2eV，大于 ZnS 体材料的带隙(3.6eV)，归结于量子尺寸受限效应。在 PEDOT-PSS/PVK 交界面有 0.8eV 的空穴注入势垒，导致较高的启动电压和低的注入电流。通过 PVK 和 BCP 层，空穴和电子被注入到 Tb：ZnS 量子点薄膜层内，在 ZnS 寄主处载流子形成激子；然后激子能量被转移到 Tb^{3+} 离子的共振能级上，产生了 Tb^{3+} 的特征辐射。与 PL 光谱比较，位于 491nm、546nm 的 EL 辐射向较低能量方向发生移动，显示出大电流的局域热效应和发光层较差的热传导的影响。这个结构器件的伏安特性和亮度曲线如图 8.71(c)所示，器件启动电压是 10V，表明 Tb：ZnS 层承担了较大的电压，进一步证明 Tb：ZnS 量子点层控制了器件的伏安特性。

8.4.3　$CuInS_2$ 胶体量子点 LED

作为无 Cd、Pb 材料，$CuInS_2$ 胶体量子点符合环境保护的需要，而且具有良好的 PL 发光效率。因此，采用 $CuInS_2$ 胶体量子点作为发光层制备量子点发光二极管，引起人们的广泛关注。同上述 Zn 族量子点 LED 比较，$CuInS_2$ 量子点 LED 显示出更好的发光亮度和颜色特性。

1. $CuInS_2$ 胶体量子点单色 LED

Tan 等人首先制备出 $CuInS_2$ 胶体量子点 LED。$CuInS_2$-ZnS(ZCIS)为核、ZnSe/ZnS 双壳的 ZCIS/ZnSe/ZnS 核壳量子点，吸收和 PL 发光光谱如图 8.72 所示[57]。对应于尺寸 2.3nm、2.7nm 和 3.3nm 的量子点，可以看到红、黄、绿三个发光颜色的 PL 光谱，PL 发光峰值波长分别是 620nm、580nm 和 553nm，FWHM 是 90～95nm，PL 量子产额分别是 60%、40%和 45%，显示出良好的发光特性。

ZCIS/ZnSe/ZnS 量子点制备量子点发光二极管，制备方法是：将 ITO 透明电极涂覆在玻璃基底上，再旋涂 PEDOT:PSS 薄膜作为空穴注入层，然后旋涂 Poly-TPD 作为空穴输运层(HTL)；将 ZCIS/ZeSe/ZnS 量子点旋涂在 Poly-TPD 表面上，形成发光薄膜层，然后旋涂 Alq_3(10nm)层作为电子输运层(ETL)；最后，在顶部蒸镀 Ca/Al(10nm/150nm)双层，作为电极。其中，ITO 透明电极厚度是 200nm，PEDOT:PSS 薄膜和 Poly-TPD 薄膜的厚度分别是 30nm 和 45nm，而量子点层是 2～6 个分单层。

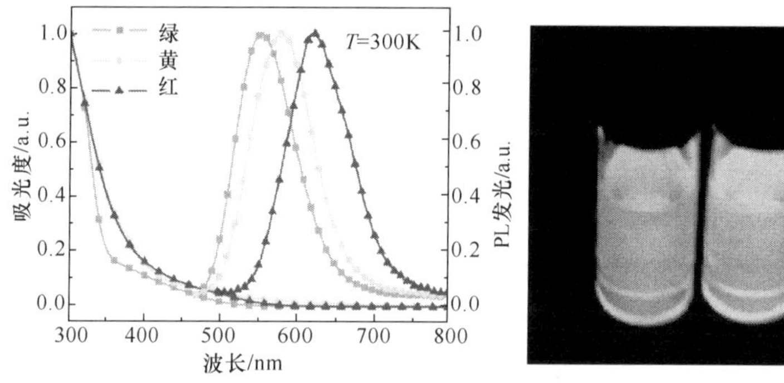

图 8.72 ZCIS/ZnSe/ZnS 量子点的吸收、PL 光谱和发光图片[57]
(阅读彩图请扫封底二维码)

图 8.73 是三种颜色器件的 EL 光谱，发光峰值波长分别是 622nm、591nm 和 560nm。器件 EL 光谱相对 PL 光谱红移 2～10nm，是由于量子点薄膜层中 Föster 能量转移。三种颜色器件 EL 光谱的 FWHM 分别是 106nm、125nm、102nm，相对 PL 发光光谱表现出明显的展宽。由于 EL 与 PL 光谱基本吻合，没有观察到相邻聚合物输运层的发光光谱，说明上述发光来自于量子点薄膜层的载流子复合发光。

图 8.74 给出三种颜色器件的亮度和电流密度随工作电压的变化曲线。在亮度是 $10cd \cdot m^{-2}$ 时，红、黄、绿三种器件的启动电压是：4.4V、14.3V、10.5V；对应

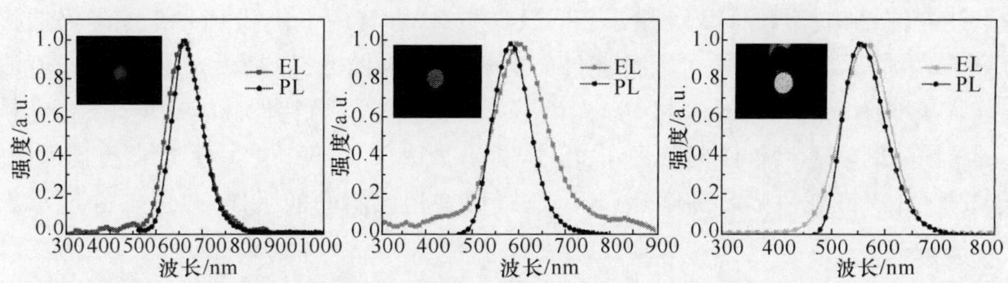

图 8.73 三个尺寸 ZCIS/InSe/ZnS 胶体量子点 LED 的 EL 和 PL 光谱[57]

（阅读彩图请扫封底二维码）

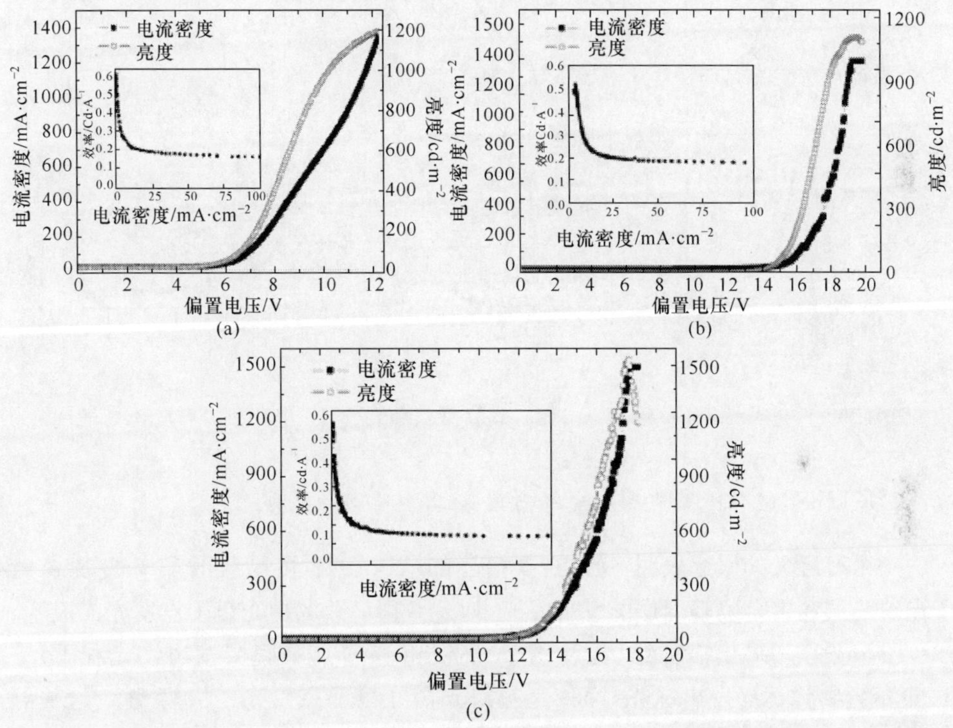

图 8.74 三个尺寸 ZCIS/ZnSe/InS 胶体量子点制备 LED 的 *L-I-V* 曲线和电流效率曲线[64]

的最大亮度分别是：～1200cd · m^{-2}、～1160cd · m^{-2} 和～1600cd · m^{-2}。图 8.74 中插图显示出器件的电流效率。在亮度是 10cd/m^2 时，红、黄、绿三种器件的电流效率分别是 0.82cd · A^{-1}、0.49cd · A^{-1}、0.62cd · A^{-1}。

稍后，Chen 等人的研究表明，In/Cu 比例对 ZCIS/ZnSe/ZnS 量子点发光效率有较大影响。通过选择优化的 In/Cu 比例，可以使 ZCIS/ZnSe/ZnS 量子点的 PLQY 达到 65%，由此可以进一步改善量子点发光二极管的发光效率[58]。仍然采用上述器件结构:ITO/HTL/量子点/ETL/Ca/Al,其中 Poly-TPD 和 Alq_3 仍然作为 HTL 和 ETL。这时两个颜色器件的特性曲线如图 8.75 所示,EL 光谱峰值波长分别是 606nm 和 577nm,与 PL 光谱基本一致。*L-J-V* 特性曲线表明,在亮度是 $10cd \cdot m^{-2}$ 时,两个器件的工作电压分别是 4.8 V、5 V;最大发光亮度分别是 $1700cd \cdot m^{-2}$(红色)和 $2100cd \cdot m^{-2}$(黄色)。相比前面的工作,改进器件显示出良好的提高。

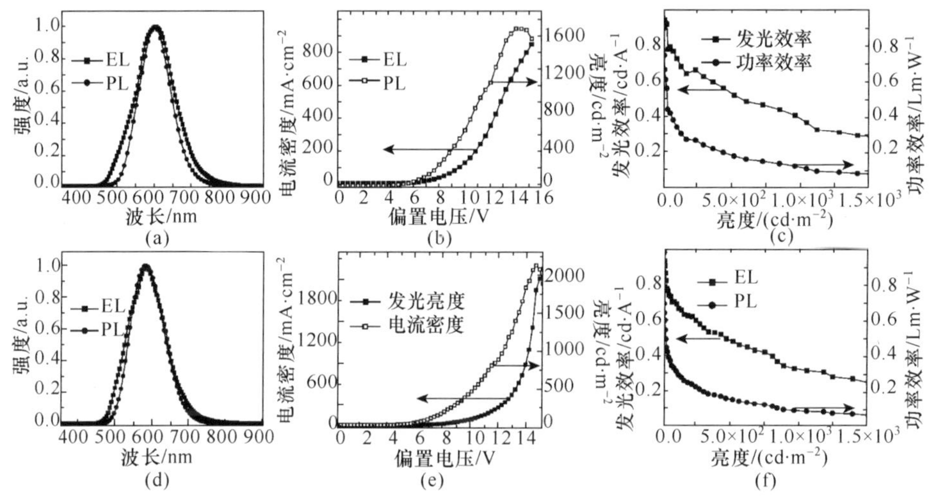

图 8.75　改进器件的 PL 和 EL 光谱(a,d)、*J-V-L* 曲线(b,e)、电流和功率效率(c,f)[58]

2. $CuInS_2$ 胶体量子点白光量子点发光二极管

一个有意义的研究表明,通过选择恰当的结构参数,可以获得 $CuInS_2$ 胶体量子点薄膜层和聚合物输运层的互补发光,以此获得高效的白光量子点发光二极管。

Zhang 等人提出一种结构,利用 ZCIS/ZnS 量子点薄膜层发出红光和 Poly-TPD 聚合物输运层发出绿光,两种互补得到白光量子点发光二极管[59]。这种器件结构如图 8.76 所示,制作过程是:将 ITO 透明电极沉积在玻璃衬底上,然后旋

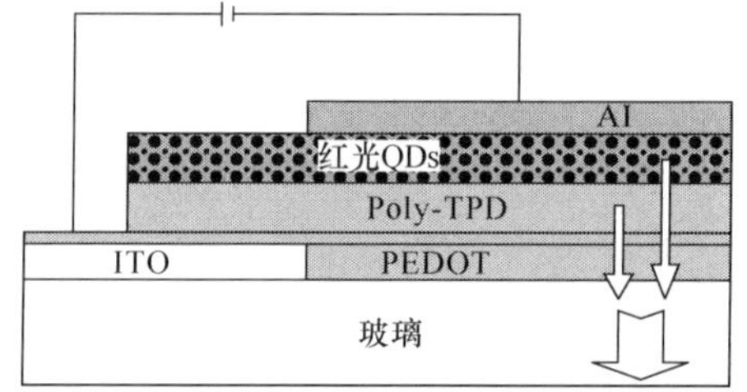

图 8.76　ZCIS/ZnS 白光量子点发光二极管结构示意图[59]

(阅读彩图请扫封底二维码)

涂 30nm 厚的 PEDOT：PSS，作为空穴注入层，以提高阳极的功函数；随后，依次旋涂 Poly-TPD 和 ZCIS/ZnS 量子点薄膜层；最后，蒸镀 150nm 厚的 Al 电极。

对于 Poly-TPD 薄膜层，既是蓝绿光的发光层，同时也有助于空穴注入到量子点薄膜层，促进量子点红光辐射。ZCIS/ZnS 量子点薄膜层辐射红光与毗邻 Poly-TPD 层的蓝绿光组合，形成白光辐射。在较早的白光量子点发光二极管中，一般是将不同颜色的发光材料混合在同一个薄膜层中，而这里制备器件是将聚合物蓝绿光发光层与量子点红光发光层分离。在这样一个分层结构的器件中，来自于短波长发光层到长波发光层的 Förster 能量转移被有效的削弱。因此，借助于蓝绿光效率的改善，这个白光器件的发光效率得到良好的增强。

ZCIS/ZnS 量子点薄膜层是两个单层厚度(约为 7nm)，Poly-TPD 薄膜层厚度是 45nm，图 8.77(a)是这个互补结构器件的亮度和电流密度随工作电压的变化曲线。器件的启动电压是 10V，峰值亮度达到 450cd · m^{-2}。插图是器件的白光图片，对应亮度是 300cd · m^{-2}，显示出良好的均匀性。

当工作电压是 15V 时，器件 EL 光谱如图 8.77(b)所示，发光覆盖整个可见光谱区间。在器件 EL 光谱中，存在两个光谱的极值分布，一个源于量子点的发光(红光部分)，另一个来自 Poly-TPD 的发光(蓝绿光部分)。器件的色坐标是(0.336，0.339)，与标准 A 光源的白光色坐标(0.333，0.333)十分接近，因此显示出高的显色指数 CRI＝92。良好的 CRI 指数，归因于 ZCIS/ZnS 量子点 EL 光谱具有良好的展宽特性。如图 8.77(b)所示，ZCIS/ZnS 量子点 EL 光谱的 FWHM 是 100nm，与 Poly-TPD 的发光产生重叠。ZCIS/ZnS 量子点 EL 光谱的展宽，归结于施主与导带之间的复合跃迁，得益于杂质能级参与的贡献。

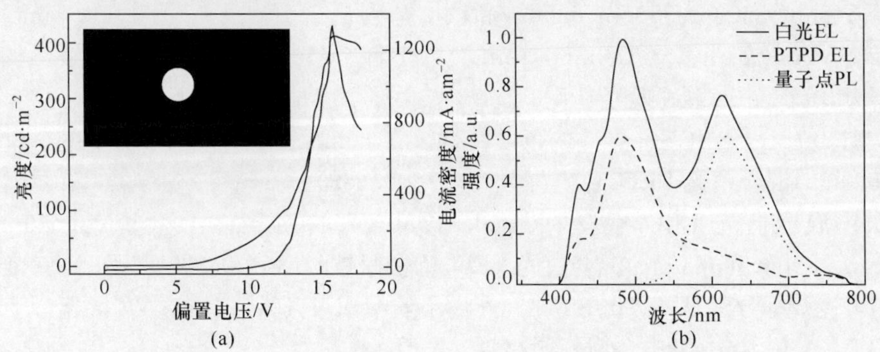

图 8.77　白光量子点发光二极管的 *J-V-L* 曲线(a)和器件、Poly-TPD 和量子点的光谱(b)[59]

8.5 胶体半导体量子点荧光粉

与传统荧光粉(phosphor)(例如 YAG 荧光粉)比较,胶体量子点荧光粉的主要优点是:一是量子点发光颜色纯度好,具有良好的窄带发光特点;二是利用量子尺寸效应,易于获得不同颜色的发光,而且可以覆盖全部可见光波段;三是成本低廉,易于制备。这里就一些典型的量子点荧光粉 LED,介绍其结构和基本特性。

8.5.1 Cd 族胶体量子点荧光粉

Cd 族胶体量子点荧光粉是研究较多、而且比较成熟的材料。限于 Cd 族胶体量子点蓝光效率较低,主要是以蓝光半导体 LED 芯片为激发源,通过补偿或三原色匹配结构获得白光 LED。

1. 三原色匹配结构的白光量子点发光二极管

考察 Wang 等人的初期研究工作,它们制备量子点荧光粉 LED 的结构是[60]:将 CdSe/ZnS 量子点分散在光敏环氧树脂(photosensitive epoxy resin)中,然后沉积在发光峰 465nm、FWHM 是 15nm 的 InGaN 发光基片上。为了说明不同结构的差异,制作出三种混合结构:一是将发光峰 560nm、浓度 35nmol · mL^{-1} 的 CdSe/ZnS 量子点单独与光敏环氧树脂混合,沉积在 InGaN 发光基片上;二是将发光峰 540nm(浓度 45nmol · mL^{-1})和发光峰 620nm(浓度是 1.2nmol · mL^{-1})两种 CdSe/ZnS 量子点与光敏环氧树脂混合,沉积在 InGaN 发光基片上;三是将发光峰 540nm、560nm、580nm、620nm 和浓度分别是 5.1nmol · mL^{-1}、19.4nmol · mL^{-1}、3.2nmol · mL^{-1}、1.6nmol · mL^{-1} 的多种 CdSe/ZnS 量子点与光敏环氧树脂混合,沉积在 InGaN 发光基片上。

图 8.78(a)给出三种器件的色度特性。在 20mA 工作电流下,对于单个量子点(560nm)混合白光 LED,色坐标是(0.276,0.283);对于两个量子点(540nm 和 620nm)混合白光 LED,色坐标是(0.317,0.240);对于多个量子点(540nm、560nm、580nm 和 620nm)混合白光 LED,色坐标是(0.301,0.297)。此外,三个器件的发光效率分别是:8.1lm · W^{-1}(外量子效率:4.1%);5.1lm · W^{-1}(外量子效率:3.1%);6.4lm · W^{-1}(外量子效率:3.1%)。

图 8.78(b)是蓝光 GaN 基片和三种结构白光 LED 的 EL 发光光谱。比较而言,多种量子点混合 LED 显示出 520~620nm 宽阔的量子点发光,源于不同尺寸量子点发光的叠加。对于单个量子点混合白光 LED,显示出最大的转换效率和外量子效率;两个或多个量子点混合白光 LED,转换效率和外量子效率呈现出退化趋势。产生退化的原因是,在两个或多个尺寸量子点同时存在时,较小尺寸量子点

发出的光子(能量较高)会被较大尺寸量子点吸收。此外,尽管两种和多种量子点混合白光 LED 的外量子效率是相同的,但多种量子点混合白光 LED 发光效率高于两种量子点混合白光 LED 的效率。这是因为黄绿光的视见函数较大,对发光效率的贡献大于红光的比重。

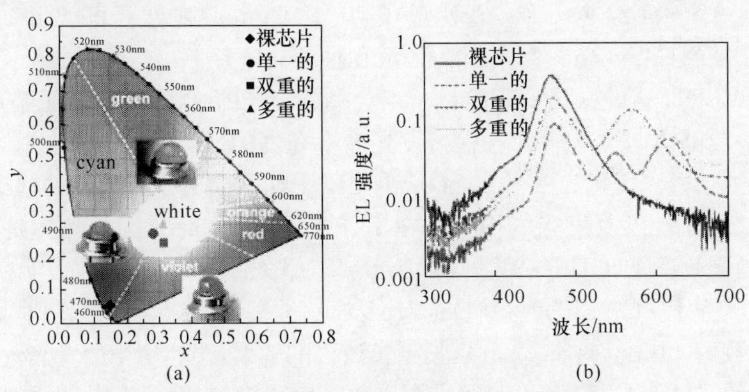

图 8.78 三种器件的色度特性(a)和 EL 光谱(b)[60]
(阅读彩图请扫封底二维码)

图 8.79 给出三种结构白光 LED 显色指数(CRI)和色温(T_c)随工作电流的变化曲线。在 20mA 情况下,三种结构器件的 CRI 分别是 21.46、43.76、66.20。多种量子点结构 LED 的 CRI 要高于两种量子点结构器件,而两种量子点结构 LED 的 CRI 高于一种量子点结构器件,这与三者 EL 发光光谱有关。此外,三种结构器件 CRI 随着工作电流的升高而增加。这个增加是由于随着工作电流的增大,发光光谱的范围展宽,而光谱的展宽有助于提高器件的 CRI。

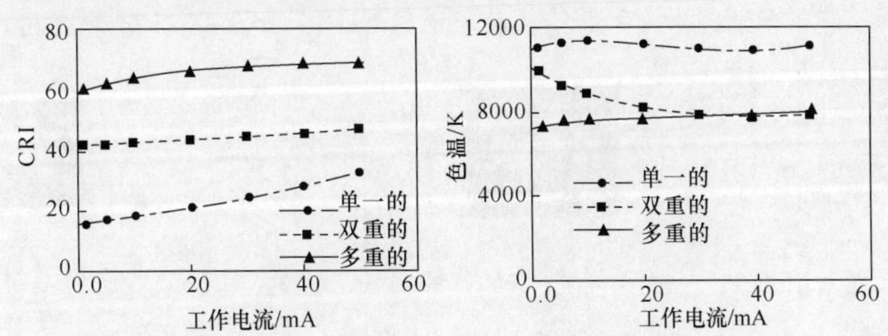

图 8.79 三种器件的 CRI 的和色温 T_c 随工作电流变化曲线(b)[60]

上述结构量子点混合白光 LED,并未显示出高的发光效率,表明诸多不足的存在。改善发光效率的途径包括:一是提高量子点的 PL 荧光量子产率和恰当的调整不同颜色量子点的比例;二是选择恰当的基质材料。量子点与聚合物基质材料混合,环境的影响和偶极子-偶极子相互作用的存在,使我们难以准确的评估发光光谱的移动、展宽和相对发光强度。因此，有必要定量的研究绿、黄、红量子点的组合结构。Nizamoglu 等人选择三种尺寸的 CdSe/ZnS 量子点，PL 发光峰分别位于 528nm、560nm、609nm，与蓝光基片组合，定量分析组分比例对混合白光 LED 性质的影响[61]。

将 31.91nmol 绿色 CdSe/ZnS 量子点、1.42nmol 黄色 CdSe/ZnS 量子点、0.37nmol 橙色 CdSe/ZnS 量子点混合，沉积在蓝光基片上，得到 CdSe/ZnS 量子点混合白光 LED1。橙色 CdSe/ZnS 量子点会降低白光的色温，平衡伴随蓝光基片的绿色 CdSe/ZnS 量子点发光。在保持发光效率和高的 CRI 的同时，这个器件的色坐标始终处于白光区域。图 8.80(a)给出 LED1 在不同工作电流时的输出光功率谱和色坐标分布，以及发光的图片。在工作电流是 12mA 时，色坐标是(0.425，0.378)，发光效率是 357lm · W_{opt}^{-1}，CRI＝89.2，相关色温是 2982K，表明一个色温低于 3000K 的暖白光 LED。我们知道，深红色(波长大于 650nm)的辐射具有很小的视见函数值。因此，具有宽阔、延长到长波段的辐射，会产生小的发光效率转换。这个结构的器件使 CdSe/ZnS 量子点深红色辐射减少，有助于产生高的发光效率，获得 357lm · W_{opt}^{-1} 的高效率。器件的功率转换效率满足如下表示[62]：

$$\eta_{power}=t\eta_{LED}+(1-t)\eta_{QD}\frac{\lambda_{LED}}{\lambda_{QD}} \qquad (8.5\text{-}1)$$

式中，η_{power}是 CdSe/ZnS 量子点荧光 LED 的功率转换效率，t 是蓝光 LED 透射辐射的功率因子，η_{LED}是蓝光 LED 的外量子效率，η_{QD}是 CdSe/ZnS 量子点的量子产率，λ_{LED}和 λ_{QD}分别是蓝光 LED 和 CdSe/ZnS 量子点的峰值发光波长。对于上述结构器件：λ_{LED}＝ 452nm，λ_{QD}＝588.4nm，η_{LED}＝0.10，η_{QD}＝0.15，t＝0.20；计算出功率转换效率是 0.11。因此，这个 CdSe/ZnS 量子点荧光 LED1 的发光效率是 40lm · $W_{electrical}^{-1}$。实验表明，在最佳优化蓝光 LED 和 CdSe/ZnS 量子点时，可以得

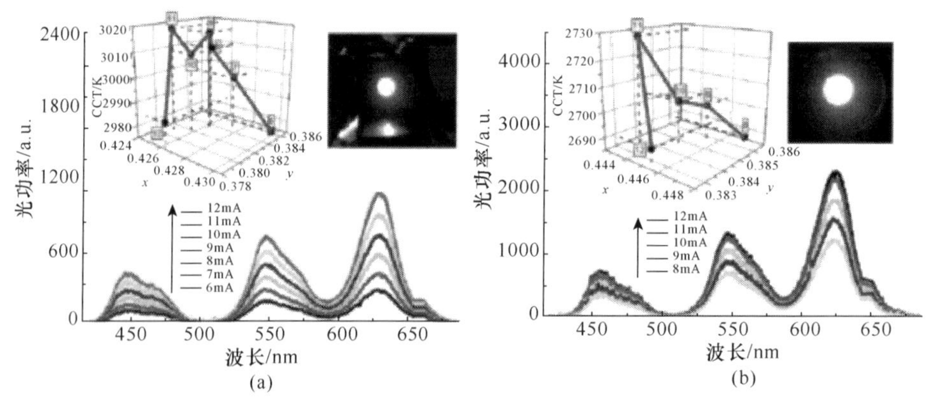

图 8.80　LED1(a)和 LED2 的光功率谱、色坐标和发光图片(b)[61]
(阅读彩图请扫封底二维码)

到 $\eta_{LED}=0.50$ 和 $\eta_{QD}=0.35$；这时 CdSe/ZnS 量子点混合白光 LED1 的发光效率是 $100lm \cdot W_{electrical}^{-1}$。

将 31.91nmol 绿色 CdSe/ZnS 量子点、1.42nmol 黄色 CdSe/ZnS 量子点、0.55nmol 橙色 CdSe/ZnS 量子点混合，沉积在蓝光基片上，得到 CdSe/ZnS 量子点荧光 LED2。在不同工作电流时，CdSe/ZnS 量子点荧光 LED2 输出光功率谱和色度特性如图 8.80(b) 所示。在工作电流 12 mA 时，LED2 的色坐标是(0.445，0.382)，发光效率是 349 $lm \cdot W_{opt}^{-1}$，CRI=88.9，相关色温是 2781 K。这是一个色温更低的暖白光 LED，源于来自橙色 CdSe/ZnS 量子点含量的增加。

选择恰当的基质材料也是提高量子点荧光 LED 发光效率的方法之一，Chen 等人的工作证明了这一点[63]。选择高效发光共轭聚合物 2,3-二丁基氧基-1,4-聚苯乙烯(2,3-dibutoxy-1,4-poly(phenylene vinylene)，DBPPV)作为基质材料，混入 CdSe/ZnS 量子点，沉积在蓝光基片上，得到 CdSe/ZnS 量子点荧光 LED，结构如图 8.81所示。在这个结构中，CdSe/ZnS 量子点第一激子吸收峰和 PL 发光峰的波长是 600nm 和 625nm，PL 强度半峰宽 FWHM 是 40nm，量子产率是 34%；DBPPV 材料的吸收峰和发光峰分别位于 450nm 和 532nm，如图 8.81(b)所示，DBPPV 和 CdSe/ZnS 量子点的体积比是 1∶2。

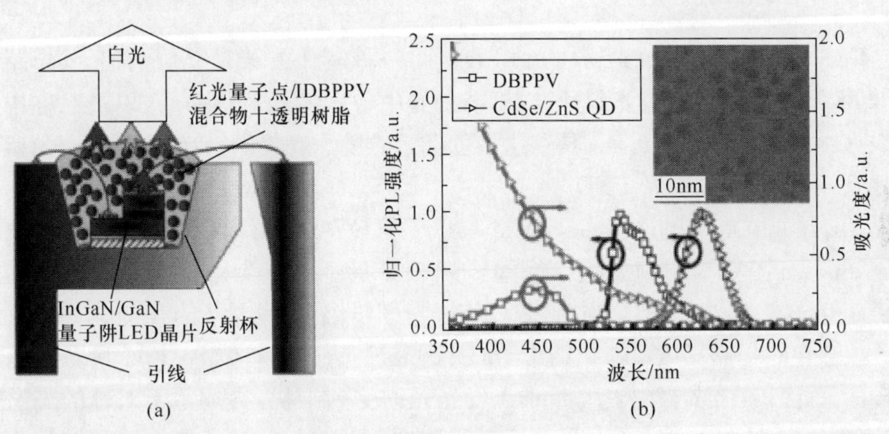

图 8.81　CdSe/ZnS 量子点混合 DBPPV 器件的结构和两种材料吸收、PL 光谱[63]
(阅读彩图请扫封底二维码)

在不同工作电流条件下，CdSe/ZnS 量子点混合 DBPPV 白光 LED 的 EL 光谱如图 8.82(a)所示。CdSe/ZnS 量子点发光峰位于 625nm(λ_{QD})，DBPPV 材料发光峰是 535nm($\lambda_{DBPPV\text{-}a}$)和 551nm($\lambda_{DBPPV\text{-}b}$)，蓝光芯片的发光峰是 454nm(λ_{InGaN})。随着工作电流的增加，EL 光谱强度稳定增加，没有观察到发光峰位置的移动。DBPPV 的 EL 光谱存在两个明显的发光峰，分别来自 DBPPV 链键内束缚(激子态)和链键间束缚(激发态)[64]。图示旁边是工作电流分别为 0.1mA 和 20mA 时，器件发光的图片。在工作电流 20mA 时，CdSe/ZnS 量子点混合 DBPPV 白光 LED 色坐标是(0.33,0.34)，光通量是 0.55lm，发光效率是 330lm/W，CRI 是 76，相关色温是 5600K。此外，图 8.82(b)是 CRI 和 CCT 随工作电流的变化曲线，在工作电流10～60mA 区间，CRI 与 CCT 显示出较好的稳定性。

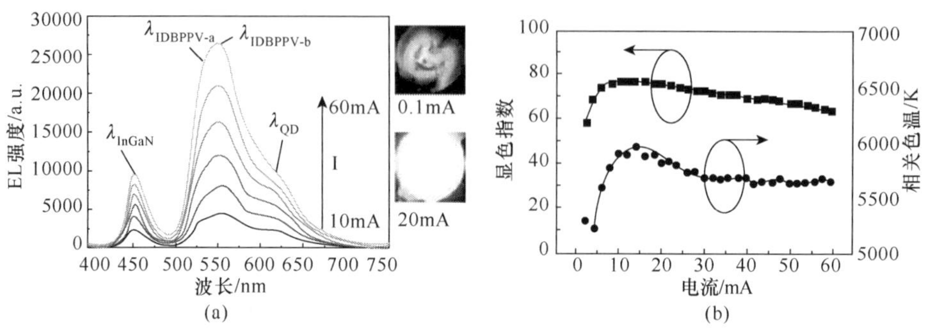

图 8.82 CdSe/ZnS 量子点混合 DBPPV 器件的 EL 光谱(a)和 CCT 和 CRI 稳定性曲线(b)[63]
(阅读彩图请扫封底二维码)

2. 补偿结构的白光 LED

CdSe/ZnS 量子点荧光粉白光 LED 的另一种制作方法是补偿结构，其思路如图 8.83所示[65]。选取蓝光基片，以标准白光中心区域为对称中心，以过对称中心直线另一侧的色坐标为参照，具有这个色坐标的量子点荧光粉，形成量子点与蓝光基片互补发光，得到白光 LED。

Nizamoglu 等人选取 InGaN/GaN 量子阱(QW)蓝光基片[65]，发光峰值波长是 490nm，如图 8.83(b)所示。选择 CdSe/ZnS 量子点为荧光粉材料，PL 发光峰位于 650nm。由图 8.83(a)看到，量子点+量子阱混合后，量子点发光光谱强度比其单独存在时提高了 63%，归结于 InGaN/GaN 量子阱向 CdSe/ZnS 量子点的能量转移。此外，在混合结构中，量子点发光光谱受到干扰，导致了不对称的光谱轮廓，再次证明存在着由 InGaN/GaN 量子阱向 CdSe/ZnS 量子点的能量转移。众所周知，在量子点之间存在着类似的能量转移，源自于它们存在的尺寸分布(<5%)；但是，这种能量转移不能产生如此明显的强度起伏和不对称的光谱。

蓝色辐射 InGaN/GaN 量子阱和红色辐射 CdSe/ZnS 量子点是经过认真选择的，以便混合后得到白光。利用双色辐射产生白光，首先需要满足的规则是：两个颜色本征辐射色坐标之间的连线，一定要通过色品图的白光区域。如图 8.83(a)中插图所示，蓝色辐射 InGaN/GaN 量子阱和红色辐射 CdSe/ZnS 量子点色坐标的连线正好穿过白光区域，表明二者混合的结果可以产生白光 LED。此外，需要满足的第二个原则是：来自于蓝色辐射 InGaN/GaN 量子阱和红色辐射 CdSe/ZnS

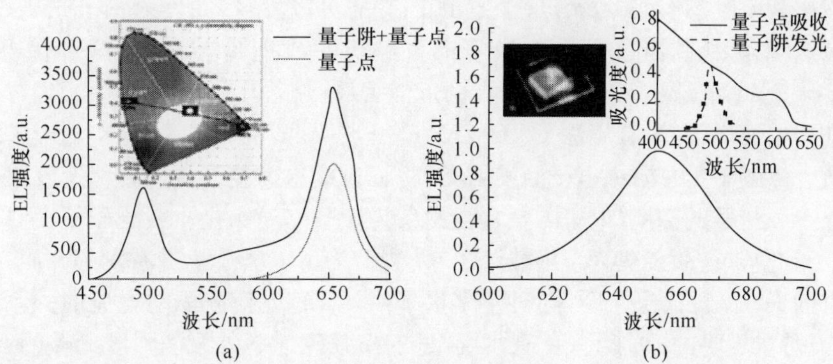

图 8.83　(a)补偿白光 LED 的发光光谱；(b)量子点吸收、PL 光谱和蓝光芯片 EL 光谱[65]
(阅读彩图请扫封底二维码)

量子点的强度比例必须是平衡的。在这个结构器件中，混合白光 LED 的色坐标是(0.42，0.39)，相关色温是 $T_c = 3135K$，均在色品图的白光区域。显然，这里存在的能量转移为两者强度比例的平衡，提供了调节机制。

为了进一步说明能量转移的存在，Achermann 等人开展进一步的研究[66]。利用一个倒置的 LED 结构设计，如图 8.84(a)所示。在一个厚的 p 掺杂 GaN 的上部，生长一个 InGaN 量子阱，然后覆盖一个薄的 n 型 GaN 层(注意，通常情况是InGaN量子阱生长在 n 型半导体层之上)。在这个结构中，n-GaN 迁移率高于p-GaN，这时尽管电子注入层厚度很薄，却可以获得明显的电流分布传播。由图 8.84(b)看到，InGaN 量子阱的辐射延伸到 n 触点边界之外 80 μm 处。电极图案的触点形状如图 8.84(c)所示。

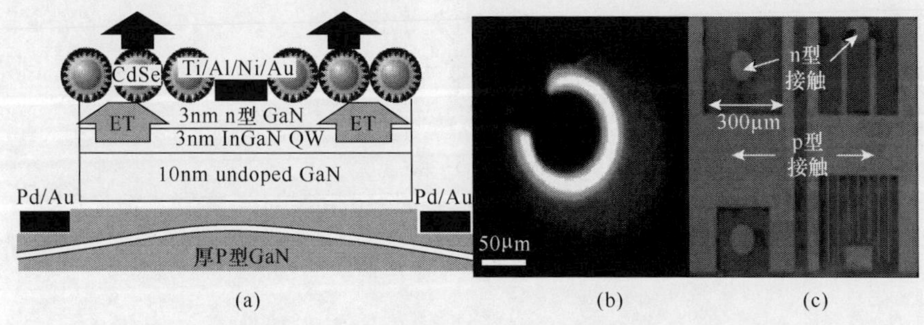

图 8.84　(a) 结构示意图；(b) 电激发 ET-LED 发光图像；(c)电极触点图样[66]
(阅读彩图请扫封底二维码)

CdSe/ZnS 量子点作为荧光粉，旋涂在 GaN LED 的 n 型层上。溶液态 CdSe/ZnS 量子点的 PLQY 是 60%，而薄膜态的 PLQY 是 35%。这个减少归因于内部CdSe/ZnS 量子点的相互作用，导致辐射量子点到非辐射量子点的激子转移。比较溶液态和薄膜态 CdSe/ZnS 量子点的 PLQY 可以发现，在发射一个光子之前，在量子点单层中平均每个光生激子都要经历一次能量转移；在这种情况下，$QY_{QD}^{film} \approx (QY_{QD}^{sol})^2$，显示出实验上两者的近似关系。

在初始情况下，没有旋涂 CdSe/ZnS 量子点层，我们考察 InGaN 量子阱结构的性质。依赖于量子阱中电子激发的类型，辐射衰退速度和能量转移速度要么是不依赖于载流子的密度(电子与空穴被约束为激子)，要么是与载流子密度线性相关(电子和空穴被激发成为自由载流子)[67,68]。为了澄清量子阱激发的性质，考察量子阱的 PL 辐射弛豫性质，同时考察量子阱的 EL 光谱随驱动电流的关系。图 8.85(a)是量子阱的 PL 瞬态衰退曲线，显示出弛豫速率与泵浦强度无关的，约为 $2.6ns^{-1}$。这个速率快于已有报道的辐射速率($<0.5ns^{-1}$)[68]，表明这个量子阱结构中载流子的复合受控于非辐射损耗。因此，在这个量子阱结构里，载流子密度 n_{QW} 比例于载流子产生速率 j，其量值与驱动电流成比例：$n_{QW}=(k_{QW}^{nr})^{-1}j$，$k_{QW}^{nr}$ 是密度无关的非辐射衰退速率。

实验表明，在稳定的工作电流情况下，InGaN 量子阱器件的 EL 强度与工作电流平方成正比，如图 8.85(b)所示。EL 强度与载流子密度 n_{QW} 的平方成比例，显示出载流子的辐射衰退经历了一个双分子的过程，这是电子-空穴对复合的基本特征。这个分析表明，在这个量子阱结构中，载流子不是以束缚激子形式存在，而是以非束缚电子和空穴形式出现，两者的辐射复合和能量转移的速率线性比例于载流子的密度。在几 mA 的较小工作电流(避免局部热效应和发光强度的饱和)时，量子阱 n 接触区域的 EL 发光如图 8.84(b)所示。对发光光谱进行测量，发现除了量子阱的 420nm 发光波段外，还可以清晰的观察到 CdSe/ZnS 量子点的 590nm 发光波段，如图 8.86 所示。两种辐射强度的比例是 13%，而且与工作电流的大小无关(如图 8.86 中的插图)，即与量子阱中的激子密度 n_{QW} 无关。在这个 CdSe/ZnS 量子点混合结构中，我们定义 CdSe/ZnS 量子点发光强度 I_{QD} 与 InGaN 量子阱发光强度(无量子点存在)I_{QW}^0 的比值是器件的颜色转换效率 η_{cc}。有

$$\eta_{cc}=I_{QD}/I_{QW}^0 \tag{8.5-2}$$

实验表明，在有无 CdSe/ZnS 量子点单层时，InGaN 量子阱发光波段强度的变化不大于 3%。因此，可以认为 $I_{QW}^0 \approx I_{QW}$，I_{QW} 是混合结构中 InGaN 量子阱发光波段的强度。

为了确定 CdSe/ZnS 量子点发光的来源，我们比较上述颜色转换效率的实验值与能量转移效率预期值，同时评估由于 CdSe/ZnS 量子点活化层吸收-再复合发光对 CdSe/ZnS 量子点发光波段强度的贡献。尽管这里以特定的 InGaN 量子阱 LED 作为基光源、CdSe/ZnS 量子点作为荧光材料，但下述讨论适用于其他类型的基光源和荧光材料。在 CdSe/ZnS 量子点层不存在时，量子阱中载流子密度 n_{QW}^0 满足如下关系：

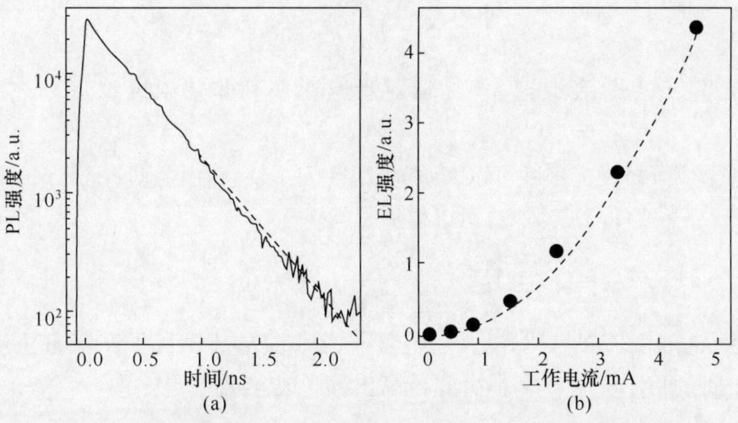

图 8.85　InGaN 量子阱器件的 PL 衰退曲线(a)和 EL 强度实验值和拟合曲线(b)[73]

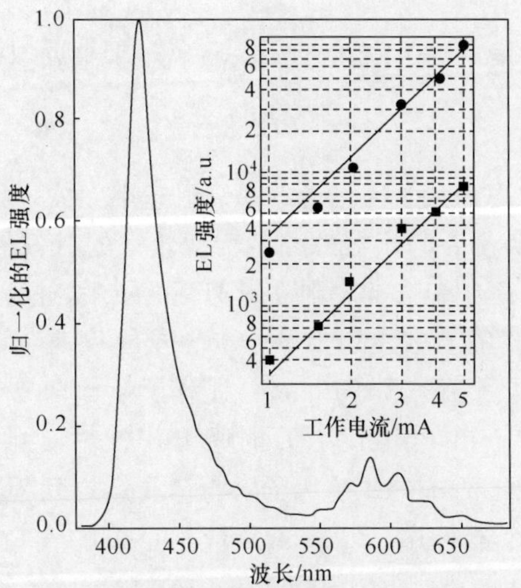

图 8.86　CdSe/ZnS 量子点和 InGaN 量子阱混合器件 EL 光谱，以及各自 EL 强度变化曲线[66]

$$\frac{dn_{QW}^0}{dt}=j-k_{QW}n_{QW}^0 \tag{8.5-3}$$

式中，k_{QW}是量子阱总衰退速率，是辐射衰退速率和非辐射衰退速率之和，$k_{QW}=k_{QW}^r+k_{QW}^{nr}$。在沉积量子点单层后，由量子阱到量子点的能量转移提供一个额外的衰退过程，这个衰退速率用 k_{ET}表示。于是，量子阱中载流子密度 n_{QW}和量子点层中载流子密度 n_{QD}满足如下关系式：

$$\frac{dn_{QW}}{dt}=j-k_{QW}n_{QW}-k_{ET}n_{QW} \tag{8.5-4}$$

$$\frac{\mathrm{d}n_{\mathrm{QD}}}{\mathrm{d}t}=k_{\mathrm{ET}}n_{\mathrm{QW}}-k_{\mathrm{QD}}n_{\mathrm{QD}} \tag{8.5-5}$$

式中，k_{QD}是量子点总衰退速率，是辐射衰退速率和非辐射衰退速率之和，$k_{\mathrm{QD}}=k_{\mathrm{QD}}^{\mathrm{r}}+k_{\mathrm{QD}}^{\mathrm{nr}}$。

量子点薄膜 PL 发光强度可以表示为：$I_{\mathrm{QD}}=k_{\mathrm{QD}}^{\mathrm{r}}n_{\mathrm{QD}}$。在稳态情况下，$\mathrm{d}(\cdots)/\mathrm{d}t=0$，上述式(8.5-3)～式(8.5-5)联立，可以得到

$$I_{\mathrm{QD}}=\mathrm{QY}_{\mathrm{QD}}^{\mathrm{film}}I_{\mathrm{QW}}^{0}\frac{k_{\mathrm{ET}}}{k_{\mathrm{QW}}^{\mathrm{r}}+\mathrm{QY}_{\mathrm{QW}}k_{\mathrm{ET}}}=\mathrm{QY}_{\mathrm{QD}}^{\mathrm{film}}I_{\mathrm{QW}}^{0}\frac{k_{\mathrm{ET}}}{k_{\mathrm{QW}}^{\mathrm{r}}} \tag{8.5-6}$$

式中，$I_{\mathrm{QW}}=k_{\mathrm{QD}}^{\mathrm{r}}n_{\mathrm{QW}}$；$\mathrm{QY}_{\mathrm{QD}}^{\mathrm{film}}=k_{\mathrm{QD}}^{\mathrm{r}}/k_{\mathrm{QD}}$是量子点薄膜的 PL 量子产额；$\mathrm{QY}_{\mathrm{QW}}=k_{\mathrm{QW}}^{\mathrm{r}}/k_{\mathrm{QW}}$是量子阱的 PL 量子产率。由此计算出颜色转换效率是

$$\eta_{\mathrm{cc}}=\mathrm{QY}_{\mathrm{QD}}^{\mathrm{film}}\frac{k_{\mathrm{ET}}}{k_{\mathrm{QW}}^{\mathrm{r}}+\mathrm{QY}_{\mathrm{QW}}k_{\mathrm{ET}}} \tag{8.5-7}$$

为简化讨论，这里取 $k_{\mathrm{QW}}^{\mathrm{nr}}\gg k_{\mathrm{QW}}^{\mathrm{r}}$，因此有 $\mathrm{QY}_{\mathrm{QW}}\ll 1$。于是近似有

$$\eta_{\mathrm{cc}}\approx\mathrm{QY}_{\mathrm{QD}}^{\mathrm{film}}\frac{k_{\mathrm{ET}}}{k_{\mathrm{QW}}^{\mathrm{r}}} \tag{8.5-8}$$

上式表明，颜色转换效率与量子阱激子的总衰退速率无关，仅仅依赖于它的辐射衰退速率。这种依赖的类型有利于器件颜色转换效率的有效控制，因为 $k_{\mathrm{QW}}^{\mathrm{r}}$能够被预先设计，而总衰退速率中包含非辐射衰退速率的贡献，往往难以控制。

若 CdSe 量子点核的直径是 1.9nm，ZnS 壳厚度是 0.6nm，配位体厚度是 1.1nm，单层薄膜的面密度是 $2\times10^{12}\mathrm{cm}^{-2}$；对于量子阱层：顶部势垒层厚度是 3nm，量子阱宽度是 1.5nm。借助于 PL 时间分辨技术，得到 $k_{\mathrm{ET}}/k_{\mathrm{QW}}^{\mathrm{r}}=1.33$[67]。此外，能量转移速率正比于 d^{-4}(d 是量子阱与量子点之间距离)，且与量子点面密度成正比[67,68]。在这个器件中，CdSe/ZnS 量子点核的直径是 2.1nm，壳厚度是 0.6nm，配位体的链长是 2nm，单层面密度是 $1.2\times10^{12}\mathrm{cm}^{-2}$；对于量子阱层：顶部势垒层厚度是 3nm，量子阱宽度是 1.5nm。利用这些数据计算出 $k_{\mathrm{ET}}/k_{\mathrm{QW}}^{\mathrm{r}}=0.5$；再利用 $\mathrm{QY}_{\mathrm{QD}}^{\mathrm{film}}=35\%$，得到颜色转换效率是 17%，与 13%的实验值比较接近。

其次，假设量子阱发光直接照射 CdSe/ZnS 量子点层，考虑传统的吸收-再辐射对颜色转换效率的贡献。利用实验测量，CdSe/ZnS 量子点单层薄膜的吸光度是 0.025，PL 量子产率是 35%，传统的吸收-再辐射对颜色转换效率的贡献是小于 1%。这个计算表明，颜色转换效率的贡献主要来自于 InGaN 量子阱向 CdSe/ZnS 量子点的能量转移效应。

8.5.2 $CuInS_2$ 胶体量子点荧光粉

由于 Cd 族材料的毒性限制，$CuInS_2$ 胶体量子点荧光粉引起人们的关注。此

外，$CuInS_2$ 胶体量子点是合金材料，发光与掺杂有关，往往具有较宽的 PL 光谱分布。因此，$CuInS_2$ 胶体量子点荧光粉具有良好的显色指数。

考察几种蓝光基片上沉积单色 $CuInS_2$ 胶体量子点荧光粉，形成红、黄、绿单色量子点 LED 的制作方法。采用 Zhang 等人的合成路线，制备出 ZCIS/ZnSe/ZnS 量子点[69]，分散在氯仿中。按照质量比 1∶1 将透明环氧树脂与量子点溶液混合，在真空中加热后去除氯仿。最后，将量子点/环氧树脂混合物沉积到蓝光 GaN 基片上，控制沉积数量得到红、黄、绿单色量子点 LED。

溶液态 ZCIS/ZnSe/ZnS 量子点吸收和 PL 光谱如图 8.87(a)所示，PL 发光峰是：红色量子点峰值波长是 610.0nm（PLQY＝60%）；黄色量子点峰值波长是 563.0nm(PLQY＝59%)；绿色量子点峰值波长是 533.0nm(PLQY＝65%)。量子点荧光粉与蓝光 GaN 基片混合荧光 LED 的结构如图 8.87(b)所示。来自 GaN 基片的 452nm 蓝光作为激发光，借助于能量转移机制激发 ZCIS/ZnSe/ZnS 量子点，量子点将蓝光转换成为红、黄、绿窄带发光。在 2.6 V 工作电压下，图 8.87(c)是红、黄、绿窄带发光图片。

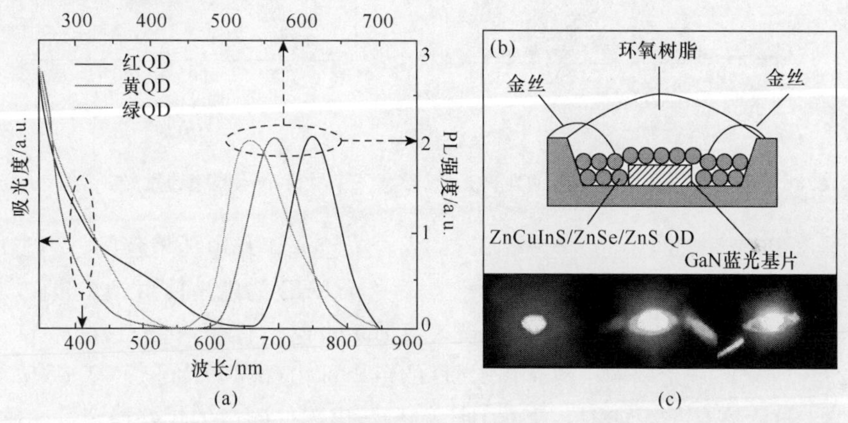

图 8.87　(a)ZCIS/ZnSe/ZnS 量子点的吸收、PL 光谱；(b)器件结构和(c)发光图片
(阅读彩图请扫封底二维码)

在工作电压 2.6 V 时，随着沉积量子点数量的增加，基于红光量子点混合荧光 LED 的发光光谱变化情况如图 8.88(a)所示。在量子点数量较低时，器件显示出 452.0nm 蓝光发光带和 639.6nm 红光发光带。随着沉积量子点数量的增加，来自于 GaN 基片蓝光发光带的强度逐渐降低，而量子点荧光粉红光发光带的强度逐渐增强。当量子点层厚度足够厚时，蓝光辐射完全消失，全部蓝光辐射转化为红光辐射。图 8.88(b～d)给出三个混合荧光 LED 的发光光谱，三个器件发光峰分别位于 639.3nm、581.4nm 和 562.0nm。与量子点原液的 PL 光谱比较，量子点荧光粉混合 LED 的发光光谱有轻微的红移，是由于沉积造成量子点的聚集引起的能量转移。

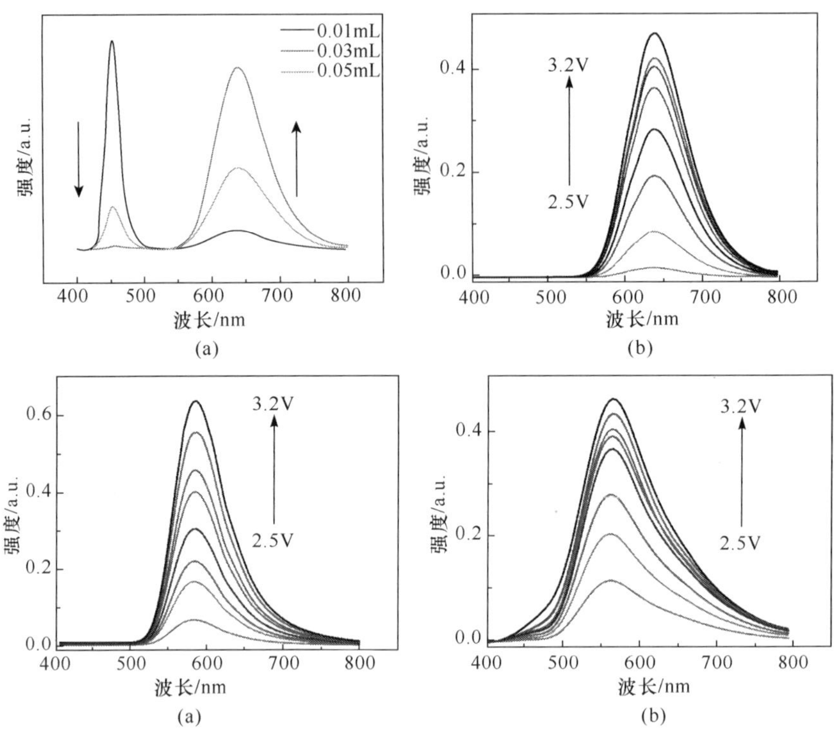

图 8.88 不同量子点沉积数量的发光光谱(a)和三个器件电压依赖的发光光谱(b～d)

图 8.88 表明,量子点荧光粉 LED 的发光光谱是工作电压依赖的。当工作电压由 2.5 V 增加到 3.2 V 时,红光量子点荧光粉 LED 的色坐标由(0.660,0.339)变成(0.655,0.344);黄光量子点荧光粉 LED 的色坐标由(0.521,0.475)变成(0.524,0.462);绿光量子点荧光粉 LED 的色坐标由(0.449,0.519)变成(0.437,0.502)。这个变化情况如图 8.89(a)所示,显示出器件颜色的较好稳定性。此外,ZCIS/ZnSe/ZnS 量子点荧光粉 LED 发光光谱的 FWHM 和发光峰位置,随工作电压的变化情况如图 8.89(b～d)所示。当工作电压由 2.5 V 增加到 3.2 V 时,红光量子点荧光粉 LED 的 FWHM 由 84.7nm 增加到 90.3nm,发光峰值波长由 639.6nm 移动到 640nm;黄光量子点荧光粉 LED 的 FWHM 由 77.2nm 增加到 79.6nm,发光峰值波长由 581.4nm 移动到 583nm;绿光量子点荧光粉 LED 的 FWHM 由 116nm 增加到 119nm,发光峰值波长由 562.3nm 移动到 564.2nm。此外,在工作电压低于 2.6 V 时,器件发光效率随工作电压的升高而增加;在工作电压是 2.6 V 时,发光效率达到极大值,红、黄、绿三种器件的发光效率分别是 14.0lm · W^{-1}、47.1lm · W^{-1} 和 62.4lm · W^{-1};当工作电压高于 2.6V 以后,发光效率随着工作电压升高而下降,如图 8.89(e)所示。

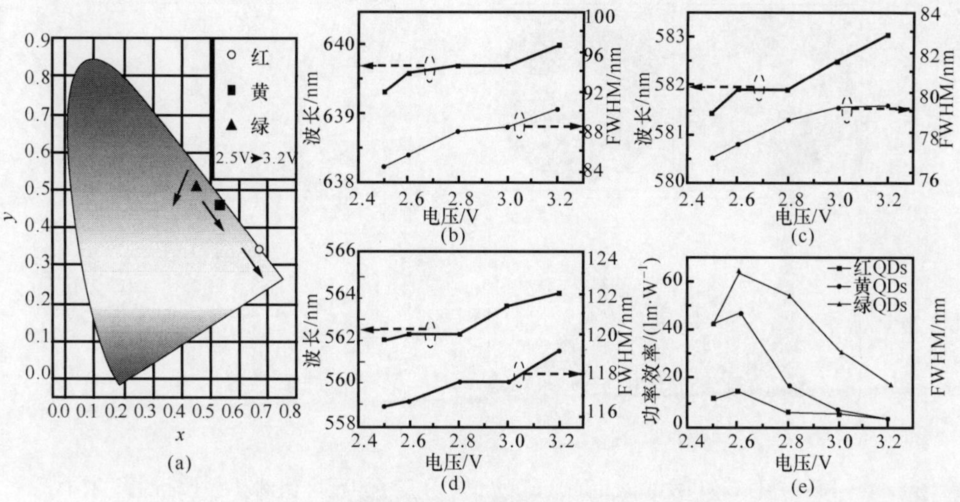

图 8.89　器件色坐标(a)和三个器件峰值波长、FWHM 和转换效率随工作电压的变化趋势(b～e)

上述结果表明,利用 ZCIS/ZnSe/ZnS 量子点混合 GaN 蓝光基片发光,可以得到多种准单色发光 LED。这些准单色发光与 GaN 基片蓝光混合可以得到白光 LED。Chen 等人的工作表明,将红光、绿光量子点与蓝光基片组合,可以形成三原色匹配发光,获得白光 LED[70]。器件结构如图 8.90(a)所示,两种颜色 ZCIS/ZnSe/ZnS 量子点峰值波长是 535nm 和 615nm。器件表面显示出褐色,是红和绿两种量子点混进树脂基质的结果。图 8.90(b)是量子点混合 GaN 蓝光基片白光 LED 的发光图片,工作电流是 20 mA。这个器件明亮的白光十分接近太阳光,不同工作电流下发光的色坐标变化区间是(0.330～0.353,0.328～0.349),最佳 CRI 达到约 95,发光效率约 70lm · W^{-1},明显好于 CdSe 量子点荧光 LED。

如图 8.90(c)所示,量子点混合 GaN 蓝光基片白光 LED 的 EL 光谱覆盖 400～750nm 可见光范围。EL 光谱显示出两个清晰的发光峰,位于 540nm 和 630nm,分别对应于红、绿两种颜色 ZCIS/ZnSe/ZnS 量子点的发光波段。通过调整两种量子点的比例和数量,白光 LED 的色温调整范围是 4600～5600K。通过调整两种量子点的比例和数量(绿、红量子点重量比是 50∶1～25∶1),白光 LED 色坐标的变化如图 8.90(d)所示,显示出相关色温的变化几乎沿着普朗克曲线轨迹。

同理,采用单一尺寸 ZCIS/ZnSe/ZnS 量子点与 GaN 蓝光基片混合,如果满足波长互补的要求,也可以获得白光 LED。Song 等人使用 CIS/ZnS 核壳量子点,与 GaN 蓝光基片混合获得补偿白光 LED[71]。其中三种 CIS/ZnS 量子点的组分比例是 Cu/In=1/1、1/2 和 1/4, PL 发光峰分别位于 623nm(红)、598nm(橙)和 564nm(黄),相应 PLQY 分别是 68%、74%和 78%。将三种量子点分别与硅酮树脂(silicone resin)混合,沉积到发光效率是 15.7 lm · W^{-1}(在 20mA 工作电流下)的蓝光

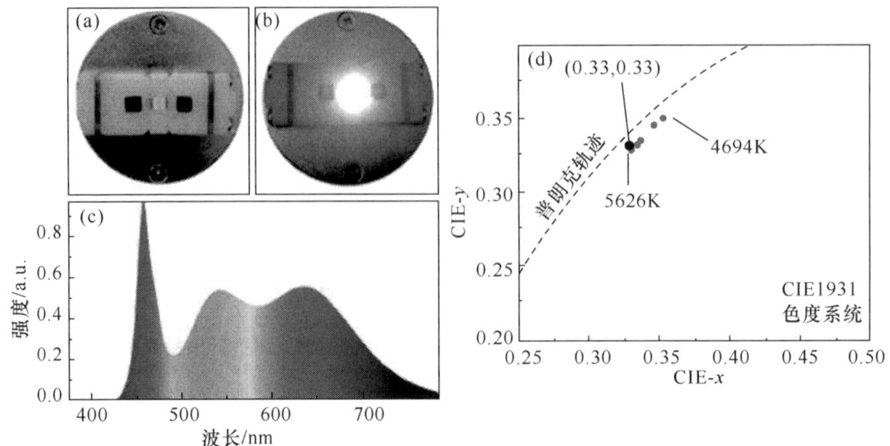

图 8.90　LED 器件(a)和发光图片(b);EL 光谱(c);量子点混合比例对色坐标的影响(d)[70]
(阅读彩图请扫封底二维码)

GaN 发光基片上,得到三种波长补偿式白光 LED。

三种 CIS/ZnS 量子点与 GaN 蓝光基片混合白光 LED 的 EL 光谱如图 8.91(a)所示。与三种溶液态 CIS/ZnS 量子点 PL 光谱比较,EL 发光峰分别移动到 653nm、622nm 和 581nm。注意,PL 光谱来自于光学密度(optical density)约为 0.05 的量子点原液,这个密度远远低于量子点混入硅酮树脂后的光学密度。因此,红移性质归结于小尺寸量子点的辐射被大尺寸量子点吸收。此外,由于在硅酮树脂中量子点的溶解度几乎为零,导致量子点发生一定程度的团聚。在量子点团聚物中,量子点之间的间隔变小,导致偶极子-偶极子的能量转移增强,这样一个有效的能量转移(高能量向低能量)对红移产生较大的影响。另外一个产生红移的原因,量子点周围基质材料介电常数的变化(PL 时是氯仿溶液,EL 时是硅酮树脂)也会导致红移的发生,这是介电受限效应的影响。图 8.91(b)表明,红光 CIS/ZnS 量子点(Cu/In=1/1)与 GaN 蓝光基片混合白光 LED 的色坐标是(0.270,0.128);橙光 CIS/ZnS 量子点(Cu/In=1/2)与 GaN 蓝光基片混合白光 LED 的色坐标是(0.327,0.182);黄光 CIS/ZnS 量子点(Cu/In=1/4)与 GaN 蓝光基片混合白光 LED 的色坐标是(0.347,0.288)。图 8.91(c)是器件的照片和 EL 发光图片。

在工作电流 20mA 的情况下,三种器件的发光效率分别是 14.8lm · W^{-1}、27.6lm · W^{-1}和 63.4lm · W^{-1}。这些量值均高于蓝光基片 15.7lm · W^{-1}的发光效率,原因是量子点荧光 LED 产生出更高的视见函数量值。此外,黄光 CIS/ZnS 量子点白光 LED 的发光效率高于另外两种白光 LED,部分原因是黄光 CIS/ZnS 量子点具有更高的 PLQY。

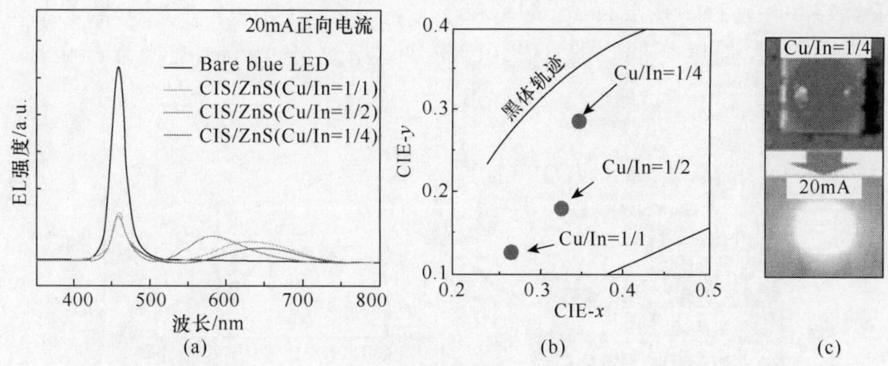

图 8.91　三个器件的 EL 光谱(a)、色坐标(b)以及实物和发光图片(c)[71]

(阅读彩图请扫封底二维码)

8.5.3　胶体量子点荧光粉的表面等离子共振增强技术

量子点荧光粉与蓝光 GaN 基片混合发光 LED 的发光效率依赖于能量转移的效率,如何提高能量转移的效率直接影响到量子点荧光粉的发光效率。近期人们关注的一种方法是表面等离子共振增强技术,这里作一初步的介绍。

1. 胶体量子点的表面等离子共振增强效应

Förster 共振能量转移(FRET)是一种基于偶极子-偶极子相互作用的非辐射能量转移过程。量子点具有良好的、尺寸调谐的光学性质,FRET 过程强烈的依赖于量子点的间距,相对直径较大的量子点,较大的施主量子点-受主量子点间距,都会限制 FRET 的效率。此外,胶体量子点存在的尺寸分布也会影响施主-受主之间的 FRET 效率。在金属纳米粒子的支持下,局部表面等离子激元(localized surface plasmon,LSP)可以改善量子点的 PL 发光,得益于 LSP 可以增加施主-受主之间的 FRET 效率。因此,在 QD-FRET 结构中加入金属纳米粒子,通过调整 FRET 相互作用的间距,可以获得更高的灵敏性和提高转移效率,改善 FRET 性能。

考察一个具体例子, Ag/SiO_2 核壳纳米粒子和 CdSe/ZnS 量子点构成的 LSP-FRET 体系,如图 8.92(a)所示[72]。在 SiO_2 基底上旋涂两种类型的量子点单层,一种类型是作为施主的量子点 D($\lambda_{em}=590$nm);另一种是作为受主的量子点 A($\lambda_{em}=650$nm)。在其上分布 Ag/SiO_2 核壳纳米粒子,其中 Ag 纳米粒子平均直径是(170±15)nm;包覆 SiO_2 壳层厚度分别是 2nm、3.5nm、5nm、7nm、10nm 和 14nm。图 8.92(b)是三种粒子的吸收光谱,其中施主量子点 D 和受主量子点 A 的 PL 峰值波长分别是 590nm 和 650nm,第一激子吸收峰位于 580nm 和 642nm。直径 170nm 的 Ag 纳米粒子表面等离子激元共振(surface plasmon resonance)吸收峰位于 430nm 附近。在没有 Ag 纳米粒子时，在量子点单层中的施主量子点和受主量子点的 PL 强度相同。图 8.92(b)表明，$\lambda_{em}=590nm$ 处的增强高于 $\lambda_{em}=650nm$ 的结果。

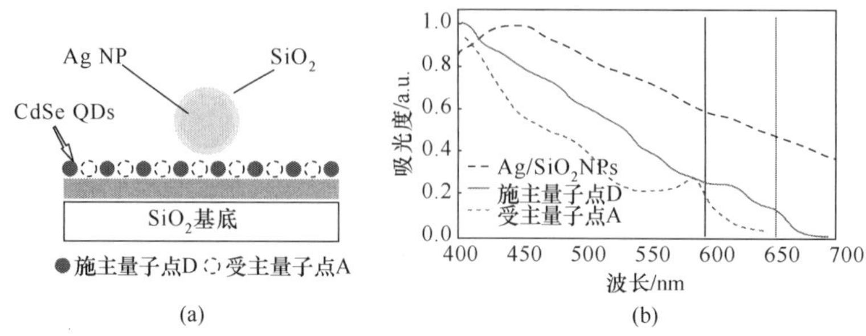

图 8.92　LSP-FRET 体系结构(a)和三种粒子的吸收光谱(b)[72]

利用直径 170nm、厚度 7nm 的 Ag/SiO_2 纳米粒子，增强的量子点单层的发光。图 8.93(a)是量子点 D 和量子点 A 的 PL 光谱。对于施主和受主而言，显示出 PL 增益因子分别是 3.5 和 46.8。图 8.93(b)是有、无 Ag/SiO_2 纳米粒子增益的量子点单层的 PL 光谱。没有等离子激元增益时($y=0\mu m$)，施主和受主 PL 强度比 $I_{PL,A}/I_{PL,D}$ 约为 1；而有等离子激元增益时($y=8\mu m$)，这个比例达到 13.5。PL 强度比 $I_{PL,A}/I_{PL,D}$ 的提高表明，激子是从施主量子点 D 转移到受主量子点 A。

当 Ag 纳米粒子包覆 SiO_2 壳层厚度变化时，PL 增益因子(gain factor)和 $I_{PL,A}/I_{PL,D}$ 比值随之变化，如图 8.94 所示。在壳层厚度是 7nm 时，在 $\lambda_{em}=650nm$ 处 PL 增益因子和 $I_{PL,A}/I_{PL,D}$ 比值达到最大值。随着壳层厚度由 14nm 降低到 7nm，PL 增益因子由 9.5 增加到 47，$I_{PL,A}/I_{PL,D}$ 比值则由 1.9 增加到 14。

作为一个额外的证据，考察只是受主量子点 A 单层在 $\lambda_{em}=650nm$ 处的增益因子，可以发现小于上述两种类型量子点单层的结果。这就再次证明，在两种类型量子点单层中，激子是由施主量子点 D 转移到受主量子点 A。

2. 量子点荧光粉 LED 中等离子体激元增强作用

Chandramohan 等人将等离子激元增益能量转移效应应用于 CdSe/ZnS 量子点荧光粉蓝光基片 LED，试图增强 LED 发光，取得了较好的效果[73]。为了有效产生等离子体激元增强效应，需要控制混入聚合物基质 CdSe/ZnS 量子点(PL 峰值波长是 580nm)中的 Ag 纳米粒子数量。利用旋涂的方法，将混合物沉积在 InGaN/GaN蓝光基片的顶部，如图 8.95(a)所示。InGaN/GaN 芯片采用 MOCVD 技术生长在蓝宝石衬底上，包括：2 μm 厚的 GaN 中间层，是 2 μm 厚的 Si 掺杂 n-GaN；5 个 InGaN/GaN 多层量子阱(multiple quantum well，MQW)；以及 200nm 厚的 Mg 掺杂 p-GaN。然后，将 200nm 厚的 ITO 电极层沉积在 p-GaN 上，作为透

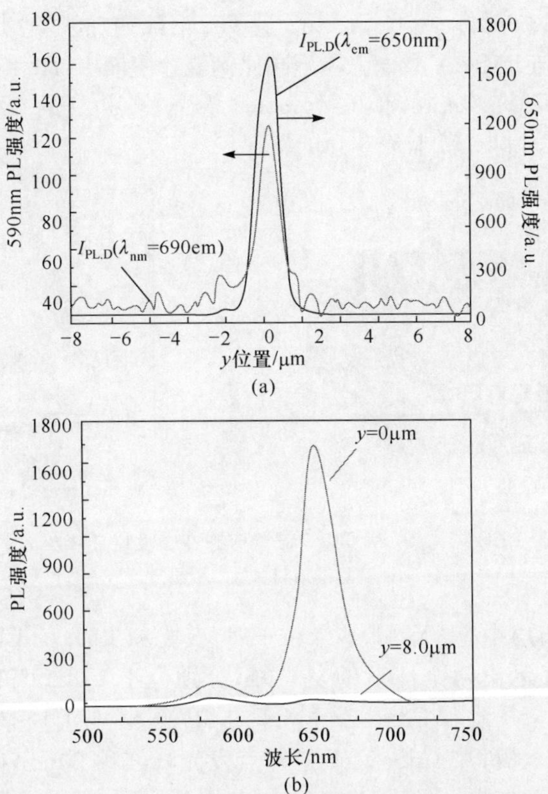

图 8.93　量子点 D 和 A 的 PL 光谱(a)和量子点单层 PL 光谱(b)[72]

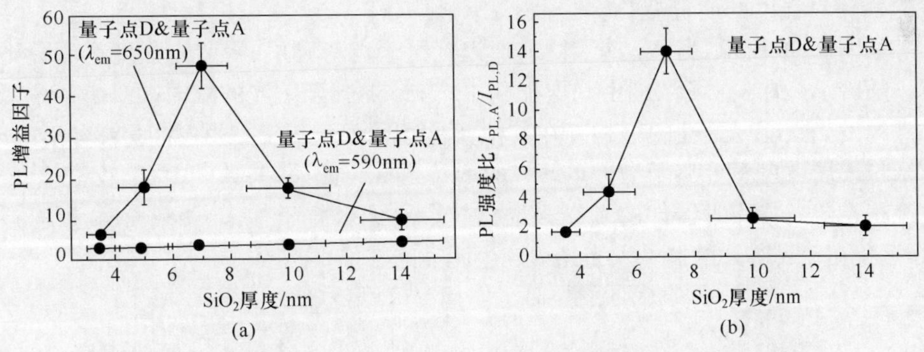

图 8.94　PL 增益因子和 $I_{PL,A}/I_{PL,D}$ 比值随 SiO_2 壳层的厚度变化曲线[72]

明导电层。最后，沉积 Cr/Au (30nm/250nm)双金属层，分别作为 p 和 n 接触电极。Ag 纳米粒子吸收光谱、CdSe/ZnS 量子点的吸收和 PL 光谱、InGaN/GaN 蓝光芯片的 EL 光谱如图 8.95(b)所示。InGaN/GaN 蓝光 LED 基片发出半峰宽 18nm、峰值波长 448nm 的蓝光；溶解在甲苯中的 CdSe/ZnS 量子点发光峰位于

580nm,PLQY 超过 60%。在 CdSe/ZnS 量子点溶液内加入不同体积、尺寸 10nm 的 Ag 纳米粒子,与 PMMA 混合。在不同比例混合溶液中,Ag 纳米粒子浓度分别是 0nmol、4.6nmol、18.5nmol 和 46.4nmol。最后,将 30μL 的 QD/NP/PMMA 混合溶液滴涂在 InGaN/GaN 蓝光芯片的顶部。

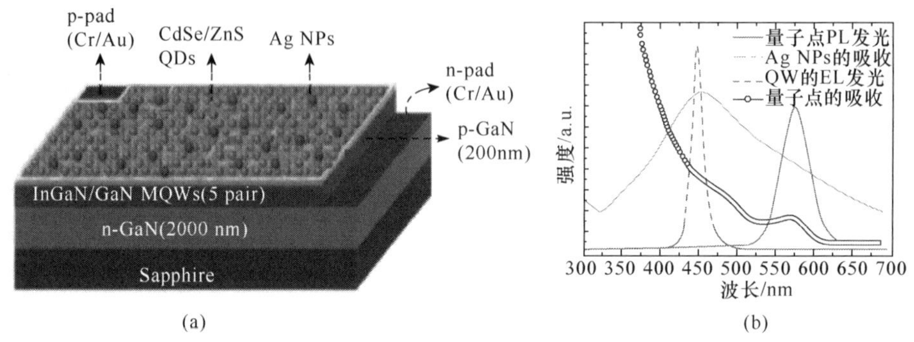

图 8.95　荧光 LED 结构图(a)和有关粒子与器件的吸收、PL 及 EL 光谱(b)[73]
(阅读彩图请扫封底二维码)

在混合物薄膜层中有、无 Ag 纳米粒子时,荧光粉 LED 的 EL 光谱如图 8.96 所示。全部器件显示出两个清晰的发光峰,分别位于 448nm 和 600nm,分别对应于 InGaN/GaN 量子阱和 CdSe/ZnS 量子点的发光。与溶液态 CdSe/ZnS 量子点的 PL 光谱比较,器件中 CdSe/ZnS 量子点发光峰红移 20nm,归因于环境电介质的改变、增强的再吸收、以及能量转移。当 Ag 纳米粒子加入到 QD-PMMA 混合层时,比较不同 Ag 纳米粒子浓度(0 和 18.5nmol)的 EL 光谱,可以看到两种发光峰相对强度的明显变化。

如图 8.96 所示,当 Ag 纳米粒子加入到量子点薄膜层时,蓝光强度会明显下降。随着 Ag 纳米粒子浓度由 0 增加到 18.5nmol,伴随蓝光的减弱,CdSe/ZnS 量子点的发光强度一致性的增加。在其他条件相同的情况下,这个增强来自于 Ag 纳米粒子局域表面等离子激元(LSP)的增益效应。此外,与单纯 CdSe/ZnS 量子点沉积在蓝光芯片时器件的发光光谱比较,Ag 纳米粒子加入 CdSe/ZnS 量子点后,沉积在蓝光芯片的器件发光光谱产生明显的红移。

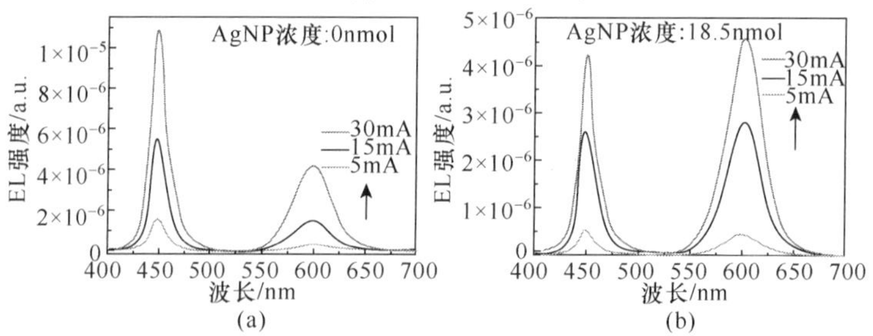

图 8.96　有、无 Ag 纳米粒子荧光粉 LED 的 EL 光谱[73]

一般而言，金属纳米粒子的加入，既可以增强、也可以猝灭毗邻量子点的发光，决定于纳米粒子与量子点之间的间距。在施主量子点-受主量子点耦合系统中，施主和受主吸收、发光光谱与金属纳米粒子等离子激元吸收光谱之间的交叠，发挥着决定性的作用。在这里，Ag纳米粒子等离子体激元吸收光谱与InGaN/GaN量子阱发光光谱是一致的，如图8.95(b)所示，借助于吸收可以控制器件的发光。如图8.97所示，在Ag纳米粒子加入混合层后，CdSe/ZnS量子点发光强度增加，同时伴随着InGaN/GaN量子阱发光的下降，CdSe/ZnS量子点发光强度与InGaN/GaN量子阱发光强度之比是Ag纳米粒子浓度的函数。当Ag纳米粒子浓度由4.6nmol增加到18.5nmol时，蓝光强度比例由245%下降9%，相应量子点发光强度的增益由33%提高到70%。但是，当Ag纳米粒子浓度达到46.4nmol时，量子点发光占整个LED发光的比例降低到40%。因此，在混合层中Ag纳米粒子超量时，起到的是发光猝灭的作用。产生猝灭作用的原因是，量子点周围聚集大量的Ag纳米粒子，载流子会直接由量子点转移到纳米粒子，导致量子点发光的猝灭。

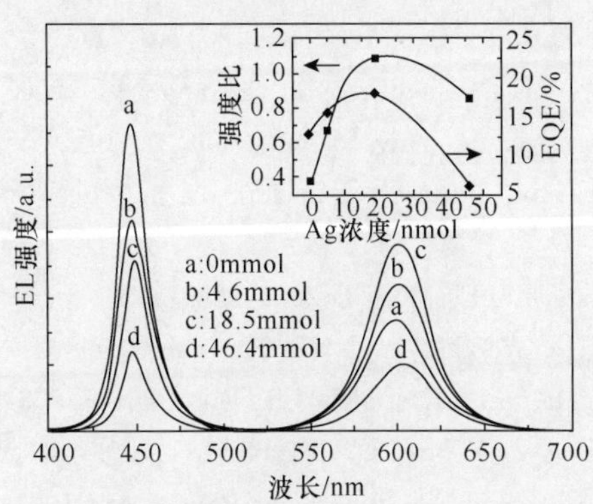

图8.97　Ag纳米粒子浓度对荧光LED EL光谱的影响[78]

参考文献

[1] Colvin V L, Schlamp M C, Alivisatos A P. Nature, 1994, 370: 354.

[2] Shirasaki Y, Supran G J, Bawendi M G, et al. Nat. Photonics, 2013, 328: 13.

[3] Forster T. 10th Spiers Memorial Lecture. Transfer mechanisms of electronic excitation. Discussions of the Faraday Society, 1959, 27: 7.

[4] Li Y, Rizzo A, Mazzeo M, et al. J. Applied Physics, 2005, 97: 113501.

[5] Anikeeva P O, Madigan C F, Halpert J E, et al. Phys. Rev. B, 2008, 78: 085434.

[6] Dabbousi B O, Bawendi M G, Onitsuka O, et al. Appl. Phys. Lett., 1995, 66: 1316.

[7] Anikeeva P O, Halpert J E, Bawendi M G, et al. Nano Lett., 2009, 9: 2532.

[8] Mueller A H, Petruska M A, Achermann M, et al. Nano Lett., 2005, 5: 1039.

[9] Caruge J M, Halpert J E, Wood V, et al. Nat. Photon., 2008, 2: 247.

[10] Wood V, Panzer M J, Halpert J E, et al. ACS Nano, 2009, 3: 3581.
[11] Sullivan S C. Nanotechnology for displays: a potential breakthrough for OLED displays and LCDs. SID Display Week, 2012.
[12] Qian L, Zheng Y, Xue J, et al. Nat. Photon., 2011, 5: 543.
[13] Kwak J, Bae W K, Lee D, et al. Nano Lett., 2012, 12: 2362.
[14] Kim T H, Cho K S, Lee E K, et al. Nat. Photon., 2011, 5: 176.
[15] Bera D, Qian L, Tseng T K, et al. Materials, 2010, 3: 2260.
[16] Hikmet R A M, Talapin D V, Weller H, et al. J. Appl. Phys., 2003, 93: 3509.
[17] Meier H. Organic Semiconductors. Weinheim: Verlag Chemie, 1974, : 294.
[18] Mott N F, Gurney R W. Electronic Processes in Ionic Crystals. Oxford: Oxford University Press, 1950: 172.
[19] Forest S R, Burrows P E, Thompson M E. In Organic Electroluminescent Materials and Devices. Amsterdam: Gordon and Breach, 1997: 415.
[20] Artemyev M V, Sperling V, Woggon U. J. Appl. Phys., 1997, 81: 6975.
[21] Sun Q, Wang Y A, Li L S, et al. Nat. Photonics, 2007, 1: 717.
[22] Anikeeva P O, Halpert J E, Bawendi M G, et al. Nano Lett., 2007, 7: 2196.
[23] Kwak J, Bae W K, Zorn M, et al. Adv. Mater., 2009, 21: 5022.
[24] Lakowicz J R. Principles of Fluorescence Spectroscopy. 2nd ed. Dordrecht: Kluwer Academic, 1999.
[25] Scholes G D, Andrews D L. Phys. Rev. B, 2005, 72: 125331.
[26] Caruge J M, Halpert J E, Wood V, et al. Nat. Photonics, 2008, 2: 247.
[27] Wood V, Panzer M J, Halpert J E, et al. ACS Nano, 2009, 3: 358.
[28] Artemyev M V, Sperling V, Woggon U. J. Appl. Phys., 1997, 81: 281.
[29] Kumar N D, Joshi M P, Friend C S, et al. Appl. Phys. Lett., 1997, 71: 1388.
[30] Stouwdam J W, Janssen R J. Adv. Mater., 2009, 21: 2916.
[31] Gaponik N P, Talapin D V, Rogach A L. Phys. Chem. Chem. Phys., 1999, 1: 1787.
[32] Gao M, Lesser C, Kirstein S, et al. J. Appl. Phys., 2000, 87: 2297.
[33] Shen H, Zheng Y, Wang H, et al. Nanotechnology, 2013, 24: 475603.
[34] Zeng R, Zhang T, Liu J, et al. Nanotechnology, 2009, 20: 095102.
[35] Steckel J S, Sullivan S C, Bulovic V, et al. Adv. Mater., 2003, 15: 1862.
[36] Hu W, Henderson R, Zhang Y, et al. Nanotechnology, 2012, 23: 375202.
[37] Choudhury K R, Song D W, So F. Organic Electronics, 2010, 11: 23.
[38] Choudhury K R, Sahoo Y, Ohulchanskyy T, et al. Appl. Phys. Lett., 2005, 87: 073110.
[39] Chang T F, Musikhin S, Bakueva L, et al. Appl. Phys. Lett., 2004, 84: 4295.
[40] Konstantator G, Huang C, Levina L, et al. adv. Funct. Mater., 2005, 15: 1865.
[41] Sun L, Choi J J, Stachnik D, et al. Nat. Nanotechnology., 2012, 7: 369.
[42] Choi J J, Luria J, Hyun B R, et al. Nano Lett., 2010, 10: 1805.
[43] Kim Y, Kim S M, Greco T, et al. In proceeding of: 25th International Vacuum Nanoelec-

tronics Conference (IVNC), 2012, 6316911: 1.
[44] Coe S, Woo W K, Steckel J S, et al. Org. Electron, 2003, 4: 123.
[45] Lim J, Park M, Bae W K, et al. ACS Nano, 2013, 7: 9019.
[46] Kwak J, Bae W K, Lee D, et al. Nano Lett., 2012, 12: 2362.
[47] Huang F, Wu H, Wang D, et al. Chem. Mater., 2004, 16: 708.
[48] Wu H, Huang F, Mo Y, et al. Adv. Mater., 2004, 16: 1826.
[49] Wu H, Huang F, Peng J, et al. Org. Electron., 2005, 6: 118.
[50] Guan X, Zhang K, Huang F, et al. Adv. Funct. Mater., 2012, 22: 2846.
[51] Yang X, Divayana Y, Zhao D, et al. Appl. Phys. Lett., 2012, 101: 233110.
[52] Xiang C, Koo W, Chen S, et al. Appl. Phys. Lett., 2012, 101: 053303.
[53] Ji W, Jing P, Xu W, et al. Appl. Phys. Lett., 2013, 103: 053106.
[54] Manzoor K, Vadera S R, Kumar N, et al. Appl. Phys. Lett., 2004, 84: 284.
[55] Niu J, Hua R, Li W, et al. J Phys. D: Appl. Phys., 2006, 39: 2357.
[56] Ihara M, Igarashi T, Kusunoki T, et al. J Electrochem. Soc., 2000, 147: 2355.
[57] Tan Z, Zhang Y, Xie C, et al. Adv. Mater., 2011, 23: 3553.
[58] Chen B, Zhong H, Zhang W, et al. Adv. Funct. Mater., 2012, 22: 2081.
[59] Zhang Y, Xie C, Su H, et al. Nano Lett., 2011, 11: 329.
[60] Wang H, Lee K S, Ryu J H, et al. Nanotechnology, 2008, 19: 145202.
[61] Nizamoglu S, Erdem T, Sun X W, et al. Opt. Letters, 2010, 35: 3372.
[62] Schubert E F, Light Emitting Diode. Cambridge University. Press, 2006.
[63] Chen Y C, Huang C Y, Su Y K, et al. Jpn. J Appl. Phys., 2009, 48: 04C111.
[64] Nguyen T Q, Martini I B, Liu J, et al. J Phys. Chem. B, 2000, 104: 237.
[65] Nizamoglu S, Sari E, Baek J H, et al. New Journal of Physics, 2008, 10: 123001.
[66] Achermann M, Petruska M A, Koleske D D, et al. Nano Lett., 2006, 6: 1996.
[67] Achermann M, Petruska M A, Kos S, et al. Nature, 2004, 429: 642.
[68] Kos S, Achermann M, Klimov V I, et al. Phys. Rev. B, 2005, 71: 205309.
[69] Zhang J, Xie R, Yang W. Chem. Mater., 2011, 23: 3357.
[70] Chen B, Zhong H, Wang M, et al. Nanoscale, 2013, 5: 3514.
[71] Song W S, Yang H. Chem. Mater., 2012, 24: 1961.
[72] Su X R, Zhang W, Zhou L, et al. Opt. Express, 2010, 29: 6516.
[73] Chandramohan S, Ryu B D, Uthirakumar P, et al. Solid-State Electronics, 2011, 57: 90.

第 9 章　胶体半导体量子点太阳电池

可再生能源的研究日益引起人们的关注。显然，一个十分吸引人的能源是太阳能，它可以为地球表面源源不断的输送光能。然而，这个能源的利用需要发展低廉、高效的转换材料，以便高效的收集光子能量，获得光生载流子并快速分离它们。胶体半导体量子点可以实现太阳能的转换，为太阳电池的研究展现了一幅良好的发展前景。

在本章中，我们介绍胶体半导体量子点太阳电池的基本结构和原理，同时展现几种常见胶体半导体量子点为光电转换材料的太阳电池的特性和制备方法。

9.1　胶体半导体量子点太阳电池的基本结构和原理

9.1.1　概述

1. 现代太阳能光电转换技术

利用半导体材料实现太阳能的光电转换，一般可以采用两种原理：一是光伏效应(photovoltaic effect，PV)，另一是光电化学效应(photoelectrochemical effect，PEC)。

当光照射到半导体时，高于材料带隙能量的光子被材料吸收，价带的电子被激发到导带，形成电子-空穴对，即产生光生激子。利用掺杂半导体之间形成的同质或异质结，使载流子在结界面处分离，获得 PV 器件。光伏技术已经被广泛的使用，并制备出大尺寸的器件。但是，人们期盼获得更高的转换效率和进一步降低制作的成本。对于 PEC 器件，离子载流子穿过阴极和阳极之间的液体电解质，参与电极和电解液交界面处的还原和氧化反应。在这些反应中，载流子分离的速度受控于每个电极交界面处的空间电荷层。PEC 器件可以作为一个可再生的 PV 器件运转。在电解液中的氧化还原对能够使空穴(或电子)由光敏电极到背向电极的往返移动，产生电流。目前流行的染料敏化太阳电池(dye-sensitized solar cell，DSSC)，就是采用这个再生模式工作。利用类似工作模式，可以制作出量子点敏化太阳电池(quantum dot-sensitized solar cell，QDSSC)。PEC 太阳燃料电池仍然保持着发展的趋势，还没有实现商品化和获得广泛的应用。尽管 PV 和 PEC 之间存在着不同的工作模式，但是光吸收、载流子分离和收集是任何太阳电池器件需要共同经历的过程。

根据效率和成本的演变情况，光伏技术的发展可以划分为三个阶段，如图 9.1

所示[1]。第一代 PV 太阳电池由单晶 Si 同质 pn 结(homojunction)组成,成本较高效率较低。由于单晶 Si 是间接带隙材料,不能对光产生有效的吸收。使用较厚的 Si 薄膜(超过 100μm)可以增加光吸收,但是大的厚度使载流子在到达电流收集器之前,易于产生复合或被陷阱捕捉。为了避免这个不良影响,要求 Si 具有非常高的纯度和结晶度,导致这些单晶硅 PV 太阳电池的发展受到限制。

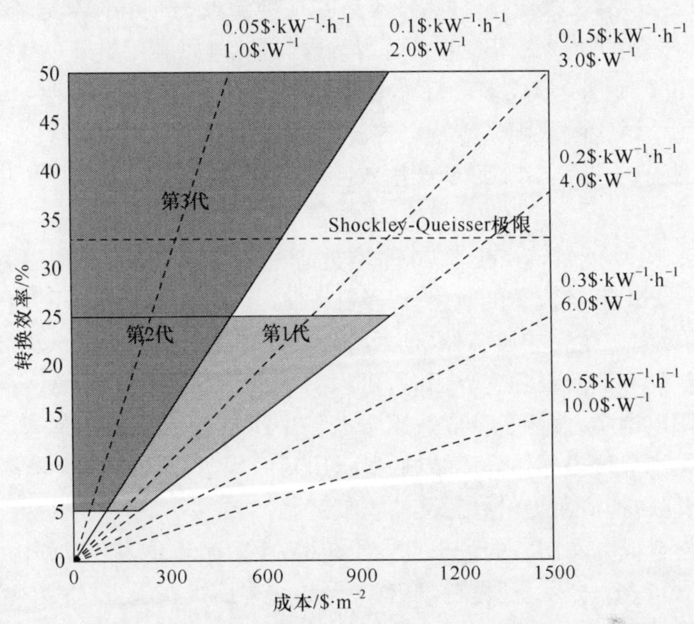

图 9.1 光伏技术发展的三个阶段($:美元)

第二代 PV 技术采用多晶半导体薄膜,例如多晶或非晶 Si、CdTe、$CuInSe_2$(CISe)和 $CuIn_xGa_{1-x}Se_2$(CIGSe)等。这些器件取得了良好的商业化进展和快速提高的市场占有率。这种太阳电池的制作成本明显的低于单晶硅 PV 太阳电池,是由于材料加工成本的降低和产量的增加。一般而言,这类太阳电池的质量要低于第一代 PV 电池,导致非辐射复合的增加和 PV 效率的下降。上述这些单带隙吸收体 PV 电池,受到一个被称为 Shockley-Queisser 效率极限的限制,这个效应限制太阳能转换效率不能超过 33.7%[2]。

第三代太阳电池使用现代流行的技术,在降低成本的同时,又要保持高的转换效率,预期将超过前两代太阳电池的 Shockley-Queisse 理论的效率极限。超过 Shockley-Queisser 理论效率极限的主要原因是,使用的材料可以在吸收一个光子的情况下,产生多个光生电子。在多激子产生中,光子的能量要远远超过吸收材料的带隙,超过带隙的能量用来产生额外的激子,而不是变成热损耗。

2. 胶体量子点太阳电池的特点

纳米材料，如量子点（QD）、纳米线（NW）、纳米棒（NR），以及它们的异质结构，提供了一种新的、高效光生激子和载流子分离的途径。通过它们的组合特性，为改善PV和PEC太阳能转换效率、降低成本提供了光明的前景。例如，溶液处理的胶体PbS、PbSe、CdSe量子点等，容易实现旋涂或与半导体聚合物混合，沉积在基底上，形成薄的薄膜太阳电池。更为重要的是，可以利用量子尺寸受限效应对材料的带隙进行调整，形成多个尺寸量子点组成的多结太阳电池（multijunction solar cell），每个结吸收太阳光谱特定的波长，以此提高太阳电池的性能。此外，一些纳米材料独有的机制，如多激子产生效应和热电子转移等，在量子点中被充分展现出来。

在PV或PEC能量转换技术中，基本处理过程包括：光吸收和随后产生光生激子；载流子的分离；载流子的收集；以及在PEC中需要的催化作用。在异质结构中，载流子的分离发生在异质结处，是太阳能有效转换的关键阶段。当异质结构有适当的能带排列和高质量的交界面时，可以有效的产生载流子分离。在体材料平面和薄膜太阳电池中，载流子分离适用于电场中运动载流子的经典理论。对于包含量子点的纳米尺度半导体异质结构，显示出新的现象，能够获得更有效的载流子转移，为太阳能转换应用提供有意义的贡献。

采用化学合成方法制备的量子点异质结构，由两个或更多的成分构成，其中之一是"施主"、另一个是"受主"材料，享有共同的交界面。在施主材料中光激发产生的载流子，电子和空穴被分离在带有受主的异质结构两边。理想的施主材料应当在太阳光谱范围内具有高的吸收系数，以及满足绝大部分太阳辐射吸收的带隙；同时，它的导带和价带能级应当与受主材料的相应数据匹配。受主材料要具有比施主材料高的真空能级，在施主和一个电流收集电极之间，形成光生载流子的传导通道。为了有利于整合成太阳电池，典型结构是将受主材料生长或紧贴在一个传导基底上，作为电流收集器。这些受主材料通常是宽带隙的半导体（例如TiO_2、ZnO或SnO_2），它们不能吸收太阳的可见光和近红外光子，却具有转移和输运载流子的电子结构。

量子点异质结构制备的过程是：首先制备一个受主材料，然后使用窄带隙施主（往往是量子受限的半导体量子点）材料修饰受主材料。当量子点作为一个宽带隙材料的感光剂时，它的作用和染料敏化太阳电池使用的染料作用是类似的，这种器件通常称为量子点敏化太阳电池（QDSSC）。CdSe量子点敏化太阳电池的结构和工作原理如图9.2所示[3,4]。

量子点异质结构的纳米尺度和量子受限机制，有助于实现有效的载流子转移，有利于太阳电池的应用。首先，在一个较小尺寸时，量子受限效应变得更加明显。

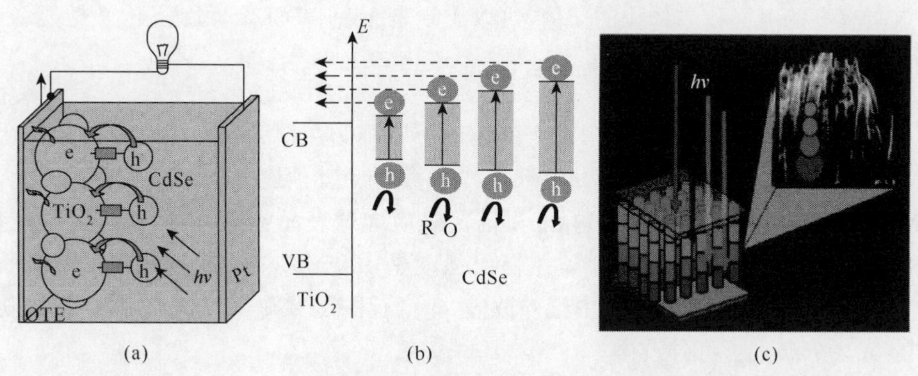

图 9.2　CdSe 量子点敏化太阳电池的结构和工作原理示意图[3,4]

（阅读彩图请扫封底二维码）

随着特定材料波函数的局域化，可以有效的改善载流子转移的速度和效率。其次，通过调整施主-受主材料的相对尺寸，带隙和能级可以通过量子受限效应进行调谐，纳米尺度异质结构的带隙排列变得合理化，优化光吸收和载流子转移效率，为量子点太阳电池提供多样化的、不同光学性质的材料。

量子点小的物理尺寸特性使晶格失配产生的应变影响最小化，允许在几乎不同性质的材料之间形成外延异质结。量子点异质结的理想载流子转移，需要在施主和受主材料之间形成高质量异质结。外延生长的异质结具有直的、对称匹配的结晶交界面，允许最有效的电荷转移。由于对称性或晶格常数的较大差异，这样材料的连结会产生晶格失配，限制了材料的组合和结晶取向。对于体半导体异质结构，这样的晶格失配会大大限制材料的选择。在体材料里，一种材料可以在另一种具有不同晶格常数的材料上生长，但是共同界面只能在一个临界厚度内形成，这个临界厚度决定于晶格失配的程度[5,6]。超过这个临界厚度，将形成位错。这时缓解了弹性应变，但也会引入缺陷，导致载流子穿越异质交界面输运速率的下降。相比之下，纳米尺度材料能够大大降低这个临界厚度，允许大的晶格失配或不同晶格取向材料之间形成高质量的外延交汇。因此，对于块体或薄膜宏观尺度不相容的材料，纳米尺度异质结构能够使之组合，获得单一结晶、无缺陷的交界面，从而扩展可用组合材料的范围。例如，在立方岩盐结构的 PbS 纳米线结晶表面，可以外延生长出金红石结构的 TiO_2[7]。因此，即使是这样非常规的半导体材料匹配，制作量子点异质结构也是可以实现的。这些高质量、无缺陷的异质结构，在太阳能收集和转换中有助于产生有效的载流子转移。

最后，纳米结构的高表面积允许使用可调谐配位体表面化学处理方法，控制异质结构不同部分的电子结构，优化电荷输运过程。通过表面官能团，分子配位体可以调和量子点或其他纳米结构的结晶表面，改变其电子结构和反应活性。由于量子点具有高的表面积与体积的比值，可以控制表面态、表面态动力学、电子性质。

3. 适合于太阳光谱的胶体量子点材料

在到达地球表面之前，太阳发出的辐射可以视为色温为 $T=5762\mathrm{K}$ 的黑体辐射，并经历臭氧层、水蒸气、二氧化碳、粉尘和大气中其他成分的衰减过程。因此，AM1.5G 作为太阳电池测试的标准光谱。对应地球表面 48.2°入射角入射的(包括扩散的)太阳光谱，AM1.5G 整体辐射强度是 $100\mathrm{mW \cdot cm^{-2}}$。如图 9.3(a)所示，AM1.5G 覆盖紫外延续到中红外波段，光谱范围是 280～4000nm，其中辐射功率的 50%分布在近红外波段。

图 9.3(a)给出吸收光谱处于 AM1.5G 光谱之内的 15 种典型的半导体体材料，包括：TiO_2 3.3eV、CdS 2.5eV、CdSe 1.7eV、$CuInS_2$ 1.54eV、CdTe 1.5eV、InP 1.34cV、Cu_2S 1.21eV、Si 1.12eV、$CuInSe_2$ 1.0eV、InN 0.8eV、Ge 0.66eV、CuFeS 2 0.6eV、PbS 0.41eV、InAs 0.35eV 和 PbSe 0.28eV。当光子能量超过无机半导体带边后，吸收系数随光子能量的增加而增加；与有机材料类比，吸收光谱峰作为

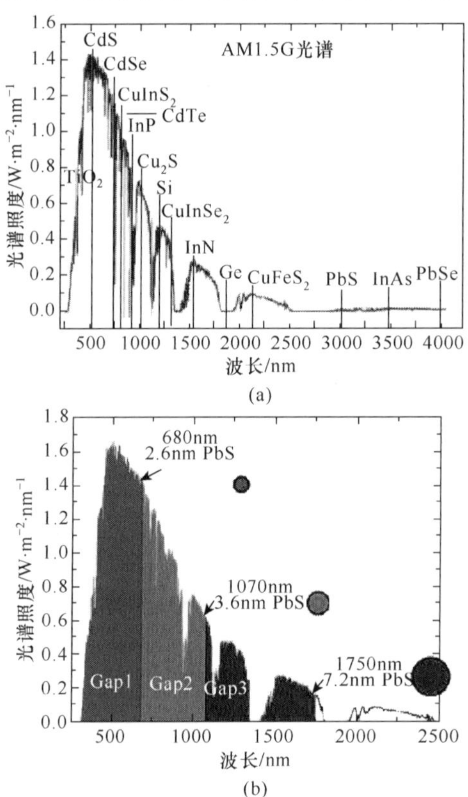

(a)

(b)

图 9.3 适合 AM1.5G 光谱的体半导体材料和不同尺寸 PbS 量子点吸收光谱位置

(阅读彩图请扫封底二维码)

HOMO-LUMO 跃迁的结果。低带隙材料可以吸收更多的太阳光能量，在较低的电压下产生较大的电流；相比之下，较大带隙材料会输出高的电压，但电流却较小，是由于较低的吸收限制。已有研究表明，为了获得最好的功率转换效率，在电压和电流之间的平衡是必要的，这时最佳的带隙范围是 1.1～1.4eV。对于体半导体材料，Si、InP 和 $CuInSe_2$ 满足最佳带隙的范围，而 PbS、InAs 和 PbSe 不适合于光伏器件的应用。

量子尺寸效应提供了调整半导体材料带隙的有效方法。减小粒子的尺寸，使其小于玻尔半径，导致电子和空穴波函数受限，带隙得到提高，从而满足最佳的带隙范围。这个方法适合于低带隙二元组分半导体材料，例如 PbS 和 PbSe。

9.1.2　基本结构

若想增加量子点太阳电池的效率，原则上有两个途径[8]：一是增加光电压(photovoltage)；二是增加光电流(light current；photocurrent)。基于这样一个考虑，人们设计了不同结构的量子点太阳电池。这里简要介绍几种典型的结构。

1. 量子点薄膜层层结构太阳电池

这种量子点太阳电池是 PV 型，其基本结构如图 9.4(a,b)所示，前者是量子点薄膜与电极直接接触，后者是量子点薄膜的一侧与电解液接触。

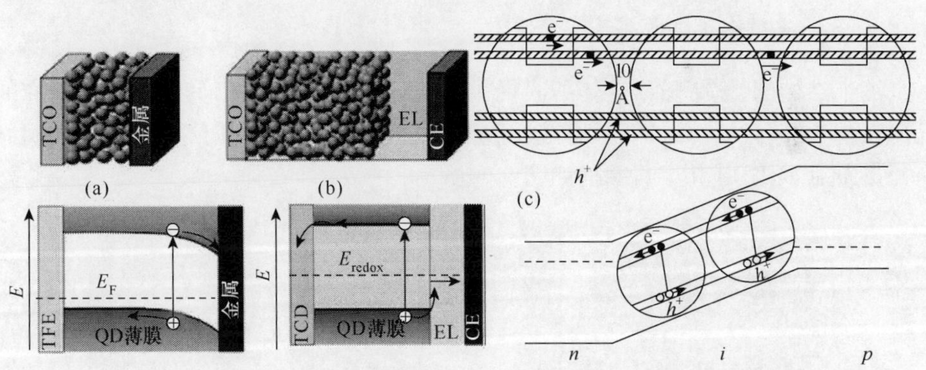

图 9.4　PV 型太阳电池基本结构和能级匹配(a,b)，以及载流子输运过程(c)

在这个结构中，量子点构成一个整齐的三维阵列。量子点之间的间隔非常小，以至于强烈的耦合允许电子产生长距离的传递，如图 9.4(c)所示。如果量子点具有相同的尺寸并排列成一线，形成类似于一维超晶格结构。适度离开原位的电子，仍然是量子化的 3D 态，期待会产生多激子生成效应。目前，已经实现这种结构的器件包括胶体和外延生长的 IV-VI、II-VI 和 III-V 量子点。

在稍作改进后，形成量子点与有机半导体聚合物基质混合 PV 型太阳电池，如

图 9.5(a)所示。以 CdSe 量子点混杂阵列与空穴输运层 MEH-PPV 组合结构为例，在太阳光作用下，在 CdSe 量子点中产生光生激子，光生空穴注入到 MEH-PPV 聚合物中，然后被聚合物接触的电极收集。CdSe 量子点中留下的电子渗出量子点薄膜层，被相邻电极收集，如图 9.5(b)所示。

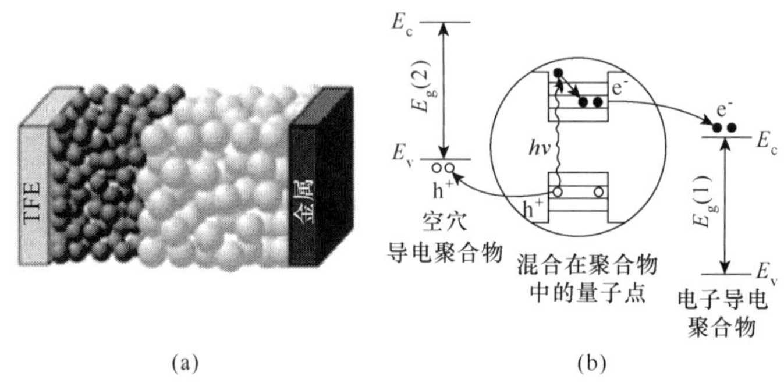

图 9.5 (a)混合结构示意图；(b)载流子输运过程

这种结构变化之一是将量子点层加在电子和空穴传输层之间，形成一个倒置的 QD-LED 结构。在 PV 电池中，每种类型的载流子输运聚合物要和经过选择的电极组合，以便适合于转移各自种类的载流子。这种结构获取高转换效率的关键因素是，在量子点与两个聚合物混合交界面处尽可能避免产生激子复合。

2. 量子点敏化太阳电池

纳米结构的、宽带隙半导体薄膜提供一个细微的表面面积，其数值要大于它的几何面积，能够激活邻近的、具有较低吸光度的吸收剂层。利用这个性质，人们制作了量子点敏化太阳电池，结构如图 9.6 所示。

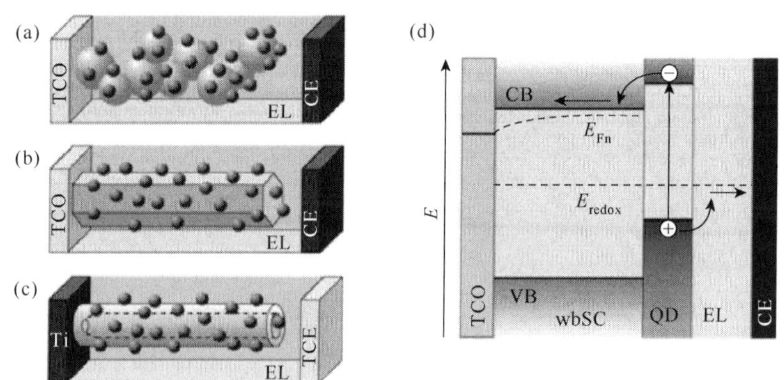

图 9.6 量子点敏化太阳电池的三种结构和能带匹配关系

将宽带半导体(wide-bandgap semiconductor,wbSC)材料制备成介孔薄膜、纳米棒、纳米线等,通过附着一层量子点形成敏化的和大的微观表面面积,在其周围填充具有氧化还原作用的电解液(electrolyte),如图 9.6(a,b,c)所示。量子点吸收入射光,产生电子-空穴对。激发态电子注入到宽带半导体材料的导带;利用氧化还原作用的电解液,使氧化量子点再次被充电。载流子输运到前向电极(通常是透明的导电氧化物);同时通过扩散作用,氧化还原出的载流子被输运到背向电极。

与 PV 太阳电池相比,这里量子点吸收层的厚度非常薄,可以延伸到空间电荷区,使得内建电场对载流子进行分离。有关量子点敏化太阳电池工作机理的研究较少,往往将染料敏化太阳电池的结论移植过来,应用于 QDSSC 的分析。但是,QDSSC 材料更加宽广,例如包括水相电解液;结构差异较大,例如量子点的数量少于一个单层;以及满足特定电解液的理想电极等,都会对特定 QDSSC 结构工作原理的理解产生影响。水相电解液的 pH 值使氧化物半导体材料的带边产生移动,影响能级的匹配;pH 也会影响表面缺陷的数量,这些表面态捕获光生电子使带边移动。这些新的效应都是染料敏化太阳电池没有的现象。作为纳米结构的电子输送者,量子点的数量也会影响复合动力学,对电池性能产生影响。总之,QDSSC 工作原理类似于 DSSC,也存在一些新的效应,这些新的效应依赖于电池材料的组成。

3. 量子点多结串联结构太阳电池

多结纵向串联太阳电池是由两个或以上的子单元组合而成,每个子单元对特定波长范围的太阳光谱有最佳的转换效率。QDSSC 作为整个串联结构的子单元,有着巨大的潜在应用前景。有关计算表明,优化子单元的吸收波段是整个串联结构取得高转换效率的关键[9]。量子点尺寸受限效应为吸收波段的调谐提供简单的可行方法,完全适合于高性能多结串联结构电池的需要。值得注意的是,这样结构的器件可能导致光学带隙与光电压之间差值的降低。

一个基于 QDSSC 的三结串联电池的结构如图 9.7 所示。通过量子点的尺寸受限效应,可以调节每个结(或子单元)的吸收波段。一个透明电极、一个复合层和一个沉积在下一个纳米结构上的 TCO 层作为中间的联结者,能够实现各个子单元的串联组合。固态的 QDSSC 可以更容易的连结在一起,因为这时没有电解液的密封问题。目前,有关研究者已经实现两个不同的 DSSC 的串联组合,转换效率达到 10%[10]。

9.1.3　原理和特性参数

考察量子点太阳电池载流子的输运过程,分别考虑两类器件的描述的参数。

对于量子点敏化太阳电池,光电极(photoelectrode)由量子点和吸附量子点的

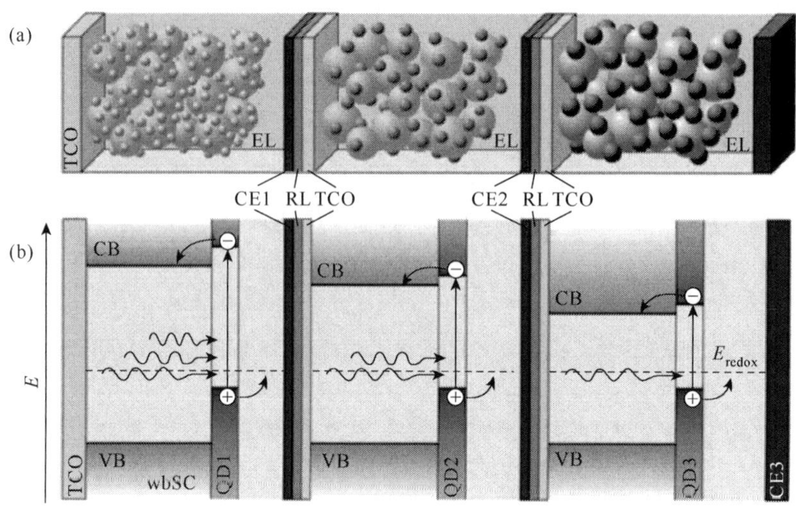

图 9.7　三个 QDSSC 串联太阳电池结构示意图(a)和载流子输运能级匹配关系图(b)

宽带隙半导体纳米材料介孔薄膜(例如 TiO_2)共同组成,纳米材料介孔薄膜作为电子空穴的传输层。在太阳光照射下,量子点受激形成电子-空穴对,导带、激子态、或量子点缺陷态的电子注入到 TiO_2 的 CB 或受主态,如图 9.8 所示。利用电解液贡献(例如,多硫化物(S^{2-}/S_x^{2-})氧化还原作用)的电子,量子点恢复到初始状态。在电解液中,氧化发生在光电极(TiO_2/QD 薄膜)和电解液交界面处,有

$$S^{2-}+2h^{+}\rightarrow S \tag{9.1-1}$$

$$S+S_{x-1}^{2-}\rightarrow S_x^{2-}\quad (x=2\sim5) \tag{9.1-2}$$

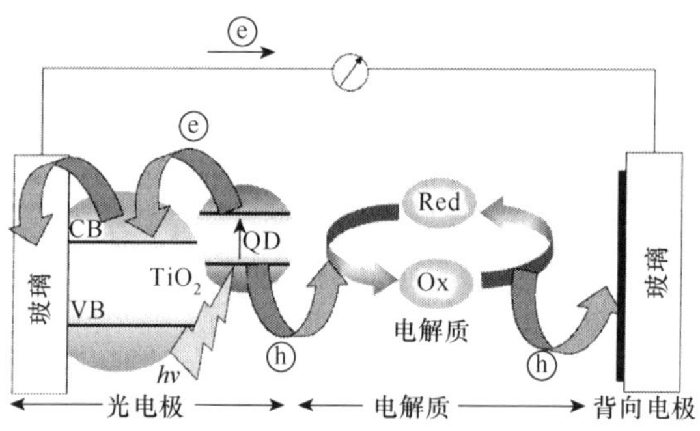

图 9.8　QDSSC 工作过程原理图

在电解液里发生氧化还原反应,氧化物种 S_x^{2-} 在背向电极处转换为 S^{2-},有

$$S_x^{2-}+2e^{-}\rightarrow S_{x-1}^{2-}+S^{2-} \tag{9.1-3}$$

这个回路是由内外两部分组成,电子迁移形成电流。器件产生的电动势对应于光电极中电子的准费米能级与电解液氧化还原电势之差。

对于 PV 型量子点太阳电池，利用 pn 结分离载流子和形成电流。在热平衡条件下，没有净电流流过结区，Fermi 能级是不依赖于位置的。空穴和电子的浓度梯度产生扩散电流，它与来自于结区耗尽层的漂移电流平衡，在结区形成一个稳定的内建电场，产生内建电势 V_{bi}。对于简单的结构，金属与半导体接触，在二者交界面处形成 Schottky 势垒，如图 9.9 所示。Schottky 势垒的高度决定于金属的功函数 ϕ_m 和半导体材料的电子亲和势 ϕ_s。

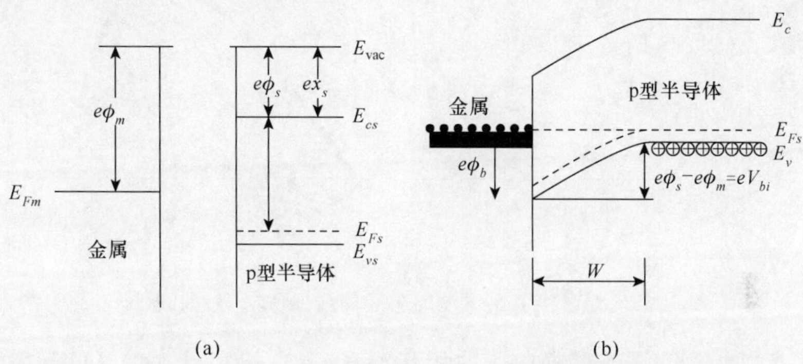

图 9.9　Schottky 结量子点太阳电池的能级结构和载流子输运过程示意图

在光照射下，太阳电池可以比拟为恒定电流源的二极管，对应的源电流是 I_L，如图 9.10 所示。图中，I_D 是流过二极管的暗电流，R_L 是负载电阻。这时流过器件的光电流可以表示为

$$I_P = I_D - I_L = I_0\left(e^{\frac{eV}{k_B T}} - 1\right) - I_L \qquad (9.1\text{-}4)$$

式中，I_0 是二极管饱和电流。在光照射下，太阳电池两端短路相接，获得短路电流 I_{sc}；而两端开路，得到最大的电势，称为开路电压(open-circuit voltage，V_{oc})。对于理想的 pn 太阳电池，V_{oc} 等于 n 型和 p 型材料中电子、空穴的准费米能级之差。对于 Schottky 型太阳电池，开路电压等于金属功函数和半导体准费米能级的差值。

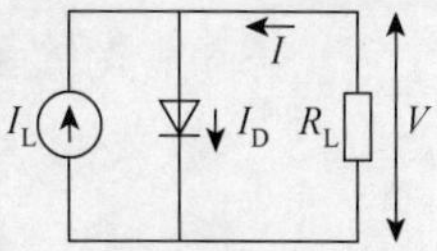

图 9.10　理想太阳电池的等效电路

若入射太阳光强度是 P，太阳电池产生电功率输出。相应的转换效率 η 通过下式计算得出

$$\eta = FF\frac{J_{sc}V_{oc}}{P} \qquad (9.1\text{-}5)$$

式中，J_{sc} 是电压为零时的短路电流密度(short-circuit current density)；V_{oc} 是电流密度为零时的开路电压；FF 是填充因子(fill factor)。J_{sc} 和 V_{oc} 可以从器件的伏安特性曲线中求出，如图 9.11(a)所示。填充因子 FF 定义为实际获得的最大电功率 P_{actual} 与理论电功率 $P_{theoretical}$ 的比值，即

$$FF=\frac{P_{\text{actual}}}{P_{\text{theoretical}}}=\frac{J_{\text{mp}}V_{\text{mp}}}{J_{\text{sc}}V_{\text{oc}}} \tag{9.1-6}$$

式中，J_{mp}和V_{mp}分别是实际最大获得功率对应的电流密度和电压，如图9.11(b)所示。

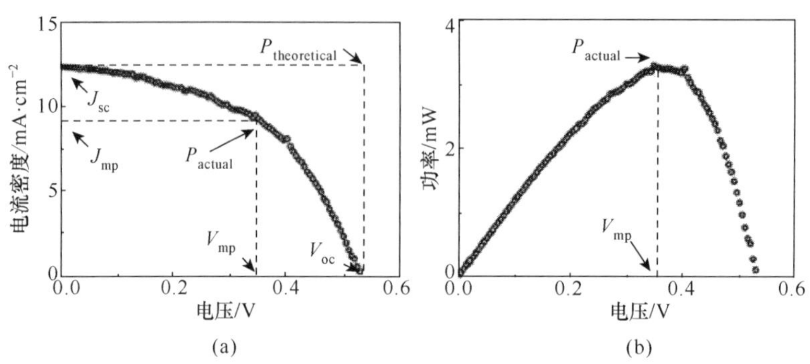

图9.11 量子点太阳电池的J-V曲线(a)和P-V曲线(b)

为了反映入射光子与转换电子的相互关系，定义外量子效率IPCE：在电极上收集载流子数目与入射光子数目的比值。在不同波长光照射下，外量子效率可以利用不同激发波长产生的短路光电流J_{sc}进行计算，有下式存在

$$\text{IPCE}(\lambda)(\%)=\frac{1240J_{\text{sc}}(\text{A}\cdot\text{cm}^{-2})}{\lambda(\text{nm})I_{\text{inc}}(\text{W}\cdot\text{cm}^{-2})}\times 100\% \tag{9.1-7}$$

式中，I_{inc}是入射光的强度。如果入射光的光谱通量$F(\lambda)$已知，太阳电池的短路电流密度是

$$J_{\text{sc}}=\int eF(\lambda)\cdot\text{IPCE}(\lambda)\text{d}\lambda \tag{9.1-8}$$

式中，e是载流子电量。

9.2 量子点太阳电池中载流子的输运性质

9.2.1 量子点薄膜PV型太阳电池的载流子输运过程

1. pn结载流子输运原理

量子点薄膜与传统的同质体材料半导体薄膜相比，有着明显的差异，难以采用传统的半导体理论进行讨论。这里的讨论只是作为一个初步的近似、高度简化的模型，并注意如下两个特点。

(1) 在体半导体和周期性晶体结构中，强烈的电子相互作用导致偏离原位载流子能带的形成；然而对于胶体半导体量子点薄膜，胶体量子点周围是基质材料(例如配位体)，使载流子受限于量子点。在这些薄膜中，载流子的输运主要通过隧道贯穿和跳跃实现，输运特性通过平均速率或时间表征：即通过耗尽区或准中性区的时间。这个简单的特征量为诸多基本概念的描述奠定基础，使我们能够描述结型器件的性能。

(2) 胶体量子点薄膜是量子点组成的，由此带来大的表面面积，也会在表面出现杂质和陷阱态。但是，掺杂和缺陷的平均密度呈现宏观(数十个量子点长度)长度。这个长度相当于耗尽区长度的量级，即相当于薄膜的扩散长度和漂移长度，这个简单近似具有实用价值。

当 p 型和 n 型半导体接触时，多数载流子的扩散将产生一个耗尽区，如图 9.12 所示。在光照射下，eV_{oc}是 n 型材料电子准费米能级 F_n 和 p 型材料空穴准费米能级 F_p 的差值。耗尽区的宽度 W 表示如下：

$$W=\left[\frac{2\varepsilon k_B T}{e^2}\ln\left(\frac{N_A N_D}{n_i^2}\right)\left(\frac{1}{N_A}+\frac{1}{N_D}\right)\right]^{1/2} \tag{9.2-1}$$

式中，ε、k_B、T、e、n_i、N_A 和 N_D 分别是介电常数(相对介电常数 ε_r 和真空介电常数 ε_0 的乘积)、Boltzmann's 常数、热力学温度、电子基本电荷、本征载流子浓度、受主和施主密度。值得注意的是，两种材料对耗尽区的贡献一般是不相等的，各自贡献的区域尺度是

$$x_{p0}=\frac{W}{1+N_A/N_D};\quad x_{n0}=\frac{W}{1+N_D/N_A} \tag{9.2-2}$$

式中，x_{p0}和 x_{n0}是耗尽区在 p 型和 n 型一侧的宽度。

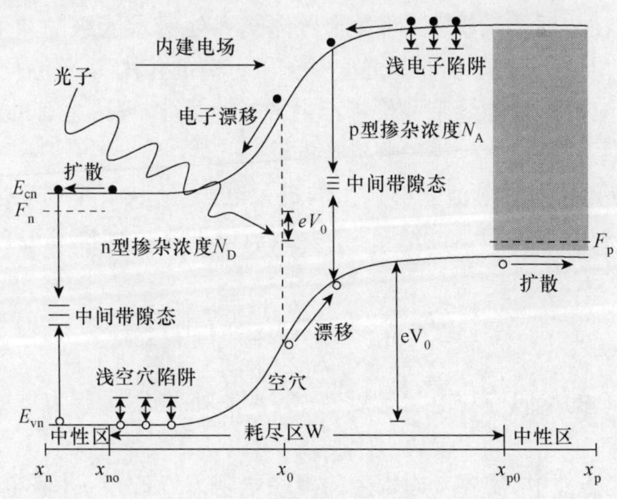

图 9.12　pn 结载流子输运过程示意图

引入内建电势 V_0，表示耗尽区电势的改变量。它依赖于杂质的浓度，有

$$V_0=\frac{k_B T}{e}\ln\left(\frac{N_A N_D}{n_i^2}\right) \tag{9.2-3}$$

载流子的输运依赖于耗尽区内的漂移和准中性区的扩散，如图 9.12 所示。漂移长度 l_{drift}依赖于内建电场 E、载流子迁移率 μ 和寿命 τ

$$l_{drift}=\mu E\tau \tag{9.2-4}$$

而扩散长度 $l_{diffusion}$可以表示为

$$l_{diffusion}=\sqrt{D\tau} \tag{9.2-5}$$

D 是扩散系数。载流子的扩散系数和迁移率之间满足 Einstein 关系式

$$\frac{D}{\mu}=\frac{k_B T}{e} \tag{9.2-6}$$

在光照射下，耗尽层产生的光生载流子受到内建电场的作用，移动到耗尽区的边界。这些载流子相当于准中性区内产生的载流子，扩散通过准中性区到达各自的收集电极。中间带隙态也是众所周知的辐射中心，提供不受欢迎的非辐射载流子(先前激发的载流子)丢失的途径，如图 9.12 所示。浅陷阱几乎是无害的，它可以延长激发态载流子的寿命，只是付出降低迁移率的代价，二者的乘积保持与无缺陷情况一样。

对于 Schottky 结和异质结，其功能与同质 pn 结的情况类似。对于 Schottky 接触，带隙弯曲产生在金属与半导体交界面。这时相当于式(9.2-1)、式(9.2-2)重掺杂(例如，$N>10^{21}\,cm^{-3}$)的极端情况，整个耗尽区落在结的半导体一侧，类似于单边的 pn 结。在异质结情况下，两类半导体交界处费米能级的差值产生一个耗尽区，产生与上述讨论类似的、驱动光生载流子分离的作用力。电子亲和势和电离能的差值，导致交界面处的导带和价带产生附加的间隙，理论上有助于一种载流子输运到受主一侧，并阻止另一类型载流子的输出。

开路电压 V_{oc}是太阳电池能够产生的最大电压，反映 n 型材料电子准费米能级 F_n 和 p 型材料空穴准费米能级 F_p 的差值。借助于反向饱和电流密度 J_0，V_{oc}和短路电流密度 J_{sc}的关系是

$$V_{oc}=\frac{k_B T}{e}\ln\frac{J_{sc}+J_0}{J_0}\approx\frac{k_B T}{e}\ln\frac{J_{sc}}{J_0} \tag{9.2-7}$$

注意，若要取得小的反向饱和电流密度 J_0，需要在准中性区产生低的复合和高的整流二极管特性。

在实际光伏器件中，需要考虑寄生的串联电阻 R_s 和分流并联电阻 R_{sh}。实际太阳电池的 J-V 特性方程是

$$J=J'_{sc}-J_0\left[\exp\left(\frac{e(V+JR_s)}{A_0 k_B T}\right)-1\right]-\frac{V+JR_s}{R_{sh}} \tag{9.2-8}$$

式中，A_0 是二极管理想因子，典型数值是 1～2。上式表明，串联电阻 R_s 使 J_{sc}减

小，但不会对 V_{oc} 产生影响；并联电阻 R_{sh} 不会对 J_{sc} 产生影响，但会使 V_{oc} 减小。R_s 是薄膜电阻、电极电阻和二者之间接触电阻之和；R_{sh} 主要决定于载流子复合损耗。此外，FF 与 R_s 和 R_{sh} 相关：大的 R_{sh} 和小的 R_s 有助于提高 FF 的数值。总之，若取得最大的 R_{sh} 和最小的 R_s，将产生最大的 V_{oc}、J_{sc} 和 FF，使器件具有最高的功率转换效率。

上述讨论表明，优化 PV 型胶体量子点太阳电池性能的基本原则如下。

(1) 有效的载流子导出归结于全部光生载流子能否在其有限寿命内输运到电极，所以要求每一个载流子的漂移长度 l_{drift} 超过耗尽区的宽度，同时要求扩散长度 $l_{diffusion}$ 大于准中性区的厚度。

(2) 开路电压 V_{oc} 决定于跨越结的准费米能级之差，高掺杂有助于提高 V_{oc} 的量值。但是高掺杂会导致耗尽区变薄（见方程(9.2-1)），这就需要载流子扩散更长的距离以通过准中性区。

(3) 在最好的情况下，胶体量子点的载流子寿命是 μs 量级[11]；此外少数载流子的提取也是必要的，越过的距离要达到数百 nm。因此，为了实现这个目标，$0.01\mathrm{cm}^2 \cdot \mathrm{V}^{-1} \cdot \mathrm{s}^{-1}$ 量级迁移率是必要的。

(4) 辐射复合会限制载流子的寿命，考虑到中间带隙态的存在（尽管密度可能很低），导致载流子的寿命降低到 ns 量级或之下。因此，良好的钝化胶体量子点的表面是十分需要的，以便消除产生中间带隙态的来源。

(5) 如果采用有机体材料异质结或染料敏化太阳电池的纳米孔渗透电极，可以容忍迁移率适当的降低，但要取得充分的吸收。在施主和受主体系中，多数载流子的迁移率一定要最大化（理论上要达到或超过 $0.01\mathrm{cm}^2 \cdot \mathrm{V}^{-1} \cdot \mathrm{s}^{-1}$），以便尽力降低填充因子中串联电阻的影响。

(6) 尽可能考虑提高单位长度吸收的有效方法，其中一个选择是加入金属纳米粒子，获得等离子体激元共振增强效应[12]。

2. 胶体量子点薄膜电学性质的表征

如上所述，载流子的迁移率、掺杂浓度、载流子寿命和介电常数是描述 PV 器件特性的重要参数。这里介绍如何实现对这些参数的实验测量。

利用渡越时间(transit time，t_r)，可以测量薄膜内电子和空穴的迁移率。在外加偏置电压作用下，一个光照射脉冲产生光生载流子团，光生载流子团漂移向收集电极，产生通过外电路负载电阻的、时间依赖的电流。设器件厚度是 d，外加偏置电压是 V，有

$$\mu=\frac{d^2}{Vt_r} \tag{9.2-9}$$

利用双对数电流随时间变化曲线两端切线交叉点对应的时间，得到渡越时间，如

图 9.13(a)所示。

实现上述测量的必要条件是，介电弛豫时间(dielectric relaxation time，t_σ)大于光生载流子的渡越时间 t_r。即

$$t_\sigma=\frac{\varepsilon_r\varepsilon_0}{\sigma}>t_r=\frac{d^2}{V\mu} \tag{9.2-10}$$

式中，σ 是薄膜的电导率。如果 $t_\sigma<t_r$，光生载流子漂移团将不能到达收集电极[13]。其次，渡越时间也需要大于施加偏置电压和光脉冲之间的延迟时间 t_D。

利用线性增压载流子瞬态法(carrier extraction by linearly increasing voltage，CELIV)，耗尽层宽度会发生变化，产生一个瞬态电流，对应一个电脉冲响应。CELIV 可以确定多数载流子迁移率，依赖于器件具有的强烈整流作用。利用信号发生器可以实现线性增加电压，利用负载电阻器得到瞬态电流的提取。图 9.13(b)给出基于 CELIV 技术，ITO/PbS/Al 器件的瞬态电流随时间的变化曲线[11]，由此得到空穴迁移率 μ_h 是

$$\mu_h=\frac{2d^2}{3Rt_{max}^2\left(1+\frac{0.36\Delta J}{J_d}\right)} \tag{9.2-11}$$

式中，R 是斜率(ramp rate)；t_{max}是瞬态电流达到最大值对应的时间；ΔJ 是最大漂移电流；J_d 是位移电流。应用 CELIV 技术，也可以测量出薄膜的相对介电常数

$$\varepsilon_r=\frac{J_d d}{A\varepsilon_0} \tag{9.2-12}$$

利用场效应晶体管(FET)结构，可以测量半导体内载流子的类型和迁移率，这时半导体是 FET 的通道，如图 9.13(c)所示。在一个重掺杂 Si 基底上热生长 SiO_2，使栅极(grid electrode)与源极(source electrode)、漏极(drain electrode)彼此绝缘；源极和漏极与胶体量子点薄膜低电阻接触。在源极和漏极之间作用偏置电压时，源极和漏极之间产生电流，但是通道中自由载流子密度将受到栅极电压的调制。对于 n 型薄膜，负的栅极电压会耗尽晶体管通道，增加它的电阻；若是正的栅极电压，将增加自由载流子的密度和降低它的电阻，如图 9.13(d)所示。由于薄膜场效应迁移率 μ_{lin}的线性特点，可以期待源极和漏极之间的电流随栅极电压 V_G 呈现线性变化规律[14]。有如下表示式：

$$\mu_{lin}=\frac{L}{WC_iV_D}\frac{\partial I_D}{\partial V_G} \tag{9.2-13}$$

式中，L 是通道的长度；W 是通道的宽度；V_D 是源极和漏极之间的电压；C_i 是介质层的单位面积的电容。若介质层厚度是 d，有

$$C_i=\frac{\varepsilon_0\varepsilon_r}{d} \tag{9.2-14}$$

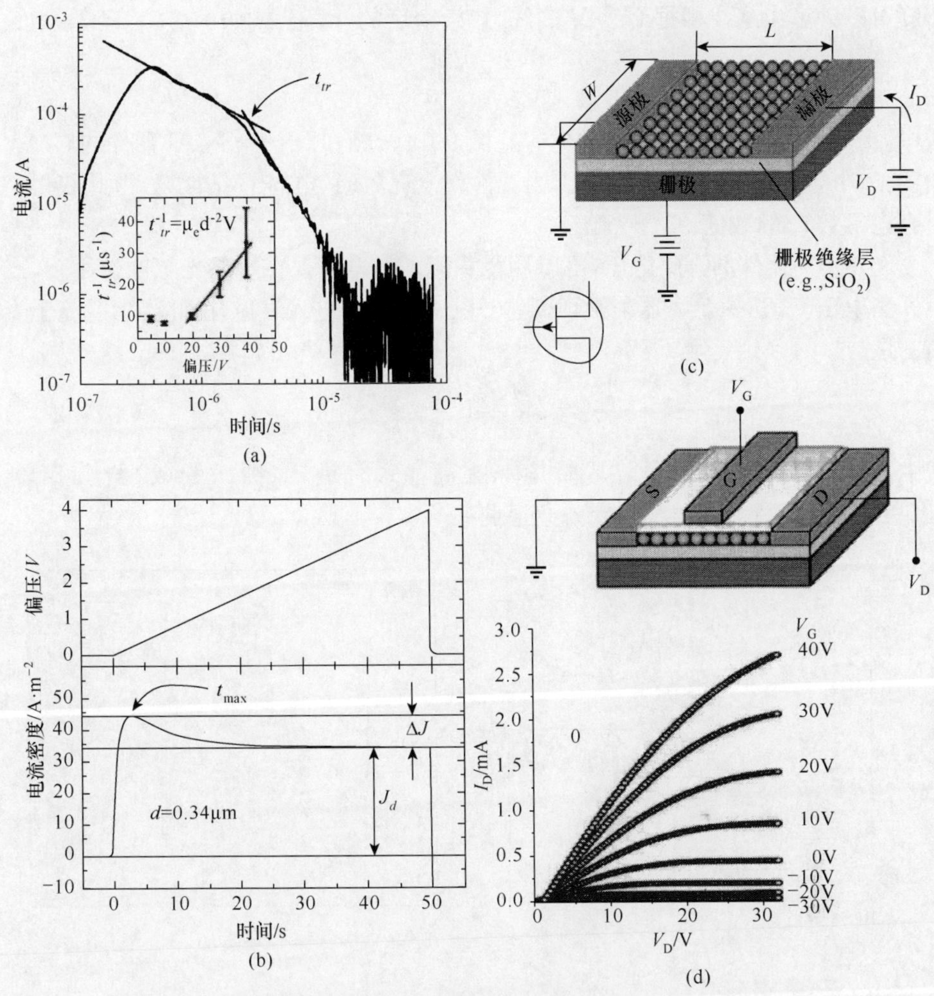

图 9.13　载流子迁移率测量示意图：(a)渡越时间和(b) 瞬态电流曲线；(c)FET 结构示意图；(d)不同栅极电压 V_G 时的 I_D-V_D 曲线[14]

(阅读彩图请扫封底二维码)

对于 SiO_2 介质层，$\varepsilon_r=3.9$。

利用 FET 可以测量场效应迁移率 μ_{sat}，从 $[I_D]^{1/2}$ 随 V_G 变化曲线得到

$$\mu_{sat}=\frac{2L}{WC_i}\left(\frac{\partial I_D^{1/2}}{\partial V_G}\right)^2 \tag{9.2-15}$$

在通常情况下，测量的 μ_{sat} 数值要高于 μ_{lin} 的测量值，归因于载流子的陷阱导致线性迁移率的降低，但是这些陷阱的填充随着进入饱和机制而停止。利用测量的迁移率和电导率，自由载流子的密度就能够被计算出来。

根据 Mott-Schottky 电容与电压关系曲线(C-V)[15]，半导体薄膜的活性掺杂

密度可以计算出来。根据 C^{-2}-V 曲线，掺杂密度的计算公式如下：

$$N=\frac{2}{A^2 e\varepsilon_r\varepsilon_0}\left(\frac{\partial C^{-2}}{\partial V}\right)^{-1} \tag{9.2-16}$$

式中，A 是器件面积；C 是器件的电容。图 9.14(a)是 ITO/PbSe/Al 器件的 C^{-2}-V 曲线[16]，由上式计算出掺杂密度。当器件完全耗尽时，电容 C 是常数，由此获得相对介电常数 ε_r 的数值。

利用 PV 器件的开路电压，可以测量载流子的寿命。在瞬态光脉冲作用下，产生开路电压 V_{oc}。一旦光照射被切断，V_{oc}以一定速率进入衰退，由此得到载流子寿命 τ 是

$$\tau=\frac{k_B T F_I}{e}\left(\frac{\partial V_{oc}}{\partial t}\right)^{-1} \tag{9.2-17}$$

式中，F_I 因子取值是：在低注入时是 1；在高注入时是 2。图 9.14(b)给出 ITO/PbS/LiF/Al 器件开路电压的瞬态衰退曲线[17]。

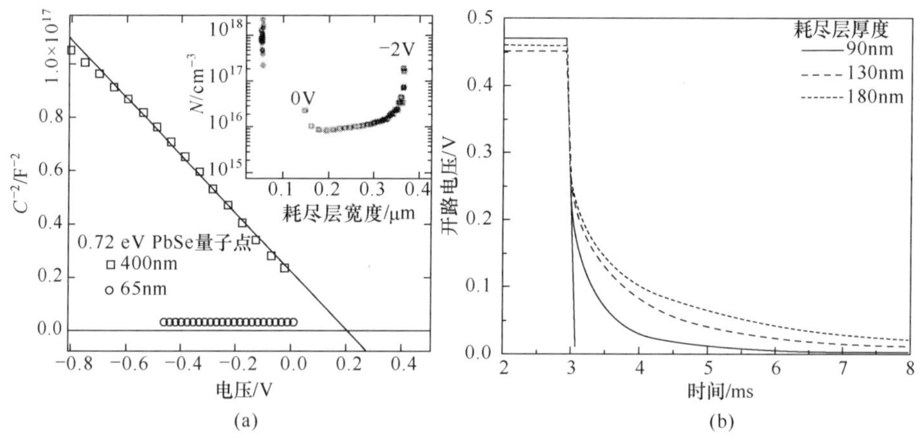

图 9.14　掺杂密度和载流子寿命测量：(a)C-V 曲线[16]；(b)V_{oc}衰退曲线[17]

3. 胶体量子点薄膜中载流子输运机制

上述讨论指出，理想上要求胶体量子点薄膜的载流子迁移率超过 0.01cm^2·V^{-1}·s^{-1}，这是获得高性能胶体量子点太阳电池的基础。胶体量子点之间载流子输运机制包括：共振能量转移(ET)、可变范围的跳跃(VRH)、毗邻量子点之间的隧道贯穿。相关机制的讨论已经在第 7 章中给出，这里不再重复了。

值得注意的是，在制备胶体量子点薄膜之前，利用配位体交换技术可以使量子点表面包裹的长链配位体转变为短链配位体，这是目前常用的减小量子点之间距离的实际方法。经过配位体交换后，利用旋涂或喷雾沉积的方法，可以直接制备出

光滑、密实的薄膜。表 9.1 给出几种常用胶体量子点制备薄膜的载流子迁移率数据[18]。

表 9.1　几种胶体量子点薄膜电子和空穴的迁移率

材料	薄膜制备	配位体	量子点尺寸/nm	μ_e/($cm^2 \cdot V^{-1} \cdot s^{-1}$)	测量技术	μ_h/($cm^2 \cdot V^{-1} \cdot s^{-1}$)	测量技术
PbS	溶液交换	丁胺	6	$(2\pm1)\times10^{-4}$	TOF	$(1.5\pm0.1)\times10^{-3}$	CELIV
CdSe		Sn_2S^{4-}	4.5	3×10^{-2}	FET		
PbSe	固态处理	肼	8	0.7	FET	0.12～0.18	FET
		肼	7.4	0.5～1.2	FET		
		EDT	6.1	0.07	FET	0.028	FET
PbS	混合	丁胺+1,4-BDT	6	$(1\sim6)\times10^{-4}$	瞬态光电流		
PbSe	混合	辛胺+1,4-BDT	4	1.4×10^{-3}	FET	2.4×10^{-3}	CELIV

4. 胶体量子点薄膜的掺杂

胶体量子点薄膜的掺杂类型和掺杂浓度，对 PV 型太阳电池的性能会产生重要影响。例如，p 型胶体量子点薄膜适合于 Schottky 器件。掺杂浓度的影响主要体现在：增加掺杂浓度（N_A 和 N_D）可以提高接触电势 V_0，见方程(9.2-3)；但是会减小耗尽区的厚度 W。

如何选择特定掺杂离子掺杂到量子点，制备出掺杂胶体量子点薄膜，仍然具有挑战性。随着量子点尺寸的减小，缺陷的能量会增加，自净化作用将会发生，即量子点内部的掺杂剂会分离到表面[19,20]。有关研究表明，肼处理 PbSe 胶体量子点薄膜初始是 n 型材料特性，真空处理或轻微热处理后，它会转变成 p 型特性[14]。类似的，丁胺包裹 PbS 胶体量子点薄膜将呈现出 p 型特性[11]。

胶体量子点薄膜的成功掺杂，标志是胶体量子点表面形成缺陷。通过捕获自由载流子，可以钝化表面原子、阳离子或阴离子。如果捕获的是空穴，其作用相当于施主；如果捕获的是电子，则相当于受主。电子捕获缺陷的数目与空穴捕获缺陷的数目之差，称为净掺杂密度。胶体量子点表面的处理会影响每种表面缺陷的数目，从而改变净掺杂类型和密度。研究表明，对于未处理的 PbS 胶体量子点薄膜，空穴密度是 $3\times10^{16}cm^{-3}$；经过 EDT 和退火处理，这个密度变为 $2\times10^{16}cm^{-3}$ 和 $1\times10^{17}cm^{-3}$[21]。这个结果表明，EDT 可以钝化表面缺陷，从而减少薄膜的掺杂密度；反之，空气中的退火处理可以移除 EDT，重新恢复表面缺陷，导致缺陷密度的提高。对于 3nm 尺寸胶体量子点，致密薄膜中量子点的密度约为 $10^{19}cm^{-3}$。对于 $10^{17}cm^{-3}$ 量级的 N_A 数值，平均每 100 个量子点才能产生一个受主。与材料丰富的表面积相比，这是一个很小的数值，表明硫醇的确具有高度的钝化效果。

另一种非传统掺杂胶体量子点薄膜的方法是将两种不同类型的量子点混合。有关研究表明，按 PbTe：Ag_2Te=1：1 比例，将 PbTe 和 Ag_2Te 胶体量子点混合制成薄膜，与纯的 PbTe 或 Ag_2Te 胶体量子点薄膜比较，混合薄膜电导率提高 100 倍[22]。由于 PbTe 和 Ag_2Te 胶体量子点能带之间的错位排列，使 Ag_2Te 胶体量子点中的电子填塞到毗邻 PbTe 量子点的缺陷态，在 Ag_2Te 量子点中留下可以自由移动的空穴，导致这个 p 型薄膜电导率增加。这个结果表明，不同胶体量子点的混合可以调整胶体量子点薄膜的净掺杂。

9.2.2　量子点敏化太阳电池的载流子输运过程

下面我们考虑量子点敏化太阳电池的情况，说明这类量子点太阳电池中载流子的输运现象。以 CdSe 量子点敏化 TiO_2 太阳电池为例，如图 9.15 所示。在这类太阳电池中，存在着一系列组合式的载流子输运过程。载流子输运过程包括：①电子由受激量子点进入金属氧化物纳米粒子；②电子输运到收集电极的表面；③空穴转换为氧化还原对；④在背向电极处氧化还原对的再生。推动上述过程的主要动力是电解液交界面处电子的充电复合，如图 9.15 中的过程 5 和过程 6 所示。

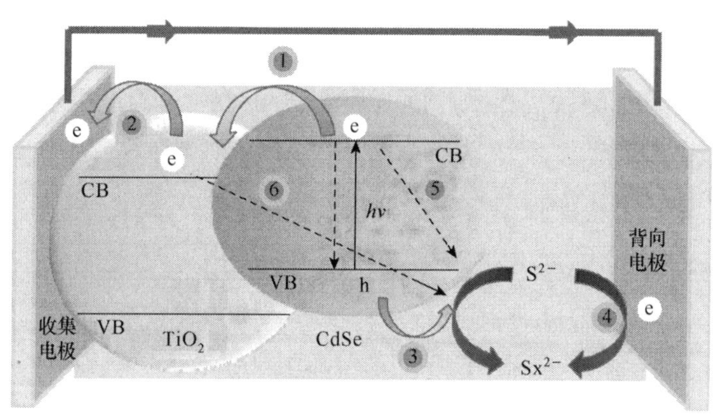

图 9.15　量子点敏化太阳电池载流子输运过程示意图
（阅读彩图请扫封底二维码）

1. 电子由受激量子点进入金属氧化物的输运过程

初始，由于光化学作用，量子点（以 CdSe 量子点为例）光激发产生载流子的分离，这个过程可以表示为

$$\mathrm{CdSe}+h\nu\rightarrow\mathrm{CdSe}(e_p+h_p)\rightarrow\mathrm{CdSe}(e_s+h_s) \qquad (9.2\text{-}18)$$

式中，下角标 s、p 表示电子(e)和空穴(h)的电子态。随着导带中电子和价带中空穴的累积，可以观察到吸收的漂白，即电荷的分离态借助于辐射衰退或瞬间的漂白而复原。图 9.16(a)给出两个尺寸 CdSe 量子点分别沉积在玻璃和 TiO_2 薄膜上的

PL 光谱，同时图 9.16(b)给出沉积在玻璃、TiO_2 纳米粒子薄膜、TiO_2 NTs 薄膜上的 3.7nm CdSe 量子点瞬态 PL 衰退曲线，显示出 PL 发光产额和衰退速率的比较[23]。显然，PL 辐射经历显著的猝灭，猝灭主要的渠道是受激 CdSe 量子点和 TiO_2 之间的电子转移。这个过程表示为

$$CdSe(e_s+h_s)+TiO_2 \rightarrow CdSe(h)+TiO_2(e) \tag{9.2-19}$$

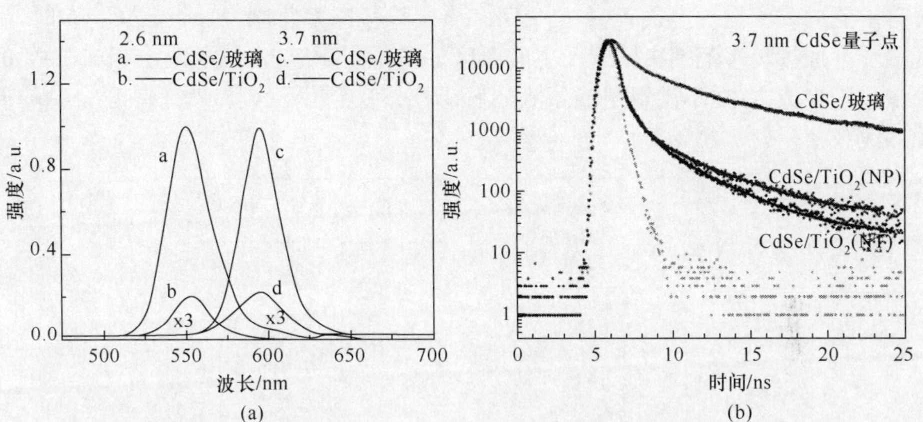

图 9.16　沉积在不同基底上 CdSe 量子点薄膜的 PL 光谱(a)和 PL 衰退曲线(b)[23]

根据上面的实验分析，不同能级结构材料的接触形成不同类型的能级组装结构，如图 9.17 所示。其中，类型Ⅰ结构有助于产生电子-空穴的复合，有利于 LED 的制作；类型Ⅱ结构可以改善载流子的分离，有利于量子点太阳电池的制作。

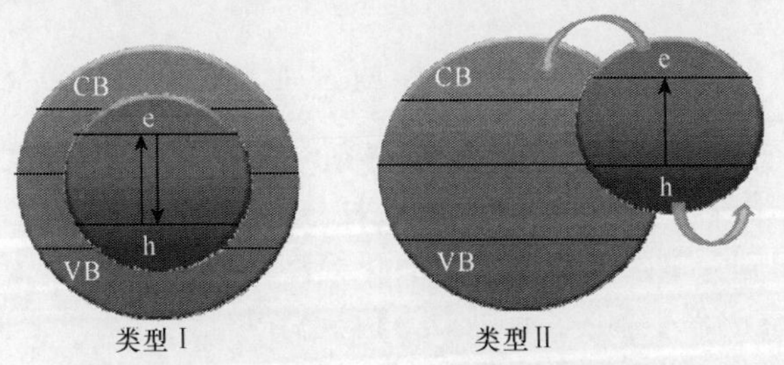

图 9.17　两种能级结构对载流子转移过程影响的示意图
(阅读彩图请扫封底二维码)

Marcus 首先给出两个独立能态之间电子转移的模式，即 Marcus 模型[24]。Sakata 等人进一步研究电子由单施主态向一系列的受主态(例如半导体中存在的导带)的转移[25]，成功描述了有机染料耦合不同金属氧化物的电子转移，发现转移速率依赖于系统自由能的改变量。这个模型仍然可以应用于胶体量子点施主和纳米金属氧化物(metal oxide，MO)受主组成的系统，这种多态 Marcus 模型可以表示如下：

$$k_{\mathrm{ET}}=\frac{2\pi}{\hbar}\int_{-\infty}^{\infty}\rho(E)\mid H(E)\mid^{2}\frac{1}{\sqrt{4\pi\lambda k_{\mathrm{B}}T}}\exp\left(-\frac{(\lambda+\Delta G+E)^{2}}{4\pi\lambda k_{\mathrm{B}}}\right)\mathrm{d}E \tag{9.2-20}$$

式中，k_{ET}是电子转移速率；$\hbar$ 是退化的 Planck 常数；k_{B} 是 Boltzmann 常数；λ 是系统的重组能量；$H(E)$、$\rho(E)$、ΔG 分别是两个状态的重叠矩阵元、受主态的密度、系统自由能的改变量。上式表明，当 $\Delta G\sim\lambda$ 时，转移速率急剧增加；当 $\Delta G>\lambda$ 时，呈现逐步增加。转移范围决定于受主的密度。对于高斯形态、带宽为 $\delta=100\mathrm{meV}$ 的胶体量子点施主，在不同重组能 λ 情况下，图 9.18 给出了转移速率 k_{ET}随 ΔG 的变化曲线[26]。

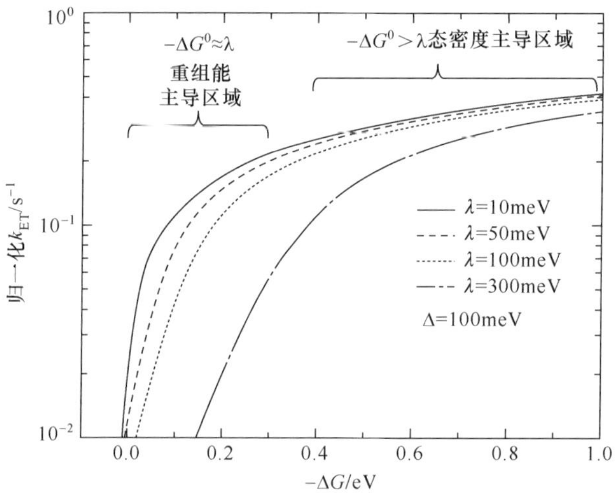

图 9.18　转移速率 k_{ET}随 ΔG 的变化曲线[26]

利用上式对实验数据进行拟合处理，必须考虑三个参量 $H(E)$、$\rho(E)$和 ΔG 的意义。$H(E)$表示转移电子初态波函数和末态波函数之间的交叠程度，由于系统的复杂性，难以得到完美的计算。考虑简化模型，假设 $H(E)$是不依赖于能量的。利用这个假设，Lian 等人研究了有机染料和金属氧化纳米粒子之间的电子转移速率，理论计算和试验数值表现出较好的一致性[27]。

其次，$\rho(E)$是 MO 受主中未被占据态的密度，包括体内态和表面态（缺陷等）。对于体积是 V_0、有效质量是 m_e 的完美半导体晶体，状态密度表示为[28]

$$\rho(E)=\frac{(2m_{\mathrm{e}})^{3/2}V_0}{2\pi\hbar^3}\sqrt{E} \tag{9.2-21}$$

在实际情况中，MO 不是完美晶体，而且 MO 纳米粒子具有高的表面体积比。若缺陷态分布认为是高斯分布，带宽是 Δ，具有缺陷态 MO 晶体的状态密度是[29,30]

$$\rho_{\mathrm{D}}(E)=\int_{0}^{\infty}\rho(E')\frac{1}{\Delta\sqrt{2\pi}}\exp\left(\frac{(E-E')^{2}}{2\Delta^{2}}\right)\mathrm{d}E' \tag{9.2-22}$$

用式(9.2-22)替代式(9.2-21)，作为方程(9.2-20)中的状态密度项。

最后，ΔG 是电子从施主物种移动到受主物种后，系统自由能的改变量。当电子由施主转移到受主时，自由能 ΔG 将发生变化。影响自由能变化的因素有很多种，但是对于 CdSe 量子点与金属氧化物纳米粒子之间的耦合而言，对 ΔG 的主要贡献来自于三个因素：首先，充电的自由能 $\Delta G_{charging}$ 的贡献，归因于随着电子的转移使得原来中性的施主和受主物种产生能量差；第二，库仑相互作用对自由能产生的贡献 $\Delta G_{coulomb}$，来自于电子和空穴空间分离产生的能量差；最后，电子能量的变化贡献 $\Delta G_{electronic}$，对应于始末电子态之间产生的能量差。对于三项因素，只有 $\Delta G_{electronic}=E_{MO}-E_{1Se}$ 可以通过实验确定，或者利用有效质量近似处理理论得到，图 9.19给出了 CdSe 量子点施主与几种金属氧化物受主(MO)之间的 $\Delta G_{electronic}$。

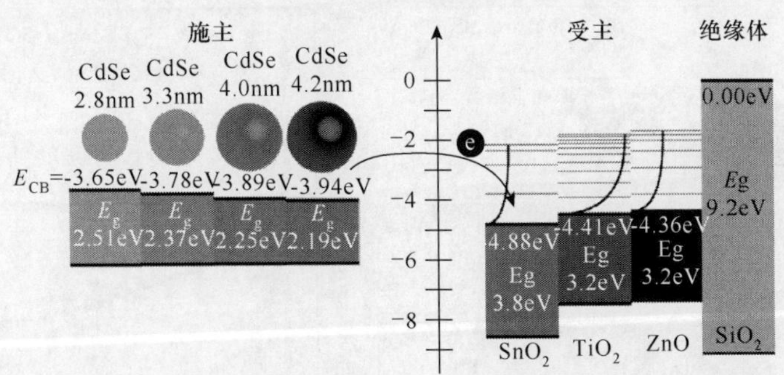

图 9.19　不同尺寸 CdSe 量子点施主和几种金属氧化物受主电子能级差值示意图
(阅读彩图请扫封底二维码)

对于电子转移过程而言，Tvrdy 等人给出完整的计算，整个自由能的变化量是[26]

$$\Delta G=E_{MO}-E_{1Se}+\frac{e^2}{2R_{QD}}+\frac{2.2e^2}{\varepsilon_{QD}R_{QD}}-\frac{e^2}{4(R_{QD}+h)}\frac{\varepsilon_{MO}-1}{\varepsilon_{MO}+1} \quad (9.2\text{-}23)$$

式中，E_{MO}、E_{1Se}分别是金属氧化物粒子和量子点导带边的能级值；e 是电子电量；R_{QD}和 ε_{QD}分别是胶体量子点半径和介电常数；h 是量子点与金属氧化物粒子的间距；ε_{MO}是金属氧化物的介电常数。

我们下面以 CdSe 量子点为例，讨论 CdSe-MO 电子转移速率的性质。采用直接吸附的方法，将 CdSe 量子点吸附着到金属氧化物薄膜上。若激发能量刚好满足每个 CdSe 量子点能够平均产生 0.1 个激子(避免产生俄歇衰退效应)，考察溶解在甲苯中、直径为 4.2nm CdSe 量子点基态吸收光谱和附着在 SiO_2、SnO_2、TiO_2 和 ZnO 上 CdSe 量子点的瞬态吸收光谱，如图 9.20(a～e)所示。可以看到，溶液态或金属氧化物薄膜附着态 CdSe 量子点 $1S_{h3/2}-1S_e$ 的跃迁显示出同样的波长。这个结果表明，尽管 CdSe 量子点附着在不同的金属氧化物材料表面，基态电子跃迁是 CdSe 量子点的固有特性。在四种金属氧化物表面上的瞬态吸收光谱，显示出类似的形貌，但呈现出不同的衰退速率，如图 9.20(f)所示。

QD-MO 样本的瞬态吸收强度比例于处于激发态 CdSe 量子点的数量，伴随着电子-空穴的复合或电子转移到受主物种，这个信号产生衰退。对瞬态吸收衰退轨迹进行归一化，然后采用指数衰退函数进行拟合，获得一个短寿命(τ_s)和一个长寿命(τ_l)。长寿命源于电子-空穴辐射复合和反向金属氧化物到量子点电子转移的贡献；反之，短寿命的贡献或者来自于捕捉(CdSe 量子点附着 SiO_2 的情况)，或者来自于捕捉和电子转移的卷积(convolution)(CdSe 量子点附着 SnO_2、TiO_2 和 ZnO 的情况)。电子转移(预期发生的时间是 ps 量级)是一个超快的瞬态吸收过程，具有亚 ps(FWHM=150fs)的时间分辨率和 0～1000ps 的弛豫窗口。这个电子转移的速率可以近似表示为

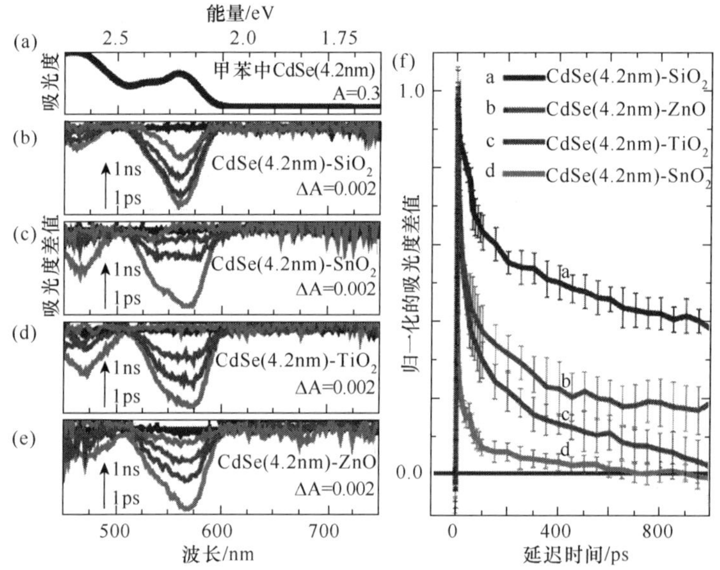

图 9.20 附着在金属氧化物上的 CdSe 量子点瞬态吸收光谱(a～e)和衰退曲线(f)[26]
(阅读彩图请扫封底二维码)

$$k_{ET}=\frac{1}{\tau_{s(SnO_2,TiO_2,ZnO)}}-\frac{1}{\tau_{s(SiO_2)}} \tag{9.2-24}$$

利用式(9.2-20)和式(9.2-23)，可以计算出 k_{ET}随 ΔG 的关系曲线，如图 9.21 所示。由于 TiO_2 和 ZnO 处在重组能受控区域内($\Delta G\approx\lambda$)，k_{ET}强烈的依赖于 ΔG。反之，SnO_2 位于态密度受控区域($\Delta G>\lambda$)，k_{ET}几乎与 ΔG 无关。

2. 分子偶联剂对载流子转移的影响

以图 9.22 所示结构为例，在 TiO_2 表面沉积胶体 CdSe 量子点时，另一个要考虑的问题是量子点和金属氧化物之间连接的有机分子链长的影响。胶体量子点表面包裹着有机配位体，导致量子点和金属氧化物之间夹带一层有机配体分子；此

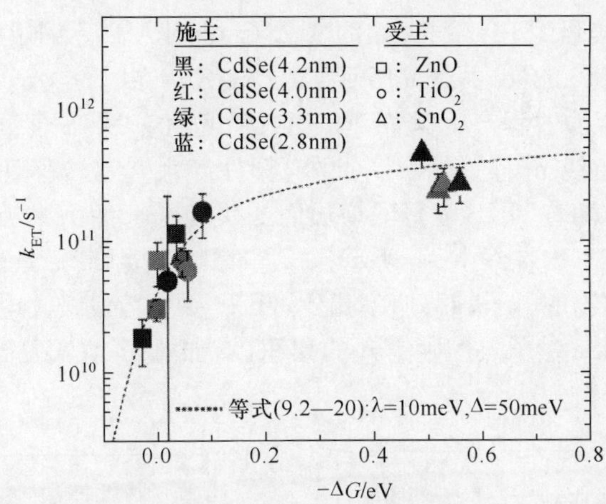

图 9.21　电子转移速率常数 k_{ET} 随自由能改变量 ΔG 的关系曲线[26]

(阅读彩图请扫封底二维码)

外，可以借助分子偶联剂，如 MPA，调节量子点和金属氧化物之间的间距，如图 9.22 所示。有关研究表明，有无 MPA 偶联剂时，CdSe 量子点单层吸附常数分别是 $(5.9\pm2.0)\times10^{4}\,M^{-1}$ 和 $(6.7\pm2.7)\times10^{3}\,M^{-1}$[31]，吸附效率得到明显改善。

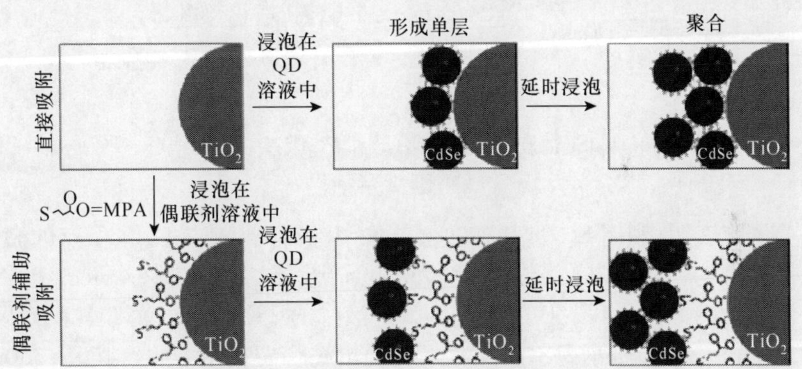

图 9.22　有无 MPA 分子偶联剂对 CdSe 量子点吸附特性的影响[31]

3. 量子点与电解液交界面的空穴转移效应

在量子点敏化太阳电池中，附着在金属氧化物上的胶体量子点周围是电解液，如 Na_2S 等硫化物或多硫化物（S^{2-}/S_x^{2-}）。由于多硫化物氧化还原反应，可以清除光激发量子点产生的光生空穴，使量子点复原。至今，硫化物/多硫化物仍然是首选的电解液材料，其氧化还原特性有助于提高器件的开路电压和稳定性。有机分子和半导体表面之间的相互作用，对激发态动力学也会产生影响。

对于吸附在金属氧化物上的 CdSe 量子点，借助于 PL 光谱分析 CdSe 量子点与 Na_2S 电解液交界面处的空穴转移。在 Na_2S 不存在时，随着电子-空穴的复合，

CdSe 量子点产生较强的 PL 发光，如图 9.23(a)曲线 a 所示；同时，显示出一个自然的衰退过程如图 9.23(b)曲线 a 所示。在 Na_2S 存在时，空穴转移到 S^{2-} 离子的过程与电子-空穴复合过程产生竞争，PL 辐射强度随着 Na_2S 含量的增加而迅速下降，如图 9.23(a)曲线 b～g 所示[32]；此外，额外产生空穴转移到 S^{2-} 的过程导致 PL 衰退过程加快，随着 Na_2S 含量的增加而加快衰退速度，速率常数可以达到 $8.5\times10^7s^{-1}$，如图 9.23(b)曲线 b～e 所示。这个值与受激 CdSe 量子点转移到 TiO_2 或其他半导体氧化物的电子转移速率相比，低 2～3 个数量级。电子和空穴转移速率的差异，导致 CdSe 量子点产生空穴的累积，增加电子-空穴复合的速率，不利于载流子的输运效率。

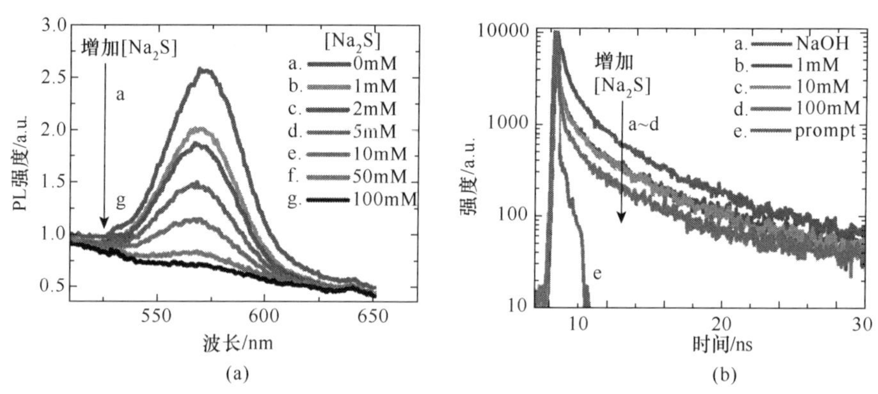

图 9.23　CdSe 薄膜的 PL 光谱(a)和 PL 瞬态衰退曲线(b)[32]
(阅读彩图请扫封底二维码)

有关研究表明，利用 S^{2-} 进行空穴俘获和清除时，伴随 CdSe 量子点的激发，或者与氧化自由基(如羟基自由基)发生反应，会产生 $S^{\bullet-}$ 自由基(radical)[33,34]。在 532nm 激光脉冲激发下，浸在 0.1M Na_2S 溶液中的 TiO_2-CdSe 薄膜的瞬态跃迁吸收光谱，如图 9.24(a)所示。$S^{\bullet-}$ 自由基表现出一个宽阔的、处于 450～650nm 范围的可见光谱[35]。在载流子分离后，随着光生电子转移到 TiO_2，利用电解液中的 S^{2-} 离子，CdSe 量子点中累积的空穴被清除，同时产生出 $S^{\bullet-}$ 自由基。$S^{\bullet-}$ 自由基与 S^{2-} 离子迅速的复合，产生多硫化物自由基(表示为 $S_{m+1}^{\bullet-}$)，这个过程是

$$S^{\bullet-}+mS^{2-}\rightarrow S_{m+1}^{\bullet-} \tag{9.2-25}$$

图 9.24(b)是 590nm 和 550nm 处的跃迁吸收衰退曲线，显示出 $S^{\bullet-}$ 自由基的衰退轨迹和 CdSe 量子点漂白复原过程。随着与注入到 TiO_2 电子的复合，$S^{\bullet-}$ 自由基发生衰退，有

$$S_{m+1}^{\bullet-}+TiO_2(e)\rightarrow S_{m+1}^{2-} \tag{9.2-26}$$

考察 590nm 处的衰退过程，CdSe 量子点表面处 $S^{\bullet-}$ 自由基衰退寿命是 193μs，与 TiO_2 中电子和 $S^{\bullet-}$ 自由基之间的反向电子输运的速率常数值($5.2\times10^3s^{-1}$)是一致的。在量子点敏化太阳电池设计中，应当充分注意式(9.2-24)，以便得到更快的

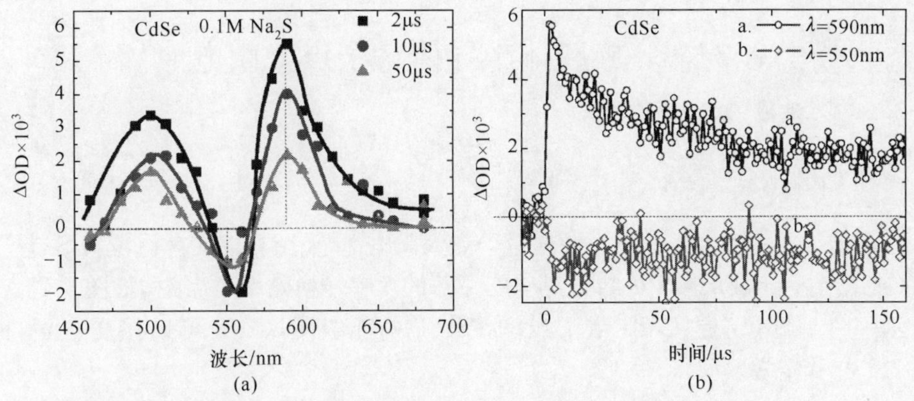

图 9.24　CdSe-SiO_2 薄膜瞬态吸收光谱(a)和吸收衰退曲线(b)[33]

复合速率常数。

4. 背向电极处的氧化还原反应过程

为了优化 QDSSC 的性能,一个必须考虑的问题是如何尽快去除背向电极处电子。多硫化物电解液有利于光电阳极的稳定性,但是会限制功率转换效率。去除多硫化物反应满足如下表示:

$$S_m^{2-} + e^- \rightarrow mS^{2-} \tag{9.2-27}$$

众所周知,硫化物可以吸附到铂的表面[36]。在背向电极处,不良的载流子转移速率将导致高度极化,从而减小反应速度,产生电子流动的瓶颈,助长光电阳极处的反向电子转移。这些效应将降低电流密度和 QDSSC 的填充因子。在 QDSSC 结构中,随着多硫化物的减少,还原的氧化石墨烯(reduced graphene oxide,RGO)-Cu_2S 电极、铂电极的 *J-V* 响应特性,如图 9.25 所示[37]。

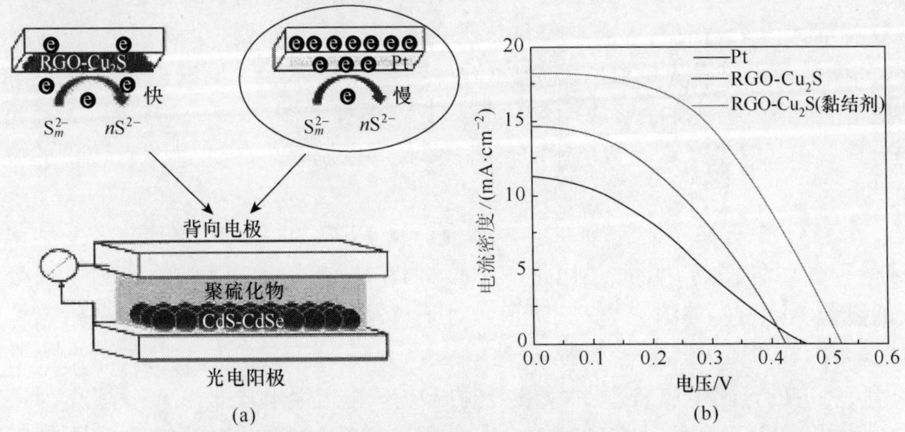

图 9.25　Pt 和 RGO-Cu_2S 背向电极的多硫化物动力学过程(a)和 *J-V* 曲线(b)[37]

(阅读彩图请扫封底二维码)

9.3 Cd 族胶体半导体量子点太阳电池

9.3.1 CdSe 量子点太阳电池

1. CdSe 量子点光伏型太阳电池

Alivisatos 等人制备出首个胶体量子点太阳电池，采用有机聚合物与 CdSe 量子点(或纳米棒)组成层层 PV 结构，获得 1.7%的功率转换效率[38]，结构如图 9.26(c)所示。图 9.26(b)是 CdSe 量子点和 P3HT 的能级图，CdSe 可以接受电子，而 P3HT 接受空穴。

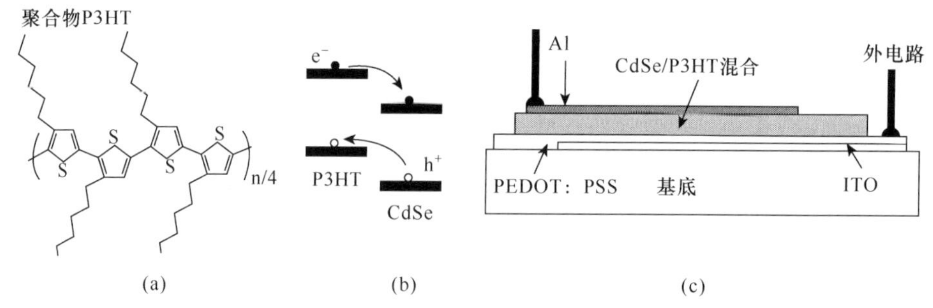

图 9.26 (a)P3HT 分子结构；(b)能级结构；(c)器件结构

将 CdSe 量子点或纳米棒高密度的分散到 P3HT 内，图 9.27 是 CdSe 量子点或纳米棒的 TEM，量子点直径是 7nm，纳米棒的长度达到 60nm。随着量子点的形状由球形变成棒，载流子运动由准分子区域变化为一维线区域，同时它们失去了可溶性。两者比较，CdSe 量子点易于分散在聚合物，却会产生低效率的电子跳跃转移，极大地限制 PV 器件的性能；CdSe 纳米棒有利于载流子的迁移，却难以与聚合物相溶。为了适应高形态比例纳米棒的要求，需要寻找一个既满足 CdSe 纳米棒、又满足聚合物相溶要求的溶剂。CdSe 纳米棒与 P3HT 同时溶解到吡啶和氯仿的混合物中，通过旋涂形成均匀薄膜，TEM 图像如图 9.27(c，d)所示。通过控制分散在 P3HT 内 CdSe 纳米棒的形态比例，可以调整电子通过薄膜转移的方向和长度。

在 ITO 玻璃基底上旋涂一层导电聚合物 PEDOT：PSS，再将 CdSe 纳米棒(或量子点)(在 P3HT 中质量比是 90 wt %)溶液旋涂在 PEDOT：PSS 上，最后顶部覆盖 Al 电极，如图 9.26(c)所示。对于直径 7nm、长度 60nm CdSe 纳米棒制备的器件，在 515nm 波长、0.1mmW · cm^{-2} 光照射下，器件的功率转换效率是 6.9%，相应的开路电压是 0.5V，最大输出功率的光生电压是 0.4V，填充因子是 0.6，如图 9.28(b)所示。在 AM 1.5 全太阳光谱照射下，功率转换效率是 1.7%，开路电压是 0.7V，最大输出功率点的光生电压是 0.45 V，填充因子是 0.4，如

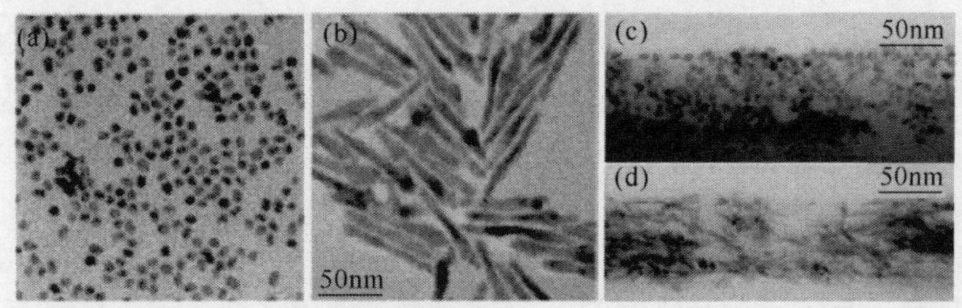

图 9.27　CdSe 量子点和纳米棒溶液态 TEM(a,b)及薄膜态 TEM(c,d)[38]

图 9.28(c)所示。开路电压决定于 ITO 电极、PEDOT：PSS 和 Al 电极功函数之间的差值,同时与 CdSe 量子点的 LUMO 和 P3HT 的 HOMO 相关。

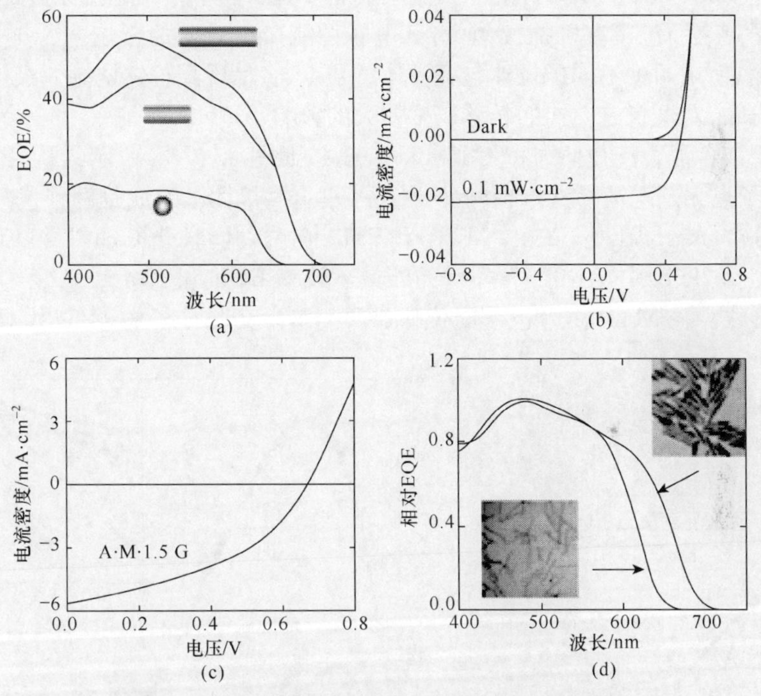

图 9.28　(a)EQE 光谱曲线;(b)暗、亮 J-V 曲线;(c)AM 1.5 的 J-V 曲线;(d)光电响应曲线[38]

CdSe 和 P3HT 吸收光谱是互补的,二者混合 PV 器件具有宽阔的光谱光电响应范围(300～720nm),如图 9.28(d)所示。通过调整 CdSe 纳米棒直径,可以优化这个混合器件的吸收光谱,使之与太阳光谱的重叠区域优化。例如,直径 3nm、长为 60nm 的 CdSe 纳米棒吸收光谱开始于 650nm,直径 7nm、长为 60nm 的 CdSe 纳米棒吸收光谱开始于 720nm;P3HT 超过 650nm 后没有吸收,通过改变 CdSe 纳米棒的直径,使其吸收光谱的开始于 650 或 720nm。图 9.28(a)给出尺寸 7nm CdSe 量子点;直径 7nm、长度分别是 30nm 和 70nm CdSe 纳米棒器件的 EQE 光谱曲线。

器件外量子效率EQE反映载流子的转移效率，影响因素包括：①入射光的强度；②光吸收的比例；③电极处载流子的收集效率，决定于电极的类别；④PL发光的猝灭。三种CdSe量子点或纳米棒器件的EQE光谱如图9.28(a)所示，当纳米棒的形态比例(长度与直径的比例)由1增加到10时，载流子转移效率得到改善，EQE增加了一倍以上。对于CdSe量子点薄膜，电子转移是跳跃模式；对于CdSe纳米棒薄膜，电子转移是带间传导。TEM表明，绝大多数CdSe纳米棒取向与电场方向趋于一致，即与电子输运方向一致。纳米棒-聚合物薄膜的厚度达到200nm，60nm长的纳米棒可以穿过薄膜的较大部分，而30nm长度纳米棒或量子点没有这个效应。因此，60nm长纳米棒制作的器件显示出最好的转换效率。

上述CdSe量子点太阳电池表现出较低的EQE，其中一个主要原因是：胶体半导体量子点表面包覆有机配位体，对其电学性能产生重要的影响。Gross等人的研究表明，使用两种不同配位体包裹胶体量子点，将呈现配位体诱导偶极子的不均匀表面分布，对电子或空穴的转移产生较大的影响[39]。

选择四种混合配位体包覆CdSe量子点，按照图9.29(a)所示结构，得到四种CdSe量子点太阳电池器件。在四种器件中，混合官能团的组成是两种包覆配位体4-甲硫酚(4-methylthiophenol, MTP)和PMA与两种偶联分子EDT和EDA的组合。在图9.29(b)中，给出四种器件的外量子效率EQE和AM 1.5G条件下的伏安特性曲线。在MTP作为包覆配位体、EDA作为交联分子的器件时，显示出最

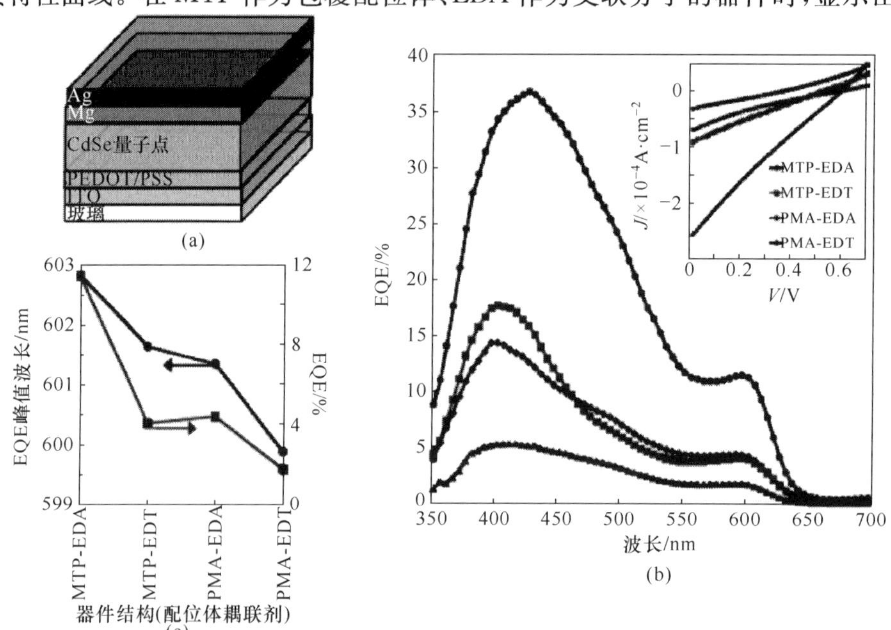

图9.29　四种器件结构(a)；EQE和J-V曲线(b)；EQE及峰值波长与器件结构的关系(c)[39]

(阅读彩图请扫封底二维码)

好的性能；对于 PMA 和 EDT 器件，表现出最差的性能；两个具有同样几何结构包覆层的器件（MTP 和 EDT，PMA 和 EDA），显示出类似的结果。比较四个器件在红光区域的 EQE 峰值波长位置和相应的 EQE 数值，如图 9.29(c)所示，可以看到峰值波长与器件效率之间存在着关联性。EQE 光谱分布变化表明，配位体产生量子介电受限 Stark 效应，有助于较好的产生激子分离和载流子的生成。相对于 PMA-EDT 制作的器件，MTP-EDA 制作器件的 EQE 峰的位置产生 3nm 的红移，这个小的红移却导致器件的性能被大大提高了。

改善 CdSe 量子点太阳电池性能的另一个重要因素是，如何有效的实现载流子的分离和转移。人们试图采用有机聚合物与 CdSe 量子点层混合结构实现这个目标，但是有机聚合物的加入会降低载流子的迁移率和不利于器件的稳定性。Sun 等人提出 CdSe 量子点与非晶硅（a-Si）形成层结构，以便改善 CdSe 量子点太阳电池的性能和提高稳定性[40]。

混合 a-Si/CdSe 量子点太阳电池的结构如图 9.30(a)所示，90～150nm 厚、包覆吡啶的 CdSe 量子点薄膜，在 ITO 和 a-Si 层之间。a-Si 层的厚度是 50～100nm，采用 Al 电极。图 9.30(b,c)是 CdSe 量子点和 a-Si 组合前后的吸收光谱，组合后的吸收光谱明显抬高。

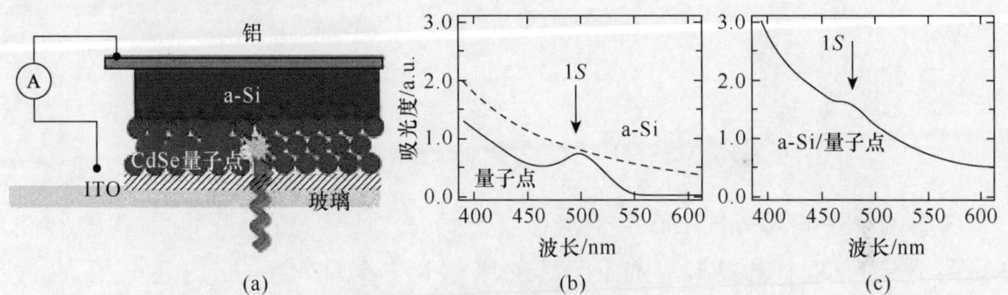

图 9.30　a-Si/CdSe 量子点器件结构示意图(a)和 CdSe 量子点和 a-Si 组合前后的吸收光谱(b,c)[40]

（阅读彩图请扫封底二维码）

CdSe 量子点与 a-Si 能级之间的匹配关系如图 9.31(a)所示。由于尺寸受限效应，导致 CdSe 量子点相对体材料的能级补偿 ΔE_e、ΔE_h 是

$$\Delta E_{e(h)}=\frac{m_{h(e)}(E_g-E_g^0)}{m_h+m_e} \tag{9.3-1}$$

式中，E_g^0 是 CdSe 体材料带隙；m_e 和 m_h 是电子和空穴的有效质量。CdSe 电子有效质量要比空穴的低约 6 倍，所以尺寸受限效应主要导致 CdSe 电子能级移动。在 CdSe 量子点/Si 的交界面处，尺寸受限效应导致 CdSe 量子点电子能级由低于 a-Si 导带提高到它的上面，如图 9.31(a)所示。CdSe 量子点的临界带隙是 $E_g^c=2.3\text{eV}$，对于大尺寸 CdSe 量子点，带隙小于 E_g^c，CdSe 量子点成为电子受主，电子由 Si

转移到 CdSe 量子点；反之，对于小尺寸 CdSe 量子点，带隙大于 E_g^c，电子由 CdSe 量子点转移到 Si。

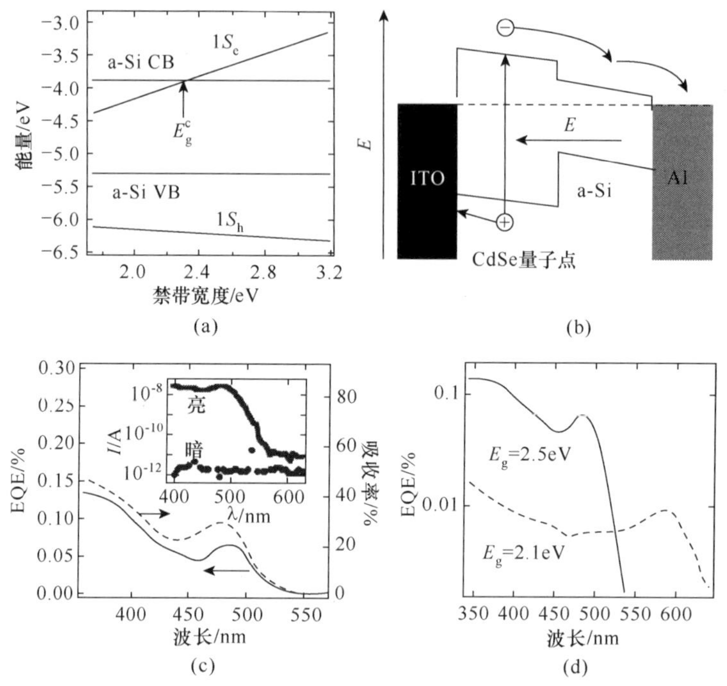

图 9.31　CdSe 量子点尺寸效应对器件特性的影响[40]

考察两个不同尺寸 CdSe 量子点（E_g 分别是 2.5eV 和 2.1eV）制备的器件。在短路情况下，两个电极材料的 Fermi 能级达到平衡，产生一个内建电场 E。在 ITO 和 Al 为电极的情况下，这个电场提供驱动力将电子推向 Al 电极，同时空穴被推向 ITO，如图 9.31(b)所示。在开路条件下，电极之间功函数的差值，提供一个输出电压 V_{oc}。在给定 QD/Si 交界面价带结构和内建电场方向的情况下，这个 PV 器件的特性取决于量子点。CdSe 量子点和 Si 价带之间存在一个较大的势垒，使得硅中产生的空穴被阻挡，难以被 ITO 收集。另一方面，CdSe 量子点中产生的空穴可以被 ITO 电极有效的收集。对于光生电子，这时的情况是不同的。对于较大的尺寸的 CdSe 量子点，$1S_e$ 能级低于 a-Si 的导带底，由此产生的势垒阻止电子输运到 Al 电极。另一方面，对于较小尺寸的 CdSe 量子点，满足 $E_g>E_g^c$，电子可以从 CdSe 量子点注入到 Si 的导带，产生光生电流。

实验数据表明，器件光电响应特性强烈的依赖于 CdSe 量子点的尺寸。图 9.31(c)给出 $E_g=2.5$eV 量子点器件外量子效率 EQE 的光谱响应曲线（对应图中实线，图中虚线是 CdSe 量子点的吸收光谱）。图中数据表明，在“暗”条件下的漏电流很小，只有 1pA · mm^{-2}，如图 9.31(c)中插图下端曲线所示。对于 E_g＝2.1eV CdSe 量子点器件，EQE 显著变小，如图 9.31(d)所示。这是因为 CdSe 量子点的 $1S_e$ 能级低于 a-Si 的导带底，抑制电子进入 Si 的导带。所以，通过尺寸效应调节 Si/QD 交界面载流子的输运性质，可以获得好的器件性能。

此外，如果用 Au 电极替代 Al 电极，由于 Au 具有比 ITO 更高的功函数，它可以形成与 Al 电极器件相反极性配置的器件。实际应用表明，这个结构的器件确实产生出反向的光电流，由 Au 和 ITO 之间功函数差值所产生的开路电压是 0.5V。

基于 EQE 光谱，可以发现这个 PV 器件的响应决定于量子点的吸收。量子点层最佳厚度 L_{QD}(对应最大的 EQE)是器件吸收率(随 L_{QD}增加而增大)和输运损耗(随 L_{QD}减小而减小)的契合点。为了考察 L_{QD}对 EQE 的影响，制备出一系列不同 L_{QD}、但 Si 厚度相同的器件。实验表明，随着 L_{QD}的减小，器件 EQE 逐渐增加。例如，当 L_{QD}＝150nm 时，在 1S 峰处测量的 EQE 是 0.1％；当 L_{QD}＝90nm 时，相应 EQE 增加到 0.5％。这个结果表明，限制器件性能的因素主要是量子点层具有低的光电导率。

器件的开路电压决定于电极之间的功函数，以 ITO 和 Al 电极组合为例，开路电压可以达到 0.4～0.6V。然而，实际薄膜器件的测量值要比这个值低很多，这是因为两个电极之间存在一些微小的短路区域。在采用 ITO 的情况下，这些微区短路的可能性特别高，因为它的表面粗糙度较大。解决这个问题的方法是，在 ITO 上部沉积一个 PEDOT：PSS 空穴传输层，可以较好的解决 ITO 表面的粗糙度。在图 9.30 器件基础上，附加一层 PEDOT：PSS 有助于获得高的开路电压。实际结果表明，在 ITO 上部涂覆一层 PEDOT：PSS 后，器件开路电压提高到 0.66V[40]。但是，在开路电压提高的同时，PEDOT：PSS 层的加入导致短路电流的下降，器件的 EQE 并未得到提高。

2. CdSe 量子点敏化太阳电池

采用图 9.32 所示是一种制作 CdSe 量子点敏化太阳电池的结构，典型的制作方法是[41]：光电极是一个三层结构的 TiO_2 薄膜，利用热蒸镀方法将氧化钛沉积在导电玻璃基底上，厚度 150nm。将 TiO_2 电极沉浸到 MPA 偶联剂分子溶液(0.1M，MPA 溶解在甲醇中)12～16 小时，然后乙醇清洗；再将其沉浸到量子点溶液(吡啶包覆 CdSe 量子点，分散在吡啶和甲醇混合溶液)12～16 小时。在 450℃条件下，将乙酰丙酮化合物和乙醇混合溶液喷涂导电玻璃表面。被处理的导电玻璃在 450℃下烘烤超过 30 分钟，然后移除有机残留物；随后连续沉积 2μm 厚的透明层和 4μm 厚的光散射层。使用吡啶和乙醇混合溶液对其进行清洗，并沉积一层 25μm 厚的透明树脂制备成背向电极(在沉积 Pt 的 FTO(氟掺杂氧化锡，fluorine-doped tin oxide)玻璃上，化学沉积 0.05M 六氯合铂酸(hexachloroplatini cacid)，反应条件为 400℃ 20 分钟)。利用背向电极边处的注射孔,将电解液注入到两个电极所夹的空间,随后将孔封闭。

图 9.32 是 QDSSC 结构示意图,同时给出不同尺寸 CdSe 量子点的吸收光谱,吸收峰位置分别是 520nm(2.6nm)、552nm(3.1nm)和 574nm(3.6nm)。TiO_2 必须足够致密,以便阻止透明导电玻璃处 Co^{3+} 与 Co^{2+} 的降低。适当厚度的透明层用作于寄存 CdSe 量子点,散射层的主要作用是增加薄膜内的光程。利用偶联分子 MPA,将胶体 CdSe 量子点固定在 TiO_2 层。具有两种不同配位体的 CdSe 量子点被使用:①表面包覆不溶于水的配位体 TOPO 或 TOP;②利用吡啶将 TOPO 或 TOP 移除。

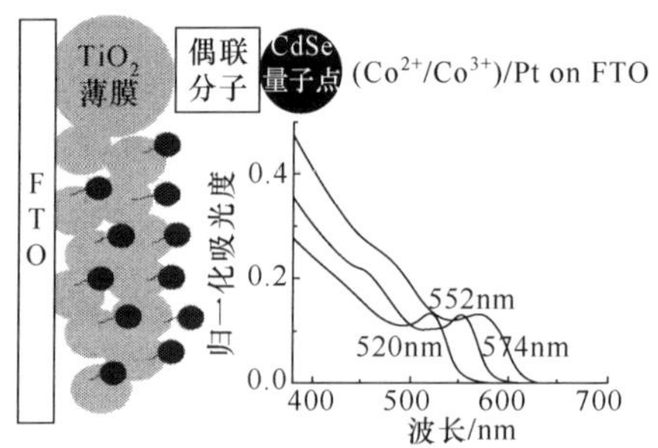

图 9.32　CdSe 量子点敏化电池的结构及其吸收光谱[41]

图 9.33(a)是不同光强照射条件时器件的伏安特性曲线。在低强度照射时,平均转换效率是 1.6%～1.8%。图 9.33(b)插图示出输出光电流动态特性曲线,在初始到 0.1sun 的时间里,输出电流保持恒定;在 0.3sun 强度时,将会产生轻微的下降;在全部太阳光照射强度下,这个下降达到 30%。图 9.33(b)给出器件的单色光电转化效率(monochromatic incident photon-to-electron conversion efficiency,IPCE)数据,峰值效率可以达到 36%;其积分值与伏安特性曲线中的短路电流数值一致,预示器件具有良好的转换效率。

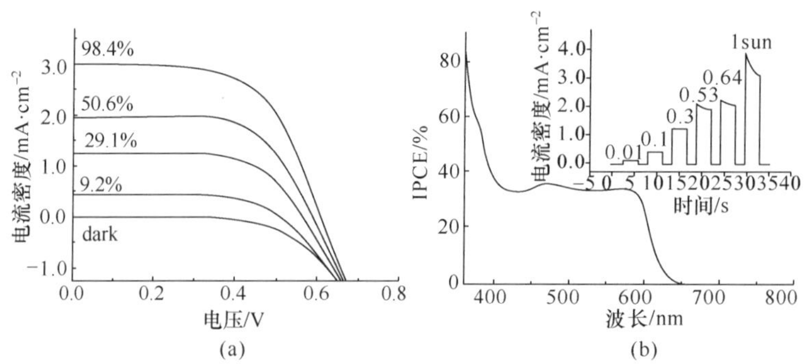

图 9.33　CdSe 量子点敏化太阳电池的 J-V 曲线(a)及 IPCE 曲线和动态电流特性(b)[41]

考察不同尺寸 CdSe 量子点(第一激子吸收峰位于 550～580nm)的器件,转换效率没有明显差异(1.0%～1.2%),图 9.34 是不同尺寸 CdSe 量子点液相发光图片和相应器件的 IPCE 曲线。在较高能量区域,IPCE 没有显示出急剧的上升过程,原因是高能量区的吸收光谱有低的收集效率。研究表明,由 CdSe 量子点到 TiO_2 导带的电子注入速度依赖于量子点的尺寸,较小尺寸 CdSe 量子点会产生加速效应[42]。但是,在使用较小尺寸的 CdSe 量子点时,器件光电流的范围变窄;同时,附着量子点的数目也会降低,导致光电流和整体效率的降低,如图 9.34 所示。因此,对于波长低于 530nm 的第一激子吸收峰小尺寸量子点,即使比较大尺寸量子点有高的电子转移速率,却并不适合作为敏化剂(sensitizer)。从能带匹配角度看,即使是最大尺寸的 CdSe 量子点(3.6nm),导带边是－3.9eV,仍然高于 TiO_2 的真空能级－4.2eV,还是有利于电子的迁移。CdSe 体材料的价带是－6.0eV,远低于 Co 复合体的氧化还原势(－5.0eV),这表明 Co 氧化还原对用于氧化 CdSe 量子点的恢复是适宜的。

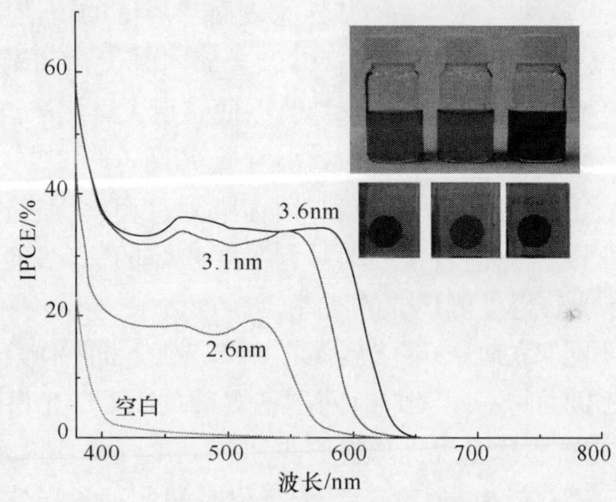

图 9.34　不同尺寸 CdSe 量子点发光图片和器件的 IPCE 曲线[42]
(阅读彩图请扫封底二维码)

调整量子点的附着方式和敏化电极材料,对器件性质也会产生影响[43]。在直接吸附情况下,图 9.35 给出 CdSe 量子点不同吸附时间制备敏化太阳电池的短路电流(J_{sc})和转换效率的变化曲线。如果采用直接吸附方式,在吸附时间达到 96 小时之前,短路电流和效率均呈增加趋势,峰值达到 $6.23mA \cdot cm^{-2}$ 和 1.03%。如果使用巯基丙氨酸(cysteine)作为偶联剂,在吸附 48 小时达到最佳值,相应参数是 $J_{sc}=3.95mA \cdot cm^{-2}$ 和 0.71%。这个结果表明,直接吸附量子点方式有助于提高来自于量子点的电子注入,而且吸附时间对器件性能产生很大影响。在直接吸附方式中,CdSe 量子点外面包裹的 TOP 层被部分的移除,CdSe 量子点(电子施主)和 TiO_2 粒子(电子受主)之间距离减小,导致电子转移能力的提高。

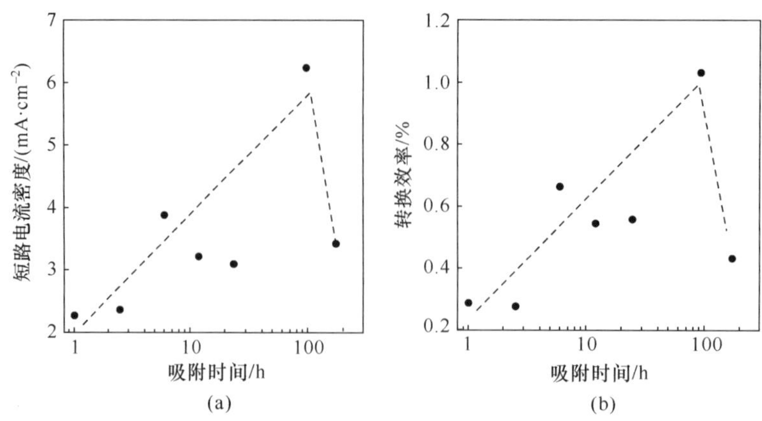

图 9.35　不同吸附时间制备的器件的短路电流和转换效率的变化曲线[43]

利用两种方法，即直接吸附和借助于不同的偶联剂分子，将 CdSe 量子点吸附到 TiO_2 表面，依赖于多种因素，如吸附时间、表面和溶液的清洁度、被吸附量子点的浓度、TiO_2 类型以及表面处理情况等，难以全部同时优化和调控。为了减少这些因素的影响，一般可以采用长的吸附时间，以便获得大量量子点的附着。比如使用 MPA 偶联剂时，吸附时间可以达到 48 小时或 72 小时[44,45]。对于直接吸附模式，过长的吸附时间可能会产生团聚现象，因为吸附过程中存在过多的影响因素，如图 9.35 所示的情况。因此，直接吸附过程需要整体的优化，而不仅仅单纯依赖于吸附时间，这样才能获得性能最佳的器件。

图 9.36(a)给出不同偶联剂分子制备器件的 IPCE 光谱。同时作为比较，图 9.36(b)给出使用巯基丙氨酸偶联剂、不同吸附时间制备器件的 IPCE 光谱[43,46]。随着吸附时间的增加，IPCE 光谱整体呈现红移趋势，对应 6 小时、12 小时和 96 小时的峰值位置分别是 564nm、586nm 和 601nm，因为吸附时间的加长导致量子点一定程度的团聚。

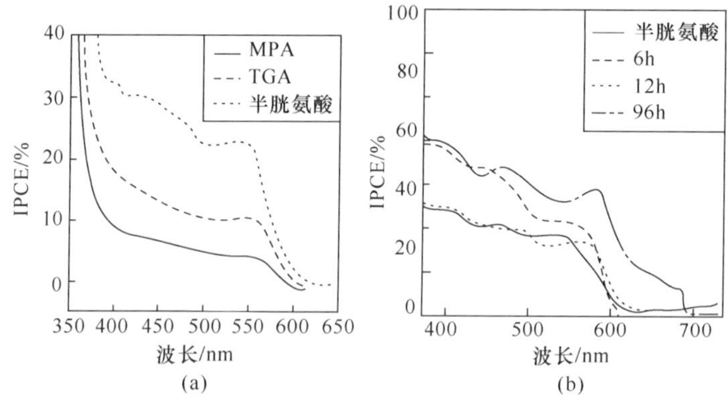

图 9.36　不同偶联剂分子(a)和不同吸附时间的 IPCE 光谱(b)[46]

值得注意的是，在 96 小时吸附情况下，IPCE 光谱产生最为显著的红移。这个吸附时间制备器件的起始波长显现在 700nm，对应于 CdSe 体材料带隙的位置。这个结果表明，在这个吸附时间会产生明显的量子点团聚，这时 CdSe 量子点的光谱特性与分散在溶液中的情况是不同的。尽管如此，器件仍然展现出高的 IPCE 值，表明只要与 TiO_2 的载流子转移通道没有阻塞，这个团聚没有对器件产生明显的不良影响。

TiO_2 纳米孔的尺寸对器件性能的影响如图 9.37 所示。粗略的估计，一个量子点吸附单元(QD＋TOP)的有效尺寸约为 5nm(QD＝3nm，TOP＝1nm＋1nm)。显然，低于 10nm 尺寸的 TiO_2 介孔会阻碍量子点渗透，导致吸附量子点数目的减少，对于器件性能产生影响。因此，存在一个最佳性能的 TiO_2 纳米孔尺寸，可以提供有效的量子点的吸附，使器件的性能得到提高。

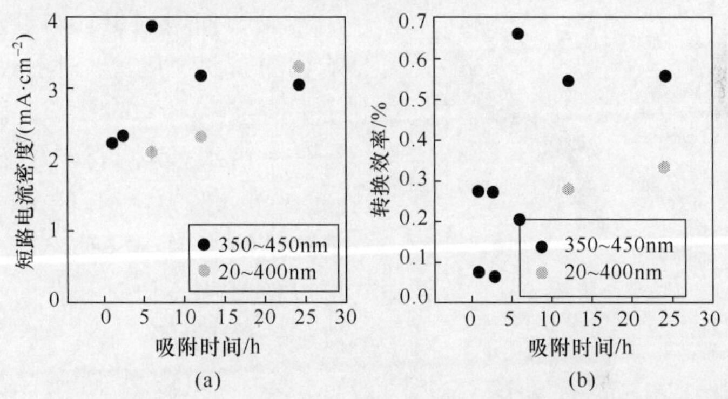

图 9.37　不同 TiO_2 纳米孔尺寸器件的短路电流和转换效率随吸附时间的变化[46]

利用 ZnS 钝化处理纳米结构的 TiO_2，可以改善 CdSe 量子点敏化太阳电池的性能，图 9.38 是使用直接吸附 CdSe 量子点方法制作器件的 IPCE 曲线和伏安特性。作为比较，图中给出使用巯基丙氨酸偶联剂分子的数据。对于直接吸附模式，使用 ZnS 钝化处理器件的 IPCE、J_{sc}和效率都得到成倍的提高，而 V_{oc} 和 FF 略微增加或基本不变；但是加入巯基丙氨酸偶联剂分子后，性能变化不大。在 ZnS 钝化处理后，在第一激子吸收峰处，器件 IPCE 的量值提高了 50%。产生改善的主要原因是，在 TiO_2 与电解液之间的复合阻力提高了[47,48]。考察 J-V 曲线的反转斜率，反映出 ZnS 处理的影响。有无 ZnS 处理时的载流子转移电阻分别是 400～450Ω · cm^2 和 300～320Ω · cm^2。因此，通过 ZnS 的包覆，可以钝化 TiO_2 的表面，减弱复合概率，从而提高器件的开路电压。

最后，我们分析背向电极材料的影响。众所周知，对于敏化太阳电池，Pt 与多硫化物电解液的电催化活性是不能令人满意的，一些具有高活性的电极材料(如 CoS、Cu_2S)被关注[49]。经过 ZnS 钝化处理的 CdSe 量子点敏化 TiO_2 电极器件，采

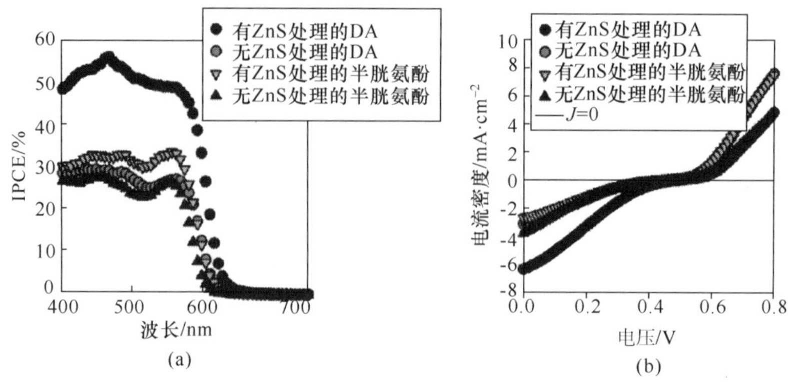

图 9.38 ZnS 钝化处理 CdSe 量子点敏化太阳电池的 IPCE(a)和 J-V 曲线(b)[46]

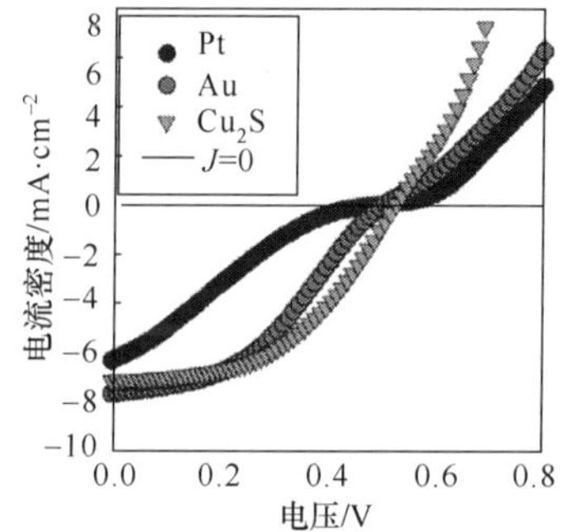

图 9.39 不同背向电极制备 CdSe 量子点敏化太阳电池的 J-V 曲线[46]

用不同背向电极材料对器件性能的影响如图 9.39 所示。不同材料的填充因子是 $FF_{Cu_2S}=0.48$、$FF_{Au}=0.42$ 和 $FF_{Pt}=0.21$；不同材料的转换效率是 $\eta_{Cu_2S}=1.83$、$\eta_{Au}=1.60$ 和 $\eta_{Pt}=0.65$。上述结果表明，选择恰当的背向电极，可以使氧化还原对和背向电极之间载流子转移阻力降低。

除了 TiO_2 之外，还存在着多种光电阳极材料，如 SiO_2、SnO_2 和 ZnO 等。在其他条件相同的条件下，选择直径为 4.3nm 的 CdSe 量子点敏化不同金属氧化物(MO)纳米粒子薄膜，并沉积在 FTO 玻璃上[28]。将这个薄膜沉浸在水相 0.1MNa_2S 电解液中，Cu_2S 涂覆的镍线作为背向电极。器件的短路电流随入射光通断变化曲线如图 9.40(a)所示，图 9.40(b)给出 IPCE 曲线(点线)和吸收光谱(实线)。对于三个金属氧化物，根据它们之间的能级结构比较，电子转移的速率关系是：k_{ET}(CdSe-SnO_2)＞k_{ET}(CdSe-TiO_2)＞k_{ET}(CdSe-ZnO)。然而令人惊讶的是，CdSe-TiO_2 结构器件表现出的大的短路电流(J_{sc})和功率转换效率(η)。原因是 SnO_2 中的氧化还原对电子产生更加快速的清除，对 CdSe-MO 太阳电池的性能产生影响。

光伏器件有效产生电流的能力，取决于它的电子转移的能力。尽管人们十分关注 CdSe 量子点与金属氧化物之间的电子转移，但是其他电子转移和输运因素也会影响到电流的产生，这些因素彼此独立的影响器件的性能。在量子点敏化太阳电池中完成一次电流的循环，一个激发的电子将产生如下途径：由量子点敏化剂转移到金属氧化物，然后通过金属氧化物层转移到光电阳极的表面；通过外电路进

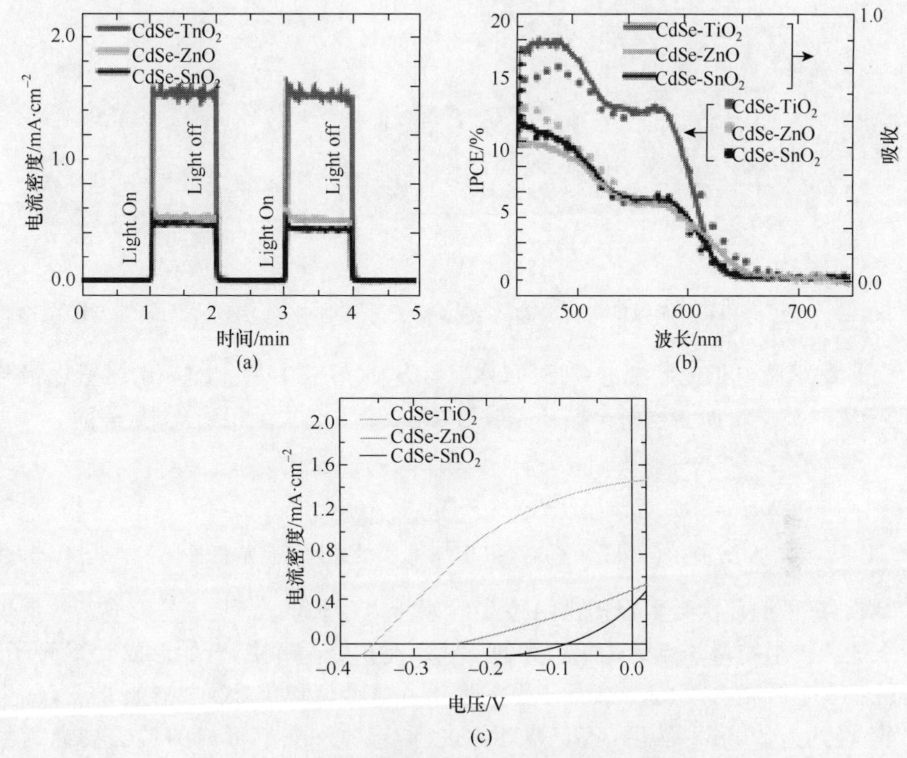

图 9.40　不同光电阳极材料对器件性能的影响[28]

(阅读彩图请扫封底二维码)

入到背向电极，进入到电解液；最后回到起源的感光剂(photosensitizer)。如果这个循环能够连续不断的进行，才能产生一个高效的器件。然而，器件的性能受到不同阻碍因素的限制，主要包括：在量子点内(或量子点与金属氧化物之间)电子-空穴的分离，以及借助于电解液中自由电子产生的电子复合(或清除)。

9.3.2　CdS 量子点太阳电池

现有研究表明，CdS 量子点太阳电池的研究主要集中于量子点敏化太阳电池。相对于 TiO_2、ZnO 和 SnO_2 这些宽带隙电子受主材料，CdS 是窄带半导体电子施主材料，二者能级构成如图 9.41(a)所示。此外，TiO_2 等受主材料的纳米结构有两种形式：一是纳米颗粒形式，如图 9.41(b)所示；二是纳米管或纳米棒形式，如图 9.41(c)所示。一维管(或棒)状结构有利于量子点敏化剂的吸附、载流子分离和电子引向收集电极的表面。

Kamat 等提出一种 CdS 量子点敏化 TiO_2 太阳电池制作路线，如图 9.42 所示[50]。在氟化物介质中，采用电化学方法蚀刻 Ti 电极，在 Ti 基底上形成规则排列的 TiO_2 纳米管簇。TiO_2 纳米管簇的直径约为 80～100nm，平均长度是 10μm。

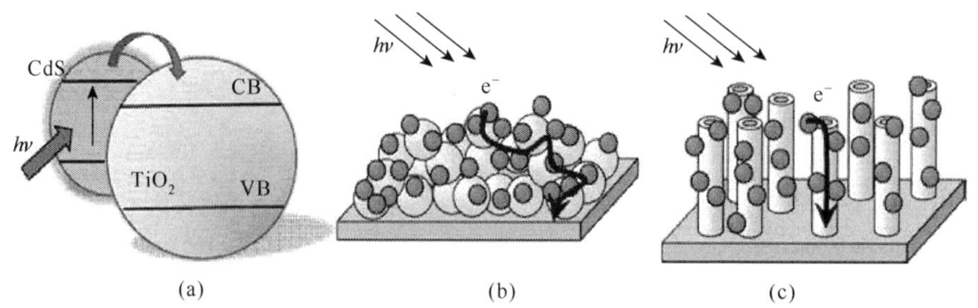

图 9.41　(a)CdS-TiO_2 能级结构；(b)TiO_2 纳米粒子薄膜结构；(c)纳米管(或纳米棒)结构

将 TiO_2 纳米管电极先后浸进 $CdSO_4$、水、Na_2S、水溶液中，使 TiO_2 纳米管电极与 Cd^{2+} 和 S^{2-} 离子接触。当每个循环完成后，CdS 量子点被沉积到 TiO_2 表面。

$$(TiO_2)\xrightarrow{Cd^{2+}}(TiO_2)Cd^{2+}\longrightarrow \text{清洗}\xrightarrow{S^{2-}}(TiO_2)CdS\longrightarrow \text{清洗}$$

1 次沉积循环

图 9.42　CdS 量子点沉积 TiO_2 电极的处理流程示意图

增加沉积循环次数可以提供两种 CdS 量子点生长的类型：一是形成新的量子点；二是让较小的量子点生长成较大的尺寸。在初始循环中，开始形成 CdS 种子。在最初 10 个循环内，CdS 形成量子点的聚集。这个聚集仍然保持彼此的分离，生长到直径约为 20nm。然后，随着循环的进行，聚集和它们形成的粒子会继续生长。此后追加的沉积循环，主要用于粒子的生长。最后，一个连续的 CdS 层完整的覆盖在 TiO_2 表面上。要注意的是，较少的沉积循环次数(<20)，将会获得较小尺寸 CdS 粒子覆盖层。TiO_2 纳米管薄膜和 TiO_2 纳米粒子薄膜沉积 CdS 粒子结构的吸收光谱如图 9.43 所示，随着沉积循环的进行，吸收边呈现出红移。当沉积循环 20 次时，TiO_2 纳米管将被较大的 CdS 量子点覆盖，显示出类似于体材料的性质。对于 TiO_2 纳米粒子薄膜，随着同样沉积循环的进行，将产生与 TiO_2 纳米管薄膜类似的吸收光谱红移。因此，TiO_2 纳米管和 TiO_2 纳米粒子两种电极结构的 CdS 量子点生长机制是类同的。

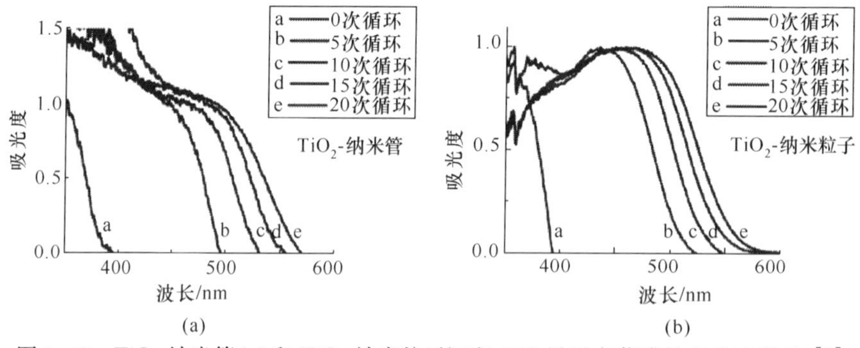

图 9.43　TiO_2 纳米管(a)和 TiO_2 纳米粒子沉积 CdS 量子点薄膜的吸收光谱(b)[50]

在相对背向电极 Ag/AgCl 是 0V 偏压的情况下，CdS/TiO_2 纳米管和 CdS/TiO_2 纳米粒子两种结构的光电流响应如图 9.44 所示。当没有 CdS 量子点时，两种电极产生的光电流是微不足道的；随着 CdS 量子点的沉积，光电流响应显著增加，表明 CdS 量子点和这些电极对可见光照射是敏感的。两种电极结构比较，CdS/TiO_2 纳米管电极显示出更好的性能，产生出更有效的光电流。在沉积循环达到 10 次附近，光电流明显增加，归结于收获光子数目的增加。然而，当沉积循环达到或超过 15 次时，光电流的增加开始变得微小了，进一步增加 CdS 量子点已经不会有效的提高光电流响应。这时 CdS 量子点的生长、团聚已经完成，光子吸收已经处于饱和。实验表明，对于 CdS/TiO_2 纳米管和 CdS/TiO_2 纳米粒子两种结构，沉积循环 15 次后表现出最大的光电流。在沉积循环超过 15 次后，尽管较大尺寸 CdS 量子点的吸收覆盖更宽的可见光谱区域，但是与较小尺寸 CdS 量子点相比，它们几乎失去了对转移电子的影响。

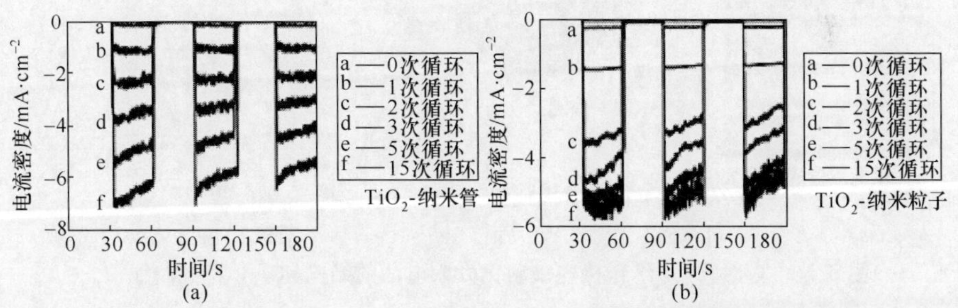

图 9.44　CdS/TiO_2 纳米管(a)和 CdS/TiO_2 纳米粒子器件光电流响应的时间动态曲线(b)[50]

比较两种电极结构器件的 J-V 特性曲线，如图 9.45 所示，进一步证明 CdS/TiO_2 纳米管电极结构器件有更好的性能。开路电压 V_{oc}(决定于 CdS/TiO_2 混合体 Fermi 能级和背向电极之间的差值)是－1.1V 左右，几乎不受 TiO_2 结构类型的影响，证明 CdS/TiO_2 交界面和它们的 Fermi 能级不受结构的影响，但是受到

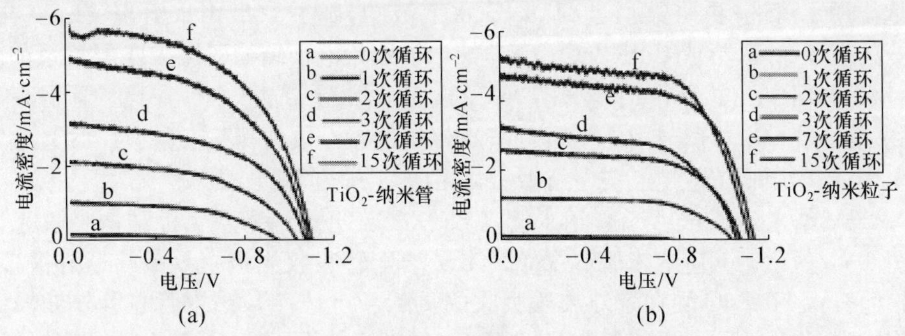

图 9.45　CdS/TiO_2 纳米管(a)和 CdS/TiO_2 纳米粒子器件的 J-V 曲线(b)[50]

CdS 量子点尺寸的影响。在 100mW · cm^{-2}照射下，CdS/TiO_2 纳米粒子电极器件的短路电流是 5.14mA · cm^{-2}，CdS/TiO_2 纳米管电极器件数值是 6.18mA · cm^{-2}。这个数据再次证明 CdS/TiO_2 纳米粒子电极结构的优越性。

采用同样的制作方法，Chen 等制备出 CdS/TiO_2 纳米棒电极结构的敏化太阳电池，结构如图 9.46 所示[51]。TiO_2 纳米棒的直径为 60～200nm，长度是 2.9μm；吸收峰位于 380nm 附近，对应带隙是 3.2eV。这个器件的伏安特性曲线如图 9.46 所示，随着沉积循环次数的增加，短路电流和转换效率随之增加；但是超过一定循环次数后，转换效率呈现出下降趋势。这与上述 CdS/TiO_2 纳米管和 CdS/TiO_2 纳米粒子电极结构的实验结果是一致的。

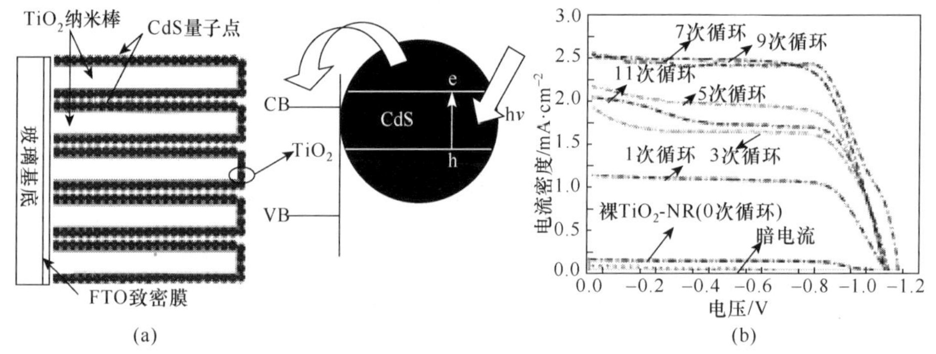

图 9.46　CdS/TiO_2 纳米棒电极敏化太阳电池的结构和 J-V 特性曲线[51]

实验数据表明，上述结构器件的功率转换效率较低。Cho 的研究组提出将 ZnO 纳米粒子放在 TiO_2 纳米管和 CdS 量子点之间，调节两者的能级间隔，形成有利于电子转移的结构[52]。如图 9.47(a)所示，TiO_2 纳米管直径是 120nm、管壁厚度是 20nm，长度是 9μm。将 TiO_2 纳米管浸进 0.01M $ZnCl_2$ 和氨混合溶液中，保持 15s 后浸进到水中；在 365K 下保持 30 s。由此构成沉积循环，使 ZnO 沉积到 TiO_2 纳米管内壁上。然后将 ZnO/TiO_2 纳米管浸进到 0.05M $CdCl_2$ 水溶液中，然后取出用水清洗；再将其浸进到 Na_2S 水溶液中，随后取出用水清洗；如此构成 CdS 的沉积循环，形成 $CdS/ZnO/TiO_2$ 纳米管敏化电极结构。能级匹配关系如图 9.47(b)所示，ZnO 导带边是－4.0eV，低于 CdS 导带边(－3.7eV)，但是高于 TiO_2 纳米管导带边(－4.2eV)。因此，ZnO 层能够有效的转移来自于 CdS 光激发的电子，同时阻碍光生电子与电解液氧化还原离子之间的复合。

TiO_2 纳米管、ZnO/TiO_2 纳米管、$CdS/ZnO/TiO_2$ 纳米管几种结构吸收光谱如图 9.48 所示，TiO_2 纳米管和 ZnO/TiO_2 纳米管吸收光谱主要是在紫外波段。比较而言，由于 ZnO 层在紫外波段吸收的贡献，ZnO/TiO_2 纳米管在紫外波段的吸收增强了。与 TiO_2 纳米管和 ZnO/TiO_2 纳米管结构比较，$CdS/ZnO/TiO_2$ 纳米管的吸收光谱不但在可见光波段增强，而且在紫外波段也进一步提高。此外，随着

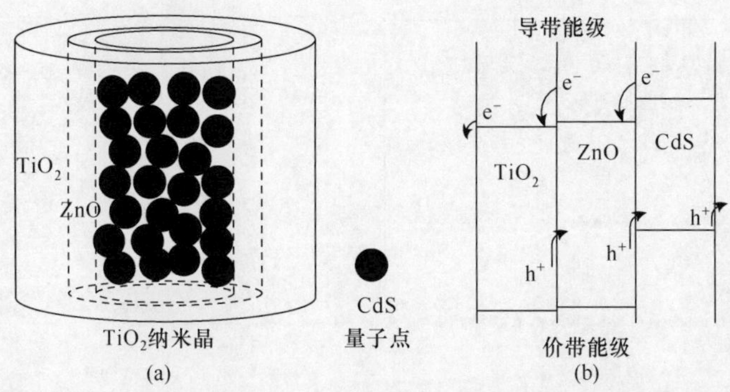

图 9.47 CdSe 量子点敏化 ZnO/TiO_2 纳米管结构(a)和能级匹配图(b)

CdS 沉积循环次数 n 的增加,$CdS/ZnO/TiO_2$ 纳米管的吸收光谱增强。同时,随着 CdS 沉积循环次数 n 的增加,$CdS/ZnO/TiO_2$ 纳米管吸收光谱明显的红移,归因于 CdS 粒子尺寸的增大。作为比较,图 9.48(b)给出了 $CdS(5)/ZnO/TiO_2$ 纳米管结构和 $CdS(5)/TiO_2$ 纳米管结构的吸收光谱。带有 ZnO 层的结构在 375～515nm 范围的吸收光谱得到改善,显然是 ZnO 层的贡献。

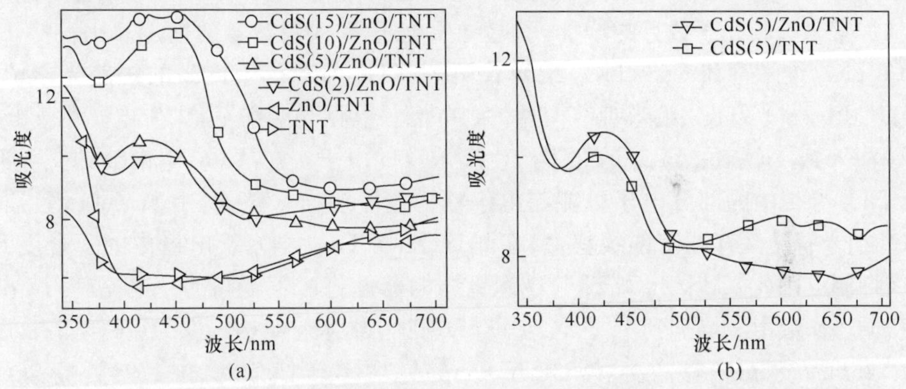

图 9.48 TiO_2 纳米管、ZnO/TiO_2 纳米管、$CdS/ZnO/TiO_2$ 纳米管几种薄膜的吸收光谱(n 是 CdS 沉积循环次数,TNT 是 TiO_2 纳米管)[52]

ZnO/TiO_2 纳米管和 $CdS/ZnO/TiO_2$ 纳米管两种结构器件的 J-V 特性曲线如图 9.49(a)所示。作为比较,TiO_2 纳米管和 CdS/TiO_2 纳米管两种结构器件的 J-V 特性曲线如图 9.49(b)所示。在无光照射情况下,ZnO/TiO_2 纳米管和 TiO_2 纳米管电极器件的暗电流密度是微不足道的;在 $100mW\cdot cm^{-2}$ 的紫外-可见光照射下,ZnO/TiO_2 纳米管结构的短路电流密度是 $J_{sc}=0.57mA\cdot cm^{-2}$,开路电压是 $V_{oc}=1.33V$(相对于 Ag/AgCl 背向电极);同时,TiO_2 纳米管结构器件相应数值是 $J_{sc}=0.56mA\cdot cm^{-2}$ 和 $V_{oc}=1.33V$,ZnO/TiO_2 纳米管结构器件的电流有微小增加。根据图 9.48(a)所示的吸收光谱,附加 ZnO 层有助于提高 TiO_2 纳米管薄膜的吸收,导

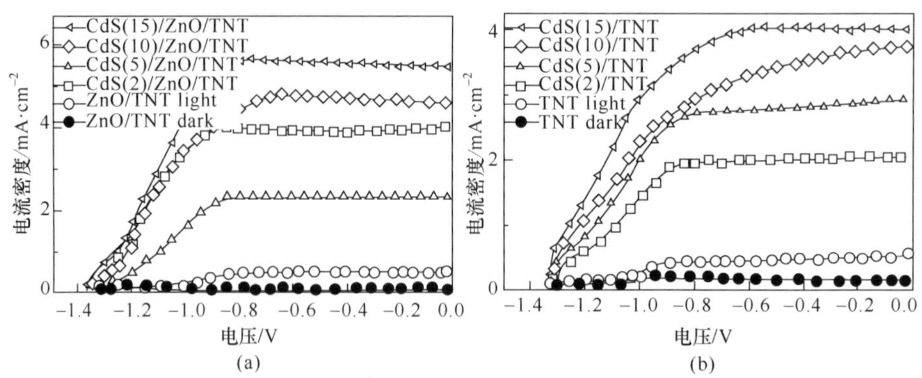

图 9.49　不同 CdS 量子点敏化电极结构的 J-V 特性曲线[52]

致 ZnO/TiO_2 纳米管薄膜中产生更多的电子-空穴对。此外，ZnO 导带边高于 TiO_2 纳米管的量值，注入电子更有效的从 TiO_2 纳米管转移到光电阳极。

在 100mW·cm^{-2}紫外-可见光照射下，CdS/ZnO/ TiO_2 纳米管和 CdS/TiO_2 纳米管两种结构器件的电流明显增加，如图 9.49 所示，归结于 CdS 敏化剂的贡献。随着 CdS 沉积循环次数 n 的增加，电流逐步得到增强，是因为 CdS 量子点数量增加带来吸收光子数目的增加，引起光生电子-空穴对数量的增加。比较 CdS/ZnO/TiO_2 纳米管和 CdS/TiO_2 纳米管两种器件，前者产生更高的短路光电流。对于 CdS/ZnO/ TiO_2 纳米管结构器件，在紫外-可见光照射下，光生电子由 CdS、ZnO 注入到 TiO_2，在 TiO_2 的导带产生高浓度的电子。在 TiO_2/电解液的交界面处，TiO_2 导带中的部分电子可能与电解液的离子复合。然而，由于 ZnO 薄层与 TiO_2 纳米管之间存在着能级势垒，在 $CdS/ZnO/TiO_2$ 纳米管电极中的复合受到更大抑制。因此，$CdS/ZnO/TiO_2$ 纳米管结构器件将产生更高的光电流。当 CdS 沉积循环次数由 2 增加到 15 时，$CdS/ZnO/TiO_2$ 纳米管结构器件的短路电流密度从 2.36mA·cm^{-2} 提高到 5.53mA·cm^{-2}，功率转换效率由 1.94% 提高到 4.60%；而对于 CdS/ TiO_2 纳米管结构器件，短路电流密度从 2.07 提高到 4.06mA·cm^{-2}，功率转换效率由 1.81%提高到 3.20%。

9.3.3　CdTe 量子点太阳电池

1. CdTe 量子点光伏太阳电池

Jasieniak 等提出一种使用 CdTe 量子点制备高效、溶液处理的太阳电池的方案[53]，具体过程如图 9.50 所示。典型制作路线是：①合成 CdTe 量子点并进行纯化和表面修饰，然后分散在适合于多层沉积的溶剂里，如吡啶、酒精或水；②将 CdTe 量子点沉积到透明电极 ITO 基底上，再将 ZnO 沉积到 CdTe 量子点薄膜层上；③进行热处理和化学处理，通过化学处理实现表面化学特性的修饰，随后是热

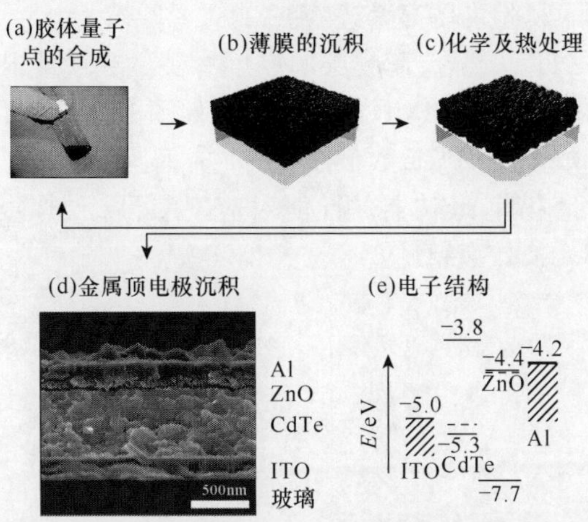

图 9.50　CdTe 量子点异质结 PV 器件制备路线、断面 TEM 和能级匹配图[53]
(阅读彩图请扫封底二维码)

退火处理，升高温度使晶体生长和粒子之间形成烧结，改善薄膜的光学和电学性能；④利用热蒸镀方法，Al 电极被沉积到上述薄膜层的顶部。CdTe 体材料带隙是 1.45eV，具有高的吸收系数，适合太阳能转换的需要。同时，通过 UV 照射获得 n 型 ZnO 材料，它具有恰当的、与 CdTe 匹配的能级结构，有利于形成异质 pn 结，图 9.50 显示出器件的能级结构图。

CdTe/ZnO 异质结太阳电池的整体结构如图 9.50(d)所示，器件层结构是：ITO(125nm)/CdTe (400nm)/ZnO(60nm)/Al (100nm)。热退火温度直接影响 CdTe 量子点的尺寸，从而影响器件的性能，图 9.51(a)给出不同退火温度制备器件的 J-V 曲线。当 CdTe 层的退火温度较低(＜300℃)时，产生很低的短路电流，导致器件的性能较差。在高退火温度时，晶粒尺寸可以达到 40nm 以上，带来光电流的明显改善。在每层退火时间 15s、退火温度是 350℃时，电流密度 J_{sc} 达到 22.0mA · cm^{-2}，器件最佳功率转换效率是 6.9%。

器件性能是粒子尺寸相关的，这是由于 CdTe 量子点尺寸依赖的激子受限效应。CdTe 材料的玻尔半径是 6.8nm，尺寸 10nm CdTe 量子点的量子受限能 E_b 只有 10 meV，使载流子的分离可以在室温下实现。然而在一个强受限系统里，电子-空穴的库仑作用能量会增加，导致受限能 E_b 增加[54]，接近于典型的有机半导体材料的数值(约为 0.1～0.5eV)[55,56]。增加后的 E_b 数值超过热激发的能量 k_BT/e，从而有效阻止载流子的分离。热退火处理导致薄膜中 CdTe 量子点尺寸增大，由此不需要附加其他分离机制(例如外电场、类型 II 交界面或者表面缺陷态)，就可以将激子分离成自由载流子。此外，粒子尺寸的增加也会减少薄膜表面粒子的数量，减少载流子复合的可能性。因此，只有 CdTe 层退火温度达到体转变的临界温度时，才能获得器件性能的显著改善。

器件的性能与 CdTe 量子点薄膜层的厚度有关。在最佳退火温度时，当厚度由 90nm 变到 500nm 时，器件 IPCE 曲线的变化如图 9.51(b)所示。当 CdTe 量子点层的厚度超过 250nm 时，IPCE 数值超过 80%，而且在波长小于 700nm 的波段整体超过 60%。由此表明，最佳器件性能对应于 CdTe 层厚度超过 250nm 的情况，这时器件的功率转换效率超过 6%。

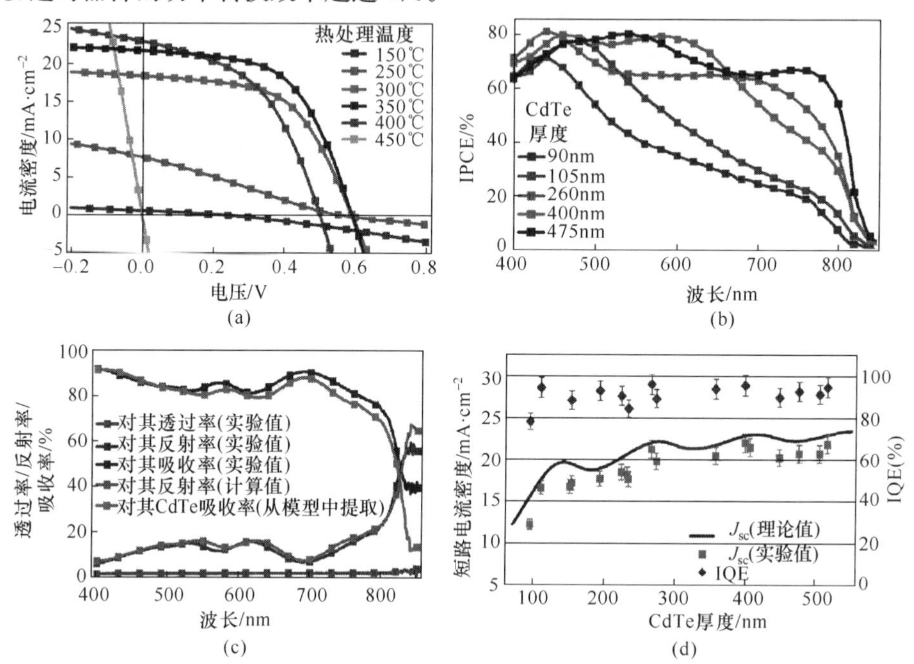

图 9.51　(a)J-V 和(b)IPCE 曲线；(c)透过率、反射率和吸收光谱；(d)短路电流和 IQE 曲线[53]

(阅读彩图请扫封底二维码)

如何将吸收的光子转化成自由载流子，然后进行有效的收集，是获得良好性能器件的基础，这个性能由器件的内量子效率(IQE)表示。器件的反射率和透射率实验值如图 9.51(c)所示，由此计算出吸光度值，并与理论计算值进行比较，显示出二者良好的一致性。若 CdTe 层吸收的光子 100%转化为自由载流子，由此计算出器件的短路电流和内量子效率，如图 9.51(d)所示。实验数据表明，所有 CdTe 层厚度器件的内量子效率 IQE 均超过 80%，而且绝大部分厚度器件的 IQE 超过 90%，说明吸收光子几乎 100% 的形成光电流。

除异质 pn 结光伏结构之外，还存在着所谓 Schottky 结构器件。Olson 等人提出一种基于 CdTe 纳米棒薄膜的 Schottky 结构太阳电池，基本制作路线是[57]：将 CdTe 纳米棒旋涂到 ITO 透明电极上，然后包覆一层 $CdCl_2$，并在 400℃条件下烧结；随后将 Al 电极沉积到薄膜的上面，形成 Schottky 结构太阳电池。在 AM1.5G、$100mW \cdot cm^{-2}$ 照射条件下，CdTe 纳米棒受激产生光生激子，然后电子被 Al 电极收集，空穴被 ITO 电极收集。

这个 Schottky 结构太阳电池的 J-V 特性曲线如图 9.52(a)所示，功率转换效率达到5.3%。这个器件 CdTe 纳米棒层的厚度是 360nm，约等于少数载流子的扩散长度[58]，允许得到高的光子收集率和少数载流子输运通过整个器件的厚度。同时，图 9.52(b)给出器件在短路条件下的外量子效率特性曲线，以及 Lambert-Beer 定律计算出的吸收曲线。由于蓝光的光学密度高于红光的数值，因此在靠近 ITO 处，蓝光的吸收高于红光。对不同厚度 CdTe 层器件的外量子效率进行测量发现，随着厚度的增加，蓝光波段的外量子效率下降，如图 9.52(c)所示。

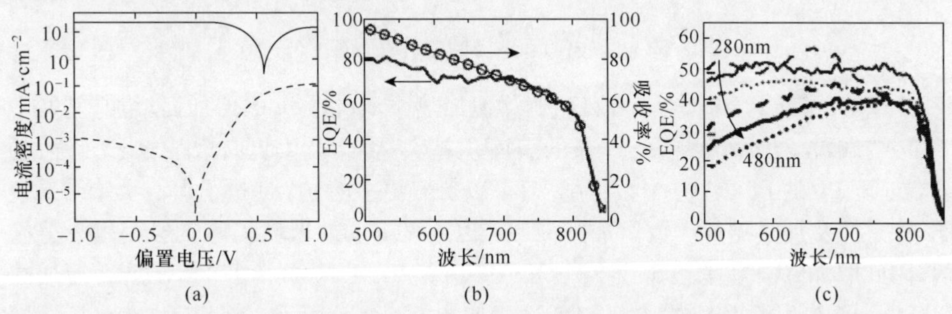

图 9.52　Schottky 器件的亮、暗 J-V 特性(a)、EQE 和吸收光谱(b)及薄膜厚度对 EQE 影响(c)[57]

2. CdTe 量子点敏化太阳电池

目前，量子点敏化太阳电池的效率一般低于染料敏化太阳电池，原因之一是量子点难以有效的约束在 TiO_2 纳米粒子的表面，导致量子点在 TiO_2 表面产生低质量的沉积。感光剂与 TiO_2 纳米粒子之间是否形成稳定的结合，直接关系到能否成功沉积高质量的感光剂。人们寻求利用功能分子修饰量子点表面，以便改善粘合效果，提高量子点与 TiO_2 纳米粒子或 TiO_2 纳米管之间的载流子转移效率。

Lan 等人利用静电吸附技术，使用 PDDA 作为 CdTe 量子点和 TiO_2 纳米粒子之间的耦联剂，制备出 $(TiO_2)_m$-PDDA-$(QD_{CdTe})_n$-FTO 电极，实现 QDSSC 装配[59]。在这种 QDSSC 中，使用1-乙基-3-甲基咪唑硫氰酸(1-ethyl-3-methylimidazolium thiocyanate，EMImSCN)作为制备 I^-/I^{3-} 电解液的溶剂。图 9.53 是$(TiO_2)_m$-PDDA-FTO 基底和$(TiO_2)_3$-PDDA-$(QD_{CdTe})_n$-FTO 电极的制备过程示意图。

基于印刷法制备$(TiO_2)_m$-FTO(m=1～3，m 是涂覆形成 TiO_2 薄膜的次数)基底的过程如图 9.53(a)所示。使用 PDDA 修饰$(TiO_2)_m$-FTO 基底，制备出$(TiO_2)_m$-PDDA-FTO(m=1～3)基底，厚度分别是 26.6μm、46.6μm 和 61.3μm，比表面积分别是 $48.1m^2 \cdot g^{-1}$、$52.1m^2 \cdot g^{-1}$ 和 $54.3m^2 \cdot g^{-1}$。$(TiO_2)_m$-PDDA-

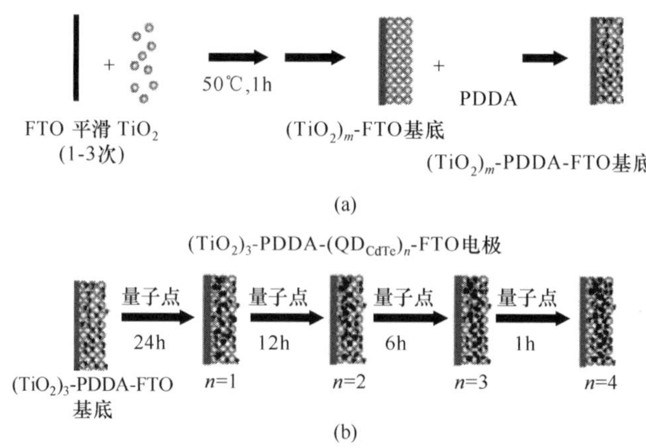

图 9.53　基底(a)和电极制备过程示意图(b)[59]

FTO 基底的 TiO_2 纳米粒子数目随着涂覆加热循环次数 m 的增加而增加，基底上 TiO_2 纳米粒子的数目越多、覆盖的表面积越大，将会产生更有效的电子转移；而且，在薄膜上的 PDDA 分子数目越多，可以负载更多的 CdTe 量子点。实验结果表明，如果涂覆加热循环次数增加到 $m=4$ 以上，TiO_2 纳米粒子薄膜层变得十分脆弱，因此取 $m=3$ 为宜。$(TiO_2)_3$-PDDA-$(QD_{CdTe})_n$-FTO($n=1\sim4$，n 是涂覆加热 CdTe 量子点循环的次数)电极制备过程如图 9.53(b)所示。将 Pt 纳米粒子滴灌到 FTO 玻璃基底上，形成背向电极。将$(TiO_2)_3$-PDDA-$(QD_{CdTe})_n$-FTO($n=1\sim4$)电极和 Pt 涂覆背向电极组装成三明治结构，中间注入包含 1.0M LiI 和 0.1M I_2 的 EMImSCN 溶液作为电解液，形成$(TiO_2)_3$-PDDA-$(QD_{CdTe})_n$-FTO 量子点敏化太阳电池($n=1\sim4$)。

$(TiO_2)_3$-PDDA-$(QD_{CdTe})_n$-FTO 电极的吸收光谱如图 9.54(a)所示。在波长 600nm 处，随着 n 由 1 增加到 3，吸光度随之增加；但是由 3 增加到 4 时，吸光度反而下降($n=1\sim4$ 对应曲线 a～d)。随着 n 的增加，吸收峰展宽，源自于涂覆 CdTe 量子点尺寸分布的展宽；而吸光度的增加归结于 TiO_2 薄膜上 CdTe 量子点数目的增加。此外，n 由 3 增加到 4 时吸光度的下降是因为 CdTe 量子点涂覆的不稳定性，即一些大尺寸 CdTe 量子点被较小尺寸的 CdTe 量子点替代，导致波长 500～550nm 吸收增强和 600nm 之后的下降。可见光波段较高的吸光度有利于器件性能的改善，恰当的选择 CdTe 量子点涂覆的层数，有助于提高$(TiO_2)_3$-PDDA-$(QD_{CdTe})_n$-FTO 量子点敏化太阳电池的转换效率。

在 AM1.5、$100mW\cdot cm^{-2}$照射条件下，$(TiO_2)_3$-PDDA-$(QD_{CdTe})_n$-FTO 量子点敏化太阳电池的 J-V 特性曲线如图 9.55(a)所示。J_{sc}与图 9.54 的吸光度成比例，这个性质与具有较大吸收系数的量子点通常产生较大 J_{sc}的预期是一致的。当 n 从 1 到 3 时，$(TiO_2)_3$-PDDA-$(QD_{CdTe})_n$-FTO 量子点敏化太阳电池的 J_{sc}、FF 和转换

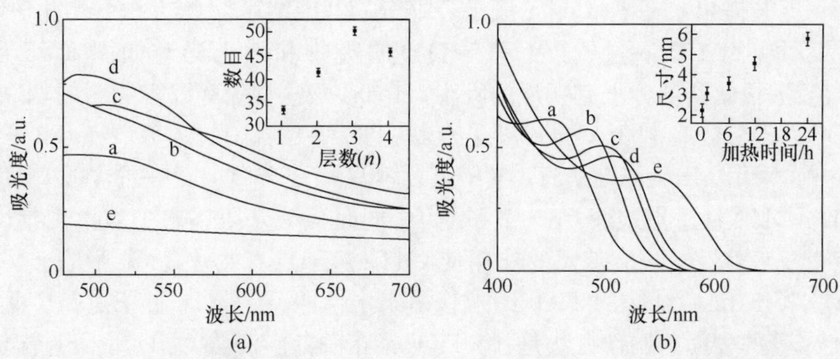

图 9.54　(a)$(TiO_2)_3$-PDDA-$(QD_{CdTe})_n$-FTO 吸收光谱和 CdTe 量子点数目

(b)在 100℃加热 CdTe 量子点 0h-a、1h-b、6h-c、12h-d、24h-e 的吸收光谱和尺寸变化[59]

效率的数值随之增加;但是从 3 增加到 4 时,这些量值减小。$(TiO_2)_3$-PDDA-$(QD_{CdTe})_3$-FTO 量子点敏化太阳电池的 J_{sc}、FF 和转换效率的数值分别是:3.61mA · cm^{-2}、65.8 和 2.02%。$(TiO_2)_3$-PDDA-$(QD_{CdTe})_3$-FTO 量子点敏化太阳电池具有良好的性能,归因于器件中不同尺寸 CdTe 量子点的存在。这时在可见光的照射下,会产生更多的激发电子。当 n 从 3 增加到 4 时,$(TiO_2)_3$-PDDA-$(QD_{CdTe})_n$-FTO 量子点敏化太阳电池的转换效率减少,这与 I_{sc} 和 FF 量值的降低密切相关,主要原因是较大波长区域吸光度的减少,可能是由于 TiO_2 纳米粒子间隙孔的遮挡作用。

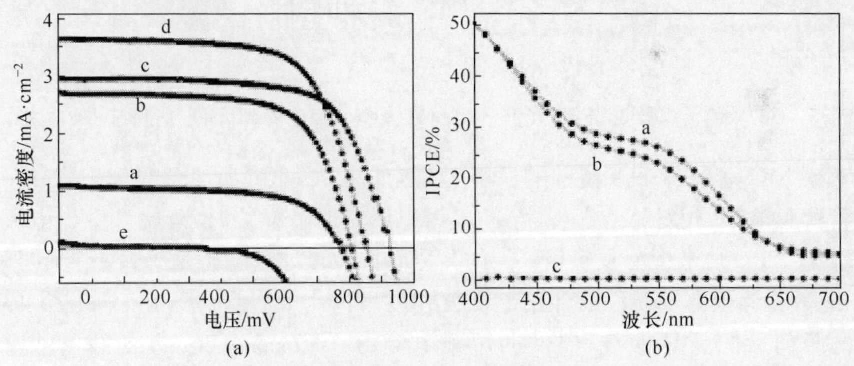

图 9.55　器件的亮、暗 J-V 曲线(n=1~4 对应 a~d)(a)

和亮、暗 IPCE 曲线(n=3~4 对应 a~b)(b)[59]

$(TiO_2)_3$-PDDA-FTO、$(TiO_2)_3$-PDDA-$(QD_{CdTe})_3$-FTO 和 $(TiO_2)_3$-PDDA-$(QD_{CdTe})_4$-FTO 量子点敏化太阳电池的 IPCE 曲线如图 9.55(b)所示。在波长 550nm 处,$(TiO_2)_3$-PDDA-$(QD_{CdTe})_3$-FTO 量子点敏化太阳电池显示出一个清晰的肩部,IPCE 达到 26.0%;同时,$(TiO_2)_3$-PDDA-$(QD_{CdTe})_4$-FTO 量子点敏化太阳电池产生一个较低的数值,IPCE 是 22.7%。

Gao 等人提出了一种 CdTe 量子点敏化 TiO_2 纳米管的方法，如图 9.56 所示[60]。四个尺寸 CdTe 量子点（Q1～Q4）的吸收和发光光谱如图 9.56 所示。TiO_2 对羧酸根偶联剂分子有强烈的吸附，带有羧酸盐和硫醇双官能团的偶联剂分子（HOOC-R-SH）有利于 CdTe 量子点被 TiO_2 束缚。在连接 CdTe 量子点到 TiO_2 之前，采用 MPA 修饰 CdTe 量子点，获得一个硫醇基团和一个羧酸基团。硫醇基团与 CdTe 量子点表面 Cd^{2+} 离子结合，同时羧酸基团在水中被电离使 CdTe 量子点变成水溶性。羧酸基团的作用使 CdTe 量子点直接被 TiO_2 吸附。另一方面，锐钛矿（anatase）结构的 TiO_2 纳米管是亲水性的，使 CdTe 量子点易于附着在 TiO_2 纳米管的表面。制作方法是：将 TiO_2 纳米管薄膜浸进 CdTe 量子点溶液，保持 2 小时；然后使用去离子水清洗连接 CdTe 量子点的 TiO_2 薄膜。这个过程重复多次，以保证足够数量 CdTe 量子点附着在 TiO_2 纳米管的表面。在 CdTe 量子点修饰后，TiO_2 薄膜在 300℃下退火，保持 30 分钟。制作过程如图 9.56 所示。

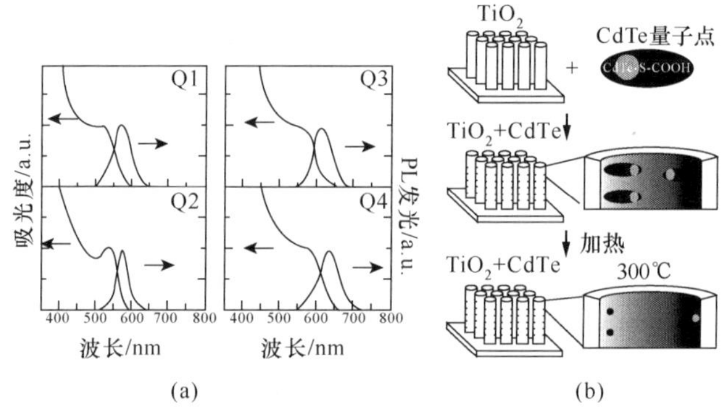

图 9.56　CdTe 量子点吸收和 PL 光谱，以及 CdTe 量子点附着到 TiO_2 薄膜过程示意图[60]

考察 CdTe/TiO_2-NT 器件的 J-V 特性，如图 9.57(a)所示。对于未敏化 TiO_2 纳米管薄膜电极，相对 Ag/AgCl 背向电极电压是−0.94V 时，开始产生光电流；而对于敏化 TiO_2 纳米管薄膜电极，开始产生光电流的对应电压是−1.21，表明敏化 TiO_2 纳米管薄膜电极器件的开路电压得到提高。比较 CdTe 量子点敏化 TiO_2 纳米管薄膜前后的 J-V 曲线，器件的短路电流由 0.17mA · cm^{-2}（曲线 a）提高到 1.68mA · cm^{-2}（曲线 b～e）。在 CdTe 量子点敏化 TiO_2 薄膜后，吸收光谱移向可见光波段，使 CdTe 量子点能够有效的吸收太阳光谱，产生更多的电子-空穴对。CdTe 量子点导带边高于 TiO_2 纳米管薄膜的数值，TiO_2/CdTe 交界面附近产生一个局域电场，推动光生电子由 CdTe 量子点导带移向 TiO_2 纳米管导带。由于 TiO_2 纳米管是结晶体，与 Ti 基底有良好的匹配，所以注入电子可以有效地转移到收集电极（Ti 基底的金属薄片）。因此，CdTe 量子点敏化 TiO_2 纳米管电极比单纯 TiO_2 纳米管要有更好的性能。此外，图 9.57(a)表明，CdTe 量子点的尺寸影响敏化的效果。吸收峰位于 540nm 附近的 CdTe 量子点（Q1 样本）作为敏化剂，能够产生最大的短路电流。

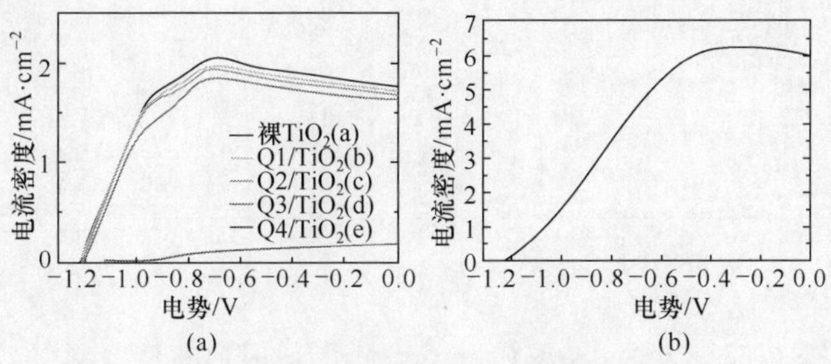

图 9.57　CdTe 量子点敏化 TiO_2 纳米管前后(a)和热处理后器件的 J-V 曲线(b)[60]

(阅读彩图请扫封底二维码)

在 CdTe 量子点与 TiO_2 纳米管之间使用偶联剂分子，也会对二者交界面的电子结构和电子转移产生影响。为了改善两者的连结效果，采用 300℃下退火工艺进行处理。在经过退火处理后，器件的短路电流明显的增加了。如图 9.57(b)所示，在−1.21V 处开始产生光电流，短路电流是 $6mA \cdot cm^{-2}$。这个性能提高归因于 CdTe 量子点与 TiO_2 纳米管交界面性能的改善。在经过热处理后，CdTe 量子点与 TiO_2 纳米管之间的偶联剂分子被蒸发，导致二者的接触变好，使光生电子能够高效的向 TiO_2 纳米管转移，偶联剂减少了转移过程中电子的损耗。

9.3.4　Cd 族核壳量子点太阳电池

在胶体量子点中，电子和空穴通常限制在量子点的中心区域。可以设想，如果光生电子定域于量子点的外部区域，势必可以提高它的提取概率。因此，使用窄带材料作为核和良好的输送材料作为壳，有利于光生电子定域于壳层内。如果将这样的胶体核壳量子点吸附到 TiO_2 等金属氧化物的表面，与单纯核量子点相比，可以获得更有效的电子转移。

以 CdS/CdSe 或 CdSe/CdS 量子点太阳电池为例，研究核壳量子点太阳电池的特性。Ning 等人合成两个尺寸的 CdSe 量子点，图 9.58(a)是 CdSe-1、CdSe-2 量子点吸收和 PL 光谱，第一激子吸收峰位于 515nm、564nm，半径分别是 1.3nm、1.7nm。CdSe 量子点外部包覆 CdS，得到 CdSe/CdS-1 和 CdSe/CdS-2 量子点，尺寸分别是 4.4nm、5.7nm。CdSe/CdS-1、CdSe/CdS-2 量子点的吸收和 PL 光谱如图 9.58(b)所示，第一激子吸收峰位于 578nm、590nm 处，相应发光峰位于 603nm、615nm。作为比较，合成 CdS 量子点，图 9.58(c)显示出第一激子吸收峰位于 421nm，半径约为 2.0nm。在其外部包覆不同厚度 CdSe 壳层，得到 CdS/CdSe-1 和 CdS/CdSe-2 量子点，发光峰分别位于 555nm、582nm。CdSe 单层厚度是 0.36nm，CdS/CdSe-1 和 CdS/CdSe-2 量子点的平均半径是 2.9nm 和 3.3nm。

相对于真空能级，CdSe 体材料导带边(即电子亲和势)是−4.95eV，带隙是

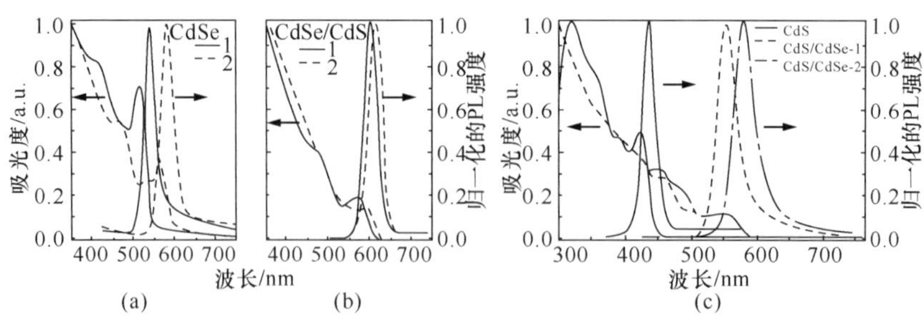

图 9.58 CdS/CdSe 或 CdSe/CdS 量子点的吸收和 PL 光谱[61]
（阅读彩图请扫封底二维码）

1.74eV；价带空穴的量子受限能是 1.5eV。CdS 的电子亲和势是−4.5eV，带隙是 2.42eV。上述核壳结构基态电子波函数分布如图 9.59 所示。对于 CdSe/CdS 量子点（CdSe/CdS-1：$r_1=1.3\text{nm}$、$r_2=2.2\text{nm}$；CdSe/CdS-2：$r_1=1.7\text{nm}$，$r_2=2.85\text{nm}$），二者的能级关系使基态电子极大的限制在 CdSe 核的区域内，CdS 壳层的包覆不能改变电子的分布。对于 CdS/CdSe 量子点（CdS/CdSe-1，$r_1=2.0\text{nm}$、$r_2=2.9\text{nm}$；CdS/CdSe-2：$r_2=3.3\text{nm}$），CdSe 壳导带低于 CdS 核的数值，基态能级也决定于壳厚度。当 CdSe 壳很薄时，量子尺寸效应占据支配地位，基态电子波函数主要集中在 CdS 核的区域。如果包覆较厚的 CdSe 壳层，使基态电子波函数由 CdS 核的区域延伸到 CdSe 壳的区域，如图 9.59(b)所示。利用后者结构有望增加电子转移的效率。

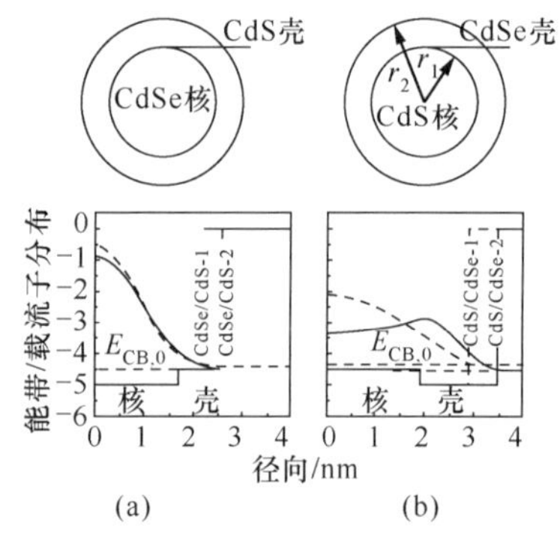

图 9.59 CdSe/CdS 和 CdS/CdSe 核壳结构示意图和基态电子波函数分布[62]

考察受激量子点 PL 发光的去活化衰退过程，如图 9.60 所示。衰退过程呈现指数型衰退动力学过程，量子点 PL 衰退寿命满足于下式[62]

$$\langle\tau\rangle=\frac{B_1\tau_1^2+B_2\tau_2^2+B_3\tau_3^2}{B_1\tau_1+B_2\tau_2+B_3\tau_3} \tag{9.3-2}$$

式中，τ_1、τ_2、τ_3 和 B_1、B_2、B_3 可以通过 3 指数函数拟合得出。经过曲线拟合和利用上式计算得出：CdSe/CdS-2 的平均寿命是 15.54ns，CdSe/CdS-2-TiO_2 的平均寿命是 6.87ns；CdS/CdSe-2 的平均寿命是 12.51ns，CdS/CdSe-2-TiO_2 的平均寿命是 2.29ns。与玻璃上的量子点比较，TiO_2 上量子点发光的衰退寿命明显减小。寿命降低是由于电子向 TiO_2 的转移，速率常数 k_{et} 由下式表示

$$k_{\mathrm{et}}=\frac{1}{\tau_{(\mathrm{QD}+\mathrm{TiO_2})}}-\frac{1}{\tau_{(\mathrm{QD})}} \tag{9.3-3}$$

式中，$\tau_{(\mathrm{QD}+\mathrm{TiO_2})}$和$\tau_{(\mathrm{QD})}$表示处于 TiO_2 或玻璃上量子点的 PL 寿命。计算出电子注入 TiO_2 的速率常数是：CdSe/CdS-2 是 0.0813ns^{-1}；CdS/CdSe-2 是 0.3575ns^{-1}；后者明显高于前者。这个结果证明，类型Ⅱ CdS/CdSe 量子点有助于电子的注入。从能带结构角度看，较厚壳层 CdS/CdSe-2 量子点的电子注入速率要高于较薄壳层 CdS/CdSe-1 量子点的情况。CdSe 厚壳有助于基态电子波函数扩展到壳层区域，助长电子由量子点向 TiO_2 注入的接触面积，抑制了辐射复合。对于类型Ⅰ CdSe/CdS 量子点，电子受限于核的区域，难以实现向 TiO_2 的转移，电子注入速率较低。如图 9.59所示，CdS 壳厚度的增加导致电子外延分布扩展的增加，导致 CdSe/CdS-2 电子注入常数小于 CdSe/CdS-1。因此，量子点中电子波函数的分布对电子的注入转移会产生重大的影响，快的电子注入有助于太阳能的有效转换。

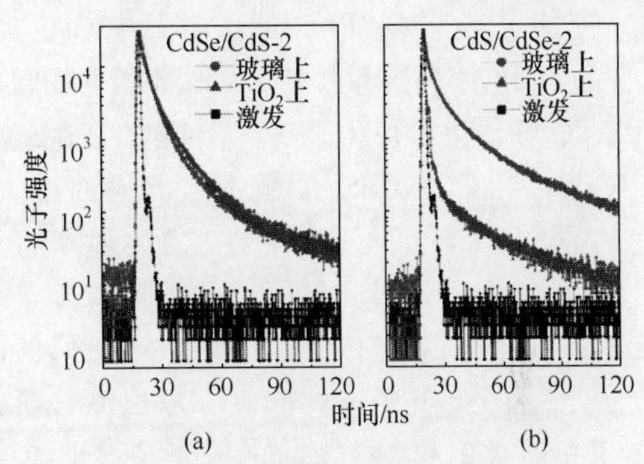

图 9.60　CdSe/CdS-2(a)和 CdS/CdSe-2 量子点薄膜的 PL 衰退曲线(b)[61]

(阅读彩图请扫封底二维码)

在不同单色光照射时，图 9.61(a)给出 CdSe-2、CdS/CdSe-2 和 CdSe/CdS-2 敏化太阳电池的 IPCE 光谱分布。显然，器件 IPCE 光谱与吸附 TiO_2 薄膜量子点的吸收光谱是匹配的，说明这个器件的光电流来自于量子点的吸收贡献。如果增加壳的厚度，IPCE 光谱产生红移，说明能量转换光谱受到核壳量子点尺寸变化的调整。对于 CdSe-2、CdSe/CdS-2 和 CdS/CdSe-2 制备器件，相应 IPCE 峰值分别是 17.5%、11.3%和 25.2%。

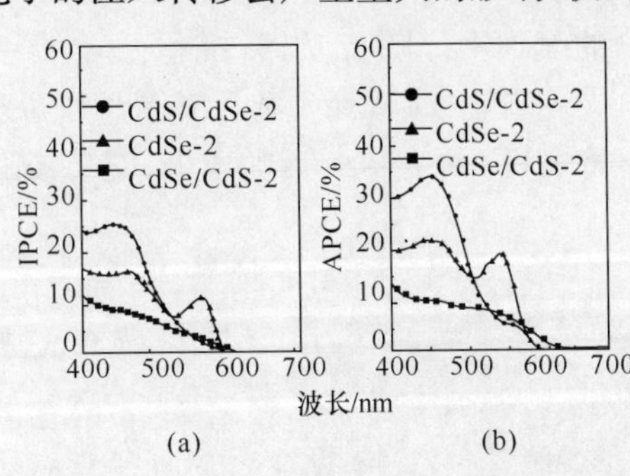

图 9.61　CdSe/CdS-2、CdS/CdSe-2 和 CdSe-2 量子点器件 IPCE(a)和 APCE 光谱(b)[61]

IPCE 有如下表示式[63]：

$$\mathrm{IPCE}(\lambda)=[1-10^{-\mathrm{Abs}(\lambda)}]\Phi_{\mathrm{inj}}\eta_c \tag{9.3-4}$$

式中，Abs(λ)是波长 λ 照射使光电阳极产生的吸光度；Φ_{inj}是电子注入效率；η_c 是背向电极收集注入电子的效率。Φ_{inj} 和 η_c 的乘积称为吸收光子的电流效率(absorbed-photon-to-current efficiency，APCE)，APCE 的计算表示式是[63]

$$APCE(\lambda)=\frac{IPCE(\lambda)}{1-10^{-Abs(\lambda)}} \tag{9.3-5}$$

对于具有类似结构的背向电极，收集注入电子的效率 η_c 是类似的。因此，电子注入效率 Φ_{inj} 是影响 APCE 的主要因素。如果考虑到 TiO_2 上量子点吸收性能的差异(这一点没有在 IPCE 计算中考虑)，在比较电子注入效率时采用 APCE 是更适宜的。IPCE 光谱和 TiO_2 吸附量子点的吸收光谱是类似的，利用上述二式计算 CdSe/CdS-2 和 CdS/CdSe-2 器件的 APCE 数值，如图 9.61(b)所示。CdSe-2、CdSe/CdS-2 和 CdS/CdSe-2 量子点器件的最大 APCE 数值是 24.2%、12.3%和 33.4%，CdS/CdSe-2 器件数值是三者中最高的，与电子注入常数的趋势是一致的，进一步证明将电子局域到量子点的外部有助于提高电子注入的效率。相比之下，CdSe/CdS 量子点的电子主要集中核的区域，所以产生较低的电子注入效率。

在 CdS/CdSe 量子点外部进一步包覆 ZnS 层，形成 CdS/CdSe/ZnS 多层核壳结构。Lee 等人以 CdS/CdSe/ZnS 量子点为敏化剂，制作出性能良好的 QDSSC 器件[64]。图 9.62 是沉积 CdS/CdSe/ZnS 量子点敏化剂到介孔 TiO_2 薄膜，形成光电阳极的制作示意图。SILAR 是一个有效的处理方法(室温下的每一个沉积循环只需要几分钟时间)，可以良好地控制沉积量子点的尺寸和密度(通过调整前驱体浓度和浸进时间)。将裸 TiO_2 薄膜轮流浸进 Cd^{2+} 和 S^{2-} 的溶液，连续进行 4 次 SILAR 处理，在 TiO_2 表面沉积出黄色的 CdS 薄膜(0)。其次，利用同样的 SILAR 处理过程，将 CdSe 薄膜覆盖在 CdS 沉积物的表面上。随着 CdSe 沉积循环 1～7 次，可以观察到颜色连续的变化(1～7)。电极逐步变成暗黑色，显示出整个可见光谱波段的强烈吸收。采用同样的处理方法，将沉积 CdS/CdSe 后的电极，交替浸进 Zn^{2+} 和 S^{2-} 溶液，形成 ZnS 包覆层。

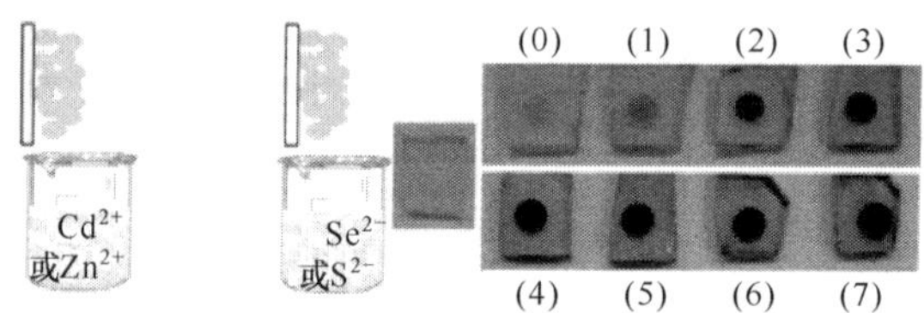

图 9.62 CdS/CdSe/ZnS 量子点敏化 TiO_2 光电阳极的制作示意图[64]

(阅读彩图请扫封底二维码)

不同沉积循环(CdS-4 (1)、CdS-4/CdSe-1 (2)、CdS-4/CdSe-3 (3)、CdS-4/CdSe-7 (4)、CdS-4/CdSe-5 (5)、CdS-4/CdSe-7 (6)和 CdS-4/CdSe-7/ZnS-1 (7))光电阳极的吸收光谱如图 9.63(a)所示，CdS-4 和 CdSe-7(数值表示这种材料进行

SILAR 循环的次数)表现出最佳的性能。随着沉积 TiO_2 薄膜的 CdS 和 CdSe 数量增加,电极吸光度随之增加,同时伴随吸收光谱的红移,这是由于沉积半导体薄膜的带隙是逐渐减小的。在 CdS-4/CdSe-7 顶部沉积一层 ZnS 时,只是大于 600nm 的光谱产生轻微的红移,表明 ZnS 层加入对光吸收几乎没有增益作用,但是它的加入有助于 TiO_2 交界处的载流子分离。

CdS-4/CdSe-7 结构器件的短路电流、开路电压、FF 因子和转换效率分别是 10.92mA/cm^2、0.46V、0.57 和 2.86%;而 CdS-4/CdSe-7/ZnS-1 结构器件的相应性能参数是 13.52mA/cm^2、0.48V、0.53 和 3.44%。短路电流的增加表明 ZnS 层的加入有助于 TiO_2 交界面的电荷分离。图 9.63(b)是 CdS-4/CdSe-7/ZnS-1 器件的 IPCE 曲线。

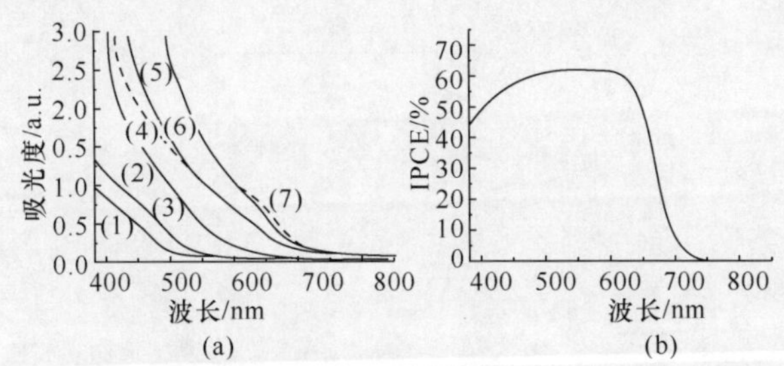

图 9.63　光电阳极吸收光谱(a)和 CdS-4/CdSe-7/ZnS-1 器件 IPCE(b)[64]

9.4　Pb 族胶体半导体量子点太阳电池

Pb 族材料是窄带隙半导体材料,体材料的带隙是:PbSe～0.28eV、PbS～0.41eV;玻尔半径较大,PbSe～46nm、PbS～18nm;利用尺寸调谐,吸收带可以在紫外～3000nm 内调整,完全覆盖太阳光的光谱。所以 Pb 族胶体量子点太阳电池的研究十分引人注目,有关 Pb 族量子点太阳电池的研究取得了长足进步。这里介绍典型的 Pb 族胶体量子点太阳电池结构、工作原理和特性参数。

9.4.1　PbSe 量子点太阳电池

1. PbSe 量子点光伏太阳电池

早期,Luther 等人提出一种肖特基结构的 PbSe 量子点光伏太阳电池,结构如图 9.64(b)所示[65]。将球形、单分散 PbSe 量子点旋涂到 ITO 镀膜玻璃上,厚度 60～300nm;然后蒸镀一层顶部金属电极。在旋涂一层 PbSe 量子点后,使用 0.01 M EDT 清洗,去除 PbSe 量子点表面不良导电介质,如有机配位体油酸等,改善 PbSe 量子点薄膜的导电性(电导率达到 $\sigma=5\times10^{-5}$S · cm^{-1}),表现出 p 型半导体特性。

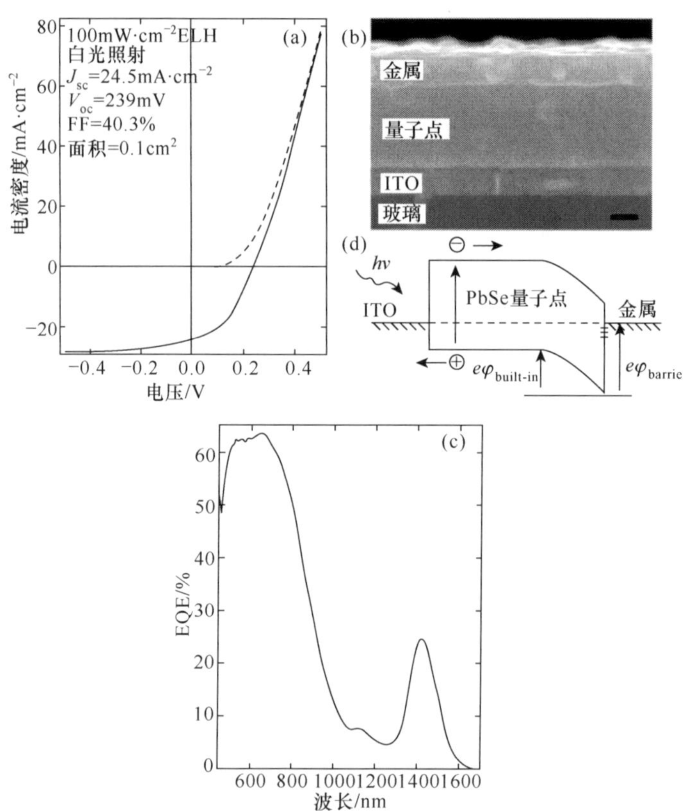

图 9.64　PbSe 量子点 PV 器件的亮、暗 J-V 曲线(a)；横切面的 SEM(b)；EQE 曲线(c)；能级结构图(d)[65]

在 $100\text{mW}\cdot\text{cm}^{-2}$ ELH 白光照射下，器件伏安特性曲线如图 9.64(a)所示，器件性能参数是：$J_{sc}=24.5\text{mA}\cdot\text{cm}^{-2}$，$V_{oc}=239\text{mV}$，$FF=0.41$。在 AM1.5G 的照射条件下，转换效率是 2.1%。器件 EQE 光谱曲线如图 9.64(c)所示，与 PbSe 量子点吸收光谱类似，低于 800nm 波长处的峰值是 55～65%。如图 9.64(d)所示，直接蒸镀金属电极形成 Schottky 势垒，使量子点的光生载流子产生分离。

对于不同尺寸的 PbSe 量子点，具有不同的带隙 E_g，器件的开路电压随之变化。经过数值拟合，如图 9.65(a)所示，得到二者的关系是 $V_{oc}\approx0.49(E_g/e)-0.253\text{V}$；其中，$e$ 是电子电量。Schottky 结构器件的开路电压 V_{oc} 线性比例于势垒高度 $e\varphi_B$。若 p 型半导体和金属之间是理想接触，$e\varphi_B=E_g-e(\varphi_m-\chi)$；其中，$\varphi_m$ 是金属电极的功函数，χ 是 PbSe 量子点的电子亲和势。PbSe 的电子和空穴有效质量类似，因此导带和价带随尺寸的变化基本相同。对于金属/PbSe 肖特基结，$\Delta V_{oc}\propto0.5(\Delta E_g/e)$，实验与拟合的结果是一致的。

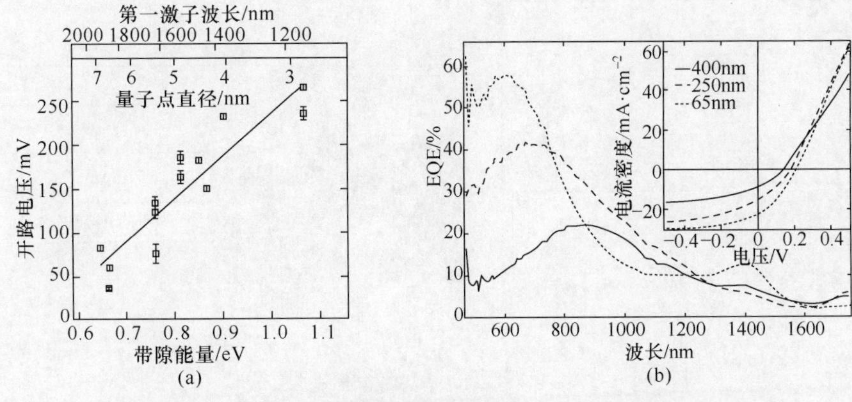

图 9.65　(a)V_{oc}实验数据和拟合直线；(b)EQE 和 J-V 曲线[65]

PbSe 量子点薄膜厚度的变化对器件的 EQE 光谱也会产生影响，如图 9.65(b)所示。当量子点薄膜厚度由 65nm 增加到 400nm 时，短波区域 EQE 的数值显著变小，表明电荷分离的区域是在背向电极处，即量子点薄膜与金属电极的交界面。因为较厚的器件在 ITO 附近会有一个宽的无场区域，蓝色光子是在器件的前部附近被吸收(在 $\lambda=450$nm 时，PbSe 量子点薄膜吸收系数是 75～100nm^{-1})，越接近背向电极附近的耗尽层，蓝光产生的光电流要比红光产生的光电流下降更快。由图 9.65(b)看到：首先，激子或载流子在量子点薄膜中性区域的扩散长度一定是适当短，或许是 100nm 左右，因为如果更长，随着薄膜厚度的增加，蓝光 EQE 会减少的更加快；其次，对于较厚的器件，V_{oc}仍然是类似的，这是由于较厚的薄膜中会产生更多载流子的复合。正向电压区间的 J-V 曲线斜率表明，较厚的薄膜具有更高的串联电阻，会产生更长的输运过程和更加粗糙的表面，导致器件分流电阻$(\mathrm{d}V/\mathrm{d}J)_{V=0}$的数值增加。

为了增加功率转换效率，Choi 等人在上述 Schottky 结构基础上，附加电子收集层和空穴迁移层，以便改善载流子的输运性质[66]。考虑 PbSe 量子点与电子、空穴收集层能级之间的匹配关系，如图 9.66(a)所示。选择 LUMO 是－4.4eV 的 ZnO 作为电子收集层，功函数－5.2eV 的 PEDOT:PSS 作为空穴收集层。当 PbSe 量子点尺寸超过 4.5nm 时，PbSe 量子点与 ZnO、PEDOT:PSS 交界面缺乏载流子分离的驱动力，将不会产生光伏效应。图 9.66(b)是器件的结构示意图。在 ITO 基底上先后旋涂 PEDOT:PSS 和 PbSe 量子点层，然后热蒸镀 ZnO 纳米粒子层，三者的厚度是 100nm 左右；最后蒸镀 70nm 厚的 Al 电极。对沉积的 PbSe 量子点薄膜层使用 EDT 进行处理，移除 PbSe 量子点表面包裹的有机长链配位体，增加 PbSe 量子点薄膜的电导率。

光生电子或空穴的有效转移，需要载流子收集层具有良好的导电性。通过掺

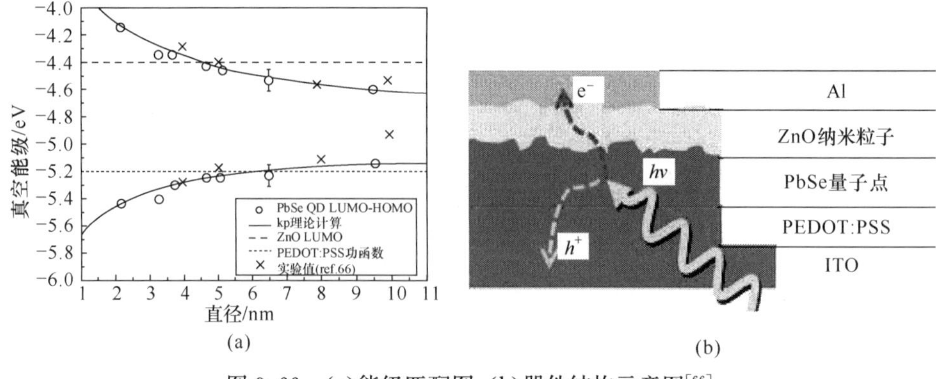

图 9.66　(a)能级匹配图;(b)器件结构示意图[66]
(阅读彩图请扫封底二维码)

杂,PEDOT:PSS 空穴传输层具有好的空穴迁移率;利用 UV 光掺杂的方法,钝化 ZnO 表面的陷阱,改善其导电性[67~69]。另一个重要的因素是 PbSe 量子点的尺寸效应,它对器件光伏特性会产生较大的影响,图 9.67 显示出不同尺寸 PbSe 量子点对器件性能影响的情况。由图 9.67(b)看到,器件的伏安特性表现出两个不同特性区域:对于直径 $d>3.5$nm PbSe 量子点的器件,显示出微不足道的开路电压,几乎没有整流效果;而对于 $d<3.5$nm PbSe 量子点的器件,显示出强烈的整流效果,开路电压 V_{oc}几乎是线性依赖于 PbSe 量子点的尺寸。因此,通过调整 PbSe/ZnO、PbSe/PEDOT∶PSS 两个交界面的能级补偿,可以改善器件的光伏特性。图 9.67(a)是开路电压随量子点尺寸变化的实验数据,在量子点尺寸 4nm 附近,开始产生两个特性区域的转换。

代替 Schottky 或 pn 结,这里制作光电池的光伏效应产生机制是所谓的 Gregg 动力学模型[70,71]。器件 V_{oc}是 PbSe/ZnO、PbSe/PEDOT 两个交界面激子分离过程竞争产生的不对称动力学的表现,电子转移速率的对数是驱动力$-\Delta G$的二次函数。在这个器件中,如果增加 PbSe/ZnO、PbSe/PEDOT 两个交界面的能级补偿,电子(或空穴)转移到 ZnO(或 PEDOT:PSS)的速率将数量级式的增加。反之,载流子转移速率会同样的下降。总之,基于光生化学势梯度,随着界面能级补偿的增加,通过高度不对称的电子和空穴转移速率,实现器件 V_{oc}的增加,如图 9.67(c)所示。如图 9.67(a)所示,V_{oc}与量子点尺寸调谐界面能级补偿的直接相关的关系表明,器件 V_{oc}是载流子转移速率对数的线性函数。采用图 9.66(b)的结构,尺寸 2nm PbSe 量子点器件会产生最佳的性能:在 100mW · cm^{-2} AM1.5 的光照射下,$V_{oc}=0.44$V、$J_{sc}=24$ mA · cm^2、$FF=0.32$、转换效率是 3.4%。

Leschkies 等人提出一种改善 PbSe 量子点太阳电池性能的另一种方法:利用浸渍的方法,将 PbSe 量子点与 ZnO 纳米线组合,形成混合太阳电池,结构和能级匹配关系如图 9.68 所示[72]。PbSe 量子点吸收入射光而产生激子,在一个异质界

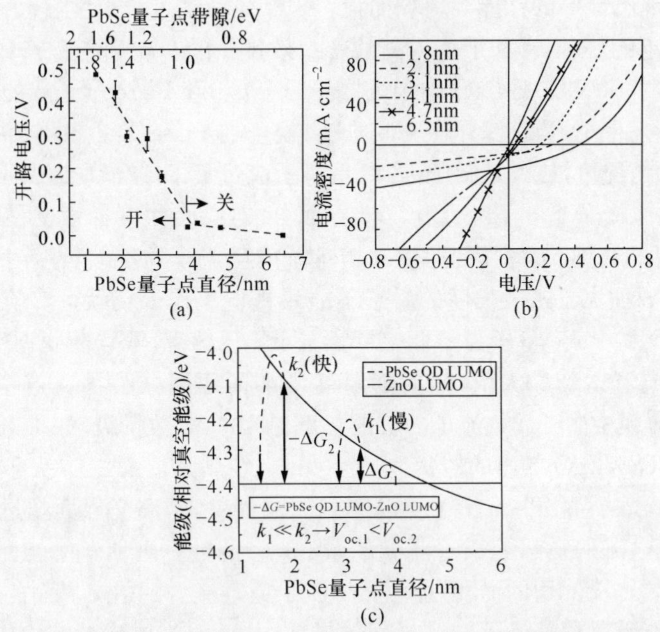

图 9.67　(a)开路电压实验数据,(b)J-V 曲线;(c)能级补偿随量子点直径曲线[66]

面或一个强电场的作用下,这些激子被分离成电子和空穴。分离的电子和空穴需要运动到 ITO 电极或输运到背向电极。为了有效的激子分离和电子的输运,在 PbSe 量子点中渗透一组 ZnO 纳米线。这个结构的优点是:①可以增加 PbSe-ZnO 的交界接触面,有利于激子的分离;②有助于电子由 PbSe 量子点到 ZnO 的输运;③提供了一个直接将电子输运到 ITO 电极的通道。

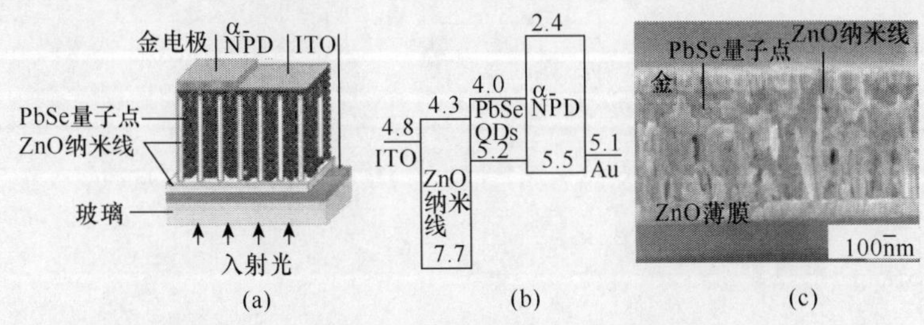

图 9.68　PbSe 量子点/ZnO 纳米线器件结构(a)和能级图(b),以及 SEM(c)[72]

(阅读彩图请扫封底二维码)

在 100mW・cm^{-2}、AM1.5 光照射的条件下,器件 J-V 曲线如图 9.69(a)所示,其中器件使用的 ZnO 纳米线的长度 t 分别是 220nm、450nm、660nm。作为比较,图中也给出无 ZnO 纳米线器件的 J-V 曲线。显然,对于 660nm 长的 ZnO 纳米线器件，表现出最好的性能。一般而言，更长 ZnO 纳米线长度有利于更多数量的 PbSe 量子点的接触，有利于获得高的转换效率。图 9.69(b)是 ZnO 纳米线长度 660nm 器件的 IPCE、无 ZnO 纳米线器件的 IPCE 和 PbSe 量子点的吸收光谱。激子分离可能发生于 PbSe 量子点薄膜，或者发生在 PbSe/ZnO 交界面，产生光电流。在这两种情况里，或者是激子，或者是电子流过 PbSe/ZnO 交界面，为光电流作出贡献。如果激子是在 PbSe/ZnO 交界面分离，一个浓度梯度驱使它们扩散。无论何种机制，当量子点薄膜的厚度大于激子或载流子的扩散长度时，那些距离 PbSe/ZnO 交界面大于扩散长度的激子不能对光电流作出贡献。实验表明，在一个平坦的 ZnO 和 PbSe 量子点薄膜交界面处，当 PbSe 量子点薄膜厚度是 100～125nm 时，光电流达到最大值，然后随厚度增加而逐渐减小[73]。这个数值表明 PbSe 量子点薄膜中激子或载流子的扩散长度是 100nm 数量级，如果电子-空穴对产生位置到 PbSe/ZnO 界面的距离大于 100nm，在到达界面之前就会产生复合。因此，对于 700nm 厚的 PbSe 量子点薄膜制作的器件，距离交界面超过 100nm 产生的激子对光电流的贡献是微乎其微的，图 9.69的数据证明这一点。通过生长 ZnO 纳米线，增加交界面的面积，缩短光生激子或载流子到达交界面的距离，有利于 PbSe 量子点薄膜深部激子向交界面的扩散，从而对光电流的产生作出有益的贡献。

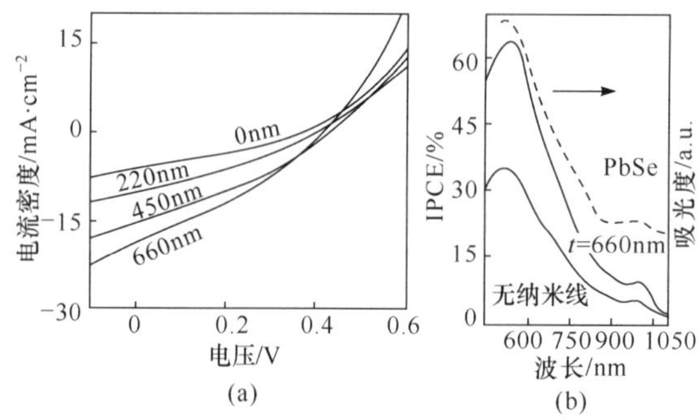

图 9.69　(a)不同纳米线长度器件的 *J*-*V* 曲线；(b)IPCE 和 PbSe 量子点的吸收光谱[72]

2. PbSe 量子点敏化太阳电池

相比而言，利用 PbSe 量子点敏化金属氧化物制作敏化太阳电池的报道甚少，原因是难以寻求到二者能级的适当匹配。众所周知，影响量子点敏化太阳电池的主要因素是：只有满足量子点电子施主能级位于电子受主金属氧化物导带边之上时，才能实现电子由量子点向金属氧化物的注入。当注入快于辐射复合或陷阱捕捉时，将会出现来自于 1Se 量子点能级的冷电子注入。如果量子点施主和金属氧化物受主之间存在着强烈的电子耦合，导致热注入快于带内的弛豫，才会发生来自于热量子点能级的注入。研究表明，对于吸附到单晶 TiO_2 表面的 PbSe 量子点，可以实现热电子的注入[74,75]。但是，如果采用 TiO_2 纳米粒子作为电子受主材料，带内弛豫时间是 ps 量级，难以发生热电子的注入。Pijpers 等人研究沉积到 TiO_2 和 SnO_2 介孔薄膜表面 PbSe 量子点的载流子动力学特性，对制备量子点敏化太阳电池的特性进行了对比分析[76]。

将 TiO_2 或 SnO_2 沉积到熔凝氧化硅基质上，得到介孔 TiO_2 或 SnO_2 薄膜。在 115℃下，薄膜干燥 30 分钟，随后 450℃退火 2 小时，储存在 70℃的环境中。然后，将介孔 TiO_2 或 SnO_2 薄膜浸进在包含 MPA 的乙腈溶液中，保持 5 小时，再使用乙腈清洗。最后，将其浸进在 PbSe 量子点甲苯溶液中，保持 1 小时。将上述结构沉积在透明导电基底 ITO 上，与 Pt 电极组成三明治结构。选择包含 I^-/I_3 的甲氧基丙腈作为电解液，置于上述两个电极之间，形成 PbSe 量子点敏化 TiO_2 或 SnO_2 太阳电池。

图 9.70 是 5.65nm PbSe 量子点（带隙是 0.77eV）敏化 TiO_2 粒子结构的 TEM。PbSe 量子点紧密吸附在 TiO_2 粒子上。由于使用 MPA 分子偶联剂，导致部分 PbSe 量子点溶解，使 TiO_2 表面 PbSe 量子点的尺寸分布展宽，但仍然保持球形形状。TEM 图像 9.70(b)表明，尽管多数 PbSe 量子点处于 TiO_2 的表面，仍然发生 PbSe 量子点的团聚。这些团聚的 PbSe 量子点能够发挥载流子捕捉或复合中心的作用。

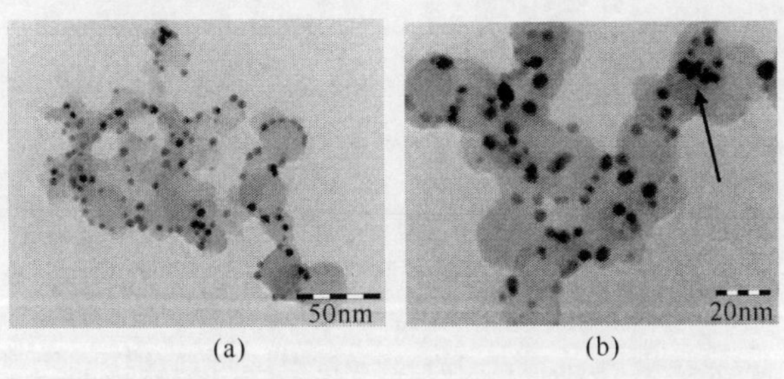

图 9.70　PbSe 量子点敏化 TiO_2 粒子结构的 TEM[76]

要想获得电子由 PbSe 量子点到金属氧化物的注入，处于 $1S_e$ 量子点能级的光激发电子能量必须高于金属氧化物导带底的能量。对于 TiO_2-CdSe 而言，这个条件易于得到满足，前面的讨论已经证明了这一点。对于 PbSe 量子点能级结构而言，在一个较宽的尺寸范围内，其 $1S_e$ 能级总是低于 TiO_2 的导带底，这对电子由 PbSe 量子点到金属氧化物的注入是十分不利的。然而，周围分子的局域效应诱导量子点产生偶极矩[77]，强烈的移动 PbSe 量子点的能级。同样，金属氧化物导带边的位置也会受到周围介质特性（包括，溶剂、pH、离子的存在等）的影响[78]。为了判断是否存在电子由 PbSe 量子点到金属氧化物的注入，需要分析 TiO_2-MPA-

PbSe 薄膜时间分辨的光学特性。如图 9.71(a)所示，给出 TiO_2-MPA-PbSe 薄膜的吸收光谱和 PL 辐射光谱，以及第一激子吸收峰位于 1475nm、溶解在甲苯中的 PbSe 量子点吸收光谱。显然，TiO_2-MPA-PbSe 薄膜与溶解在甲苯中的 PbSe 量子点的吸收光谱是类似的，表明连接到金属氧化物的 PbSe 量子点仍然保持量子受限效应。图 9.71(b)是 PbSe 量子点的 PL 衰退过程，利用指数函数进行拟合，确定时间常数约为 1.0μs。比较 TiO_2-MPA-PbSe 薄膜和溶解在甲苯中的 PbSe 量子点的衰退过程，MPA 的连接导致 PL 发光强烈猝灭。PbSe 量子点 PL 发光的猝灭，主要归因于载流子的注入。根据图 9.71(b)的数据，电子注入发生的时间是 ns 量级。

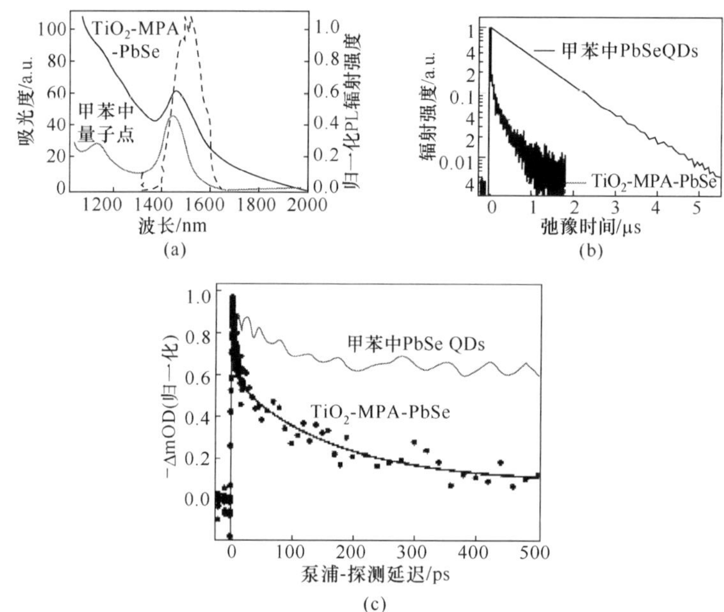

图 9.71　(a)吸收和 PL 光谱；(b)PL 衰退过程；(c)吸收瞬态动力学过程[76]

其次，分析 TiO_2-MPA-PbSe 薄膜中 4.2nm PbSe 量子点的吸收瞬态动力学。选择 800nm(1.55eV)的泵浦光(注意 TiO_2 的带隙是 3.2eV)，激发强度是 30nJ/mm^2，保证每个量子点吸收不会超过一个光子。图 9.71(c)是两个比较的吸收瞬态过程：一个是溶解在甲苯中的 PbSe 量子点泵浦诱发的漂白(bleach)过程；另一个是 TiO_2-MPA-PbSe 薄膜泵浦诱发的漂白过程。显然，TiO_2-MPA-PbSe 样本显示出一个快速的衰退分量，这是溶液态 PbSe 量子点没有的。这里出现的快速(ps 量级)衰退分量似乎源于电子向金属氧化物的注入，由此可以产生光电流。

TiO_2-MPA-PbSe 薄膜和 SnO_2-MPA-PbSe 薄膜 QDSSC 结构如图 9.72(a)所示。SnO_2-MPA-PbSe 薄膜 QDSSC 短路电流是 $I_{sc}=80\mu A$；TiO_2-MPA-PbSe 薄膜器件短路电流几乎为零。这个结果表明，不存在 PbSe 量子点到 TiO_2 的载流子注

入。图 9.71 显示出的瞬态光谱，只能归结于密集的 PbSe 量子点薄膜中产生载流子的转移和复合。

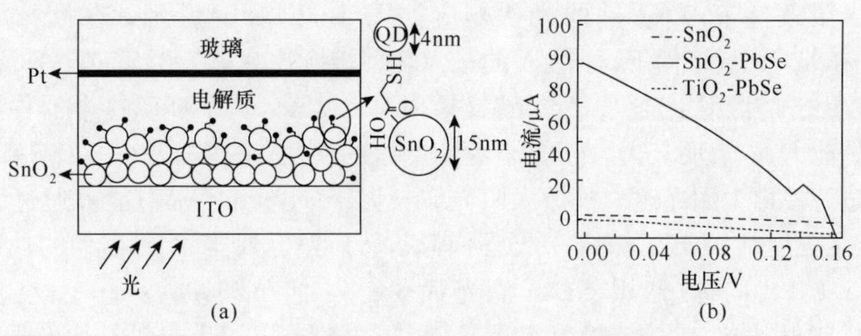

图 9.72　两种器件结构示意图和 *I-V* 曲线[76]

9.4.2　PbS 量子点太阳电池

与 PbSe 材料类似，利用量子尺寸受限效应，PbS 胶体量子点的吸收光谱可以覆盖整个近红外光谱区域，人们期待 PbS 量子点量子点太阳电池能够得到高的功率转换效率。迄今为止，PbS 量子点量子点太阳电池的转换效率已经达到 8.5%，是所有量子点太阳电池中最高的效率。

1. PbS 量子点光伏太阳电池

Johnston 等人提出一种简洁的肖特基结构 PbS 量子点太阳电池，如图 9.73(a)所示[79]。将溶解在辛烷溶液中的 PbS 量子点旋涂到 ITO 玻璃基底上，厚度是 100～300nm；然后采用热蒸镀方法，沉积 0.7nm LiF/140nm Al/190nm Ag 组合电极，与 PbS 量子点形成 Schottky 接触。如图 9.73(b)能级图所示，p 型 PbS 量子点薄膜与 Al 电极之间形成 Schottky 势垒，可以实现电子的提取，而光生空穴能够输运到 ITO 接触处，然后被提取出来。在 PbS 量子点合成中，PbS 量子点被 2.5nm 的长链 OA 配位体钝化，这些长链配位体阻止量子点的密切堆积，阻碍载流子输运。为了保证量子点的密切堆积，需要从量子点表面进一步移除 OA 配位体，可以采用 0.6nm 链长的正丁胺配位体交换 OA 配位体解决这个问题。

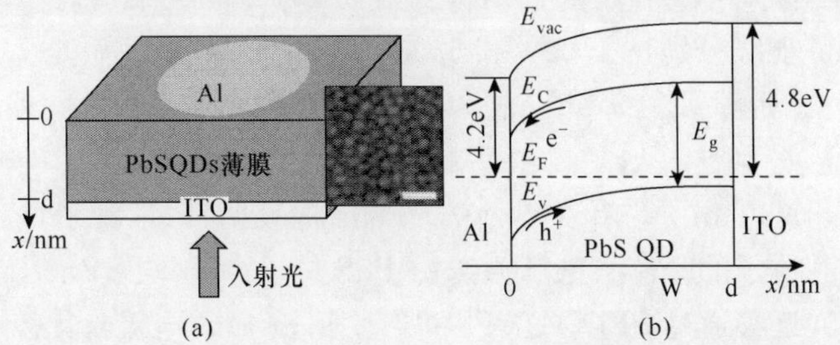

图 9.73　肖特基 PbS 量子点太阳电池的结构示意图(a)和能级匹配图(b)[79]

考虑两个结构设计：设计 A，使用第一激子吸收峰位于 1650nm 的 PbS 量子点，薄膜厚度是 230nm；设计 B，使用 1550nm 的 PbS 量子点，薄膜厚度是 250nm。在不同光照条件下，A 器件的光伏响应如图 9.74(a，b)所示。在模拟太阳光 $100mW \cdot cm^{-2}$照射条件下，器件 A 的最大功率转换效率是 1.8%。在 975nm 单色光 $12mW \cdot cm^{-2}$照射下，器件 A 的转换效率是 4.2%。为了证明这个器件红外功率转换的能力，以表明其适合于多节太阳电池的使用，采用非晶 Si(α-Si)和 GaAs 滤光片过滤模拟太阳光源。模拟太阳光波长大于 640nm 的辐射能够通过 α-Si 滤光片，产生强度是 $44mW \cdot cm^{-2}$的红外辐射，然后照射到器件上，器件的功率转换效率是 1.8%。同理，使用 GaAs 滤光片获得强度为 $25mW \cdot cm^{-2}$、波长大于 910nm 光辐射，器件 A 的转换效率是 1.3%。这些结果表明，这种结构太阳电池可以作为多节太阳电池的一个单元，有利于形成叠加增益效果。在 1550nm 光照条件下，器件 B 的最佳光伏响应如图 9.74(b)所示。

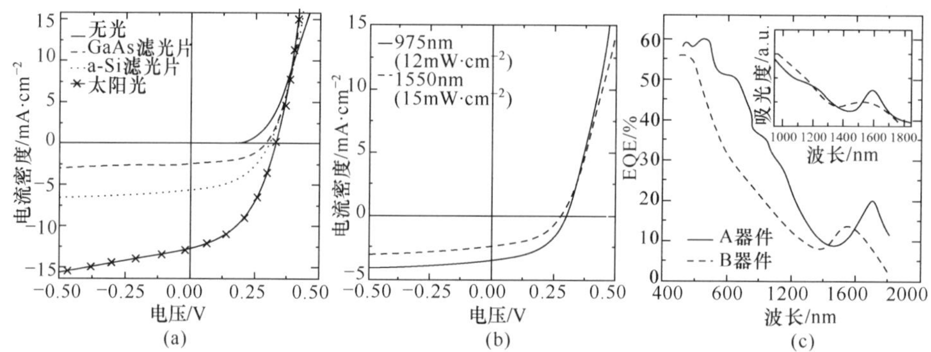

图 9.74　器件 A 和 B 的 *J-V* 曲线(a，b)；器件 EQE 和 PbS 量子点薄膜的吸收光谱(c)[79]

在不同单色光照射下，器件 EQE 的光谱响应特性如图 9.74(c)所示。比较两种 PbS 量子点薄膜的吸收光谱，二者显示出良好的一致性。PbS 量子点薄膜在 975nm 和 1550nm 处的吸收分别是 41%和 14%，表明器件的内量子点效率超过 90%。

改善 PbS 量子点光伏电池转换效率的思路是附加载流子输运层，以便提高载流子的迁移能力。Kim 等人提出一种带有载流子输运层的器件设计[80]，图 9.75(a)是标准结构，图 9.75(b)是倒置结构。图 9.75(c)能级结构表明，ZnO 和 PbS 量子点的 Fermi 能级分别是 4.2eV 和 5.0eV；ZnO 价带边(E_{VB})是 7.3eV，吸收峰位于 370nm，光学带隙 E_g=3.4eV，所以导带边(E_{CB})是 3.9eV。同理，PbS 量子点的 E_g、E_{VB}和 E_{CB}分别是 1.2eV、5.1eV 和 3.9eV。PbS 量子点尺寸是 3.7nm，第一激子吸收峰位于 950nm。两者交界处的能带结构表明，PbS 量子点/ZnO 交界面可以实现光生载流子的分离。电子可以由 PbS 量子点迁移到 ZnO，在 Al 电极处收集；同时，空穴迁移通过 PEDOT：PSS 层，然后被 ITO 电极收集。

在两种结构(标准结构：ITO/ZnO/PbS/Au；反转结构：ITO/PEDOT：PSS/

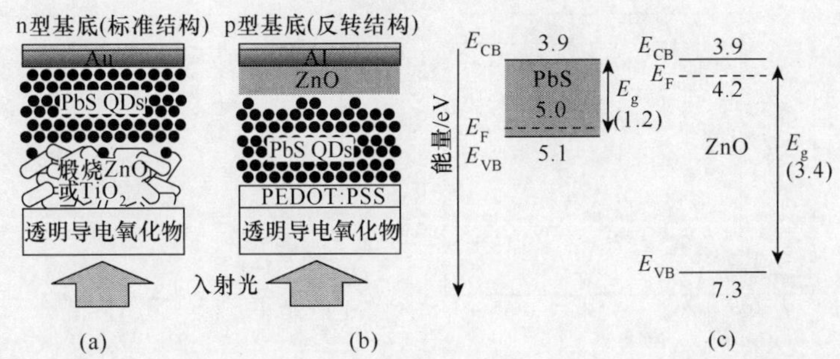

图 9.75　附加迁移层 PbS 量子点器件的标准结构(a)；反转结构(b)；能级图(c)[80]

PbS/ZnO/Al)器件中，PbS 量子点和 ZnO 之间具有不同的 Fermi 能级(相差 0.8eV)，将产生相同的内建电势。但是，PbS 量子点(p 型)和 ZnO(n 型)薄膜层之间位置的相对变化会改变基底和背向电极收集载流子的类型。因此，为了适应这个极性变化，有必要改变电极材料。在标准结构器件中，使用高功函数(5.0eV) Au 作为顶部电极，有助于降低阳极的 Fermi 能级，促进空穴的收集；同时，在反转结构器件中，使用低功函数(4.2eV) Al 作为顶部电极，有助于增加阴极的 Fermi 能级，促进电子的收集。此外，将 PEDOT:PSS 层(ϕ=5.2eV)沉积到 ITO(ϕ=4.5eV)基底上，可以增加基底的功函数，阻止利用 PbS 量子点层缺陷形成微小短路。

ITO/PEDOT：PSS/PbS/ZnO/Al 器件的 J-V 特性随 PbS 量子点、ZnO 薄膜层厚度变化的情况，如图 9.76(a,b)所示。实验结果表明，随着 ZnO 薄膜层的插入，有助于提高光电流的数值和器件的性能。J_{sc} 由 9.9mA/cm^2 增加到 13.5mA/cm^2，PCE 由 2.5%增加到 4.3%。图 9.76(c)是标准结构和反转结构器件的 J-V 曲线，显示出反转结构器件具有更好的转换效率。

2. PbS 量子点敏化太阳电池

Benehkohal 等人利用 PbSeS 量子点作为敏化剂，利用电泳沉积技术(electrophoretic deposition，EPD)制备出量子点敏化太阳电池(QDSSC)[81]。典型制备过程是：首先，在 FTO 玻璃上沉积 TiO_2 层，包括 20nm TiO_2 纳米粒子透明层和 300～400nm TiO_2 粒子的不透明层，经过 450℃烧结 30 分钟，得到厚度是 15μm 的光电阳极。其次，将两个 TiO_2-FTO 电极浸进浓度 2.2×10^{-6} M 的 PbSeS 量子点甲苯溶液，沉积面积是 0.25cm^2，相互的间隔是 1cm。第三步是利用 SILAR 方法包覆 CdS 层，Cd^{2+} 的沉积来自于 0.05 M 的 $Cd(NO_3)_2\cdot4H_2O$ 乙醇溶液。第四步是背向电极制作，将黄铜在 70℃下浸进 HCl 溶液 5 分钟，随后浸进多硫化物溶液 10 分钟，得到带有气孔的 Cu_2S 作为背向电极。最后，将量子点敏化电极和背向电极组装成 50 μm 间隙的夹层结构，中间灌入 10 μL 多硫化物电解液，电解液的组

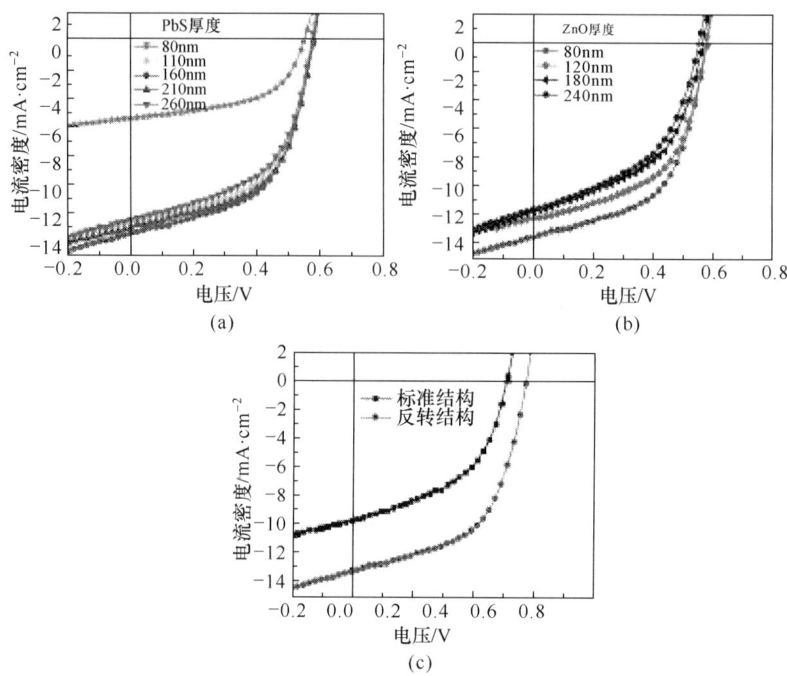

图 9.76　(a,b)反转结构器件 J-V 曲线;(c)两种结构 J-V 特性比较[80]

成是 1M Na_2S、1M S 和 0.1M NaOH 与超纯水混合溶液。

采用上述方法,制备出 PbS 和 PbSeS 量子点敏化太阳电池器件。图 9.77(a)是不同敏化 TiO_2 薄膜的吸收光谱:一个是裸的 TiO_2 薄膜;一个是 5 次 CdS SILAR 循环敏化的 TiO_2 薄膜;一个是带有不同沉积时间、800nm 吸收波长 PbSeS 量子点和 5 次 CdS SILAR 循环敏化的 TiO_2 薄膜。这些薄膜的吸收性质可以利用薄膜反射系数 R 表示,薄膜吸收特征量可以表示为 $F(R)=(1-R)^2/2R$。对于 5 次 CdS SILAR 循环敏化的 TiO_2 薄膜,TiO_2 基底的吸收已经被移除,在 550nm 显示出吸收阈值。当 PbSeS 量子点被沉积和使用 CdS 包覆时,吸收阈值产生红移,使得红光波段的光吸收增加,源于沉积时间的延续而加载较大尺寸的胶体量子点。

不同沉积时间 t_d 的光电阳极器件的伏安特性曲线如图 9.77(b)所示。随着胶体 PbSeS 量子点的沉积,器件光电流增加,归结于 PbSeS 量子点提供更高的光吸收,与图 9.77(a)的吸收光谱对应。然而,随着量子点沉积的增加,也伴随着开路电压 V_{oc}的下降。这是因为连续的沉积不但会提高光的吸收,也会在电泳沉积过程中产生配位体的累积,影响器件的 J-V 特性。

考察量子点尺寸对器件性能的影响。随着尺寸的增加,PbS 量子点第一激子吸收峰移向红外区域,可见光波段的吸收也随之增加,如图 9.78(a)所示。但是,这个光吸收的增加没有使 QDSSC 获得更高的效率或产生更高的光电流 J_{sc},如

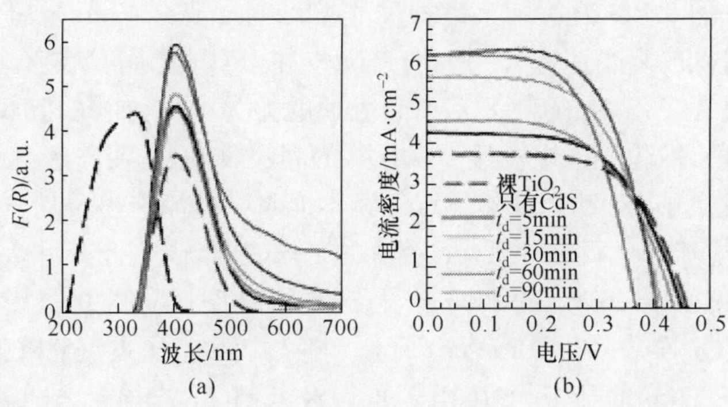

图 9.77　(a)不同敏化的 TiO_2 薄膜的吸收光谱;(b)不同器件的 J-V 曲线[81]

(阅读彩图请扫封底二维码)

图 9.78(b)所示。事实上,V_{oc}和 J_{sc}产生规律性的减小。比较不同尺寸 PbS 量子点器件的 J-V 曲线,最小尺寸 PbS 量子点(第一激子吸收峰对应波长是 743nm,最大的带隙)的器件反而获得最高的效率。

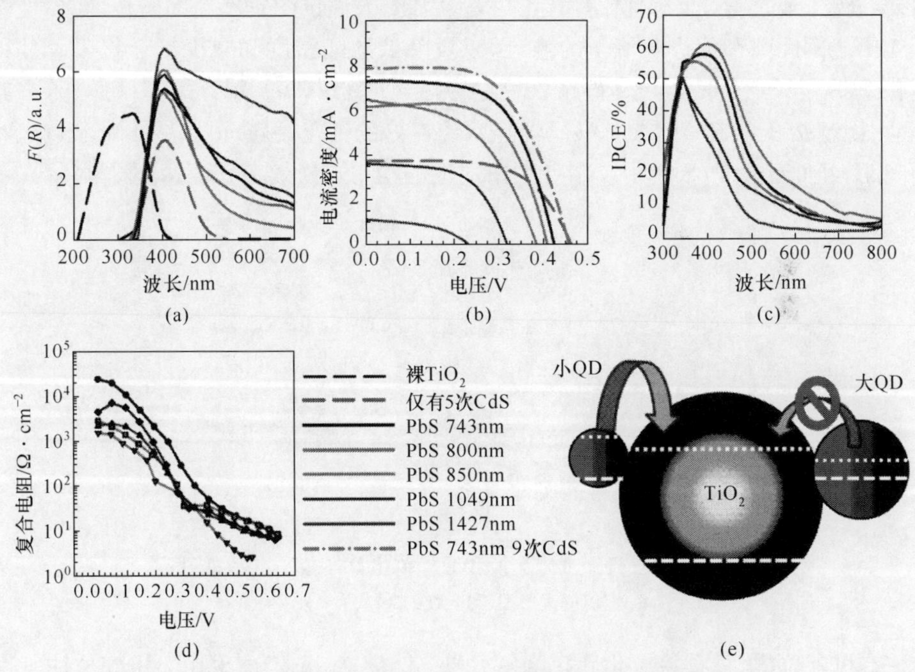

图 9.78　(a)吸收特性;(b)J-V 特性;(c)IPCE 曲线;(d)复合电阻曲线;(e)电子转移模型[81]

(阅读彩图请扫封底二维码)

随着量子点尺寸的增加,器件性能下降,主要原因是:首先,复合阻力依赖于量子点的尺寸,如图 9.78(d)所示。最小尺寸 PbS 量子点(743nm)器件展现出最高的复合电阻(最低的复合速率)。其次,光吸收和 IPCE 之间存在着一个引人注意的矛盾,最大尺寸 PbS 量子点(1427nm)表现的尤为突出,如图 9.78(c)所示。在全部可见光波段,敏化光电阳极显示出强烈的光吸收,但是在高于 500nm 的波段,IPCE 变得十分微小,表明 PbS 量子点已经不能对光电流作出贡献,这时只有 CdS 的光吸收对光电流产生贡献。Hyun 等人的工作表明[82],对于尺寸大于 4.3nm(第一激子吸收峰位于 1116nm)的 PbS 量子点,其导带低于 TiO_2 的导带,光生载流子不能注入到 TiO_2 导带,如图 9.78(e)所示。随着 PbS 量子点尺寸降低,带隙增加,导带上移,高于 TiO_2 的导带,光生电子可以注入到 TiO_2 导带。随着量子受限效应的增加,两个材料导带间距变大,有助于提高注入的驱动力和增加光电流。

9.4.3 原子配位体钝化 PbS 量子点太阳电池

一般而言,溶液合成的 PbS 量子点被长链(8～18 个碳原子)有机配位体包裹,抑制团聚来保证它们的良好分散性。这样制备的 PbS 量子点存在着绝缘的障碍,阻碍载流子通过量子点薄膜的输运过程。因此,人们试图发展新的配位体,以便降低粒子之间间隙和促进载流子的输运,以及降低缺陷密度和减少复合损失。几种短化 PbS 量子点表面配位体碳链长度的方法,如图 9.79 所示。烷基硫醇、芳香族硫醇、烷基胺和含巯基的羧基酸已经显示出良好的钝化效应,可以减小量子点之间的间距,经此处理 PbS 量子点制备太阳电池的功率转换效率已经达到 5.1%[83]。

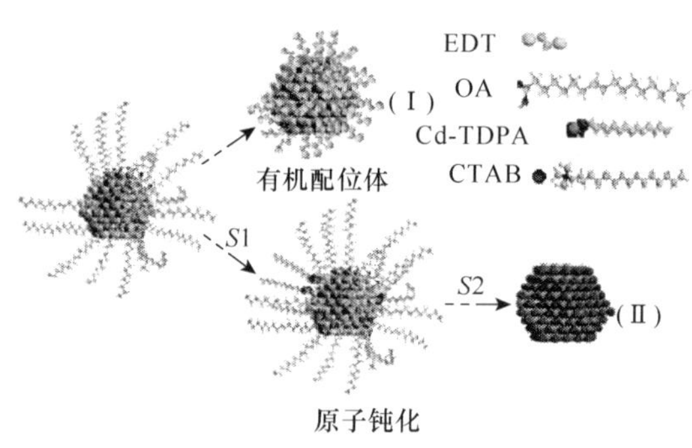

图 9.79　有机配位体交换和原子钝化 PbS 量子点示意图
(阅读彩图请扫封底二维码)

有机配位体,具有易氧化和热降解的缺点,诱发人们考虑采用无机配位体。这些新的、非常有前途的无机配位体,主要是金属硫化物复合体。例如,在 200℃退火条件下,采用 $In_2Se_4^{2-}$ 包覆 CdSe 量子点,可以改善场效应晶体管(FET)的电子迁移率,达到 $16cm^2 \cdot V^{-1} \cdot s^{-1}$。无机配位体包裹纳米粒子表面,多化合价的配位体使胶体量子点带有负电荷,产生强烈的静电排斥力,使胶体量子点稳定的良好分散在溶剂中。将这些胶体量子点溶液处理成薄膜,需要加热熟化以去除悬垂键,获得无深陷阱缺陷的薄膜。

无机配位体钝化胶体量子点,由此制备太阳电池的研究相对较少。Tang 等人提出一种新的、有关无机配位体的想法,其目标是获得良好钝化的薄膜。单价的无机配位体与纳米粒子表面上的阳离子键合,提供了直接结合,可以高效钝化纳米粒子的表面[84]。与退火移除悬空键相比较,单价配位体趋向于电中性的纳米粒子薄膜,即使在室温条件下也可以完成这个处理。

当 PbS 量子点被 OA 配位体包裹时,图 9.79 给出原子配位体钝化的技术路线。传统方法是使用硫醇移除 OA,通过形成 Pb-S 键来钝化 PbS 量子点。首先,我们考虑如何实现带有悬空键表面缺陷的钝化,这些悬空键是由于未钝化 S 的表面阴离子的存在。利用 $CdCl_2$、TDPA 和 OLA 的混合物,处理 PbS 量子点。$CdCl_2$-TDPA-OLA 混合物替代油酸镉(cadmium oleate,$Cd(oleate)_2$),以便减少它的活性。这个近乎无活性的前驱体,经过温和的热处理(60℃, 5min),激子吸收峰产生一个小的红移(3~18nm)。相比之下,广泛采用的 Cd 离子交换处理方法会产生一个明显的蓝移[85]。实验表明,利用 $CdCl_2$-TDPA-OLA 混合物处理 PbS 量子点,可以改善它的尺寸分布,获得更好的稳定性和较好的消除表面缺陷。

其次,我们考虑固态的处理方法,利用 CTAB、十六烷基三甲基氯化铵(hexadecyltrimethylammonium chloride,HTAC)、或者溶解在无水甲醇中的四丁基碘化铵(tetrabutylammonium iodide,TBAI),处理 OA 包裹的 PbS 量子点薄膜,获得卤化物钝化的 PbS 量子点薄膜。研究表明,胶体量子点-配位体键的强度依赖于静电相互作用[86]。在固态薄膜处理时,带负电的卤化物阴离子(Cl^-、Br^- 和 I^-)与 PbS 量子点表面的 Pb^{2+} 或 Cd^{2+} 成键,固定在薄膜内。铵阳离子与 OA 结合,然后在甲醇冲洗下被清除。图 9.80(a)所示的傅里叶红外光谱(Fourier transform infrared spectroscopy,FTIR)表明,OA 被完全清除(注意:在处理后,$2922cm^{-1}$ 和 $2852cm^{-1}$ 处的 C-H 振动;$1545cm^{-1}$ 和 $1403cm^{-1}$ 处的 COO-振动消失)。借助于卤化物阴离子的亲质子性、胶体量子点表面处 Pb^{2+} 或 Cd^{2+} 的亲电子性和利用甲醇清洗,OA 被部分移除。

经过 Cl^-、Br^- 和 I^- 包覆处理后,量子受限效应的带隙仍然保持不变,PbS 量子点薄膜吸收光谱如图 9.80(b)所示,显示出清晰的激子吸收峰。与溶液态 PbS 量子点的激子吸收峰比较,PbS 量子点薄膜透过率峰产生 30meV 的红移,这是因为粒子之间距离减小导致非定域电子和空穴波函数库仑相互作用的增强,同时与介电常数的增加有关。

FET 迁移率测量表明,采用卤化物处理后的薄膜表现出良好的电子迁移率,约为 $4\times10^{-2}cm^2\cdot V^{-1}\cdot s^{-1}$。这个数值比 MPA 处理的薄膜要高一个数量级,比 EDT 处理的要高二个数量级。总之,上述原子配位体钝化可以在室温、空气环境

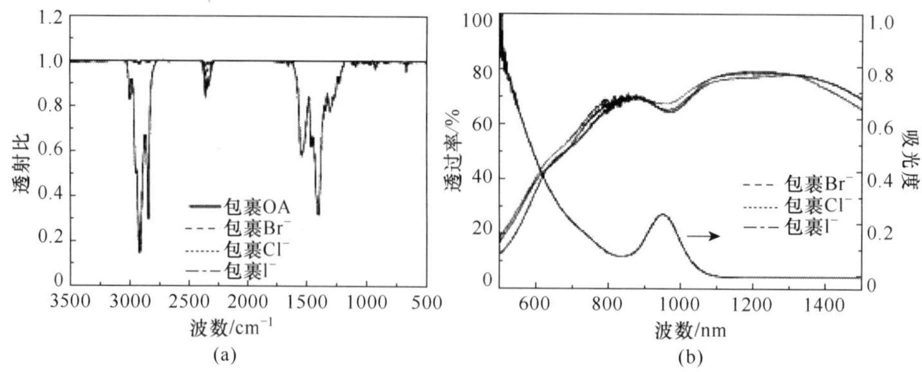

图 9.80　原子配位体处理前后 PbS 量子点薄膜的 FTIR 光谱(a)；透过率和吸收光谱(b)[84]
(阅读彩图请扫封底二维码)

中操作，完全不需要联氨的参与，而且不需要无机薄膜的退火处理。经过这个处理后，阳离子富裕的 PbS 量子点被一个完整的卤化物原子单层包裹，处理后 PbS 量子点薄膜迁移率的改善明显优于其他处理方法。

利用上述处理后的 PbS 量子点薄膜，制作太阳电池，结构如图 9.81(a)所示。在 FTO 玻璃基底上沉积 Zr-掺杂 TiO_2 薄膜，再沉积 270～300nm 厚度的 PbS 量子点薄膜，最后溅射 Au 或 MoO_3/Ag 顶部电极。p 型 PbS 和 n 型 TiO_2 的交界区

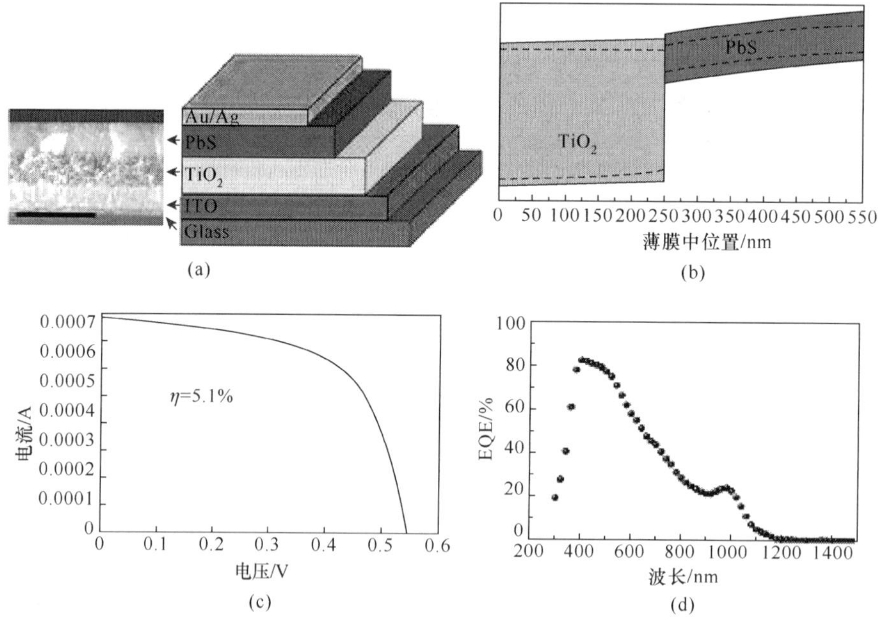

图 9.81　原子钝化 PbS 量子点器件的结构(a)和能级图(b)；I-V(c)和 EQE 曲线(d)[84]

域产生能带的偏移，使 PbS 量子点薄膜的光生电子注入到 TiO_2，然后被 FTO 收集，如图 9.81(b)所示。同时，光生空穴输运到 Au 电极。在 0.93Sun 照射条件下，器件的伏安特性曲线如图 9.81(c)所示，功率转换效率达到 5.1%，开路电压是 $V_{oc}=0.544V$，短路电流是 $J_{sc}=14.6mA\cdot cm^{-2}$，填充因子 $FF=62\%$。外量子效率 EQE 的光谱如图 9.81(d)所示，蓝光波段的 EQE 达到 80%，与超过 90%的内量子效率 IQE 结果相吻合。

Zr-TiO_2 是 n 型掺杂材料，掺杂浓度 $N_D=4\times10^{15}cm^{-3}$；PbS 量子点薄膜是 p 型材料，掺杂浓度 $N_A=10^{15}\sim10^{16}cm^{-3}$。根据它们的带边能级，二者 pn 接触界面的内建电势是 0.47～0.53V，与开路电压 V_{oc} 的数值接近。考察 Br^-、MPA 和 EDT 三种方法处理后量子点薄膜的时间分辨的红外(time-resolved infrared, TRIR)光谱，通过红外激发载流子由表面陷阱态进入量子点的能带态，过程如图 9.82(a)所示，根据红外吸收光谱可以预测量子点中载流子陷阱的数目。三种方法处理 PbS 量子点薄膜的 TRIR 如图 9.82(b)所示，其中光学吸收的量值比例于缺陷态存在的数量。这里观察到宽阔的电子吸收带，归因于缺陷捕获电子后激发到量子点能带态的过程。

比较三种处理方法的 TRIR 光谱，Br^- 处理薄膜的 TRIR 光谱峰值波长较大，说明 Br^- 处理薄膜缺陷态要比其他两种处理方法(MPA-和 EDT-处理)的结构浅得多。TRIR 光谱测量的缺陷到导带跃迁的吸光度数值，比例于被捕捉载流子的浓度。Br^- 处理 PbS 量子点薄膜的吸光度值要低得多，表明它具有较低的捕捉载流子浓度。原因来自较低的陷阱浓度，也与电子和空穴的复合有关。图 9.82(c) 给出三种方法处理 PbS 量子点薄膜的瞬态吸收衰退过程，采用多指数拟合，得到平均衰退时间。三种方法处理 PbS 量子点薄膜中红外吸收的平均衰退时间，与陷阱到导带的跃迁能量直接相关。测量结果表明，Br^- 处理 PbS 量子点薄膜中缺

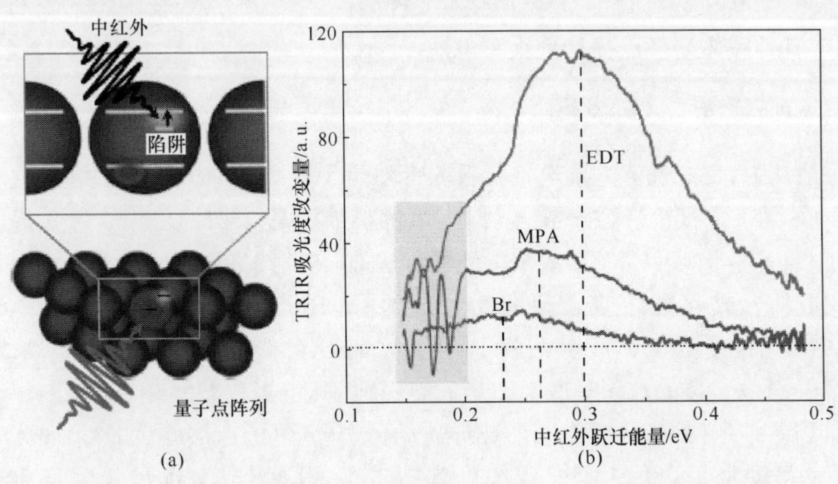

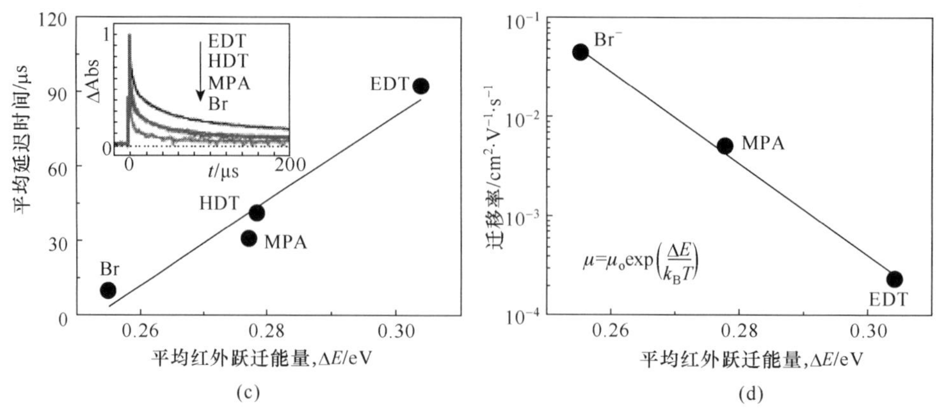

图 9.82　(a)薄膜处理原理图;(b)TRIR 曲线;(c)瞬态吸收衰退曲线;(d)电子迁移率曲线[04]

(阅读彩图请扫封底二维码)

陷态能级,最为靠近导带底部。所以,Br^-处理 PbS 量子点薄膜具有小的陷阱到导带的跃迁能量,显示出较高的电子迁移率,如图 9.82(d)所示。这个陷阱到导带的跃迁能量对应于活化能 ΔE,较低的活化能有助于载流子的输运和产生大的短路电流。

9.5　其他胶体量子点太阳电池

相对于 Cd、Pb 族量子点太阳电池,其他胶体量子点应用于量子点太阳电池的研究报道较少,而且转换效率也低于 Cd、Pb 族量子点太阳电池的数据。但是,研究无重金属胶体量子点太阳电池有利于环境保护,具有良好的发展前景。

9.5.1　其他胶体量子点光伏型太阳电池

1. Cu_2S 量子点光伏型太阳电池

一般认为,良好性能太阳电池材料的带隙是 1eV 附近,Cu_2S 刚好满足这个要求。Cu_2S 是一个直接带隙半导体材料,体材料带隙是 1.21eV。Wu 等人提出一种利用 Cu_2S 量子点制备 PV 太阳电池的方法,制备路线如图 9.83(a)所示[87]。首先采用胶体合成方法,制备出尺寸 5.4nm 的 Cu_2S 量子点,吸收延伸到 1000nm,PL 光谱峰值位于 1.32eV。然后将 PEDOT∶PSS、Cu_2S 量子点和 CdS 纳米棒先后旋涂在 ITO 包覆的玻璃基底上。最后热蒸镀 Al 电极。旋涂相邻的 Cu_2S 量子点层和 CdS 纳米棒层,两者之间形成异质结。Cu_2S 量子点层厚度是 300nm,CdS 纳米棒层厚度是 100nm。图中插入 CdS 纳米棒 TEM 图,刻度尺长度是 50nm。

图 9.83(b)是不同结构薄膜的吸收光谱：ITO 包覆的玻璃基底是黑色曲线；ITO 基底旋涂 PEDOT：PSS 层是红色曲线；ITO 基底旋涂 PEDOT：PSS＋Cu_2S 量子点层是绿色曲线；ITO 基底旋涂 PEDOT：PSS＋ Cu_2S 量子点＋CdS 纳米棒层是蓝色曲线。插图是器件的 AFM 图像。

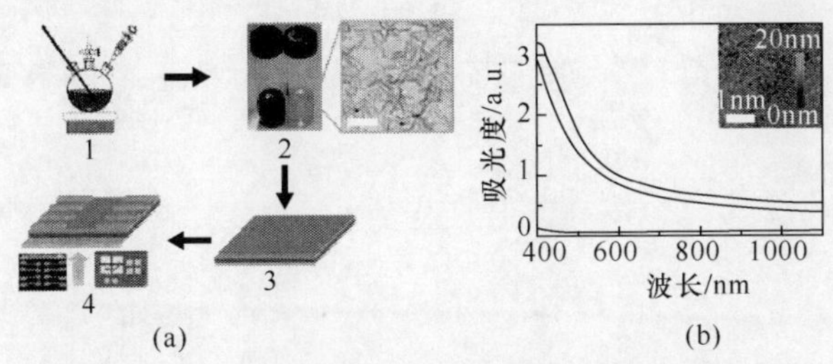

图 9.83　(a)Cu_2S-CdS 器件制备过程示意图；(b)不同结构薄膜的吸收光谱[87]

(阅读彩图请扫封底二维码)

图 9.84(a)是器件的 *J*-*V* 特性曲线。在没有光照的条件下，器件显示出明显的整流特性。在标准照明条件下（100mW·cm^{-2}，AM＝1.5G)，器件开路电压是 $V_{oc}=0.6V$，短路电流是 $J_{sc}=5.63mA\cdot cm^{-2}$，填充因子和功率转换效率分别是 $FF=0.474$、$\eta=1.6\%$。图 9.84(b)是器件外量子效率 EQE 的光谱曲线，峰值达到 40%左右。上述数值表明，器件具有高的开路电压，是因为依次旋涂的 Cu_2S 量子点和 CdS 纳米棒薄膜层形成一个平坦光滑的异质结。

这个器件显示出两个与众不同之处。一是有无光照条件下器件的 *J*-*V* 特性曲线，如图 9.84(a)所示；另一是器件的响应光谱表现出高于 Cu_2S 带隙的临界能量值。虽然 Cu_2S 量子点吸收延伸到 800nm 之外，光生电子向 CdS 纳米棒的流动和空穴向 Cu_2S 量子点传输也需要满足能带补偿的要求。实验数据表明，对于波长大于 700nm 的辐射，器件没有光电流响应，如图 9.84(b)所示。器件的上述特异之处归结于电子势垒的存在，它来自于 Cu_2S 和 CdS 层之间产生的界面晶带。

进一步考察器件的光电响应特性，短路电流与入射光强度 *I* 之间的关系是 $J_{sc}\propto I^n (n=0.97)$，如图 9.84(c)所示。这个近似于线性的关系表明，器件中只是产生少量的载流子复合。

2. $CuInSe_2$ 量子点太阳电池

$CuInSe_2$ 量子点是低毒性材料，符合环境保护的要求，是一个值得期待的半导体光电转换材料。Akhavan 等人提出一种 $CuInSe_2$ 量子点太阳电池的制备方法，并且获得了 3.1%的功率转换效率[88]。

$CuInSe_2$ 量子点 PV 太阳电池结构如图 9.85(a)所示。在包覆 ITO 的玻璃基底上，采用喷涂方式将浓度 20mg/mL $CuInSe_2$ 量子点沉积到 ITO 表面，$CuInSe_2$

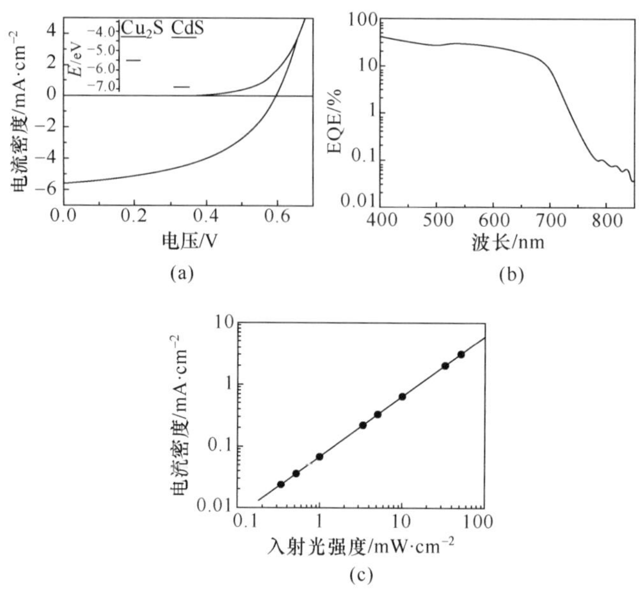

图 9.84　Cu_2S-CdS 器件的 J-V 曲线和能级图(a)；EQE 光谱曲线(b)；光电响应曲线(c)[87]

量子点尺寸约为 14nm，Cu∶In∶Se 的比例是 1∶1∶2。随后沉积 CdS 中间层，最后蒸镀厚度 40nm 的 Al 电极。同时，作为比较制作另外两个结构：一是在 ITO 基底溅射 50nm 厚的 ZnO 层，然后重复上述操作；另一是在 ITO 基底和 Al 电极之间直接夹 $CuInSe_2$ 量子点层，形成 Mott-Schottky 结构。在 AM1.5 照射条件下，图 9.85(a)所示器件的 J-V 曲线如图 9.85(c)所示，功率转换效率达到 3.1%。

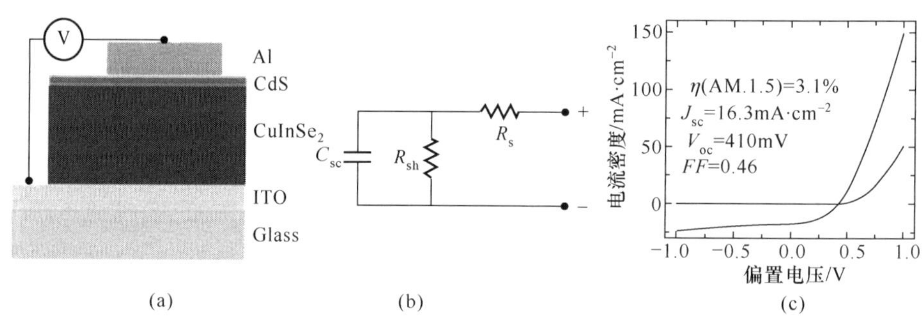

图 9.85　$CuInSe_2$ PV 器件的结构图(a)；C-V 等效电路(b)；J-V 曲线(c)[88]

在有无光照条件下，J-V 曲线显示出一个交叉点，如图 9.85(c)所示。这个交叉是不受欢迎的，它会导致器件效率的下降，理论上应当予以阻止。产生交叉点的原因归因于器件是单结结构，其电流密度满足如下关系[89]：

$$J=J_0\left[e^{\frac{V-JAR_s}{nk_BT}}+\frac{V-JAR_s}{J_0AR_{sh}}-1\right]-J_{ph} \tag{9.5-1}$$

式中，J_0 是反向偏压的饱和电流密度；A 是器件的面积；n 是二极管的理想因子；R_s 是二极管的串联电阻；R_{sh}是二极管的分流电阻；J_{ph}是光生电流密度；k_B 是 Boltzmann's 常数；T 是热力学温度。对图 9.85(c)的实验数据进行拟合，器件参数列于表 9.2。n 的数值大于 3，表明器件受控于非理想二极管特性。在光照射情况下，R_s 和 R_{sh}下降，同时 J_0 增大两个数量级，表明交叉点是器件材料光电导特性的反映。R_s 减少是有益的，有助于减小电流提取的阻力；但是 R_{sh}减少和 J_0 增加是有害的，源于器件中产生较高的载流子复合。

表 9.2　$CuInSe_2$ PV 器件的二极管特性参数

	无光照	AM1.5 光照
$J_0/\mu A\cdot cm^{-2}$	3.2	200
n	3.1	3.8
R_s/Ω	57	29
$R_{sh}/k\Omega$	1300	2.0
$J_{ph}/mA\cdot cm^{-2}$	—	16.5

根据上述讨论，材料光电导特性导致亮、暗伏安特性曲线的交叉。器件光电导效应归结于组成材料具有不同的带隙。$CuInSe_2$ 量子点的带隙约为 1eV，对应 1236nm 的发光波长。ZnO 和 CdS 的带隙分别是 3.3eV 和 2.4eV，分别对应于 375nm 和 515nm。在高能光子被滤除的不同波段照射光条件下，图 9.86(a)是不同波段照射光的 J-V 响应曲线，同时图 9.86(b)是高能光子被滤除的照射光光谱。

当短波长入射光滤除时，亮、暗 J-V 曲线交叉区域减小，如图 9.86(a)所示。如果只保留大于 CdS 吸收边波长(515nm)的照射光，交叉区域完全消失。随着使用更大波长的照射光，反向偏置产生的分流电流减小。这些数据表明，在照射光作用下，产生高的漏电流来自于 CdS 中间层。

此外，去除较短波长照射光和较高的串联电阻，对填充因子产生较大的影响。在 AM1.5 照射光条件下，器件填充因子是 0.56。如果使用 515nm 的截止滤光片，填充因子降低到 0.29；当使用 630nm 的截止滤光片，填充因子降低到 0.24。图 9.86(c)给出 $CuInSe_2$/CdS/ZnO 异质结的能带排列结构。$CuInSe_2$ 量子点是 p 型特性，CdS 中间层导带形成一个凸起，在正向偏置时将增加电子提取的阻碍。CdS 中间层具有低能量施主，导致它表现出 n 型特性。此外，额外的深电子陷阱的存在，将减少 n 型 CdS 层迁移载流子的浓度。当 CdS 层产生光生激子时，通过“光掺杂”使这些深陷阱被补偿，增加迁移载流子的数量，减小电子转移通过 CdS 层的

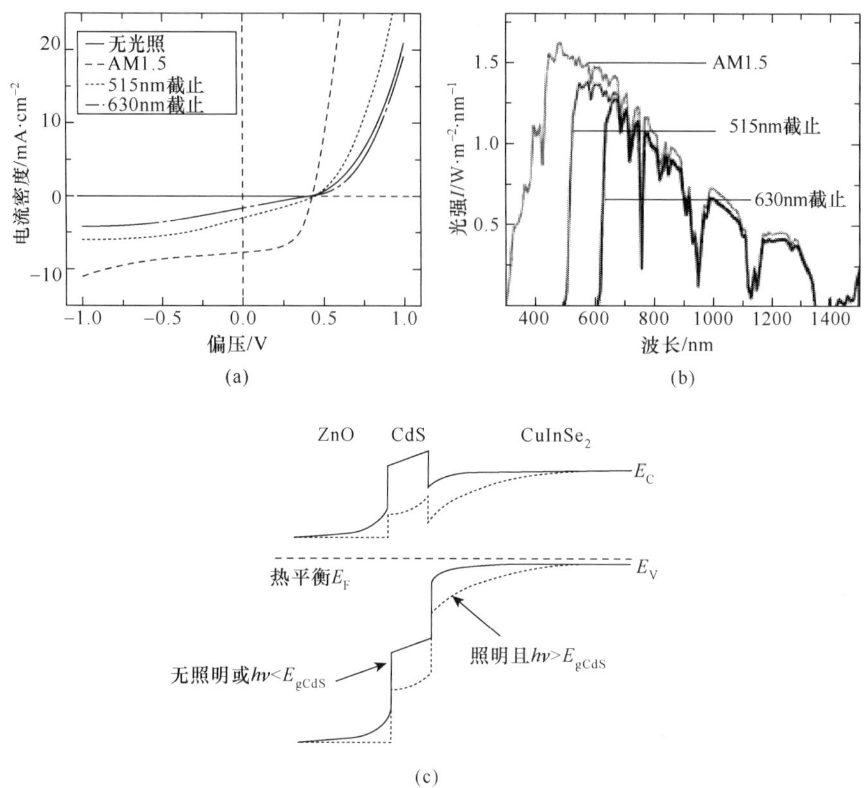

图 9.86 $CuInSe_2$ PV 器件的 *J-V* 曲线(a)；照射光谱(b)；载流子输运过程(c)[88]

阻碍，导致一个增加的结电导，如图 9.86(c)所示。这个增加的光电导引起亮、暗 *J-V* 曲线的交叉。另外，随着 CdS 层中移动载流子浓度的增加，n 型 CdS 层与 Au 背向电极之间的 Schottky 势垒随之减小，由此产生更高的漏电流。

上述结构 $CuInSe_2$ 量子点器件产生 3%的功率转换效率，距离商业化产品要求仍然较低。产生较低效率的原因可以归结于相对较薄的量子点薄膜(这里只有 150nm)。增加量子点薄膜厚度，有助于提高光吸收，但未必能够有效改善器件的效率。图 9.87(a)给出不同 $CuInSe_2$ 量子点层厚度器件的 *J-V* 曲线，效率未见明显变化。图 9.87(b)给出器件短路电流和填充因子的变化曲线，随着厚度的增加，填充因子提高，J_{sc}仍然降低。这表明，即使增加厚度产生更多的光生电子和空穴，光生载流子未能有效的从 $CuInSe_2$ 层提取出来，只有较为靠近结区的光生载流子才能被输运出 $CuInSe_2$ 量子点层。

测量不同 $CuInSe_2$ 量子点层厚度器件的 IPCE，结果如图 9.87(c)所示。IPCE 反映入射光子数被器件吸收后转化输出载流子的比例。另一个有意义的量是内量子效率 IQE，它反映入射的光子数被器件吸收后转换成光生载流子的比例。

IQE(λ)是 IPCE(λ)与 $CuInSe_2$ 量子点薄膜层入射光通量 $F(\lambda)$的比值，$F(\lambda)$决定于器件上部窗口层的透过率 $T_{top}(\lambda)$、$CuInSe_2$ 量子点薄膜层透过率 $T_1(\lambda)$和背向反射率 $R_{BC}(\lambda)$。有

$$F(\lambda) \approx T_{top}(\lambda)\left[1-T_1^2(\lambda)R_{BC}(\lambda)\right] \tag{9.5-2}$$

值得注意的是，上式对 IQE(λ)的计算没有考虑薄膜内部发射或干涉效应，这部分也会对 $F(\lambda)$产生贡献。图 9.87(d)给出了不同 $CuInSe_2$ 量子点层厚度器件 IQE(λ)的光谱曲线。考虑到具有较厚 $CuInSe_2$ 量子点薄膜的器件会产生减小的 J_{sc}，所以较薄 $CuInSe_2$ 量子点薄膜层的器件将提供较高的 IQE，表明它们具有更好的提取光生载流子的能力，而且相对于较厚的器件覆盖了一个更宽的波长范围。

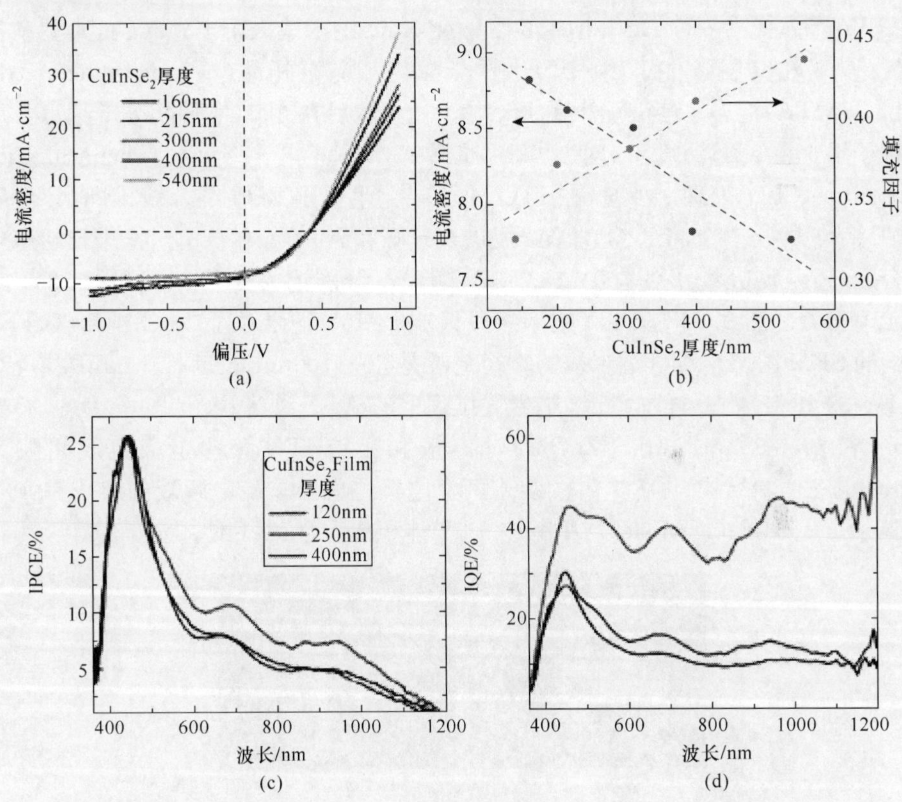

图 9.87　*J-V* 曲线(a)；短路电流和填充因子(b)；IPCE 曲线(c)；IQE 曲线(d)[88]
(阅读彩图请扫封底二维码)

对于较薄 $CuInSe_2$ 量子点薄膜层的器件，具有较高的 IQE 和更好的性能，同时也增加了来自于背向的反射。在 IPCE 测量中，对于较长的波段(600～1200nm)，初次通过的入射光只有很少部分被较薄层吸收。随着 $CuInSe_2$ 量子点薄膜层厚度的增加，这个波长区域的大部分入射光子会被较深 $CuInSe_2$ 量子点层

吸收，但这些深部光生载流子不能被有效提取出来，只有在 $CuInSe_2$/CdS/ZnO 结区附近产生的光生载流子，才能被有效提取出来。

9.5.2　其他胶体量子点敏化太阳电池

1. Ag_2S 纳米粒子敏化太阳电池

α-Ag_2S 材料是单斜晶系螺状硫银矿结构，体材料带隙约为 1eV 左右，吸收系数相对较高，适合于太阳电池的制备。而且 α-Ag_2S 毒性很低，满足环境保护的需要。近几年来，利用 Ag_2S 纳米粒子作为敏化剂，制作 Ag_2S 纳米粒子敏化太阳电池，引起人们的关注。

Wu 等人提出一种 Ag_2S 纳米粒子敏化 ZnO 纳米线太阳电池结构，典型制备路线是[90]：在室温条件下，将 0.05 M 醋酸锌和乌洛托品（hexamethylenetetramine，HMTA）混合水溶液浸涂在 ITO 基底上，随后在 350℃条件下进行煅烧，形成种子层。在 95℃温度下，对 0.02M 醋酸锌水溶液化学浴沉积（chemical bath deposition，CBD）处理 3 小时，在 ITO 种子层上生长出 ZnO 纳米线排列层，然后 400℃煅烧 30 分钟。将 ZnO 纳米线浸进在硫脲和 $AgNO_3$ 中 30 分钟，进行超声化学合成，超声波功率分别是 0W、4W、8W、12W（分别记为：0W-30、4W-30、8W-30 和 12W-30）。图 9.88 是 ZnO 纳米线/ITO 和 Ag_2S 纳米粒子/ZnO 纳米线/ITO 结构的 SEM 图像。ZnO 纳米线的直径范围是 30～100nm，长度是 3 mm 左右；对于 4W-30 和 12W-30 样本，ZnO 纳米线排列上的 Ag_2S 纳米粒子尺寸分别是 35～60nm 和 70～95nm。Ag_2S/ZnO/ITO 电极和镀铂 ITO 背向电极组成间隙为 25mm 的三明治结构，再将电解液装入两个电极之间。多硫电解液的组成是：0.5 M Na_2S、2.5M S、0.1MKCl 与甲醇按 9∶1 体积比混合，然后使用水稀释。

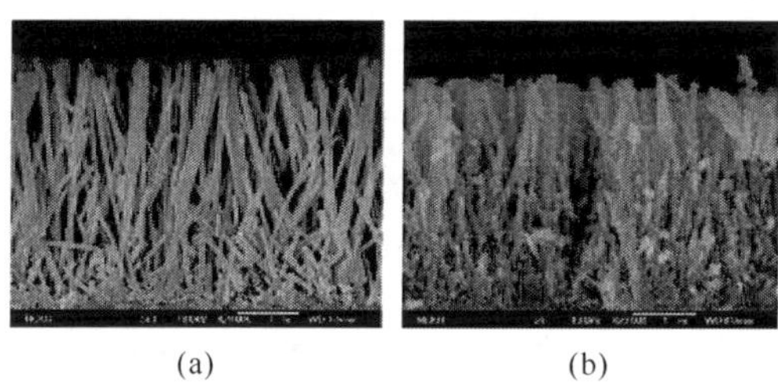

(a)　(b)

图 9.88　ZnO/ITO(a)和 Ag_2S/ZnO/ITO 结构(b)的 SEM 图像[90]

在 ITO 基底上的 ZnO 纳米线排列、Ag_2S/ZnO 排列和 Ag_2S/ZnO 薄膜的吸收光谱，如图 9.89 所示。与纯 ZnO 纳米线排列吸收光谱比较，表面吸附 Ag_2S 纳米粒子后的吸收光谱范围延伸到 400～1300nm，而且明显增强。Ag_2S/ZnO 纳米线排列的吸收边是 1250nm，与体 Ag_2S 材料的几乎一致。此外，Ag_2S/ZnO 排列的吸收强度随超声波作用强度的增加而增加，归因于 Ag_2S 纳米粒子的浓度和直径的增加。另一方面，0W-30 的 Ag_2S/ZnO 排列和 Ag_2S 纳米粒子/ZnO 薄膜的吸收要低于超声处理的 Ag_2S/ZnO 排列的吸收。

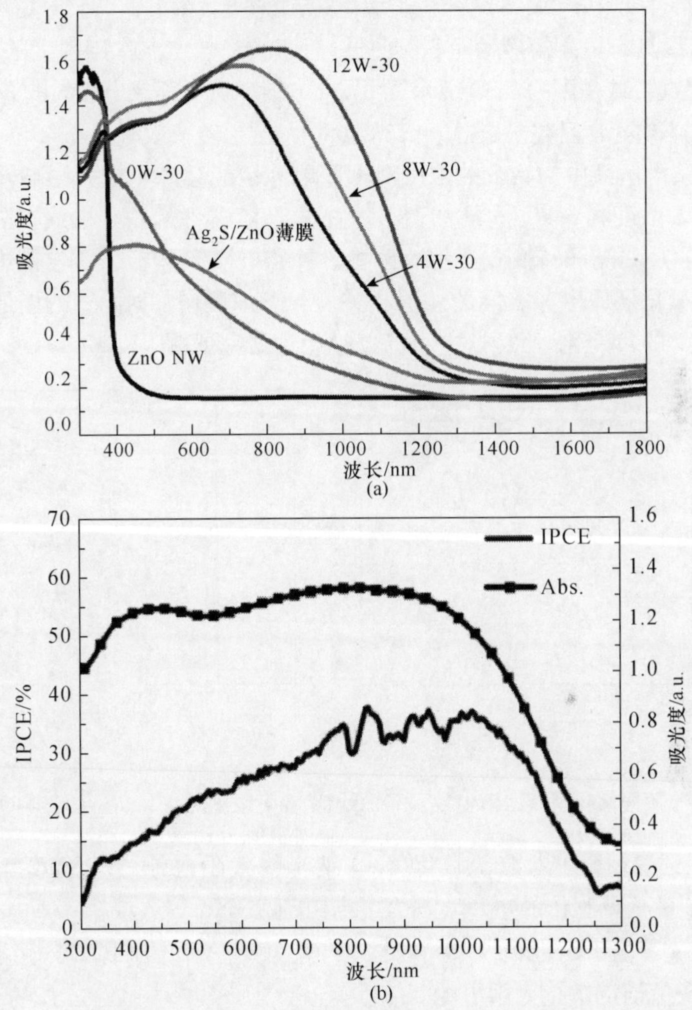

图 9.89　不同敏化薄膜的吸收光谱(a)和 12W-30 器件的 IPCE 及吸收光谱(b)[90]

对于 12W-30 光电阳极的器件，IPCE 光谱如图 9.89(b)所示。IPCE 光谱的形态与光电阳极的吸收光谱是一致性的。在 AM1.5G 照射条件下，对 IPCE 光谱进行数值积分，Ag_2S 纳米粒子 400～700nm 和 700～1300nm 两个波段对 J_{sc} 贡献分别占到 33.4％ 、65.2％，另外 1.4％的贡献来自于 ZnO 纳米线阵列 300～400nm 波段的吸收。这个结果表明，器件的吸收转换主要来自于太阳的可见和近红外波段，决定于 Ag_2S 纳米粒子的吸收贡献。

在 AM-1.5、100mW · cm^{-2} 的照射条件下，Ag_2S 纳米粒子敏化 ZnO 纳米线太阳电池 *J-V* 曲线如图 9.90(a)所示。比较而言，Ag_2S 纳米粒子敏化 ZnO 纳米线太阳电池的光伏特性要优于 Ag_2S 纳米粒子敏化 ZnO 薄膜太阳电池，因为 Ag_2S 纳米粒子与 ZnO 纳米线具有更高的接触面积。此外，对于较高超声波作用强度的器件，J_{sc} 显示出更大的数值，这是因为 ZnO 纳米线上 Ag_2S 纳米粒子表现出较大的光吸收能力。对于 12W-30 样本，典型数据是：J_{sc} = 13.7mA · cm^{-2}，转换效率是 0.49%。

多硫化物电解液中初始 S 的浓度对太阳电池性能会产生较大影响，图 9.90(b)是不同初始 S 浓度和 MeOH/H_2O 体积比的电解液器件的 *J-V* 曲线。随着 S 浓度的增加，器件 J_{sc}、V_{oc} 和转换效率都有改善。开路电压 V_{oc} 与 ZnO 导带边和多硫化物电解液的氧化还原电势之间的差值相关。当 S 浓度增加时，V_{oc} 的增加与电解液氧化还原电势的负变化一致，这一点已经被相关研究证明[91]。

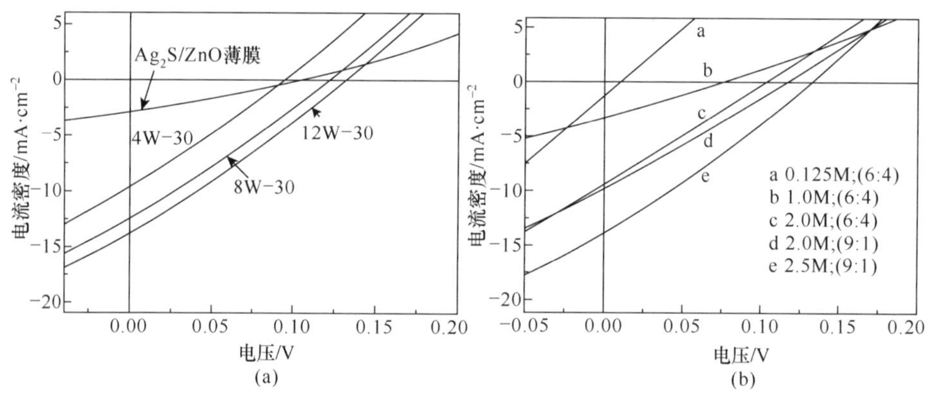

图 9.90 不同敏化薄膜太阳电池 *J-V* 曲线(a)和 S 浓度对 *J-V* 特性的影响(b)[90]

然而，上述 Ag_2S 纳米粒子敏化 ZnO 纳米线太阳电池的转换效率 η 远低于 CdS 或 CdSe 量子点制作的量子点敏化太阳电池。Hu 等人提出一种改良的制备方法，使用 Ag_2S 量子点包覆 TiO_2 纳米棒阵列(NR Array，NRA)，得到较高转换效率的 Ag_2S-量子点敏化太阳电池[92]。

纳米棒阵列器件制作方法如图 9.91 所示，具体路线是：TiO_2 纳米棒阵列生长在氟掺杂 SnO_2 包覆的导电玻璃(FTO)基底上，电阻是 25 Ω/square、透过率是 85%。将 0.2 g PVP 分散在 20 mL 纯乙醇中，逐滴加入 0.2 mL $AgNO_3$ 水溶液(0.1 M)，得到包含 Ag^+ 的乙醇溶液。将 TiO_2 纳米棒阵列浸进在包含 Ag^+ 的乙醇溶液中，利用汞灯沿 TiO_2 薄膜方向照射一定时间，取出 TiO_2 纳米棒阵列基底，使用乙醇清洗，再浸进包含 1 M Na_2S 和 2 M S 的甲醇溶液。在 50℃条件下进行硫化反应，保持 8 小时。最后，浸进 0.1 M $Zn(Ac)_2$ 和 0.1 M Na_2S 水溶液中，使用 ZnS 钝化 1 分钟，得到光电阳极。将 10 mM 氯铂酸乙醇溶液滴涂在 FTO 基底上，450℃加热 15 分钟，得到背向电极。Ag_2S 量子点敏化 TiO_2 纳米棒阵列电极与 Pt 背向电极之间夹带厚度 25μm 的热缩框，中间填充 0.5M Na_2S、2M S、0.2MKCl 和 0.5M NaOH 乙醇/水（7∶3 v/v）组成的多硫化物电解液，形成 Ag_2S 量子点敏化 TiO_2 纳米棒阵列太阳电池。

光分解沉积 Ag_2S 量子点的过程由两步完成：Ag^+ 光致还原为 Ag 和 Ag 硫化为 Ag_2S。TiO_2 的光催化在 Ag^+ 还原方面发挥着必不可少的作用，TiO_2 光催化金属离子的机制已经被相关研究介绍[93]。光致还原 Ag^+ 满足如下 4 个反应过程

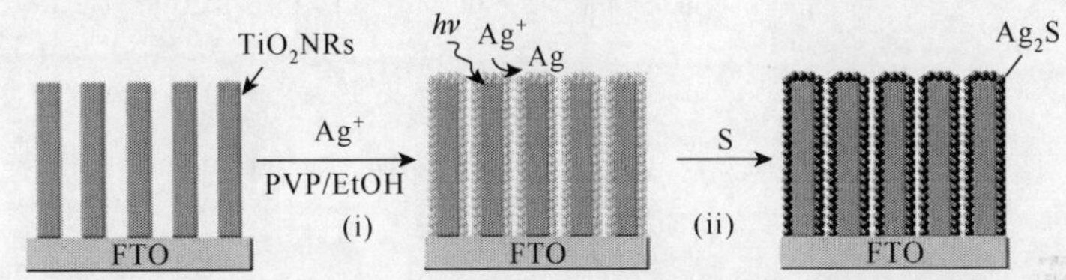

图 9.91　Ag_2S 量子点敏化 TiO_2 纳米棒阵列过程示意图[92]

$$TiO_2 + Ag^+ \rightarrow TiO_2 + Ag^+ \tag{9.5-3}$$

$$TiO_2 + h\nu \rightarrow TiO_2(e^- + h^+) \tag{9.5-4}$$

$$e^- + Ag^+ \rightarrow Ag \tag{9.5-5}$$

$$h^+ + C_2H_5OH \rightarrow C_2H_4OH \tag{9.5-6}$$

过程包括：①在无光照条件下，FTO/TiO_2 浸进 Ag^+ 乙醇溶液，TiO_2 表面吸附 Ag^+；②UV（$\lambda < 400$nm）照射激发 TiO_2，产生电子-空穴对；③电子与吸附表面的 Ag^+ 中和，产生 Ag；④利用乙醇清洗除去空穴。Ag^+ 的持续还原，在 TiO_2 表面形成 Ag 核，二者之间形成 Schottky 结，电子通过 Ag 核转移到 TiO_2。氧化和还原过程分别在 TiO_2 和 Ag 表面进行，如图 9.92 所示。在光致还原后，Ag 簇的硫化反应随之发生，该反应的 Gibbs 自由能是 $-47.1\text{kJ}\cdot\text{mol}^{-1}$[94]。

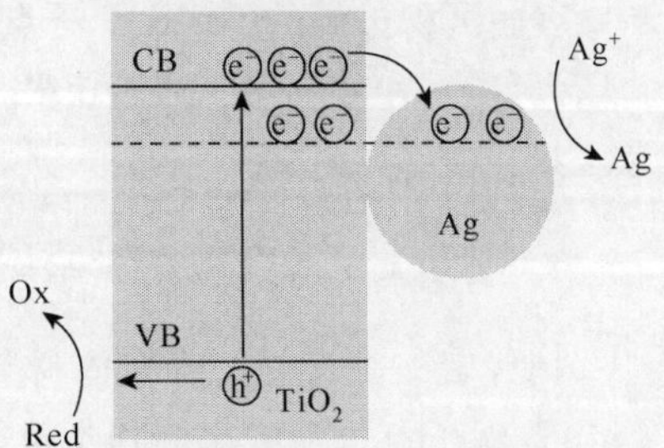

图 9.92　TiO_2 和 Ag 之间的载流子分离和 TiO_2 表面氧化还原反应的原理图[92]

FTO/TiO_2 电极和不同光致还原时间（t_p）的 FTO/TiO_2/Ag_2S 电极的吸收光谱，如图 9.93(a)所示。吸收边处于 400nm 附近，刚好与 TiO_2 的带隙（3.0eV）一致。在 Ag_2S 量子点沉积 TiO 纳米棒后，吸收光谱延展到可见波段。当光致还原时间由 3 分钟延长到 15 分钟时，吸收光谱范围由 400nm 变化到 520nm，直至覆盖整个可见光波段，而且吸收强度明显增加。Ag_2S 体材料的带隙是 1.0eV，随着 t_p 的增加，

FTO/TiO_2/Ag_2S 电极的吸收边呈现红移，源于 Ag_2S 量子点尺寸逐步增大。

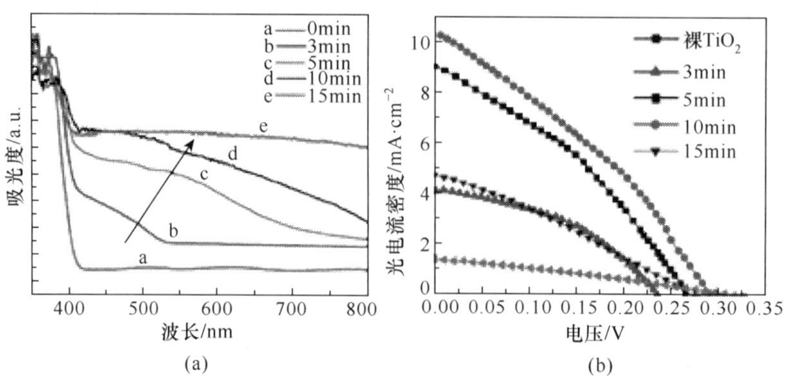

图 9.93　FTO/TiO_2/Ag_2S 电极的吸收光谱(a)和 J-V 曲线(b)[92]

（阅读彩图请扫封底二维码）

在 AM 1.5、100mW · cm^{-2}照射条件下，不同光致还原时间器件的 J-V 曲线如图 9.93(b)所示。对于 $t_p=3$ 分钟的器件，与裸 TiO_2 器件比较，显示出更高的 J_{sc}和减小的 V_{oc}。J_{sc}增加是因为 Ag_2S 量子点对 TiO_2 的敏化，V_{oc}轻微的减少主要来自于 Ag_2S 量子点和 TiO_2 之间的能带弯曲。当 t_p 增加到 10 分钟时，J_{sc}由 4.15mA · cm^{-2}提高到 10.25mA · cm^{-2}，这个改善来自于 Ag_2S 量子点数量的增加和展宽的吸收光谱。同时，V_{oc}数值也得到微小的改善，是因为 TiO_2 中产生电子的堆积，导致 Fermi 能级向负电势方向的移动。这个条件下的器件，获得 $\eta=$ 0.98%的转换效率。当 t_p 增加到 15 分钟时，器件 J_{sc}减小一半，同时填充因子(FF)也减小了，导致转换效率急剧下降。产生这个现象的原因是，长时间在 TiO_2 纳米棒表面沉积过量的 Ag_2S 量子点，导致有效电子注入的降低和复合概率的增加。FF 轻微减小也证明，随着沉积 Ag_2S 量子点数量的增加，复合的比例也会上升。

2. $CuInS_2$ 量子点敏化太阳电池

$CuInS_2$ 是一个良好的半导体材料，在太阳电池中的应用被广泛关注，但是利用 $CuInS_2$ 量子点作为敏化剂制备量子点敏化太阳电池还是鲜于报道。一个典型研究是 Li 等人的工作，采用 $CuInS_2$ 量子点和 CdS 组合制备量子点敏化太阳电池，器件结构如图 9.94(a)所示，图 9.96(b)是 TiO_2 表面 $CuInS_2$ 量子点/CdS 异质结构示意图[95]。

在 70℃条件下，将 FTO 浸进在 $TiCl_4$ 水溶液(40 mM)30 分钟，随后使用去离子水和甲醇清洗，制备 TiO_2 薄膜电极；然后将 TiO_2 电极加热到 110℃，浸进 MPA (1 M)、硫酸(sulfuric acid)(0.1 M)混合乙腈溶液 12 小时。将 MPA 修饰的 TiO_2

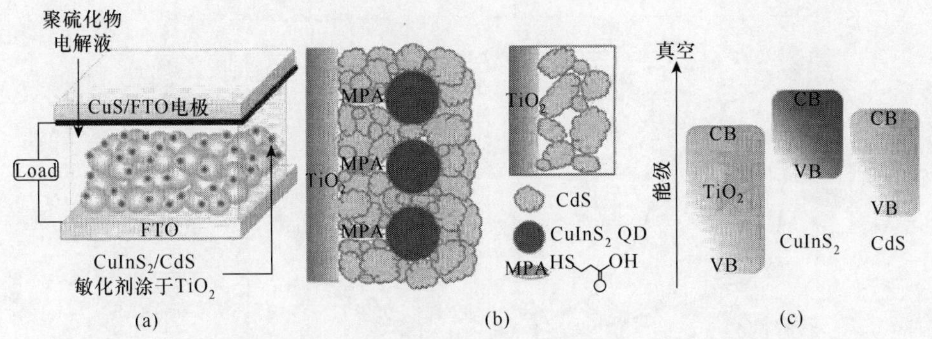

图 9.94　(a)器件结构；(b)$CuInS_2$/CdS 敏化 TiO_2 示意图；(c)能级图[95]

薄膜浸进 MPA 包裹的 $CuInS_2$ 量子点甲醇溶液，保持 24 小时，使 $CuInS_2$ 量子点吸附到 TiO_2 电极上。TiO_2/$CuInS_2$ 电极连续进行如下操作：浸进 0.05 M $Cd(NO_3)_2$ 甲醇溶液，甲醇清洗；再浸进 0.05 M Na_2S 甲醇溶液，甲醇清洗。每一次浸进 Cd^{2+} 和 S^{2-} 溶液的时间各是 30s，这个 SILAR 循环进行 11 次。再将上述电极分别浸进在 0.2 M $Zn(NO_3)_2$ 和 0.2 M Na_2S 溶液，各自保持 1 分钟，形成 ZnS 包覆。此外，将 CuS 沉积到 FTO 上，形成背向电极。将量子点敏化光电阳极和背向电极组成三明治结构，间隙是 60mm，注入 2M Na_2S、2M S、0.2 M KCl 水-甲醇(3∶7 体积比)溶液作为电解液，形成量子点敏化太阳电池器件。

图 9.95(a)是裸 TiO_2 薄膜及 $CuInS_2$ 或 CdS 或 $CuInS_2$/CdS 敏化 TiO_2 薄膜的吸收光谱。裸 TiO_2 薄膜的吸收只是发生在 UV 光波段($<$420nm)；在加入敏化剂后，敏化 TiO_2 薄膜的吸收延伸到可见波段。TiO_2/$CuInS_2$ 电极的吸收出现在 650nm 附近，相对于 $CuInS_2$ 体材料的数值(830nm)发生明显的蓝移。TiO_2/CdS 电极的吸收出现在 580nm 附近。TiO_2/$CuInS_2$/CdS 电极的吸收出现在 780nm 附近。由于 CdS 层的吸收出现在 580nm，TiO_2/$CuInS_2$/CdS 电极的吸收红移可以归结于 $CuInS_2$ 量子点的吸收。这个红移表明，$CuInS_2$ 量子点载流子波函数延伸到 CdS 壳。载流子波函数的延伸减弱了量子受限效应，导致吸收光谱发生红移。

选择 Pt、Au、CuS 作为背向电极，图 9.95(b)给出不同背向电极器件的极化电流随电压 V 变化曲线，这个极化诱导的电流直接给出了电极电催化活性的情况。显然，在多硫化物电解液中，CuS 电极性能要好于 Pt、Au 电极。其次，4 次循环 CuS 电极表现出最好的极化电流性质。

TiO_2/$CuInS_2$/CdS/ZnS 阳极和不同循环次数 CuS 背向电极器件的 J-V 曲线，如图 9.96(a)所示。随着 CuS 沉积循环次数的增加，光电流随之增加，在 4 次循环时达到最大值。这个结果指出，单纯增加沉积次数不能改善光电流，与图 9.95(b)所示特性是一致的。在 CuS 沉积循环 4 次时，J_{sc}和 FF 达到最佳值，但 V_{oc}与沉积循环的次数无关，量子点敏化太阳电池功率转换效率达到 4.20%。上

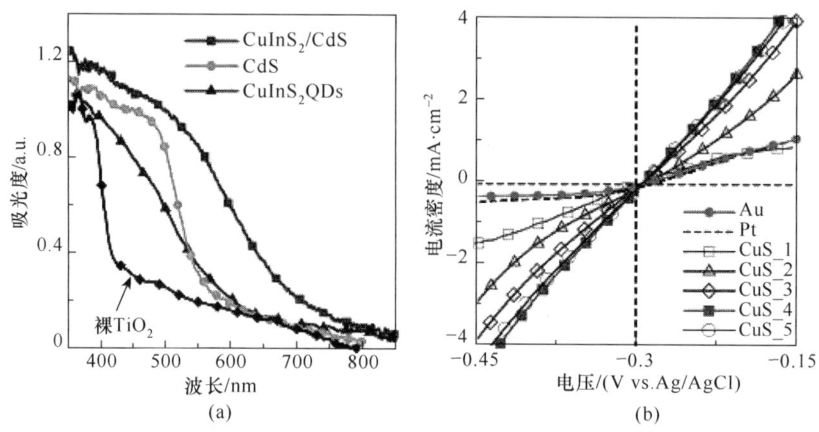

图 9.95　四种电极吸收光谱(a)和不同背向电极器件的极化电流与电压关系曲线(b)[95]
(阅读彩图请扫封底二维码)

述数据表明,J_{sc}和 FF 与背向电极的电催化活性相关,并对量子点敏化太阳电池的功率转换效率产生影响。

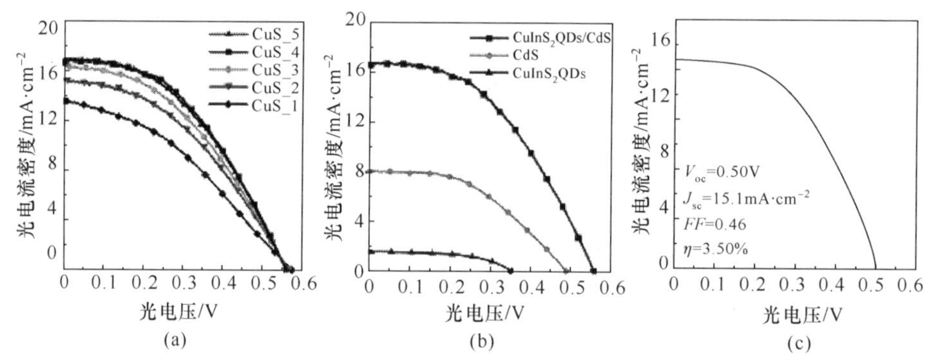

图 9.96　CuS 背向电极和不同阳极组成器件的 J-V 曲线[95]

4 次沉积循环 CuS 背向电极与 $CuInS_2$、CdS、$CuInS_2$/CdS 量子点敏化 TiO_2 阳极组成器件,J-V 特性曲线如图 9.96(b)所示。$CuInS_2$、CdS 敏化太阳电池的性能均低于 $CuInS_2$/CdS 敏化太阳电池,$CuInS_2$、CdS、$CuInS_2$/CdS 敏化太阳电池的 J_{sc} 数值分别是 1.56mA · cm^{-2}、8.06mA · cm^{-2}、16.9mA · cm^{-2}。$CuInS_2$ 量子点敏化太阳电池的性能低于 CdS 敏化太阳电池,归因于 TiO_2 表面包覆的 $CuInS_2$ 量子点比较稀少和 $CuInS_2$ 量子点表面存在较多的缺陷。图 9.95(a)表明,TiO_2/CdS 电极显示出更强的吸收光谱。浓密的 CdS 量子点敏化剂不仅产生较多光子的吸收,同时也会抑制光生载流子与电解液的复合。在 TiO_2/$CuInS_2$ 表面包覆 CdS,可以使器件的短路电流 J_{sc}增加一倍以上。

在 $CuInS_2/CdS$ 敏化太阳电池中，CdS 敏化剂对 J_{sc} 的贡献不会超过 CdS 敏化太阳电池的数值（8.06mA·cm^{-2}）。这表明 CdS 包覆 $CuInS_2$ 量子点的敏化太阳电池的增益至少达到 8.84mA·cm^{-2}（16.9mA·cm^{-2}～8.06 mA·cm^{-2}）。$CuInS_2$ 量子点敏化太阳电池的 J_{sc} 只有 1.56mA·cm^{-2}，而 CdS 包覆后，增加了 8.84mA·cm^{-2}。图 9.95(a)表明，CdS 包覆后使吸收光谱发生延伸，从而贡献出更多的光子吸收。光子吸收的增加并不等同于增加等量的光电流，因此光电流的增加意味着 CdS 包覆可以钝化 $CuInS_2$ 量子点表面和抑制载流子的复合或电子向电解液的泄漏。由于环保的原因，采用 CdS 包覆 $CuInS_2$ 量子点获得 J_{sc} 数值的提高，是一个易受批评的方法。因此，在光电阳极包覆 ZnS 是一个必要的环保手段。$CuInS_2$/CdS/ZnS 敏化太阳电池的 *J-V* 特性曲线，如图 9.96(c)所示。

9.6　其他结构胶体量子点太阳电池

9.6.1　叠层式胶体量子点太阳电池

叠层（或多结）太阳能电池包括一系列堆栈式结构，可以提高功率转换效率。其组成的多结结构可以有效的从宽广的太阳光谱中提取出不同光谱波段的能量：前侧较宽带隙材料吸收高能光子，而大量的低能量光子被使用较窄带隙材料吸收。多结之间高效透明中间层的电流必须与多结太阳能电池电流相匹配，允许光生电子和空穴分别在毗邻结相遇，并以最小的光学和电学损失实现有效的重组。在这里，我们介绍两种胶体量子点叠层（或多结）太阳能电池的结构和工作原理。

1. 有机/无机胶体量子点叠层式太阳电池

Kim 等人将有机材料与 PbSe 胶体量子点组合，制备出有机/无机胶体量子点叠层式太阳电池[96]，器件的结构如图 9.97(a)所示。在叠层器件中，光电导性质的 PbSe 量子点薄膜构成上部太阳电池，聚合物（P3HT/PCBM）（PCBM 是富勒烯衍生物，[6,6]-phenyl C 61-butyric acid methyl ester）异质结作为下部 PV 型太阳电池。PbSe 量子点薄膜能够吸收紫外和蓝光，发挥紫外滤光作用和转移产生光电流。典型器件制备路线是：将溶解在氯仿中的 PbSe 量子点溶液（13mg/ml）旋涂到 ITO 包覆的玻璃基底上，旋涂转数是 1500rpm、30s。在真空中干燥 PbSe 薄膜，再浸进 1M 联氨无水乙腈溶液 8 小时，以便提高薄膜的电导率。经过上述处理后，旋涂 PEDOT/PSS 薄膜，120℃ 干燥 10 分钟。随后旋涂 P3HT/PCBM（1∶0.8wt%），80℃烘烤 10 分钟。最后，电子束蒸镀 Al 电极。其中，各层厚度是：80nm(P3HT/PCBM)；30nm(PEDOT)；50nm(PbSe)。

图 9.97(b)是 PbSe 量子点薄膜和 P3HT/PCBM 薄膜的吸收光谱，其中插图是溶液态 PbSe 量子点的吸收光谱，第一激子吸收峰位于 1570nm(0.79eV)。量子

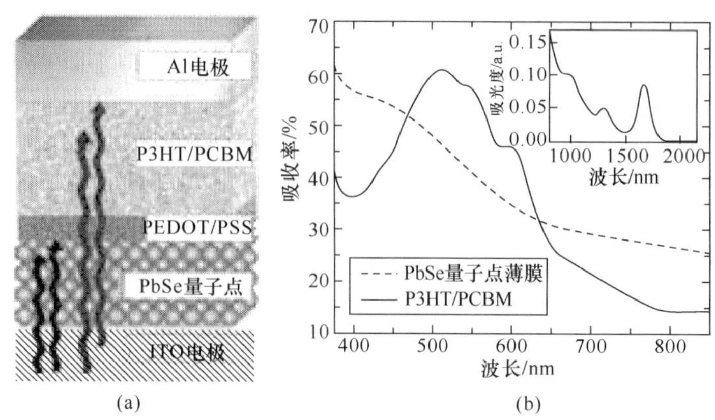

图 9.97 (a)器件结构;(b)量子点、有机薄膜和 PbSe 量子点溶液(插图)吸收光谱[96]

点和聚合物吸收的重叠区主要发生在短波区间。

在 AM 1.5G、100mW · cm^{-2} 照射条件下,器件 J-V 曲线如图 9.98(a)所示。由于 PbSe 量子点薄膜减弱了入射到 P3HT/PCBM 薄膜的太阳光强度,这个叠层器件的功率转换效率下降了。叠层器件的转换效率是 1.17%,相应对比器件,即聚合物薄膜层制作的对应的有机器件,转换效率达到 2.5%。此外,测量开路电压和短路电流,叠层器件的数值都低于 P3HT/PCBM 比对器件。PbSe 量子点层不是一个良好的光伏电池,随着光生载流子的萃取,势必导致电压的下降。同时,由于量子点表面的陷阱和缺陷,使 PbSe 量子点薄膜层产生低效率光电流提取,进一步导致器件性能的下降。因此,必须增加光电导层载流子提取的效率,以便提高叠层器件的性能。为了使叠层器件转换效率实现最大化,需要调整整个器件或聚合物电池部分的厚度,使量子点层和聚合物层吸收光谱交叠的区间得到优化。此外,需要进一步改善 PbSe 量子点残余缺陷,提高有效提取光生载流子的能力。一个

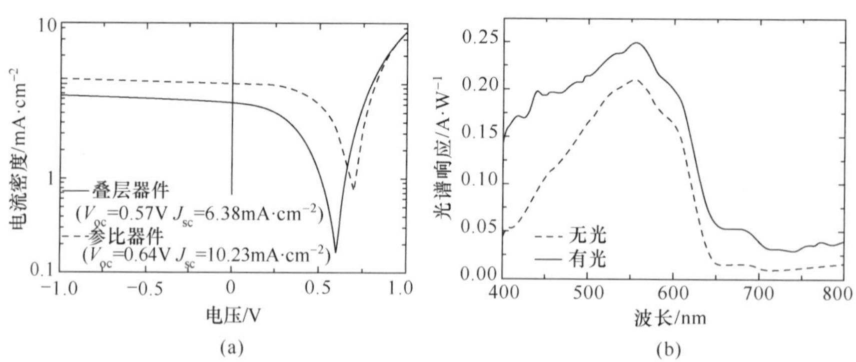

图 9.98 叠层器件和对比有机器件的 J-V 曲线(a);光谱响应曲线(b)[96]

提高转换效率的方法是，选择适当的金属作为中间电极，使得 PbSe 量子点层形成一个良好的 Schottky 结太阳电池。

器件光谱响应曲线如图 9.98(b)所示，包括有光照和无光照两种情况的光电响应，其中光照时的光谱响应曲线已经去除背景电流。相对于无光照情况，短波段有光照的光谱响应输出产生明显的增加。这个差异表明，由于对下部电池的敏化作用，PbSe 量子点薄膜层的光生载流子被下部有机电池提取。换言之，上述差值来自于 PbSe 量子点光电导层载流子的提取，导致聚合物电池光生电流的增加。因此，叠层电池中各层薄膜是共生的：上层提供了紫外保护，同时又产生光电流；下层 P3HT/PCBM 光伏电池作为电场的提供者，从上部光电导层提取载流子。

2. 量子点叠层太阳电池

根据上述讨论，胶体量子点薄膜层具有光电导型性质，不能有效提高叠层器件的转换效率。一个提高转换效率的方法是，选择适当金属作为透明的中间电极，使得 PbSe 量子点层能够形成一个良好的 Schottky 结太阳电池。这个中间透明电极的电流必须与上下结太阳电池的电流相匹配，允许光生电子和空穴以最小的光学和电学损失实现有效的重组。

Koleilat 等人采用复合层设计，制备一种胶体量子点串联型太阳能电池[97]。利用量子点尺寸效应，提供叠层太阳能电池所需光学带隙(图 9.99 所示)的胶体量子点材料。其中，上面子电池使用带隙是 1.6eV 的胶体 PbS 量子点，下面子电池使用带隙是 1.0eV 的胶体 PbS 量子点，两个量子点材料吸收光谱如图 9.99 所示。采用级联复合层(graded recombination layer，GRL)方法，将前侧(上面)子电池和后侧(下面)子电池连接，形成 n 型透明导电氧化层。在这里，GRL 能够使上面子电池的深功函数欧姆电极与下面子电池的电子受主之间形成低阻抗连接。

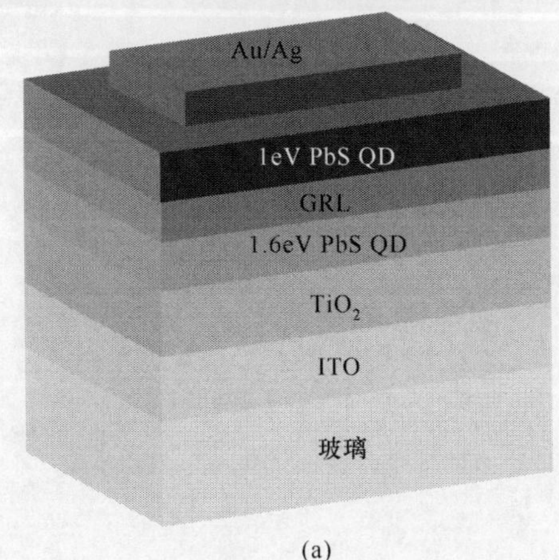

(a)

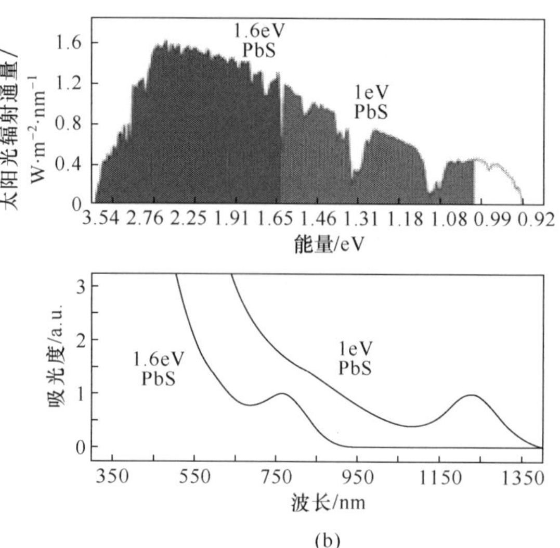

图 9.99　串联型太阳能电池结构示意图和 PbS 量子点吸收光谱[97]
(阅读彩图请扫封底二维码)

几种不同 GRL 结构能级匹配关系如图 9.100 所示。图 9.100(a)使用一个低掺杂、浅功函数 TiO_2 作为 GRL,这时会产生一个厚的、较高势垒,阻止电子的输运。图 9.100(b)使用一个施主供应电极(donor-supply electrode,DSE),是高掺杂 n 型电极(铝掺杂氧化锌,aluminium-doped zinc oxide,AZO)和低掺杂 n 型电极(TiO_2)组合,TiO_2 电极一侧与 1eV PbS 薄膜层接触作为 GRL,这时会产生一个高的隧道势垒,阻止电子的输运。图 9.100(c)使用一个理想的、能级连续变化的级联复合层电极作为 GRL,这时可以消除阻止电子输运的势垒,但材料不易获得。较为可行的是图 9.100(d)的结构,利用恰当掺杂和功函数的多级中间层作为 GRL(IL1, 2,…),使电子穿越带有受主阻抗太阳电池的势垒。一个现实的方案是:选择 n 型透明的导电氧化物,掺杂程度是 $10^{16}\sim10^{21}\mathrm{cm}^{-3}$,功函数范围是 4～5eV,例如 TiO_2、ZnO、AZO、ITO、SnO、ZIO、TIO、TZO 和 MIO。

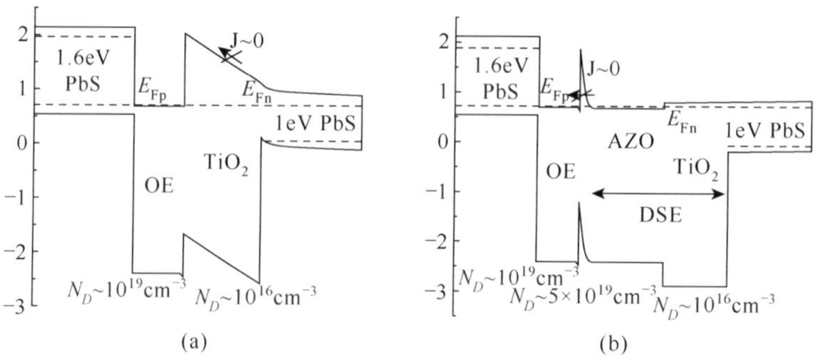

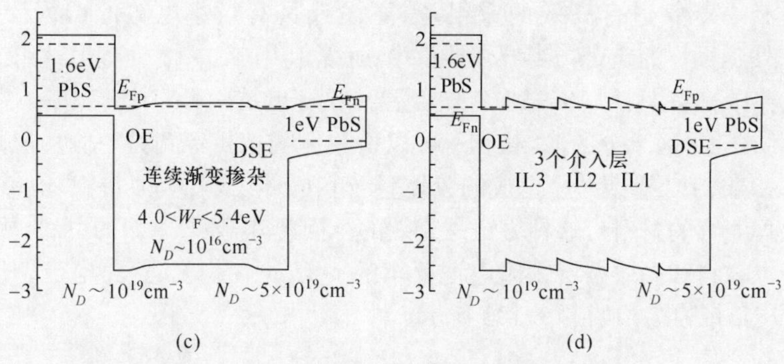

图 9.100　几种不同 GRL 结构能级匹配关系[98]

对于带隙范围 1.0～1.6eV 的两个 PbS 量子点子电池，定量分析高效 GRL 选择的原则。假设深功函数空穴接触（欧姆电极，ohmic electrode，OE）和浅功函数电子受主的自由载流子密度是 $10^{19}\,\mathrm{cm}^{-3}$ 量级[98]，考虑有助于提高通过势垒的电流密度两个因素。

(1) 隧道电流密度满足如下 Fowler-Nordheim 方程

$$J=\frac{ab\lambda F^2}{\phi_b}\exp\left(-\frac{\mu b\sqrt[3]{\phi_b}}{F}\right) \tag{9.6-1}$$

式中，$a=1.5\times10^{-6}\,\mathrm{A\cdot eV\cdot V^{-2}}$；$b=6.8\mathrm{eV}^{-3/2}\cdot\mathrm{V\cdot nm^{-1}}$；$\lambda=1$；$\mu=(m_e/m_0)^{3/2}$；eF$=\phi_b/x_d$，$\phi_b$ 是势垒高度，x_d 是势垒宽度，e 是电子电荷。在窄势垒情况下，隧道贯穿的主要因素是高掺杂（$>10^{18}\,\mathrm{cm}^{-3}$）。对于高掺杂、高势垒（>0.3eV）中间层，隧道贯穿是载流子输运的转移模式。

(2) 热电子发射电流密度满足如下方程

$$J=A_R T^2\exp\left(-\frac{e\phi_b}{k_B T}\right)\left[\exp\left(\frac{V}{nk_B T}\right)-1\right] \tag{9.6-2}$$

式中，A_R 是 Richardson 常数；ϕ_b 为势垒高度；n 是二极管的理想因子。为了使载流子输运满足低电阻的热电子发射机制，势垒高度 ϕ_b 必须小于 0.3eV。因此，级联复合层使用一定数量的低掺杂中间层，总的势垒高度分离成多个较为平坦的势垒，每个中间层势垒满足热电子发射型载流子输运机制。

基于上述分析，构造图 9.101 所示能级结构的 PbS 量子点量子点串联电池。对于耗尽-异质结胶体量子点光伏电池，使用 TiO_2 接触 PbS 量子点薄膜层，可以接受光生电子，却阻碍 PbS 量子点薄膜层中的光生空穴。在 n 型 TiO_2 和 p 型 PbS 量子点薄膜交界处，产生一个内建电场。借助于耗尽区使 PbS 量子点薄膜产生的光生电子-空穴对分离。

在电流匹配的叠层太阳电池中，来自于前侧子电池的空穴电流和后侧子电池的电子电流一定要进行高效的重组，需要设计具有微小电势的中间层结构的GRL。在外延生长的化合物半导体器件中，通常利用15～18个隧道结组成；在有机光伏电池中，通常利用19～22个复合层。在隧道结中，p^{++}掺杂和n^{++}掺杂材料形成薄结，耗尽区十分的薄，载流子可以由一侧隧道贯穿到另一侧。但是，对于按照p^{++}掺杂、n^{++}掺杂顺序组成的胶体量子点固体（或者类似带隙、能够与胶体量子点处理兼容的材料），这种方法是无效的。因此，需要寻求新的方法，构建适合胶体量子点材料和高效叠层太阳电池要求的GRL。在均衡、短路电流、开路电压情况下，GRL带隙结构如图9.101所示。

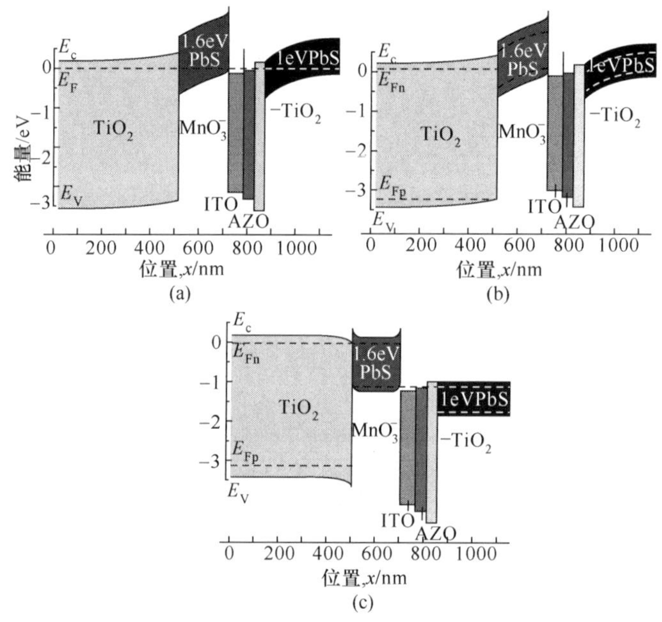

图9.101　均衡(a)、短路(b)和开路(c)情况量子点串联电池的能级结构[97]

(阅读彩图请扫封底二维码)

如果前侧子电池价带光生空穴与后侧子电池光生电子形成均衡组合，将不会明显增加器件的串联电阻。如果前侧子电池电极直接与后侧子电池的浅功函数电子受主接触，将产生一个较大的能级势垒，阻碍电子的输运，使之与后侧子电池的空穴复合。GRL的设计就是为了克服这个问题，即在子电池之间插入一系列功函数中间层。这一点可以利用一系列n型透明、且与胶体量子点兼容的氧化物实现。由深功函数n型材料MoO_3开始，利用中间层ITO连接到重Al掺杂氧化锌，其功函数与轻掺杂TiO_2受主相匹配，能级结构如图9.102所示。这些材料都可以采用室温、真空溅射方法完成沉积，与胶体量子点薄膜相适应。这个GRL结构可以几乎无势垒的输运来自于后侧子电池的电子，与来自于前侧子电池的空穴实现有效重组。

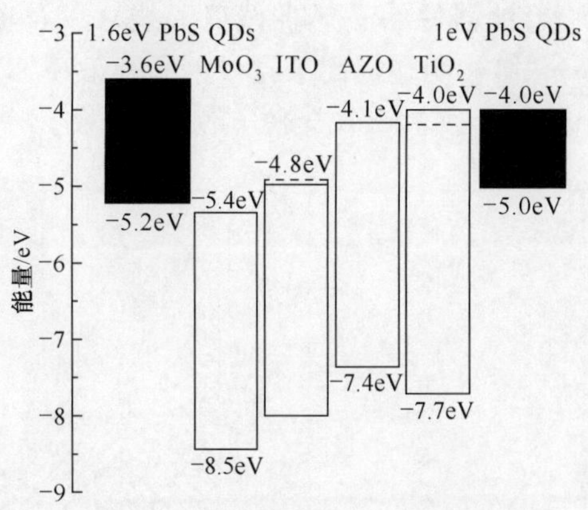

图 9.102　多级中间层组合 GRL 的能级结构示意图

电流匹配需要一个优化的结构，即吸收光谱在两个结之间应当是等量分配的，以便让电流在重组层相遇和匹配。测量两个 PbS 量子点薄膜的吸收光谱，得到它们的吸收系数，如图 9.103(a)所示。取前侧子电池厚度是 200nm，当内量子效率(IQE)平均值是 70%时，预期产生 $9mA \cdot cm^{-2}$ 的电流密度，如图 9.103(b)中直线所示。通过理论计算，后侧子电池电流密度随后侧子电池厚度变化曲线如图 9.103(b)所示，表明后侧子电池厚度是 250～300nm 时，可以取得两种电流的均衡匹配。

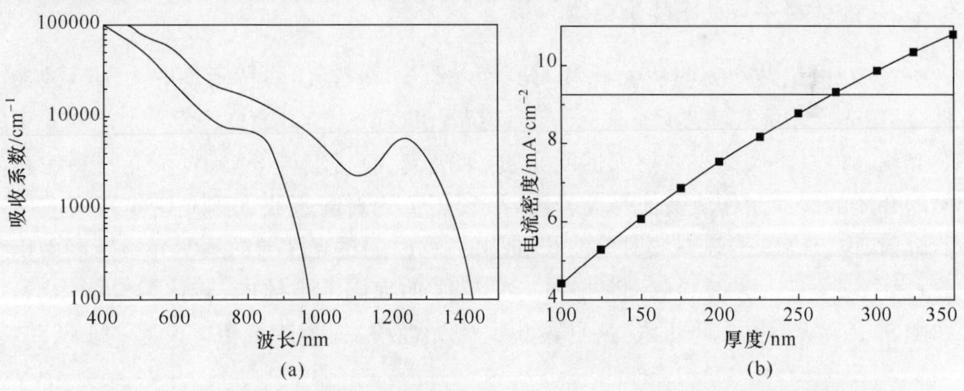

图 9.103　(a)PbS 量子点薄膜层吸收光谱；(b)厚度调节的两种电流均衡匹配[97]

对厚度 300nm、带有通常反射电极的后侧子电池的串联器件，在前侧透明子电池入射，测量出前侧(大带隙)子电池和后侧(小带隙)子电池的短路电流密度 J_{sc} 分别是 $8.7mA \cdot cm^{-2}$、$8.9mA \cdot cm^{-2}$，如图 9.104(a)所示。这个结果证明上述模型分析是恰当的。在 AM1.5、1 sun 照射下，前侧子电池((1)线)和后侧子电池((2)线)J-V 曲线如图 9.104(a)所示，同时给出大带隙量子点薄膜只是作为滤光片的小带隙量子点薄膜电池器件的 *J-V* 曲线((3)线),以及整个串联电池的 *J-V* 曲线((4)线),显示出串联结构明显提高了器件的转换效率。对于这里的 GRL 器件,总的开路电压略小于各个独立单结电池开路电压之和。

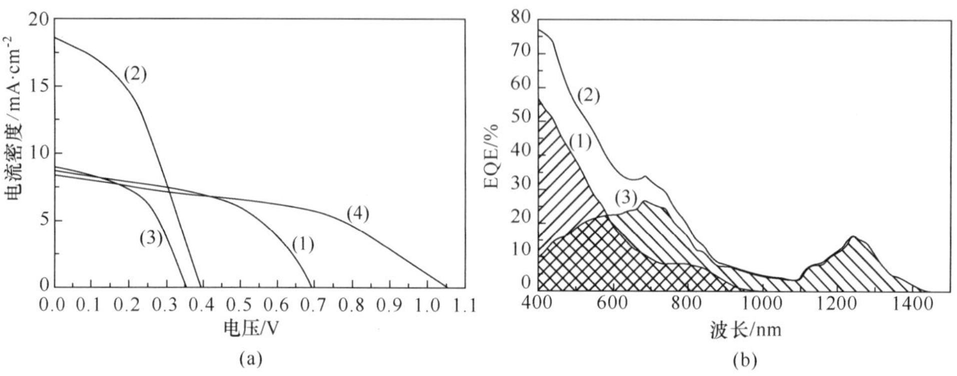

图 9.104 不同结构器件 *J-V* 曲线(a)和 EQE 光谱曲线(b)[97]

图 9.104(b)给出整个串联电池的 EQE 光谱曲线((2)线),以及前侧子电池((1)线)和后侧子电池((3)线)EQE 光谱曲线,进一步证明这个结构实现不同单结子电池电流的匹配。计算前侧子电池累积电流密度((1)线下的面积)和后侧子电池的累积电流密度((3)线下的面积),二者近似相同。

9.6.2 胶体量子点太阳能集束器

在 20 世纪 70 年代,Weber 和 Goetzberger[99,100] 提出一种新型的太阳电池器件,即荧光太阳能集束器(luminescent solar concentrator,LSC)。荧光太阳能集束器光伏器件是将荧光材料掺入透明介质(如玻璃、有机玻璃等)或将荧光材料涂在透明介质的表面制作成荧光平面光波导,利用荧光材料吸收太阳光谱中特定波段的辐射,再以高量子效率发射出波长红移的荧光,通过光波导的透明介质向侧面传输,集中耦合进入光波导侧面粘贴的合适带隙的太阳能电池中,转化为电能输出,如图 9.105 所示。由于 LSC 这种聚集太阳光性质,一个造价相对便宜的 LSC 结

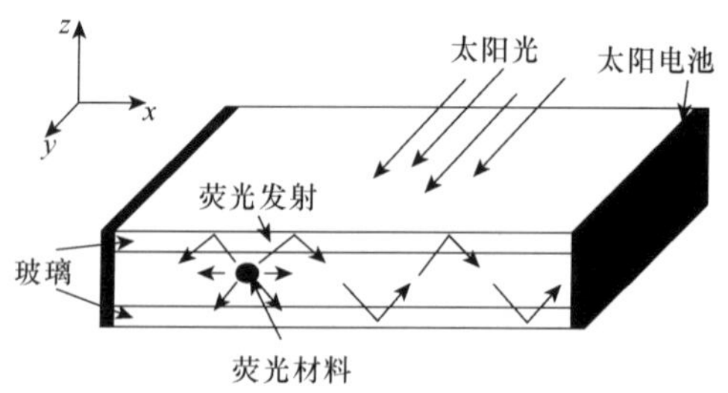

图 9.105 LSC 结构示意图

构以及小面积 LSC 四边的太阳能电池可以取代大面积的昂贵太阳电池，降低太阳能电池的造价。LSC 另一个好处是既能聚集太阳的直射光，又能聚集太阳的散射光。此外，当太阳光通过云层散射传输到地面（阴天正是这种散射为主的情况）时，LSC 也是有效的，使得 LSC 效率受天气影响较小。胶体量子点是一种优良的荧光材料，具有高量子效率和量子尺寸受限效应，完全满足荧光太阳能集束器的要求。

1. 量子点太阳能集束器光子输运过程模拟

我们选用蒙特卡洛（Monte Carlo，MC）模拟建立 LSC 中光子输运的规律，采用光子追踪的方式，依据折射定律和比尔-朗伯定律，模拟光子在 LSC 中的传输过程。光子传输过程中，一个随机的数值，如发光角度、传输长度等，将决定光子的最终命运。图 9.106 是蒙特卡洛模拟 LSC 中光子输运规律的程序框图。

在 LSC 中产生的一个光子，它的追迹满足如下两点之一时，方可截止：一是传输过程不满足全反射条件从 LSC 逃逸（不是被吸收或再次发射）；另一是到达光伏电池处被成功收集计数。假设收集器形状如图 9.105 所示，尺寸范围是：$|x|\leqslant L_x$（长度是 $2L_x$）；$|y|\leqslant L_y$（宽度是 $2L_y$）；$|z|\leqslant L_z$（厚度是 $2L_z$）。PV 电池片覆盖在右侧（$x=L_x$）$y-z$ 端面，底面和其他侧面视为良好的反射镜面。所以，光子只能从箱子顶面逃逸。为了获得稳定可靠的结果，在 LSC 参数（量子点浓度、尺寸等）一定时，某一波长附近、单位波长范围入射进入 LSC 的光子数不少于 10^5 个。

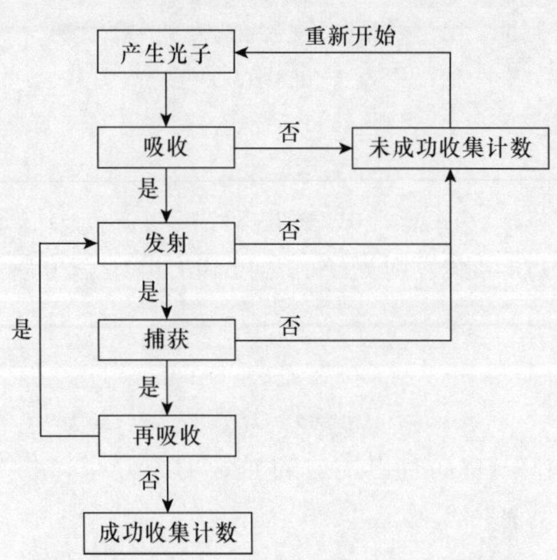

图 9.106　LSC 中光子追迹的程序框图

单个光子传输 Δs 距离（cm 为单位）后被吸收的概率满足 Beer-Lambert 定律，有[101]

$$p(\Delta s,\lambda)=1-10^{\varepsilon(\lambda)M\Delta s} \tag{9.6-3}$$

式中，M 是量子点的摩尔浓度（mol·L^{-1}）；$\varepsilon(\lambda)$ 是量子点溶液的消光系数（L·mol^{-1}·cm^{-1}），决定于量子点的吸收光谱。

初始，一个波长为 λ 的光子以正常角度进入到 LSC 顶部面区域，如果这个光子在传输如下距离后仍然没有被吸收：

$$\Delta s_0 = 2L_z \tag{9.6-4}$$

式中，$2L_z$ 是 LSC 的高度。这个光子会在底部以正常角度反射，然后从顶部表面逃逸。在这种情况下，重新对一个新的光子进行模拟计算。对于光子被吸收后再次发射的情况，光子经历的随机路径长度由式(9.6-3)得出

$$\Delta s = -\frac{1}{\varepsilon(\lambda)M}\log_{10}\xi \tag{9.6-5}$$

式中，ξ 是随机参数，取值范围是[0,1]。如果光子被吸收，产生再次发射的条件是

$$\xi < QY \tag{9.6-6}$$

式中，QY 是量子产率，表示吸收一个光子能够再次发射一个光子的概率。

如果再次发射光子，新的光子的波长、位置和方向都可能是变化。光子新的波长可以在量子点样本归一化的 PL 发射光谱中随机抽取，与原来光子的波长没有任何关系。需要注意的是，对于胶体半导体量子点而言，完全不相关的荧光发射假设会导致过高的估计二次吸收的损耗。因为在长波一侧吸收光谱的光子被再次吸收时，这时更倾向于再次发射红移波长的光子，归因于非均匀的谱线增宽。在这种情况下，这些光子可能失去再次重吸收的机会。

根据光子的入射方向，光子新的位置坐标(x',y',z')是

$$\begin{aligned} x' &= x + \mu_x \Delta s \\ y' &= y + \mu_y \Delta s \\ z' &= z + \mu_z \Delta s \end{aligned} \tag{9.6-7}$$

式中，(μ_x,μ_y,μ_z)是方向余弦；Δs 由式(9.6-5)决定；方向余弦通过两步过程得到。对于各项同性的量子点，再次发射光子的角度和方向余弦可以利用如下方法得到：

$$\varphi = 2\pi\xi \tag{9.6-8}$$

以及

$$\cos\theta = \operatorname{sign}(\chi) - \chi\ ,\ \chi = 2\xi - 1 \tag{9.6-9}$$

注意，$\varphi \in [0,2\pi)$，$\theta \in [0,\pi)$；而且再发射的光是均匀分布。利用上述两式，新的方向余弦遵循如下表示式：

$$\begin{aligned} \mu_x' &= \frac{\sin\theta}{\sqrt{1-\mu_z^2}}(\mu_x\mu_z\cos\varphi - \mu_y\sin\varphi) + \mu_x\cos\theta \\ \mu_y' &= \frac{\sin\theta}{\sqrt{1-\mu_z^2}}(\mu_y\mu_z\cos\varphi + \mu_x\sin\varphi) + \mu_y\cos\theta \\ \mu_z' &= -\sin\theta\cos\varphi\sqrt{1-\mu_z^2} + \mu_z\cos\theta \end{aligned} \tag{9.6-10}$$

上式对应于斜入射方向是(θ,φ)的入射光子。如果入射方向几乎是正入射到 xy 平面，即$|\mu_z|>0.99999$，于是再次发射光子的新方向余弦表示为

$$\begin{aligned}\mu_x' &= \sin\theta\cos\varphi \\ \mu_y' &= \sin\theta\sin\varphi \\ \mu_z' &= \sin\mu_z\cos\theta\end{aligned} \tag{9.6-11}$$

其次，考虑 LSC 尺寸和边界的限制。在 LSC 设计中，利用折射率大于 1 的介质，实现顶部表面满足几乎全部光的反射。例如，取 LSC 折射率 $n_{\mathrm{LSC}}=1.7$，满足 $\mu_z<\mu_{\sigma}=\sin^{-1}(1/1.7)\approx0.81$（即入射角大于 36°的光都可以产生全反射）的光都可以在顶部表面发生全反射。当 $\mu_z>\mu_{\sigma}$ 时，如果满足下式，光子被反射

$$\xi<R(\beta),\beta\equiv\cos^{-1}(\mu_z) \tag{9.6-12}$$

式中，$R(\beta)$是非偏振光的 Fresnel 反射系数；否则，光子将从 LSC 中逃逸。

当光子到达 PV 电池时，光子被收集。在实际中，PV 电池具有高转化效率的带隙。LSC 的量子点具有窄的辐射，而且落入 PV 电池的带隙之内。LSC 光谱收集效率 $\eta(\lambda)$定义为：在任意波长 λ 附近、单位波长范围内，入射光子数与收集光子数的比例。于是，平均光收集效率表示为

$$\bar{\eta}=\frac{\int_{\lambda_{\min}}^{\lambda_{\max}}N_{\mathrm{solar}}(\lambda)\eta(\lambda)\mathrm{d}\lambda}{\int_{\lambda_{\min}}^{\lambda_{\max}}N_{\mathrm{solar}}(\lambda)\mathrm{d}\lambda},\quad N_{\mathrm{solar}}(\lambda)\approx\frac{I_{\mathrm{solar}}(\lambda)}{\lambda} \tag{9.6-13}$$

式中，$I_{\mathrm{solar}}(\lambda)$是 LSC 顶部表面的辐射照度，数值可以参考相关文献[102]；$N_{\mathrm{solar}}(\lambda)$是入射到 LSC 顶部表面单位面积、波长 λ 的光子数；$\lambda_{\min}=400\mathrm{nm}$，$\lambda_{\max}=750\mathrm{nm}$。因此，$\bar{\eta}$是 PV 电池收集的光子数与入射到 LSC 的光子数之比。

对于给定结构的 LSC，平均光收集效率可以反映 LSC 的性能。然而，更有意义的特征参数是 LSC 光谱增益，定义是

$$\Gamma(\lambda)=\eta(\lambda)\times G \tag{9.6-14}$$

以及平均 LSC 增益

$$\bar{\Gamma}=\bar{\eta}\times G \tag{9.6-15}$$

式中，G 是几何因子，定义为太阳光入射面积（即 LSC 顶部表面面积）与 PV 电池覆盖的面积之比。可以表示为

$$G=\frac{A_{\mathrm{top}}}{A_{\mathrm{PV}}} \tag{9.6-16}$$

这里定义的 LSC 增益是实际器件增益的下限，因为 LSC 还可以捕获漫射光，转化成 PV 带隙响应的光。

下面以 CdSe/CdTe 量子点为例，估计影响器件优化的因素。

(1) 最佳量子点浓度

在 LSC 中,一个光子可以经历多次吸收和再发射。量子产率 QY 描述吸收光子能够产生再发射的概率;没有再发射的光子通常视为遗失了。对于 CdSe/CdTe 量子点,QY 可以达到 95%。然而,随着再吸收和再发射次数的增加,再发射的概率迅速减小。在理想情况下,被 PV 收集之前,绝大多数光子将经历一次吸收和再发射,发生吸收和再发射的概率依赖于量子点的浓度 M 和波长 λ。

式(9.6-3)表明,光子吸收概率随量子点浓度的增加而增加,因此量子点浓度不能过高。另一方面,量子点浓度也不能过低,否则会导致太阳光子不能被量子点吸收。因此,最佳浓度是上述各种因素的折中平衡。为了确定最佳浓度,我们固定 LSC 的尺寸:$L_x=6\text{cm}, L_y=2\text{cm}, L_z=0.4\text{cm}$;在 $10^{-8}\sim10^{-5}\text{mol}\cdot\text{L}^{-1}$ 范围内调整量子点浓度 M,得到最大太阳平均光收集效率是

$$\bar{\eta}_{\max}=\max(\bar{\eta})\approx24\%$$

这个数值对应于 $M=M^{*}=4.3\times10^{-6}\text{mol}\cdot\text{L}^{-1}$,如图 9.107 所示。如果考虑特定波长的入射光(400nm、550nm、700nm),图 9.107 是这些波长收集效率随量子点浓度变化曲线,并给出这个波长的最佳量子点浓度。随着入射光波长的增加,最佳浓度略微有些增加,归因于 $\varepsilon(\lambda)$ 随着 λ 增加通常是减小的。

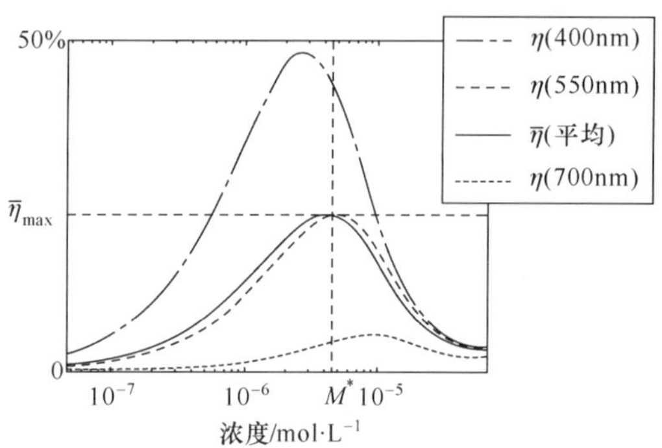

图 9.107　不同波长光收集效率和平均光收集效率随量子点浓度变化曲线[103]

图 9.108(a)给出几种未能实现光子收集的因素随量子点浓度变化的曲线。随着量子点浓度的增加,更多的光子初始在 LSC 中被吸收。同时,也有更多的光子损失,未能再辐射或从顶部表面逸出。在最佳浓度处,57%的入射光子没有被吸收,发射/再吸收的损失是 8.5%,逸出损失是 12%。图 9.108(b)给出 CdSe/CdTe 量子点溶液的吸收和归一化 PL 光谱,以及太阳光照射 LSC 被收集光的归一化光谱。LSC 收集光光谱相对于量子点溶液 PL 光谱产生微小的红移,峰值位于 630nm 附近,归结于再吸收的效应。

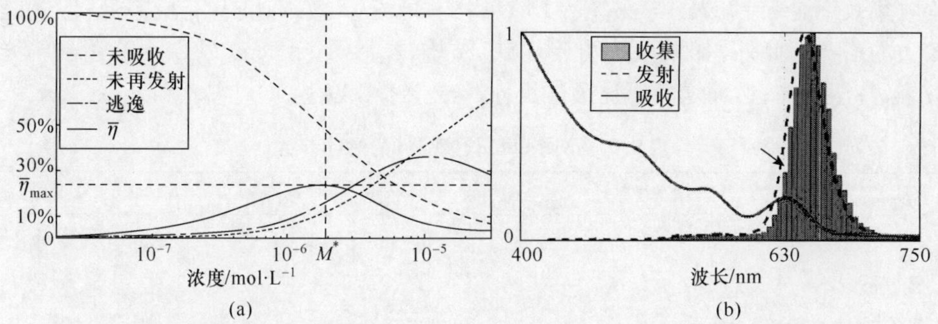

图 9.108　(a)损耗因素效率曲线;(b)量子点吸收、PL 发光和 LSC 收集光的光谱[103]

(2) 最佳 LSC 尺寸

在一般情况下,随着 LSC 顶部面积的增加,更多光子加入到量子点介质中,但是也会有更多的光子因为再吸收和逃逸而产生损耗。因此,LSC 存在最佳的尺寸。如前假设,PV 电池只是覆盖单一侧面,即右侧($x=L_x$)$y-z$ 端面。由式(9.6-16)得到几何因子是

$$G_{\text{single}}=\frac{A_{\text{top}}}{A_{\text{PV}}}=\frac{L_x}{L_z} \tag{9.6-17}$$

固定 $L_y=2\text{cm}$、$L_z=0.4\text{cm}$,考察增益随 LSC 长度 L_x 的变化。在这种情况下,PV 电池覆盖面积保持一个常数,顶部表面面积随之增加,最佳 LSC 尺寸弱依赖于量子点的浓度和依赖于入射光的波长。初始固定量子点浓度 $M=4.3\times10^{-6}\text{mol}\cdot\text{L}^{-1}$(在 M^* 时,对于 $L_x=6\text{cm}$,$G_{\text{single}}=15$)和入射光波长是 630nm,图 9.109 是光收集效率和增益随几何因子变化曲线。随 LSC 长度 L_x 的增加,光收集效率下降。这是因为再吸收和逃逸损耗的影响,入射光子中只有较少的光子达到 PV 电池覆盖面。更重要的相关因素是,当 $G_{\text{single}}=26$ 时,LSC 增益的峰值是 $\Gamma=4$,对应的 $L_x/L_y=5.2$,$L_x=10.4\text{cm}$。因此,在适当 LSC 长度时,可以获得最佳的性能,不同 LSC 长度器件的性能参数列于表 9.3。在最佳 LSC 尺寸($G_{\text{single}}=26$)时,太阳光平

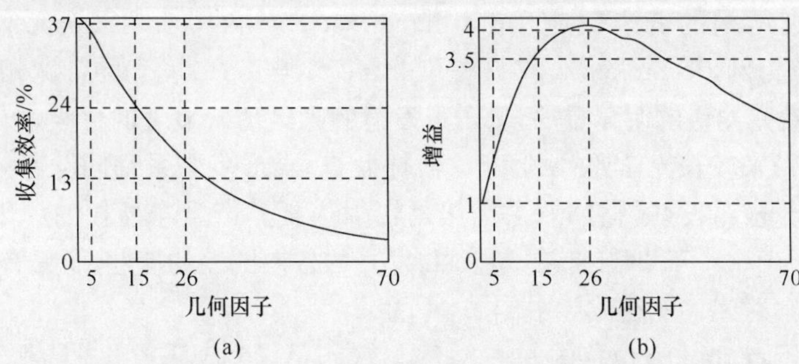

图 9.109　在波长 630nm 处,光收集效率 η(a)和增益 Γ(b)随几何因子变化曲线[103]

均收集效率是 $\bar{\eta}=13\%$，与 $G_{single}=15$ 获得的 23.67%效率比较，有所降低；但还是较大的增益。此外，如果采用方形 LSC 结构，$L_x=L_y=2cm$，$G_{single}=5$，得到 $\bar{\eta}\approx 37\%$，甚至更高；然而增益将比最佳尺寸时减少 1/2 以上。

表 9.3　不同 LSC 长度器件的性能参数

G_{single}	l_x/l_y	未吸收/%	未再发射/%	逃逸/%	$\bar{\eta}$/%	$\bar{\Gamma}$
5	1	48	7	8	37	1.85
15	3	49	14	13	25	3.2
26	5.2	48	15	21	16	4

如果使用 PV 电池包覆四周的端面，是否可以取得更好的效果？粗略的想象，这似乎是一个好的想法，因为光可以穿过较短的距离到达 PV 电池处，从而减少再吸收和逃逸的损耗。然而在这种情况下，$A_{PV}=2(L_x+L_y)=4L_r$，几何增益因子是

$$G_{all}=\frac{L_x}{4L_z}=\frac{1}{4}\times G_{single} \tag{9.6-18}$$

计算表明，LSC 所有端面 PV 包覆时，$\bar{\Gamma}_{max}$ 只是略大于 1。在满足量子点最佳浓度条件下，大多数光子仅仅被吸收和再辐射一次，归因于小尺寸的量子点的再吸收截面。再发射光束经过上下界面反射，最终到达端面 PV 电池处。因此，随着几何因子的增加，没有再发射或逃逸光通量的比例会以一个缓慢的速率增加。考虑到所有端面包覆 PV 带来的附加花费，可以确定单边端面包覆 PV 电池的 LSC 设计具有更好的性价比。

2. 基于大 Stokes 位移的 CdSe/CdS 量子点 LSC 器件

胶体量子点是一个适合于 LSC 的材料，它具有高的发光产率、大的吸收截面和尺寸调谐能力。然而也存在一个重要的问题，即量子点 PL 发光光谱与它的带边吸收光谱有较大的重叠。在习惯上，上述二者的分离称为 Stokes 位移。通常技术制备的胶体量子点，Stokes 位移比较小。胶体量子点 Stokes 位移的主要来源是：带边精细结构的劈裂效应（splitting effect）[104] 和尺寸的多分散性[105]。以 CdSe 量子点为例，其 Stokes 位移只有几十 meV，与其 PL 发光的带宽相当。由于吸收和 PL 发光光谱的明显重叠，量子点发射的光经历着显著的再吸收，这对于期待较大面积带来较长光学路径的 LSC 器件而言，会产生一系列问题[106]。尽管吸收光的一部分被再发射，整体效果仍然是辐射损耗。产生净损耗的原因是：一是 PL 荧光量子产率小于 1；二是量子点 PL 发光的各向同性的特性，而只有满足全反射要求的再辐射光才能在波导中传播。

加大量子点 Stokes 位移的方法之一是掺杂，可以实现吸收和 PL 发光的分离。在掺杂量子点中，光吸收决定于半导体材料的寄主，而发光光谱受到掺杂材料产生

带间态的调节。这种掺杂结构可以产生数百 meV 的 Stokes 位移。然而，掺杂量子点 PL 发光效率较低(20%～30%)，归因于缓慢的辐射复合(一般是数百 ns)，受到非辐射复合的竞争。另一种加大量子点 Stokes 位移的方法是采用异质结构量子点。适当设计异质结构量子点，将吸收和发射过程分离在异质结构量子点的不同部位(其中一个是光吸收的载体，另一个是较低能量的辐射载体)，导致吸收和发光光谱的良好分离。利用具有特别厚壳的准类型Ⅱ核/壳 CdSe/CdS 量子点，可以实现这个愿望。由于 CdSe 和 CdS 之间具有小的导带边能量补偿，电子波函数可以离开原来的 CdSe 核，而空穴波函数仍然限制在 CdSe 核中，如图 9.110(a)所示[107]。由于这些空穴可以迅速的由壳转移到核(约 1ps)[108]，导致这个结构的发射决定于核内激子的复合，同时光吸收主要归功于更大带隙的 CdS 壳。

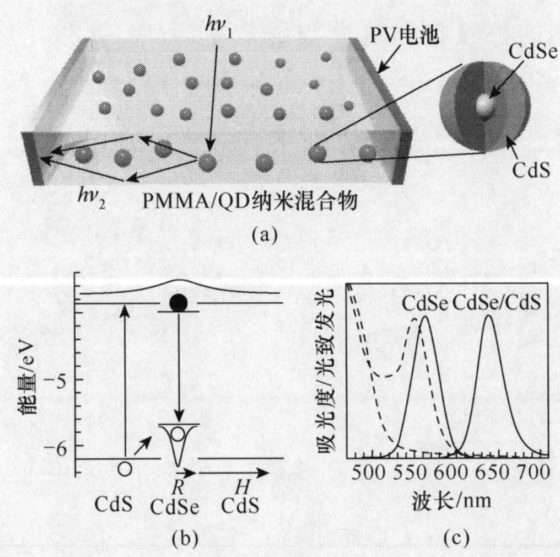

图 9.110　厚壳 CdSe/CdS 量子点能级结构(a)和它的吸收、PL 光谱(b)[109]

厚壳核壳量子点(giant quantum dots，g-QD)适合于 LSC 器件的一个主要因素是，厚的外壳使核量子点几乎完全与周围环境分离。这时可以回避表面缺陷带来的非辐射复合因素，减小载流子的损失；同时可以改善量子点的稳定性，在不同种类热或化学处理时，它仍然保持光发射的原有性质。此外，厚壳可以减少量子点之间偶极子-偶极子耦合强度，抑制量子点之间的能量转移。当量子点混入基质时，团聚现象使量子点之间距离拉近，导致量子点之间发生能量转移的概率提高，引起非辐射损失增加。厚壳使量子点中心距离加大，抑制能量转移引起的非辐射损失。此外，厚壳量子点可以减少俄歇复合的速率[110,111]，而俄歇复合是产生非辐射损耗的来源之一。

Meinardi 等利用 CdSe/CdS 厚壳量子点，制备出几乎无再吸收损耗的 QD-LSC，长度达到数十厘米[109]。在半径 1.5nm CdSe 核量子点外部包覆厚度 $H=$

4.2nm(14 个 CdS 分子单层)的 CdS 壳,得到量子产率 45%的 CdSe/CdS 厚壳量子点,吸收和 PL 光谱如图 9.110(b)所示,作为比对绘出 CdSe 核量子点吸收和 PL 光谱。CdSe 量子点和 CdSe/CdS 厚壳量子点的 PL 发光峰分别是 560nm 和 640nm,产生 400meV 的 Stokes 位移,接近于体 CdSe 和 CdS 材料的带隙。将 CdSe/CdS 厚壳量子点混入 PMMA,形成量子点聚合物纳米混合物,制备出 QD-LSC。

借助于蒙特卡洛模拟计算,对 CdSe 量子点和 CdSe/CdS 厚壳量子点制备 LSC 器件的光传输进行追迹。使用矩形 QD-PMMA 平板(尺寸:21.5cm×1.3cm×0.5cm;折射率 n=1.49),在最小面积端覆盖 PV 电池,取 CdSe 量子点和 CdSe/CdS 厚壳量子点量子产额分别是 4%和 45%。若初始入射光子数量是 1000 万(为清晰起见,只是显示 1000 个光子的结果),图 9.111(a)是 CdSe 量子点 LSC 计算结果示意图。由于强烈的再吸收和低的辐射效率,只有 0.2%的初始光子到达 PV 电池。相比之下,使用 CdSe/CdS 厚壳量子点制备 LSC,由于大大减少了再吸收和增加了 PL 量子产率,有 22%的初始光子到达 PV 电池,较前者增加 100 倍,如图 9.111(b)所示。

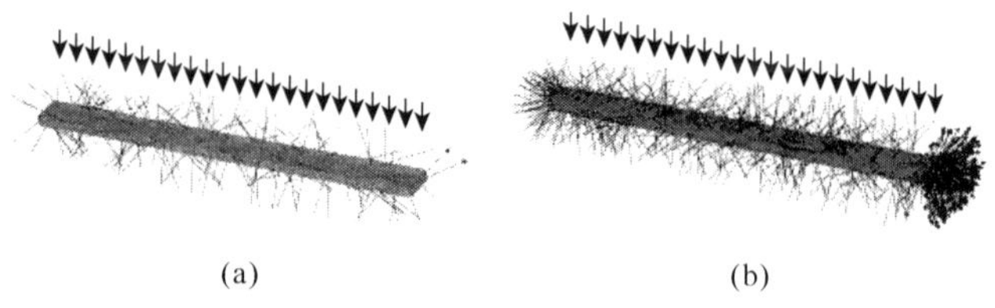

图 9.111　CdSe 量子点(a)和 CdSe/CdS 厚壳量子点(b)LSC 中光传输示意图[109]

利用壳层厚度 4.2nm 的 CdSe/CdS 厚壳量子点,制备出大尺寸(21.5cm×1.3cm×0.5cm)的 QD-LSC。图 9.112(a)是 LSC 器件室内光照(左下)和紫外光照射(左上)的图片,后者说明在紫外辐射激发下,量子点的 PL 发光沿着 QD-PMMA 平板从一端导出。图 9.112(b)是量子点溶液态(实线)和混入 PMMA(虚线)的吸收、PL 光谱。QD-PMMA 平板与溶液样本的吸收光谱几乎是相同的,证明 QD-PMMA 混合材料具有高的光学质量。图 9.112(b)中插图显示出平板一端收集的 PL 发光光谱,这时激发光波长是 473nm,激发点(d=0)到输出端(d=20cm)距离是 20cm。这些数据证明,随着距离 d 的增加,输出光强度下降,在 d=20cm 处达到 60%。如果把这个减少归因于再吸收,应当观察到发光光谱形状的改变。但是,图 9.112(b)所示归一化光谱形状没有看到随 d 的增加发生变化,证明 PL 强度的下降不能归因于 CdSe/CdS 厚壳量子点的再吸收,应当源于基质材料内光学缺陷产生的散射,这个散射导致光子从平板表面逃逸。使用 835nm 的近红外激光做同样实验时,量子点不会吸收这个波长的辐射,但是仍然观察到与前述类似的

d 依赖的输出光强度分布，如图 9.112(c)所示(三角形是 835nm 近红外散射光；圆点是上述 PL 光)。考察量子点 PL 光的强度和近红外散射激光强度的比值，几乎不依赖于 d 的数值，如图 9.112(c)方形曲线，再次证明 QD-PMMA 平板的再吸收损耗是可以忽略的。

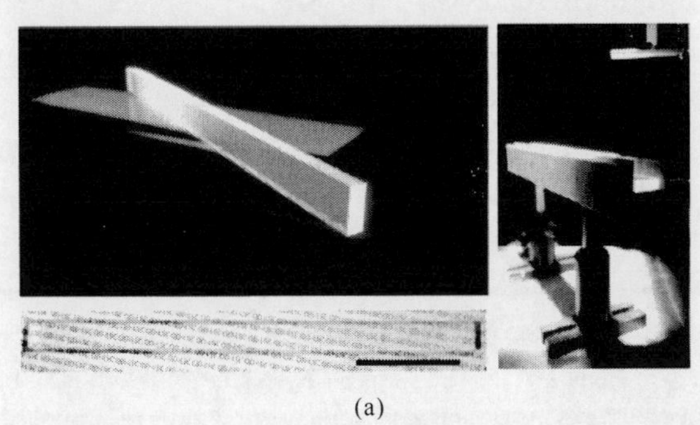

(a)

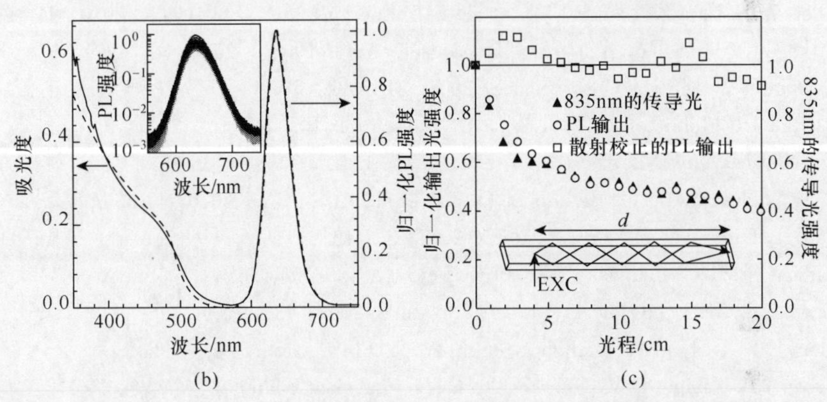

图 9.112　QD-PMMA LSC 图片(a)，吸收和 PL 光谱(b)及距离依赖的输出强度(c)[109]
(阅读彩图请扫封底二维码)

如图 9.112(a，右)所示，将漫反射白光光源放置在 LSC 的上端，漫射光进入到波导中；在平板的底部和后面端没有放置反射器；将平板前端(面积 $A_{edge}=1.3cm\times0.5cm=0.65cm^2$)输出光辐射耦合到硅光电二极管。模拟太阳光辐射 AM 1.5G 垂直照射 LSC 的上表面(面积 $A_{LSC}=1.3cm\times21.5cm=27.95cm^2$)，功率密度是 $I=100mW\cdot cm^{-2}$。我们定义外量子效率是

$$\eta=\frac{N_{out}}{N_{in}} \tag{9.6-19}$$

式中，N_{out} 是光电二极管收集的出射光子数；N_{in} 是 LSC 吸收光子的总数。测量结果表明，$\eta=10.2\%$。

参考文献

[1] Hillhouse H W, Beard M C. Current Opinion Colloid Interface Sci, 2009, 14: 245.
[2] Shockley W, Queisser H J, J. Appl. Phys., 1961, 32: 510.
[3] Kamat P V. J. Phys. Chem. C, 2008, 112: 18737.
[4] Kongkanand A, Tvrdy K, Takechi K, et al. J. Am. Chem. Soc., 2008, 130: 4007.
[5] Zur A, Mcgill T C. J. Appl. Phys., 1984, 55: 378.
[6] Shchukin V A, Ledentsov N N, Bimberg D. Epitaxy of Nanostructures. New York: Springer-Verlag, 2004.
[7] Lau Y K A, Chernak D J, Bierman M J, et al. J. Mater. Chem., 2009, 19: 934.
[8] Nozik A J, Beard M C, Luther J M, et al. Chem. Rev., 2010, 110: 6873.
[9] Brown A S, Green M A. Phys. E, 2002, 14: 96.
[10] Dürr M, Bamedi A, Yasuda A, et al. Appl. Phys. Lett., 2004, 84: 3397.
[11] Johnston K W, Abraham A G P, Clifford J P, et al. Appl. Phys. Lett., 2008: 92.
[12] Yoon W J, Jung K Y, Liu J W, et al. Sol. Energy Mater. Sol. Cells, 2010, 94: 128.
[13] Juska G, Viliunas M, Arlauskas K, et al. J. Appl. Phys., 2001, 89: 4971.
[14] Talapin D V, Murray C B. Science, 2005, 310: 86.
[15] Clifford J P, Johnston K W, Levina L, et al. Appl. Phys. Lett., 2007: 91.
[16] Luther J M, Law M, Beard M C, et al. Nano Lett., 2008, 8: 3488.
[17] Tang J, Brzozowski L, Barkhouse D A R, et al. ACS Nano, 2010, 4: 869.
[18] Tang J, Sargent E H. Adv. Mater., 2011, 23: 12.
[19] Dalpian G M, Chelikowsky J R. Phys. Rev. Lett., 2006: 96.
[20] Erwin S C, Zu L J, Haftel M I, et al. Nature, 2005, 436: 91.
[21] Klem E J D, Shukla H, Hinds S, et al. Appl. Phys. Lett., 2008: 92.
[22] Urban J J, Talapin D V, Shevchenko E V, et al. Nat. Mater., 2007, 6: 115.
[23] Shockley W, Queisser H J. J. Appl. Phys., 1961, 32: 510.
[24] Marcus R A. J Chem. Phys., 1956, 24: 966.
[25] Sakata T, Hashimoto K, Hiramoto M. J. Phys. Chem., 1990, 94: 3040.
[26] Tvrdy K, Frantsuzov P A, Kamat P V. PNAS, 2011, 108: 29.
[27] Stockwell D, Yang Y, Huang J, et al. J. Phys. Chem. C, 2010, 114: 6560.
[28] Bera D, Qian L, Tseng T K, et al. Materials, 2010, 3: 2260.
[29] Huang J, Stockwell D, Boulesbaa A, et al. J. Phys. Chem., C, 112: 5203.
[30] She C, Anderson N A, Guo J, et al. J. Phys. Chem. B, 2005, 109: 19345.
[31] Pernik D, Tvrdy K, Radich J G, et al. J. Phys. Chem. C, 2011, 115: 13511.
[32] Chakrapani V, Baker D, Kamat P V. J. Am. Chem. Soc., 2011, 133: 9607.
[33] Kamat P V, Ebbesen T W, Dimitrijevic N M, et al. Chem. Phys. Lett., 1989, 157: 384.
[34] Kamat P V, Gopidas K R, Dimitrijevic N M. Mol. Cryst. Liq. Cryst., 1990, 183: 439.
[35] Stroyuk A L, Raevskaya A E, Kuchmii S Y. Theor. Exp. Chem., 2004, 40: 130.
[36] Loucka T. J. Electroanal. Chem., 1972, 36: 355.

[37] Radich J G，Dwyer R，Kamat P V. J. Phys. Chem. Lett.，2011，2：2453.
[38] Huynh W U，Dittmer J J. Alivisatos A P. Science，2002，295：2425.
[39] Gross N Y，Harari M S，Zimin M. Nat. Mater，2011，10：974.
[40] Sun B，Findikoglu A T，Sykora M，et al. Nano Lett.，2009，9：1235.
[41] Lee H J，Yum J H，Leventis H C，et al. J. Phys. Chem. C，2008，112：11600.
[42] Robel I，Kuno M，Kamat P V. J. Am. Chem. Soc.，2007，129：4136.
[43] Giménez S，Seró I M，Macor L，et al. Nanotechnology，2009，20：295204.
[44] Guijarro N，Villarreal T L，Seró M，et al. J. Phys. Chem. C，2009，113：4208.
[45] Kongkanand A，Tvrdy K，Takechi K，et al. J. Am. Chem. Soc.，2008，130：4007.
[46] Seró I M，Giménez S，Moehl T，et al. Nanotechnology，2008，19：424007.
[47] Lee Y L，Huang B M，Chien H T. Chem. Mater.，2008，20：6903.
[48] Shen Q，Kobayashi J，Diguna L J，et al. J. Appl. Phys.，2008，103：084304.
[49] Hodes G，Manassen J，Cahen D. J. Electrochem. Soc.，1980，127：544.
[50] Baker D R，Kamat P V. Adv. Funct. Mater.，2009，19：805.
[51] Chen H，Fu W，Yang H，et al. Electrochim Acta，2010，56：919.
[52] Chen C，Xie Y，Ali G，et al. Nanotechnology，2011，22：015202.
[53] Jasieniak J，MacDonald B I，Watkins S E，et al. Nano Lett.，2011，11：2856.
[54] Brus L E. J. Chem. Phys.，1984，80：4403.
[55] Hill I G，Kahn A，Soos Z G，et al. Chem. Phys. Lett.，2000，327：181.
[56] Alvarado S F，Seidler P F，Lidzey D G，et al. Phys. Rev. Lett.，1998，81：1082.
[57] Olson J D，Rodriguez Y W，Yang L D，et al. Appl. Phys. Lett.，2010，96：242103.
[58] Toušek J，Kindl D，Toušková J，et al. J. Appl. Phys.，2001，89：460.
[59] Lan G Y，Yang Z，Lin Y W，et al. J. Mater. Chem.，2009，19：2349.
[60] Gao X F，Li H B，Sun W T，et al. J. Phys. Chem. C，2009，113：7531.
[61] Ning Z，Tian H，Qin H，et al. J. Phys. Chem. C，2010，114：15184.
[62] Kongkanand A，Tvrdy K，Takechi K，et al. J. Am. Chem. Soc.，2008，130：4007.
[63] Fillinger A，Parkinson B A. J. Electrochem. Soc.，1999，146：4559.
[64] Lee H J，Bang J，Park J，et al. Chem. Mater.，2010，22：5636.
[65] Luther J M，Law M，Beard M C，et al. Nano Lett.，2008，8：3488.
[66] Choi J J，Lim Y F，Berrios M B S，et al. Nano Lett.，2009，9：3749.
[67] Jiang X M，Schaller R D，Lee S B，et al. J. Mater. Res.，2007，22：2204.
[68] Verbakel F，Meskers S C J，Janssen R A J. J. Appl. Phys.，2007，102：083701.
[69] Gilot J，Wienk M M，Janssen R A J. Appl. Phys. Lett.，2007，90：143512.
[70] Gregg B A. J. Phys. Chem. B，2003，107：4688.
[71] Gregg B A，Hanna M C. J. Appl. Phys.，2003，93：3605.
[72] Leschkies K S，Jacobs A G，Norris D J，et al. Appl. Phys. Lett.，95，2009：193103.
[73] Leschkies K S，Beatty T J，Kang M S，et al. ACS Nano，2009，3：3638.
[74] Tisdale W A，Williams K J，Timp B A，et al. Science，2010，328：1543.
[75] Sambur J B，Novet T，Parkinson B A. Science，2010，330：63.
[76] Pijpers J J H，Koole R，Evers W H，et al. J. Phys. Chem. C，2010，114：18866.

[77] Shalom M, Rühle S, Hod I, et al. J. Am. Chem. Soc., 2009, 131: 9876.
[78] Redmond G, Fitzmaurice D. J. Phys. Chem., 1993, 97: 1426.
[79] Johnston K W, Abraham A G P, Clifford J P, et al. Appl. Phys. Lett., 2008, 92: 151115.
[80] Kim G H, Walker B, Kim H B, et al. Adv. Mater., 2014, 26: 3321.
[81] Benehkohal N P, Pedro V G, et al. J. Phys. Chem. C, 2012, 116: 16391.
[82] Hyun B R, Zhong Y W, Bartnik A C, et al. ACS Nano, 2008, 2: 2206.
[83] Abraham A G P, Kramer K J, Barkhouse A R. ACS Nano, 2010, 4: 3374.
[84] Tang J, Kemp K W, Hoogland S, et al. Nat. Mater., 2011, 10: 765.
[85] Jeffrey M P, Donald J W, Darrick J W, et al. J. Am. Chem. Soc., 2008, 130: 4879.
[86] Schapotschnikow P, Hommersom B, Vlugt T J H. J. Phys. Chem. C, 2009, 113: 12690.
[87] Wu Y, Wadia C, Ma W, et al. Nano Lett., 2008, 8: 2551.
[88] Akhavan V A, Panthani M G, Goodfellow B W, et al. Optics Express, 2010, 18: 411.
[89] Pudov A O, Sites J R, Contreras M A, et al. Thin Solid Films, 2005, 480—481: 273.
[90] Wu J J, Chang R C, Chen D W, et al. Nanoscale, 2012, 4: 1368.
[91] Lessner P M, McLarnon F R, Winnick J, et al. J. Electrochem. Soc., 1993, 140: 1847.
[92] Hu H, Ding J, Zhang S, et al. Nanoscale Res. Letters, 2013, 8: 10.
[93] Kraeutler B, Bard A J. J. Am. Chem. Soc., 1978, 100: 4317.
[94] Lide D R. Handbook of Chemistry and Physics. 83rd edition. Boca Raton: CRC; 2002.
[95] Li T, Lee Y, Teng H. Energy Environ. Sci., 2012, 5: 5315.
[96] Kim S J, Kim W J, Cartwright A N, et al. Solar Energy Materials & Solar Cells, 2009, 93: 657.
[97] Wang X, Koleilat G I, Tang J, et al. Nat. Photon, 2011, 5: 480.
[98] Koleilat G I, Wang X, Sargent E H. Nano Lett., 2012, 12: 3043.
[99] Weber W H, Lambe J. Appl. Optics, 1976, 10: 2299.
[100] Goetzberger A, Greubel W. Applied Physics, 1977, 2: 123.
[101] Yu W, Qu L, Guo W, et al. Chem. Mater., 2003, 15: 2854.
[102] Born M, Wolf E. Principles of Optics: Electromagnetic Theory of Propagation, Interference and Diffraction of Light. 7th ed. Cambridge: Cambridge University Press, 2005.
[103] Sahin D, Ilan B, Kelley D F. J. Appl. Phys., 2011, 110: 033108.
[104] Klimov V I. Nanocrystal Quantum Dots. 2nd ed. Taylor & Francis, 2009.
[105] Klimov V I. Annu. Rev. Phys. Chem., 2007, 58: 635.
[106] Krumer Z, Pera S J, Moes R J A D. Sol. Energ. Mater. Sol. Cell, 2013, 111: 57.
[107] Brovelli S, Schaller R D, Crooker S A, et al. Nat. Commun., 2011, 2: 280.
[108] Rossi M Z, Lupo M G, Tassone F, et al. Nano Lett., 2010, 10: 3142.
[109] Meinardi F, Colombo A, Velizhanin K A, et al. Nat. Photonics, 2014, 8: 392.
[110] Santamaría F G, Brovelli S, Viswanatha R, et al. Nano Lett., 2011, 11: 687.
[111] Javaux C, Mahler B, Dubertret B, et al. Nat. Nanotech., 2013, 8: 206.

第 10 章　其他典型的胶体半导体量子点器件与应用

除了量子点 LED 和太阳电池的应用之外，胶体半导体量子点在其他领域还有诸多的应用，如光电探测器、激光器、光纤波导、传感检测、生物标记等。采用胶体半导体量子点制作的器件，特点是成本低、柔韧性好、易于实现微型化等。在这一章，我们介绍一些其他典型的胶体半导体量子点器件和应用。

10.1　胶体半导体量子点光电探测器

胶体半导体量子点是纳米结构的合成材料，而且是溶液分散的。这种材料具有明显的量子尺寸受限效应，其带隙强烈的依赖于纳米粒子的尺寸、形状和组分。胶体半导体量子点中载流子受限的结果是，载流子处于分立的能级，类似于分子的结构。受限效应影响载流子在胶体量子点组成的固体材料中的输运特性，包括非定域作用、变程跳跃、延缓载流子的弛豫，以及电子与空穴之间的相互作用。同时，量子点的多激子效应也会影响光辐射探测的应用，改善它的性能。在这一节里，我们集中讨论两种类型的光电探测器：光电二极管和光电导探测器，包括胶体量子点光电探测器的物理特性和特性参数，以及典型器件的结构。

10.1.1　基本原理与特性表征

1. 基本模型

图 10.1 是胶体量子点薄膜层的结构示意图，量子点密度可以表示为：$\delta=1/s$，s 是相邻量子点的间距。在分析量子点的光学吸收时应当考虑填充因子 F 的影响，这个因子可以表示为

$$F=\frac{1}{s}\sqrt[3]{V} \tag{10.1-1}$$

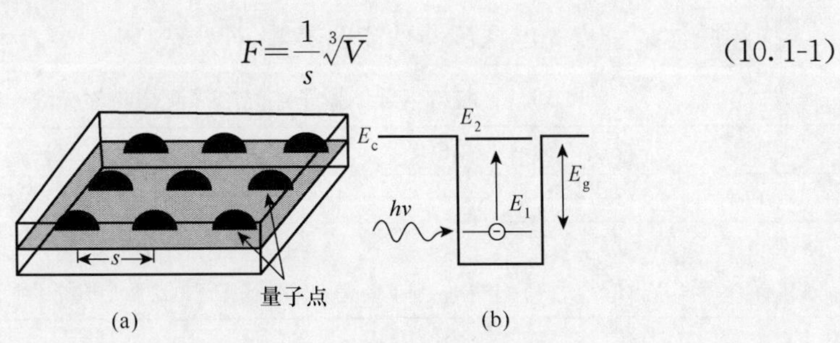

图 10.1　量子点阵列示意图(a)和量子点能带结构(b)

式中，V 是量子点的体积。

我们考虑一个平面量子点阵列薄膜，对于自组装的量子点，光谱呈现高斯正态分布，吸收系数有如下表示式[1]：

$$\alpha(E)=\alpha_0\frac{n_1\sigma_{\mathrm{QD}}}{\delta\,\sigma_{\mathrm{ens}}}\exp\left[-\frac{(E-E_g)^2}{\sigma_{\mathrm{ens}}^2}\right] \tag{10.1-2}$$

式中，α_0是吸收系数的最大值；n_1是量子点中基态电子的面密度；δ是薄膜中量子点的密度；$E_g=E_2-E_1$是量子点基态和激发态之间光学跃迁的能量；σ_{QD}是单个量子点带内吸收相对高斯线型的标准差，σ_{ens}是量子点整体能量分布相对高斯线型的标准差。注意到，上式 n_1/δ 和 $\sigma_{\mathrm{QD}}/\sigma_{\mathrm{ens}}$ 两项使吸收系数变小，分别源于量子点基态电子的缺失和非均匀增宽的影响。

载流子分布遵从 Fermi 分布。在量子点薄膜中，处于能级 E_n的电子密度是

$$n_n=\int\frac{g\delta}{\sqrt{\pi}\sigma}\exp\left[-\frac{(E-E_n)^2}{\sigma^2}\right]f(E_n)\,\mathrm{d}E \tag{10.1-3}$$

式中，g 是能级的退化因子；E_n是预期能级；σ 是能量分布相对高斯线型的标准偏差。由于$\sigma<E_g=E_2-E_1$，所以描述量子点基态和激发态电子密度的高斯线型函数的差异非常微小。于是，上式可以表示为

$$n_n=g\delta f(E_n) \tag{10.1-4}$$

其次，考虑电中性的条件，二维排列密度有如下关系式：

$$N_d=n_1+n_2+n_b=2\delta f(E_1)+8\delta f(E_2)+\int_0^{\infty}g^{2D}(E)f(E_c)\,\mathrm{d}E \tag{10.1-5}$$

式中，N_d是杂质能级的面密度；n_b是导带中载流子密度。此外，这里假设量子点的基态退化因子 $g=2$(对应两个自旋态)，而激发态的退化因子 $g=8$(对应 4 倍的退化度和两个自旋态)[2]。可以预期，当激发态与导带底一致时，$E_c=E_2$，载流子的密度是 n_2+n_b。

2. 特征参数

描述胶体量子点光电探测器性能的参数，列于表 10.1 中。

表 10.1　胶体半导体量子点光电探测器特性参数

物理量	符号	单位	定义
响应度	R	$\mathrm{A\cdot W^{-1}}$	探测器中的光电流与入射光功率之比
暗电流	I_d	A	在无光照时产生的电流(密度)，在一个无偏置的光电二极管稳态时，这两个值等于零
暗电流密度	J_d	$\mathrm{A\cdot cm^{-2}}$	

续表

物理量	符号	单位	定义
量子效率 外量子效率	QE EQE	%	定义为光电流(每秒产生的电子数)与入射的光子通量(每秒入射的光子数)之比,与响应度的关系是:$R=QE/E_{\text{photon}}$(E_{photon}单位是 eV)
内增益 外增益	G_{int} G_{ext}		光电流(每秒产生的电子)与吸收的(或入射)光子数的比值,二者关系是 $G_{\text{ext}}=\text{QE}\times G_{\text{int}}$
噪声电流	I_{noise}	$\text{A/Hz}^{1/2}$	在带宽是 1Hz 时,电流随机起伏的方均根
等效噪声功率	NEP	$\text{W/Hz}^{1/2}$	在带宽是 1Hz 时,产生等同于噪声信号所需要的光辐射功率
归一化探测度	D^*	$\text{cm}\cdot\text{Hz}^{1/2}\cdot\text{W}^{-1}$(Jones)	$D^*=(AB)^{1/2}\ \text{NEP}^{-1}$;$A$ 是探测器面积,B 是带宽

3. 工作原理

根据光敏材料的性质,胶体半导体量子点光电探测器分成两类:光电二极管(photodiode,PD)和光电导探测器(photoconductor,PC)。这两类器件的结构和工作机制如图 10.2 所示[3]。

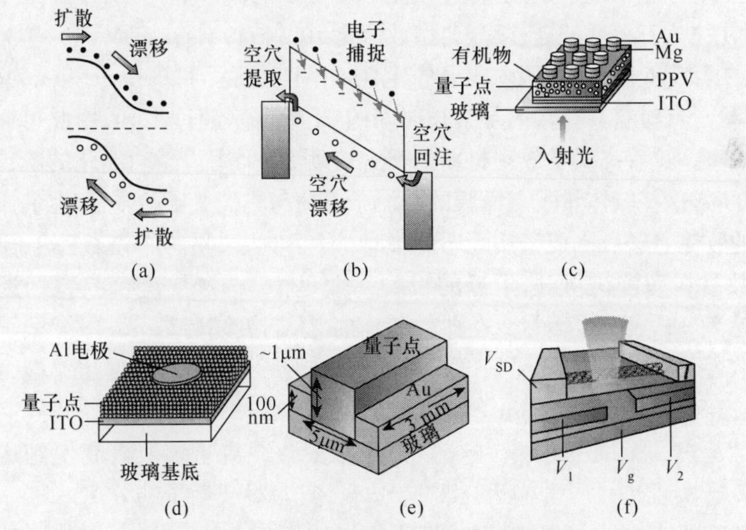

图 10.2　光电二极管和光电导探测器:载流子分离机制(a-c)和器件结构(d-f)
(阅读彩图请扫封底二维码)

(1) 光电二极管的结构和原理

在光电二极管中,电子(或空穴)漂移和扩散过程如图 10.2(a)所示。当一个 p 型(空穴富裕,左侧)半导体与一个 n 型(电子富裕,右侧)接触时,电子和空穴的漂移和扩散过程使结区形成弯曲，达到平衡时二者的 Fermi 能级重合。在光吸收时，光子能量转移给半导体中的电子(图中实心圆点)，使之跃迁到导带(上部黑线)，同时在价带(下部黑线)留下空穴。由于能带弯曲结构在结区形成内建电场，导致电子-空穴对的分离。图 10.2(c)是聚合物-量子点组成异质结光电二极管的结构，利用顶部和底部电极功函数的差值，使载流子分离穿过聚合物和量子点材料的交界面。图 10.2(d)是单一量子点薄膜制备的胶体量子点光电二极管的基本结构。量子点与不同功函数的电极接触，为了补偿彼此之间 Fermi 能级的差异，导致耗尽区的产生，在胶体量子点薄膜中建立一个内建电场。

光电二极管依赖于两种介质，至少有一种介质是半导体材料，两种材料具有明显不同的功函数，相互接触产生一个内建电势。在交界处附近半导体耗尽层内的内建电场，会向对面方向驱动电子和空穴。在完全耗尽器件的简单情况下，如果满足 $t_{life}>t_{extract}$，可以获得高的内量子效率。其中，t_{life}是多数载流子的寿命，$t_{extract}=L^2/\mu V_{bi}$是在内建电场作用下、载流子输运到各自接触边界所经历的时间(L 是接触边界的间隔，μ 是相对较为迟缓载流子的迁移率，V_{bi}是跨越结区的内建电势。)

在传统的结晶半导体的情况下，载流子迁移率高于 $10^2\ cm^2\cdot V^{-1}\cdot s^{-1}$，对于 1V 的内建电势和 1$\mu$m 接触间隔，载流子通过时间低于 ns 量级。对于直接或间接带隙的半导体材料，这个时间远远超过载流子复合的时间。然而，对于胶体半导体量子点，它们往往具有较低的迁移率(典型数值是 $10^{-5}\sim10^{-3}\ cm^2\cdot V^{-1}\cdot s^{-1}$)，即使是 100nm 厚的区域和典型的 1V 内建电势，漂移时间也会达到 100ns～10μs。幸运的是，某些胶体量子点材料具有不同寻常长时间的激子寿命(超过 1μs)，由此可以提供卓越的量子效率。这些高量子效率材料的研究表明，当采用适当功能化的配位体钝化它们的表面时，这些胶体量子点薄膜的载流子寿命与它们激子的寿命相当。因此，当良好钝化的胶体量子点制成密实固态薄膜时，不会产生过量的非辐射复合。

对于多数材料而言，吸收边附近的吸收系数是 $10^4\sim10^5\ cm^{-1}$，只有远远超过带隙时才能达到 $10^6\ cm^{-1}$。因此，在器件制作时，人们关注的是 μm 厚度量子点薄膜层的光吸收性质。典型的情况是，通过控制胶体量子点掺杂，耗尽层厚度一般是 100～200nm。因此，绝大多数 μm 厚度的器件远远超过完全耗尽的需要，这就要求有效的输运通过一个准中性层。这时，依赖于少数载流子扩散机制使到达耗尽层边界的载流子实现进一步的输运，得益于电子-空穴对或激子的分离。

对于多数有机半导体材料，扩散长度是相当的短(5～20nm)[4]。但是，某些胶体量子点材料的少数载流子扩散长度可以超过 100nm，甚至达到 200nm[5,6]。研究表明，使用短的共轭偶联剂(例如苯二硫醇，benzenedithiol)，有助于量子点之间的载流子输运。对溶液处理的直接带隙光电子材料的研究表明，具有 $10^{-3}cm^2\cdot V^{-1}\cdot s^{-1}$迁移率载流子，扩散长度延伸到一个引人注目的量级[7]；而迁

移率超过 $10^{-1}\ cm^2 \cdot V^{-1} \cdot s^{-1}$的胶体量子点薄膜已经实现[8]。

(2) 光电导探测器的结构与原理

图 10.2(b)显示出光电导探测器载流子传递的机制：一种载流子(图示是电子)被陷阱捕获，其他载流子在电场的作用下发生迁移。图中一系列箭头表示来自于导带的电子被各种陷阱态的捕捉，这时若空穴寿命大于这个捕捉的时间，它将渡越这个器件。其次，电子被各种陷阱捕捉的耗时如此之长，允许空穴在外电路循环多次，由此产生增益。图 10.2(e)是一种共面包覆胶体量子点电极的横向光电导探测器结构，也是第一个溶液处理的胶体量子点光电探测器[9]。这种结构器件的制备很简单，可以直接将胶体量子点旋涂在带有电极的玻璃基底上。这时电流的方向处于水平面内，光生载流子迁移的距离决定于电极之间的间距。这个间距可控(例如 5μm)，由此可以控制渡越时间，改善增益。此外，这时总电流决定于电极的长度(图中是 3mm)和薄膜的高度(图中是 1μm)。图 10.2(f)是一种横向三端光电导探测器的结构，这种探测器的光电导可以通过电学和/或光学(图中光束)调制。在这个器件中，输运渠道是碳纳米管。

光电导器件只是传输单一种类的载流子。在光照情况下，光电导器件的电导率会持续的增加，亮电导和暗电导之间的差值比例于光照射的强度。如果持续时间超过载流子通过器件的渡越时间，每个光子吸收产生的电荷会产生累积。持续的时间决定于电子-空穴对复合时间，借助于陷阱帮助，这个时间可以延续很久[10,11]。这些陷阱发挥了两个作用：延缓带间的复合和阻止被捕捉载流子的提取，延缓非流通载流子的寿命。

近几年，有关溶液处理的光电导探测器性能改进的研究，取得了长足进展。例如，尺寸小于 3nm 的 PbS 胶体量子点，带隙是 PbS 体材料 3 倍，可以产生强烈的量子受限效应，在可见光波段获得高的灵敏度[12]。对于单一材料而言，量子尺寸受限效应提供一个宽阔的光谱调谐能力，以便得到可见、近红外波段的光电导探测器。

综合胶体量子点光电探测器的研究进展，表 10.2 列出一些典型器件，同时给出这些器件的主要特性参数[3]。

表 10.2　几种典型胶体量子点光电探测器和性能参数[3]

材料	波段/nm	外量子效率 响应度	探测率/Jones		3dB 带宽 /Hz	原理
			实际测量	推算		
MEH－PPV＋CdS(Se)QD	400～650	60%				PD
CdSe QD	400～700	0.2%		10^8	5×10^4	PD
PbS QD	Vis～1300	$2700A \cdot W^{-1}$	2×10^{13}	5×10^{13}	2×10^1	PC
PbS QD	Vis～1600	$0.2A \cdot W^{-1}$	10^{12}		10^6	PD

续表

材料	波段/nm	外量子效率响应度	探测率/Jones		3dB 带宽/Hz	原理
			实际测量	推算		
PbS QD+PCBM+P3HT	Vis～1300	51%	2×10^{9}		2×10^{3}	PD
HgTe QD	Vis～3000	$4.4\text{A}\cdot\text{W}^{-1}$	3×10^{10}		10^{1}	PC
P3HT+PCBM+CdTe QD	350～650	$50\text{A}\cdot\text{W}^{-1}$		5×10^{12}		PC
ZnO QD	370～395	$61\text{A}\cdot\text{W}^{-1}$		1.3×10^{15}	10^{0}	PC

4. 载流子倍增效应

一般而言，如果入射一个光子能够产生一个电子-空穴对，光电探测器将呈现出最大的响应信号。但是，如果每个光子可以产生多个光生载流子，势必能够进一步提高响应信号。胶体半导体量子点材料存在多激子效应，这为载流子的倍增提供可能性。载流子倍增效应已经在体材料光电探测器中观察到[13]。

人们也在胶体半导体量子点材料中观察到多激子效应，其对胶体量子点器件的增益已经得到证实[14,15]。有关胶体半导体光电导探测器的研究表明，在光子能量低于 3 倍量子点带隙的情况下，器件光电导增益表现出光谱不变性；但是在更高光子能量的照射下，人们观察到增益产生急剧的升高[16]。在胶体量子点光电二极管中，这个类似的效应还没有被观察到。

10.1.2　胶体量子点光电导探测器件

光电导的一个主要特性是可以产生超过 100%的增益，即每吸收一个光子可以向外电路提供多于一个的电子。光电导增益 G 与自由载流子寿命 τ 和两个电极之间渡越时间 τ_{tr} 的关系表示如下[17]：

$$G=\frac{\tau}{\tau_{tr}} \tag{10.1-6}$$

为了提高增益 G 的量值，主要考虑减小 τ_{tr}。渡越时间 τ_{tr} 依赖于载流子输运的距离 L、作用电场的强弱和光电导材料载流子迁移率 μ，有

$$\tau_{tr}=\frac{L}{\mu E} \tag{10.1-7}$$

考虑到两端偏置电压 $V=EL$，所以有

$$G=\frac{\tau\mu V}{L^2} \tag{10.1-8}$$

同时，在无光照时，时间依赖的光电流强度 $I_{photo}(t)$表示为

$$I_{photo}(t)=I_{photo}(0)\exp\left(-\frac{t}{\tau}\right) \tag{10.1-9}$$

相应的 3dB 带宽 f_{3dB}表示为

$$f_{3dB}=\frac{1}{2\pi\tau} \tag{10.1-10}$$

缩短电极间距 L，可以提高渡越时间 τ_{tr}和增益 G，同时又不影响 3dB 带宽 f_{3dB}。

1. 可见光波段光电导探测器

CdSe 量子点是研究较为成熟的量子点，PL 发光处于可见光波段，因此也是常用的可见光波段光电导型胶体量子点光电探测器的敏感材料。

Hegg 等以 CdSe/ZnS 核壳量子点为光电导光敏材料，制备出光电导型胶体量子点光电探测器，结构如图 10.3 所示[18]。纳米间隙电极是由 300Å 的 Au 层和 20Å 的 Cr 支撑层组成，发光峰位于 620nm 的 CdSe/ZnS 量子点沉积和旋涂在 Au/Cr 纳米间隙电极的表面上。为了提高器件的光电导和光电流响应，真空加热到 300℃，退火 40 分钟。图 10.3(b)是器件的原子力显微镜(atomic force microscope，AFM)图像。这个器件电子输运过程受限于光生激子的场致电离速率，比例于毗邻量子点之间电子隧穿的速率。因此，为了获得高响应度，在横跨两极之间必须要有高的场强，这时窄的电极间隙是十分有益的。此外，缩短电极之间距离也减少了电子穿越间隙所需隧穿的次数，进而增加器件的响应度和响应速度。

图 10.3　(a)结构示意图；(b)电极间隙 SEM；(c)沉积量子点后电极的 AFM 和量子点 TEM[18]
(阅读彩图请扫封底二维码)

采用 14nW 连续光照射活化层区域，在有、无光照条件下，50nm 间隙器件的 I-V特性曲线如图 10.4(a)所示。光电流高于暗电流一个数量级。在 3×10^5 V/cm 的

电场作用下,暗电流低于 0.1pA,而光电流达到了 6pA。在较低光照(120pW)的情况下,器件光电特性如图 10.4(b)所示,显示出良好的电阻特性。在 8×10^5 V/cm 电场作用下,光电流随入射光功率变化情况如图 10.4(c)所示。图 10.4(d)是光电流随光调制频率变化曲线,器件的带宽至少是 125 kHz。

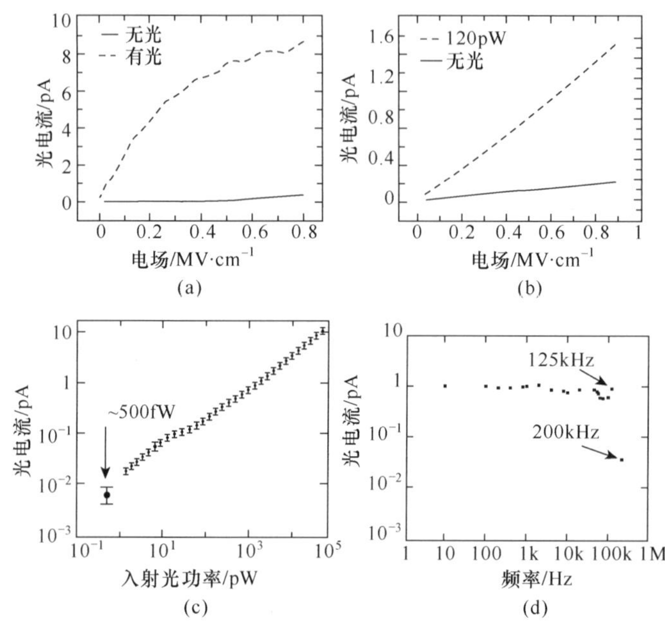

图 10.4　CdSe/ZnS 量子点光电导探测器的光电响应特性[18]

根据图 10.4 的实验数据,在 8×10^5 V · cm^{-1}电场时,在 17pW 光照下,器件输出光电流是 0.1pA,光电响应度是 5.88mA · W^{-1}。若器件噪声电流决定于散弹噪声极限,则 $I_s=(2eIB_n)^{1/2}$,I 是总电流,B_n是噪声带宽。由图 10.4(a)看到,器件暗电流是 0.55pA,总电流是 0.65pA,噪声电流谱强度是$(I_s^2/B_n)^{1/2}=4.56\times10^{-16}$ A · Hz$^{-1/2}$。噪声电流谱强度除以响应度,得到等效噪声功率(noise equivalent power,NEP)是 7.76×10^{-14} W · Hz$^{-1/2}$。若活化层面积是 50×60nm^2,探测灵敏度 $D^*=(A)^{1/2}/\text{NEP}=7.06\times10^7$ Jones(cm · Hz$^{1/2}$ · W^{-1})。

为了改进 CdSe 量子点光电导型探测器件的性能,人们考虑采用不同结构的 CdSe 纳米晶,包括纳米棒、纳米线等,表 10.3 列出了近几年典型 CdSe 纳米晶光电导型探测器件的性能参数。

表 10.3　典型 CdSe 量子点光电导型探测器件性能参数

材料	3 dB 带宽/Hz	探测率/Jones	响应度/A · W^{-1}	灵敏度 $(I_{light}-I_{dark})/I_{dark}$	参考文献
CdSe QD	50×10^3	1.0×10^7	1.80×10^{-3}	100	19
CdSe QD	0.1×10^9		5.70×10^{-6}		20
CdSe/ZnS QD	125×10^3	7.06×10^7	5.88×10^{-3}	7	18
CdSe NR	23×10^3		2.40×10^2	100	21
CdSe NR	350		2.40×10^3	2.33	22
CdSe NW	0.5		200	40	23
CdSe NW	44×10^3	3.77×10^9	1.30×10^{-2}	20	24
CdSe NW	0.043	4.46×10^{10}	1.70	300	24
CdSe NC	175×10^3	6.90×10^{10}	9.1－31	500	25

2. 红外波段光电导探测器

根据胶体量子点的特性，适合于红外光电导的胶体量子点材料主要是 Pb、Hg 族材料，包括 PbS、PbSe、PbTe、HgTe 胶体量子点等。

Konstantatos 等使用胶体 PbS 量子点，制备出近红外光电导探测器[26]，器件结构和光电特性如图 10.5 所示。将胶体 PbS 量子点沉积在厚度 100nm 金电极之间，电极间距是 5μm，量子点薄膜厚度是 800nm。为了改善载流子的迁移能力，采用配位体交换技术，使用 0.6nm 链长的正丁胺(n-butylamine)替代量子点表面的 OA。这个交换可以减小粒子之间的间隙，改善载流子的输运特性。在 100V 的偏置电压作用下，暗电流密度是 0.7mA · cm^{-2}。将器件再浸进甲醇 2 小时，以便进一步移除正丁胺配位体，减小粒子间距，使之紧邻或交联。这时暗电流密度提高两个数量级，达到 40mA · cm^{-2}。

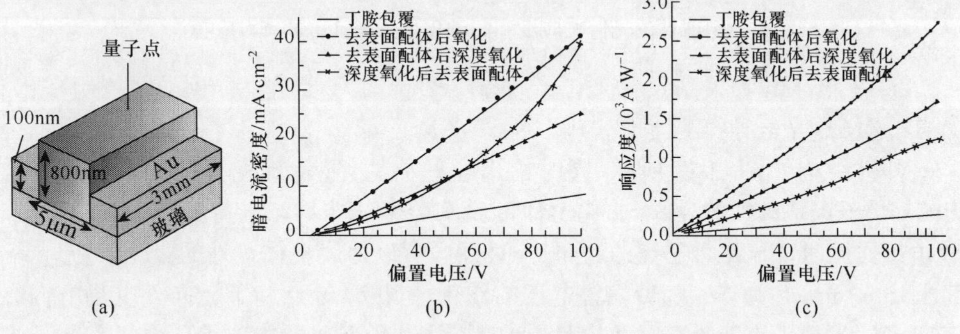

图 10.5　结构示意图(a)，表面处理前后暗电流(b)和响应度曲线(c)[26]

PbS 量子点薄膜的光电导率依赖于长寿命的陷阱态，它可以使光电导提高，但是易于产生粒子之间交界面缺陷态相关的输运噪声。我们比较两个典型的器件：一个是将噪声压制最小的器件；另一个是占据支配地位的器件。在标记“neck-then-oxidize”的器件里，这个薄膜制备过程保持无氧条件，只是在结束时借助于氧进行光敏处理。在标记“oxidize-then-neck”的器件里，将来自于正丁胺溶剂的量子点，在有氧条件下促成沉淀。如图 10.5(b)所示，氧处理的器件没有出现明显的暗电流数值，但是明显影响暗电流随电压(*I-V*)变化的特性曲线形状；“neck-then-oxidize”器件显示出线性(场不依赖)*I-V* 特性曲线，表明纳米粒子紧密接触得十分完美，支配导电的机制是变化范围的载流子跳跃[27]。“oxidize-then-neck”器件显示出非线性 *I-V* 特性曲线，这种类型器件的输运是场辅助的。

在入射功率 80pW、波长 975nm 激光照射下，不同处理方法器件的响应度随偏置电压的变化曲线如图 10.5(c)所示。器件的响应度与暗电流密切相关，高的响应度与成功移除配位体、导致量子点紧密接触有关。对于器件的光电导增益而言，长的陷阱态寿命是有益的，借助于氧的光敏处理可以完美的实现这一点。

在电调制频率是 30Hz、偏置电压是 40V 的条件下，上述器件的光谱响应度和归一化探测率曲线如图 10.6(a)所示。显然，器件光谱响应度与量子点薄膜的吸收光谱密切相关。在量子点激子吸收峰处，器件的归一化探测率是 1.8×10^{13} Jones。图 10.6(b)是器件的频率响应特性，3dB 带宽是 18Hz 左右。

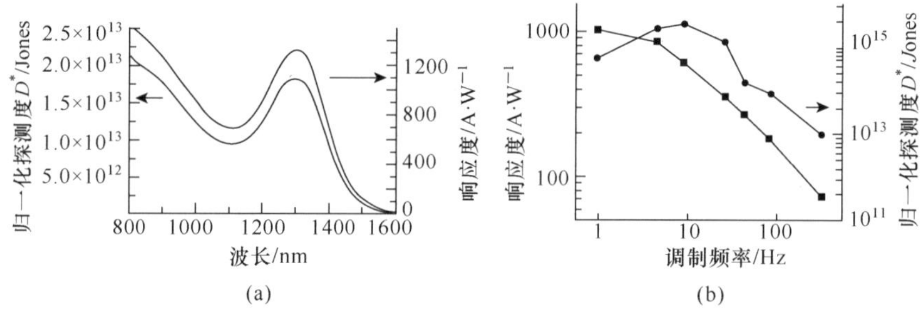

图 10.6　(a)器件的光谱响应度和归一化探测率；(b)频率响应特性[26]

2012 年，Lin 等采用尺寸 6.5nm 胶体 PbTe 量子点作为光敏材料，制备出 PbTe 量子点光电导探测器[28]。

器件结构如图 10.7 所示，同时给出 *I-V* 曲线，显示出良好的光电导增益。PbTe 量子点是极性的，源于非化学计量比例产生的非均匀电荷分布。在没有偏置电压作用时，PbTe 量子点的取向是随机的，所以薄膜整体对外的极化效应(polarization effect)为零。随着偏置电压的作用，有极量子点趋于转向外电场方向。于是，PbTe 量子点薄膜显示出电性，产生与外电场反向的内建极化电场。此外，当偏置电场被移除时，这个内建电场仍然稳定存在，表明 PbTe 量子点薄膜呈现出二极管的特性。随着偏置电压的升高,PbTe 量子点薄膜的电流呈现出非线性的变化,这是因为隧穿效应的增强和多激子产生的影响。

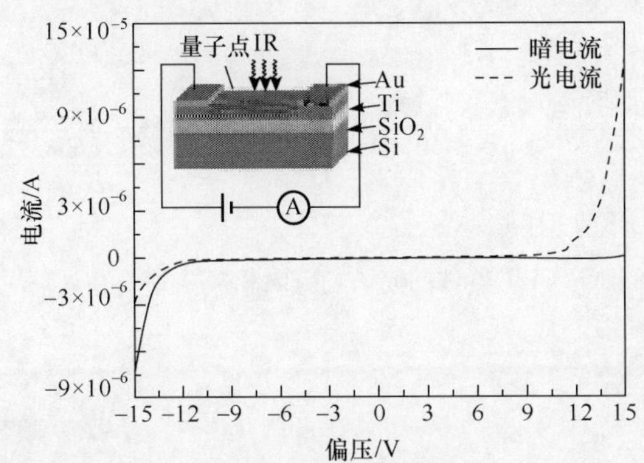

图 10.7 PbTe 量子点器件结构和亮、暗 I-V 曲线[28]

(阅读彩图请扫封底二维码)

Sarasqueta 等采用胶体 PbSe 量子点为光敏材料,制备出 PbSe 量子点光电导探测器[29]。在 ITO 包覆的玻璃基底上,沉积胶体 PbSe 量子点,随后浸进在 0.1M EDT 或 BDT 的乙腈溶液中,保持 30 分钟,再用乙腈或氯仿清洗,移除表面散乱聚合物和残渣;经过多层沉积和处理,得到厚度为 200nm 的薄膜;最后,在量子点薄膜表面热沉积 100nm 厚的 Al 电极,形成 ITO/PbSe/Al 结构的器件。图 10.8(a)是两个器件的响应度随偏置电压的关系曲线,在反向偏置电压−0.26 V 处,EDT 处理器件的光电响应度是 0.67A/W,开始具有光电响应的增益。另一方面,BDT 处理的器件暗电流很低,在低电压区间没有显示出增益特性。在较高电压区间,暗电流增加,偏置电压高于−1.7V 时开始产生增益效果。光电探测器的增益与陷阱态和高的暗电流相关,因此,比较两种处理的器件,EDT 处理的器件在较低电压区间产生较高的陷阱密度和较高的暗电流。光电探测器的一个重要参数是光谱响应度。量子尺寸效应使 PbSe 量子点可以调整吸收边,覆盖近红外宽阔的波长区间,由此调整器件的截止响应波长。在不同反向偏置电压情况下,BDT 处理的光电探测器的光谱响应曲线如图 10.8(b)所示。与图 10.8(c)所示 BDT 处理薄膜的吸收光谱比较,器件的光谱响应类似于它的量子点吸收光谱。在 1450nm 附近,出现吸收峰和光谱灵敏度的峰值,来自于 PbSe 量子点第一激子跃迁。这个结果表明,在这些器件中,量子点发挥了光敏材料的作用。

中红外波段胶体量子点光电导材料,主要是 HgTe 和 InSb 胶体量子点。Keuleyan 等利用调和剂胺作为活性剂,将醋酸汞与 TOP-Te 混入乙醇中发生反应,得到 HgTe[30]。图 10.9 是不同尺寸胶体 HgTe 量子点吸收光谱,以及典型尺寸粒子的 TEM 的图像(标尺是 100nm)。吸收光谱显示出位于 3.4μm 处的烃振动吸收,源于十二胺配位体的贡献。

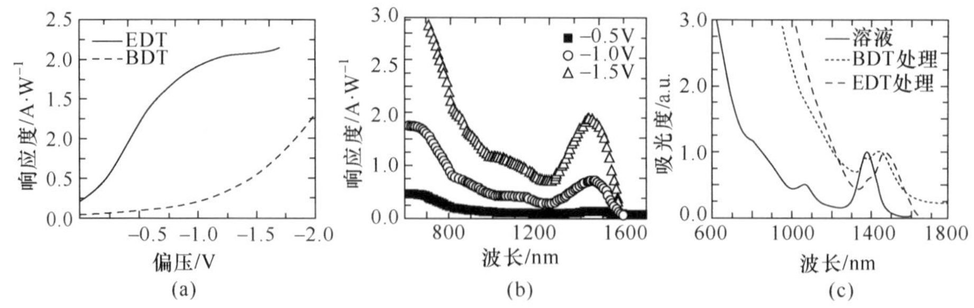

图 10.8　(a)R-V 曲线;(b)BDT 器件的光谱响应曲线;(c) 溶液和处理后薄膜的吸收光谱[29]

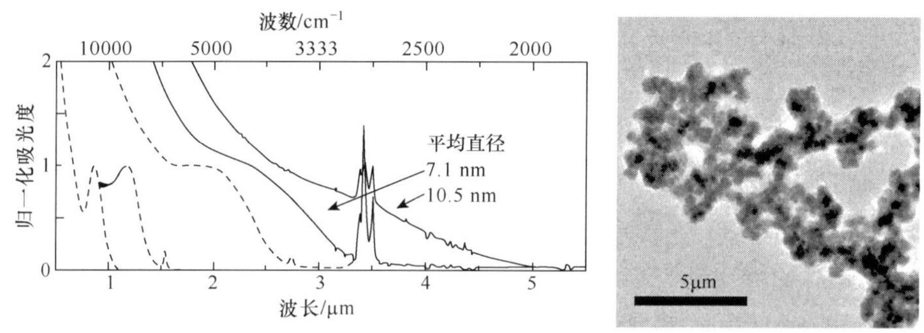

图 10.9　HgTe 量子点吸收光谱和吸收边位于 5μm 的粒子 TEM[30]

TEM 图像表明,HgTe 量子点发生了一定的团聚,有利于改善粒子之间的载流子输运和提高电导率。在室温和有、无光照条件下,器件显示出近似于线性变化的 I-V 特性曲线,如图 10.10(a,b)所示。吸收边 3μm 样本薄膜(厚度是 300nm)的暗电导率是 $\sigma\approx1\times10^{-4}$ S·cm^{-1},5μm 样本薄膜(厚度是 450nm)的暗电导率是 $\sigma\approx1.3\times10^{-3}$S·cm^{-1}。如图 10.10(c)所示,暗电流来自于热活化的作用。吸收边 5μm 样本的活化能是 106meV,3μm 样本的活化能是 201meV,是其半导体带隙的一半。因此,在窄带材料中,热活化电导源于载流子的热激发。图 10.10(d)是光电流随调制频率变化曲线,器件响应只是产生轻微的下降,表明器件良好的频率响应特性。随着薄膜厚度、温度、偏置电压的增加,可以加快响应速度。例如图 10.10(d)中吸收边 5μm 样本器件,相对较高的响应速度归于它的相对更大的厚度。

3. 紫外波段光电导探测器

紫外波段量子点光电导探测器的光敏材料主要是胶体 ZnO 量子点。ZnO 是一个环境友好的半导体材料,室温带隙是 3.35eV。借助于量子尺寸受限效应,ZnO 量子点是良好的紫外波段光敏材料。

Jin 等采用胶体 ZnO 量子点为光敏材料,将胶体 ZnO 纳米粒子旋涂在玻璃基

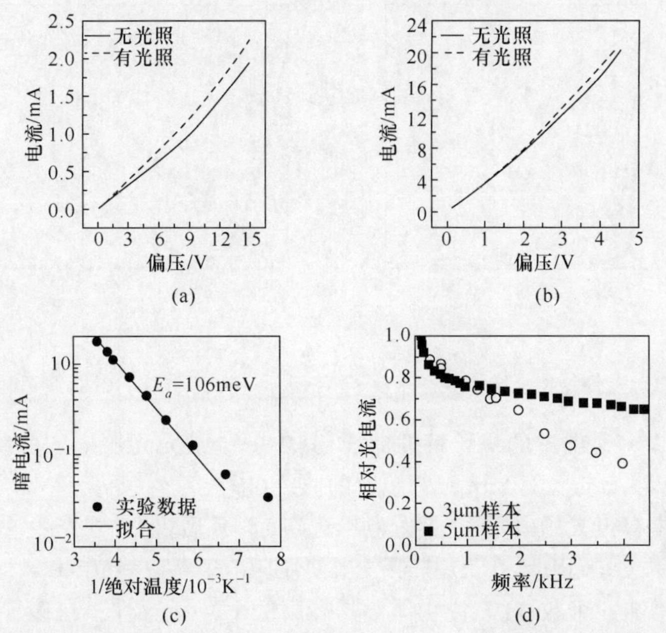

图 10.10　(a)3μm 和(b)5μm 器件 I-V 曲线;(c)暗电流温度特性;(d)调制特性曲线[30]

底上,空气中退火和蒸镀金电极,制备紫外波段的光电导探测器,结构如图 10.11(a)所示[31]。图 10.11(b)是 ZnO 纳米粒子溶液(实线)和薄膜(虚线)的吸收光谱。同 ZnO 体材料 370nm 的吸收峰比较,ZnO 纳米粒子溶液的吸收峰蓝移到 340nm。退火后的 ZnO 纳米粒子薄膜吸收峰稍有红移,达到 355nm,表明退火过程中造成粒子的烧结或毗邻粒子之间的靠近。使用钨丝灯作为照射光源,发射谱如图 10.11(c)虚线所示。在 50V 偏置电压条件下,ZnO 纳米粒子薄膜器件的电流响应光谱曲线如图 10.11(c)实线所示。在 400nm 处,光电流呈现出一个凸起。在 400～700 范围内,只有十分微小的光电响应。

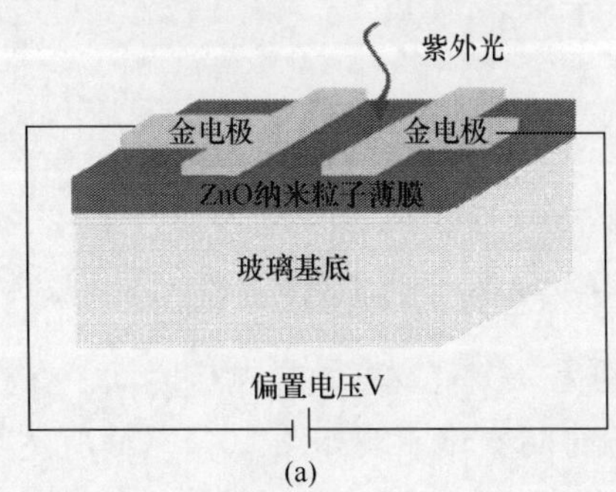

(a)

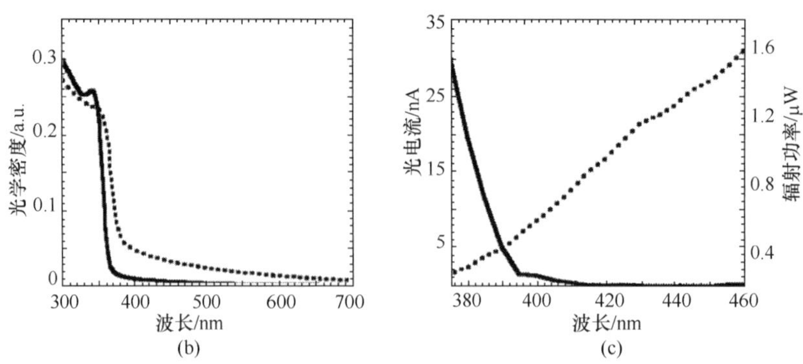

图 10.11 (a)器件结构;(b)ZnO 纳米粒子溶液和薄膜吸收光谱;(c)器件光电流光谱[31]

图 10.12(a)是器件的 *I-V* 特性曲线,其中一个是无光照射的曲线(实线),一个是 0.83mW·cm^{-2}、370nm UV 照射的曲线(虚线)。在暗条件下,最初 ZnO 纳米粒子薄膜具有很大的电阻;在偏置电压达到 120V 后,器件才产生一个微小的电流(<120pA),对应于 $R>1\text{T}\Omega$ 电阻。当使用 1.06mW·cm^{-2} UV 照射时,器件光电流输出增加 6 个数量级,说明器件具有高的 UV 敏感性。在偏置电压 $V_{\text{bias}}<$ 40 V 的范围内,光照 *I-V* 特性曲线是线性的;在更高偏置电压时,*I-V* 特性曲线是指数增加的。光电响应曲线如图 10.12(b)所示,光电流是入射光功率依赖的。随着照射光强度由 10.3μW·cm^{-2}增加到 1.06mW·cm^{-2},光电流输出由 34nA 提高到 3.1×10^{5}nA,增加 4 个数量级。光电流 I_{pc}与入射光强度 P 的关系是幂级数函数形式,$I_{\text{pc}}\propto P^{1.9}$。在波长 370nm、强度 1.06mW·cm^{-2}照射光条件下,器件响应度是 61A·W^{-1}。

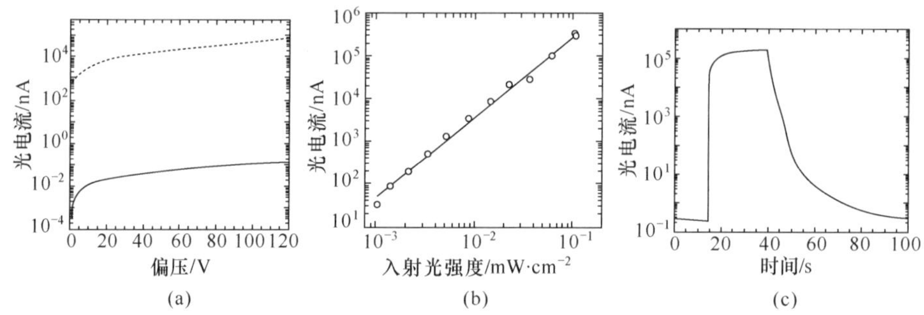

图 10.12 (a)亮、暗 *I-V* 曲线;(b)光电响应曲线;(c)时间分辨的光电流曲线[31]

UV 光电导探测器的另一个重要参数是响应时间。在 120V、25.5s 光脉冲照射条件下,光电流响应随时间变化曲线如图 10.12(c)所示。在 UV 开通 0.1s 的时间里,光电流由 2.0×10^{-1}增加到 5.5×10^{3}nA。光电流迅速增加后,转为缓慢变化过程,在 25s 的时间内,光电流进一步提高 40 倍,直至达到饱和。同理,在关闭入射光照射后，在初始 9～10s 内光电流下降 3 个数量级。这个快速衰退过程显示出一阶指数函数关系，对应的时间常数是 $\tau=1.3$s；随后光电流缓慢衰退，在 2 分钟后光电流继续降低 2～3 个数量级，回到初始状态。

另一个值得注意的考虑是利用窄带量子点敏化 ZnO 薄膜，形成双带(紫外-近红外)光电导探测器。Jayaweera 等人采用 PbS 量子点敏化 ZnO 薄膜，制作结构如图 10.13(a)所示光电导探测器件[34]。较小尺寸 PbS 量子点具有高于 1eV 的带隙，导带(CB)处于 ZnO 薄膜导带之上面。当 VIS-NIR 光子被 PbS 量子点吸收后，PbS 量子点的受激电子可以注入到 ZnO 薄膜导带，如图 10.13(b)所示。在偏置电场作用下，载流子(电子和空穴)迁移和穿越 PbS/ZnO 交界面的势垒，被 FTO 电极收集。另一方面，较大尺寸 PbS 量子点的 CB 位于 ZnO 的 CB 之下，相应光生电子难以注入 ZnO 薄膜。

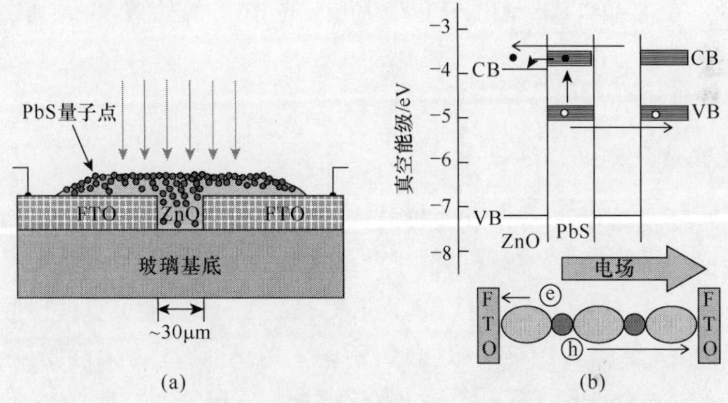

图 10.13　PbS 量子点敏化 ZnO 薄膜器件结构(a)及能级结构和输运过程(b)[32]

PbS 量子点敏化 ZnO 薄膜器件暗、亮(室内光照或波长 850nm、强度 6.3μW·cm^{-2}光照)*I-V* 特性曲线如图 10.14(a)所示，线性曲线表明器件具有欧姆特性。PbS 量子点填充 ZnO 纳米粒子薄膜的的间隙，可以改善电导率；反之，这个改善证明PbS 量子点有效的填塞到 ZnO 基质中。不同尺寸 PbS 量子点填充 ZnO 薄膜的透过率光谱，如图 10.14(a)插图所示。样本 S1(曲线 a)对应 PbS 量子点尺寸最小，样本 S3(曲线 c)对应 PbS 量子点尺寸最大。透过率光谱中没有显示出低于 320nm 辐射存在，是由于 FTO 电极对低于 320nm 的辐射产生强烈吸收。

纯 ZnO 薄膜光电响应光谱曲线如图 10.14(b)所示，380nm 处清晰的边界对应于 ZnO 的带隙吸收。PbS 量子点填充 ZnO 薄膜后，光谱响应从 200nm 延伸到 1400nm。在 UV 和 NIR 波段的响应度，随着偏置电压提高到 1 V(对应电场是 333V/cm)而迅速增加。在填充 PbS 量子点后，敏化 ZnO 薄膜 UV 波段响应度提高 4 倍。此外，峰值位于 700nm、范围 500～1400nm 的 VIS-NIR 响应，来自于 PbS 量子点的贡献。器件是光电导工作模式，ZnO 薄膜内载流子的增加有助于提

高输送到电路的电流。

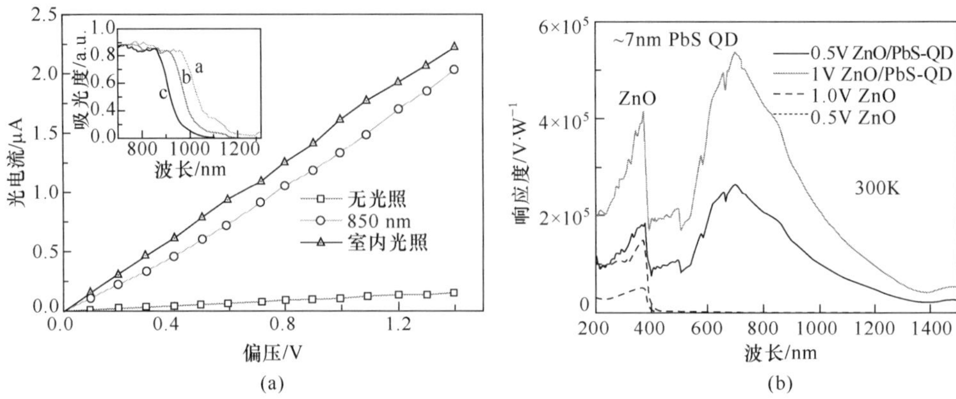

图 10.14 *I-V* 曲线和 PbS 敏化 ZnO 薄膜的吸收光谱(a)和器件光谱响应曲线(b)[32]

10.1.3 胶体量子点光电二极管

1. 可见光波段光电二极管

可见光波段胶体量子点光电二极管主要采用胶体 CdSe 量子点作为光敏材料，与其他材料接触形成异质结结构。

Oertel 等提出一种 ITO/PEDOT:PSS/CdSe/Ag 结构的可见波段胶体量子点光电二极管，能级结构如图 10.15(a)所示[33]。在玻璃基底涂覆厚度 115nm 的 ITO 薄层，再旋涂 PEDOT: PSS，110℃ 烘烤 30 分钟，形成 40nm 薄层。PEDOT：PSS层的作用是使 ITO 电极表面平坦和提高 ITO 电极的功函数。然后是量子点涂覆和热处理。将 ITO/PEDOT:PSS/QD 结构浸进 0.1M 正丁胺乙腈溶液，进行配位体交换处理后，70℃烘烤 1 小时，获得厚度 200nm 的 CdSe 量子点薄膜。这样处理的 CdSe 量子点薄膜，毗邻量子点之间的距离由 1.1nm 减少到 0.5nm。最后，在量子点薄膜上热蒸镀厚度 40nm 的 Ag 电极。

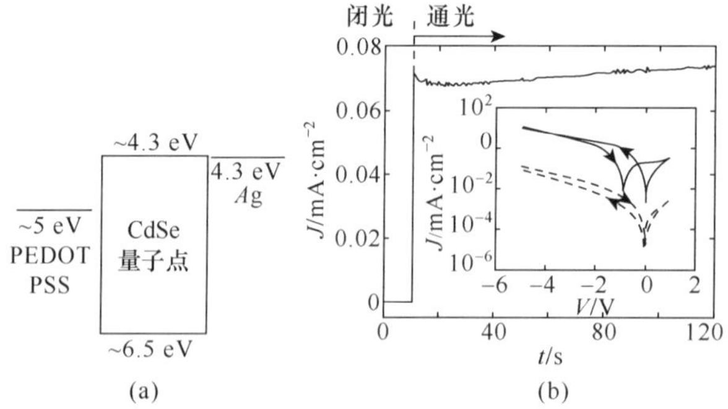

图 10.15 (a)能级结构图；(b)光照开关响应电流特性和器件的 *J-V* 曲线[33]

在零偏置电压时，光电流光照开关响应曲线如图10.15(b)所示。在光照10s后，器件照射光强度达到110mW·cm^{-2}(波长514nm)，器件光电响应度达到稳定值；随着充电效应的影响，响应电流量值的调整在±5%之内。器件的暗、亮 J-V 特性曲线如图10.15(b)插图所示，当偏置电压超出−5V和1V时，器件将产生不可逆的崩溃，光电流与暗电流的比值 I_{photo}/I_{dark} 约为 10^2；在0V偏置下，比值最大值达到 6×10^3。在0V偏置下 I_{photo}/I_{dark} 的最大值归因于器件低量值的暗电流，表明来自于电极处的电荷注入是非常微小的。

图10.16(a)是这个器件的EQE光谱曲线，作为比较给出CdSe量子点溶液的吸收光谱(虚线)。两者的一致性表明，器件的光电响应来自于CdSe量子点的受激吸收和随后产生的激子分离。在0V偏置时，在560nm处的EQE是0.13%，对应20%的吸光度(整个器件原位测量)，表明覆盖整个测量光谱的内量子效率IQE是0.6%。不同偏置电压的EQE曲线如图10.16(b)所示，在−6V偏置电压时，显示出最好响应特性。对应于560nm，EQE达到15%，相应的内量子效率IQE是70%。

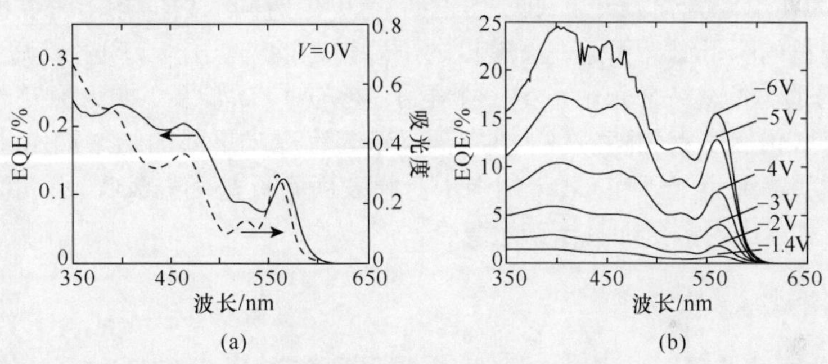

图10.16　(a)0V偏置器件EQE光谱曲线和量子点溶液吸收光谱；(b)EQE光谱曲线[33]

在上述研究报道后，Jiang等采用CdSe纳米带(Nanoribbon)替代CdSe量子点作为光敏材料，试图提高CdSe纳米材料光电二极管的特性[34]。图10.17是CdSe纳米带SEM图像和制作光电二极管的结构示意图。器件制作路线是：将CdSe纳米带旋涂在 SiO_2(300nm)/Si薄片上，随后采用电子束蒸镀方法将Ti(100nm)和Au(25nm)电极沉积到CdSe纳米带薄膜上。在250℃下加温熟化，随后取出在大气中放置1～3分钟，改善纳米带薄膜与电极之间的接触。

在入射光强度5.13mW·cm^{-2}恒定的情况下，波长相关的 I-V 特性曲线如图10.17(b)所示。均衡的 I-V 曲线表明，在纳米带薄膜的两端电极是对称的。在±0.2V偏置电压范围内，显示出线性的 I-V 特性，说明纳米带薄膜与电极之间的接触是欧姆性质的。随着偏置电压的增加，电流密度趋于饱和。如图10.17(c)所示曲线，器件光电导($G=I/V$ 在线性区内计算)是激发光波长相关的。对于650nm和700nm激发波长，器件光电导分别是 G=2816nS、1734nS；随着波长调节

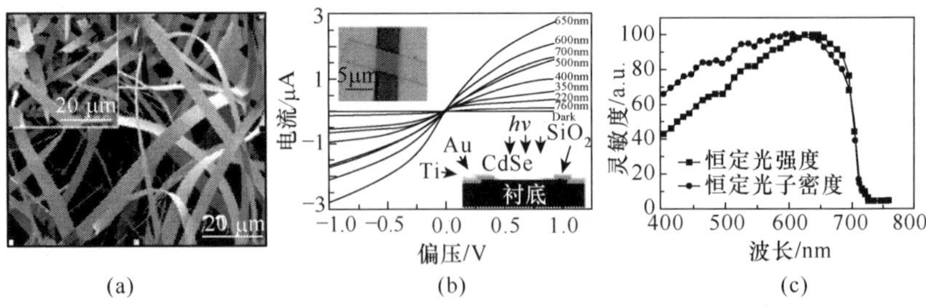

图 10.17　(a)CdSe 纳米带 SEM；(b)I-V 曲线和器件结构；(c)光谱灵敏度曲线[34]
(阅读彩图请扫封底二维码)

到 720nm 和 760nm，光电导分别下降到 G=352nS、16.7nS；直至无光照，暗电导是 G=0.095nS。显然，器件的截止波长是 710nm，与 CdSe 纳米带的带隙接近。在 650nm 照射光条件下，CdSe 纳米带的光电导比暗电导高 5 个数量级，显示器件对红光有良好的敏感性。在小于 650nm 的波段，随着波长的减小，光电流开始逐步下降。因为在恒定光强条件下，即光子能量与单位时间入射的光子密度的乘积不变，随着波长的降低必然引起光子密度的下降。因此，光子诱导产生载流子的浓度也会随着下降(假设一个光子产生一个电子-空穴对)。如果变换为恒定光子密度的照射条件，仍然观察到随着波长的减小，光电流逐步下降的结果如图 10.17(c)所示，这说明高能量光子在 CdSe 纳米带薄膜表面附近被优先吸收，由此激发出的电子-空穴对远比内部更加易于产生复合。

2. 红外波段光电二极管

红外波段胶体量子点光电二极管，主要采用胶体 PbS、PbSe 量子点作为光敏材料，通过与有机或氧化物半导体材料接触，形成异质结结构。

Clifford 等采用胶体 PbS 量子点作为光敏材料，制备出肖特基结构的红外波段光电二极管[35]。将 PbS 量子点旋涂在覆盖 ITO 的玻璃基底上，形成厚度 350nm 的薄膜；然后采用热蒸镀方法将 Al 电极(100nm，1.96mm^2)沉积到上述薄膜上。整个器件放置在 35℃高湿度空气中保持 12 小时，加速量子点薄膜的氧化。器件结构如图 10.18(a)所示，量子点薄膜与 Al 电极之间形成 Schottky 势垒，表现出光电二极管特性。

量子点薄膜允许一定程度的化学修饰，以便调整它的宏观电学特性。利用有机配位体钝化 PbS 量子点表面，调控量子点之间的空间间距，这是决定量子点薄膜电导率和迁移率的决定性因素。表面钝化的浓度十分重要，将影响胶体量子点表面氧化和其他化学修饰的效果。胶体量子点表面不加控制的修饰会导致界面态的产生，在形成金属结时会降低内建电势。在二极管结构中，具有金属结的势垒能够影响分流电阻，进而决定噪声特性。

当照射光由玻璃基底入射到胶体量子点薄膜，在薄膜中产生光生电子和空穴，

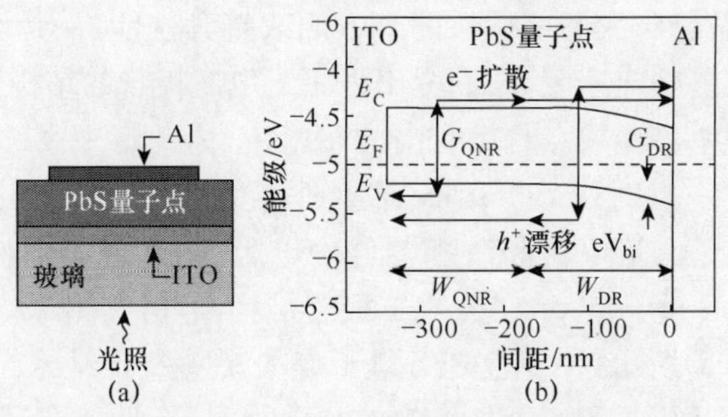

图 10.18　PbS 量子点肖特基光电二极管结构和能级示意图[35]

分别被 Al 电极和 ITO 电极所收集。Schottky 结构的能带结构如图 10.18(b)所示，由于胶体量子点和金属电极具有不同的功函数，二者的界面形成内建电势和一个耗尽区。胶体量子点薄膜耗尽区之外的区域，是一个准中性的 p 型半导体区域。在价带形成大的势垒将限制多数载流子(空穴)由 Al 电极向胶体量子点薄膜的注入，导致一个高度整流的暗 *I-V* 特性。

器件采用直径 6nm 的 PbS 量子点，借助于尺寸受限效应，带隙由体材料的 0.42eV 增加到 0.86eV，其基态激子吸收峰位于 1450nm。借助于 BDT 表面钝化和控制有效的掺杂，使胶体量子点密实的聚集在薄膜内，器件的暗电流密度由 $100nA\cdot cm^{-2}$降低到 $0.1nA\cdot cm^{-2}$。这些电化学暗电流相关的噪声，使光电二极管的探测灵敏度限制为 1×10^{10}Jones。

在室温条件下下，PbS 量子点肖特基光电二极管的外量子效率(*EQE*)和归一化探测率 D^* 随波长变化的曲线如图 10.19(a)所示。EQE 和 D^* 光谱形状与 PbS 量子点薄膜的吸收光谱是一致的，EQE 峰位于 1450nm，与 PbS 量子点基态吸收峰位置一致。在较短波长区域，器件的 EQE 的峰型分布归结于胶体量子点薄膜产生的 Fabry-Perot 干涉效应。器件光电流密度随照射光强度变化的曲线如图 10.19(b)所示，在 4 个数量级光照强度变化范围内仍然保持良好的线性。

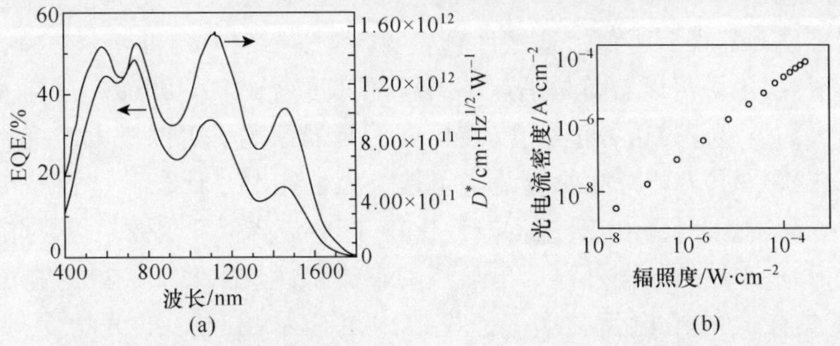

图 10.19　PbS 量子点肖特基光电二极管 EQE 和 D^* 光谱曲线(a)及光电响应曲线(b)[35]

对于光电探测器件，人们期待从两个方面改善其性能：一是响应速度；二是探测灵敏度。为了改善响应速度，人们提出采用光电二极管的结构。然而，胶体量子点光电二极管的一个典型缺点是带有高的暗电流，由此带来高的噪声和降低器件的探测灵敏度。这一点对于 Schottky 结器件尤为明显。相比之下，在反向偏置时，pn 结结构可以降低暗电流和改善器件的电阻，借此提高器件的探测灵敏度。Pal 等提出两种 PbS 量子点 pn 结光电二极管结构设计，如图 10.20(a,b)所示[36]。器件 1 如图 10.20(a)所示，在 p 型 PbS 量子点和 n 型 ZnO 纳米粒子薄膜的交界面形成 pn 结构；采用 PEDOT：PSS 作为电子阻挡层，有助于在反向偏置下减小暗电流；还包括底部的 ITO 电极和顶部的 Al 电极。器件 2 是一个反转的结构，p 型量子点层装配在 n 型 TiO_2 薄膜上，如图 10.20(b)所示。TiO_2 是一个宽带隙半导体材料，当入射光从底部 ITO 一侧照射时，TiO_2 层不会阻碍可见光的透过。在两个器件里，量子点薄膜层厚度约为 150nm，使用直径 4nm 胶体 PbS 量子点，PbS 量子点带隙是 1.18eV。

上述两种 PbS 量子点 pn 结光电二极管实现量子点薄膜层的完全耗尽，通过内建电场实现光生电子-空穴对的有效分离和电极处的良好收集。基于带边能级补偿，金属氧化物和 PbS 量子点层形成类型Ⅱ异质结，如图 10.20(a,b)所示。为了描述这些器件中 pn 结的特性，确定耗尽层的厚度，测量器件的 C-V 特性曲线，得到图 10.20(c,d)。采用如下表示式分析器件的 C-V 特性[37]：

$$\frac{1}{C^2}=\frac{2}{e\varepsilon_s}\frac{(\phi-V)}{N_a} \tag{10.1-11}$$

式中，N_a 是 p 型层受主浓度；ϕ 是内建电势；e 是电子电荷；ε_s 是量子点薄膜的有效介电常数。对测量数据进行拟合，由横轴的截距得到 ϕ 为 0.5V，利用曲线的斜率得到 N_a 是 $2\times10^{16}\ \text{cm}^{-3}$(取 $\varepsilon_s=15$)。由此可以利用下式计算耗尽层的宽度 W[37]：

$$W=\sqrt{\frac{2\varepsilon_s(\phi-V)}{eN_a}} \tag{10.1-12}$$

在 0V 时，计算出器件 1 的 W 为 190nm。同理，利用 C-V 测量曲线得到器件 2 的耗尽层厚度与器件 1 类似。这些计算表明，在上述结构里，即使是在 0V 偏置的条件下，耗尽层区域可以覆盖量子点薄膜层的厚度(约为 150nm)。这样一个耗尽层厚度与大的类型Ⅱ带边补偿组合，在反向偏置的情况下可以极大地抑制暗电流(I_d)，图 10.20(e,f) J-V 特性曲线证明了这一点。在 $V=-1.5\text{V}$ 时，暗电流密度是 $80\text{nA}\cdot\text{cm}^{-2}$。与图 10.18 结构器件比较，暗电流降低 2 个数量级。此外，在无光照情况下，这个结构的器件显示出强烈的整流特性，在 ±1.5V 处的整流比达到 10^3。除了具有低的暗电流之外，这些结构也显示出良好的光电灵敏度。如图 10.20(e,f)所示。在 $\lambda=500\text{nm}$ 的照射条件下，在偏置电压 $V=-1.5\text{V}$ 时，$200\mu\text{W}\cdot\text{cm}^{-2}$ 入射光产生的光电流是 $27\mu\text{A}\cdot\text{cm}^{-2}$，外量子效率 EQE 是 34%。

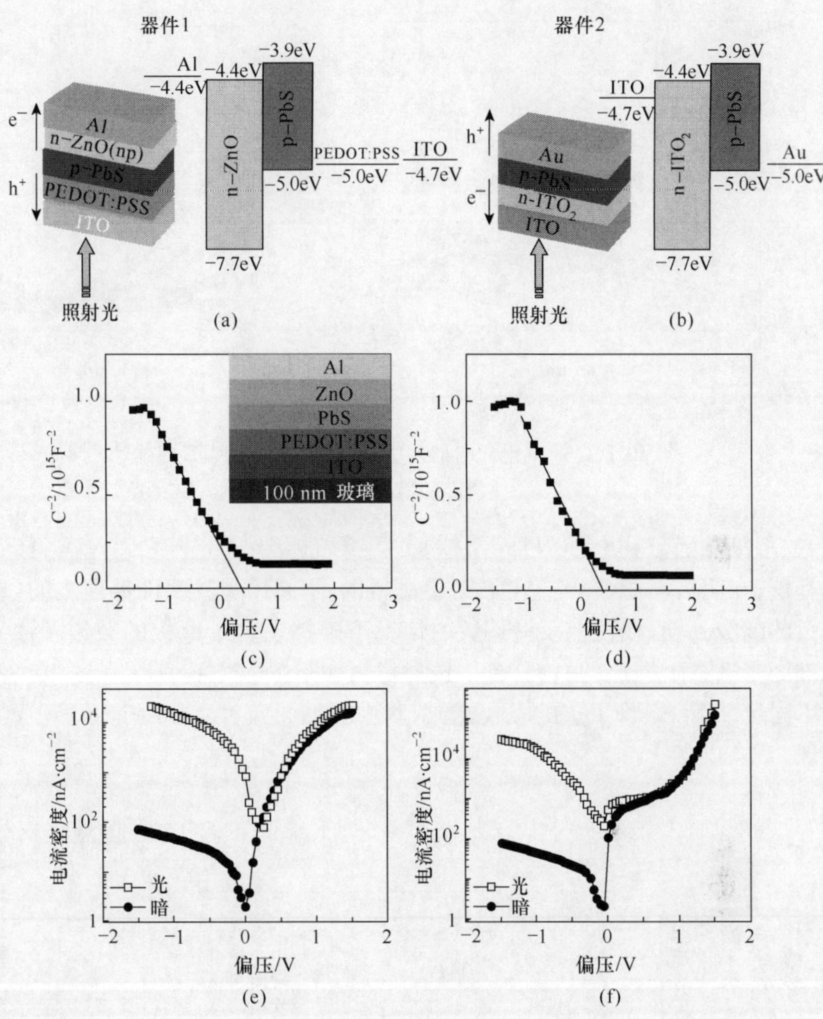

图 10.20　PbS 量子点 pn 结光电二极管的结构(a,b),C-V 曲线(c,d)和 J-V 曲线(e,f)[36]
(阅读彩图请扫封底二维码)

两个 PbS 量子点 pn 结光电二极管 EQE 光谱曲线如图 10.21(a,b)所示。随着偏置电压 V 的增加,EQE 数值随之增加;但是,这个增加不是线性的增加,在 1～1.25V附近呈现出一个峰形。此外,这些器件 EQE 的增加不是均衡的,在 500～600nm区间出现峰形分布。

PbSe 量子点也可以作为红外光电二极管光敏材料。Sarasqueta 等以 PbSe 胶体量子点为光敏层,制备出 pn 结构光电二极管。器件结构是 ITO/MoO_3/电子阻挡层/PbSe/空穴阻挡层/Al,如图 10.22(a)所示[38]。相关有机光伏器件的研究证明,利用薄的 MoO_3层可以改善光生空穴的提取[39,40]。注意到这样一个重要的要

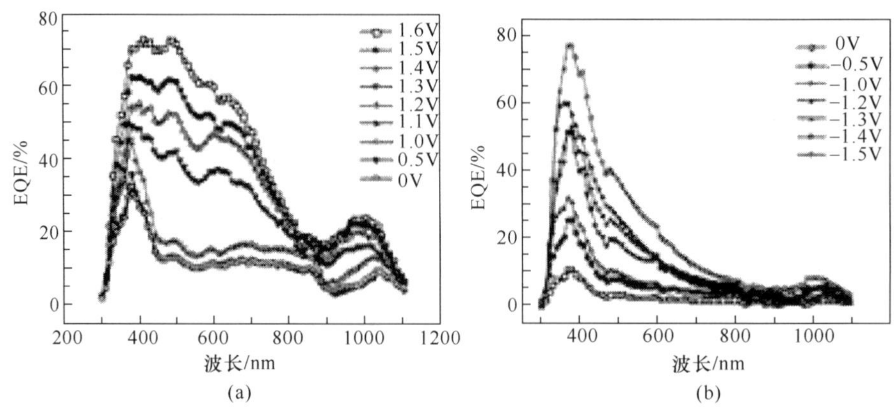

图 10.21　不同电压时器件 1(a)和器件 2 的 EQE 曲线(b)[36]
(阅读彩图请扫封底二维码)

求:在阳极功函数和电子阻挡层材料 LUMO 能级/导带边之间,应当具有大的能级补偿;在阴极功函数和空穴阻挡层材料的 HOMO 能级/价带顶之间,也应当具有大的能级补偿,以便在反向偏置的情况下阻挡来自于电极的载流子注入。这些标准用来选择阻挡层的材料,具体选择材料如图 10.22(b)所示。图 10.22(c)是几个不同尺寸 PbSe 量子点的吸收光谱,其中插图是尺寸 4nm PbSe 量子点的 TEM 图像。

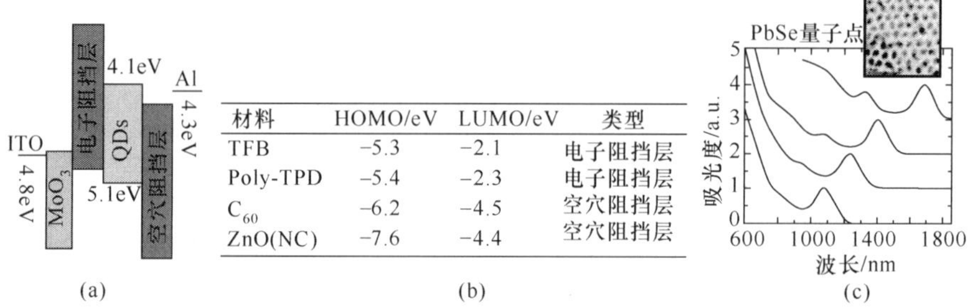

材料	HOMO/eV	LUMO/eV	类型
TFB	−5.3	−2.1	电子阻挡层
Poly-TPD	−5.4	−2.3	电子阻挡层
C_{60}	−6.2	−4.5	空穴阻挡层
ZnO(NC)	−7.6	−4.4	空穴阻挡层

(b)

图 10.22　PbSe 量子点器件的结构(a)和相关材料的参数(b)及 PbSe 量子点 吸收光谱(c)[38]

在−0.5 V 偏置电压下,不同阻挡层 PbSe 量子点器件的暗电流、光电流和探测灵敏度如图 10.23(a)所示。对于第一个阻挡层组合器件,分别选用 TFB、C_{60}作为电子、空穴阻挡层。TFB 有浅的 LUMO 能级,是空穴输运材料,有助于空穴的注入。C_{60}具有深的 HOMO 能级,是电子受主材料,用来阻挡空穴。与无阻挡层器件比较,这个结构器件的暗电流下降 5 倍,而光电流增加 5 倍。正如期待那样,在反向偏置情况下,由于存在大的电子、空穴注入的势垒,阻挡层抑制了器件中的暗电流。光电流的增加,归因于 TFB 层有效的电子阻挡,它阻止电子到达 ITO 阳极;也归因于 C_{60}层有效的空穴阻挡,它阻止空穴到达 Al 阴极。这些暗电流和光电流的变化，导致探测灵敏度由无阻挡层器件的 1.5×10^{10} Jones，提高到 TFB、C_{60} 作为电子和空穴阻挡层器件的 8.0×10^{10} Jones。如果使用具有更深的价带能级 ZnO 纳米晶层替代 C_{60} 层，可以更有效的阻挡空穴。与无阻挡层器件比较，采用 ZnO 纳米晶作为空穴阻挡层的器件，暗电流降低 8 倍，光电流增加 5 倍，器件探测度增加到 3.0×10^{11} Jones。再进一步改变电子阻挡层材料，使用 Poly-TPD 替代 TFB 作为电子阻挡层材料。这时可以进一步减小暗电流，但是与 TFB/ZnO 纳米晶组合相比，光电流也下降了。光电流的降低有两点原因：一是 Poly-TPD 的 HOMO能级略深于 TFB，形成空穴势垒，抑制 PbSe 量子点价带空穴的导出；二是 Poly-TPD 的空穴迁移率是 $2.0\times10^{-3}\ cm^2\cdot V^{-1}\cdot s^{-1}$，低于 TFB($1.0\times10^{-2}\ cm^2\cdot V^{-1}\cdot s^{-1}$)一个数量级，由此进一步影响空穴的有效导出。

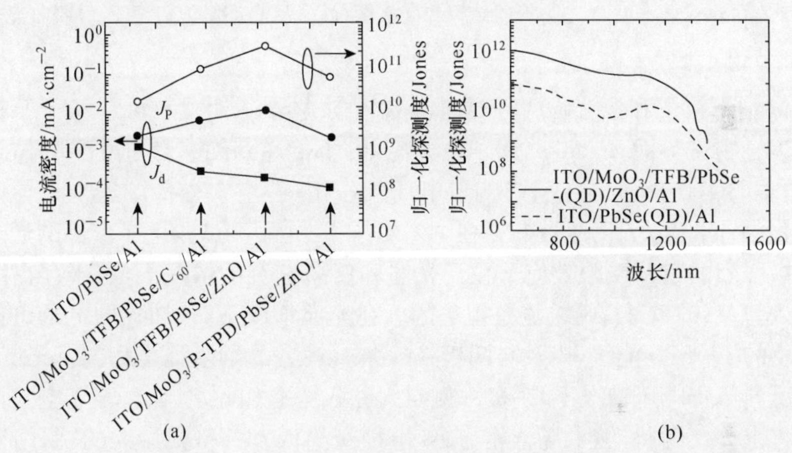

图 10.23　暗电流(J_d)、光电流(J_p)、探测灵敏度(a)和光谱探测度的比较(b)[38]

无阻挡层器件和由 TFB 和 ZnO 纳米晶阻挡层组成器件，探测灵敏度随波长变化曲线如图 10.23(b)所示。两者比较，有阻挡层器件探测度高出一个数量级，而且覆盖 600～1300nm 更为宽阔的波段。在 600～1200nm 波段，探测度超过 10^{11} Jones；在更短波长处的峰值超过 10^{12} Jones。

3. 紫外波段光电二极管

紫外波段胶体量子点光敏材料主要是 ZnO 纳米材料。Guo 等人制备出 ZnO 纳米粒子薄膜为光敏材料的紫外波段胶体量子点光电二极管，如图 10.24(a)所示[41]。在透明 ITO 阳极和 Al 阴极之间，夹带聚合物:ZnO 纳米混合物薄膜。考虑两种空穴传导聚合物材料：P3HT，带隙 1.9eV，适合 UV-vis 辐射探测；PVK，带隙 3.5eV，适合于紫外辐射探测。两种材料与 ZnO 纳米粒子混合，混合材料吸收光谱如图 10.24(b)所示。为了降低暗电流，将 $TPD\text{-}Si_2$ 和 PVK 混合物薄层嵌入在 PEDOT:PSS 和 ZnO 纳米混合物薄膜之间，作为电子阻挡层和空穴传导层。同理，空穴阻挡层和电子传输层 BCP 热蒸镀沉积在阴极一侧。

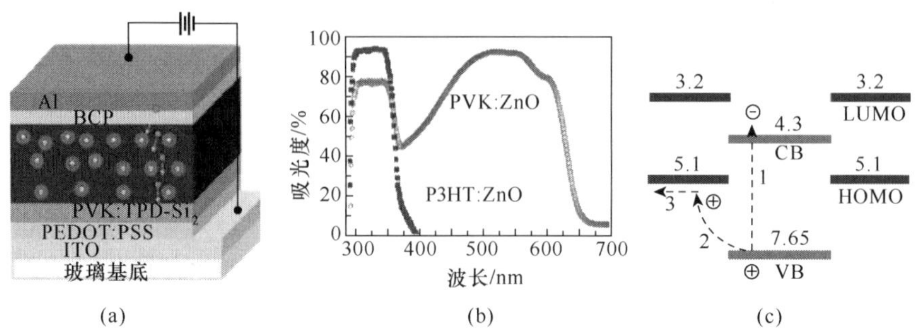

图 10.24　ZnO 纳米粒子光电二极管的结构和能级图(a,c)及 P3HT/PVK：ZnO 吸收光谱(b)[39]
(阅读彩图请扫封底二维码)

ZnO 纳米粒子和聚合物两种材料吸收入射光子，产生 Frenkel 激子。在纳米粒子和聚合物交界面，Frenkel 激子被分离，电子传递到纳米粒子和半导体聚合物内，如图 10.24(c)所示。在反向偏置电场的作用下，空穴被传输进入半导体特性的聚合物中；同时电子仍然被捕捉在纳米粒子里，是由于缺少电子渗漏的通道和纳米粒子中强烈的量子受限效应。在无光照和反向偏置的情况下，由于存在大的载流子注入势垒(0.6eV)，暗电流是很小的。在光照情况下，被捕捉的电子迅速转移到聚合物的 LUMO 能级，以及与阴极在一条直线上的纳米混合物的 Fermi 能级。在小的反向偏置电压情况下，阴极一侧空穴注入势垒如此之小，以至于空穴可以轻易的转移出去。因此，纳米混合物与 Al 电极交界面发挥空穴注入的“阀门”作用，入射光子能够启动这个“阀门”。

图 10.25(a,b)是两种结构器件外量子效率 EQE 曲线，与 ZnO 纳米混合物吸收光谱类似。对于 PVK：ZnO 器件，在偏置电压是−3 V 时；对于 P3HT：ZnO 器件，在偏置电压是−1 V 时，EQE 超过 100%。在反向偏置超过−8V 后，EQE 随反向偏置电压迅速升高；同时，光电流也迅速增加，如图 10.25(c)所示。在偏置电压是−9V 时，在波长 360nm 处，PVK：ZnO 和 P3HT：ZnO 两种结构器件的峰值 EQE 分别是 245%、300%和 340%、600%。相应的响应度(R, A · W^{-1})，即光电流与入射光强度的比值，由 EQE 的测量值计算出来，有

$$R=\frac{\mathrm{EQE}}{h\nu} \tag{10.1-13}$$

式中，$h\nu$ 是入射光子能量，以 eV 为单位。在入射光强度 1.25mW · cm^{-2}、波长 360nm 的条件下，PVK：ZnO 和 P3HT：ZnO 两种结构器件的峰值响应度分别是 721A · W^{-1}和 1001A · W^{-1}。

图 10.25(c)是 PVK：ZnO 器件暗电流和光电流的伏安特性曲线。在无光照

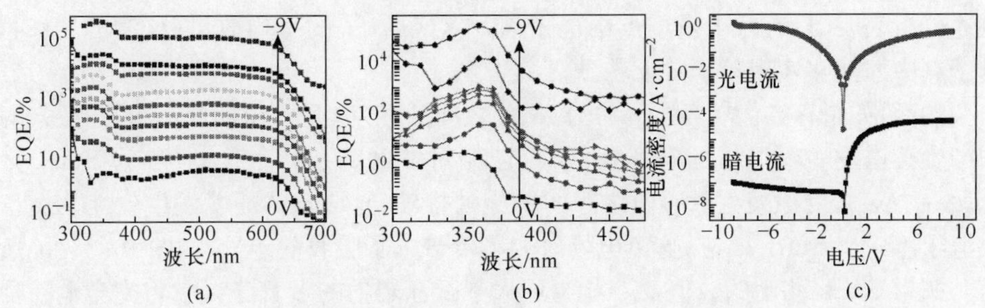

图 10.25　两种器件 EQE 曲线(a,b)和 PVK∶ZnO 器件 *J-V* 曲线(c)[39]

情况下，显示出整流 Schottky 接触的转移机制。在光照情况下，显示出欧姆接触的特性。在无光照的情况下，由于阴极和阳极的一侧都设有阻挡层，导致低的暗电流。例如，在－9V 时，暗电流是 6.8nA。

在反向偏置电压－9V、360nm 波长的情况下，当入射光强是 1.25mW · cm^{-2} 时，PVK∶ZnO 结构器件的探测灵敏度是 3.4×10^{15} Jones，P3HT∶ZnO 结构器件的探测灵敏度是 2.5×10^{14} Jones。与传统的 Si 和 GaN 紫外探测器比较，这些结构的量子点紫外探测器的探测灵敏度要高出 2～3 个数量级。

10.2　胶体半导体量子点的 ASE 效应和激光

10.2.1　胶体半导体量子点的光增益

1. 光增益和 ASE 效应

对于一个光-物质相互作用体系，如果受激发射光子产生超过光子的吸收，将获得光增益。一个典型的光增益是放大的自发发射(amplified spontaneous emission，ASE)效应，它是由自发辐射所产生的光，在增益介质中因受激辐射而产生光学放大。当激光增益介质泵浦产生粒子数反转时，ASE 就会产生。如果 ASE 效应发生在适当的光学谐振腔中，并满足激光阈值的要求，将会产生激光。激光产生的物理机制是受激发射，而 ASE 是自发发射与受激发射的复合，因此 ASE 是受激发射占据准优势的一种光辐射。

与其他激光介质相同，在胶体半导体量子点中产生光增益需要满足粒子数反转的条件，即处于激发态电子的数量要高于基态的电子数目。以Ⅱ-Ⅵ半导体量子点为例，借助于二能级系统(基态有两个电子)，简要说明最低能量发射跃迁。在这个系统中，跨越带隙的单个电子(或单个激子)的激发是不能产生光增益的，反之会产生光透明，因为导带电子的受激发射通过价带中电子的吸收完全补偿了，如图 10.26(a)所示。只有第二个电子也被激发越过带隙，受激发射才能超过吸收，即只有在量子点中产生二重激发(或称为双激子，biexciton)，才能产生光的增益。

上述分析表明，只有每个量子点中电子-空穴对（激子）的平均数目$\langle N\rangle$大于 1 时，量子点中才能够实现粒子数反转。

然而，如果存在激子-激子（写为 X-X）之间的相互作用，伴随受激电子-空穴对的产生会诱发一个局域的电场，吸收跃迁相对发射跃迁产生移动（称为 Stark 效应，$\Delta_S=\Delta_{XX}$），受激发射和吸收之间的平衡被打破，光增益的环境发生变化。由于载流子感应出 Stark 效应，这个电场改变了价带电子吸收的能量，如图 10.26(b)所示。如果 Stark 移动的数值（Δ_S）相当或大于跃迁辐射的带宽（Γ），它将完全消除受激量子点发射波长处的吸收损耗，利用单激子态产生光的增益。经过推导，在瞬态跃迁移动 Δ_S存在时，粒子数反转的阈值条件满足如下关系[42]：

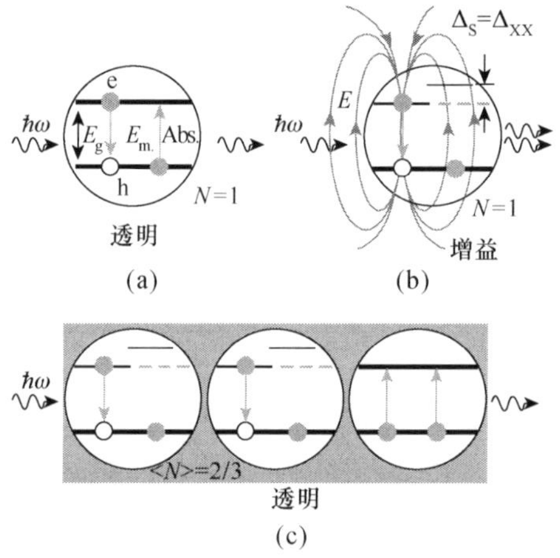

图 10.26 量子点光增益概念分析

$$\langle N\rangle=\frac{2}{3-\exp\left(-\frac{\Delta_S^2}{\Gamma^2}\right)} \tag{10.2-1}$$

如果 $\Delta_S\ll\Gamma$，则$\langle N\rangle=1$，对应于多激子光增益。如果 $\Delta_S\gg\Gamma$，则$\langle N\rangle=2/3$，这是图 10.26(c)所示情况。受激量子点（n_x：受激量子点占全部量子点比例）的受激辐射要与未受激量子点（$1-n_x$）的吸收竞争，受激量子点的受激辐射截面是量子点最低能量跃迁吸收截面的 1/2，这时光学增益阈值条件是 $n_x/2=1-n_x$，即单激子增益的阈值条件是 $n_x=2/3$。当满足这个条件时，不需要多激子产生就可以实现光增益。

2. 激子-激子相互作用效应

在量子点中，初始激子与二次激发产生激子之间的库仑相互作用诱发 Stark 效应，瞬态 Stark 位移决定于 X-X 库仑作用能量，$\Delta_S=\Delta_{XX}$。其中，$\Delta_{XX}=E_{XX}-2E_X$，E_X和 E_{XX}分别是单个激子和双激子能量。双激子束缚能 δE_{XX}可以描述 X-X 库仑作用的强度，而且 $\delta E_{XX}=-\Delta_{XX}$。

Δ_{XX}依赖于局域电荷密度 ρ_X，ρ_X比例于电子(ρ_e)和空穴(ρ_h)电荷密度之和，有

$$\rho_X(\boldsymbol{r})=e(|\psi_e(\boldsymbol{r})|^2-|\psi_h(\boldsymbol{r})|^2) \tag{10.2-2}$$

式中，$\boldsymbol{r}$ 是载流子空间坐标；e 是电子电量。对于图 10.27(a)所示类型Ⅰ且各向同性 CdS 量子点，电子波函数 $\psi_e(\boldsymbol{r})$和空穴波函数 $\psi_h(\boldsymbol{r})$的空间分布几乎相同，$\rho_X(\boldsymbol{r})\approx0$。这时产生小的 X-X 库仑作用能量，约为 10～30meV。这个数值要远小于胶体量子点 PL 光谱的带宽(一般大于 100meV)，不会明显抑制发射波长处的自吸收。对于图 10.27(b)所示类型Ⅱ CdS/ZnSe 核壳量子点，电子和空穴分别分离在核、壳之中，这时产生大的局域电荷密度和库仑作用能量。一系列 CdS/ZnSe 量子点归一化 PL 光谱如图 10.27(c)所示，其中 CdS 核半径范围是 1.6～2.6nm(高-低的能量发射)。其中，插图是高泵浦强度下两个 CdS/ZnSe 量子点 PL 光谱的叠加结果，揭示单激子和双激子辐射带的存在，两个发射带中心间距超过 100meV，显示较大的 X-X 相互作用能量。

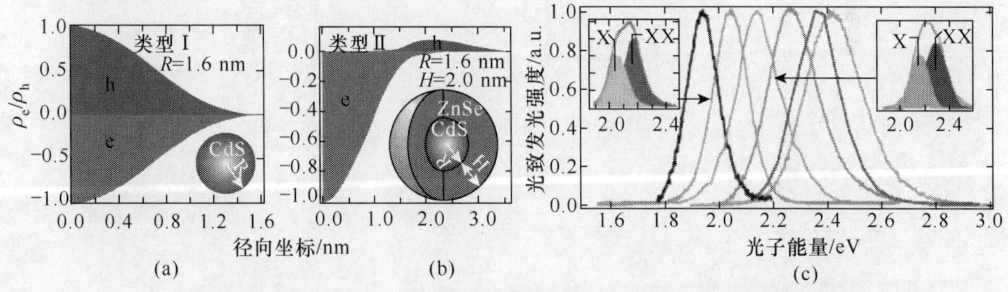

图 10.27　类型Ⅰ CdS 量子点 和类型Ⅱ CdS/ZnSe 量子点结构和 PL 光谱[42]
(阅读彩图请扫封底二维码)

定义电子-空穴交叠积分 $\Theta_{eh}=|\langle\psi_h|\psi_e\rangle|^2$，描述电子和空穴空间分离的程度，可以直接描述 X-X 相互作用能量。图 10.28 是 CdS/ZnSe 量子点的 Δ_{XX}和 Θ_{eh}随核半径 R、壳厚度 H 变化情况。在 H 增加的初始阶段，交叠积分 Θ_{eh}迅速的下降。在 Θ_{eh}下降的同时，正负电荷分布的不平衡随之增加，导致 Δ_{XX} 增加。对于 $R=1.6$nm 和 $H>2$nm，$\Theta_{eh}<0.17$，Δ_{XX}达到 100meV。

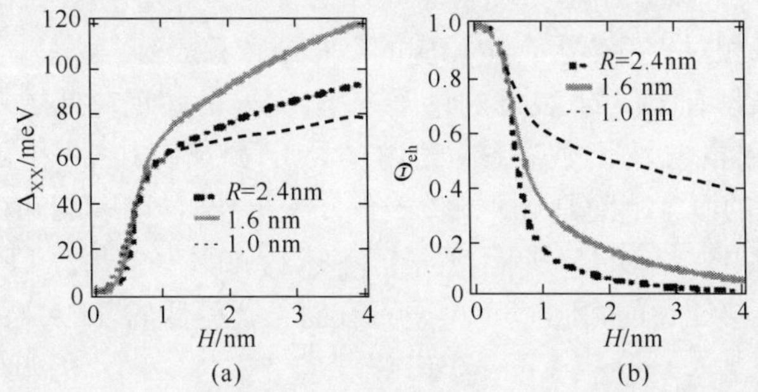

图 10.28　CdS/ZnSe 量子点 X-X 作用能量(a)和交叠积分曲线(b)[42]

比较类型Ⅱ CdS/ZnSe 量子点和类型Ⅰ CdSe 量子点光增益的机制，如图10.29所示。在类型Ⅰ量子点中，光增益遵循双激子增益机制，呈现出相对于单激子发光带红移的 ASE 的尖峰[43,44]，如图 10.29(a)所示(其中，实线是 CdSe 量子点，虚线是 CdS/ZnSe 量子点)。这个红移归因于 X-X 相互作用，它减小了单激子的发射能量。对于类型Ⅱ量子点，随着泵浦能量的提高，尖峰发射带的位置逐渐接近单激子发射带(2.01eV)，如图 10.29(b)所示。这个发射峰表现出一个清晰的激发阈值是2mJ · cm^{-2}，在超过阈值后，随着泵浦能量的增加而迅速增大，ASE 峰逐渐的接近 X 发射带中心，显示出它来自于单激子受激发射，如图 10.29(b)所示。在更高泵浦能量(6mJ · cm^{-2})时，由于双激子增益机制的作用，类型Ⅱ量子点的发射峰逐步接近更高能量 XX 发射带的位置，如图 10.29(b)所示。

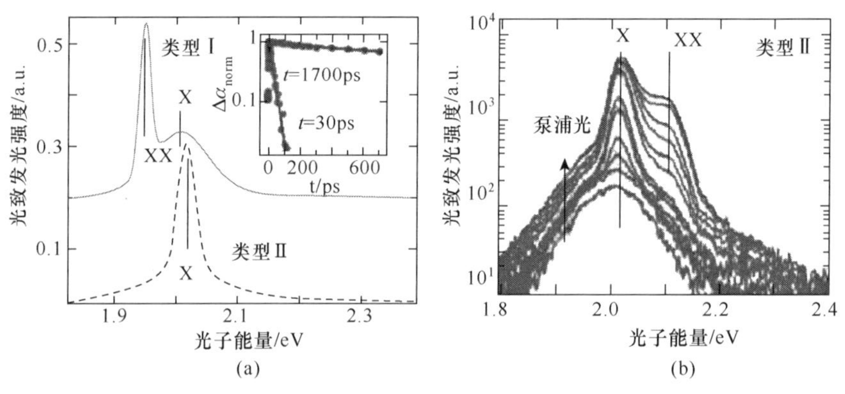

图 10.29　类型Ⅱ CdS/ZnSe 量子点和类型Ⅰ CdSe 量子点光增益的机制[42]

10.2.2　Cd 族胶体量子点的 ASE 和激光

对于 Cd 族胶体量子点，通过调整核、壳尺寸可以实现电子和空穴局域在核或壳内，实现激子-激子(X-X)相互作用强度的调整。图 10.30 给出三种类型 CdSe/CdS 量子点产生 ASE 的图示，在 800nm 双光子(two-photon absorption，TPA)激发下，随着核壳尺寸调整，准类型Ⅱ CdSe/CdS 量子点调整为类型Ⅰ或类型Ⅱ量子点，导致 ASE 峰相对自发辐射产生相应的红移或蓝移[43]。

这些量子点具有类似的、良好的量子产率，完好的实现对俄歇复合的抑制，以及实现了电子和空穴波函数在核、壳内的特定分离。其中，核的直径范围是2.2～2.4nm，壳的厚度范围是 2.4～3.2 个分子单层。这些 CdSe/CdS 量子点的 PL 和吸收光谱如图 10.31(a)所示，量子产率达到 90%～95%。TPA 截面与吸收光子数之间是直接相关的，高的 TPA 截面有助于获得低的 TPA 泵浦阈值。对直径 3.2nm 核、厚度 1.1nm 壳 CdSe/CdS 量子点，图 10.31(a)的吸收曲线显示出

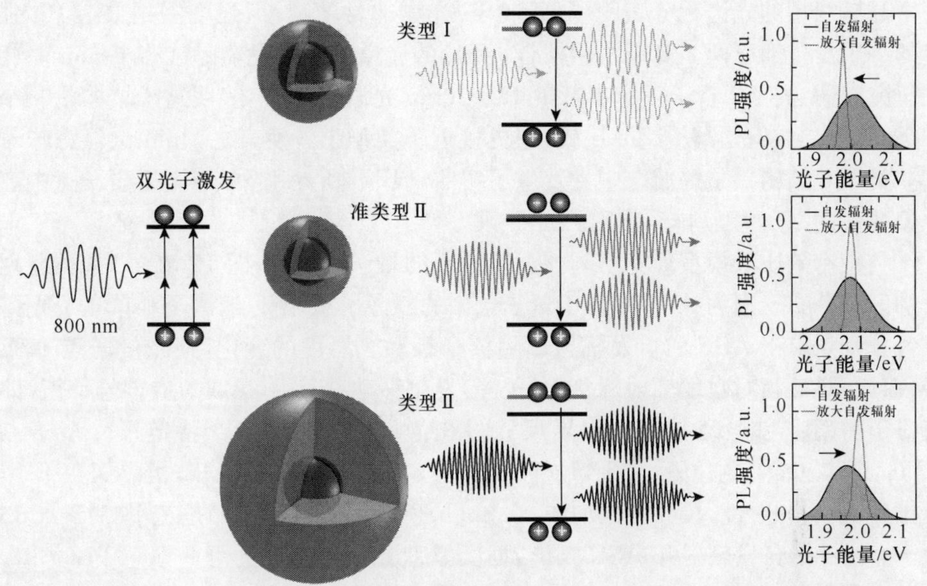

图 10.30　双光子激发下三种类型 CdSe/CdS 量子点的 ASE 过程示意图[43]
(阅读彩图请扫封底二维码)

430nm 处明显的弯曲，源于 CdS 壳的吸收峰，表明 CdS 壳的带隙是 2.5eV。对于 800nm (1.55eV)的 TPA，CdS 壳可以产生吸收贡献，为 CdSe/CdS 量子点的 TPA 截面作出贡献。

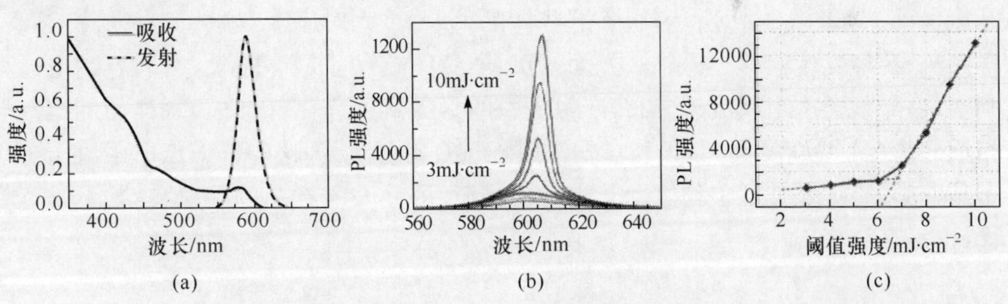

图 10.31　CdSe/CdS 量子点溶液吸收和 PL 光谱(a)，以及薄膜的 ASE 光谱(b)和阈值强度(c)[43]

将高浓度(50 mg/mL)CdSe/CdS 量子点溶液滴涂在玻璃基底上，形成致密的薄膜。利用波长 800nm、脉冲宽度 45fs 泵浦光激发，激发强度依赖的 PL 光谱如图 10.31(b)所示，图 10.31(c)显示出激发阈值是单脉冲 6.5mJ · cm^{-2}。当激发强度超过光增益阈值时，在自发辐射峰长波一侧 3nm (11meV) 处，ASE 峰开始显现。对于单激发脉冲强度是 10mJ · cm^{-2} 的 PL 光谱，利用两个高斯线型进行拟合，ASE 和自发辐射光谱 FWHM 分别是 5.7nm 和 21.4nm (19meV 和 73meV)。

两个高斯线型的光谱积分表明，尽管 ASE 光谱非常的窄，但强度占到整个 PL 强度的一半。借助于两个高斯线型拟合，ASE 的光谱相对自发辐射红移了 3nm。相关研究表明，类型 Ⅰ 量子点应当产生 15～20nm 光谱移动[44]，表明这个结构是一个准类型 Ⅱ 机制，但是与类型 Ⅱ 比较，它更接近于类型 Ⅰ。换言之，3nm 位移意味着这些类型 Ⅱ 结构只是局域电中性发生了扭曲，但不是足够强烈，以至于量子点中产生象征性的 X-X 相互排斥作用。

利用有效质量模型计算不同核壳尺寸下的量子点类型，图 10.32(a)是类型划分的区域分布。因为 ASE 来自于量子点中的双激子态，所以双激子和单激子光谱位置分别对应于 ASE 和自发辐射。随核半径和壳厚度的变化，核壳量子点 ASE 峰(双激子峰)相对自发辐射峰(单激子峰)发生移动。其中，黑线对应零位移值，即对应于类型 Ⅰ 和类型 Ⅱ 转变临界尺寸。红色星位置表示三个特定尺寸量子点(QD_1，QD_2，QD_3)的位置，分别对应于类型 Ⅱ、类型 Ⅰ 和准类型 Ⅱ，相应 X-X 作用是排斥、吸引和中性，尺寸数据如图 10.32(b)所示。图 10.32(c)是三个 CdSe/CdS 量子点样本的自发辐射和 ASE 光谱，插图是双光子激发下的可调谐总 PL 光谱。通过两个高斯线型拟合总 PL 光谱，可以提取出自发辐射和 ASE 光谱。对于样本 QD_3(红色曲线)，与自发辐射峰比较，ASE 峰呈现出清晰的蓝移；对于样本 QD_2(绿色曲线)，呈现出红移。然而对于样本 QD_2(蓝色曲线)，自发辐射峰和 ASE 峰的位置几乎是一致的。样本 QD_3 光谱蓝移的原因是这些量子点具有很厚的壳，允许电子自由的离开原位覆盖整个量子点，而空穴被限制在核内，产生类型 Ⅱ 载流子分布。在类型 Ⅱ 量子点中，产生排斥的 X-X 相互作用，双激子复合发生在较高光子能量处。如图 10.31 所示，由于这些样品 ASE 过程对应于双激子态，因此 QD_3 样品 ASE 峰发生蓝移。另外一方面，QD_2 样品的核尺寸足够的大，可以容纳电子和空穴，导致类型 Ⅰ 载流子分布，产生吸引的 X-X 相互作用，因此 QD_2 样品的出现相反的情况。QD_1 样品 ASE 和自发辐射峰重叠，据此认为这些量子点中载流子分布是准类型 Ⅱ，是类型 Ⅰ 和类型 Ⅱ 之间的过渡，因此 QD_1 样品的 ASE 峰既不是蓝移，也不是红移。

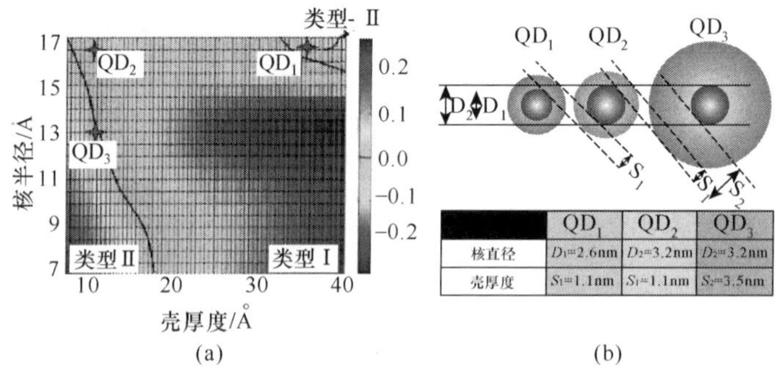

	QD_1	QD_2	QD_3
核直径	D_1=2.6nm	D_2=3.2nm	D_2=3.2nm
壳厚度	S_1=1.1nm	S_1=1.1nm	S_2=3.5nm

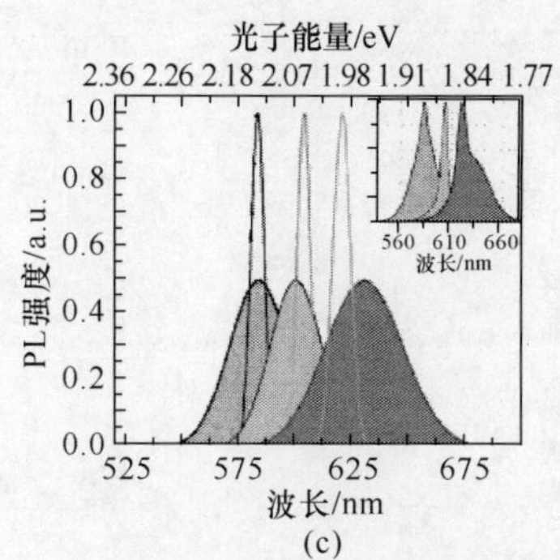

图 10.32　三个尺寸量子点(QD_1,QD_2,QD_3)的类型和 ASE 光谱[43]

(阅读彩图请扫封底二维码)

相对量子点的 PL 辐射峰,ASE 峰调谐的物理来源是 CdSe/CdS 量子点核壳交界面具有 0.3eV 的较低电子势垒。由于势垒较低,难以将电子完全限制在核内;同时对于空穴而言,它具有较大的有效质量和较高的势垒(0.78eV),因此会强烈受限在核内。想要将电子限制在核内,只能让核的尺寸足够大和壳层足够薄,这对应于 QD_2 的情况。借助于量子点核壳结构,可以制备出类型Ⅰ(电子和空穴被限制在核壳量子点的同一部位)或类型Ⅱ(电子和空穴被限制在核壳量子点的不同部位),从而调整电子和空穴波函数的交叠程度。通过控制双激子能量,可以调整 ASE 峰,即通过选择类型Ⅰ或类型Ⅱ结构,可以实现 ASE 峰位于量子点 PL 光谱的长波一侧或短波一侧。因此,我们可以选择是采用单激子态还是双激子态实现光增益,实现量子点受激辐射的优化。此外,ASE 峰位置的相对可调谐,为我们提供了一种抑制光子再吸收损耗机制的方法,促进光增益过程的有效进行。

Guzelturk 等研究了单光子吸收泵浦下(泵浦光子波长 400nm)CdSe/CdS 量子点的 ASE 效应。在不同激发强度的单光子吸收泵浦下泵浦条件下,尺寸 21nm CdSe/CdS 量子点的 ASE 光谱如图 10.33(a)所示[45]。当激发强度超过单光子吸收泵浦下泵浦 ASE 阈值时,CdSe/CdS 量子点的 ASE 光谱轮廓开始显现。与 PL 自发辐射峰比较,ASE 峰红移 10～11nm。考察发光强度随激发强度的变化,图 10.33(b)是 CdSe 核量子点(曲线 a)和尺寸 21nm(曲线 b)、25nm(曲线 c)、32nm(曲线 d)CdSe/CdS 量子点发光强度变化曲线,显示出 ASE 阈值分别是 $214\mu J \cdot cm^{-2}$、$85\mu J \cdot cm^{-2}$、$41\mu J \cdot cm^{-2}$ 和 $71\mu J \cdot cm^{-2}$。在这里,25nm CdSe/CdS 量子点显示出最佳的单光子吸收泵浦 ASE 性能。

构建图 10.34(a)所示结构的 CdSe/CdS 量子点(尺寸是 25nm)激光器,其中谐振腔反射镜是 SiO_2 和 TiO_2 纳米粒子交替堆积而成 6 个双层 SiO_2/TiO_2 的分布式 Bragg 光栅,其反射率达到 91%～93%。在双光子吸收泵浦条件下,不同泵浦强度时的激光输出光谱如图 10.34(b)所示。在超过激光阈值后,波长 535nm、FWHM=2nm 的激光被观察到,对应的 Q 因子(品质因子)是 270。计算输出光谱

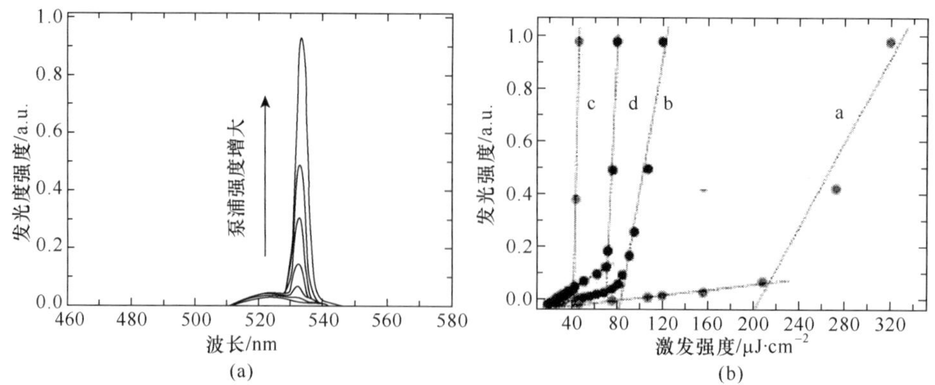

图 10.33　单光子吸收泵浦 CdSe/CdS 量子点的 ASE 光谱(a)和发光强度随激发强度变化曲线(b)[45]

的波长累计强度，拟合输出强度随泵浦强度变化的实验数据，得到激光阈值是 2.49mJ/cm^2。

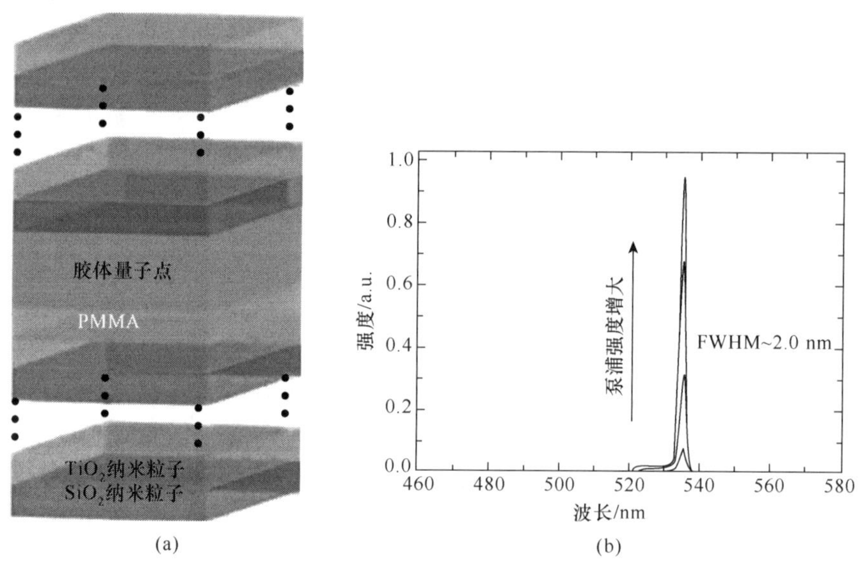

图 10.34　CdSe/CdS 量子点激光器结构(a)和输出光谱(b)[45]
(阅读彩图请扫封底二维码)

在类型Ⅱ量子点中，电子和空穴是分离在不同局域受限，正的双激子束缚能使单激子吸收光谱与发射光谱彼此分离。双激子能级的移动使俄歇过程受到抑制，产生单激子增益效应。然而，类型Ⅱ量子点受到合成制备的限制之外，间带光学振子强度的减少会明显降低光增益和 PL 发光的速率。Dang 等人制备 4.2nm、3.2nm 和 2.5nm CdSe 核量子点，外面包覆三元 $Zn_{0.5}Cd_{0.5}S$ 薄壳(1nm)，以便减少应力和减缓核/壳之间的带隙差(二者体材料的带隙差值是 1.3eV)，研究了 CdSe/

$Zn_{0.5}Cd_{0.5}S$ 量子点的光放大机理[46]。图 10.35(a)给出 $CdSe/Zn_{0.5}Cd_{0.5}S$ 量子点的 TEM 图像，量子产额达到 80%；自组装胶体量子点薄膜如图 10.35(b)所示，薄膜折射率是 $n=1.73$，填塞密度为 50%。

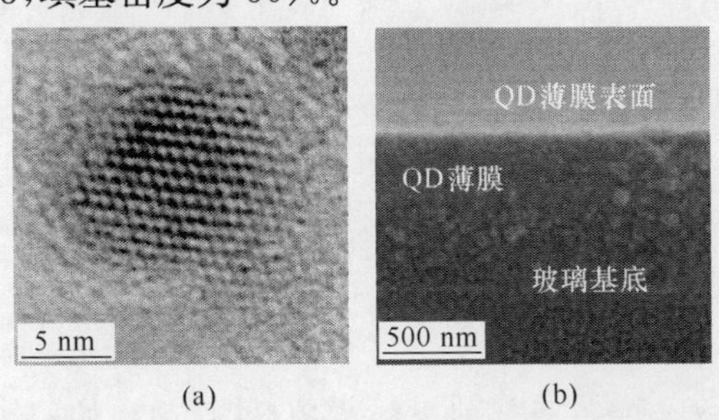

图 10.35　$CdSe/Zn_{0.5}Cd_{0.5}S$ 量子点的 TEM 图像和薄膜结构[46]

采用波长 400nm、脉冲宽度 100fs 的条纹式泵浦光入射 $CdSe/Zn_{0.5}Cd_{0.5}S$ 量子点薄膜，考察薄膜器件的光增益动力学，如图 10.36(a)所示。随着泵浦光功率的增加，薄膜端面输出显示出由开始的 PL 发射转变为受激发射，即产生 ASE 效应，观察到输出强度的突然增加和光谱变窄，如图 10.33(b-e)所示。图 10.36(b)是薄膜端面输出三个颜色(RGB)受激辐射的图像，图 10.36(c)指出三个颜色 ASE

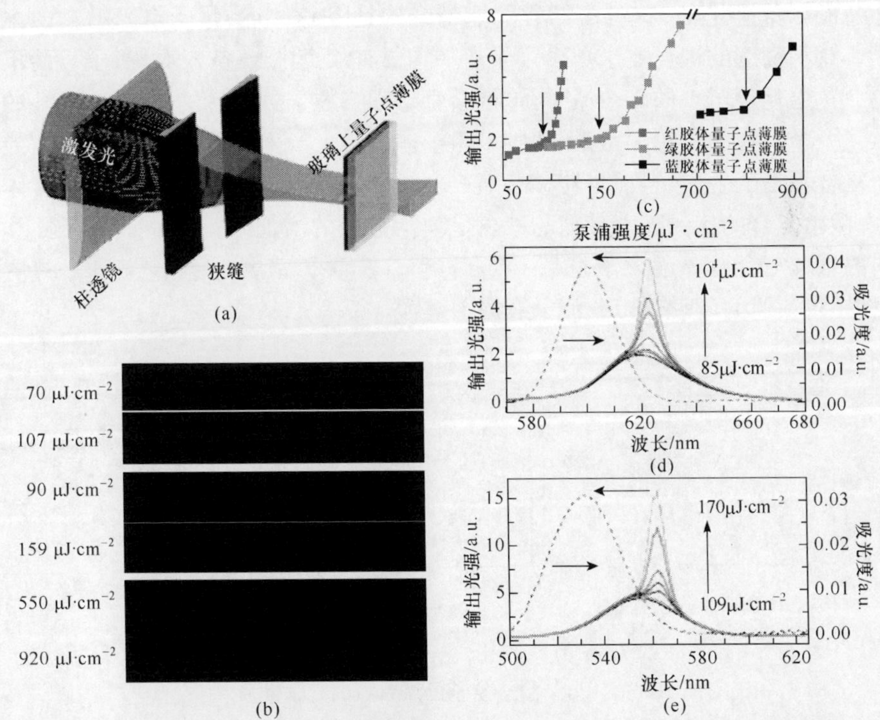

图 10.36　在条纹泵浦光激发下，薄膜端面输出 PL 发射到 ASE 效应的转变图像[46]

(阅读彩图请扫封底二维码)

效应的泵浦强度阈值分别是 90mJ·cm^{-2}、145mJ·cm^{-2}、800mJ·cm^{-2}。通过测量薄膜的填塞密度，计算出三个颜色 RGB 量子点薄膜的 ASE 阈值分别是$\langle N\rangle\approx$0.80、0.76、0.73。这些数值明显低于类型Ⅰ量子点双激子光增益的理论数值($\langle N\rangle=1$)，略高于类型Ⅱ单激子光增益的理论数值($\langle N\rangle=2/3$)。绿、红颜色薄膜的最低激子吸收峰($1S_e$—S_h跃迁)如图 10.36(d,e)所示，显示出良好的高斯形态，与 PL 发射光谱产生明显的分离。大的 Stokes 位移可以减小发射光子的自吸收，由此降低 ASE 的阈值。

10.2.3　Pb 族胶体量子点的 ASE 和激光

PbS 和 PbSe 量子点是红外辐射材料，它们具有均衡的能级结构，其第一激子态是 8 重退化的。为了形成粒子数反转，单个量子点中需要产生 4 个激子，这与 CdSe 量子点只需要 1 个激子的要求形成鲜明的对比。此外，俄歇复合随着带隙的降低而呈指数式的增加，窄带隙的 PbS 和 PbSe 材料的俄歇复合会产生较大的影响。

PbSe 材料 Brillouin 区的 L 点具有 4 个等价的能带极小值点，如图 10.37(a)中插图所示，考虑到二重自旋退化，导致量子点的发射跃迁过程相关的量子化能级产生总的 8 重退化[47]，这种多凹谷的能带结构是阻碍 PbSe 量子点光增益的主要因素。这种高度的退化要求单个量子点平均要有 4 个电子-空穴对(激子)，而不仅仅是 2 重退化量子点的 1 个激子，这样会直接影响粒子数反转的条件和 ASE 的阈值。另一个潜在的影响因素是，这种多激子体系易于产生高效率的俄歇复合，导致激子复合不是产生光子，而是转移给第三个粒子(电子或空穴)[48]。在半导体体材料中，俄歇复合的比例随着带隙的减少呈现指数型的增加[49]。因此，窄带隙 PbSe 材料的俄歇复合概率远大于宽带 CdSe 材料。在激子密度大于 10^{18} cm^{-3}的情况下，将导致快速的(亚纳秒)载流子衰退[50]。

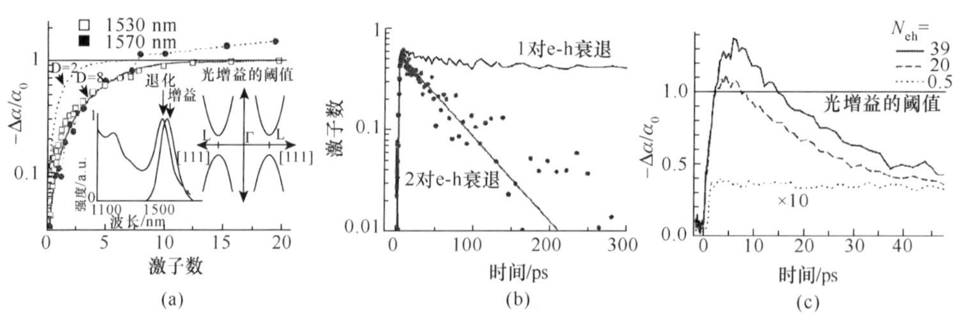

图 10.37　PbSe 量子点正己烷溶液的光学性质[51]

上述分析只是基于体 PbSe 材料的性质，仅仅间接的适用于 PbSe 量子点。利用瞬态吸收(transient absorption,TA)技术,分析胶体 PbSe 量子点光增益和动力学过程。取泵浦脉冲周期是 50 fs、能量是 1.55eV,光增益的变化量比例于漂白吸收($\Delta\alpha<0$)超过基态吸收(α_0)的增加量,因此受激吸收($\alpha=\alpha_0-\Delta\alpha$)是负值。为了测量激子密度,需要知道泵浦脉冲在每个量子点中产生的平均激子数目 N_{eh}。取量子点分布满足泊松分布,比较试验测量结果和 2 重或 8 重退化态的饱和度曲线,如图 10.37(a)所示。比较表明,基态量子点能级的退化是 8 重的,与上述分析结论是一致的,显示出光增益的阈值是每个 PbSe 量子点中平均有 4 个激子。这个结果表明,在 PbSe 量子点的光增益来源于高阶的多激子态($N_{eh}>5$),与 CdSe 量子点比较,其带边光增益受控于双激子态($N_{eh}=2$),与它的基态量子化能级的 2 重退化相一致。因此,与 CdSe 量子点比较,PbSe 量子点中激子-激子之间的相互作用更加强烈。

通过追踪低于 A_1 吸收峰(第一激子吸收峰)的 TA 信号,随着接收探头光子能量的减小,可以发现比值($-\Delta\alpha/\alpha_0$)逐渐增加,甚至超过 1,表示开始转变为光增益,如图 10.37(a)所示。在增益光谱最大值(1570nm)处的测量数据(图中圆点)表明,阈值发生在 $N_{eh}\sim8$ 附近,是理论预测阈值的 2 倍,归因于激发态竞争吸收的贡献。然而,尽管每个量子点需要高的激子数目,但是 PbSe 量子点也具有大的吸收截面,所以 PbSe 量子点的实际泵浦阈值与 CdSe 量子点是类似的,约为每个脉冲 $0.1\sim1\text{mJ}\cdot\text{cm}^{-2}$。此外,根据图 10.37(a)所示饱和增益的数量级,可以估计出 PbSe 量子点增益截面约为 $2\times10^{-15}\ \text{cm}^2$,比 CdSe 量子点的数值高出一个数量级[52]。

为了评估多激子俄歇复合的作用,在 A_1 吸收最大值和增益带最大值处,考察泵浦强度依赖的 TA 动力学过程,如图 10.37(b,c)所示。比较 A_1 漂白动力学萃取的单激子和双激子衰退曲线,与单激子的寿命比较,多激子间的相互作用导致单激子寿命显著的缩短($\tau_2\approx50\text{ps}$)。强烈的多激子间的相互作用直接影响了增益动力学,如图 10.37(c)所示。在低泵浦强度($N_{eh}<1$)下,在增益带内 $\Delta\alpha$ 的衰退是缓慢的,与图 10.37(b)中单激子的动力学是一致的;但是在泵浦强度超过增益阈值后,衰退动力学过程加快,因为非辐射俄歇复合控制了光生载流子的衰退。在达到增益饱和的泵浦功率时,增益寿命约为 10ps。尽管这个寿命很短,但是与 CdSe 量子点的量值相当。

上述结果表明,尽管 PbSe 量子点的物理特性似乎不利于光增益的应用,但是实际光增益参数(增益阈值、截面和寿命)却是相当于或超过 CdSe 量子点的数值。

利用自组装 PbSe 量子点薄膜进行实验表明,由于 PbSe 量子点表面包覆分子的束缚较弱,在强激光照射下,PbSe 量子点薄膜迅速退化,不能实现 ASE 效应。为了改善 PbSe 量子点薄膜的稳定性,Schaller 等人将 PbSe 量子点混入透明的二氧化钛溶胶-凝胶基质中[51],制备出 PbSe 量子点和二氧化钛溶胶-凝胶基质混合的薄膜，薄膜中 PbSe 量子点仍然保持良好的单分散性，满足 ASE 效应临界密度的要求。使用倍频激光束聚焦成长度 1cm 的窄条，入射到薄膜侧面。泵浦激光脉冲宽度是 200ps，超过量子点固有俄歇复合极限的寿命。随着泵浦能量的逐步增加，在 PL 自发辐射峰(1490nm)附近观察到显著的、均一的增加，初始显示出线性的增加，随后趋于饱和(俄歇复合的作用)。在最高泵浦能量时，在自发辐射长波一侧(1555nm)产生一个快速增长的发射带，如图 10.38(a)所示。图 10.38(b)是 PL 自发辐射和 ASE 强度随激发能量变化的曲线，减去饱和自发辐射产生的背景，这个新的发射带显示出一个明确的阈值(约为 0.2mW)和清晰的线性增长，表现出鲜明的 ASE 机制。如图 10.38(c)所示，ASE 光谱的带宽光谱(1)明显小于 PL 光谱的带宽(尺寸调谐的光谱(2)和光谱(3))，而且随泵浦能量的增加显示出更加显著的变化。

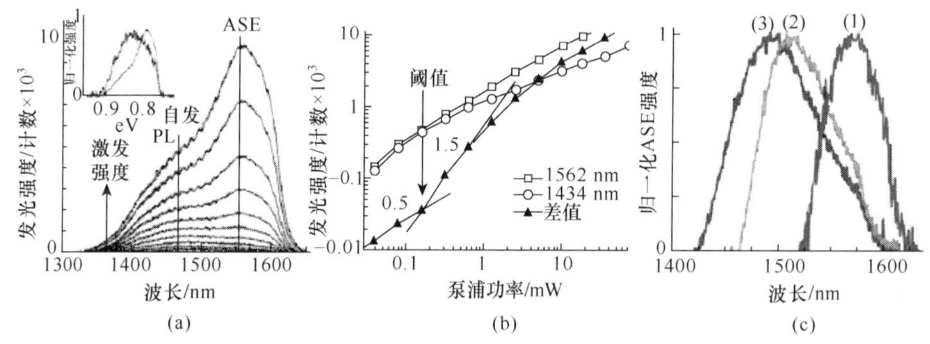

图 10.38 PbSe 量子点混合薄膜的 ASE 光谱和强度曲线[51]

溶液态胶体 PbS 量子点吸收光谱如图 10.39(a)底部曲线所示(上部曲线是正己烷溶剂的吸收光谱)，第一激子吸收峰(1S 电子-空穴跃迁)位于 1480nm，相应 1P 跃迁波长是 1000nm，PL 光谱相对第一激子吸收峰红移 60nm。采用 2ps 脉冲(1kHz，800nm)激发量子点溶液，考察激发载流子弛豫的时间分辨率光谱。在激发后，载流子通过俄歇过程产生非辐射复合，典型的时间常数是 10ps；同时也产生辐射复合，对应于更长的时间常数。在 1S 激子和 PL 辐射峰附近，考察吸收变化 $\Delta\alpha$ 与线性吸收 α_0 的比值($-\Delta\alpha/\alpha_0$)随泵浦功率的变化。在低泵浦功率(由初始到饱和(1.2mJ/cm^2)范围)时，吸收相对变化呈现出线性增加规律，如图 10.39(b)所示。在 7.8mJ/cm^2 泵浦强度的情况下，1S 激子峰处的吸收没有达到透明，但 1570nm 处的吸收开始变成增益。在这个波长处，正己烷溶剂的吸收有一个极小值，如图 10.39(a)顶部曲线所示。根据 1570nm 处饱和增益数值，估计出 PbS 量子点溶液的光增益系数是 5×10^{-4} cm^{-1}。这个数值是 PbS 量子点溶液光增益系数的下限，因为正己烷的吸收不仅增加透明的阈值，而且也减少增益的数值。由于 PbS 量子点薄膜的线性吸收系数达到数百 cm^{-1}，由此推断 PbS 量子点薄膜的增益

系数可以达到数十 cm^{-1}。

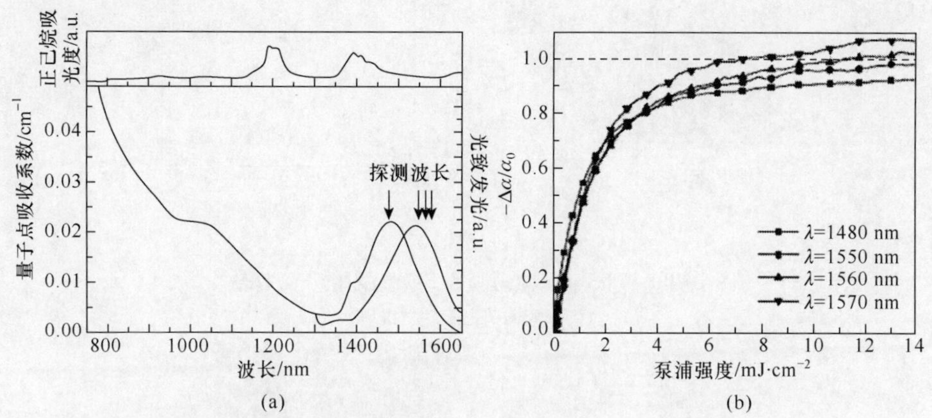

图 10.39　PbS 量子点正己烷溶液吸收和 PL 光谱(a)及 $-\Delta\alpha/\alpha_0$ 变化曲线(b)[53]

根据上述分析，得到关于激光设计和降低阈值能量的两个重要结论：①量子点密度的最大化是给定反转能级系统材料实现光增益的必要条件。因此，有必要追求无基质的纯量子点薄膜的策略。此外，也提议采用短链丁胺配位体替代长链油酸配位体，有利于获得最大的填塞密度。实验表明，采用这个方法可以由 20%的填塞因子提高到超过 30%。②最大限度的降低量子点薄膜表面粗糙度是十分必要的。通过选择溶剂、量子点表面配位体和量子点浓度，以求获取表面光滑的薄膜，由此降低薄膜波导能量传输的损耗。

为了降低散射损耗，Hoogland 等提出移动激发光斑(shifting excitation spot，SES)技术，如图 10.40(a)所示[53]。将 PbS 量子点/氯仿溶液沉积到 5μm 厚的 Si 基底上，形成厚度 1.14μm 的量子点薄膜。在这个结构中，量子点薄膜的折射率是 1.7～1.85，大于基底的折射率(～1.5)，足够厚的薄膜可以避免光泄露到基底中，激发的 PL 辐射限制在量子点薄膜内。利用一个小的激发光斑扫描整个薄膜，波导 PL 发光满足 Lambert-Beer 定律。

作为激发光斑到输出边距离 z 的函数，薄膜输出 PL 光谱如图 10.40(b)所示。由于 PL 光谱短波长一侧的发光会被量子点再吸收，而长波长一侧的发光不会被再吸收，导致远离输出边激发光斑激发的 PL 发光峰红移。计算光谱曲线下的面积，PL 强度随距离 z 呈现单指数衰减规律，衰减速度与量子点的吸收系数相关。

上述实验表明，PbS 量子点材料具备产生激光的可行性。在一个内径 75μm 熔融石英毛细管内部，涂覆一层尺寸 5.5nm 的 PbS 量子点薄膜，薄膜厚度小于 1μm，长度为 300μm，结构如图 10.41(a)所示。图 10.41(b)是这个结构光学显微镜成像图片。毛细管结构放置在低温环境，利用 2ps 脉冲(1kHz，800nm)激发光作为激发光源。

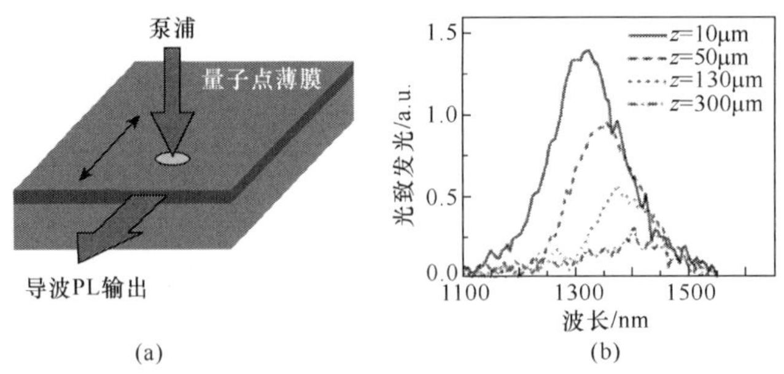

图 10.40　PbS 量子点薄膜和 SES 技术的 PL 光谱[53]

（阅读彩图请扫封底二维码）

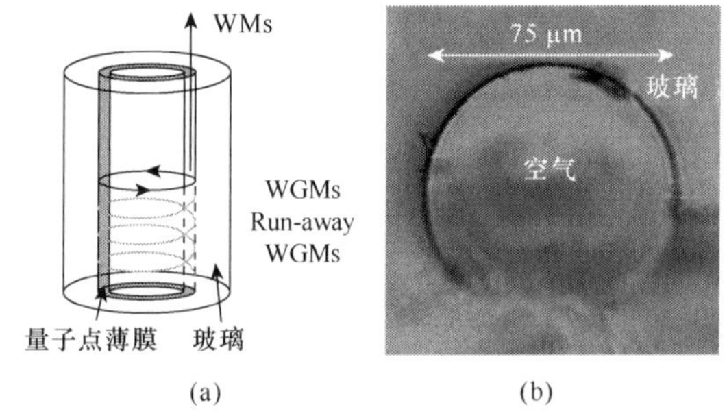

图 10.41　PbS 量子点薄膜毛细管结构和显微镜成像图片[53]

（阅读彩图请扫封底二维码）

在低温(80K)条件下，PbS 量子点薄膜吸收光谱保持不变，但是 PL 光谱产生红移，Stokes 位移增加到 200nm，如图 10.42(a)所示。随着较小尺寸量子点到较大尺寸量子点能量转移速率的增加，而较大尺寸量子点中发生俄歇过程的效率要低于较小尺寸量子点，输出光的效率随之增加。因为丁胺包裹 PbS 量子点交叠部分较大，激子波函数可以覆盖多个量子点，由此提高能量转移的概率。即，低温俄歇复合速率明显降低，由此增加能量转移的概率。

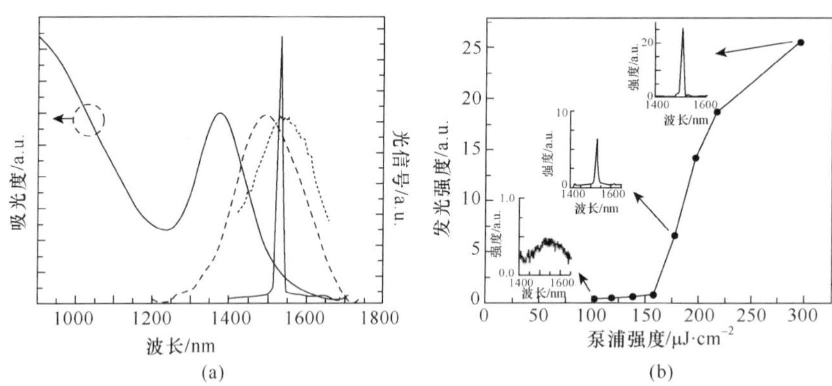

图 10.42　毛细管量子点薄膜层吸收、PL 光谱，以及不同泵浦强度的输出光强度[53]

随着泵浦功率的增加，这个器件的 PL 发光强度线性增加，最后趋于饱和。在 mJ · cm^{-2}激发光强度范围和光吸收相同条件下，不同量子点样本 PL 光谱既不会变窄，也不会非线性增加。相比之下，毛细管内部量子点薄膜在 1532nm 波长处清晰显示出阈值特性。在 177μJ · cm^{-2}的泵浦强度时，该处呈现出一个窄的 PL 峰，如图 10.42(b)所示。这时光增益要大于损耗，激光震荡开始发生。这个激光波长略微处于低温 PL 光谱短波长的一侧，如图 10.42(a)所示。进一步增加泵浦强度，导致激光信号的线性增加，以及激光带宽的略微增加。

在毛细管结构中，不仅存在回音廊模式(whispering gallery modes，WGMs)，而且波导模式(Waveguide modes，WMs)也被支持。但是，只有 WGMs 显示出真正的激光发射，其他模式只是维持放大的自发辐射(ASE)。因此，当泵浦强度超过阈值时，在毛细管结构中出现的是激光和放大自发辐射的组合。

10.3　胶体半导体量子点掺杂液芯光纤

10.3.1　量子点掺杂液芯光纤中光传输的基本理论

将浓度均匀的球形量子点溶液灌装到二氧化硅空芯波导中，两端封装完好。在一侧将泵浦激光耦合进量子点液芯光纤，液芯光纤的量子点被激发和产生 PL 辐射。假设光纤波导是平直的，考察量子点液芯光纤中 PL 辐射的传输特性。

胶体量子点吸收和辐射相关的电子、空穴跃迁如图 10.43(a)所示，E_g是量子点的禁带宽度，^1S_e、^1P_e、^1S_h、^1P_h是最低的几个电子、空穴态。当量子点吸收能量大于 E_g的光子，基态电子激发到激发态，对应的跃迁分别是$^1S_h-{}^1S_e$(第一激子吸收峰)、$^1S_h-{}^1P_e$、$^1P_h-{}^1S_e$和$^1P_h-{}^1P_e$等。然后电子会自发地回到基态，产生$^1S_e-{}^1S_h$的 PL 辐射。值得注意的是，尽管$^1S_h-{}^1P_e$和$^1P_h-{}^1S_e$两种跃迁也会产生辐射贡献，但是比$^1S_h-{}^1S_e$和$^1P_h-{}^1P_e$两种跃迁弱几个数量级[54]。综合而言，量子点的能级结构可以近似为三能级结构，如图 10.43(b)所示。

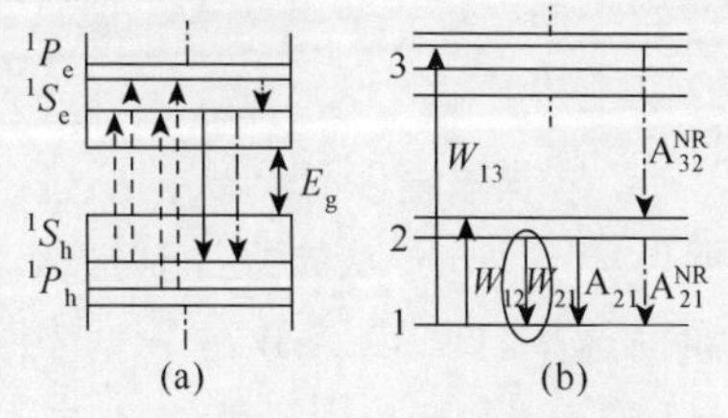

图 10.43　(a)量子点能级结构图；(b)近似的三能级结构示意图

在量子点三能级结构中，能级 1 是基态；能级 2 代表两个能级组成，分别代表着辐射跃迁和第一激子吸收跃迁；能级 3 是更高的一组能级。当量子点激发后，电子以跃迁几率 W_{12}和 W_{13}激发到能级 2 和能级 3，称为受激吸收几率。能级 1 到能级 2 的跃迁与$^1S_h-{}^1S_e$对应，是第一激子吸收跃迁；能级 1 到能级 3 的跃迁与$^1S_h-{}^1P_e$、$^1P_h-{}^1S_e$和$^1P_h-{}^1P_e$等对应。激发能级 2 的电子回到基态($^1S_e-{}^1S_h$跃迁)有两种渠道：一种是自发辐射跃迁，相应的几率是 A_{21}；另一种是产生非辐射跃迁，相应的几率是 A_{21}^{NR}。激发到能级 3 的电子以非辐射跃迁几率 A_{32}^{NR}回到到能级 2，对应于$^1P_e-{}^1S_e$，然后再以辐射或者非辐射跃迁(A_{21}或者 A_{21}^{NR})回到基态。值得注意的是,当液芯光纤的量子点被连续光激发的时候,能级 2 的电子也可以受激辐射的形式回到基态,相应的几率是 W_{21}。若要受激辐射占据主导地位,必须要求量子点产生持续的粒子数反转,并且抑制非辐射复合。在低泵浦条件下,液芯光纤量子点的自发辐射占据主导地位,自发辐射以全反射形式在纤芯中传播,称之为导向的自发辐射(guided spontaneous emission,GSE)。在高功率泵浦条件下,量子点可以产生多激子效应,以及非辐射跃迁的俄歇复合的作用,都是应当加以考虑到的。

参考图 10.44(b)三能级结构模型,上述三能级系统的速率方程可以表示为

$$\frac{dn_1}{dt}=-(W_{13}+W_{12})n_1+(W_{21}+A_{21}+A_{21}^{NR})n_2+W_{31}n_3 \tag{10.3-1}$$

$$\frac{dn_2}{dt}=W_{12}n_1-(W_{21}+A_{21}+A_{21}^{NR})n_2+A_{32}^{NR}n_3 \tag{10.3-2}$$

$$\frac{dn_3}{dt}=W_{13}n_1-(W_{31}+A_{32}^{NR})n_3 \tag{10.3-3}$$

$$n_t=n_1+n_2+n_3 \tag{10.3-4}$$

式中,n_1、n_2、n_3、n_t分别是能级 1、2、3 的粒子数密度和三个能级粒子数密度的总和。考虑稳态情况,即 $dn_i/dt=0(i=1、2、3)$,得到稳态粒子数分布方程是

$$n_1=n_t\frac{\left(1+W_{21}\tau_R+\frac{\tau_R}{\tau_{NR}}C\right)\left(1+\frac{W_{31}}{A_{32}^{NR}}\right)}{\left(1+W_{21}\tau_R+\frac{\tau_R}{\tau_{NR}}C\right)\left(1+\frac{W_{31}+W_{13}}{A_{32}^{NR}}\right)+W_{12}\tau_R\left(1+\frac{W_{31}}{A_{32}^{NR}}\right)+W_{13}\tau_R} \tag{10.3-5}$$

$$n_1=n_t\frac{W_{13}\tau_R+W_{12}\tau_R+\left(1+\frac{W_{31}}{A_{32}^{NR}}\right)}{\left(1+W_{21}\tau_R+\frac{\tau_R}{\tau_{NR}}C\right)\left(1+\frac{W_{31}+W_{13}}{A_{32}^{NR}}\right)+W_{12}\tau_R\left(1+\frac{W_{31}}{A_{32}^{NR}}\right)+W_{13}\tau_R} \tag{10.3-6}$$

式中,C 是非辐射跃迁与辐射跃迁的比例。

注意到,电子从能级 3 到能级 2 的跃迁时间非常短,非辐射跃迁几率要远远大于泵浦速率,即 $A_{32}^{NR}\gg W_{13}$、W_{31},相关研究表明,能级 3 具有非常短的荧光寿命 τ_3,$\tau_3=1/A_{32}^{NR}\leqslant 6ps$[55,56]。能级 3 电子快速跃迁到能级 2,三能级系统简化为二能级系统,方程(10.3-5)和式(10.3-6)写为

$$n_1=n_t\frac{\left(1+W_{21}\tau_R+\frac{\tau_R}{\tau_{NR}}C\right)}{1+\tau_R\left(W_{21}+W_{12}+W_{13}+\frac{C}{\tau_{NR}}\right)} \tag{10.3-7}$$

$$n_2 = n_t \frac{(W_{13}+W_{12})\tau_R}{1+\tau_R\left(W_{21}+W_{12}+W_{13}+\dfrac{C}{\tau_{NR}}\right)} \tag{10.3-8}$$

$$n_3 = n_t - n_1 - n_2 \tag{10.3-9}$$

这里，$\tau_R = 1/A_{21}$ 是自发辐射寿命，τ_{NR} 是非辐射跃迁寿命并且可以写为[57]

$$\tau_{NR} = \frac{1}{C_A n_{eh}^2} \tag{10.3-10}$$

式中，n_{eh} 是平均激子浓度(N/V)，V 是量子点的平均体积，N 是单个量子点平均具有的激子数，有

$$N = J_p \sigma_A(\nu_p) \tag{10.3-11}$$

式中，$\sigma_A(\nu_p)$ 是泵浦光的吸收截面；J_p 是泵浦光的能流密度，单位是光子/cm^2；此外

$$C_A = \frac{1}{8}\beta_A D^3 \tag{10.3-12}$$

式中，D 是量子点直径；β_A 是决定于材料的常数，例如 PbSe 量子点的数值是 $\beta_A = 2.69 ps^{-1} \cdot nm^3$。根据量子点自发辐射弛豫过程，$\tau_R$ 和 τ_{NR} 满足双指数拟合关系式

$$I(t) = A_1 \exp\left(-\frac{t}{\tau_R}\right) + A_2 \exp\left(-\frac{t}{\tau_{NR}}\right) \tag{10.3-13}$$

液芯光纤中量子点沿轴线 z 方向产生频率为 ν_s 的受激辐射几率 $W_{21}(\nu_s)$ 与 GSE 强度 $I_{\nu s}(r,z)$ 成正比，有

$$W_{21\nu s}(r,z,\nu) = \frac{\lambda_s^3}{8\pi n^2 h v_s \tau_R} I_{\nu s}(r,z) g(\nu_s) \tag{10.3-14}$$

对频率求和，得到各个波长成分总的受激辐射几率是

$$W_{21}(r,z) = \sum_{\nu_s=\nu_1}^{\nu_m} \frac{\lambda_s^3}{8\pi n^2 h \nu_s \tau_R} I_\nu(r,z) g(\nu_s) \tag{10.3-15}$$

其中，$g(\nu_s)$ 是线型函数，

$$g(\nu_s) = 8\pi n^2 \tau \sigma_e(\nu_s)/\lambda_s^2 \tag{10.3-16}$$

将上式代入到式(10.3-15)，得

$$W_{21}(r,z) = \sum_{\nu_s=\nu_1}^{\nu_m} \frac{\sigma_e(\nu_s)}{h\nu_s} I_{\nu s}(r,z) \tag{10.3-17}$$

式中，h 是普朗克常数，$\sigma_e(\nu_s)$ 是频率 ν_s(波长 λ_s)成分的辐射截面。

考虑光波导中光传输模式受到全反射的限制，定义液芯光纤横截面归一化的光强分布为

$$i_{\nu_s}(r) = \frac{I_{\nu s}(r,z)}{\int_S I_{\nu s}(r,z,\theta) r \mathrm{d}r \mathrm{d}\theta} \tag{10.3-18}$$

得到

$$I_{\nu s}(r,z)=P_{\nu s}(z)i_{\nu_s}(r) \tag{10.3-19}$$

将上式代入式(10.3-17),得出

$$W_{21}(r,z)=\sum_{\nu_s=\nu_1}^{\nu_m}\frac{\sigma_e(\nu_s)}{h\nu_s}P_{\nu s}(z)i_{\nu s}(r) \tag{10.3-20}$$

同理,可以得出

$$W_{12}(r,z)=\sum_{\nu_s=\nu_0}^{\nu_m}\frac{\sigma_a(\nu_s)}{h\nu_s}P_{\nu s}(z)i_{\nu_s}(r) \tag{10.3-21}$$

$$W_{13}(r,z)=\frac{\sigma_a(\nu_p)}{h\nu_p}P_p(z)i_p(r) \tag{10.3-22}$$

式中,ν_s和 ν_p分别是 GSE 光和泵浦光的频率,ν_0和 ν_1分别是最小的吸收频率和辐射频率,ν_m代表最大的吸收和辐射频率。$i_{\nu_s}(r)$和 $i_p(r)$是归一化的横模强度。$\sigma_a(\nu_s)$和 $\sigma_e(\nu_s)$是量子点吸收截面和自发辐射截面,可以通过 Lambert-Beer 定律[58]和 McCumber 理论[59]确定。P_{ν_s}和 P_p 代表 GSE 功率谱和泵浦光功率。

将式(10.3-20)、式(10.3-21)、式(10.3-22)代入到式(10.3-7)、式(10.3-8),得出

$$n_1=n_t\frac{1+\sum_{\nu_s=\nu_1}^{\nu_m}\frac{\sigma_e(\nu_s)}{h\nu_s}\tau_R i_{\nu_s}(r)P_{\nu_s}(z)+\frac{\tau_R}{\tau_{NR}}C}{1+\tau_R\left[\sum_{\nu_s=\nu_1}^{\nu_m}\frac{\sigma_e(\nu_s)}{h\nu_s}i_{\nu s}(r)P_{\nu s}(z)+\sum_{\nu_s=\nu_0}^{\nu_m}\frac{\sigma_a(\nu_s)}{h\nu_s}i_{\nu s}(r)P_{\nu s}(z)+\frac{\sigma_a(\nu_p)}{h\nu_p}i_{P_p}(r)P_p(z)\right]+\frac{\tau_R}{\tau_{NR}}C} \tag{10.3-23}$$

$$n_2=n_t\frac{\tau_R\left(\frac{\sigma_a(\nu_p)}{h\nu_p}i_{\nu_p}(r)P_p(z)+\sum_{\nu_s=\nu_0}^{\nu_m}\frac{\sigma_a(\nu_s)}{h\nu_s}i_{\nu_s}(r)P_{\nu_s}(z)\right)}{1+\tau_R\left[\sum_{\nu_s=\nu_1}^{\nu_m}\frac{\sigma_e(\nu_s)}{h_{\nu s}}i_{\nu_s}(r)P_{\nu s}(z)+\sum_{\nu_s=\nu_0}^{\nu_m}\frac{\sigma_a(\nu_s)}{h\nu_s}i_{\nu_s}(r)P_{\nu_s}(z)+\frac{\sigma_a(\nu_p)}{h\nu_p}i_{P_p}(r)P_p(z)\right]+\frac{\tau_R}{\tau_{NR}}C} \tag{10.3-24}$$

上述二式表示光纤某一点(r,z)处量子点上下能级的粒子数与该处光功率的关系。

设强度 $I_{\nu s}$、波长 λ_s的自发辐射光束沿液芯光纤传输,光强的纵向变化率是

$$\frac{dI_{\nu s}(r,z,\theta)}{dz}=\alpha_g I_{\nu s}(r,z,\theta) \tag{10.3-25}$$

式中,α_g 是增益系数,与受激发射截面、受激吸收截面和上下能级的粒子数有关

$$\frac{dI_{\nu s}(r,z,\theta)}{dz}=[\sigma_e(\nu_s)n_2-\sigma_a(\nu_s)n_1]I_{\nu s}(r,z,\theta) \tag{10.3-26}$$

于是,纵向传输功率的变化率是

$$\frac{\mathrm{d}P_{\nu s}(z)}{\mathrm{d}z}=\int[\sigma_{\mathrm{e}}(\nu_{\mathrm{s}})n_2-\sigma_{\mathrm{a}}(\nu_{\mathrm{s}})n_1]I_{\nu s}(r,z,\theta)r\mathrm{d}r\mathrm{d}\theta \tag{10.3-27}$$

利用式(10.3-19),有

$$\frac{\mathrm{d}P_{\nu s}(z)}{\mathrm{d}z}=P_{\nu s}(z)\int[\sigma_{\mathrm{e}}(\nu_{\mathrm{s}})n_2-\sigma_{\mathrm{a}}(\nu_{\mathrm{s}})n_1]\mathrm{i}_{\nu s}(r)2\pi r\mathrm{d}r \tag{10.3-28}$$

考虑噪声的影响,得到如下公式:

$$\begin{aligned}\frac{\mathrm{d}P_{\nu s}(z)}{\mathrm{d}z}=&\sigma_{\mathrm{e}}(\nu_{\mathrm{s}})\int_0^R i_{\nu_{\mathrm{s}}}(r)n_2(r,z)[P_{\nu s}(z)+mh\nu_{\mathrm{s}}\Delta\nu_{\mathrm{s}}]2\pi r\mathrm{d}r\\&-\sigma_{\mathrm{a}}(\nu_{\mathrm{s}})\int_0^R i_{\nu_{\mathrm{s}}}(r)n_1(r,z)P_{\mathrm{s}}(z)2\pi r\mathrm{d}r-l_\nu P_{\nu s}(z)\end{aligned} \tag{10.3-29}$$

$$\frac{\mathrm{d}P_{\nu_{\mathrm{p}}}(z)}{\mathrm{d}z}=\sigma_{\mathrm{a}}(\nu_{\mathrm{p}})\int_0^R i_{\nu_{\mathrm{p}}}(r)n_1(r,z)P_{\nu_{\mathrm{p}}}(z)2\pi r\mathrm{d}r-l_\nu P_{\nu_{\mathrm{p}}}(z) \tag{10.3-30}$$

式中,l_ν 是单位长度光纤的光谱损耗,$\Delta\nu_s$ 是有效噪声带宽,m 是光纤中传播的模式数,R 是光纤纤芯的半径。方程(10.3-29)右端第一项表示辐射功率谱的变化,第二项表示吸收的贡献,最后一项表示光纤散射、溶剂吸收和光泄露损耗贡献。

对于多模液芯光纤,光纤横截面如图 10.44(a)所示,光纤横截面第 j 个模式的辐射功率分布满足零阶贝塞尔函数,可以写为

$$P_{\nu s}(r_j,z)=\left[\frac{J_0(V_j)}{J_0(V_1)}\right]^2P_{\nu s}(V_1,z) \tag{10.3-31}$$

式中,V_j 是归一化频率,表达式为

$$V_j=\frac{2\pi}{\lambda}\sqrt{n_{\mathrm{core}}^2-n_{\mathrm{clad}}^2}\,r_j \tag{10.3-32}$$

其中,n_{core} 和 n_{clad} 分别是光纤纤芯和包层的折射率,对方程(10.3-31)求积分,得

$$P_{\nu s}(z)=\int_0^R P_{\nu s}(r_j,z)r\mathrm{d}r\mathrm{d}\theta=\frac{P_{\nu s}(r_1)}{[J_0(V_1)]^2}\int_0^R[J_0(V)]^2r\mathrm{d}r\mathrm{d}\theta \tag{10.3-33}$$

于是,归一化横模强度分布为

$$i_{\nu s}(r)=\frac{P_{\nu s}(r_j,z)}{P_{\nu s}(\nu)}=\frac{[J_0(V)]^2}{\int[J_0(V)]^2r\mathrm{d}r\mathrm{d}\theta}=\frac{[J_0(V)]^2}{2\pi\int_0^R[J_0(V)]^2r\mathrm{d}r} \tag{10.3-34}$$

图 10.44(b)给出不同阶数的贝塞尔函数曲线。

将式(10.3-23)、式(10.3-24)代入到方程(10.3-29))、式(10.3-30),得到 GSE 光谱随着不同参数(光纤长度、半径、量子点掺杂浓度和泵浦功率)的演化特征,包括光谱强度和光谱峰值位置等。以直径 4.4nm PbSe 量子点为例,相关液芯光纤

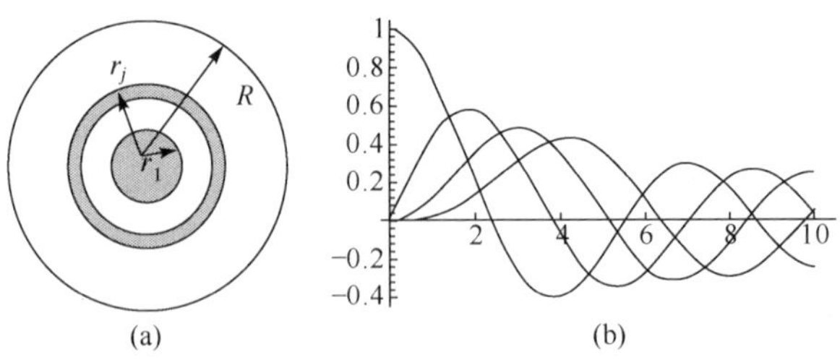

图 10.44 液芯光纤的横截面(a)和贝塞尔函数曲线(b)

参数列于表 10.4。图 10.45 是 4.4nm PbSe 量子点吸收和 PL 光谱,由此分析相关因素对液芯光纤中光传输性质的影响。

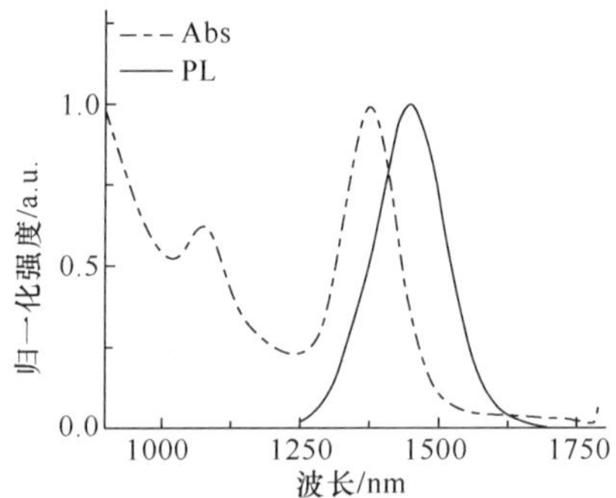

图 10.45 直径 4.4nm PbSe 量子点溶液的吸收和 PL 光谱[60]

表 10.4 液芯光纤的参数

QD 直径/nm	折射系数	Abs/PL 波长/nm	荧光寿命/μs
4.4	1.45/1.505	1378/1452	0.25

在入射端泵浦光功率 60mW、PbSe 量子点掺杂浓度 $4\times10^{15}/cm^3$ 条件下,直径 100μm 光纤的 GSE 和泵浦光强度随光纤长度变化的理论计算曲线如图 10.46(a)所示。随着光纤长度的增加,泵浦功率逐渐衰减,归因于量子点溶液的吸收;GSE 光功率随光纤长度增加而增加,在光纤长度 15cm 时,GSE 光功率达到最大值,对应泵浦光功率接近于零,随后光纤长度的增加反而使传输光功率下降。因此,GSE 光功率存在一个最大值,源于泵浦光衰减和自发辐射之间的平衡。

不同光纤长度(5cm、6cm、8cm、10cm、15cm、20cm、30cm、40cm、50cm、60cm 和 70cm)得到的 GSE 输出光谱如图 10.46(b)所示,向上的实线箭头表示实线曲线对应光纤长度增加方向,向下的虚线箭头表示虚线曲线对应光纤长度增加方向。理论计算值表明:①随着光纤长度的增加,光谱峰值位置向长波方向移动,产生红移;②当光纤长度从 5cm 增加到 15cm 时,GSE 光功率逐渐增大,当光纤长度继续增加到 70cm 时,GSE 光功率逐渐减小,最佳光纤长度是 15cm。

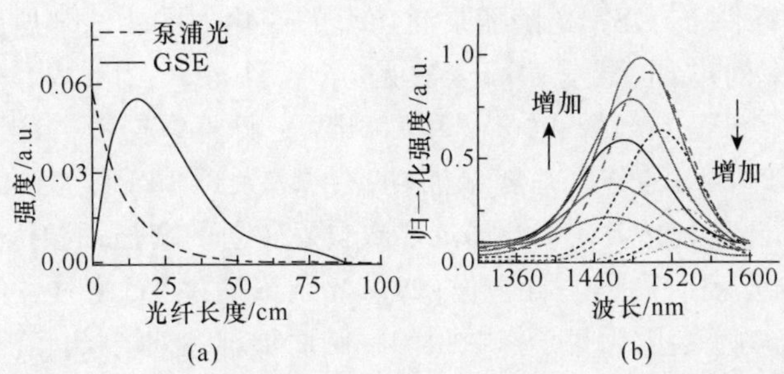

图 10.46　(a)GSE 和泵浦光功率的变化；(b)不同光纤长度的 GSE 光谱[60]

在最佳光纤长度 15cm 条件下，光纤直径对 GSE 光谱的影响如图 10.47(a)所示。图中实线箭头表示实线曲线对应直径增加的方向，虚线箭头表示虚线曲线对应直径增加的方向，光纤直径依次是 30μm、35μm、40μm、50μm、60μm、70μm、100μm、110μm、120μm、130μm 和 140μm。计算数据表明：①随着光纤直径的增加，GSE 光谱峰值位置向长波方向移动，产生红移；②当光纤直径从 30 增加到 60μm，GSE 光功率逐渐增大；当光纤直径继续增加到 140μm 时，GSE 光功率反而逐渐减小，这时最佳光纤直径是 60μm。

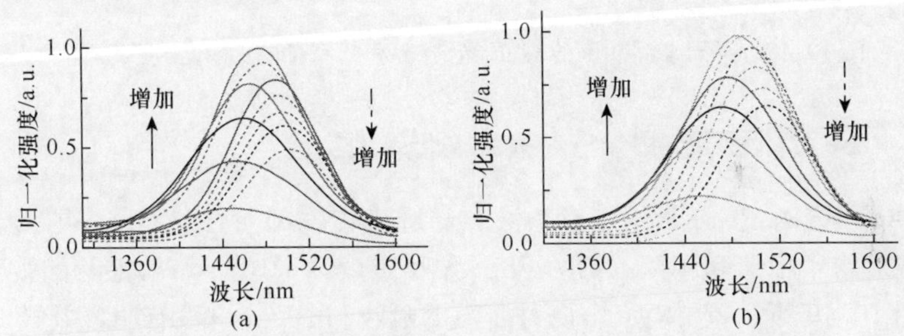

图 10.47　光纤直径(a)和掺杂浓度(b)对 GSE 光谱的影响[60]

在光纤长度 15cm、直径 100μm、泵浦功率 60mW 条件下，不同 PbSe 量子点掺杂浓度的 GSE 光谱如图 10.47(b)所示。向上的实线箭头表示实线曲线对应掺杂浓度增加方向；向下的虚线箭头表示虚线曲线对应掺杂浓度增加方向，掺杂浓度分别是 $1.5\times10^{15}cm^{-3}$、$2\times10^{15}cm^{-3}$、$2.5\times10^{15}cm^{-3}$、$3\times10^{15}cm^{-3}$、$4\times10^{15}cm^{-3}$、$5\times10^{15}cm^{-3}$、$6\times10^{15}cm^{-3}$、$7\times10^{15}cm^{-3}$、$8\times10^{15}cm^{-3}$、$9\times10^{15}cm^{-3}$ 和 $10\times10^{15}cm^{-3}$。计算数据表明：①随着掺杂浓度的增加，光谱峰值位置向长波方向移动，产生红移；②当量子点掺杂浓度从 $1.5\times10^{15}cm^{-3}$ 增加到 $4\times10^{15}cm^{-3}$ 时，GSE 光功率逐渐增大；当量子点掺杂浓度继续增加到 $10\times10^{15}cm^{-3}$ 时，GSE 光功率逐渐减小，最佳掺杂浓度是 $4\times10^{15}cm^{-3}$。

泵浦功率是影响 GSE 的重要参数，在光纤长度 15cm、直径 100μm、掺杂浓度

是 $4\times10^{15}cm^{-3}$条件下,GSE 光谱随泵浦功率的变化如图 10.48 所示。向上的箭头表示泵浦功率的增加,泵浦功率依次是 5mW、10mW、20mW、30mW、40mW、50mW、60mW、70mW、80mW、90mW 和 100mW。计算数据表明,当泵浦功率从 5 增加到 100mW 时,GSE 光功率随泵浦功率的增大近似于线性的增加(变化率 $0.01mW^{-1}$),源自于上能级粒子数增加导致自发辐射的增强;同时,这种线性增长的趋势也说明自发辐射占据主导地位;如果掺杂浓度过小,此时虽然泵浦功率增大,但是 GSE 光功率会因为量子点数目的限制而很难继续增长。在上述泵浦功率的范围内,未能看到 ASE 的效应。

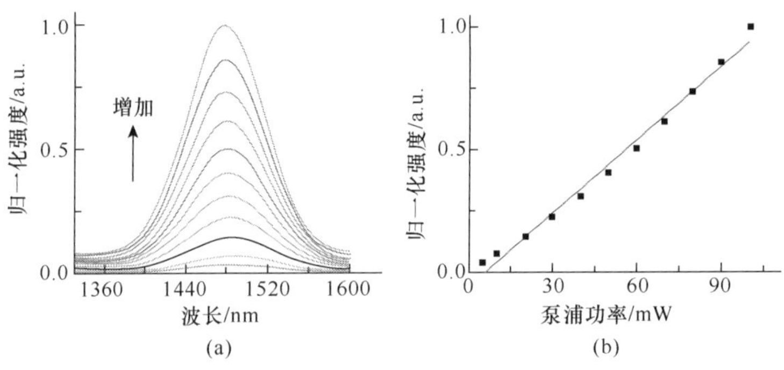

图 10.48 不同泵浦功率的 GSE 光谱(a)和归一化的 GSE 强度(b)[60]

10.3.2 PbSe 胶体量子点掺杂液芯光纤光传输的实验

Zhang 等人对 PbSe 量子点掺杂液芯光纤光传输的特性进行了实验研究[61]。以相同浓度溶于甲苯和四氯乙烯的 PbSe 量子点($7.2\times10^{15}cm^{-3}$)溶液的吸收和发射谱如图 10.49 所示,总体而言,两种溶液的吸收和 PL 光谱没有明显差异。

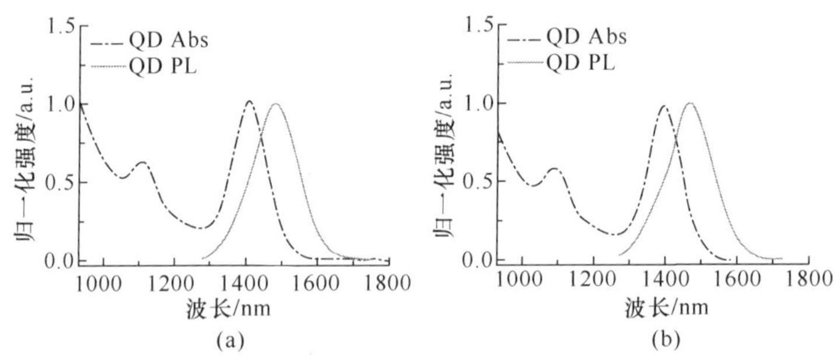

图 10.49 四氯乙烯(a)和甲苯溶剂(b)PbSe 量子点溶液的吸收和 PL 光谱[61]

利用空芯光纤耦合头,将胶体 PbSe 量子点溶液注入到内径 100μm 的 SiO_2空芯光纤中。激发光源采用 532nm 连续激光器,输出功率是 200mW,经透镜耦合进入液芯光纤。光纤出射端连接到光谱仪入射狭缝,如图 10.50 所示。对于长度 15cm 的液芯光纤,两种 PbSe 量子点溶液液芯光纤输出光谱如图 10.51 所示。

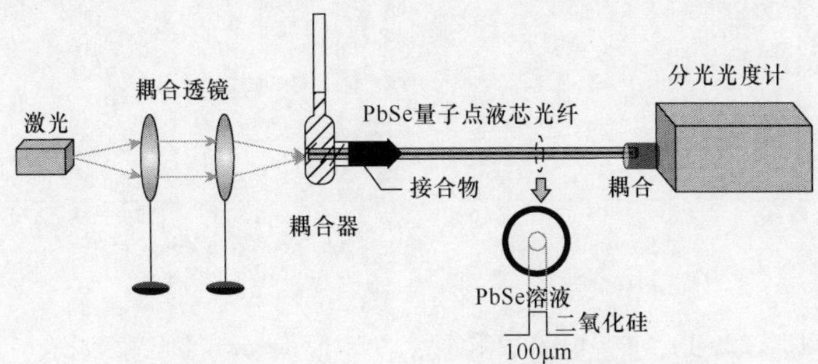

图 10.50　PbSe 量子点液芯光纤光传输 GSE 效应实验装置[61]

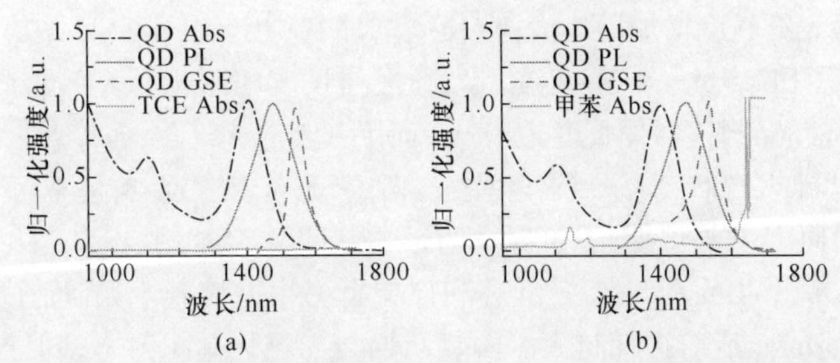

图 10.51　四氯乙烯(a)和甲苯(b)液芯光纤 GSE 的吸收和 PL 光谱[61]
(阅读彩图请扫封底二维码)

四氯乙烯(TCE)PbSe 量子点溶液的吸收峰值波长是 1406nm,发光峰值波长是 1478nm,Stokes 位移为 72nm。该溶液制备液芯光纤出射端 GSE 光谱峰值波长是 1546nm,相对 PbSe 量子点四氯乙烯溶液发光峰红移 68nm,如图 10.51(a)所示。从图 10.51(b)可以看出,对于甲苯 PbSe 量子点溶液,吸收和发光峰值波长分别是 1408nm 和 1476nm, Stokes 位移是 68nm,相应 GSE 光谱峰值波长是 1540nm,相对 PbSe 量子点甲苯溶液发光峰红移 64nm。由此得到如下结论:使用同样的 PbSe 量子点,四氯乙烯溶剂的 Stokes 位移比在甲苯溶剂的要大一些,因此相应液芯光纤的输出 GSE 光谱也会产生类似的结果。

在不同光纤长度时,两种溶剂 PbSe 量子点液芯光纤的 GSE 光谱的变化如图 10.52所示。随着光纤长度的增加,两种溶剂的 GSE 光谱峰值位置均发生红移,但是四氯乙烯溶剂的红移要大于甲苯溶剂。当四氯乙烯溶剂液芯光纤从 8cm 增加到 20cm 时,GSE 红移约为 33nm。而对于甲苯溶剂液芯光纤,光纤长度从 8cm 增加到 20cm 时,红移大约为 12nm。此外,在同样长度条件下,四氯乙烯溶剂

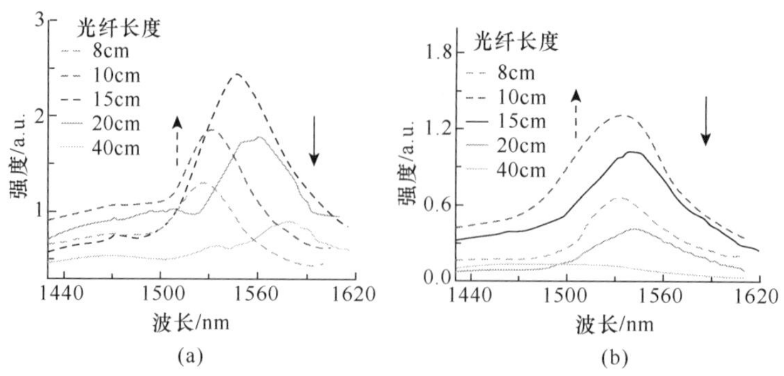

图 10.52　四氯乙烯(a)和甲苯(b)液芯光纤 GSE 光谱随长度变化[61]
(阅读彩图请扫封底二维码)

液芯光纤 GSE 输出功率大于甲苯溶剂液芯光纤的 GSE 输出。在光纤长度较小时,GSE 光功率随光纤长度增加而增大;在长度增加到一定值后,GSE 光功率又随长度的增加而减小。PbSe 量子点掺杂液芯光纤最佳长度与理论计算的预测是一致的。对于四氯乙烯液芯光纤,最佳长度为 15cm;而甲苯液芯光纤最佳长度是 10cm。

不同溶剂制备 PbSe 量子点液芯光纤,对 GSE 光谱的影响是不可忽略的。产生上述影响的原因主要包括:①折射率的影响。四氯乙烯、甲苯和二氧化硅的折射率分别为 1.505、1.496 和 1.45。纤芯和包层折射率差值越小,界面全反射临界角越大,纤芯传播的光泄露损耗越大。四氯乙烯与二氧化硅折射率差值比甲苯的大,所以相应的损耗比甲苯小。②Stokes 位移的影响。四氯乙烯溶剂液芯光纤的 Stokes 位移大于甲苯溶剂的情况。PbSe 量子点的吸收和 PL 光谱存在交叠,量子点的 PL 辐射会被其他量子点吸收,称为自吸收。自吸收必然带来吸收损耗,而且自吸收大小与 Stokes 位移相关。PbSe 量子点-四氯乙烯溶液的斯托克斯位移大,自吸收变小,由此产生的损耗降低。③溶剂吸收的影响。图 10.51 给出四氯乙烯和甲苯的吸收光谱,甲苯的吸收明显大于四氯乙烯的吸收,这也是导致两种溶剂液芯光纤 GSE 光功率不同的原因。此外,四氯乙烯溶剂液芯光纤 GSE 光谱最佳长度是 15cm,而甲苯的却是 10cm,也是归因于甲苯在近红外区的强吸收。以上分析表明:在两种溶剂中,四氯乙烯是作为 PbSe 量子点液芯光纤的良好溶剂。

上述实验数据表明:随着光纤长度的增加,GSE 光谱峰值位置产生非单调性红移,随着光纤长度的增加,红移速率呈现变小的趋势。另外,在光纤长度小于 15cm 时,GSE 光功率随光纤长度的增加而增大;但是当光纤长度大于 15cm 时,又随光纤长度增加而变小。因此,在其他条件相同下,最佳的光纤长度约为 15cm。GSE 光谱红移的原因是:量子点本身的吸收和辐射光谱中有一部分重叠区,量子点短波长一侧的发光能量可以较大尺寸量子点吸收,再次辐射较大波长的荧光。此外,溶剂在近红外区微弱的吸收也是产生红移的因素。

量子点掺杂浓度是影响 GSE 光谱特性的另一个重要参数。在光纤长度 15cm、泵浦功率 200mW 的条件下，几个不同的掺杂浓度（$7.6\times10^{15}\text{cm}^{-3}$，$8.7\times10^{15}\text{cm}^{-3}$，$9.5\times10^{15}\text{cm}^{-3}$，$1.1\times10^{16}\text{cm}^{-3}$ 和 $1.3\times10^{16}\text{cm}^{-3}$）PbSe 量子点液芯光纤 GSE 输出光谱如图 10.53 所示。其中(a)是掺杂浓度依赖的 GSE 光谱，(b)是 GSE 输出功率随掺杂浓度的演化关系，(c)是 GSE 光谱峰值波长随掺杂浓度的演化关系。随着量子点掺杂浓度的增加，GSE 光谱红移，但红移率呈现变小的趋势。在掺杂浓度小于 $9.5\times10^{15}\text{cm}^{-3}$ 时，GSE 输出功率随掺杂浓度的增加而增大；当掺杂浓度大于 $9.5\times10^{15}\text{cm}^{-3}$ 时，随掺杂浓度的增加而变小，最佳量子点掺杂浓度约为 $9.5\times10^{15}\text{cm}^{-3}$。随着量子点掺杂浓度的增加，相同体积内量子点数目增加，导致二次吸收-辐射几率增加，由此产生红移。在低浓度掺杂时，浓度越高，激发的粒子数越多，自发辐射也就增强；在较高浓度掺杂时，由于泵浦光的功率是固定的，浓度增大不会使激发的粒子数目增加，自发辐射不再增加，但传输光会被多余的量子点所吸收或散射，导致较高浓度掺杂时光功率的衰减。

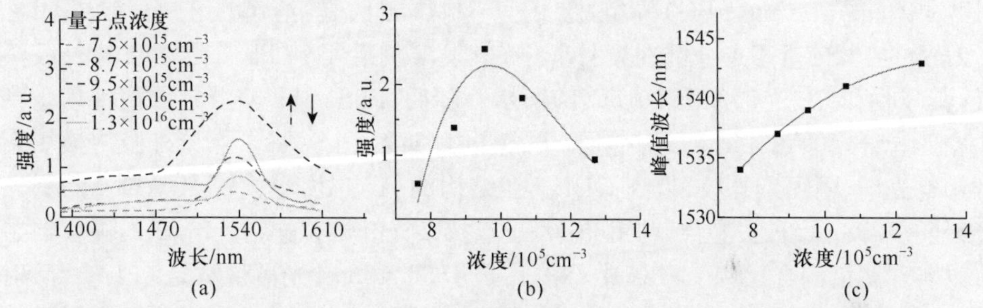

图 10.53　掺杂浓度依赖的 GSE 光谱(a)，GSE 输出功率(b)和 GSE 峰值波长(c)[61]
（阅读彩图请扫封底二维码）

在光纤长度 15cm、量子点掺杂浓度 $7.2\times10^{15}\text{cm}^{-3}$ 的条件下，当泵浦功率是 12mW、27mW、36mW、45mW 和 60mW 时，液芯光纤 GSE 输出光谱如图 10.54(a)所示，图 10.54(b)是 GSE 输出功率随泵浦功率的演化关系。实验数据表明，随着泵浦功率的增加，GSE 功率呈现线性增加的趋势。这些数据也表明，泵浦光能流密度较低，自发辐射占据主导地位，没有形成有效的 ASE 效应。

10.3.3　胶体量子点掺杂液芯光纤放大器

量子点掺杂液芯光纤输出光依赖于量子点的掺杂浓度、光纤的长度和泵浦光的功率。在较低泵浦光功率情况下，量子点掺杂液芯光纤没有 ASE 效应；但是当泵浦功率达到或超过阈值时，将会产生 ASE 效应，并随着泵浦功率的增加而线性增强。Cheng 等人利用 PbSe 量子点掺杂液芯光纤作为增益介质，构建光纤环状共振腔，获得传统通信波段(1550nm)的光纤放大器[62]。

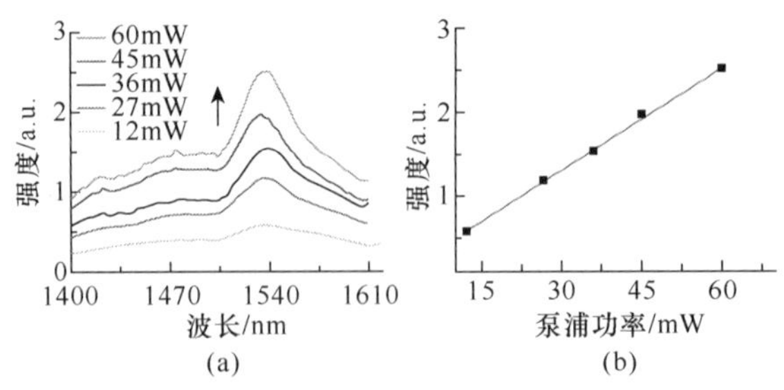

图 10.54 泵浦功率依赖的 GSE 光谱(a)和输出功率(b)[61]
(阅读彩图请扫封底二维码)

典型的 PbSe 量子点掺杂液芯光纤环状共振腔结构如图 10.55(a)所示,它是由 980/1550nm 波分复用器(wavelength division multiplexer,WDM)、PbSe 量子点掺杂光纤(quantum dots doped fiber,QDF)、非偏振光隔离器(unpolarized optical isolator,ISO)、工作波长 1550nm 和 20nm 带宽的光纤耦合器、光纤布拉格光栅(fiber Bragg grating,FBG)等组成。QDF 制作方法是:溶解在正己烷中、尺寸 5.2nm 的 PbSe 量子点分散在紫外胶中,蒸发溶剂后得到 PbSe 量子点紫外胶溶液,其吸收和 PL 光谱如图 10.55(b)所示。随后,PbSe 量子点紫外胶溶液填塞到中空的光纤(50/125μm,纤芯/包层)中;紫外灯照射 PbSe 量子点紫外胶溶液填塞的中空光纤,凝固紫外胶,得到 QDF。在结构的 A 点处,单模输出 WDM 的引入光纤(9/125μm,纤芯/包层)与 PbSe 量子点掺杂光纤熔合连结。2×2 的耦合器并可以实现调谐耦合比例。FBG 中心波长是 1550.46nm,光谱带宽是 0.1nm,反射率达到 97%。隔离系数>40dB 的 ISO 满足多模输入(50/125μm,纤芯/包层)/单模输出(9/125μm,纤芯/包层)的要求,其中单模输出充当空间滤波的作用,光波沿着顺时针方向传输。IMG 是光纤匹配溶液,可以减小光纤端面的 Fresnel 反射。980nm LD 的最大输出是 500mW。

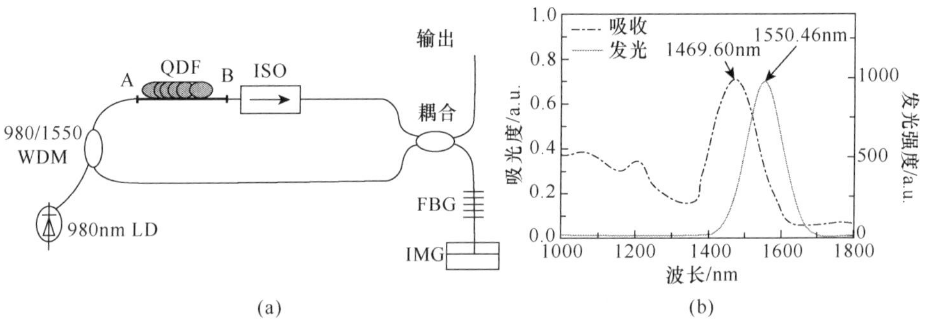

图 10.55 光纤谐振腔示意图(a)及 PbSe 量子点吸收和 PL 光谱(b)[62]

利用 WDM,泵浦光直接输入到环状结构中,然后在 A 点传入 PbSe 量子点掺杂光纤，同时在 A 点也可以测量实际进入 QDF 的泵浦光功率。在 QDF 中，PbSe 量子点吸收泵浦光能量和产生中心波长 1550nm 的光辐射。在它传输到耦合器后，利用 ISO 使一部分光耦合到输出端，剩余部分耦合到 FBG 中。经过 FBG，只有 1550nm 的光辐射被反射，返回耦合器。由于 PbSe 量子点的增益带宽远大于 FBG 的反射带宽，在 FBG 反射带宽范围内，量子点对不同纵向模式产生的均匀地光增益。因此，FBG 决定模式的选择。FBG 的反射带宽很小，只有很窄波长范围的光能够被增益。光辐射在顺时针传输通过环路一次后，增益而得到增强，到达 FBG 和完成一次环路震荡。当产生的增益大于共振腔损耗时，可以产生 1550nm 波长的受激辐射并在输出端输出。

在 QDF 连接到共振腔之前，在 980nm 泵浦光条件下，不同量子点浓度($C_{1,2,3,4,5}=2\text{mg}\cdot\text{mL}^{-1}$；$2.5\text{mg}\cdot\text{mL}^{-1}$；$5\text{mg}\cdot\text{mL}^{-1}$；$8\text{mg}\cdot\text{mL}^{-1}$；$10\text{mg}\cdot\text{mL}^{-1}$)、不同长度 QDF 的输出光功率，如图 10.56(a)所示。显然，QDF 中的泵浦光功率呈现出指数型衰减规律，特征速率是 $0.061\sim0.128\text{dB}\cdot\text{cm}^{-1}$，量值依赖于量子点的浓度 C。当光纤长度达到一定数值后，光纤中泵浦光功率几乎衰减为零。例如，浓度 C_5 的 QDF，这个长度是 85cm。这表明随着 QFD 的增长，信号光的增益趋于饱和。

在 980nm 泵浦光条件下，1550nm PL 峰值输出强度随光纤长度和量子点浓度变化，如图 10.56(b)所示。随着光纤长度的增加，PL 峰值强度随之增加。但是，在达到一个极值后开始下降，表明 QDF 中存在激发和吸收的竞争，在激发和吸收的竞争取得平衡时，得到绝对的增益。以 C_5 浓度样本为例，在 QDF 长度是 85cm 处，激发和吸收的竞争取得平衡，同时泵浦能量为零。如果忽略散射的贡献，吸收是指数依赖的衰减规律，特征速率是 $0.06\sim0.10\text{dB}\cdot\text{cm}^{-1}$，接近于 980nm 的吸收速率，也接近于铒掺杂光纤的吸收速率(约为 $0.1\text{dB}\cdot\text{cm}^{-1}$)。事实上，对于给定尺寸的量子点，它的吸收特性是固有的，比例于 PL 荧光的强度。

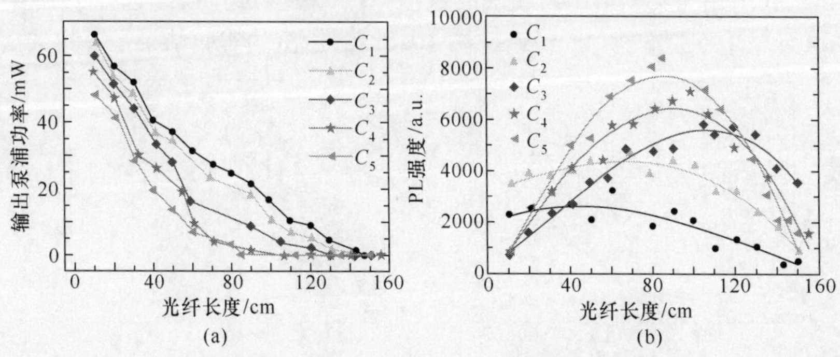

图 10.56　泵浦光(a)和信号光功率随量子点浓度和光纤长度变化曲线(b)[62]

实验结果表明,激光的模式发生重叠,归因于 QDF 具有大的半径。为了排除高阶模式和实现单模输出,一个方法是弯曲光纤,即将多模 QDF 缠绕在直径是 16mm 的圆柱上。利用激光功率计和一个衰减器,在 QDF 的输出端(图 10.55(a)的 B 点)检测输出激光的横向模式分布。图 10.57 是弯曲 QDF 单模输出的光谱分布,中心波长 1550.46nm 输出功率是 6.1dBm,−3dB 的光谱带宽小于 0.1nm,模式边界的抑制比是 47dB。在连续工作 2 小时后,波长移动量小于 0.02nm。

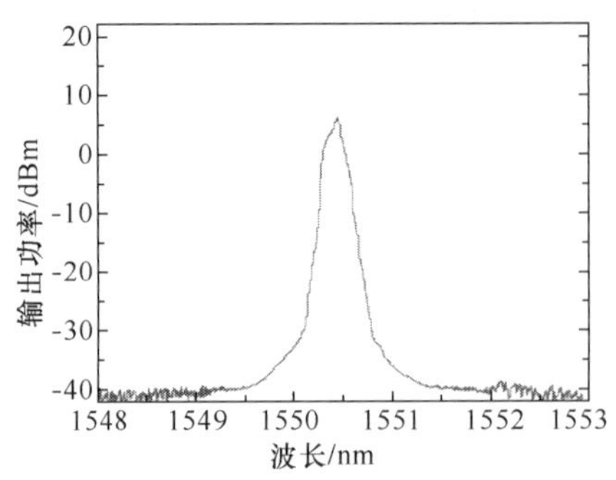

图 10.57　信号光输出光谱[62]

考察输出激光功率随泵浦功率的变化,图 10.58 是缠绕和非缠绕两种情况的结果。在泵浦功率较低时,不发生激光输出。当输入 QDF 的泵浦功率提高到某一程度(25mW)时,呈现出激光输出,然后随泵浦功率的提高而线性增加,这个泵浦功率是产生激光的激发阈值。对于弯曲情况(单模激光输出),最大激光输出功率是 6.36mW,泵浦效率是 9.3%;对于非弯曲情况(多模激光输出),最大激光输出功率是 19.20mW,泵浦效率是 28.2%。弯曲光纤的泵浦效率降低和阈值增加,归咎于光纤弯曲产生的附加损耗。

采用简单的二能级模型,对于单一的 PL 峰,阈值泵浦功率满足如下关系[63]:

$$P_{\mathrm{th}}=\frac{\sigma_{\mathrm{a,L}}h\nu_{\mathrm{p}}A}{\Gamma_{\mathrm{p}}\tau(\sigma_{\mathrm{a,p}}\sigma_{\mathrm{e,L}}-\sigma_{\mathrm{e,p}}\sigma_{\mathrm{a,L}})} \tag{10.3-35}$$

式中,σ_a、σ_e、σ_p是吸收、发射和泵浦截面;ν_p是泵浦光频率;Γ_p(取值范围是 0~1)是交叠因子,决定于泵浦的激光二极管(laser diode,LD)和实验条件;τ 是上能级寿命;A 是光纤芯子面积;h 是 Planck 常数。取光纤芯子半径是 50μm,泵浦光波长是 980nm,利用相关文献给出 σ 和 τ 的数值[64,65],根据实验条件选择 $\Gamma_p=0.3$,计算出阈值泵浦功率是 $P_{\mathrm{th}}\approx$25mW,与图 10.58(a)给出的实验结果是一致的。

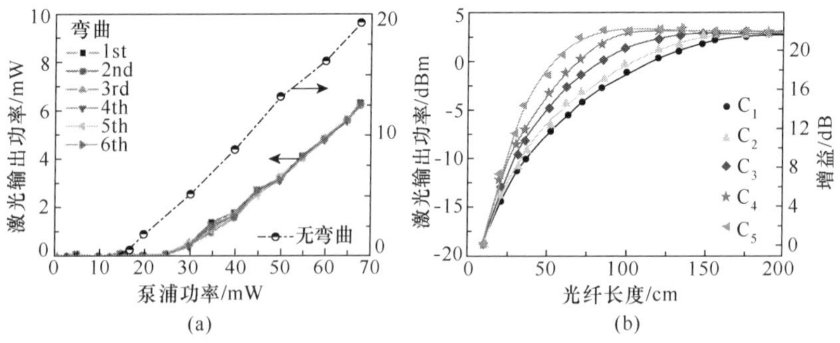

图 10.58　信号光输出功率随泵浦功率(a)和光纤长度变化曲线(b)[62]

考察激光输出随光纤长度的变化，饱和特性如图 10.58(b)所示。不同的掺杂浓度表现出不同的饱和长度，但饱和泵浦功率是相同的，约为 68mW。以 C_5 样本为例，−3dB 的饱和长度约为 57cm，相应增益系数是 $\alpha_g = 1/\Delta L_f = 0.0924\text{dB} \cdot \text{cm}^{-1}$，稍低于 980nm 泵浦光的吸收速率($0.128\text{dB} \cdot \text{cm}^{-1}$)。

10.4 胶体半导体量子点在检测传感技术中的应用

10.4.1 胶体半导体量子点温度传感器

如前所述，胶体半导体量子点的 PL 光谱是温度依赖的。利用胶体半导体量子点 PL 发光波长和发光强度对温度敏感的特性，可以实现微小区域的温度在线检测。

1. 利用 PL 发光波长变化的胶体半导体量子点温度传感技术

图 10.59(a)是 GaN LED 芯片表面温度实时检测系统的结构示意图。对于型号为 HXGD-DZ-3w 的 GaN LED，额定工作电压 3V，功率 3W，结构包含铝基底、电介质、散热片、引脚、GaN 发光芯片、金线等，右侧是 LED 实体外观图。这种大功率蓝光 LED 工作时会释放大量的热能，工作温度会产生数十摄氏度的变化。LED 芯片外貌如右上角图所示，标尺是 200μm。

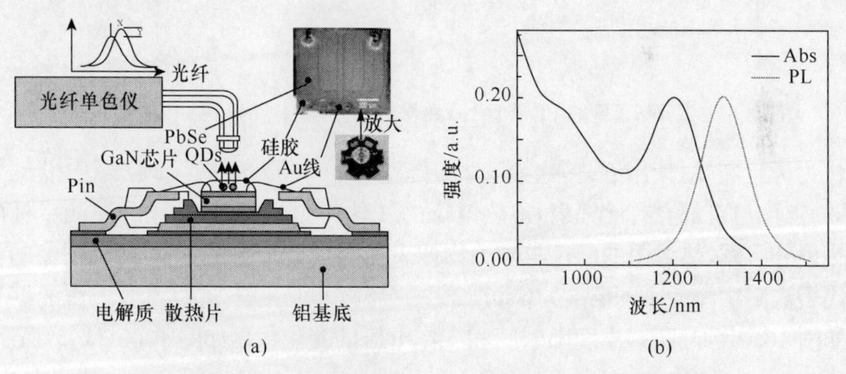

图 10.59 (a)系统结构；(b)PbSe 量子点吸收和 PL 光谱[66]
(阅读彩图请扫封底二维码)

PbSe 量子点作为温度传感材料，其吸收和 PL 光谱如图 10.59(b)所示，发光峰值波长是 1315nm。PbSe 量子点分散在正己烷溶剂中，形成高浓度溶液。利用蘸取笔(dip-pen)技术[67~69]，PbSe 量子点作为“墨水”，原子力显微镜(CSPM5000)探针作为蘸笔，在光学显微镜下将 PbSe 量子点沉积在 LED 芯片温度测量点。如图 10.59(a)所示，量子点溶液在待测的温度区域形成直径约 40μm 的圆形斑点。

当 GaN LED 工作时，其本身发出的蓝光激发 PbSe 量子点，辐射出温度依赖的红外光谱，利用光纤光谱仪收集量子点的发光。当 LED 工作温度变化时，可以通过 PbSe 量子点的 PL 光谱的变化反映出来。这种方法可以精确的选择测量位置，目标大小是微米量级，可以同时测量多点温度，对 LED 的工作几乎没有什么影响，有着传统温度传感器无法比拟的优势。

首先考察 GaN LED 的发光特性，在不同工作电压下，GaN LED 的光谱如图 10.60(a)所示。随着电压的增加，LED 发光随之增强，3.5V 的发光强度比 2.5V 要增大两个数量级。图 10.60(a)中的竖线表示 LED 发光光谱峰值位置，工作电压的变化对 GaN LED 发光峰位的影响几乎可以忽略。其次，对 GaN LED 发光稳定性检测表明，LED 发光强度随时间变化关系如图 10.60(b)所示，光谱强度较为稳定。

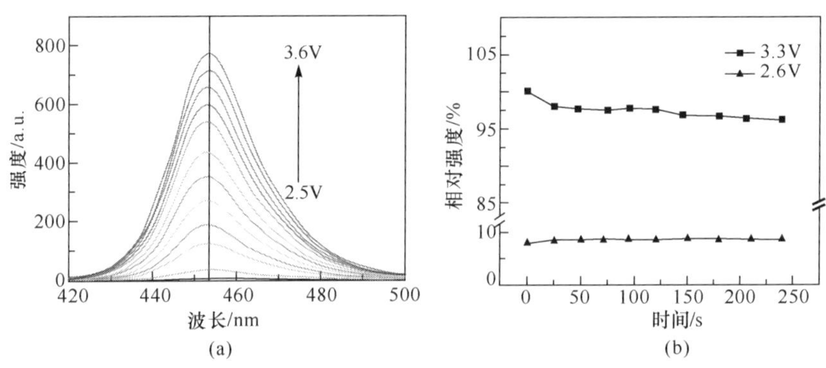

图 10.60　GaN LED 的 PL 光谱(a)和相对发光强度随时间变化关系(b)[66]

作为标定需要，使用红外热像仪对工作状态的 LED 拍照。LED 辐射的红外能量(不管工作与否都会有此辐射)被热像仪的红外探测器接受，转化为被测目标的可见的热量分布图，热像图的颜色与被测物体表面的热分布场相对应，即热图像的不同颜色代表被测物体的不同温度。GaN LED 在不同电压和不同时间下工作的红外热像图如图 10.61(a)所示，温度随时间和工作电压的变化数据如图 10.61(b,c)所示。

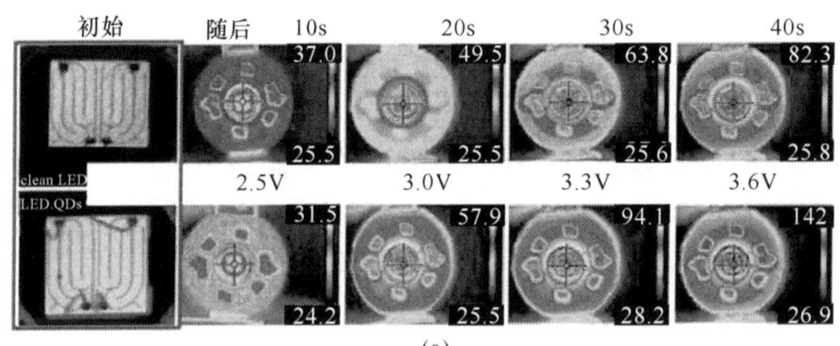

(a)

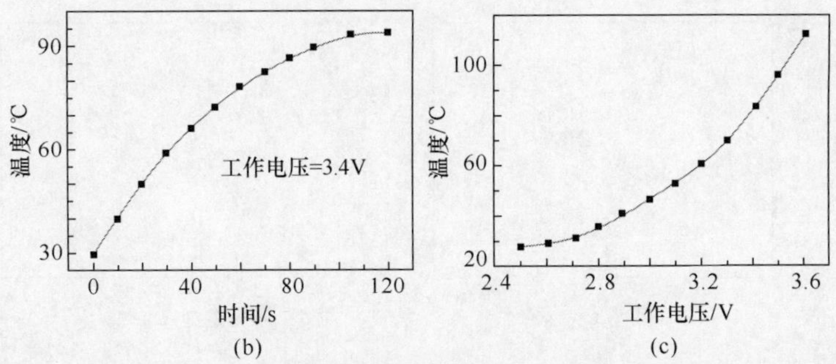

图 10.61　LED 芯片红外热像图(a)及不同时间(b)和不同电压(c)的温度变化[66]
(阅读彩图请扫封底二维码)

对沉积 PbSe 量子点的 GaN LED 进行测量，图 10.62(a)是 3.2V 电压的 GaN LED 电致发光光谱(EL)和沉积 PbSe 量子点的光致发光光谱。GaN LED 发射的是可见光，峰值波长是 450nm，图中黑线所示，呈现出标准的高斯线型。红线是沉积 PbSe 量子点后 GaN LED 的 EL 谱和 PbSe 量子点的近红外 PL 谱，在 1300nm 附近 PbSe 量子点的发光十分微弱，放大后形态如插图所示。当 LED 工作电压从 2.6V 升高至 3.6V 时，PbSe 量子点发光峰值波长从 1314.7nm 红移到 1326.9nm，与溶液态 PbSe 量子点温度红移光谱类似，如图 10.62(b)所示。

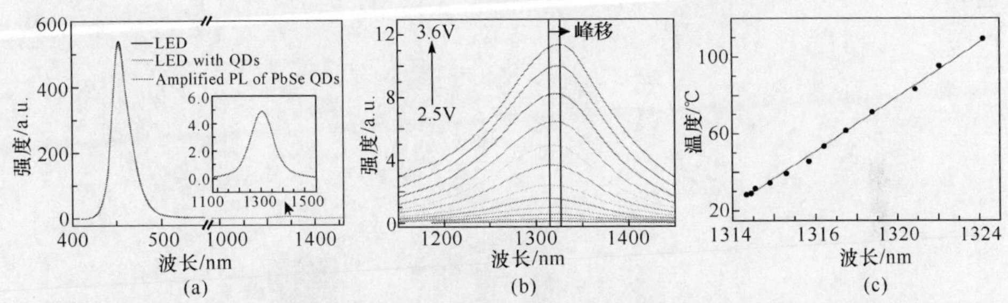

图 10.62　(a)LED+QD 光谱；(b)量子点光谱随电压的红移；(c)拟合曲线[66]
(阅读彩图请扫封底二维码)

借助于图 10.62(b)，经直线拟合得到图 10.62(c)。GaN LED 芯片表面工作温度随沉积量子点 PL 光谱峰值波长的变化关系是

$$T(℃)=6.908\,\lambda(\mathrm{nm})-9054.5 \tag{10.4-1}$$

对系统进行了多次重复测量，如图 10.63 所示。图 10.63(a)是溶液态 PbSe 量子点 PL 光谱可逆性测试曲线，实验结果证明 PbSe 量子点 PL 谱随温度变化是可逆的。图 10.63(b)是同一测试点的三次重复实验结果，三条曲线几乎重合，表明测温系统具有良好的重复性。

2. 利用 PL 强度变化的胶体半导体量子点温度传感技术

另一种量子点温度传感原理是基于强度变化的胶体半导体量子点温度传感技

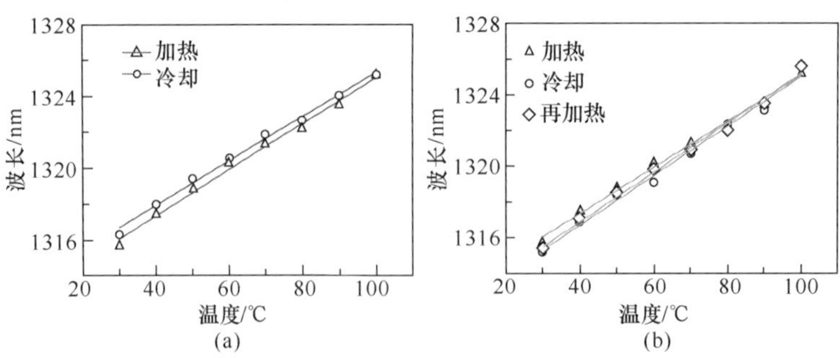

图 10.63　溶液态 PbSe 量子点可逆性(a)和系统的重复性数据(b)[66]

术。Liu 等人采用胶体 ZnCuInS/ZnSe/ZnS 量子点，通过检测 PL 相对强度温度依赖的关系，实现了面温度分布扫描检测[70]。这种温度检测系统的结构如图 10.64 所示。将 ZnCuInS/ZnSe/ZnS 胶体量子点溶液涂覆在印刷电路板(printed circuit board，PCB)的表面，放在空气中干燥。PCB 放置在二维移动的机械平台上，移动精度是 1μm。波长 450nm 激光束经过准直照射涂覆胶体量子点的 PCB 表面，利用一个 10× 显微物镜和纤芯直径 10μm 的收集光纤，将面积 1×1μm^2 样本表面的量子点 PL 辐射收集到光谱仪中。通过机械扫描，实现整个 PCB 表面温度的分布检测。

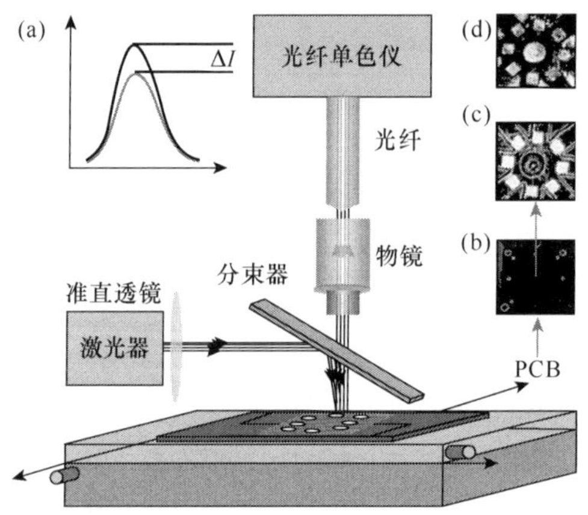

图 10.64　利用 PL 强度变化的胶体半导体量子点温度检测系统的结构示意图[70]
(阅读彩图请扫封底二维码)

图 10.65(b)是尺寸 2.3nm ZnCuInS/ZnSe/ZnS 量子点溶液温度依赖的 PL 光谱，图 10.65(a)是升温、降温量子点的 PL 光谱强度变化的循环，显示出较好的可逆性。良好的温度可逆性确保量子点材料可以多次运用于温度检测。由于 ZnCuInS/ZnSe/ZnS 量子点的 PL 辐射源于量子化的导带边到局域的带间态、以及施主-受主之间的跃迁[71~73]，导致温度对这种量子点 PL 峰值波长的影响不如带边辐

射材料那么强烈。因此，不宜选择利用 PL 发光波长变化的温度测量方法，而应当利用 PL 发光强度和变化来测量温度。考虑到 PL 强度依赖于量子点的数目，精确控制涂覆量子点薄膜的均匀性十分困难，所以采用归一化 PL 光谱强度（即相对强度）反映温度的变化。选择室温（20℃）作为参照温度，在这个温度下每个测量点的 PL 光谱强度规定为 1。以此为参照系，可以确定测量 PL 光谱强度所对应的温度。

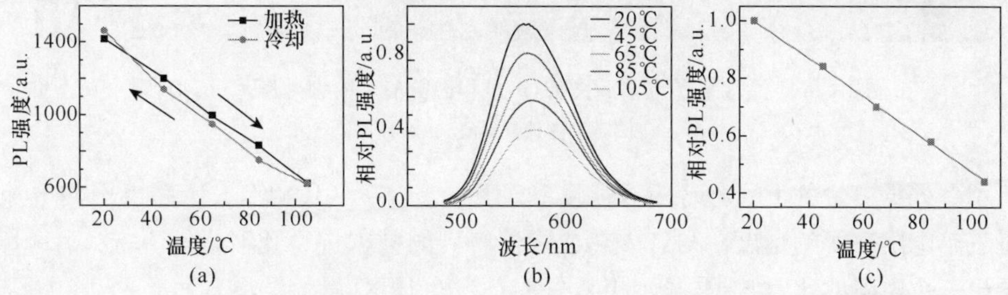

图 10.65　(a)PL 强度变化的可逆性；(b)归一化的温度依赖光谱；(c)拟合关系[70]

根据上述归一化 PL 光谱强度的方法，尺寸 2.3nm ZnCuInS/ZnSe/ZnS 量子点的归一化温度依赖的 PL 光谱如图 10.65(b)所示。ZnCuInS/ZnSe/ZnS 量子点的 PL 强度的温度系数是 0.66%℃$^{-1}$，高于 CdSe 量子点的相应数值（～ 0.34%℃$^{-1}$）[74]。借助于比较 PL 强度的方法，可以有效避免量子点浓度和量子点薄膜不均匀性的影响。

在 20～105℃的温度，尺寸 2.3nm 的 ZnCuInS/ZnSe/ZnS 量子点归一化 PL 强度标定曲线如图 10.65(c)所示。量子点 PL 相对强度与温度的对应关系如下：

$$I_T = 1.136 - 0.00657 \times T \tag{10.4-2}$$

式中，I_T是温度 T 时的 PL 相对强度，T 的单位是℃。图 10.65(c)表明，随着温度的增加，相对强度线性降低。通过测量 PCB 表面量子点薄膜给定点的 PL 相对强度，可以确定该点的温度 T。

利用上述检测系统，对 5 个不同电阻串联电路 PCB 板进行温度检测，其中三个电阻是 1982Ω(A)、992Ω(B)和 196Ω(C)，如图 10.66(a)所示。图 10.66(a,c)是涂覆量子点薄膜前后的照片，每个电阻的面积是 5×3mm^2。每个电阻的量值并不相同，却通过相同的电流，所以它们的稳定温度是不同的。在没有通过电流时，表面薄膜的红外成像如图 10.66(b)所示；在通过电流 7.9mA 时，相应红外成像如图 10.66(d)所示。可以清晰的看到，三个电阻 A、B、C 的温度是明显不同的。

在 PCB 通过电流时，利用上述测量系统得到三个电阻 A、B、C 的 PL 光谱，如图 10.67 所示。取没有电流时的三个电阻的 PL 光谱作为参照光谱。随着电流的增加，量子点薄膜的 PL 发光强度下降，对应于电阻温度的提高，如图 10.67(a,b,c)

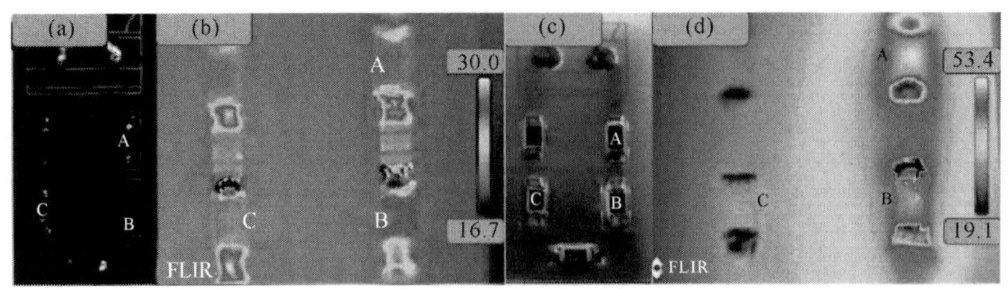

图 10.66 涂覆量子点前后图像(a,c)和通电前后的红外图片(b,d)[70]
(阅读彩图请扫封底二维码)

所示。根据测量的 PL 光谱相对强度和利用标定方程(10.4-2),计算出不同电流时三个电阻表面的温度。与红外热成像仪得到的数据进行比对,图 10.67(d,e,f)给出三个电阻的比对数据,显示出良好的一致性,相对测量误差不大于 2%。

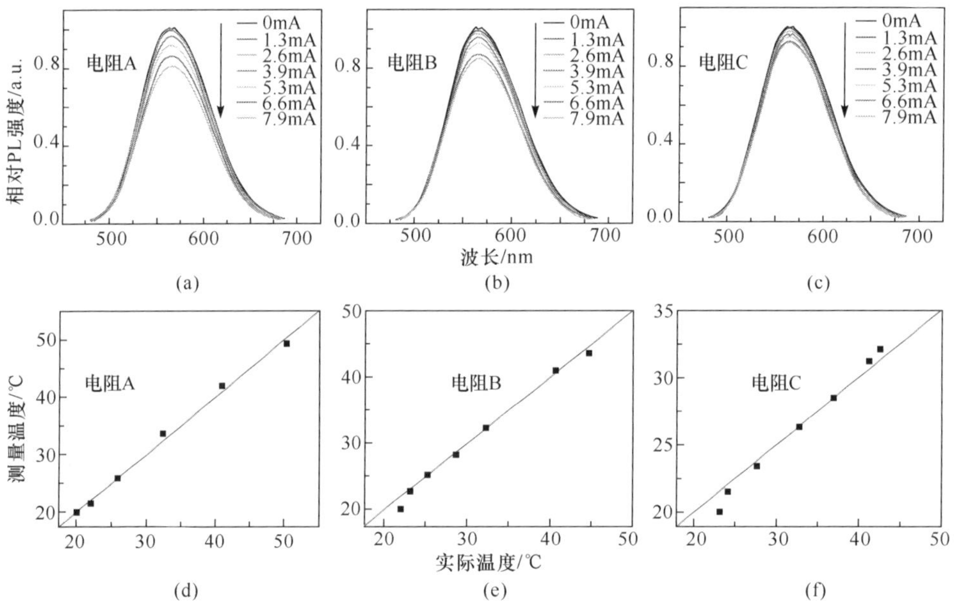

图 10.67 三个电阻 A、B、C 的 PL 光谱和测量误差分析[70]

这个测量系统的特点是,对面温度分布可以进行扫描检测。图 10.68(a)是 8 个 μm 尺寸的微型电阻组成的 LED 芯片的一个微型区域,。每个微型电阻的表面面积是 200μm×200μm。对其中 H 标记的微型电阻的表面温度进行扫描检测,其中 200μm×140μm 区域的温度分布测量数据如图 10.68(b)所示,显示出表面温度分辨区域是 10μm×10μm。

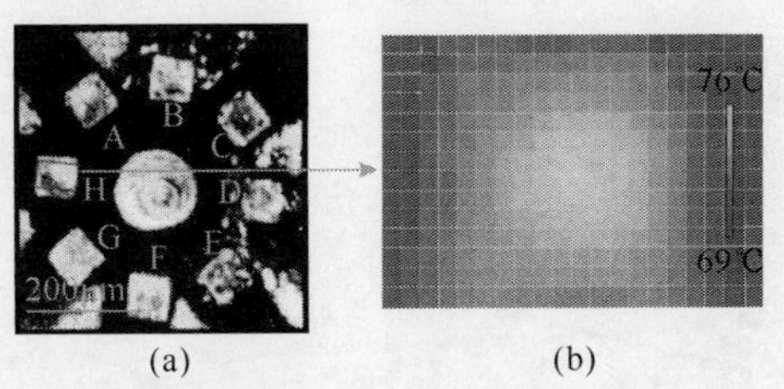

图 10.68　8个微型电阻电路图片和H标记微型电阻表面区域温度分布[70]
（阅读彩图请扫封底二维码）

10.4.2　胶体半导体量子点电流传感器

1. 量子点的磁光效应

Faraday发现，当平面偏振光通过电磁铁作用的硼酸盐铅玻璃时，偏振方向会旋转一个角度，称之为磁光效应。旋转的角度一般可以表示为

$$\theta = VLB \tag{10.4-3}$$

式中，V是Verdet常数，决定于材料特性；L是光通过材料的路径长度；B是在光传输方向的磁场。在实际中，平面偏振光通过有吸收的磁光材料时，不仅显示出偏振方向的变化，而且也会转变成椭圆偏振光。相关研究表明，磁光效应产生的旋转角可以表示为[75]

$$\theta = \frac{\omega}{2c}(n_- - n_+)L \tag{10.4-4}$$

$(n_+ - n_-)$是右旋和左旋圆偏振光折射率的差值。当$\theta > 0$时，右旋圆偏振光的传播速度要大；反之是左旋圆偏振光的传播速度要大。利用电磁理论，磁光旋转角度可以由材料折射率n、偏振光波长λ和左右圆偏振光相对磁化率$\chi_\pm$的差值表示[76]

$$\theta = \frac{4\pi}{\lambda}\frac{(n^2+2)^2}{n}(\chi_+ - \chi_-)L \tag{10.4-5}$$

Kohli等人利用热处理方法将Cd族量子点掺杂到玻璃基质中，分析Cd族量子点的磁光旋转效应[75]。在波长488nm的Ar离子激光通过Cd族量子点掺杂玻璃基质材料时，在外加磁场作用下，两种量子点（CdS、CdSe）Faraday旋转效应如图10.69所示。其中，NBS710是标准的基质玻璃。对于CdSe量子点掺杂样本，显示出尺寸依赖的偏转特性。在不同磁场区间，显示出不同的响应敏感性：在较低磁场时，偏转角增加速度较为缓慢；在较高磁场时，显示出快速的增加。与标准基质NBS 710的曲线比较，掺杂CdS量子点玻璃的Verdet常数要远大于标准基质NBS 710的数值。不同尺寸CdSe量子点掺杂玻璃Faraday旋转角随磁场强度变化曲线，以及Faraday旋转角随量子点尺寸变化曲线如图10.70所示。

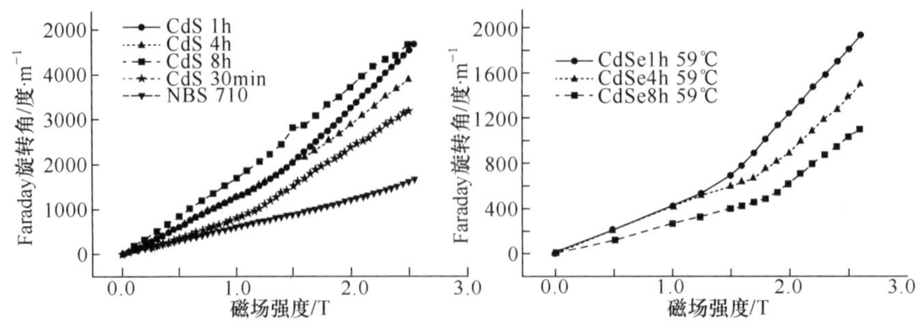

图 10.69　CdS、CdSe 量子点 Faraday 旋转角随磁场强度的变化[75]

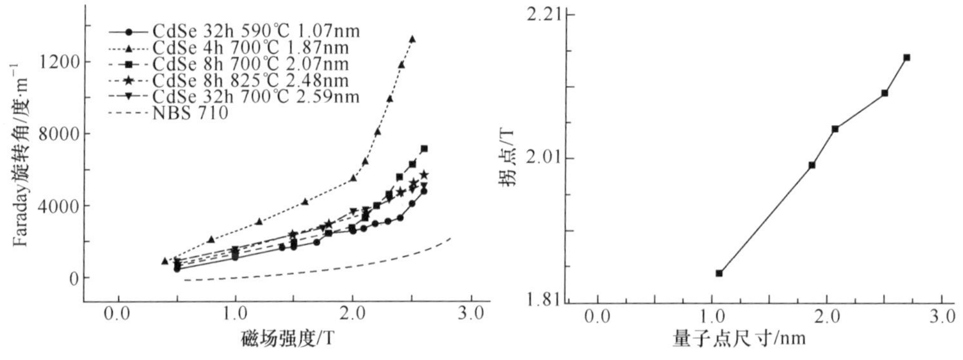

图 10.70　不同尺寸 CdSe 量子点掺杂样本 Faraday 旋转角随磁场强度的变化[75]

Watekar 等人采用改进的化学气相沉积法(modified chemical vapor deposition,MCVD)方法制备出 CdSe 量子点掺杂光纤[77]。在室温条件下,CdSe 量子点甲苯溶液态吸收峰位于 650nm。CdSe 量子点甲苯溶液(1.5mL 甲苯溶液含有 7.5mg CdSe 量子点)掺杂玻璃纤芯,获得外径 125μm、纤芯内径 5.36μm、截止波长 559nm 的掺杂光纤。CdSe 量子点的掺杂浓度是 $2.2\times10^{24}\ m^{-3}$,量子点平均尺寸是 5nm。作为比较,制备另一个没有量子点掺杂的单模光纤,截止波长是 560nm(折射率差值是 0.006)。

测量 Verdet 常数的系统如图 10.71(a)所示。将波长 632nm He-Ne 激光转化成平面偏振光,然后耦合进处在变化磁场的光纤中。光纤长度是 71cm,掺杂和未掺杂光纤的测量数据如图 10.71(b)所示。Faraday 旋转角随外加磁场呈现出线性关系。根据式(10.4-3),计算出单模未掺杂光纤的 Verdet 常数是 $-2.7\text{rad}\cdot T^{-1}\cdot m^{-1}$。对于任意选择的多个 CdSe 量子点掺杂光纤样本,在 0.14T 的磁场下,Faraday 旋转角的数值是 22～30°之间。角度的起伏是因为掺杂光纤 CdSe 量子点浓度的不均匀性,反映出 Verdet 常数依赖于 CdSe 量子点掺杂的浓度。于是,测量出不同浓度 CdSe 量子点掺杂光纤的 Verdet 常数是 $3.9\sim5.3\text{rad}\cdot T^{-1}\cdot m^{-1}$,CdSe 量子点掺杂光纤的磁场灵敏度是未掺杂光纤的 1.5～2 倍。

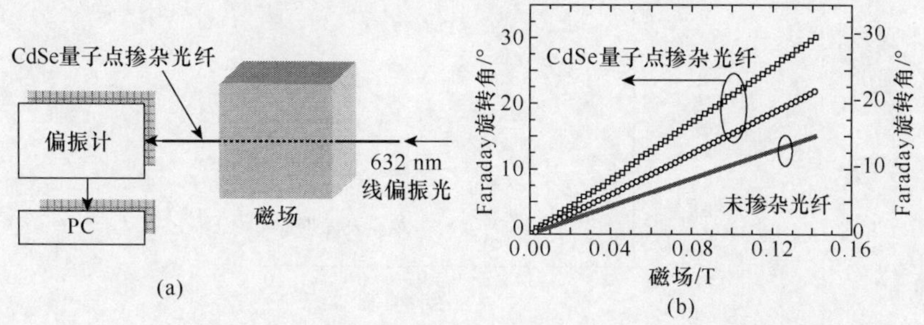

图 10.71　(a)测量 Verdet 常数的系统结构；(b)Faraday 旋转角随磁场变化曲线[77]

2. CdSe 量子点掺杂玻璃光纤电流传感器

将 CdSe 量子点掺杂玻璃光纤缠绕在通电导线的外部，形成螺线管的形状。随着导线流过电流的变化，光纤输出光 Faraday 旋转角随之变化，构成电流传感器。这种电流传感器的灵敏度 S 表示为[77]

$$S=\frac{\theta}{IN} \tag{10.4-6}$$

对于一个均匀各向同性的光纤，单位长度的灵敏度是

$$S=\mu_0 V \tag{10.4-7}$$

式中，S 是灵敏度；θ 是 Faraday 旋转角；V 是 Verdet 常数，单位是 $\mathrm{rad\cdot T^{-1}\cdot m^{-1}}$；$N$ 光纤螺线管的匝数；μ_0 是真空磁导率。

CdSe 量子点掺杂玻璃光纤电流传感器结构如图 10.72 所示。波长 632nm、功率 10mW 的 He-Ne 激光作为输入光源，以平面偏振光耦合进入光纤。光纤长度是 100m，每厘米缠绕 8 匝线圈，光纤螺线管的长度是 15cm，中间填塞塑料；出射光被带有旋光计的光电探测器接收，经数据处理得到 Faraday 旋转角。线圈输入电流与 Faraday 旋转角之间关系如图 10.73 所示，灵敏度是 $6.0\times10^{-6}\,\mathrm{rad\cdot A^{-1}}$。

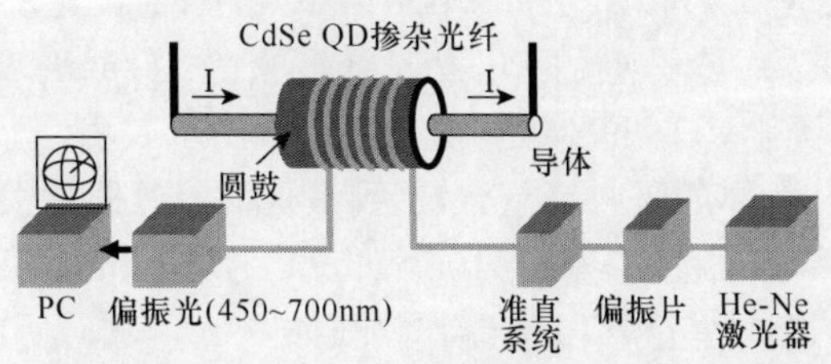

图 10.72　CdSe 量子点掺杂玻璃光纤电流传感器示意图[77]

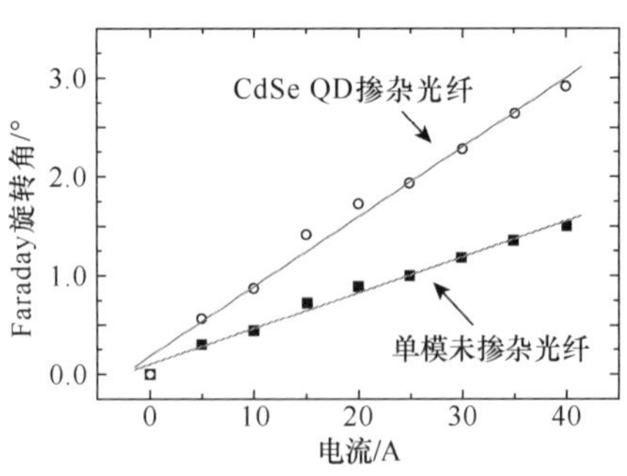

图 10.73 输入电流与 Faraday 旋转角之间的关系曲线[77]

10.4.3 PbSe 胶体量子点荧光 LED 多气体检测技术

半导体量子点的主要特性之一是量子尺寸受限效应，使胶体半导体量子点具备尺寸依赖的、准单色发光。特别是 Pb 族胶体量子点材料，以 PbSe 量子点为例，具有窄带(体材料带隙是 0.28eV)、大玻尔半径(约为 46nm)特点，量子尺寸受限效应明显，可调谐准单色光波长范围达到 1～4μm。由于诸多种类气体的吸收光谱落在近红外和中红外区间，结合 Pb 族量子点的红外辐射波长的可调谐性，制备出对应于气体吸收波长的准单色红外二极管，可以简化气体探测系统的结构，并实现多种气体的同时测量。

Yan 等人提出一种 PbSe 量子点荧光粉多波长近红外 LED 制备方法，适用于多种气体含量检测[78]。以三种气体(CH_4、C_2H_2和 NH_3)为例，考虑到三种气体的吸收光谱，合成出三个对应尺寸(4.6nm、5.1nm 和 6.1nm)的胶体 PbSe 量子点，对应于第一激子吸收峰波长是 1437nm、1592nm 和 1862nm，如图 10.74(a-c)所示。图 10.74(d)是尺寸 4.6nm PbSe 量子点的 PL 光谱和 C_2H_2气体的吸收光谱，其中量子点 PL 发光峰波长是 1515nm，FWHM 是 150nm，C_2H_2气体吸收范围是 1500～1550nm，4.6nm PbSe 量子点的 PL 光谱恰好覆盖 C_2H_2气体的吸收光谱。同理，图 10.74(e,f)是 5.1nm、6.1nm PbSe 量子点的 PL 光谱和 CH_4、NH_3气体吸收光谱，两个尺寸 PbSe 量子点的 PL 发光峰波长是 1665nm、1943nm，FWHM 是 143nm、185nm，分别覆盖 CH_4、NH_3气体吸收范围。图示表明，通过尺寸调谐可以使 PbSe 量子点 PL 峰与气体的吸收峰重合，达到最佳的吸收匹配关系。CH_4、C_2H_2和 NH_3气体峰值吸收系数分别是 1.33×10^{-21}、1.34×10^{-20}和 1.22×10^{-20} cm^{-1}。

PbSe 量子点的近红外荧光 LED 制作路线如图 10.75(a)所示，蓝光 GaN 芯片作为激励光源，PbSe 量子点作为荧光材料。将分散在氯仿中的 PbSe 量子点与 UV 胶混合，在搅拌和超声作用下，混合物变得均匀。将不同尺寸 PbSe 量子点/UV 胶混合物按一定顺序滴涂在 GaN 芯片上，形成三层不同尺寸 PbSe 量子点/

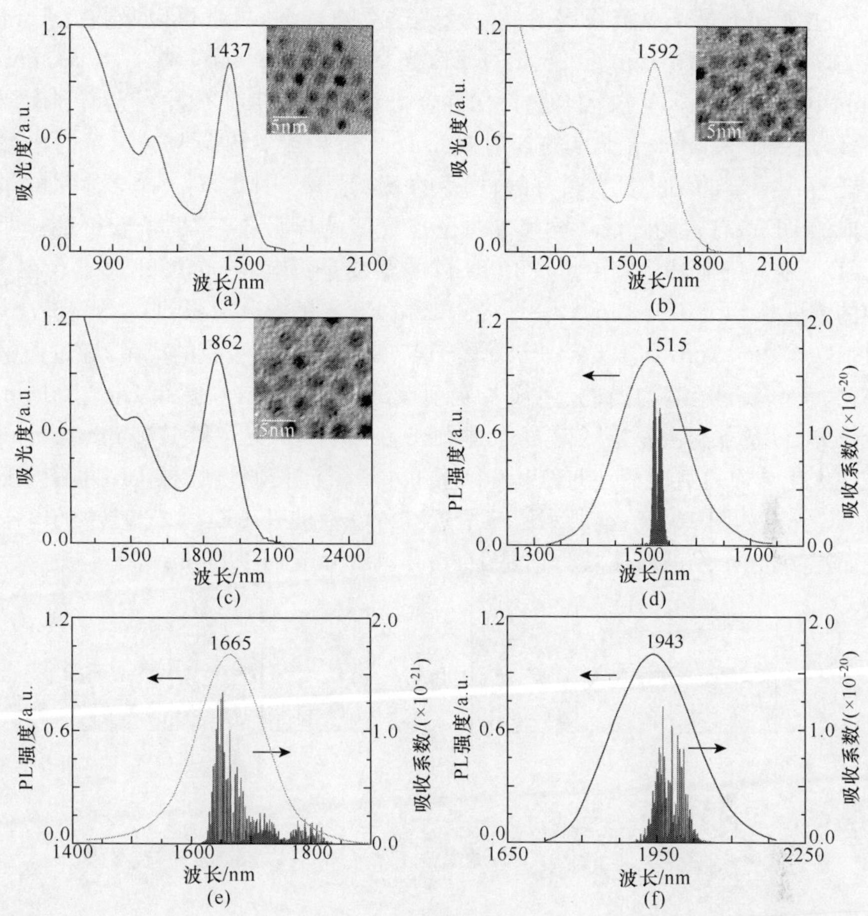

图 10.74　三个尺寸 PbSe 量子点吸收、PL 光谱和 TEM，以及三种气体的吸收光谱[78]

UV 胶混合物涂层。较小尺寸量子点的辐射会被较大尺寸的量子点吸收，如果简单将三个尺寸量子点混合，导致不同尺寸量子点间的再吸收，影响器件输出强度和三种辐射光谱的均衡性。作为比较，选择两个尺寸 PbSe 量子点进行不同顺序层层组合，得到三种结构的 LED，图 10.75(b)是 LED 器件输出功率的光谱分布。使用浓度均是5×10^{-3} mmol · L^{-1} 的 5.1nm 和 6.1nm PbSe 量子点/UV 胶混合物，按先后顺序沉积到 GaN 芯片上，沉积厚度分别是 165.5μm 和 48μm，得到 LED1；类似的方法，只是颠倒沉积的顺序，但厚度保持不变，得到 LED2；第三种是将 5.1nm 和 6.1nmPbSe 量子点/UV 胶混合物按 165.5∶48 体积比进行混合，然后二者混合物沉积到 GaN 芯片上，沉积厚度是 213.5μm，得到 LED3。在经过紫外光固化后，三个 LED 器件的电致发光光谱如图 10.75(b)所示。LED1 中 5.1nm 量子点的 EL 光谱强度相对更高一些，是因为 5.1nm 量子点直接吸收 GaN 芯片蓝光。经过 5.1nm 量子点沉积层的激发蓝光已经被减弱，尽管可以吸收 5.1nm 量子点的辐射，但是 6.1nm 量子点的 EL 光谱强度相对弱一些。将 5.1nm 和 6.1nmPbSe 量子点/UV 胶混合物再次混合得到 LED3，其 EL 发光光谱强度要降低许多，是由于 5.1nm 量子点的辐射被 6.1nm 量子点的再吸收。这个光谱数据可以证明，LED2 的结构具有最好的、均衡的 EL 光谱。因此，对一个多个尺寸量子点构成的 LED，有效的降低不同尺寸量子点之间的再吸收，有助于获得最佳匹配的 LED。制备三个尺寸量子点荧光 LED 的路线是：调节三个尺寸量子点在 UV 胶中的浓度是 5×10^{-3}mmol · L^{-1}；将 6.1nm PbSe 量子点沉积到 GaN 芯片上，随后再依次沉积 5.1nm 和 4.6nm PbSe 量子点，由此避免自吸收的产生；通过调整各层厚度，获得 EL 光谱均衡的、多波长辐射荧光 LED。在这里，6.1nm、5.1nm 和 4.6nm PbSe 量子点沉积层的厚度分别是 48.0μm、165.5μm 和 671.5μm。

在优化结构的情况下，制备出三个近红外峰值波长的近红外 LED，不同工作电压 EL 光谱如图 10.75(c)所示。三个近红外峰值波长 LED 输出功率随电压的增加而提高，三个发射峰波长分别是 1526nm、1676nm 和 1949nm。

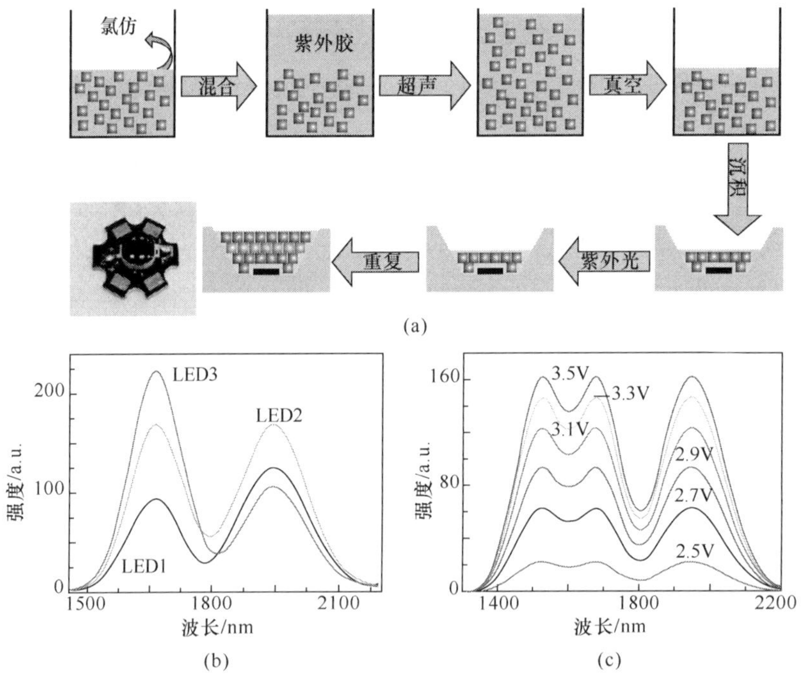

图 10.75 (a)器件制备路线图；(b)三种结构 EL 光谱；(c)优化器件 EL 光谱[78]

(阅读彩图请扫封底二维码)

图 10.76 是气体检测系统结构示意图，包括一个气室和光谱仪。采用脉冲电压驱动近红外 LED，经准直透镜让一束平行光通过一个折合长度是 30m 的气室，

输出光满足 Beer-Lambert 定律，我们得到

$$I=I_0e^{-KCL} \tag{10.4-8}$$

式中，I_0和 I 分别是输入、输出光辐射强度；K 是气体的吸收系数；C 是气体浓度；L 是气室长度。注意，这个系统中并没有传统结构的滤光片。

如果在气室中通入 C_2H_2，系统输出光谱随气体浓度变化情况如图 10.77(a) 所示。在 1500～1560nm 区间，输出光谱的强度产生明显降低，极小值发生在 1525nm，与 C_2H_2气体的吸收峰对应。同理，如果只是单独通入 CH_4和 NH_3气体，将产生与二者气体吸收光谱对应的输出光谱强度的降低，极小值发生在二者气体吸收峰波长处，如图 10.77(b,c)所示。同时，图 10.77(d-f)给出不同输出光谱区间信号的干扰分析，显示出气体吸收信号之间是几乎不相关的。

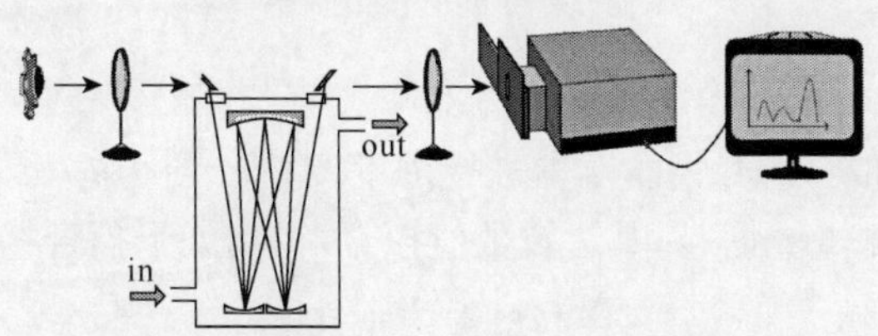

图 10.76　气体检测的系统结构示意图[78]

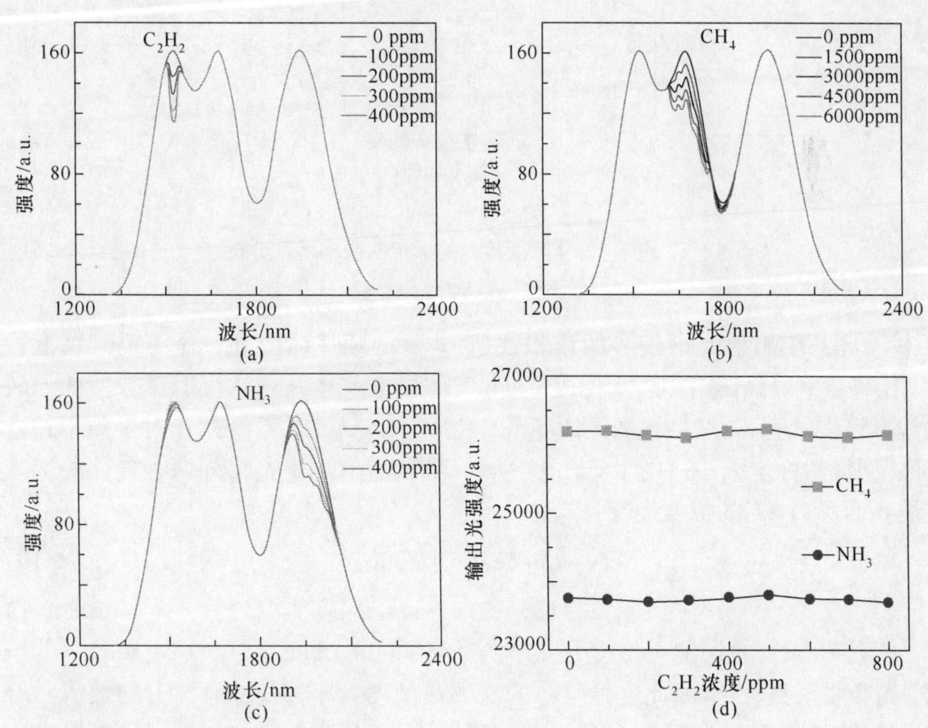

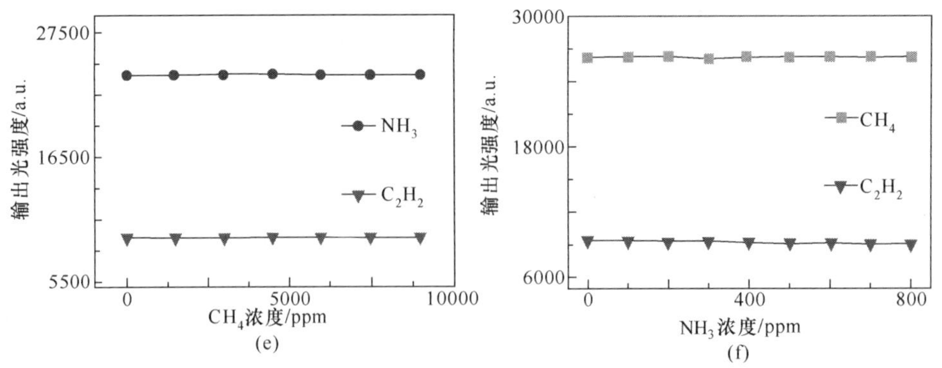

图 10.77 三种气体各自单独输入的输出光谱(a-c)和相关性分析(d-f)[78]
(阅读彩图请扫封底二维码)

利用图 10.76 所示的检测系统，在 20℃、101.325kPa 条件下，对若干个范围 0～800ppm 内的标准 C_2H_2气体样本进行浓度测量。图 10.78(a)是其中 15 个标准 C_2H_2样本浓度测试数据，对其进行数值拟合，得到如下拟合结果：

$$y=1763e^{-\frac{x}{318}}+7667 \tag{10.4-9}$$

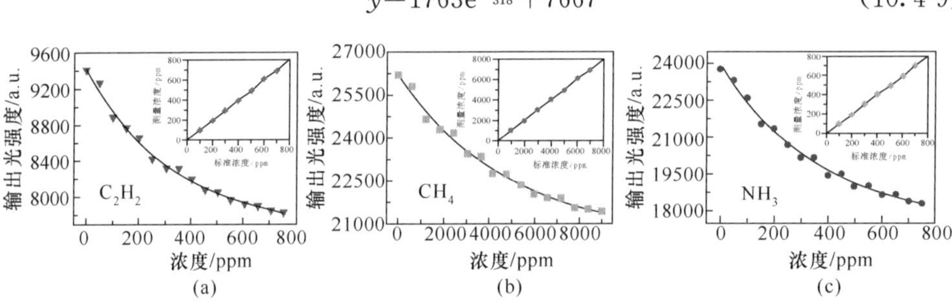

图 10.78 三种气体浓度检测的标定曲线和精度分析[78]
(阅读彩图请扫封底二维码)

式中，y 是系统出射光谱信号的累积数值；x 是待测气体浓度。作为测试精度检验，图 10.78(a)插图给出若干标准 C_2H_2气体样本与本系统浓度测试数值的比较曲线。可以看到，测试系统的灵敏度是 2×10^{-5}(20ppm)，系统的相对误差不超过 2%。同样的标定方法适用于 CH_4和 NH_3，图 10.78(b,c)是另外两种气体的标定曲线，CH_4和 NH_3的拟合经验公式是

$$y=5670e^{-\frac{x}{4683}}+20563 \tag{10.4-10}$$

$$y=6474e^{-\frac{x}{370}}+17450 \tag{10.4-11}$$

CH_4和 NH_3的探测灵敏度是 1×10^{-4}(100ppm)和 2×10^{-5}(20ppm)。由于 CH_4的吸收系数较小，因此这种气体的探测灵敏度低于 C_2H_2和 NH_3的数值。但是，二者测量精度与 C_2H_2的结果一致，相对误差不大于 2%，如图 10.78(b,c)中的

插图所示。

在不同浓度的C_2H_2样本通入气室时，对应CH_4和NH_3气体的1610～1840nm和1890～2070nm波段的吸收光谱信号进行分析，结果如图10.77(d)所示。可以看到，随着不同浓度C_2H_2样本通入气室，CH_4和NH_3气体的1610～1840nm和1890～2070nm波段的吸收光谱信号几乎是不变的，表明不同浓度C_2H_2气体的输入不影响CH_4或NH_3的信号测试。同理，图10.77(e,f)给出另外两种气体各自输入气室时，也不会产生不同气体响应信号的干扰。

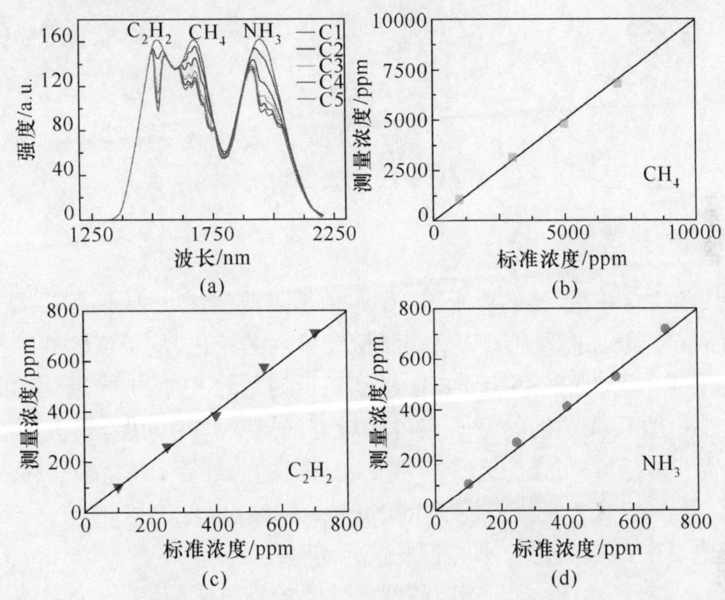

图10.79　三种混合气体的输出光谱(a)和浓度检测精度分析曲线(b-d)[94]

(阅读彩图请扫封底二维码)

进一步考察三种气体同时输入气室的情况。不同浓度的C_2H_2、CH_4和NH_3气体混合物通入到气室，系统输出光信号光谱如图10.79(a)所示。可以看到，系统输出信号几乎可以视为每种气体单独输入气室输出光信号的线性组合，每种气体之间几乎不存在相互的干扰。基于式(10.4-9)、式(10.4-10)和式(10.4-11)拟合公式，计算出混合气体中各种气体的浓度。图10.79(b-d)给出C_2H_2、CH_4和NH_3测量的精度分析，所有气体测量的相对误差仍然不高于2%。

10.5　胶体半导体量子点在生物医学中的应用

10.5.1　量子点生物探针的基本原则

无机半导体量子点是量子点生物探针(bioprobe)的基础，调节量子点的化学组分、尺寸和结构可以控制量子点生物探针的物理性质。但是，裸的量子点通常是不能与生物体连接，不具有任何生物检测功能。选用恰当的材料包覆半导体量子点，可以控制它的物理化学性质，使之具备生物检测功能，满足生物探针的需要。因此，量子点基础探针的制备是由多个过程组成，如图 10.80 所示。每个阶段具有特定的设计原则，以便满足最终探针的光学、物理学和化学性质的要求。

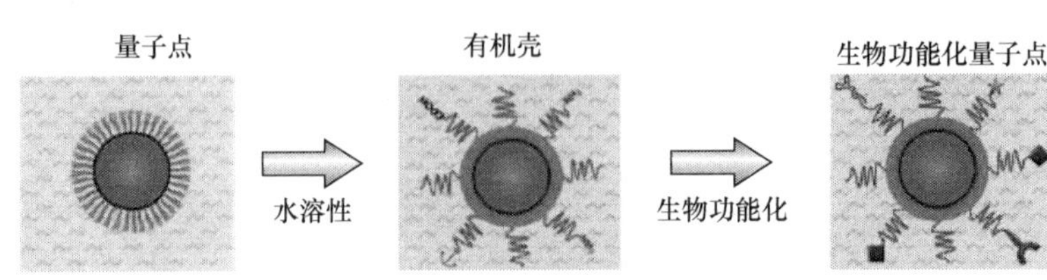

图 10.80　量子点生物探针设计
(阅读彩图请扫封底二维码)

1. 量子点的物理要求

为了满足生物功能探测的要求，半导体量子点应当满足如下要求：①窄的 PL 发射光谱，而且可以通过尺寸调节来控制探针颜色的变化，量子点的 QY 要远高于生物组织的发光。②良好的稳定性，在高能光子的照射下，抵抗光退化的时间要超过 30 分钟。采用核/壳结构的量子点可以较好的解决这个问题，其光学稳定性比有机体要高数千倍。③在高能光子(UV 或蓝光)的照射下，不会损害生物探针的功能。此外，量子点发光应当具有大的 Stokes 位移，以便有效的与背景光分离。这些背景光主要来自于生物分子的自发荧光。

除了上述要求之外，量子点探针的低毒性要求是必要的，以便满足应用于人体的要求。

2. 生物亲和性的转变

油相合成的胶体量子点只能溶解在非极性有机溶剂中，如氯仿、正己烷等。然而，为了满足生物医学的要求，胶体量子点必须是水溶性的。一般而言，水溶性量子点在生物缓冲体系中是可溶的和稳定的，维持其原有物理性质，保持相对小的水合尺寸，提供活性官能团以便满足链接生物分子的需要。满足上述要求、制备水溶性量子点的主要方法如下。

(1) 借助于配体交换，使用亲水性配体替代疏水性配体。通常使用具有两种不同官能团的配体替代量子点外表面的 TOPO 等，这类配体具有两种功能：表面固定官能团(例如巯基)和亲水端官能团(例如羧基或羟基)。

(2) 在量子点表面形成聚合的硅烷醇壳。在这个方法中，(3-巯基丙基)三甲氧基硅烷(3-(mercaptopropyl) trimethoxysilane，MPS)直接吸附到量子点上，替代 TOPO 分子。硅烷醇官能团进而发生水解，导致彼此连接和形成稳定、致密的二氧化硅/硅氧烷壳，使粒子能够分散在极性溶剂(例如甲醇或二甲基亚砜(dimethyl sulfoxide))中。在与含甲氧基化合物反应后，量子点能够溶解在水性缓冲剂中。

(3) 保留 TOPO 包覆层配体，利用双亲分子(例如双亲高分子、磷脂(phospholipid))封闭疏水的量子点。这种分子的疏水部分插入在疏水表面配体间，同时亲水部分朝外，使量子点具备水溶性。

3. 量子点的生物功能化

为了有效的将高质量量子点应用于生物图像、探测和药物传递，量子点的生物功能化是必要的处理过程。通常使用蛋白质(protein)、多肽(peptide)、核酸(nucleic acid)或其他生物分子对量子点进行修饰，这些生物分子的作用是与活体组织之间建立有效的相互作用。这个表面修饰十分重要，不仅可以调整量子点的基本性质，使之稳定和溶解在生物组织的环境中，而且可以产生量子点-生物分子配合物，具备参与生物过程的能力。这种混合体可以兼顾两种材料的特性，即量子点材料的物理学特性，以及配位体附属的生物功能。

10.5.2　量子点生物传感机制和应用

1. 荧光共振能量转移机制

荧光共振能量转移(fluorescence resonance energy transfer，FRET)的理论和应用，在前面章节中已经进行了讨论，这里侧重强调 FRET 在量子点与生物分子之间的作用。生物探针的基础主要来自于距离依赖的 FRET。在一般情况下，量子点作为施主，生物分子借助于受主染料被标记。量子点表面的生物识别事件，依赖于受主的分离或耦合，以及调整量子点与受主的间距。FRET 效率产生的变化提供了分析的基础。

根据 Förster 的理论，FRET 效率 η_E 和 Förster 距离 R_0 满足如下关系式：

$$\eta_E = \frac{\sum_{i=1}^{N_A} (R_0/r_i)^6}{1+\sum_{i=1}^{N_A} (R_0/r_i)^6} \approx \frac{N_A R_0^6}{r^6 + N_A R_0^6} \tag{10.5-1}$$

$$R_0 = \frac{9(\ln 10)\kappa^2 \Phi_D J}{128\pi^5 n^4 N_0} = 8.79\times 10^{-28}\,\mathrm{mol}^{-1}\cdot \kappa^2 \Phi_D n^{-4} \frac{\int F_D(\lambda)\varepsilon_A(\lambda)\lambda^4 \mathrm{d}\lambda}{\int F_D(\lambda)\mathrm{d}\lambda} \tag{10.5-2}$$

式中，r_i 是施主与第 i 个受主的距离，Förster 距离 R_0 表示 FRET 效率是 50%时施主-受主的间距；κ 是取向因子；Φ_D 是施主的量子产额；J 是光谱交叠积分；n 是周围介质的折射率；N_A是受主的总数；N_0是 Avogadro 常数；F_D是施主的荧光光谱分布；ε_A是受主摩尔吸收系数；λ 是波长。

方程(10.5-1)给出单个量子点施主与附着量子点表面的多个标记生物分子相互作用的关系。在这个体系中，每个受主到施主的距离或取向可能略有不同，但是实际处理时往往忽略这个微小差异，假设它们相对施主是球对称分布的，彼此是等价的。其次，方程(10.5-2)表明，高的施主荧光量子产额和大的施主-受主的光谱交叠，对于 Förster 距离最大化是十分重要的。

利用量子点作为 FRET 的施主进行生物探测，是一种先进的和广泛使用的方法，可以应用于小分子探测、杂化分析、核酸酶(nuclease)和蛋白酶(protease)的探测、以及免疫测定等。图 10.82 是使用 CdSe/ZnS 量子点作为 FRET 的施主进行生物探测的几个典型例子。图 10.81(a)是 FRET 机制为基础的探测酶活性(依赖于 NAD^+ 因子)的实验[80]。其中，(i)尼罗蓝(Nile blue)染料与量子点具有光谱交叠，能够产生 FRET；(ii)随着尼罗兰的减少(NADH 作为弱化剂)，与量子点的光谱交叠将消失，量子点的 PL 发光被恢复。图 10.81(b)是 FRET 三重适体为基础的可卡因探针(cocaine probe)原理示意图[81]。其中，(i) 两步 FRET，先是量子点到荧光受主染料的转移，然后是暗猝灭。这些事件能够标记在杂交适体的低核苷酸(oligonucleotide)序列上。(ii)当适体束缚在可卡因上时，暗猝灭标记的多低核苷酸被移除，恢复为单步 FRET，FRET 激活的受主染料 PL 被恢复。图 10.81(c)是一个三明治结构的核酸杂交实验示意图[82]。没有标记的对象与(i)探针低核苷酸和(ii)受主染料标记的报道者低核苷酸杂交，可以提供 FRET 效应，猝灭量子点 PL。图 10.81(d)是插入染料作为受主的核酸杂交实验示意图[83,84]。借助于插入染料的束缚，未标记对象与(i)探针低核苷酸产生(ii)双链 DNA 杂交，可以提供 FRET 的产生，猝灭量子点 PL。图 10.81(e)是蛋白酶分析实验示意图[85]。(i)受主染料标记的多肽(peptide)装配到聚乙烯组氨酸(polyethylene histidine)标记的量子点受主上，量子点染料生物装配的接近会产生 FRET；(ii)蛋白酶的活性可以剪开肽和猝灭 FRET，恢复量子点的 PL。图 10.81(f)是包括染料标记的阳离子聚合物和量子点标记体 DNA 的复合物装配示意图[86~89]。复合物中两种装配物接近而产生 FRET，从复合物中移除 DNA 可以猝灭 FRET。图 10.81(g)是利用量子点标记的单克隆抗体(monoclonal antibody)和受主染料标记的多克隆抗体(polyclonal antibody)形成三明治结构免疫测定的示意图[90]。在免疫复合体中，施主-受主的邻近可以有效的产生 FRET。

2. 化学和生物发光能量转移机制

与 FRET 比较，化学发光共振能量转移(chemiluminescence resonance energy transfer，CRET)和生物发光共振能量转移(bioluminescence and resonance energy

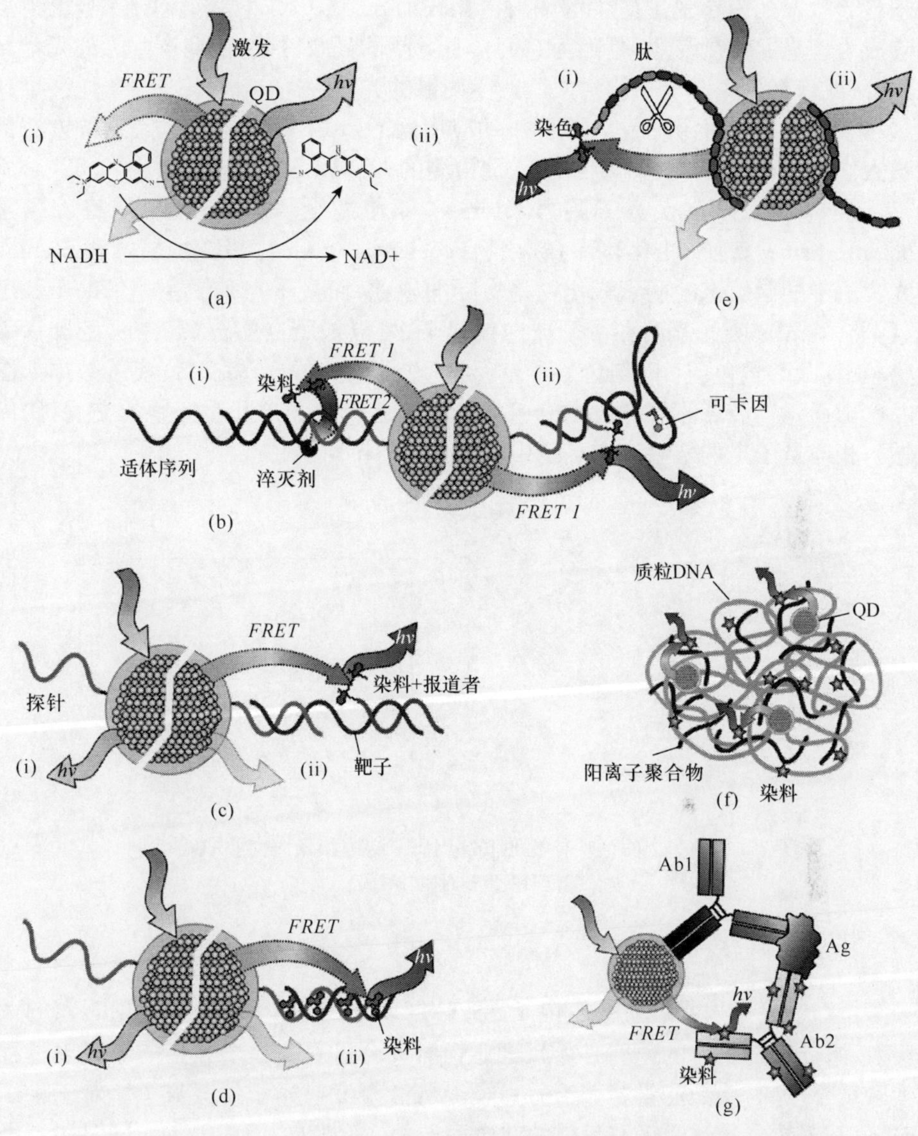

图 10.81　使用 CdSe/ZnS 量子点作为 FRET 施主进行生物探测的典型例子[79]
（阅读彩图请扫封底二维码）

transfer，BRET）是通过化学反应产生激发态施主。CRET 和 BRET 之间区别是，后者的基础是生物化学反应。在两种情况中，一旦借助于化学反应产生一个激发态施主，有效的能量转移能够按照传统的 FRET 机制完成。

CRET 和 BRET 相对 FRET 的优点是，即使在复杂的生物样本中，背景辐射也很低。没有激发光可以避免产生生物样本的自发荧光、源自于激发光的散射、以及来自于激发光诱导受主产生的辐射。比较而言，在 CRET 和 BRET 中，量子点能够成为理想的能量受主，是因为它们具有宽阔的吸收区间，由此产生大的光谱交叠积分；或者在施主和受主辐射之间产生明显的光谱分离。

尽管 BRET 在生物标记和探测中的应用远不如 FRET 模式，但是这种方法仍然被人们所关注。一个用于蛋白酶活性检测的 QD-BRET 结构，如图 10.82(a)所示[91,92]。利用 Renilla 荧光素酶(luciferase)驱使能量转移到量子点，将腔肠素(coelenterazine)转换成腔肠素的氧化物(coelenteramide)。其中，局域在 Renilla 荧光素酶中的激发态腔肠素氧化物是实际的施主，而量子点是受主。借助于肽序列(P)将 Renilla 荧光素酶和量子点连接起来，可以被蛋白酶分离。(i) 腔肠素氧化物辐射和(ii)黄色或(iii)红色量子点吸收(虚线)之间的光谱交叠，实验数据如图 10.82(b)所示。腔肠素氧化物的光谱与量子点的吸收光谱几乎完整的交叠(阴影区域)，相应量子点的辐射光谱是图中实线(ii)和(iii)所示。

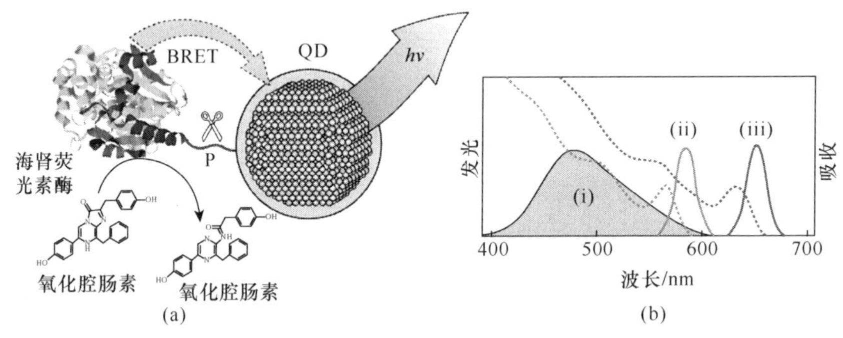

图 10.82　蛋白酶活性检测的 QD-BRET 结构和光谱交叠曲线[107]
(阅读彩图请扫封底二维码)

3. 载流子转移猝灭机制

量子点的光激发将产生一个电子-空穴对(或称为激子)。为了产生有效的荧光辐射，激子辐射复合的速度必须超过非辐射复合过程。一个典型的非辐射过程是俄歇复合，这时受激能量转移给另一个能量低于发射光子的载流子。对于量子点而言，受限效应导致激子与另外的载流子产生强烈的库仑作用，使电离量子点中的俄歇复合速率比辐射复合速率高出多个数量级，PL 荧光被猝灭。因此，量子点和其他氧化还原反应活性的物种之间的电荷转移(charge transfer，CT)，可以提供一个荧光开关的机制，作为生物探针和生物传感器的设计基础。

利用电荷转移猝灭效应设计生物传感器已有超过十年的历史，人们已经成功制备光诱导电子转移(photoinduced electron transfer，PET)的离子传感器[93,94]。这些传感器采用荧光团-受体结构，电子由受体转移到荧光团，使后者光致激发，产生 PL 猝灭。束缚于受体的离子改变受体分子的能量，PET 不再具有持久的活性，

由此恢复系统的光致发光。电子转移速率 k_{et} 表示为[95~97]

$$k_{et}=\frac{2V_0^2}{h}\exp[-\beta(r-r_0)]\left(\frac{\pi^3}{4\lambda RT}\right)^{\frac{1}{2}}\exp\left[-\frac{(\Delta G_0+\lambda)^2}{4\lambda RT}\right] \quad (10.5\text{-}3)$$

式中，V_0 是对应 van der Waals 间距 r_0 的施主-受主电子耦合强度；β 是决定耦合强度随距离 r 下降的参数；λ 是重组能；$\triangle G_0$ 是由于电荷转移所产生的自由能改变量。在 PET 传感器中，上述的转移可以通过改变自由能来实现。这个机制表明，利用量子点-间隔者-受体的结构，可以实现离子传感。但是当研究对象是生物分子时，利用自由能的转换是不方便的。式(10.5-3)表明，电荷转移过程有赖于施主-受主的分离间隔，通过改变施主-受主的间隔可以调整 PL 猝灭效率。采用这种机制实现生物识别可以有两种方法：①利用量子点表面氧化还原反应活性标记，显示施主-受主的连接和分离；②利用约束-诱发氧化还原作用-标记，体现生物分子的构象变化。与 FRET 比较，强烈距离依赖的电荷转移采用后者方法会显示出特别的优越性，能够对微小变化产生更大的敏感性。与 PET 传感器中的分子荧光团比较，量子点可以为电荷转移提供更大的交界面。多个氧化还原反应活性物种环绕排列在量子点周围，有助于改善电荷转移的效率。结合其独特的光学特性，量子点的功能为实现电荷转移机制的光学生物探针和传感器奠定了基础。

QD-CT 探测蛋白酶活性的传感结构，如图 10.83(a)所示[98]。利用邻二氮杂菲钌(ruthenium phenanthroline)标记的肽，经过组氨酸连接到量子点。生物适配的肽钌-量子点之间产生电荷转移效应，导致量子点光致发光猝灭。蛋白酶活性剪断邻二氮杂菲钌和量子点的连接，从而恢复量子点的光致发光。量子点光致发光的恢复，反映出蛋白酶活性的增加，如图 10.83(b)中虚线箭头所示。利用环拉胺(cyclam)共轭量子点，可以实现锌离子的探测，如图 10.83(c)所示[99]。图中，(i)在锌缺少时，环拉胺和量子点之间形成有效的电荷转移，极大的猝灭量子点的光致发光；(ii)在锌束缚后，电荷转移被抑制，量子点光致发光恢复。一种用于麦芽糖探测的单分子 QD-CT 传感器，如图 10.83(d)所示[100,101]。麦芽糖结合蛋白质(maltose binding protein，MBP)被邻二氮杂菲钌标记，经过金属硫装配到量子点上。其中，(i)钌标记与量子点足够接近，产生电荷转移效应，猝灭量子点的光致发光；(ii)在连接麦芽糖后，构象发生变化，增加量子点与钌之间距离，从而部分的恢复量子点的光致发光。

4. 电化学发光机制

电化学发光(electrochemiluminescence，ECL)是在电极上施加一定电压，使电极反应产物之间或电极产物与溶液中某些组分之间进行化学反应，由此产生的光辐射。与化学发光比较，二者发光都是由产生电子转移反应的组分产生；不同点是：ECL 是电极施加电压所引发和控制，而化学发光是试剂混合所引发和控制。电化学发光反应伊始是时间和空间(局域在电极表面)受控的，光激发的缺失有利

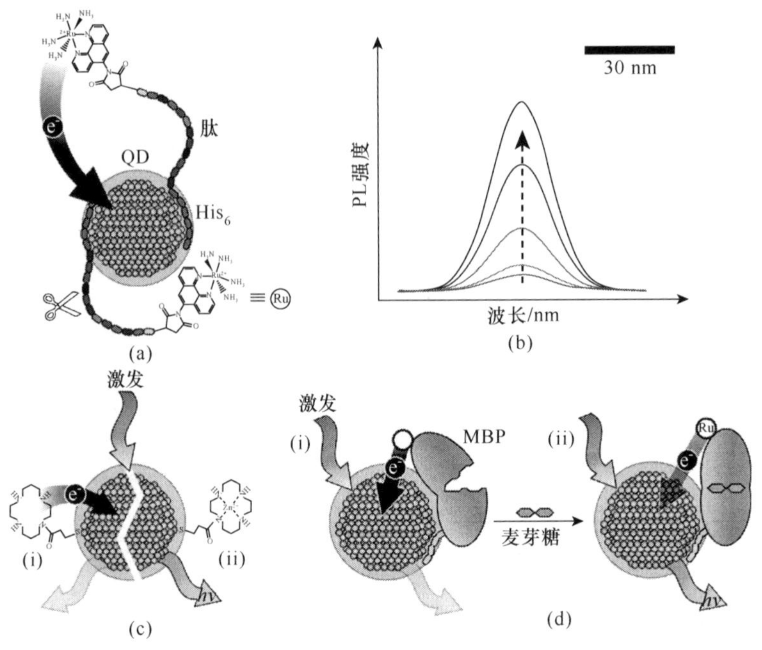

图 10.83　几种 QD-CT 生物探针或传感器的原理结构示意图[98~101]
(阅读彩图请扫封底二维码)

于回避散射光或样本自发荧光产生的背景。利用 ECL 的启动或峰值电压、ECL 强度和波长,可以实现多参数分析。

有关研究表明,一些量子点材料也可以产生电化学发光[102~106]。考虑有无反应物时量子点的电荷转移,这时阳极、阴极分别对应于氧化物(空穴注入)量子点材料和还原性(电子注入)量子点材料制备的电极。氧化和还原量子点物种在电极扩散层中相互反应,产生一个受激态(QD^*),并产生弛豫发光。这个过程由如下反应式决定:

$$QD+e^- \longrightarrow QD^- \tag{10.5-4}$$

$$QD+h^+ \longrightarrow QD^+ \tag{10.5-5}$$

$$QD^- + QD^+ \longrightarrow QD^* + QD \tag{10.5-6}$$

在共反应物机制中,若阴极产生电化学发光,量子点和另外的分子物种(即共反应物)在工作电极处被还原,由方程(10.5-7)决定。共反应物被还原成强氧化剂,反应过程由方程(10.5-8)决定;由此能够将空穴注入到量子点,由方程(10.5-9)决定。类似方程(10.5-6),在还原量子点和共反应物氧化的量子点之间的反应,产生受激态量子点;也可以通过共反应物直接注入空穴到还原量子点来产生,由方程(10.5-10)表示。一个典型的适合于阴极 ECL 的共反应物是过二硫酸盐离子,反应过程是方程(10.5-8)～(10.5-10)，如图 10.84(a)所示。

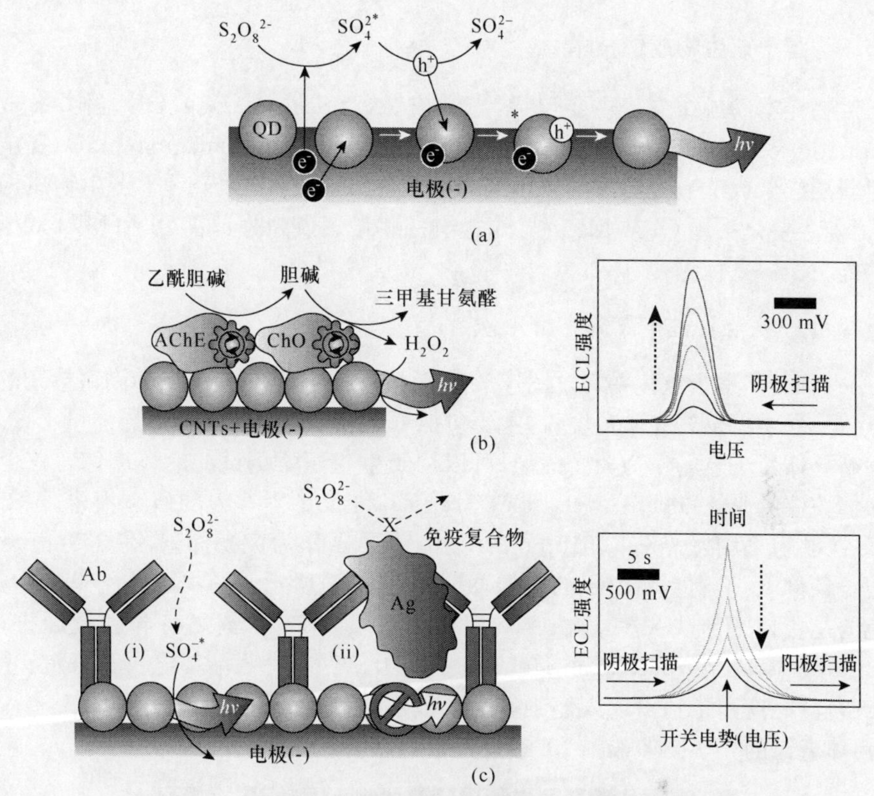

图 10.84 量子点和阴极 ECL 生物传感原理和典型案例示意图[107～111]

(阅读彩图请扫封底二维码)

$$QD+e^- \longrightarrow QD^- \quad (10.5\text{-}7)$$

$$S_2O_8^{2-}+e^- \longrightarrow SO_4^{2-}+SO_4^{*-} \quad (10.5\text{-}8)$$

$$SO_4^{*-}+QD \longrightarrow SO_4^{2-}+QD^+ \quad (10.5\text{-}9)$$

$$QD^- +SO_4^{*-} \longrightarrow QD^* +SO_4^{2-} \quad (10.5\text{-}10)$$

利用量子点和阴极电化学发光，探测乙酰胆碱(Acetylcholine)的原理如图 10.85(b)所示[107]。乙酰胆碱酯酶(acetylcholine esterase)和胆碱氧化酶(choline oxidase)组合催化反应生成过氧化氢(hydrogen peroxide)。过氧化氢是一个高效的电化学发光共反应物，同时电化学发光强度比例于乙酰胆碱的数量。图 10.84(b)所示的实验数据表明，随着乙酰胆碱或胆碱浓度(图中虚线箭头)的增加，电化学发光强度随之增加。利用量子点、抗体(Ab)和阴极电化学发光，一种免疫传感原理如图 10.84(c)所示[108～111]。比较(i)中抗原(Ag)的缺失，在(ii)中抗原的出现和免疫复合体的形成有助于增加电荷转移的阻力和降低电化学发光强度。电荷转移阻力的增加，归因于免疫复合体产生的电极表面的堵塞。图 10.84(c)所示的实验数据表明，随着抗原浓度的增加(图中虚线箭头)，电化学发光强度将下降。

10.5.3 量子点生物成像技术

生物样本的成像方法主要包括：光学成像(optical imaging，OI)、磁共振成像(magnetic resonance imaging，MRI)、超声成像(ultrasound imaging，USI)、正电子发射断层成像(positron emission tomography，PET)等。对于量子点生物成像而言，目前主要是采用 OI 或 MRI 技术，也有一些量子点同时具有 OI 和 MRI 双模探针功能。

1. 量子点生物光学成像

一般而言，量子点生物光学图像敏感剂主要分成两类：量子点和染料掺杂的量子点。从量子点发光光谱角度看，主要包括可见和近红外波段的半导体量子点。

半导体量子点的作为荧光标记，可以用于生物医学测试的活体成像。首个引起人们关注的是 1998 年 Alivisatos[112]课题组和 Nie[113]等人的研究报告。Alivisatos 课题组采用发光波长 515nm 的 CdSe 量子点作为荧光标记，在 363nm 激发光波长条件下，得到生物组织的图像如图 10.85(a)所示。图中绿色的是细胞核，红色的是蛋白纤维。Nie 等人一个制作出 QD-PSMAA(匍匐特异膜抗原抗体，prostrate-specifc membrane antigen antibody)配合物，注入活体老鼠，形成荧光标记(红色的亮斑)，指示出注入癌细胞后形成的前列腺癌。在 QD-PSMAA 注入前后，活体老鼠的光学图像如图 10.85(b)所示。

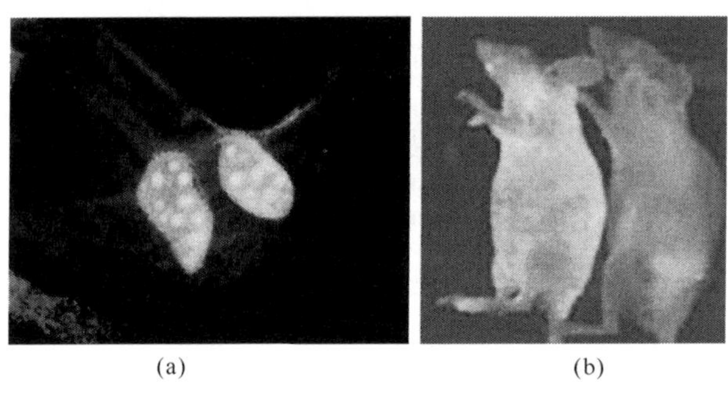

(a) (b)

图 10.85 CdSe 量子点对生物组织(a)和活体老鼠前列腺癌(b)的荧光标记[112,113]
(阅读彩图请扫封底二维码)

CdSe 量子点作为生物体荧光标记的最大问题是毒性较大，严重限制了其应用。人们需要寻找绿色安全的半导体量子点，以满足生物医学活体成像的无毒要求。Ding 等人利用无 Cd 量子点材料 $CuInS_2$/ZnS 量子点荧光标记，注入癌细胞后形成的肿瘤图像。图 10.86(a)是注入荧光标记前和注入 1、24 小时后的活体老鼠图像[114]。近红外波段的标记物研究也取得进展，人们合成出 InAs 量子点作为生物体的荧光标记物，图 10.86(b)是 InAs 量子点注入活体老鼠形成的近红外图像[115]。

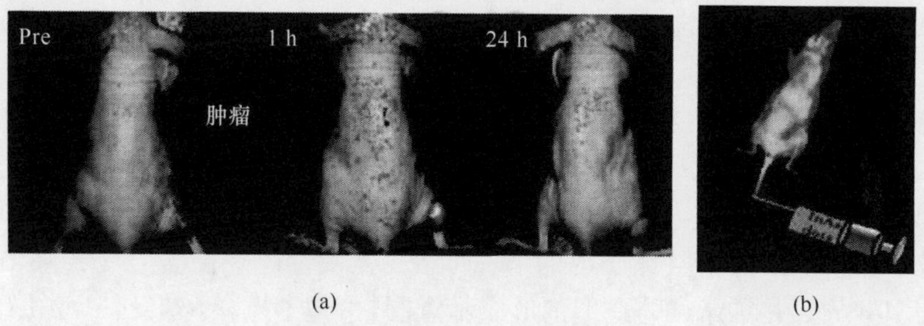

图 10.86　$CuInS_2/ZnS$ 量子点荧光标记肿瘤图像和 InAs 量子点活体老鼠的红外图像[114,115]
(阅读彩图请扫封底二维码)

2. 量子点生物磁学成像

MRI 是另一种非侵害性生物医学成像技术，利用原子核在磁场内共振产生的信号进行重建成像。含有单数自旋质子的原子核，例如人体内存在的氢原子核，具有磁矩。用特定频率的射频脉冲(radio frequency，RF)进行激发，磁性原子核吸收一定能量而共振，发生磁共振现象。停止发射射频脉冲，被激发的磁性原子核将吸收的能量逐步释放出来，其相位和能级恢复到激发前的状态。这个恢复过程称为弛豫过程，恢复到原来平衡状态所需的时间称之为弛豫时间。有两种弛豫时间，一种是自旋-晶格弛豫时间(spin-lattice relaxation time)，又称纵向弛豫时间(longitudinal relaxation time)，反映磁性原子核将吸收能量传给周围晶格所需要的时间，由 T_1 表示。另一种是自旋-自旋弛豫时间(spin-spin relaxation time)，又称横向弛豫时间(transverse relaxation time)，反映横向磁化衰减、丧失的过程，即横向磁化维持的时间，由 T_2 表示。横向磁化衰减是共振粒子之间相互磁化作用引起的，它引起相位的变化。

通常引入造影剂提高生物组织的图像反差，基本原理是缩短弛豫时间 T_1、T_2。因此，造影剂分成两种：T_1 和 T_2 造影剂，分别使生物图像增亮或变暗。顺磁金属螯合物往往被选作正的造影剂，主要包括具有单电子自旋的金属离子，例如 Gd^{3+}、Mn^{2+}、Fe^{3+} 等。顺磁的 Gd^{3+} 基(即 Gd-DTPA，DTPA＝diethylenetriaminepentaacetic acid，二乙烯三胺五乙酸)和 Mn^{2+} 基(即 Mn-DPDP，DPDP＝dipyridoxal diphosphate，二吡哆醛二磷酸)小分子螯合物，已经成为高效的 T_1 型造影剂。然而，Gd^{3+}、Mn^{2+} 离子具有一定毒性，螯合物需要具有低的分解速率和高的排泄速率，以便减少生理方面的效应。负的造影剂一般采用超顺磁氧化铁纳米粒子(super paramagnetic iron oxide nanoparticle，SPION)，因为它们具有高的生物匹配性和长的作用时间，例如 Fe_3O_4 和 Fe_2O_3。当这些粒子的尺寸低于临界值时，表现出超顺磁性，可以作为 T_2 型造影剂。一般而言，超顺磁氧化铁纳米粒子也可以缩短纵向弛豫时间;但是,它们的固有磁矩阻碍它们形成 T_1 型造影剂。

MRI 造影剂量子点的制备方法有:①异质结晶生长。主要包括异质核壳量子点和不对称异质结构,图 10.87(a)是 FePt/CdS 两种异质结构量子点的 TEM。②共包覆或装配的量子点和磁性纳米粒子。典型方法是将分离的量子点和磁性纳米粒子装配到二氧化硅或聚合物中空珠子、胶囊或脂质体内,保持荧光量子点和磁性纳米粒子的空间分离,有助于避免 PL 猝灭。图 10.87(b)是共包覆 CdTe 量子点和 Fe_3O_4 纳米粒子在聚苯乙烯中空珠子内的 TEM 和发光图片。③磁螯合物连接到量子点。图 10.87(c)是纳米载体造影剂形成示意图,由量子点核和聚乙二醇化(pegylated)磷脂、Gd 基脂类胶囊壳组成。④过渡金属离子掺杂量子点。图 10.87(d)是 Mn 掺杂 ZnSe 量子点过程和 PL 光谱示意图,其中小的黄点表示掺杂剂。

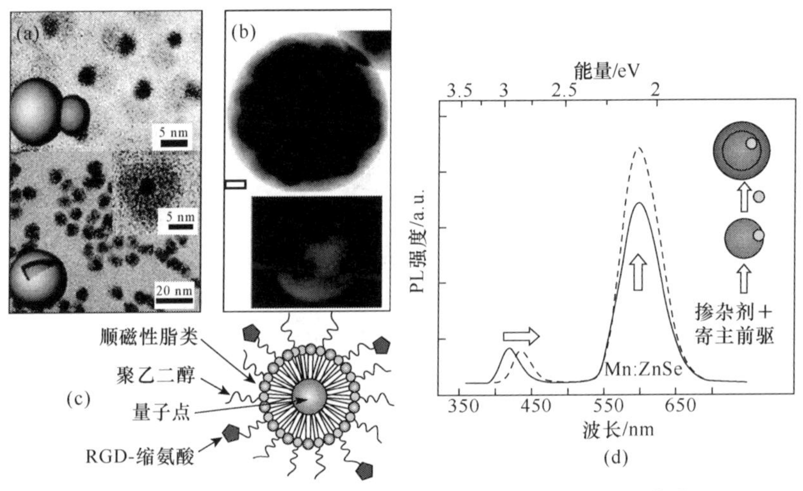

图 10.87 几种 MRI 造影剂量子点的制备方法示意图[116]

(阅读彩图请扫封底二维码)

利用 Mn：$CuInS_2$/ZnS 量子点造影剂增强肿瘤活体 MRI,如图 10.88 所示。

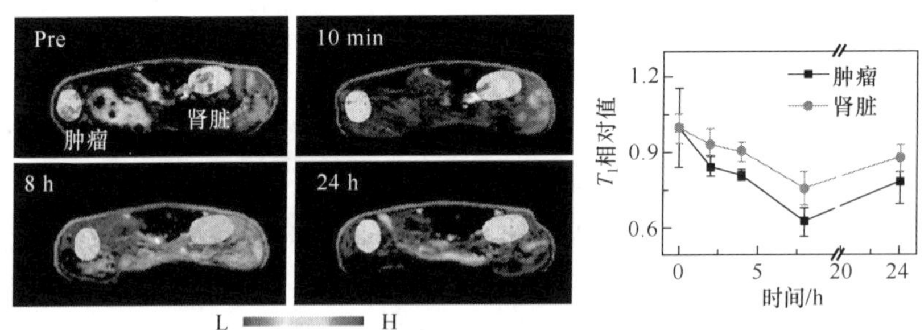

图 10.88 Mn：$CuInS_2$/ZnS 量子点造影剂增强活体组织 MRI[116]

(阅读彩图请扫封底二维码)

图示给出 Mn : $CwInS_2/ZnS$ 量子点造影剂注入小鼠腹腔传递到肿瘤前后，肿瘤样本的 MRI。作为比较，也给出小鼠肾脏的 MRI。肿瘤和肾脏的颜色标记显示出良好的造影剂增强效果。同时，图中给出两个生物组织弛豫时间 T_1 随时间的变化。

参考文献

[1] Martyniuk P, Rogalski A. Quantum Electronics, 2008, 32: 89.
[2] Jiang H, Singh J. IEEE J. Quantum Electron., 1998, 34: 1188.
[3] Konstantatos G, Sargent E H. Nature Nanotech., 2010, 5: 391.
[4] Coakley K M, McGehee M D. Chem. Mater., 2004, 16: 4533.
[5] Martyniuk P, Rogalski A. Progress Quantum Electronics, 2008, 32: 89.
[6] Koleilat G I, Levina L, Shukla H, et al. ACS Nano, 2008, 2: 833.
[7] Barkhouse D A R, Abraham A G P, Levina L, et al. ACS Nano, 2008. 2: 2356.
[8] Talapin D V, Murray C B. Science, 2005, 310: 86.
[9] Osedach T P, Geyer S M, Ho J C, et al. Appl. Phys. Lett., 2009, 94: 043307.
[10] Konstantatos G, Sargent E H. IEEE, 2009, 97: 1666.
[11] McDonald S A, Konstantatos G, Zhang S, et al. Nature Mater., 2005, 4: 138.
[12] Konstantatos G, Clifford J, Levina L, et al. Nature Photon., 2007, 1: 531.
[13] Smith A, Dutton D. J. Opt. Soc. Am., 1958, 48: 1007.
[14] Kim S J, Kim W J, Cartwright A N, et al. Appl. Phys. Lett., 2008, 92: 191107.
[15] Guire J A M, Joo J, Pietryga J M, et al. Acc. Chem. Res., 2008, 41: 1810.
[16] Sukhovatkin V, Hinds S, Brzozowski L, et al. Science, 2009, 324: 1542.
[17] Rosencher E, Vinter B. Optoelectronics. Cambridge: Cambridge University Press, 2002.
[18] Hegg M C, Horning M P, Jones T B, et al. Appl. Phys. Lett., 2010, 96: 101118.
[19] Oertel D, Bawendi M, Arango A, et al. Appl. Phys. Lett., 2005, 87: 213505.
[20] Pourret A, Sionnest P G, Elam J W. Adv. Mater., 2009, 21: 232.
[21] Wu P, Dai Y, Sun T, et al. ACS Appl. Mater. Interfaces, 2011, 3: 1859.
[22] Jiang Y, Zhang W, Jie J, et al. Adv. Funct. Mater., 2007, 17: 1795.
[23] Fan Z, Ho J C, Jacobson Z A, et al. Proc. Natl. Acad. Sci., U. S. A., 2008, 105: 11066.
[24] Kung S C, Xing W, Veer W E V D, et al. ACS Nano, 2011, 5: 7627.
[25] Xing W, Kung S C, Veer W E V D, et al. ACS Nano, 2012, 6: 5627.
[26] Konstantatos G, Howard I, Fischer A, et al. Nature, 2006, 442: 180.
[27] Yu D, Wang C, Wehrenberg B L, et al. Phys. Rev. Lett., 2004, 92: 216802.
[28] Lin Z, Wang M, Zhang L, et al. J. Mater. Chem., 2012, 22: 9082.
[29] Sarasqueta G, Choudhury K R, So F. Chem. Mater., 2010, 22: 3496.
[30] Keuleyan S, Lhuillier E, Brajuskovic V, et al. Nature Photon., 2011, 5: 489.
[31] Jin Y, Wang J, Sun B, et al. Nano Lett., 2008, 8: 1649.
[32] Jayaweera P V V, Pitigala P K D D P, Shao J F, et al. IEEE Electron Devices, 2010, 57: 2756.

[33] Oertel D C, Bawendi M G, Arango A C, et al. Appl. Phys. Lett. ,2005,87:213505.
[34] Jiang Y, Zhang W J, Jie J S, et al. Adv. Funct. Mater. ,2007,17:1795.
[35] Clifford J P, Konstantatos G, Johnston K W. et al. Nature Nanotech. ,2009,4:40.
[36] Pal B N, Robel I, Mohite A, et al. Adv. Funct. Mater. ,2012,22:1741.
[37] Sze S M, Ng K K. Physics of Semiconductor Devices. 3rd ed. Wiley & Sons,2007.
[38] Sarasqueta G, Choudhury K R, Subbiah J, et al. Adv. Funct. Mater. ,2011,21:167.
[39] Kim D Y, Subbiah J, Sarasqueta G, et al. Appl. Phys. Lett. ,2009,95:093304.
[40] Irfan, Ding H, Gao Y, et al. Appl. Phys. Lett. ,2010 ,96:073304.
[41] Guo F, Yang B, Yuan Y, et al. Nature Nanotech. ,2012,7:798.
[42] Klimov V I, Ivanov S A, Nanda J, et al. Nature,2007,447:441.
[43] Cihan A F, Kelestemur Y, Guzelturk B, et al. J. Phys. Chem. Lett. ,2013,4:4146.
[44] Jasieniak J J, Fortunati I, Gardin S, et al. Adv. Mater. ,2008,20:69.
[45] Guzelturk B, Kelestemur Y, Olutas M, et al. ACS Nano,2014,8:6599.
[46] Dang C, Lee J, Breen C, et al. Nature Nanotech. ,2012,7:335.
[47] Kang I, Wise F W. J. Opt. Soc. Am. B,1997,14:1632.
[48] Klimov V I, Mikhailovsky A A, McBranch D W, et al. Science,2000,287:1011.
[49] Landsberg P. Recombination in Semiconductors. Cambridge University Press:U. K. ,1991.
[50] Findlay P C, Pidgeon C R, Kotitschke R, et al. Phys. Rev. B,1998,58:12908.
[51] Schaller R D, Petruska M A, Klimov V I, et al. J. Phys. Chem. B,2003,107:13765.
[52] Klimov V I, Mikhailovsky A A, Xu S, et al. Science,2000,290:314.
[53] Hoogland S, Sukhovatkin V, I Howard, et al. Opt. Express,2006,14:3273.
[54] Liljeroth P, van Emmichoven P A Z, Hickey S G, et al. Phys. Rev. Lett. , 2005, 95:086801.
[55] Harbold J M, Du H, Krauss T D, et al. Phys. Rev. B,2005,72:195312.
[56] Wehrenberg B L, Wang C, Sionnest P G. J. Phys. Chem. B,2002,106:10634.
[57] Klimov V I. J. Phys. Chem. B,2006,110:16827.
[58] Dai Q, Y Wang, X Li, et al. ACS Nano,2009,3:1518.
[59] McCumber D E. et al. Phys. Rev. ,1964,134:A299.
[60] Zhang L, Zhang Y, Wu H, et al. J. Nanopart. Res. ,2013,15:2000.
[61] Zhang L, Zhang Y, Kershaw S V, et al. Nanotechnology,2014,25:105704.
[62] Cheng C, Bo J, Yan J, et al. IEEE Photonics Technolo. Lett. ,2013,25:572.
[63] Becker P C, Olsson N A, Simpson J R. Erbium-Doped Fiber Amplifiers Fundamentals and Technology. San Diego CA USA:Academic,1999,147.
[64] Cheng C, Lightw J. Technol. ,2008,26:1404.
[65] Du H, Chen C, Krishnan R, et al. Nano Lett. ,2002,2:1321.
[66] Gu P, Zhang Y, Feng Y, et al. Nanoscale,2013,7:10481.
[67] Noy A, Miller A E, Klare J E, et al. Nano Lett. ,2002,2:109.
[68] Lee K, Lim J, Mirkin C A. J. Am. Chem. Soc. ,2003,125:5588.

[69] Piner R D, Zhu J, Xu F, et al. Science, 1999, 283: 661.
[70] Liu W, Zhang Y, Wu H, et al. Nanotechnology, 2014, 25: 285501.
[71] Liu W, Zhang Y, Zhai W, et al. J. Phys. Chem. C, 2013, 117: 19288.
[72] Tran T K C, Le Q P, Nguyen Q L, et al. Adv. Nat. Sci.: Nanosci. Nanotechnol., 2010, 1: 025007.
[73] Li L, Pandey A, Werder D J, et al. J. Am. Chem. Soc., 2011, 133: 1176.
[74] Li S, Zhang K, Yang J M, et al. Nano Lett., 2007, 7: 3102.
[75] Kohli J T, Shelby J E. Phys. Chem. Glass., 1991 32: 109.
[76] Kratzer H, Schroeder J. J. Non-Cryst. Solids, 2004, 349: 299.
[77] Watekar P R, Yang H, Ju S, et al. Opt. Express, 2009, 17, 3157
[78] Yan L, Zhang Y, Zhang T, et al. Anal. Chem. 2014, 86: 11312.
[79] Algar W R, Tavares A J, Krull U J. Analyt. Chimi. Acta, 2010: 673, 1.
[80] Freeman R, Gill R, Shweky I, et al. Angew. Chem. Int. Ed., 2009, 48: 309.
[81] Zhang C Y, Johnson L W. Anal. Chem., 2009, 81: 3051.
[82] Zhang C Y, Yeh H C, Kuroki M T, et al. Nat. Mater., 2005, 4: 826.
[83] Algar W R, Krull U J. Anal. Chim. Acta, 2007, 581: 193.
[84] Zhou D, Ying L, Hong X, et al. Langmuir, 2008, 24: 1659.
[85] Medintz I L, Clapp A R, Brunel F M, et al. Nat. Mater., 2006, 5: 581.
[86] Ho Y P, Chen H H, Leong K M, et al. J. Control. Release, 2006, 116: 83.
[87] Chen H H, Ho Y P, Jiang X, et al. Mol. Ther., 2008, 16: 324.
[88] Ho Y P, Chen H H, Leong K W, et al. Nanotechnology, 2009, 20: 095103.
[89] Chen H H, Ho Y P, Jiang X, et al. Nano Today, 2009, 4: 125.
[90] Wei Q, Lee M, Yu X, et al. Anal. Biochem., 2006, 358: 31.
[91] Yao H, Zhang Y, Xiao F, et al. Angew. Chem. Int. Ed., 2007, 46: 4346.
[92] Xia Z, Xing Y, So M K, et al. Anal. Chem., 2008, 80: 8649.
[93] de Silva A P, Moody T S, Wright G D. Analyst, 2009, 134: 2385.
[94] Bissell R A, de Silva A P, Gunaratne H Q N, et al. Top. Curr. Chem., 1993, 168: 223.
[95] Marcus R A, Sutin N. Biochim. Biophys. Acta, 1985, 811: 265.
[96] Barbara P F, Meyer T J, Ratner M A. J. Phys. Chem., 1996, 100: 13148.
[97] Atkins P, de Paula J. Physical Chemistry. 7th ed. New York: W. H. Freeman and Company, 2002.
[98] Medintz I L, Pons T, Trammell S A, et al. J. Am. Chem. Soc., 2008, 130: 16745.
[99] Ruedas-Rama M J, Hall E A H. Anal. Chem., 2008, 80: 8260.
[100] Sandros M G, Shete V, Benson D E. Analyst, 2006, 131: 229.
[101] Sandros M G, Gao D, Benson D E. J. Am. Chem. Soc., 2005, 127: 12198.
[102] Ding Z, Quinn B M, Haram S K, et al. Science, 2002, 296: 1293.
[103] Myung N, Lu X, Johnston K P, et al. Nano Lett., 2004, 4: 183.
[104] Bae Y, Myung N, Bard A J. Nano Lett., 2004, 4: 1153.

[105] Shen L, Cai X, Qi H, et al. J. Phys. Chem. C, 2007, 111: 8172.
[106] Sun L, Bao L, Hyun B R, et al. Nano Lett., 2009, 9: 789.
[107] Wang X F, Zhou Y, Xu J J, et al. Adv. Funct. Mater., 2009, 19: 1444.
[108] Jie G, Zhang J, Wang D, et al. Anal. Chem., 2008, 80: 4033.
[109] Jie G, Li L, Chen C, et al. Biosens. Bioelectron., 2009, 24: 3352.
[110] Jie G, Huang H, Sun X. et al. Biosens. Bioelectron., 2008, 23: 1896.
[111] Jie G, Liu B, Pan H, et al. Anal. Chem., 2007, 79: 5574.
[112] Bruchez M P, Moronne M, Gin P, et al. Science, 1998, 281: 2013.
[113] Chan C W, Nie S. Science, 1998, 281: 2016.
[114] Ding K, Jing L H, Liu C Y, et al. Biomaterials, 2014, 35: 1608.
[115] Xie R, Peng X. Angew. Chem. Int. Ed., 2008, 47: 7677.
[116] Jing L, Ding K, Kershaw S V, et al. Adv. Mater., 2014, 26: 6367.

索　引

（按英文字母排序）

H

I

Q

R

S

surface polarization effect　表面极化效应　1.4
surfactant　表面活性剂　3.1

T

transverse wave sacoustic phonon (TA)　横波声学声子　1.5
tellurium hydride (H_2Te)　碲化氢　3.8
tellurium shot　碲丸　6.7
temperature coefficient　温度系数　7.2
template-assisted　模板辅助　5.5
tetrabutylammonium iodide (TBAI)　四丁基碘化铵　9.4
tert-butyl bromide　溴代叔丁烷　4.5
tetrachloroethylene (TCE)　四氯乙烯　5.3,6.1,6.7
tetradecylphosphonic acid (TDPA)　十四烷基磷酸　3.3,4.3,6.6
tetraethylthiuram disulfides　二硫化四乙基秋兰姆　3.2
thioacetamide (TA)　硫代乙酰胺　4.3,4.5
1-thioglycerol (TG)　硫代甘油　2.2,3.6,3.8
thioglycolic acid (TGA)　巯基酸　7.5
thiourea (TU)　硫脲　3.2,6.5
thiol　硫醇　2.2
tight binding approach (TBA)　紧束缚近似理论　1.2
time-correlated single-photon counting (TCSPC)　单光子计数法　2.5
time-resolved fluoroimmunoassa (TRF)　时间分辨荧光免疫分析　2.5
time-resolved infrared spectrometry (TRIS)　时间分辨红外光谱仪　9.4
tin(Ⅱ) bis[bis(trimethylsilyl)amide]($Sn[N(SiMe_3)_2]_2$)tin selenide (SnSe)
双[二(三甲基硅基)胺]基锡硒化锡　4.5
transverse waveoptical phonon (TO)　横波光学声子　1.5
toluene　甲苯　3.1,5.6
transient absorption (TA)　瞬态吸收　7.6,10.2
transient spectrum　瞬态光谱　2.5
transit time (t_T)　渡越时间　9.2
transparent conductive glass (TCO)　透明导电玻璃　8.1,9.1
transmission electron microscope (TEM)　透射电子显微镜　2.2,2.3,2.4
transmittance　透过率　8.3
triethanolaime (TEA)　三乙醇胺　4.5
triethylamine　三乙胺　4.2
tributylphosphine (TBP)　三丁基膦　3.1,3.2,3.3
trichloromethane ($CHCl_3$)　三氯甲烷（氯仿）　3.1,6.5
trichloro-striazine (TsT)　三氯均三嗪　5.1

U

V

《半导体科学与技术丛书》已出版书目

（按出版时间排序）

1. 窄禁带半导体物理学	褚君浩	2005年4月
2. 微系统封装技术概论	金玉丰 等	2006年3月
3. 半导体异质结物理	虞丽生	2006年5月
4. 高速CMOS数据转换器	杨银堂 等	2006年9月
5. 光电子器件微波封装和测试	祝宁华	2007年7月
6. 半导体科学与技术	何杰，夏建白	2007年9月
7. 半导体的检测与分析（第二版）	许振嘉	2007年8月
8. 微纳米MOS器件可靠性与失效机理	郝跃，刘红侠	2008年4月
9. 半导体自旋电子学	夏建白，葛惟昆，常凯	2008年10月
10. 金属有机化合物气相外延基础及应用	陆大成，段树坤	2009年5月
11. 共振隧穿器件及其应用	郭维廉	2009年6月
12. 太阳能电池基础与应用	朱美芳，熊绍珍 等	2009年10月
13. 半导体材料测试与分析	杨德仁 等	2010年4月
14. 半导体中的自旋物理学	M. I. 迪阿科诺夫 主编 (M. I. Dyakanov) 姬扬 译	2010年7月
15. 有机电子学	黄维，密保秀，高志强	2011年1月
16. 硅光子学	余金中	2011年3月
17. 超高频激光器与线性光纤系统	〔美〕刘锦贤 著 谢世钟 等译	2011年5月
18. 光纤光学前沿	祝宁华，闫连山，刘建国	2011年10月
19. 光电子器件微波封装和测试（第二版）	祝宁华	2011年12月
20. 半导体太赫兹源、探测器与应用	曹俊诚	2012年2月
21. 半导体光放大器及其应用	黄德修，张新亮，黄黎蓉	2012年3月
22. 低维量子器件物理	彭英才，赵新为，傅广生	2012年4月
23. 半导体物理学	黄昆，谢希德	2012年6月
24. 氮化物宽禁带半导体材料与电子器件	郝跃，张金风，张进成	2013年1月
25. 纳米生物医学光电子学前沿	祝宁华 等	2013年3月
26. 半导体光谱分析与拟合计算	陆　卫　傅　英	2014年2月

27. 太阳电池基础与应用(第二版)(上册) 朱美芳,熊绍珍 2014年3月
28. 太阳电池基础与应用(第二版)(下册) 朱美芳,熊绍珍 2014年3月
29. 透明氧化物半导体 马洪磊,马瑾 2014年10月
30. 新型纤维状电子材料与器件 彭慧胜 2016年1月
31. 半导体光谱测试方法与技术 张永刚,顾溢,马英杰 2016年1月
32. Ⅲ族氮化物发光二极管技术及其应用 李晋闽,王军喜,刘喆 2016年3月
33. 集成电路制造工艺技术体系 严利人,周卫 2016年9月
34. 胶体半导体量子点 张宇,于伟泳 2016年9月